传统民居与当代乡土

——第二十四届中国民居建筑学术年会论文集

中国矿业大学建筑与设计学院
中国民族建筑研究会民居建筑专业委员会 编
林祖锐　丁昶　主编

中国建筑工业出版社

图书在版编目（CIP）数据

传统民居与当代乡土：第二十四届中国民居建筑学术年会论文集／中国矿业大学建筑与设计学院，中国民族建筑研究会民居建筑专业委员会编；林祖锐，丁昶主编．—北京：中国建筑工业出版社，2019.9

ISBN 978-7-112-24167-5

Ⅰ.①传… Ⅱ.①中… ②中… ③林… ④丁… Ⅲ.①民居–中国–学术会议–文集 Ⅳ.①TU241.5-53

中国版本图书馆CIP数据核字（2019）第190003号

该论文集以“传统民居与当代乡土”为主题，向历史回溯，探讨新时期传统民居（聚落）的深层价值及对当下城乡建设的启示意义，同时关注因应生产、生活方式变迁的当代民居的发展与流变。全书共包含论文96篇，通过传统民居特色与价值再认识、传统聚落的保护与更新、当代民居（乡土）建筑研究、乡村振兴背景下的乡村规划与建设四个方面的阐述和探讨，提出问题，纳入思考，对我国传统民居的保护与传承以及新城镇建设具有重要的意义。本书适用于建筑学相关专业师生、专家、学者，及民居建筑相关工作者及爱好者阅读使用。

责任编辑：唐　旭　张　华　李东禧
责任校对：李欣慰

传统民居与当代乡土
——第二十四届中国民居建筑学术年会论文集

中国矿业大学建筑与设计学院
中国民族建筑研究会民居建筑专业委员会　编
林祖锐　丁昶　主编

*

中国建筑工业出版社出版、发行（北京海淀三里河路9号）
各地新华书店、建筑书店经销
北京锋尚制版有限公司制版
北京中科印刷有限公司印刷

*

开本：880×1230毫米　1/16　印张：31¾　字数：1404千字
2019年9月第一版　2019年9月第一次印刷
定价：165.00元
ISBN 978－7－112－24167－5
（34680）

第二十四届中国民居建筑学术年会
暨民居建筑国际学术研讨会

一、会 议 主 题：传统民居与当代乡土

会议分议题：1. 传统民居特色与价值再认识

2. 传统聚落的保护与更新

3. 当代民居（乡土）建筑研究

4. 乡村振兴背景下的乡村规划与建设

二、学术委员会：

主　　席：陆　琦

委　　员：王　军　张玉坤　戴志坚　唐孝祥　罗萍嘉

王　路　李晓峰　杨大禹　陈　薇　龙　彬

关瑞明　范霄鹏　李　浈　罗德胤　周立军

谭刚毅　靳亦冰　常　江　林祖锐　丁　昶

主办单位：中国民族建筑研究会民居建筑专业委员会

承办单位：中国矿业大学建筑与设计学院

厚石建筑设计（上海）有限公司

前言

读大学时，曾被伯纳德·鲁道夫斯基的《没有建筑师的建筑：简明非正统建筑导论》一书深深吸引。内页以黑白照片为主，展示世界各地不同功能的乡土建筑，其形式丰富、意向质朴粗犷，让我们第一次领略到乡土世界的美；刘敦桢先生的《中国住宅概说》是一部较早系统阐释我国传统民居的学术著作，让我们感悟到（乡土）民居建筑研究的理性精神。其后，我国传统民居和传统聚落研究领域人才辈出，并陆续发表了一系列有影响力的学术著作，滋养着后学。

1988 年，在中国民居建筑大师陆元鼎教授等学术前辈的倡议组织下，第一届中国民居建筑学术会议在华南理工大学成功举办，至今已经 31 个年头。三十余年来，在各位民居专家的积极参与和共同努力下，学术会议为中国民居研究的学科发展、人才培养以及我国的民居建筑遗产保护和农村建设都做出了卓越贡献。

中国传统民居和聚落是我国物质文化遗产和非物质文化遗产的宝库，凝聚了中华先民的生存智慧和创造才能，形象地传达出中国传统文化的基本精神及其深厚意蕴，表现了中国传统文化的价值系统、思维方式和审美理想，记录并表征了中国传统社会的价值系统、哲理思想、宗法观念、环境意识和思维特征。

立足新时代，挖掘、展示和传承传统民居建筑智慧，推进实现人民群众对美好环境的向往，是民居建筑学界的历史使命和时代要求。本届年会的主题是：传统民居与当代乡土。将“传统”与“当代”并置，“民居”与“泛民居”对应。传统民居是民居建筑研究会各位同仁研究的核心阵地，其蕴藏的营建智慧对现代民居乃至现代建筑设计产生着恒久的影响力，其特色与价值需要在新的时代背景下深入挖掘和重新认知。本届年会在持续重点关注传统民居和聚落研究的基础上，思考当下乡土建造的价值。即当下的建造能否成为未来的传统（遗产）？如何在乡村振兴大背景下，加强遗产保护，做好文脉接续，融合山水田园，助推乡村发展？如何统筹各要素做好规划引导和建设实践，大幅提升人居环境质量？这些都是本届学术年会上希望看到的相对有意义的研究拓展。

本次会议拟定四个分议题：

· 传统民居特色与价值再认识

· 传统聚落的保护与更新

· 当代民居（乡土）建筑研究

· 乡村振兴背景下的乡村规划与建设

论文征集紧紧围绕以上四个分议题展开，收录的论文是民居建筑领域的专家学者的最新成果，祈望学界前辈和同行专家给予批评指正，以推进中国民居建筑研究的理论创新、方法创新和技术创新。

罗萍嘉　林祖锐

2019 年 8 月 16 日

目录

前言

传统民居特色与价值再认识

传统聚落的保护与更新

当代民居（乡土）建筑研究

乡村振兴背景下的乡村规划与建设

传统民居特色与价值再认识

我所知道的民居会会徽设计

——对三篇相关文章的甄别

朱良文[1]

摘　要：本文以笔者亲历的民居会会徽初期产生过程及后续应用情况，对陆元鼎先生、梁雪教授、杨大禹教授三篇纪念文章有关会徽设计的不同阐述，以实证予以甄别，以便澄清民居会会徽设计的产生时间、设计者、设计意图，并介绍后来运用中的一些细节变异，同时提出了今天的建议。

关键词：民居会会徽　产生时间　设计者　设计意图

2018年12月底在广州召开的《第二十三届中国民居建筑学术年会暨中国民居学术会议30周年纪念大会》盛况空前，记忆犹新。对这30年，许多学者写了纪念性的回顾文章（见《中国民居建筑年鉴（2014–2018）》之“回顾篇”，下简称“年鉴”），内容丰富，十分精彩；然而时间久远，记忆难免有误，记叙可能会有疏忽或谬误，例如其中有几篇文章谈及会徽设计竟出现了完全相左的情况。为此特写此文，对民居会会徽设计问题据我所知以实证予以甄别。

一、几篇文章对民居会会徽设计的不同阐述

“年鉴”中有三位学者的文章谈及民居会会徽设计问题，分别是陆元鼎先生、梁雪教授和杨大禹教授，现将其摘录于下。

陆文：“在纳西族首府丽江大研镇的一次宴会中（笔者注：应为1990年12月20日，图1），天津大学建筑系的代表梁雪同志偶然兴起，在一块方形餐巾上画了一个图案，内容是原始社会人字木架草蓬下，火烤吊钩，象征我国住居（即穴居）最早的诞生，这个图案很有意义，便保留了下来，从第三届起（下横线为笔者所加，下同），一直用它作为民居会议的标志，以后就成为会徽了。”①

梁文：“记得在西双版纳的会议快结束时（笔者注：应为1990年12月27日），洪铁城来找到我，建议给“民居会”设计一个标识。就着酒桌上剩下的白酒和“竹鸡”（生长在竹子里的一种白虫子），好像很快我就以英文“A”为母体勾画了几个草图，后来将这个字母变形成为与民居构架有关的木构架以及火塘，又在中间加了一点红颜色象征“火种”……但这个随手设计的小“标识”却被陆元鼎先生所肯定和欣赏，后来作为民居学会的会标，不仅印在会议论文集的封面上，还曾印在发给会议代表的帽子上。”②

中国民居第二次学术会议进程表

日期	星期	上午	午餐	下午	晚餐	晚上	住宿
12月15日	六	会议报到		会议报到		主席团会议	云工专家楼
12月16日	日	中国民居第二次学术会议开幕式，报告会		报告会	宴会	看资料录像	云工专家楼
12月17日	一	清晨乘车离昆，中午抵楚雄	楚雄宴请	14:00离楚雄，19:00抵大理		休息	大理洱海宾馆
12月18日	二	乘船游洱海，中午抵周城	大理宴请	参观蝴蝶泉、周城民居、喜州民居、三塔		“三道茶”歌舞晚会	大理洱海宾馆
12月19日	三	大理报告会		13:00乘车离大理，19:00抵丽江		休息，舞会	丽江招待所
12月20日	四	参观丽江古城及其民居		参观黑龙潭	丽江宴请	丽江报告会，部分学者参加县座谈会	丽江招待所
12月21日	五	清晨乘车离丽江，中午抵大理		乘车离大理		20:00抵楚雄休息	楚雄宾馆
12月22日	六	清晨乘车离楚雄，中午抵昆明		昆明参观一颗印民居，建筑学系举办严星华总建筑师报告会		休息	云工专家楼
12月23日	日	清晨乘车离昆明，中午抵峨山	玉溪宴请	乘车离峨山		20:00抵墨江，休息	墨江宾馆
12月24日	一	清晨乘车离墨江，中午抵普洱		乘车离普洱		20:00抵景洪，休息	景洪宾馆
12月25日	二	参观勐海景真八角亭		参观傣族民居、曼听公园	版纳宴请	风情园歌舞晚会	景洪宾馆
12月26日	三	参观大勐龙笋塔		参观傣族民居		景洪报告会，部分学者参加州建设局座谈会	景洪宾馆
12月27日	四	参观橄榄坝、曼苏满佛寺、曼听傣族民居		返回景洪，16:00会议闭幕式		文艺演出晚会	景洪宾馆
12月28日	五	清晨乘车离景洪，中午抵思茅	思茅宴请	乘车离思茅		抵墨江，休息	墨江宾馆
12月29日	六	清晨乘车离墨江，中午抵峨山		乘车离峨山、18:00抵昆明	过桥米线	休息	云工专家楼
12月30日	日	散会离昆明					

图1　中国民居第二次学术会议进程表

图2 杨大禹1990年10月的会徽设计手稿

杨文："在这次会议（笔者注：指中国民居第二届学术会议）举办之前，我还接受了一项特殊的任务安排，即为中国民居学术会议设计制作一个会议标志，要求简洁明了，还要反映出民居建筑的特点（笔者注：时间应为1990年9月，由我安排的任务）。在接受此任务后，经过认真思考，以当时自己对传统民居的理解，特别是在接触了一些云南少数民族的传统民居之后，做出了一个三角形外框的会徽，其中的一些创意思考得到陆元鼎先生、朱良文先生和部分与会专家的赞同，并成为后续中国民居学术会议的固定标志，一直延续至今。"[③]（图2）

由上述三文可见，关于民居会会徽设计的阐述差别甚大，涉及民居会会徽究竟怎么产生、何时启用、由谁设计、有何创意等问题。在此，有必要谈谈我所知道的一些情况，以供参考。

二、我亲身经历的会徽产生初期的情况

1988年11月陆元鼎先生在广州召开第一届中国民居学术会议后原计划1989年在贵州召开第二届会议，后因故未成。1989年底，陆先生写信给我问能否在云南承办第二次会议，当时我任云南工学院刚成立的建筑学系首任系主任，也是首届会议后成立的中国民居建筑研究会筹备组成员（陆先生邀请），鉴于会议内容与我系的教学与科研方向吻合，且对新系的学术发展有促进作用，故我欣然答复同意。由于当时的云南经济较落后，交通很不发达，学校仅提供三千元支持，筹备工作相当困难，前后筹备了近一年，会议才于1990年12月15~30日如期举行（详见《中国民居建筑年鉴（1998-2008）》中笔者文章《愉悦的回忆》）。

为筹备这次会议，1990年上半年主要对外联系，寻求地方支援；年中在系内成立了会议筹备组。在各种筹备工作中我曾想到是否要搞个会议标志（并非是组织标志，因当时民居会还未正式成立）。大约是9月份（开学后不久），我将这一任务交待给年轻教师杨大禹，他不久即拿出一个方案（如图2的上部，由黑色的"屋架"与红色的火焰组成），我记得他解说的意图有几点：（1）外框像云南少数民族民居的屋顶；（2）内含"人"与"众"两个字，寓意"家庭"；（3）红色的火象征"火塘文化"。我看此方案"民居"主题鲜明，简洁，形式也有美感，而且还有一点云南特点，未加过多讨论就决定用它。

这个标志在会议中用在了三处：一是会议开幕式主席台的背景墙上（1990年12月16日）（图3）；二是开幕式后合影场地的前景（1990年12月16日）（图4）；三是会议代表的胸牌上（1990年12月初印制）（图5）。在会议结束前，笔者曾自制了一个会议代表签名纪念卡片，抬头有笔者所写会议名称、日期及笔者手绘的会标（图6）。梁雪教授及洪铁城先生在这个纪念卡片中的签名分别在第二行与第三行；在开幕式合影中，洪铁城先生位于第二排右6，其胸前挂有会议的胸牌。

鉴于这个标志原本只想为这次会议使用，而非民居会的标志，所以事前未向陆元鼎先生请示。陆先生来昆明参会，我会前向陆先生汇报会议筹备与组织情况时曾说到我们搞了一个会议标志，他看后说"挺好"。会议中许多代表也曾议论过这个标志，很多人都给予肯定。

图3 中国民居第二次学术会议开幕式（1990年12月16日）

图4 中国民居第二次学术会议开幕式后的合影（1990年12月16日）

图5　会议代表胸牌上印有会徽标志（1990年12月初印制）

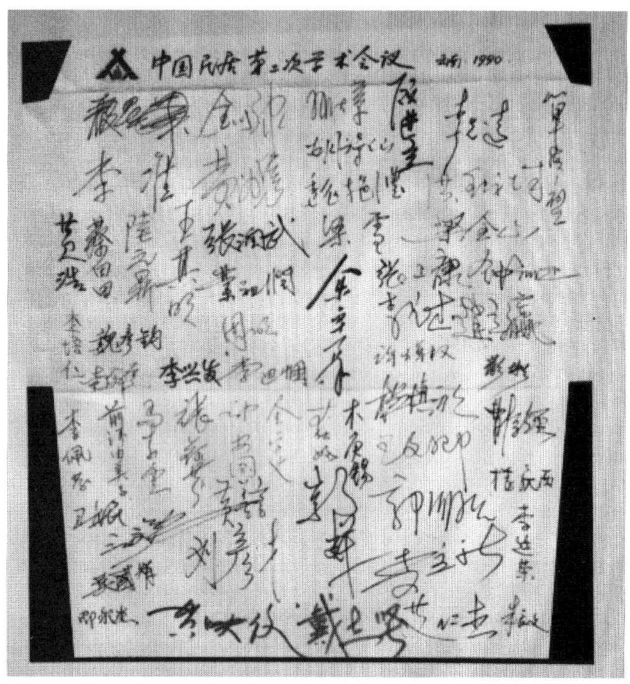

图6　由笔者自制的会议代表签名纪念卡片

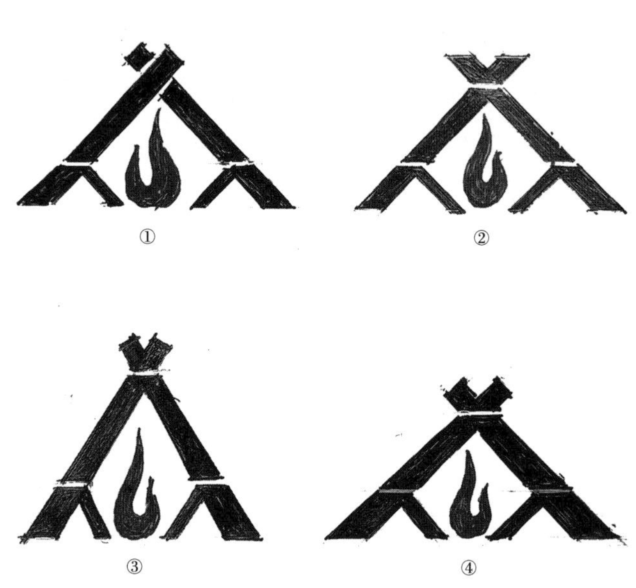

图7　会徽制作中的几种版本示意

三、我所知道的会徽演变过程及其细节变异

中国民居第三届学术会议于1991年10月在桂林举行，由桂林市规划局长李长杰先生负责筹备。这届会议第一次制作了会旗（图7①），所以有了会后的会旗交接仪式并一直延续至今。鉴于第二届会议中出现的会议标志获得大家的好评，第三届会议筹备中李长杰先生曾向我索取这个标志图案，我很快绘制了一个寄给了他。这次寄给他的标志图案我做了两点小的变动：一是端部交叉构件由前后交叉改为横向加了一条白线，以象征原始的绑扎结构，体现了民居的“传统型”；二是将构件顶端改为斜向以与底部平行（当时觉得从形式美角度这样更好一些，后来有人觉得这有点像日本传统建筑的“千木”，又改回）（图7②）。三届民居会会旗即用了这个图案。这次会议闭幕式宴会后，许多代表将餐桌上的小方白餐巾当做会议纪念品，拿来请我用黑、红二笔在方巾上画了这个标志作纪念，大约花了近半小时画了一、二十个。

第四届会议于1992年11月在景德镇市召开，由黄浩先生负责筹备，他沿用了这个标志。这次会议前，黄浩先生还与我商议制作胸章，我画了一个方案给他，将上述标志放在大约15毫米×12毫米的矩形白色底板上。据黄浩说胸章制作了200个，我也曾留有一个，可现在怎么也找不到了，不知谁处还有。

以后各届会议的会旗、会场多有这个标志，虽然至今也未正式明确它是民居会的会徽，但无形中大家已默认了这个“会徽”。不过在沿用中因为没有标准图案，又出现了两个版本：一是将外框构架改成了三个60°的等边三角形，且将两个斜构件改为下宽上窄（图7③），但此图案使用不多；一是现在常用的图案（图7④）。

四、我的认知、分析与建议

根据上述情况，我认为：（1）民居会议会徽产生始于第二届会议（1990年），而非第三届会议（1991年）。（2）会徽的构思源于1990年10月杨大禹的设计方案，而非1990年12月20日（丽江）或27日（景洪）梁雪在酒桌上的“几个草图”。（3）由于民居会一直没有正式确定会徽及其标准图案，因此在各地沿用中不断根据自己的理解发挥与变异，故目前的“会徽”可以说是根据杨大禹的创意而形成的一个集体创作。

分析陆元鼎、梁雪、杨大禹三位教授的三篇文章产生差异的原因，我想：梁雪教授原本确有相似的构思与草图；不过他未关注以前出现的会徽图案，也不了解后来会徽演变的复杂过程，况且他的“草图”只给陆先生看了，而未交给任何人制作。因此，“后来作为民居会的会标”只是他自己的联想与推测，实际情况并非如此。梁雪与我乃校友，我深知他非常优秀，设计能力很强，有不少作品，对传统村镇的研究颇有建树；他在回顾文章中有关民居会会徽设计的阐述只是小小一段插述与联想，毫无炫耀与“邀功”之意。不过联想有误，我不得不实说。至于陆先生所述，可能因年代久远、记忆有误罢了。杨大禹文章是谈自己30年的成长过程，涉及会徽设计一段，也非与他人“争功”，只是偶然相撞而已，三文同时发表，可能互不知情。

一个组织或会议在开始阶段对标识可能并不在意，而当其成长、壮大、成为“历史”后，其标识即具有了价值。这正如“镰刀斧头”在中国共产党的奋斗史中，在各地有多少种不同的表现形式，而今天就不能随意使用了。

中国民居研究会已经走过了三十个年头，成果累累，人才辈出，蜚声建筑界内外，今天它应该有个非常明确与正式的标志。为此，我建议请民居会现任领导慎重研究、正式确定，发布民居会会徽的标准图案与标准解释，不得再行任意变更，让会徽成为团结、引领广大民居研究者前进、创新的旗帜！

（2019年7月6日）

注释

① 陆元鼎．民居会议初期忆录——纪念民居学术会议三十年 [M]．// 陆元鼎．中国民居建筑年鉴（2014—2018）．北京：中国建筑工业出版社，2018:9-17．

② 梁雪．礼失求诸野，汲古思乡土——忆我的民居和传统村镇研究 [M]．//陆元昇．中国民居建筑年鉴（2014—2018）．北京：中国建筑工业出版社，2018：38-41．

③ 杨大禹．我与传统民居同行三十年 [M]．//陆元昇．中国民居建筑年鉴（2014—2018）．北京：中国建筑工业出版社，2018：42-48．

参考文献

[1] 朱良文，昆明理工大学建筑与城市规划学院教授，zhulw@126.com。

山东荣成市小西村海草房民居特色与价值再认识

侯　帅[①]　胡文荟[②]

摘　要： 本文以山东威海荣成小西村海草房为研究对象，探讨了小西村海草房独特的建筑空间的构成，以及当地海草房的建造技术和建筑材料独有的一些特点；并根据现场调研的成果，分析总结了不同历史时期小西村建筑单体的不同特点，并从开发再利用的角度提出了海草房内在的历史价值、经济价值、和美学价值。

关键词： 民居　小西村　海草房　价值

一、概述

1．小西村历史

小西村位于山东荣成市西港镇最北端，地理位置为北纬N37° 24′，东经E122° 27′。小西村村域面积0.89平方公里，村庄占地面积56亩，有148户，常住人口418人。根据小西村村志记载，小西村出现于清朝康熙年间（1662~1722），村民最早来自于王氏家族与孙氏家族，后因孙氏家族支系旺盛，且与大孙家庄（今大西村）同宗族，故命名为小孙家村，1939年改名为小西庄，1981年经县政府批准更名为小西村，至今已有400多年历史。小西村濒临渤海海岸，空气清新，环境优美，风力资源丰富，盛产花生，无花果等农作物。

图1　不同时期海草房分布

2．小西村海草房概况

海草房是村民定居此地后根据生活习惯和当地材料所建成的民居，海草房的墙壁由砖石砌成，屋顶用当地盛产的海草为主料，以黄泥、芦苇、贝草为辅料制成，村里人数最多时共拥有265栋海草房。小西村海草房集中在该村中心路两边（图1），村西侧海草房年代最为久远距今200年左右（图2），保存较为完好。东侧整齐规划行列式布局的海草房为20世纪50年代~60年代所建（图3），共119栋。

图2　清朝海草房

二、小西村海草房特色

1．海草房空间形式的演变

1）院落演变

小西村海草房虽然每户面积并不大，但是院落空间极为丰富，尺度也宜居范围内，院落有水平空间还有垂直空间，人们可以通过

图3 20世纪50～60年代海草房

院子中台阶前往厢房的屋顶平台，这在北方地区民居中还是很少见的。小西村海草房虽然整体布局随时间没有较大的改变，但是在调研中我们也发现不同年代的海草房院落也有一些细节上的改变，反映了特定历史时期的一些特点。

首先，现存清代海草房为“L”形布局，即一正一厢，正房为五开间，院内有通向厢房屋顶平台的直跑台阶，院落为方形如图4所示。而20世纪50~60年代所建海草房由于人口增加，村里人将一个厢房改为东西两厢房，因此院子面积减少，如图5所示。通过走访老宅居民我们得知，清代老海草房房屋与院落面积最大（除后期改建房），当时只有地主家才能拥有。而且院墙与屋身山墙同为花岗岩石材并且为同时期一体砌筑而成，而后期建造的一些海草房院落与山墙材质不同有明显的接缝，因此根据这些特点能很快辨认出小西村中清代的海草房。

2）屋顶形式演变

近几年由于人工养殖海带以及过度开发海岸，导致海草数量急剧减少，虽然现已实现人工养殖海草，但是在这期间大量海草房的海草顶被改装成瓦顶，原因是海草数量减少、制作周期长和材料昂贵。因此小西村海草房屋顶有相当一部分被换成瓦顶。目前政府正在鼓励村民换回海草顶并全额补贴。

两个烟囱的形式是海草房一大特点，一个炉灶用来生火做饭，

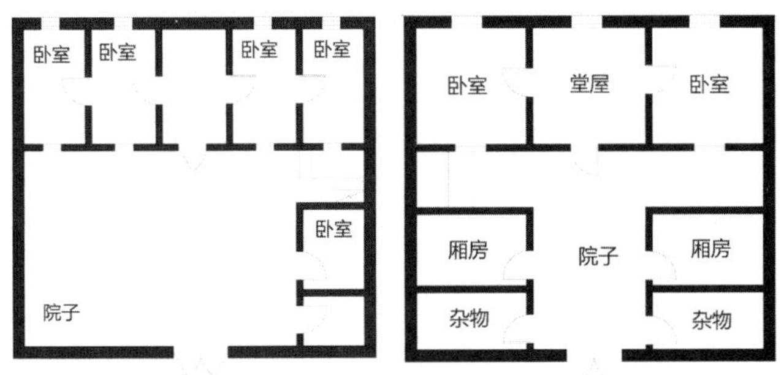

图4 清代院落平面图

图5 20世纪50～60年代院落平面

图6 清朝海草房烟囱

图7 20世纪50～60年代“借山墙”烟囱

一个用来烧炕。小西村海草房屋顶最大的特点是烟囱形式的改变。清代现存海草房烟囱形式如图6所示，两个烟囱并不紧靠山墙，而20世纪50~60年代所建海草房屋顶烟囱为“借山墙”式。顾名思义，就是其中的一个烟囱借用了邻居的山墙形成了这种奇特的屋顶形式如图7所示，屋顶左下角烟囱为厨房排烟，右上角烟囱为火炕排烟，这“借山墙”式屋顶形式是小西村20世纪50~60年代海草房特有的形式。现如今村民靠暖气采暖，火炕基本废弃，但烟囱形式依旧保留。

3）建筑内部功能的演变

小西村现存清代海草房为一正一厢式，村东侧20世纪50~60年代的房屋普遍为三合院，不仅形式发生了改变，使用功能也随着社会发展而发生了变化。为了提高使用空间，村民加建了一间厢房用作厨房并且厨房上方设有一个采光用的阁楼，内部空间更加丰富；为了增加室内面积，部分村民将原本四开间或五开间拆掉一堵隔墙，进而增加了堂屋的使用面积。并且近几年村民在入口左右两边加建了两处低矮的小房间用来建造厕所、饲养家畜和存放杂物，形成了所谓的“四合院”。

2. 小西村海草房的建造工艺以及建造技术来源

1）海草房主体建筑结构特点

海草房的主体结构为“硬山搁檩”式，即房屋主要的受力构件为两端的山墙，在山墙正脊处放置栋梁，而屋顶的支撑靠立八字木构架，八字木构架三角形两脚固定在前后墙体上，顶角连接在栋梁上，所有木制构建以榫卯连接，这样形成了房屋的基本框架（图8）。

海草房墙体由于年代不同产生了两种形式，一种是纯花岗石砌成，四面墙均承受屋顶荷载，室内用小石子平整屋面，墙体厚度约为400毫米。由于四面墙均受力，因此这种海草房开窗较小，窗子两侧用砖砌柱抵消窗框荷载，这种形式多见于年代相对久远的海草房；20世纪50~60年代建造的海草房屋身为砖石混砌，墙体下半部分近三分之一处用大块花岗石砌成，室内地面较高，具有很好的防潮作用。上半部分用300毫米×80毫米×40毫米的青砖按一丁一顺的方法砌筑，屋内依然用约20毫米的小石子砌筑整平。这种形式两端山墙成为主要受力点，屋身荷载较小，因此开窗相对大一些。

2）海草房屋顶制作方法

海草房的屋顶是整栋建筑最具特点的部分，屋顶的砌柱在当地有专门的苫匠，屋顶的制作大致分为三个阶段。

首先，据村民介绍我们了解一座4~5开间的海草房需要找至少3个苫匠，苫匠开工前会亲自搭好脚手架并准备4000~5000千克晾干的大叶海草。

其次，铺设海草前屋顶需要一些前期处理，先将麦秆掺和黄泥铺在屋架檩条，待屋顶晾干后，再铺设一层芦苇用来防潮，再在芦苇上铺设海草（图9）。海草晒干后具有一定粘性，因此苫匠可以用草绳直接将海草横向捆绑在屋顶，从屋檐到屋顶一层一层苫，由于屋顶坡度比山墙要大，因此越到上面需要苫的层数越多，一般需要苫30层左右，这道工序将花费6~7天。

最后，将刚苫好的蓬松屋顶用细渔网固定防止鸟类叼走，由于海草中胶质物丰富，因此1~2年后屋顶会下沉形成两端上扬的优美的屋脊线。这样制成的海草屋不仅保温隔热效果显著顶并且屋顶可以使用20~40年，具有很长的使用寿命。

图8 海草房基本结构框架

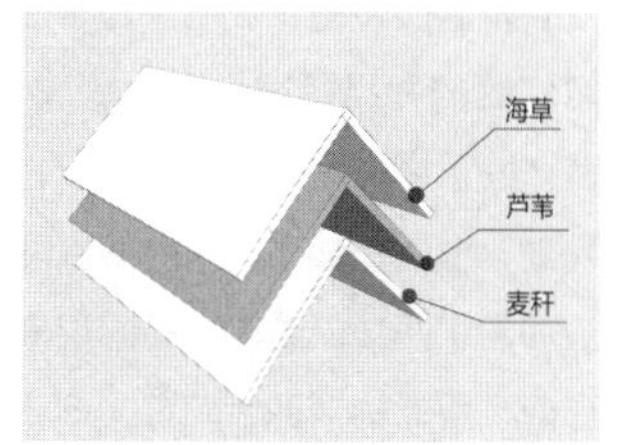

图9 海草房屋顶构成

3）海草房屋顶制作方法来源

关于海草房屋顶建造方法的来源，我们通过询问在世的老苫匠获得了一些重要信息。从他口中我们猜测海草房建造技术很可能脱胎于粮仓的建造技术，因为我国是一个农业大国，粮仓建造技术在一万年前就以初步形成，其中桶形粮仓的圆锥顶的建造手法和海草房建造手法极为相似，只是在外层用草束、谷糠等覆盖而不是海草，而当地村民很可能是通过建造谷仓的过程中，找到了海草房屋顶的建造方法。

三、海草房建筑的价值再认识

1. 海草房的历史价值

克里斯托弗·亚力山大是美国杰出的建筑理论家，他在其著作《建筑的永恒之道》中指出“一朵花只能在种子中孕育，而不能人工制造”。这句话说明了时序的力量是不可能复制的，也不可能制造。地域性建筑的内在价值也在于此，通过历史长河的筛选所留下的建筑必将是有生命的，有尊严的。海草房的地域性特点也赋予了其浓厚的历史价值。首先，海草房运用了地域性的材料海草，并通过世世代代的村民的智慧将其制作成屋顶，起到了很好的保温隔热的作用。其次，海草房村落共用山墙式的布局有利于抵抗海边的强风，并且院落的布局体现渔猎与农耕人民的生活特点，养牲畜与放置农作物的院子与晾晒渔网的屋顶平台等。建筑的这些特点完整的体现了村民的生活方式和地域特点，使海草房具备了珍贵的历史价值，是这个区域的风土人情所孕育出来的产物。

2. 海草房的经济价值

海草房的经济价值主要体现在保护开发再利用上面，海草房是有着强烈地区特点的民居，对于一些游客和对此感兴趣的人是极具吸引力的，因此，海草房村落如果得到科学合理的保护会带来巨大的旅游商业价值。海草房本身属于居住建筑，通常情况下保护与改造会从民宿入手，但是实际调研中我们也发现一些问题，相对于一些知名景点周边的海草房，那些偏僻村落的海草房很难依靠自身改造发挥其价值，但这些偏僻的村落有很大一个特点就是原生态，不仅建筑保存相对较好，周边农业产量也相对丰富，这些天然的地理条件也可以为偏远海草房提升经济价值提供一定思路。

海草房的建筑材料也具有很大的市场价值，海草屋顶的制作方法以及砌墙所用的砖石，都是产自村落周边的天然材料，这些材料随着城市扩张、过度开发已经变得相对稀少，同时这种传统民居的建筑材料可以为我国地域性建筑的研究与发展提供很好的素材和启发。

3. 海草房的美学价值

传统民居的一大特点就是形式是自下而上形成的，而不是千篇一律的形式，因此在小西村我们很难发现两栋一模一样的房子，这也形成了独特的村落外轮廓线。屋顶作为小西村海草房最有特色的一部分具有很独特的审美特性，高于山墙的坡度，马鞍形的屋脊，曲线的边缘，这些高低起伏的屋顶聚在一起给人很强的视觉冲击力和记忆点；院落面积虽不大，但内部空间极为丰富极富生活气息，在厚重朴实的石墙间行走仿佛置身于大自然，这是现代钢筋混凝土建筑无法替代的，是历史地域建筑独有的美；小西村海草房的入口也极具特色，入口门楼为木结构，上面画有年画和当地吉祥图案，这种制作细致的门楼与周围石墙形成鲜明对比，并且门楼可以提炼出很多带有特征性的符号，充分体现了历史地域建筑的美学价值，对于我国地域性建筑设计提供了很好的实例素材。

四、结语

山东威海荣成市小西村虽然不是面积最大、历史最为悠久、保存最为完好的海草房村落，但其最大的特点是同一个村落存在着各个历史时期的海草房，它不同于那些停留在某一阶段的海草房村落。通过对各个时期的海草房的形式功能演变的研究，我们很容易提炼出不同时期海草房的共性特点，并发现小西村海草房独有的特点，这些特点有助于我们更深层次的挖掘海草房内在价值，有利于我们制定开发保护的相关策略，在不断实现经济价值的同时，提醒我们不要破坏和忽略历史价值和美学价值，因为历史价值和美学价值如果破坏，那么相应的经济价值也就不复存在。因此，我们在开发过程中一定要做到适度开发，做到有机的更新，让这些胶东人民智慧的结晶，以更好的姿态呈现在世人面前。

注释

① 侯帅，大连理工大学，建筑与艺术学院，116000，916736224@qq.com。

② 胡文荟，大连理工大学，建筑与艺术学院，教授，116000，huwenhui@163.com。

参考文献

[1] 金建波，王秀慧. 胶东沿海地区特色民居建筑保护与发展研究[J]. 福建建筑，2016（02）：16–20.

[2] 吴岩，吕爱民. 胶东民居海草房的生态性研究 [J]. 华中建筑，2012（07）：149–151.

[3] 褚兴彪，熊兴耀，杜鹏. 海草房特色民居保护规划模式探讨. 建筑学报，2012（06）：36–39.

基于建筑类型学的南京传统村居墙门形制比较

——以溱桥村、杨柳村为例

陈 晨[①] 祁文艺[②]

摘 要：文章采用建筑类型学研究方法，以南京地区传统村落溱桥村、杨柳村的历史建筑为典型案例，比较其墙门的地区特色与背景成因。初步得出结论：(1) 同属于南京的两个传统村落，因地形、区位环境、村居风水观念与建筑工艺交流情况不同，而在墙门形态、组合关系方面呈现出比较显著的地区差异。(2) 由点带面地折射出：乡村空间、社会结构不同于一元性的城市区域文化，它是一种差异性、多元化的存在。比较研究的现实意义在于：为乡建过程中修复、整治历史建筑，调和新老建筑风貌，以及确保乡村历史、地域文脉传承中的原真性，提供可以依循、参照的反映地区特点的"原型"与"句式"。

关键词：建筑类型学 南京 村居墙门 形制 比较

古人日："三分造宅，七分建门"。传统民居的门在满足人出入之需的同时，它的规模、形制、色彩、装饰等，是衡量居住者经济水平与文化价值取向的重要标识。伴随当下乡建潮流的来临，将城市生活中的现代化设备设施、建造品质导入村居改造与文脉传承，已成为建筑师进行乡建实践时的重要课题。因为传统村落"延续着特定历史时期文明形式、产业结构、景观格局与生活方式"，由农业、有限的商业活动主导的产业结构不同于城镇，以及对住宅环境、邻里关系的关注度高于城镇居民，因此，更易通过传统民居的"题眼"——墙门形态、结构、装饰等方面，折射质朴粗放、趋吉向善、安居乐业的村居文化诉求与村民主体意识。

根据姚承祖《营造法原》、居晴磊《苏州砖雕》，以及吴云杰《明清徽州建筑门楼形制的类型学研究》所述，墙门大体可分为以下三类：（1）门楼："凡头上施数重砖砌之枋，或加牌科等装饰，上复以屋面，而其高度超出两旁之塞口墙者"[③]；（2）屋宇式：门前可停留避雨，门屋前后皆留空间，多结合山墙设置[④]；（3）贴墙式：在墙上开设洞口，并围绕门口贴墙做一些装饰性构造，门前后没有居留空间。

关于"形制"，《汉语大词典》将其解释为"形状、款式"。王充在《论衡·诘术》中提到"住宅形制"一词，说明早在东汉以前，即有对物体形制的论述。明代沈春泽为文震亨的《长物志》所写的序中，有"室庐有制，贵其爽而倩、古而洁也"一句，其中的"制"也就是室庐的形制之意。由此可知，物体形状、组合结构及由此形成的风格与样式等构成"形制"的主要内涵。

在这里，拟采用"从地区中寻找原型的新地域主义的建筑类型学"[⑤]研究方法，比较研究位于苏南沿江地区的中国传统村落——南京江宁区杨柳村与高淳区溱桥村[⑥]历史建筑中的墙门形制，探析墙门、墙体关系，形态特征，结构关系，组合规律的特点及其地区差异，以期为村居改造中的历史建筑风貌整治与新建筑的文脉传承，提供贴合地区特点、可供参照的"原型"[⑦]与"句式"[⑧]。

一、墙门与墙体关系比较

首先，从杨柳村与溱桥村的历史建筑中，择取保存较完好的二十六座墙门作为样本，考察发现：门楼与屋宇式大门不多见，而贴墙式大门较多。继而，以贴墙式墙门作为重点研究对象，依据墙门檐部与墙体的高度关系，将其细分为二类：（1）墙门檐部与墙体持平；（2）墙门檐部在墙体之下（表1）：

比较发现：（1）溱桥村墙门两大类比率相差不大；（2）杨柳村十一座墙门皆为檐部在墙体之下。经由实地测量可知：溱桥村部分民宅的墙高度低于杨柳村，如果采用檐部低于墙体的造型，势必造成檐部、中部与下部比例关系过于局促，因而影响墙门的构图美感，也不利于挂放有符镇之功的镜子等物件。相比之下，杨柳村民宅的墙体普遍较高，在由人均身高决定的民宅门洞高度大多一致的情况下，杨柳村民宅通过降低墙门檐部，适当缩小门头的尺度，可以塑造出更加可观的立面比例关系。

漆桥村与杨柳村墙门与墙体关系比较　　表1

类型	檐部与墙体持平	檐部在墙体之下
村落名称	漆桥村	漆桥村
比率	46%（七座）	53%（八座）
图例		
村落	杨柳村	杨柳村
比率		约100%（十一座）
图例	—	

（图片来源：实拍）

二、形态类型比较

墙门一般由上方的檐部，下部的门楣以下、门洞及附属构件，以及衔接二者的上下枋、字牌、兜肚等中部结构组成。在建筑等级制度与财不外露的观念影响下，一进墙门、二进仪门与内宅墙门在形态关系与装饰手法方面是有繁简之别的，这是传统村居墙门的共性。在此，分别就漆桥村、杨柳村墙门檐部、中部与下部的形态关系进行分析，将它们划分为由繁到简的三大类型，并加以比较。

1. 漆桥村墙门形态

1）檐部

如表2所示。第一，檐部与墙体持平的墙门中较多繁复的檐部，它与墙体共用脊条，墙下椽头也延伸到墙门的檐面。此外，桁条、椽头、定盘枋、将板砖的组合关系，为檐部添加牌科、托拱，中部增加垂柱提供了结构基础。在此，将“脊条+桁条+椽头+定盘枋+将板砖+（牌科）”这一较为繁复的形态关系归为Ⅰ类。

第二，约三座墙门都有定盘枋与将板砖，其中一座增设混砖二路与托拱，一座增设三飞砖，另一座的檐部仅由脊条与混砖二路组成。三座墙门形态关系较为简单，可将其归为“（混砖二路）+（三飞砖）+定盘枋+将板砖”的简洁的Ⅲ类。

第三，约有七座墙门采用脊条与三飞砖的组合关系，占样本总数约40%。其中又有三座增设了椽头、定盘枋与牌科，整体呈现出介于繁复与简洁之间的形态特征。在此，将“脊条+（椽头）+三飞砖+（定盘枋）+（牌科）”的形态关系，划归为Ⅱ类。

2）中部

如表3所示。第一，被考察的十五座墙门中，有五座均具备上枋、下枋、字牌、兜肚、垂柱等中部结构。其中，某二进仪门的墙门中部增设了托混、束腰、插穿等部件，它在三飞砖下的短小垂柱之间，浮雕了仿挂落形态的纹样与缠枝花卉，垂柱上下两端浮雕云头与象头插穿。因无牌科，定盘枋、将板砖与仿挂落形态的枋，成为檐部与中部的主要衔接构件。上述五座墙门“（托混）+上枋+（束腰）+下枋+字牌+兜肚+垂柱+（插穿）”的结构关系，呈现出较繁复的墙门中部形态特征，可以归入Ⅰ类。

第二，有七座统一采用厚重的托混与上枋进行组合。其中有四座增设字牌，整体形态简洁质朴，体现村居特色。它们多位于一进大门之上，传达勤劳守拙的农耕文化意识。在此，将“托混+上枋+（字牌）+（下枋）”的形态关系归入Ⅱ类。

第三，第三类墙门不仅结构简洁，而且普遍缺少中部的标志性部件——字牌。上枋、下枋、束腰是它们的基本结构。值得一提的是，其中一座将字牌替换为三个兜肚，并将托混与上枋相结合，另一座在基本结构之上增设了垂柱与插穿。这类墙门的中部因缺失主要构件字牌，因此相比Ⅰ类、Ⅱ类墙门，呈现出结构简单、整体尺度较小、形态更加粗朴的特点。在此，将“上枋+束腰+下枋+（兜肚）+（垂柱）+（插穿）”的形态关系归入Ⅲ类。

漆桥村墙门的檐部形态类型　　表2

类型	Ⅰ类	Ⅱ类	Ⅲ类
形态	脊条+桁条+椽头+定盘枋+将板砖+（牌科）	脊条+（椽头）+三飞砖+（定盘枋）+（牌科）	（混砖二路）+（三飞砖）+定盘枋+将板砖
比率	13%（二座）	46%（七座）	20%（三座）
图例			

（图片来源：实拍）

漆桥村墙门的中部形态类型　　表3

类型	Ⅰ类	Ⅱ类	Ⅲ类
形态	（托混）+上枋+（束腰）+下枋+字牌+兜肚+垂柱+（插穿）	托混+上枋+（字牌）+（下枋）	上枋+束腰+下枋+（兜肚）+（垂柱）+（插穿）
比率	33%（五座）	47%（七座）	20%（三座）
图例			

（图片来源：实拍）

3）下部

如表4所示，被考察的十个门洞皆为方形，仅在楣梁下增设一对插角。当现代建筑材料与样式引入乡村以后，兜肚、门框等部位多抹饰水泥，因此，笔者借由敲击感受与色差比对，推测约七座为石砌靴头式插角，三座为磨砖飞砖式插角。

此外，墙门下部的门洞周边都有上下槛，同时，因为墙门所在进落与屋主经济水平不同，存在有无石砌镶边的区别。在漆桥村的被考察对象中，镶边与不镶边的各占一半。

漆桥村墙门的下部形态类型　　表4

类型	Ⅰ类	Ⅱ类
形态	上槛+下槛+镶边	上槛+下槛
比率	约50%	约50%
图例		

（图片来源：实拍）

2. 杨柳村墙门形态

1）檐部

如表5所示，与漆桥村相比，杨柳村墙门檐部形态的分类更加清晰。第一，墙门檐部由脊条、椽头、混砖二路、托拱、定盘枋、将板砖组构。在托拱支撑下，混砖、定盘枋与将板砖等，代替三飞砖发挥了承载功能，周边采用开光构图法装饰了锦地、垂账、卷草、人物、几何等纹饰。考察发现：这类墙门多位于二进仪门之上或村中大族宅内。它们在杨柳村为数不多，约两座，却成为后人了解明中期以后南京地区建筑装饰与结构特点的物证。在此，将“脊条+椽头+混砖二路+定盘枋+将板砖”的形态关系归为Ⅰ类。

第二，约七座采用脊条、砖檐与三飞砖的简洁组合方式，檐部形态统一，结构层次相当紧凑。这一现象，一方面与采集的墙门样本多位于一进大门，在建筑等级制度与风水观念影响下，它们不可奢侈、张扬有关；另一方面，也折射了杨柳村地处山间湖泊圩田区的相对封闭的地理环境，进而形成低调、淳朴、勤俭持家的文化传统。在此，将“脊条+（三飞砖）”的简易形态关系归为Ⅲ类。

第三，与前两类不同，这一类大多“无脊”，却都有承托椽头或砖檐的桁条、托拱，以及衔接垂柱的定盘枋、将板砖。其中一座因增设椽头与牌科，而趋向较复杂的形态关系。这类墙门约二座，它们无一例外地位于二进仪门之上。在此，将“（椽头）+桁条+定盘枋+将板砖+（牌科）”归入Ⅱ类。

2）中部

如表6所示，杨柳村墙门中部的形态分类也比较清晰。第一，约六座采用了上枋、束腰、下枋与垂柱的中规中矩的组合关系。其中两座增设字牌与兜肚，一座在垂柱上增设了浮雕植物的插穿。因为“上枋+束腰+下枋+（字牌）+（兜肚）+垂柱+（插穿）”的形

杨柳村墙门的檐部形态类型　　表5

类型	Ⅰ类	Ⅱ类	Ⅲ类
形态	脊条+椽头+混砖二路+定盘枋+将板砖	（椽头）+桁条+定盘枋+将板砖+（牌科）	脊条+（三飞砖）
比率	18%（二座）	18%（二座）	64%（七座）
图例			

（图片来源：实拍）

杨柳村墙门的中部形态类型　表6

类型	Ⅰ类	Ⅱ类	Ⅲ类
形态	上枋+束腰+下枋+（字牌）+（兜肚）+垂柱+（插穿）	（托混）+上枋+（下枋）+字牌+垂柱	束腰+字牌+兜肚+下枋+垂柱
比率	54%（六座）	18%（二座）	9%（一座）
图例			

（图片来源：实拍）

态关系较完整，故而将其归入Ⅰ类。

第二，Ⅱ类表现为在上枋、字牌、垂柱之外，有些增设托混，有些添置下枋的相对大气的形态关系。由于缺失了同字牌相邻的部分结构，就使得字牌部位尺度较大，这为铭刻儒家教义，进行仪礼训导提供了更宽展的平台。

第三，Ⅲ类采用束腰、字牌、兜肚、下枋与垂柱的组合方式。因缺失上枋，中部与檐部的转换关系显得尤为紧促。此类约一座。

除极个别墙门中部仅以枋与门洞上槛相接，显得十分简朴以外，与漆桥村相比，杨柳村墙门中部的形态关系更加丰富，中部尺度愈加饱满，装饰题材也更趋多元。

3）下部

如表7所示，杨柳村墙门下部的门洞在插角形态、装饰与用材方面更加精致。从形态上看，被考察的八座门洞插角中，约四座为靴头式，一座为吞金式，三座为飞砖式；装饰方面，吞金式与靴头式插角上浅浮雕朱雀或植物纹样；材料方面，约50%为石砌插角，其余为磨砖砌筑。

此外，皆有上下槛与镶边的墙门占被考察对象60%以上。五座镶边门洞中，有三座采用整石宽镶边砌筑。这一方面传达出栖居杨柳村的大族曾经生活殷实、经济富庶；另一方面，通过与漆桥村墙门下部形态进行比较，也可略知两地经济水平、门户意识与符镇风水观念的地区差异。

杨柳村墙门的下部形态类型　表7

类型	Ⅰ类	Ⅱ类
形态	上槛+下槛+镶边	上槛+下槛
比率	约63%	约37%
图例		

（图片来源：实拍）

三、组合关系比较

这里的组合关系是指墙门檐部、中部、下部类型的搭配关系。通过比较两个传统村落村居墙门三部位间的组合关系，可以从整体上把握墙门的形制特征，比较其繁简度差异。在此，分别就漆桥村中檐部与墙体持平的墙门、檐部在墙体之下的墙门，以及杨柳村中十一座檐部均在墙体之下的墙门的组合关系，进行分析、比较。

1. 漆桥村墙门组合关系

1）檐部与墙体持平的墙门

Ⅰ类檐部与Ⅰ类中部进行组合，形成形态、结构关系较复杂的墙门，这类墙门有两座；Ⅱ类檐部与Ⅰ类中部进行组合的墙门，有一座；Ⅱ类檐部与Ⅱ类中部相衔接的墙门，有三座；Ⅲ类檐部配对Ⅲ类中部的墙门，有一座。由此可知，漆桥村历史建筑中檐部与墙体持平的墙门，它们檐部与中部形态、结构关系的繁简程度基本一致，两部分的形制特征比较吻合。

2）檐部在墙体之下的墙门

属于此类型的八座墙门中，有六座表现为简洁的檐部搭配较繁复的中部。其中，有两座采用Ⅲ类檐部与Ⅰ类中部相结合的方式，四座墙门为混砖二路、砖檐或三飞砖的檐部结构，同托混、上枋、束腰、下枋、字牌、垂柱、插穿等较繁复的中部结构相组合。此外，两座为Ⅱ类檐部与Ⅱ类中部衔接，整体形态简洁质朴。由此可见，檐部在墙体之下的墙门，其檐部与中部大多呈现出简、繁相搭配的形制特征。

值得一提的是，无论是檐部与墙体持平，还是檐部在墙体之下的墙门，其檐部、中部同下部的组合关系并无明显规律。

2. 杨柳村墙门组合关系

被考察的杨柳村十一座墙门均为檐部在墙体之下。整理墙门三部位形态类型表格，可以发现：两座为Ⅰ类檐部与Ⅱ类中部组合；两座为Ⅱ类檐部与Ⅰ类中部组合。有七座墙门表现出Ⅲ类檐部

漆桥村与杨柳村墙门三部位组合关系的比较　　表8

村落名称	漆桥村					杨柳村				
墙门与墙体关系	檐部与墙体持平			檐部在墙体之下		檐部在墙体之下				
组合关系	Ⅰ类+Ⅰ类	Ⅱ类+Ⅰ类	Ⅱ类+Ⅱ类	Ⅲ类+Ⅰ类	Ⅱ类+Ⅱ类	Ⅰ类+Ⅱ类	Ⅱ类+Ⅰ类	Ⅲ类+上枋	Ⅲ类+Ⅲ类	Ⅲ类+Ⅰ类或Ⅱ类
比率	13%（二座）	6%（一座）	20%（三座）	40%（六座）	13%（二座）	18%（二座）	18%（二座）	36%（四座）	9%（一座）	18%（二座）
图例										

（注：以上各表统计比率：各形态类型、组合关系的墙门数量与所属村落墙门样本总数的大约比值。图片来源：实拍。）

与Ⅰ、Ⅱ、Ⅲ类中部均有结合的现象，其中，两座采用Ⅲ类檐部同Ⅰ、Ⅱ类较复杂的中部进行结合的方式，四座为Ⅲ类檐部与简单的上枋组合，一座为Ⅲ类檐部同Ⅲ类中部衔接。整体来看，杨柳村的墙门组合关系不复杂，甚至比较简陋。同样，杨柳村墙门下部同檐部、中部的组合关系也无明显规律。

比较两地墙门的组合关系，初步得出结论：杨柳村檐部在墙体之下的墙门中，檐部、中部的组合关系，同漆桥村檐部与墙体持平的墙门相似，它们大都表现出檐部、中部结构繁、简程度基本同步的特点。如表8所示：

四、形制差异成因

综述两地村居墙门的三部位形态类型与组合关系：

漆桥村墙门：约50%墙门的檐部形态类型为：脊条+（椽头）+三飞砖+（定盘枋）+（牌科）的Ⅱ类；约50%墙门的中部形态类型为：托混+上枋+（字牌）+（下枋）的Ⅱ类。二者组合关系大多为：Ⅱ类+Ⅱ类、Ⅰ类+Ⅰ类、Ⅲ类+Ⅰ类。

杨柳村墙门：超过50%的墙门檐部为：脊条+（三飞砖）的Ⅲ类；中部主要类型：上枋+束腰+下枋+（字牌）+（兜肚）+垂柱+（插穿）的Ⅰ类。二者组合关系大多为：Ⅲ类+上枋、Ⅱ类+Ⅰ类、Ⅲ类+Ⅰ类或Ⅱ类。

由此可见，与杨柳村墙门的形制相比，漆桥村的墙门似乎更精妙。探究原因，大概与村落周边地形、区位环境、村居风水观念与建筑工艺交流情况有关。

1. 地形、区位环境与村居风水观念

首先，漆桥村地处南京最南部镇界，西与安徽宣城、芜湖接壤。西低东高的地形特质，一方面使得漆桥村村民与东北方向的江宁交往不便，因而，在地区语言方面延续了中古吴音，而非江淮官话；另一方面，为了避开地形阻隔的不利条件，当地村民自古以来就借道村里的南陵河、西南边的官溪河以及水阳江、中江等水系，沟通苏南、皖南，这就使得漆桥村所在高淳地区成为苏皖商户往来必经之地。（图1）明中期以后，徽商北上、南下停留漆桥村时，将徽派建筑艺术与工艺技术引入当地，同时，吴地洞庭商人北上、西行过程中，也将香山帮建造技艺融入漆桥村村居营造中。因此，与杨柳村相比，漆桥村更易受到徽派与吴地建筑样式、结构、工艺的浸染。

其二，漆桥村中重要文物——保平井上刻有“大宋南迁阙里孔氏广源”字样，结合《漆桥孔氏宗谱》、《民国高淳县志》的相关记载，以及目前90%以上村民皆姓孔，并且家家供奉孔子肖像的习俗来看，初步认为：南宋孔子后裔孔文昱曾迁居至此并扎根繁

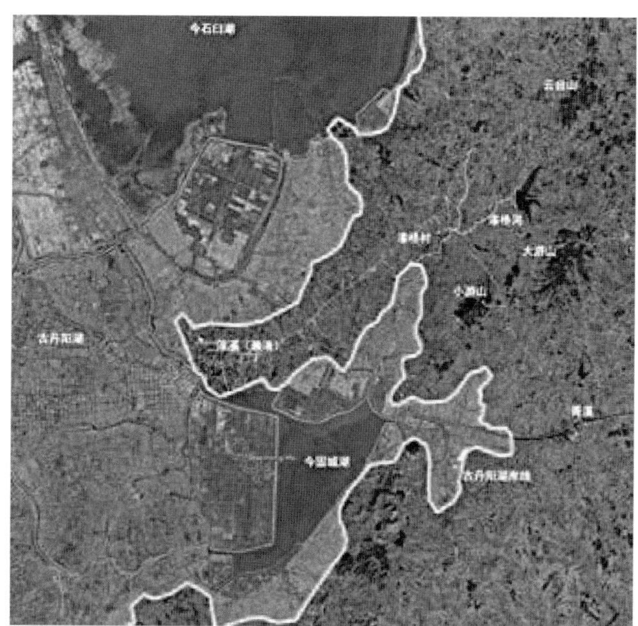

图1　漆桥村周边水系与区位环境

（注：图中以红色标示漆桥村。图片出处：漆桥镇人民政府、东南大学规划设计研究院．南京市漆桥历史文化名村保护规划［R］．2014：27）

衍，到清康熙年间已发展为庞大的孔氏家族，并于1667年建孔氏宗祠，使得如今的漆桥村成为世界第二大孔子后裔聚集地。[9]基于此，儒学教义应是深谙民心。发端于徽州地区，并将风水观念置于儒学框架中的士林风水理论[10]，自然与这处孔子后裔聚居地的文化价值观相契合。在风水观念中墙门的檐部、中部、上槛等部位时常挂放可以驱邪、邀引财源的镜子、幡胜等物件，村民通常不敢怠慢墙门的营建事宜，因此，造就了比杨柳村更加精妙、复杂的漆桥村墙门形制特征。

2. 地区建筑工艺交流情况

以上是从村居地形、区位环境、文化价值观等角度解析两地墙门形制的差异。如果将徽州地区贴墙式墙门、吴地砖雕门楼，同南京传统村居墙门进行比较，也可发现：南京的漆桥村同苏皖之地建筑工艺的交流更加密切。

首先，徽州地区的贴墙式墙门檐部多由三飞砖或托拱承托正脊与瓦檐，除檐部出挑较远以及板瓦叠压表面之外，徽州墙门形制与漆桥村相似。其二，徽州地区墙门的中部主要由上枋、下枋、字牌组合而成，并且“垂莲柱退变为一种装饰符号”，“形制极小”，“有些门楼甚至没有垂莲柱”[11]，这与漆桥村墙门中部的结构关系是相似的。其三，徽州地区墙门下部主要是矩形门洞，从所搜集资料来看，拥有石质门框的墙门比率也同漆桥村一样约占总数一半。

再看吴地砖雕门楼。由于以苏州为代表的吴地砖雕墙门或曰门楼通常高于两侧塞口墙，且突出墙体50~60厘米[12]，而漆桥村墙门几乎贴墙设置，因此，二者在檐部形态类型与组合方式方面反差较大。那么，漆桥村同吴地墙门的关联，主要表现在以下两个方面：其一，苏州门楼自明末清初出现的主要构件——上枋、下枋、字牌、兜肚，其组合关系直到民国均无太大变化，这种组合关系在漆桥村占总数约50%；其二，清乾隆后期，苏州砖雕门楼中的部分垂莲柱两两分布于门楼两侧，且短柱、长柱分别位于上下枋旁边，因上枋突出，它与字牌之间便出现了挂落。[13]这一现象也出现在漆桥村附近淳溪镇老街中的杨厅二进仪门上，只是短垂柱位于三飞砖之下而非上枋两边，模仿挂落形式的砖枋也不在上枋之下，而是位于上枋与檐部之间。由这一个案，结合具有苏式门楼特点的组合关系占总数约50%来看，漆桥村砖雕墙门呈现出较明显的基于苏州门楼形制的改造意图。（图2）

与漆桥村相比，由于杨柳村主要借由杨柳湖与外秦淮交通，因此，它保有了五百多年的农业文化传统。这种相对封闭的交通环境，就使得苏皖之地的建筑工艺与文化形态较难渗透杨柳村。基于此，杨柳村墙门以其朴拙、简易、敦厚的形制特征，更多地传达出村民质朴粗放、趋吉向善的农耕文化诉求与恬淡寡欲的隐逸风范[14]。

五、结语

如果从工业文明裹挟下的城市化进程的视角，看待南京地区乃至苏南沿江地区的代表性中国传统村落——漆桥村、杨柳村，或许会认为它们应该更多地呈现同一区片建筑风貌、空间结构与社会结构的共性特征。然而，实地调研村居中衡量居住者经济水平与文化价值取向的重要标识——墙门的形态类型与组合关系后，笔者由点带面地窥见：根植于传统农业文明，依托水运、山麓向阳地带形成的传统乡村聚居空间，它们即便位于同一区片，也会因受制于地形地貌、区位环境、村居风水观念、社会伦理秩序、建筑等级制度以及区片内的文化交流情况，而呈现出差异性、多元化的形制特征与文化诉求，折射出的是一种与一元性的城市区域文化完全不同的社会结构与组织形式。从村民主体性立场来看，传统村居建造形式是村民为满足个体、社群需求而自发营造的，它表达了村民的乡土情结与传统农业社会发展、演进的基本脉络。

基于此，当建筑师应对当前“后城市化阶段”的乡建热潮，一边着力保存传统村落历史遗迹，一边试图将城市人已经享有的现代化设施与建造技术导入乡村时，是否有必要先回归传统村居视角，以一种差异化的存在观研究村居的历史文脉与地区特点呢？毕竟，我们都唯恐看见：已经趋同化发展的城市文化借乡建之名，又将同化甚至撕裂传统乡村的社会结构与空间结构。

左图：徽州砖雕门楼

中图：苏州砖雕门楼（清乾隆后期）

右图：南京淳溪老街杨厅二进仪门

图2 徽州砖雕门楼、苏州砖雕门楼（清乾隆后期）与南京淳溪老街杨厅二进仪门形制比较
（图片出处：1. 居晴磊. 苏州砖雕的源流与艺术特点［D］. 苏州：苏州大学，2004：22；2. 实拍）

注释

① 陈晨，金陵科技学院，讲师（教师），210000，121532692@qq.com。

② 祁文艺，金陵科技学院，2017级环境设计专业，学生。

③ 引自：姚承祖. 营造法原 [M]. 北京：中国建筑工业出版社，1986：72.

④ 参考：吴云杰、申晓辉. 明清徽州建筑门楼形制的类型学研究 [J]. 福建建筑，2013（04）：12–14.

⑤ 引自：吴云杰、申晓辉. 明清徽州建筑门楼形制的类型学研究 [J]. 福建建筑，2013（04）：12–14.

⑥ 2013年8月公示的第二批中国传统村落名录显示，省内入围传统村落有13个，分别为：南京江宁区湖熟街道前杨柳村、南京高淳区漆桥镇漆桥村、无锡锡山区羊尖镇严家桥村、常州武进区前黄镇南杨桥古街村、苏州吴中区东山镇三山岛、苏州吴中区东山镇杨湾村、苏州吴中区东山镇翁巷村、苏州吴中区金庭镇东村、苏州常熟市古里镇李市村、镇江京口区姚桥镇华山村、镇江京口区姚桥镇儒里村、镇江丹阳市延陵镇九里村、镇江丹阳市延陵镇柳茹村。与第一批入围传统村落——苏州吴中区西山镇明月湾村、东山镇陆巷村，以及无锡惠山区玉祁街道的礼社村，它们集中在太湖流域不同，新晋传统村落，有不少分布于沿江以西的隶属"苏南边缘地带"的宁镇地区。

⑦ 建筑类型学认为变换是建筑体系存在的基本原则，"原型"是变换的根本，它代表建筑的深层结构，是同一种群的集体记忆，是生活方式、历史事件在人脑中的凝聚和沉淀。在这方面，"原型"的意义又与冯凌关于"元"的概念厘定相近，即，都是抽象出的本质不同的区分方式，都是"对形式合理性的一种探索，这种探索途径可以是通过历史样式和集体回忆，也可以是通过地域的特征"，"其实质都秉承着探寻事物内在合理性规律和固有秩序的理性精神。"建筑师总是根据原型来创造建筑，因此，在他的头脑中是先有建筑的原型，继而再将之变换。（参考：刘晓宇. 对建筑类型学及其方法论的浅识 [J]. 西安建筑科技大学学报（社会科学版），2011（01）：46–49；冯凌. 基于建筑类型学的城市建筑文脉建构研究 [D]. 广州：广州大学，2011：4、5、17–18.）

⑧ 句式是指按照一定的模式来组织语言。在这里，借用语言学中的术语描述建筑形态关系与结构组合方式。（参考：刘晓宇. 对建筑类型学及其方法论的浅识 [J]. 西安建筑科技大学学报（社会科学版），2011（01）：46–49.）

⑨ 参考：孔舒. 探秘高淳孔子后裔聚集地 [N]. 现代快报，2012–06–18.

⑩ 传播对象为乡绅为主体的社会名流，甚至一些大儒。其为风水家征引，用以说服为程朱之言是依的徽人。士林风水理论，试图将风水放在儒学的框架里，而其中有关环境生态这一最有价值的内容，正发端于儒家经典。因此，也有学者认为这种风水理论的根基在儒学。（参考：王其亨. 风水理论研究 [M]. 天津：天津大学出版社，1992：56.）

⑪ 引自：居晴磊. 苏州砖雕的源流与艺术特点 [D]. 苏州：苏州大学，2004：23.

⑫ 数据引自：居晴磊. 苏州砖雕的源流与艺术特点 [D]. 苏州：苏州大学，2004：23.

⑬ 参考：居晴磊. 苏州砖雕的源流与艺术特点 [D]. 苏州：苏州大学，2004.

⑭ 参考：张燕 . 江宁杨柳村古宅雕刻鉴赏 [M].（北京：中国建筑工业出版社，2007年）中对江宁杨柳村建筑的描述："这样的建筑布局所透露的情怀，是儒家的"，"它有看破红尘的隐逸，却无士大夫的闲适"。

参考文献

[1] 姚承祖. 营造法原 [M]. 北京：中国建筑工业出版社，1986.

[2] 王其亨. 风水理论研究 [M]. 天津：天津大学出版社，1992.

[3] 居晴磊. 苏州砖雕 [M]. 北京：中国建筑工业出版社，2008.

[4] 张燕. 江宁杨柳村古宅雕刻鉴赏 [M]. 北京：中国建筑工业出版社，2007.

[5] 居晴磊. 苏州砖雕的源流与艺术特点 [D]. 苏州：苏州大学，2004.

[6] 冯凌. 基于建筑类型学的城市建筑文脉建构研究 [D]. 广州：广州大学，2011.

[7] 吴云杰、申晓辉. 明清徽州建筑门楼形制的类型学研究 [J]. 福建建筑，2013（04）.

[8] 刘晓宇. 对建筑类型学及其方法论的浅识 [J]. 西安建筑科技大学学报，2011（01）.

[9] 孔舒. 探秘高淳孔子后裔聚集地 [N]. 现代快报，2012–06–18.

图像学视角下的南宋文人园林四时养生智慧探析①

唐孝祥② 傅俊杰③

摘 要：传统园林养生智慧对于促进人的身心健康、形成健康的生活方式有重要的意义。南宋是中国传统园林发展史中重要的时期，运用图像学方法对南宋画作进行分析，以图、诗、文互证的方式，分析了南宋文人园林中以坐卧存神、小劳养形、雅集怡情为代表的园居养生活动。根据春夏秋冬季节特征，总结其四时养生空间营造范式为线性空间、宽凉浓阴、高旷地势和内收布局。以期推动南宋园林研究及其健康智慧探索，为当下园林养生场所营建提供借鉴。

关键词：风景园林美学 健康人居环境 南宋文人园林 园居活动 四时养生

中国传统园林具有丰富的养生智慧，是构建现代健康人居环境的重要根脉之一。如何传承传统造园智慧，营造宜人的养生环境空间，增进国民身心健康和社会交往，形成健康的生活方式，成为当下风景园林工作者的重要责任。在中国园林发展的悠久历史中，南宋时期造园手法和技艺较为成熟，宋代医学和健康养生思想也有了长足发展，如《保生要录》、《养老奉亲书》、《养生类纂》、《养生月览》等医学养生著作的出现。宋代统治者高度重视医学和养生学，文人十分重视健康长寿和文化休闲，形成特有的健康养生方法。本文从图像学的角度来初步研究南宋文人园林，结合诗文和园记资料厘清其养生思想和环境特征，总结其四时养生空间营造模式及其健康智慧。

一、相关研究综述

南宋是中国园林发展的关键阶段，也是中国养生思想发展过程中的黄金阶段，形成了众多养生思想理论，对后世影响巨大，是明清时期养生思想成熟的重要源泉。南宋时期南方丰富的地形条件和宜人的气候环境使得以临安为代表的江南地区园林营建十分兴盛。关于南宋园林的重要遗存和相关史料相对较少，而宋画是一个重要的研究切入点，因宋代山水画具有写实性描绘的特征，可以通过图像研究对南宋园林营建要素及空间布局进行探析。

许多学者从宋画总结出宋代园林的特点。李慧漱关注了南宋园林相关的图像[1]。江俊浩等从宋代画作入手，论述了两宋园林审美从大尺度到精致化、从理想化到残缺美、从平远到深远之嬗变[2]。毛华松等提出宋代园林活动空间营造的整体空间范围、空间性质，总结出园林活动与园林空间的关系[3]。鲍沁星等指出了宋画图像具有宝贵的宋代园林研究史料价值[4]。另外尚有很多研究从单幅宋画以及不同主题类型中探讨宋代园林的造景手法[5][6][7]。园林与养生的关系研究进展上，薛芳芸等认为宋代文人热衷于养生的风气空前兴盛，呈现出群体养生的局面，形成了宋儒养生流派[8]。宋晓静等认为中国园林中为传统养生提供了绝佳场所[9]；戴秋思等着重养生思想与造园发展和园林要素营造之间的关系研究[10]；张学玲等研究了古典园林健康思想的知觉、感觉、肌体三方面的表意途径，并论证了清代皇家园林的健康思想[11]。上述研究推动了园林与养生研究的进展，南宋园林养生概貌与环境营造研究尚有待补充完善，下文将进一步对其园居养生活动和四时养生空间特征进行分析。

二、我方居园学长生——园居养生活动

南宋文人对园林的健康养生作用有着充分的认识，形成了独具特色的健康园居思想和方法，讲究形神兼养、锻炼强身、养心怡情等（表1），下面从坐卧、小劳、雅集等南宋文人园林园居活动展开分析。

1. 坐卧存神：修身养性，心境平和

在园林书室中静坐闲卧、读书习字、吟诗抚琴等，进行清静的园居活动，通过安坐存想来达到收心入静的健康效果。园林主人心境畅和，静坐读书以修心养性。在园林环境中静坐读书可以修身明智，使得内心丰富而安静。纷繁俗事使人不得安宁，血气易衰竭，而园中自然景物使人感官上获得愉快。南宋·潘畤《月林堂记》记载："往往竭思虑，疲精神，故血气顿衰，而疾病以生，因颓然无意于世"，"有时闻池中鱼跃，或山间鸟鸣，忽然有觉"[12]，园林主人因琐事劳心伤神疾病缠身，后来养居于园林之中，自然景物使得身心舒畅。

午休睡眠有利于身心健康，南宋养生提倡倦而卧眠，适时昼寝。姜夔作诗曰："人生难得秋前雨．乞我虚堂自在眠。"陆游曰："芒屏年来渐懒穿，闭门日日只高眠"，又说"华山道士如容见，不觅仙方觅睡方"，可见其深得睡眠要义。南宋·王炎《双溪阁记》写道："中设一榻，几有周易一卷，壁间挂一白拂、一古琴，燕坐无事，时玩三圣微言，倦则曲肱而卧。"[13]室内陈设简洁，有书、床榻、古琴等，感到疲倦时卧眠休息，具备养生要义。可见提供良好的午休环境是南宋文人园林养生特征之一。

2. 小劳养形：活络筋骨，游园闲步

宋代文人十分提倡"小劳养生"，认为适当运动，参与农事和园艺活动，有利于身心健康，益寿延年[14]。小劳，即适度劳动，可以活络筋骨，使得身轻而体舒。宋代·蒲虔贯《保生要录》言："养生者，形要小老，无至大疲，故水流则清，滞则亏"[15]。于园林中种植果蔬，亲自劳作，身心愉悦。陆游把参加适当劳动总结为扫地养生法，其诗云："按摩与导引，虽善亦多事。不如扫地法，延年直差易"。此外，他还种菜、养花、拂几，以舒活筋血，作诗言："岂为要小劳，亦以御百邪"，在园林中适当劳作养生，可强健身体预防疾病。

此外，游园散步是良好的身心舒畅的方式。散步者，散而不拘之谓，在南宋文人园林中，"被发而无所束，缓形而无所拘，使志意于此而发生"。散步是一种悠然自得、逍遥自在的状态，可以改善大脑皮层的机能状态[16]，须选择在阳光宜人的上午，微风拂面，有利于人体阳气生发，气血流通。南宋文人园林中园路游径蜿蜒，通过景色的藏露变化，营造可行可立的良好游园闲步环境。

3. 雅集怡情：社会交往，畅谈拂郁

南宋文人园林中的雅集交友等活动可以养神怡情、调摄精神，是在人与社会关系层面展开的健康活动。畅谈以拂郁，进行内容丰富的雅集活动，结交会友，利于保持良好的心理状态与和谐的社会关系。南宋·陈宓《仙溪喻氏大飞书堂记》中记载："平处可环坐而飞觞。鱼虾往来戏，客酌取不获者，浮之大白以资戏剧。"曲水流觞以作娱乐，畅心开怀。又如朱熹与好友共同在洪志的园林中雅集："池内置设画舫，凡宾朋交错，皆游赏其中，即曲水流觞，何多让焉。"文人在与志同道合的友人游赏美景、畅谈交流的过程中社交心理得到满足，内心产生价值认同感和满足感[17]。南宋·吴潜作诗："沦茗空时还酌酒，投壶罢了却围棋"，可见两三好友于园中欢聚交游之趣。

三、四时佳兴与人同——四时养生空间特征

四时季节特征各不相同，"夫四时阴阳者，万物之根本也。所以圣人春夏养阳，秋冬养阴"[19]南宋健康养生园林顺四时、适寒暑，遵循春生、夏长、秋收、冬藏之规律，合理安排健康园居活动。根据南宋园记诗词的记载和《养老奉亲书》中的四时奉亲养生环境描述（表2），结合宋画中不同的园居养生活动所对应的园林空间，总结其四时养生空间要素和环境模式（表3）。

1. 春：线性空间，踏青赏花

春季，万物萌发，在此季节人亦当顺应季节的特征安排饮食和园居活动，以养"生气"。如南宋·程珌《西湖楔事记》"睹物情之咸畅，喜春意之日新，却弦断管，一尘不侵，越嶂吴山，尽入清赏"，邀朋友郊外踏青，修禊事于曲水，情志畅快[20]。春季禁中赏花"起自梅堂赏梅，芳春堂赏杏花……兰亭修禊，至于钟美堂赏大花为极盛"[21]。可见春季喜通达、恶抑郁，情志上应保持畅达淡然，多到庭院及户外活动，踏青赏花，舒展形体，畅人血气。

营造春季线性赏花空间和适宜舒展运动的活动空间。"时寻花木游赏，以快其意"[22]，春季出游踏青，沿着游径观赏花木，展示出线性路径的空间特点。此外，庭院空间布置适于早春赏花，由道路、亭子和长廊进行半围合，在建筑虚敞之处观花开妖娆。水池、小径、长廊划分出赏花空间，花开满园，春水荡漾（图1）。也可在赏景花院中依建筑种植开花灌木，春季可于开敞的建筑中聊天饮茶，品赏花卉美景。踏青与品赏使得养形又养心。

2. 夏：宽凉浓阴，纳凉昼眠

夏季万物茂盛养长，暑气较盛。宜调息净心，去烦燥，避暑游

宋代养生书籍中的园居活动描述 表1

著作	描述
真德秀《卫生歌》	世人欲识卫生道，喜乐有常瞋怒少。心诚意正思虑除，顺理修身去烦恼。
周守忠《养生类纂》	形者生之气也，心者形之主也，神者心之宝也，故神静而心和，心和而形全，神躁则心荡，心荡则形伤。全其形先在理神，故恬和養神则自安於内，清虚栖心则不诱於外，神恬心清则形无累矣。[18]
	导筋骨则形全，剪情欲则神全，靖言语则福全。
陈直《养老奉亲书》	栖息之室，必常洁雅。夏则虚敞，冬则温密。
	其寝寐床榻，不须高广。比常之制，三分减一，低，则易于升降；狭，则不容漫风。褥浓藉，务在软平；三面设屏，以防风冷。
蒲虔贯《保生要录》	养生者，形要小劳，无至大疲。故水流则清，滞则污。养生之人，欲血脉常行，如水之流。坐不欲至倦，行不欲至劳，频行不已，然宜稍缓，即是小劳之术也。
	每日频行，必身轻、目明、筋节血脉调畅，饮食易消，无所拥滞。体中小不佳快，为之即解。

《养老奉亲书》中的四时奉亲养生环境描述　　表2

季节	养生环境特征描述
春时摄养	春属木，主发生。春时，阳气初升，万物萌发。常择和暖日，引侍尊亲，于园亭楼阁虚敞之处，使放意登眺，用摅滞怀，以畅生气；时寻花木游赏，以快其意。不令孤坐、独眠，自生郁闷。
夏时摄养	夏时属火，主于长养。惟是老人，尤宜保护：若檐下过道，穿隙破窗，皆不可纳凉。此为贼风，中人暴毒。宜居虚堂净室，水次木阴，洁净之处，自有清凉。宜往洁雅寺院中，择虚敞处，以其所好之物悦之。若要寝息，但任其意，不可令久眠……细汤名茶，时为进之。晚凉方归。
秋时摄养	秋属金，主于肃杀。秋时，凄风惨雨，草木黄落。高年之人，身虽老弱，心亦如壮。秋时思念往昔亲朋，动多伤感。季秋之后，水冷草枯，多发宿患，此时人子，最宜承奉，晨昏体悉，举止看详。若颜色不乐，便须多方诱说，使役其心神，则忘其秋思。
冬时摄养	冬属水，主于敛藏。三冬之月，最宜居处密室，温暖衾服，调其饮食，适其寒温。大寒之日，山药酒、肉酒，时进一杯，以扶衰弱，以御寒气，不可轻出，触冒寒风。冬月，阳气在内，阴气在外，池沼之中，冰坚如石，地裂横璺，寒从下起，人亦如是。

南宋私家园林四时养生空间营造模式总结　　表3

	春	夏	秋	冬
四时特征	养"生气"，畅血气	去烦躁，调息净心	养收养阴，涤虑澄思	养"藏"之道，避寒就温
养生活动	闲步踏青，赏花集会	纳凉静卧，游水泛舟	登高观潮，临轩玩月	小劳寻梅，煖阁赏雪
空间要素	线性空间–赏景建筑–花柳争妍	宽凉水面–浓密树荫–开敞建筑–荷榴竞放	地势高旷–赏景平台–观果观叶–桂子飘香	内收建筑–院墙–疏朗植物–瑞雪飞瑶
四时养生空间示意图	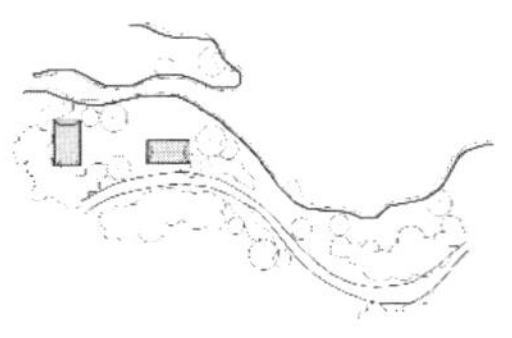	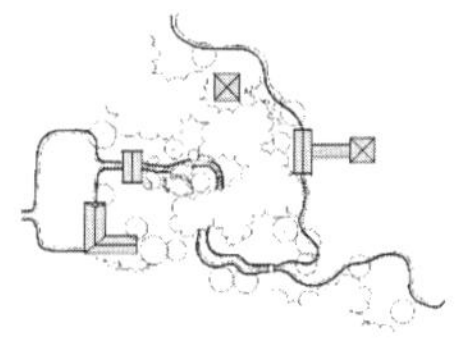	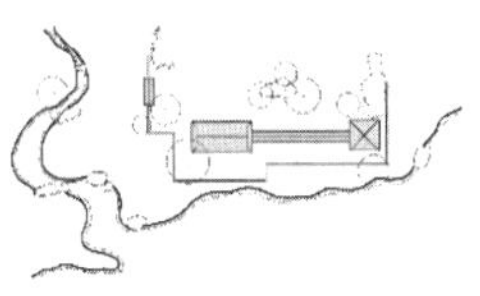	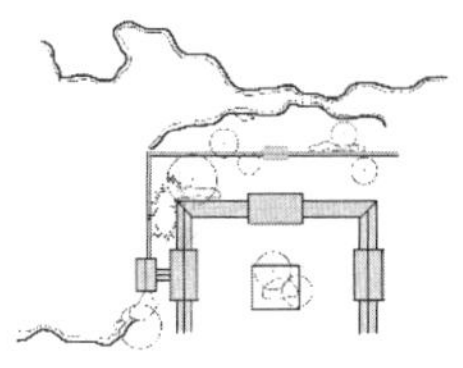
审美意象	春花开而散锦	夏木茂而成幄	秋宵静而月明	冬晓温而雪霁

水。《梦粱录》记载西湖游人"纳凉避暑，恣眠柳影，饱挹荷香，散发披襟，浮瓜沉李，或酌酒以狂歌，或围棋而垂钓"[23]，在荷花丛中泛舟，岸边柳树阴凉。夏季中午宜高卧，保持充足的睡眠，于树荫竹庭昼眠养生，乘凉卧眠，逍遥自在，"宜居虚堂净室，水次木阴，洁净之处，自有清凉"。邵雍《竹庭睡起》亦曰："竹庭睡起闲隐几，悠悠夏日光景长"。盛夏时可选择湖边蒲深柳密或竹林深处，适当午睡以避暑。

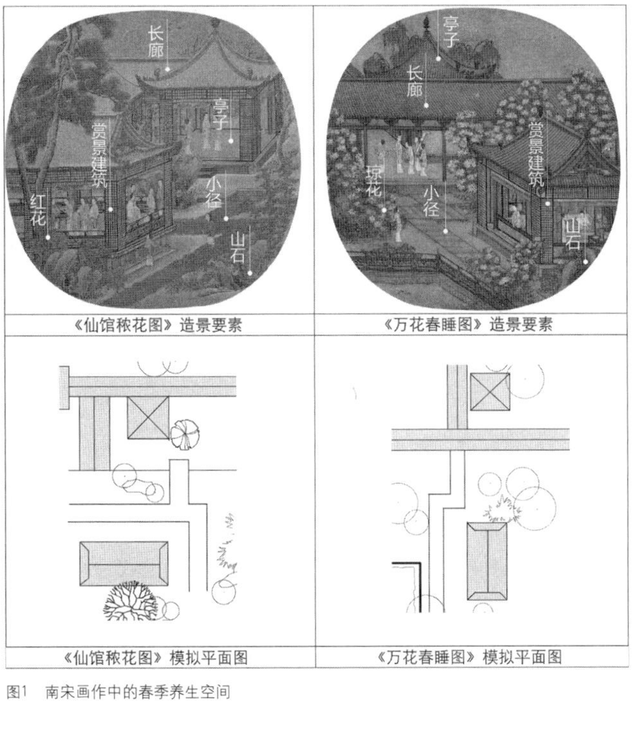

《仙馆秾花图》造景要素　《万花春睡图》造景要素

《仙馆秾花图》模拟平面图　《万花春睡图》模拟平面图

图1　南宋画作中的春季养生空间

空间营造宜开敞通风，中敞虚堂，水面宽凉。置身于山林水畔，自然清凉，增加室内外环境的沟通。根据建筑与水体、山石、庭荫树等要素的关系可以总结为四类夏季养生空间模式（图2）。第一，临水模式，为"水池—庭荫树—临水建筑—山石"的布局关系，建筑建于水岸之上，地势较高，面临开阔水体，便于通风，水中植有荷花，阁中可观花乘凉。第二，亲水模式，为"水池—规则池岸—亲水建筑—竹丛、花树"的布局，假山置石作为障景，沿路可到达水中建筑。第三，跨水模式，为"前后竹林—山石—潜引流水—上设建筑"的关系，水流从亭下而过，通过竹林、山石、溪流等营造出凉爽避暑空间。第四，入水模式，为"湖泊—廊建筑—入水水阁—岸边山石"的布局，建筑位于地势陡峭的山边，长廊连接水阁探入水中。可见建筑与水体不同的位置关系，与岸边树木浓阴结合，营造夏季凉爽的养生空间。

3. 秋：高旷地势，登高望月

秋季天高云淡，气候清爽。"凡治气养心，虚则明，逸则思。古人之所以即高明、远眺视者，非特为游观之美，所以宣底滞而明意虑也"。南宋临安居民秋时泛菊，尝新酒，登高观潮望月。张镃于南湖园中古松间建有驾霄亭观月，"尝于南湖园作驾霄亭于四古松间，以巨铁絙悬之空半而羁之松身。当风月清夜，

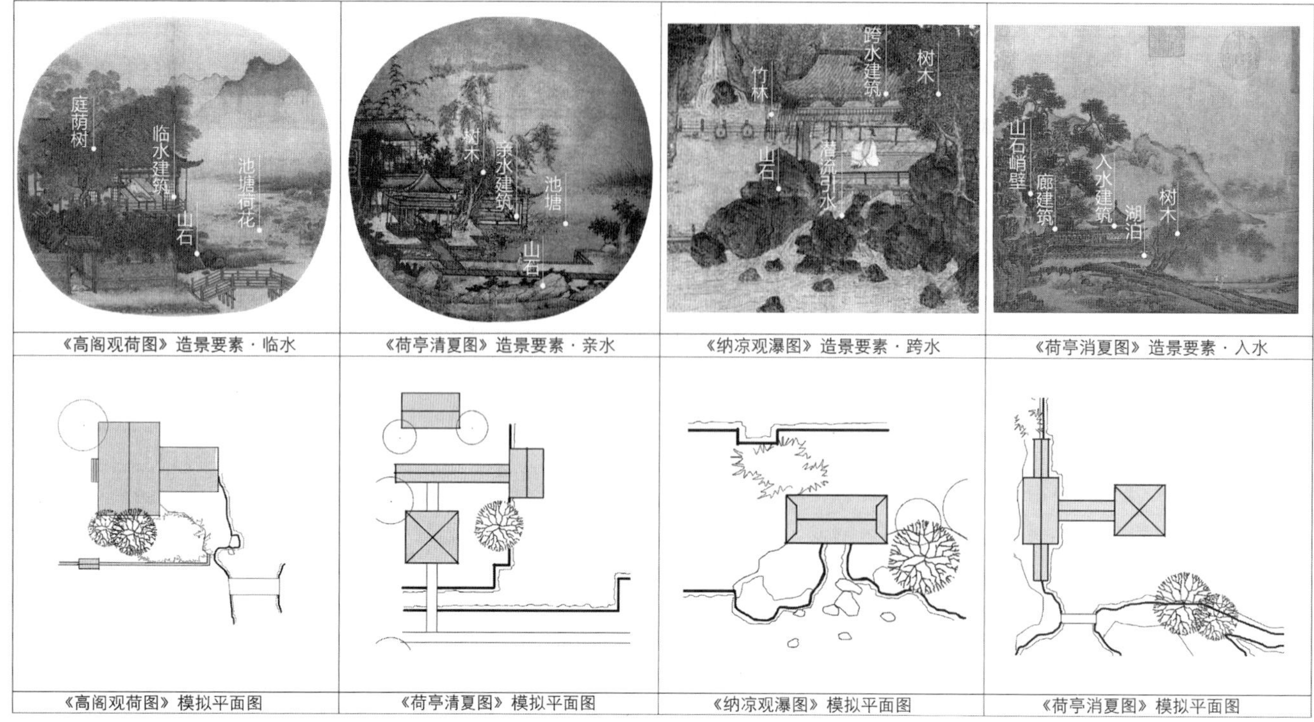

图2 南宋画作中的夏季养生空间

与客梯登之”[24]，望月吟诗。可知秋季登高远眺，可以涤虑澄思，畅怀抒气。

宜营造高旷舒朗的平台空间，在地势较高处兴建楼阁，桂树丛生，前望江流，开阔无垠，或在主建筑面向江边的一侧，设置开敞的赏景观潮平台（图3）。此外，园林中还种有秋色叶树种以及秋天观果树种，南宋·蒋捷有诗句：“月有微黄禽无影，挂牵牛数朵青花小。秋太淡，添红枣。”果实鲜艳的色彩既能丰富人们的视觉体验，又可作为当季的时令佳果进行品尝。

4. 冬：内收布局，暖炉赏雪

冬季朔风凛冽，万物伏藏，养精蓄锐，冬季宜养“藏”，保持精神宁静安谧，可温补小酌，避寒就温，适度劳作活动。冬天宜进行雪霁寻梅，扫雪烹茶，山窗听雪等园居活动。“豪贵之家，如天降瑞雪，则开筵饮宴……诗人才子，遇此景则以腊雪煎茶”[23]，张镃也记载南湖园中冬季有“绘幅楼庆煖阁”、“绘幅楼前赏雪”、“绘幅楼前雪煎茶”的养生乐事，可见冬季宜进行神藏于内，静居养道的养生内容。

宜营造封闭性较好的居住环境，围合空间抵御寒气。在冬天的场景中，建筑位于水体一侧，前后有植物遮挡，空间布局较内敛。空间围合形成四合庭院，与水体之间以围墙相隔，形成“桥-门屋-院落”的空间层次，以避风防寒气（图4）。在具体营造上，建筑外立面檐柱之间加盖一层落地格子门窗，屋内有炭盆，足以御寒。冬季常绿树不可种植过多，使得阳光可以照射屋里，使人阳气和畅。“三冬之月，最宜居处密室”，可见冬季宜园居于内收布局的养生空间，进行适宜的养生活动。

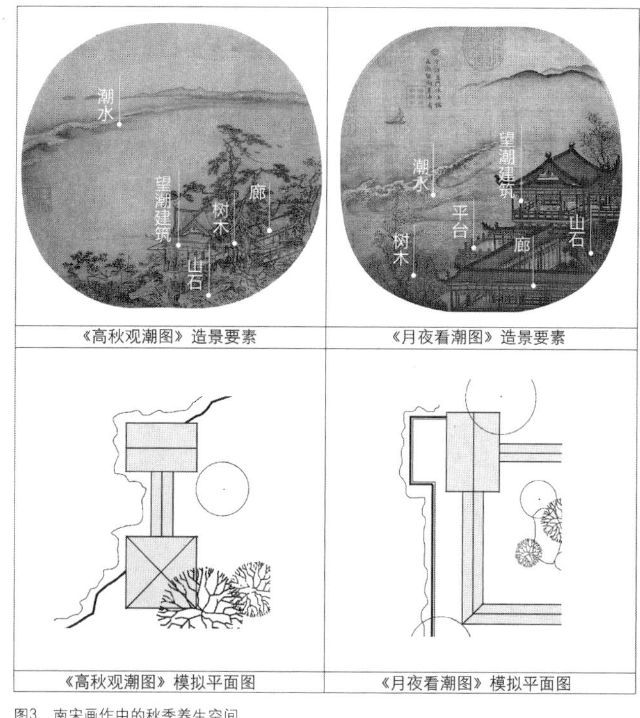

图3 南宋画作中的秋季养生空间

四、结语

本文尝试探讨了南宋文人园林以坐卧存神、小劳养形、雅集怡情为代表的园居养生活动，按春、夏、秋、冬四时特征顺序总结出线性路径、宽凉水面、高旷地势、内收布局的四时养生空间特征。对南宋文人园林四时养生智慧进行研究，有助于营造符合季节特征的养生人居环境，促进人们形成健康养生的居住理念和生活方式，为当下的园林养生环境建设提供传统思考，为实现共建共享全民健康作出贡献。

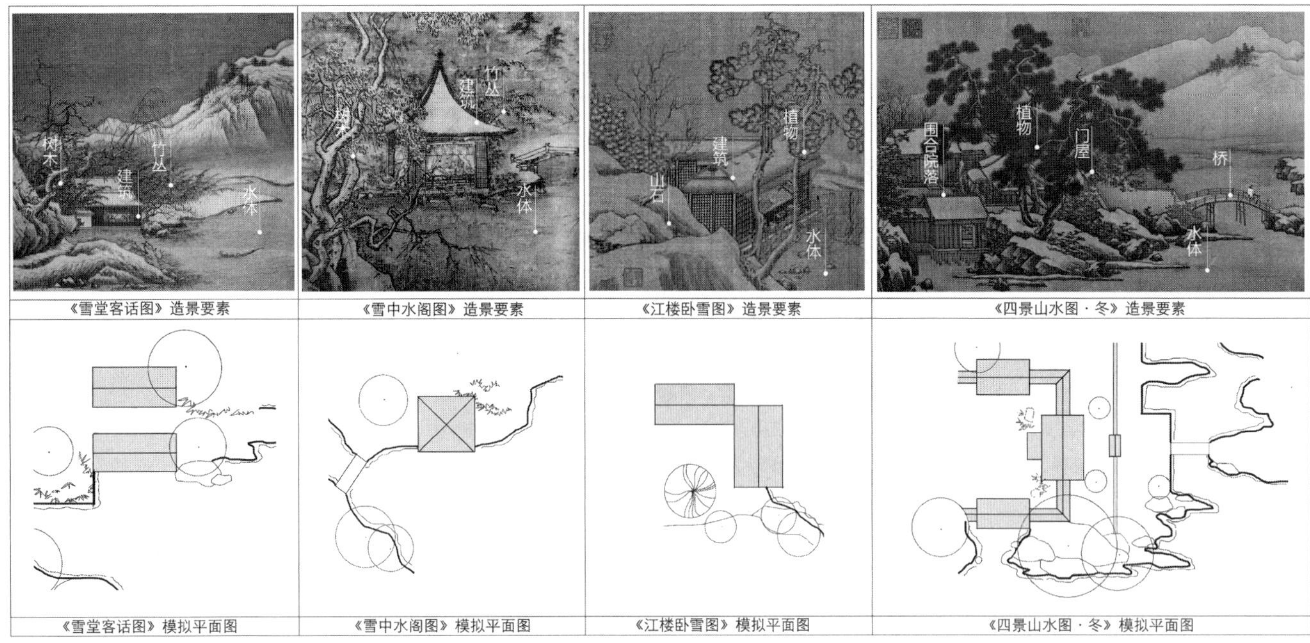

图4　南宋画作中的冬季养生空间

注释

① 基金项目：广州市科技计划项目：地域特色与绿建技术融合的广州乡村既有建筑改造研究与示范（项目编号：201804020017）；华南理工大学中央高校基本业务费培育项目《中国传统村落与民居的文化地理研究》（项目编号：x2jz/C2180060）。

② 唐孝祥，华南理工大学建筑学院，教授，博士研究生导师，510640，ssxxtang@scut.edu.cn。

③ 傅俊杰，华南理工大学建筑学院，2017级风景园林硕士研究生，510640，1160731903@qq.com。

参考文献

[1] Hui-shu Lee. Exquisite Moments: West Lake and Southern Song Art [M]. New York, China Institute in American, 2001.

[2] 江俊浩，沈珊珊，卢山. 从两宋园林的变化看南宋园林艺术特征 [J]//中国园林，2013（4）：104-108.

[3] 毛华松，梁斐斐，张杨珽. 宋画中的园林活动与园林空间关系研究 [J]//西部人居环境学刊，2017（2）：32-39.

[4] 宋恬恬，沈欣悦，鲍沁星. 略论宋画的园林史料价值——以陶渊明归隐图卷、归去来辞书画卷、西塞渔社图等宋画为例 [J]//风景园林，2017（2）：40-46.

[5] 包瑞清，刘静，胡浩. 从江山秋色图试论宋代文人写意山水园创作要素 [J]//中国园林，2013（6）：92-96.

[6] 朱翥. 四景山水图中的南宋文人园林造景手法探讨 [J]//风景园林，2016（02）：102-108.

[7] 耿菲. 宋画纳凉图与园林理水 [C] //中国风景园林学会，中国风景园林学会2018年会论文集，2018.

[8] 薛芳芸，冯丽梅，周蓉. 宋代文人养生之盛况及缘由探究 [J]//光明中医，2010（8）：1319-1320.

[9] 宋晓静，潘佳宁，张俊玲. 中国古典园林养生初探 [C] //中国风景园林学会2013年会论文集（上册），中国风景园林学会，2013.

[10] 戴秋思，展玥. 中国古典文人园林养生思想与造园的相关性初探 [J].//西部人居环境学刊，2018（4）：86-90.

[11] 张学玲，李雪飞. 中国古典园林中的健康思想研究——以清代皇家园林为例 [J]. 中国园林，2019，35（6）：28-33.

[12] 何晓静. 意象与呈现——南宋江南园林源流研究 [D].北京：中国美术学院，2017.

[13] 曾巧庄，刘琳. 全宋文 [M]. 上海：上海辞书出版社，2006.

[14] 许南海. 从宋代养生诗看宋代士人的养生 [J].//黑龙江史志，2011（11）：48-50.

[15]（宋）蒲虔贯. 保生要录 [M]. 上海：上海古籍出版社，1990.

[16] 徐月英，王喜涛. 黄帝内经中的运动养生思想及方法 [J]//沈阳体育学院学报，2006（2）：23-25.

[17] 章辉. 南宋文士的园林休闲及其审美蕴藉 [J]//美与时代（上），2016（5）：14-17.

[18]（南宋）周守中.《养生类纂》[M]. 北京:中华书局，2013.

[19] 山东中医学院，河北医学院. 黄帝内经素问校释（上册）[M]. 北京:人民卫生出版社，2004.

[20] 毛华松. 城市文明演变下的宋代公共园林研究 [D]. 重庆:重庆大学，2015.

[21]（元）周密. 武林旧事 [M]. 北京：中华书局，2014.

[22]（宋）陈直. 养老奉亲书 [M]. 上海：上海科学技术出版社，1988.

[23]（南宋）吴自牧. 梦粱录 [M]. 杭州：浙江人民出版社，1980.

[24] 曾维刚，铁爱花. 园林别业与宋人休闲雅集和文学活动——以杭州张镃南湖别业为中心的考察 [J]//浙江学刊，2012（5）：102-110.

闽南古厝二维立面参数化解构[①]

张 杰[②] 田 蜜 陈维安

摘　要：古厝是闽南传统建筑的重要代表，其立面是由燕尾脊、水车堵、镜面墙、裙堵等要素组合而成。各要素之间存在着一定的数理关系，并且这种关系是解构闽南古厝美学表征的理论基础。据此，本文基于ArcGIS平台，对100栋最具代表性的闽南古厝立面的数据实测、数据转换、图形叠合、立面分类、模数确定与模型构建等，对闽南古厝立面进行二维参数化解构，以此揭示闽南古厝立面数理关系，即立面各要素多为2或1的比例构成，且这一比例与平面形态构成具有较一致的数理结构，为进一步解析闽南古厝美学表征提供科学依据。

关键词：闽南　古厝立面　参数

一、引论

闽南古厝是闽南传统建筑的翘楚，人们赞叹其高耸的燕尾脊、红砖的镜面墙、白石的裙堵，以及泥塑精美的水车堵、雕刻装饰精湛的塌岫等，而这一赞叹出自于感性的认识，从理性的层面，解构古厝立面亟待专业的研究。另外，古厝立面的营造受到建造技术和材料的制约，也受制于地域生活方式、思想观念以及国家制度等，这一切都隐含着闽南古厝立面解构的方式与规律。综上两方面，从理性的层面解构闽南古厝立面成为深入解读闽南古厝外在美的新视角，也成为解码地域传统建筑营造技艺的钥匙。

对于古厝立面的参数化研究具有一定的学术价值与现实意义，可以透过立面，归纳出二维空间尺度的规律，揭示并解读古厝立面形态数理关系背后的地域美学魅力、地域文化与营造智慧，为准确、全面引导古厝的保护与修缮、地域性设计奠定基础。

二、闽南古厝立面形态概述

闽南古厝平面一般有三间张两落大厝与五间张二落大厝，以及三间张双护厝、三间张单护厝等多种形制。其立面追随平面，也形成了三间张两落大厝与五间张二落大厝的典型立面，及其一系列变异的形态。

闽南古厝正立面，在竖向上可划分为：台基、墙身、屋顶三部分，即竖向三分；横向上，则以塌岫大门为中心线形成对称的形体，即塌岫及其两侧镜面墙、窗户、护厝门、护厝等构成。其中，三间张古厝立面以塌岫为中心，左右各一堵镜面墙与窗户，即横向三分。由此，形成古厝正立面“三横三竖”图解方式。（图1）

三、古厝立面参数化解构

1. 参数化解构路径选择

对于闽南古厝立面参数化解构，首先，进行立面分割与因子筛选。根据古厝立面形态构成特点，提出“三横三竖”的立面划分方式。其次，数据实测与量化分析。再次，图形叠合与分类解析。最后，模数确定与模型构建。

基于ArcGIS平台，对1300余栋古厝中筛选出100栋最具代表性的闽南古厝立面展开量化研究。研究样本覆盖闽南地区泉州、漳州、厦门三地，其中三间张古厝共计55栋、五间张古厝共45栋。

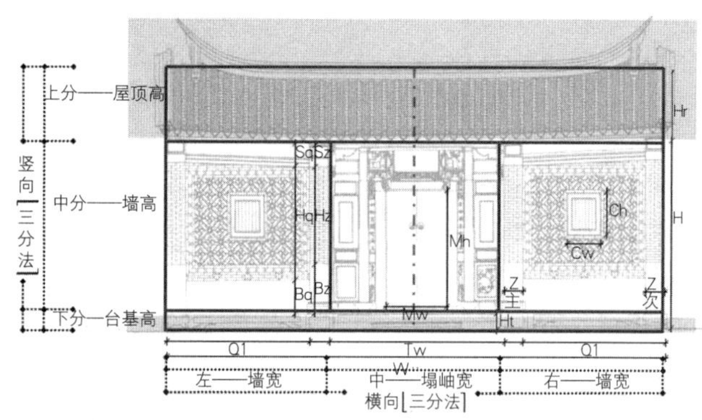

上分——古厝屋顶部分，包括：Hr–屋顶高、W–通面阔；
中分——古厝墙身部分，包括：中部塌岫与左右镜面墙。H–墙高、W–通面阔、Z主–主柱宽、Z次–次柱宽；
中分中部塌岫，包括：Mw–门宽、Mh–门高、Tw–塌岫宽（Tw1–双塌内凹宽1，Tw2–双塌内凹宽2）；
中分左右两侧镜面墙，包括：Q1、Q2–镜面墙宽、Hz–柱红砖高、Hq–镜面墙红砖高、Bz–柱白石高、Bq–镜面墙白石高、Sz–柱水车出景高、Sq–水车堵宽、Ch窗高、Cw–窗宽；
下分——古厝台基部分，包括：Ht–台基高、W–通面阔。

图1　三间张古厝正立面“三横三竖”图解

部分古厝正立面测绘图　　表1

福全FQ-01林氏祖厝	福全FQ-02林氏家庙
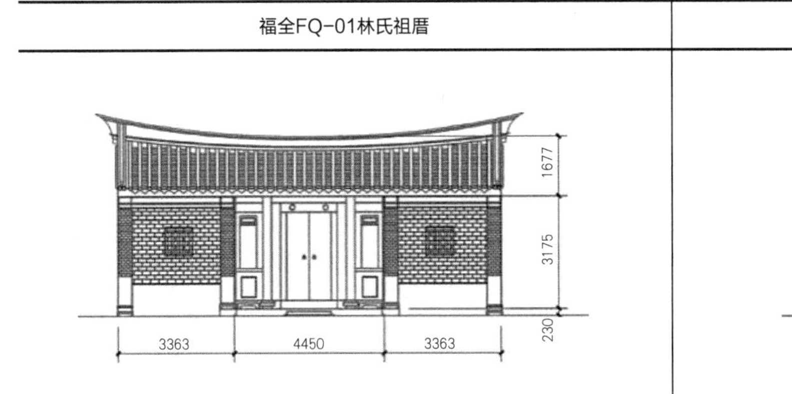	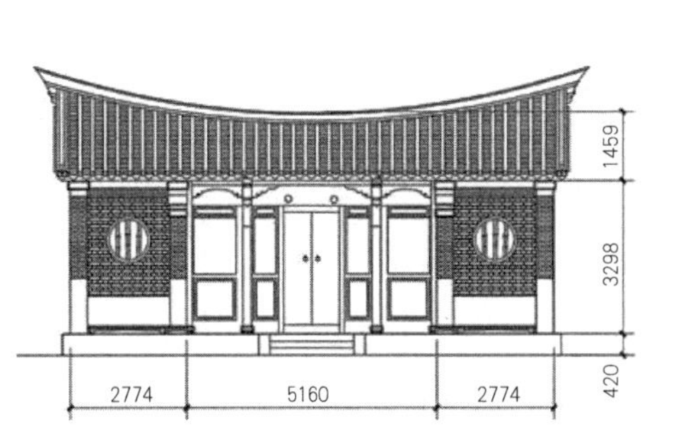

2. “三横三竖”量化

结合古厝立面形态“三横三竖”的分割方式，从众多立面尺寸中筛选出23个影响立面形态的关键因子，包括：建筑面宽W、墙高H、台基高Ht、门框内长Mh、内宽Mw、窗框内长Ch、宽Cw、镜面墙等，基于Auto CAD与Excel数据统计平台，绘制古厝立面矢量图、列表整理闽南古厝立面实测数据分析，如表1。

对100栋闽南古厝样本的进行参数化分析，其中，三间张55栋，五间张45栋，以探究其异同。

以“三横三竖”为古厝立面划分标准，对100栋古厝作七项尺度、比例的线性回归分析和四项构成块的面积比分析（三间张与五间张单独分析）。七项线性回归分析包括：（1）通面阔W与屋顶高Hr；（2）通面阔W与墙高H；（3）通面阔W与台基高Ht；（4）墙高H与塌岫宽Tw；（5）墙高H与墙宽Q。（6）屋顶高Hr、墙高H、台基高Ht之比；（7）塌岫宽Tw与墙宽Q之比。四项面积占比分析包括：（1）屋顶面积与立面总面积之比；（2）墙身面积与立面总面积之比；（3）台基面积与立面总面积之比；（4）塌岫面积与中分墙身面积之比。（表2、表3）

45栋五间张古厝“三横三竖”数据比较分析表　　表2

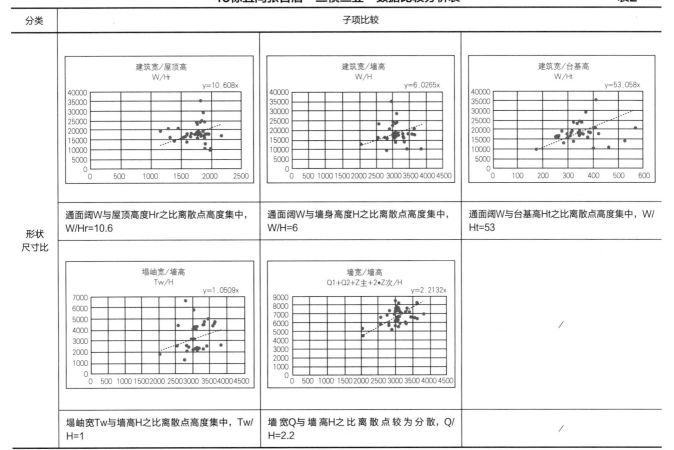

分类	子项比较		
形状尺寸比	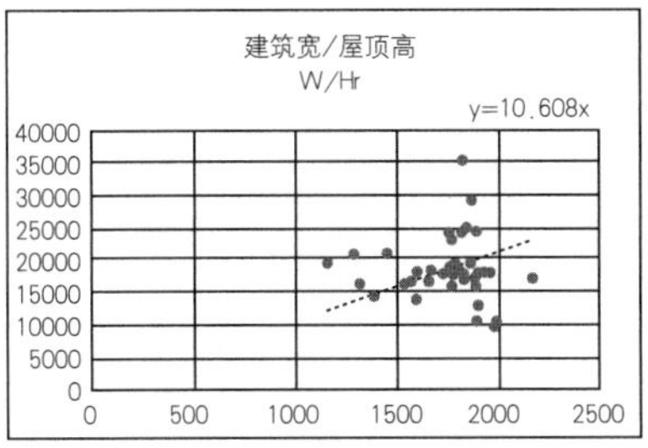 建筑宽/屋顶高 W/Hr y=10.608x	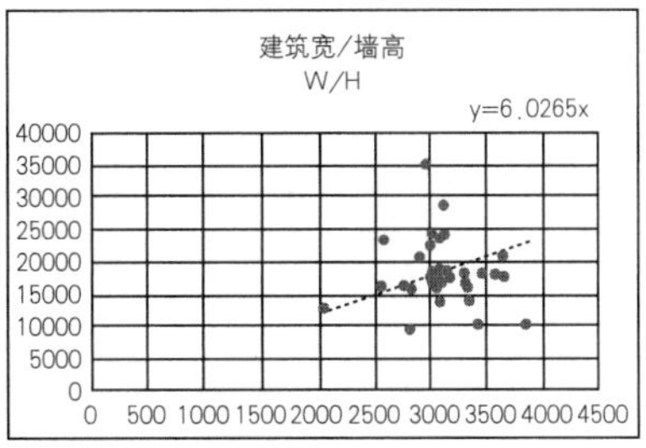 建筑宽/墙高 W/H y=6.0265x	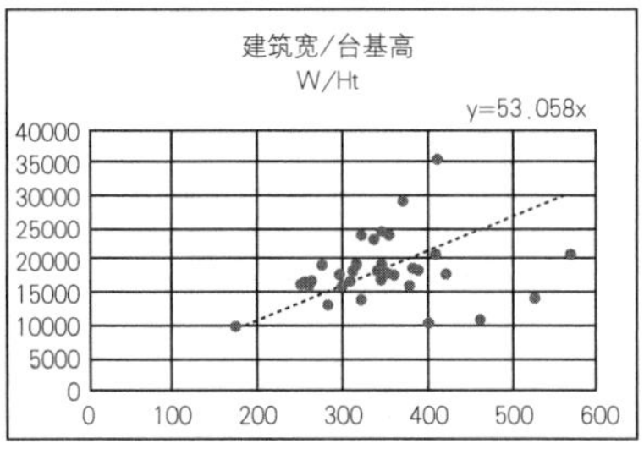 建筑宽/台基高 W/Ht y=53.058x
	通面阔W与屋顶高度Hr之比离散点高度集中，W/Hr=10.6	通面阔W与墙身高度H之比离散点高度集中，W/H=6	通面阔W与台基高Ht之比离散点高度集中，W/Ht=53
	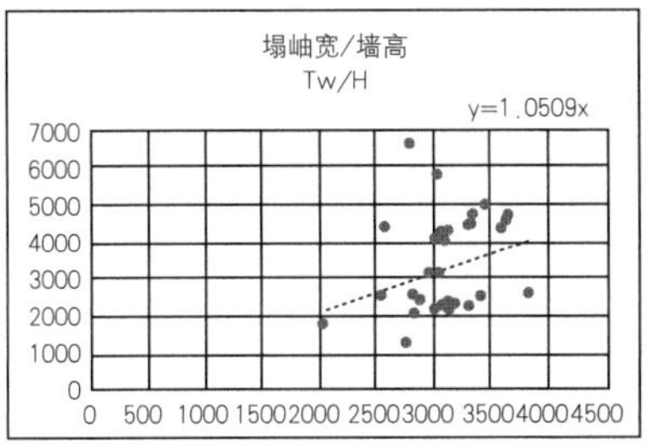 塌岫宽/墙高 Tw/H y=1.0509x	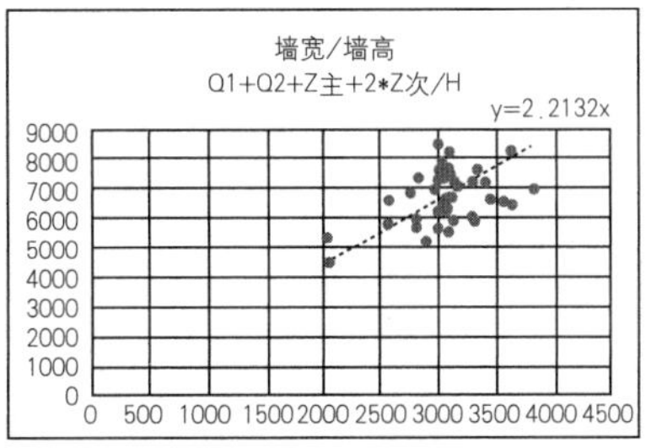 墙宽/墙高 Q1+Q2+Z主+2*Z次/H y=2.2132x	/
	塌岫宽Tw与墙高H之比离散点高度集中，Tw/H=1	墙宽Q与墙高H之比离散点较为分散，Q/H=2.2	/

续表

分类	子项比较
竖向高度比	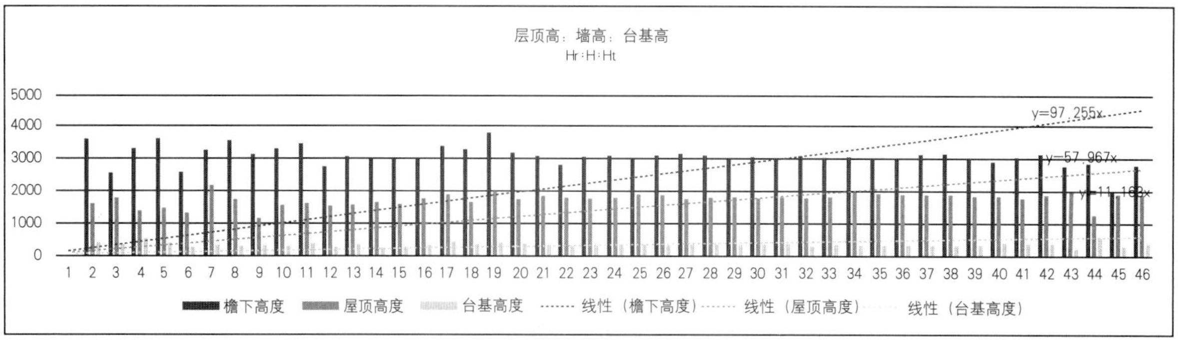 层顶高：墙高：台基高 Hr：H：Ht y=97.255x　y=57.967x　y=11.162x 檐下高度　屋顶高度　台基高度　线性（檐下高度）　线性（屋顶高度）　线性（台基高度）
	“竖向三分”高度：屋顶高Hr、墙高H、台基高Ht分别作线性回归分析，Hr/H/Ht＝5：9：1
横向宽度比	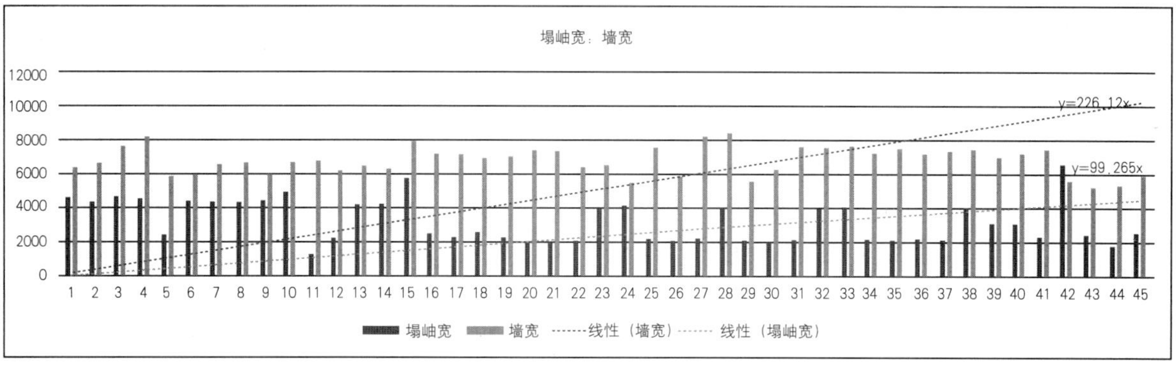 塌岫宽：墙宽 y=226.12x　y=99.265x 塌岫宽　墙宽　线性（墙宽）　线性（塌岫宽）
	“横向三分”高度中的塌岫宽Tw与墙宽Q分别作线性回归分析，可得：Tw/Q＝0.5

55栋三间张古厝“三横三竖”数据比较分析表　　表3

分类	子项比较		
形状尺寸比	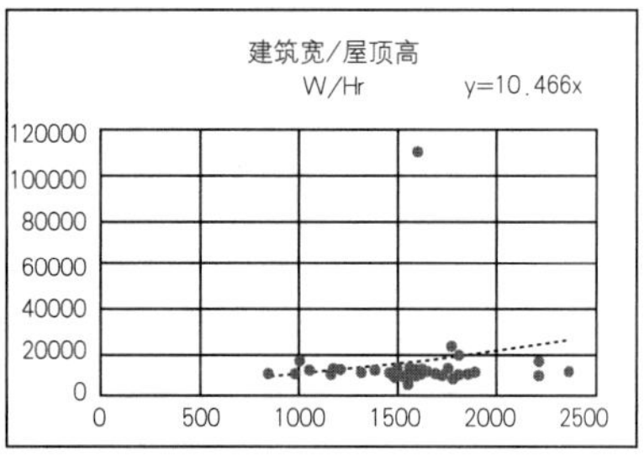 建筑宽/屋顶高 W/Hr　y=10.466x	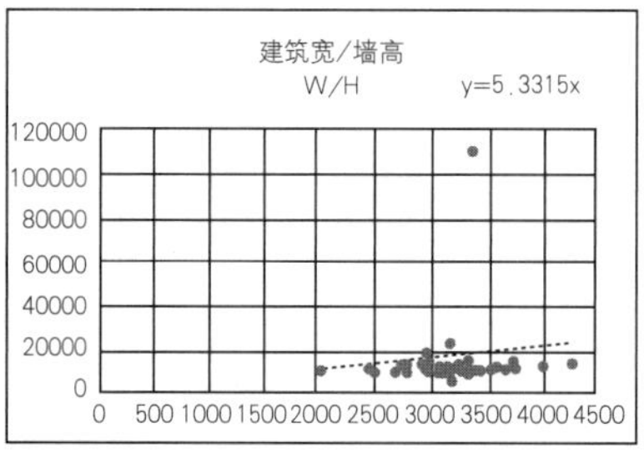 建筑宽/墙高 W/H　y=5.3315x	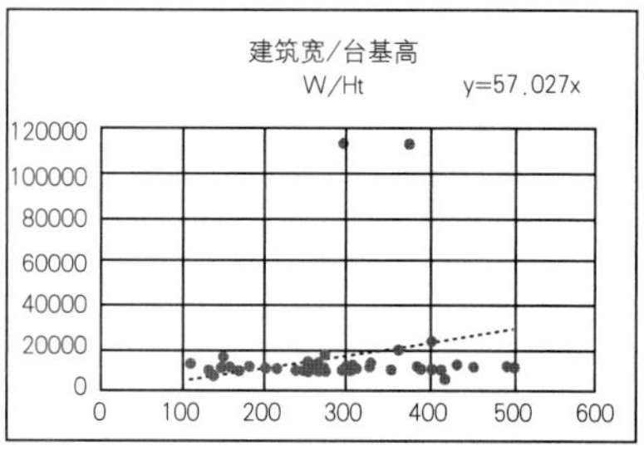 建筑宽/台基高 W/Ht　y=57.027x
	通面阔W与屋顶高度Hr之比离散点高度集中，W/Hr=10.5	通面阔W与墙身高度H之比离散点高度集中，W/H=5.5	通面阔W与台基高Ht之比离散点高度集中，W/Ht=57
	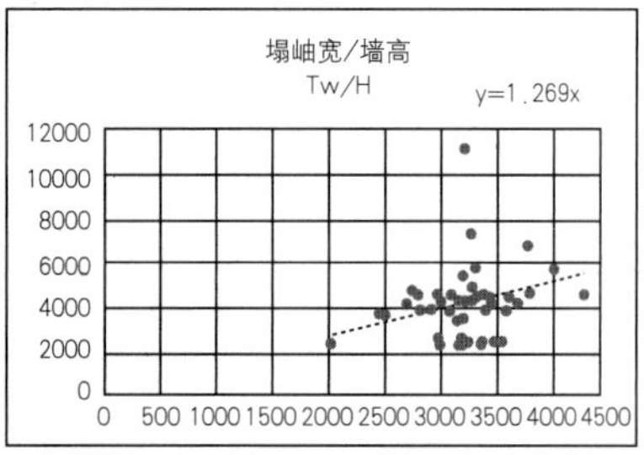 塌岫宽/墙高 Tw/H　y=1.269x	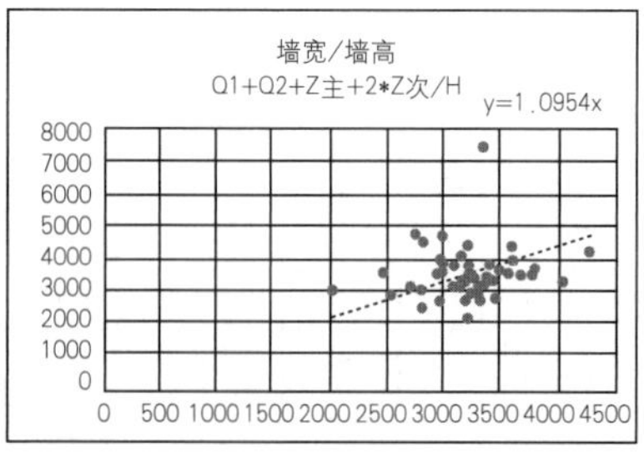 墙宽/墙高 Q1+Q2+Z主+2*Z次/H　y=1.0954x	/
	塌岫宽Tw与墙高H之比离散点高度集中，Tw/H=1.2	墙宽Q与墙高H之比离散点较为分散，Q/H=1	/

续表

分类	子项比较
竖向高度比	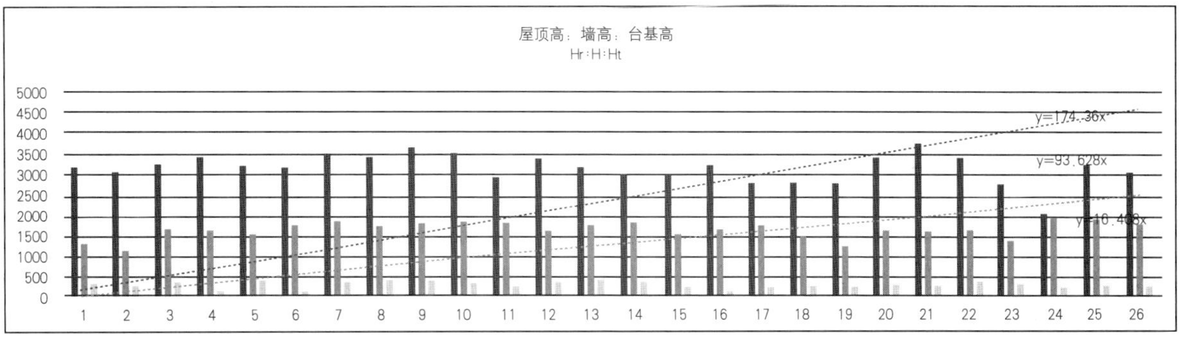 屋顶高：墙高：台基高 Hr：H：Ht y=174.36x　y=93.628x　y=16.408x
	“竖向三分”高度：屋顶高Hr、墙高H、台基高Ht分别作线性回归分析，Hr/H/Ht＝5.7：10.5：1
横向宽度比	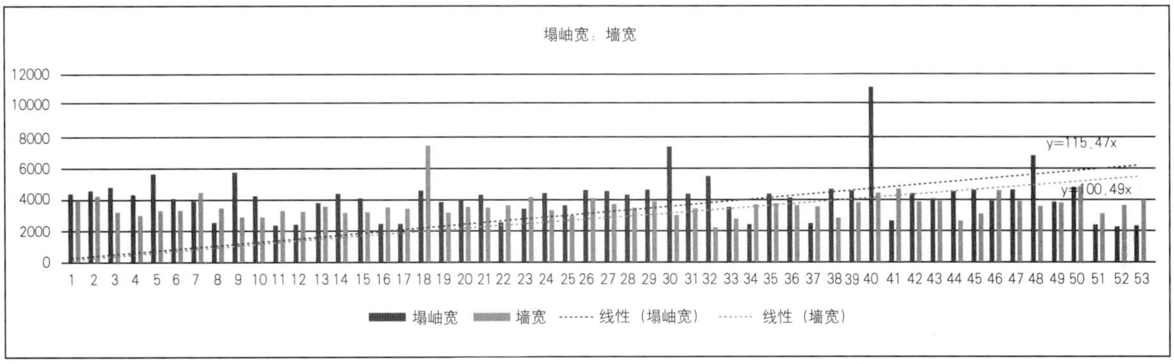 塌岫宽：墙宽 y=115.47x　y=100.49x 塌岫宽　墙宽　线性（塌岫宽）　线性（墙宽）
	“横向三分”高度中的塌岫宽Tw与墙宽Q分别作线性回归分析，可得：Tw/Q＝0.87

综上，对比五间张与三间张古厝立面“三横三竖”数据分析结果，可得：五间张与三间张古厝呈现出随开间变化而变化的数理关系。三间张古厝、五间张古厝通面阔W与屋顶高Hr之比皆近似于10.5。因此，三间张与五间张古厝虽因开间不同，古厝通面阔尺寸产生变化，但W/ Hr始终保持相对恒定的比例关系。在通面阔W与墙高H的线性回归分析中，三间张与五间张的W/H随开间的增加，墙身高度H适量增加。通面阔W与台基高Ht之比，三间张与五间张数值相近，即随着开间数量的增加，台基高度基本持平。塌岫宽Tw与墙高H的线性分析，三间张与五间张古厝Tw/H两者比值接近。在竖向“三分”中，三间张与五间张的屋顶Hr、墙身H与台基Ht三项高度之比高度相似，呈现出古厝立面在竖向比例上变化甚微。在横向“三分”中，三间张与五间张古厝的塌岫宽Tw与墙宽Q之比呈正比关系。由立面构成块面积的占比分析可知，墙身面积中分部分约占古厝立面总面积的1/3，比值最大。其次，上分屋顶面积，约占立面总面积的1/4。在古厝横向的构成块面占比分析中，三间张塌岫面积约占中分面积的1/4，远大于五间张古厝1/7的占比。

3. 古厝立面局部数据参数化分析

基于闽南古厝立面构成元素、本研究进一步对100栋古厝立面中的柱、红砖、白石、水车堵、窗五大组成部分，共九个数据展开参数化分析。通过Arc View平台，以古厝门框底边为横向叠合线，对45栋五间张古厝立面进行图形叠合分析。(图2)

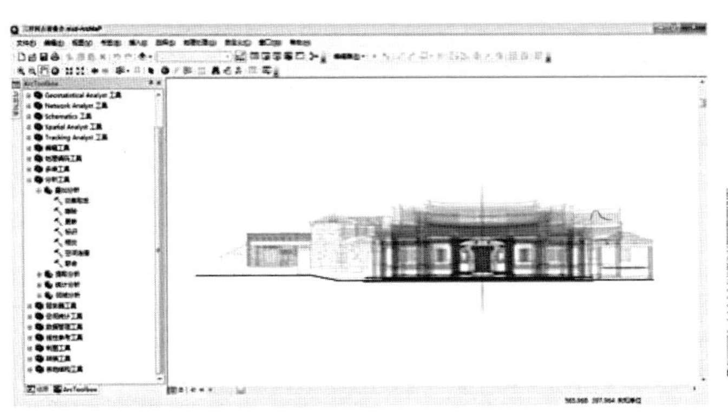

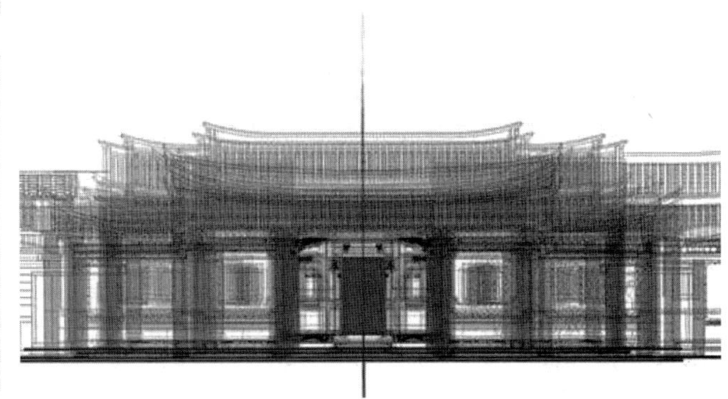

图2　五间张古厝立面矢量图形Arc view叠合分析图

通过对45栋五间张古厝立面矢量叠合分析，可知：大门高度重合；塌岫、镜面墙、柱子与窗等影响古厝立面形态构成的重要部分也呈现出较高重合率，且离大门越近，重合率越高的特征。据此，结合上文参数，选取八组高重合率的古厝立面主要尺寸比例的离散点，展开线性回归分析。（表4）

综上分析，五间张古厝立面形态构成中，横向与竖向上存在多处比值高度趋近的数理关系，即比值趋近1.1、比值趋近2与其他趋近。

4. 基于模数m的古厝立面模型解构

基于上述三间张、五间张立面“三横三竖”块面构成分析、立面高重合率主要比例线性回归分析与以m为基本模数进行的横向、竖向尺寸综合分析结果，可绘制出三间张、五间张及其孤塌、双塌古厝立面形态参数化模型。（图3）

四、结论

古厝是闽南传统建筑中的翘楚，其高耸的燕尾脊、红砖的镜面墙、白石的裙堵等都使人叹为观止，对此，基于ArcGIS平台，对100栋闽南古厝立面展开参数化解构，揭示闽南古厝立面的美学规律，即在闽南古厝立面的数理关系多为2或1的比例构成。而这一比例与平面形态构成具有较一致的数理结构，这不仅表现出闽南地区特殊建筑审美的比例特征，而且也折射出一种隐藏的地域建筑文化，为进一步揭示立面参数化背后的闽南人的美学价值观提供依据。

五间张古厝立面主要比例线性回归分析表　　表4

<table>
<tr>
<td>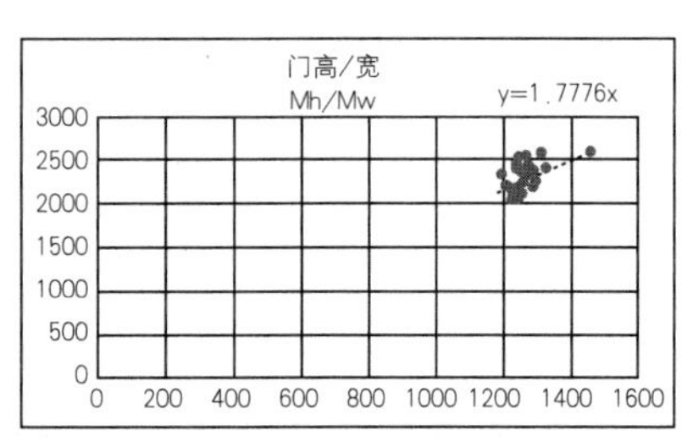
</td>
<td>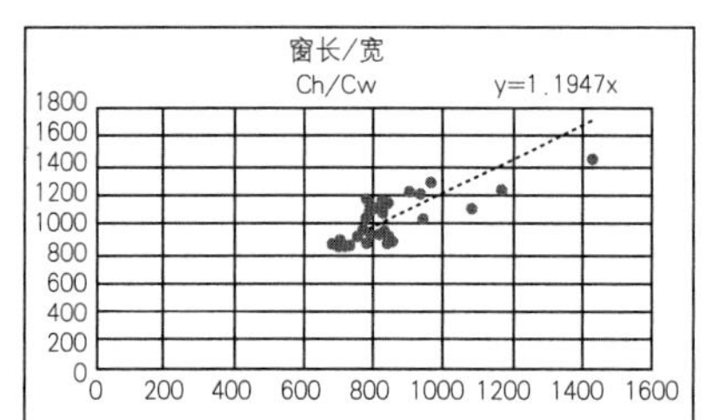
</td>
<td>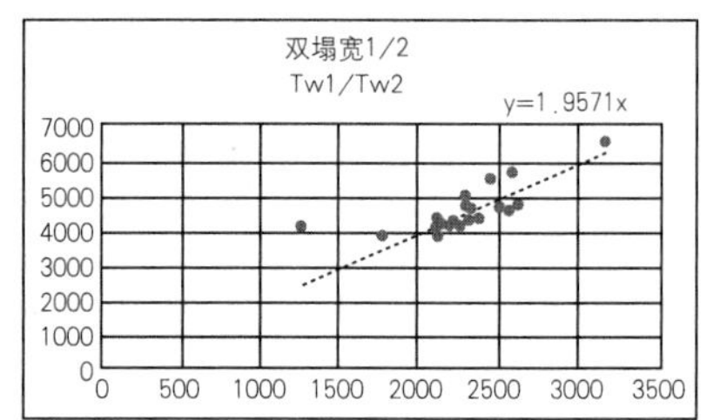
</td>
</tr>
<tr>
<td>门高Mh与门宽Mw之比，离散点高度集中，Mh/Mw=1.8</td>
<td>窗高Ch与宽Cw之比，离散点集中，Ch/Cw=1.1</td>
<td>两次内凹Tw1与Tw2之比，离散点基本位于一直线上，Tw1/Tw2=2</td>
</tr>
<tr>
<td>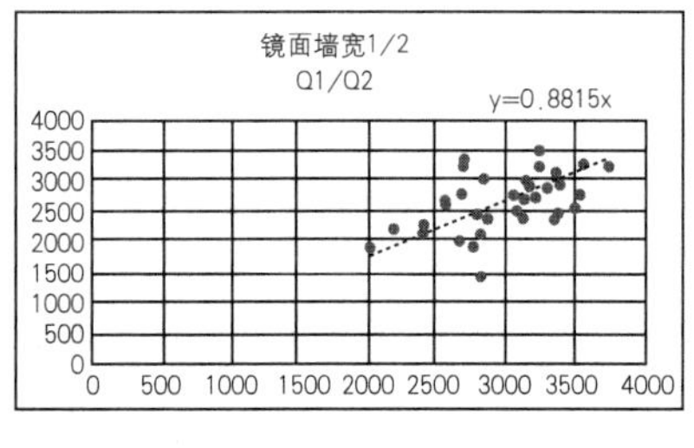
</td>
<td>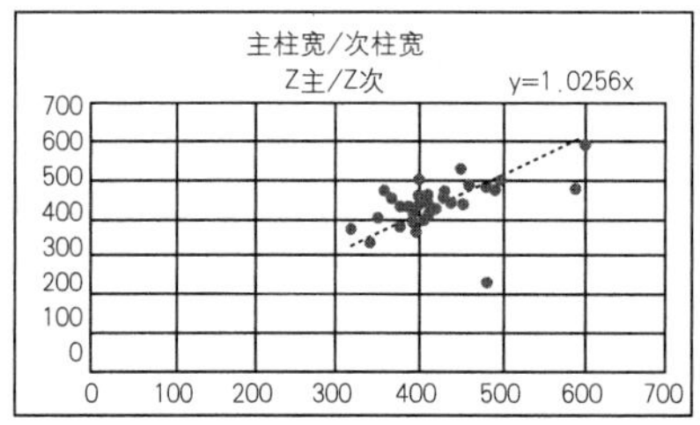
</td>
<td>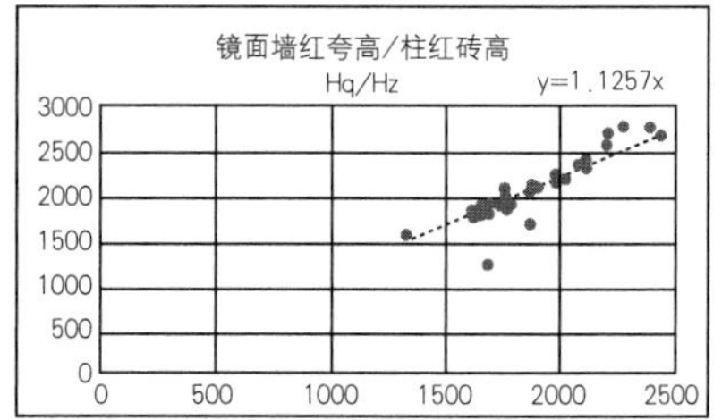
</td>
</tr>
<tr>
<td>镜面墙宽度Q1与Q2之比，离散点较为集中，Q1/Q2=0.9</td>
<td>主柱Z主与次柱宽Z次之比，离散点集中，Z主/Z次=1</td>
<td>镜面墙的红砖部分高度Hq与柱子的红砖部分高度Hz之比，离散点集中，Hq/Hz=1</td>
</tr>
<tr>
<td>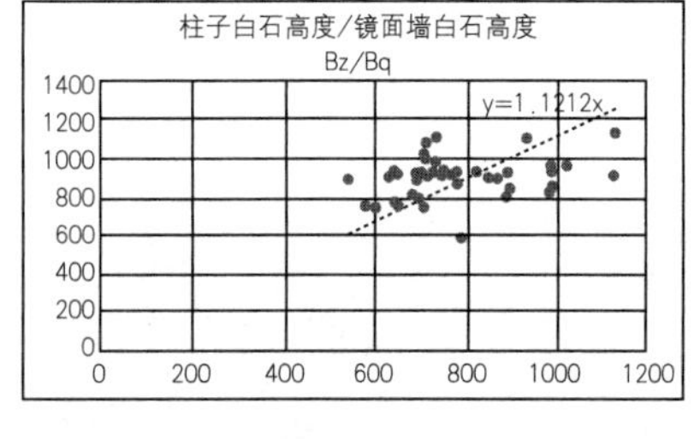
</td>
<td>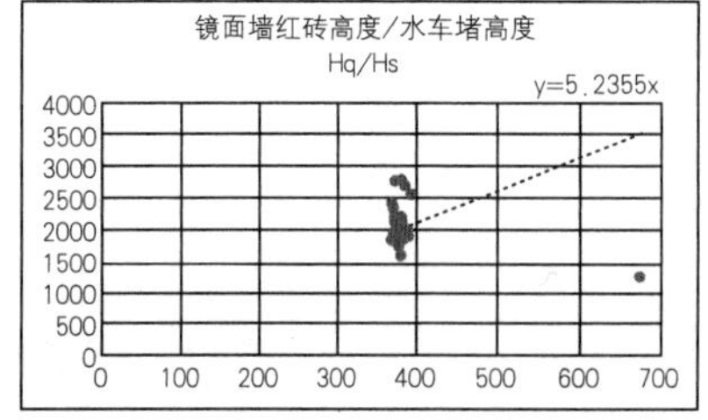
</td>
<td>/</td>
</tr>
<tr>
<td>柱子白石部分高度Bz与镜面墙中白石部分高度Bq之比，离散点较为集中，Bz/Bq=1</td>
<td>镜面墙中红砖高度Hq与水车堵高度Hs之比，离散点高度集中，Hq/Hs=5</td>
<td>/</td>
</tr>
</table>

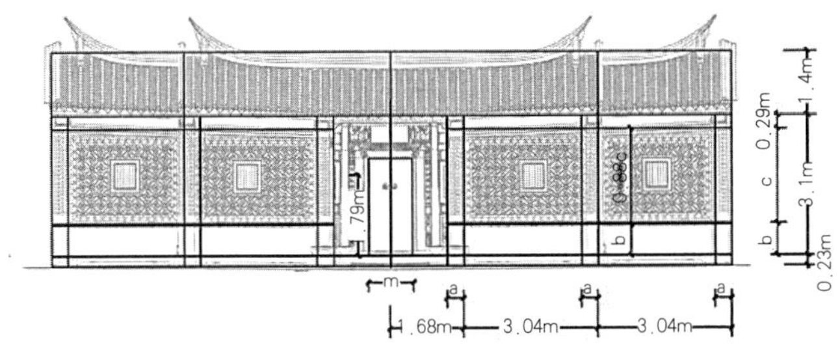

五间张（孤塌）古厝立面模型

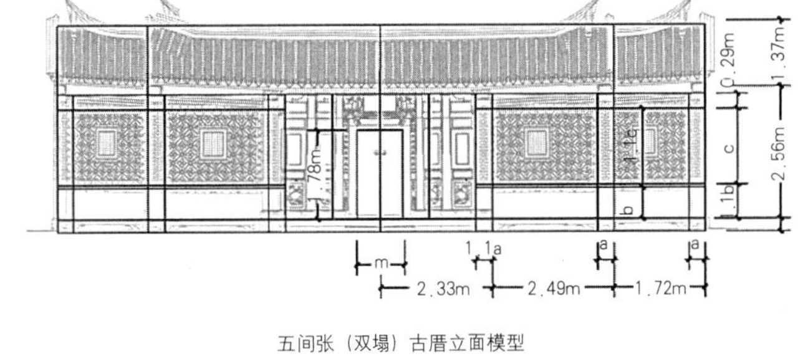

五间张（双塌）古厝立面模型

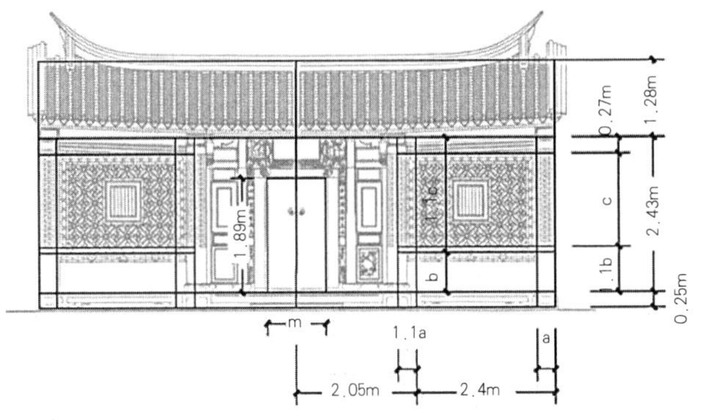

三间张（孤塌）古厝立面模型

开间（双塌）古厝立面模型

图3 基于模数m的古厝立面模型

注释

① 上海市设计学IV 类高峰学科开放基金：DA18301。

② 张杰，教授，博士生导师，华东理工大学景观规划设计系，200237，zhangjietianru@163.com。

参考文献

[1] 夏明．模数与盒子 [J]．工业建筑．2007.37：101-119.

[2] Patrick. Rules of Proportion in Architecture [M]. Midwest Studies in Philosophy, 1991：352-358.

[3] Padovan · Richard.Proportion：science, philosophy, architecture [M]. Spon Press, 1999.

[4] 程建军．"数理设计" 中国古代建筑设计理论与方法初探 [J]．华中建筑，1989，(02)：16-22.

云南临沧南美拉祜族木掌楼研究

孔　丹[①]　赵　逵[②]

摘　要：新时代背景下的新农村建设和快速的城镇化进程，在推动地区社会经济发展的同时，也间接导致了少数民族传统聚落的衰败。云南省临沧市南美乡拉祜族木掌楼是拉祜族典型的传统民居形式，是独特的地理环境和原始社会形态下的地域适应性产物。由于其直过的特殊政治属性，南美拉祜族村寨至今还仍旧保留着大量的历史遗存。本文基于对于南美乡全境大面积的调研走访，对于南美拉祜族木掌楼的地域性营造肌理与方法进行了详尽的研究与记录。探讨了拉祜族传统民居从建筑背景、建筑形态、建造方式到文化内涵等方面的内容，并对其发展与演变的轨迹与影响内核进行了理论性分析，提出对其文化保护与发展的策略与展望。

关键词：拉祜族　木掌楼　营建技艺　文化遗产保护

一、研究背景

拉祜族木掌楼是拉祜族典型的传统民居形式，是独特的地理环境和原始社会形态下的地域适应性产物。拉祜族历史上拥有自己的语言却没有自己的文字，他们的历史，文化都没有正规的传承记录方式，全靠像神话一样辈辈讲述，口口相传。

随着城镇化进程的逐步加快，现代社会的飞速发展，由于对于传统民居这样一种文化遗产的认识不到位和意识不明确，导致的一系列物质与非物质文化遗产经常为人所忽视，传统的村落衰落，独特的民居形式也在不知不觉中逐渐消失。这种文化基因的缺失，也间接预示着一个民族的趋同化与同质化。本文基于对于南美乡全境大面积的调研走访，以及和匠作师傅、相关文化工作者访谈工作的基础上，对于南美乡拉祜族木掌楼的地域性营造机制与方法进行了详尽的研究与记录，对研究传统拉祜族建造文明具有重要研究意义。

二、云南临沧南美拉祜族

拉祜族是一个古老的民族，拥有自己的语言却没有文字，历史传承多靠口口相传，崇拜自然，信奉“厄莎”。据史料记载，属氐羌族群，于青海湖畔起源，是游猎中崛起的民族，明末清初，因生存需要从青海一路向南迁徙。现如今分布区域主要集中在中国、老挝、缅甸等国家和地区，中国境内主要分布在云南澜沧江西岸，北起临沧、耿马，南至澜沧、孟连等县。

本文的调查地点云南省临沧市南美乡，是临沧唯一一个以拉祜族人口为主导的乡县，全乡拉祜族人数达到3236人，占总人数的72.4%。

南美乡位于云南省临沧市临翔区西部，处于四周皆山的崇山峻岭中，一条水系于山谷底穿流而过，拉祜族村寨就分布在山谷两侧。

聚居于云南的拉祜族，直到中华人民共和国成立实行直过政策之前，在很长一段时间里都延续其狩猎、农耕结合的生产方式，大多都生活在山区，尤其是云南临沧的南美乡拉祜族，地处滇西纵谷的深山区域，交通不易到达，长此以往，通过主动发展和被动的自然选择，形成了因地制宜、就地取材、气候适应性强的特色民居形式拉祜族木掌楼。

三、南美拉祜族木掌楼的形态特征

1. 木掌楼的分类特征

我们根据在云南省临沧市临翔区南美乡获得的田野调查结果，将现存的传统南美拉祜族民居从建筑形制、结构特征、材料特征三个方面进行了分类整理。

按结构特征又分比较传统的杈柱式木掌楼和后进化出来的穿斗式木掌楼。

由于建造技术工具和方法相对落后，拉祜族早期传统的木掌楼结构形式十分简单，当地人称之为杈柱式木掌楼或者是木叉叉木掌楼。这种传统的掌楼形式，仍使用框架埋地，柱子直接埋入基坑，

结构形式	衔接方式	年代	照片
杈柱式	搭接、捆绑	20世纪80年代以前	 
穿斗式	穿斗、榫卯	20世纪80年代	 

不使用柱础，柱子主要负责竖向承重，柱子应用质朴，直接选取自然带杈的木材做柱，不经过过度打磨，只做简单的削皮处理，透露出一股简朴自然的民居风格，其屋架横梁直接放在树杈上，只做简单的捆绑，木柱不要求笔直，形成自然粗糙的叉柱式结构木掌楼，风格古朴、粗犷，具有浓郁的原始韵味。

改革开放之后经济的快速发展给南美拉祜族人民生活带来的巨大变化，随着拉祜族人民生活质量的逐渐提高，建造技艺的逐步完善，拉祜人对于梁柱的处理不仅仅满足于承重，梁柱开始处理的笔直、方正，不再使用带天然树杈的木料，而是在柱上开洞，柱子靠穿透柱身的穿枋横向贯穿起来，以斗枋连接，逐渐演变为现在普遍认知的穿斗式木掌楼。

按屋顶的材料分类可以分为三种。传统的有两种形式，一种是茅草屋顶木掌楼，一种栅片屋顶木掌楼。另一种是改革开放以后为了延长了房屋维修周期，开始出现的现代材料石棉瓦屋顶木掌楼。

从建筑形态特征分类，拉祜族传统民居可以分为干栏式木掌楼和简易的落地式挂墙房。

20世纪中后期开始，拉祜族逐渐开始经过直过政策，受到政策及材料的限制，无论是建造形式还是材料的使用均逐渐发生了一定程度的变化，在建造形制方面，摆脱了传统的干栏式建筑形制，开始出现落地式建筑的形制，猪圈等饲养牲畜的区域单独设置。建筑外墙受到现代社会以及汉文化的影响，逐渐出现了土坯结构的汉式大屋“木骨泥墙”的挂墙房。使用竹篾条为骨，结扎枝条后再涂泥。屋内仍设有火塘，较传统木掌楼不同的是空间组织较为多元复杂。

拉祜族的挂墙房已经不能归属于拉祜族木掌楼的范畴，虽仍然保留了些许传统基因，但只能算是木掌楼的一种现代过渡衍生民居形式。

屋顶形式	茅草	栅片（木片瓦）	石棉瓦
使用年限	3年	5~10年	10年以上
年代	20世纪80年代以前	20世纪80年代	20世纪90年代以后
照片			

民居类型	传统拉祜族木掌楼	挂墙房
形制	干栏式	落地式“竹骨泥墙”
材料	木、竹、草	木、竹、泥、砖石
年代	20世纪90年代以前	20世纪中后期
照片		

2. 木掌楼的空间格局特征

南美拉祜族木掌楼，由于其滇西纵谷陡峭崎岖的地理环境，以及长期落后的原始生产生活方式，木掌楼的形态大多比较淳朴自然，材料选择更是地域性较强，因地制宜，内部空间格局较为单一。

木掌楼的建筑形式属于传统的云南干栏式建筑，掌楼的下层不设围墙，用来饲养牲畜或者堆放杂物，上层是生活空间，用来住人。木掌楼一般来说长边就是六排[③]或者七排，短边四排左右，可以做成两进或者三进的空间形式，这取决于主人家的生活需求，最常见的为两进，分里外两间，外加室外的晒台（图1）。

木掌楼大多是顺山墙开门，门的最外侧是一个宽度约1米的晒台，拉祜语叫“谷榻”。每当人们准备上楼之时，每家每户的独脚梯旁边都会放一个水盆，先在水盆里将脚洗净后，才会上独脚木梯上到晒台上。晒台的主要功能就是晾晒农作物，比如茶叶、辣椒、谷子等。与此同时，晒台还是拉祜族人日常最常逗留的空间。行走于拉祜族村寨，常常可以看到，男主人在晒台上坐着抽烟或是做一些编织的农活，而女主人在晒台上陪着孩子玩耍或是，一边做着家务活一边聊天的惬意景象（图2）。

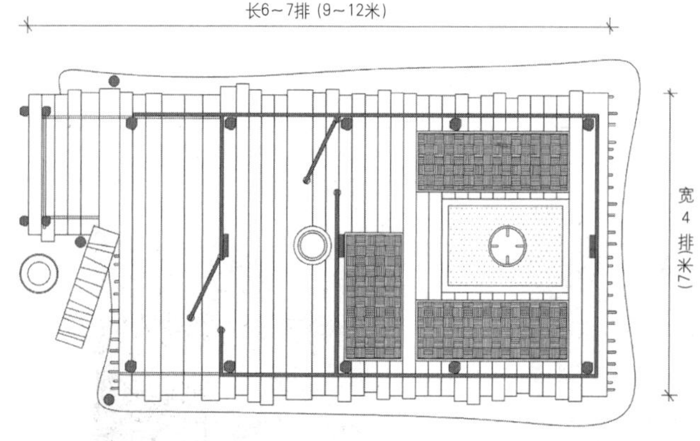

图1 木掌楼平面图

图2 晒台生活空间

室内空间分为里外间。外间是储藏间，较小，一般存放一些生活用品及小型的农具。最特别的是，每一间拉祜族木掌楼的外间都安装有一个舂米桩。舂米桩在楼面上看，类似一个大型的木碗，配有一个木杵，把米放进木碗中，用木杵反复捶打，是用来制作类似于我们所说的米糕一类的食品。

火塘空间是拉祜族木掌楼的核心空间，也是精神空间。拉祜族人崇尚火神，祭祀火神，他们的生活与火塘息息相关，逐渐形成了独特的火塘文化。拉祜族的“火塘文化”，对于建筑形态、空间秩序都产生了潜移默化的影响，拉祜人认为火神住在那里，因而火塘的火要保持一直不灭，白天拉祜人用其烧水做饭，夜里用来取暖照明，有时就算夜里不再烧柴，也要把火星保留在火塘的土里，次日翻出火苗再燃新柴。火塘对于拉祜人的生活来说起着重要的作用。饮食、取暖、驱潮、照明，拉祜族人的生活与火塘息息相关，居住空间都是围绕着火塘展开的（图3）。

3. 木掌楼的结构特征

早年游猎中的拉祜族人是没有固定居所的，现今的民居形式——拉祜族木掌楼属于矮脚干栏式木楼的一种，是定居后受地理环境的影响，在简易落地式茅草棚的基础上演变而成的地域性干栏式建筑。

由于受到生产方式、建筑技术和所采用建造工具的局限，最为传统的杈柱式木掌楼相较于其他民族的矮脚木掌楼要小一些，结构形式也要简单得多。木构架结构体系，突出纵向承重体系，同时在

图3 火塘生活空间

每个空间分隔处设有一品横向梁架，以保证民居的整体结构稳定性。传统的拉祜族木掌楼只有三排柱子，左右两排檐柱从基坑一直到顶使用的是一整根木材，同时承接楼面梁和屋架梁，而中间一列的中柱，则只承接到楼板，支撑屋顶的桁架需要通过落到地板梁上分两段接地承重。节点连接方式以搭接、捆绑为主，近现代开始也逐渐出现了穿斗榫卯这种更为精细的连接手法（图4）。

木掌楼建筑形式原始淳朴，全屋不使用一根钉子，一块砖头，整体的承重稳定全靠木构架体系承担。

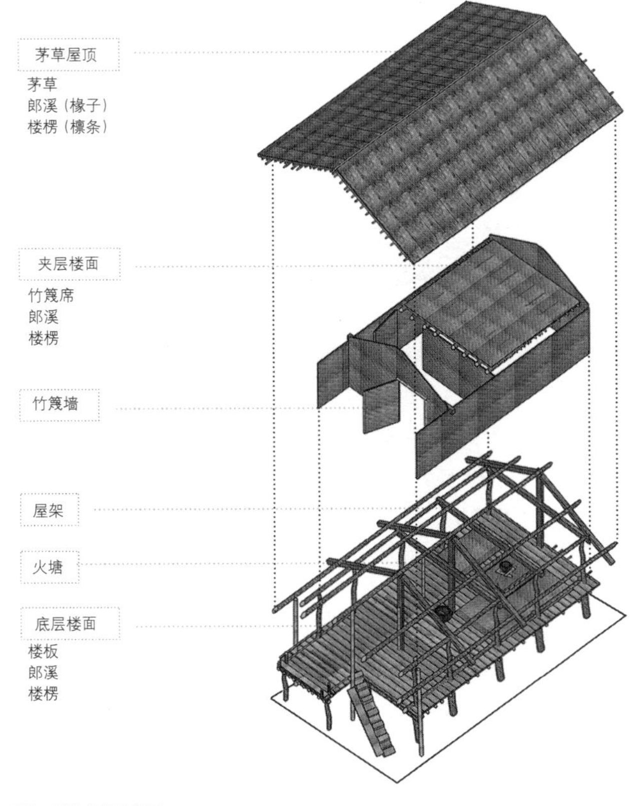

图4 结构分解示意图

四、木掌楼的建造

拉祜族传统木掌楼结构较为简单，拉祜族男人大多都会帮手建造，村内一旦有人建房便全寨出动，男性负责砍伐搬运木料和建盖房屋，女性负责割毛草、平整地基。

通常在拉祜族传统民居建房之前，主人家会请来村寨中的木匠，拉祜语音译为“爷爹搓”也就是会建房子的人，来对主人家选中的场地进行评价测量，并了解主人家的需求之后才能设计所建房屋的地址和朝向。整个建房过程便由“爷爹搓”主要负责，一般来说一个经验丰富的大“爷爹搓”会带着两到三个徒弟完成木匠的大部分工作，同时还需要协调篾匠和其他参与帮忙的村民，社区内部家庭与家庭之间互相合作，从早上八点开始搭建，一天内完成以便于当天入住。来帮忙的村民也不与主人家讨要酬劳，只是包一天的饭食即可，保留着村寨内部原始的协作关系。

建造过程大致可以归结为以下步骤（图5、图6）。

南美乡拉祜族人都是腊月建房。通过当地木匠师傅介绍，建房的日子颇有讲究。一般在十一月、十二月冬天进行，平时除火灾、水灾等非建不可之外，一般不建盖房屋。建造时虽然一气呵成，但是通常拉祜族人在确定好建房尺寸和建房时间以后，就会开始要花将近一年的时间进行建房材料的准备，各种材料的选择均有不同的讲究，有的时候如遇到当年材料不济或是人手资金问题，备料时间甚至可以长达几年。

地基平整之后，按照之前准备好的尺寸量好位置，挖坑。柱坑挖好后，先立檐柱，先立门的右边四根，从右到左。给这两根檐柱打一个水平，再立中柱，这就称之为一排。打水平的方式也较为原始，就拿一根竹竿比着，全凭木匠用肉眼观察。房屋按所需高度和宽度和长度裁三至四排木柱，每排三根，中间一根是中柱，两边是檐柱。通常都是把四周的檐柱都立好之后再立中柱，柱子栽好了在上梁，先放中间四根横梁，架子搭起来稳固后，再搭周边两棵银梁和楼板下的三颗梁，然后在楼板下的中梁上落上八字屋架，再在八字屋架的中柱上上中梁，最后在八字屋架的脊檩上搭上老鼠梁和屋檐下的金梁。屋架搭接就算完成了。

屋架立好后，就可以开始铺设楼面和夹层楼面了。楼面架设在楼面层的梁上，分为三层，楼楞层、郎席层和楼板层。楼楞层和郎席都是当地的称谓，楼楞是粗木棍，朗席的细竹棍，互相垂直方向铺设，上面铺楼板或竹篾席。火塘设置在木掌楼内间的中心位置，

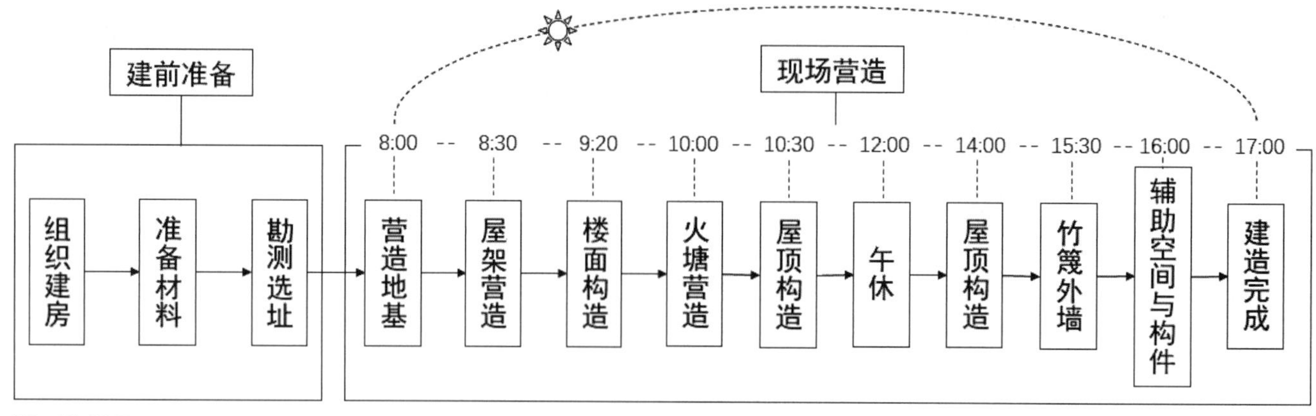

图5 建造步骤图

图6 建造现场照片

火塘的搭设，一般是与楼板同时进行的，结构上与楼地面结构一体的同时，又相对独立。

最后就是构造屋顶和捆绑四周的围护结构。

五、结语

面对现在拉祜族传统村寨以及木掌楼文化遗产快速消失的现状和问题，现代社会进程下的新农村建设与民族非物质文化遗产保护不应该是一个硬币的两个对立面，站在新时代背景下面对保护与开发碰撞出的新的火花与矛盾，需要走一条探索实践的新道路。面对贫困少数民族聚落的发展与保护开发，需要并行并治，生产、生活行为同生态环境的和谐统一，才是真正有利于保护传统村落的原真性。

注释

① 孔丹，华中科技大学，430000，1065747071@qq.com。

② 赵逵，华中科技大学，教授，430000，yuyu5199@126.com。

③ 排是当地人的计量方式，双手平伸称为一排。

参考文献

[1] 百度百科. 直过民族. https：//baike.baidu.com/item/直过民族/19464735?fr=aladdin

[2] 杨大禹，朱良文. 云南民居 [M]. 北京：中国建筑工业出版社，2009.

[3] 肖蓉. 地方原生材料在云南传统民居中的应用解析 [D]. 昆明理工大学，2009.

[4] 蒋高宸. 云南民族住屋文化 [M]. 昆明：云南大学出版社，1997.

[5] 李天智. 云南传统民居木构架系列比较研究 [D]. 昆明：昆明理工大学，2013.

[6] 辛克靖. 原始粗犷的拉祜族民居 [J]. 建筑. 1995 (02). 37.

[7] 金悦. 拉祜族传统居住习俗——以云南省西盟县南约寨为例 [J]. 普洱学院学报，2013，29 (05)：5-8.

[8] 杨大禹. 少数民族住屋——形式与文化研究 [M]. 天津：天津大学出版社，1997.

[9] 龚祖联. 拉祜族文化的旅游价值及其开发——以澜沧拉祜族自治县为例 [J]. 思茅师范高等专科学校学报. 2008 (1). 24-27.

形式与自主：敖包建造工法历史演进研究

张 鹏[①]

摘 要：以内蒙古地域敖包建筑为研究对象，从原生态敖包与非原生态敖包二元划分入手，采用比较研究的方法，探析了二者在构成要素、形式、材料、建造工法与特性等多方面的比较差异，并将其放在地域社会文化变迁的历史背景中加以梳理，理清敖包建造工法历史演进及其与文化变迁之间的相关关系。

关键词：敖包 形式 材料 工法 历史演进

敖包，亦作“脑包”、“鄂博”、“封堆”，蒙古语音译，意为“堆子”，具有1）堆积、堆石；2）封土、界标；3）石堆、祭坛等多种涵义与功能[1]，至今仍在蒙古、达斡尔、鄂温克、哈萨克、锡伯、裕固等阿尔泰语系，以及汉藏语系诸少数民族中广泛存在[②]。

敖包，作为一种文化现象，一个内涵深远的远古文化遗存，兼具宗教与世俗双重文化功能，在人类学、社会学、民族学、宗教学等领域研究深入[2]；作为一种建筑类型，“具有永恒感的时空之场”，也逐渐纳入建筑学的研究视域[3]。然而，不可否认的是，相较文化社会学领域的深入研究，建筑学领域的研究是极为薄弱的，关于敖包的形式、材料、建造工法等建筑学基本问题，以及敖包建筑历史演变过程及其与文化变迁之间的相关关系等问题，仍有待进一步研究。基于此，本文采用“缀合”（conjunctive）的研究方式，将文化研究与建筑研究相结合，以内蒙古地域敖包建筑为研究对象，从原生态敖包与非原生态敖包的二元划分入手，采用比较研究的方法，建构敖包建造工法的历时性演进比较研究，并将其放在地域社会文化变迁的历史背景中加以梳理，厘清敖包建造工法的历史演进及其与文化变迁之间的相关关系。

原生态敖包是内蒙古地域自古有之的敖包建筑类型，非原生态敖包则是因16世纪藏传佛教逐渐对敖包内容与形式的全面改造，以及农牧文化变迁的影响，在原生态敖包基础上衍化出的变异类型，并因此形成了在构成要素、形式、材料、建造工法与特性等多方面的比较差异（表1）。

一、原生态敖包及其建造工法

由于古代蒙古文文献的缺失以及现有文献多为藏传佛教对原生态敖包改造后的记述等原因，对原生态敖包原貌的恢复，一直是学术界的难题，莫衷一是，难以形成共识[4]。汉语中对“敖包”一词的最早记载，是在1382年火源洁编写的《华夷译语》中以蒙古语“斡孛斡”（读音“oboq-a”），与汉语“堠”进行对译[5]。“堠”，在中国古代汉语中，意为“古代瞭望敌情的土堡”[6]，有“土堠”与“石堠”之分。日本词典《新字源》中，即将“堠”译为“垒石”[7]，张德辉在《张德辉岭北行》中亦记载了“石堠”的存在[8]。此后，“敖包”一词，在1598年王鸣鹤《登坛必究》、1610年郭造卿《庐龙塞略》中均译为“土堆子”，蒙古语“党恼速”；16世纪以后，1621年叶向高编著的《北虏考》中，其意仍为“土堆子”，但逐渐具有确切的宗教性质。

原生态敖包与非原生态敖包二元对比　　表1

类别	原生态敖包	非原生态敖包
宗教	原始宗教（萨满教、自然或祖先崇拜等）	藏传佛教为主
构成要素	较少、不可约减	较多、装饰性较强
形式	单一、松散、无序	多元、规整、有序
材料	自然材料	自然与人工材料
建造工法	干垒（stack）为主	浆砌（masonry）为主
特性	自然、开敞、呼吸性	理性、封闭、坚固性

为了弄清原生态敖包的本来面目，专家学者进行诸多层面的追溯，但根据现有研究，原生态敖包具有3个相互关联且相互印证的特征：1）具有“神性”内涵；2）采用自然材料进行建造；3）以“垒”、“堆”作为建造工法，三者共同诠释了原生态敖包及其建造工法的自然主义特征。

1. 原生态敖包的“神性”内涵

原生态敖包具有一种“神性”的内涵。金刚[16]、邢莉[17]、包海青[18]等人，从语源学角度，认为“敖包”一词是以obog（氏族或部族）以及ebüge（祖先）二词为语源发展而来，含有“先祖”（蒙古语degedüs）与“神灵”（蒙古语siütgen）之意；常宝军[19]、鄂·苏日台[20]、刘文锁[2]、包海青[18]、王其格[21]等人，进一步从发生学角度，认为敖包是自然崇拜、祖先崇拜以及原始宗教的产物。这种神性的内涵赋予了原生态敖包一种自然的生命力，它一方面影响了人们对原生态敖包自然建筑材料的选择；一方面使得敖包建造工法只能采用一种具有“呼吸性”的建造方式。田野调查中发现，现今内蒙古地域建造原生态敖包的老人仍然认为敖包是有“神灵”的，建造敖包要有助于空气在内部流通，对“神灵”有益；相反，封闭起来，则违背了“神灵”的原意[22]。

2. 原生态敖包的自然材料体系

由于“自然”（nature）是与“人工”相对的概念，用于材料“本性”的区分，指“自然而然”、“天生的”，与“技艺”或“制造术”相对，也是“本性使之然”、“自然界的”之意；人工指经过人力介入，由人工改造而得[9]。之所以做此区分，是源于原生态敖包起源中内涵的自然崇拜概念，以及自然事物在原始人心理中的象征意义，与敖包的“神性”内涵密切相关。因此，原生态敖包主要以自然材料为主，但同时受制于地区的自然植被条件和文化意识的不同[10]。从自然材料种类来看，根据相应文献研究以及笔者田野调查可知，原生态敖包至少包含土、石、木、草等多种自然材料，在某些气候寒冷地区，甚至还有雪堆建造的敖包[10]。《大清会典事例》载，敖包“垒石为志”；钱良择《出塞纪略》载“叠乱石为坟，其高丈余，其上遍插旗枪，以木为之”，“有乱石堆者，高数十丈，其上器械如林……凡蒙古人过此者必携一物置其上，叩首而后敢行”[11]；《绥蒙辑要》载“所谓鄂博者，即垒碎石或杂柴，牛马骨为堆，位于山岭或大道……寻常旅行，偶过其侧，亦必跪祷，且垒石其上而去”[12]；《蒙古族风俗志》载，敖包“垒石成山”[13]；《当代汉语词典》载，敖包“用土、石、草堆成”[14]；《民族词典》载，敖包“多以石头堆积而成，或用柳条笆围圈，内填沙土”[15]等。

3. 原生态敖包“垒”、“堆”建造工法及其特性

无论从上文文献记载，还是考古发掘③与田野调查研究来看，原生态敖包均由偶过其侧的旅人（或猎人），垒石其上，“一人一筐土、一人一块石，堆积而成”[23]。《说文·土部》：“垒（壘），军壁也。”引申为堆、砌、累积等[24]，本为动词，表示把石头、砖块、泥土等垒叠起来，与“摞”用法相同，表示把东西重叠地往上放[25]。因此，原生态敖包建造（或形成）是一个多主体操作、随时间演变的过程，具有极大的“偶然性”、“自发性”、“随意性”与“不确定性”，不可控，也少有规律可言。由此形成的敖包相对“松散”、“无序”，然而却更加具有“层次”和“透气”的特性，与“砌”——用灰泥把砖石一层层地垒起——相对[26]（本文称前者为“干垒”（stack）；后者为“浆砌”（masonry））。

原生态敖包这种具有“透气”特性的建造工法，事实上，将技术层面的建造与文化观念层面的“神性”内涵，以一种艺术化的方式整合在一起，突出了原生态敖包的自然主义特征，形成一个可以被多重阐释的建筑原型；然而，随着藏传佛教以及农牧文化变迁，对其在观念与技术层面的双重改造，原生态敖包逐渐异化为非原生态敖包类型，在地区被加以重新阐释。（图1）

图1 元上都元代敖包原生态敖包遗址
（图片来源：张鹏举. 内蒙古古建筑 [M]. 北京：中国建筑工业出版社，2015：282.）

原生态敖包自然材料体系 **表2**

原生态敖包自然材料体系
1. 土：生土、泥土、沙土（沙丘）、土块（土疙瘩、土坌子）等；
2. 石：包含独石、岩石、石块（碎石）、卵石（砾石）等；
3. 木：树木（枝）、木料、灌木等。如：柳树（通常以枝条为主）、杨树（枝）、松树（枝）等；
4. 草：芦苇、芨芨草、杂草、杂柴等；
5. 动物骨骼、贝壳等；
6. 雪堆、冰块等

图2　20世纪50年代额尔敦非原生态敖包遗址
（图片来源：内蒙古自治区建筑历史编辑委员会. 内蒙古古建筑画册［M］. 北京：文物出版社，1959：72.）

图3　乌审召非原生态敖包
（图片来源：内蒙古自治区建筑历史编辑委员会. 内蒙古古建筑画册［M］. 北京：文物出版社，1959：72.）

二、非原生态敖包的形成与建造工法

16世纪以后，因蒙古贵族的推动，藏传佛教逐渐取代萨满教成为蒙古地域的国教，相较萨满教没有成文的经典籍著、没有严谨的宗教组织、没有固定的庙宇教堂，以及没有统一规范的宗教礼仪，藏传佛教则在各方面表现出规范性与完整性，进而对萨满教进行了全面的取代。这种影响表现在敖包建筑上，首先便是敖包祭祀主持由喇嘛取代了萨满；其次在敖包建筑构成要素、形式、材料、建造工法等方面，则是进行了全面改革，逐渐从单一向多元、从无序向有序、从自然向理性进行过渡。

本文从“构成要素”与“建造工法”2个层面，较为全面地剖析原生态敖包发展衍化的实质及其历史演变过程。前者力主揭示敖包“多元化”发展中的文化与观念问题；后者则主要聚焦材料与技术的具体呈现方式问题。

1. 非原生态敖包构成要素的多元化发展

从敖包历史发展来看，原生态敖包形式大同小异，其基本构成要素主要为：石堆（敖包最核心部分，亦即“堠体”）、石堆中央树干（枝）、树枝悬挂的附属物3部分[2]；然而，经规范化、体系化的藏传佛教改造后，非原生态敖包构成要素由3个增加至10个，包括：（1）台座；（2）中心杆；（3）道格（蒙古语“doge”）；（4）堠体；（5）祭品台；（6）树枝（蒙古语“burɣasu”）；（7）蔓绳；（8）色素木（蒙古语“sesm”）；（9）主杆缩影体；（10）佛龛（图4），除了原生态敖包不可酌减的部分，建筑整体装饰性逐渐加强（表3）。

藏传佛教对蒙古地域原始宗教的改革不是一种彻底摒弃，而是兼收并蓄、糅合再生，将多元文化统一纳入自己的宗教体系中重新进行阐释，使其既满足本教派宗教体系的“合法性”，同时又可与地域多元文化进行交流与认同，一个明显的例子是将基于祖先崇拜的成吉思汗崇拜纳入到自己宗教体系后，使得藏传佛教在蒙古地域的传播取得了更大的“正当性”与“权威性”[27]。这种多元文化整合映射到敖包建筑发展演变中，使得敖包构成要素既可以看出是多元文化影响的结果，同时又可被解释成藏传佛教体系的一部分。例如，在受到多元文化影响较强的台座、道格、祭品台、蔓绳、佛龛5部分中，道格装饰有“三叉矛”（又称“苏勒德”、“纛”）与“镀克”（蒙古语“duɣ”）之分，前者，象征蒙古军旗，是本民族文化符号的延续，后者是藏传佛教的产物，具有明显的宗教意味；佛龛部分增加汉式琉璃瓦亭式建筑等，但均可在藏传佛教体系中获得解释（图5）。

除此之外，藏传佛教以其秩序化、规范化、定型化的仪轨，取代了蒙古萨满教自由化、无定制、不固定的仪轨，而使得敖包建筑在形式上体现出藏传佛教较强的规范化特征。这突出地表现在堠体部分从松散、无序向规整、有序的演变过程。首先在比例尺度上，堠体直径与中心杆高度更为精确地出现数值相等的成规④；其次在建筑造型上，建筑不再囿于随机、自然的外部造型，而是逐渐开始向规整、规则的3层圆坛式建筑转化，有的甚至模仿藏传佛教白塔，出现“白塔式”非原生态敖包建筑（图3），使得自然形成的原生态敖包建筑，逐渐纳入到理性控制建造体系之中。

藏传佛教对敖包建筑形式趋于“理性”地控制，不只体现在构成要素与形式比例上，而是进一步深入到对敖包建筑材料理性与技术理性的把控之中。此时，敖包建筑材料已不是纯然的自然材料，而是逐渐增加了人工的介入，逐渐向人工材料体系转化；在建造技术上，也不再局限于自然材料的随意垒叠，而是逐渐关注建造工法，甚至使用现代工具与器械，去表达一种可以被“理性”控制的形式，实现了从关注形式，到材料与技术自主性表达的转化。

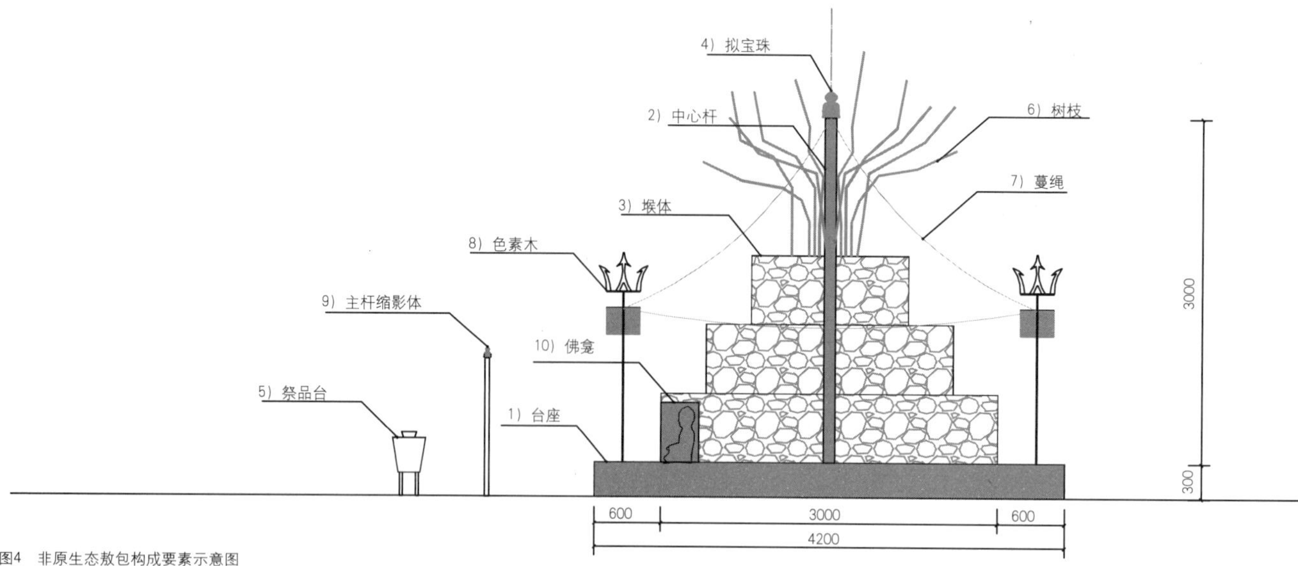

图4 非原生态敖包构成要素示意图
（图片来源：笔者自绘）

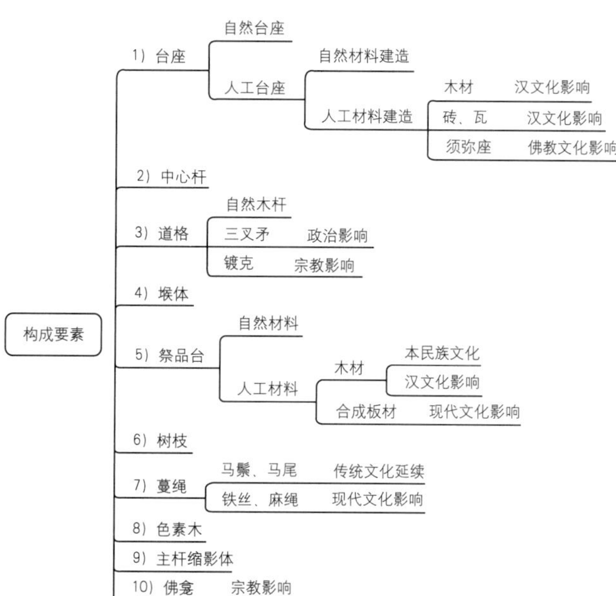

图5 非原生态敖包构成要素多元化发展分析图
（图片来源：笔者自绘）

构成要素对比　　表3

原生态敖包	非原生态敖包
	台座
中央树干	中心杆
	拟宝珠
垛体	垛体
	祭品台
树枝悬挂物	树枝
	蔓绳
	色素木
	主杆缩影体
	佛龛

2. 非原生态敖包建造工法及其特性

1）非原生态敖包人工材料体系

理性控制成分的增加，人工介入成为自然而然。对材料而言，人工介入主要对自然材料的修整与处理，以及经人工制作形成现代材料等，以使其符合建造中的理性需求。通过调查现有非原生态敖包建筑，其材料体系除自然材料外，人工材料则几乎涵盖人工可以介入的所有材料种类（表4）。

非原生态敖包人工材料体系　　表4

1. 夯土、土坯等；
2. 砖、瓦（琉璃瓦）、瓷砖等；
3. 水泥、石灰、石膏、混凝土（钢筋混凝土）等；
4. 经过雕凿、切割等人工修整的石材等；
5. 压制板材、经过切削、划劈等人工操作的木料等；
6. 金属材料：铸铁、铜、钢铁等

2）非原生态敖包建造工法及其特性

人工的介入，多元的材料体系，为多样化的建造工法提供了可能。根据全面调查研究，非原生态敖包基本以斯特雷特式的“层叠建造”（incrustedstyle）方式为主，既注重实体自身的建造，又注重不同实体之间的连接工法[28]。其中，层叠分为内、外两层，根据材料不同，“干垒”与“浆砌”2种不同建造工法均有应用，而且根据材料不同以及材料所处内、外层的不同，所采用的建造工法亦不同，本文以此形成“材料——工法”交叉阅读表，较为全面的展示材料与工法对应关系（表5）。

值得强调的是，由于胶结材料的应用，浆砌成为非原生态敖包的主要建造工法，加之材料被理性的组织与建造，进而从建筑特性来看，建筑整体较原生态建筑“封闭性”加强，而呈现出“坚固性”特征。

非原生态敖包建造“材料——工法”的交叉阅读 **表5**

<table>
<tr><th rowspan="2">材料（materia）</th><th colspan="2">垒（干垒、stack）</th><th colspan="2">砌（浆砌、masonry）</th></tr>
<tr><th>内（interior）</th><th>外（exterior）编（weave）</th><th>内（interior）</th><th>外（exterior）</th></tr>
<tr><td>沙土、土（soil）</td><td>封土、土堆（SIS1）</td><td>封土、土堆（SES1）</td><td>夯土（MIS）</td><td>抹泥（MES1）</td></tr>
<tr><td>石灰、水泥（cement）</td><td>—</td><td>—</td><td>—</td><td>抹灰（MEC1）</td></tr>
<tr><td rowspan="5">土坯、土块（clod）</td><td rowspan="2">花缝干垒（SIC1）</td><td rowspan="5">土坯、土块拼贴（SEC1）</td><td>侧砖丁砌（MIC1）</td><td rowspan="5">—</td></tr>
<tr><td>花缝浆砌（MIC2）</td></tr>
<tr><td>顺砖平垒（SIC2）</td><td rowspan="3">平缝浆砌（MIC3）</td></tr>
<tr><td>丁砖平垒（SIC3）</td></tr>
<tr><td>侧砖丁垒（SIC4）</td></tr>
<tr><td rowspan="2">砾石（卵石，gravel）</td><td>花缝干垒（SIG1）</td><td rowspan="2">—</td><td>花缝浆砌（MIG1）</td><td rowspan="2">水刷石贴面（MEG1）</td></tr>
<tr><td>平缝干垒（SIG2）</td><td>平缝浆砌（MIG2）</td></tr>
<tr><td rowspan="2">石块（片、块、rubble）</td><td>花缝干垒（SIR1）</td><td rowspan="2">石材拼贴（SER1）</td><td>花缝浆砌（MIR1）</td><td rowspan="2">石材贴面（MER1）</td></tr>
<tr><td>平缝干垒（SIR2）</td><td>平缝浆砌（MIR2）</td></tr>
<tr><td rowspan="6">砖（瓦brick）</td><td>花缝干垒（SIB1）</td><td rowspan="6">砖、瓦拼贴（SEB1）</td><td>全丁浆砌（MIB1）</td><td rowspan="3">砖瓦贴面（MEB1）</td></tr>
<tr><td>平缝干垒（SIB2）</td><td>两丁一顺（MIB2）</td></tr>
<tr><td>顺砖平垒（SIB3）</td><td>三顺一丁（MIB3）</td></tr>
<tr><td rowspan="3">丁砖平垒（SIB4）</td><td>一顺一丁（MIB4）</td><td rowspan="3">瓷砖贴面（MEB2）</td></tr>
<tr><td>沙包式（MIB5）</td></tr>
<tr><td>全顺浆砌（MIB6）</td></tr>
<tr><td>砌块（block）</td><td>平缝干垒（SIB5）</td><td>砌块拼贴（SEB2）</td><td>平缝浆砌（MIB7）</td><td>—</td></tr>
<tr><td rowspan="3">混凝土（concrete）</td><td>花缝干垒（SIC1）</td><td rowspan="3">混凝土块拼贴（SEC2）</td><td>现浇（MIC4）</td><td rowspan="3">清水混凝土（MEC2）</td></tr>
<tr><td rowspan="2">平缝干垒（SIC2）</td><td>花缝干垒（MIC5）</td></tr>
<tr><td>平缝干垒（MIC6）</td></tr>
<tr><td rowspan="4">木料（timber）</td><td>花缝干垒（SIT1）</td><td rowspan="3">木料拼花（SET1）</td><td rowspan="3">—</td><td rowspan="4">—</td></tr>
<tr><td>平缝干垒（SIT2）</td></tr>
<tr><td>井字形堆垒（SIT3）</td></tr>
<tr><td>层叠堆垒（SIT4）</td><td>木料装饰（SET2）</td><td>—</td></tr>
<tr><td rowspan="5">合成板材（Synthetic board）</td><td>花缝干垒（SISB1）</td><td rowspan="4">板材拼花（SESB1）</td><td rowspan="4">花缝浆砌（MISB1）</td><td rowspan="4">—</td></tr>
<tr><td>平缝干垒（SISB2）</td></tr>
<tr><td>井字形堆垒（SISB3）</td></tr>
<tr><td>层叠堆垒（SISB4）</td></tr>
<tr><td>捆扎堆垒（SISB5）</td><td>板材装饰（SESB2）</td><td>平缝浆砌（MISB2）</td><td>—</td></tr>
<tr><td>枝条（branch）</td><td>捆扎堆垒（SIB6）</td><td>木条编织（SEB2）</td><td>—</td><td>—</td></tr>
<tr><td>苇、草（grass）</td><td>捆扎堆垒（SIG1）</td><td>苇、草编织（SEG1）</td><td>—</td><td>—</td></tr>
<tr><td>颜料（coating）</td><td>—</td><td>—</td><td>—</td><td>表面喷涂（MEC2）</td></tr>
</table>

三、结论与意义

本文通过对内蒙古地域敖包建筑及其工法的历史演进研究认为，敖包建筑的进化与衍化同时受到材料、文化、观念、技术等多种因素的影响，其中，非原生态敖包的产生，首先是基于藏传佛教文化从“文化观念”与“建造技术”2个层面，对原生态敖包进行的双重改造。这种改造是始于文化变迁并向技术理性嬗递，非原生态敖包建造中的理性成分，是藏传佛教文化中统一、规范与秩序性的体现，进而形成敖包建筑从关注形式表达到注重材料与技术自主性表达的变革式演进过程。

敖包是中国北方乃至北亚、东北亚地区建筑体系的重要组成部分，作为一种远古文化遗存，也是由古及今仍然尚存的建筑类型之一，具有完整的演化序列与实物遗存，学者们曾试图通过敖包建筑的起源追溯，去构建其与古代建筑及建造技术之间关联关系[21]。以此来看，本文对敖包及其建造工法历史演进的研究，可以从一个微小的视点，审视中国北方乃至北亚、东北亚地区建筑工法体系的起源、发展、传播与演变，并为重构中国古代建筑史（或者建造史）研究作出一点贡献。

注释

① 张鹏，清华大学建筑学院，100084，327104269@qq.com。

② 敖包在不同部族，具有不同称谓。例如：杜尔伯特蒙古部的“集如集根玉茹（kirugenyuyu）、阿尔泰乌梁海蒙古部的吉如集赤（kirugi či）；青海喀尔喀蒙古部的克烈库苏儿茹（keregusur）……阿尔泰人的阔儿（koru）、柯尔克孜人的鄂博等。参见：德广桂滨．考察蒙古的实况，大板屋号书店，1938：163.

③ 考古发掘证实，乌兰察布市四子王旗大型元代敖包群均为垒石建造工法而成。参见：金海．元代敖包群//乌兰察布年鉴（四子王旗），2009–2010.

④ 通过对通辽朱日和牧场科尔沁第一敖包、锡林郭勒贝子庙额日德尼敖包（原乌尔敦陶勒盖敖包）、乌兰察布市察右后旗阿来乌苏高特族人敖包的全面测量，可以发现这几座敖包存在直径与中心杆高度相等的情况。对锡林浩特市贝子庙住持方丈道步柱尔（83岁）以及鄂尔多斯市乌审旗人吉人们都（52岁）访谈中，也有相似的说法，但这种情况在现存敖包中并不多见。额尔德木图认为，敖包的建造是否遵循一定的营造法式与规律，是否具有固定的形式与比例等问题尚不清楚，但敖包的建造过程、布局与构成要素在历经漫长的历史演变后已趋于定型化。参见：张鹏举．内蒙古古建筑．北京：中国建筑工业出版社，2015：302.

参考文献

[1] 科瓦列夫斯基．蒙俄法词典［M］，喀山：喀山出版社，1849.
[2] 刘文锁，王磊．敖包祭祀的起源［J］．西域研究．2006（02）：76–82.
[3] 张鹏举．小建筑 大理念—生态视野下的内蒙古草原小型博物馆［J］．时代建筑．2006（04）：84.
[4] 图奇，海西希，耿升．西藏和蒙古的宗教［M］．天津：天津古籍出版社，1989：499.
[5] 第伯符，火源洁．华夷译语［M］．台北：珪庭出版社，1979：281.
[6] 中国社会科学院语言研究所词典编辑室．现代汉语词典［M］，北京：商务印书馆，1980：460.
[7] 小川环树．新字源［M］，东京：角川书店，1968：220.
[8] 张德辉，额尔德木图．张德辉岭北行［M］，呼和浩特：内蒙古教育出版社，2001：149.
[9] 张祥龙．当代西方哲学笔记［M］．北京：北京大学出版社，2005：107.
[10] 那仁毕力格．蒙古民族敖包祭祀文化认同研究［M］．沈阳：辽宁民族出版社，2014：92.
[11] 张鹏翮，钱良择．奉使俄罗斯行程录［M］．北京：中华书局，1991.
[12] 丁世良，赵放．中国地方志民俗资料汇编 华北卷［M］．北京：北京图书馆出版社，1989：737.
[13] 苏赫巴鲁，王迅．蒙古族风俗志［M］．北京：中央民族学院出版社，1990：109.
[14] 莫衡等．当代汉语词典［M］．上海：上海辞书出版社．2001：467.
[15] 陈永龄．民族词典［M］．上海：上海辞书出版社．1987：866–867.
[16] 金刚．论敖包的本质［J］，内蒙古社会科学，1999（2）.
[17] 邢莉．游牧文化，北京：燕山出版社，1996：296–302.
[18] 包海青．蒙古族敖包祭祀仪式渊源探析［J］．青海民族研究．2009，20（01）：101–105.
[19] 常宝军．蒙古敖包的属性、传说及其形体研究［J］．黑龙江民族丛刊．1991（04）：88–90.
[20] 鄂·苏日台．论“敖包文化”的形成与演变［J］．内蒙古社会科学（文史哲版）．1994（03）：30–33.
[21] 王其格．祭坛与敖包起源［J］．赤峰学院学报（汉文哲学社会科学版）．2009，30（09）：5–8.
[22] 邢莉．蒙古族敖包祭祀文化的传承与变迁——以2006年5月13日乌审旗敖包祭祀为个案［J］．中央民族大学学报（哲学社会科学版）．2009，36（03）：89–94.
[23] 波·土默特夫．呼格吉胡敖包祭［J］．黑龙江民族丛刊．1992（03）：131.
[24] 魏励．东方汉字辨析手册［M］．北京：东方出版社，1997：296–297.
[25] 郭先珍．现代汉语量词用法词典［M］．北京：语文出版社，2002：87.
[26] 高景成．常用字字源字典［M］．北京：语文出版社．2008：205.
[27] 张鹏举．内蒙古地域藏传佛教建筑形态研究［D］．天津：天津大学，2011：130.
[28] 史永高．材料呈现：19和20世纪西方建筑中材料的建造–空间的双重性研究［M］．南京：东南大学出版社，2008.

赣中地区传统民居生态策略研究[①]

王晨锆[②]　王志刚[③]　王梓宇[④]

摘　要：本文通过实地调研对赣中地区传统民居的生态设计策略及其具体做法进行归纳总结，从聚落格局、采光通风隔热、材料构造等方面研究其特有的利用自然条件改善居住环境的设计策略，并就该地区传统民居热环境进行现场实测、软件模拟及数据分析，该调研报告对指导当代农村住宅生态设计具有借鉴意义。

关键词：赣中地区　传统民居　生态策略　实地调研

引言

传统民居植根于特定地区的气候环境中，在长期的演进过程里逐渐完善，积累了丰富的生态策略。这些经验是在缺乏现代技术与设备的背景下，抵御极端气候以取得适宜室内环境的适应性结果。在赣中地区传统民居中，小到细部构造、门窗装饰，大到聚落组织、平面布局，都体现出与地域气候相适应的特点，其蕴含的传统经验和生态策略为新农村建设提供了重要的使用价值和参考意义。

一、赣中传统聚落的生态格局

江西赣中地区现存传统村落按自然环境特征大致分为三种选址类型，即临山型、平原型和滨水型。由于赣中地区位于江西两大平原之一的吉泰平原，境内水系发达，故以滨水型和平原型聚落居多。本文选取传统村落名录中赣中地区的渼陂古村、钓源古村和燕坊古村开展了实地调研分析。

1. 渼陂古村

渼陂古村位于吉安市青原区（图1），为滨水型聚落。其聚落生态格局为28口水塘连成水系环绕全村并最终汇入王江，大大小小的水塘较好地调节了村落内的局部微气候，环绕相连的水系也有很好的排水作用，对同时解决雨热同期时南方地区的防涝与降温问题有一定的借鉴价值。

2. 钓源古村

同属于滨水型聚落的还有吉安市吉州区兴桥镇的钓源古村（图2），其聚落生态格局为七口水塘连接横跨村落，将全村分为八卦型的南北两部分，建筑全都面水而建，形成了以水系为中心的规划布局，七口水塘有“七星伴月”的寓意，水塘和小广场很好地调节了村落内部的微气候环境。

3. 燕坊古村

吉安市吉水县燕坊古村为平原型聚落（图3），地形平坦，建筑布局及道路规划较为规整，道路走向、层级、密度适宜。古人在村落选址时，常利用樟树林来固“气”，在燕坊村西侧后龙山顺南北方向延伸有近千棵古樟树。樟树群不仅满足了风水学上藏风聚气的说法，也起到了调节微气候的作用：在冬季抵挡西北寒风，在夏季遮挡太阳辐射，是当地居民避暑休闲的重要场所。

图1　渼陂古村平面图（图片来源：引自https://dp.pconline.com.cn/247298851）

图2　钓源古村航拍图（图片来源：引自http://uav.xinhuanet.com/2017-09/22/c_129710517_8.htm）

图3 燕坊古村航拍图（图片来源：引自https://dp.pconline. com.cn/247298851）

二、赣中传统民居的生态策略

江西为亚热带湿润季风气候，雨水充足，夏季闷热潮湿。赣中民居为解决排水、通风、防潮等问题而放弃了传统天井式民居，将天井推向室外衍生出天井院式民居。为解决厅房的采光通风不足而创造了天门、天眼、天窗的特殊高位采光方式[1]。天井院式民居由于对外开窗口较小，正屋的前檐墙也较为封闭，其冬季的抗寒保温能力也比天井式民居有所提高。

1. 创造性的采光通风方式

1）普通门窗

由于古时玻璃没有普遍使用，传统民居为了保障屋内安全和隐私，外墙很少开设大窗，出现了外部开口较小，内部窗口倾斜扩大的做法（图4、图5）。为解决堂屋的采光通风问题，赣中地区的大门多做成二道门形式，即增加一道半截高的腰门（图6）。白天关闭腰门、打开大门，使厅堂光明敞亮，同时也能防止外人随意进入，增加房屋隐私性。

2）高位采光通风窗

钓源古村民居的天门是在堂屋外墙上方的屋面开出一道构造裂隙口，通常进深尺寸为20~30cm（图7~图9），在大门关闭时，它成为室内唯一的采光通风口，其效果与现代的通风屋脊类似。

燕坊古村民居没有采用天门采光，而采用类似天门形式的天眼，在堂屋屋面直接敞开一个口子（图10~图12）。天门是通过裂隙的侧缝进行通风和采光，而天眼形成的屋面裂口有更好的采光通风效果。为避免雨水从裂隙口直接打进厅堂，就在下面做一段元宝斗形状的内天沟，称之为“元宝槽”，用以盛接雨水并通过外墙排水口排出。更晚时，天眼加盖了玻璃明瓦，与现代明瓦天窗类似[2]。

渼陂古村传统民居直接在大门上方的外墙开出约60cm×90cm的高窗（图13、图14），使厅堂有更好的采光通风效果。这种带木窗栅的高窗在当地被称为天窗。因为不设窗扇，在冬季还需临时遮挡以防冷风灌进室内，此外还有在坡屋顶上设置类似老虎窗的做法（图15）。

一些民居在后期改造中加设了玻璃明瓦，并在对应下层楼板处开采光口，将天光直接引入下层房间。渼陂古村某民居利用与玻璃明瓦对应的楼板开口增加堂屋、正房及厢房采光（图16~图18）。

经照度仪实测，在夏季12：30时室外照度达到4800lux，天井院平均照度710lux，堂屋的平均照度285lux，即使在关闭堂屋

图4 采光窗示意图

图5 采光窗内视图

图6 腰门

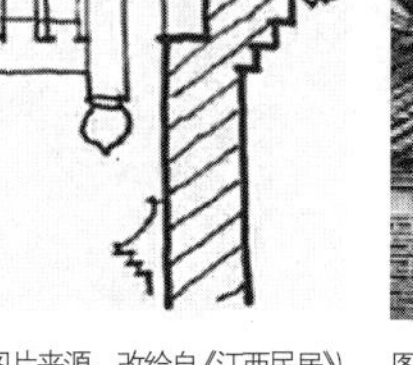

图7 天门构造剖面图（图片来源：改绘自《江西民居》）

图8 天门外视图

图9 天门内视图

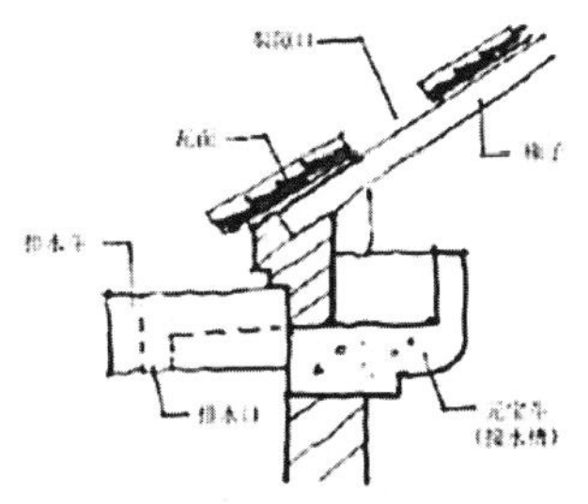

图10 天眼构造剖面图（图片来源：改绘自《江西民居》）

图11 天眼内视图

图12 室外排水口

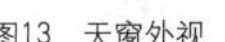

图13 天窗外视

图14 天窗内视图

图15 老虎窗

图16 堂屋采光口

图17 厢房采光口

图18 屋顶玻璃明瓦采光口

图19 关闭正门时的天眼采光

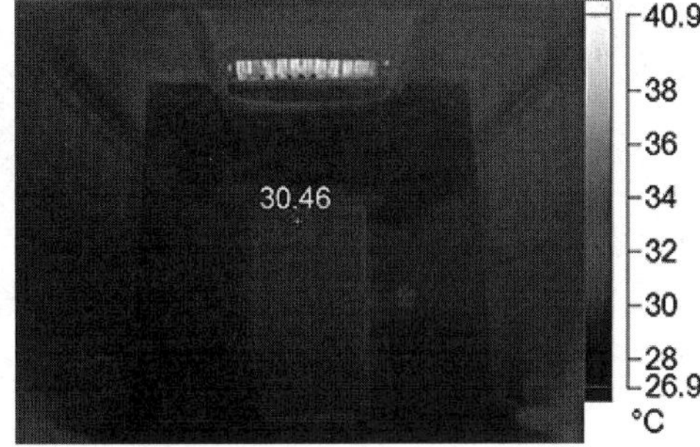

图20 天眼室内热成像图

正门的情况下（图19），仍然有86lux的平均照度。无采光口厢房内平均照度不足15lux，有采光口厢房内照度达到了315lux。由此可见，赣中地区传统民居的高位自然采光方式保证了室内照度的日常需求，解决了室内光照度不足的问题。同时由热像仪测量发现，天眼处温度和室内温度有较大的差值（图20），天眼由于在高处空气的负压区，虽然开口不大，却能有效地起到热压通风的作用，增强室内的通风效果。

2. 巧妙的热缓冲区

1）民居间热缓冲区

当地传统民居的外墙大多较为封闭高耸并间距较小，形成了紧凑的建筑布局和建筑间狭窄的巷道，俗称“冷巷”，是住宅之间良好的气候缓冲区。在江西赣中地区冷巷的利用十分普遍，具有加快宅间风速，良好被动降温的效果。建立钓源村特有的南窄北宽喇叭巷与普通冷巷模型进行Phoenics通风模拟及热成像图对比可得（表1），在1.5米人行高度的风速模拟中，当出风口面积大于进风口面积时风速及风压较为理想，合理增加出风口或减小进风口形成喇叭巷形式，有利于增强冷巷自然通风效果，同时两种冷巷的温度要明显低于其周边建筑温度。

2）民居内热缓冲区

赣中地区的传统民居通常为两层结构，人们生活居住在底层空间，二层多为储存粮食稻草和杂物的储存空间，有些甚至没有楼梯，只能通过梯子攀爬。还有一些会在屋顶层和二层中间加设木望板形成隔离层。这样保证了底层居住空间防寒隔热的要求，由红外热像仪夏季午后现场实测可得，同一时刻当一层厢房平均温度为28.89℃时，二层空间温度为34.36℃（图21、图22），二层储物空间成为室外温度、屋顶温度和一楼房间的热缓冲区（图23），保证人一层居住使用房间的热舒适性。

三、赣中传统民居的材料构造

1. 特色的地方材料

建筑材料作为建筑营造的基础，是生态可持续思想的重要载体。赣中传统民居善于利用地方特色材料来体现其适宜性生态策

普通冷巷与喇叭巷风环境模拟及热成像对比（作者自绘） 表1

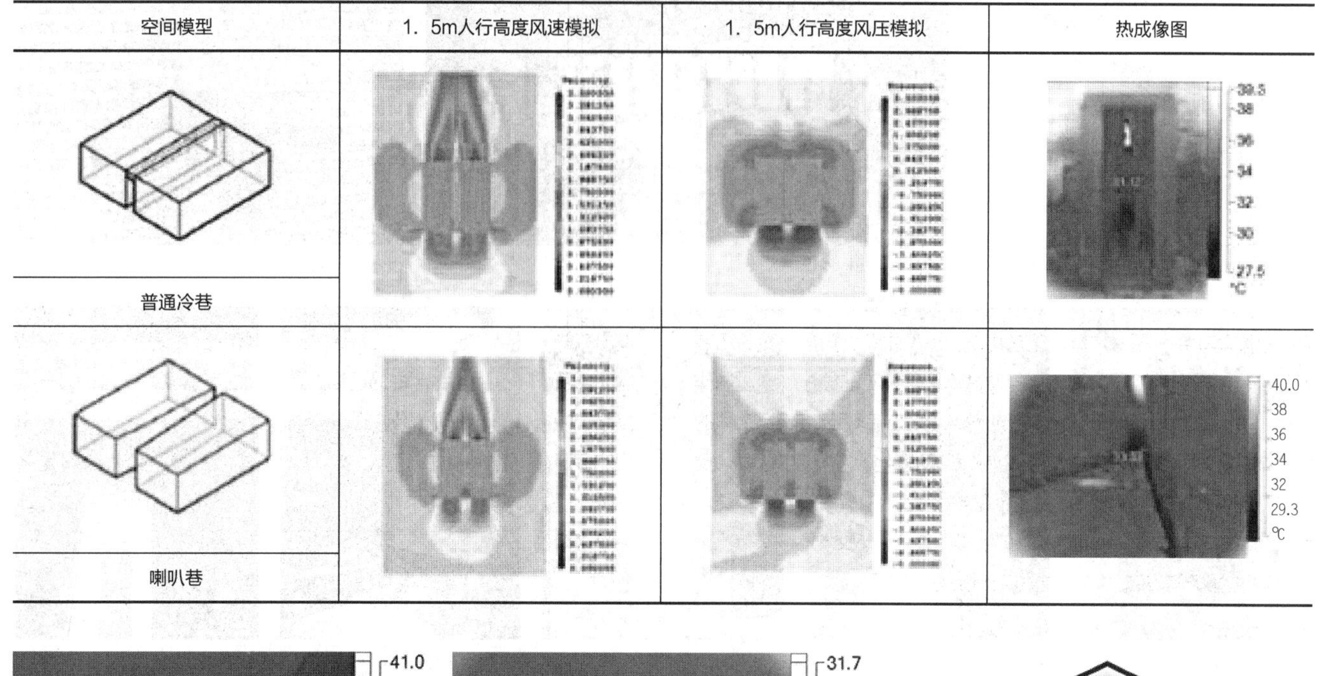

空间模型	1. 5m人行高度风速模拟	1. 5m人行高度风压模拟	热成像图
普通冷巷			
喇叭巷			

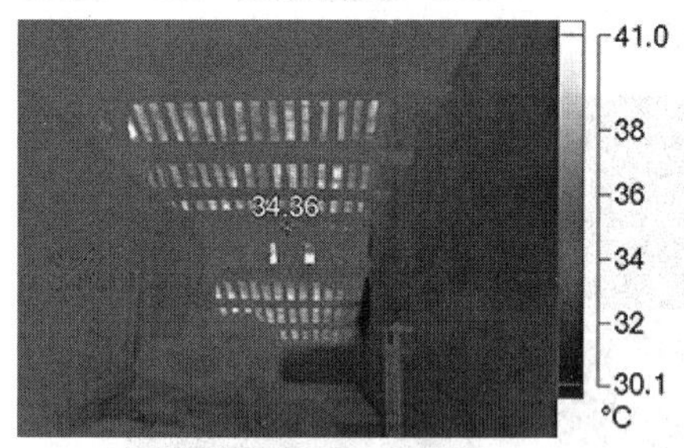

图21 二层阁楼热成像图

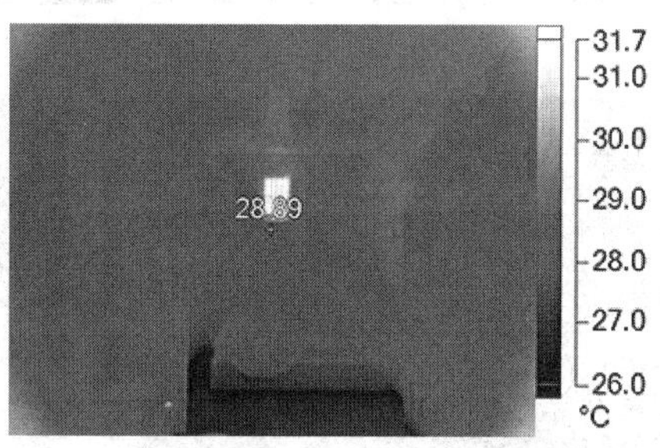

图22 一层厢房热成像图

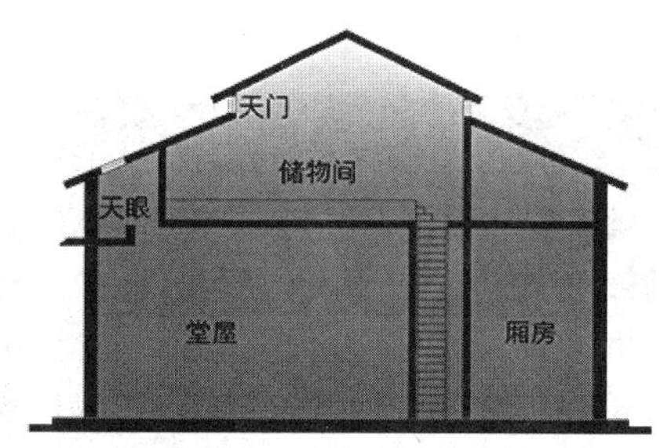

图23 剖面温度隔离示意图

略：①就地取材，生态环保——赣中地区林木、生土、砖石资源丰富，就地取材减少了运输及生产成本，这些材料均可循环利用，降低了对环境的污染，符合“可持续发展”的生态理念。②因材施用，适应气候——针对赣中地区的气候特点，当地民居充分利用了不同材料的物理特性，合理地应用于建筑各部位[3]。

1）石材

红砂石是赣中地区特有的建筑材料，属湖相沉积岩类，地质学称红砂岩，因其主要为水平层理和倾斜层理，易于开采加工。和砖相比，其密度较大，导热系数较高，吸水率较小，软化系数较低。所以当地民居经常使用这种价格低廉且容易获取的建筑材料。由于红石有较高的硬度，不容易风化，因此不仅可以用来砌筑勒脚、墙角（图24），也可以制作门框、窗花等装饰性的构件（图25）。

2）木材

赣中地区所选木材大都为杉木和樟木，这些木材质地坚硬，能防虫蛀，是良好的构件用材。杉木因其不易弯曲变形，干燥性好，适合潮湿多雨的天气，多用于梁、柱、枋、檩、椽等结构（图26）。而小木作即装饰部分的构件如雀替、栏杆等，通常用樟木，其就地取材，易于加工且不易变形。

3）生土

生土材料，便于取材，造价低廉，施工简单，还可将其烧制成土坯砖形式（图27）。由于土具有良好的热工性能，如导热系数小与热容量大的特点，是有助于形成冬暖夏凉的室内环境的围护结构材料，同时由于土坯材质疏松多孔，具有较好的吸湿性和吸声降噪性能，有利于调节室内湿度和声环境。土坯也有一些缺陷，如抗水性差，需要做好防雨防潮处理以保证其耐久性与承载力。

2. 合理的构造技术

在选用地方材料的基础上，针对夏热冬冷、潮湿多雨的气候特点，当地民居的生态策略在构造设计中主要体现在墙体、屋面、地面等围护结构的做法上。

1）墙体

赣中地区民居的砖砌外墙根据构造方式的不同分为空斗与实心两种，厚度约为300毫米。根据实地调研访谈我们了解到即使在同一民居中，不同朝向和部位的墙体也会有不同的做法：如在有些民居的东西向外墙采用空斗墙而南北向外墙采用实心墙（图28），墙基勒脚砌筑石材或鹅卵石墙裙等。

图24　红石墙角

图25　红石门框

图26　钓源村木构架

图27　渼陂村土坯砖墙

空斗墙由于砌筑手法而形成了中间的空气隔离层，不仅节约用材，也大大提高了墙体的热惰性，隔热作用明显。据测算，300毫米厚空斗青砖墙热阻约0.655m^2·k/w而同厚度实心青砖墙约0.553m^2·k/w，有利于隔离东西向墙体夏季日晒所带来的热量。赣中地区在冬季盛行北风，实心墙提相对于空心墙有更好的气密性，遇湿不易返潮，有利于在冬季抵挡寒风兼顾保温，同时实心墙蓄热性能佳，有利于冬季民居南向纳阳采暖。室内墙体多采用100毫米厚的木制隔墙，木结构本身具有一定的蓄热能力，设置在室内可减少通过围护结构的热量传递，有利于室内保温。

在墙基勒脚以上0.6~1米左右利用防水防潮性能突出的石材如当地盛产的麻石或鹅卵石砌筑墙裙（图29、图30），有利于防止地面水和雨水侵蚀、保护墙面、增加建筑防潮性能，从而保证室内干燥，提升建筑的耐久性，同时墙体立面材料的组合变化也增加了民居的美观性。

2）屋顶

赣中传统民居的坡屋顶多采取冷摊双层青瓦的构造措施，即不设苫背与望板，将仰瓦直接搁于两椽条之间，椽条多采用木头或竹子，再将附瓦盖于两路仰瓦间的缝隙上（图31），在两层瓦中间形成了一个供冷热空气交换的隔热间层，具有微弱的串风效果[4]。根据气体热压通风原理，外层瓦与内层瓦形成温度差使屋顶部分热量通过空气流动被带走，由屋顶导入到室内的热量随之减少。由热像仪测量显示，在室外温度为32℃时，赣中某民居屋顶外表面最高温度竟达58.7℃，同时其相同位置屋顶内表面最高温度为41.3℃（图32、图33），内外表面温差为17.4℃，可见冷摊双层青瓦能够有效地降低屋顶温度。

3）地面

民居室内地面的防潮措施是决定室内湿度的重要因素，由图34可见室内地面湿度较大，普通民居室内地面多采用防潮吸湿性能较好地夯实素土或三合土，有些会在此基础上再铺设一层青砖。素土能吸附水分，防止室内地面结露，而青砖能有效隔离地面的潮湿，均有利于改善室内热湿环境。

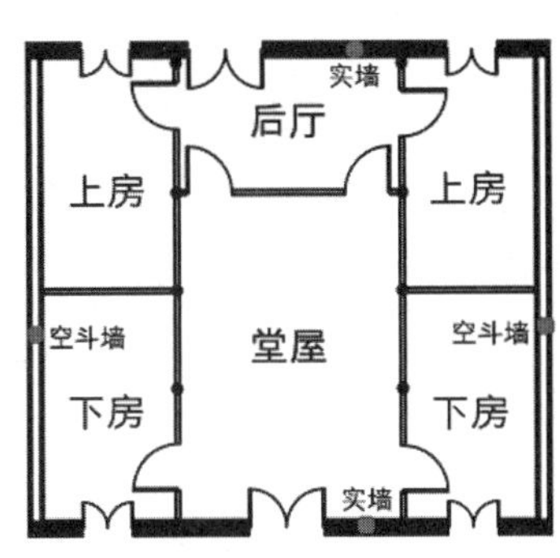

图28　钓源村民居墙体构造

图29　渼陂村民居墙体构造

图30　菖蒲村民居墙体构造

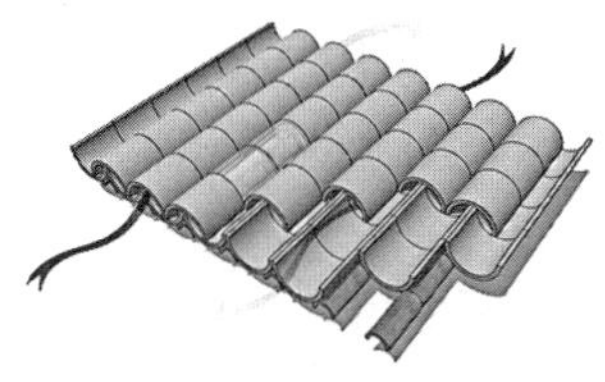
图31　冷摊双层青瓦构造

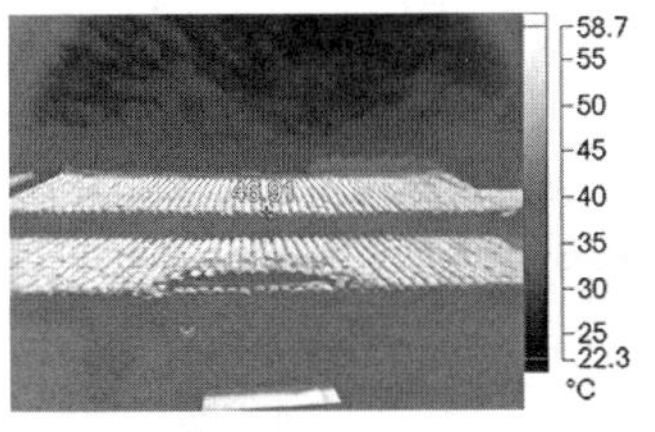

图32　外屋面热成像图

图33　屋面内热成像图

图34　堂屋地面热成像图

四、结语

赣中传统民居都以其独特的生态策略对当地气候环境有着较好的气候适应性。对传统民居中的生态策略进行研究，不仅是对传统民居历史文化与地域特色的传承，更希望在可持续发展的今天，将传统民居的生态经验与新民居设计相结合，运用多元化生态设计思路促进新时代民居的科学发展。

注释

① 本论文为国家自然科学基金面上项目（51878435）研究成果。

② 王晨锘，天津大学建筑学院，硕士研究生，300072，504379515@qq.com。

③ 王志刚，天津大学建筑学院，副教授，300072。

④ 王梓宇，天津大学建筑学院，硕士研究生，300072。

参考文献

[1] 陆元鼎. 中国民居建筑：中卷 [M]. 广州：华南理工大学出版社.

[2] 潘莹，施瑛. 探析赣中吉泰地区“天门式”传统民居 [J]. 福建工程学院学报，2004（01）：94-98.

[3] 吕爱民. 应变建筑：大陆性气候的生态策略 [M]. 上海：同济大学出版社，2003.

[4] 冒亚龙，何镜堂. 亚热带传统民居生态节能技术探析 [J]. 工业建筑，2013，43（10）：40.

基于住居学的蒙中牧区民居演变的现代适应性研究[①]

王伟栋[②]　黄阳培[③]　张嫩江[④]

摘　要：内蒙古地区有着独特的自然特征及历史文化，形成了特有的草原民居形式。本文以住居学的视角探究草原民居演变过程中为适应生产生活方式变迁进行的调整与变化，归纳草原民居流变的影响因子，通过"ERG"层级理论分析其发展趋势，挖掘内蒙古中部牧区民居建筑在现代发展过程中存在的适应性特征，为该地区民居的更新建设提供理论依据。

关键词：住居学　蒙中牧区　"ERG"层级理论　适应性

内蒙古草原横跨我国三北地区，是我国草原资源的重要组成部分，草原面积广阔且类型丰富，孕育了游牧文明特有的民居形式。在城市化的进程和相关草场政策的指引下，原本游牧民居——蒙古包的"走动或移动"的特征逐渐消失。自20世纪80年代开始，牧民"逐水草而居"的生产方式逐渐转变成"定牧"，定居成为必然，从早期自发到如今的有组织，这种居住形式在90年代末已经被广大牧民认可并推广。现代牧民的生产生活方式对牧区可持续发展、生态环境建设起着至关重要的作用。[1-3]（表1）

一、研究区域及方法

1. 研究区域

内蒙古中部地区范围暂无明确的划分。笔者将锡林郭勒盟、乌兰察布盟、呼和浩特市、包头市、鄂尔多斯市五个盟市列入内蒙古中部地理范围。（图1）其中以锡林郭勒盟为研究重点，该地区为典型草原类型，绝大部分为牧区，民居演变过程受外来因素影响小，演变逻辑明确，极具代表性。[4]

2. 研究方法

1）住居学

住居学最早提出于20世纪30年代，是一门以居住者立场来探讨住宅的学问。[5]通过历史的、社会的角度说明和认识居住生活的内在规律性，探讨生活与空间的相互关系以及发生、发展、变化的因果关系和结构关系。[6]

本文以住居学的视角对牧区民居的保护功能、生活功能以及文化功能三个功能层次进行分析，归纳出时代发展背景下牧民对住居功能的需求变化。

2）"ERG"层级理论

"ERG"理论在1969年由克雷顿·奥尔德弗提出，在马斯洛需要层次理论的基础上，进行了更接近实际经验的研究，将人的需求归纳为生存、关系、成长这三个递进层次。同时也存在"受挫—

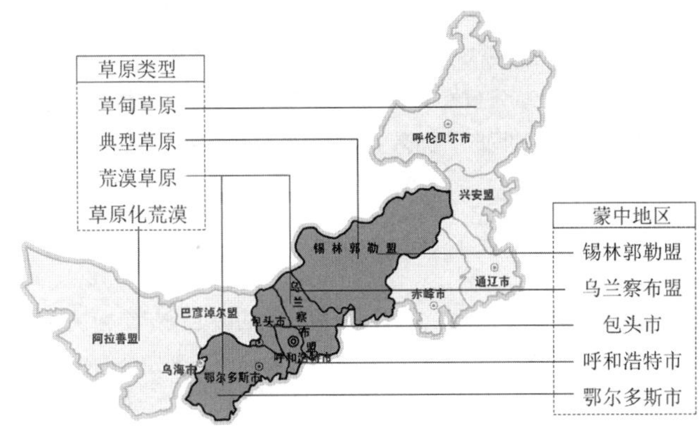

图1　蒙中地理范围示意图

内蒙古民居的演变　　**表1**

生活时期	居住建筑形式	生产方式	生活方式	说明
史前时期	洞穴、半地穴、窝棚	狩猎、游牧、农耕	穴居（非定居）	狩猎作为游牧和农耕的起源
纯游牧时期	蒙古包、毡帐	游牧	游牧（非定居）	蒙古包作为唯一的住居形式
早期定居时期	土木、砖木结构建筑	游牧、畜牧	游牧（非定居）、轮牧（半定居）	分为"冬营盘"和"夏营盘"，冬季住定居建筑，夏季住蒙古包
完全定牧时期	砖木、砖混结构建筑	新型畜牧业、农业	定居	新型畜牧业以饲养为主，实现完全定居

保护功能 → 生活功能 → 文化功能 ------ 住居学视角

生存需求 ↔ 关系需求 ↔ 成长需求 ------ "ERG" 理论

图2　理论关系图

回归"的关系，中间层次的缺少，会促使人们去追求本层次以及高一层次的需求，更会使人更多的追求低一层次的需要。[7]

运用"ERG"理论中的需求层级理论与住居学中住居功能的层次划分相对应，分析牧区民居的发展趋势，挖掘蒙中地区民居建筑在现代发展过程中存在的现代适应性。(图2)

二、结果与分析

1. 保护功能

围护结构指围合建筑空间的墙体、屋面、门、窗等，能够有效地抵御不利环境的影响，是保护功能的重要体现。本文将围护结构分为"稳定围护结构"及"灵活围护结构"两类，探究生存需求下保护功能的变化。

1）灵活围护结构

早期游牧民族住居类型由窝棚、帐篷到毡帐再到后来的蒙古包，具有灵活围护结构便于拆卸及携带的特点，体现了牧民对自然的妥协和对生存的需求。[8] 相比洞穴、半地穴等史前住居形式，构造材料的变化，不仅性能得以提升，室内空间的独立性更让牧民在抵御自然灾害的同时，拥有了从社会紧张压力中解脱的可能。

2）稳定围护构造

自20世纪80年代起，具有不可移动性的稳定围护结构快速兴起，蒙古包由最初的土木结构演变到砖木结构直到如今的砖混结构，体现了牧民对于住居保护功能需求的增加。在生存需求的引导下住居的保护功能逐渐完善，由最初游牧模式下勉强抵御自然灾害的弱保护功能到定居模式下完全抵御风雨严寒的强保护功能，且近年来构造形式变化趋于稳定。(表2)

2. 生活功能

随着居住形式变为定居，牧民固定在一个地理空间内居住，在社会活动和日常生活中的互动性提升，形成了相同的行为规范、生活方式及社区意识，导致牧民之间关系需求逐渐增加，住居的生活功能也随之发生了变化。具体表现在人与人、人与畜、人与物以及人与自然的关系这四个方面。

1）人与人的关系

人与人的关系需求体现在私密性上，是住居平面形式改变的主要原因：(1) 游牧时期蒙古包作为独立空间，分布在辽阔的草原上，使用对象以家庭为单位，邻里关系几乎没有，住居多重功能并置能够满足这种内向的关系需求。(2) 定居以后，邻里关系的出现以及牧民思想观念的转变使得牧民对私密性的需求增加，住居的生活功能复杂化。20世纪80年代出现了"餐寝分离"的布局形式，家庭起居活动仍在卧室，但形成了独立的就餐会客空间；20世纪90年代演变出了"居寝分离"的布局形式，起居功能脱离卧室而独立出来。这些变化都是私密性需求增加的体现。(表3)

2）人与畜的关系

人与畜的关系体现在院落中生产空间的占比上，是住居整体布局的重要影响因素：(1) 游牧时期院落空间尺寸可随时调整且生产空间

蒙中牧区住居形态演变　　**表2**

游牧时期蒙古包	早期定居时期土木结构	完全定居时期砖混结构

(图片来源：课题组提供)

蒙中牧区住居平面及功能演变 **表3**

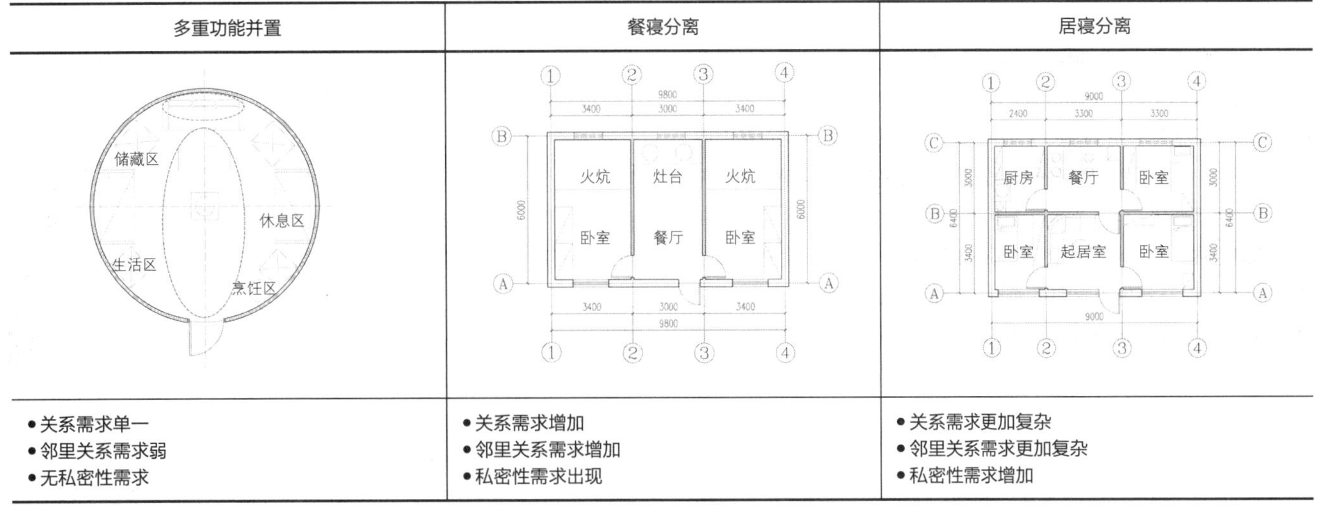

多重功能并置	餐寝分离	居寝分离
•关系需求单一 •邻里关系需求弱 •无私密性需求	•关系需求增加 •邻里关系需求增加 •私密性需求出现	•关系需求更加复杂 •邻里关系需求更加复杂 •私密性需求增加

蒙中牧区住居院落布局演变 **表4**

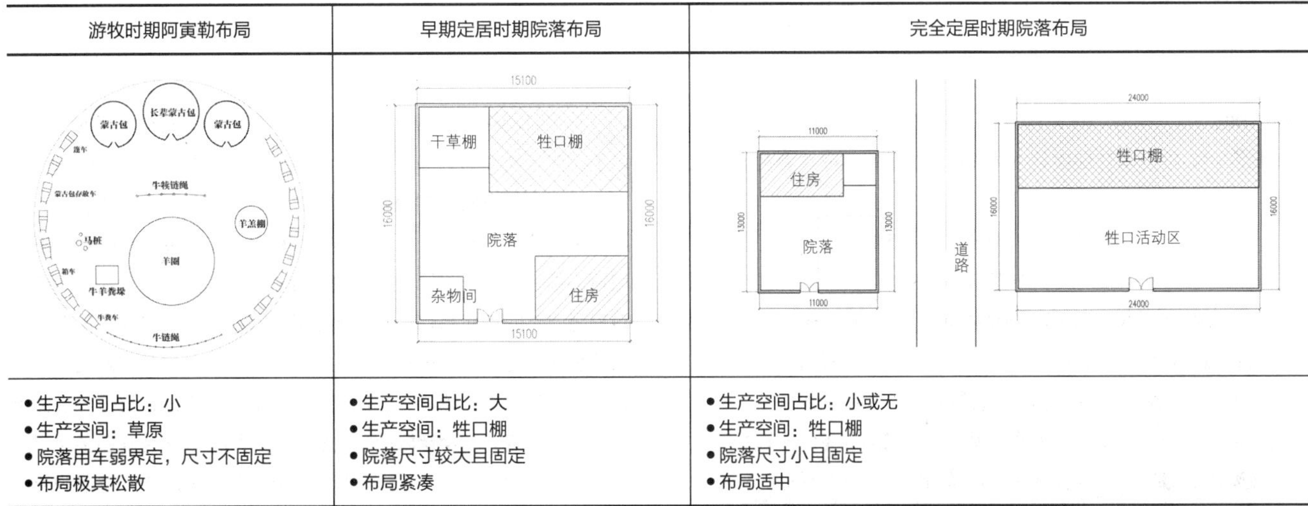

游牧时期阿寅勒布局	早期定居时期院落布局	完全定居时期院落布局
•生产空间占比：小 •生产空间：草原 •院落用车弱界定，尺寸不固定 •布局极其松散	•生产空间占比：大 •生产空间：牲口棚 •院落尺寸较大且固定 •布局紧凑	•生产空间占比：小或无 •生产空间：牲口棚 •院落尺寸小且固定 •布局适中

主要布置在辽阔的草原上，在院落中的占比小，形成了布局松散且弱围合的阿寅勒布局形式；[9]（2）早期定居时期，院落尺寸在建设之初可由牧民控制，但生产方式从“游牧”变成了“轮牧”，在建成后固定尺寸的院落空间中出现了牲口棚、牛羊圈、干草棚这类的生产及辅助空间且尺寸需求不断增加，使得院落整体布局变得紧凑；（3）完全定居时期，院落尺寸由建设部门统一规划，院落空间尺寸小且无法满足舍饲圈养这种生产方式的空间需求，出现了生产空间脱离了院落空间而与其并置的模式，出现了仅满足生活功能需求的院落布局。（表4）

蒙中牧区住居总体布局形式演变 **表5**

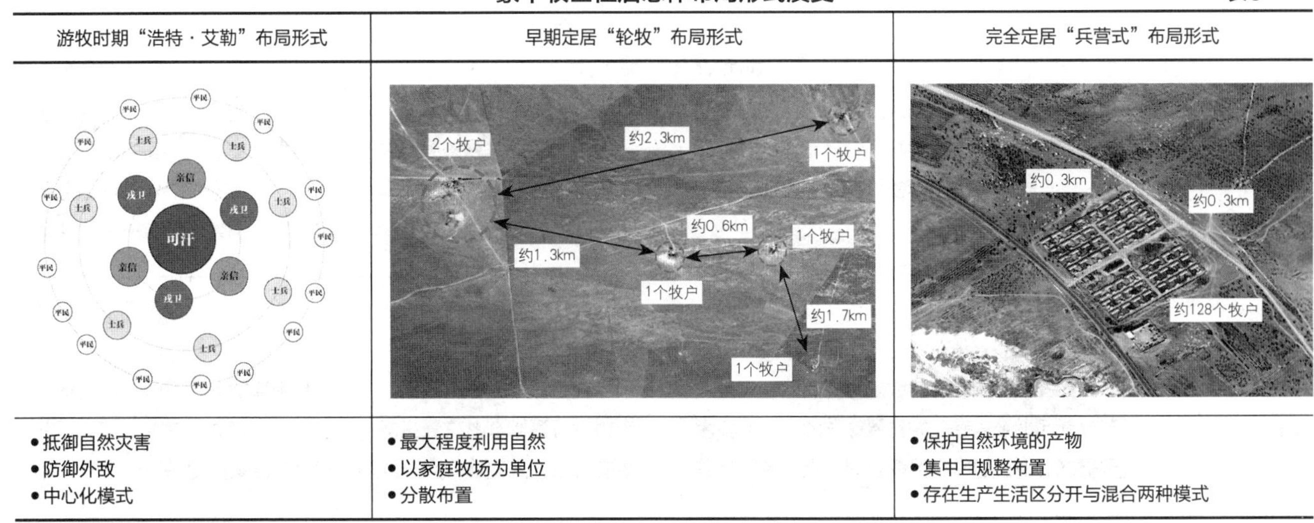

游牧时期“浩特·艾勒”布局形式	早期定居“轮牧”布局形式	完全定居“兵营式”布局形式
•抵御自然灾害 •防御外敌 •中心化模式	•最大程度利用自然 •以家庭牧场为单位 •分散布置	•保护自然环境的产物 •集中且规整布置 •存在生产生活区分开与混合两种模式

3）人与物的关系

人与物的关系导致空间功能的变化，对住居内部空间带来了重要影响。游牧时期蒙古包空间进行了功能划分但并无用途限制，各功能空间之间能够相互转用。（图3）定居以后，大型家具和家电设备出现在了住居中，其不便移动的性质导致空间的用途被限定，使得住居内部空间产生了变化：（1）房间数量和面积增加；（2）住居空间尺度变大，建筑屋内从地面到顶棚的净高从最初的2.5~2.7米，发展到后期的3.2米左右以及各功能房间开间都有所增大。这些变化趋势体现了经济发展下牧民对生活功能需求的增加。

4）人与自然

人与自然的关系经历了抵御、利用、保护三个时期，这些变化都体现在建筑的总体布局上：（1）游牧时期由于生产水平低，个体经营户只有通过共同行动才能抵御自然灾害的袭击以及避免和对付掠夺战争的威胁，因此在不断改良后形成了具有防御性的“浩特·艾勒”布局形式，这种布局形式有效保护了游牧经济。[10]（2）早期定居“轮牧”形式体现了人与自然的关系由最初的适应转变成利用。根据季节变换草场休养生息的规律，在“夏营盘”和“冬营盘”分别搭建蒙古包和永久性固定房屋以达到草场利用率最大化。定居下来的牧户分布体现出“大分散、小聚居”的特点，一平方公里土地上有一到三户家庭，户与户之间有时距离数公里。[11]（3）生产力提高以及牧户单元数量增加导致牲畜数量增加，使得草场的生态环境恶化。在相关草场保护政策带动下，完全定居模式逐渐形成。生产方式转变为以饲养为主的新型牧业，此时人与自然变成了保护关系，住居的总体布局形式也由分散形式变成了“兵营式”的布局形式。（表5）

图3 清代绘画中蒙古包内的活动场景
图片来源：张彤. 蒙古民族毡庐文化［M］. 北京：文物出版社，2008.

3. 文化功能

随着生活水平不断丰富和提高，蒙中牧区牧民的关系需求得以部分满足后，其成长需求自发产生。满足这种需求的文化功能，受该地区民族宗教特色和牧民间攀比心理带来的表现需求影响而显得别具特色。（表6）

1）民族宗教特色

游牧时期住居形制趋于稳定，后在学习外来建筑形式时，虽有出于技艺与材料原因的些许本土化处理，但也基本沿用了外来的形制构成。[12]民族宗教特色历史悠久且变更速率慢，与建筑材料、技术更新的速率相反，从而保持了其传统性，主要体现在色彩图纹和行为要素两个方面：（1）色彩图纹受早期萨满教和后期藏传佛教崇尚自然的理念影响，以蓝天白云为基本元素，形成了崇白和使用蓝色图纹的习俗，在蒙古包上有着充分的体现。牧民定居后，则主要体现在住居的墙体、屋顶以及室内装饰等方面，具体体现为用白灰粉刷外墙。完全定居后的住居则是外墙刷浅黄色或白色涂料，立面画蓝色图纹。（2）定居以后牧民依旧保留着游牧时期的部分行为要素，例如在室内摆设矮小的蒙式家具；炕上铺毛毡，而不用草席；富裕人家建地基，门槛设三层石砌台阶，其俗尚居高处；住居中摆放佛像；院落设施上忌讳羊粪堆与灰堆混杂，认为若有混杂凡事不顺等。

部分文化功能要素 表6

民族宗教特色 • 民族特色纹理 • 白、黄色墙面 • 入口三级台阶	    
表现需求 • 院落中的蒙古包 • 蒙古包入口 • 蒙古包内部	   

2）表现需求

牧民的生活水平提高，其对财富的表现需求也愈旺盛，除了模仿城镇生活形式购置家电等设备外，还表现在对原有游牧生活的向往。富裕的牧民在自家院子修建蒙古包供储物或不定时居住，通过蒙古包的装饰、尺寸以及数量来满足个人或家庭的表现需求。

三、结论

基于住居学的视角，对住居保护功能、生活功能以及文化功能三个层次进行分析，与“ERG”层级理论中的生存需求、关系需求以及成长需求相对应进行梳理：（1）蒙中牧区民居的保护功能发展至今，由灵活围护结构过渡到了稳定围护结构，且保护功能达到阈值，说明生存需求得到了满足；（2）生活功能呈现出逐渐适应的变化趋势，说明了蒙中牧区民居关系需求尚未得到满足；（3）蒙中牧区民居展现出来的文化功能多为形式上的模仿和图纹上的简化表达，说明了成长需求在此时尚未得到满足，且尚处于起步阶段；（4）根据“ERG”层级理论“受挫—回归”原则分析，蒙中牧区第二层次的关系需求尚未得到满足，导致第一层次生存需求被大幅度促进，这种逆向的需求增长对住居的发展是不利的，当前应对第二层次的关系需求更加重视。

通过住居学的视角对蒙中牧区民居建筑进行层次分类总结，补充了住居学视角下对蒙中牧区民居的研究内容，通过需求理论对各层次需求关系进行梳理，得出现代发展过程中存在的适应性特征，对蒙中牧区民居的传承与适应性设计提供参考。

四、讨论

游牧文化带来的生活习性以及生产方式，使得民居的演变离不开畜牧以及宗教信仰等因素的制约，在以后的研究中，有必要从两个方面进行深入探索：（1）除蒙中牧区以外，还有较大的地域面积，拥有大量的民居类型以及不同的适应性方式，结合此研究方法，对内蒙古地区民居进行分区研究，完成不同地区的需求层级梳理及归纳总结；（2）结合层级需求理论的视角，分析不同区域所处的需求层级，杜绝样板式的模仿和设计。

注释

① 本文受国家自然科学基金青年项目（51608280）、国家自然科学基金地区项目（51868060）、内蒙古科技大学创新基金优秀青年基金项目（2018YQL03）资助。

② 王伟栋，内蒙古科技大学建筑学院，副教授，014010，wwdarch@163.com。

③ 黄阳培，内蒙古科技大学建筑学院，研究生，014010，hyparch@163.com。

④ 张嫩江，内蒙古科技大学建筑学院，讲师，014010，nenjiangJZY@163.com。

参考文献

[1] 阿拉腾敖德．蒙古族建筑的谱系学与类型学研究 [D]．北京：清华大学，2013．

[2] 刘铮．蒙古族民居及其环境特性研究 [D]．西安：西安建筑科技大学，2001．

[3] 常睿．内蒙古草原牧民生活时态调查与民居设计 [D]．西安：西安建筑科技大学，2016．

[4] 王伟栋．游牧到定牧——生态恢复视野下草原聚落重构研究 [D]．天津：天津大学，2017．

[5] 胡惠琴．住居学的研究视角——日本住居学先驱性研究成果和方法解析 [J]．建筑学报，2008（04）：5–9．

[6] 胡慧琴．世界住居与居住文化 [M]．北京：中国建筑工业出版社，2008.10

[7] 百度百科："ERG" 理论，https：//baike.baidu.com/item/ERG%E7%90%86%E8%AE%BA/10032815．

[8] 扎格尔主编．草原物质文化研究 [M]．呼和浩特：内蒙古教育出版社，2007，7．

[9] 晓克主编．草原文化史论 [M]．呼和浩特：内蒙古教育出版社，2007，7．

[10] 朋·乌恩著．蒙古族文化研究 [M]．呼和浩特：内蒙古教育出版社，2007，7．

[11] 岳本锋．北方农牧区不同生产方式下村庄居住空间建设模式研究 [C]．北京：中国建筑工业出版社，2014：12．

[12] 中华人民共和国住房和城乡建设部主编．中国传统建筑解析与传承——内蒙古卷 [M]．北京：中国建筑工业出版社，2016：9．

从《鲁般营造正式》再读赣东民居营造体系①

——以江西铅山县石塘古镇为例

刘圣书②

摘　要：从传统营造的视角，结合工匠口述史及民居形制研究的方法，以工匠访谈与建筑测绘为基础，对赣东天井式民居形制进行总结，并从设计构思到营造搭建全过程做整体性研究。寻找《鲁般营造正式》与赣东民居营造的关系，丰富中国传统木结构营造技艺的内容，并尝试对赣闽浙皖四省交界地域民居营造谱系区划做进一步梳理。

关键词：江西民居　石塘古镇　营造体系　天井式民居　鲁般营造正式

一、石塘镇区位与文化传播的关系

石塘镇位于江西省上饶市铅山县，地处赣闽界山武夷山北麓，是一座坐落于赣闽古驿道鹅湖古道沿线的千年古镇。向南，经分水关翻越武夷山，江西的移民由此进入八闽大地；向北，经石塘换乘水路，福建崇安的物产商货可沿铅山河、信江一路汇入长江水网并发往世界各地，它也是晋商万里茶路进入江西的起点。因此，石塘镇是武夷山脚下重要的移民和商业路线中转站。同时，良好的区域位置和便利的水利交通，也带动了当地的产业发展。铅山作为明代江南五大手工业中心，以出色的连史纸制造工艺而出名，而石塘正是当时铅山造纸业的中心集镇之一。“纸商富显其宅”，纸商的资本积累也促进了石塘古民居的兴盛。石塘现保留有明清古建筑约200余栋，其中包括纸号、商铺等前店后宅的骑楼式商业建筑；装饰精美，规模宏大的祠堂会馆类公众建筑；以及广泛分布于镇域内用于居住的天井式宅院，这也是本文的重点研究对象。

对于上饶地区的民居研究，以往学界内的讨论多数只提及其属于江南地区常见的天井式民居，属赣东民居的区划大类中，其研究热度远不及毗邻的浙西与皖南地区。于笔者看来，由于上饶地处赣闽浙皖四省交界地区，扼守由浙入赣，由赣入闽的交通咽喉，对该地区民居形制及营造体系的研究，有利于分辨传统学界认知中“浙西民居”、“徽派民居”、“赣派民居”等民居体系的准确定位与区域划分。本文暂仅从石塘民居入手，对上饶铅山地区民居形制类型与营造体系做解读。

二、石塘天井式民居的营造基础

总体看来，石塘民居属于泛江南地域广泛存在的以穿斗式构架为主的天井式民居，与相邻的浙西、赣东、闽北等地的民居相似，

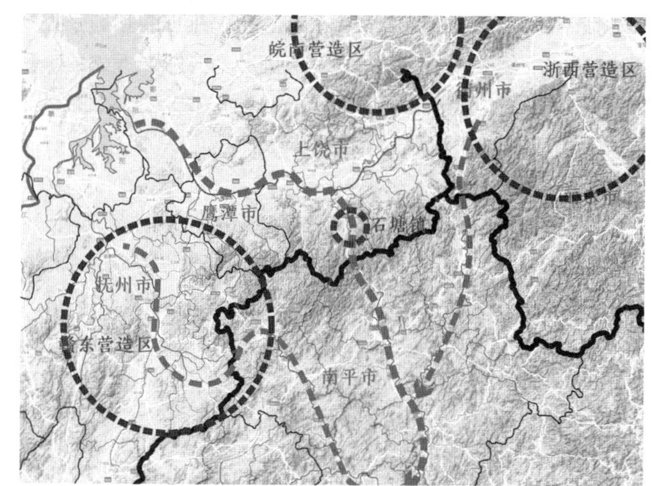

图1　石塘区位及周边营造核心

但细究其形制基形与构造细节，石塘民居也有其独特性。

1. 地盘基型

按照现场调查和测绘的经验来看，石塘民居的地盘类型与赣东地区抚州等地的天井式民居有相似之处，其基形可以总结为“一明两暗”、“三间一进一天井”的基本单元，所有的房间功能都围绕在采光天井展开，并在此基础上进行纵向院落的叠加，形成多进天井住宅，以适应大家族多人口的聚居。这种平面形制也是赣东闽北地区最为常见的地盘格式，而石塘民居的地盘独特性在于其第一进院落：其正屋更倾向选择五间，并增加一道前廊，形成“一明四暗”的格局，同时取消两厢形成一个开敞的庭院，当地人称其为“鹅基坪（音）”，居民的日常活动主要集中于在此庭院中。

由于这样的平面组织形式，石塘民居的平面一般呈现较为方正的格局，沿主要轴线建造的天井院落一般主要用于会客、起居、祭

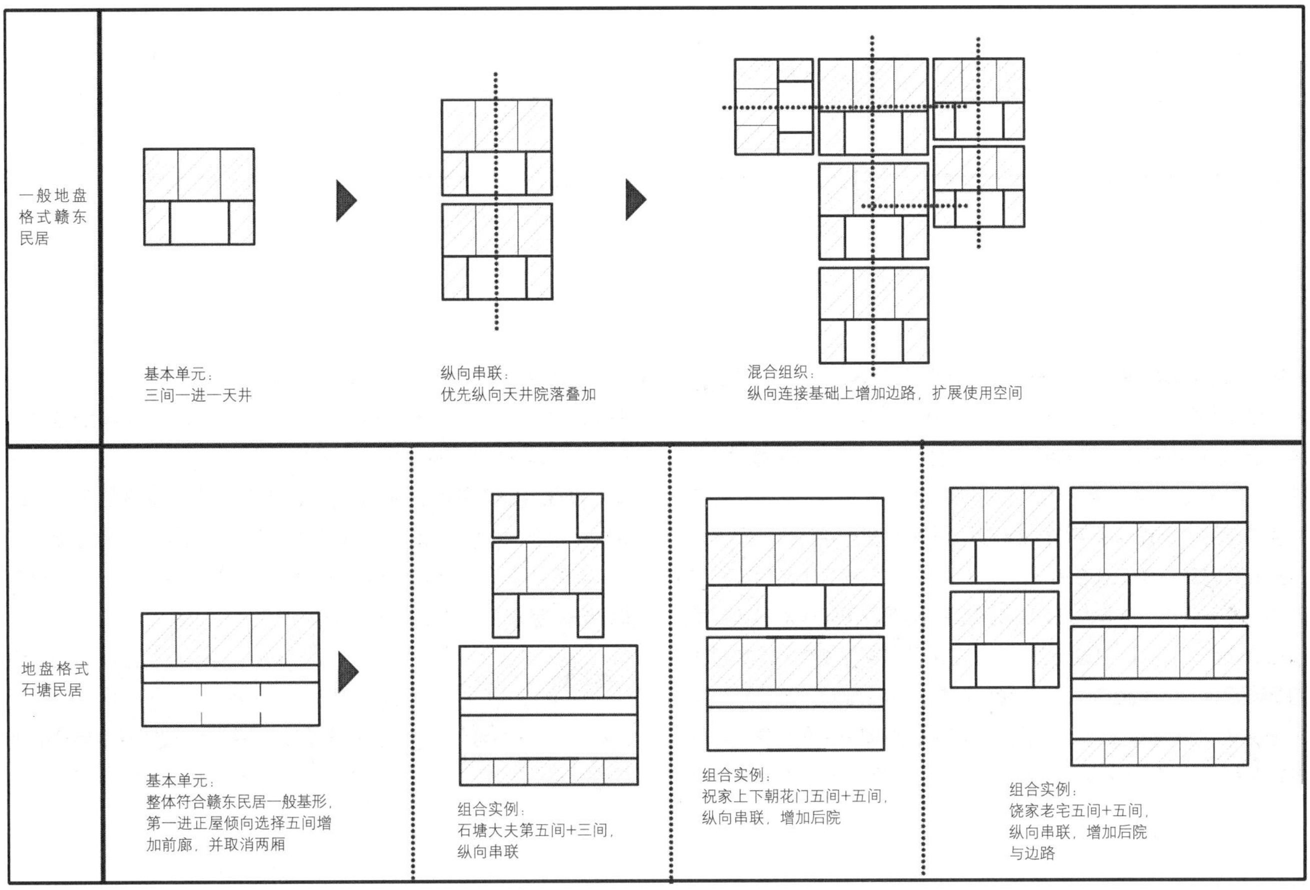

一般地盘格式赣东民居
基本单元：
三间一进一天井
纵向串联：
优先纵向天井院落叠加
混合组织：
纵向连接基础上增加边路，扩展使用空间
地盘格式石塘民居
基本单元：
整体符合赣东民居一般基形，第一进正屋倾向选择五间增加前廊，并取消两厢
组合实例：
石塘大夫第五间+三间，纵向串联
组合实例：
祝家上下朝花门五间+五间，纵向串联，增加后院
组合实例：
饶家老宅五间+五间，纵向串联，增加后院与边路

图2　石塘民居平面基形演变规律

"天井"
比例尺：0 1m 5m
"西二间"
"西一间"
"西厢房"
"鹅基坪"
"中间"
"天井"
"东一间"
"东厢房"
"东二间"
"门房"
"下栋"
"上栋"
石塘大夫第平面草测图
"西二间"
西厢房
"西一间"
"鹅基坪"
"中间"
"天井"
"后院"
"东一间"
东厢房
"东二间"
"门房"
"下栋"
"上栋"
比例尺：0 1m 5m
饶家老宅平面草测图

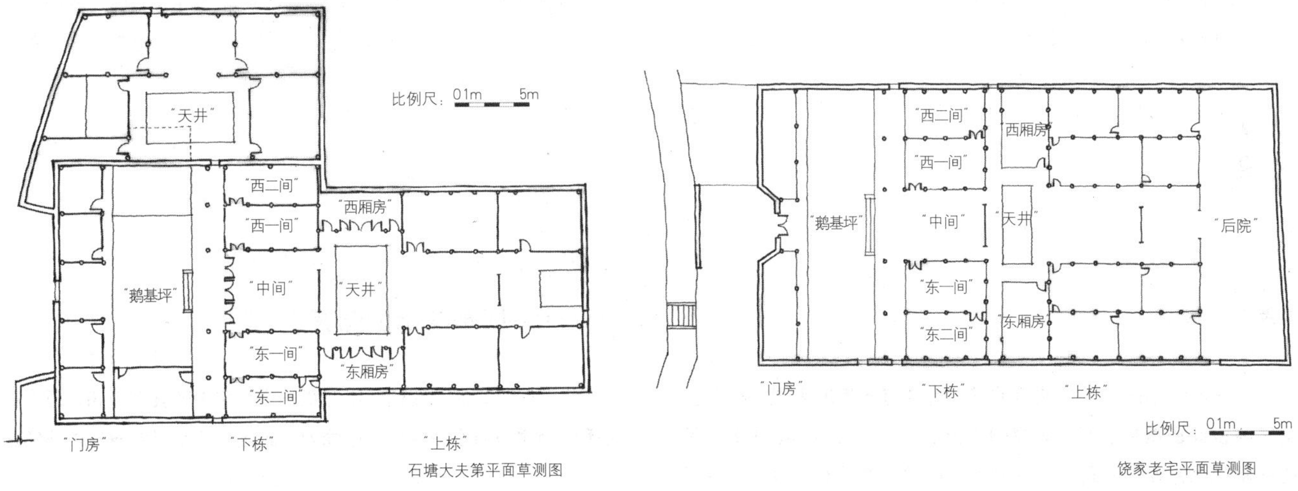

图3　石塘大夫第、饶家老宅平面简测示意图

祀、居住等功能，而厨房、储物等附属空间则一般选择在主要轴线旁加建偏厅的方式。

通过对石塘镇当地大木工匠卢志坚先生的访谈，我们得以窥见当地民居营造地盘设计的一些基本逻辑规律。卢先生提到，在开始一栋民居设计时，首先要和东家确定的就是中间（即正厅）的大小和格式，由木匠提供几组经验数值供东家参考。确定中间的大小后便可依基地大小灵活推算两侧房间的尺寸和间数。厢房和天井的尺寸则一般根据基地大小灵活变通。可见，在一次营建活动中，对于地盘设计而言，最重要的尺寸是中间的尺寸，可见中间在民居中的核心地位。

2. 扇架侧样

石塘民居的主要扇架侧样为“五柱五檩穿斗构架”（图4），是典型的“五架房子格”，其多数民居都采用的是柱柱落地的构架方式。但随着房屋进深的加大，便会出现因为檩距过大而带来的稳定性差等问题。因此在后期改建的民居中，可以看到为使房屋稳固而加建的简单骑童柱和檩条（图5），而某些进深较大的房屋，扇架直接设计为赣东闽北地区常见的“五柱二骑七架屋”或“五柱四骑

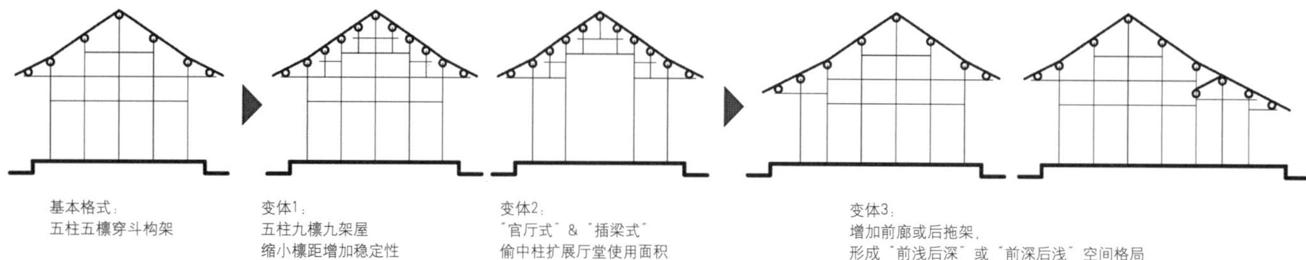

图4 石塘民居侧样基形演变规律

图5 潘中和纸栈旧址构架

图6 黄道故居"五柱四骑九架屋"构架

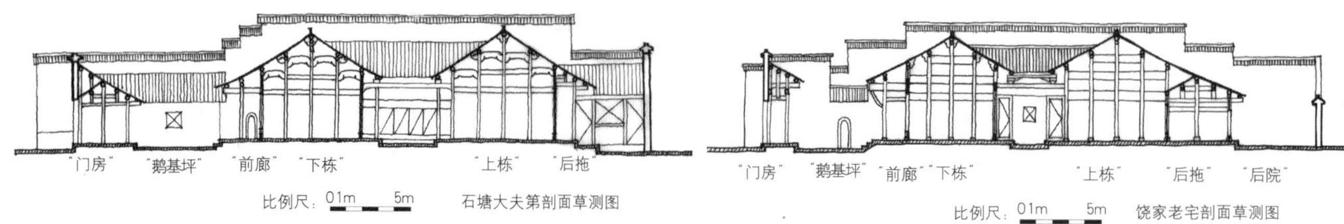

图7 石塘大夫第及饶家老宅测样图

九架屋"（图6）。

为符合使用需求，当建筑的进深需要进一步加大时，石塘民居扇架设计还常会在五柱房屋构架的基础上，增加一架或者两架的前廊或后拖空间，形成《正式》所谓"前浅后深"或"前深后浅"的空间格局。对于规模较大的民居而言，第一进院落的正屋一般都会做前廊，而最后一进的正屋常常会做"拖架"或"后廊"，这种侧样做法在赣东其他地区如抚州黎川、景德镇乐平等地也较常见，区别在于：黎川等地的"拖架空间"一般位于整组建筑的最后，形成具有仪式性的家庭祭祀空间；而石塘地区的"拖架"常位于正架太师壁后，一般结合后面的小庭院用作厨房后勤等使用空间。（图7）

另外，在石塘民居中，也偶见"插梁式"构架，当地师傅称之为"官厅式"构架，即用骑童、驼峰等构件省略中间栋柱，扩大正厅使用面积的做法。此做法更常见于石塘的祠堂会馆类公共建筑中，用在民居中时则与黎川等地常见的三间式正厅相似。

三、赣东匠帮的历史渊源

通过匠师访谈，我们可以得知一个地域内的匠帮流布、营造技艺传承脉络等方面的信息，进而为民居区划的准确划分提供线索。

上饶铅山地区明清以来依托信江水系商贸繁荣，当地基本没有太多的木匠师傅。距卢志坚先生回忆，他和师傅虽然是石塘镇本地人，但他们的手艺传承皆来源于其师公早年在抚州地区学到的建造技术。他也提到铅山的主要市镇，如石塘、河口等地的民居营造活动基本都是由来自抚州的木匠完成，也基本看不到相邻地区的浙系工匠的活动痕迹。再结合石塘民居无论是地盘、侧样、还是细样中所反映的与抚州民居的相似和关联之处，可以做出合理推断：上饶铅山一带民居受抚州系工匠影响较大，应属于"赣系临川派"的区划范围内。

以往学界对于赣系民居营造的研究，一般都指出，江西民居营造的其中一个核心区域就是位于赣东的抚州。而对于闽北地区诸如邵武、光泽、武夷山下梅村等地的工匠访谈，其中也多有提到其手艺传承来自临近的江西抚州等地。石塘的卢先生也多次提及，早年他也经常带徒弟去福建建阳、武夷山一带做工。据此，我们可以做出推测：明清时期，在江西抚州、上饶、福建南平等地存在一批势力范围很强的匠帮。他们可能虽然不像其他传统匠帮诸如“香山帮”、“东阳帮”等有明确的派系传承和规范做法，但他们活跃于一片相对集中的区域内，在赣东的抚河流域、赣闽交界的武夷山区一带进行了大量的建造活动，具有相似的营造习惯和建造逻辑，可暂将其命名为“抚州帮”。

通过“抚州帮”工匠的活动范围，结合民居形制的研究，我们便可推断出所谓“赣系临川派”这一民居区划的大致范围：其营造核心区大致位于古抚州的中心——临川、金溪一带，当地如今仍保留着大量质量极高、具有典型赣东民居特征的古建筑。辐射区大约包括抚州市大部；上饶市除广丰、婺源的大部分地区；闽北的武夷山市、邵武、光泽等地；以及景德镇乐平市等地区。（图8）

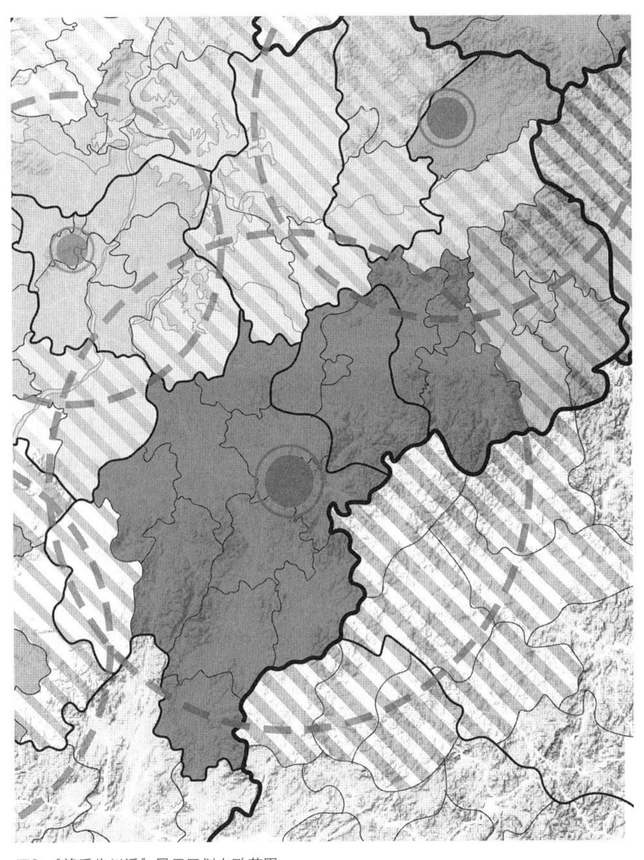

图8 “赣系临川派”民居区划大致范围

四、《鲁般营造正式》中的营造图式与赣东营造体系的比较

1.《正式》中的营造图示与赣东民居的渊源

回看《正式》，可发现其与石塘民居侧样中所隐含的渊源关系：其中“五架屋拖后架”图基本与大部分石塘民居侧样相似；黄道故居等民居中所反映的侧样细节与“九架屋前后合僚”图基本一致；而当地所谓“官厅式”结构与“秋迁架”图中提到“偷栋柱、创闲要坐起处”等细节则不谋而合。（图9）

另外，卢先生提到当地民居中房屋的名称：一般所说用于起居活动兼具家庭祭祀功能的正厅当地称之为“中间”；位于正厅两侧用于居住的房间，当地称之为“东间”和“西间”，多于三开间时，称呼“东一间”、“东二间”等。这些名称与《鲁般营造正式》中“正七架地盘”图中所标注“中间”、“东”、“西”等字样确有相似之

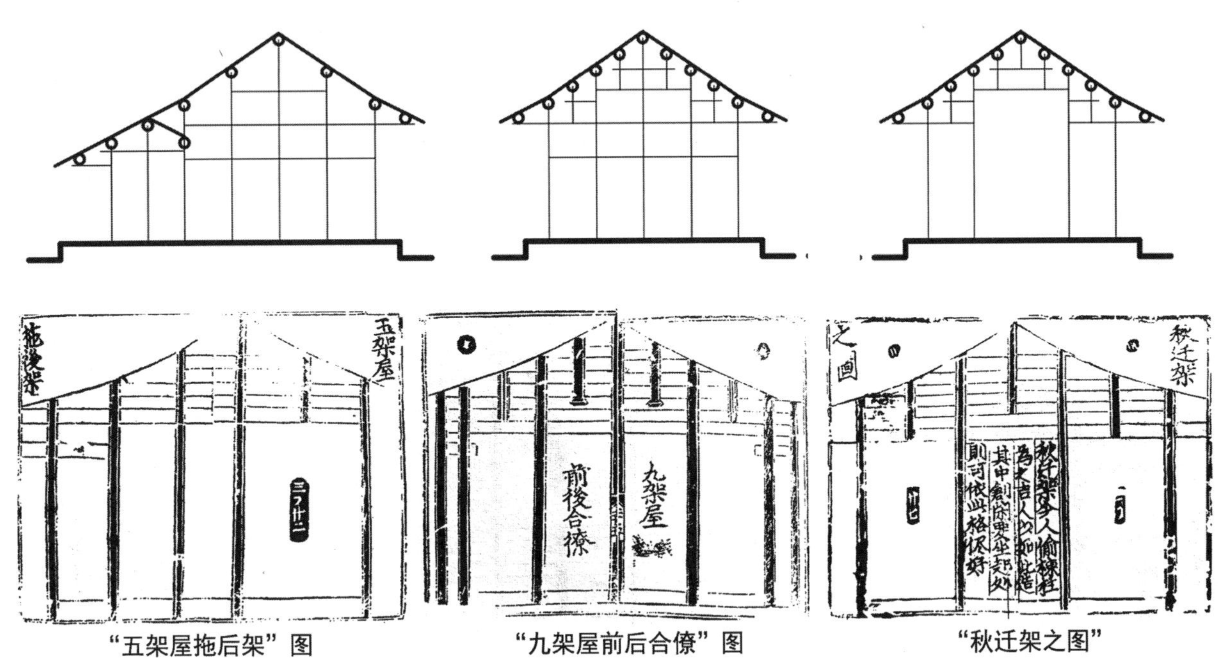

图9 《正式》中的测样细节与石塘民居的关系

处。尽管卢先生提到其从事木匠生涯基本没太看过《鲁班经》等相关书籍，但仍可说明《正式》与当地民居营造存在关联，是一种基于工匠世代口头上传承与传播。

2. 赣东营造体系与《鲁班经》的比较

根据石塘卢先生的口述，石塘地区的民居营造大致可以总结为以下过程：

1）选址相地：主要是东家与风水师的工作，确定宅基地范围面积后，会带主墨木匠师傅来看地，决定房屋及大门朝向等关键性风水信俗。石塘地区“以东为贵”，因此一般大门朝向都偏好朝东。

2）定“地面图”：根据东家需求，首先决定中间（即正厅）大小及格式，多宽多深皆在“地面图”记录清楚，决定中间后，两边房间大小根据基地范围灵活推算即可。当地常用的格式分为“官厅式”与“一般式”，卢先生也提到当地常用一般的穿斗构架而少用“官厅式”。地面图布置妥当后，石匠便可在此基础上安放石磉。

3）做“度高”：卢先生所说“度高”，即一般所谓“丈杆”、“篙尺”等的当地叫法。这一步也是整个营造过程的核心。卢先生提到当地盖房子不画“屋样图”（即剖面），所有剖面设计即用一根“度高”表达清楚，数据全部记在心中，画在“度高”上，这也是其核心设计工具。

4）算水：即决定屋面坡度，当地基本存在两种屋水：笔直的“竹竿水”以及带点弧度的“咬水”。一般屋水取四分五，往下可少一点，取四分，三分半，最小不能低于三分（不好出水）。祠堂可以做得更陡一点，一是美观，二则不易落瓦，直水容易溜瓦。

以上可大致看作民居营造活动中的设计过程。

5）放墨：掌墨师傅根据设计需求，依照“度高”进行放墨。

6）加工：学徒根据掌墨师傅的放墨进行木材构件的加工。

7）穿榀：将所有加工好的木构件组合成一榀完成的扇架。

8）竖榀上磉：将穿逗好的扇架竖起来的过程，也叫“起榀”，距卢先生讲述，此过程是很盛大重要的过程，需要大量学徒和父老乡亲的协作。

9）上梁：传统营造中最重要的过程，需要举行盛大的仪式，如驱煞等。一般上梁结束基本意味着建筑主体框架营造的完成。

以上过程可归纳为营造中主要的建造过程。

10）搭椽盖瓦：一般人家直接盖瓦，讲究一点的要铺望板，有钱的大东家会使用望砖，取决于东家的财力。

11）砌墙；12）装门窗壁板；13）砌墙；14）做门头……

以上为营造的完善阶段，最后直至东家搬进新屋，一次民居营造即算完成。

《鲁班经》中也对民居营造的过程进行了简单记录，将其跟卢志坚先生口述的石塘当地营造流程做简单对比，不难发现其中关系。即：入山伐木、起工架马、画起屋样（2、3、4）、画柱绳墨（5）、齐木料（6）、开柱眼（6）、动土平基（填基）、定磉扇架（7）、竖柱（8）、上梁（9）、盖屋（10）、泥屋（11）、开渠、筑墙（11）、泥饰垣墙、平治道涂、甃砌阶基、砌地、结砌天井、甃地、结天井、砌阶基等。

可以看到虽然无法做到一一对应，施工顺序不完全相同，部分营造过程做法也略有出入，但石塘当地民居营造的流程基本与《鲁班经》记载相符，说明自有《鲁班经》记载以来，中国南方的营造活动基本已经趋于成熟稳定，形成了一整套较为完备的设计及营造流程。

五、结论

1. 浅谈赣闽浙皖四省交界地域民居区划

本文基于笔者近一年来对赣闽浙皖四省交界地区多次实地调研与工匠访谈而成。调研走访过程中，笔者发现地理距离并不遥远的赣东、浙西、皖南三地民居营造存在很巨大的差异，而处于这三大营造中心之间的上饶地区虽今天的行政划分上上属于江西，但其民居明显受到三地共同影响，处于形制混杂的状态：如婺源是正统的徽派民居做法，广丰地区的民居则与浙西衢州等地的民居有关联，而本文主要的研究对象铅山县石塘镇则是受到赣东营造影响较大，限于篇幅在此无法展开。笔者看来，针对类似上饶地区这种处于几个营造圈交界地域的民居研究具有重要意义，有利于我们准确分辨民居区划，并找到不同区划间本质的区别。

2.《鲁般营造正式》与赣东闽北乡土营造

郭湖生先生曾说：《鲁班经》对研究东南诸省古代民间建筑经验可以有启示作用。通过对赣东闽北乡土民居的研究，无论是地盘侧样基形、细部营造的联系，还是营造过程与《鲁班经》中的记述的统一性，都可以说明《鲁般营造正式》与《鲁班经》与赣东闽北地域民居有直接的渊源关系。这也与郭先生考证的《正式》出版地为建阳麻纱相吻合。关于《正式》与江南民居的联系，后续应经过更深入系统的研究与更大量的田野考察进行校正，才能如敦桢先生所言：“使这部古代匠师苦心努力的著作与民间建筑艺术不致沉埋湮没。”

注释

① 国家自然科学基金资助项目，编号：51738008，51878450。

② 刘圣书，同济大学建筑与城市规划学院研究生院，200082，854080035@qq.com。

参考文献

[1] 明鲁般营造正式 [M]. 天一阁藏本. 上海：上海科学技术出版社，1988.

[2] 孙大章. 中国民居研究 [M]. 北京：中国建筑工业出版社，2003.

[3] 郭湖生. 关于《鲁般营造正式》与《鲁班经》. 科技史文集（第七辑）[M]. 上海：上海科学技术出版社，1981.

[4] 李浈，丁曦明. 传统营造语境下黎川乡土建筑营造技艺特色探析 [J]. 建筑遗产，2018（04）：29-37.

[5] 孙博文. 天一阁本《新编鲁般营造正式》屋架图样中的细节反映的其赣闽浙乡土建筑地域源流 [J]. 建筑史，2016，（1）：25-42.

湖北红安吴氏宗祠雀替装饰纹样解析

章倩砺[①]　邓铃怡[②]

摘　要： 雀替，又称为"角替"，是我国古代建筑中极富装饰趣味的建筑构件之一。本文以吴氏宗祠中的雀替装饰纹样为研究对象，对吴氏宗祠中雀替的结构类型、应用形式、装饰纹样等方面进行解析，解析其所反映的审美观念和所蕴含的文化内涵。

湖北民居具有独树一帜的艺术性和特色性，但目前在研究方面，一直处于被忽略、被低估的境地。本文旨在通过解析吴氏宗祠中雀替装饰纹样，挖掘隐藏在形式背后的地域文化。吴氏宗祠中的雀替装饰纹样不仅体现了当时的工艺水平，还是鄂东南地区社会形态和民俗风俗的映射。系统地研究雀替装饰艺术对充分挖掘湖北民居中优秀璀璨的工艺造诣具有推动的意义，对保护与传承具有重要意义。

关键词： 雀替　装饰纹样　吴氏宗祠　湖北红安

一、吴氏宗祠及其雀替的研究价值

1. 雀替及其分类

雀替，亦称"角替""撑拱"。作为一种在木构架建筑中不可或缺的建筑构件，它位于建筑立柱与梁枋相交处，其作用是加强梁枋纵跨度应力，从而强化梁枋的抗弯性能，避免梁枋因垂向荷载、过大而导致的柱梁纵向上的倾斜变形。由于雀替体型较小，又是以立柱为轴心、左右对称式地依附于建筑之上，像展翅飞翔的一对翅膀。联想到在整个建筑大家族中，它类似于鸟类中体型较小者的雀，故而清工部颁布的《工程做法》将其以"雀替"命名。[①]

雀替在其发展过程中力学支撑作用逐渐减弱，更多的是装饰美化的作用。常用于建筑的主要有六种样式：大雀替、通雀替、龙门雀替、骑马雀替、小雀替和花牙子。雀替的艺术性和观赏性经过各时期能工巧匠的锤炼而日臻完美，在不断地发展中逐渐成为了一个独立的建筑装饰门类。最早出现的雀替类型为北魏时期用于西藏地区的宗教建筑中的大雀替。其构件是由一整块木头制成，左右相接、上宽下窄，常放置在柱的顶部与梁枋相接。骑马雀替是在民居中比较常见的雀替类型，其形态是由两个雀替相连而产生出来的，常用于建筑空间较为狭窄的地方，其装饰功能要大于力学。龙门雀替则多用于牌楼或牌坊等纪念性建筑和观瞻性建筑，龙门雀替外形格外华丽醒目，比起普通雀替，它增加了许多装饰附件，如梓框、麻叶头、云墩、三幅云、麻叶头等。小雀替尺度短小，形态朴实，多用于屋内。通雀替与大雀替有很多相似之处，也是两个雀替一个整体，其不同主要在于通雀替是直接穿过柱身放置。花牙子是具有雀替外形的一种纯粹装饰性构件，以棂条拼成图案或雕刻成镂空花样，多为花草植物和几何纹样，精巧细致，空灵剔透，常用于园林建筑或住宅内部的装饰。雀替的雕刻形式多为石雕或木雕，在雕刻精美的基础上加以彩绘，使之极具审美意味。

图1　吴氏宗祠正门

2. 吴氏宗祠的历史价值

鄂东南地区村落有两个特征，就是一村同姓和一村一祠。家族祠堂是宗族组织的载体与象征，在聚族而居的宗族社会的村民生活和地方社会中扮演着重要角色。祠堂又是村落内部最高等级的建筑样式，代表了本区域乡土建筑的最高水平，对宗族血缘村落形态的构成与发展具有支配性的作用。[④]它是中国封建社会的产物、家族教化的场所，也是中国进入文明社会以来，祭祀礼仪逐渐从贵族走向平民的见证体，也是宗教礼法由兴转向衰亡的历史缩影。

吴氏祠堂坐落于八里湾镇陡山古村落，始建于清朝乾隆二十八年（1763年），由吴姓族人合资兴建，历时两年，计耗银万余两，族中诸子捐田出力还未在其内。吴氏宗祠坐南朝北，为砖石木结构。三进院落，面阔五间，四合院式布局，建筑面积1128平方米，主体建筑由前幢观乐楼、中幢拜殿、后幢祖宗殿组成。前中后三幢之间有庭院相隔，浑然一体，布局严谨。

吴氏宗祠的院、廊、厅、门、窗、栏杆、梁架、屋脊、瓦面，或彩绘、或屋脊、或木雕、或石雕，各种神话人物、珍禽瑞兽、山川风物等图案花纹，题材广泛，工艺精湛，造型生动，形象逼真，巧夺天工。其规模宏大、结构精巧且各种古建筑装饰工艺技法齐全。制作精良，享有“湖北民间工艺宝库”的美誉。据专家研究，吴氏宗祠的木雕技术在湖北民间雕刻中处中上乘水平，是当年木雕艺术流派“黄孝帮”的得意之作。吴氏宗祠以它保存的完整性和极高的艺术价值，被誉为“鄂东第一祠”，1992年成为“湖北省重点文物保护单位”，2006年被国务院发布为“全国重点文物保护单位”。

3. 吴氏宗祠构件雀替的历史价值

雀替作为古建筑构件的重要部分，它既彰显着鄂东地域特色，也承载着中国上下五千年灿烂文明的建筑文化，具有较高的历史价值。

首先，鄂东地区古建筑传统构件雀替是鄂人基于当地的地理、气候环境等自然因素，选取当地盛产的建筑材料，建造出符合当地居住民俗民风等特征的建筑，它们不仅具有丰富的历史文化内涵，并且具有较高的美学价值。

其次，鄂东地区古建筑传统构件雀替对于建设独具湖北特色的建筑设计具有较高的参考价值。鄂东先民根据湖北地区的地形环境，因地制宜，随机应变，将“天人合一”的哲学思想完美地表现在古建筑中。这也反映了古人在几千年之前就已具备超前的可持续发展的理念，具有时代意义。

再次，鄂东地区古建筑的传统构件雀替表现了中华民族的优秀传统文化。它除了拥有地域性、民族性等多元的文化内涵外，还涵盖了传统的荆楚文化。其建筑构件传递出的仁爱孝悌、谦虚有礼、勤劳俭朴、笃实宽厚的传统美德，对于文化的传承有着不可忽视的作用。同时，也彰显了这些古建筑的人文脉搏，具有较高的艺术与教育的价值，值得我们研究。

二、吴氏宗祠构件雀替装饰纹样分析

鄂东地区古建筑构件雀替的装饰艺术是地域文化与当地技术相结合的产物，是基于地域文化影响的人们对美好生活的追求和向往而创造出来的一种特殊艺术形式。从其来源来看，其装饰纹饰大致可分为两大类：一类是现实生活中的事物，是古代生活意趣的浓缩；另一类是基于中国的神话，代表着古鄂人对生活美好的向往和追求。两种类型的装饰纹样，都反映着中国的传统文化和人们的精神诉求。总结归纳吴氏宗祠的雀替装饰纹样来源，其纹饰上大致可分成四大类：动、植物纹饰，几何纹饰，人物纹饰，神兽纹饰。

1. 动、植物纹饰

1）植物纹样

植物纹样是中国传统建筑装饰艺术中最为常见的纹样之一。在吴氏宗祠的雀替中有着大量的植物纹样装饰，以蔓草纹样为主。蔓草纹也称卷草纹，由于它的藤蔓很多，滋长绵延不断，给人一种繁茂旺盛的感觉，故人们认为其是茂盛长久的吉祥象征。蔓草纹的形象很美，后来慢慢地代替了忍冬纹而应用于各种各样的装饰上面。蔓草纹在隋唐时期最为流行，又被称为“唐草”。而牡丹在《本草纲目》云：“群花品种，以牡丹第一，芍药第二，故世谓牡丹为花王。”牡丹一直被我国劳动人民作为富贵繁荣的象征，是幸福和平、繁荣兴旺、祈望美好的吉祥之花。在吴氏宗祠前幢观乐楼的两边廊上和中间拜殿都设有牡丹与蔓草结合的骑马雀替一对（图2、图3），它们以对称式的结构出现，牡丹和蔓草的组合有着独特的吉祥寓意，牡丹喻富贵，蔓与“万”近音，寓意千秋万代富贵，将其用于宗祠的雀替装饰中再合适不过了。

2）动、植物结合纹样

在吴氏宗祠拜殿的中间设有一对对称结构的“百鼠闹葡萄”纹

图2　观乐楼牡丹卷草纹样的骑马雀替及其纹样

图3 拜殿牡丹卷草纹样的骑马雀替及其纹样

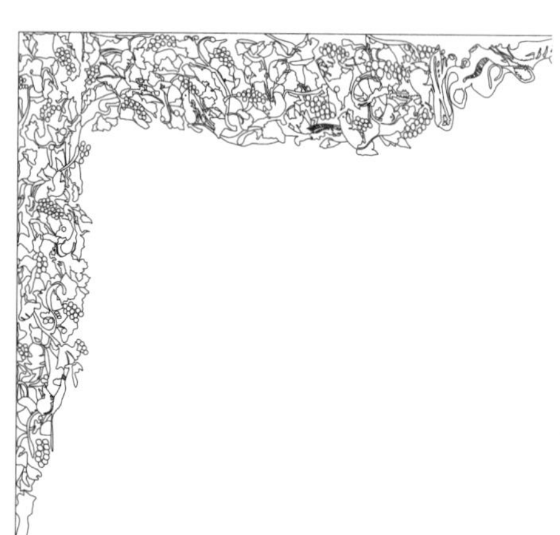

图4 "百鼠闹葡萄"雀替及其纹样

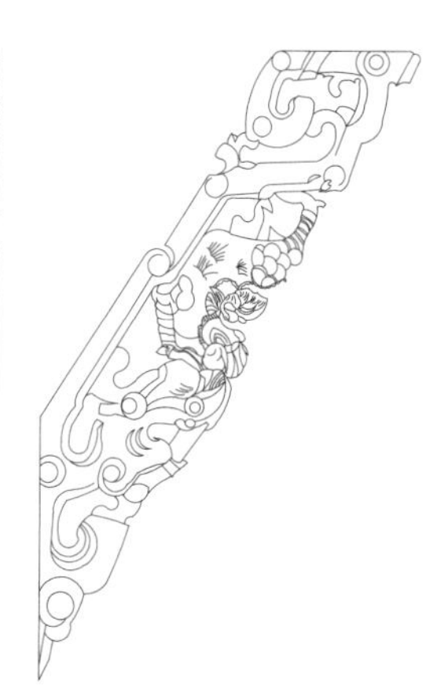

图5 几何瑞兽的雀替及其纹样（正侧面）

样雀替（图4）。这对"百鼠闹葡萄"的雀替采用透雕的雕刻手法，老鼠造型生动形象，足足有100只。老鼠是对民众生活和农业生产的有害动物，故民间产生避鼠、娱鼠等习俗，为的是不得罪老鼠，使之能少啃啮物品粮食。比如老鼠嫁女的传说，就是在农历正月二十五的晚上，家家户户都摸黑不能点灯，以免冲撞了老鼠嫁女，得罪了老鼠，给来年带来鼠灾。

老鼠虽然是有害动物，但因为其繁殖能力很强，故又被用来象征多子多孙、子孙兴旺。[⑤]而葡萄作为一种藤本植物藤蔓绵长，果实累累，常被人们赋予多子、丰收、富贵和长寿的涵义。繁衍后代是贯穿古时人们生活的大事，出自《离娄章句上》中的"不孝有三，无后为大"这一古语，就充分体现说明了这一观念在古代人们心中的重要性。在建筑装饰上雕刻一些寓意多子多福的题材，以此寻求心灵的慰藉，希望借此能利于子孙后代的繁衍。

2. 几何纹饰

几何纹，即几何图案组成的有规律的纹饰。此纹饰在雀替中单一使用较少，多作为其他纹饰的辅助之用。在吴氏宗祠的后殿中有8个起支撑作用的雀替（图5），分布于后殿的四周。其在几何纹的卷曲中嵌入倒立形态瑞兽小狮子，细微处饰有圆形的回形纹，有源远流长、生生不息的吉祥寓意。整个造型生动和谐，兼顾了造型美和结构美。

3. 人物纹饰

在吴氏宗祠雀替众多种类中，以人物纹饰出现的最为传神。这些纹饰大多是以神话故事、民间故事、戏曲唱本、日常生活场景等为素材创造出来的。不仅造型精细，而且形象十分的生动传神。在拜殿的两侧柱间就有饰有人物纹饰的不对称骑马雀替两个（图6），采用浮雕的表现手法进行刻画，纹饰细腻自然，有的神采奕奕，有的体威神严，有的端庄文静，有的笑态可掬，有的仙风道骨，或站或卧，一颦一笑，惟妙惟肖，无不精彩传神。既具有装饰美化功能，又体现了人们用画面记录故事的聪明才智，以及劳动人民传统的观念和对美好生活向往的精神需求。

4. 神兽纹饰

中国对于神话传说的崇拜有着的悠久历史，在古时候，其渗透于人民生活的方方面面，从一定程度上影响着民俗文化。因此，只有充分了解了古代民间的神话含义，才能理解鄂东地区古建筑构件的雀替文化。

在吴氏宗祠中有大量以龙和狮子等瑞兽作为装饰纹样的雀替，而且这些雀替多处于明显的位置且做工颇为精细，雕刻更为考究。例如观乐楼戏台的正两侧就饰有两个以狮子为主体的大型雀替（图7），其一侧是太狮少狮的组合；另一次侧是太狮少狮滚绣球的纹样。狮子属于猫科动物，造型头大脸宽，四肢粗壮，给人感觉十分威武，凶猛威严。而在中国传统图案中，狮子比较真狮更为人性化，创造者赋予了它们更多主观的、人性化的特征。如狮子滚绣球或者双狮戏球中的狮子活泼可爱，寓意祛灾祈福。据《汉书·礼乐志》记载，汉代民间流行“狮舞”，两人合扮一狮，一人持彩球逗之，上下翻腾跳跃，活泼有趣。而“太狮少狮”是以大小狮子同戏寓意世世代代高官厚禄。在古代，太师、少师都是辅佐皇上为政的高管。官府门前的狮子，左边的代表“太狮”，右边的狮子代表“少狮”。在民间，民众以“狮”与“师”同音，表达吉祥寓意。

在中间的拜殿主要柱子间又有比观乐楼尺度更为宽大的雀替（图8），其也是太狮少狮与绣球的组合，不同的是其装饰更为考究，底部还饰有祥云纹样。祥云纹样是常见的装饰纹样，其形象丰富生动，又具有独特的意境美。在很多艺术品和生活用品中都有其踪影，人们喜欢云纹，跟云有关吉祥图案有“青云得路”，有高官寓意的双狮纹样辅以有青云得路的祥云纹样，拜殿的这一对雀替明显表达了盼望吴氏子孙官运亨通、平步青云的吉祥寓意。

狮为阳，代表安乐、吉祥、美好之意，反面为阴，代表邪恶、阴暗之意。民众借以狮子作为祥瑞的象征来满足人们改造自然、表达美好愿望的心理状况。它是人狮和谐的艺术表现，其构思核心是由于道家哲学的宇宙观而形成的。此外，在拜殿两侧的雀替中，狮子的造型温顺活泼、憨态尽显，体现了物与自然、天地和谐的相处状态，也代表着人们崇尚祥和、幸福、富足、长寿的物化，此宇宙精神也是雀替构件装饰艺术存在的价值源头。

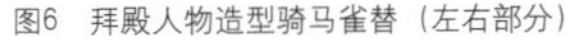

图6 拜殿人物造型骑马雀替（左右部分）

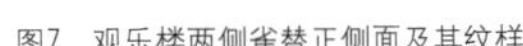

图7 观乐楼两侧雀替正侧面及其纹样

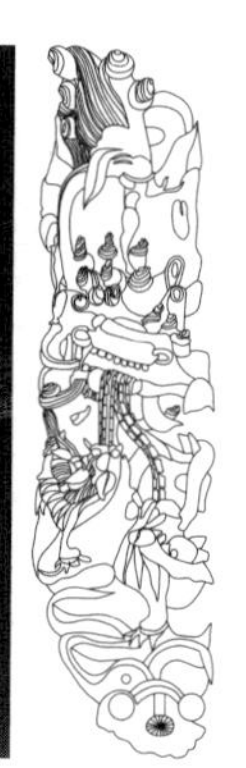

图8 拜殿两侧雀替正侧面及其纹样

《庄子·人间世》中“虚室生白，吉祥止止”是“吉祥”二字最早的使用。“吉事有祥”被古人解释为：吉者，福善之事；祥者，嘉庆之征。在鄂东地区古宗祠的建筑装饰上，其建筑构件上雕刻的福、禄、吉、祥的装饰题材，表现了人们对平安喜乐生活的追求和向往。在日常烧香拜佛、祭祀活动中，其祈求幸福、祥和、如意的美好愿望表现了先人的精神诉求。总之，它们都是中国传统民俗文化的重要内容，是古人在生活过程中不可缺少的重要精神文化活动。它们这些行为都是为了表达出古人求吉纳福，期望家族昌盛，对生活平安喜乐的美好祈盼。

三、总结

雀替在中式传统建筑中占有重要的地位，其形态和工艺不仅体现了古代匠人高超的技艺和艺术造诣之外，其装饰纹样的内容、造型也蕴含着中华文化的博大精深。无论是在文化、美学、设计学方面，都极具研究价值。湖北红安的吴氏宗祠是红安当地极具代表性的鄂派建筑，且保存完好，正是因为这些传统民居的留存，使得湖北的历史文脉得以良好的传承。雀替纹样并不是简单的平面花纹，其体现着建筑中极具特点的空间关系。跳脱开平面符号的局限，通过空间的营造而显现出给人无限遐想的意境，将视觉感受与精神层面紧密联系，做到神形兼备，也更具有传承的价值与意义。通过对湖北红安吴氏宗祠雀替装饰艺术的研究和梳理，我们应该对雀替中的装饰纹样优胜劣汰，结合其寓意，运用当代美学的设计语言，进行再设计，对雀替纹样中的“精、气、神”进行有效的传承。将传统美学文化心理与现代美学文化心理相结合，形成既具有民族、地域特征，又具有现代特征的现代设计。

注释

① 章倩砺，湖北大学艺术学院副教授，52521421@qq。

② 邓铃怡，湖北大学艺术学院2018级研究生在读，979599482@qq.com。

③ 楼庆西．雕梁画栋 [M]．北京：清华大学出版社，2011．

④ 张飞．鄂东南家族祠堂研究 [J]．华中科技大学．2005．

⑤ 王利支．中国传统吉祥图案与现代视觉传达设计 [M]．沈阳：沈阳出版社，2010．

参考文献

[1] 楼庆西．雕梁画栋 [M]．北京：清华大学出版社，2011．

[2] 张飞．鄂东南家族祠堂研究 [J]．华中科技大学．2005．

[3] 王利支．中国传统吉祥图案与现代视觉传达设计 [M]．沈阳：沈阳出版社．2010．

藏传佛教教育体系对寺院空间布局的影响

靳含丽[①]　黄凌江[②]

摘　要： 藏传佛教具有组织严谨且等级明确的佛教教育体系。寺院作为藏传佛教教育的主要存在空间，在层级、布局和形态上也形成了与之对应的空间系统。本文从藏传佛教四大寺为实例，分析藏传佛教教育体系对寺院空间系统的影响，包括寺院空间要素构成、层级关系以及空间布局的特点。并进一步与现代教育体系下的大学校园空间进行对比。从一个新的视角探索藏传佛教寺院空间形成的影响因素和演变规律。

关键词： 藏传佛教　教育体系　空间系统

引言

在藏传佛教发展历史上，寺院教育曾是主要的教育形式。经过几个世纪的发展，藏传佛教各教派都有其不同的教育体系。宗喀巴创立格鲁派之后，对寺院组织进行调整和改革，使得格鲁派寺院教育组织体制逐渐成熟完备，形成了措钦—扎仓—康村层层隶属的组织结构。其中措钦为寺院最高层级的行政管理机构，主管全寺的事务；第二层级为扎仓，依据学科不同进行分类，如专门授习显宗和密宗的显宗学院和密宗学院，授习天文历算的时轮学院和医药学的宗学学院[1]，是寺院的主要教育单位；第三层级为康村，按僧人家乡地域进行划分的组织机构，为寺院的基层组织。由于其在学经和行政系统中都不占重要位置，因而组织也较为简单[2]。一些较大的康村下面还设有若干米村。寺院的三级组织机构都包含有重要的教育功能。藏传佛教在其长期的发展中形成了这种独特的经院教育模式。经院教育即寺院教育是藏传佛教教育的核心，而寺院是进行佛教教育的场所[3]。藏传佛教组织严谨且有等级明确的教育体系，对寺院的空间形式产生了重要的影响和作用。寺院作为藏传佛教的空间载体，在层级、布局和形态上也形成了与经院教育体系对应的空间系统。本文将从藏传佛教经院教育的角度，分析藏传佛教寺院的空间要素组成以及之间的空间层级关系。

一、藏传佛教的教育制度

1. 藏传佛教的教育内容

藏传佛教寺院教育始创于公元8世纪，桑耶寺是“寺院教育”的第一座藏传佛教寺院。后经历了灭法运动的中断以及后弘期的复兴，以桑浦寺为中心的藏传佛教寺院教育体制基本形成[4]。至1409年格鲁派创始人宗喀巴大师创建甘丹寺，逐渐建立起了完整的组织体系和严密的教育制度[3]。

格鲁派是藏传佛教教育中教育体制最为完备的教派，有着先显后密的学习程序以及兼容并包、专精循序的学习特点[5]。在教育内容上，显宗学院重在研究显宗教义，课程为五部大论[6]。其中甘丹寺的夏孜扎仓、相孜扎仓，哲蚌寺的罗塞林扎仓、果莽扎仓、代洋扎仓，色拉寺的吉扎仓、麦扎仓，扎什伦布寺的夏孜扎仓、吉康扎仓、脱赛林扎仓均为显宗扎仓。密宗学院是格鲁派僧人修习密宗的地方，主要学习藏传佛教的共通密法以及各自教派的特有密法[7]。不是所有寺院都设有密宗扎仓，四大寺中除甘丹寺外，哲蚌寺、色拉寺、扎什伦布寺的阿巴扎仓均为密宗扎仓。

在学习方法上，格鲁派寺院注重背诵和辩论[8]。学僧从入学开始，大部分时间都在背诵经文中度过。辩论是格鲁派寺院中一种独特的学习方法，僧侣每日都会聚集在专门的室外空间，听经师传授知识或学僧之间相互辩论学习。在学位制度上，格鲁派寺院中的显宗学院有着严格的考试制度和规范的学位制度。学僧们通过循序渐进的学习顺序，经过辩经考试以获得四个不同等级的格西学位[7]。因此教育和学习是藏传佛教的一项重要内容，也是藏传佛教寺院空间承载的主要活动内容。寺院的空间体系与教育体系具有明确的对应关系。

2. 僧侣的日常学习

在格鲁派寺院严谨完善的教育体制影响下，僧侣的日常学习生活也具有严格的规律。僧侣每日学习分为早、中、晚三次。僧侣在早晨日出时听到钟声起床，携带木碗和糌粑去上早殿，除了诵经等佛事活动外兼用早餐。在早殿佛事完毕后，僧人门回到各自所属的康村学习经文，或在辩论场听堪布传经以及与同门练习辩经直到中午。功课完毕之后，便回到康村大殿进行午餐。下午一般要到扎仓集体诵经并进行辩论。晚饭之后，学僧们回到自己的康村学习经文，等到康村吉根来巡视之后回室自修或安寝[9][10]。

二、藏传佛教寺院的空间系统

寺院是藏传佛教从事教育活动的场所，而寺院教育活动需要有相应的空间作为依托。特定的使用功能对应特定的建筑空间是藏传佛教寺院建筑的特点之一，以满足僧侣学经等宗教活动以及日常生活的需要。

1. 寺院的重要空间要素与功能

藏传佛教寺院建筑根据功能不同，可将其分为不同的类型。在教育方面，主要为经院建筑和辩经场，为僧人的日常学习提供室内外建筑场所。而经院建筑作为寺院中的主体建筑，又分为措钦、扎仓、康村、米村四类。

措钦：措钦由措钦大殿、殿前广场、附设净厨组成完整的使用体系[11]。措钦作为寺庙最高一级组织，位于寺院的核心位置，统领全寺。入口在西侧，沿轴线布置入口门廊、经堂、佛殿三部分，有些大殿布置有供转经使用的外围礼拜道，经堂规模较大。主要功能是为全寺院僧侣集体诵经、集会和举行大型重要宗教仪式提供场所[12]。

扎仓：由经堂、佛殿、前院、附设厨房和辩经场（一般只有较大的扎仓有）组成[13]。扎仓空间结构与措钦大殿相似，一般为门廊、经堂、佛殿三部分（有些佛殿外围会有礼拜道），但等级和规模都次于措钦大殿。是供寺院某一个学院或经院的僧侣学习、诵经的场所，完整独立，属于寺院的教育单位[11]。僧人进入寺庙后可根据学科的不同而进入到不同的扎仓学习。此外，措钦大殿和扎仓重在对佛殿、经堂的设置以及对宗教氛围的布置。

康村、米村：由小经堂和僧舍组成。作为隶属于扎仓的组织体系，根据僧侣的生源地进行划分，主要功能为提供僧侣的日常生活需要和小范围的学经诵经活动场所，重在对生活气息的布置。在建筑内部空间中，康村、米村只有门廊和小经堂两部分，一般不设置佛殿（只有较大的康村会有）。经堂规模小于措钦大殿以及扎仓，等级较低（图1）。

辩经场：僧侣学习和辩论经文的场所。辩经是藏传佛教教育学习中重要的一项内容，因此辩经场也是藏传佛教寺院中必不可少的一部分。一般较大的扎仓附近均会设置由矮墙围绕而形成的辩经场[11]。由于是室外学习空间，因此场内种植树木并设置凉亭或讲经台供普通僧侣辩论以及活佛讲经时遮阴。

2. 教育体系与空间结构的对应关系

藏传佛教的教育、思想、戒律等对寺院建筑群的总体布局以及建筑的空间组织结构有着重要的影响。经院式建筑群形制因此成了主要的寺院建筑模式，“措钦—扎仓—康村”的隶属关系决定了寺院的建筑等级。由于每个体系的使用功能和地位不同，其建筑布局以及侧重点也有所不同。从措钦大殿到扎仓再到康村、米村，建筑等级和规模依次缩小，形制做法依次简化。

在寺院的整体布局方面，藏传佛教寺院中最常见的布局方式为顺应地形自由布局，并随着寺院规模的扩大而进行增建和扩建[14]。寺院整体空间较为灵活，但有一定规律可循。作为寺院的核心，措钦大殿的规模在整个建筑群中最为宏大，一般位于高处，并以此为中心，建筑物向四周发展；扎仓作为隶属于措钦的第二级组织，自成体系，为寺院的中间机构。各扎仓一般以寺院核心建筑—措钦大殿为中心，环绕四周布置，满足学僧们日常诵经礼佛的需要[16]。扎仓之间也有等级之分，较为华丽的扎仓一般会同大殿一起居于高处，而较小的扎仓位置也较为偏僻。等级更低的康村米村作为僧舍，建筑风格带有浓郁的地域特色[15]。根据其隶属的扎仓的不同，自由穿插布置在措钦大殿以及扎仓之间（图2）。

格鲁派寺院布局自由中心突出的空间关系也是对藏传佛教教育体系的直观反应。寺院以重要的宗教建筑为核心，层层向外辐射。寺院的核心是举行全寺性的集会和重大宗教活动的措钦大殿，之后是供僧侣诵经学法的经堂，最外围为僧侣日常生活用房。寺院由内而外的过程，不仅反映了藏传佛教寺院中的等级关系，并且体现了寺院建筑因其教育作用不同而由宗教空间向生活空间的转变。

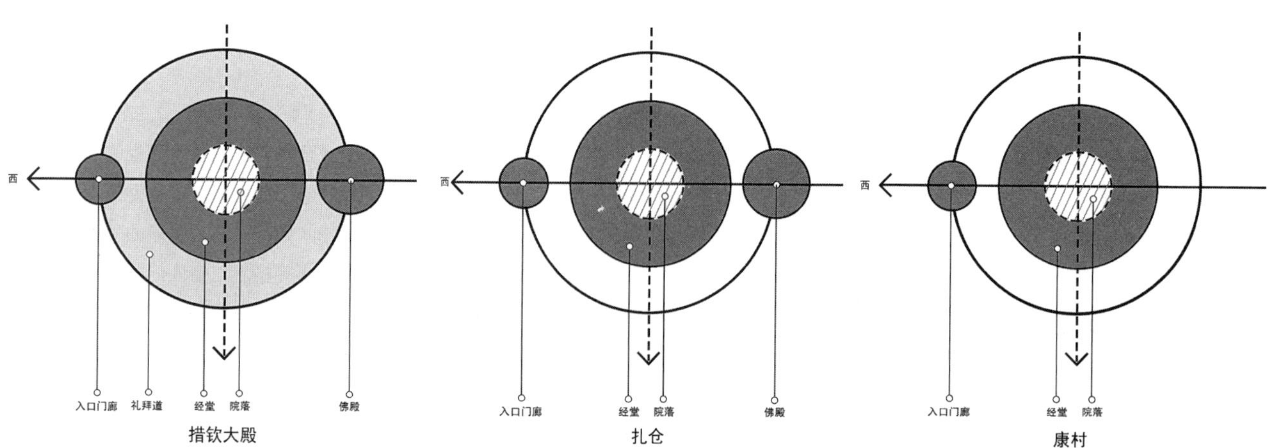

图1 建筑内部空间结构图

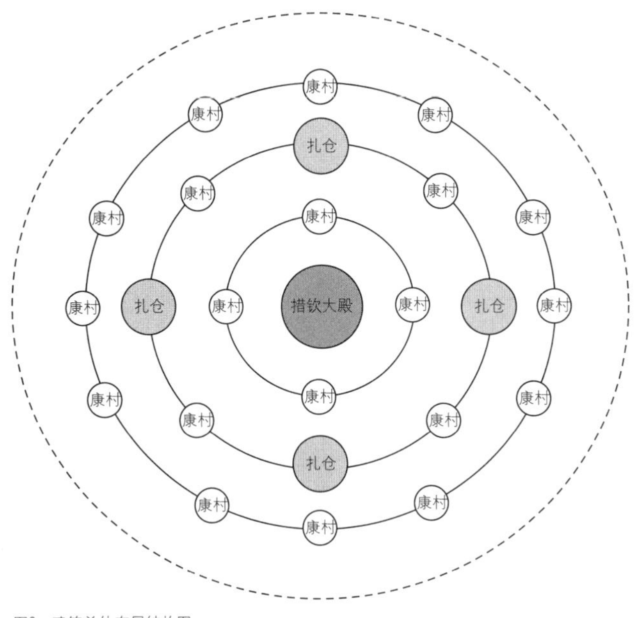

图2 建筑总体布局结构图

图3 色拉寺功能分区图

三、案例分析——色拉寺

色拉寺建于1419年，位于拉萨市北郊约5公里的色拉乌孜山南麓，全名“曲德钦波色拉特钦林”[16]。现存建筑有74栋，其中措钦大殿1个，为全寺的正殿，由殿前广场、经堂和5个佛殿组成[17]；杰扎仓、麦扎仓、阿巴扎仓三大扎仓组成寺院的教育机构；各扎仓之下共有34个康村，以及其他僧舍、印经院等建筑。除此之外，还设置有室外公共空间，如辩经场、转经道、晒佛台等。色拉寺整体符合藏传佛教教育体系及其组织机构的特征，具有明确的空间结构和等级次序。

在整体布局上，色拉寺由一条贯穿南北的道路分为东、西两部分。措钦大殿作为整个寺院的核心机构，连同一些康村位于寺院东侧，在水平和垂直方向统领全寺。杰扎仓、麦扎仓、阿巴扎仓三大扎仓位于西侧，均有各自的康村米村，一般以扎仓为中心分散布置。吉扎仓规模最大，位于北面地势较高处，在寺院中地位较高。麦扎仓及其所属康村则位于地势较低的南侧。阿巴扎仓为色拉寺的密宗学院，位于西北侧。由于只有少数成绩优异的学僧才能进入密宗学院学习，因此隶属于阿巴扎仓的僧舍最少，私密性也最强（图3）。

色拉寺中措钦—扎仓—康村、米村的层层隶属关系同样也体现在建筑规模和内部空间之上。寺院中措钦大殿和三大扎仓的空间结构符合门廊—经堂—佛殿的组织特点，大部分的康村米村均不设佛殿。而经堂的面积大小是其建筑规模大小的重要因素。色拉寺措钦大殿中经堂面积最大，三大扎仓次之，康村经堂面积最小。

辩论作为藏传佛教教育中最重要的学习方式之一，在色拉寺中也有所体现。色拉寺共有三个辩经场，均设置在扎仓附近，色拉寺的僧人们每天下午便集聚到辩经场，两人一组或者多人一组，交流所学心得和所悟佛法。

四、讨论与结论

藏传佛教寺院教育本质上也是学校教育的一种形式。从教学场所的角度分析，藏传佛教寺院与现代大学在空间布局上具有一定的相似之处。在组织机构和空间要素方面，藏传佛教寺院中第一层级措钦大殿，具有类似现代大学校园中的行政办公和集会的功能；第二层级扎仓，类似于现代大学中的学院；第三级康村，类似于学生宿舍，主要为僧侣提供日常生活和住宿功能。不同的是寺院中僧侣按照生源地的不同进行分类，从而进入到不同的康村，并布置小经堂，可供僧侣进行小规模的学习活动。此外藏传佛教寺院中康村米村存在隶属关系并有等级之分；在室外公共空间的布置上，藏传佛教寺院主要为满足宗教活动的转经道和辩经场。在空间布局方面，藏传佛教寺院一方面主要采用顺应地形的自由灵活的布局，是一种适合通过一段时期陆续进行加建和改建的模式[14]。另一方面，在藏传佛教教育体制的影响下，藏传佛教寺院空间具有了明确的等级关系。措钦大殿作为寺院的最高组织机构的建筑单体，通过选址一般居于寺院的中心和相对较高处，用建筑规模和装饰来突出其重要位置；扎仓作为寺院的主体建筑，以寺院核心建筑—措钦大殿为中心进行布置。康村、米村作为寺院僧侣的僧舍，穿插布置在扎仓之间，较为自由。措钦大殿、扎仓、康村和米村作为寺院里的主要建筑，均针对宗教学习进行布置，并根据寺院组织机构中的三个等级相互对应，形成一定的秩序关系。

进一步从空间要素和建筑布局等方面与现代教育的大学校园空间进行对比可以发现，两者作为教育场所，均有与之相适应的组织结构和教育体系。由于藏传佛教寺院强烈的宗教性质以及政教合一的特点，使其发展成为特有的建筑空间模式。首先，藏传佛教寺院为高密度集约式发展模式，寺内全部区域步行即可到达，康村围绕扎仓混合布置，既可满足僧侣学经礼佛的需要，又保证了其日常生活的需求，从而减少交通时间；其次，藏传佛教寺院建筑根据其特有的宗教文化思想，建筑形式即有层级区别又具有统一的规律，虽然经过长期的扩建，整体建筑风貌仍能保持高度一致[15]；第三，藏传佛教寺院设有多种满足学习功能的室外公共空间，例如供学僧日常辩论学习使用的辩经场、供僧侣和信众使用的转经道、供寺院举行重要传统宗教活动使用的晒佛台等，一方面可作为僧侣的学习场所，另一方面也可作为举行大型活动场所等。

藏传佛教寺院教育历史悠久，影响颇深，并对寺院建筑群的总体布局以及建筑的空间组织结构有着决定性的影响。这种特殊体系下建立起的建筑空间模式对现代大学校园空间而言，也颇有借鉴意义。

注释

① 靳含丽，武汉大学建筑系硕士研究生，394571911@qq.com。
② 黄凌江，武汉大学建筑系教授，283654962@qq.com。

参考文献

[1] 朱解琳. 藏传佛教格鲁派（黄教）寺院的组织机构和教育制度[J]. 西北民族研究，1990（01）：255–262+266.
[2] 朱解琳. 黄教寺院教育 [J]. 西北民族大学学报：哲学社会科学版，1982（1）：78–88.
[3] 仁青安杰. 藏传佛教教育的传统、发展及未来初探. 2016.
[4] 尕藏加. 藏传佛教寺院教育的发展历史及其特质 [J]. 世界宗教研究，2004（3）：38–44.
[5] 程剑波. 浅论藏传佛教寺院教育模式及功能 [J]. 青海师范大学民族师范学院学报，2015（1）：66–68.
[6] 看召草. 藏传佛教格鲁派寺院教育的基本特点述论 [J]. 甘肃民族研究，2008（1）：80–83.
[7] 臧肖，郭潇嵋，陈昌文. 藏传佛教扎仓制度的社会功能探析[J]. 贵州民族研究，2014（6）：151–154.
[8] 周润年. 试论藏传佛教寺院教育的历史作用 [J]. 北方民族大学学报，2007（5）：90–97.
[9] 何杰峰. 藏传佛教寺院教育与现代学校教育的组织体系比较研究 [J]. 中国佛学，2017：290.
[10] 柳陞祺. 西藏的寺与僧 [M]. 北京：中国藏学出版社，2010.
[11] 牛婷婷，汪永平，焦自云. 拉萨三大寺建筑的等级特色 [J]. 华中建筑. 2009，27（12）：176–179.
[12] 邓传力. 西藏寺院建筑 [M]. 拉萨：西藏藏文古籍出版社，2017.
[13] 徐宗威. 西藏古建筑 [M]. 北京：中国建筑工业出版社，2015.
[14] 胡晓海，董小云. 藏传佛教寺院建筑的群体布局研究初探 [J]. 内蒙古科技与经济，2011（21）：109–110.
[15] 叶阳阳. 藏传佛教格鲁派寺院外部空间研究与应用 [D]. 北京：北京建筑工程学院，2010.
[16] 牛婷婷，汪永平. 试析西藏黄教四大寺的布局特征 [J]. 西安建筑科技大学学报：社会科学版，2012，31（6）.
[17] 丹曲，扎西东珠. 西藏藏传佛教寺院 [M]. 兰州：甘肃民族出版社，2014.

武翟山村乡土建筑营造解析①

苏秀荣② 胡英盛③ 黄晓曼④

摘 要：本文通过还原建筑营建过程，总结建筑营建规律，分析并整理武翟山乡土建筑营建的全过程。"营造"是乡土建筑营建的核心，需要在工匠与房东的协调、施工团队的配合下才能完成，共分为六步：相地、备料、择吉、人员调配、起屋、请客，包括尺度控制、动土、平基、砌墙、安门窗、起屋顶的详细过程。望研究成果可为相关地区提供借鉴。

关键词：石头建筑 营建过程 地域风俗

引言

武翟山村历史悠久，因武梁祠而著名，依运河而兴，其现存的石头建筑体现了旧时的辉煌，也是迄今为止建筑保存完整、人丁相对兴旺，村中各工种匠人较高技艺，是不可多得的山东地区传统石头村落样本。常青院士说"风土建筑既然属于特定的地方，就必然与自然和人为双重因素造就的大地环境特征关联在一起"，武翟山传统石砌民居因将当地石材资源、地理条件、营造技艺、风俗习惯、文化背景相结合，而具有特色，属于就地取材、因材施用、以地方的材料和工艺建造属自主、自为的建筑[1]。

一、营

1. 分地基

1982年以前，武翟山村地基划分需经过大队商议，选择地块规划住宅区，按户来划分地基，一户给一个宅基地，宅基地大约11米长、15米宽。落实政策时还根据具体情况做出调整，地势平整的按照正常尺寸给村民，地势不平时给的面积相对大些。二进、三进院落面积较大，一处院落住2~4户。一进院落面积较小，一处院落住1户。

2. 规划用地

武翟山村有"门为宅主房为宾，门转星移定君臣"的说法，简而言之，大门的朝向决定院落布局和房间的主次关系。当地常用"尺55的码来盖房"，根据工匠描述屋主可根据地基大小可将尺寸进行调整，范围在500~550毫米。院落的朝向、与宅基地大小决定堂屋的构造形式与开间进深。其中堂屋、南屋受大门朝向的影响最大，当大门朝南、朝西时，堂屋最高且单栋设立；当大门朝东、朝北时，西屋最高且堂屋与大门、倒座相连，其余房间高度均未受到影响。以四合院一层建筑为例，当堂屋单独设立，堂屋的进深为7~8尺，面阔为22尺，高度为9尺；当堂屋与大门或倒座相连，堂屋的进深为6尺、面阔为9尺、高度为6尺（表1）。房屋的进深受宅基地面积影响较小，反而面阔受宅基地面积影响较大，其原因在于材料和结构的限制。以去掉女儿墙部分来计算，南屋为最矮。

3. 备料

20世纪中期，武翟山村石磨产业盛行，是村民的主要收入来源。为了节约资源减少建房成本，屋主选择石磨开采的下脚料建房。村子东部的紫云山是石磨产地，因石材品种多，人们选择用颜色将石材划分为黄石和红石。青石产于外地、价格最高，常被用作装饰材料和门、窗洞口的砌筑。黄石是建房中最常用的材料，红石常用于门、窗洞口和堂屋外墙。

1）石材

用于石磨开采的工具有牛、錾子、铁锤、铁杠。牛被用于开石头，像四棱柱、下部鸭嘴形，上部为平面以便落锤；錾子可以将石材找平并雕刻纹路，比牛细长，头部为箭头形；锤子是用来施加重力的工具，具有与牛、錾子配合使用，开采石头、簪平石头的作用。牛、錾子、铁锤有多种尺寸，分别用于打磨、开采大小不同的石头。

石磨开采大致经历石崖、画方、打方、解板、打制石磨的过程（图1），整个过程中产生下脚料被村民用来建房。建房子用料无法准确计算，因为料太差，大小规格不一。又因靠近原料产地，所以屋主不会担心料不够，有的边备料边建，有的备足了料再建。1950年以后，随着机械化的到来，石磨被钢磨取代，走向衰落，人们开始为建房开采石材，省去图中4~10的几个过程。

首先将石料大致分为三种：第一种是较大且相对规整的石材，用于各屋墙体；第二种是较小且相对不规整的石材，用于建造院墙；第三种是最小的石材，用来补里子或充当砾石层。然后在第一

大门朝向对院落布局及开间、进深、高度影响一览表　　表1

堂屋单独设立

			堂屋				东屋				西屋				南屋			
院落	大门朝向	类型	层数	进深	面阔	高度	层数	进深	面阔	高度	层数	进深	面阔	高度	层数	进深	面阔	高度
1	南	四合	一	8	22	9	一	6	11	7	一	6	11	7	一	7	13	8
2	南	四合	一	7	22	9	一	9	6	7	一	10	8	7	一	5	14	7
6	西	三进	一	6	11	6	毁			阁楼	7		13	13 9	毁			
7	西	二合	阁楼	9	20	12 8	毁											

堂屋与大门或倒座相连

			堂屋				东屋				西屋				南屋			
院落	朝向	类型	层数	进深	面阔	高度	层数	进深	面阔	高度	层数	进深	面阔	高度	层数	进深	面阔	高度
10	东	四合	一	7	17	7	一	6	10	7	二	3	16	12	一	6	11	7
11	北	四合	一	7	10	7	一	6	12	8	一	6	9	6		6	12	6
12	北	四合	一	6	12	6	一	7	18	8	一	6	9	6		6	12	6

（表格来源：作者自绘，备注：对比数据已在表中标出表格中数字的单位：尺）

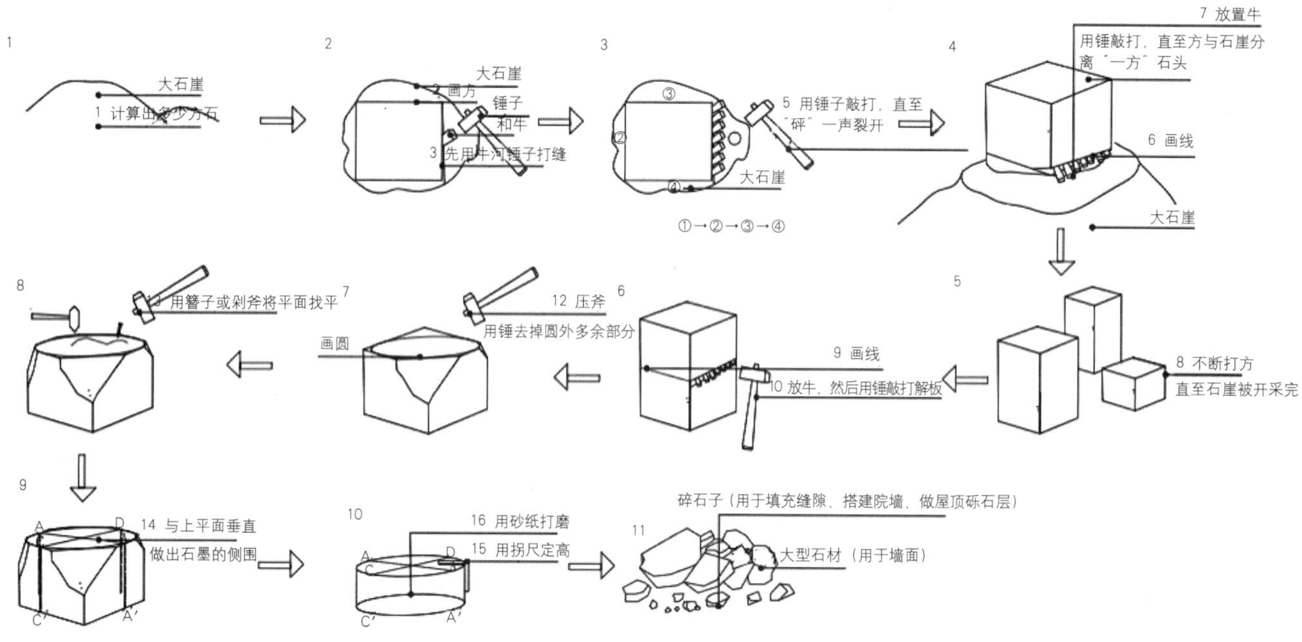

图1　石墨开采过程

种石材中挑选较大且规整的石材用于建筑房屋四角和墙体底部，剩下不规则的石材在建房过程中打磨。此外，还需在石材中挑选最长为“钉子石”，长度为500毫米厚。

用于建造房屋墙体、阁漏、门枕石、腰栓的材料需要打磨处理并施以錾刻，处理方法各不相同。用于建造房屋的石材有6个面，石头朝外的一面称为“脸儿”，朝内的面称为“后腚”，上、下、左、右四面被称为“头顶面”。具体来讲，帮里石找平5个面，錾刻时选择脸的一面，后腚不做处理。角子石找平6个面，需打磨露在外面的两面。门枕石除垂直方向的头顶面外，其余都需找平，并对露在外面的4个面打磨。

石材找平、边线找齐时需要借助拐尺和墨斗，首先借助墨斗打线、掉线、扯平，找平一个面以后，在这个面上找到四个边，然后借助四个边找到其他面。根据拐尺的两边錾凿棱角，沿着錾凿好的一面再錾凿另一面。总体做到“脸儿要齐，上、下两面要平整。”

石材中以青石最软，红石次之，黄石最硬，青石需要2根錾子，红石需要5根錾子，黄石中以磨石最硬，可用8个錾子。因此人们选择青石、红石常被作装饰材料，而不选择黄石，青石具有价格高和易于雕刻、打磨的特性，成为主要的装饰材料。隔漏、门枕石、腰栓，采用青石材料制作，与石材加工方式相似。以弯形状隔漏为例：选择尺寸五公分长、四公分宽的石料，先在相对平整面画出落水口的外轮廓，然后去掉多余部分，以去外转弯、内转弯、流水凹槽的顺序进行。阁漏插入墙体的部分为矩形，凹槽为“八字形”。石料宽则阁漏弯度大，反之则弯小。

2）木料

木工工具主要有：手工锯、木工刨、木锉刀、手工凿、量尺、砂纸等。做梁、门、窗最好的木材是楸木，其次用杨木，越粗越好。一进院和二进院梁架需要木材数量相近，梁6~8根，檩条30~40根，扁椽400~530条，砖2000块左右。一进院需要6扇门、5~6个窗。

4. 择吉（找风水师、开工前放鞭炮）

根据工匠口述，房屋的建造顺序有两种。一种是东为上手，先盖东厢房，南为下手，最后盖南屋，总体建造顺序依次为东屋、堂屋、西屋、南屋；另一种是先建堂屋，依次为东屋、西屋、南屋。院落大门最好放在东南角，西南角不能开大门，一般放置厕所。[5]

5. 人员调配

虽然村民祖辈与石磨开采打交道，但建房仍然需要掌尺来带领团队建造。建房子时泥工至少12人，外加1个掌尺。掌尺负责分工、技术指导、监工、调配木工。木工一般为3人。前期动土、挖地基需要12人，门、窗洞口砌筑需要1~2人，打角子需要1~2人。在砌门、窗洞口和打角子期间，工人有打磨石头的，有扛石头的，有上石头的，有垒石头的，有在地面上活灰的，还有摊灰的。打石头的时候一般用5~6人，因技术难度小，人多则多用。相比之下，打角子、砌门口、砌窗口都是技术活，只有经验多的师父能做。墙垒砌至1700毫米时，需要扎架子，房屋扎架子的顺序与建房的顺序一致。扎起架子后，石头的运输需要借助绳子捆上石头往屋顶上拔，拔上来的石头先暂时放在架子上，此过程需要2人拔石头，1人捆绳。填缝剂需要2人配合往上拔。往架子上递青砖需要1~2人。锤屋顶的时候一般用10人以上，人太少不行。泥工每个流程所需时间：放墙线1上午，挖地基1天，垒基础2天，做门、窗洞口5天，砌墙12天，起屋顶须5天。木工制作门、窗3天，油门、窗需要2天。

二、造

1. 放墙线

划分地基的方法有两种，其中以第一种最好掌控，匠人常用，以第二种最为准确。方法一：在建房开始铺地工时，首先要在指定基地定出两个脚子的位置，用专业的细棉线缠绕在木脚子上，并在两木脚前端交叉，形成直角三角形，两垂边控制房屋两个方向的墙面，一边控制东西向，一边控制南北向，房屋的四角都有脚子的控制，每个角都是相同的方法。为了减小误差，会在四个脚子上钉钉子。在垂边拉好的线绳处打石灰线，即放墙线（图2）。方法二：确定水平的另一种方法是在基地四角如上述方法定好脚子，脚子到屋角的距离约30毫米，用拐尺校对后，用米尺拉出尺寸，拉出的尺寸围成一个直角三角形，一般为60毫米×80毫米×100毫米或120毫米×160毫米×200毫米，建造尺寸与勾股定理吻合（图3）。“插地工”要保证房屋四个角都是直角，需要一上午的时间。

2. 挖地基、垒地坪

墙线放好后挖地基，墙线外挖的窄，建墙线内挖的宽。总宽度为500~550毫米，深度以挖到硬土为准。墙线外面的部分称为水台用于流水，宽度约200毫米。挖好地基后下石头，从下到上层层排列，对石料没有特殊要求。石头垒砌至地面时，扯线确定水平。为了确定水平线使房屋平整，在屋前的中间位置用1.5米长、凹槽里注水的横木来判断水平。待水平确定后扯线、扎角子，线拴在角子上，接着砌墙盖房。1950年以前的房子大多没有碱角，属于进深较大的房子。

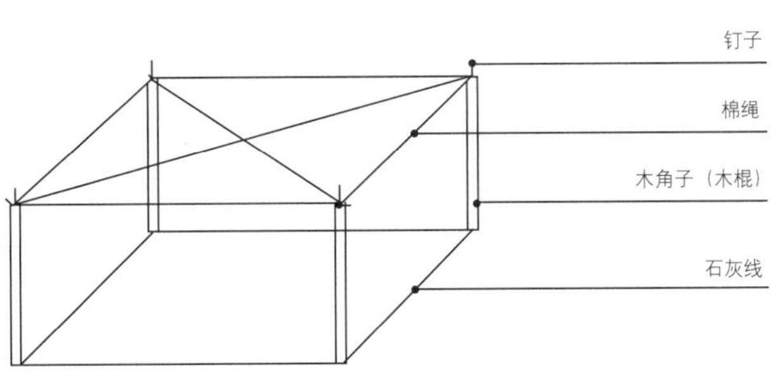

图2　打石灰线方法

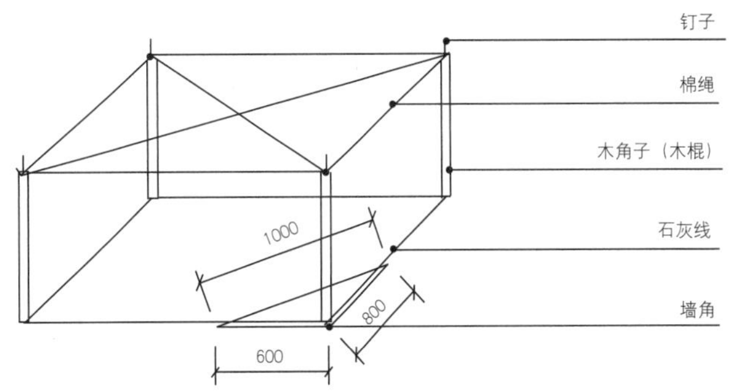

图3　打石灰线方法

3. 砌墙

墙身垒砌采用砖石结合砌筑，外立面檐口以下为石材，以上为砖石结合。当石头垒砌至地面时，遵循由大到小、错缝垒砌的规律至屋顶。垒砌的顺序是：（1）先捡出相对大的石头放置墙的四角；（2）再从备好的石料中挑选出属于这一行的高度保持一致的石料；（3）砌墙的过程中要提前预留门、窗洞口。（4）根据以上方法砌完第一行石头，以此类推，直至檐口。砌筑方法是：（1）料的大小只是相对而言，没有明显差别，做脸儿的石料高度一般控制在400毫米以内。当石材高度不一致，采用“补豁儿”的方式找平，若遇到较大石材与拱券采用“切角”的方式。（2）因石材较小且后腚不规则，房屋墙面用两块石材拼接而成，中间空隙用碎石子和红泥填充，被称为“半子墙”。半子墙被将填充的过程被称为“补里子”。补里子要根据空隙大小选择大小不一的碎石填充，边放碎石边填入泥巴，石子是混着泥巴填入墙内。每铺一层石头都要用灰板子拖着泥，再用瓦刀将泥铲入墙内，铲入墙内的泥需要用挖刀往下揣，既可以使填充物中没有缝隙、更加紧实，也可以借助泥巴将每行石头找平，方便砌筑下一层石头。（3）墙面每2~4块石头用一块钉子石，目的是将半子墙连接在一起。此外还将钉子石用于梁头底部和门窗上部。（4）每行石材与石头间的垂直缝隙采用白灰、苘、水的混合物充当粘合剂。（5）外立面的石头水平缝隙过大时采用沙垫、铁垫儿找平，使房屋稳定。当石块不规则、缝隙较大时，在石缝中填沙垫。当石材较为规整但石缝不平、缝隙较小时，在石缝中填铁垫。

窗的上、下方和门上方选择石条，主要目的是为了分散荷载。墙角、门窗洞口采用“一顺一丁”垂直压头砌筑（图4）。大门不能宽于主堂屋门，如果大门宽于屋门有“不成材”之说。拱券砌筑步骤：（1）根据门的宽度计算出用起多大弧度，用多少砖或石材；（2）在承接拱券的位置要搭建一个木板，木板下面要用木棍顶住；（3）在木板的上方用砖垒成一个大致的半圆形，用泥巴将其抹顺畅；（4）从两边开始垒，直到最上面扇形砖。砌券要遵循内侧、外侧、中间的顺序。在券门做好了后再建券周围的石头，借助砖的弧形，凿出与之相咬合的弧度。前两步的过程叫做“制胎”。

青砖部分与石材部分横向砌筑方式大致相同，由三部分组成。外立面为青砖，内立面为石材，中间填充泥和碎石，这种砌筑方式叫“砖包皮”。青砖的摆放方式包括：立砖、条砖、纵砖、纵砖旋转45° 四种摆放方式，一般以一条一纵、多条一纵、多行的规律砌筑，不同的摆放方式可以让外立面和内立面互相咬合，不仅美观而且使墙体更加结实（图5）。

房屋外立面比内立面平整，为方便使用，内立面需要粉饰。（1）用掺有麦秆的红泥涂抹。（2）在最外层涂抹白色石灰找平。院墙石材较差，遵循从大到小、由低及高，错缝垒砌的秩序。

4. 安门、窗

除拱券门、窗例外，一般在铺完地工、石头垒到约600~800毫米高时安门窗。大门比堂屋门一定要窄，窗户没有一定的控制尺寸。

5. 起屋顶

屋顶由梁架、屋面、女儿墙构成，先搭建梁架，然后再起屋面，最后砌女儿墙。梁架的构造层次与建造顺序依次为扁椽、檩条、梁头。（1）扁椽的间距等于砖的长度，因扁椽位于望砖的拼接处，一根扁椽担四块砖。（2）檩条直径约为180毫米，檩条数有3~5根，每两根檩条的距离在600~800毫米。檩条长度不够时，采用两根檩条对接的方式搭建，对接处在梁与檩条交叉的位置。（3）梁的高度为提前预定，梁头的直径为300毫米左右，每两根梁的距离为2000~3000毫米。以梁的根数来确定开间，梁一般在门、窗之间，落于稳梁石上。扁椽、檩条、梁头入墙距离约为墙厚的一半。若梁与檩条粗细不一或梁不直，需要利用垫木、添加瓜柱、调整檩条直径的方式帮助屋面起弧。

屋顶为囤顶式[5]，构造有两种：一种从下到上依次为望砖、土层、砾石层；另一种是芦苇、驼筋草、土层、望砖，以上顺序也是建造顺序。两种方法的差别在于用芦苇和驼筋草替换椽子和望砖，芦苇和驼筋草一般用于饭屋。铺芦苇时，需要将苇子在地面冲一下让苇子的一头对齐，然后用双手掐住苇子递给架子上的人将苇子在屋顶摊开。苇子上面的草铺垫时因为软，大约有20厘米厚，压后的驼筋草两指厚。铺砖时在门中拉一根垂直线，由中间铺向两边。墙面结构在砖或芦苇处内收约100毫米，目的是利用结构分担重量，使得房屋更结实。

图4　10号院西屋立面与堂屋剖面

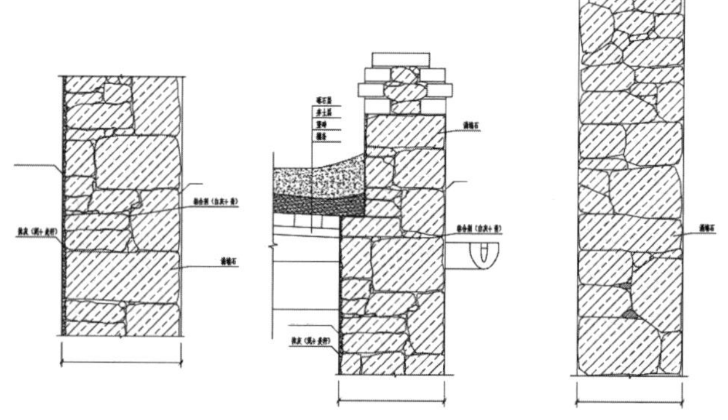

图5　墙身与檐口大样

（1）土层和砾石层利用垫置找坡方便屋顶排水，墙面砂土垫层最薄处50毫米，正中高度比两侧高100～150毫米，材料为沙土或红土。（2）砾石层为中间高、四周低、边缘翘，前一天用红石子：白灰=3：1的比例搅拌后，加水，第二天运到屋顶后用木槌敲打至表面起浆。捶打的过程可以赶走石子间的空隙，可以防止雨水下渗。捶平以后的石子和白灰厚度大约为80~90毫米，屋顶边缘和中间的土层要厚一些，泛水大约300~400毫米的距离时起翘，作用是将雨水引向隔漏，同时防止屋顶漏水[6]。除上部墙枕檐外，女儿墙与墙身青砖部分的砌筑方式相似，只是内立面石材裸漏，无须的用涂料抹平。墙枕代表房屋等级的高低，没墙枕的等级较低，反之有墙枕的等级较高。

三、仪式

铺地基时放鞭炮来祈求平安，上梁时会在扁椽上写上梁日期，上完梁后需要放鞭炮来庆祝。1850年以前屋主是否请客要根据生活条件，因工匠是本村人，所以不在意屋主是否在开工和完工时请客吃饭。1950～1980年，随着村名生活条件的改善，开工与完工请客吃饭现象逐渐频繁。

四、结语

在课题组的安排下笔者对武翟山及其周围村落进行了多次调研，在此过程中对武翟山的营造工序不断核实，认为“营造”是乡土建筑营建的核心，由房东与泥工的协作下共同完成，共分为相地、备料、择吉、起屋、仪式五个工程，相地、备料、包括房屋布局、人员调配、营造技艺等一系列缜密思维的过程。因武翟山产石、用石的特征，由泥工领尺主要负责与东家沟通组织设计构架和装饰内容，与风水师商议良辰吉日，对用料、经费做出预算，领尺在房屋建造中起到不可替代的作用。

注释

① 基金项目：山东省社会科学规划研究项目“城镇化进程中山东典型院落文化遗产保护策略研究”（15CWYJ12）。

② 苏秀荣，山东工艺美术学院，250300，1831177829@qq.com。

③ 胡英盛，山东工艺美术学院，250300，huyingsheng@sdada.edu.cn。

④ 黄晓曼，山东工艺美术学院，250300，huangxiaoman@sdada.edu.cn。

参考文献

[1] 常青．风土观与建筑本土化风土建筑谱系研究纲要 [J]．时代建筑，2013（03）：10–15．

[2] 李浈．中国传统建筑木作加工工具及其相关技术研究 [M]．南京：东南大学出版社，1998：31．

[3] [明] 午荣编．鲁班经（白话译解本）[M]．张庆澜，罗德平译注．重庆：重庆出版集团/重庆出版社，2007：65–66．

[4] 巫鸿著，柳扬，岑河译．武梁祠 [M]．上海：生活·读书·新知三联书店，2015：5．

[5] 宋文鹏，李世芬，李思博，于璨宁．方峪村石头房形态及其营建方式研究 [J]．建筑与文化，2017（02）：170–172．

[6] 谭向东，李丽明．鲁西囤形屋民居形式初探 [J]．山西建筑，2011，37（04）：1–3．

甘川交界区藏族水动力转经筒乡土特色研究①

王　炜②　崔文河③

摘　要：传统水动力转经筒是藏族宗教设施的重要组成部分，多分布在林木及水资源丰富的山谷地带，与周边山体、村落、田地、寺庙等共同构成聚落的特色景观。文章简要概述了水动力转经筒的分布情况，并对甘川交界区洞戈村水动力转经筒的成因进行了分析，从村民生活、材料选用、构造形式等方面阐述了水动力转经筒的乡土特色。文章认为水动力转经筒是藏族宗教生活的重要物质载体，其营建智慧及其建筑艺术具有鲜明的地域特色，通过洞戈村水动力转经筒及其周边环境的研究对于藏族特色民族文化保护与发展具有重要意义。

关键词：宗教文化　水动力转经筒　乡土特色　宗教设施

一、前言

藏传佛教分布在中国藏族地区（西藏、青海、四川西北部、甘肃南部、云南西北部）和内蒙古地区。宗教设施作为宗教文化的一部分，一直扮演着重要的角色，例如转经筒、白塔、风马旗、煨桑炉等。其中转经筒是最常见的宗教设施，可以分为人动力转经筒、风动力转经筒、电动力转经筒、水动力转经筒四大类。

水动力转经筒属于其中一个分类，大多分布在甘南、四川、云南和西藏等地，例如甘肃的郎木寺乡、卓尼县、扎尕那、临潭县、迭部县谢协寺附近、文县以及四川省红原县等。但是现在对水动力转经筒的形式和内容研究较少，而且鲜为人知，目前现状保存不完善，面临着消亡的危险。国务院关于《"十三五"促进民族地区和人口较少民族发展规划》中提出，少数民族和民族地区发展仍面临一些突出问题和特殊困难，少数民族传统文化传承发展亟待加强，"坚持因地制宜、分类指导。"作为藏族文化宗教设施的一部分，对其进行研究有很重要的价值。（图1、图2）

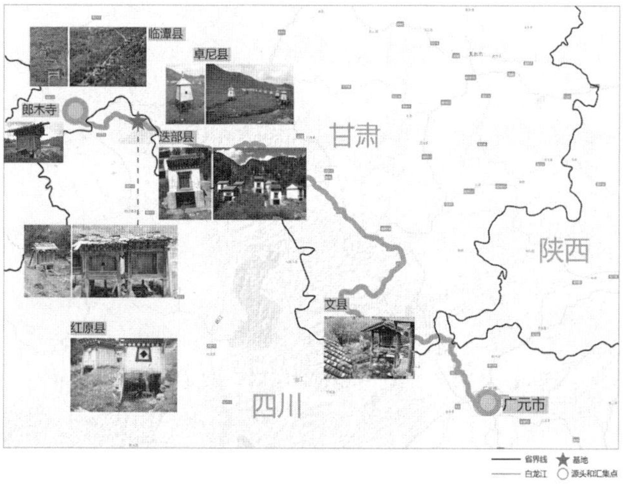

图1　水动力转经筒在甘川毗邻地区的分布情况

二、洞戈村水动力转经筒的乡土特色

1．洞戈村概况

洞戈村坐落于阿坝藏族羌族自治州若尔盖县北部边缘（图3），系四川通往西北省区的北大门，四邻分别与甘肃省玛曲县、碌曲县、卓尼县、迭部县和阿坝州的阿坝县、红原县、松潘县、九寨沟县接壤。若尔盖县境内地形复杂，黄河与长江流域的分水岭将全县划分为两个截然不同的地理单元和自然经济区。中西部和南部为典型丘状高原，地势由南向北倾斜。若尔盖县属高原寒温带湿润季风气候，常年无夏。年平均气温1.1℃，年降水量648.5毫米。无绝对无霜期。降雨多集中于5月下旬至7月中旬，年降水量656.8毫米。年均相对湿度69%。每年9月下旬土地开始冻结，5月中旬完全解冻，冻土最深达72厘米[1]。洞戈村处于岷山南侧中段，平均海拔3500米，阳坡为草坡和灌木丛，阴坡为森林，与麦仓村和八玛村东西相邻，穿过冻列乡，沿着313省道途径17公里到达迭部县城（图4、图5）。

地区	图片	分析
甘肃		木质材料构成，无彩绘，正面开窗面积大。
四川		木质材料构成，有彩绘，开窗面积小。
云南		木质材料构成，有彩绘，开窗面积大。
西藏		木质材料构成，造型简洁，设有两个转经筒。

图2　各地区水动力转经筒的分析

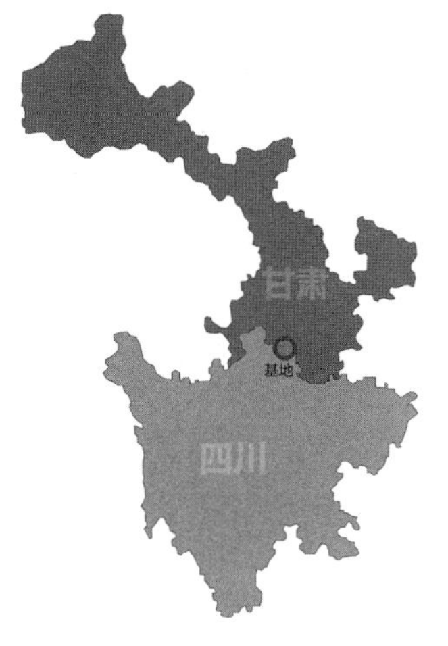

图3 基地区位

图4 区位分析

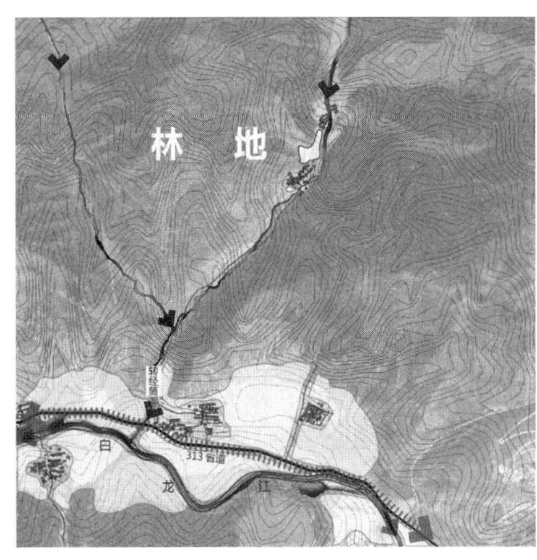

图5 平面分析

2. 洞戈村水动力转经筒景观成因

水动力转经筒作为洞戈村宗教文化的承载体，其自身形成包括多个因素。有自然因素，例如山、水、林、田，也有人文因素，例如宗教、文化等。

（1）自然因素：为了便于生产和自卫，藏寨自古就在河谷两旁的山坡上，背山面水建造了许多分散的寨子，形成比较完整的集居单位[2]。洞戈村沿着白龙江临水而建，北侧为山，南侧为池，可见藏族相地术和中国传统村落选址的负阴抱阳异曲同工。虽然相地术含有一定的玄学成分，但是无疑这种布局方式却可以为本村环境形成良好的生态环境与防御需求，也为洞戈村水动力转经筒的形成提供一定的条件。一方面，北侧有山，便于防御与更大限度地争取日照，防止水涝，阻挡东北风并且有利于排水。同时山上的雪水融化形成的溪流为水动力转经筒提供原动力，也是其形成的主要条件。北方山上的树林恰好提供森林资源并且抵挡东北风，是洞戈村的天然屏障，也对转经筒的建造材料提供原材料。另一方面，水源是村落定居生活不可缺少的一部分，特别是在原有生产技术有限的条件下，任何聚落的形成都离不开水。南侧有河便于人和牲口饮水，也使山上融化的雪水顺利汇总到白龙江，促使水动力转经筒的形成，更便于运输木材，夏天吸取南侧风，环境宜人。313省道在村子边缘经过，更是满足了交通便利的基础需求（图6）。

（2）人文因素：藏区人们可以借助水的动力建造转经筒，形成一定的景观特色，本身是自然条件促使外，还有人们本身的宗教信仰。宗教的功能就是强化一种整体的价值和行为方式，那么宗教实际上是对文化的一种“强化”[3]。藏民的生产生活习惯都与山山水水息息相关，因此藏族先民把山水看作是神灵气息的驻地。过去藏区的生产力低下，人们对于风、雨、雷、电、冰雹的发生，日月星辰的运转，寒来暑往的季节交替，洪水猛兽的袭击，山崩地裂等的自然现象，都无法理解，促使处于懵懂的状态，从而对大自然产生敬畏之心[4]。一方面，在群山环绕之

自然因素	山	水	田	聚落	道路
图示				洞戈村	
调研照片					
成因分析	洞戈村北侧为大面积山林，也为转经筒的建造提供原始材料。同时依山而建，借助高地地形，形成跳跃的动感和层次感	山上的雪水流经村庄，为转经筒提供水动力，最后汇总到白龙江	村庄周围的田地是人们生活的主要来源，也是基础的物质保障	村庄背靠山林，面向白龙江，地理环境优越稳定，为水动力转经筒的长期保存提供内在条件	313省道在村庄边缘穿过，是实现水动力转经筒文化传播的外在因素

图6 水动力转经筒成因分析

下，藏民认为超自然之力的山神居住盘旋于这些山中，对它顶礼膜拜，这也就是先民最初对山之信仰的开始。另一方面，相对应的，藏族也有对于水的崇拜，属女性神崇拜，在整个藏族文化中，普遍是尊重并禁食鱼的。在藏传佛教中，对自然生命珍视，认为相对牛羊的生命能赋予的食物，剥夺鱼虾丧失生命而获得的食物太少，因此不食鱼虾。从宗教信仰下来看，也为水动力转经筒的形成因素提供了新视角。

水动力转经筒作为圣器承载着藏民们对佛的虔诚、脱离轮回之苦的期望，在神山的笼罩下因地制宜修建，依附山顶圣洁雪水的动力流淌完成与佛的沟通[5]。

3. 洞戈村水动力转经筒乡土特色分析

乡村建筑属于“没有建筑师的建筑”，是一种土生土长的乡村文化与精湛技艺相融合的结晶[6]。水动力转经房作为藏族建筑文化的重要组成部分，具有很高的地域特征、民族特色、宗教特色和研究意义。首先，转经筒是物质和精神的载体，在宗教膜拜的同时还不同程度地体现了藏族同胞的审美观和人文情怀；其次，水动力转经房作为洞戈村重要的宗教设施，和当地人民生活活动以及聚落环境有着密切的关系，故水动力转经筒转经房地域特色浓厚，成了藏族建筑的有机组成部分，形成了当地具有乡土特色的建筑符号。下面从三个方面来解析水动力转经筒的乡土特色：

（1）与聚落生活之间的联系。藏族人一天的生活都是从清晨焚香敬佛和祈祷神佛保佑平安健康开始的，他们每天喝酥油茶，吃糌粑，外出放牧转动着随身携带的经轮，藏民们认为，印满经文和图腾的经幡每飘动一次，就等于向上天传送一次经文和祈祷[7]，所以，宗教信仰是藏民们生活的核心。一方面，要通过每天的转经完成宗教活动，达到和神佛的交流。而在此条件下建造的水动力转经筒可以达到藏民们经常祈佛的需求，同时依附于神山和水神的崇拜，水动力转经筒体现了藏民特色宗教生活的典型；另一方面，由于地理条件因素，背靠山林，面向白龙江，山上的雪水顺势流经洞戈村，满足了村民日常生活的需求，也为村民建造水动力转经筒和每天祈佛提供了便利条件。由此可见，水动力转经筒的形成和洞戈村藏族传统聚落日常活动有密切的关系，藏民们日常宗教活动需要水动力转经筒来完成精神信仰，同时雪水作为水动力的动力来源也和藏民生活活动息息相关，是乡土文化的重要表现。

（2）与周边环境的联系。洞戈村处于白龙江流经过的山谷中，由于山体积雪和总体高差的关系，雪水融化从山顶流向白龙江，这给洞戈村建造水动力转经筒提供了稳定的动力来源，使得转经筒能够一直借助着水流的冲力转动，完成祈佛的宗教功能。这是由洞戈村的背靠山林、面向白龙江的选址环境决定的，正是由于特定的选址和周边环境才能有此条件建造水动力转经筒，所以水动力转经筒形成的外部条件和当地村落长久以来的乡土环境分不开（图7）。

（3）转经筒的构造组成。在传统建筑材料中，木材无疑是结构性能最为良好的材料之一，是我国建筑中最常用到的建筑材料，洞戈村的水动力转经筒的转经房同样也无例外。除了木材本身的特性之外，洞戈村背靠山，也为木质结构的建筑提供源源不断的材料，这也是聚落环境因素形成的。同时转经房外表不漆任何颜色，这也和一般藏式建筑有所不同。

水动力转经筒转经房长宽多为2.2米，高3米，左右两边对称，四个角各起一根立柱，柱上托横梁，梁上托椽子，最上部以当地石板为材料做两道檐口，再在各个部件上饰以颜色装饰。建筑构件较为粗犷，但装饰手法却很细腻，整体显示出朴素和庄严感。正面左右对称各有两个雕花，质感强烈，浑厚有力，与传统藏式建筑结合的较为得当。四根立柱上部横穿一道木梁，下部木梁结合有左右两个雀替，木梁与木梁之间设有木板，上铺以彩绘装饰。最上部木梁向外出挑过梁一根，上部有两层短椽，短椽外挑的一端从上而下削成契形，并略微向上倾斜（俗称“飞子木”）[8]，飞子木之间都有木板相隔，并绘以彩色纹饰，上部檐口收头，最上层的木板之上一般再放上一层当地片石，片石上用筒瓦和石料压顶，结合一层黏土做成斜坡以利于排水。在转经房内部设有活动的大型转经筒，在转经筒里面放置大量经文，底部用扇形铁质叶片和河水相互作用（图8、图9）。五个转经房错落有致散布在从山上流淌下的雪水上面，顺着水流的冲力，转经房内部的转经筒在铁质扇叶的带动下转动，借助大自然的条件完成宗教信仰和祈祷（图10）。

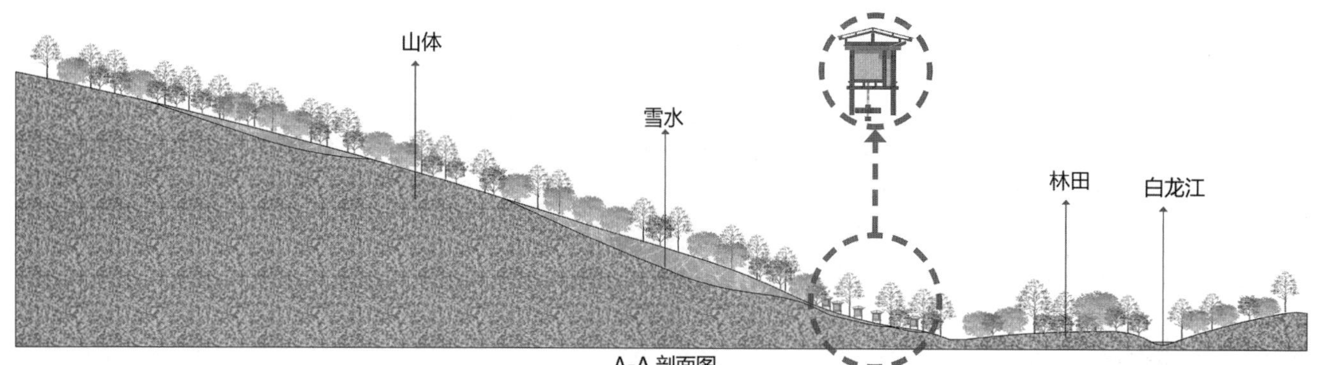

图7 与周边环境之间的联系

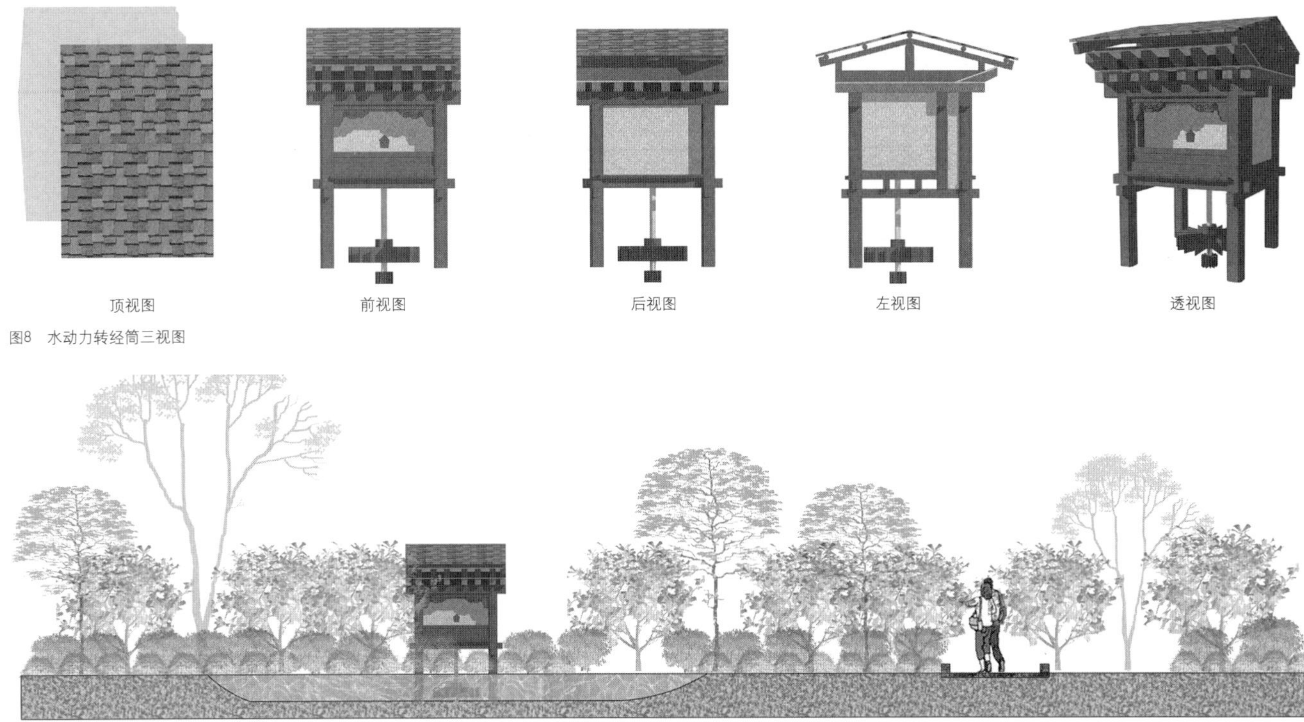

图8 水动力转经筒三视图

图9 水动力转经筒立面分析

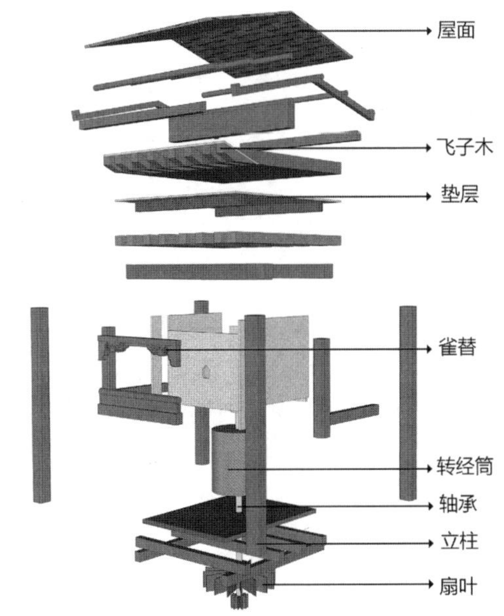

图10 水动力转经筒结构图

三、结语

水动力转经筒起源于人文的信仰，在自然界的山水格局中形成。对于大自然的敬畏和宗教的诚恳，水动力转经筒便承载更多的乡土文化特色。不管是选址，或者彩绘、材质，都是在扎根在本土文化当中。本土文化形成的水动力转经筒，由于地理环境闭塞，藏族水动力转经筒并未被学界所熟知，同时因为对自身文化认识和保护力度不足，造成水动力转经筒的现状不容乐观。所以，通过对水动力转经筒的研究，在保护藏族特色聚落景观，以及当地乡村人居环境建设方面发挥重要作用。

注释

① 国家民委民族研究项目"多民族杂居村落的空间共生机制研究——以甘青民族走廊为例（2019-GMD-018）"、宁夏重大重点研发项目"宁夏装配式宜居农宅设计建（改）造及人居环境治理关键技术研究与示范（2019BBF02014）"。

② 王炜，硕士研究生，西安建筑科技大学艺术学院，710000；625327637@qq.com。

③ 崔文河，副教授，硕士生导师，西安建筑科技大学艺术学院。

参考文献

[1] 若尔盖县地方志编纂委员会．若尔盖县志 [M]．北京：民族出版社，1996．

[2] 徐尚志，冯良檀，潘充启，邹建农．雪山草地的藏族民居 [J]．北京：建筑学报，1963，(07)：6-11．

[3] 姚准．藏地城镇空间地域特征的宗教成因 [J]．南京：现代城市研究，2006，(04)：14-19．

[4] 刘吉平．意识·仪式：民间文学与民间美术的共生共融 [J]．重庆：重庆三峡学院学报，2017，33（167）：106-114．

[5] 辛丽敏．藏传佛教法器的形式特征与审美内涵 [D]．呼和浩特：内蒙古大学，2013．

[6] 刘明．四川阿坝州藏族传统村落景观文化传承研究 [D]．绵阳：西南科技大学，2018．

[7] 尕藏加．藏传佛教艺术与高原环境的前世今生 [J]．北京：世界宗教文化，2017，(05)：70-72．

[8] 沈欣．对藏式宗教建筑细部艺术的研究初探 [D]．西安：西安建筑科技大学，2011．

辟夏以旺？

——绿洲传统民居的廊下空间之辨

范峻玮[①] 塞尔江 · 哈力克[②]

摘　要： 何为辟夏以旺？它与一般的廊下空间有何区别？文章通过对比不同学者笔下的描述，以期更全面地阐述辟夏以旺的一般内涵，并从特征上辨别与辟夏以旺相类似的苏帕；通过追溯辟夏以旺的历史，解释辟夏以旺与阿以旺的渊源，以及辟夏以旺在当代民居语境下的解构。

关键词： 辟夏以旺　传统民居　绿洲

引言

绿洲是干旱荒漠中有稳定水源、适于植物生长和人类生栖的独特地理景观地区。[1] 在我国，绿洲主要分布在新疆、河西走廊、青海柴达木盆地、宁夏平原和内蒙古河套平原等地区。新疆总体的地理面貌呈三山夹两盆的格局，即由从南到北的昆仑山脉、天山山脉和阿尔泰山脉夹着塔里木盆地和准格尔盆地。绿洲主要分布在塔里木盆地和准葛尔盆地边缘的高山山麓地带：盆地腹部为沙漠，周边散以绿洲，人就是在这沙漠边的绿洲中繁衍生息的。

因绿洲特殊的地理环境，这里整体的气候特征表现为：干燥炎热，太阳辐射强烈，风沙大，昼夜温差大。在这种特殊的气候下，和田地区、喀什地区产生了阿以旺式民居，阿克塞乃式民居等独特的民居类型，以及一些特殊的形制。本文就是对辟夏以旺这一绿洲传统民居中存在的特殊形制进行展开。

辟夏以旺作为廊下空间的一种，它有什么特别之处？如何分辨？它作为一种传统民居形制，有何历史演变？在当代民居中是否有所异化？

一、辟夏以旺

1. 内涵

1）译词的不统一

维吾尔族传统民居中的Pisy Iwan，因无准确的汉语词汇与之对应，故采用音译。Pisy Iwan一词的翻译并无约定俗成的译词：陈震东先生在《新疆民居》中使用“劈希阿以旺”，严大椿主编的

图1　关于新疆民居的重要著作

中国传统民居系列图册《新疆民居》中使用“辟希阿以旺”，王小东院士则在《绘读新疆民居》一书中使用“庇夏依旺”，其他学者还有使用译作辟夏以旺、皮下以旺等译本（图1）。

本文采用“辟夏以旺”这一译词，是因为在汉语中“辟”字有通“避”的意思，“避夏”更能反映出辟夏以旺用在夏季用以遮阳的这一功能性特征。

2）不同学者笔下的描述

那么辟夏以旺所指的到底是什么呢？并无“官方”的定义，但很多学者对此都有描述。

马涛从语义上对这一词汇进行了分析。“Pisy”在维吾尔语中是指袷袢（维吾尔族男子的长袍）的“下襟、下摆”，这种解释说明了辟夏以旺在民居中所处的位置，其正是处于民居中面向院内的“下襟部分”，即建筑面向院内的外沿。这种外廊直接面向室外，因此其特征显然是明亮的、有光的。[2]

王其钧先生的解释关注于辟夏以旺与汉族民居一般的檐廊的区

别：辟夏以旺是一种接近汉族民居檐廊的形式，但是进深要比中原地区的檐廊深不少。一般的辟夏以旺进深都在2米甚至3米以上。与汉族民居檐廊的不同之处在于：辟夏以旺的用途是供人闲坐和活动的，而不像汉族民居的檐廊是供人避雨通行的，因此，辟夏以旺的地面都砌起实心的土炕供人坐卧。[3]

陈震东先生则关注辟夏以旺空间的开敞度与檐柱的装饰。空间处于端头墙体三面围合，一面敞开，并不封闭，犹如准外廊的半开放者，虽有顶盖，但出檐深而大，做工考究，有拱式和木雕装饰，墙上有龛洞，此空间中有各种居住生活的内容成为一处半开放式有顶空间，便名为“帕斯阿以旺”，也有汉译成“劈希阿以旺”（即辟夏以旺）。[4]（图2、图3）

在由严大椿主编的中国传统民居系列图册《新疆民居》一书中，用“外廊”一词代替了“辟夏以旺”，但他仍指出这一外廊的特殊性：其外形同一般的外走廊部分，但又没有外走廊“走”的功能，而是户外活动场所。外廊深度一般在2米以上，且必须有“束盖”炕。[5]

王小东院士则更为关注辟夏以旺在民居空间中的地位：维吾尔民居中“苏帕”或称“辟夏依旺”是居住的活动中心，是半露天的客厅。有些还可通过低窗直接进入室内。这种生活方式和其气候、风俗有关。[6]

3）一般特征

由此，我们可以这样认为：辟夏以旺是一种存在于新疆绿洲传统民居中的一种建筑形式，广布于和田、喀什、阿克苏、伊犁州等地区，其是位于屋前、上檐下台、一面开敞向庭院的半开放空间，其出檐深度一般2～3米，用于室外起居，是居住的活动中心。

图2 辟夏以旺

图3 辟夏以旺的空间界面

2. 空间界面的特征

辟夏以旺的空间是由这六个面所限定的：两端的山墙面，实体房的正面，主体结构延伸出的屋檐面，束盖炕的底面，以及一个由若干颗柱子限定的开敞面。两端的山墙面即是建筑山墙面延伸而来，有时这两个山面也是开敞的。

1）实体房的正面

实体房的正面，也就是辟夏以旺空间的最靠后的面，是由土坯或砖砌筑的由厚实墙体（一般都在400毫米之上）所围合的实体空间最为开敞的立面——实体房的门窗尽开于此面。不要忘记，此界面距离开敞面还有两三米远，可见室内的采光之差。但这在炎热的夏季，对于实体房自遮蔽灾难性的阳光具有显著作用（图4）。

2）活动面——几近满堂的束盖

束盖（即实心土炕）一般高40~50厘米[5]，除建筑入口处留出通道外，满铺檐下，上铺具有民族特色的地毯、毛毡，十分富丽。一般束盖的标高高出院子地面约0.6~1米，束盖下为半地下室，利用这一高差，半地下室外侧墙体恰好可以朝向院落开高窗，以争取通风与采光。由此可以看出，辟夏以旺与半地下室是绿洲民居构造体系中联系最为紧密的两个部分（图5）。[7]

作为起居的坐卧家具，束盖是辟夏以旺静态空间最显著的标志。王小东院士将辟夏以旺称作维吾尔民居中居住的活动中心，可见辟夏以旺在民居中的中心地位。居住者一年四季对束盖的利用率都极高：适宜季节，在束盖炕上的起居自不用说；炎热的夏季，对于干燥的绿洲来说，阴凉尤为重要，在辟夏以旺的阴影下又可享受微风，实为消暑的好去处；即使在寒冷的冬季，只要天气晴朗，居住者也常在束盖炕上晒太阳。束盖作为一家人的起居中心，空间大一些自是理所应当，这是辟夏以旺进深较大的重要原因。

3）屋檐面

绿洲传统民居的屋盖一般都是密梁平屋顶，辟夏以旺的顶面——屋檐面作为室内屋盖主体结构的延伸而存在，但因其进深较大，无法出挑，需要在开敞面设一放置小密梁的大梁，大梁两端深入山墙面，下有柱子支撑。密梁结构彻上露明，敷以彩画，使结构成为装饰，表现出民居的建构美学。

遮蔽阳光是屋檐面最重要的功能，它包括建筑自遮阳和为辟夏以旺这一空间的遮阳。固定遮阳檐利用太阳高度角的遮阳，使得辟夏以旺既能在冬季用来晒太阳，又能在夏季提供阴凉。因夏季的起居要求，使得辟夏以旺进深必须要做大，以提供足够的阴影区。同时，夏季的阴影也泽披了实体空间：一是为建筑最多门窗的这一立面遮阳；二是辟夏以旺中大面积的阴影充当了烈日下的炽热庭院的"白"与实体空间之间"黑"的过渡空间——"灰"，这既能带来视觉上的舒适，又能为实体空间的凉爽作"隔热层"（图6）。

4）开敞面

开敞面虽只有几棵柱子限定，但其装饰却是极尽奢华。柱子、檐部作为建筑正立面的第一层立面，被当做民居最重要的部位——"脸面"来装饰。此一面开敞向庭院，而庭院空间中多种植花草果树，以作外部荒漠环境的心理补偿。因此，作为起居中心的辟夏以旺与绿意盎然的庭院之间的空间流动，因这一开敞面得以实现。

在有些民居中，住户在辟夏以旺前种植藤蔓植物，使之在夏季能成为这一开敞面的绿化限定，用以遮阳和调节微气候。有些民

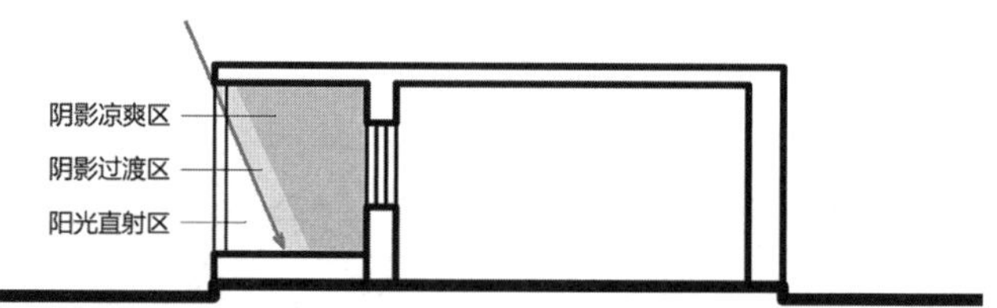

图4 辟夏以旺的遮阳

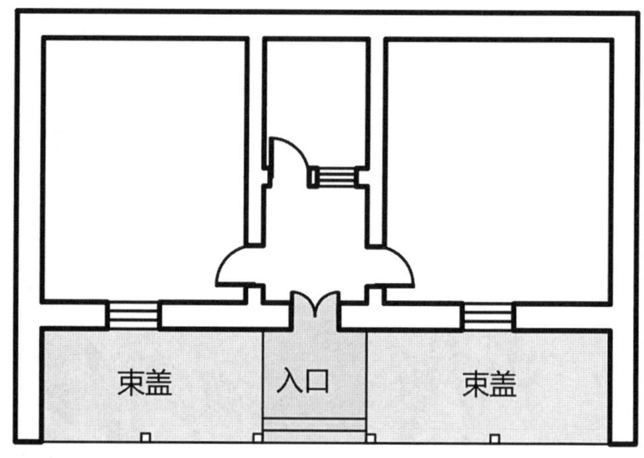

图5 辟夏以旺的活动面

图6 屋檐面的精致装饰

图7 辟夏以旺与庭院间的空间流动

图8 开敞面的可活动遮阳

居，在夏季特别热的时候，会在这一面上挂以帘幕，用以遮蔽阳光，形成更为封闭的空间（图7、图8）。

二、辟夏以旺与苏帕

那么，在绿洲传统民居中，只要符合上述描述的就一定是辟夏以旺吗？答案是否定的。除了辟夏以旺外，类似这种空间形式的还有苏帕。

1. 苏帕的原意

苏帕，维吾尔语中的原意为土榻，土台，凉炕。[8]在大部分文献中"苏帕"一词仍照其原意使用，如严大椿主编的《新疆民居》中对一张图片注解时写道：一层外廊下的苏帕（土炕）[5]；宋超在《喀什传统民居平面类型研究》中写道：外廊下常常设有苏帕以供夏季居民户外起居活动使用[9]；陶金在《新疆喀什老城传统民居空间形态特征研究》一文中写道：檐廊下的地面标高高出院子地面约0.6～1米，中间入户过道将廊下空间分成左右两个高起的平台，称为"苏帕"[7]。

图9 苏帕

2. 苏帕——成为一种空间形制

首位将苏帕提升为一种空间形制的学者是陈震东先生。这大概就如词典中阿以旺的释义为"过间，前廊"[8]，而我们在使用这一词汇时，总是将赋予其建筑学的意义，使之成为"明亮的处所"，进而将之作为一种民居类型（图9）。

陈震东先生在描述辟夏以旺时，谈道：假如这种形式的空间层高降低，出檐不大，做法亦较简单，淡化装饰，但有土炕和炉子者名叫"苏帕"。在后面介绍廊厨一节中，又提到"苏帕"，意为有顶、有吃饭休息的低平台的地方。[4]可以看出陈震东先生在区别这两者时，依据的是形制的高低和有无厨用的炉子。

马涛则在引用陈震东先生说法的同时，进一步指出，苏帕这种做饭就餐的地方只是限于家庭内部成员使用，外来宾客要在辟希阿以旺或阿以旺厅中招待。苏帕作为平时普通的炊事餐饮场所，其主要使用对象是家庭内部成员，所以没必要使用过大的尺度和过多的装饰。[2]他强调了二者的区别更多的是在使用对象上的不同。

3. 辨别二者的现实复杂性

实际上，在用地紧张的地方，比如喀什老城，由于用地紧张、建筑密聚，以致很多民居都难以留较大的进深给辟夏以旺，有些进深甚至不足一米五，可谓是"出檐不大"了。但其装饰奢华，柱式檐部极尽雕刻之能事，富丽繁杂堪比"洛可可"，这不可不谓之辟夏以旺。在较为贫困的村落中，许多家庭没有财力去打造奢华的檐部柱式，只此一处半室外活动空间，既为家人日常起居所用，也用以接待宾客，那谓之为何？

由此来看，区分辟夏以旺与苏帕，不能一以断之，可以确定的是有这么几个判定的依据：装饰；空间尺度；使用对象；厨用与否。判断一处空间究竟为苏帕，还是辟夏以旺，可依据表1来判定。

辟夏以旺与苏帕的综合判定　　表1

	辟夏以旺	苏帕
装饰	华丽	质朴
空间尺度	一般≥2米，特殊情况下可小些	可大可小
使用对象	仅对外，或内外兼用	仅对内，内外兼用
厨用与否	一般没有	一般都有

图10　廊下的现代起居——高脚桌椅

三、辟夏以旺的前世今生

1. 与阿以旺的渊源

辟夏以旺这种空间形制在绿洲传统民居中是原生的吗?

按照张胜仪先生的说法，喀什地区原本也是多阿以旺式民居，由于当地地震频发，以致高耸在阿以旺厅上的高侧窗最易倒塌，加上喀什的地理位置也不完全在大沙漠的正下风位，飓风、沙暴日的严重程度比之和田地区要轻，以至于慢慢形成了“无顶盖的阿以旺式民居”——即由辟夏以旺三合组成的阿克塞乃式民居。[10]这种用柱廊围合的宽大庭院（即阿克塞乃）替换阿以旺厅这种形制的发展也只是近二百年期间的事情。[11]

所以说，阿克塞乃式民居是因地震、气候因素的影响，由阿以旺式民居演变而来的，而辟夏以旺则是阿克塞乃式民居屋前的半开放空间组成部分。因此，传统民居中的辟夏以旺继承了阿以旺厅四周的炕台，它除门前留一米多宽的入口通道，其他部分皆为炕台，是用以坐卧起居待客的静态空间。

2. 在当代民居中的解构

辟夏以旺在绿洲传统民居中如此，其在绿洲当代民居中作何表现呢?

在辟夏以旺这一空间形制的源头——阿以旺式的民居中，阿以旺厅是封闭的，其四周围以实心土炕作纯静态的起居空间，厅则有交通功能，去往不同房间或出入口皆可穿厅而过。而在阿克塞乃式的传统民居中，顶盖被揭去，原本封闭的阿以旺厅成为露天的庭院，不同入口之间的交通联系必须穿越露天庭院；或是在其他的辟夏以旺式民居中，较多的房间组织在一个体量内，不同房间的联系必须露天进行。为使这些空间的交通联系能在有所庇护的空间中进行，原本单纯的静态空间附加了“走”的交通功能。

在某些用地紧张的地方，如喀什老城区，其民居在极为有限的宅基地中无法水平铺开，只能沿竖向发展。原本只有一层的阿以旺式民居、阿克塞乃式民居抑或其他的辟夏以旺式民居，也不得不被建至两层，甚至三层。如此一来，原本只有一层的廊下静态起居空间——辟夏以旺，在当代民居语境中被解构，廊下的土炕或变为木床，被请至庭院中，以其他形式予以遮蔽。建筑中的廊有的还保留些起居的功能，如保留部分炕，或是放木床、桌椅等（图10），但其交通功能的意味明显增强。

四、结论

对于辟夏以旺这一无“官方”定义的特殊民居形制，文章通过对比分析不同学者的描述，得出辟夏以旺较为一般的特征，并通过逐个分析辟夏以旺这一空间的界面特征，来阐述其特殊性。又针对其与“苏帕”易于混淆这一问题，提出了从装饰、空间尺度、使用对象、厨用与否这四个方面来综合判断。紧接着，通过追溯辟夏以旺的历史渊源及分析当代民居中的现状，认为辟夏以旺是由阿以旺在特殊的环境中演变而来，并且发现辟夏以旺在适应当代民居需求的过程中被解构：承载着家庭起居中心功能的束盖，或被替换以木床，被请出廊下，原本廊下静态的空间被“动”的交通功能所打破，尽管有些廊下空间还保存着部分起居的功能。

注释

①范峻玮，新疆大学建筑工程学院，研究生，830046，2462370641@qq.com。

②塞尔江·哈力克，新疆大学建筑工程学院，副教授，830046，787524296@qq.com。

参考文献

[1] 张传国，方创琳，全华．干旱区绿洲承载力研究的全新审视与展望 [J]．资源科学，2002（02），42–48．

[2] 马涛．阿以旺空间中的“三要素”——新疆维吾尔民居空间普遍性特征分析 [J]．华中建筑，2019，37（03）：90–94．

[3] 王其钧，谈一平．民间住宅 [M]．北京：中国水利水电出版社，2005，176．

[4] 陈震东．新疆民居 [M]．北京：中国建筑工业出版社，2009：171–182．

[5] 严大椿．新疆民居 [M]．北京：中国建筑工业出版社，2017，10：56–83．

[6] 王小东．绘读新疆民居 [M]．北京：中国建筑工业出版社，2014，7：100．

[7] 陶金，刘业成，何平．新疆喀什老城传统民居空间形态特征研究 [J]．华中建筑，2013，31（04）：131–135．

[8] 新疆维吾尔自治区语言文字工作委员会．维汉大词典 [M]．北京：民族出版社，2006，6：70–582．

[9] 宋超，竺雅莉，茹克娅·吐尔地．喀什传统民居平面类型研究 [J]．华中建筑，2010，28（04）：178–181．

[10] 张胜仪．新疆维吾尔族传统民居概说 [J]．长安大学学报（建筑与环境科学版），1990（Z2）：114–121．

[11] 张胜仪．新疆传统建筑艺术 [M]．乌鲁木齐：新疆科技卫生出版社，1999，5：182．

“文化复兴”背景下的三苏祠传统民居特色与价值研究

杨建斌[①]

摘　要：三苏祠在宋代是“三苏”的故居，经历宋、元、明、清以至现在，样貌几经修葺，周边环境几度沧桑，但起于北宋时期的苏家故宅却未移位。这处民居融合了苏氏祖辈的睿智，也体现着后世对“三苏”的缅怀和敬仰。“十三五”期间，习近平总书记对文物保护工作作出了重要指示，本文结合当下“文化复兴”背景，对三苏祠传统民居特色与价值再认识，并对其民居保护发展历程、民居语言特征、园林与民居的融合以及文脉传承等深层文化和内涵进行挖掘，以期对当下中国传统民居保护与传承做出绵薄贡献。

关键词：传统民居　活化利用　特色　价值

一、“文化复兴”背景下的遗产保护

习近平总书记在2014年联合国科教文组织总部的演讲中指出：“每一种文明都延续着一个国家和民族的精神血脉，既需要薪火相传、代代守护，更需要与时俱进、勇于创新。……让收藏在博物馆里的文物、陈列在广阔大地上的遗产、书写在古籍里的文字都活起来。”这段话指出了文化遗产对国家、民族乃至人类群体的重要意义。也表明了在“文化复兴”背景下，对文化遗产不仅要“薪火相传、代代守护”，也需要“激活其生命力”，弘扬“文化精神”。

“十三五”期间，习近平总书记对文物保护工作做出了重要指示，他提出要切实加大文物保护力度，推进文物合理适度利用，使文物保护成果更多惠及人民群众，“努力走出一条符合国情的文物保护利用之路”。旨在保护的基础上，让遗产所具有的历史、文化、科学、艺术等文物价值和特色得以全面展现；在遗产融入公众的过程中，产生更多有益的交融与传播，实现精神指引，让遗产本身实现可持续发展。

二、三苏祠传统民居保护发展历程

“三苏”是赵郡苏氏的后代。唐时，苏氏先祖苏味道因事贬为眉州刺史，不久病逝。他其中一个儿子未能返回家乡，在眉州定居，开始了苏姓一支在眉山的起居。从唐神龙年间苏味道初至眉州到北宋大中祥符二年（1009年）苏洵出生的这三百多年时间[②]，苏氏定居眉山，繁衍生息，经过苏釿、苏泾到苏杲、苏序[③]，苏家有一倾多田，在眉州城中建有私宅一所[④]。苏洵在先祖的基业下持家经营，苏轼、苏辙两兄弟诞生在了苏宅。苏轼也在《东坡别集》中言：“昔吾先君、先夫人揪居于眉山之纱縠行。”眉山城内的纱縠行苏家，也就是现在大家祭奠三苏的“三苏祠”。

苏轼、苏辙成年后游学入仕、宦海沉浮在外，自安葬父亲苏洵后再没有如愿重归故里，最后安葬在河南的陕县。他们逝后，“三苏”故宅作为孕育他们成长的故土，成为后人思忆祭奠之地。

1. 三苏祠民居的时代流变

眉山的苏家人一向朴实，经过百年间与地方精神的磨合，已具有西蜀民众的秉性。苏宅亦是如此，“蔬园”、“小池”、“芦菔”、“修竹”呈现蜀地乡野民居的田园风貌。苏家人爱阅读，宅院内屋舍置满“四库书”[⑤]，充盈书香之味。院内绿植隐喻品性，房屋名称抒发诗情，宅院布置适于生活，满足主人的趣味。这块有野趣又充满书香味和人文气息的乡野民居院落，因主人的成就和名望，在后世千百年的时间里几经变化。三苏祠民居自元代增加了祭祀功能，使得这所民居院落淡化了些野逸闲适之味，多了肃穆和崇敬之情。没了“蔬园”、“芦菔”，但隐喻品性的“池水”、“修竹”等屋舍的文辞修饰，使三苏祠民居及特征较好地延续下来，有增无减。

2. 保护与利用方式的活化

从文物保护的角度而言，三苏祠传统民居在近千年的历史流变中，部分时间节点上的处理方式有违文物的延续性、完整性乃至真实性，但整体出发点是对三苏祠民居和“三苏”文化的保护和传承，例如明代对三苏祠的扩建，割九寺庙为苏祠祀田，“三面环水，堂三楹”，“堂前二古柏，甚夭矫”[⑥]。都是围绕文物价值核心主线进行，未让三苏祠丧失从元代开始对三苏先贤的祭祀功能；也为让三苏祠

“拘禁”在围墙之内，脱离公众，成为束之高阁的“宝物库”；更未让三苏祠徒有“三苏北宋故居”和全国最大“三苏”纪念地的虚名。

截至目前三苏祠的保护规划开展了两个阶段，分别是2007年完成的《眉山三苏祠文物保护规划》和2016年的《三苏祠文物保护规划（修编）》，两个阶段的规划，都较为客观地分析了三苏祠具有的利用资源[7]，并根据特定时期三苏祠面临的问题，为三苏祠在不同时期“活化”保护和利用进行了指导。2007年三苏祠保护规划对三苏祠利用进行了分区和定位，分为了祠堂区、园林东区、中部园林区和西区（文化产业区）[8]。2016年，《三苏祠保护规划（修编）》在2007年的基础上，根据三苏祠新的情况对利用规划内容进行了调整，将原来四个功能区改为了三个功能区：祠堂区、园林区、周边街区[9]。2008年“5·12”汶川特大地震和和2013年“4·20”芦山地震给三苏祠造成了巨大的损坏，各级文物部门、社会力量和普通民众齐心协力完成了三苏祠文物抢救性保护工作。保护工程共分为三期，以三苏祠的文物价值为核心，对三苏祠重要建筑、环境实施了全面维修和整治。

两次保护规划在观念层面构想了三苏祠传统民居的活化蓝图，保护工程则是从实际操作的层面为三苏祠传统民居的活化进行了基础实践。以规划为指导，通过建筑维修和环境整治的保护举措，为传统民居特色保护、文物价值保护和展示、文物的合理利用提供了必要且重要的基础条件。而只有与文物价值紧密结合的保护和利用，才能凸显出三苏祠传统民居的特征性和差异性。近年来，三苏祠传统民居的保护和利用采用如此“活化”的方式，使其成为地方强大的发展动力和靓丽的文化名片。

3. 传统民居特色与价值的丰富

1）对民居遗存内容的纵向剖析

三苏祠民居历经风雨洗礼和人事变迁，积累了丰富的特色与价值：建筑初创时为传统民居，发展过程中逐渐加入园林要素，元代又增加公祭祠堂这一功能且延续至今。这些内容成为三苏祠民居的重要组成部分，与之相关的建筑形制、工艺做法、维修痕迹、时代特征无不体现着三苏祠的特色。不同时代背景下，人们对文物的认识和理解不尽相同，时代也会对文物烙印上相应的文化痕迹，这本身就是具有价值的内容，日积月累，三苏祠传统民居的价值逐渐厚重。这些不同时期的遗存内容在三苏祠内得以延续，如民国时期修建的白坡亭和船坞，民国时期扩建的东部园林区。

2）对民居要素的横向把握

三苏祠从宋代就是“三苏”的故居，后成为一处集民居、园林、祭祀功能为一体的综合性文化圣地，三苏祠民居也是西蜀民居和园林的典型代表之一。三苏祠私宅和园林初创时的实物构造，元、明的改建、扩建、增修部分在历史中消失殆尽，只有清朝及之后的建筑遗留了下来。不少修缮者根据“三苏”的描述或后人对“三苏”的膜拜敬仰之情，在三苏祠中营造出包含人文精神的民居和园林氛围。所以，三苏祠民居的价值已不单单停留在某一个时代节点，也不仅只是针对民居部分，三苏祠遗存的民居和环境所富有的“三苏”人文精神、祭祀传统、西蜀园林的特征和内容，都是判定其价值乃至真实性和完整性的重要依据。

三、三苏祠民居特色研究

1. 三苏祠建筑的时代属性

三苏祠的前身是北宋时期“三苏”父子在纱縠行的故居，后在元明时期进行改造和扩建，从“三苏”私宅到“三苏堂”再到今天的“三苏祠”。虽然原有的建、构筑物几经损坏，不过苏宅原景仍可以在流于后世的文字中窥见[10]。现存民居和园林格局为清代和民国时恢复重建，2006年被国务院公布为全国重点文物保护单位。

2. 三苏祠民居建筑布局及特征

三苏祠初创时为苏氏私宅，属川西民居风格建筑，因此三苏祠民居早期建筑有前厅、东西厢房、正堂等，其布局特征与川西其他民居四合院无较大差异（图1）。后世相继增加的建筑布局都是以这部分早期建筑为核心展开，布局与之呼应。三苏祠民居从复建到现阶段发展规模，经历了几个重要的发展阶段，可大致分为：清康熙年间、清同治/光绪年间、民国时期以及现代四个阶段（图2）。从图中可看出，初始阶段的复建，主要为主轴线建筑，无大门；同治、光绪年间，修建前厅、厢房等建筑，三苏祠形成了完整的院落布局，为二进院落形式，前厅充当院落大门的功能，与图1中第三类布局形式形同；民国修建南大门，并于后期改建为传统结构建筑，形成传统的院落大门形式，然而南大门始建较晚，原苏宅是否建有独立大门，现已难以考证。

3. 三苏祠民居园林总体布局与意境营造

从使用性质和风格上，三苏祠民居园林空间布局可分为民居区和园林区。民居区位于三苏祠东侧，建筑较多，主要为清代复建，以人工环境为主。园林区位于西侧，绿植茂密、道路蜿蜒、山水相伴，以自然景观为主。两区截然不同的景观环境及时对比，又相互融合在一起，瑞莲中池和连鳌山即是两者的连接处，中池“虚”的景致，连接两侧的环境；连鳌山，以“实”的景致隔开两侧的景观。这种布局结构既不显突兀，又联系紧密，充分运用藏与露、开与合的造园手法，使三苏祠民居与环境景观彼此融合又彼此呼应。

“三苏”喜水，喜竹、喜石，喜一切自然之物。苏洵有灵沼遗香，苏辙为颍滨遗老，苏轼一生与水有不解之源，自叹：“我性喜临水”，“流水有令姿”。苏轼在《书晁补之所藏与可画诗》中言：“与可画竹时，见竹不见人。岂独不见人，嗒然忘其身。其身与竹化，无穷出清新。”宅主人亲近自然的习性，地方多水、多竹的特

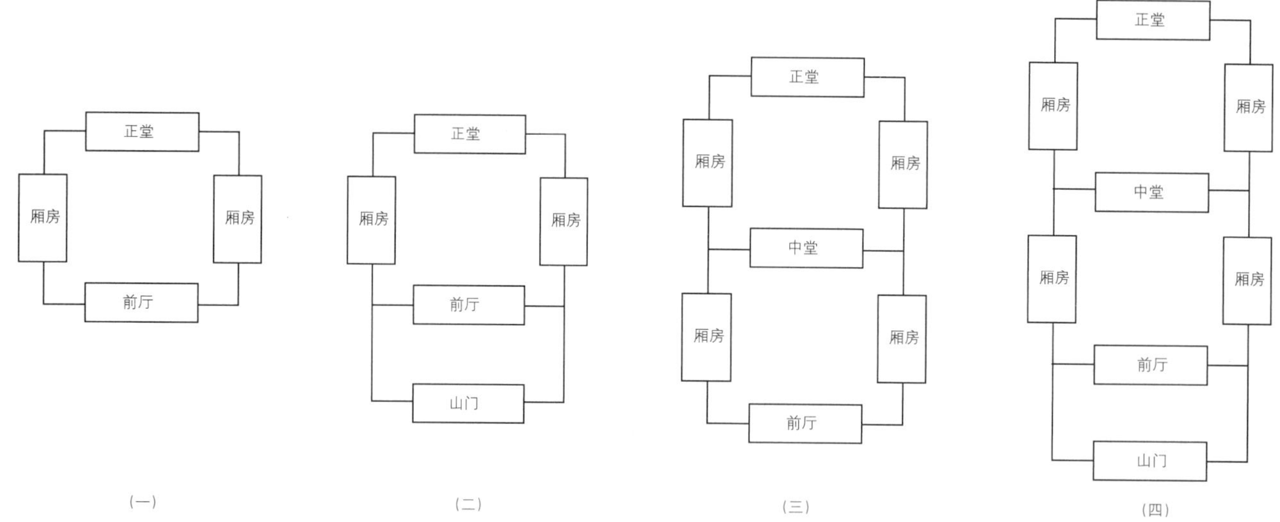

图1 川西民居常见四合院布局（图片来源：作者自绘）

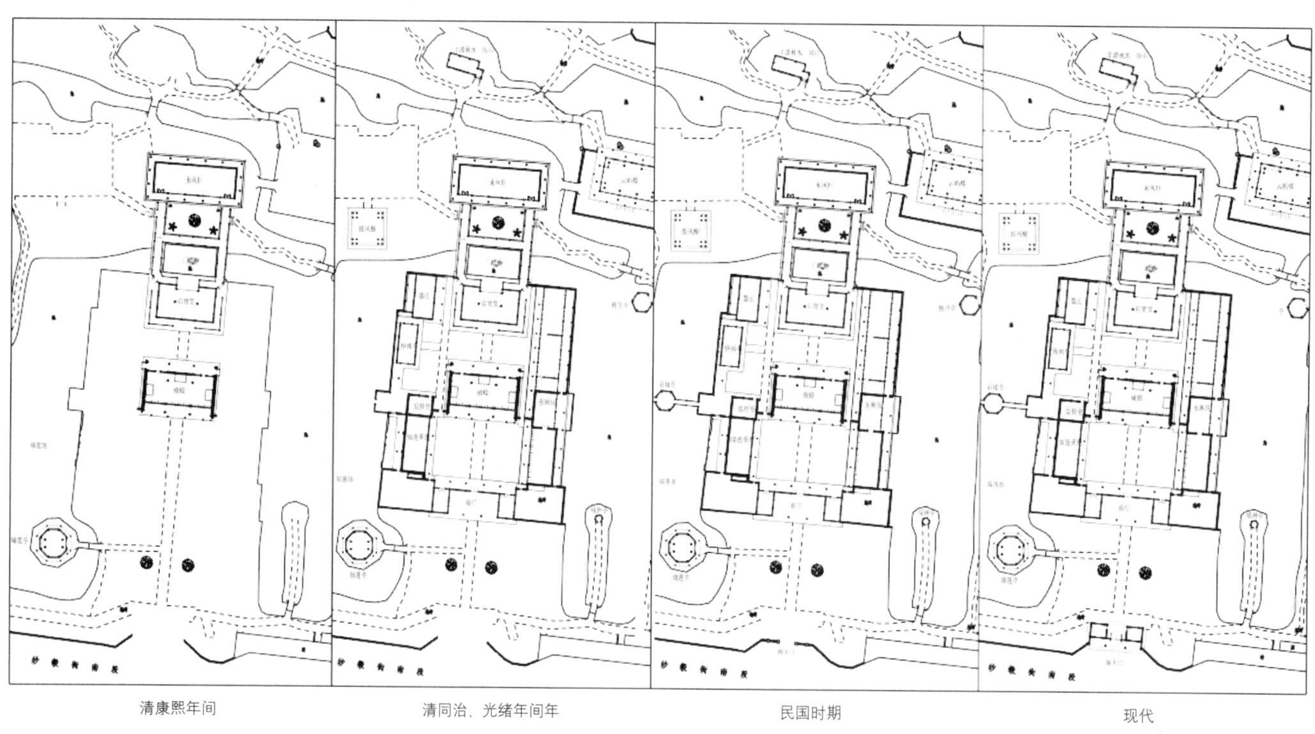

图2 三苏祠祠堂区不同时期院落布局（图片来源：作者自绘）

征，以及水、竹自身具有的明净、苍劲的景观特征，使水和竹成了三苏祠意境营造的主要元素。后世基于原苏宅、明三苏祠的景观基调，使三苏祠的总体格局逐步形成了三分水，两分竹的岛居特色，成了川西民居中典型特色。

四、三苏祠民居价值研究

1. 历史价值

1）从“三苏”及围绕“三苏”有关事件上看三苏祠民居的历史见证性：

三苏祠历经千年，形制和功能多变，但起于北宋时期的苏家故宅却未移位别处，后来的一切都是围绕着这一块“浓聚”三苏精神气候的民居衍生发展。从北宋故居于元时改为祠堂后，历代为祠，绵亘不绝，现为全国最重要、最大的纪念三苏的场所。这处民居对“三苏”的人格塑造，学养滋孕，情思的寄托，眉山及眉山的三苏故居都有着不可替代的重要性。这在“三苏”的诗文辞赋中都显于一见。如苏轼的《送戴朝义归蜀中》、《南轩遗梦》、《眉山远景楼记》等。苏宅之于“三苏”就是可敬的母体。三苏的成就、精神、成长的点滴都浸润在这方土地之内，他们不少传世名作就是描述这处民居。如此，三苏祠具有了“三苏”及三苏文化相关内容的历史实证性。

2）从物质环境的构建上看三苏祠的历史创造性：

三苏祠不是独一人、独一时之功所建造。为“三苏”故居之时，“五亩行园”内遍植竹、松、菊，满盈书香气和乡野之趣。元时为祭祀“三苏”的祠堂，明代扩建、改造为三苏祠。明末的硝烟几乎洗尽宋、元、明的创造成果，三苏祠在这三个朝代的历史面貌，后人只从文字等遗物中阅得。至清代，在前朝的残垣断壁和故居原址之上重建的三苏祠较为完好的保留至今，因而三苏祠具有跨时代的特征，这一特征正是其历史性在物质环境构建上的又一体现。

3）从历史的功能嬗变看三苏祠的区域社会史

三苏祠从最初苏宅仅有的民居功能，增加了祭祀功能，尔后又发生了诸多的变化。清代一段时期内，三苏祠曾作为“三苏”和魏了翁的共用祠堂；民国时期，三苏祠曾作为驻军司令部，其后又成为具有近现代特征的公园，与时代进一步融合；20世纪70年代末，三苏祠从“三苏公园”偏重于公众娱乐属性，转变成强调文物属性的场所——三苏祠文物保管所；1984年三苏祠改建为眉山三苏博物馆延续至今，对三苏祠的功能定位，随着文物管理认识的发展而逐渐深入。

在漫长的发展过程中，三苏祠经历了从居所到祭祀祠堂、公园、驻军司令部、文物保管所、博物馆等功能属性的变化。这种历史的功能嬗变见证缩影了文物保护意识的发展史，也是地方区域的社会史。

2. 艺术价值

1）“三苏”精神外化之美

三苏祠因是“三苏”北宋的故居遗址，是“三苏”生活起居之地，记录、见证了“三苏”成长的点滴，虽历经千年，每寸土地都能引起后人的感触。苏祠内的不少建筑和景观是根据“三苏”的典故和辞章意境模拟而成。如池中荷花，来于“灵沼遗香”、“苏宅瑞莲”；苏轼“性喜临水”，“流水有令姿”，家中“小池”必有心养之。

2）三苏精神启迪之美

三苏祠内保留了大量的楹联匾额，成为建筑与园林的修辞手法，体现着中国传统民居和园林的人文精神之美。三苏祠作为西蜀纪念园林的代表，祭祀千秋罕有的文豪三父子，祠中楹联辞赋丰足，历代有之，表现后世叩拜问道的虔心，无不洋溢着后世对这三位先贤的敬重和崇仰之情，如正门对联为“克绍箕裘一代文章三父子；堪称楷模千秋万代永馨香”，前厅对联为“一门父子三词客，千古文章四大家”。

3）西蜀乡野古风之美

三苏祠将民居和园林巧妙地融为一体，这也正是中国传统园林的特点之一。三苏祠尊崇北宋故宅原味、元明祠堂基调，在这样的营建背景下，在原有“蔬园”、“小池”、“野鸟”、“庄客”、“小轩窗”、“南轩”等朴实素雅的西蜀民居意蕴上，渲染了重建者对三苏及故宅的理解。由于清时风行的造园思想影响和所具有的营建技术的支撑，三苏祠面貌依然延续着蜀地民居的特色，朴素淡雅，还一如蜀地其他的纪念园林，较好地保有了宋时之风采。

3. 科学研究价值

1）研究西蜀民居和园林的经典案例

三苏祠后世屡次的改建或扩建，都是在“三苏”故宅的基础上进行，原有民居的布局特征时至今日依然存在，这是西蜀民居布局研究的绝佳实证。三苏祠民居还具有清代川西民居的典型特色，无富丽之气，古雅清幽，深具民居朴素之风[⑪]。三苏祠跨越历史，宋时故宅，元时祭堂，明时祭祠，于清，尊崇原宅原祠的精神气候再复原了三苏祠的面貌。它沉淀了各时代的特征，最终积聚成了典型川西民居及园林代表。祠内留存的清代建筑及园林，虽是清代构筑，但较好地延续了蜀地民居及园林之风并体现其特色，对研究该地区民居建筑及园林有着重要的价值。三苏祠内民国时期修建的园林及建筑对研究民国时期公共休憩及娱乐设施有重要的意义。三苏祠更是西蜀园林的代表之作，作为西蜀园林的杰出范例，是研究中国园林这一派系的经典案例。

2）非物质文化遗产——传统建筑工艺

三苏祠所在地，自古就孕育了具有自身特色的西蜀文化。尚古、尚学、自持，培养文人也目濡了具有文人气息的“儒匠”，他们在域地传承的传统建筑工艺：三合土地面制作、竹编夹泥墙编制、锤灰及灰塑脊工艺、空斗墙的砌筑、小青瓦的铺设、传统油饰和匾额制作工艺、包括上梁仪式都是重要的非物质文化遗产内容。

三苏祠在中国造园的第二次高潮时期重建，从传统建筑建造到装饰装修，均展现了该时期该地区的建筑技术水平。所采用的传统工艺技术体现了地方传统建筑的营建特色，是研究清代川西建筑的技艺发展和传播演变的现实案例。并对继续传承具有古眉州地方特征的非物质文化遗产——传统建筑工艺具有重要意义。

4. 社会价值

三苏祠自元代起成为祭祀“三苏”的纪念场所，因而三苏祠包含两个层面的精神内涵：一是先贤的精神，二是祭奠者的凭吊体验。三苏祠“通过将后人对先贤、名人的缅怀之情，寄托到场所这一实体上，再通过对其进行修建、扩增、修缮等行为表现出来，是人们为达到‘纪念’目的而产生的一种由内在的心理活动转化成具体的外在行为”⑫。这种内在的心理活动不受时空所限，在精神层面将祭奠者与被祭奠者紧密联系在一起。

至今，在全国范围内遗留与东坡文化相关的历史文化遗产总共有8处，眉山三苏祠作为祭奠“三苏”的圣地，所具有的特殊性、真实性和延续性保有一定的优势。它所具有的典型性与其他和“三苏”有关的祭奠地、遗迹相比，有着不可比拟的意义。

五、结语

除了民居本体，三苏祠所处的区位在地方经济和文化上都具有重要意义，三苏祠的民居和园林已成为国内最大的“三苏”纪念地和研究中心。“东坡”、“三苏祠”已成为地方品牌，由此衍生出各类文化产品。三苏祠的保护和利用成了一个良性循环系统，其特色和价值也在新时代中保持本色并融入公众生活，持续具有鲜活、灵动的生命力，实现文物活化的理想。三苏祠传统民居的保护和利用成为行业里的一个典范，是为文化遗产的保护目的，即“为人类提供正确的精神指引和强大的精神动力”而进行的可参照的实践。

注释

① 杨建斌，四川园冶古建园林设计研究院，责任设计师，610041，levystuart@foxmail.com。

② 《文豪父子苏轼世家》。

③ 苏釿，苏洵高祖；苏泾，苏洵曾祖；苏杲，苏洵祖父；苏序，苏洵父亲。

④ 《文豪父子苏轼世家》。

⑤（宋）苏轼《答任师中家汉公》诗：“门前万竿竹，堂上四库书。”

⑥ 王渔洋：《蜀道驿程记》。

⑦ 三苏祠所在遗存区域，资源密集，层次丰富：1）具有珍贵价值的文物本体及丰富的馆藏文物；2）眉山地处成都平原南部，近成都、乐山，与两地间交通便捷；3）周边地域自然及人文景观资源丰富，区域上具有相当的优势；4）三苏祠地处地级城市中心，是眉山老城区最为重要的历史文化遗存，保存的建筑、园林等均具有较高的观赏性，文物所处街区为省级历史文化街区，地段自身优势资源集中；5）东坡文化在全国范围内具有广泛的群众基础，并具有眉山市众多的非物质文化及民俗资源。

⑧ 摘自《眉山三苏祠文物保护规划》。

⑨ 摘自《三苏祠文物保护规划（修编）》。

⑩ 旧《眉山县志》：今考是祠，自清康熙四年重建，至同治十年添修大厅及四面砖墙。正殿后三楹，西北开轩，即木假山堂，北为启贤堂。祠后一宇，系三苏寝室堂，并非木假山房也。因古木假山房遗迹罔存，不知所在，其时无力另修，故权以此堂名之。

⑪ 赵长庚著．西蜀历史文化名人纪念园林 [M]．成都：四川科学技术出版社，1989，128。

⑫ 陈其兵、杨玉培著．《西蜀园林》[M]．北京：中国林业出版社，2010年，85。

哈萨克族毡房建筑的保护与传承

阿彦·阿地里江[①] 邵 明[②]

摘 要： 随着城市化和现代化的进展，地域性建筑文化的重要性更加突显。本文以哈萨克族传统民居作为研究对象。早在两千多年前，哈萨克族先民创造了一种造型别致，具有民族风格的建筑——毡房。但是如今它曾经拥有的历史文化品格和传统民居特色逐渐模糊。如何保留其特有的历史文化特征且得到传承，使之融入现代化的发展之中，并且展现地域性特征，成为少数民族文化底蕴的价值承载物，是传统民居保护与传承的难题。本文通过对哈萨克族毡房的研究，让更多人了解毡房的魅力并对哈萨克族传统民居的保护与传承有重要意义。

关键词： 传统民居 哈萨克族毡房 保护与传承

在当今建设现代化城市的过程中，大多数少数民族对自己的文化已经淡忘，同时具有代表性的少数民族传统民居建筑没有受到大家的重视，全国已消失4万多处不可移动文物，历史建筑遭到近乎毁灭性拆除，取而代之是大批丧失个性的高楼大厦。作为城市历史的“活化石”，古建筑具有重要的文化历史传承价值，新疆地区也是如此，少数民族的传统民居建筑大部分已经被拆除，遗留下来的少部分的建筑也没有得到有效的保护。

如何在现代化城市中保留其特有的历史文化特征并得到保护与传承，使之融入城市发展之中，并且实现地域性特征，成为少数民族文化底蕴的价值承载物，是现代城市实现地域性建设的重点，也是历史建筑保护与再现的难题。本文首先介绍了哈萨克传统建筑的历史和背景，其次分析了毡房的主要构造和形式，最后阐述了毡房的保护与传承。通过文本的研究，使人们更加了解哈萨克族的传统民居建筑，并对传统建筑的保护与传承具有重要意义。

一、哈萨克族传统建筑的历史与背景

哈萨克族传统建筑历史悠久，早在两千多年前，哈萨克族先民就已经创造了一种造型别致，具有民族风格的建筑——毡房。毡房作为哈萨克族民间建筑，构造简易且易于搬迁，一般多用于春、夏、秋居住。

2008年6月，哈萨克族毡房营造技艺经中华人民共和国国务院批准列入第二批国家级非物质文化遗产名录，遗产编号：Ⅷ-183。在新疆毡房分布较广，主要集中在北疆，包括乌鲁木齐市、阿勒泰地区、塔城地区周边。哈萨克族毡房构建轻便牢固，经济实用，易于拆卸携带，是哈萨克族先民情感和智慧的结晶，是哈萨克族建筑历史上的“活化石”。在城市发展过程中，新疆地区少数民族传统建筑逐渐淡出视线，很多传统建筑正在经受被破坏的剧痛，大部分人缺少对传统建筑的保护意识，缺乏对传统建筑价值的认知。本文通过对新疆地区哈萨克族传统建筑的研究，为今后的发展提供借鉴意义。

二、哈萨克族毡房的构造与形式

1. 哈萨克族毡房的构造

毡房是哈萨克族游牧历史上最早的居住建筑，适宜于四季气候、转场搬迁、抗震抗风能力强、便以拆卸与搭建的一种简易而又美观，使用空间大而舒适，内饰布局合理的住房（图1）。

毡房一般由顶圈、撑杆、格栅、门、毛毡以及各种连接绳组成。顶圈是哈萨克族毡房中比较重要的结构，它起到的作用是采光、通风、通烟等，在结构当中又起到固定整体的作用，制作这个构件，一般要两根红柳木，切割掉上面的树叶，放置水中泡软，再放入事先烧好的羊粪热坑中进行加工，加工好后把两根红柳木弯成一个圆形，在上面穿若干的连接穿孔，最后用几根细柳木十字交叉进行固定就制作出了顶圈（图2）。

撑杆的材料和顶圈一样，都是用红柳木进行加工而得，不一样的是撑杆是要制作成带点弧度的，而不是直杆。制作撑杆一般长度

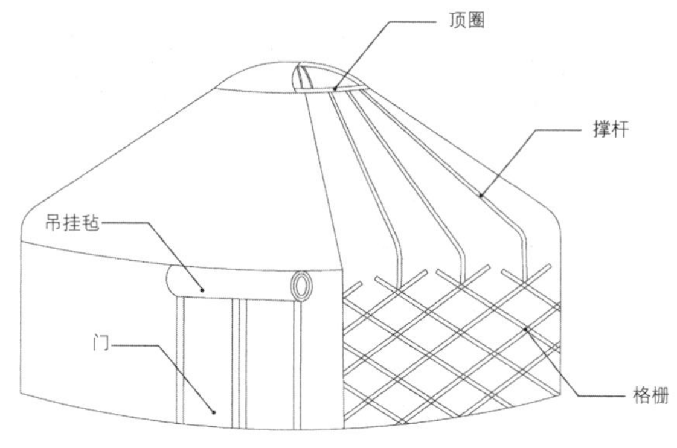

图1 毡房整体结构示意图

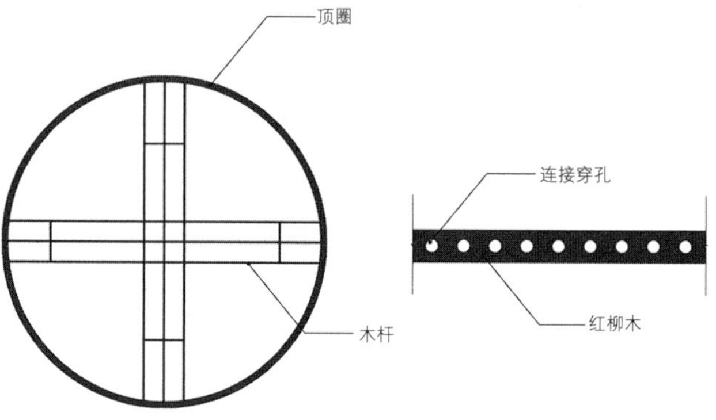

图2 顶圈结构示意图

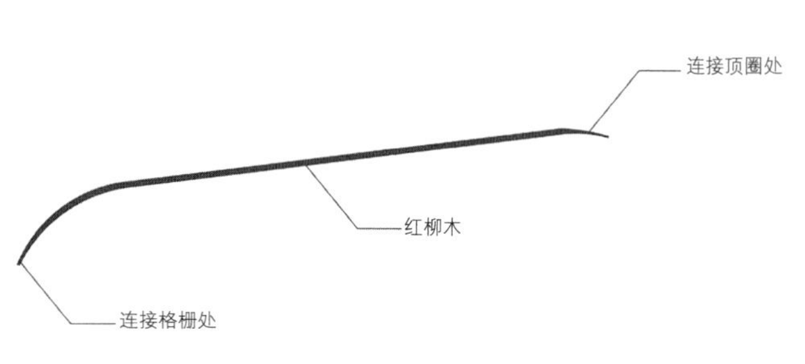

图3 撑杆结构示意图

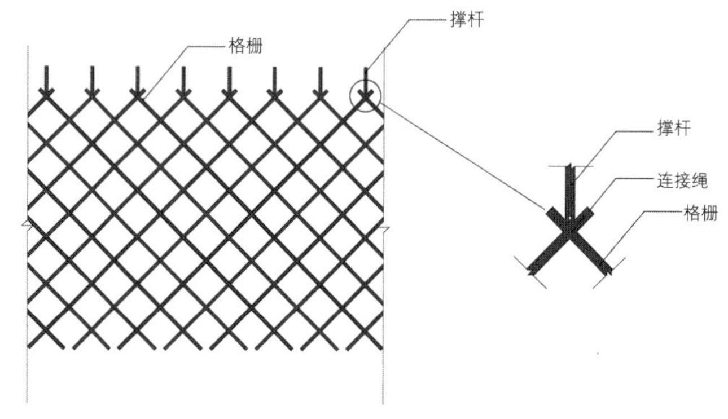

图4 格栅结构示意图

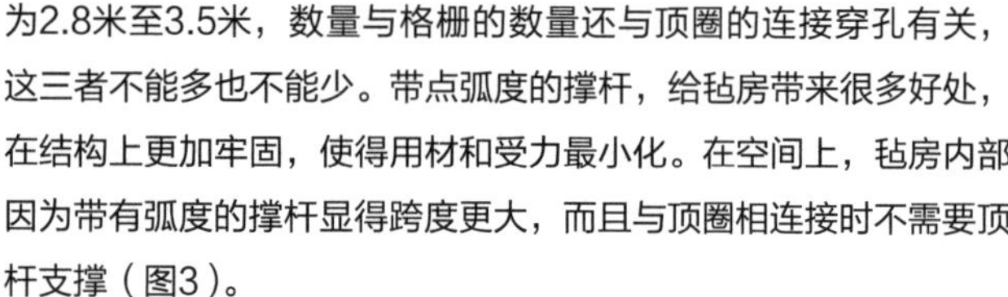

为2.8米至3.5米，数量与格栅的数量还与顶圈的连接穿孔有关，这三者不能多也不能少。带点弧度的撑杆，给毡房带来很多好处，在结构上更加牢固，使得用材和受力最小化。在空间上，毡房内部因为带有弧度的撑杆显得跨度更大，而且与顶圈相连接时不需要顶杆支撑（图3）。

格栅是毡房的墙壁，是毡房中起支撑作用的构件，它的制作过程和前两者都一样，因为要支撑起整个毡房，有不一样的做法，就是把若干的红柳木十字交叉，围成一个大圆形，末端与门连接，组成毡房的墙壁，在用芨芨草编制成具有色彩图案的墙篱用连接绳连接在格栅上就形成了完整的毡房墙壁。撑杆与格栅的连接方式是，在撑杆的端部穿孔，在每一个相交叉的格栅上进行固定（图4）。

整体的做法是先撑起格栅与顶圈，然后用撑杆连接两者。格栅起到支撑作用，撑杆和顶圈起到稳定作用。格栅外围上用芨芨草编成的具有彩色民族图案的墙篱，起毡房内饰的作用，另一方面挡风挡灰尘。最后顶部覆以活动的方形毡子，四个角用毛绳与毡房相固定，每当早晨哈萨克女主人都要起来打开半页，以便流通屋内的空气、烧火烟雾的畅通及阳光的照射；晚上盖起来以便屋内保温，同时防治光线直射影响睡眠。

2. 哈萨克族毡房的形式

在辽阔的大草原上，处处可见白色的毡房，流动的羊群，奔腾的骏马，蓝天、碧水、白云，这种美丽景象根本无法用语言去形容，只能自身去体会。哈萨克族牧民之所以选择易于拆迁、便于搭建的毡房，主要是民族的生活方式与外来种族的入侵。第一，哈萨克族是游牧民族，早年因为气候的变化，常常会迁移住处。第二，哈萨克族绝大部分居住在中国的边境地区，早些年会受到外来种族入侵的影响，为了躲避和对抗外来入侵，哈萨克牧民最终选择了便于迁移的毡房（图5）。

毡房是哈萨克族的传统民居，适合于游牧民族的生活方式与居住文化，从古老的哈萨克族文化中毡房演变也是很大，从冬窝子到宫廷形式。本文只探讨一般游牧人居住的毡房，也是最常见的哈萨克族毡房。毡房大小可随意变化，一般在制作格栅时，用木杆在26~32根，一般毡房也分两种，一种是游牧牧民的毡房，规模较小，内部形式也比较简易；另一种是定居牧民的毡房，这种毡房规模较大，房顶还饰有红色或彩色图案。哈萨克族毡房内部布局也有一定的讲究，进门的右方就是厨房空间，会放置各类厨具、燃料、食物等，再往右上方是主卧空间；进门的左侧是杂货空间，主要放置一些坐骑用具还有家里的一些用具。一般牧民的毡房门高为1.5米，门宽在0.9米~1.2米不等，门形式为双扇雕花木门，木扇门外用芨芨草与毡子装饰成特有的民族图案的毡帘（图6）。

三、哈萨克族毡房的保护与传承

1. 哈萨克族毡房的保护

在新疆，很多历史悠久的毡房已经被拆卸。毡房作为哈萨克族具有代表性的历史建筑，其主要特点是方便拆卸、搭建以及耐久性

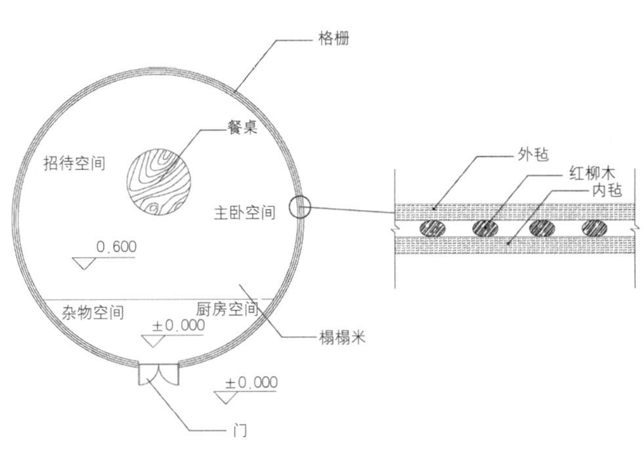

图5 毡房平面空间与结构详图

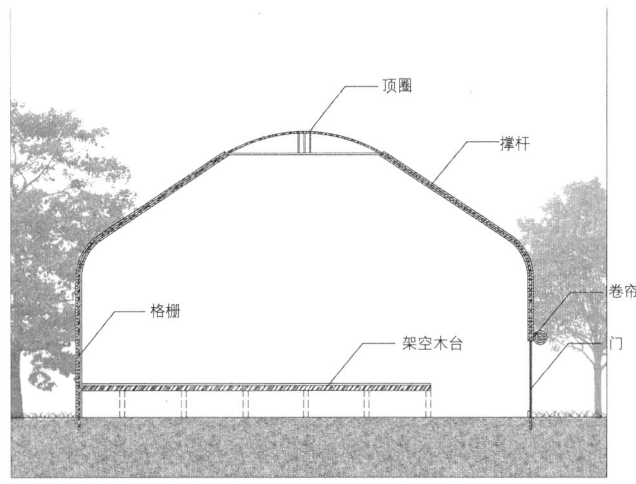

图6 毡房的剖面详图

不高。因此毡房的营造技艺被列为非物质文化遗产，而不是毡房本身。毡房的营造技艺在历史上对于哈萨克族牧民具有深远的意义，拥有历史价值、社会价值、文化价值及美学价值。

哈萨克族毡房具备独特的建筑风格和文化底蕴，在游牧民族的历史占有重要的地位。目前，像这样典型的传统建筑淡出视线的原因主要有以下两点：第一，传统建筑的保护意识淡薄。随着当今GDP主导的社会经济不断发展，片面的追求经济效益，盲目追随主流建筑，使得当地人们缺乏保护意识，导致新疆很多地区具有历史价值的传统建筑遭到不同程度的破坏。第二，传统建筑的保护力度不足。新疆部分地区经济落后，当地政府把更多的重心放在经济发展，而忽略了传统历史建筑的保护。由于保护工作不到位，使得具有代表性的历史建筑已经在城市中失去了生存领地。

对于传统建筑保护，国家有明确的规定。《中华人民共和国文物保护法》规定，具有历史、艺术、科学价值的古文化遗址，以及与重大历史事件、革命运动或者著名人物有关的，具有重要纪念意义、教育意义或者史料价值的近代现代重要史迹、实物、代表性建筑都受到国家保护。然而新疆很多地区都落实不到位。因此，相关机构需通过宣传正确引导使当地人民提高对传统建筑的保护意识，了解本民族的传统建筑，学习毡房的搭建方法、材料的制作过程。另外，需培养年轻一代对本民族传统建筑的热爱，通过引进专业人士运用先进的材料和技术对哈萨克族传统建筑加以保护和传承，使得历史建筑更加向专业化、特色化及舒适化的方向发展。

2. 哈萨克族毡房的传承

随着时代的发展，大工业时代钢筋混凝土堆砌的现代主义建筑，而本文研究便于迁移的毡房逐渐被时代遗弃，传承的困境主要有以下三点：第一，工业时代的到来，给建筑带来很大的增益，大钢架、大玻璃越来越被人们认可；第二，人们生活水平提高，城市化不断扩大，哈萨克族牧民开始去往城市里生活，传统建筑毡房被大家遗弃；第三，搭建毡房技术的失传，哈萨克族下一代受到现代教育的影响，年轻一辈不再传承传统搭建技术，使得毡房传统建筑的搭建技术无法得到延续。

上述所得，哈萨克族毡房的传承具有重要意义，本文总结了三个传承的途径。首先，哈萨克毡房营造技艺被列为国家级为非物质文化遗产，从毡房的构造、搭建过程再到空间分布、剖面形式，把毡房做了一个深层的研究，方便于今后传承需要。

其次，毡房也有生态价值，从古埃及、古罗马、古希腊建筑到大工业时代建筑、再到现在的后现代主义建筑，建筑热潮也在慢慢变化着。绿色建筑慢慢走入大家视野当中，建筑的可持续性也慢慢得到人们的关注，如今科技的快速发展，人们解决了木结构的防火性，木结构得到了大家的认可。通过绿色建筑可持续发展的道路，在今后的现代建筑中从毡房的结构运用其中的元素，让新疆建筑有了地域性特征。

最后，毡房在今后的价值传播上也会有一定突破。当今的帐篷也跟毡房有一定联系，毡房的内部宽大舒适，帐篷则窄小又有一定的局限。不过毡房搭建过程较复杂，搭建材料也难以得到，而帐篷搭建却很方便，而且材料一般是一体化，事先就在工厂里加工而得。两者有一定的结合，让毡房也有简易的做法，又不失去毡房精髓。

四、结语

哈萨克族毡房的营造技艺是中国的非物质文化遗产，毡房作为哈萨克族的传统建筑，是哈萨克民族智慧的结晶，反映了哈萨克的人性与自然观。在漫长的历史中，哈萨克民族创造了适合自己人民的生产和生活方式，并创造了适应草原和艺术风格特点的生活文化。作为一个民族的文化图腾，精神宝藏，如何建立和运用哈萨克毡房中体现的智慧，勤奋，团结和热爱生活至关重要。我们可以大胆地设想，在未来，根据现代社会的发展，从事现代畜牧业生产的哈萨克人，随着人类文明的发展，仍然可以在草原上搭建毡房过着诗意的生活，为多元化的世界提供不同的生活方式。在广阔的哈萨

克草原和漫长的丝绸之路上，这个独特的民族建筑无处不在，应该受到相应的保护，被人们珍惜。

注释

① 阿彦·阿地里江，大连理工大学，建筑与艺术学院，硕士研究生，116024，372012606@qq.com。

② 邵明（通讯作者），大连理工大学，建筑与艺术学院，副教授，116024，shaoming@dlut.edu.cn。

参考文献

[1] 叶尔森．哈萨克族毡房建筑空间解析 [D]．天津大学，2009．

[2] 朱洁．新疆哈萨克毡房建筑与装饰艺术研究 [D]．新疆师范大学，2015．

[3] 段焜．历史建筑保护及其面临的挑战 [J]．绿色科技，2019 (10)：229–231．

[4] 周畅．传统建筑保护与开发利用——有感于第七次中德建筑研讨会 [J]．建筑学报，2004 (6)．

[5] 朱光亚，杨丽霞．历史建筑保护管理的困惑与思考 [J]．建筑学报，2010 (2)：18–22．

山东石砌民居的营建习俗

——以菏泽市巨野县前王庄为例[①]

徐　欢[②]　黄晓曼[③]胡英盛[④]

摘　要：营建习俗作为地域文化在乡土民居建筑中的具体表现，反映出人民对于生产生活的美好愿景。区域之间营建习俗的差异使得乡土民居建筑具有不同的外部表现与内在形式。本文在实地调研与口述史访谈的基础上，以前王庄村为例，对传统石砌民居的营建习俗进行探究，对村落民居的营建习俗进行总结，为同类型的乡土建筑的研究提供参考与依据。

关键词：前王庄　石砌民居　营建习俗

引言

中国人有句成语叫“成家立业”，成家在立业之前，意味着组建一个家庭对于一个人的一生来说，是极其重要的一件事。在我国，成家意味着一系列的准备，而成家的关键一步就是房子。山东人常说“村里谁家要是盖不起房”，就“不好说媳妇”，这种观念现今依然存在，不止农村，城市也是如此。于中国人来说，居住的房子是一个无比重要的存在，建房盖屋直接关系到一个家庭的荣辱兴衰。因此，民居营建过程强调仪式感，每个地区都有不同的风俗，是为珍贵的非物质文化遗产。

此次调研以前王庄为例，进行前王庄村传统民居村落的营建习俗研究，以测绘和口述史访谈相结合的方式对村落民居的营建习俗进行初步探究，目的是发现当地民居营建的民风习俗、营建禁忌，丰富村落民居资料的人文内涵。

一、调研成果

1. 选址

选址即选择房屋的建造地址，前王庄村民居整体分布紧密，具有较强的防卫性。早些时候，村中建房是依据宅地分配进行营建，一些大户人家会请风水师来看宅基地的风水。住宅建造位置的选择，本着“路南不跟路北，路西不跟路东。”（跟，这里是不如，比不上的意思）的原则进行挑选。当地称路南的宅子为“倒宅子”，路北的宅子为“顺宅子”。在确定地基建房时，院落前墙要比院落后墙稍微窄一些，窄的数值没有定数，目的是为了使整体院落避开“棺材房”的形式。

1）定方位

前王庄村民居建筑整体的分布十分紧凑，多是好几户人家的建筑连接在一起，最终呈现街道围合几座建筑的形式。建筑方向的选择，要依据宅基地来定。大多数的建筑是坐北朝南的四合院形制，院落朝向，主要是依街道和邻里关系来进行确定。多数堂屋在整个院落的北面，也有院落西边的屋子是正房即堂屋的例子。

2）定正房

正房（即堂屋）的确定，跟院落的主入口，也就是大门的方位有着十分紧密的联系。院落主入口在东南角称为“顺门”，在西南角称为“坤门”，在中间开门的称为“临门”。开临门的院落多设有影壁墙，当地只有大户或有势力的家庭会选择正中间开门，叫“撑得住，会发大财”，一般的家庭则“撑不住”。院落入口为东南和西南方向的，院落北屋为正房；院落主入口为东北角，则院落的西屋为主房。门的方位跟八卦凶吉有关，门的朝向不同，院落布局也会发生变化。

3）择吉日

民居建造之前，房主会请相关人员根据老黄历选择适宜开工的吉日。村民倾向于选择双日子开工，像四、六这种，但是会规避带八的这天。当地四合院一般少有一次建成的，要依据黄历看适合建哪间房，除此之外，还跟户主家庭经济水平有关系，经济条件好，则可以一次建成，反之则受不住。

2. 破土开工

民居的营建工程在选定的吉日这天开工。大致流程：祭祀祖先或者去世的长辈、拐地硔线、挖地硔壕、打夯、铺地硔。

1）祭祀祖先或者去世的长辈

这一流程只在旧屋拆掉重建时，才会进行。目的是告诉已经去世的老人，家里要拆了旧房盖新房，请去世的老人先出去避一避，房屋盖好了再回来。

2）拐地硔线

地硔就是常说的地基。在宅基地的基础上，四周用线围合，以木橛子作为拐点，地硔线与宅基地边缘的距离约半米。在拐好的地硔线内，下挖地基（图1）。

3）挖地硔壕

挖地硔壕，也就是挖地基。具体挖多深没有固定的数值，这要根据地基下土地的疏松程度来决定，当挖到较为坚硬的土层时，就可以进行下一步营造工序。

4）打夯

在前王庄当地，打夯的时候，没有复杂的打夯歌，只有通俗简单的劳动号子，类似于“哼、嗨，一二、一二”这种。喊号子的目的是为了打夯时动作一致，团队协调。

5）铺地硔

铺地硔前，会进行放鞭炮的活动，铺地硔意味着前期的准备结束，马上进行房屋基座的建设，意义重大。放鞭炮，一是为了庆祝房屋的奠基，二来是为了趋吉纳福。

3. 平箱

平箱是指用土将铺好的“屋肚子”（地面）找平与夯实，富户会使用下层是土，上层是青砖的形式进行地面的铺设。

4. 行墙

行墙即垒墙。在墙体垒砌的过程中，十分规整的石头，要垒砌在建筑的四角，即“角子石”。石材从下至上，呈现体量慢慢变小的趋势，中间会不依照一定规律穿插钉子石，也就是满墙石来加固墙体。在垒砌门窗洞口时，有个窗不能高于门的原则，也就是在建造过程中，窗洞不能高于门洞的上沿，否则不吉利。前王庄大多数院落后墙没有窗户，有这样一种说法：如果院落后家也是自己家，就可以在后墙上开窗户，如果不是自己家就不能开，这关系到院落后家的隐私，为了邻里关系和谐，基本上都不开窗（图2）。

5. 上梁

1）上梁前的准备

上梁前，要将买好的梁木放到院里。房主即东家要给建房的工人管一顿好饭，这时候，基本上建房的工人都如数到场，如果不到场，会让东家觉得不好，不利于主顾关系。在即将上梁前，会将写着“上梁逢黄道，竖柱遇紫薇”的红纸贴于梁上，随后将梁的树根一端朝向院内，树梢一端朝向院外放置。与此类似，门板的安装也是树根的一头朝下，树梢的一头朝上，大都是有着站稳脚跟，根深蒂固等美好寓意（图3）。

2）拔梁

梁头由工人顺势用绳子“拔”到墙上，放置在两端墙体的稳梁石上。梁底均采用削平的方式找平，同时起到固定梁的作用。梁底与墙体相接的位置是在同一水平上的，要在梁的上皮进行加垫来使

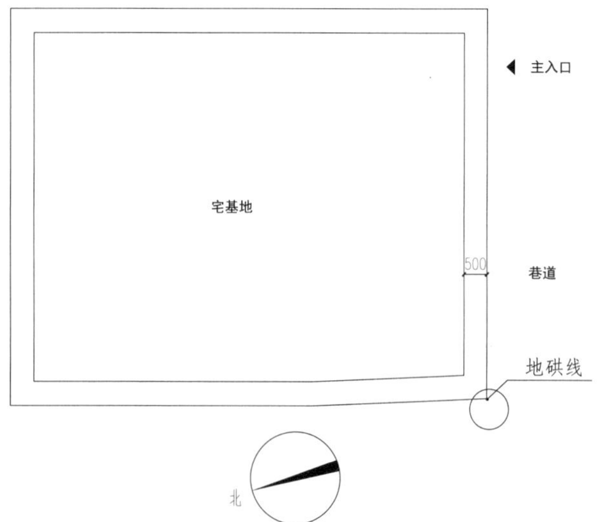

图1 地硔线示意（图片来源：自绘）

图2 门窗洞口的高度（图片来源：自摄）

图3 梁上贴红纸（图片来源：自摄）

屋脊隆起。前王庄地区有两种起脊的方式，一种是中间起脊，中间起脊的房屋，叫“两流水”，要求屋前屋后要自己家的地才可以，因为自家屋檐上的水，不能落到别人家的院落；另一种起脊的方式是一侧起脊，一侧起脊叫“一流水”。“一流水”的屋脊是一个倾斜面，一般朝内倾斜，因为屋后是街道或是邻居院落，所以屋檐水只能流到自家院里（图4）。

3）包梁头

一般梁头要深入墙体的一半，或者稍微多一些，但是不能超过墙体。也就是说，梁不能露出墙面，露梁的谐音是“漏粮”，漏粮就是粮食漏出来。于庄稼人来说，这是十分不吉利的事情，因此包梁头的时候必须使梁头在内。站在主房的门外，在大于1.8米的位置，不能看到梁头，看到梁头叫“望梁”，看到也是不好的。

4）上槫

槫：即“桁”或叫“檩”，宋代称“槫”。前王庄地区，对檩条的称呼为槫子。槫子的作用是直接固定椽子并分担屋顶的荷载。宋《营造法式》卷五规定：“殿阁槫径一材一栔或两材；厅堂槫径一材三分至材一栔；余屋槫径一材加一分或二分。长随间广。”槫头伸到山墙以外部分称“出际”（或叫“屋废”），其长度依屋椽数而上置生头木，使屋面在纵轴方向也略呈曲面升起。

上槫由石匠负责。槫子搭接的方式常见的有三种，一种是扣槫，一种是乱搭头，另一种是通槫子。扣槫指房屋各槫之间，用凸凹的榫卯链接，木榫在东边，公榫在西边。乱搭头指槫子和扁椽错位搭接。一般常见的有两间通槫，没有三间通槫的。

6. 登顶

1）担扁椽

椽子不能在房屋的中轴线上，椽子也不能在梁头正上方的中间位置，也不能使用顶门椽子，这些都不吉利。

顶椽：两根扁椽头跟头对齐相接。接缝的位置在槫子中间。

偃椽子：椽子之间错投交接，椽与椽有小部分贴合。

2）铺望砖

早些时候，房子的望砖是青砖平铺，后期则使用笆砖。望砖在铺设时，屋门位置的砖缝，不能和门缝对齐。这也是前王庄“破中禁忌”的一部分。

3）放阁漏

阁漏（落水口）的位置大约在梁头上，屋檐水会从阁漏处流下。一般是屋前屋后都有阁漏，如果屋后是邻居家，则不使用阁漏；如果屋后是街道，墙根处有阳沟，则可以安阁漏，没有阳沟，则不设置阁漏。

4）垒砌女儿墙

早期前王庄的女儿墙高，主要是夏天时房主上去乘凉，起到遮

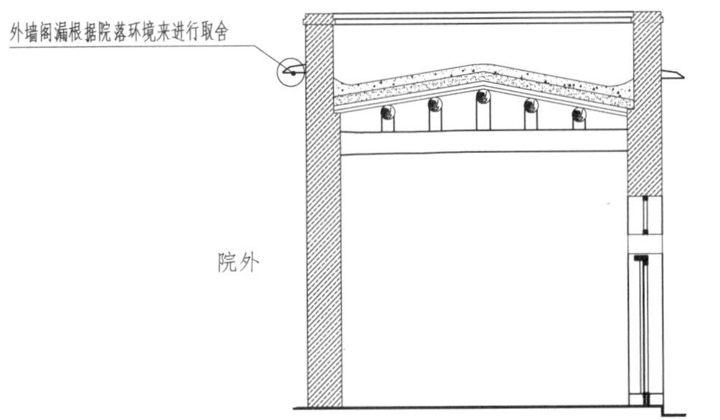

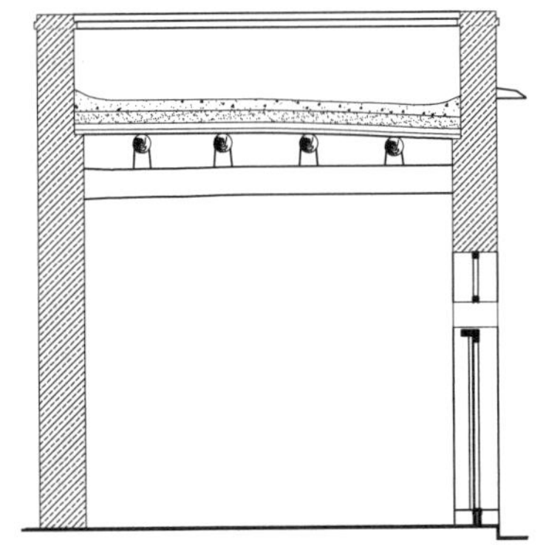

图4 屋面起脊的形式（图片来源：自绘）

挡的作用。由于女儿墙较高会遮挡阳光，容易有阴暗面，后期逐渐降低。女儿墙还具有防御的作用，历史上前王庄地区曾有流寇入侵，女儿墙可以用来放哨和观察敌情。在羊山战役时，前王庄村作为军队驻扎地，村中还保留着作为战地医院的建筑，前王庄也因独特的地理位置和村落布局为战役做出巨大贡献。

7. 下架

下架代表建造民居的竣工。建房的屋主，也就是东家，会在这天准备下架酒来庆祝完工。

二、前王庄地区营建习俗所体现的原则

1. 邻里之间和睦共处的原则

前王庄当地营建习俗，本着邻里间和睦共处的原则进行。村落建筑户户相接，建筑与建筑之间多数有相接的联系，这就决定了在建房之初就要十分注重邻里关系的处理。前王庄村后墙上一般很少有开窗的，这也是为了不窥探后院，尊重邻居家的隐私。阁漏流的水也不会让其落入临家的院落，一是有着“肥水不流外人田的说法”；二是自家的水“会浇的人家抬不起头”。前后相邻的房子要错开，否则就是不吉利的。两家门对门，建筑高度如果一样，则门一样高，如果高度不同，就要错开，这是“上山虎吃不过下山虎”的说法。遵循尊重与和睦共处的原则，产生了一系列的营建习俗。

2. 建筑尺寸的适度原则

前王庄地区，对于建筑尺度的确定，有当地独特的习俗特点。以出东南门为例，“三尺三，行开棺”意思是院落东屋和南屋要留够三尺三的距离，这样可以方便家中有人去世时，棺材可以顺利地出家门。还有“大门一尺七，立楞机”的俗语，大门尺寸要留够一尺七，这样才可以将家具等大件抬进来。院落东西屋和堂屋之间要留500~800毫米的距离，堂屋是老人居住的屋子，东西屋是子女小辈居住的。如果距离太小，那么这个夹道就无法过人，如果太大，会有“裂主”的说法，意味着子女与父母长辈的距离过远，显得不亲近，会被说不孝顺。尺寸的适度选择能够看出前王庄当地对建筑的确切要求，但也不是所有建筑在尺寸上都是拘泥于同一尺寸，也要以屋主的实际情况来确定，这在某种程度上就反映出前王庄传统民居具有独特的差异性（图5）。

3. 建筑趋吉纳福的原则

在山东地区，对于排水沟的称呼较为统一，几乎都使用“阳沟”的称呼。有个四字成语叫“阴沟翻船”，因此民间有个说法叫“阳沟里翻不了船”，阳沟比阴沟听起来更让人感到内心舒适，同时寓意着屋主一家事业及生活的顺利。从阳沟排出来的水以绕门一周最为吉利。中国人普遍认为，水能聚财。水绕门一周流走叫“抱走水”，直接流走的叫“顺水”，顺水就不能够聚财。在院落配置上，也遵循着祈福纳吉的准则。院里不栽桑树，“桑”同“丧”，不栽“鬼拍手”（杨树），也不栽槐树、榆树和桃树（桃树有淘气的意思，也招天上的仙女，不利于夫妻和谐），许多营建习俗大都是为了满足人们对生活的美好期盼，本着趋吉纳福的心理，讨个吉利。不仅可以满足心理上的需求，还形成一种独具本土特色的习俗。

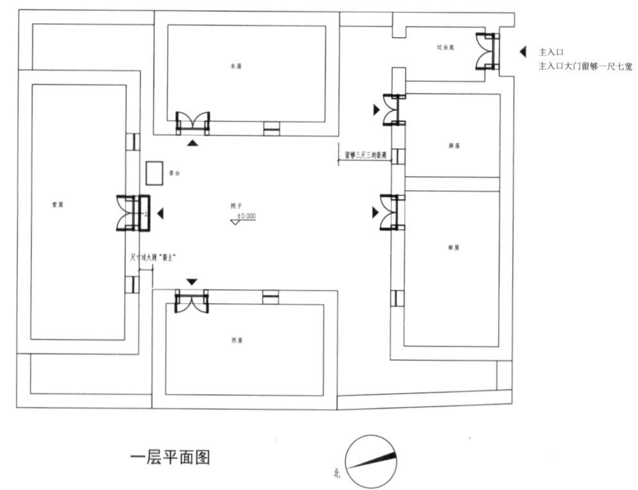

图5 房屋建筑间适度的尺寸（图片来源：自绘）

三、结语

山东地区的民居营建习俗，在搜集起来显得十分单薄，民居营建习俗资料的整理略显琐碎和分散。山东地区一向是崇尚一切从简和节约，对于建筑的营建习俗，并没有十分刻意去营造。这并不意味着山东没有属于自己的营建习俗，不仅有，而且可挖掘的内容十分丰富。当前民居研究面临着一系列的问题，要想更深层次地去挖掘山东地区的民居营建习俗，还需要系统的方法与时间。伴随着调研过程的推进，不难发现，在匠人叙述营造技艺与习俗禁忌时，有很多可以细细去探究的东西。我们在口述史访谈的过程中，也应该加强方式方法。由于匠人的理解能力的不同（多数匠人年龄偏大）、文化程度的差异，以及地区方言难以理解等诸多因素，许多问题我们上来直接去问是没有结果的。还有一些问题，在他们看来十分平常的，直接问得不到详细的解答。这就需要我们用正确的方法去引导，才能够得出想要的结论。因此我们急需健全一个“传统村落民居营建习俗”的体系并通过这样一种行为去丰富当代民居建筑研究的内容，同时赋予传统村落新的生命力。这是一个任重而道远的过程，需要我们不断探索。

注释

① 山东省研究生导师指导能力提升项目〝小城镇建设与村落民居更新过程中环艺设计研究生创新实践能力培养〞（SDYY17172）。

②徐欢，山东工艺美术学院，硕士，250300，E-Mail：527796590@qq.com。
③黄晓曼，山东工艺美术学院，建筑与景观设计学院，副教授，250300，E-Mail：huangxiaoman@sdada.edu.cn。
④胡英盛，山东工艺美术学院，建筑与景观设计学院，副教授，250300，huyingsheng@sdada.edu.cn。

参考文献

[1] 谢亚平，杨茜茹，李超．传统村落民居营建习俗 [J]．民艺，2018，5．
[2] 朱生东，徽州古村落民居建筑的文化心理解析 [J]．华中建筑，2006．
[3] 李斌．《共有的住房习俗》[M]．北京：社会科学文献出版社，2007，7．
[4] 刘爱华．《中华民居》 [M]．北京：中国农业出版社，2010.6．
[5] 岳琳琳．菏泽市前王庄村落原乡呆观保护利用研究 [D]．山东：山东建筑大学，2016．
[6] 刘西庭．传统村落民居营建工序中的伦理关系研究 [D]．四川：四川美术学院，2017．
[7] 谷春．河南冢头古镇明清建筑群保护与维修技术探研 [D]．河南：郑州大学建筑学院，2016．

基于口述史的岚峪村传统民居营造研究①

徐智祥[②] 黄晓曼[③] 胡英盛[④]

摘　要：山东济南岚峪村历史悠久，村落巧借山体形态，妙用当地石材，融入民俗文化，构石为屋，营建了生态和谐的传统山地民居，建筑形式独具特色。本次研究通过查阅文献、实地调研、测绘、工匠访谈，以口述史的方法将其还原到历史语境中，再现村落的历史沿革、院落形制与民居形态，去探究其历史上所展现的该种建筑类型的营造工序，使其民居建筑得以保护、文化得以延承。

关键词：口述史　传统民居　营造　延承

引言

地域性传统民居拥有独特的建筑风格，展现了工匠们高超的营造技艺，带给我们一份宝贵的建筑遗产。近年来非物质文化遗产的保护日益加强，传统民居的保护与更新作为非物质文化遗产受到极大重视。在对传统民居研究中，人们不再仅仅关注物质建筑本身，而是上升至非物质文化层面，采用访谈、笔录、录音与影像等现代方式对民居营造者——工匠或者民居居住者——屋主的口述回忆进行收集与整理，即以口述史方法使民居文化得以活化利用，达到传统技艺保护与延承的目的。

在对岚峪村民居考察中引入口述史，不单纯从民居形制、构造、材料、工艺等方面进行研究，而是结合文献资料与测绘实录访谈工匠与村民，完整记录当地民居营造工序，以记忆载体的方式再现村落历史民居。院落测绘完成团队根据文献疑点与图纸问题在村内主要采访了12个人，其中包括6个当地大工（石匠分为大工与小工，大工建房，小工扛石头、打石头）、部分村民，年龄在80岁以上；另外采访所测院落屋主，年龄在60岁以上。以下内容为村落民居采访信息的归纳与总结。

一、村落沿革

岚峪村位于山东省济南市长清区孝里镇5.1公里处，坐落于大峰山齐长城西南山脚下（图1），属于典型的鲁中南低山丘陵地形。据《长清县地名志》记载：明万历二十四年（1596年）大峰山重修“泰山行宫碑”，记载有懒峪庄。据传是因该山峪自古缺水而得名懒峪。明朝初年，燕阳秀道人来此，见大峰山四季雾气腾腾之

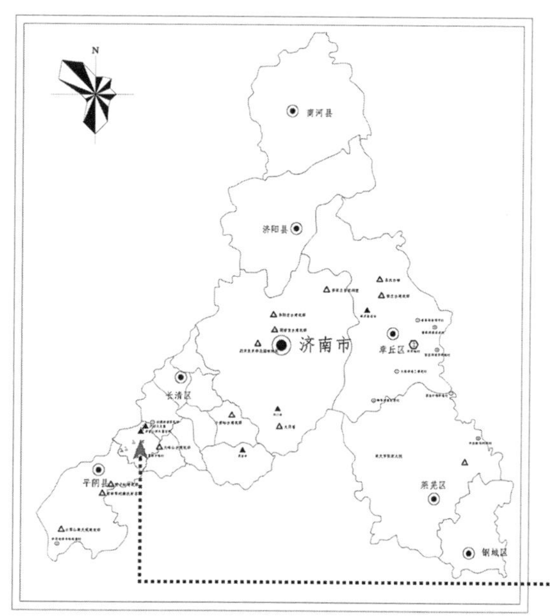

图1　岚峪村区位图（图片来源：自绘+谷歌截图）

景象，更名岚峪庄，俗称岚峪。清道光版《肥城县志地舆志》载："岚峪"。1939年由肥城县划属长清县。至今村落内有四百余户，一千三百多口人。

二、院落形制

由于岚峪村位于低山丘陵地带，因此院落选址与方位顺应地形、沿山腰布局。街巷整体狭窄蜿蜒、曲径通幽、随坡起伏、朴素自然。院落由于地形高差不同呈片状分布，由建筑与院墙围合而成，但不遵从轴线对称原则，布局灵活自由，常见布局有一合院、二合院、三合院、四合院以及组合院落。

一合院由主屋（堂屋）与院墙围合而成，院落布局呈现"一"字形（图2）。主屋一般坐北朝南，最简单的为三开间，供屋主生活起居与接待客人使用。院落大门受村路街道影响，一般设于东南或西南方向，与茅子（厕所）相向。

二合院有两种类型，"二"字形或"L"形院落（图3、图4）。"二"字形院落由主屋与南屋以及院墙围合而成，图中所选院落平面北屋共五开间，为屋主住房，南屋为饭屋（厨房），在此烧火做饭，院门设于西南角，布局较为规整。"L"形院落实为当地特色的"拐屋"，主屋、院门与一合院、二合院布局相同，而在其南墙上连接东（西）屋，之间不留夹道，四周以院墙围合，东屋或西屋常用作饭屋。

三合院在村中较为常见，主屋同样坐北向南，两侧东西屋面阔、进深不统一，布局相对灵活。三合院主要为主屋、东西屋或加敞棚而围合成"凹"字形（图5），东西屋设置住房、饭屋、杂物间。图5为村内保存最完善、质量最高的院落，建于明末清初时期。

四合院主要以主屋、东西屋、大门与南屋围合构成，某些四合院在院落中粮仓充当隔断，与大门及南屋空间形成过道（图6）。其与传统的四合院相比空间更加丰富，整体院落为规则或不规则矩形，布局灵活自由而又充满秩序感，院门设在东南或西南方向。

复合院落布局（图7）在村中较少，屋主多为富裕大户人家，布局形成主要有以下两种情况：其一，由于家族中儿女较多需多建房屋供他们居住，而成人后又需分家添建院墙逐步形成如今所呈现的布局；其二，建房初为两个合院，由于某些原因拆除院墙而形成的组合形式。

三、民居单体及附属建筑形态

岚峪村传统民居单体院落主要包括主屋、东西屋、南屋以及大

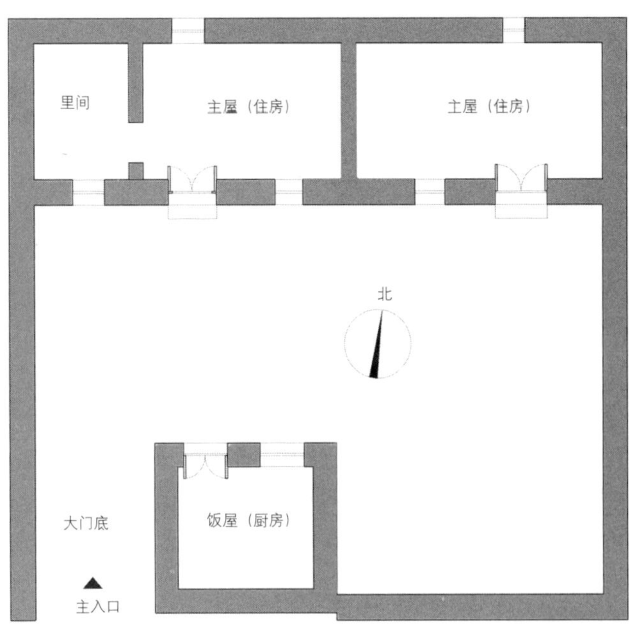

图2　一合院（图片来源：自绘）

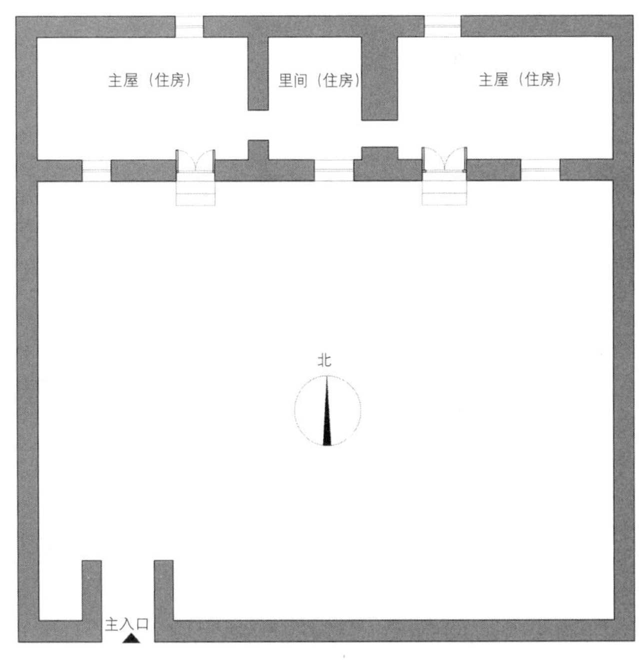

图3　二合院（"二"字形）（图片来源：自绘）

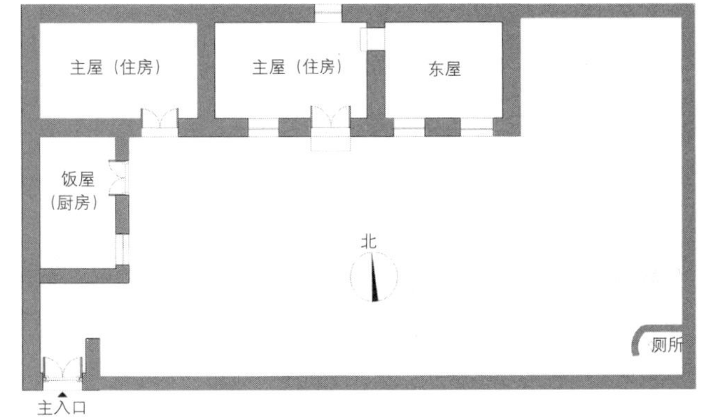

图4　二合院（"L"字形）（图片来源：自绘）

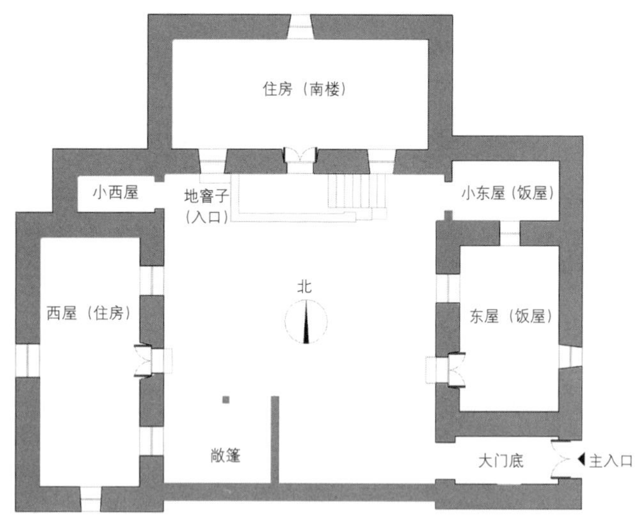

图5 三合院（图片来源：自绘）

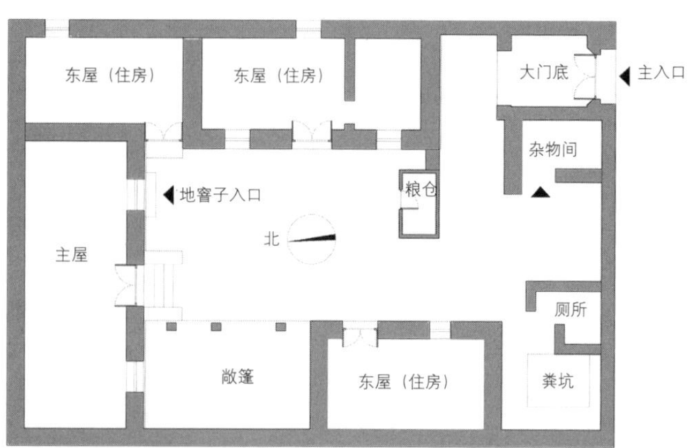

图6 四合院（图片来源：自绘）

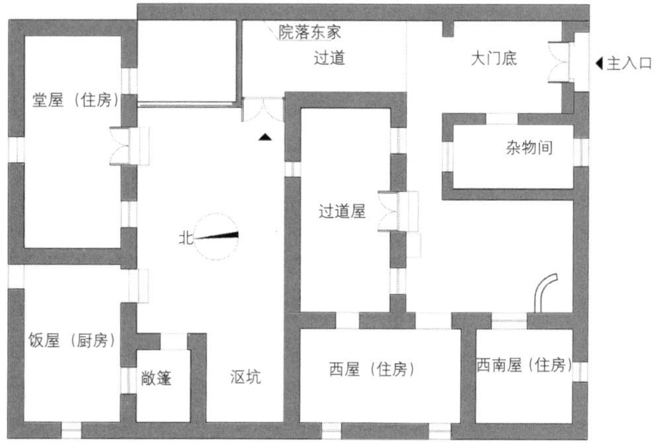

图7 复合院落（图片来源：自绘）

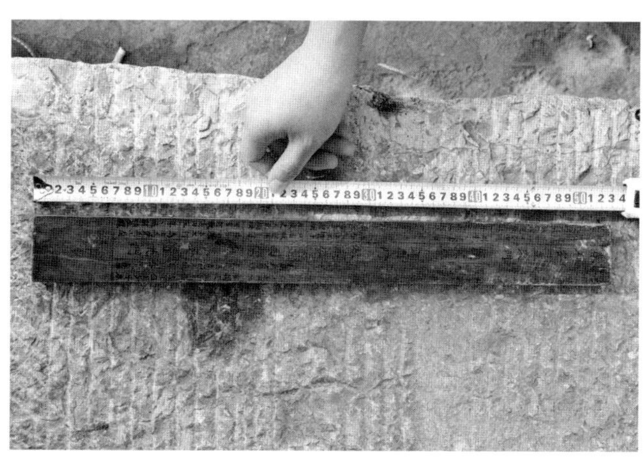

图8 土山尺（图片来源：自摄）

门底（院门空间），建筑拥有独特的形态特征。另外院落有不同于其他民居的特色附属建筑：地窨子（地窖）、粮仓与圆形厕所。

1. 民居单体

1）墙体构造

岚峪村传统民居建筑为石木结构，石墙承重且砌筑考究，木质梁檩、门窗简单质朴（图8），当地称墙体外立面为外皮，主要为有形且规整的大石块并嵌以灰缝，内立面为包里子，主要为不规则小块的乱碴石，室内抹泥（图9）；一个承重墙穿插有多处定石（满墙石）支撑墙体，增强其稳定性。

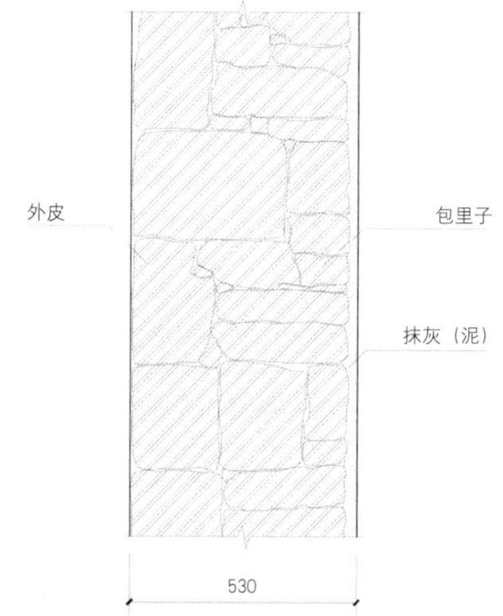

图9 墙体大样（图片来源：自绘）

2）囤平屋顶

岚峪村民居有两种屋顶形式。一种为囤屋顶（图10），其特点是屋顶中间起拱，由两侧檐口向中间起坡，坡度较缓，这样利于屋顶排水，在冬季可减少积雪沉积而减轻屋顶承重；檐口覆盖一层石板并挑出墙外13厘米；从损坏裸漏屋顶看，檐板与苇箔基本同一水平，且檐板压墙体一尺或半尺以上。另外一种为带拦水屋顶（当地称其拦水石，檐板之上的石头）（图11），屋顶檐板之上四边各砌一圈条石，平屋顶，采用集中排水方式，在檐口处拦水石上开设凹口，安置石制水溜子（伸出屋顶排水口的装置），伸出墙外30~40厘米（图12）。这样屋顶排水不会殃及粗陋墙体和基础；并且屋顶偏平，成为人们晾晒粮食的好地方；屋檐立面显得整齐划一。两种屋顶檐口下方设有不定间距且相同尺寸的小洞口，称其为“错眼”，用于房间通风，在冬季用干草或废纸堵上。

图10 囤屋顶（图片来源：自摄）

图11 拦水平顶（图片来源：自摄）

图12 水溜子（图片来源：自摄）

3）门窗特色

大门门扇以铁钉固定数条纵向木板而形成，背面以5根压木横向加固，并安装门轴与门闩，正面安装挂锁，由扣鼻、锁和4个金属环构成，左侧门板固定一较大金属环，右侧由三个金属环串成锁链，锁链穿过金属环便可上锁（图13）。老式窗户由多根垂直木条和两根横木条构成窗棂，且第一根横木条上面对着三角形木条，称“山木条”（图14）。在施工时两根两根进行穿，先将三角形穿入竖棂卯口，再将其用手抬起，穿入横木条，三角形木条与横木条在窗棂卯口吻合。

门洞下方门转石为长方形条花石，表面有圆柱形凹槽用来容纳门轴，门轴卡在上槛与门转石凹槽内。主屋门踩石，上有一凹槽，防止雨水倒灌。门口台阶两边水平石头为门台子，竖直石头称为迎风石或垂带石，可坐于休息。大门过木石15厘米厚，可承载门上方负荷，内侧有长方形洞口，进深半尺左右，可放置杂物；房间门窗洞口上方过木石12厘米左右，上方为单数行石头至檐底，墀头由整块山石打制，前方为弧形，无过多层次，形态古拙简练；墀头上方担以7厘米厚石板形成雨搭板（图15），其上缝隙处覆一层水泥，水泥带有坡度以便于流水。门内测上方有方形或拱形洞口，进深半尺左右，当地称其为“出轻”或“磕坛儿”（图16），由于石材抗压能力强但抗剪与抗拉能力差，这样可减轻洞口上方负荷并可放杂物；门窗洞口上方都留有缝隙，当地称之为“睁眼”，既可防止过木石压住门窗框又可通风。

图13 院门（图片来源：自摄）

图14 窗户（图片来源：自摄）

4）装饰艺术

岚峪村民居建筑装饰并不多，墙体表面有錾头雕刻的錾纹，一般有一寸三錾、五錾、七錾等（图17），其雕刻方法与石头加工相同，在石头表面先用墨斗打线或划线，再用錾头、手锤敲制。门卡子即在门框两侧中央位置用于固定门框的石头，其表面有雕刻花纹，如面叶纹、鱼纹、竹纹、荷花纹、葫芦纹等（图18）

2. 附属建筑

1）地窨子

岚峪村民居院落中通常建地窨子（图19），将其置于主屋下方，部分院落东西屋也有，入口设置不统一，主屋门口两侧均可。地窨子主要用以储藏东西，冬季为了暖和在此纺棉花、织布，在战乱时期又可藏身。建造时下挖地面打地基，且地基厚于房屋墙体以承受上方拱券压力，在做拱券时先做胎，即在拱券起始地方搭建木板，下方用东西支撑，然后在木板上方用泥、木头和碎石搭建半圆模型，用泥抹平表面，然后在模型之上垒砖成扇形，砖与砖缝隙可加小石块与碎石进行填充，最后把泥制半圆模型掏下。

2）粮仓

岚峪村民居通常在院内选取向阳位置建造粮仓（图20），用其储藏粮食。建造时先砌仓腿子（粮仓四角），下设小口可养鸡等，

图15 雨搭板（图片来源：自摄）

图16 出轻（图片来源：自摄）

图17 立面錾纹（图片来源：自摄）

图18 门卡子纹样（图片来源：自摄）

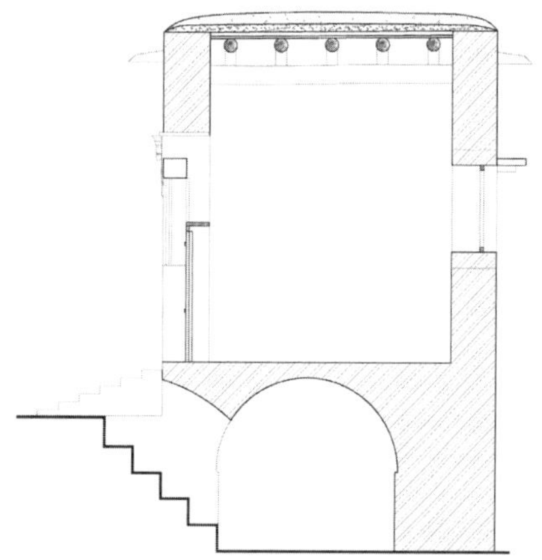

图19 地窨子剖面图（图片来源：作者自绘）

图20 粮仓剖面图（图片来源：作者自绘）

又可通风，上盖一整块大石头，再加一行30厘米左右的石头，之后绕四侧砌筑土坯，土坯立着使用，从下至上每一行土坯在四角处互相咬合，在垒砌时用线拴住石头作为垂直线，由下至上土坯慢慢错开使墙体倾斜一定角度，在下雨时防止雨水尿墙，倾斜度不拘一。

3）厕所

村内院落厕所建造讲究（图21），以乱碴石由一边规整墙体绕邻边由下至上砌筑为近圆形，或者以院墙一角为依托，将一边与隔挡墙建为弧形。根据采访所说，将厕所建为圆形是为内部空间更大，便于下蹲上起。

图21 圆形厕所（图片来源：作者自摄）

四、营造工序

岚峪村传统民居营造历经一定程序，通过对工匠、屋主以及村民等十几人的访谈，将他们对房屋建造的几类说法总结出一套大家公认、比较完整的营造工序，主要分为四个阶段：

1. 择地

1）选位置

建房之初富裕户会找风水先生看位置朝向，一般则依地形高差而建，在规划时使建筑朝向东南，以便采光。在20世纪80年代后依据大队划分及自家地基大小建造房屋。

2）出地草、找地平

将所选位置内地草、杂物进行清理；同时将地面坡地移平，以便挖地基。

2. 备料

1）作准备

民居建房前估计用料，在山上开采后用木推车运送，一车石头垒多少墙做到心中有数，多开采、打制以防不够；同时准备好梁檩用的木头，木匠打制门窗。

2）打石头

由于在垒砌碱脚及墙体时需要找平，因此要将石头4或5个面打制齐平。墙体外立面若需花纹，用錾刀打制一寸X錾（三、五、七居多）斜纹，一手拿锤子，一手拿錾子，并将錾子顶部向自身倾斜以稳定力度进行捶打。另外门转石凹槽、门踩石凹槽、门卡子及雕刻花纹、门窗洞口墀头、屋檐水流子都需要慢慢雕琢打制，在建房前要打制好。

3. 起屋

1）行习俗

建房开工前需有仪式：拉火鞭、烧纸以慰安灵魂。

2）出地基

选好位置后定地基，用木橛子固定，并在橛子上缠麻绳拉向前端形成直角三角形，用其分别控制房屋两垂边墙面，即确定墙体外轮廓线，再顺线撒石灰水平线。之后沿线挖地基，建墙线内挖的宽，线外挖的窄。若在屋下建地窨子，挖地基则要深至75~100厘米不等。

3）垒碱脚

垒碱脚时先挖地槽再下石头，石头大小形状不均匀，从下至上层层排列，地基垒出地平再往上垒砌30厘米左右作为碱脚，其厚度大于墙体厚度。

4）砌墙体

村内墙体砌筑方式分为干砌与浆砌，院墙采用干砌即错缝干插，而房屋采用浆砌，石块间添加灰泥，在砌筑时外皮与里子同时垒并不断找平，有些石缝间填以石垫或铁垫找平。

建房时有小的施工队或自找石匠与木匠，石匠分为大、小工，大工即技术人分为站墙（负责将石头垒平）、掌线（控制墙体不歪）、垒墙、把角子（打垂直线，使墙体四角正）几项任务，而小工负责打石头、扛石头，另外有在地上和灰与摊灰的工人。当墙体垒至1.6米左右以上时则需要靠近墙体插木橛子、扎架子、铺木板，需借助绳子由1人捆上石头，一般用2人往上拔石头，拔上来的石头暂时放于架子上，再往上垒砌。

建造时先砌筑主屋，以主屋为基准建东西屋，其高度低于主屋。建造房屋时先安脸堑即门踩石，然后石匠根据木匠提前打制好的门窗框尺寸继续垒墙。在垒砌门窗洞口时，洞口中部砌门卡石，在洞口上方另砌条石即过木石，过木石之下洞口边侧需垒砌墀头。洞口之上再垒以一行、三行或五行等奇数行（行：垒砌石头层数）石头至檐口位置，洞口内侧上至20厘米左右位置预留与洞口约同宽且高与深35厘米左右的拱形或方形“出轻”。檐口之下墙体间隔一段距离预留10厘米×12厘米左右的“错眼”。待房屋建起，在墀头之上铺一层厚7厘米的“雨搭板”，并在其上抹一层带有弧度的石灰。

在砌筑大门底空间（院门空间）时需在靠近大门外侧、墙体下部预留阳沟位置以便于院内排水，阳沟尺寸不均一。大门洞口内侧通常垒为弧形即“八字门”，为其美观且便于进车。

5）上梁檩

石匠将墙体垒到一定高度上梁，上梁时需有仪式：先拉火鞭，并说“鲁班问梁何时上”，有时画八卦贴于梁体中部；在大梁两端拴上粗绳，从屋内先把梁体两端分别抬上墙体，放置于墙体预留位置，即在墙体两端各放一块“稳粱石”。在施工时首先将梁体两端坎平，其次在梁体坎平面凿5厘米深、6厘米宽的卯口，再将同样宽度的方子木嵌入，方子木两端伸出梁体约20厘米，以上程序将梁体稳固，梁头压半尺墙。之后根据房屋长度在梁上放檩条，有时为屋顶起脊在中间及相邻几根檩条下设有瓜柱或垫木，当檩条长度不够时一般在梁体位置进行错落放置。

6）盖屋顶

屋顶部分在檩条之上有苇箔层（或秫秸秆、甘草杆）、夯土层、砾石层。放置完檩条铺设苇箔层，直接在屋顶编制。放好苇箔再安檐板，分为一层或两层，一层檐板通常突出墙体10~150厘米作为“滴檐”，而两层时上檐板同样突出墙体10~150厘米左右距离，下檐板突出6~7厘米左右距离，互相错开。

在苇箔层铺设完毕再覆盖夯土层与砾石层，夯土层为麦秸与土和成，夯土与砾石共20多厘米，且夯土厚于砾石层。砾石层由沙子、碎石头加水形成，边和边看（没有固定比例），上屋顶时前一天下午先在地面和好，第二天搂开搅拌之后用叉拽上屋顶，并由多人用刮沓子（用于槌屋面的工具）敲打至表面起浆。

7）安门窗

一般在整体完工后，在墙体预留的洞口安装门窗，门窗至过木石之前留一条缝隙，即“睁眼”。另有拱券门窗则需在砌筑墙体时垒券石、券砖。

4. 布院

1）围院墙、赋功能

在规划的房屋建造完毕，房屋之间以乱碴石垒砌院墙，其高度低于房屋高度。在功能布局上一般将主屋（北屋）作为住房，东西屋用作住房、饭屋或杂物间，南屋也用作饭屋；依据街道走向，大门朝向东南或西南；厕所设于大门相对位置，当院落空间较小时则在大门口道路外侧建造。院落房间布局、大门朝向等均有一定讲究，更多是为占吉星。

2）设香台、载绿植

在靠近主屋门口且保证不在窗口正下方位置用石块、石板搭设香台，用于过年过节的烧香、烧纸。在院内种植树木如槐树、杨树、柿子树、石榴树等，院内不载桑（同音“丧”），门前不种柳（同音“流”）。

五、结语

伴随着现代村落生活的发展与改变，传统民居的营造技艺与文化几近消失，亟待抢救性保护。团队在对岚峪村传统民居研究中引入口述史方法对民居建筑进行测绘实录与纪实访谈，总结出一套较为完整的营造工序。在整个营造过程中发现择地、备料与其他地区相似，而在起屋与布院阶段反映出岚峪村独有的特色，这对于村内传统民居的修复还原与更新改造有重要价值。此次研究也存在欠缺，首先民居调研时间较短，没有持续跟进，因此，对于村落民居的发展动态研究不足；其次，由于家族变迁、人口迁移以及经济发展等因素使得民居破坏严重，完整院落较少；另外懂得如何建房的工匠愈来愈少，匠艺逐渐失传，采访信息可能存在缺漏。岚峪村传统民居仍旧有很多有待发现的历史、文化价值，有待我们进一步研究和探讨。

注释

① 山东省研究生导师指导能力提升项目“小城镇建设与村落民居更新过程中环艺设计研究生创新实践能力培养”（SDYY17172）。

② 徐智祥，山东工艺美术学院，硕士研究生，250300，996690171@qq.com。

③ 黄晓曼，山东工艺美术学院，副教授，250300，huangxiaoman@sdada.edu.cn。

④ 胡英盛，山东工艺美术学院，副教授，250300，huyingsheng@sdada.edu.cn。

参考文献

[1] 陆元鼎. 中国民居建筑 [M]. 广州：华南理工大学出版社，1985.

[2] 陆元鼎. 从传统民居建筑形成的规律探索民居研究的方法 [J]. 建筑师，2005（03）：5-7.

[3] 朱光亚，龚恺. 江苏乡村传统民居建筑特征解析 [J]. 乡村规划建设，2017（01）：14-28.

[4] 潘鲁生. 古村落保护与发展 [J]. 民间文化论坛，2013（01）：22-24.

[5] 李浈. 营造意为贵，匠艺能者师——泛江南地域乡土建筑营造技艺整体性研究的意义、思路与方法 [J]. 建筑学报，2016（02）：78-83.

[6] 杨立峰，莫天伟. 浅探中国传统建筑营造的社会机制——基于“匠场”视角 [J]. 新建筑，2007（06）：80-82.

[7] 王媛. 对建筑史研究中“口述史”方法应用的探讨——以浙西南民居考察为例 [J]. 同济大学学报（社会科学版），2009，20（05）：52-56.

[8] 张艳华. 山西省平遥县传统民居营造技艺研究（20世纪60～70年代）[D]. 北京交通大学，2018.

[9] 刘西庭. 传统村落民居营建工序中的伦理关系研究 [D]. 四川美术学院，2017.

[10] 冯星宇. 基于口述史的张掖古民居历史再现 [J]. 河西学院学报，2018，34（01）：59-61.

[11] 宋文鹏，李世芬，李思博，于璨宁. 方峪村石头房形态及其营建方式研究 [J]. 建筑与文化，2017（02）：170-172.

[12] 曹建民. 济南长清古村落——孝里镇岚峪村 [OL]. 风韵长清，2018-05-16.http：//www.sohu.com/a/231806859_566038

汉赋中的建筑形象与城市意象

徐怡芳[①]　王　健[②]

摘　要：本文介绍了汉赋这一文体当中对于建筑与城市的意向描写，并分析了数篇典型汉赋作品以具象或写意的方式所记述的宫殿、园囿、城郭等的历史概貌与具体的建筑形式或空间格局。

关键词：汉赋　建筑形象　城市意象

我国历代古典诗歌反映了艺术家精神生命的延伸和外向发展，诗歌中的词句、音节充满精神化意向。诗词歌赋的作者为了抒发情怀，多会借助诗文将诗境与抽象贯注到自然的物质之中，使其理想化，使得审美达到更高的精神化的艺术境界。作为时代文化的表述者和记录者，古典诗词的作者们无法采用写实的工具记述其所见所闻所感，而唯有文字与辞章，才是他们将所见所感加以记录的唯一途径。赋的表现手法铺张，文辞纵横、论说逞辞、气势恢宏、场景开阔，既可以叙述描写，又可以抒情议论。赋综合了韵文和散文的特点，通常用来写景、叙事，通过描写事物的状态予以赞扬，也有的以较短篇幅抒情说理，或感怀言志。

一、汉赋的产生与发展

赋，作为一种传统文学样式，产生于战国时代，荀子与宋玉被认为是赋的开拓者。赋在汉代达到极盛，是其四百年间最流行的文体，以至于有“汉赋”的专名，它是两汉时期文学的代表以及中国古代文学创作中的重要文体之一。[③]《昭明文选》分赋为十五类，京都赋（京城，国都）列在第一。

刘勰认为：汉赋的鸿裁，即大赋，属于“体国经野，义尚光大”[④]。朱自清先生将汉赋的沿革归纳为：禹贡（地理、贡品铺叙方式）一赋法（铺陈方法）一赋体，在此过程中，铺陈与地理相关联，最终造就了汉赋‘体国经野’的大格局。“体国”包括营方国、划经纬、立祖社、置朝市等国家大事，“经野”则包括开阡陌、量井田、设里聚、置丁夫诸事。

按照描写的对象，汉赋可分为京都赋、猎苑赋、系地赋、宫殿赋、述行赋、序志赋等类型（体物赋，抒情赋），其中京都、宫殿、猎苑诸赋都以山川都市、宫观园囿等地理空间和建筑实体为对象，并以此来组织材料，所记述的空间视野皆宽广宏远、气象堂皇，而且多关系到国家要事、标志性空间要素（包括建筑与园林），意义重大，这些便属于大赋之作。

后人将其与楚辞、唐诗、宋词、元曲等并称。近人王国维说：“凡一代有一代之文学，楚之骚，汉之赋，六朝之骈语，唐之诗，宋之词，元之曲，皆所谓一代之文学，而后世莫能继焉者。”《（宋元戏曲史序）》

二、赋的意向化描写

汉赋作者八十三家，赋作二百九十三篇。[⑤]

部分汉赋作品如京都赋、猎苑赋、宫殿赋、述行赋、序志赋等，对实体空间和物质环境（体物）展开铺陈、描述，主要是以地理环境、宫殿苑囿和建筑装饰为典型对象结构文字的。在抒情的方面，述行赋在于将感怀寄托于纪行，描述地理、环境等线索；序志赋是抒发情志的，展现玄奥的幻境、迷离的空间、炫煌的情境，进而衬托失意的情怀。借助地理空间的延展，很好地突显了体物赋的气象、烘托了抒情赋的情志，使这些赋作显得气象博大、情旨深远。

由于汉赋所特有的概括性的文学表达形式，其渲染及抽象的文辞、记述对于其时其地的实体空间和物质环境的意向化，我们便不能将其作为具体的史实对待，更无法通过赋作的文字确切地了解体物的体量、规模、造型与具体尺度等，而只是在一定程度上概念化触及当时环境层次、空间关系和整体概貌。凡此种种，都使得后人对汉时建筑和古代环境的认识和理解产生一定的难度；特别是对于那些尚不具备古典空间和建筑形式知识的阅读者来说，诗歌中关于建筑的描述内容就更是如此了。

然而，从汉赋的描写里，仍然可看出汉代都城和宫廷建筑艺术已达到较高的水平，以及在汉帝国时期的物质生产发展所积累而成的强大和富裕，借助汉赋并结合建筑历史的考察以及文物考古发掘的研究成果等，可了解认知汉代城市与建筑的基本形态和样貌，汉代对于建筑与环境的审美取向。汉赋描述城市建筑等的词句虽然不如实物测绘那样的周详，却也是不应缺少的。

三、两都赋——文辞明畅、典雅

两都赋，即班固的《西都赋》与《东都赋》的合称。在《西都赋》当中，除了关于苑猎方面的描述外，主要述写了宫馆、台观的内容，此赋写洛阳的形胜、制度、文物等，例如对于园林："西郊则有上囿禁苑，林麓薮泽，陂池连乎蜀汉，缭以周墙，四百余里。离宫别馆，三十六所。神池灵沼，往往而在。"其对于宫室建筑方面又有："其宫室也，体象乎天地，经纬乎阴阳。据坤灵之正位，仿太紫之圆方。树中天之华阙，丰冠山之朱堂。因瑰材而究奇，抗应龙之虹梁。列棼橑以布翼，荷栋桴而高骧。雕玉瑱以居楹，裁金壁以饰珰。发五色之渥彩，光焰朗以景彰。于是左城右平，重轩三阶。"

又有记述宫苑的大空间格局："周庐千列，徼道绮错。辇路经营，修除飞阁。自未央而连桂宫，北弥明光而亘长乐。凌隥道而超西墉，掍建章而连外属。设璧门之凤阙，上觚稜而栖金爵。内则别风之嶕峣，眇丽巧而耸擢，张千门而立万户，顺阴阳以开阖。尔乃正殿崔嵬，层构厥高，临乎未央。"

《东都赋》："是以皇城之内，宫室光明，阙庭神丽，奢不可逾，俭不能侈。外则因原野以作苑，填流泉而为沼，发苹藻以潜鱼，丰圃草以毓兽，制同乎梁邹，谊合乎灵囿。"在宫城之外的景观，还不止于建筑的华美与奢侈，更集纳诸多自然界的动植物，借助山川而成苑囿。

四、二京赋，刚健而寓意丰富

张衡的《西京赋》和《东京赋》，合称二京赋。

《西京赋》所写的西都长安宫殿、飞阁、楼榭和湖苑等皆壮丽宏伟、非寻常尺度可比：城市中楼阁层叠、宫阙巍峨，极尽奢华艳绝、欲夺天工。不仅空间格局规整，城市水系和绿化也相当完备，更有商客喧嚷、万方云集的大小街市——"徒观其城郭之制，则旁开三门，参途夷庭。方轨十二，街衢相经，廛里端直，甍宇齐平。北阙甲第，当道直启。木衣绨锦，土被朱紫……醴泉涌于清室，通川过于中庭。"又有："前开唐中，弥望广潒。顾临太液，沧池漭沆。渐台立於中央，赫昈昈以弘敞。清渊洋洋，神山嶵嶵。列瀛洲与方丈，夹蓬莱而骈罗……尔乃廓开九市，通阛带阓。旗亭五重，俯察百隧。周制大胥今也惟尉。瑰货方至，鸟集鳞萃。"

描写东京洛阳的《东京赋》对城市的选址、测绘、探查和定基等加以必要的说明，对利用所在地形地势的同时，还反映了城市的规划布局、建筑功能、城市规模，如："昔先王之经邑也，掩观九隩，靡地不营；土圭测景，不缩不盈，总风雨之所交，然后以建王城。审曲面势，溯洛背河。左伊右瀍，西阻九阿，东门于旋。盟津达其后，太谷通其前；回行道乎伊阙，斜径捷乎轩辕……周公初基，其绳则直。苌直良弘魏舒，是廓是极……乃营三宫，布政颁常。复庙重屋，八达九房。规天矩地，授时顺乡。造舟清池，惟水泱泱；左制辟雍，右立灵台……"（张衡《东京赋》）

《西京赋》和《东京赋》合称"二京赋"，皆对长安和洛阳繁华的街市进行了概括性的描写——铺陈[⑥]，较为形象地再现了两座都城的基本格局和威严形制。在对宫室、园囿、祠庙建筑、商市及街道的发达，及人流汇集和货物交易的情景，生动鲜活，商业繁荣和物产丰饶由此可见一斑。"二京赋"表现出作者驰骋想象、体物抒情、铺张扬厉、极尽夸张之能事的特点，不但遣辞华美、场景阔大，其内容也十分丰富。描写建筑和自然环境，富丽堂皇、绝妙幽深、动中有静、静中有动、有点有面、声色皆备，随着视野的逐步远伸，景物层次愈加丰富，形成的竟是一幅大都市的全景式丹青长卷。

总体来说，《西京赋》写城市面貌有着比《西都赋》更为严格的地理线索，是由城内宫殿到城郊市廛，再到远郊的苑囿池沼，是按照由内而外、由近及远的顺序展开地理铺写的。

时岁悠远、繁华已逝。

汉代的歌赋、唐宋及其后来各个时期文人所作的应制诗等，都要求作者们按照一定之规去表达某种强制性的主题，即便是出自作者自己的所见所闻，也不能够脱离开既定的目标：歌功颂德和粉饰太平。汉赋文辞中的意向，或有感而发，或借景寄情，常会令人感到文学性成分过多。

此外，汉赋出自当时的时代背景，抽象化地展现了当时的空间格局、建筑形态和环境氛围等。章句词汇与建筑，文学语境与空间，联想美感和造型之间的关系依赖赋词所营造出来的画境与诗境，依赖于人们于阅读之中感受的意向过程与空间意境的历史性体会，在一定的程度上，能够使人理解到诗章、文辞所描写的当时的空间或者建筑物的情景。赋文所记述的作者的现场感受于记载，或者主观的想象，以及那些充满浪漫精神的修辞与比拟，意向化地构成了辞章之中的可识别情景，从而完成由"意象"内容到"具象"形式的转化。

五、汉赋的实物"备注"

汉赋对后汉王朝功业、礼制、都城进行铺叙赞扬的同时，对于汉代各类空间和环境元素的描写也更为丰富，能够使后人认识显盛的汉家王朝、伟丽的都城园囿、雄阔的宫观建筑。现代人在阅读汉赋辞章的过程中，从中体会、感受、品味、汉代都市的格局与建筑的形象，需要理解赋文所表现的意义并由对其的认识、理解转换为建筑空间意向，这毕竟只能够依赖文学化的铺写，深度的理解则需要建筑方面的专业背景知识。

汉阙及其遗迹[⑦]、汉画像石、汉画像砖、汉明器建筑模型，具有解读和认知汉代建筑的辅助作用，对于汉代建筑形象的认识，还可从画像砖、画像石和汉明器中得到形象的表述和具象的对照，尤其汉明器中的多层陶楼、大型陶楼等，或色彩斑斓、装饰繁丽，或挺拔雄阔、阿阁崇隆，可部分表现汉代的建筑形象。尽管画像砖石与陶楼只能够抽象表现建筑形式，且建筑物的结构、构架、造型、比例多有夸张、变形、简化，但仍然可以作为参照物，并能够借助汉赋具体的词汇，从作品中了解汉代建筑的主要特点和形制。

六、结语

赋作，最早行流于我国战国时代，而战国以及汉代的建筑及环境物在今天已经完全没有了具体的实物对象，我们无法将汉赋的文字内容同当时的建筑形象进行比照和印证，也不能够得出确切汉代建筑的形式。但是，自汉赋作品字里行间的直观铺陈与渲染式的内容，阅读者仍然能够在意识中建构出能够体验汉代时期建筑的空间形象化、视觉化图式。由于汉赋当中有大量的城市与建筑铺写，借助汉赋认识汉代城市、建筑与园林，阅读汉赋就可以成为研习古汉语、探讨汉代建筑的必要门径，建筑历史专业学者则更加需要由汉赋的叙写、铺陈作为一个辅助研究支点和解读汉代建筑的基础教科书，开拓汉赋应有的价值，这有助于建筑研究者探索汉代城市空间特点，推断建筑的外观形式或装饰，进而提炼可供研究参考的汉代空间构成理想、城市规划与建筑形象。

注释

① 徐怡芳，北京建筑大学建筑与城市规划学院，副教授，100044，archixu@vip.163.com。

② 王健，北京建工建筑设计研究院，高级建筑师，100044，58wj@163.com。

③ 赋本是“铺张”之意。当时汉武帝好词赋，众多作者“争相竞胜”，以至赋作大量创作、流传。

④ 刘勰.《文心雕龙·诠赋（二）》：“夫京殿苑猎，述行序志，并体国经野，义尚光大。”此体国经野，意为进行全国范围的重要规划，引自《周礼·天官冢宰 第一》：惟王建国，辨方正位，体国经野，设官分职，以为民极。

⑤ 费振刚，胡双宝，宗明华.全汉赋，北京：北京大学出版社，1997.

⑥ 铺陈，主要的目的在于显示、炫耀。

⑦ 我国目前现存汉阙遗构多分布在山东、皖北与苏北等地区，又以四川和重庆（巴蜀）地区所遗存汉阙的形式最为丰富。

参考文献

[1] 费振刚. 汉赋概说 [J]. 广西大学梧州分校学报，2002，4.

[2] 王国维. 宋元戏曲史 [M]. 北京：百花文艺出版社，2002.

[3] 费振刚，仇仲谦，刘南平等校注. 全汉赋校注 [M]. 广州：广东教育出版社，2005.

[4] 周煜. 汉赋中的建筑认知 [D]. 杭州：浙江大学，2013.

[5] 朱自清. 朱自清经典常谈 [M]. 昆明：云南人民出版社，2015，12.

[6] 徐明英. 地理视域下的汉赋研究，[D]. 合肥：安徽师范大学，2015.

苏州民居中蟹眼天井的实用价值与美学价值研究

张　慧[①]　邵　明[②]　李佳烜[③]

摘　要："蟹眼天井"又叫"眉毛天井"，是苏州民居的一大特色。它在苏州民居中的作用除了最基本的通风、采光、排水等使用功能，还引导了不同的行为，解决了建筑中不同功能、体量、结构和空间的交接问题。白墙、屋檐、漏窗、绿植及其组成的狭窄的空间是蟹眼天井的要素，它所创造出的意境美是形式美、自然美、内涵美的高度融合。

关键字：苏州民居；蟹眼天井；实用价值；意境

提起苏州建筑，总会让人联想到粉墙黛瓦、小桥流水的优美情景。苏州民居别具特色，一般体量较小、比较轻巧、色彩淡雅、层次丰富，是我国传统民居不可或缺的一部分。苏州民居中的蟹眼天井又是其独有的特征。

一、苏州民居中蟹眼天井的形态特征

结合表1中蟹眼天井的形态特征总结其主要特点，包括以下几个方面①平面形态：蟹眼天井平面一般比较狭长，深宽比在1：1~5：1之间，窄如蟹眼之大，又似眉毛之细。占地不过一二十平方米，最小的才一二平方米，总是成对出现。②立面形态：位于中轴线两侧的蟹眼天井北面一定是实墙，其余三面一般开窗、开门或者开敞。③无明确方向性：和大天井、院落不同，由于没有主轴线穿过，蟹眼天井没有明确的方向性，也就是没有严格的前后左右之分，站在不同的视角可以得到不同的感受。正是由于无明确方向性，身处其中可自由放松地观赏。

二、苏州民居中蟹眼天井的实用价值

苏州民居中蟹眼天井的实用功能与其他形式天井的功能大同小异。以下主要研究蟹眼天井的实用功能，包括以下三个方面：通风采光、行为组织、空间组织。

1. 通风采光排水是天井空间最基本的实用功能。在很多传统

西北街吴宅、东杨安浜16号吴宅、钮家巷潘宅、网师园中部分蟹眼天井形态特征　　表1

	蟹眼天井在民居中位置	蟹眼天井平面图	屋顶	地面	景观
西北街吴宅（今苏州工艺博物馆）	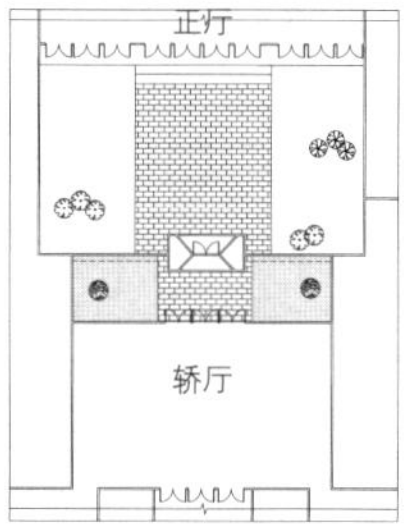 正厅 轿厅	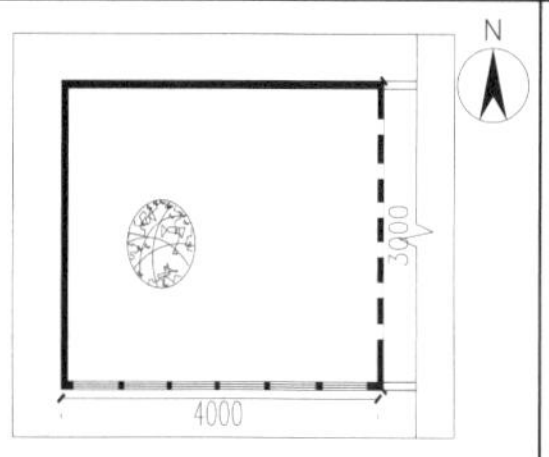 3400 4000 靠近连廊的两侧开敞，南面开窗，其余两面为实墙	 南面有坡屋顶屋檐	 青石板	 一棵桂花树
	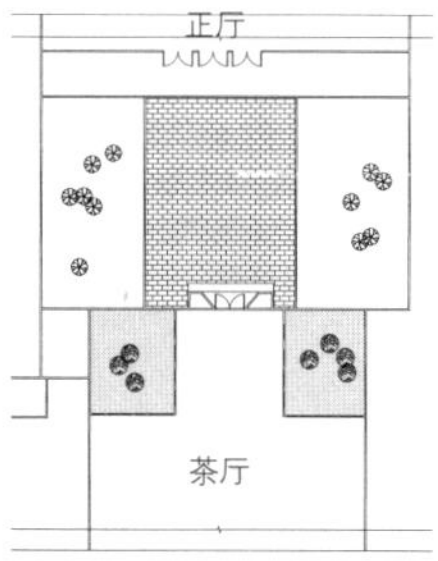 正厅 茶厅	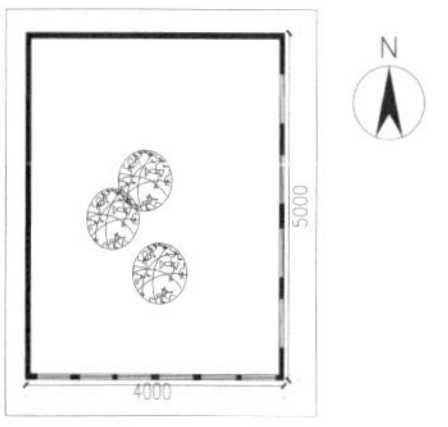 5000 4000 南面和靠近中轴线一侧开窗，另外两侧为实墙	 南面和靠近中轴线一侧有坡屋顶屋檐	 青石板	 竹子

续表

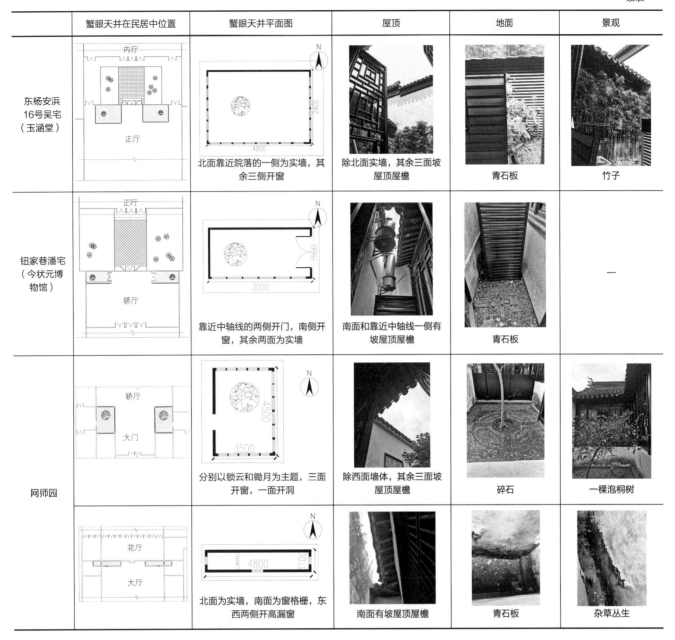

	蟹眼天井在民居中位置	蟹眼天井平面图	屋顶	地面	景观
东杨安浜16号吴宅（玉涵堂）	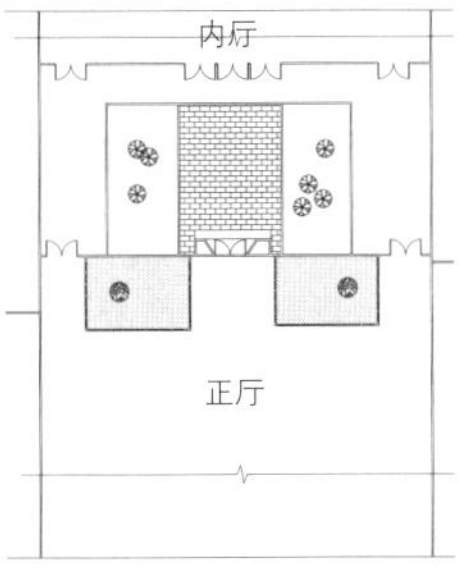	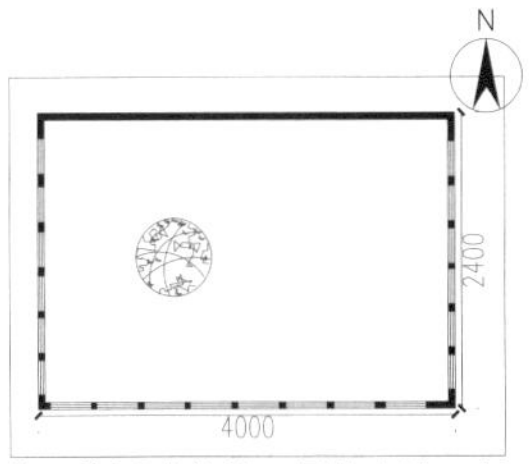 北面靠近院落的一侧为实墙，其余三侧开窗	 除北面实墙，其余三面坡屋顶屋檐	 青石板	 竹子
钮家巷潘宅（今状元博物馆）	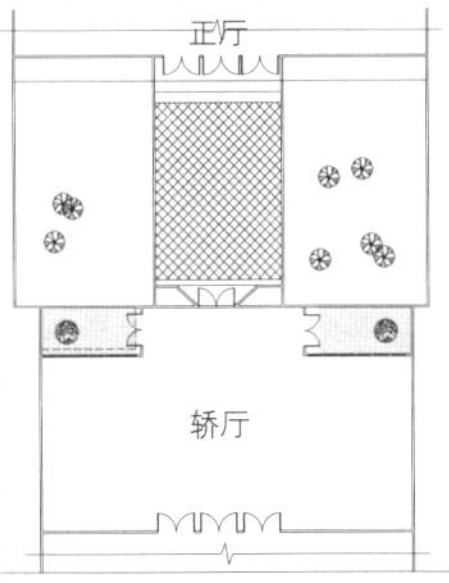	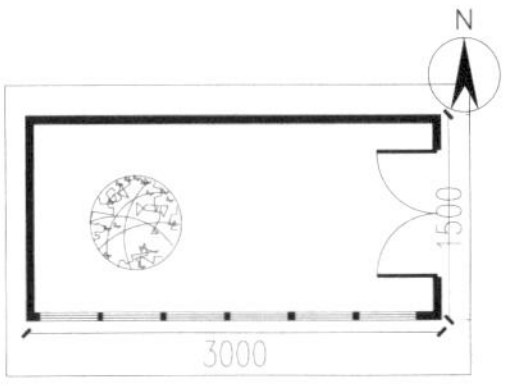 靠近中轴线的两侧开门，南侧开窗，其余两面为实墙	 南面和靠近中轴线一侧有坡屋顶屋檐	 青石板	—
网师园	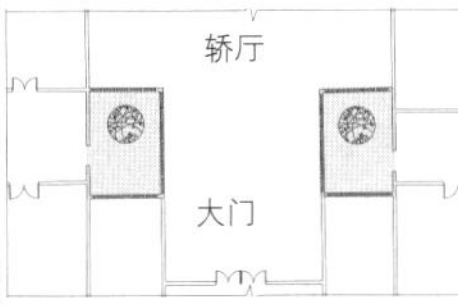	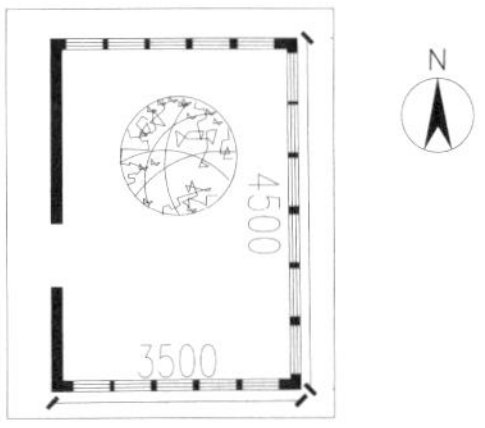 分别以锁云和锄月为主题，三面开窗，一面开洞	 除西面墙体，其余三面坡屋顶屋檐	 碎石	 一棵泡桐树
	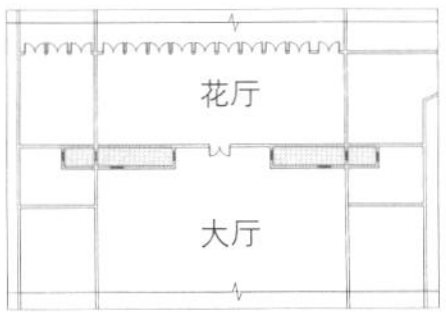	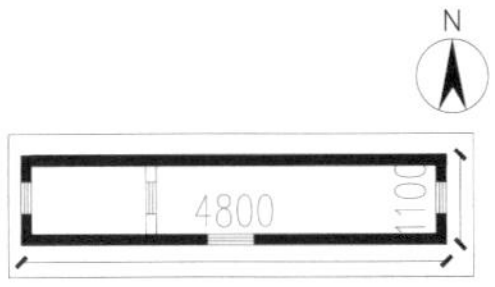 北面为实墙，南面为窗格栅，东西两侧开高漏窗	 南面有坡屋顶屋檐	 青石板	 杂草丛生

民居中，天井的主要功能是为了补给室内光线、使空气流通，营造适合人们居住的气候环境。光线透过天井经地面反射进入厅堂，光线温和，不会特别强烈，使得室内存在直射炫光和室内外亮度差距大的问题得到解决。苏州民居中蟹眼天井尺度普遍很小，采光的范围相对狭窄，因此对光照时长充足、光照强度大的南方地区比较适用，不然很容易导致建筑内白天很昏暗。苏州地区夏热冬寒，且持续时间较长，空气潮湿，昼夜温差大。天井刚好可以起到通风的作用，并且结合廊道、大天井、厅堂，形成一个完整的通风系统。在太阳光的照射下，天井内部空气温度不断升高，热气上升，四周的冷气不断汇入天井，增加了空气对流，降低了温度。天井与周围墙面形似烟囱，具有向上拔风的效果，就像天然的空调，具有让室内通风、降低温度的效果[1]。而蟹眼天井比其他天井更高深，风产生的洗吸力增强，通风量更大，拔风效果更好。排水也是天井的一大实用功能，所谓“肥水不流外人田”，要求将周围的坡屋顶的坡面朝向天井，雨水就顺着屋面流向天井，传达着聚财聚气的寓意。

2. 除了通风、采光功能以外，蟹眼天井的可进入与否形成两种不同的行为方式。第一种：不可进入即四周都是墙或者窗户（图1），人们可以透过窗户看到蟹眼天井里的景色，但是不能亲手触摸。第二种：开门、一面完全开敞或者墙上开洞（图2）。人们可以走进天井内部，感受独一无二的风景，享受独处的时光。

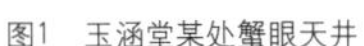

图1 玉涵堂某处蟹眼天井

图2 网师园某处蟹眼天井

3. 此外，蟹眼天井还解决了一个不同的功能，体量、结构和空间的交接问题。这就与蟹眼天井在建筑群中所处的位置有很大关系。

1）第一种位置是在两个独立的功能主体之间，它们既有联系又需要隔离。这种蟹眼天井比较独特，在苏州民居中并不常见。以苏州的震泽师俭堂（图3）为例，它是兼具官、儒、商三重使用功能的江南民居古建筑群。以宝塔街为界，师俭堂分为南北两大部分。南部是一个脱离开北部主体的独立体量，位于宝塔街和斜河之间，主要功能为师俭堂的商铺和仓库。在这两个功能之间布置了蟹眼天井，恰到好处。沿街面是商业价值最大的地方，而斜河一侧则是商铺货物的来源。沿街布置店铺，沿河布置仓储区是合理的功能排布。这两个功能之间虽然需要隔离，但却也有着紧密的联系，它们之间用连廊相连。连廊位于中轴线和两端，将天井一分为二，形成了蟹眼天井，点亮了本来大进深的黑暗的空间，并且简化了结构。

2）第二种位置是在一个大厅与一个院落之间。这种类型的蟹眼天井很普遍。苏州民居多采用多路多进式布局。虽然进与进之间有着功能上的联系，但是每一进都是自成一个独立体系。蟹眼天井一般都布置在每一进的尾端。在每一进中，都拥有一个宽敞明亮的前院，也有窄小的后天井。例如玉涵堂中就存在这样的蟹眼天井（图4）。这是截取的两进，蟹眼天井都在每一进的末端并且与北面的大院落有一道厚墙分隔。如果单从形式空间来考虑，这类天井的尺度很小，完全可以和北面的大院落结合，形成更大更开敞的空间，但是古人并没有这么做。我想古人是想要确保各个单元的独立性。所以蟹眼天井的北壁永远都只是一睹直白而无任何窗洞的粉壁。

3）第三种位置是在主屋与厢房之间，主要是解决主屋或厢房的采光问题。这类天井的位置一般在主屋前的两个尽端，是空间的一种尽端变化。如图5，这是震泽师俭堂某一处的蟹眼天井。将厢房与正厅和院落完全隔开，又解决了厢房之间的采光问题。

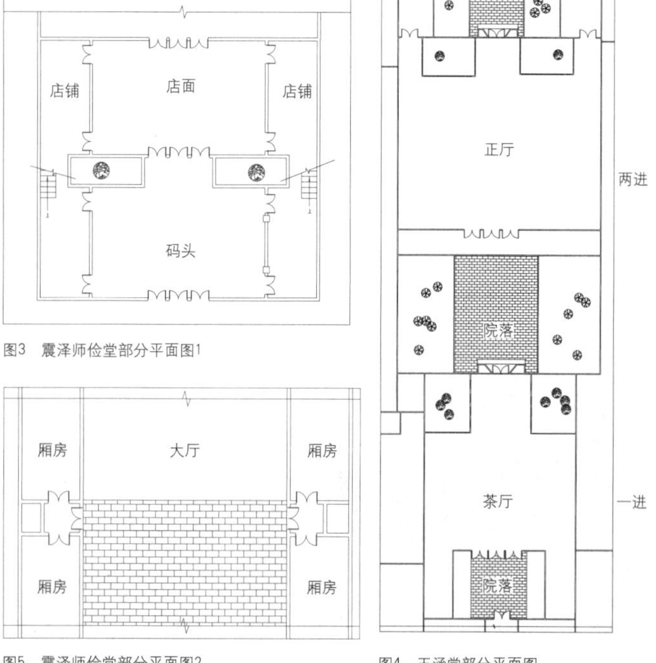

图3 震泽师俭堂部分平面图1

图5 震泽师俭堂部分平面图2

图4 玉涵堂部分平面图

三、苏州民居中蟹眼天井的美学价值

白墙包围着窄小的天井，墙上漏窗漫萦着奇妙的光线，与绿植虚实掩映。整个蟹眼天井呈现出一种不一样的意境，它的美正是体现在其创造出的意境上。

1. 意境概述

长期以来，“意境”被视为中国传统美学的重要范畴。意境最早出现在中国古代的诗词中，慢慢地出现在其他文学作品中，清代提出了“情景交融”的观念。意境即“意”与“境”，指把生活中的意象和自己的情感融合在一起，主要体现在审美主体在欣赏审美客体的“境”的同时能够体会到作者想要表达的“意”即作者的思想。王国维在《人间词话》中对意境也有同样的理解，并且更加偏向于对整个人类社会的“情”与“景”，更具有社会性。叶朗先生在《现代美学体系》一书中，对“情景交融”的意境学说表示不赞同，认为意境包含了对于整个人生和社会的某种体验和感受，是一种比较特殊的美感。但是肯定了其属于现代美学体系的研究范畴[2]。

2. 建筑意境概述

我们在进行建筑审美活动时，也常常会用到“意境”一词。比如欣赏某栋建筑时，我们常常会说某种场景很有意境。梁思成、林徽因二人在《平郊建筑杂录》中最早提出了“建筑意”的美学命题[3]。在他们眼中，北京的众多建筑遗物都是美的存在，都能让建筑审美者感受到一种特殊的感觉，从而体会到一种“建筑意”的快感。人对建筑的感受不仅仅是空间的纯视觉感，而是整个环境中形、色、光、影、声的全面通感，由此产生建筑意境。建筑意境可以理解为：在特定的环境因素作用下，现代建筑意象作为审美客体经过特定的组合等手法处理所表现出的特定氛围，审美主体对作品表达情感的理解以及由此产生的对社会、人生、自然的感悟。

3. 蟹眼天井的意境呈现

蟹眼天井的意境美是形式美、自然美、内涵美的高度融合。

1）小而灵动的空间尺度

蟹眼天井仅有一二十平方米，成双成对出现，高墙直齐一楼或者二楼屋檐。与那些宽敞的天井相比，显得精致而狭小。大天井尺度较大，相对较开放，是家庭交往的场所。而蟹眼天井因其空间狭小，较私密，适合个人单独活动。庄子说过“独与天地精神往来”，蟹眼天井符合道家独处的观念，给独处提供了一个场所，在这里可以与内心和谐相处。

2）“围”的手法造就无穷的意境[3]

（1）边界

边界，在地理学上是指一条实际存在或者假想出来的界线，用以分割两个不同的区域。在心理学上，边界也是指一条界线。这条界线区分的往往是自己与别人。在建筑中，边界可以是一道墙、一扇窗等。建筑中用边界来区分内外空间。

（2）边界的认知

在传统的西方建筑观中，建筑应该有明确的边界，也就是有明确的内外关系（图6）。而在中国传统的建筑中，虽然也存在物理上的边界，但古人往往不认为边界围起来的就是“内”，边界外面的就是“外”。如中国的私家园林，用围墙围起来的空间在园主眼中更像是“外”（图7）。这是因为边界围起来的空间让人的心远离了世俗，变得更广阔、更自由。

（3）“内外合一”的中国审美

蟹眼天井大都三面房屋一面围墙，两面房屋两面围墙或是一面房屋三面围墙，有明确的物理上的边界。但在古人心中，它所呈现出的意境超越了边界，达到了“内外合一”的境界。同时，边界又是不可缺失的，正是由于边界，让人获得更大的自由，达到更好的自由的状态。

3）与自然融合

天井是民居建筑的自然化。虽然天井在形式上把人和建筑与周围的环境分隔开，实际上是将这三者更加紧密地联系在一起。天井内会自然形成活动空间，激发人们去感受自然[4]。苏州人在这狭小的空间里创造出自己的小天地。如网师园入口处的一对蟹眼天井（图8），分别以锁云和锄月为其命名。地上铺上碎石，两边分别种了一棵泡桐树，形成对景，人走在天井中，与自然、建筑紧密地融合在一起。

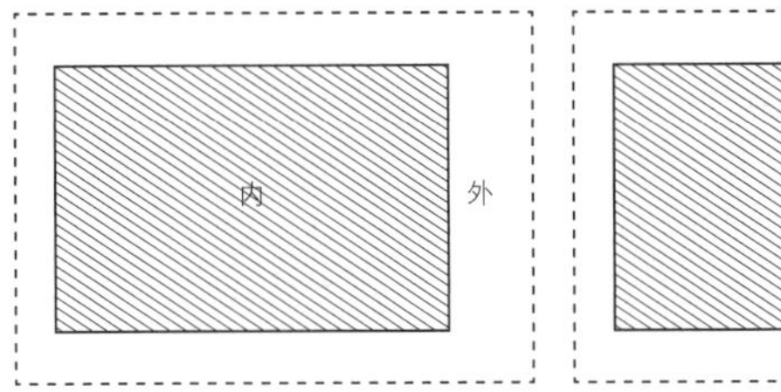

图6 “内”与“外”关系1

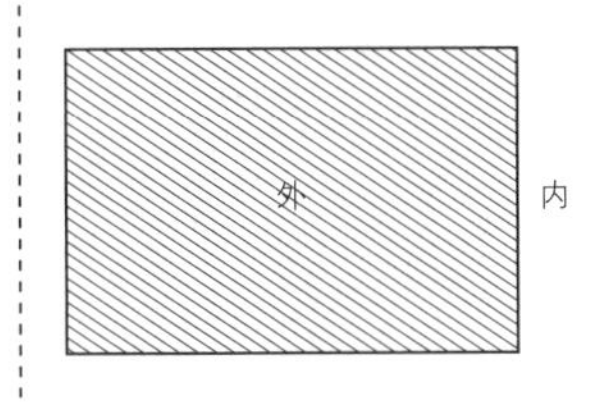

图7 “内”与“外”关系2

图8 网师园

注释

① 张慧，大连理工大学建筑与艺术学院，116024，17824828219@163.com。

② 邵明，大连理工大学建筑与艺术学院，副教授，116024，shaoming@dlut.edu.cn。

③ 李佳烜，大连理工大学建筑与艺术学院，116024，ljxuan1215@163.com。

参考文献

[1] 林辰松，戈晓宇，邵明，葛韵宇．徽派建筑中天井设计的功能及原理研究 [J]．建筑与文化，2016（07）：178–179．

[2] 饶峥，高裕江．现代建筑的意境之说 [J]．建筑与文化，2015（05）：96–97．

[3] 孙辉．论徽州传统民居的意境美 [J]．科协论坛（下半月），2007（05）：193–194．

[4] 王熙元，徐小雯．传统民居建筑中天井研究 [J]．南昌大学学报（人文社会科版），2010，41（S1）：54–57．

长春乡村传统民居双坡草屋面营造技艺研究

李培坚① 李之吉②

摘　要： 双坡草屋面是长春乡村传统民居具有代表性的屋顶形式之一。文章对长春乡村传统民居双坡草屋面的建造方式、施工过程和材料加工方法等进行细致的实地调研记录和研究，总结其内在的营造技艺，以期对今后此类民居的修缮和保护工作起到指导作用。

关键词： 长春传统民居；双坡屋顶；草屋面；营造技艺

一、前言

传统民居建筑的营造技艺是在其所处的特定自然环境和历史环境下逐渐形成的，包含了当地居民在生产和生活中累积下来的实践经验，也反映了当地居民的生活方式和文化特征[1]。长春位于我国的东北地区，气候严酷寒冷，居住条件恶劣。当地乡村传统民居承载了居民应对严酷气候的思考和智慧。民居的屋面作为传统民居的重要组成部分，其营造技艺有着极高的研究价值。

根据屋面使用材料的不同，长春乡村传统民居的屋顶可分为瓦屋面、土屋面和草屋面[2]。双坡草屋面是长春传统民居的屋顶形式之一，主要见于长春及周边地区的乡村小型民居。使用草作为屋面材料的做法，是发达的农耕文明在建筑上的体现，蕴含着深厚的技术内涵和文化价值。将厚厚的草铺设在屋顶最外层，可以起到防护屋顶、排雨雪水和保温的作用，草屋面也能够通过对潮气的吸收和蒸发来避免冷凝，增强保温效果。草屋面是对当地严寒的气候环境所做出的极具智慧的应对策略。但是由于草的重量太轻，容易被风吹散落，在营造过程中，当地居民也使用各种编草的方法来加固屋面。即使如此，草屋面每隔数年就需要重新苫一次。此外，营造草屋面所使用的木材、草、泥土等都是当地十分易得的材料，表现了我国传统民居营造智慧中因地制宜和就地取材的思想。

二、草屋面的营造技艺

草屋顶的营造一般在每年的5~9月温度较高、阳光充沛的时间段内进行，苫草前屋面最外层的望泥需要良好的日照使其充分干燥，称为“晒背”，防止水分侵袭下层巴柴和上层的草屋面。草屋面的主要营造分为苫屋檐、编房涮、苫背草、营造房脊等四步。草屋面常用的草的种类有稻秆、苇草和高粱。此类材料有一定的柔韧性，圆柱形中空的截面又提供了一定的刚度，同时又有较好的耐候和耐朽的性能。其中以苇草的效果最佳，使用寿命也较长。如果苫顶的质量较高，苇子顶可以使用6~8年。

在苫顶前，草需要经过两道处理工序。首先是投草，具体做法是用钉耙将草捋顺，除去其中容易腐烂糟朽的叶片和杂草，只留下中心最长的光滑的芯秆。之后将经过处理的草捆好，在上面洒水使草湿润，控制好用水量至草不会淌水出来为宜。目的是增加草之间的摩擦，苫顶时草不易滑落。

1. 苫屋檐

草屋面的营造首先从屋顶的前后屋檐部分开始。屋檐处是整个草屋面最为薄弱的地方，在下雨时，整个屋面的雨水都汇集至屋檐再排至地面，因此需要通过特殊的营造方式来防止雨水对屋面屋檐部分的渗透和破坏。具体做法是将草捆扎成捆后沿着屋檐边缘平铺，细端朝上，粗端朝下，并沿屋檐方向平铺一层，每捆草的直径约为半寸。屋檐一端用工具拍打修剪整齐，保持美观。在草的上三分之二长度部分用羊角泥覆盖，使草与底部望泥层结合。在此之上用相同的方法再平铺一层草，直径约为半寸，起到加固屋檐处和疏导水流的目的。屋檐部分双层的草和望泥能够保证雨水流经屋檐时难以向下渗透，侵蚀屋顶的木结构部分，有效延长了屋顶的使用寿命（图1）。

图1　屋檐的营造（图片来源：作者自摄）

图2 房涮的捆扎（图片来源：作者自摄）

图3 编织中的房涮（图片来源：作者自摄）

图4 固定房涮（图片来源：作者自摄）

2. 编房涮

草屋顶的房涮是指位于两侧垂脊部分的长条形构件，需要在地面编织好后搁置在屋顶的垂脊上，再用羊角泥固定。房涮的具体做法是：取一根玉米秆作为房涮的骨架，首先从秆较粗的一端开始，将一捆长度约2至3尺的草搁置在玉米秆一侧，再用一束草把两者捆扎固定在一起，捆扎点距离每捆草下端约1尺处（图2）；之后截取一捆长度约1尺的草秤，继续沿玉米秤方向用一束草捆扎固定。每捆草或草秤的直径约为半尺。重复以上步骤，至整根房涮的长度较垂脊的长度短2尺时为宜。玉米秤的长度不足时需要用另一根秤搭接来延长房涮的长度，搭接部分长度约为一尺，方法是用几束草把搭接部分捆扎固定在一起。房涮用草秤与草交替捆扎，而不是全部用整根的草，为的是可以调节房涮的宽度，不至于越编越粗，提供了一定的灵活性（图3）。

制作完成的房涮会被放置在垂脊位置，每条垂脊放置一根房涮。放置的工作一般需要两到三人来完成。房涮的柔韧性较好，但抬至屋面的过程要小心谨慎，防止中心的玉米秤断裂。搁置时草秤的部分朝向屋面外边缘，用于捆扎的每束草多余的部分朝向屋面中心，这部分多余的长度用于和屋面结合固定。方法是用羊角泥将其覆盖，使房涮与屋面的望泥层结合牢固（图4）。

3. 苫背草

苫背草需要从前后屋檐已经铺好的草继续苫，到屋顶正脊处结束，自下而上。具体做法是将草沿屋檐方向平铺一层，细的一段朝向屋脊，再用手掌或带有横向纹路的木板拍打下端，使上层的草向上移动，形成与屋顶相同的坡度。拍打的过程中不仅可以使屋面平整，还可以去除浮在上层的杂草（图5、图6）。自屋檐到屋脊每层草的厚度逐渐增加，屋檐处的厚度约有半寸，接近屋脊的位置时，草的厚度约有一寸半，即当地俗话说的“檐薄脊厚气死龙王漏”。苫背草的过程中并不需要像屋檐处那样用羊角泥固定苇草，是为了最后容易将屋面平整得更加美观，但这样也造成了屋面草容易被风吹散。从中反映出当地居民在屋面营造中对于建造的灵活性、耐久性和美观之间的取舍。

苫背草要将两侧垂脊处的房涮覆盖，出于功能和美观的双重需求，在屋檐和垂脊的转角部位，背草的铺设方向需要特殊处理。即由屋檐处垂直于屋檐的方向逐渐倾斜，使转角的草走向呈辐射状（图7）。这样苫草不仅完成了屋檐到房涮的过渡，也可以疏导雨水更加顺利地下落。

4. 营造房脊

长春传统民居中草屋顶的屋脊营造有用草和草瓦共用两种方式。后者多为满族民居做法，正房房顶两端加三垄小青瓦置于边缘，和披水墙、博风板相接做出脊头，中间仍苫草，称为海青房[3]。本文只讨论以草为营造材料的屋脊的营造技艺。草屋顶正脊在整个屋面的营造过程中最为复杂，也是影响屋面使用寿命的关键因素之一。正脊常见的做法是在苫背草完成之后，将屋脊两侧垫高，其上叠加一层苇草作为覆盖，从山面看为上下两层，称为罗汉山（图8）。罗汉山的下层通常用豌豆秤做垫层，上层的部分用玉

图5 苫背草（图片来源：作者自摄）

图6 修整背草的工具（图片来源：作者自摄）

图7 屋檐和垂脊的转角处理（图片来源：作者自摄）

图8 罗汉山（图片来源：作者自摄）

图9 正脊上铺豌豆秆（图片来源：作者自摄）

图10 放置搬脊（图片来源：作者自摄）

米秆做芯，将苇草拧在芯上。

首先在屋面上从正脊向两侧铺豌豆秆。铺设的宽度约为每侧2尺，厚度约为半尺，略厚于两侧背草的厚度。豌豆秆来源于当地豌豆丰收后留下的植株及豆荚，将其晒干后处理成约半寸的长度就可以用于屋顶的营造（图9）。在正脊两端各放置五捆苇草，两坡各两捆，中间一捆，截面朝向外，作为罗汉山垫层的展示面。一方面可以满足美观的需要，另一方面也能够防止豌豆秆从山面掉落。

罗汉山上层的营造分为两步：在地面将内部作为支撑的芯制作完成，称为搬脊，将其安置在屋脊后再起外层拧草。搬脊的具体做法是将五根玉米秆用草捆扎牢固，并续接至其长度约5米，有较强的柔韧性，两个人可以比较方便地将其抬上屋顶（图10）。搬脊的需要制作多条，总长度达到和正脊的长度相等。将搬脊抬上正脊首尾相接捆扎牢固，之后开始拧房脊的操作。拧房脊一般是有两位师傅从正脊的中间开始，向两山的方向相背移动将草拧在搬脊上：取一把苇草搭在搬脊一侧的屋面上，方向与搬脊垂直，细端高出搬脊约30厘米，其余部分将垫层的豌豆秆覆盖。在另一侧对称放置一把苇草，将前者伸出的部分绕过后者，折后塞入苇草的下层固定，如此重复操作至将搬脊全部编上苇草（图11）。

最后营造的是正脊高出屋面的造型，为了使屋脊看起来更加美观轻盈，正脊的造型一般做成中间低两端高、略带曲线的形式，或在接近两山时逐渐高起形成折线的形式。营造的方法类似于罗汉山的上层，将苇草编在作为骨架的芯上。这里的芯取直径约1寸的树枝，一般用柔韧性较好的柳枝，在正脊中部分的芯为一根柳枝，在接近两山正脊高起的部分则需要两根柳枝以保证刚度。取两把苇草搭在正脊两侧屋面上，将两把草在一侧的部分拧在一起，旋转360度后，从柳枝下方折向另一侧，再搭一把草重复之前的步骤（图12）。每两把草拧在一起的节点被压在柳枝下面，防止散开。至两侧需要屋脊逐渐升起的部分，将两支柳条上下叠加作为芯，拧草在此处也需要进行两次（图13）。两端收尾处用一束草将端头缠

图11 搬脊外层编草（图片来源：作者自摄）

图12 房脊的制作（图片来源：作者自摄）

图13　房脊两端高起的做法（图片来源：作者自摄）

图14　房脊末端的处理（图片来源：作者自摄）

绕固定（图14），这一步称为拧房脊。

5. 调整和加固屋面

在完成了屋面各部分的营造后，需要对屋面进行调整和加固。首先是屋顶正脊的调整，由于正脊通常是由两位手艺人从正中开始向两边相背营造，通常会出现两端末尾的高度不一致的情况，需要手艺人将较低的一侧通过拉伸的方法抬高，达到对称的目的。同时还要对屋面的背草进行平整。因为屋面的营造是由下到上，在苫过背草的地方会经过多次手艺人的踩踏，导致屋面局部草的错位、脱落或者下陷。这时需要用木板对草屋面参差不齐和凹陷的地方拍打，修整细节，保证屋面的美观。此外，为了应对长春当地严酷的大风环境，防止屋面的草被大风吹散，在平整屋面后，会在屋面横向放置树干或石块将背草压住。

三、结语

笔者从材料、构造和建造工艺等几个方面对长春传统民居草屋面的营造技艺进行了分析，总体而言，草屋面的营造技艺非常原始和质朴，用到的材料也是在当地非常易得的。从营造方式上来讲，屋檐、垂脊、屋面、正脊处于屋面的不同位置，所使用的营造方式也不同。相似的营造逻辑也体现在当地传统的双坡瓦屋面的营造中：屋面不同的位置使用的瓦的类型和营造方式各异。这也说明了这种营造方式是针对双坡屋面历经各种尝试后所总结出的最优的方式，兼顾实用、耐久和美观的需求，是民间传统营造技艺的结晶。

注释

① 李培坚，吉林建筑大学，130118，lipj1991@qq.com。
② 李之吉，吉林建筑大学，教授，130118，1981002370@qq.com。

参考文献

[1] 阿摩斯·拉普卜特．宅形与文化 [M]．常青，等译．北京：中国建筑工业出版社，2007.
[2] 周立军、陈伯超．东北民居 [M]．北京：中国建筑工业出版社，2009.
[3] 张驭寰．吉林民居 [M]．天津：天津大学出版社，1985.

环塔里木盆地传统民居的生态融合与适应

——以和田传统民居为例①

赵 会②

摘 要：通过对和田地区的地理区位、文化特征及民居建筑形态的分析，以其建立起对和田民居的整体把握。归类出和田传统民居的类型与民居的生态融合联系，更好地反映出传统民居与社会、地域环境之间存在的关联。对当下和田地区的人居环境建设有一定的启发性。

关键词：传统民居；生态融合；生态适应

一、环塔里木盆地区域概况

1. 区域特征

塔里木盆地是中国最大的盆地，居亚洲大陆中心。属于典型的暖温带大陆性干旱荒漠气候。地势由南向北缓斜并由西向东稍倾。盆地地貌呈环状分布，盆地南北分别为昆仑山和天山山脉，盆地边缘是冲积扇和冲积平原，并有绿洲分布，中心是辽阔的塔克拉玛干大沙漠。

和田位于塔里木盆地南缘，绿洲是当地人类生存最重要的人地关系聚居系统，分散且局部密集是其最突出的形态特征，是人类赖以生存的聚居地。随着人类文明的发展，和田地区的世居民族，由草原文化转向绿洲文化，逐步完善了绿洲聚居系统的居住空间。

2. 资源环境现状

由于和田地区独具特色的气候、地理条件，盆地内孕育了独特性的生物物种，形成了环塔里木盆地多样性资源环境；但自然地理条件特殊和人类经济活动影响较少，能为民居建造直接使用的资源相对匮乏，主要是野生红柳、芦苇、胡杨木、生土等资源。这些原始材料都是居住建筑建造时易采易搭而又能满足干热少雨处栖身要求的材料。《南史 · 夷貊传下 · 高昌国》称：“其地高燥。筑土为城，架木为屋，土覆其上。”当地居民在资源相当匮乏的环境中将现有资源发挥到极致，最大化地利用有限资源为自己创造舒适的居住环境。

二、和田传统民居的调研分析

1. 聚落空间结构形态

和田地区绿洲民居聚落整体呈现出围绕绿洲和天山山脉南坡前

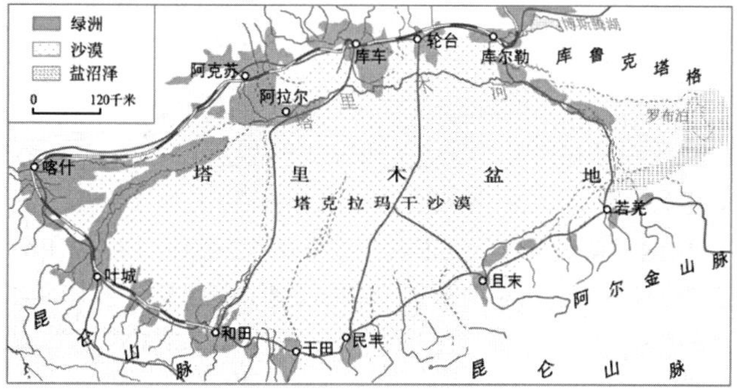

图1 环塔里木盆地绿洲分布点

冲积平原上以C字形布局，笔者在和田调研过程中，聚落选址时通常选择在水源丰沛的河流冲积平原地带，在枯水期则通过开发水随聚落而流的人工水利，主观重塑地域格局。依托水源且有适度的耕地规模也是影响聚落布局形成的决定性因素（图1）。

聚落空间组织是聚落社会功能、活动方式、精神空间的有机关系系统，由于受到交通、水源和传统农业经济的影响，在聚落空间布局中以宅群组团为细胞，以道路体系为主干建立居住空间环境。由于自然环境的影响，和田地区经济发展仍处于自给自足的传统农业经济阶段，农业生产是主要的经济活动，农业生产的低市场化使得聚落之间的联系缺乏强大的经济动因，聚落之间乃至距离较远的农户之间各产所需，疏于联系。交通运输条件的落后也限制了群体聚落间的交流，严重制约着聚落之间的联系，进而限制了大规模聚落群体的形成。

整体来看，和田地区各绿洲以珠串状远距离分散于盆地四周，长期以来使得格局形成了内部形态的多样化，聚落外部轮廓形态布局模式主要有条带型、组团型、自由型（图2~图4）。

2. 民居布局

1）以“阿以旺”为中心的布局：在和田传统民居布局中，最

图2　和田墨玉县喀拉喀什河流域村落（条带型）

图3　和田墨玉县达拉斯喀勒村（组团型）

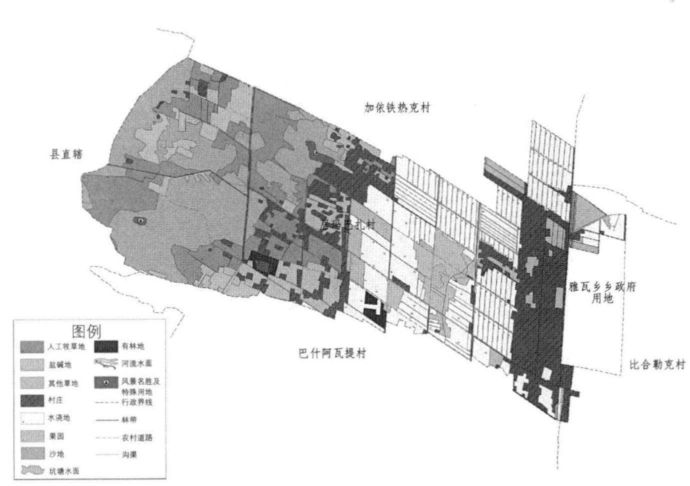

图4　和田墨玉县雅瓦乡居玛巴扎村（自由型）

具有特点的是以阿以旺为中心的布局方式。为了避免风沙的侵蚀，将居室用房、厨房等使用空间围合在以内廊相连的封闭空间内，并对其进行密封，这种围合式除四面围合外也有三面围合，但另一面也用墙体密封，只留一个门出入。围合式建筑的阿以旺厅顶部比周围的房屋建筑高40~80厘米，高出部分侧面用镂空花板、花棂木格栅作窗户，既满足了采光通风防沙的要求，又丰富了建筑的造型。一般民居内所围合的空间不是很大，围合成的阿以旺厅，是民居建筑的主体空间，是集会客、团聚、家庭活动、餐厅等空间为一体的多功能空间。从建筑角度看，“阿以旺”是完全的“室内”部分，但其功能仍然是户外互动场所。[③]通常在阿以旺四面有炕，是民居中比较常见的一种布局形式。阿以旺身兼多种功能，不仅仅面积要大，而且是使用最频繁的空间，夏天夜晚全家甚至睡在此空间（图5、图6）。

2）以“阿克赛乃”为中心的布局：“阿克赛乃”从建筑结构角度分析可视为较小庭院四周加建了檐廊，属于庭院空间和室内空间的过渡空间；“阿克赛乃”空间比庭院小且封闭，是把室内空间向外衍生，将室外空间融为建筑本身的一种建构方式。这里常替代原有阿以旺厅的功能，与院落空间自然融为一体。“阿克赛乃”的“室内”气氛浓厚，使室内外空间相渗透，炕的出现更加肯定了这种过渡空间的作用（图7、图8）。

3）以“辟希阿以旺”为中心的布局：“辟希阿以旺”是外廊的意思，与一般建筑的外走廊相似，但重点不是“走”的功能，是室内向外部空间延伸部分，是居民在外活动场所。辟希阿以旺除对门开设交通过道外，其余廊下有炕，进深2米左右，是夏天纳凉、待客，冬季晒太阳取暖的主要户外活动场所（图9、图10）。

三、外部环境因素与传统民居生态融合

建筑的构造形式主要决定于气候和材料，生活在和田地区的居民，在生产生活的过程中总结出许多传统民居营造的生态策略，并很好地适应了当地的地域资源和环境，其中很多延续至今的民居建造是低能耗、低成本、低技术的，并且是与周围环境融合的民居生态营造策略。

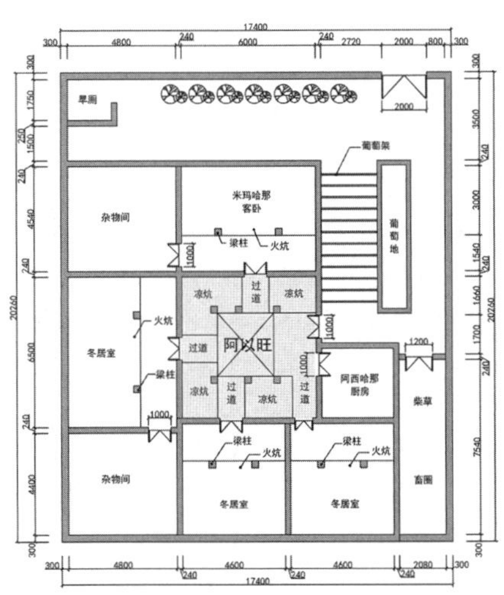

图5　阿以旺民居布局图

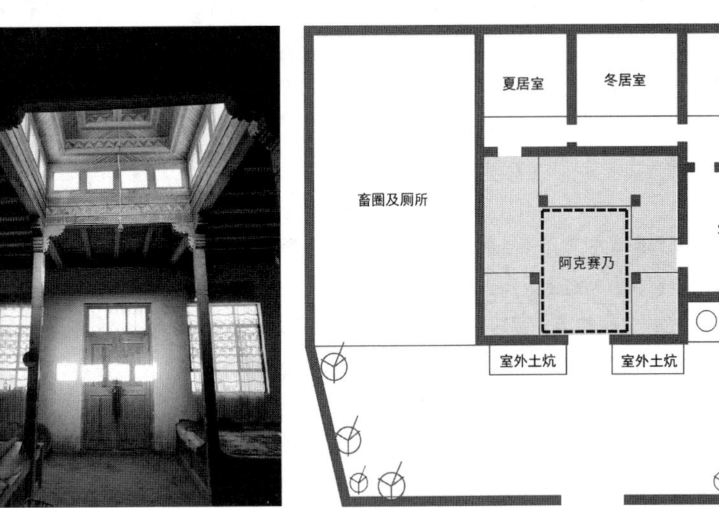

图6　阿以旺民居

图7　阿克赛乃民居布局图

图8 阿克赛乃民居

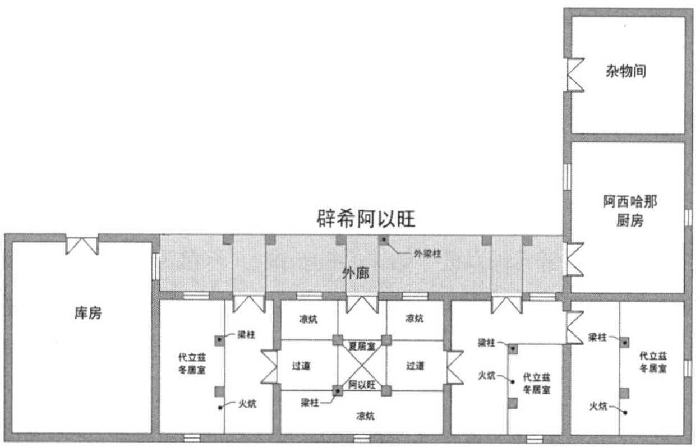

图9 辟希阿以旺民居布局图

图10 辟希阿以旺民居

1. 气候因素

自然因素是影响村落和传统民居布局的一个重要因素，传统民居强调顺应自然，因材施工，保护自然生态格局与活力。和田地区由于风沙较大的气候特点，民居在选址布局中，主要为了避开风沙，分散布局，组织自由开放的空间形式，民居没有固定的朝向格局，充分发挥自然通风、采光及避风沙的空间效益；在民居的建构上，通过泥抹编笆墙、开小窗户和采用低矮的门窗抵挡风沙的入侵，同时小窗户和低矮的门可以起到冬暖夏凉的作用，而且低矮的平屋顶民居在抵御频繁风沙时也起着重要的作用。

2. 水资源

塔里木盆地受高山阻碍，属于闭塞性内陆盆地，年降水量极少，形成了极端干燥的大陆性气候。而四周雪山上的融水呈向心状流入到盆地，形成河流，是塔里木盆地水源的主要来源。由于高山雪水的注入，在塔里木盆地四周形成了大小不同的绿洲。

和田地区村落选址时，不仅要考虑合适的饮用水，还要有足够的生活用水和生产用水，因此村落的分布与布局依所在地的绿洲或者靠近水源地。降雨量稀少蒸发量大的气候特征使当地的民居建筑经过多年的发展以平屋顶为主。

3. 土地资源

土地是农业发展的基础，农业生产在聚落的发展中起到了决定性作用，农民的居住地只能在耕地附近，形成规模不大的居民点。和田地区由于沙漠较多，能供人们耕地使用的面积较少，因此人们在定居时会选择有水源的绿洲，这样的布局形式可提供更多耕种的良田，并且为了耕地资源的分配，村落之间经常相隔很远。而民居兴建时会根据自己的耕地所在位置进行选择，以达到方便耕作的优势。村落规模的大小完全取决于周围耕地的多少及质量，农村居民点分布的距离受耕地资源的限制，总的来说是比较分散的（图11、图12）。

图11 和田皮山农场7连村落1

图12 和田皮山农场7连村落2

图13　和田泥抹编笆墙民居1

图14　和田泥抹编笆墙民居2

4. 建材资源

环塔里木盆地由于水资源的短缺，建材资源非常匮乏。当地居民利用绿洲生长的木材材料，运用当地的生土材料，创造了自己独特的建筑体系，以木骨泥墙和篱笆墙为主的木框架结构，房屋立柱，柱上托梁，密小梁顶，以红柳枝编墙，泥抹编笆墙，屋顶为草泥平顶。通过木材与生土的结合建造的房屋具有防风沙、隔热、通风、抗震、保温的性能。这种结构方式是典型的“墙倒屋不塌”的构造，十分适合当地居民的生活需要（图13、图14）。

四、内部需求因素与传统民居生态融合

1. 生产生活需求

一套完整的居住环境必须要有生活的基本需求，否则功能形式的追求便是空谈。和田地区是农耕文化为主，部分从事畜牧业生产，所以农耕经济在此地区经济生活中占主导地位。

现和田地区维持着农耕为主的生活方式，每家包含民居、外廊、庭院、果园、家畜圈等空间。由于和田地区临近沙漠，气候恶劣，生产、农耕选址通常在引水较为便利的河流下游。黄文弼④先生早在20世纪20年代对新疆进行考古调查时发现聚落遗址中有多处水渠，表明很早以前和田地区的生产生活基础设施都已经比较完善。

2. 文化需求

民俗文化对和田地区民居的影响常常反映在建设的细节上，例如，在饮食文化中，维吾尔族人喜欢吃馕、烤包子和抓饭，馕和烤包子是在馕坑中烤，抓饭是在大锅中蒸煮方式进行加工，因而在民居建造时会留有打馕的馕坑，在馕坑周边会留有做抓饭的可移动的大锅。饮食习俗对民居的布局功能起了重要的作用。

在和田地区如此严峻的生活环境中，孕育出了适应能力极强、热爱生活、热情奔放的维吾尔族人民。和田地区的维吾尔族个个会舞、人人会歌，有出口成歌、随性起舞的本领，因此在建造民居时都会留有重大节日时宴请亲朋好友的空间。夏季在廊下或者阿以旺盘踞而坐。冬季则进入到卧室内的炕上进行活动。

五、传统民居有机更新体系与生态融合策略

1. 集约化格局体系

和田地区独特的沙漠地区绿洲地形与脆弱的生态环境，造就了该地区的传统民居村落“大分散，小聚合”的聚居方式，这种聚居方式不利于现在进行的新农村建设和基础公共服务设施的跟进。只有聚合较大规模的村落才能更有效地提高村落的硬件设施，尽早完成新农村建设；同时对环塔里木地区的脆弱生态自然也是一种保护。

2. 合理利用土地资源

环塔里木地区虽然地广人稀，但土地荒漠化严重，能用耕地只有绿洲及有水源地区，因此土地资源很宝贵，合理高效、节约利用土地资源不仅是对该地区自然生态的保护，同时也可以减少开荒的经济浪费。要改善传统村落的人居生活质量和生活环境，就必须整理居民用地点和改善农村用地，优化土地配置，提高土地利用率。

对于和田地区由于村落结构自主形成，生活基础设施缺乏合理的规划且不完善的现状，通过完善对村落的建设规划，统筹安排各项土地，优化内部结构，可以提高农村用地效益，有针对性地引导村民择址建房，逐步实施整体村落规划，杜绝各自居民的盲目建设，使和田地区的村落有机更新，并实现传统村落的可持续发展。

3. 推广新能源策略

和田地区的地理气候的特殊性，日照时间长达十多个小时，太阳能资源丰富，应该将太阳能供暖技术结合到和田地区的新农村建设中。如选用日光间采暖，蓄热墙采暖隔热等不同方式的太阳能采暖与隔热技术，同时利用好太阳能发电技术等。

六、结语

中国在漫长的历史发展过程中，古代先民们积累了丰富的聚落建设经验，聚落营造思想不断丰富和发展。⑤本文主要研究和田地区传统民居在生产过程中应对资源短缺和人类需求因素形成的具体生态策略，分析传统民居在实践中需要补充和完善的对策，并符合当今社会的发展需要。希望可以对和田地区的资源短缺、生态脆弱的民居生态问题有一定的启示作用。

注释

① 基金项目：国家社会科学基金青年项目"环塔里木少数民族传统民居文化艺术多样性调查研究"（项目编号：16CSH025）。

② 赵会，塔里木大学人文学院，讲师，843300，869028337@qq.com。

③ 严大椿.新疆民居 [M]. 北京：中国建筑工业出版社，1995：86.

④ 黄文弼，我国著名考古学家，对西北史地和新疆考古的研究卓有贡献，论证了楼兰、龟兹、于阗等古国及众多古城的地理位置和历史演变，提出了古代塔里木盆地南北两河的变迁问题，更为探讨新疆地区不同时期的历史文化积累了相当丰富的资料。

⑤ 郭晓东.乡村聚落发展与演变——陇中黄土丘陵区乡村聚落发展研究 [M]. 北京：科学出版社，2017：191.

参考文献

[1] 严大椿. 新疆民居 [M]. 北京：中国建筑工业出版社，1995.

[2] 陈震东. 新疆民居 [M]. 北京：中国建筑工业出版社，2009.

[3] 李群. 新疆生土民居 [M]. 北京：中国建筑工业出版社，2014.

[4] 姜丹. 新疆和田河流域传统村镇聚落形态演化研究 [M]. 北京：中国建筑工业出版社，2016.

[5] 郭晓东. 乡村聚落发展与演变——陇中黄土丘陵区乡村聚落发展研究 [M]. 北京：科学出版社，2017.

河北省蔚县地区传统民居建筑特征研究

丁玉琦[①] 崔晨阳[②]

摘 要： 传统民居作为我国建筑文化的重要物化载体，在建筑遗产研究中极具价值。蔚县素有“千年蔚州，九朝古城”之说。[1] 复杂的地理人文环境以及特有的地域文化造就了其独特的民居及建筑形制，文章从院落空间类型、民居建筑形式与建造、民居装饰等方面对蔚县民居建筑特征进行分析，从而引发对传统民居建筑保护利用的一些思考。

关键词： 河北蔚县 传统民居 特征

一、地理位置及概况

蔚县，古称蔚州，位于河北省西北部的张家口市，东临北京，南接保定，西倚山西大同，北枕张家口，县境东西横距74.55千米，南北纵距71.25千米，面积3220平方公里。

蔚县历史悠久，历史文化遗产非常丰富，现为国家历史文化名城，境内存有大量的人文景观和传统村落。其中全国重点文物保护单位21处，中国传统村落名录35处，中国历史文化名镇2处，中国历史文化名村2处。遍布全县，数量众多的古堡、民居、戏楼等历史建筑共同构成了蔚县悠久厚重的文化底蕴，其中，传统民居是蔚县最为宝贵的历史文化遗产之一，也是数量最多、分布最广的传统建筑类型，成为蔚县传统历史建筑空间格局的主要载体。[2]

二、地区生境

蔚县地处恒山、燕山和太行山脉的交汇之处，从属于河北省西北山间的盆地地区，恒山余脉由西部插入，壶流河贯穿蔚县东西，最终形成了北部丘陵、中部河川和南部深山三个不同的自然环境区域。其中河北省最高峰——小五台山矗立于蔚县南端，高度为2882米；中部地势平坦，河流密布，有充足的水资源，因此农业较为发达；在北部丘陵地带则因地形原因多发展林果种植业。

蔚县属东亚大陆性季风气候中的温带亚干旱区的气候类型，[3] 夏季炎热多雨，冬季干燥寒冷。气候条件对民居的建造有很大影响，比如蔚县民居为防御严寒冷风，宅院多采用四周围合合院的形式；为抵御雨水和潮湿，民居建筑地基基础一般选用柱基、石阶、石铺装等防潮的材料。

三、文化信仰

蔚县历史源远流长，曾是古“燕云十六州”之一。在壶流河流域，不仅有相当于仰韶文化、龙山文化的文化遗存，而且还有夏和早商时期的文化遗存。[4] 历史上各朝代游牧民族入侵中原，经常经过此处，这里便成为不同民族之间的交战前线和文化融合的边缘地区。[5]

蔚县历史上宗教活动非常昌盛，人民信仰的宗教有多种，包括佛教、道教、天主教、基督教等。但“文革”期间均被迫中断，寺庙等建筑也被摧毁或占用。“文革”后，具有文物价值的寺庙被重点保护，宗教活动也逐步展开。

蔚县的民间信仰繁多杂糅，此外蔚县还有丰富的民俗活动，蔚县剪纸、年俗社火、打树花、拜登山、皮影戏、蔚州秧歌等都已被列为国家级、省级非物质文化遗产名录。

四、民居形式及建筑特征

1. 院落布局

蔚县传统民居集民俗文化、建筑美学、壁画雕刻等艺术于一体，以院落为基本空间单元，形成了不同层次不同尺度的居住空间形态。蔚县现存的民宅，以北方典型合院为主，形制严谨，由正房、厢房和倒座房等围合而成。根据家庭规模和财力情况，民居院落从一进到几进不等（图1）。

蔚县的民居院落遵循了北方民居坐北朝南的原则，正房居中，倒座与之相对。东西厢房对称布置，整体形成明确的南北轴线。大门多布置在院落的东南角，但只要是就近朝街巷开门，方便出入，

图1 暖泉镇西太平庄村民居鸟瞰（图片来源：作者自摄）

大门可灵活设置。建筑面向院落的一面开设门窗，门窗面积较大，运用传统窗格图案辅以剪纸作为装饰。建筑背面及山墙面基本不设洞口。为丰富生活情趣，院内会布置一些花草树木、亭榭桌凳等。

大体来讲，蔚县的民居院落形式可以分为独院式、组合式和套院式。

1）独院式院落

民居院落根据家庭人口的多少和财富多寡而有不同的规模，小型民居一般只有一进院落，为三合院（图2）或四合院布局，由正房、东西厢房和倒座围合而成，开间数量根据家庭人口而定，一般多为单数，为3、5、7间。

2）组合式院落

随着住宅规模扩大，导致院落数量不同，形成了多进院落布局，蔚县民居多以二进院为主。二进院是将两个基本的四合院南北向布置，中间由二门分隔，从而形成南北相连的两进院落，又称为内和外院（图3）。外院常用于会客等活动的公共空间，内院则布置生活起居等较为私密的空间。还有一种不常见的形式是两个东西横向布置，以其中一个四合院为主，另一院落为次，两座院落南北等长，东西长度一般主院比次院略长，这种组合形式又称为“跨院”。

3）套院式院落

蔚县传统民居院落中，规模较大的民居院落常常以东西并列、

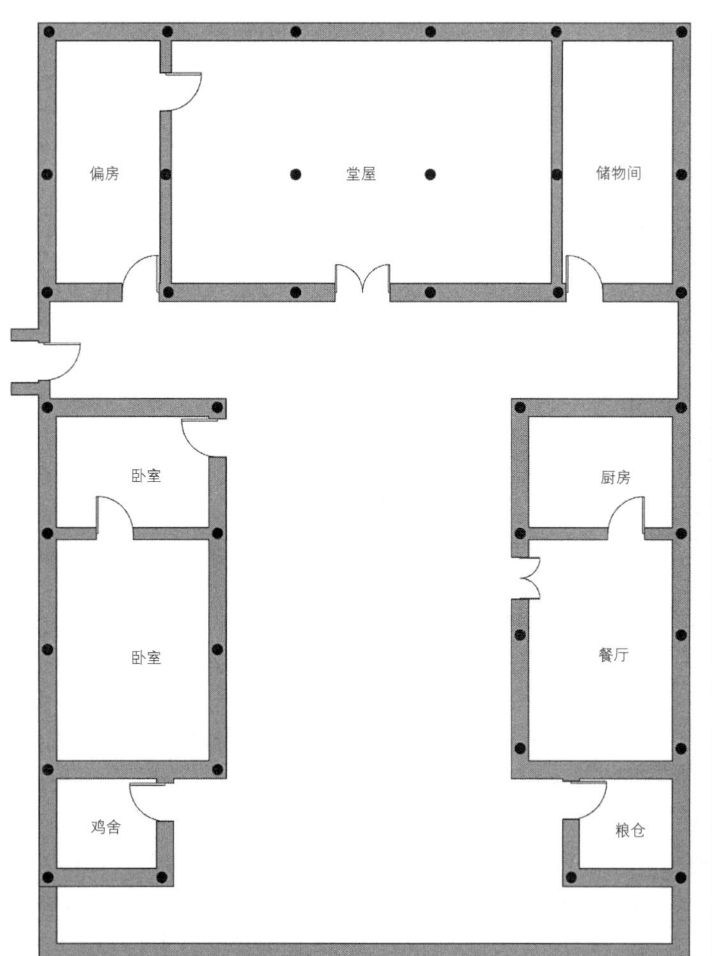

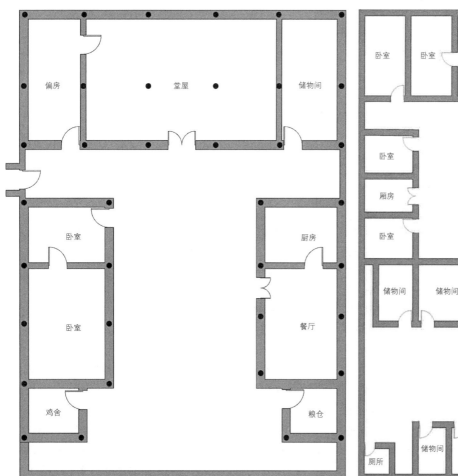

图2 吉家庄镇大张庄村民居三合院（图片来源：作者自制）

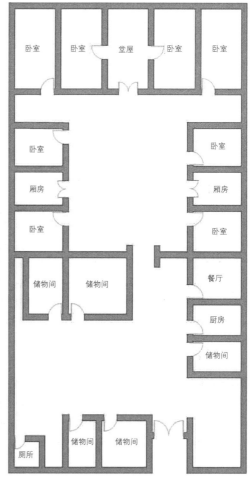

图3 南留庄镇曹疃村民居两进院（图片来源：作者自制）

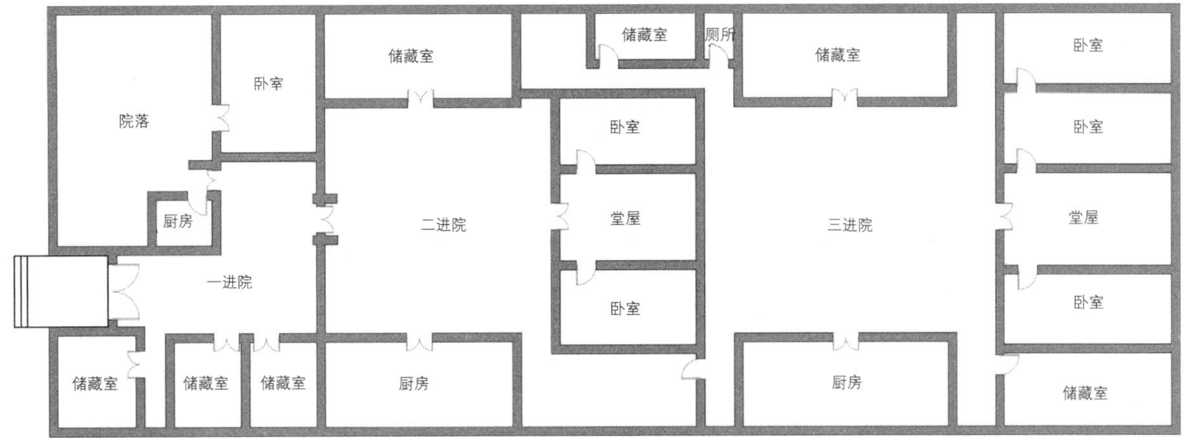

图4　暖泉镇西古堡村九连环套院（图片来源：作者自制）

南北串联依次增加院落，院落之间以院墙、连廊或建筑相隔，并以过厅或院门作为联通，在南北方向上由三到四个不等的基本院落纵向组合而成"三进院"或"四进院"，并且在东西方向平行布置形成规模庞大的连续跨院，在当地被称为"连环院"，又称"九连环"[2]（图4）。在院落布置上，与北京传统四合院的严格对称不同，蔚县民居的院落更多的会根据地形环境因地制宜，不拘一格。

2. 建筑形式与民居营造

在蔚县民居之中，有着比较明确的等级划分。等级最高的是正房，正房根据等级不同分为硬山卷棚顶和正脊屋顶。硬山卷棚顶其梁架结构又以"四檩三挂"（为当地工匠使用的"口诀"，意即屋顶上架设四根檩条，前后各两根，檩条上铺椽子，前后共三架）居多。[5]正脊屋顶则是"五檩四挂"，屋顶当中多设一根檩条（豪门大院中多见）。

厢房以及倒座，屋顶形式大多为单坡（单坡屋顶的形式是从檐口开始起坡，直至院墙顶部）（图5）。这种采用单坡屋顶的形式做法，一是考虑等级上的要求，还使院墙的高度与厢房和倒座的屋脊高度相持，从而院墙就具备了一定的防御功能[5]。一般的蔚县民居，正房采用"四檩三挂"的梁架结构，而厢房和倒座采用单坡"半抬梁式"梁架结构。两种梁架结构都减少了檩条数量，节省了木料。厢房和倒座的进深尺寸根据院落的规模而变化较大，但大都遵循一个规则：倒座房进深小于厢房，厢房小于正房。

蔚县的民居建造根据其主人财力的差异而有差别。经济能力较差的人家建宅用材较为节省。建筑地基以三合土铺地，取卵石做墙基，墙体材料为土坯砖，其上架设简陋易得的树枝，覆土盖瓦即为屋顶。[6]这种建筑虽节省物料，但其并不舒适美观，也较不耐用，蔚县境内现存此类房屋多已废弃不用，或已拆除重盖新屋。

对于一般人家来讲，民居的建造会有不同程度的提升。

首先在地基方面，在铺设三合土和鹅卵石之后，再铺砌砖材，另外庭院四周的台明也铺砖，但不同的是台明边缘的砖块不是平放，而是丁头排列。经济能力更好的人家也会在局部用石材代替，比如用加工之后的石材代替河卵石墙基，并在人行通道上铺设石板。

图5　西饮马泉村民居院落（图片来源：作者自摄）

其次在墙体的砌筑上，从墙基开始往上砌筑青砖。在建筑的四角用青砖代替土坯砖，剩余的墙体依然用土坯砖，但墙体表面会进行处理。大致有两种处理手法，其一，把黏土和稻草混合的泥浆抹于墙面，待干透之后，再抹一层白石灰，使墙面更为美观；其二，用砖（其最大面积表面贴墙）贴在墙体的表面，但其只有保护墙体和装饰的作用，并没有结构作用。有经济能力的人也会采用砖完全替代土坯墙。

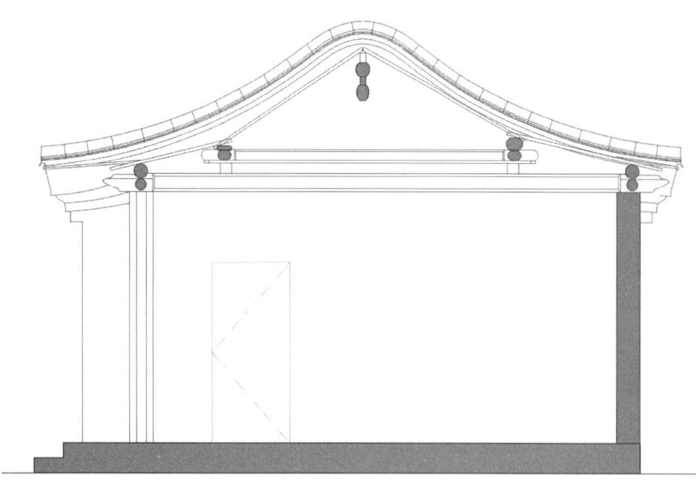

图6 暖泉镇砂子坡村李万山民居正房剖面
（图片来源：蔚县传统村落保护发展规划图集）

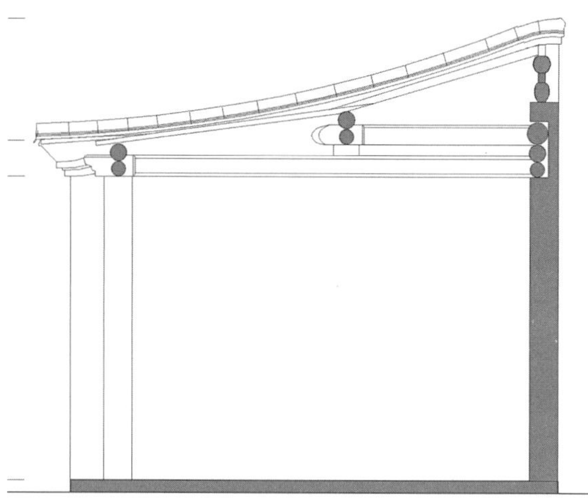

图7 暖泉镇砂子坡村李万山民居厢房剖面
（图片来源：蔚县传统村落保护发展规划图集）

图8 郭家大院门楼（图片来源：作者自摄）

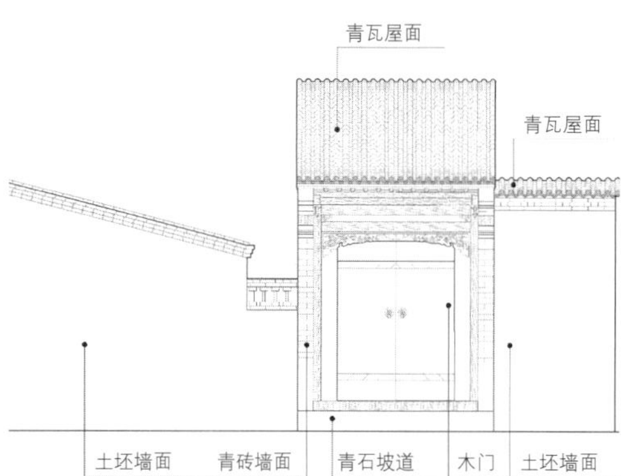

图9 南留庄镇史家堡镇民居门楼（图片来源：蔚县传统村落保护发展规划图集）

图10 暖泉镇西古堡村民居门楣（图片来源：作者自摄）

最后，木料成本占据了房屋建造成本的很大部分，一般的民居会采用更多的木结构构件。首先在正房中，一般采用“四檩三挂”（图6）。其梁架结构又有两种做法：一种为抬梁式，在前后檐柱上架设大梁，横梁上置瓜柱支撑短梁，其上再承檩条；另一种为穿斗式，即前后金柱直接承托檩条，由金柱将荷载直接传递到地面，减少了木料用量。“四檩三挂”的梁架结构是相对简化的，尤其是穿斗式结构。[5]

厢房和倒座大都采用单坡，其梁架结构类似于“半抬梁式”（图7）。梁的一端架在檐柱上，另一端插入侧墙，并与埋入侧墙内的柱子搭接，梁上以蜀柱支撑檩条。檩、梁的数量无严格的规定，根据房屋体量适当而定。

3. 民居装饰

蔚县传统民居装饰受历史、文化、传统、宗教等影响，因此产生了丰富多彩的建筑装饰艺术。[7]如门楼照壁、屋顶山花、门窗墙体等都体现了蔚县地区民居建筑独特的装饰文化。

1）门楼装饰

民居中门楼处于显要的位置，是家宅的门面，因此门楼也是木雕、砖雕、石雕、彩绘等装饰艺术施展的重要载体，是展现装饰艺术魅力的重要部位，因此赋予了门楼物质和艺术的双重功能。蔚县传统民居中的门楼主要以砖木结构为主，可分为独立式门楼和随墙式门楼两类（图8、图9）。

门楼中门簪是装饰的重点，装饰元素多样，多是文字、植物纹样、器物纹路等象征富贵吉祥的元素。此外，门楣是民居装饰中最精彩的部分，是木雕和砖雕工艺施展的部位。精美的门楣雕刻是显示社会地位的象征，一般雕刻有四季花卉、祥禽瑞兽、宝物器物类等组合图案，如同一幅精美的画卷，具有重要的艺术价值（图10）。

2）窗饰

窗是重要的建筑功能构件，也是装饰的重点部位。蔚县民居的窗饰主要采用镂雕工艺手法，不仅具有极好的装饰效果，又有良好的采光功能。

蔚县民居中常见的窗格有万字形、盘长纹、灯笼框、步步锦等。常见的装饰图案为传统的灯笼框（图11左），它是简化之后的灯笼形象，周围点缀其他雕刻图案。灯笼框窗格中间有较大面积的空白，其上可贴置各种图案的剪纸，因此蔚县的剪纸艺术也非常发

图11　曹家大院门窗（左），郭家大院门窗（右）（图片来源：作者自摄）

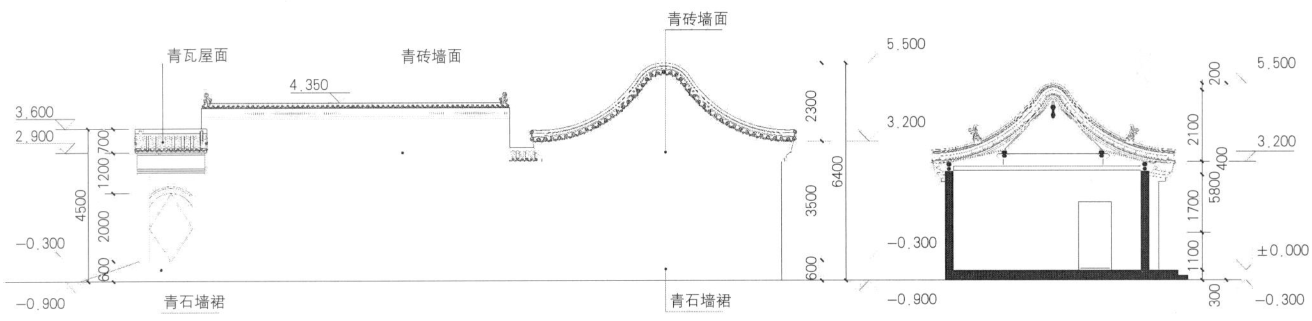

图12　暖泉镇砂子坡村李万山民居立面和屋顶剖面图（图片来源：蔚县传统村落保护发展规划图集）

达。[8]步步锦窗格也在蔚县民居中比较多见，它是由直棂和横棂按一定规则组成的几何图案，寓意生活、事业步步上升。还有方形窗格也较多地运用在门窗装饰中，如郭家大院民居的门窗（图11右）。

3）屋顶山花

屋顶向来在中国传统建筑中占有极其重要的位置，其带有明显的等级区分。蔚县传统民居屋顶主要以硬山顶和卷棚歇山顶为主，硬山顶一般为大户人家采用。屋顶装饰主要分布在屋脊、正脊、正吻等。民居建筑在屋脊上常设有兽吻，其原因是房屋多采用木制结构，常因雷击而发生火灾。古时有言在屋脊上设有神兽龙形，以防止火灾（图12）。

4）照壁装饰

在民居宅院中，照壁是不可缺少的附属建筑，常布置在宅院内外。民居宅院照壁的位置大多与宅院大门正对，可以遮挡视线，提供入院的缓冲，而从风水上来讲，有趋利避害的作用。

照壁也是装饰的重点，同样可彰显主人的社会地位。照壁分为基、身、顶三部分。顶部是筒瓦屋檐，正脊的两端雕有云纹、兽吻等；下面是束腰基础座。[8]壁心花纹多以方砖斜纹拼接，呈菱形交织的网状。如南留庄镇曹疃村刘姓民居中的照壁，檐下运用砖雕工艺，华丽精美，壁心以方砖斜砌组合，图案简单整洁，具有秩序美感（图13）。

图13　南留庄镇曹疃村民居照壁（图片来源：作者自摄）

五、总结

蔚县的传统民居所展现的特征体现了中国地域文化对地区建筑的影响，它所特有的院落结构、营造技法、装饰手法、木雕砖雕技艺等在今天都是巨大的财富。蔚县民居建筑同其他类型建筑是该地区历史文化的见证，也是传统村落中人们的社会习俗、价值观念的承载体。如今我们越来越体会到传统民居的价值与魅力，也督促我们去研究探讨传统民居的保护策略，这无疑对今后传统民居的发展与利用有积极的推动作用。

注释

① 丁玉琦，北京建筑大学建筑与城市规划学院，硕士研究生，100044，yuqipark@qq.com。

② 崔晨阳，北京建筑大学建筑与城市规划学院，硕士研究生，100044，735649737@qq.com。

参考文献

[1] 程美霞．促进蔚县文化旅游发展建议 [D]．保定：河北大学，2014．

[2] 任登军，徐良，张慧．蔚县传统民居院落空间文化 [J]．重庆建筑，2015，14（06）：13–15．

[3] 范霄鹏，候凌超．涧水双堡蔚县南留庄乡土聚落田野调查 [J]．室内设计与装修，2017，（5）：124–127．

[4] 杨苗苗．蔚县传统堡寨聚落仪式空间研究 [D]．包头：内蒙古科技大学，2018．

[5] 杨佳音．河北省蔚县历史文化村镇建筑文化特色研究——以暖泉镇为例 [D]．天津：河北工业大学，2012．

[6] 罗德胤．蔚县古堡 [M]．北京：清华大学出版社，2007．

[7] 兰蒙．河北传统民居建筑装饰及其影响因素的研究 [D]．天津：河北工业大学，2015．

[8] 高琪．蔚县暖全镇古村落传统建筑装饰研究 [D]．保定：河北大学，2017．

镇北堡西部影城民居影像化叙事特征研究

侯鹏飞[①]　李军环[②]

摘　要： 目前对传统民居的研究多集中于建筑地域特征和建构技艺。随着信息技术与大众传媒的高速发展，以各地传统民居为空间载体的影像作品层出不穷。通过民居的影像化"透镜模式"效应[1]，传统民居折射出远超其自身地域文化与建筑技艺之外的叙事性，使其空间价值产生了升华。本文通过对镇北堡西部影城实地调查研究，梳理对比其民居建筑在地域文化和影像化作用下的双重叙事特征，希望能为传统民居的保护开发与价值研究提供新的视角。

关键词： 西部影城　民居建筑　地域文化　影像化　叙事特征

引言

同样是民居，有些年代久远、建筑艺术价值丰富而被人遗忘，有些却创造了"出卖荒凉"的文化旅游盛况，为何？影像化的空间拓展了我们的时空知觉，同时证明了自身的远程在场[1]。地域民居的影像化极大地拓展了其文化认同范围、空间内涵与文学价值。随着自媒体时代的到来，众多传统民居通过影像化的"透镜模式"效应（图1），吸引了数量庞大的不在场受众，进而重新焕发了生机。其中，镇北堡西部影城由于其影视文化属性，成为国内民居影像化塑造最早、最为成功的一个范例。

一、镇北堡西部影城的死与生

古代宁夏地区是农耕民族与游牧民族的交接地带，明清两朝沿贺兰山脉至嘉峪关修筑了200多座兵营，镇北堡就是其中之一。明廷古堡在乾隆年间地震损毁，清廷在其东侧兴建新堡。随着清末兵器技术革新，镇北堡逐渐被废弃，20世纪五六十年代，其城墙又经历了一轮严重破坏，最终沦为羊圈（图2）。80年代，经作家张贤亮的推介，众多影视剧组陆续来此取景，1992年张贤亮在此创办了镇北堡西部影城[2]。随着"牧马人"、"红高粱"、"大话西游"等多部影视作品的大火，镇北堡西部影城（下文简称西部影城）逐渐为影视行业所熟知。后来，针对未来电影电视制作的数字化趋势，西部影城逐渐向中国古代北方小城镇转型，并最终成长为兼具影视拍摄和文化旅游功能的AAAAA级旅游景区。获得"中国一绝，西北大观"、"中国电影从这里走向世界"等美誉。

与目前众多盲目开发的古镇项目和集中新建的影视城不同，镇北堡西部影城以其古朴、荒凉的原始风貌为背景，利用"影视作品拍摄"、"片场原景保留"、"旅游资源转化"这种慢节奏开发模式，

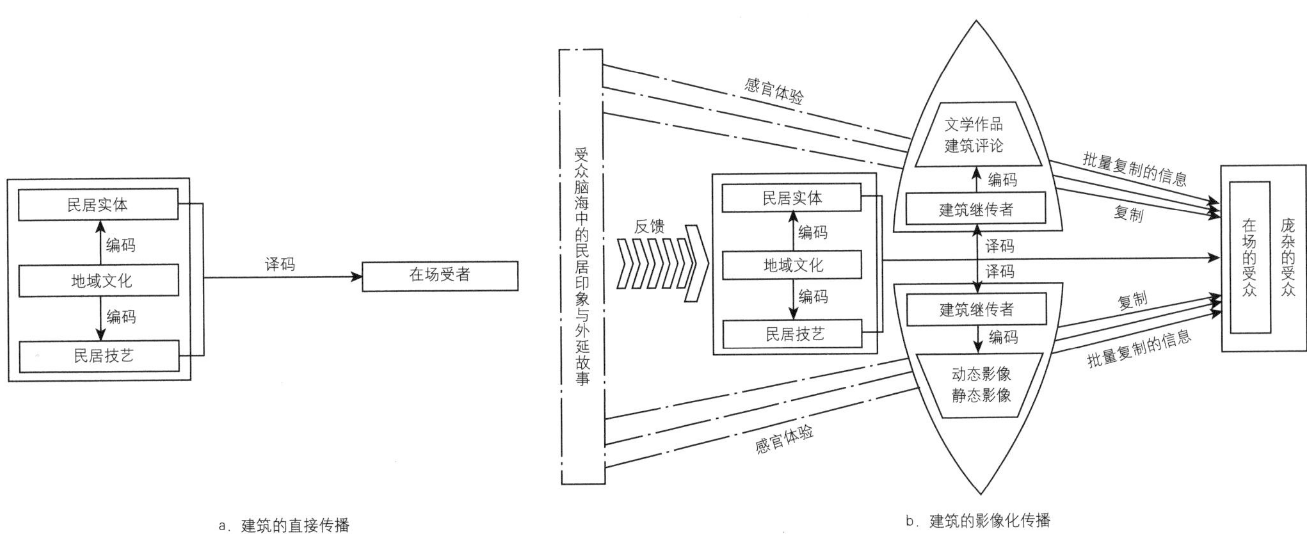

图1　传统民居传播的影像透镜模式效应
（图片来源：据周诗岩《建筑物与像：远程在场的影像逻辑》中图3.8绘制）

图2 20世纪80年代初破败不堪的镇北堡
（图片来源：镇北堡西部影城官网视频截图）

图3 镇北堡西部影城主要部分区域航拍
（图片来源：作者自摄）

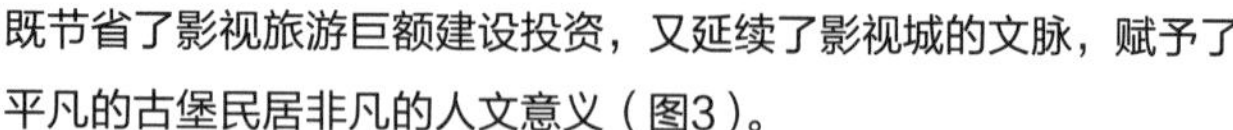

既节省了影视旅游巨额建设投资，又延续了影视城的文脉，赋予了平凡的古堡民居非凡的人文意义（图3）。

二、西部影城民居建筑地域性与影像化双重叙事

电影是空间化的叙事，建筑是叙事化的空间[3]。影视城的传统民居诉说这自身地域文化故事的同时，自然而然地将自身“影像化”，并在广泛的在场、不在场受众脑海中“编译”出虚拟的影视文化故事。这种微妙的影像化，集中表现于建筑空间与地景遗址之中，两者共同作用，产生了引人入胜的效果。

1. 地域文化叙事

西部影城主要由入口接待服务区、明城区、清城区、马缨花餐饮中心和老银川一条街几部分构成（图4）。其中明城区域内又包含了明城堡以及城堡外的牧马人、“文革”小院、浪人街等民居建筑空间。近年来为了适应市场需要，又在景区东南角新增了儿童娱乐园和农业趣味体验园。

整个影视城的地域文化线索是“民居建筑组团”——“旷野田野等地景或走廊过渡”——“下一个民居建筑组团”的不断重复。在宏观布局方面，由无明显年代特征的茅草廊和留白的中心广场，

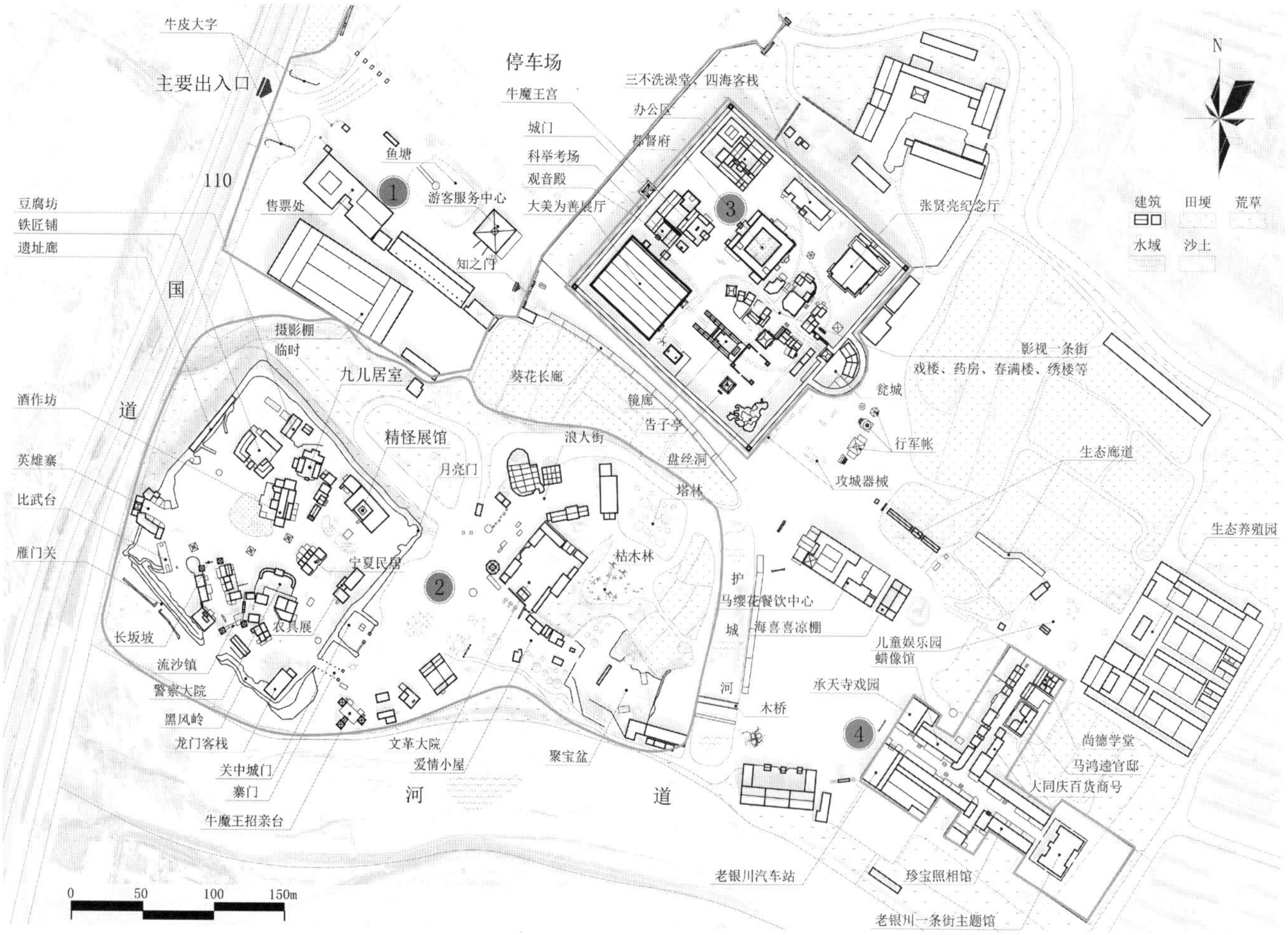

①入口接待区②明城区③清城区④老银川一条街

图4 镇北堡西部影城总平面图（图片来源：作者自绘）

图5 不同区域间的宏观组织

图6 不同地域建筑群的组织

图7 同一建筑立面和内外组织

串联起入口区域、明城区、清城区与老银川一条街，通过农田中的生态走廊，串联起清城区与儿童娱乐园和生态养殖园（图5）。在中观建筑组团方面，通过留白的沙土地或街巷转角视线遮挡，组织不同地域建筑群（图6）。在较为微观视角的建筑单体方面，通过建筑不同立面组织不同的地域建筑形象，通过建筑空间的内外组织不同的形式与功能（图7）。总体而言，通过时代特征不够明显的自然空间过渡，影视城将不同时期不同地域的民居较为集中地组织在几个主要的区域中。

值得注意的是，许多材料技法相似的不同地区或不同年代的民居建筑，往往需要通过地景和室内环境等的营造表现出明显不同的地域性和年代感。此外，民居建筑的地域文化叙事依托于民居实体，其叙事范围的可拓展性相对不足（表1）。

2. 影像化叙事

建筑的影像化研究由来已久。朱莉安娜·布鲁诺在他的《身体的建筑》中写到，建筑的影像化是作为生活空间和生活叙事的“动态痕迹”，它是叙事的、心理的并由受众个人经验自我呈现[4]。西部影城民居建筑的影像化同样具有这样的特征。如图8、图9所示，“爱情小屋”、“九儿居室和酒作坊”这两处景点虽然规模很小，但通过影像化的透镜模式效应，在更为广泛的受众心中呈现出了极度丰富而明晰的“剧情回忆”。相比地域文化叙事而言，影像化叙事无论在受众广泛度，还是叙事丰富度和清晰度方面都具有非常大的优势。

在空间“编剧”方面，西部影城的影像化叙事表现出自然和谐的整体性。它的完善伴随着这座影视城的诞生、成长和成熟的每一个进程。每一部影视作品的取景拍摄都是西部影城这部大的“立体剧作”的一个偶然的情节插入。通过自身拍摄需求和影视城现有条件间的相互和妥协，赋予了民居空间多重影像化虚像，并自然而然地避免了不同类型建筑群体和单体之间的生硬过渡，最终形成一套合理而不刻板、丰富而不混乱的不断生长着的叙事整体。

在空间“剪辑”方面，西部影城的空间组织用到了叙述蒙太奇、杂耍蒙太奇等多种空间蒙太奇手法。例如，牧马人和“文革”大院区域以时间顺序为线索进行民居空间的直叙组织。大话西游拍摄场地遍布影视城各处，这种杂耍蒙太奇的片段性和跳跃性不但没有影响游客的体验感受，反而极大地扩大了其在西部影城的存在感。影像化的民居空间剪辑丰富了空间叙事的类别，让受众游览其中不觉单调又不失节奏感，这是影像化叙事的又一个特征。

镇北堡西部影城主要民居建筑与地景遗迹的双重表征　　表1

主要区域	主要民居建筑与地景遗迹	地域文化叙事	影像化叙事
入口接待区	牛皮大字、古堡寨门、西北汉族民居、游客服务中心大帐等	游牧文化与农耕文化的交织、古代边关军事文化剪影	《贺兰雪》、《乔家大院》等影视作品
明城入口前区	敕勒川牧场小屋、农村大院（标语纪念碑、演讲批斗台、牛棚、大食堂、农村供销社）、公共活动场景（大炼钢、大队劳动推车等）	20世纪六七十年代的西北民居，丰富的公共空间和农具布景，逼真还原了从“文革”开始到结束的农村生产生活状态	《牧马人》、《老人与狗》、《血黑》、《信仰》等影视作品
明城核心区	月亮门、精怪展室、县衙、酒作坊、山东合院民居、铁匠营、英雄寨、招亲台、长坂坡（流沙镇）、黑风岭、龙门客栈、关中城门等	西北古代民居、汉风街市作坊、近代风格的各类传统作坊等，生动体现了不同时期不同地域环境下传统生活空间	《红高粱》、《大话西游》、《黄河谣》、《乔家大院》、《贺兰雪》、《新龙门客栈》、《关中刀客》、《新少林寺传奇》、《双旗镇刀客》等
清城	瓮城、幸运之门、影视一条街（花满楼、绣楼、戏台、药房等）、四海客栈、牛魔王宫、私塾、科举考场、观音阁、铜镜长廊、盘丝洞等	清代的街市、衙署、客栈和民居，以及富有江南园林特色的都督府和盘丝洞等地域建筑空间	《侠客行》、《双旗镇刀客》、《五魁》、《大话西游》、《乔家大院》、《汗血宝马》、《水浒人物谱》、《西口情歌》、《老柿子树》、《水浒人物谱》等影视作品
老银川一条街	老汽车站、寺庙戏园、明星蜡像馆、大公报公馆、马鸿逵官邸、宝珍照相馆、老银川一条街主题馆、兰江图书馆、大同庆百货商号、尚德学堂等	再现民国时期的老银川城市街道风貌和主要历史建筑	通过对老银川最繁华的“柳树巷”的影像化复原，再现民国时期的老银川景象
其他地景与遗迹	明城墙遗址、塔林、枯木林；雁门关、攻城器械、清代炮台；生态农田、水田等	边塞文化、宗教文化与农耕文化的剪影	上述大部分影视作品的取景地

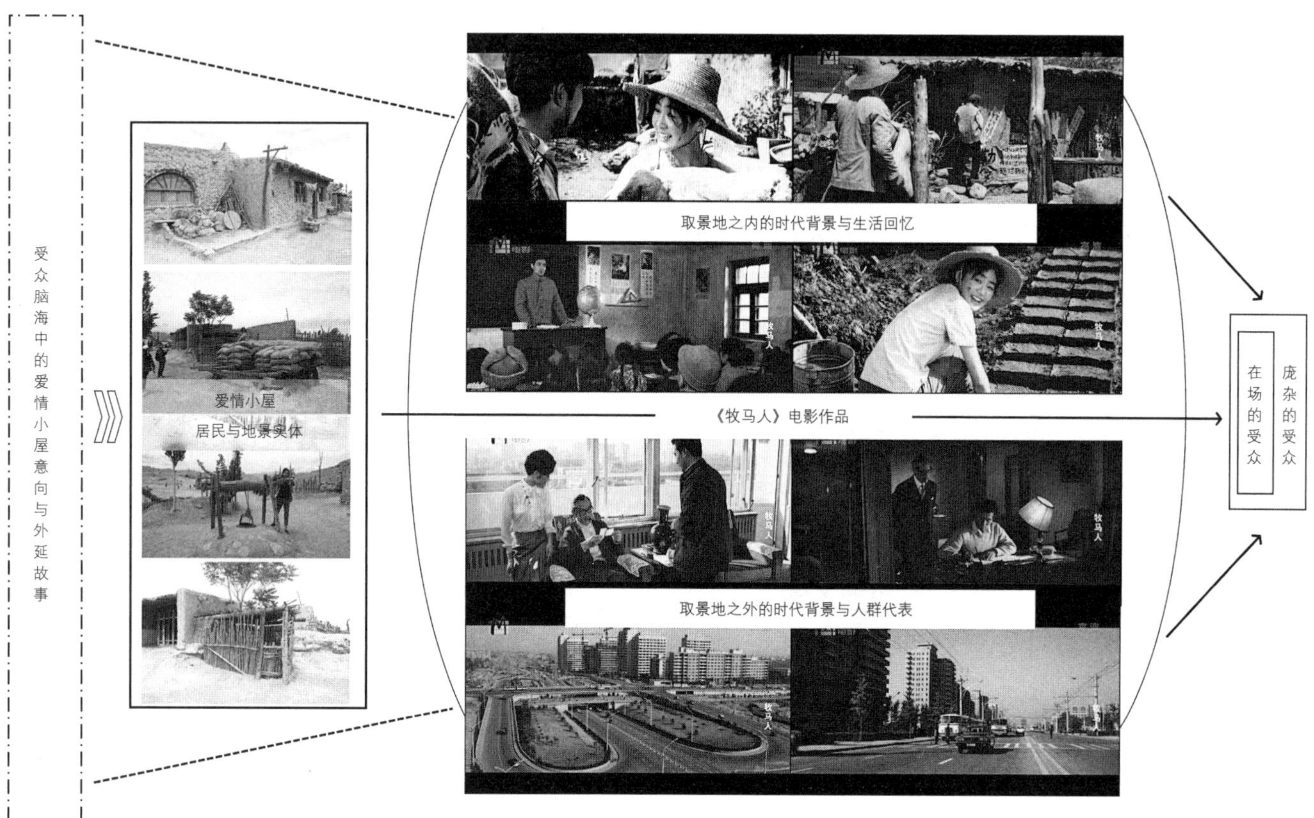

图8 《牧马人》"爱情小屋"民居影像化虚像编译（图片来源：作者自摄、电影截图）

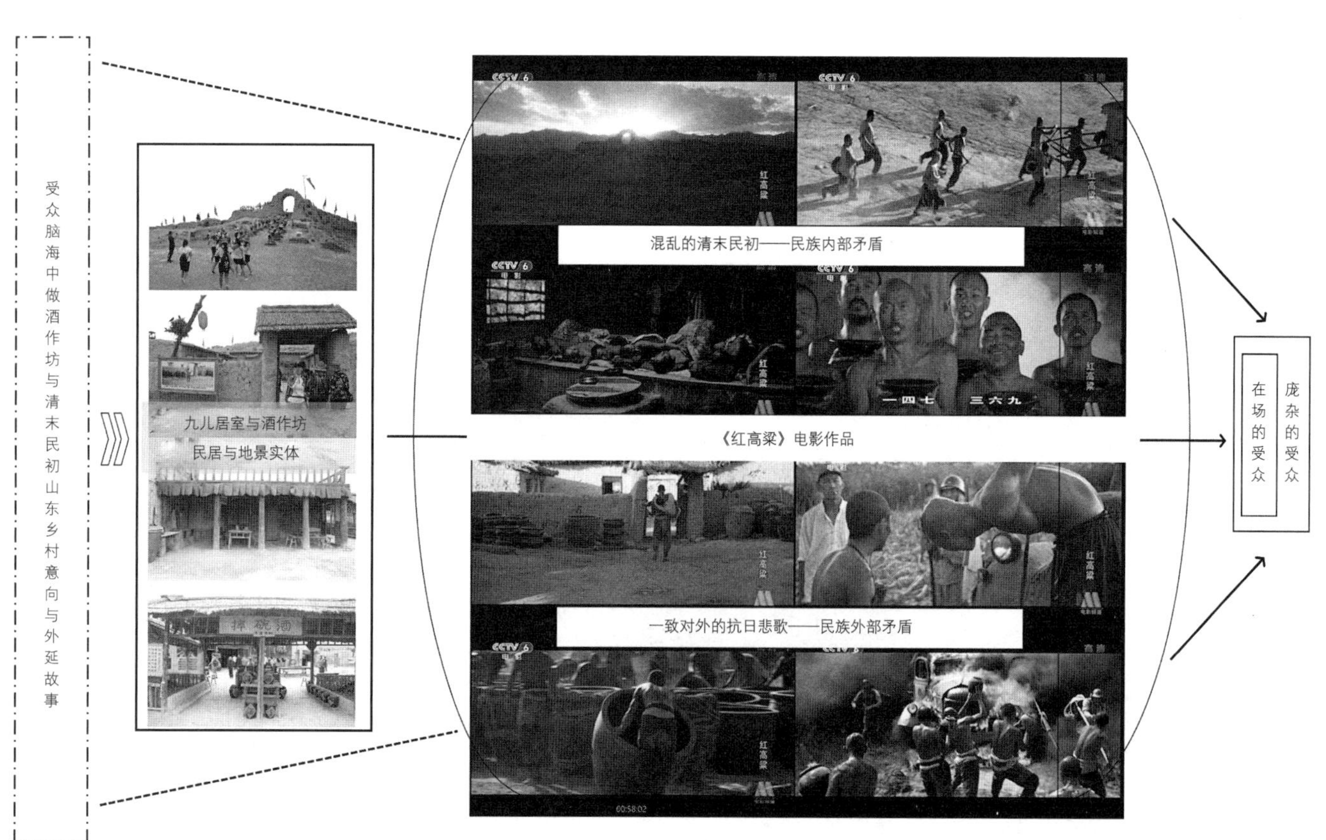

图9 《红高粱》"九儿居室"与"酒作坊"民居影像化虚像编译（图片来源：作者自摄、电影截图）

三、结语

综上所述，虽然同样依托于民居实体本身，相对于西部影城民居建筑地域文化叙事的局限性，影像化叙事拥有更为广泛的受众群体、丰富而明晰的“剧情回忆”、更具体验性的电影化叙事节奏以及自然和谐的整体叙事特征。两者互相促进，共同营造了西部影城这部精彩绝伦的“西北大剧”，造就了西部影城当前的文化旅游盛况。针对越来越多的传统民居保护开发需求，想方设法为尘封的民居“空间实体”注入影像化的“故事灵魂”，不失为一个解决之道。

注释

① 侯鹏飞，西安建筑科技大学建筑学院，710048，houpengfei115@126.com。

② 李军环，西安建筑科技大学建筑学院，教授，710048，617790756@qq.com。

参考文献

[1] 周诗岩．建筑物与像：远程在场的影像逻辑 [M]．南京：东南大学出版社，2007．

[2] 曹康林．张贤亮与镇北堡 [J]．西部大开发，2005（08）：42–44．

[3] 鲁安东．电影建筑和空间投射 [J]．建筑师，2008（06）：5–13．

[4] Bruno，Giuliana．Bodily Architectures [J]． Assemblage，1992（19）：106–111．

苏北传统民居山墙装饰及其文化内涵分析[①]

张明皓[②] 张方雨 李 慧 刘芳兵

摘 要： 苏北位于江苏省北部，由于地处交通枢纽，人员流动较大，受到我国南北文化的共同影响，当地传统的民居建筑也表现出既具有南北融合，又具有地方特色的多元特征。本文以山墙为研究对象，对山墙的印子石、门窗洞口、山花山云、墀头和搏风封檐等细部装饰及营造技术进行了重点研究，从其建筑形式和砖石特点两方面分析其地域、民俗和技术等的文化内涵。

关键字： 苏北地区 山墙 装饰 文化内涵

引言

苏北地处江苏北部，按现行的江苏省区域划分，指的是徐州、宿迁、连云港、淮安和盐城五座城市，相对于苏南和苏中地区经济发展水平，苏北经济较弱，处于江苏省“第三梯度”。然按地理环境、气候条件、方言、建筑风格和工艺做法等来看[1]，徐州、宿迁和连云港三座城市在方言、饮食及生活习惯等方面具有较大的相似性，其建筑也同样有着相似性，与淮安和盐城两座城市区分较为明显。因此，本文所指的苏北地区仅指徐州、宿迁和连云港三座城市。

苏北地区地理位置特殊，是我国的交通枢纽，水运发达，自古以来就是兵家必争之地，人口流动及文化交流较为频繁，受到我国南北文化的共同影响，形成了独特的地域文化特征，在传统民居方面则表现为“北雄南秀”的建筑风格。山墙作为传统民居中最为重要的要素之一，其装饰风格也体现出建筑的风格。本文以山墙为研究对象，对其装饰风格特点进行分析，探究其文化内涵。

一、山墙的作用

山墙简称为“山”，在传统硬山建筑左右两侧墙的上端与前后坡屋面间，形成一个三角形墙体，与底部墙体一起，似古体“山”字，因此称为“山墙”。在传统民居中山墙为沿建筑物短轴方向布置的墙，起到围护分隔、保温隔热、通风采光、防火防盗等实用功能。传统民居山墙主要由三个部分组成：下碱、上身和山尖。

苏北传统民居中的山墙，除作为建筑的围合外，依据各自情况的不同，也可兼作影壁、交通院墙之用。依据形态不同，山墙可分为三种类型：人字形、阶梯形与锅耳形（图1~图3）。人字形山墙是苏北民居中常见的一种类型，也最真实地表现出屋顶的结构关系。其形式繁简不一，山尖和搏风部位常采用砖雕或砖塑构件装饰山墙。阶梯状山墙造型起伏有致且讲究对称，以两级或三级阶梯状叠落为主，又被称为“封火山墙”，起到防火、隔火的作用，或位于影壁、转角等部位，作为视觉焦点。锅耳形山墙在苏南地区也称为“观音兜”，山墙高出屋面且外轮廓像铁锅的耳朵，俗称“锅耳墙”，也有意会古代官帽的形状修建，取意前程远大，多见于官宦之家[2]。

二、山墙的分类

如果说山墙的装饰是点睛之笔，山墙的墙体则是不同风格的画

图1 人字形山墙

图2 封火山墙

图3 锅耳形

图4 徐州吴绍村

图5 连云港南城镇

图6 苏北连云港中云街隔村

布，其砌筑手法奠定了整体的风格，不同的营造技艺也使山墙的基调有着不同的色调。苏北地区的山墙主要有全石、全砖以及砖石混合墙三种建筑风格。

1. 全石墙

由于自然条件及经济实力所限，位于低山丘陵地带的传统民居多采用全石山墙。石头就地取材，取用方便且造价低廉，是当地常见的山墙类型，如连云港南城镇、连云区及徐州铜山吴邵村等（图4~图6）。石头颜色大小不等，错落有致，别有质朴风格。

石墙砌筑时，用锤子和凿子平整外向的石面，并在上面凿出有规律的线条，然后加工上下两个相互组砌的接触面，成为一块合格的料石块。石匠秉承“拙石头巧窝”的口诀组砌石块。石块形状各异、姿态古拙，石匠根据石块的自然形状，利用相互之间的凹凸互窝的样式进行巧妙地组合，砌出规整坚固的墙体。

2. 全砖墙

民国前建筑多采用纯砖墙，之后混合砖墙使用较多。砖墙砌筑形式多变，苏北当地做法是满顺满丁，一般为奇数层顺砌加一层丁，有七层一丁、五层一丁、三层一丁，此外还有两层一丁、一层一丁等做法（图7~图9）。以五层一丁为例，砌筑时基层为丁砖，基层上五层砌筑以丁砖打头顺砖依次排序，至第六层时用七分头打头顺砖依次排序，第七层则为七分头顺砖打头加一皮依次排列砌筑，砌筑方法同基层。

3. 砖石混合墙

砖石混合墙体基本遵循上砖下石的砌筑方法，石料具有耐久性、抗压性以及防水性，用于下部，有利于房屋使用的长久与防潮。此砌筑墙体时注意石块的组砌和粘结材料的使用。在过去，传统匠师坐在凳子上逐片砌筑石墙，讲究细工出慢活，砌筑时用石块填满墙体缝隙。砖石混合墙体主要出现在徐州和连云港等地区（图10~图12），徐州地区粘结墙体时使用抹灰，连云港使用当地特有的粘结材料，由岩石风化后的粉末添加稻草灰、石灰搅拌而成，硬度强，凝固速度快，持久耐用。由于石料多不规则，相互之间缝隙大，用粘结材料大面积涂抹，有的宅院会用抹灰在石墙面上画出各种代表吉祥的装饰图案。

图7 落落丁与一顺一丁结合

图8 三层一丁

图9 六层一丁

图10 砖石混合墙（户部山民俗博物馆）

图11 砖石混合墙（窑湾）

图12 石墙灰缝（连云港侯府大院）

三、山墙的细部装饰

1. 印子石

印子石是苏北地区常用的建筑构件，主要砌在梁下、转角等承重部位，和虎头钉、墙内柱相结合，有效加固墙体。印子石以就地取材为主，所用石材是当地常见的青石，经石面点錾加工后嵌入墙体上受力较大的位置（图13）。印子石宽窄不一，厚度约为两层砖厚，或为砖的倍数，便于砌筑，长度与墙厚相等。从外观上看，似青绢上的斑斑印迹，当地雅称“印子石”，又称“压板石”。印子石上下错落有致，为淡白或淡黄，丰富砖墙的色彩感，增加房屋整体的韵味和观赏性，形成与其他地方民居青砖粉墙迥然不同的艺术效果。

2. 山花山云

山花，又称“砖雕悬鱼”，常见砖塑或砖雕山花，题材多为花卉图案和鸟兽题材，体现“雅、俗、动、静”的审美情趣。代表图案有荷花鸳鸯、凤凰牡丹、狮子滚绣球、祥云如意等（表1），色彩朴素呈黑白灰色调，构图大气且因势创形，装饰风格独特。砖塑山花形象立体，造型生动鲜活；砖雕山花采用浅浮雕，雕刻技法沉稳细腻，较砖塑虽少几分景深层次，但整体构图更加平稳和谐，多出几分素雅。山花两侧饰有山云，采用加草木灰和麻刀的石灰泼浆灰抹制，形同云朵或绸带，面积约占整个山尖的1/2，整个山墙以灰色砖墙做基底，凸显出白色的山云与深色的山花[3]（图14）。

山花图案　　　　表1

类型	砖雕			砖塑		
典型案例纹饰	如意祥云	牡丹花	牡丹花	狮子绣球	凤凰牡丹	莲叶荷花

3. 门窗洞口

苏北地区的山墙由于起到承重作用一般不开门窗，有也仅在墙体上方开一个小窗，称作“望月窗”。一方面作为民居内部日常采光、通风之用，另一方面小窗的装饰也增加了山墙的艺术效果。徐州户部山地区及新沂窑湾镇多采用这种带有装饰艺术的小窗，窗户形式多变，有圆形、正方形、六边形、八边形等，窗框四周采用花砖镶嵌，凸显层次感。

若地形复杂起伏多变或民居带有前廊，山墙开门洞口便于交通往来。洞口装饰别具特色，有的门楣上方呈三角形装饰，用来装饰的花砖加工呈曲线形态，花砖相互拼合形成样式独特的门头，类似中国传统装饰中的蝙蝠纹样，意会福气之意（图15）。这种花砖装饰的过门洞口，在南北方民居中还不多见，为本地区所特有的文化装饰符号。与之相似的还有用在圆形月亮门院墙中的实例。圆形的月亮门采用曲线形花砖锁边，形成一道曲折蜿蜒的圆形门洞，对洞口进行视觉上的空间界定，也丰富院墙的装饰。

4. 墀头

墀头，别名“腿子”，由下碱、上身、盘头三个部分组成[4]。墀头风格质朴，素平装饰，仅在檐口下采用清水砖墙砌筑并出挑，下部出挑方式采用硬板砖或笆砖叠涩，素平墀头常见于经济条件一般的民居中，经济实力较强的商贾大户人家则多用于花砖装饰，嵌在山墙檐口部位下方，上刻祥云纹、万字纹、花草纹或“福、禄、寿”文字等纹样装饰，表达富贵吉祥平安的寓意。此外，还有“浪花飞鱼”、“鸳鸯荷花”、“飞龙在天”、“凤凰于飞”、“猛虎下山”等图案（图16），或表达家族显赫的地位，或彰显族中弟子的功名，或暗喻淡泊名利志在乡野的追求。

5. 搏风封檐

山墙与屋檐交界处的封檐采用层层出挑的叠涩方式，出三至五道细砖线脚。出檐形式有菱角檐、鸡嗉檐、抽屉檐等，其中又以菱角檐和抽屉檐居多（图17~图19）。此外，在砖挑出檐的最上方，多用表面光洁的太平笆砖立砌成砖搏风，面积较大，搏风头雕花或不雕，在搏风的最前段饰以“卐”字或铜钱纹样，增加山面檐口的装饰性。有的传统民居上还采用模印的花砖替代太平笆砖嵌入墙体，其装饰性更加丰富，体现出低调的奢华。

图13　印子石

图14　山花与山云

图15　洞口装饰

图16 山墙墀头装饰

图17 菱角檐

图18 鸡嗉檐

图19 抽屉檐

四、山墙装饰的文化内涵

装饰所代表的从来都不是表面上的艺术，艺术只是其表现的一种手法。从装饰的表现上，我们可以看到其蕴含的题材与寓意。苏北地区的山墙装饰在整体风格与细部装饰方面与北方及苏南地区民居有着较大的差异性，其差异缘由既受到本地区自然环境的影响，也与本地区传统的文化内涵有着很大关系。

1. 地域文化

地域性是一个地区所特有的风土人情，具有独特性和标志性，反映该地区人们的生活习惯、自然环境、文化，是传统文化与人们生活习俗形成的具有特色的建筑。苏北地区传统民居色调以青灰为主，颜色古朴淡雅，奠定了装饰的基本色调。究其原因，主要是材料就地取材，砖常用青砖，石材采用本地青灰色坚硬的石灰石。传统的营造技术，也会受到当地生活环境的影响。如徐州户部山的民居，因地处山上，石材多，而青砖需人力从山下搬运，所以此处山墙下碱比一般清代建筑要高，上身砖墙部分较少；或者门窗洞口处用花砖相互拼合形成轮廓，意会福气之意，是徐州当地所特有的形式。

2. 民俗文化

山墙上的装饰图案多种多样，有着不同涵义，总体概括起来都是对美好生活的向往及祈福生活。比如常见的纹样图案和文字装饰有“卐”字纹、祥云纹或“福”、“禄”、“寿”等文字象征，采用取意的手法把代表吉祥如意的文字直接雕刻在山墙上。雕刻带有寓意或者谐音的动植物纹样则是用象征的手法表现出人们的期望。苏北地区较为常见的代表寓意有蝙蝠寓意幸福、荷花莲藕象征早生贵子、鸳鸯象征喜结良缘等。此外，装饰上也常出现组合图案的装饰，比如山花中的狮子滚绣球、凤凰牡丹、祥云吉祥等。牡丹雍容华贵、富丽堂皇，又曾是中国的国花，素有“花中之王”的美誉，向来是富贵的代表，凤凰则是百鸟之王，常用来象征祥瑞、吉祥和谐，将两者放在一起，寓意吉庆如意，富贵昌盛，表达了人们对生活的愿景。

3. 技术文化

技术是一个地区营造工艺的体现，是当地匠师依据身处环境，因地制宜逐渐调整形成的适合当地环境的营造方式。苏北地处夏热冬冷地区，冬季气温低于省内其他地区，本地区常使用内部黏土砖、外部青砖的里生外熟墙做法，墙体分成内外两层，生指内层为土坯（高500~600毫米）[5]，没有用火焙烧过泥土坯，做泥土坯时掺入麦草类植物秸秆作为拉筋，熟则为外层砖砌的清水砖墙。内外两层墙体加墙内柱，砖墙一般扁砌，丁顺结合插入土坯砌体内。里生外熟墙保温性能好，但结构性能差。因此，每隔一定距离则要使用石头材料的印子石压在墙体的上方，借以通过外力的作用压实下面的墙体，起到稳固的作用。印子石的使用与本地营造技术相关，既是承重支撑构件，同时又成为山墙中的一种装饰，在不同价值的要素中产生多重意义，结构和装饰两个层次之间的矛盾在这里得到承认，成为技术结合装饰的表现。

五、结语

苏北地区传统民居是特定的地理环境、经济背景下多元文化相互交融形成的民间建筑。传统民居的营造技术综合了南北两地的手

法，印子石作为苏北地区特有的构件，是典型的在当地环境下使用具体的材料、技术和加工手段彰显民居地域、技术特色的做法。苏北地区民居的山墙暗含屋主的经济条件、性情品德，也表现了对生活的美好愿景，集民俗信仰、营造技术、当地特色于一体，是苏北传统建筑与文化的缩影。

注释

① 本文受教育部人文社会科学研究青年基金项目资助，项目号为16YJC760075。

② 张明皓，中国矿业大学建筑与设计学院，副教授，221116，27747013@qq.com。

参考文献

[1] 雍振华. 江苏民居 [M] 北京：中国建筑工业出版社，2009.

[2] 杨劲松，谢桦. 美丽的山墙——中国传统建筑山墙的探讨 [J]. 中华民居，2011(1)：102-103.

[3] 孙统义，常江，林涛. 户部山民居 [M]. 徐州：中国矿业大学出版社. 2010.

[4] 顾爱东. 苏北地区（徐宿连）清末传统民居研究 [D]. 徐州：中国矿业大学，2015.

[5] 郝洪涛，卜富财. "里生外熟" 墙体砌筑法 [J]. 小城镇建设，1989(05)：20，21.

宗族制度影响下传统民居建筑平面形态特征浅析

——以江西进贤旧厦古村为例

倪绍敏[①]　段亚鹏[②]　刘俊丽[③]

摘　要： 传统民居建筑是封建社会制度下的产物，其建筑布局和空间形式在一定程度上受到宗族制度的影响。旧厦村有着深厚的宗族文化传统，其村落格局的形制、建筑平面形态、建筑空间序列都深受宗族文化的影响。本文以建筑平面为切入点，探讨宗族制度影响下的家庭居住单元的组合方式及其影响因素。

关键词： 宗族制度；传统民居；建筑平面

传统民居建筑是数量最大、与民众最息息相关的一种建筑形式，是封建社会制度下的产物。民居建筑亦反映了宗族群体的共同意志，家族村落建筑形态是该宗族血缘影响下的地缘关系的显现。宗族村落共同体作为一个整体，要想持续存在，就必须居住在共同的大致有限的地域之内。血缘是家族凝聚的生物学特征，而聚居性表明的是其地理学特征[1]。中国传统社会中，宗族村落在同一有限地域星罗棋布、相互依存，主要源于生存资源和社会保护资源的匮乏。在生存力低下，商品经济不发达，交通闭塞的情况下，同族人必须要互相援助、保护，那些分居村落也要依赖同族村落的庇护。

进贤地处抚河下游地区，为典型的赣中民居特征，具有明晰的轴线关系和空间特征。旧厦周家古村建筑深受宗族制度的影响，影响着整个村落的格局关系、建筑周边环境乃至建筑单体的组织形式。本文主要探究宗族组织影响下的村落格局、内部街巷对建筑平面布局的影响，分析传统民居建筑的衍变形式。

一、村落格局对平面形态的影响

旧厦村是周氏的祖居村落，早在元末就形成了初期的布局模式。周氏的前几代祖辈都有在城市为官的经验，旧厦村在元代建村的时候就仿照城市格局布置，采用规整的棋盘式布局模式，为方正的棋盘网格形（图1）。该时期村内建筑布局严整，被巷道分成几块区域，建筑多为行列式布局的土坯房，建筑为三开间建筑，当地俗称“关门紧”。

旧厦村为典型的村堡式聚落，村内外有明显的村落边界，村庄与外界的边界靠围墙和建筑的檐墙组合而成。旧厦村是罗溪周氏的祖居村落，参考了城市营建的格局，村庄不仅内外界面格局分明，

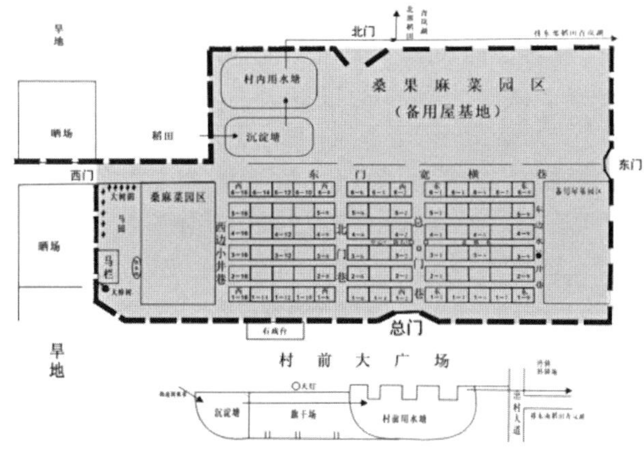

图1　模盘式布局
（图片来源：作者自绘）

内部建筑也有着强烈的秩序，在十字交错道路骨架内建筑为行列式的布局，较好地体现了城市街巷的方格网围合格局[2]。村落内现存7条历史街巷，其中4条为南北走向，3条为东西走向。

清光绪年间，旧厦村的基本格局就已趋于成形。宗族精英主导下的村落建设促使街巷格局发生变化，村内街巷相互交错，呈不规则网状布局（图2）。宗族组织中的精英们将在外为官、经商的经验带入家乡建设，对旧厦村建设格局的形成和内部建筑造成了较大的影响。经过此次住房改建，旧厦村由土坯房转变为二层楼的清水砖墙房，建筑形制发生了较大变化，并涌现出一批家族聚居大房。

宗族制度从血缘关系开始，联系着宗族的各种权利与关系。家庭住所的居住建筑是家庭的基本单元，维系着纵向的宗族代际关系与横向的家庭关系。代际关系便是居住建筑单元与村落整体格局的联系性，而横向的家庭关系则是居住建筑单元内部甚至与几个居住单元之间的分布关系。

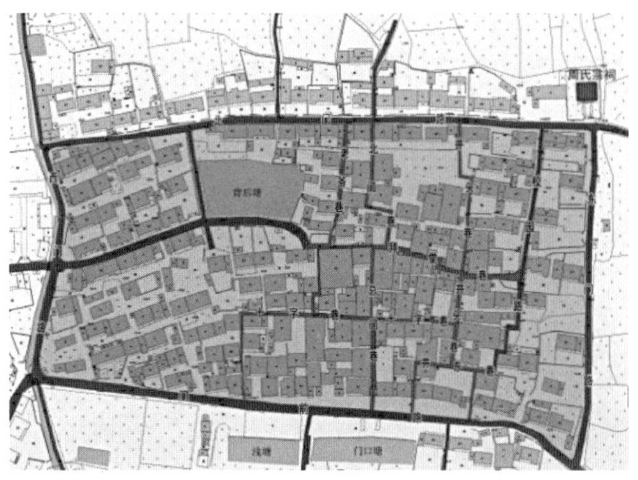

图2　不规则网状布局
（图片来源：作者自绘）

二、旧厦民居的建筑平面形态衍变

旧厦为居住性质的村落，民居建筑主要为合院式民居。受到村落历史发展的影响，民居建筑存在一定的发展格局。通过对进贤旧厦村传统民居的梳理发现，各个时期的民居都得以保留，为我们研究提供了一套完整的体系。从早期旧居村开基建村时，按照行列式的格局布置，民居为一明两暗的土坯房。

到明清时期建筑天井式样成为主流，大部分中小型民居是以一进式布局为原型，在三合天井的基础上加上门厅或门廊，形成“四水归堂”的四合天井单元。一进院落（扩展型）其实是二进院落的另一种形式，其产生的根本原因在于家族背景下兄弟分家时，分成前后两块不同的区域，分别形成各自独立的入户大门和天井。

随着丁口的繁衍和房派发展，民居建筑开始呈现多样化。家庭扩张后对使用面积需求的增加驱使平面组织变化，而礼俗社会轴线序列的要求是入口设在门厅正中，形成严格的中轴对称。由堂屋和天井构成的院落空间是乡土建筑的内部核心空间，其轴线对称与空间位序反映了中国家族制度特有的等级秩序。

《明会典》卷三中六十一部载：“庶民所居房舍，不过三间五架。”因为明代住宅都恪守此规定平面为“一明两暗”的三开间[3]，使得建筑只能在纵深方向拓展，而形成了二进天井式乃至三进天井式的格局。而后家族人口增加、人丁兴旺，三进天井式民居也难以满足需求，正是在此情况下，民居建筑开始扩展组合式方式。扩展主要是从中庭天井向两侧延伸，形成层层错落的建筑形式。

各组多进院落建筑之间的交通常设内廊，从而使整个村落或整座建筑群浑然一体，其性质也属于内部公共空间。无论是纵向串联多进的院落，亦或横向并联，几个侧院，主屋明间部分都是家中最严正的厅堂，严格布置在中轴线上。各进主屋与院落均左右对称、布局严谨。

民居内部的庭院、厅堂、天井、内廊等公共空间具有交通、交往、劳作、休憩、教化、观演、祭祀、采光、通风等功能，它们满足了封建伦理和等级秩序的要求。此外，建筑平面通过天井空间与外界环境对话，使整个民居获得有节奏、有韵律、又情景交融的生动的民居内部空间环境（图3）。

旧厦传统民居形式	平面图
原始住宅（无天井式）	土胚房“关门紧”；周多华宅
一进院落	善良贻庆宅
一进院落（带门厅式）	三和宅；老大夫第
一进院落（扩展型）	文门来庆宅；善良垂裕宅

旧厦传统民居形式	平面图
二进院落	大夫第宅
三进院落	仙官世胄宅
扩展组合式	五间过屋宅

图3　旧厦民居类型图
（图片来源：作者自绘）

三、旧厦民居平面布局特点

1. 中轴序列组织

宗族组织下的村落分别呈现出空间化的特点，村落乃至建筑布局都是血族宗亲关系在地缘背景下的投影。整个村落以总门巷为起点，营造出规则的轴线序列空间，南北和东西走向的巷道成为村落骨架，共同框定出村庄建筑的规则与秩序。

宗族观念在民间根深蒂固，宗族的伦理尊卑观念深入人心，建筑平面布局的中轴空间序列便是最好的体现。民居建筑内外空间中也包含着秩序和理性，建筑对外要遵循礼制，要与整体格局协调，内部则恪守严整的轴线空间序列。旧厦民居的轴线空间是最重要的空间所在，也成为建筑中着力打造的重点。整体纵向序列是门厅—天井—前厅—中天井—后厅—后天井等一系列空间节点与氛围的营造，创造出浓重的秩序氛围。部分厅堂用太师壁隔成前后厅，太师壁两侧向后厅开门，次间也由板壁隔成两个房间，均作为卧室使用。前部卧室向前堂开门，后部卧室向后堂开门，两者之间互不连通。旧厦民居建筑的平面组合很规则，中轴序列，左右对称，前堂后寝，左尊右卑。住房分配则是按长幼尊卑来分配居住房间，等级秩序分明。

2. 入口空间营造

大门作为室外公共空间与室内私密空间的第一道屏障，是从街巷空间通向院落内部的第一个节点构筑物，具有界定边界、引导人流以及保家护院的基本功能[4]。入口作为中轴空间序列的开始，是家族脸面的展现（图4）。

入口空间是宅第主人的身份、社会地位、文化修养的体现。从很多日常俗语之中，都可以一窥门户之说对于社会的影响。“高门大户”用来形容富裕显贵之家，而“寒门小户”则用来形容身份卑微的百姓之家。大门逐渐成为居住者彰显身份地位、凸显经济实力的工具，同时兼具表达居住者的文化品位、道德修养、生活情趣的作用。旧厦民居特别重视入口空间氛围的营造，入口以立门槛、门仪石、门罩、香炉等装饰物来彰显门楣。

3. 中庭氛围烘托

天井是旧厦民居空间组织的中心，是整个住宅采光、通风的主要来源，既是交通联系的媒介，也是厅堂空间的延伸。进贤地区冬季温暖，夏季炎热且漫长，遮阳通风是当地民居最大的舒适性诉求。建筑向天井伸出的悠远的挑檐形成的廊空间，使得室内阴凉干爽，成为各项生活和生产活动的主要场所（图5）。

中庭及其天井属于半封闭半开敞的空间，是维系院落各建筑、空间的纽带，是院落空间构成要素的重要组成部分。其封闭之处在于庭院周围被构筑物以及院墙所围合，不与外界空间直接接触；开敞之处在于相较于建筑，庭院没有顶界面，即天花板作为界定，可以与自然直接接触。屏风门、槛墙、水磉的设计，在放大天井空间的同时也很好地装饰了室内空间。在同宗族村落群体中，同宗兄弟的住宅通过连廊相互串联，较好地体现了宗族背景下家族的互助关系。

4. 居储空间分离

旧厦民居在赣文化影响下，在几百年的变迁中天井式的平面布局一直非常稳定，一般为一层或一层半，很少有二三层。一层半是指二层设仓储用的阁楼，进贤民居的主流类型也是一层或一层半[5]。正厅的堂屋一般为三开间“一明两暗”的布局，堂屋开敞，不设阁楼，次间可能设阁楼，但一般为仓储空间，不住人。旧厦民

图4　仙官世胄入口门头
（图片来源：作者自摄）

图5　大夫第中堂庭院
（图片来源：作者自摄）

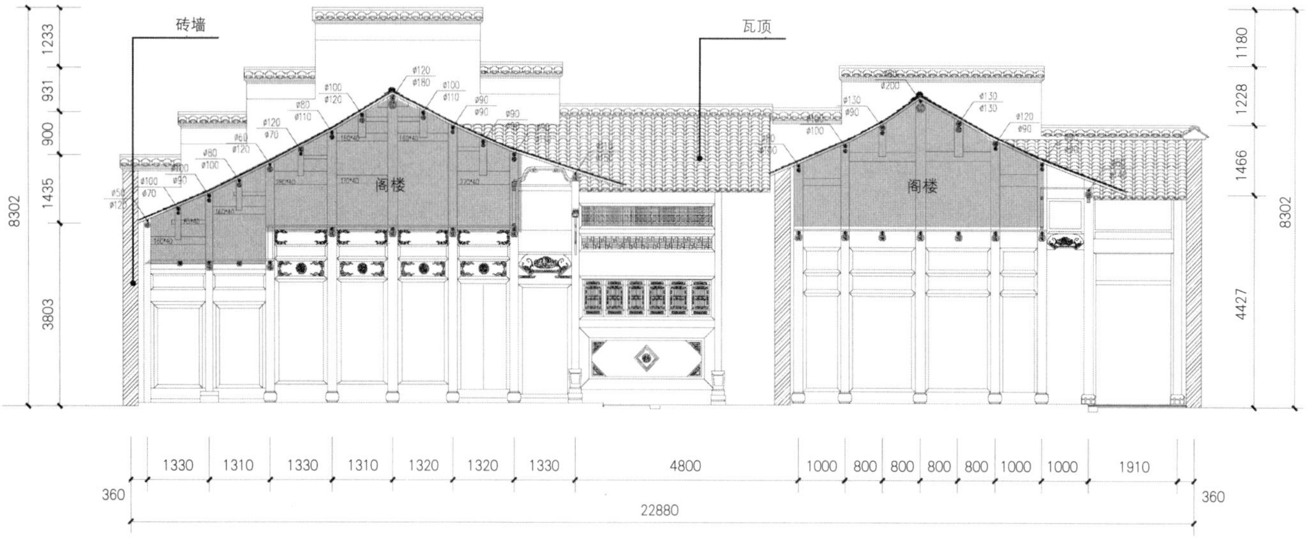

图6 善良垂裕宅剖面图
（图片来源：作者自绘）

居讲究空间序列，二层空间是附属型的空间，建筑中没有专门的楼梯作为上下的交通联系（图6）。

四、结语

家是宗族社会的基本单元，受到宗族伦理观念的影响，而形成的一种自发性的血缘秩序。如费正清在《中国与美国》一书中所言，中国家庭是一个自成一体的小天地，是个微型的邦国。宗族、家族、家庭是与其相关的群体，宗族群体的伦理秩序在民居的布局中体现得淋漓尽致。

通过对传统宗族聚落旧厦村民居宏观至微观层面的研究，发现传统民居建筑平面深受宗族文化的影响。宗族制度影响着整体村落格局的形式，对建筑平面的入口、核心空间都产生了重要影响。传统民间根植于封建礼俗社会，要想研究传统民居建筑生存及其演变的规律，势必要紧紧围绕宗族伦理秩序展开，从社会学角度探究其内在规律。

注释

① 倪绍敏，江西师范大学城市建设学院，助教，330022，782212905@qq.com。

② 段亚鹏，江西师范大学城市建设学院，讲师，330022，yapengduan@whu.edu.cn。

③ 刘俊丽，江西师范大学城市建设学院，硕士研究生在读，330022，1923002167@qq.com。

参考文献

[1] 许结．家国同构：中国古代家族·宗法制（三）[J]．古典文学知识，2001（5）：104–111．

[2] 倪绍敏．宗族组织影响下周氏家族聚落营建研究 [J]．城市发展研究，2019（5）：30．

[3] 黄浩．江西民居 [M]．北京：中国建筑工业出版社，2008．

[4] 郭逸玮．段村聚落形态与民居形态研究 [D]．太原：太原理工大学，2008：49．

[5] 段亚鹏．基于文化地理学的赣皖交界区域传统民居形态比较研究 [J]．城市建筑，2019（1）：75–76．

青岛市云南路171号里院居住形态研究

张林翰[①] 周宫庆[②] 张艳兵[③]

摘　要：近代中国传统居住形态在西方文化的强势侵袭下衍生出了适应性的近代"里"式居住形态。青岛里院居住形态就是在此宏观背景下演变而来的。本文从形态学的视角阐述里院的居住形态，结合实际调研，依据居住形态呈现宏观上的群落布局形式组织、中观上的单体空间营造以及微观上的细部节点处理层面，探讨近代云南路171号里院中两组团形成的内在逻辑演变关系。

关键词：云南路171号里院；居住形态

一、研究背景、目的及意义

近代青岛以1897年"巨野教案"德国侵占为起点开始近代社会转型过程，由一个名不见经传的渔村逐渐发展成为近代山东地区重要的商埠都市。青岛的近代规划主要是在外来殖民势力作用下进行的，形成了青岛独特的城市形态。

以里院为代表的青岛"里"式住宅是青岛历史风貌的重要组成部分，体现着近代青岛的地域特色、文化内涵、生活方式以及居住价值观。特殊的社会背景造就了这种中西交融的居住类型，在气候适应、文化转型、生活方式转变等方面都有研究的价值与意义。

本文对青岛云南路171号历史建筑群调研，其历史建筑在平面布局上、居住使用模式上等方面都存在明显差异，从居住形态研究角度出发，综合考虑建筑、历史、文化等多方面影响要素，对云南路171号院北侧两栋历史建筑进行剖析解读。

二、云南路171号北侧院历史沿革

云南路见证了青岛近代以来的发展变迁，曾属于台西镇的区划范围。台西镇因地处隆起的西部台地而得名，1891年青岛建置时有小泥洼等村庄。1900年第一次城市区划，曾设小泥洼为租借地内界九区之一，此后这里一度成为涌入青岛的劳工居住地。1910年德国胶澳总督府进行区划调整，裁撤小泥洼区，置台西镇[1]，为租借地内界新设四区之一。1929年，南京国民政府接收青岛，台西镇划为第一区。1935年重行市乡区划调整时，改称西镇。这一时期，实施台西区贫民窟改造。1946年改称台西区。青岛解放前，云南路曾有诸多小型作坊式工厂；青岛解放后，有的关闭，有的在公私合营中合并。云南路171号北侧院建筑群便是工厂配套住宅。2006年，青岛市政府进行云南路旧城改造，拆迁、迁移了包括云南路在内两个街坊的700多户居民（图1）。

图1　一、二号院现状图

三、居住形态表现分析

居住空间形式是居住形态呈现的主要部分，对居住形态的研究有着至关的意义。它通过一定的内在组织规律，形成一定的从具体到抽象、由外至内的空间秩序，从而体现特定时代特定地域的居住状态。本节从整体到局部三个层面进行论述：即单元布局形式、单体构成要素和装饰形态要素。

1. 单元布局形式

云南路171号北侧一、二号里院虽然其大小、形制各不相同，但基本上都沿用院落体系。二号院按照一定的构成关系排列组合，形成一组组里院建筑单元。一、二号院存在着不同层次要素之间的层级构成关系和同层次要素之间的并置构成关系。主要从围合方式和组合方式两个层次论述里院建筑单元的布局形式。

图2　二号院单元分布图

1）围合方式

一号院建筑为二层，二号院建筑为一层。从院落围合的方位来看，主要有两面、三面和四面围合。二号院中2-3、2-9院两面围合形式由“L”形建筑双面围合而成，出现在角落。因难以形成自己的空间，需要和三合院毗连组合；三面围合形式多由“U”形建筑围合而成，存在于街角或街区中，适应性比较强。二号院里院多数院落采用此形制；一号院四面围合形式由“口”字形建筑围合而成，其私密性较强，更接近传统四合院院落（图2）。

从围合的尺度和形状来看，有宽院、窄院、方院和不规则院之分。一、二号里院的形状、大小各异，形态多样。以临街面一侧作为院落面长，垂直街面一侧为院落面宽，根据长宽比来分类定义的话，若院落长宽比在1.5：1以上称为宽院，如2-2号院。这类院落采光性较好，因此其空间居住性能较为优越；若院落长宽比在1：0.5以下窄院，如一号院。该院落采光性较差，邻里干扰较大，居住环境较差。但是由于占地面积比较小，建筑密度较大，比较适应当时一号院人们的居住状况；若院落长宽比在1：1左右则为方院，如2-2、2-7院。这类院落采光性、私隐性较合宜，其居住适宜度也比较高（表1）。

2）组合形式

常见的组合方式有独院式和组合院式。一号里院为独院式，二号里院体系基本上是由单元基本院落单元组合发展而来的。此次分析的地块中二号院组合院落居多，可分为三合院与二合院组合、三合院与三合院组合。

组合院形式多呈“E”字形或“日”字形。其中，二号院整体呈方形布置，中有一条走廊串联全部单元。各院落主入口朝向内廊，规则布置。其中三合院与二合院组合的院落有2-2与2-3号院、2-5与2-9号院。三合院与三合院组合的院落有2-1与2-2号院、2-3与2-4号 院、2-7与2-8号 院、2-4与2-7号 院、2-5与2-8号院。

组合院落不但在空间上扩大了领域，在生活上也增加了人们之间的交往，生活气息十足。据记载，尤其是二号院中设置“L”形通廊将所有单元联系起来，共享空间得到更大的体现。（表2）

2. 单体构成要素

一、二号院群落的基本单元是形式各异的里院空间。这些基本单元虽然偏离标准四合院形制，多数是非标准或非四合院形制，但都具有相似的空间构成和空间结构。本节将按照空间序列逐步论述一、二号院单体构成要素。

1）公共与半公共空间

一号里院主体为一二层的建筑单体围合而成，底层应为商铺，上层应为居室的大院式住宅空间。二号院为三合院与二合院组合而成，基本为居住生活空间[2]。一号院延续着由外至内循序渐进的空间秩序，基本是由公共开敞空间（院落空间）至公共半开敞空间（外廊空间）最后至私密空间（居住单元）。而二号院落由于都为一层建筑，是由公共开敞空间（内廊空间）至公共半开敞空间（院落空间）最后至私密空间（居住单元）。

2）外廊

一号院置于内院二层，是室内外过渡空间。配有一个外楼梯，整体相连，加强院落空间与居住空间的联系。外廊悬挑在1米，早期以木梁悬挑，梁上架设木板，后期采用西式水泥与钢铁铸件。同时，南侧外廊采用中国传统木栏杆、挂落、楣子等装饰，具有浓郁的传统色彩。

各院落尺度表　　表1

				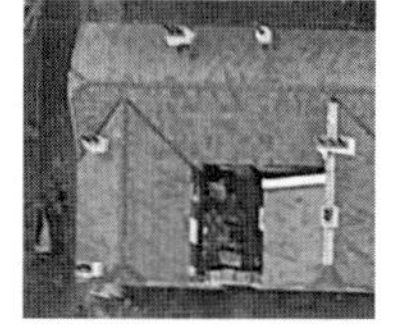	
2-2号院小进深，宽院	一号院大进深，窄院	2-5号院小进深，窄院	2-7号院小进深，方院	2-1号院小进深，方院	2-6号院小进深，窄院

各院落组合方式 **表2**

组合形式	院落名称	平面形式	院落名称	平面形式	院落名称	平面形式
三合院与二合院	2-2、2-3号院	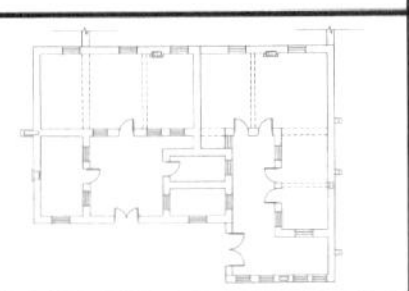	2-3、2-6号院	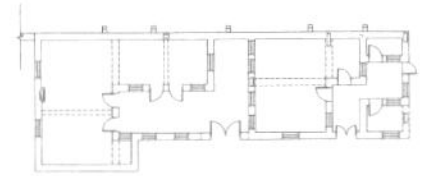	2-6、2-9号院	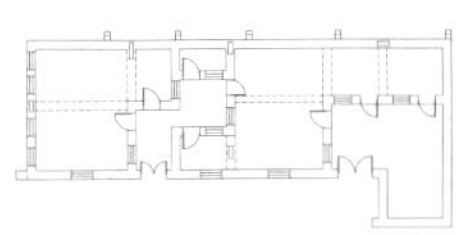
三合院与三合院	2-1、2-2号院	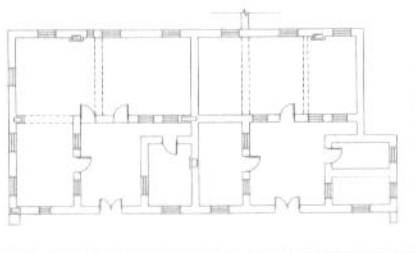	2-2、2-3号院	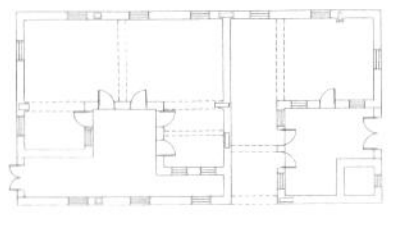	2-4、2-5号院	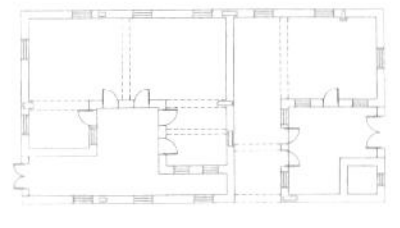
	2-7、2-8号院	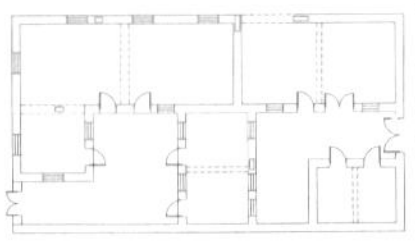	2-4、2-7号院	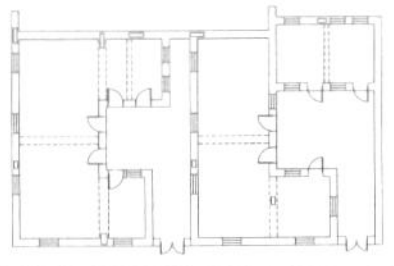	2-5、2-8号院	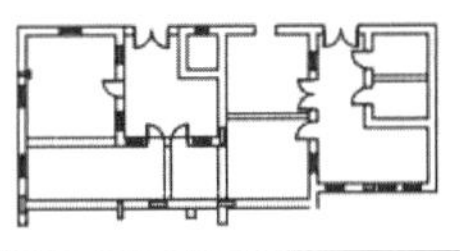

3）楼梯

作为外廊与院落联系的楼梯也是院落的重要组成。一号院楼梯宽度在80厘米，斜度为1，呈窄而陡的样式。这样的楼梯是出于经济条件考虑，楼梯的梯段高将近20厘米。材质采用水泥楼梯，铁质栏杆。现栏杆已缺失。楼梯布置于院落西侧，视院落大小和居住人数来定楼梯数量。楼梯与外廊的结合方式主要有两种，即平行于外廊和垂直于外廊，一号院即垂直于外廊。楼梯形式为90°拐角式，不设置休息平台，转角处类似于旋转楼梯拐折。

3. 一、二号院各构造细节形态分析

构造是建筑空间形态的表现形式之一，不同气候条件下的民居构造技术也有一定差异。风速、温度变化和降雨是构造形式处理时必须考虑的影响因素。温带建筑的节能手段应从最初的体形控制发展到适应气候的形式和构造节点处理。一、二号院诸如墙体、屋顶、门窗等围护结构的构造节点及细部处理，都有一些与温带季风性气候相适应的特点。

1）墙体构造节点

一、二号院建造的西式建筑采用砖木或砖混承重体系，外观坚固厚重，结构性能、保温性能和安全性能都大大提升。墙体采用红砖砌筑，表面抹灰处理，厚度在400~600毫米之间。青岛里院多是用这种体系建造，早期里院多采用传统青砖或土坯砖，至后期才用红砖和水泥。一、二号院正是采用后期的材料修建而成。一、二号院建筑底部采用石材，用花岗岩做墙基，墙身在窗台以下为花岗石，以上为混水砖墙，刷黄色涂料。屋顶为红色机制板瓦，构成了青岛建筑印象色彩红瓦黄墙。

2）屋面构造节点

一、二号里院屋顶以西式为主，局部吸收了中式屋顶样式。屋顶均为坡屋顶，分为单坡顶和双坡顶，一号院东北、西北处屋顶为单坡，其余为双坡。二号除东立面和局部加建部分为单坡，其余均为双坡屋顶。单坡屋顶从院内看才能看清楚，屋顶样式根据平面组合的不同，形成了丰富多变的类型，有双坡与单坡的组合、双坡与双坡的组合。屋架为三角形西式木屋架，屋顶采用红色机瓦铺面，而不是用中式传统仰合瓦，屋顶外檐处设排水槽。

3）门窗构造节点

一、二号院均为单层窗，向外双开，其材料多为木材。玻璃置于外窗棂内侧，道外里院的窗户形态各异，但形状均为长形窗。根据对窗户形式的分析，当窗口面积一定时，窗口的形状不同也会影响室内日照时间和面积。以冬季日照情况分析，长形窗更能获得较多的日照。一、二号院立面上的窗户以矩形居多，且高度大于宽度，还有一些细长组合窗及拱形窗、异形窗形式。这些窗户不但美化了里院外在形态，也在一定程度上提高了采光量和日照量。

一、二号院虽然采用砖石结构，但是外廊部分还是沿用传统木构架形式，形成了梁架为木、墙体为砖的独特形态。此外，木材还是两个院落最为重要的装饰材料，檐廊的木质栏杆、挂落、雀替都出自木材的雕刻（表3）。

四、一、二号院居住形态形成及演变因素分析

1. 自然环境因素

地处海洋气候的青岛年平均气温12.7℃，年平均风速为5.2m/s，年平均降水量为662.1mm。[3]。对于一、二号院单体而言，一、二号院建筑主立面朝南迎接夏季凉爽海风，北侧建筑则开小窗或者不开窗，阻挡冬季西北寒风。

青岛老城区一带为侵蚀构造地貌的丘陵区，沟谷切割深度一般小于100米，经过长期缓慢上升和风化侵蚀，形成连绵起伏的低矮山丘，坡角10°左右[4]，一、二号院所处地形属于此类型山丘。

各构件现状情况　表3

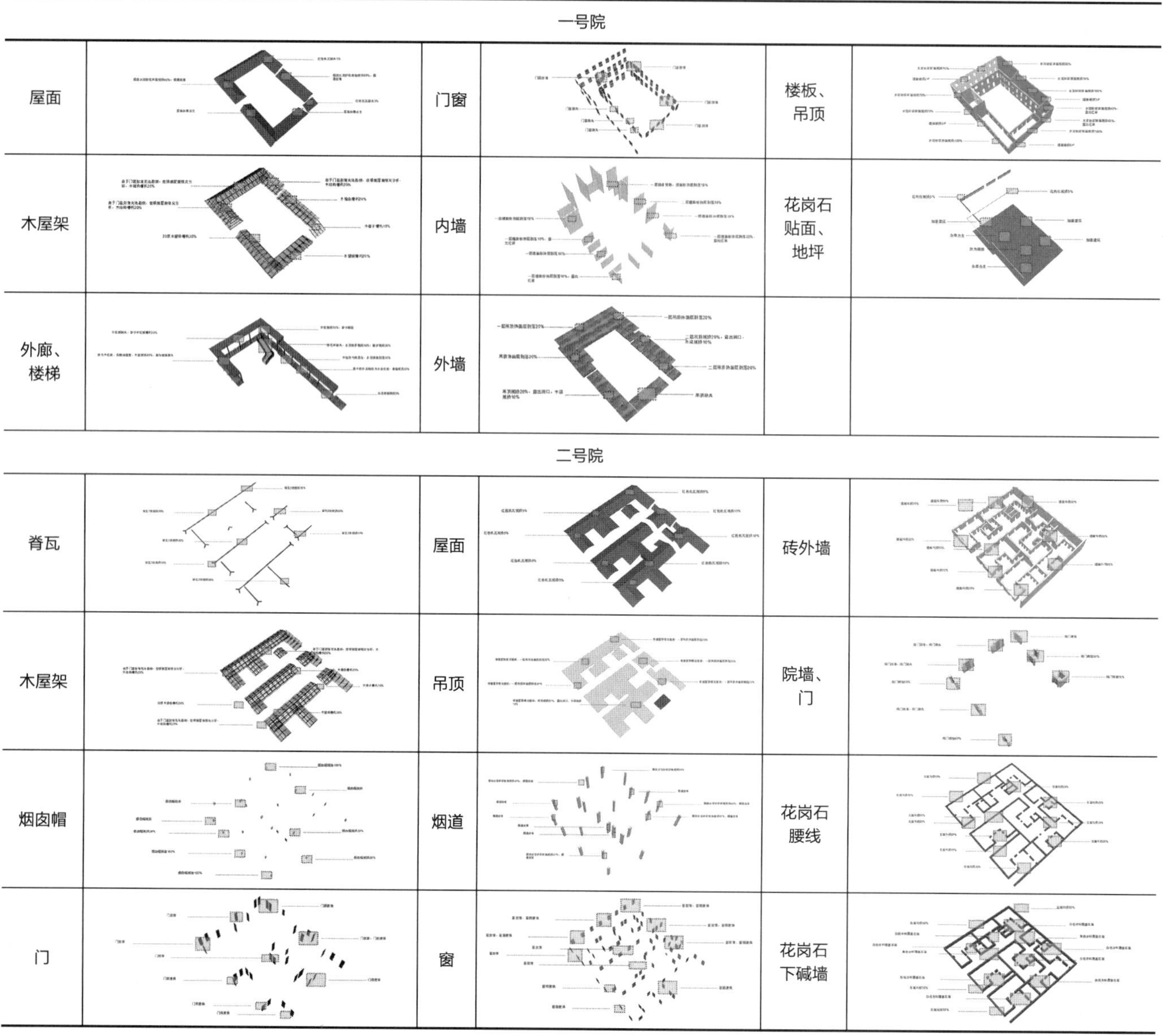

受其余脉影响呈西南高东北低地势，房屋建造都顺应高差，依附绵延地势地毯式展开，形成一、二号院整体走势，也很好地展现了老城丘陵地貌。

青岛老城地质以变质岩与花岗岩为主，较多的山体提供了丰富的花岗岩作为建筑材料，也形成了里院建筑中大量运用本土花岗岩作为材料和装饰的建筑特征。

2. 人口因素

1937年日本侵华，当年青岛人口剧减为38万余人，1945年后青岛人口突增为60余万。1948年时突破100万。这一时期大量人口将地理位置优越且生活方便的云南路作为初步居住地，虽然建设几乎停顿，但相对其他地区云南路的生活还比较乐观。

中华人民共和国成立后至今市区人口已达241.74余人[5]。这段时间的人口增长与云南路里院街区的建设关系更多受到社会环境和政策的影响，不再如以往紧密，但一、二号院现居住人口生活空间拥挤狭小，且居住条件每况愈下。

3. 社会结构与城市住宅类型因素

德占时期的城市社会组织结构形成了外国人为主体的上层群体和中国人为主的下层群体的二元结构。日占时期虽然工商业、企业的中层职员增加了，但与大量劳工相比微不足道，且属于被统治阶层。这一时期的社会人口构成特征基本延续德占时期的二元结构。在居住建筑类型中突出的表现为独立式花园别墅与里院式住宅的对立。上层阶层的外国人口及军官等大多居住在前海庭院式独立建筑（别墅），二号院更像是此类建筑，但等级又略一等，下层阶层的中国劳工和商人住所、华人建筑——里院最为代表，如一号院。

五、结语

云南路171号一、二号院虽不及欧人区的庭院建筑和公共建筑质量优越、装饰精美，但其承载着青岛平民建筑的精华，记录了平民原汁原味的生活。本文以青岛云南路171号一、二号院建筑为研究对象，在广泛的资料收集与大量的实地调查的基础上，获得了较多一手资料，通过分析、推理，较为全面地揭示了里院建筑居住形态产生及演变的动因，初步整理归纳出里院建筑演变的过程，充实了青岛近代本土建筑的研究基因库，并进一步揭示里院建筑形成的内在逻辑演变关系。

注释

① 张林翰，山东建筑大学文化遗产保护方向硕士研究生，250101，329065910@qq.com。

② 周宫庆，山东建筑大学文化遗产保护方向硕士研究生。

③ 张艳兵，建筑学学士，山东省乡土文化遗产保护工程有限公司，总经理助理，工程师。

参考文献

[1] 张理晖，杨玉平. 青岛近代里院建筑空间模式解析与应用 [J]. 中国名城，2016（10）：91–96.

[2] 李刚. 青岛里院建筑特色研究 [J]. 艺术探索，2013，27（01）：109–112.

[3] 王莹，梁雪. 青岛里院建筑调研与思考 [J]. 华中建筑，2011，29（03）：63–66.

[4] 兰芳. 青岛里院的场所精神研究 [D]. 成都：西南交通大学，2012.

[5] 崔武. 青岛里院对现代城市建设有借鉴意义 [N]. 青岛日报，2016–10–19（003）.

朝鲜族农村住宅居住空间特性及地域重构

金日学[①] 李春姬[②]

摘 要： 本文以建筑计划学方式分析我国东北地区朝鲜族民居的空间特性及变迁过程。根据朝鲜族的迁徙历史、路线，将朝鲜族地域分布划分为图们江流域、鸭绿江流域、中俄边境、黑龙江内陆、吉林省内陆、辽宁省内陆等六个区域；根据朝鲜族原籍构成将民居划分为：咸境道原籍朝鲜族民居、平安道原籍朝鲜族民居、庆尚道及其他原籍朝鲜族民居。咸境道、平安道原籍朝鲜族民居主要分布在中朝边境及中俄边境地区，庆尚道及其他原籍朝鲜族民居主要分布在东北三省内陆地区；图们江和鸭绿江沿岸的朝鲜族民居传统文化保留较好，内陆地区和中俄边境地区的朝鲜族民居受他民族及他原籍朝鲜族民居的影响较大。

关键词： 朝鲜族农村住宅 空间特性 变迁 地域性

一、研究背景、目的及方法

朝鲜族民居是中国传统民居的重要组成部分。各地区的朝鲜族民居历史悠久，建筑形态别具一格。在近一个半世纪的迁徙与定居过程中，朝鲜族民居不但保留了韩半岛传统的居住模式，各地区的朝鲜族民居之间还存在着建筑空间及形态的区别。

本文以东北地区的朝鲜族农村住宅为研究对象，分析不同地区、不同原籍朝鲜族民居的空间特征及形态。研究基于建筑计划学采用文献调查和实际调研相结合的方式：首先，根据朝鲜族的迁徙历史、路线、原籍构成将朝鲜族地域分布划分为图们江流域、鸭绿江流域、中俄边境、黑龙江内陆、吉林省内陆、辽宁省内陆等六个区域；其次，在这六个区域内选择具有代表性的朝鲜族村落进行调研；最后，分析不同原籍朝鲜族的地域分布与住宅空间特征及变迁过程。本文调研实例共184例，涉及东北三省22个村落（图1）。

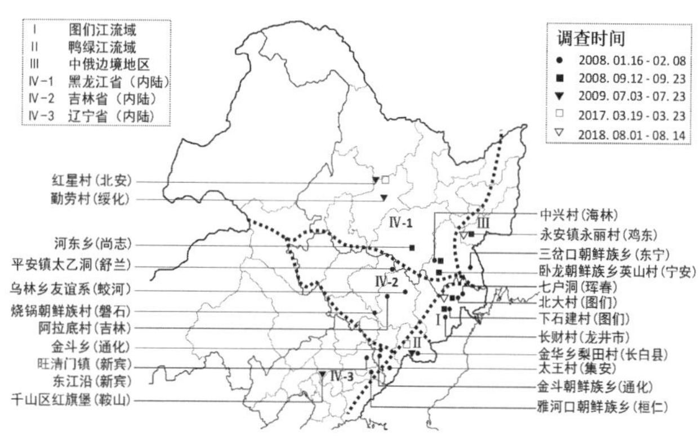

图1 调研概要

二、朝鲜族迁徙历史及分布特征

1. 迁徙历史

朝鲜族是从朝鲜半岛迁移过来的“过界民族”，主要分布在我国东北地区。朝鲜族的迁移以图们江和鸭绿江边境为始点，呈现出向内陆扩散的特征。

朝鲜族的迁移大概形成于16世纪至20世纪中叶，可分为三个阶段。第一阶段为“封禁时期”。清朝为保护祖先的“发祥地”，把鸭绿江和图们江左岸划为封禁地区，严禁其他民族移住。朝鲜平安道和咸镜道的边民经常冒禁越疆，进入鸭绿江和图们江我岸私垦荒田。第二阶段为“自由移民时期”，时间为19世纪90年代至20世纪20年代。该时期中朝两国解除封疆政策，再加上朝鲜连年旱灾，导致大量朝鲜人迁移我国东北。1910年“日韩合并”，使大量朝鲜破产农民和爱国志士来到我国东北地区，他们主要分布在图们江、鸭绿江沿岸及周边地区。第三阶段为“强制移民时期”。1931年“九·一八”事变后，日本帝国主义实行“满洲拓殖政策”，将大量朝鲜人“拓殖民”强制迁移至我国东北地区，开发水田。铁路的开通不仅加快了迁徙速度，而且使朝鲜移民逐渐向吉林省中部和黑龙江省内陆地区扩散。抗战结束后一部分朝鲜人回到朝鲜半岛，而大部分朝鲜人因不愿放弃农田，继续留在东北地区生活。该时期各地区朝鲜族分布基本成型。

2. 原籍构成及地域分布

朝鲜族根据他们的祖先在朝鲜半岛的原籍，大致可分为咸境道、平安道、庆尚道（朝鲜半岛南部地区）等三种类型。咸境道朝鲜族主要分布在图们江沿岸和中俄边境地区；平安道朝鲜族分布在

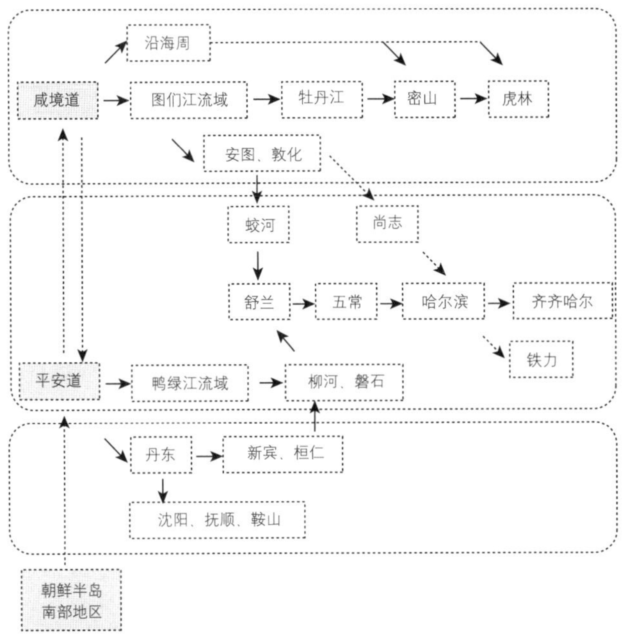

图2 朝鲜族迁徙路线

鸭绿江沿岸和辽宁省东部、通化、白山等地区；庆尚道朝鲜族分布在东北三省内陆地区（图2）。

三、朝鲜族民居空间形态

1. 朝鲜族民居主要空间名称及用途

1）温突房（WR）、炕（KR）

朝鲜族民居的寝室根据地区的不同称呼有所不同。图们江和鸭绿江沿岸、中俄边境地区及部分内陆地区的朝鲜族称寝室为温突房（WR），寝室由满铺式火炕组成，“温突房”是火炕的韩文音译；东北内陆地区与满、汉混居的朝鲜族则称寝室为炕（KR），炕的形式与汉族、满族的火炕较相似，寝室一般由炕和地室组成，形成“南北炕”或“万字炕”。

2）厨房（K）、Bu-Seu-kkae（K’）

朝鲜族民居中厨房空间可分为开敞式和封闭式两种：开敞式厨房是咸境道朝鲜族民居特有的，韩语称Bu.Seu.kkae（音译），焚火口通常下沉地面标高50厘米，灶台高出地面20~30厘米，焚火口上方与灶台面平齐铺设木板，平时封盖木板加大室内活动面积，只有在烧火时将其掀开；封闭式厨房有三种：一种是平安道和庆尚道式传统厨房，厨房位于山墙一侧，室内地面比室外低20~30厘米；另一种是受满、汉民居影响而形成的厨房空间，通常厨房居中，且南北贯通，厨房室内外标高相同；此外还有一种是厨房位于平面北侧，以走廊或玄关为中心连接各个空间，这样的布局一般出现在内陆地区的大面积住宅中（表1）。

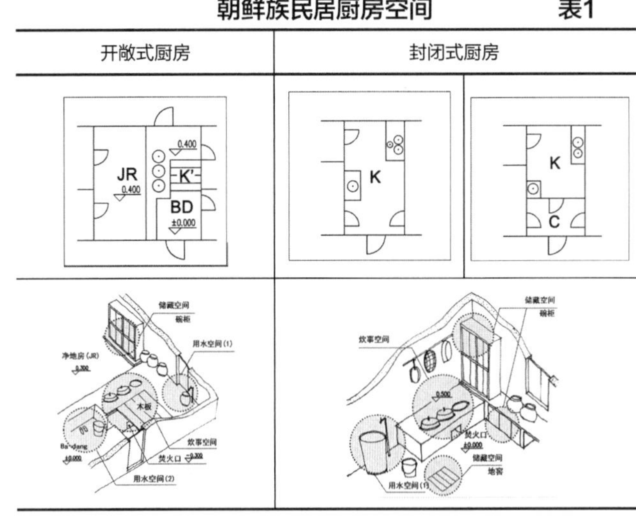
朝鲜族民居厨房空间 表1

开敞式厨房	封闭式厨房

3）净地房（JR）、地炕（DR）

净地房是咸境道民居特有的一种火炕空间形态，通常与厨房（Bu.Seu.kkae）连为一体，形成开敞式空间——净地（JR+K’），净地房具有会客、就寝、用餐等功能。

地炕（DR）是庆尚道朝鲜族民居所特有的空间形态，相当于韩国传统住宅的大厅，具有会客、家事、用餐以及夏天就寝等功能，通常单独设焚火口或不设焚火口。地炕的形式有两种：一种是将满、汉民居的地室架高而成；一种是将朝鲜族满铺式“温突房”局部降低而成。前者一般出现在内陆地区的朝鲜族民居中，是满、汉民居与朝鲜族传统生活模式相互影响的产物，而后者大多出现在中俄边境地区，是对朝鲜族满铺式火炕的改良产物。

4）其他附属空间

（1）卫生间（T）

朝鲜族民居中卫生间通常设置在室外，目的是为了保证室内环境的清洁。近年随着经济的发展，村落的排污设施得到改善，一些新建的住宅将卫生间布置在室内。但由于气味、排泄等问题，大部分民居仍旧使用室外卫生间，室内卫生间成为洗漱专用空间。

（2）牛舍（CS）

过去，对于以农业为生的朝鲜族来说，牛的重要性不言而喻。在咸境道和平安道朝鲜族民居中，牛舍通常与住宅连为一体，位于山墙一侧，并且与厨房紧密相连。如今，随着出国打工热的掀起，朝鲜族务农人口逐年减少，大部分朝鲜族民居将牛舍改为仓库。

（3）Ba-dang（B）、走道（C）、玄关（V）

根据地区及原籍的不同，朝鲜族民居的走道和玄关空间有所不同。图们江和鸭绿江沿岸及中俄边境地区的朝鲜族民居通常玄关与

朝鲜族民居平面分类　　表2

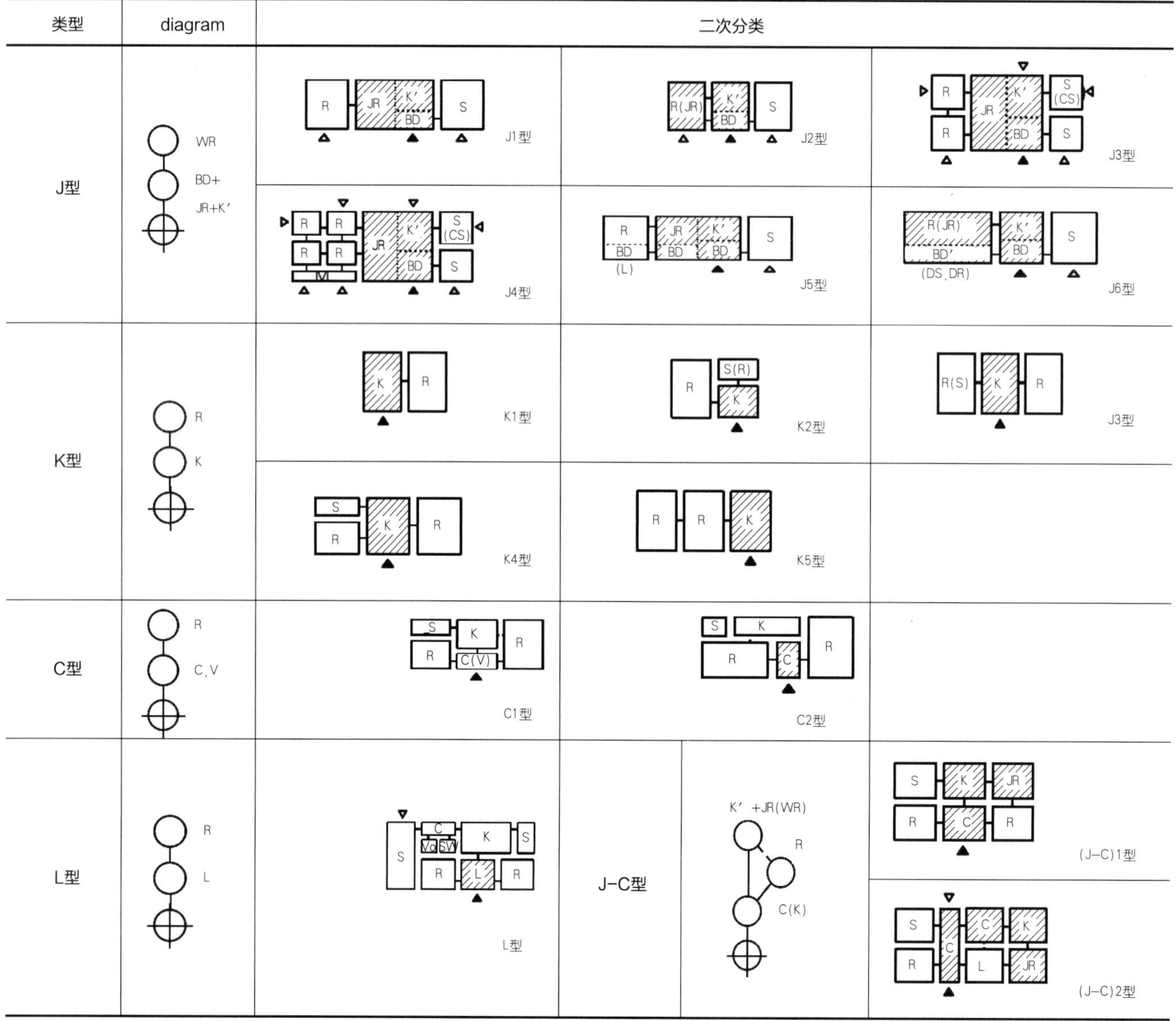

类型	diagram	二次分类
J型	WR BD+ JR+K'	J1型、J2型、J3型、J4型、J5型、J6型
K型	R K	K1型、K2型、K3型、K4型、K5型
C型	R C, V	C1型、C2型
L型	R L	L型
J-C型	K' +JR(WR) R C(K)	(J-C)1型、(J-C)2型

注：R(温突房、炕)、JR(净地房)、L(客厅)、K(厨房)、BD(巴当)、DS(地室)、DR(地炕)、T(卫生间)、CS(牲畜间)、S(储藏间)、Vo(锅炉房)、C(走道)、V(玄关)、SW(洗手间)

厨房连为一体，韩文称“Ba-dang”。而内陆地区的朝鲜族民居则受他民族影响较多，比如将中间厨房兼走道，或入口处形成封闭的走道或玄关，或改造满铺式火炕，削减南面部分炕面形成走道等。

2. 朝鲜族居住空间特征

1）平面分类

首先，根据朝鲜族民居的交通流线及功能关系，将东北地区的朝鲜族民居分为净地中心型（J型）、厨房中心型（K型）、走道或玄关中心型（C型）、客厅中心型（L型）、混合型（J-C型）等五个类型，再根据空间名称及形态进行二次分类。通过平面分类不仅能够分析不同原籍朝鲜族民居之间的本质区别，还可以了解同一原籍的朝鲜族民居在不同地区的细微区别。

J型是以净地（JR+K'）为中心进入各个空间的平面类型。其中，J1是J型的基本型，构成单列三开间或单列四开间平面；J2型是在J1型基础上，用推拉门将厨房与净地房（JR）隔离；J3型是双列三开间平面，以净地为中心一侧布置温突房，另一侧布置仓库和牛舍；J4型是在净地的一侧布置田字形温突房和抹楼，另一侧布置仓库和牛舍的平面形态，是J型平面中面积最大、级别最高的平面形态；J5、J6型是在温突房前面布置Ba-dang的平面类型，两者的区别是J5型以J1、J3型为原型、J6型则以J2型为原型进行变化。

K型是以汉族或满族平面为基础，通过独立的厨房空间进入各室的平面形态。其中，K1为K型的基本型，由炕和厨房两间组成；K2型以K1型为基础，在厨房后面布置仓库或房间，形成双列型平面，这种平面多数是根据防寒或房间的需求改造而成；K3型是以厨房为中心两侧布置寝室的平面形态；K4型是在K3型的基础上温突房北面布置仓库或洗手间的平面形态；K5型是在K1的基础上，在寝室一侧加一间寝室而形成串联式火炕的平面形态。

C型是以入口处的走道或玄关为中心进入各个空间的平面类型。其中C1型是在K3型的基础上，在厨房南侧分离出走道的平面形态；C2型是在C1型的基础上，将走道变窄，重新组合厨房和其他附属空间的平面形态。

L型是以客厅为中心联系各个空间的平面形态。客厅分为立式和坐式两种，大部分以立式为主，客厅内布置沙发或床。采暖方式分为家用锅炉和温突两种，以温突为主要采暖方式。

J-C型是J型和C型相结合的平面形态。根据走道的形态可分为（J-C）1型和（J-C）2型两种：（J-C）1型与C1型较相似，只是后面的厨房和寝室通过拉门连为一体形成J型的净地空间；（J-C）2型是以C2型平面为基础，厨房和寝室相同的同时，南面设置客厅的平面形态（表2）。

2）朝鲜族民居空间特征

（1）咸境道朝鲜族民居

咸境道朝鲜族主要分布在图们江、鸭绿江流域和中俄边境地区及黑龙江内陆地区，各地区的民居平面有所不同。分布在图们江流域的咸境道朝鲜族民居，平面类型有J3、J4、J6、C1、（J-C）1型，其中J3型分布最广、数量最多；鸭绿江流域的咸境道朝鲜族民居的平面类型有J1、J2、J3、C1型，其中J1型为主要平面类型；中俄边境地区和黑龙江内陆地区的咸境道朝鲜族民居，平面类型有J1、J2、J3、J5、（J-C）2型，其中J1和J5型平面为主。从以上分析中可以看出，作为早期的迁徙地——图们江、鸭绿江流域的朝鲜族民居，传统形式保留较好，而中俄边境地区和黑龙江内陆地区的咸境道朝鲜族民居，既保留传统的同时，又在他民族居住文化的影响下，出现J5型等平面类型的变化，在温突房前面形成Ba-dang空间（图3）。

（2）平安道朝鲜族民居

平安道朝鲜族主要分布在鸭绿江流域，此外还分布在图们江流域和东北三省内陆地区。平面类型有J1、J3、K1、K3、K4、K5、C1、（J-C）1型，其中以J3、K3、C1型平面为主。J3型平面主要分布在鸭绿江和图们江流域；K3、C1型平面则分布在东北三省内陆地区。说明图们江、鸭绿江流域的平安道朝鲜族民居传统形式保留较好，而东北三省内陆地区的朝鲜族民居受他民族影响较多，形成厨房中心型（K型）或走道中心型（C型）平面（图4）。

（3）庆尚道朝鲜族民居

庆尚道朝鲜族主要分布在东北三省内陆地区和中俄边境地区，

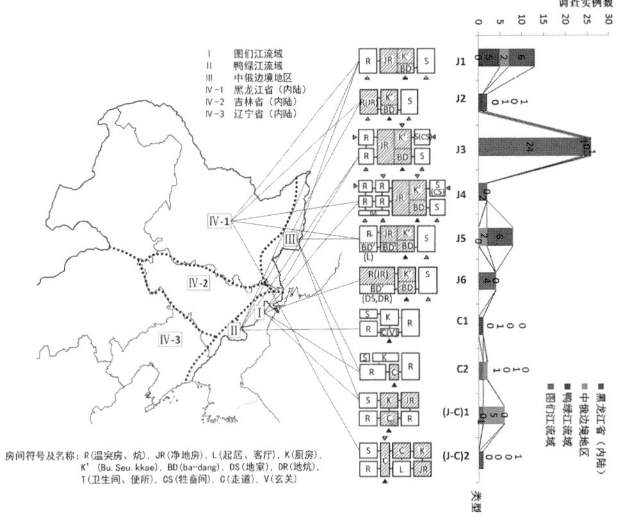

图3　咸境道朝鲜族民居平面类型及分布

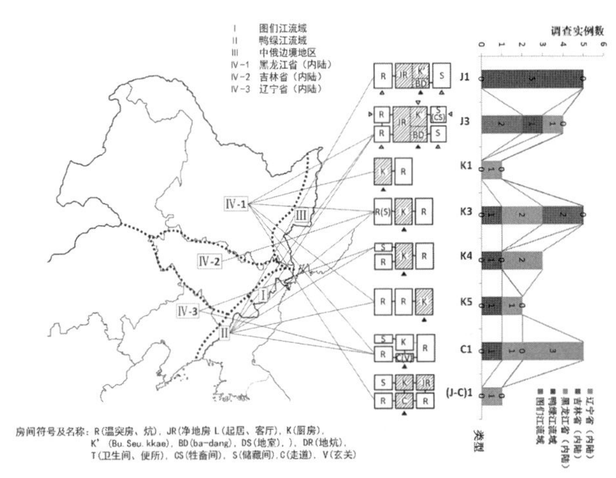

图4　平安道朝鲜族民居平面类型及分布

大部分是1930年代被强制迁移的朝鲜人开拓民及他们的后代。庆尚道朝鲜族民居的平面类型有J1、J3、J5、J6、K1、K2、K4、K5、C1、C2、L、（J-C）1型。其中J型和J-C型主要分布在黑龙江内陆地区和中俄边境地区；K型分布在黑龙江和吉林省内陆地区；C型则均匀地分布在东北三省各内陆地区。从以上分析中可以看出，黑龙江内陆地区和中俄边境地区的庆尚道朝鲜族受该地区其他原籍朝鲜族民居的影响较多，形成J型和J-C型平面，而其他地区的庆尚道朝鲜族受汉族、满族居住文化影响较多，形成K型、C型、L型平面（图5）。

四、朝鲜族居住文化变迁

1. 文化融合

1）炕文化

在咸境道和平安道原籍的朝鲜族民居中炕空间通常采用满铺式火炕，以便于他们席地而坐的卧式生活模式。然而，在这种单一模

图5　庆尚道朝鲜族民居平面类型及分布

式下，空间形态的穿套也导致了各个功能空间在使用上的不便。在咸境道型朝鲜族民居中，从巴当空间走到上房空间，要穿过净地房，而净地房是满铺炕的形式，我们很难界定其交通空间与生活空间，因此在完成交通行为的过程中，该空间的就寝、起居等功能就会受到极大的干扰。

随着朝鲜族聚落满汉民族的不断涌入，在多民族居住文化融合过程中，各地的朝鲜族发现，汉族民居中的地室空间能够很好地解决各个功能空间之间的联系问题，于是在原有的炕面基础上降低15~20厘米高度，形成巴当与地炕空间。虽然是一个整体性空间，但从炕面的高度上明确了炕与地炕两个功能空间。地炕不仅可以起到交通通道的作用，还可以作为夏季就寝、起居等功能空间使用。

在朝、满、汉民族聚居地，有些地区满族和汉族住宅将地室抬高形成地炕空间。虽然与朝鲜族民居中的地炕空间在生成顺序上恰恰相反，但最终结果却完全相同。一种空间形态从无到有，且能够普及到当地不同民族的民居当中，笔者认为这就是不同民族文化的融合在地域建筑中的表现（表3）。

地炕（或巴当）空间的形成　　　　表3

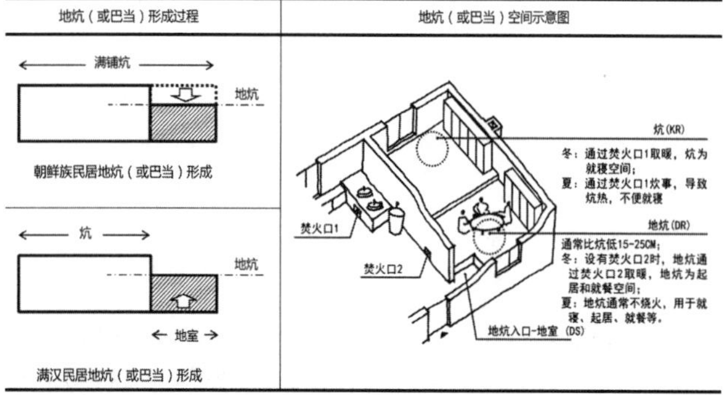

2）封闭式厨房文化

在朝鲜族传统民居中，厨房与净地房布置在一起形成鼎厨间。在与汉族文化的交融过程中，他们发现这种布置会对净地房的起居活动造成一定的干扰，同时使房间的保温性能也较差，因此在鼎厨间与净地房之间设置推拉门，实现厨房空间的独立化。

这样的演变同样体现在汉族民居中。传统的汉族民居是将厨房布置在明堂里，厨房南北贯通。这样的布局使建筑一进入口映入眼帘的便是脏乱的炊事空间，不利于卫生与建筑环境。在后来的住宅改造中，形成走道中心型（C型）和客厅中心型（L型）平面，两者均把厨房放在平面的北侧，同时用门将其封闭化，前面布置走道或客厅空间，不仅卫生环境得到改善，通过前后各自封闭的二列型平面使室内保温效果得到大大提高。如今，这样的平面在朝鲜族与满汉民居中都有所体现。

2. 地域共性

东北民居不论是朝鲜族、满族、汉族，都将防寒保温作为他们住宅建设的最大目标，各种防寒技术及保温措施成为该地区各民族居住文化的地域共性。

1）储藏间北置

朝鲜族民居中，早期住宅通常采用单进深平面，由于面积限定，住宅内无单独的储藏空间，储藏空间成为住宅改良中不可或缺的重要元素。在吉林地区中部和黑龙江地区朝鲜族住宅的改造中，储藏间通常设在平面北侧，从而加大平面进深，形成北侧双墙结构。这样的平面形态既满足了现代农村住宅的大量储存需求，也有利于冬季保暖（图6）。

2）墙体加厚

传统的朝鲜族民居通常采用木柱承重结构体系。首先是用原木立柱，固定房间的框架，然后柱间设支撑，用草绳绑扎填泥筑墙，

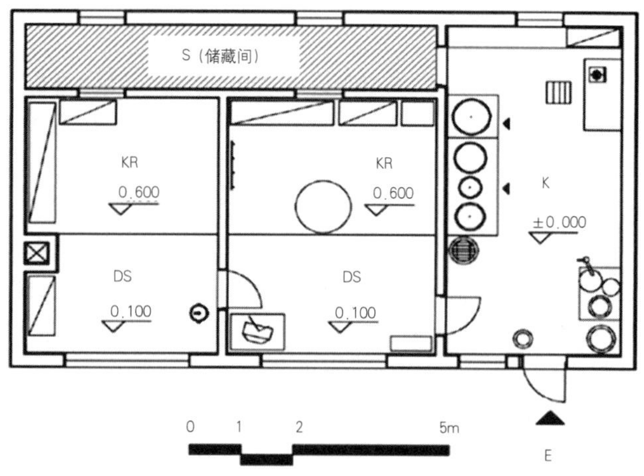

图6　储藏间北置

图7 民居北窗封闭痕迹

表面抹泥后用白灰刷浆。外墙厚度一般为18厘米左右。而在黑龙江地区的朝鲜族民居中，外墙厚度则达到40厘米，结构采用了干打垒方式，敦实而厚重的外墙结合当地的地域环境特点，吸收了许多当地原有的建筑技术和形式，形成了特定的地方性。

3）多余门窗封闭

在东北民居中，为保证房间的通风顺利，每个开间均设置南北窗户各一扇。其中南面窗户要比北面窗户大，以利于采光；北面窗户一般只在夏天开启，冬天紧闭，目的在于防寒。在黑龙江北部地区，有些住宅将北窗封堵，只保留南面窗户，以此提高住宅的防寒及保温效应（图7）。

3. 现代演变

1）客厅的引入

在近现代居住文化的影响下，东北地区有些民居内部出现了客厅空间。朝鲜族民居的客厅以地炕为中心，上面摆放较低矮的家具，基本延续了传统的卧式生活模式；而汉族民居则是在原有的地室空间基础上，摆放沙发、桌椅等家具，形成立式生活模式的客厅空间。

2）床的使用

在东北地区的朝鲜族、满族、汉族民居中，都将炕作为他们的主要就寝空间。但随着城市居住文化在农村地区的不断蔓延，有的民居内出现了床寝空间。在汉族民居中，床一般摆放在地室；而在朝鲜族民居中则把床摆放在满铺炕或地炕上面。不论床的摆放位置、形式如何，床的使用为当地居民夏天就寝提供了理想场所。

3）炊事方式的改变

朝鲜族传统的炊事方式是：冬天利用灶台进行取暖与炊事活动；夏天则利用在室外搭建的简易灶台进行炊事活动，以此避免炎热夏天室内就寝空间的高温现象。现如今，随着燃气设备在农村地区的普及，炊事方式也发生了一定变化：冬天仍旧利用灶台进行炊事，而夏天则利用燃气来进行炊事活动，室内外灶台相结合的传统炊事模式逐渐转化为室内多样化设备的炊事模式。

五、结论

本文以东北地区的朝鲜族农村住宅为研究对象，分析不同地区、不同原籍的朝鲜族民居的特点。（1）按照不同地区分析：图们江和鸭绿江沿岸及中俄边境地区的朝鲜族由于历史悠久且相对集中，传统文化保留较好；而内陆地区的朝鲜族由于迁移历史短，且受他民族居住文化影响较多，住宅空间及生活形态变化较大；（2）按照不同原籍分析：咸境道、平安道朝鲜族迁徙时间最早，迁徙地离朝鲜半岛最近，且人数最多，因此传统居住文化保留较好；庆尚道朝鲜族大部分是以强制迁移为主，主要分布在东北三省内陆地区和中俄边境地区，内陆地区朝鲜族相对受汉族、满族居住文化影响较多，而中俄边境地区的朝鲜族则受咸境道、平安道等其他原籍朝鲜族民居的影响较多。

在居住文化的历史变迁中，朝鲜族民居形成传统卧式与现代立式相结合的生活模式。在技术形态上，各种防寒技术及保温措施成为东北地区满汉朝各民族居住文化的地域共性；在空间形态上，“地炕”、“巴当”做为三个民族居住文化相互交融的共同产物；此外，随着城镇化建设的加速，客厅、床、燃气炊事等现代生活方式成为农村地区居住文化一部分。

注释

① 金日学，吉林建筑大学，副教授，130118，895139389@qq.com。
② 李春姬，吉林建筑大学，讲师，130118，1505351910@qq.com。

参考文献

[1] 金日学．朝鲜族聚落及住宅空间特性及变迁研究 [D]．首尔：汉阳大大学，2010．

[2] 金日学，（韩）朴永焕．朝鲜族农村住宅厨房空间形态及炊事与就餐方式研究——以东北三省各地区朝鲜族农村住宅调研为例 [J]．韩国住宅学会论文集，2010．

[3] Jin rixue，Zhang yukun．A Research on the Spatial Characteristics and Changes in Farmhouses of Ethnic Korean Chinese Origined From Ham-kyeong do [J]．Journal of Korean Housing Association，2016（02）．

[4] 金俊峰．中国朝鲜族民居 [M]．北京：民族出版社，2008．

[5] 金正镐．东北地区传统民居与居住文化研究 [D]．北京：中央民族大学．2004．

广东五邑地区传统民居的保护性修缮设计与再利用初探

——以开平市仓东村禾厅为例

谭金花[①]　罗耀华[②]　姚惠怡[③]

摘　要： 广东珠三角地区处在经济开放的前沿地带，随着社会经济的快速发展、城镇化进程的不断加速，乡村聚落的传统民居与现代生活的矛盾进一步加剧，大量民居被认为不符合现代人的生活而遭到拆除，致使许多传统民居在历史发展过程中不断消亡，优秀的传统民居建筑文化正在逐渐崩裂瓦解，新建的乡村建筑往往为了追求时髦、经济实惠等原因而失去其原有的本土特色。本文以珠三角五邑侨乡地区三间两廊传统民居——禾厅为研究对象，通过分析该建筑的保护性修缮方法和针对发展方向而做的新的改造设计，结合国际上对于历史建筑“保护与再利用”的原则与相关案例进行分析，探索当今乡村振兴视野下的传统民居的保护与再利用策略。

关键词： 三间两廊民居　保护性修缮　再利用　仓东计划

一、研究背景

随着城镇化进程的不断加速，大量传统民居被认为不符合现代人的生活而遭到拆除，这导致了许多传统民居在历史发展过程中的消亡。在这样的背景下，为了寻求更健康更接地气的乡村保护方法，常年研究遗产保护的五邑大学广东侨乡文化研究中心谭金花博士及其团队于2010年开始了在广东开平仓东村的文化遗产保育实践项目——仓东遗产教育基地，旨在通过实际项目的运营和实施来验证国际上的先进保育理念在中国乡村实施的可能性。这个以遗产教育为契机的实践常常被称为“仓东计划”[④]——一个理想的乡村建设理念。2017年，成立民办非谋利机构“开平市仓东文化遗产保育与发展中心”以对仓东遗产教育基地[⑤]进行统筹管理和经营。

仓东村是广东五邑地区侨乡的代表，村落的建筑风格多样，反映了近代以来五邑侨乡地区乡村建筑的变迁过程。例如明清时期的夯土筑墙建屋、19世纪末的归侨改以砖木结构三间两廊传统民居、20世纪初的钢筋混凝土防御性建筑、30年代初的中国复兴式（中国固有式）风格，另有土木建筑背景的华侨所建具有现代主义风格的建筑。这些建筑格局相对自由，外表多样，但是在布局、朝向等方面均是严格按照村落风水的要求和顺应自然的条件，呼应本土文化，是“时代、地域和人的最忠实的记录”[1]。自建立仓东遗产教育基地至今的9年时间内，以“仓东计划”的理念为仓东村12座建筑进行修缮。本文选取本土三间两廊民居禾厅作为研究对象，通过分析该建筑的保护性修缮方法和针对往后发展方向而做的新的功能的植入，再结合国际上对于历史建筑“保护与再利用”的原则与相关案例进行分析，探索当今乡村振兴视野下的传统民居的保护与再利用策略。

二、禾厅的基本介绍

禾厅位于仓东村的第一排，坐北朝南略偏东，濒临池塘（图1）。禾厅的屋主是旅美华侨谢日佑，长期在美国三藩市从事杂货生意，于清光绪丁酉年（1897年）回乡建造此屋供家人居住。直到1936年，因战乱移居海外后，禾厅便交由远亲近邻打理。在19世纪50年代，屋主的亲戚入住禾厅，住客曾对其进行自发的改造和维修，这对建筑风貌及结构产生了一定的影响。在19世纪80年代，住客离开禾厅，约在30年时间里处于无人打理和维护的状态。

禾厅属于传统三间两廊风格的平面格局，面积是一般传统三间两廊民居的1.5倍，俗称“一沓半”。因其面积比一般民居大，村民戏称可以在厅内打禾谷，故祖辈一直称此古屋为禾厅，禾厅亦由此得名。

禾厅与一般的三间两廊民居相比，有如下的特点（表1）：

禾厅与一般的三间两廊民居对比 表1

	占地面积	平面格局	结构特点	装饰特点	风水格局
传统三间两廊民居	开间10.20米，进深7.20米，面积约75平方米	二室一厅（图2）	土木与砖木混合结构	两侧山墙有卷草纹装饰、门楣上方有檐版木雕[12]	以不遮挡村落的风水为原则
禾厅三间两廊民居	开间12.21米，进深14.25米，面积约174平方米	四室二厅（图3）	砖木结构	除了传统装饰外，还有两个带灰塑的薄古脊	向南开正大门的民居，两侧墙角有两块护墙石（图4）

图1 禾厅在仓东村位置
（图片来源：由仓东遗产教育基地提供）

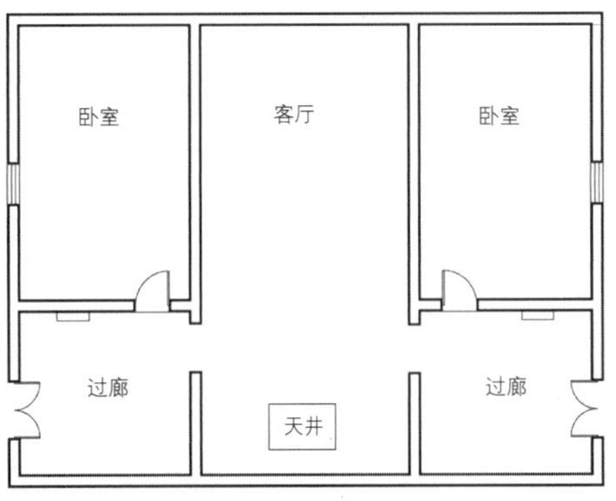

图2 传统三间两廊民居平面布局
（图片来源：由仓东遗产教育基地提供）

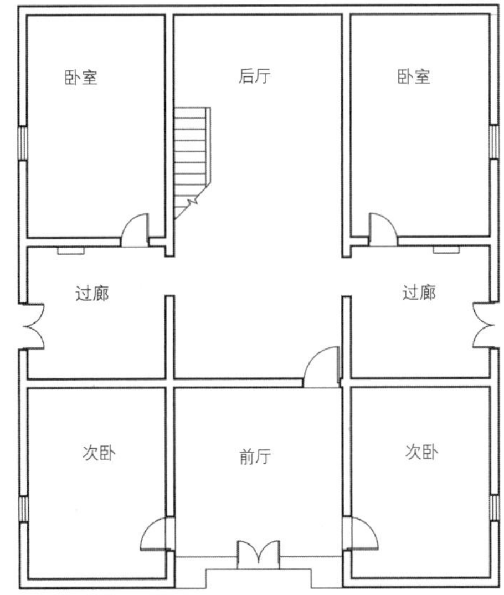

图3 禾厅平面布置
（图片来源：由仓东遗产教育基地提供）

三、禾厅的保护性修缮设计

1. 修缮原则

禾厅在修缮过程中，始终以联合国教科文组织对于文物建筑修复的标准和《中国文物古迹保护准则》提出的五个原则为原则，充分尊重原有建筑历史、文化、材料以及本地村民的生活方式。主要为不改变原状原则、真实性原则、完整性原则、最低限度干预原则、使用恰当的保护技术原则、可识别性原则、可逆性原则等；遵守文物遗产保护相关法律法规，符合国家现行建筑修缮设计的规范，同时以图文并茂的方式记录的历史面貌、现场勘测状况、建筑残存痕迹等作为依据进行修缮设计，对缺失构件的修缮应参照本地区同时期其他相同类型建筑的做法。

图4 禾厅正立面（图片来源：作者自摄）

2. 保护性修缮工程

在五邑地区，常年遭受台风的打击，平均每年登陆广东省的台风个数约为3.5个[2]。台风带来的强风会使建筑的结构或构建产生过大的内力或不稳定，引起外墙和装饰材料的破坏。居住者对建筑改建、正立面的肥料堆叠造成的严重腐蚀，两个过廊被当作猪栏造成的盐碱化，日常生活痕迹等均加速了建筑老化的现象。一方面这些问题影响了禾厅建筑结构的稳定性，另一方面对后续利用也有一定的影响。但经初步鉴定，禾厅基础仍处于基本稳定状态，方案设计中对基础暂不处理。为此仓东遗产教育基地对禾厅进行下面的保护性修缮：

1）墙体修缮（图5）

首先，内外墙壁都喷射透明的石灰水，以中和旧砖的酸性（盐分）。对于室内墙体，因内墙保存较好，所以可不做全部重扫灰水，只做局部清洗污渍（最低限度干预、不改变原状）；墙体裂缝处用环氧聚合物砂浆修补，断砖处用同规格砖更换，外墙的颜色和风格保持与原墙面一致（使用恰当的保护技术）；同时铲除空鼓的抹灰，水泥砂浆重新批荡。对于室外墙体，墙面用透明石灰水做清洗，轻体裂缝处用砂灰浆修补，严重缺失处用原款的青砖替换，使用传统填缝材料（保存原材料、使用恰当的保护技术）。对由于烧火而致的黑色的墙，则予以保留，保持建筑的历史感和居民的记忆。

2）瓦面修缮（图6）

采用整体揭瓦的方式进行屋面修缮。揭瓦修缮时，对完好的旧瓦片实施保护性清洗，尽量做到能用的全部回收再利用（保存原结构、保存原材料）；对腐朽的桷板和檩条进行替换，并对完好的桷板和檩条进行表面的清洁，同时对其进行防害虫、防腐朽等处理（采用适当的保护技术）；重新安装瓦当，铺贴筒、板瓦片；最后，通过用纸根灰抹辘筒进行裹垄。

3）灰塑修缮（图6）

首先检查灰塑原状，确认破损、风化的薄弱环节，进行清理，避免损坏原有完好的灰塑；其次淋水充分湿润，采用草筋灰参照现存样式重做缺失的窗楣灰塑，注意新旧黏性结合，接驳无痕迹，线条清晰流畅（保存原材料、保存原工艺）。[3]

4）门窗修缮（图5）

对铁门、铁窗、防盗铁枝修复的方法：首先将所有铁门、铁窗均除锈，涂红丹除锈后，重上黑漆（使用恰当的保护技术）；对所有缺失的外开铁窗扇，修缮时用传统的玻璃窗方法进行修补（保存原材料、保存原工艺）；用直径30毫米圆钢修补缺失防盗铁枝；通往二楼阳台需加装一道带亮子铁门。

图5 禾厅正立面修缮前后对比图
（图片来源：由仓东教育基地提供）

图6 禾厅屋面修缮前后对比图
（图片来源：由仓东教育基地提供）

对木门、木窗等木制构建的修复方法：首先将所有木框玻璃内窗、木门均手工除漆后，整体喷CCA防白蚁药2遍防白蚁，再涂熟桐油2遍防腐，面涂透明阻燃漆，入墙部分刷热沥青防腐（使用恰当的保护技术）。按相应样式修补或者重做缺失木门，均选用厚度50毫米杉木。对已缺失的外窗，均采用传统方法——杉木玻璃方格窗的方法进行重做。

四、禾厅的再利用设计

当前大部分建筑遗产都面临着当代生活的各种问题，在各种条件的综合影响下，可以赋予建筑遗产新时期的新职能。不仅是充分体现历史价值和在现代生活中的现实价值，而且更有利于对建筑遗产的保护。[4]禾厅在延续原有居住功能的基础上，仓东遗产教育基地决定植入建筑的新功能——办公、琴社、展厅和宿舍的功能，更增加了符合可逆性原则的厕所、冲凉房、洗漱台等，以满足现代居住的需求。

1. 可逆性原则和可识别性原则在改造工程中的使用

在禾厅的修复过程中，考虑到新的住宿、办公、课室等功能的植入，厕所、冲凉房和洗漱台的设置必不可少，因此在原来的厨房位置，以离墙10厘米为标准进行厕所和洗浴间的建设，使新增的部分不影响原来房子的结构，并且可以随时拆卸，使用本地材料和本土工艺进行建筑，无论风格还是色彩都与原来建筑和谐一致。

在办公室和卧室的改造中，尽量保持原有的建筑格局和材料，如杉木楼板和窗台、门板等，都采用新旧区别的方法，不适用“造

图7 仓东琴社雅集活动
（图片来源：由仓东遗产教育基地提供）

图8 禾厅住宿环境（图片来源：作者自摄）

旧”手法，务须让旧材料和新材料得以展示出来，符合文物修复中的可识别性原则。

2. 赋予新功能，活化旧建筑

办公场所：由于禾厅处在村落的前排并且临近祠堂，仓东文化遗产保育与发展中心设立在禾厅较为合适，因此在禾厅前厅旁的两个较小的房间用作办公室，主要用途有：中心理事会会议室、接待重要访客、项目工作室等。中心的工作基本上是文书工作，所以在再利用设计方案中，并没有对此处进行空间改造。

仓东琴社：创立仓东琴社，旨在推广岭南古琴传统文化，营造“琴道”精神社团家园，在尊重古琴传统文化的基础上，秉承仓东计划的理念，开展教学、讲座、雅集、音乐鉴赏交流会、斫琴体验等形式的活动（图7），为古琴及音乐爱好者搭建音乐文化交流的平台。⑦

为此仓东文化遗产保育与发展中心对禾厅的前厅和后厅做出空间置换的设计。因在保护性修缮禾厅设计中遵循真实性、最低限度干预等原则，对20世纪70年代在天井位置加建的阳台和楼梯予以保留。在再利用设计方案中，后厅为满足教学和展览展示需要，突出建筑特色，因而布置符合可逆性原则的展示装置和灯光设备，这些装置不会破坏禾厅原有的风貌，且在未来不需要时可方便拆卸，符合可逆性原则。

住宿功能：仓东遗产教育基地是一个探索遗产保育、可持续发展模式和文化遗产教育的一个公益性组织。目标是通过传统村落来展示侨乡历史发展的历程，为华侨研究和侨乡研究者提供实地考察的平台，为文化遗产保育者提供实践研究的场所，更为国内外学生提供学习与体验的机会。因此，为了给来仓东调查的研究者、夏令营的学生等群体提供住宿（图8），再利用设计规划把两个大房间改造为民宿。

五、总结

在保护性修缮传统民居的过程中，不仅需要遵守国际通用的原则和国内的法律法规，还需要遵循尊重本土建筑的风格、形制，一旦出现臆测，必须立即予以停止。在再利用传统民居的过程中，植入的新功能应给予本土建筑文化、村民需求与文化创造充分的尊重。在保护性修缮和再利用设计的次序上，建筑保护工程中不应先修缮完毕，再去思考建筑的用途和功能，因为这种做法在协调新的使用功能的时候，会对建筑产生二次破坏。保护建筑更好的处理方法是先做好建筑修缮规划和再利用设计，再开展保护工程。

历久弥新的文物建筑，可以向今天的人诉说这片土地上曾经发生过的历史，传承曾经辉煌的传统文化，同时也能进一步向国内外的广大游客传播这些文化，促进文化交流，激发文化活力。[5]但只有先让传统民居“活”，才能实现上面的价值。在乡村振兴的热潮中，人们对传统民居越来越重视，但只有理解其蕴含的精髓和保护方法才能更好地实现再利用的目的，使优秀的传统民居在现代生活中更好地保存下去。

注释

① 谭金花，五邑大学（广东侨乡文化研究中心暨）建筑系副教授，博士，硕士生导师，“仓东计划”创办人，529020，diaoloutan@qq.com。

② 罗耀华，五邑大学土木建筑学院硕士研究生，529020，545486291@qq.com。

③ 姚惠怡，五邑大学土木建筑学院硕士研究生，529020，1286515630@qq.com。

④ 仓东计划是从建筑修复、社区营造到文化传承发展的综合性的遗产保育理念，是以社会和谐与发展为根本目标的乡村建设模式。

⑤ 仓东遗产教育基地是以“仓东计划”为发展理念的一个第三方公益组织，注重物质与非物质文化遗产的可持续发展，注重传统文

化的传承。

⑥ 弗兰克·劳埃德·莱特语录，原表述为"建筑基本上是人类文献中最伟大的记录，也是时代、地域和人的最忠实的记录"。

⑦ 引自仓东遗产教育基地展览。

参考文献

[1] 谭金花．开平碉楼与村落的建筑装饰研究 [M]．北京：中国华侨出版社，2013：168．

[2] 张悦，李珊珊，陈灏，等．广东省台风灾害风险综合评估 [J]．热带气象学报，2017，33（2）：281–288．

[3] 王平，谢燕涛，高云飞．佛山文会里嫁娶屋修缮技术与遗产保护策略探析 [J]．华中建筑，2015（3）：156–160．

[4] 薛林平．建筑遗产保护概论 [M]．北京：中国建筑工业出版社，2013：85–86．

[5] 杨鑫宇．让文物建筑"活"起来是对它们最大的尊重 [EB/OL]．http://news.cyol.com/yuanchuang/2017-11/09/content_16672089.htm．

中国江南地区与日本列岛传统农家平面比较研究

——以15世纪以来地方中下层住宅为例①

周易知②

摘　要： 传统社会底层的平民住宅是民居研究较少涉及的一个领域，本文通过中国江南地区与日本列岛传统农家平面的比较，发现两地底层平民的住宅平面有着很大的相似性。随着主人社会地位和经济实力的提高，住宅呈现出从两间型向三间型扩展并最终出现中轴对称的平面布局。

关键词： 传统农家　平面　江南　日本

一、引言

1. 理论背景与基本假设——“礼失求诸野”

风土建筑，与官式建筑相对应，主要指代民间以居住、商贸或宗教为目的建造的房屋。常青教授将风土建筑定义为“具有风俗性和地方性的建筑。”并认为其受到自然气候和文化传统两者的共同影响而使其产生“对所居地方的归属感。”[1]因此，风土建筑研究有一个前提：复数的研究对象属于同一个类型，即有相同社会地位的人群与相近的使用功能。有了这个前提，不同建筑所呈现的差异方可以定义为“风土”的差异，体现了“风土”的特征。

中国古代等级分明，贵族（皇家）、官僚（士大夫）与百姓有着明确的区分。建筑却仅有皇家的（官式）与非皇家的（风土）两类。所谓风土建筑，当是包含了士大夫与平民百姓两个体系的。而今天的风土建筑研究尚未对此进行明确区分，广大下层平民的建筑形制研究也尚不足。冯纪忠先生在设计上海松江方塔园何陋轩后，曾提出设计灵感一部分来自松江农民的茅草屋。[2]但是今天，在上海再也找不到茅草屋。而朱光亚教授在谈到传统木结构类型时，也意识到在民间甚至是贫民阶层中常使用的“窝棚式结构”[3]，是一种被忽视却有着悠久历史的结构类型。拉普卜特《宅形与文化》提到：“延续至今的原始性和风土性的建筑在时代上受制于技术水平和生活方式，而非历史演进的长短，只要被称为原始性的或前工业化的社会依然存在，我们就能找到相应的建筑，这一社会以模糊的过去一直延伸到现在，其建筑传统以变化甚微为主要特征。”[4]因此，研究下层平民的原始性居住建筑一方面可以填补风土建筑研究的空白，另一方面也可以侧面论证居住类建筑的历史演变过程。

2. 研究内容

1）江南地区与日本列岛在自然条件上的相似性与上古移民交流

我国江南地区与日本列岛气候相近，山地河谷平原的地形也非常类似，文化、经贸来往十分密切且历史悠久。安志敏《长江下游史前文化对海东的影响》中认为长江中下游地区的史前建筑、农耕技术、祭祀文化等很多都直接影响了日本。[5]而为中日学界所公认的是，水田稻作技术就是在弥生人时期从江南直接传入日本的。

2）江南与日本传统农家建筑的比较研究

然而，日本与江南的传统民居，乍看无甚相似，中国常见的合院布局在日本毫无踪迹。若单纯考量下层平民住宅则可能有意想不到的结果。故本文首先采用“农家”一词，旨在与较为广义的“民居”区别开来，拉普卜特将传统居住建筑分为“原始的”、“风土的（前工业）”和“风雅的（现代）”三类，其具备历时性特点，同时也有共时性要素。用中国传统民居举例，即是普通农民住宅，乡绅、商人住宅，以及贵族、官僚、士大夫住宅。日本的“住宅”一词，同样包含农家，地方“有力者”住宅，武士、贵族住宅。其中，农家和地方有力者的住宅（庶民住宅）合称为“民家”，其形制与武士、贵族住宅有着极大的差别。因此，本文为了比较的方便，故而引入“农家”这个概念，对应日语中的“民家”，以将传统民居这一研究对象限定在狭义的范围。

二、同源——江南与日本农家的基本平面形式

与中国北方农宅三开间的基本居住模式不同，南方的农宅平面

却大多很难以简单的开间来分类。江南普通的农宅往往很少见到合院，主屋的间架布局比较自由，有着独特的平面构成方式。故本文采用日本学者常用的民居平面空间分析方法，以实际的房间与流线的布局方式来进行平面分类，将江南与日本农家的基本平面形式分为“两间型”与“三间型”两大类。

1. 原始的两间型住宅

1）两间型的基本构成

原始的两间型住宅一般为底层农民的住宅，往往还是茅茨土阶的状态。平面一般分为两部分：一部分作为工作空间，放置农具，可以进行简单的室内劳作，同时作为厨房以及餐厅；另一部分为居住空间，供家人就寝。如箱木家住宅（复原后），为日本现存最古的居住建筑，建于15世纪（室町时代）。箱木家的室内空间主要由两部分组成，一半为素土夯实地面，作为工作空间（厨房、马厩等），另一半为木地板铺装，作为生活起居空间（图1）。

江南较为典型的两间型案例为镇江市北郊杨宅（图2），悬山夯土墙茅草顶，面阔两间，一间为起居，一间为卧室，由山面进入。这种入口—起居、灶台—卧室的平面流线布局与箱木家住宅非常类似。又如上海奉贤青村镇西街114弄2号（图3），也是典型的两间型住宅，进门的一间为客堂间，客堂间后半部为厨房，里面一间为居室，居室前半部为起居用，后半部为卧室。再如浙江杭州市玉泉山住宅（图4），平面呈曲尺形，规模比上述住宅都要大，但是，该住宅自中间一分为二，每一部分都由卧室、厨房与堂构成，与前述奉贤青村镇的住宅非常相似。可以说，原始的两间型平面也可以作为构成单元多组拼合成较大规模的住宅。

2）两间型平面的流线

两间型平面的流线也非常简单，两间穿套，外间为厅堂、厨房，内间为卧室。外间为公共性空间，内间为私密性空间，逻辑简单，使用便捷。两间型住宅的主入口往往在短边山墙面上，前述镇江杨宅，青村西街114弄2号宅以及箱木家住宅均为如此。刘敦桢将其归类为“纵长方形住宅”[6]。山墙面进入，使两间型住宅的建筑屋脊线和流线方向一致。

3）堂—室的布局方式

不论在日本还是江南，两间型住宅都有一个共同的特征，即“前堂后室”型布局：堂为素土地面，一般包含作业（干农活、纺织等）、祭祀（祭祖、祭土地）、烹饪等功能。室一般为木地板铺装，为卧室和起居室。这种堂—室两间型布局，满足了一个家庭最基本的生活需求，是一种非常原始的住宅空间布局模式。与《说文解字》中的记载：“古者为堂，自半已前虚之，谓之堂；半已后实之，谓之室。东为户，西为牖，中为壁。尊者在室常居牖下，谓之隩。”[7]相一致。刘敦桢则认为“此种住宅不为从先宗法社会的均衡对称法则所束缚……但也不适合于宗法社会的生活习惯，所以始终限于小型住宅，未能进一步发展。”

2. 进化的三间型住宅

1）三间型的基本构成

三间型住宅平面最基本的包含前中后三部分：庭院、厨房部

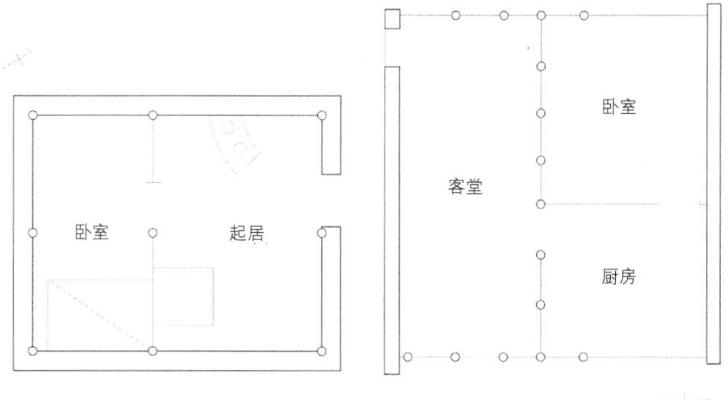

图2 镇江北郊杨宅（图片来源：同自参考文献［6］）

图3 青村西街114弄2号（图片来源：作者自绘）

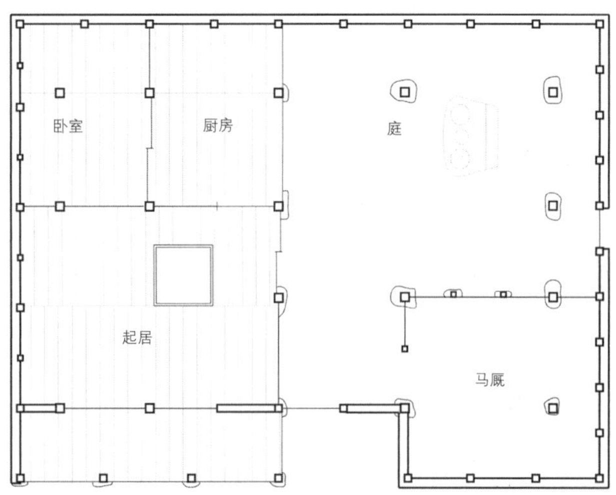

图1 兵库县箱木家住宅（复原后）（图片来源：作者自绘）

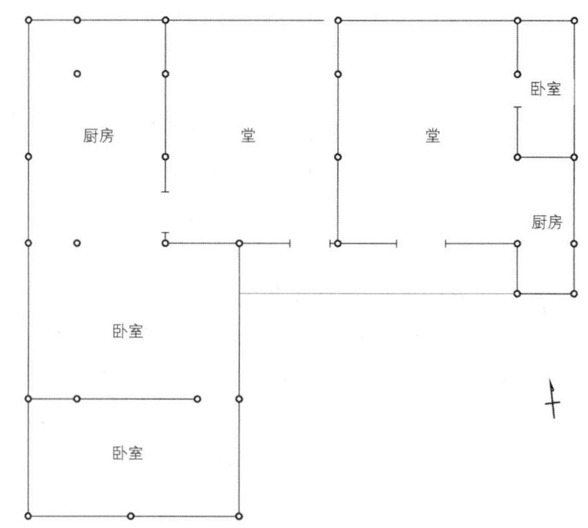

图4 杭州市玉泉山住宅（图片来源：同参考文献［6］）

分，客厅起居部分以及卧室部分。如北村家（复原）平面由三部分构成：最右侧的入口土间（也称“にわ”直译即“庭院”）、当中开敞起居室与左侧私密的卧室（图5）。土间依旧为主要的作业空间，而与两间型住宅不同，北村家中的生活部分进一步分化成为较为公共的起居室（称为“座敷”，有会客的功能）与较为私密的卧室。杉本家住宅也呈现出典型的三间布局，虽然经历过不断的改建，左侧的土间部分被改造和压缩，但其作业空间的形制依然没有改变（图6）。与北村家不同的是，杉本家的中间部分再次一分为二，一边为家人使用的起居室，另一边则为专门接待客人的座敷间。反观江南地区，无锡市崇宁路邵家（图7），其较为不规则的平面很难用对中国传统建筑一般的开间、进深去定义。其基本建筑空间可分为三个主要部分：最南侧为入口天井和厨房，是典型的作业空间；中部为客堂以及正房，客堂为节庆、会客之用，正房为主人起居室，有着一定的公共性；而最北侧的翻轩间与二房则为私密的卧室空间。这种前一中一后空间的公共性逐渐降低，私密性逐渐增强的空间组合方式，与前述日本三间型住宅几乎完全一致。而江苏吴县（今虎丘区）光福镇住宅（图8），同样将平面分为了三个部分，只是最靠近主入口的为公共起居空间，中部为私密的卧室，而后部为厨房和院子。再如余杭区良渚俞家（图9），其正屋分为前后两部分，前半部为四间连通的起居空间，称为“大外屋里”，后半部分则为私密的居室，正屋前有天井与厨房。

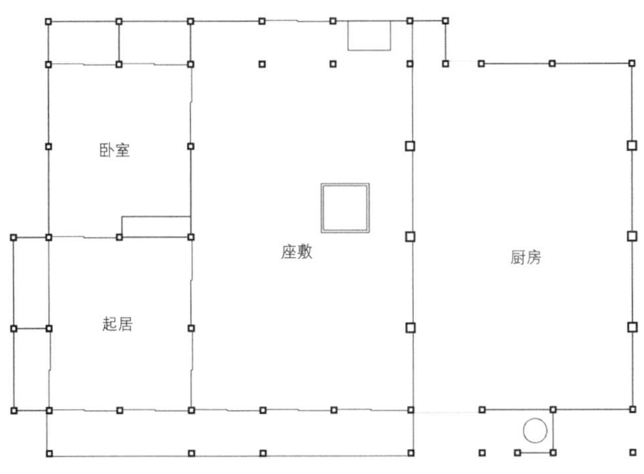

图5　神奈川县北村家（图片来源：同参考文献［8］）

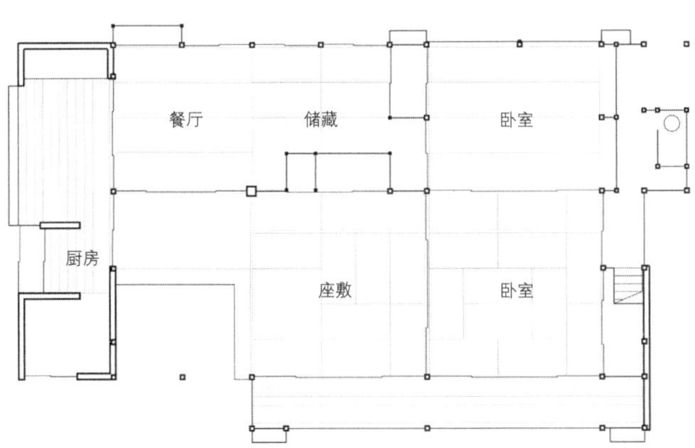

图6　神奈川县杉本家（图片来源：同参考文献［8］）

2）三间型平面的流线

三间型平面的流线较两间型复杂，但基本上还是从外到内的穿套布局。最外侧一般为庭院和灶间，当中为起居室和客厅，最内侧为卧室。与两间型住宅不同的是，三间型住宅有了会客功能需求，

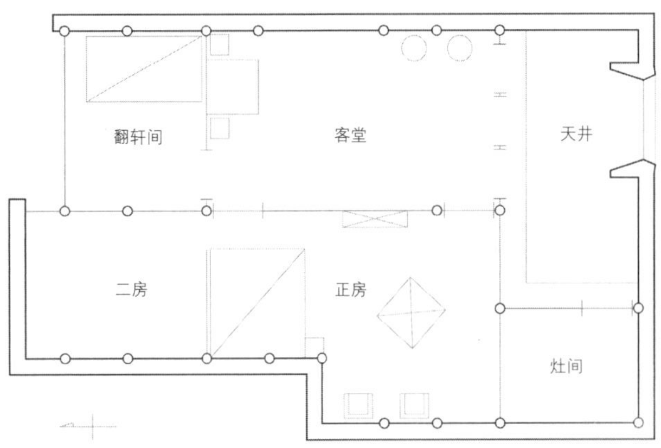

图7　无锡邵家（图片来源：同参考文献［9］）

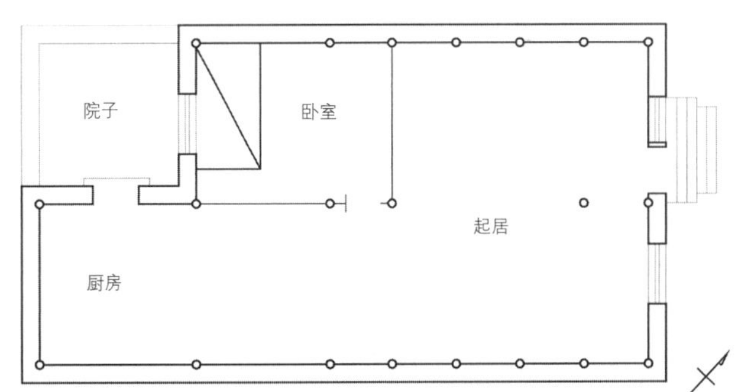

图8　江苏吴县（今虎丘区）光福镇住宅（图片来源：同参考文献［6］）

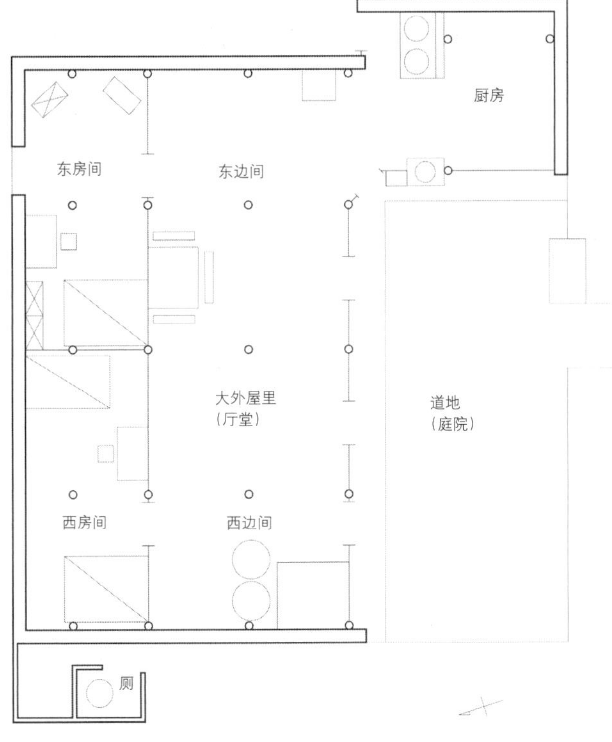

图9　良渚俞家（图片来源：同参考文献［9］）

导致流线上也分为生活和会客两条，直接的结果就是使得三间型平面呈现出六个房间的特点，除去最内的两个卧室不说，生活流线包含外侧的厨房空间与当中的起居室空间，而会客流线包含的则是庭院、天井与客厅。日本的三间型住宅与两间型类似，大部分入口在山墙侧。而江南地区的三间型住宅却往往以长边作为山墙面，使得主入口面对檐部，与中国正统文化中的房屋中轴线相一致。

3）从两间型到三间型：院—厅—室的布局方式

三间型住宅的重要特征是院—厅—室的布局方式，即作业、起居会客与卧室空间的一字排列。根据起居室与客厅是否分化为两个房间，可以将三间型住宅分为基本形和完整形。良渚俞家与北村家住宅是基本三间型的一对很好的样例：这一类住宅往往有一个跨多个开间的敞厅，这个厅集合了家庭中所有的公共性活动。从餐厅、起居室、客厅的日常功能，到举行仪式、祭祀祖先等特殊活动。无锡邵家则与杉本家住宅则代表了三间型住宅的完整形：起居室和客厅的完全分化。两间型到三间型的转变一方面体现了建筑空间功能的进一步分化（出现了专用于会客的厅），另一方面也体现出三间型住宅主人的经济实力和社会地位高于两间型住宅。然而，不论是日本还是江南，这种三间型住宅依旧缺乏对称性和轴线意识，可以说依旧是一种地方文化占主导地位的居住空间组合方式。

三、分化——强势文化影响下农家平面的演变

1. 国家强势文化与地方文化的博弈

1）仪式空间的介入

在大一统国家形成后，地方文化就一直受到国家强势文化的影响。在中国，中原地区中轴对称，一明两暗，合院布局的居住平面空间组合方式对全国都产生了强烈的影响。其对江南地区农家的最大影响就是仪式性的厅堂空间的出现。而在日本，佛教以及武家文化对居住建筑的影响则主要体现在式台、玄关空间（迎接客人）与大广间（举行仪式）等。像复原之前的箱木家住宅（图10）就呈现出一种受到日本近世文化影响下的状态。而青村西街126号（图11），该住宅正屋当心三间呈现出明显的一明两暗的布局，而除去该三开间的空间，剩下的部分恰好是三组“两间型”住宅，而这与目前该住宅分为三户人家的状态一致。

2）流线与轴线的关系及其变化

不论是“两间型”还是“三间型”，其主要流线只有一条，即从堂到寝、从外到内、从公共到私密。而这条流线，往往也是建筑的轴线，如镇江杨宅、青村西街114弄2号、无锡邵宅、良渚俞宅、箱木家、北村家以及杉本家等。其中镇江杨宅、青村西街114弄2号、北村家以及杉本家的主入口位于山墙面，这与东亚地区以檐部为主要立面的传统不同，可以说是地方文化与官方文化的错位。

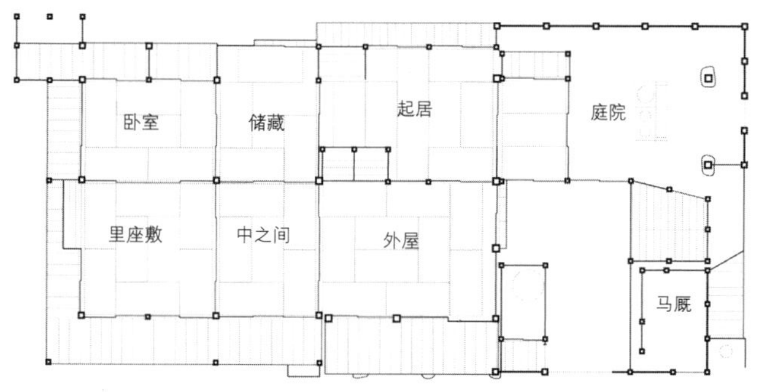

图10　兵库县箱木家（复原前）（图片来源：作者自绘）

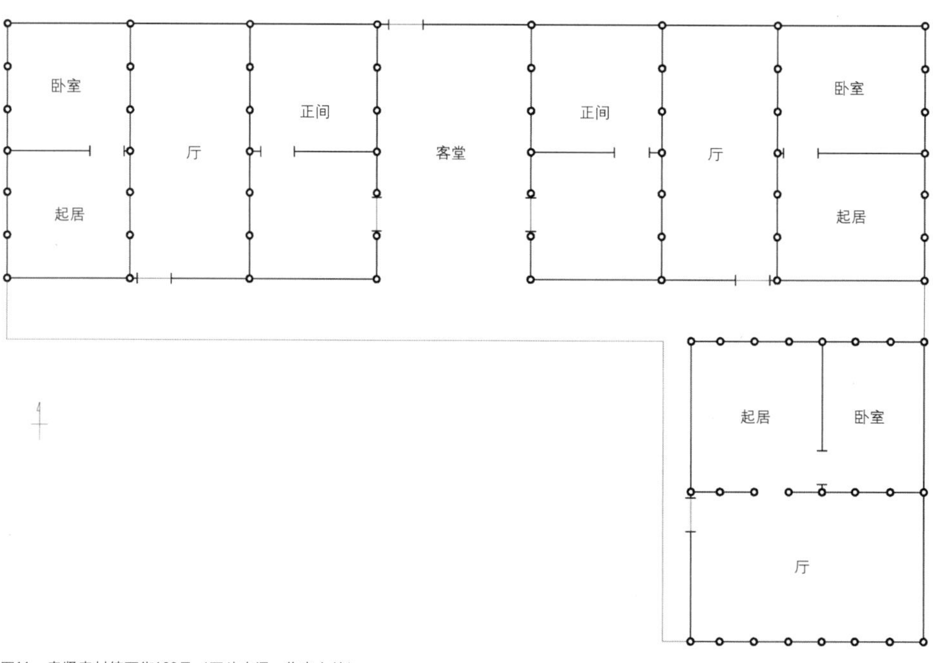

图11　奉贤青村镇西街126号（图片来源：作者自绘）

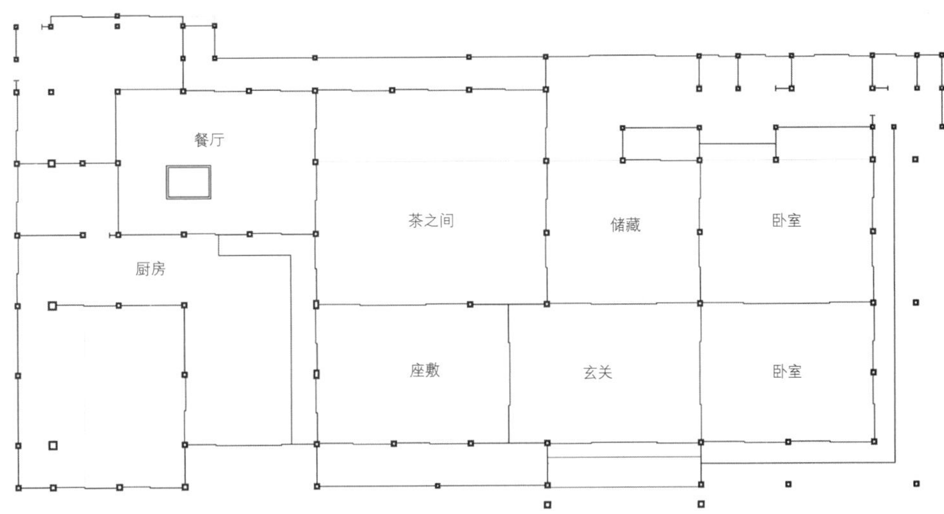

图12　神奈川县石井家（图片来源：作者自绘）

然而为了弥合这种错位的轴线关系，出现了建筑轴线与生活流线相垂直的做法。最为典型的是石井家住宅（图12、图13），平面上看，其空间布局同样包含了工作空间、起居空间与卧室空间。而与简单的两间或三间型住宅不同的是石井家在起居室与卧室之间增加了一间“玄关”，作为仪式性的入口空间。

3）对称与非对称

随着主人的经济实力与社会地位的提高，住宅的中轴对称倾向也越来越高，甚至会为了达成中轴对称的形态，而营造许多一开始并没有实际用途的空间。但对于农家来说，更多情况下会给不对称的内部空间营造一个对称的外观。前述石井家住宅就是一个很好的例子，为了南立面的对称，专门为玄关空间营造了破风式的入口。又如景宁小佐严宅（图14、图15），建于民国时期，虽然采用了对称的五开间布局，但内部功能空间却完全不对称，厅堂左侧为厨房和起居空间，右侧为两间卧室。

2. 风土的尽头——多元要素影响下的底层统治阶级住宅

喜多家住宅（押水町）（图16），作为管理能登、加贺地区约200余村的名门，平面分为两个部分。[10] 右半边为家人日常使用，左半边则为上级贵族来访时接待所用。而分隔两个部分的等候室与广间，则为日常或待客时的仪式空间，也就是左右两部分的共用空间。有趣的是，只观察右半部分，不难发现其与前述日本农家没有任何区别。又如台州椒江区衙门巷115号，为清代大商人章氏家族的住宅（图17），三合院平面，正房明间称为“堂前”，即厅堂空间，次间称为“正间”，是等级最高的卧室，“堂前”与“正间”构成了一明两暗的汉族传统居住空间。章宅在一明两暗的两侧，仍有三间的空间，这一空间主要被分为两部分，靠外称为“翼头”，是厨房空间，靠内称为“坐起”，作为餐厅和客厅使用。此外，卧室则集中在厢房与二层，厢房中不铺木地板的一间称为“横堂前”，是小家庭的起居室，其他以木地板铺装的均为卧室。章宅的平面空间严格对称，三合院围绕三个一明两暗空间展开，空间组合方式类似前述青村西街126号，是其更高级的形式。

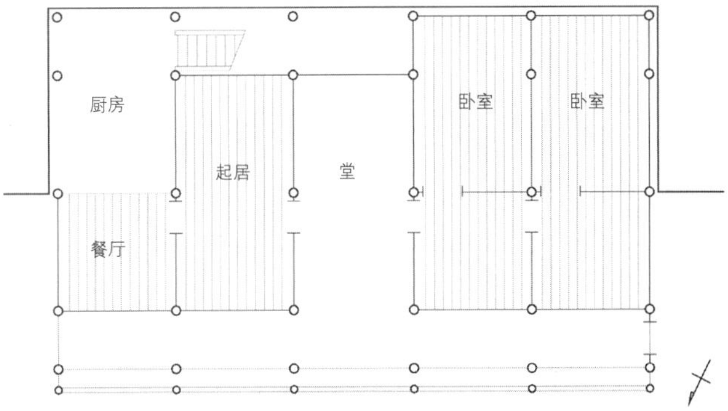

图14　景宁小佐严宅（图片来源：作者自绘）

图13　石井家正立面（图片来源：作者自摄）

图15　小佐严宅正立面（图片来源：作者自摄）

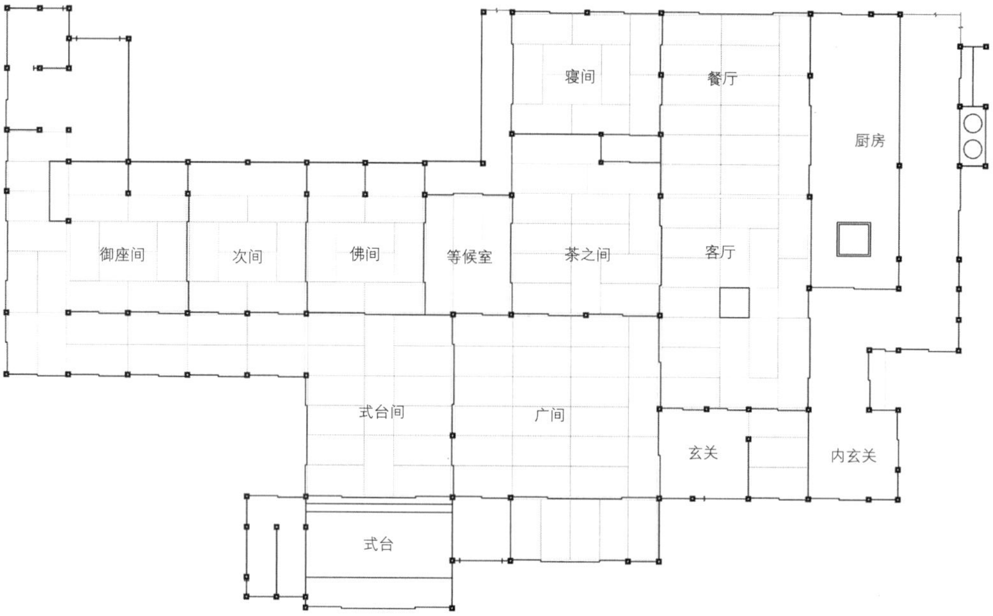

图16　金泽县喜多家（图片来源：同参考文献［10］）

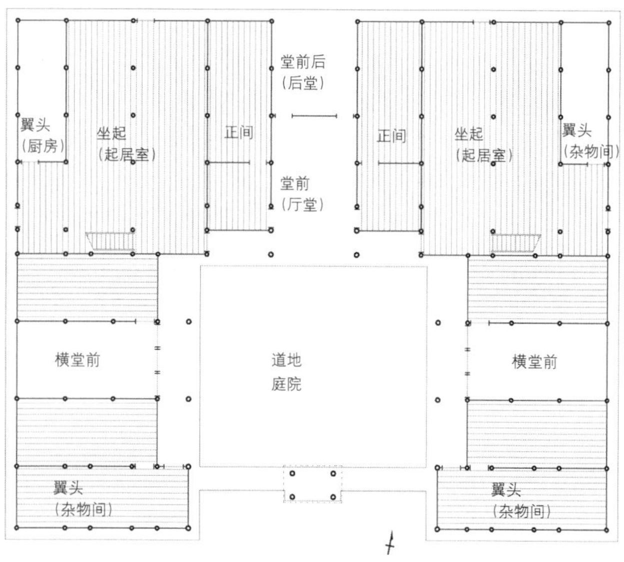

图17　椒江章宅（图片来源：作者自绘）

可见，这些商人地主，一方面并未考取功名或成为武士、贵族，无法摆脱农民的地位与生活方式，故其住宅需要保留普通农家的生活空间。然而，另一方面这些底层统治阶级的住宅有着许多普通农户所不需要的功能空间，以及他们在心理上存在着向上流社会靠拢的强烈倾向，故其住宅空间也同时兼有上层社会与底层社会的特征。

四、传统农家的居住空间模式

比较中国江南地区与日本的农家住宅，均可以按空间的组合方式与功能流线关系的不同将其居住空间模式分为：两间型、三间型、过渡型和中轴型四类（图18）。

1）功能空间的不断增加与分化

江南农家与日本农家的第一个重要的相似演进特征是功能空间的不断增加与分化。虽然，从两间型到中轴型并不一定存在着历时性的演变关系。但这依然反映出不同社会阶层的普通民众对于居住空间的认知与需求。日本学界普遍认同，日本传统农家包含两个基本功能空间：作为作业空间的土间部分（素土地面），与作为居住空间的床上部分（地板铺装）；而在17世纪以后，随着“本百姓阶层”（上层农民）的出现，存世的传统民居遗构大量出现，居住空间也变得越来越复杂[11]。

比较日本农家与江南农家可知底层的农家同为最基本的两间型平面：包含作业空间与居住空间两个基本部分。如镇江北郊杨宅。而对于箱木家住宅以及青村西街114弄2号，居住空间分化成为工作—起居部分与就寝部分，从而使平面分为起居室（厅堂）、卧室与厨房三个功能空间。虽然有三个功能空间，但平面整体上还是呈现出两开间的特征，因此，他们是复杂化了的两间型住宅。

而稍微富裕一些的家庭则有了更多的生活需求，反映在住宅平面上则是三间型住宅的出现。三间型住宅以“工作空间—起居空间—居住空间”为主要流线，分化出独立的起居空间，如良渚俞家的“大外屋里”和北村家的“座敷”，而三间型中的起居空间，起初与两间型中的起居室并无二致，而随着功能空间的进一步分化，三间型的中央起居空间则进一步分化，出现了独立的仪式性厅堂。

2）中轴的出现与居住流线的改变

江南农家与日本农家的第二个重要的相似演进特征是中轴的出现与流线的改变。在江南地区，主要体现在家庭经济、社会地位提

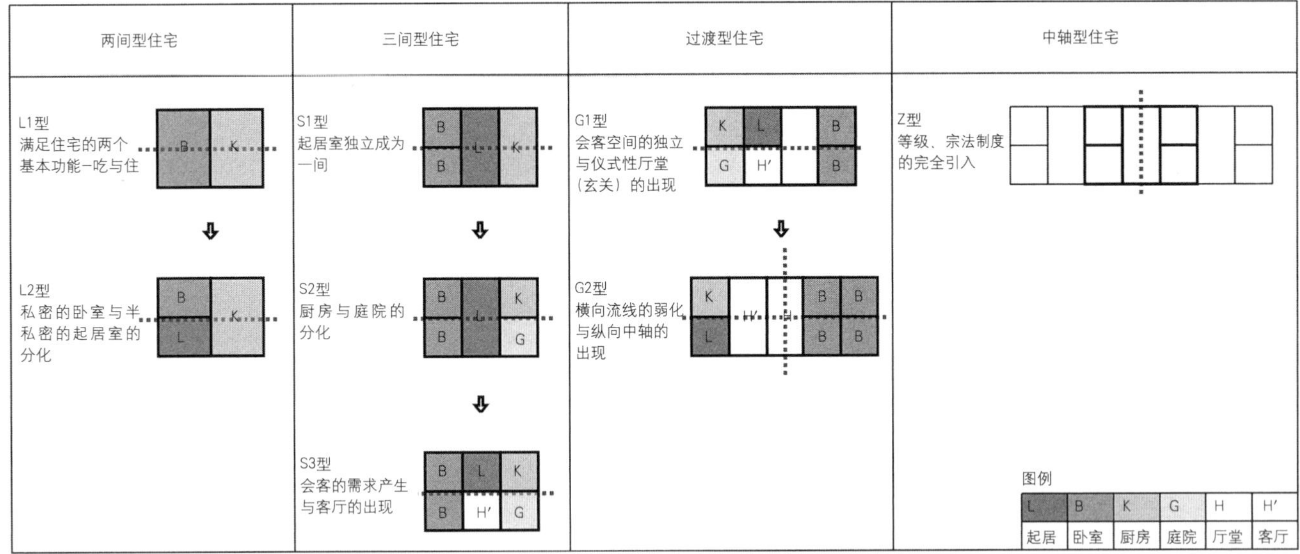

图18　传统农家居住空间组合模式

高后向儒家文化影响下的中国上流社会居住模式的改变。而在日本，则反映为家庭经济、社会地位提高后参与地方管理事务所造成的对住宅功能需求的增加。

五、结论

建筑的结构、构造等技术做法，往往与营造技艺的发展密切相关，而住宅平面的布局则往往直接反映使用者的理念与文化传统：首先，江南农家与日本农家在平面空间的组合方式上有着很大的相似性。这些相似性说明两地底层农业社会有着对居住空间相似的需求。其次，江南农家与日本农家分别收到了中华与日本两个文明主流文化的影响，并且中国的辽阔幅员与日本在古代对中国文化的吸收导致了江南地方文化、日本底层社会文化与各自主流文明的脱节，从而使两地建筑文化呈现出官方与地方、上流与底层的对立、影响与涵化，进而造成了丰富有趣的建筑现象。出现了三个重要特征：①官方主流空间范式的引入；②生活流线与建筑轴线的错位；③外观对称与空间非对称。

最后，居住建筑与主人的身份地位、经济状况有着密切的联系，而在江南与日本，这种联系则体现在社会地位越高与主流建筑形态则越为接近。非常遗憾的是，更具有地方特色、更接近地方风土的底层农家，在中国大地尤其是东部发达地区已经消失殆尽。建筑遗产保护，不仅仅应当保护帝王将相、达官贵人的建筑，普通百姓的农宅也应当给予足够的重视，从而避免文化多元性的丧失。

注释

① 国家自然科学基金（51708413）资助项目。

② 周易知，同济大学建筑与城市规划学院，助理教授，20092，zhouyizhihistory@hotmail.com。

参考文献

[1] 常青．风土观与建筑本土化——风土建筑谱系研究纲要 [J]．时代建筑，2013（03）：10–15．

[2] 冯纪忠．何陋轩答客问 [J]．世界建筑导报，2008（3）：14–21．

[3] 朱光亚．中国古代建筑区划与谱系再研究 [C]．中国建筑史学国际研讨会，上海，2007．

[4] 拉普卜特．宅形与文化 [M]．北京：中国建筑工业出版社，2007．

[5] 安志敏．长江下游史前文化对海东的影响 [J]．考古，1984（5）：439–448．

[6] 刘敦桢．中国住宅概说 [M]．北京：百花文艺出版社，2004．

[7] 许慎．说文解字・通释卷十四 [M]．四部丛刊景述古堂景宋钞本．

[8] 安田徹也，大野敏，小坂広志．川崎市立日本民家园 [M]．日本プロセス株式会社，1993．

[9] 浅川滋男．住まいの民族建筑学 [M]．建筑资料研究社，1994．

[10] 水沼淑子，小沢朝江．日本住居史 [M]．吉川弘文馆，2006．

[11] 太田博太郎，等．日本建筑样式史 [M]．美术出版社，1999．

传统民居中的数据分析与文本分析

陈偌晰[①]　张　岩[②]　谷云黎[③]

摘　要：传统民居建造因地制宜，是乡土文化的载体，受到时代背景、传统文化、行为模式、宗教文化、自认环境的多重影响。文章以河南马氏庄园民居为例，主要论述了在清代历史背景下家族身份对空间环境的影响。采用了大数据分析的方式，通过数据的收集建立数据库，再由此展开分析。文章旨在探索大数据研究方法在建筑实践中的应用，为民居设计实践提供有效的依据。

关键词：大数据分析方法　环境关系　空间布局

一、理论部分

传统民居建造因地制宜，是乡土文化的载体，受到时代背景、传统文化、行为模式、宗教文化、自认环境的多重影响。课题的研究内容主要是民居的形式分析与美学鉴赏，关注营造样式和营造技术，不仅要做纵向联系，更要做横向分析。对其纵向分析，包括理解民居选址的地理环境、布局特点、朝向、建筑群组合的关系等，对于特色装饰构件如雀替、柱础、罩等进行详细测绘建模。做横向分析更要联系文化人类学，探析传统文化、社会背景等与传统民居的关系。

文章旨在探索大数据研究方法在民居实习中的应用。通过数据的收集、整合、入库，建立各民居类型的数据库。教学方法包括利用电脑软件技术，进行民居平面图绘制、建筑结构建模，加深对建筑环境的认知，深入对建筑物与环境的关系体验。在进行民居实践地点的考虑上，选择了河南安阳马氏庄园，一是由于本校建筑学专业学生主要来源于四川省内的特点，选择典型的北方民居建筑可以更加直观地展现民居的地域性；二是马氏庄园作为中原第一官宅，在建筑形制上承载了时代背景下的家族伦理、传统文化对民居建筑的影响，可以从民居中的身份空间进行分析。同时马氏庄园的楹联匾额别具一格，反映了家族整体所传达的精神内核和家风家训。下文以马氏庄园为例，从空间分析与文本分析两方面对传统民居进行探究。

二、实践部分

马氏庄园是清代巡抚马丕瑶的府邸，建于清光绪至民国初期，保存完好，具有北方官式建筑的显著特点，是研究中原建筑艺术的活标本，同时对于研究儒学、建筑、风水、书法、楹联具有很高的参考价值。

1. 民居的空间分析

马氏庄园共分三区六路，每路四个庭院。中区与南区为主要院落，整体由前导街道将各路院落并联起来，每路院落四进庭院，九道大门，为“九门相照”格局，布局严谨，轴线突出，错落有致，亦有庄严肃穆，古朴之感。

马氏庄园在建筑结构上，作为清代北方官式建筑，以硬山屋顶抬梁式结构为主，亦有悬山屋顶和平顶，全为砖木结构建筑。

马氏庄园建筑群中，院落体系比较完整的中区与南区住宅区共四路院落作为重点考察的对象依次编号（图1），通过测绘整理、数据收集、电脑分析的手段，深化学生们对这些民居建筑的认识。其四路院落群以其统一性与差异性，反映出传统文化中的封建礼制对建筑空间的影响。

在建筑形制上，中区中路是一家之主马丕瑶的住房，中区东西两路院落分别归实业家长子马吉森与四子马吉枢所有，南区为三子马吉梅所有。四路院平面布局极为相似，中轴线对称严谨，每路四进院落，都为九门相照格局。最具代表性的I号院落做为数据分析原型，通过其数据收集，电脑绘图模拟结果，可以从中看到，每路地面水平高度由第一进庭院到第四进逐渐上升，围合庭院面积逐渐加大，正房开间尺寸逐渐加大，屋脊逐渐增高（图2、表1）。

中区中路各尺寸对照表　　表1

院落编号	地面高度/米	庭院面积/平方米	正房开间尺寸/米	屋脊高度/米
I−1	0.20	93.50	无	5.76
I−2	0.65	99.00	13.50	5.97
I−3	0.85	120.00	15.00	5.90
I−4	1.00	145.20	16.50	10.80

（表格来源：作者自绘）

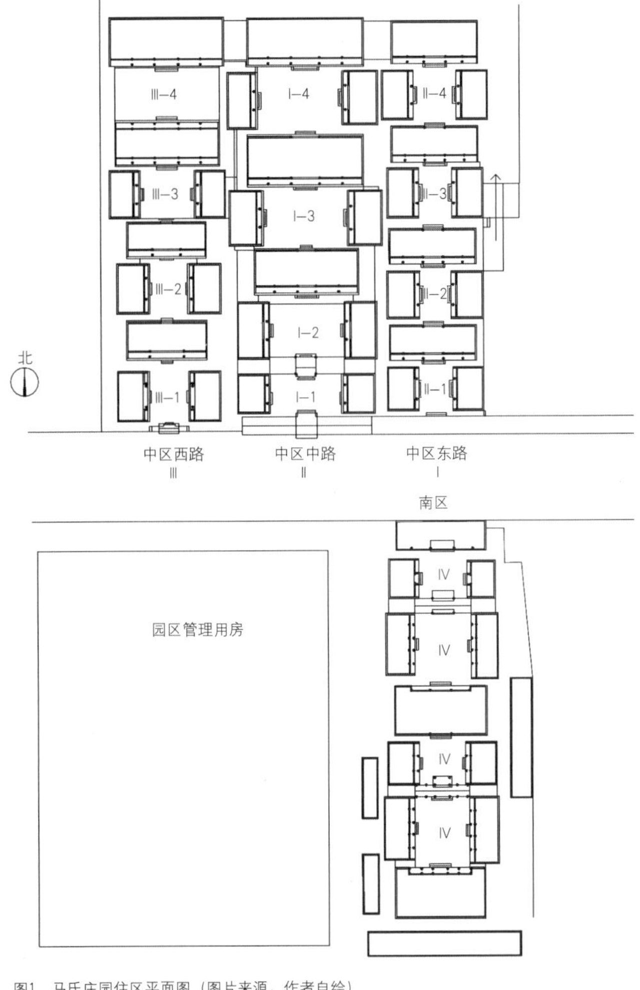

图1 马氏庄园住区平面图（图片来源：作者自绘）

每路院落差异性不可忽略，为分析院落形制上的水平差异，利用统计的大量数据分析整理出如下表格（表2），从中可以清楚地看到，Ⅰ院落与东西两路院落相比，中区院落的形制明显大于东西两路院落，包括庭院的面积大小达到142平方米、厅房开间尺寸达到16.5米、踏步尺寸长达3.4米，门前的阶条石作为身份象征的一部分，长度达到2.7米，在加工与搬运过程中着实不易，明显大于其他院落。究其原因，是为了体现出马丕瑶一家之主的地位，符合中国古代"居中为尊，居中为上"的思想。同样的，这种秩序也体现在屋脊高度和地面起势上。

并且，从其他方面看，中区庭院面阔大于进深，楹联内容更为丰富，视线开阔，空间营造相对更加舒展。而东西两路庭院进深大于面阔，庭院方向朝纵深方向发展，院子略微狭窄，易给人心理上造成压抑感。

其次，从功能上看，中区中路院落中，第一进与第二进院落由仪门相隔，作为马家对外会客的客厅使用，第三进与第四进院落为马家对内之居室。东西两院落皆为内宅，不对外客开放。因而在楹联的处理及营造空间氛围上有所不同。

最后，由于南区建于民国时期，脱离了封建主义的束缚，商人地位逐渐变得尊贵。相比中区的院落，不同于官家创造围合大空间营造威严的气氛，更倾向于展现奢华精美装饰的庭园式大空间。两侧增加了佣人使用的附属用房。开窗面积较中区更大，大窗格划分更加舒朗通透，视线更加开敞。在构件与细部处理上南区也更加细腻精致，建筑彩绘色彩丰富，图案精美，这都是其他院落不具备的（图3）。

2. 民居的文本分析

传统民居中文本空间不仅加强空间的层次感、秩序感、主次感，也造成人们在心理上的无限遐想，从而扩展了空间感受，对建筑空间有画龙点睛的作用。马氏庄园文本内容传达了典型管家价值导向，通过文本意象从而创造了空间氛围。

通过总结分类，将马氏庄园文本内容分为四类，分别为宣扬清

院落形制对照表 **表2**

院落形制对照							
院落编号	所属人	官职或身份	最大院落尺寸/米	正房开间尺寸/米	最大踏步尺寸/米	最高屋脊高度/米	最大阶条石长度/米
Ⅰ	马丕瑶	两广巡抚	13.20×11.00	16.50	3.40×0.30	10.00	2.70
Ⅱ	马吉森	实业家	9.00×13.00	15.00	3.00×0.30	11.00	1.50
Ⅲ	马吉枢	医生	用墙围合形成院落	15.00	2.40×0.30	5.90	1.05
Ⅳ	马吉梅	安阳议会议员	15.00×18.00	20.00	3.30×0.30	7.20	2.70

（表格来源：作者自绘）

图2 中区中路中轴剖面图（图片来源：作者自绘）

(a) 南区院落四进院正房

(b) 南区院落仪门正面

(c) 南区院落厢房

(d) 南区院落仪门背面（图片来源：作者自摄）

图3 马氏庄园南区

廉刚正的为官准则、宣扬诗书礼义的传家之道、宣扬谦恭忍让的修身处世哲学、宣扬克勤克俭的经营之道。中区中路多以为官准则为主，东西两路多以家训家规为主，南区多以经营传家之道为主。

受传统观念的影响建筑形制讲求“不中不正”，强调中轴空间的手法在文本上同样有所体现。文本在空间中重点刻画的位置和内容不同，营造出不同的空间感受，这样加强建筑实体的主次关系，将空间联系组织起来。在马氏庄园的中区三路院落中体现尤其明显。

中路院落位于中区住宅建筑群中轴线上，建筑形制为最高。

马氏庄园文本内容分布 **表3**

价值导向	位置	匾额	楹联内容
宣扬清廉刚正的为官准则	中区中路	—	不爱钱不徇情我这里空空洞洞；凭国法凭天理你何须曲曲弯弯
	中区东路	德有邻堂	圣德传万代有教无类；民本耀九州安邦治国
宣扬诗书礼义的传家之道	中区中路	修身堂	一等人忠臣孝子；两件事读书耕田
	中区西路	求知堂	处世无他莫若为善；传家有道还是读书
宣扬谦恭忍让的修身处世哲学	中区东路	谦益堂	青松秀鄂以其寿；白雪性情何所营
	中区西路	养正堂	静以修身俭以养性；入则笃行出则友贤
宣扬克勤克俭的经营之道	南区	和润斋	宽宏坦荡福臻家常裕；温厚和平荣久后必昌
	南区	嘉树堂	继祖宗一脉真传克勤克俭；示儿孙两条道路惟读惟耕

（表格来源：作者自绘）

在文本的空间组织上，中区中路最多样，在每一进院落的正堂有匾额楹联，而且在作为庄园对外客厅的中路第一进院和一家之主卧房的中路第四进院的东西厢房门前也有楹联。院落的功能决定了它的空间在建筑群中的重要程度，在作为空间文本的匾额楹联上反映出来。

在文本内容上，从匾额来看，中区中路沿街大门从外到内依次悬挂“进士第”匾额、“太史第”匾额，分别为马丕瑶和次子马吉樟科考赐进士出身官方所做，装裱精致、规格尺幅最高，彰显显赫家族社会地位，整体庄严肃穆，使中路院落十分突出；中区东西两路院落沿街大门悬挂“秀环珠水”匾额、“爽挹行山”匾额，点明宅邸背山面水的优越地理位置，匾额相对尺幅小。每路内部各进院落正堂匾额内容层层递进，如西路的匾额“克己堂”、“求知堂”、“无逸堂”、“致善堂”、“养正堂”，使整个院落构成一个完整的序列。从楹联内容来看，中路第一进院落仪门上刻家训，是一个大家族核心的部分，楹联匾额则多诉说着自己的为官准则和传家之道，而东路与西路楹联匾额内容多为修身处世的道理，这样不同的空间单位就有了主从关系，以中路为主，东西两路为次。(表3)

此外，中国古代文学中常以意象来品评作品的想象和意境。文本意象是指客观物象经过创作主体独特的审美活动而创造出来的艺术形象，是主观情感与客观物象相融合的产物。空间意向指建筑空间经过主体的审美活动建构起的建筑所特有的精神内核。建筑中的文本意向通常能创造出相应的空间意向。有文学意蕴的楹联内容能使空间的主题更为突出，以扩大和调节空间感。马氏庄园的楹联，其内容有一定的主题性，如清明廉洁、忠于国家、孝敬父母、兄弟友爱、耕读传家的家训。以使建筑的意向空间构成达到至正至雅。

马氏庄园的文本中常用的意向有“老松”、“竹”、“清风”、“月”、“春风”、“秋水”、“丹桂”、“海”、“青松”、“白雪”、“古琴”等，常常借用这些意向托物言志，展现了庄园主人坚定的心志和不党不私的高洁品行，营造了一个高洁旷远的心理空间。

三、结语

通过大量数据的收集和整理，加强对中原传统官式民居、人文环境、院落分布等方面关系的理解，使对传统居民的学习有了更加全面深入的认识。单纯从专业角度就建筑说建筑，只看建筑技术细节，容易造成对精神需求关注不足的现象，而数据分析可以更加严密科学地得出一些通过表征看不到方面。

此外，中原传统官式民居在营造时中轴线上的处理，可以帮助学生了解在设计过程中，如何凸显主体空间地位的方法，如何创造符合中原地理环境、气候条件、思想观念等的综合产物。在空间和形式上，如何统一局部与整体的关系，增加对比与统一的处理。

注释

① 陈偌晰，西南科技大学土建学本科生，621000，2030455732@qq.com。

② 张岩，西南科技大学土建学本科生，621000，2235567150@qq.com。

③ 谷云黎，西南科技大学土建学院讲师。

参考文献

[1] 屈一锋．在教学中关于中国民居建筑特点的几点思考——以湖北民俗文化村通城县罗家村的民居建筑为例 [J]．美与时代（城市版），2016（08）：24—25．

[2] 石涛，侯克凤，陶莎．《中国传统民居概论》课程教学研究 [J]．山东建筑大学学报，2014，29（01）：106—110．

[3] 王万里．"中国民居的地方特色" 校本课程教学案例 [J]．地理教学，2012（09）：18—21．

[4] 郝占鹏．中国传统民居课教学思考 [J]．教育与职业，2010（15）：145—146．

[5] 梅振华．中国传统民居建筑专题教学设计与反思 [J]．中国校外教育，2009（S4）：130．

[6] 王其钧．中国民居三十讲 [M]．北京：中国建筑工业出版社，2005．

从整体的匠艺探寻到个体的匠心关照

——传统匠师营造“口述史”研究探微

石宏超[①]

摘　要：本文以相隔十三年对泰顺大木匠师董直机师傅的三次访谈为例，表达笔者对传统匠师从匠艺探寻到匠心关照的一种研究转变。笔者认为关注匠师们的个体特征是匠艺研究中不可忽视的方法，而口述史研究的一些观点和方法可作借鉴。细腻研究匠师个人的匠艺特征，同时关注他的人生经验与心路历程，将匠师个体命运与时代历史相互对应，从而可以拓展传统匠艺研究的边界。论文将展示口述史部分原文和匠艺成果，揭示从匠艺探寻到匠心关照的具体方法。

关键词：匠师个体　口述史

在民居研究中，匠艺研究是其中的重点。这一研究以梁思成先生对于清官式建筑和宋营造法式的研究得以展开并形成了后来研究的一种范式。研究之初以一本古典文献为基础，梁先生通过对匠师的访谈补足和营造与形制研究其中语焉不详的匠艺做法。后来大量的研究虽在区域、类型、时代上具有差异，但多多少少都打上了梁先生研究的这一烙印。研究路径大致是先划定区域，制定研究框架，然后对这一区域的多位匠师展开调研，选择他们的成果作为代表纳入到框架中，最终组合成为一个区域的营造技术成果。在这些研究中，找不到单个匠师的名字，研究成果中的匠艺在某种程度上被看作成一个区域的标准模式。

但实际上，传统营造方式的多变与个体性极其明显，同一个村子的两个匠师做法都可能会大相径庭，更遑论更大的区域了。研究者可能只是选择了一个匠师的做法，但在研究中往往不会注明，而是希冀由这一做法替代整个区域的做法。在有些时候，这种做法是必要的。但如果只满足于这种粗犷的研究方法，则可能会造成研究的重大偏差。因此关注匠师们的个体特征是匠艺研究中不可忽视的方法，甚至其意义超出我们的预期。在匠师的个体研究中，口述史研究的一些观点和方法是可作借鉴的。

一、在民居匠艺研究中引入口述史的方法

口述史从20世纪四五十年代开始在西方世界逐渐兴起。传统的实证主义历史研究往往关注宏观的整体层面，忽视普通个体。而口述史研究者认为一个个鲜活的个体记忆也同样是重要的史料，从追求宏大历史到关注个体生命，最终达到二者的结合。口述史研究中常引入社会学中的生命历程理论，研究个人生命历程的轨迹、转变、延续等概念，从而找到个人与社会的结合和相互联系的方式。

在传统营造匠艺研究中，同样存在如何将整体研究与个体研究相互统一的问题。匠师个体营造口述史研究是解决这一问题的有效途径。细腻研究匠师个人的匠艺特征，同时关注他的人生经验与心路历程，从而将匠师个体命运与时代历史相互对应，突破传统匠艺研究的局限。

二、匠师个体营造口述史研究的维度

“世界上唯一不变的是变化本身”，传统营造匠艺同样时时处在变化之中，希望呈现静态的具有区域权威的匠艺做法的努力更是可能成为一种危险，遮盖了营造技艺丰富的地域性、个体性和创造性。对匠师个体营造口述史展开研究的维度有以下几点。

1. 反映时间变化

在对单个匠师进行口述史研究中，要问及他们的学艺生涯。他们如何拜师，如何学艺，以及在脱离师傅后，哪些是传承师傅的技艺，哪些是在一次次实践中自己改进、发明的新做法。时代洪流往往引起营造活动的巨变，新工具、新机械的使用，新样式、新功能的流行，都会带来营造的调整。研究每个个体匠师随着时代的命运浮沉，从中可以找到时间变化对整体营造活动带来的变化规律。

2. 表现个体真实

在匠师个体口述史研究中，每个匠师将会呈现他独属于自己的

一整套营造观念、技术与做法。每一个个体呈现出一个个完整的营造世界。然后通过对一个个单体文本进行比对研究，在一个区域里的匠师，哪些是一致的部分，哪些地方有微差，哪些地方差别巨大。找寻这些差异产生的原因，就能更加准确地找到匠艺变化的规律。

3. 呈现空间线索

一个匠师占据着一个空间，这个空间可能是一个点，因为他固定在一个地方做活；但也可能是一个区域，因为他的活动范围可能是比较广阔的，这样一个匠师就表达了一个区域。同时，在一个区域活动的不同匠师又组成了一个复杂的区域。在对匠师进行细腻的个体研究中，就可以看到区域空间变化的规律，以及各种边界间的退晕关系与微小变化。

三、具体案例——泰顺董直机师傅的口述史研究

2018年4月19日下午14时许，浙江泰顺木拱桥传统营造技艺国家级传承人董直机在家中因病去世，享年94岁。我的心情很沉重，因为就在2017年3月29日，我对董直机师傅进行了最后一次访谈。

我对董直机师傅共有过三次访谈，第一次的访谈始于2004年3月，那时我正在写硕士论文。2010年5月我对他进行了第二次访谈，那时正在写博士论文。这两次，我都将董直机师傅的匠艺做法经过梳理写进了论文中。虽说有些地方注明了是董师傅的做法，但也有很多地方是用董师傅的做法代替了整个泰顺地区的匠艺特征。因此，我的研究方法还是承继了以总结区域整体匠艺特征为核心的老方法。在我的论文中，通过对访谈文本的肢解，各处散落着董直机师傅的语言、图纸和样板。后来我意识到，我不仅没有董直机师傅个人匠艺的成果展现，而且对于董师傅的访谈也很不完整。前两次都仅仅为了满足论文写作的需要，用董师傅的匠艺来填补已经定好的框架，但对于董师傅的人生、思想等匠心部分关注很少。于是在2017年3月29日，我带着几位专业拍影像的同事对董师傅又做了一次更为细腻的口述史式的访谈（图1、图2）。从中看到了董师傅波澜壮阔的一生，看到传统木构营造活动在浙江泰顺半个多世纪的变迁。按照时间变化、个体事实和空间线索三个维度，我将择选部分董师傅的访谈内容。

1. 反映时间变化

董直机师傅最后一次接受我访谈时，已经93岁，帕金森症非常严重，几乎无法站立。虽然口齿不清，但思维仍然清晰。下面是董直机师傅的访谈实录。

“我造房子是十七岁，老师叫金克勤。造廊桥是后来学的，不会造木，怎么造廊桥呢？我二十四岁就做“司斧”，有六七个给我做帮手，一直做到四十多岁。四十五岁到车木厂，有十四年。以后车木厂不开了，没有出路，就在家就开南货店，开了九年。九年以后，他们在家造那个宗祠、庙呀，造了四五座庙，我们泰顺三峰寺就是我造的。”

“七十九岁那年，我们县里有个青年姓薛的，薛一泉，他来，上面上阳村有一个石拱桥，上面桥廊是我做的，他看见桥廊下面有“绳墨董某某”，他问这个师傅在不在？他们说在的。是哪里人。是村尾人。他碰到我，他坐下来问我，‘你会做木拱桥吗？’我说：‘会的。’结果报纸登下来了，省里上电视台。以后就开始做廊桥了。就这样子开始做廊桥。我造的廊桥，有人要我押金，说我造不起来。我从电视台下来，人吹牛吹出去了，不能收回来，要不怎么做人呢？四十多天不敢睡，考虑怎么做廊桥。”

图1 在董直机师傅的同乐桥上对他进行访谈（图片来源：作者自摄）

图2 董直机师傅佩戴国家级非物质文化遗产传承人绶带（图片来源：作者自摄）

按照董直机师傅的叙述，1942年17岁他开始拜师。那时还没有解放，所以董直机师傅是我访谈过的极少数在中华人民共和国成立前拜师学艺的老匠师。24岁是1949年，中华人民共和国成立那年，他就做“司斧”，也就是头首师傅，一直做到20世纪60年代末。70年代开始没有再盖房子，等到1979年，粉碎“四人帮”以后，重新开始建宗祠、建庙宇。2004年造了生平第一座木拱桥。

从中可见董师傅的营造生涯与时代的紧密联系。作为木拱桥传统营造技艺的国家级传承人，董直机师傅的造桥技艺大多并非有直接师承，而是来自于木构房屋的建造经验和自我研究。

2. 表现个体事实

“我做的东西不一样，你看有销子没有呀？我没有销子可以看见的，我的柱头都是方的，都是金杉，四方的。我这个东西都是这样，没有销洞看见的。为什么没有销洞呢？我做的东西，榫卯跟别人不一样，他们的榫卯不插起来的，我的榫卯这样子插起来的。销洞有时有的，但看不见的。没有销子怎么会牢呢？有是有的，只是看不见的。”

“里面榫卯都要顶住，有些人做的里面空的那么不行。所以洞口里面没有空的，否则就不牢固，因此工夫要大一些。师傅就要留心，这些就要留心。这是手艺问题，恐怕手艺学不到，它就要倒的。”

这是董师傅关于榫卯的个体做法。榫卯都做成叉子榫（图3），销子都尽量做成暗销。董师傅还有自己琢磨出来的小样图（图4），图上标明了所有柱子和梁的榫卯尺寸。董师傅17岁学艺时，师傅教的是篾片，也就是蔑照法。使用篾片的好处是非常直观而且准确，但是施工起来费时费工，董师傅就自己琢磨出了小样图[②]。

“第一个是风水；第二个是规矩，叫行道。有小行道，有大行道。造房子用小行道，小行道造民房用的，“生老病苦死”，生门是一,二是老门。三丈六尺六是生门，造房子都要生。大行道做宗祠庙宇饿，“道远之时，路遥通达”八个字，我以前跟你讲过了，大行道小行道。”

这是董直机师傅的禁忌尺法，在访谈中我可以感受出行道是董师傅不轻易外传的隐秘部分，与福建门公尺和鲁班尺合白尺法有几分接近（表1）。

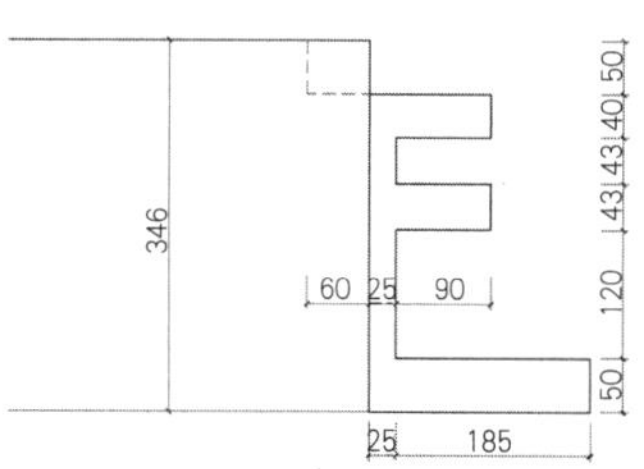

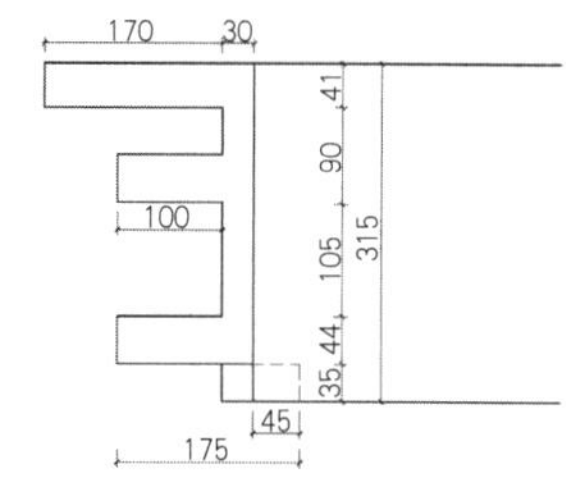

图3 叉子榫（图片来源：作者自绘、自摄）

3. 呈现空间线索

“中华人民共和国成立以后，就是我打第一炮。我们泰顺廊桥本来很多，五十多座。他们做路，就把廊桥拆掉了。泰顺老的木拱廊桥留下来只有六条，我这条造好是第七条。现在廊桥多了。中央文件下来说，做木上的人选出来都要学起来，每个村子村头都有廊桥。跟我学的徒弟有七八个了，三个廊桥被水漂掉了，三个人都是我的徒弟，我当顾问。”[③]

“我岭北一个乡，44.5平方公里，宽得很呀。岭北一个乡，我们这里九个村。以前村口做出路，打掉八十米。原来我这个村口就有三十多米，很长的。里面一口锅子一样，我这个村尾在下面的。这个自然村，这里上去叫陈家阳，上面再过去叫五十，再过去叫司山，上面上阳。我们这里像个锅子一样，风水很好。我这条桥一造，这里上去，没有造桥的时候，只有两所老房子，廊桥一造，里面都是砖房了。农村发展很快的。做风水呀，村尾变化了，与你第一次来，完全不相同了[④]。”

可以说在木拱桥营造历史中，2004年董直机师傅的第一座木拱桥——同乐桥在村尾村建成之时，在村尾村这个空间点上，就宣告了整个泰顺区域木拱桥营造技艺的重新开始。是董直机师傅将已经断了的泰顺造桥技艺重新接续了。但是并不是直接的继承传统匠艺，而是创造性的传承。这从某种意义上体现了传统匠艺的变化脉络，从一点到一个区域，匠艺的空间脉络就这样形成了（图5、图6）。

董直机师傅行道与福建门公尺和鲁班尺合白尺法的区别 **表1**

名称	用法说明
董师傅大行道	用于庙宇、祠堂等阴宅。分八字：道、远、之、时、路、遥、通、达，取道、远、通、达四字，也就是1、2、7、8为吉
福 建门公尺	用于造门窗等一切阳用。尺分八字：“财、病、离、义、官、劫、害、本”，取“财、义、官、本”四字，也就是1、4、5、8为吉，每字1.8寸
董师傅小行道	用于造人家等阴宅。分八字：“生、老、平、苦、死”，取“生、老、平”三字，即1、2、5为吉，五字循环6、7、0也为吉
福 建鲁班尺	尺分九格：一白、二黑、三碧、四绿、五黄、六白、七赤、八白、九紫，合白为吉，吉1、6、8为吉

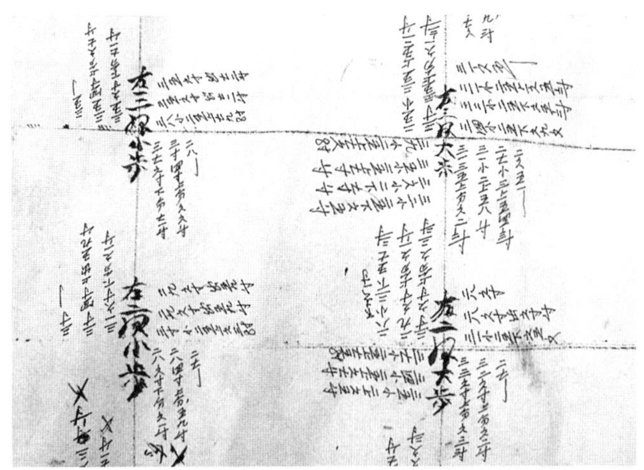

图4 董直机师傅的小样图（图片来源：作者自摄）

图5 董直机师傅制作的同乐桥模型（图片来源：作者自摄）

图6 同乐桥编木结构（图片来源：作者自摄）

四、结语

董师傅的离世使我非常后悔在他生前没有对他的营造匠艺和匠心做更为深入的访谈和研究，这项工作是与时间赛跑的工作。有些匠师一旦离世，一个区域，一种类型的营造技艺可能就再无踪迹，那些珍贵的营造智慧，就会毫无痕迹的消逝，这是一种巨大的损失。

对于匠师个体营造口述史的未来展望，可以沿着史料、史志到营造史的研究路径向前发展。首先采集史料，多做口述史个案研究。然后在大量个案整理、研究的基础上，形成分类档案，成为研究史志。最后形成基于个体口述史基础的营造史研究。

匠师个体营造口述史的研究极为紧迫，希望学界有更多研究者加入到这一领域之中。

注释

① 石宏超，中国美术学院建筑艺术学院，副教授，310024，shihc@caa.edu.cn。

② 关于小样图，我后来在临海、温州瑞安等地也有看到，董师傅说是他发明的，还值得再做研究。

③ 2016年9月15日，泰顺的三魁薛宅桥、筱村文重桥与文兴桥先后被洪水冲垮。

④ 2004年第一次去村尾村时，董师傅的第一座木拱桥同乐桥正在修建，村口只有两座老房子。2017年，村口建了好几排新房子。

关中蓝田传统民居形态特征及其传承设计手法研究①

李立敏② 沈 扬③ 项德宇④

摘 要：十九大“乡村振兴”之后，国家对乡村提出了“风貌乡土”的要求，如何解决目前“千村一面”问题，记得住“乡愁”，传承地域建筑文化已经迫在眉睫。本文以关中蓝田地区村落为调查对象，从当地结构与材料出发梳理、挖掘蓝田传统民居形态特征。借鉴传统空间理念中“有无”观，将结构（器）、形式（有）、空间（无）有机结合，提出传统民居形态特征的传承路径，总结复制、提炼、变异、异质同构四种传承设计手法，并通过设计实践加以验证。期冀为关中和西北地区乡村风貌的提升做贡献，为地域建筑文化传承提供理论与技术支撑。

关键词：传统民居 形态特征 传承设计手法 关中蓝田

随着国家陆续出台“乡村振兴”、“美丽乡村”等政策，全国各地加大了村落建设力度。但随着村落深入调研发现，大量改造与更新的民居采用新材料、新结构盲目模仿城市建筑虽提升了安全性能和局部功能但对地域性建筑文化破坏严重，传统民居形态特征消失，附着在村貌和民居形态中的“乡愁”不知何处可寻。本文以关中地区蓝田县为调研对象，直面民居风貌的现状问题，寻根溯源，从风貌和形态特征的本质入手，为实现“风貌乡土”探索可行发展之路。

一、关中蓝田民居风貌现状

关中南依秦岭，北接黄土高原，在西北地区村落人居环境中具有典型性。蓝田县位于秦岭北麓、关中平原东南部，受秦岭隐逸文化影响，传统村落和民居风貌呈现出“秦风楚韵”，具有独特建筑风貌。

但随着城镇化进程，蓝田县乡村建设，出现了一系列问题：自建民居时为三层或更高，体量与传统村落失衡；平屋顶取代传统坡屋顶，省略了地域性构件大门窗洞口等，导致传统村落形态要素丢失；各式彩砖、鲜亮的大门，异形构件与传统民居质朴、沉稳的风貌相悖；瓷砖、水泥和亮色金属，打破了土、木、青砖等原生材料的质感肌理，缺乏地域辨识度，这直接造成了“千村一面”的局面（图1）。

民居体量失衡　民居色彩混搭

民居“千村一面”　民居形态要素丢失

图1 蓝田民居现状问题

二、关中蓝田传统民居形态特征

面对蓝田村落风貌现状，分析乡村风貌的诸多影响因子，通过专家咨询和调查问卷形式总结传统民居形态为主控因子。传统民居形态往往由结构为骨、材料为饰勾勒而成，主要通过结构和材料传达，是建筑文化精华所在。在蓝田乡村振兴建设中，不论民居修复，还是风貌整治，都应从结构和材料予以关注，凸显地域风格，形成“蓝田乡愁”。

1. 结构体系呈现的民居形态特征

在蓝田大量民居为木结构承重（柱、梁、檩、枋、椽），有土木混合型、砖木混合型两种，墙仅做围护结构。少量民居夯土墙承重。结构主要是由等组成木构体系承重的土木混合型、砖木混合型结构，墙仅做围护体系，少量民居夯土墙承重。木结构兼具南北风格，既有关中抬梁式构架印记又受陕南穿斗式构架影响，在屋顶、墙身和独立构件上呈现出当地特有形态（表1）。

蓝田民居屋顶形态多采用“硬山顶”结构，基本造型为双坡屋面上附小青瓦，脊花装饰形成村落丰富的天际轮廓线。檐口出挑距离约为90～120厘米，屋顶坡度常做五分水即27度，有效地解决

不同结构体系下民居形态特征　　表1

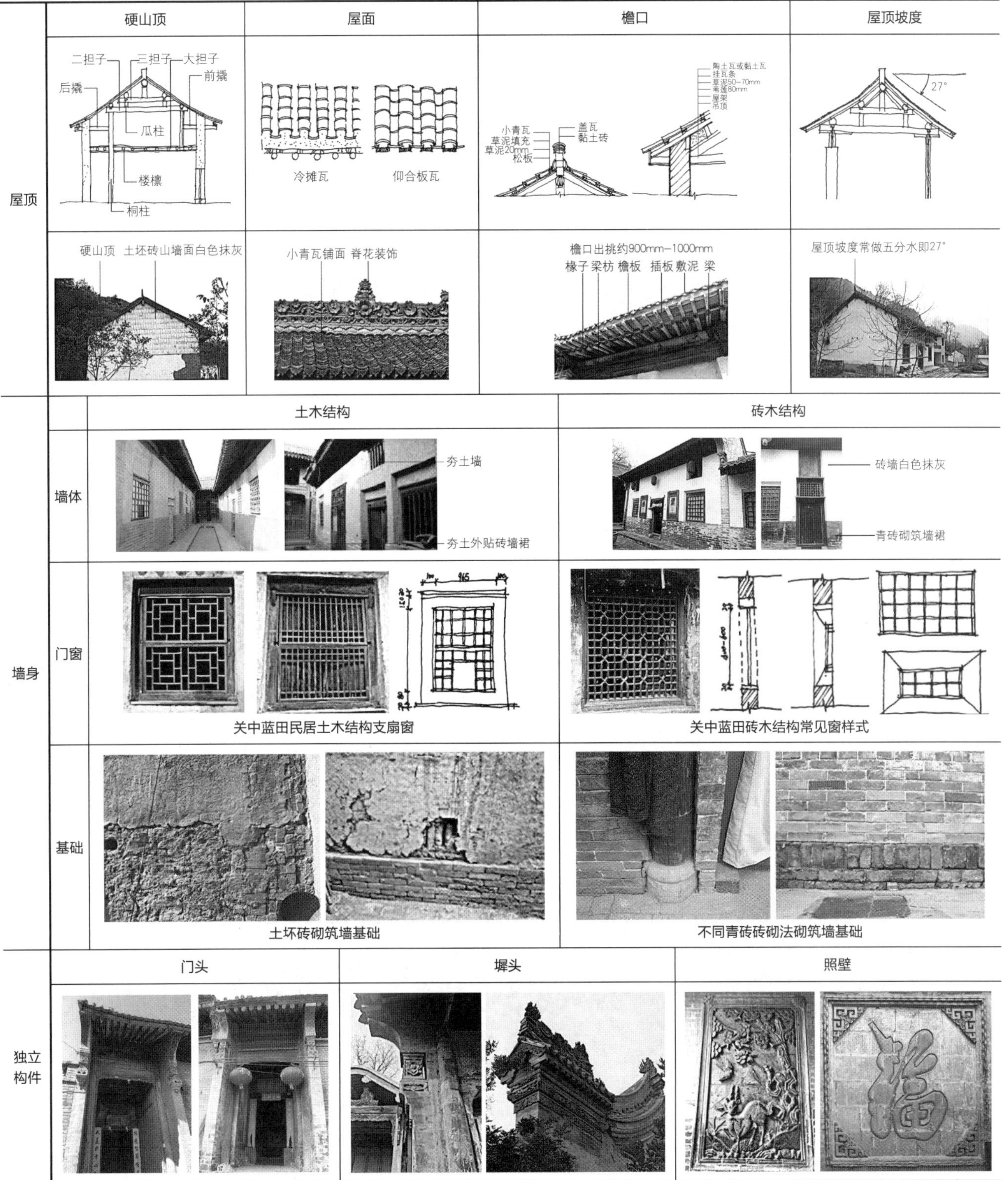

排水问题，减少雨水对墙面的损坏。屋架下设前撬（挑檐木），与飞椽共同构成独特的檐下空间。在局部地区，受关中民居文化影响，也有单坡屋面与天井合院相结合的形式。

民居墙身形态主要由门窗和墙体决定，蓝田民居传统墙体构造十分厚重，可达30~40厘米，多为夯土墙、青砖墙，少量青砖墙白色抹灰，青砖砌筑墙裙有效保护墙身基础。门窗形式多样，窗棂往往为简洁大方吉祥图案的几何纹理，尺寸一般为110~120厘米。

蓝田民居有很多凸显地域性的独特构件起到保护民居主体结构与材料、完成界面交接等功能。墀头，主要由盘头、上身和下碱组成，盘头部位的砖面部分多为精细的砖雕；等级较高的门头装饰细节复杂，由精致的木雕挂落、门楣题字、门簪、门框、门扇、门槛、抱鼓石等构件组成；照壁是门外正对大门作为屏障的墙壁，它的雕刻图案以祥禽瑞兽、吉祥花卉等为主题。普通民居与大户宅院的精雕细琢相比较为自由，较少细腻雕刻，反倒更增添古朴的韵味。

2. 建筑材料呈现的民居形态特征

蓝田典型的地域传统材料为生土、黏土青砖、土坯砖和木材，也会有石、瓦、竹等材料作为辅材。搭配出不同的质感、色彩和肌理。民居建筑质感主要由砖木、土木结构自身表现，青砖表面细部形态带有一种质朴的视觉感受和细腻的触感，土坯砖以其建造方式强化了民居粗糙的触感，夯土材料以自身的温暖感使它与黏土砖相比更为粗犷和厚重。

蓝田依靠秦岭，受山地文化影响，建筑色彩有陕南风格，无过多鲜亮的跳跃色，都是材料的质朴表现。在黄土台塬区大多以黏土青砖为主材呈现青灰色，在山地地区以土坯砖和夯土为主材呈现土黄色，靠近陕南地区民居多采用墙面刷白处理，配以青灰色屋顶呈现出灰白主色调。总之，民居建筑色彩多受自然环境影响，与环境有机融合。

蓝田民居外墙往往为夯土墙或黏土青砖墙，砖通过多秩序、多角度拼接，产生均匀或连续的纹理和韵律效果。而夯土墙通常用木板做模具，除自身粗犷的横向均质纹理外，也留下了许多模具的特殊纹理，这些纹理叠加产生差异、真实理性的效果。此外，瓦作为屋面构件，承载着防水、保温等实际功能，其铺设方式使屋顶呈现线性肌理组织（表2）。

三、民居传统风貌传承的路径与方法

1. 民居传统风貌传承路径

老子在《道德经》中"埏埴以为器，当其无有，器之用。凿户牖以为室，当其无有，室之用。故有之以为利，无之以为用。"这里提到的"器"是由材料制成器物，在器物上开凿产生了形式，民居的营造也经历同样的过程（图2）。[⑤]由材料构造民居结构，结构上开凿户牖构成形式，形式通过造型和装饰反映，最终实现空间意义，即古人所追求的道德精神内涵。民居的形式与其构成形式的材料和结构属于"有"，而由形式包容的内部空间属于"无"，目前大量民居住宅已结合现代功能，从空间功能的层面去体现空间意义难度很大。想要实现空间意义则要追溯空间形态的本源，通过装饰回归造型，最终将造型以材料、结构形态反映出来。由此将结构、材料作为出发点探讨形态传承的路径方法较为合适。

2. 民居传统风貌传承手法

国内相关学者对传承设计的创作手法有从建筑学方向、装饰艺术方向进行研究，张燕的《传承与创新——传统民居的现代演绎》以门窗作为符号，进行抽象创造，探索传承与创新的设计手法；西建大徐健生《基于关中传统民居特质的地域性建筑创作模式研究》则是将"抽象"符号化的设计手法运用于现代公共建筑创作中。

本文从民居结构、材料入手，通过文献综述和实践研究探索如何运用四种现代设计语言，构成建筑形态，实现空间意义（图3）。

归纳提出复制、提炼、变异、异质同构四种手法对民居材料、结构进行传承设计。复制，是不改变其基本特征，将传统民居中的元素运用于重点民居的修复；提炼，是将具有传统民居一定文化含意的结构、装饰加以抽象、简化，使其与传统符号之间有神似联系；变异，是对原有的结构、造型改变其原比例尺度，产生戏剧性效果。两种手法多用于普通民居的整治与修缮；异质同构，则是对

不同材料呈现的民居形态特征 表2

	黏土青砖	土坯砖	夯土	木材	石材	瓦
材料						
质感	细腻、质朴	粗糙	粗犷、厚重	粗犷	粗犷	细腻、质朴
色彩	青灰	土黄、暗红	土黄	木色	灰白、青灰	青灰
肌理	规则、连续、均匀	均匀、横向	不规则、自由	线性	不规则、均衡	规则、线性

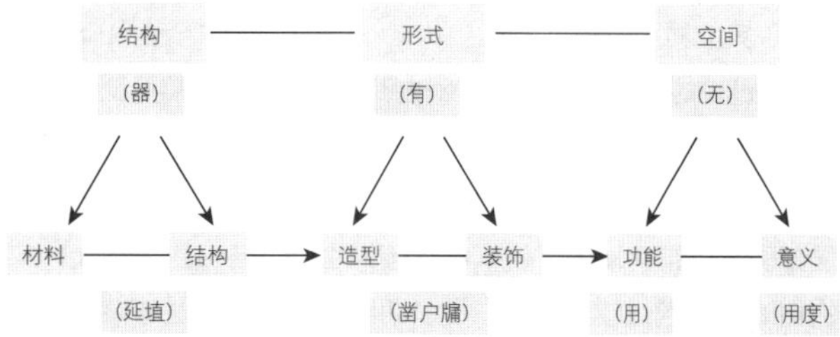

图2 建筑空间传承路径

图3 基于传承路径形成的风貌传承四种方法

原建筑元素保持形式上不变，用现代的合理材料重塑传统形态，该手法更多用于新建民居。

四、关中蓝田民居传承实践

2019年3月西安市印发《西安市乡村文化风貌塑造工程实施方案》的通知，本文试图通过在乡村实践中运用四种创作手法，从乡村风貌层面传承蓝田民居形态特征，为蓝田县实施“乡村文化风貌塑造工程”提供借鉴与参考。

1. 传统元素的拼贴“复制”

蓝田民居不同墙身材质有不同的门窗做法，一种是在整体青砖墙上“复制”传统民居简洁美观的木质花格窗棂和木质门窗套、窗台，保留其比例尺度形成统一协调独具关中地区的民居特色（图4）。另一种则是在夯土白色抹灰墙上用青砖砌筑窗台、窗套、门套等，在色彩上深浅产生强烈对比体现出陕南韵味。

在蓝田民居屋顶形态设计中，提取传统曲缓的花砖雕饰屋脊、造型优美的砖雕吻兽，以及出檐深远的形态意向。保留这些元素基本形态寓意，融入民居屋顶的复建中，使空间上实现与院落虚实相生，层次分明，美化村落轮廓线的作用（图5）。

关中民居结构构件“墀头”承担屋顶排水和边墙挡水的功能作用渐渐弱化，慢慢演化为装饰。如今在民居中“墀头”元素逐渐消失或变异成南方民居马头墙，选用“复制”的手法保留营造技术，恢复传统“墀头”样式，唤起地域性本质的记忆（图6）。

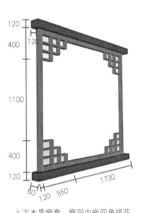

120
400
120
1100
400
120
60
120 550
1730

上下木质窗套，窗洞内嵌四角拼花简洁纹饰窗棂。

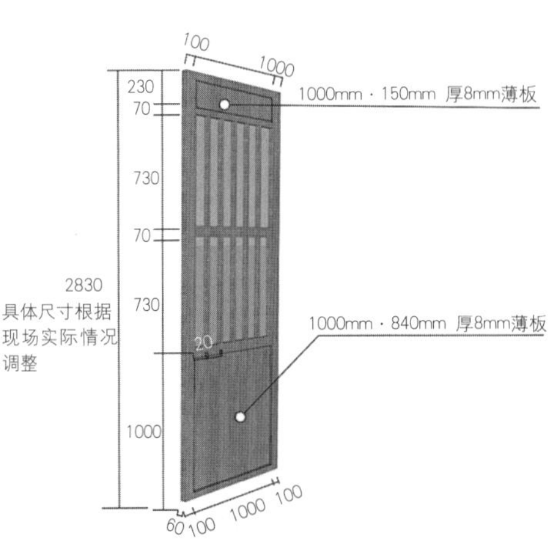

图4 青砖墙面木制门窗套示意

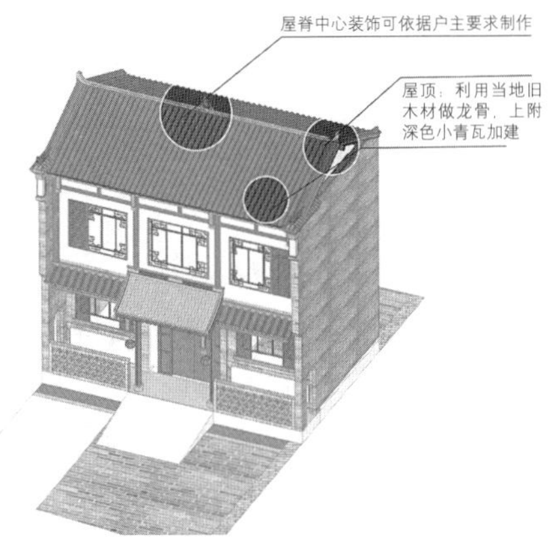

图5 屋顶形态美化村落天际轮廓线

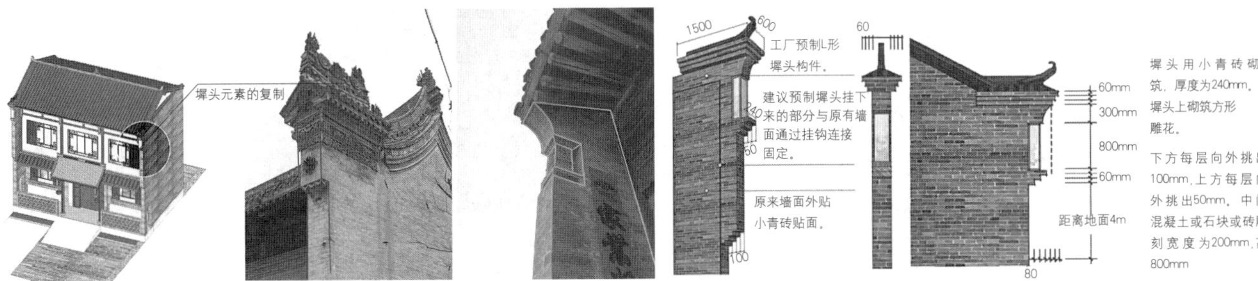

图6 墀头元素的简化与复制

2. 传统特征的简化“提炼”

“提炼”的手法是将传统民居特征提炼出形态秩序，达到和而不同的状态。也是提炼出一种精神文化，打破形式束缚达到形变意不变。例如从传统民居窗棂上提取基本线条进行升华、重构形成木质格栅作为装饰构件。这样做既能保留窗棂元素，也在立面上形成一定光影、细节变化，形成了窗户和墙面的虚实关系。

提炼构件的功能意义通过改变传统民居约定俗成的位置，产生补旧以新的效果。不少民居突破两层，体量失衡，在不改变现状的条件下，提炼花砖墙“透”、“空”的传统砌筑特征，在平屋顶檐口砌筑，视觉上消隐顶层，产生“虚”的视觉效果，削弱三层建筑体量（图7）。

3. 传统符号的抽象“变异”

在蓝田民居中将代表性的外轮廓层次线提取出来进行抽象处理，适当改变其比例尺度，形成入口木构架并赋予限定入口空间的功能，以取得某种象征隐喻作用（图8）。传统的照壁以入口花砖墙传达，保持精神象征意义，形成隐喻符号。协调好这些独立构件与整体形态、材料肌理、色彩的关系，通过对原型抽象变异，变为一种装饰性的传统符号出现，自然能唤起人们对传统的“记忆”。

4. 材质肌理的更新“异质同构”

材质的更新则要求保留传统石材、木材、瓦片等材料质感肌理，利用传统结构、材料与新型材料相结合的营建技艺，还原自然质感、肌理并进行再创造。例如部分墙体围护结构用较少雕饰彩绘青砖贴面砖代替夯土墙身，同样起到朴实庄重、色调素雅的效果（图9、图10）。

蓝田玉山镇马清运父亲的宅将异质同构的手法发挥到极致，以蓝田玉山和秦岭山脉作为背景，整栋房子都是选取的当地材料建造完成，除了青砖、红砖、木材、瓦片，还灵活运用当地河道中的鹅卵石作为新建筑墙体，室内墙壁和地面都铺着竹胶板，与传统民居存在相同的内在结构（图11）。

平屋顶檐口砌筑花砖墙，运用传统砌筑特征产生“虚”的视觉效果。

图7 传统花砖墙砌筑在蓝田玉山的实践

图8 民居轮廓抽象变异为入口空间构架

图9 小金村传统白墙辅以青砖前后示意

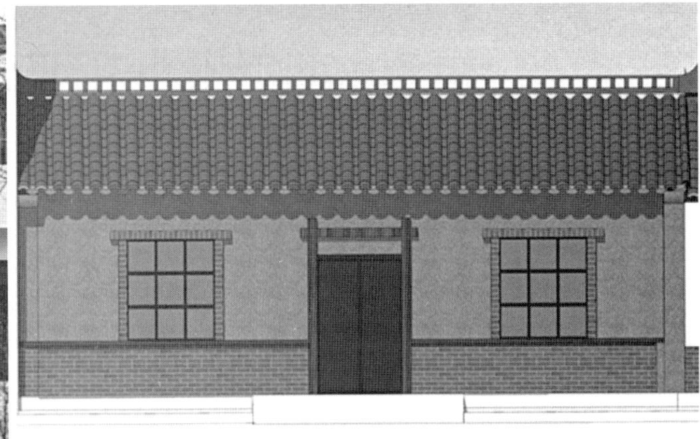

图10 小金村传统夯土墙辅以青砖改造前后示意

图11 马达思班玉山“父亲的宅”及本团队玉山镇改造设计

五、结语

蓝田民居在关中本土建筑文化中富含了浓厚的山地建筑营造智慧，其独特的地域风貌在时代的变迁下逐渐消亡，本文尝试从结构、材料入手对蓝田民居形态特征进行梳理，挖掘优秀的民居形态要素，运用现代的传承路径引申传承设计手法，对民居形态进行简化、抽象、提升和再创造。为全国村落民居风貌提升提供借鉴，加深村民对传统民居的“记忆”。

注释

① 本研究获得住建部专项“关中传统四合院民居营建技艺调查研究”（建村［2018］60号）、陕西省住建厅专项“陕西传统建筑风貌特征研究”（陕建村［2018］51号）、西安市建委专项“西安市传统村落保护活化综合技术研究”（SJW2017-06）资助。

② 李立敏，西安建筑科技大学建筑学院，副教授，710055，307279995@qq.com。

③ 沈扬，西安建筑科技大学建筑学院，710055，1336751105@qq.com。

④ 项德宇，西安建筑科技大学建筑学院，710055，1306781206@qq.com。

⑤ 王贵祥．中国古代人居理念与建筑原则［M］．北京：中国建筑工业出版社，2015．

参考文献

［1］陆元鼎．建筑创作与地域文化的传承［J］．华中建筑，2010（01）：1–3．

［2］张燕．传承与创新——传统民居的现代演绎［J］．中外建筑，2011（05）：51–53．

［3］李照，徐健生．关中传统民居现代传承中的“抽象—隐喻”创作模式［J］．建筑与文化，2013（12）：83–86．

［4］魏春雨，许昊皓，卢健松．异质同构——从岳麓书院到湖南大学［J］．建筑学报，2012（03）：6–12．

［5］李乔姗．秦岭北麓西安段地域建筑的建造技艺调查研究［D］．西安：西安建筑科技大学，2015．

福建古南剑州沙溪河流域乡土建筑及其营造技艺探析[①]

吕颖琦[②]

摘　要：本文以福建闽江上游支流之一的沙溪流域中重要的古代驿站、驿路为研究路线，重点探讨沿线乡土建筑营造技艺中篙尺的使用以及大木营造匠意等问题，为厘清福建地区乡土建筑营造谱系划分以及闽中地区较为交织繁杂的乡土建筑营造技艺提供重要参考。

关键词：篙尺　乡土营造　营造技艺

福建省中部古属南剑州，今被划分在三明市以及部分南平市南部地区，众多民居类型在此交汇。对于建筑区系来说，今三明市辖区属于一个“灰色地带”，同时存在着多种不同的建筑形制。闽中地区的开发在福建范围为最后，基本源于五代南唐灭闽之后以延平（今南平市）设剑州，后为与四川剑州区别而改称南剑州。闽中地区地形复杂、田地匮乏，主要依托山林经济，矿产、木材、竹以及靛青等经济作物为其主要自然资源。该地区人口主要来自几次重要的外省移民潮以及明清后期省内发达地区向山区的移民（图1、图2）。

沙溪河位于闽中地区，是闽江上游的重要支流之一，从九龙溪经宁化、清流等地转而向东北流经永安、三明市、沙县，最终与富屯溪汇合并与建溪汇为闽江。闽江作为古代沟通福建地区沿海和内陆的主要河道，其沿线设置了诸多驿站及驿路。从宋代之后直到明清，主要商用、官用、民用流通的通道都沿此线路不断发展，闽中地区也因此汇集了诸多不同地域的建筑特色，是闽东、浙南、闽北、闽南以及闽西客家乡土建筑繁杂呈现的一个地区。

在福建较为丰富的且及富古风的民居形式中，以及闽南、闽东沿海地区和深受江西影响的闽北地区、浙江影响下的部分闽北和闽西民居等不同地域范围的夹逼下，闽中区域的梳理变得极为重要也顺理成章。闽中区域不但有30厘米闽尺的广泛使用，也存在较为复杂的其他尺长，这些可能需要进一步测绘资料加以核算印证。

一、乡土建筑营造技艺

在福建乡土建筑营造技艺的研究中，选材、工具、现场组织工序、加工工艺、榫卯技艺、篙尺技艺以及安装技巧等都是广受关注的部分。尤其是福建丰富多样的乡土建筑实例中，反映出的多地迥然不同的技艺，受到诸多学者的关注。本文就以其中的篙尺技艺为例进行探讨。

1. 篙尺的称谓

“篙尺”有些地区也称之为“杖杆”、“杖篙”等，从柳宗元

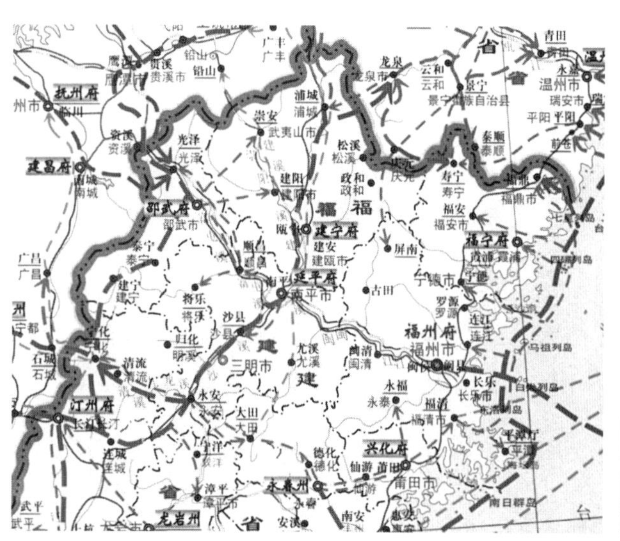

图1　清代主要移民线路历史地图（图片来源：福建省历史地图集，福建省地方志编纂委员会编制，福建省地图出版社，2004）

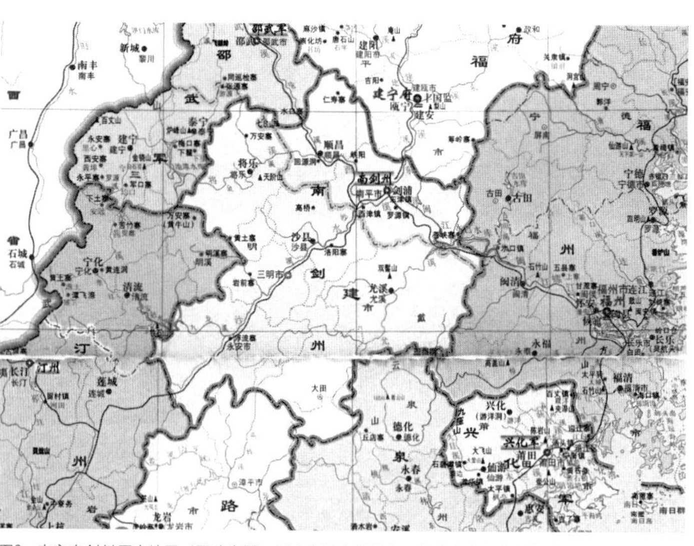

图2　南宋南剑州历史地图（图片来源：福建省历史地图集，福建省地方志编纂委员会编制，福建省地图出版社，2004）

《梓人传》中“左持引、右执杖”等文献中，可以推测其主要作用即为后世所用的“篙尺”。福建地区对于篙尺的称谓也较为丰富，使用范围较为广泛，不同地域不同工匠有其相应的一套篙尺的使用语言，但究其根本是对于建筑尺度与构架体系的一种呈现方式，以保证营造过程中团队尺寸控制的一致性。

2. 篙尺的种类

在福建地区的已有研究里，《福建传统大木匠师技艺研究》[③]一书中对于福建各地的篙尺进行了较为全面的整理，也对一些工匠的访谈中提到的技法进行了陈述与比较。此外，也有诸如《泉州溪底派大木匠师王世猛落篙技艺研究》等学位论文对泉州溪底派匠师技艺进行了深入的研究，台湾地区也有相关的诸多资料；沿海的福州地区、深受江西影响的闽北地区、与浙南密切相关的闽东北地区也都有相应的学术研究。但闽中地区由于开发较晚，且多为后期迁移的人口，交错混杂的乡土建筑类型使得该地区是否形成了较为稳定的、持续且有自身特色的篙尺体系成为本文探讨的重点。

三明市以及沙县地区使用的篙尺称为“鲁杆”，竖向的“鲁杆”只有一根，水平的则分为多根不等，也有直接称呼篙尺为“尺”的工匠；水平地面丈量用尺上标注有相应的柱间距等信息，根据平面图绘制而成。水平的“尺”一般用后不作保留，而竖向的篙尺则会被保留在屋主家中。由于福建地区的建筑竖向构件都与柱的尺寸密切联系，故竖向篙尺的尺寸也都以中柱为长度指标，总长度约比中柱高度稍长些（图3）。

3. 篙尺的使用

沙溪河流域乡土建筑营造活动中篙尺的使用一般是按照1：1足尺标记的，但是相比与闽南篙尺中较为复杂多样的标注符号，闽中地区的则相对简略。竖向数据记录的篙尺通常采用截面为方形或长方形的通长木条进行绘制，保证其宽度可以记录相应构件文字即可。先从一面开始书写构件名称及其相应符号，相邻面则记录其长度尺寸，用完一面，若总高度仍不足，则转换一面继续进行书写，

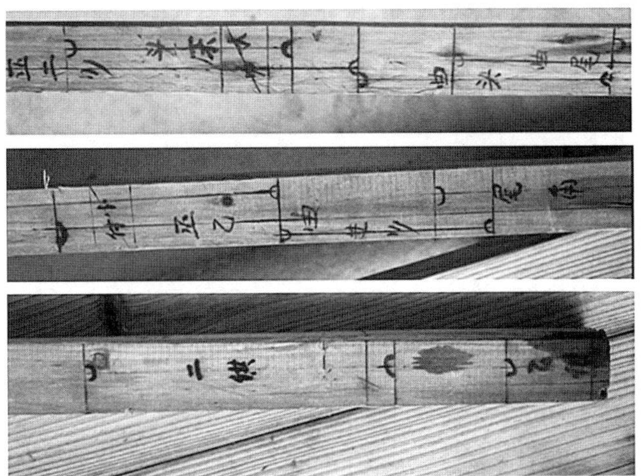

图3 三明三元区工匠篙尺照片

之后的高度则从该转换面的底端高度开始计数。标注的高度也通常只关注檩条底端的高度，而未标记出檩条顶部的高度。而这种篙尺与闽北所使用的篙尺在数据上有所不同。

篙尺上基本是只标注相应构件的上下边缘线，用以制作构件大小，但是具体构件如束木（也称为“小付”）的弯曲程度则根据具体木材情况来定，不表示在篙尺上。符号标志中，构件的榫卯上下边界以半圆形与直线组合限定，中间的垂直线上书写该构件的名称，并表示为中轴线。另外，制作构件的尺寸需要按照篙尺上确定的构件上下边界限再配合口诀加以确定，有诸如“上左下右，上高……，下低……”之说。因此，由统一师承的工匠团体可以较为快速默认地按照篙尺标记进行制作。根据三明市工匠访谈中一位黄师傅提到，其团队所做的“川”的高度如在60厘米左右则需要由两块木板拼接而成，上下两块做暗槽，压合进去。因此不需要在篙尺或者其他尺上标注该“川”的做法及厚度等信息，构件到达一定尺寸后，会默认进行拼合制作。同时若篙尺上注明“抬梁”，则即为二层的川，只是叫法做改变，写“抬梁”的川便不会在梁头做榫卯，整根木头架过去，称为“抬梁”，做工的人就会通过名称了解这根梁不需要榫头搭接柱子。诸如此类默认的工匠团队内部规定，形成了较为封闭的该匠人团体的营造特色语言。

相比之下，闽南地区的篙尺符号则较为丰富详细，不但包括了束木高低，也有各种斗拱的尺寸标注，榫口位置也有注记，这与沙溪流域的篙尺注记形成鲜明的对比。而闽南地区很多重要的构件信息口诀大多有家族传承，一般不外传，因此工匠派系也较为独立。同时，对比闽北的篙尺绘制中，闽中地区乡土建筑由于除了“川”外，还有更多“曲枋”等构件的使用，因此其对于细小构件的标注需求也不尽相同。

福建不同地区的篙尺绘制差异较大，沙溪流域的篙尺相比而言对于细部的信息反映较少，梁的圆作扁作也并未反映在上面。工匠师傅只提到会根据现场屋主的需求以及实际金额来选择是圆作还是扁作，大木匠只控制选择构件的方式，具体的榫卯大小以口诀根据篙尺推算，花纹样式以及升起的高度则由负责雕花的师傅来进行处理。对于一栋房屋来说，当地工匠也表示只使用一根篙尺表示信息，如明间与次间等构架不同，则使用不同的名称表示，并不会像泉州地区一样再另分一根篙尺出来进行标注。一般房屋采取对称布置，保证明间两侧高度一致，因此篙尺上只表达其中一侧的信息内容即可。但可能这也与沙溪流域地区建筑平面布置有关，如果出现需要标注具体哪一扇的信息，篙尺上会将其方位写在前面，之后再跟构件名称。另外该地区对于建筑前后构件的标注也并未专门分面标注在篙尺上，这一点与闽北地区的篙尺也有所区别。

4. 篙尺与当地大木构架的关联

篙尺的符号表达以及使用比例等，都与当地的建筑构架本身联系颇为紧密。细小构建较多或较为复杂的构架，其相应篙尺的数据或图案记录就会相应较多。而考察调研中所见篙尺大多注记较为简

洁，必须搭配相应的口诀才能准确控制其中小构件的位置。同时由于一般民居以及祠堂中相较闽南地区施斗栱较少，也可能使得其篙尺注记较为简化。

篙尺的使用主要是起到建筑数据统一、快速传递等作用，在营造活动的前期记录相应的木料尺寸、建筑设计的基本尺寸等数据，确定各个构件之间的关系和比例，是设计图纸的呈现方式。沙县的有些地区的篙尺还会在上梁仪式时由师傅手握篙尺在梁上行走，并将一些吉利的文字书写在篙尺上。由于篙尺中所包含的信息具有较强的工匠特色，因此对于判断该地区营造技艺、匠派等关系方面提供了相对重要的资源。

沙溪流域几位工匠都有提到过使用六尺进行丈量地面等较大尺寸的工具，而对比福建其他地区用尺来说，大部分地区并未出现六尺的使用，但却与浙南和闽东交接地区使用的六尺类似，根据明清时期福建人口迁移的主要线路来看，一部分与浙南沟通的移民线路需要途径闽中沙溪流域，因此这其中是否与浙南的工匠有所联系，可以进行进一步的探索研究。

二、南剑州沙溪河流域乡土建筑

1. 地盘

沙溪河流域乡土建筑类型较为丰富多样，本文只针对民居或者祠堂类建筑加以探讨。沿沙溪一路从南至北到汇入闽江，沿线建筑平面形制变化较大，基本可以看出由闽南的横向发展大厝的形式逐渐向纵向延伸的形式转变，这不仅是山林地区与沿岸重要商业地区的环境变化，也包含福建地区宗族生活的一些重要信息。

此外，福建青水乡地区主厅堂后设置走廊沟通次间卧室，此为暗弄，在闽南大厝中则有由这条暗弄连接的两侧数间卧房。由于正房进深不同，卧室数量有差，但是与闽北地区的正厅布置比较，多出了暗弄。沙县地区则直接将厅堂由栋柱开始分为前堂和后堂，以太师屏分隔，前后基本对称。沿沙溪河流域的永安地区则与闽南大厝布局更为类似。可见，沙溪流域的乡土建筑的地盘形式是在闽东、闽南与闽北建筑布局之间变化选择的区域，两地的建筑特色兼而有之（图4~图6）。

2. 侧样

1）扇架类型

从扇架类型来看，沙溪流域构架相比与闽北较多出现的七柱四骑要更加深，有时会多至13檩，大进深，多椽多柱，大量的雕饰束木使用以及枋间弯拱的使用又颇具沿海风格。而实际从跨过富屯溪、闽江开始的闽中区域，乡土建筑的进深便普遍增大，对于柱之间的拉结构件也自然需求更多。

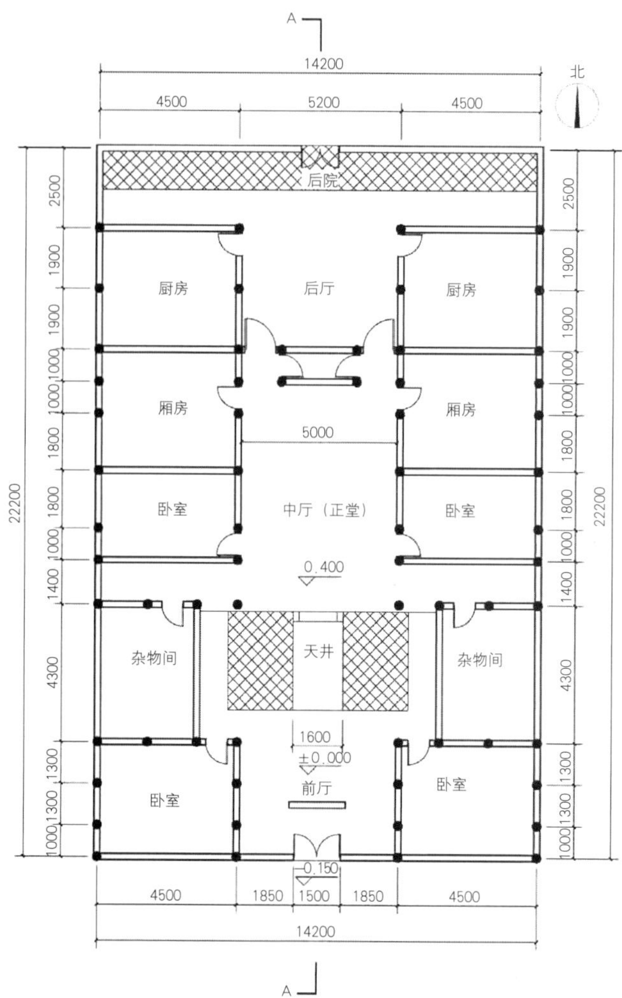

图4　沙县建国路民居平面图（图片来源：张新星. 闽西北乡土建筑营造技术探析——以和平古镇为例 [D]. 上海：同济大学，2012）

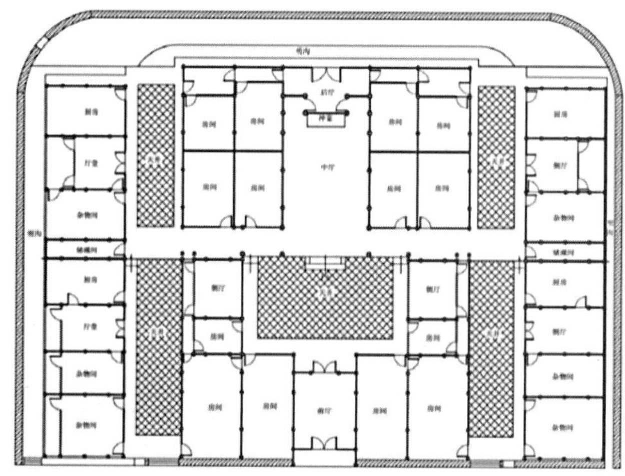

图5　三明忠山村某民居平面图（图片来源：吕颖琦 绘制）

另外设置草架以达到合适的室内高度与空间感受，这种尺度与闽南地区更为相近。大部分乡土民居建筑仍采用插梁式构架，闽中及闽南地区的正厅明间多为一层，其中放置的梭形尺寸远大于脊檩的顺脊串，与脊檩相距一段距离，一般约为10~20厘米左右，其装饰颇多。同时也起到结构的作用，将明间两扇搧架拉结起来；同时此类构造装饰，可以烘托整个正厅的精神空间。梁架少用

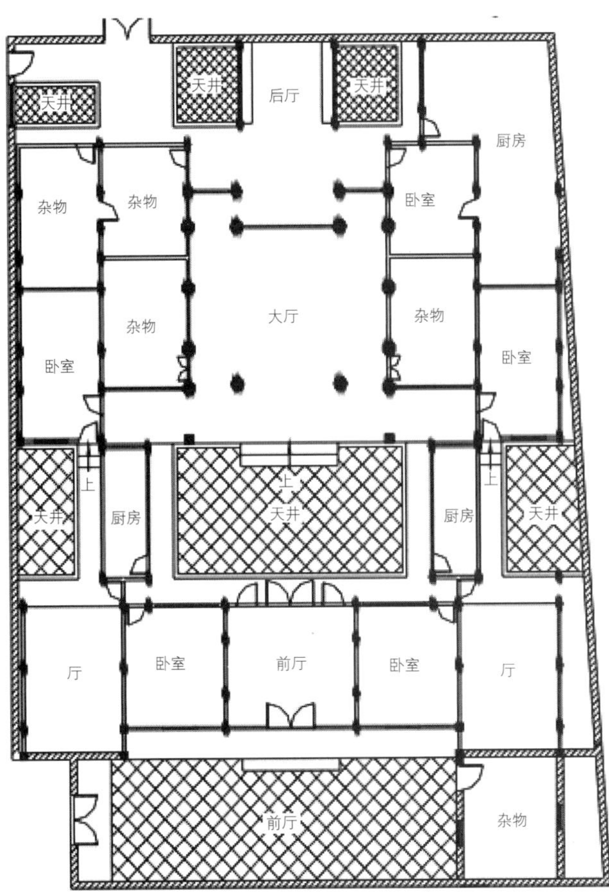

图6 贡川古镇某民居平面图（图片来源：贡川古镇某民居平面图来源：张群．贡川古镇传统聚落的空间形态研究［D］．厦门：华侨大学，2010）

月梁形式，或者只在重要的正厅明间使用，并且在明间使用“减柱”形式扩大空间的感受。沙溪河流域青水乡畲族村，建筑的高度也会明显下降，与永泰及大田地区及至福建部分沿海地区更为相近。

2）大木构架特征

在沙溪河流域乡土建筑中，有出现过“扛梁式”、“减柱坐梁”等形式，这些在下梅为例的闽北地区、闽南地区以及闽东地区的减柱构造④都有出现。可见福建地区，为追求大空间或彰显身份，民居中不乏使用减柱的形式，其位置主要位于太师壁前。因此，单从构架样式、减柱方式上看，除三明市中部分祠堂采用的正厅明间下金柱减柱，但位置向内偏移半跨外，形成明间部分廊的空间扩大外，大部分的民居正厅减柱样式并不具备较为典型的闽中特色特征。

以梁架结构以及节点选取来看，扁长的结构对于整体建筑的刚性更为重要，那么在民居中梁选择圆或扁作月梁等形式则可能和当地的自然环境以及建筑结构要求有关。但实际调研中可以发现，工匠更多提到，如果资金允许的范围内，圆作月梁最能彰显屋主的身份和财力，因此，选取哪种形式则更多的成为工匠和屋主人之间协调的一个结果。

3）屋顶起翘

沙溪流域乡土建筑的屋脊起翘是介于闽北和闽南高高翘起的屋脊之间的弯曲程度。在对当地工匠的访谈中可知，由于沿海地区特别是漳泉地区的审美特色以及匠派影响，他们也会将起翘做得高一些，但由于泥瓦匠的工艺并不出众，所以起翘的高度以及其敷设的华丽程度也没有沿海地区高。还有一些起翘是从室内就设置不同的檩条高度，室内柱子就由中间向两边升高，自然屋脊形成弧线。这种起翘做法应该可以理解为，审美的变化是沿海与内陆地区文化在此交融后形成的过渡地带，一定程度上吸取了闽南三段屋脊起翘的样式，但起翘高度上则选择了相对平缓的形式表达。

4）屋水

乡土建筑屋顶的水的计算是建筑营造技艺中相当重要的部分，合理的水数以及推演过程可以使得工匠迅速完成设计过程，并且施工较为顺利，后续房屋的使用时效性也会有所提升。关于屋水的类型，大多可以分为“人字水”（即柔水）、“金字水”（即直水），在沙溪地区调研中较少出现折水的情况。而计算水的方法有些采用的是确定总高后从檐口开始按照固定值加小水，不断起坡；有些工匠则先总体起坡到最高，然后在依次向下减少水数，做“回水”，此种方式又更像莆田地区的做法。

3. 细样

1）挑檐

明间的建筑雕花装饰、屋脊的装饰、门窗花纹、柱础样式、屋檐挑檐做法等方面，沙溪流域仍然呈现出较为丰富的类型。以屋檐挑檐为例，出挑构件包括了斗栱出挑、短柱支撑、叠斗出挑等多种形式，出挑的长度也多为1尺6左右。但与闽北南平地区不同，斜撑类的挑檐构件则较少出现。

2）束木（曲枋）

福建多彻上露明做法，扻牵（闽南为束木）的使用是福建建筑梁架结构的一个重要特色。其作用主要是连接左右柱、稳固叠斗栱枋。该构件闽南称为束木，闽东称为烛仔，在沙溪流域则称为“曲枋”比较多。基本作用是用于一扇扇架柱顶部的拉结作用，大多在明间方向加以雕花装饰。该构件装饰性强，形式多样且易于变化，故将地区工匠营造的风格表现得更为明显。从结构出发，束木做成扁作应该最为简洁，但出于美观以及身份地位象征等因素，肥束木的制作在乡土建筑中仍然较为普遍。即使在一些等级不够高的民居建筑的正堂明间仍然选取肥作的方式，而在次间则简略使用扁作。

不同地区的建筑营造流程也受到构件本身的影响，建筑构件制作的不同以及安装的差异。闽东地区由于主要使用穿斗构架，扁作梁，可以在安装时将搧架全部安好后扶起，但闽南地区则由于大梁部分采用了许多迭斗瓜柱，因此无法在地面整片全部安装完成，只能在立柱后以柱子为中心搭建⑤。由于不同的构件特征，立架的营造流程差异也是其地域特色的重要体现方式。

三、营造用语

沙溪流域对于建筑构件的名称基本以横向的“穿”和纵向的“由”为主，位置上由下至上依次是“进”、“乙、或二”等。有些地区明间内的四根落地金柱也分别有不同的名称，而且根据民居或庙宇，也有相应的称呼。桁条由正中间到两边分别是“正栋”、“大中”、“小中”、“前角”、“后角”等。从这里的名称叫法可以看出该地区营造用语既有沿海地区的称谓，如“由”等词语以及建筑平面中对于两侧的“扶厝”、“书房”等名词的使用；而同时该地区的营造用语中也包含了闽北江西一派的部分词语，但具体的来源则需要进一步的研究方能得以验证。

四、结语

在闽中区域发现的与浙南的篙尺、营造用尺以及营造技艺上的相似之处，与以往认知的该地区较多受到闽东福州以及闽南影响相悖，可知沙溪流域确实包含了沿海地区的审美文化以及闽北、闽东地区的部分建筑特征。同时该地区确实有较为具有地域特色的篙尺技艺，可能与移民线路中从福建西南至浙江迁移的历史有千丝万缕之联系，但是否可以认为该地区是较为独立的匠帮匠派抑或是单纯多方杂糅影响下的并置产物，仍需要更进一步的资料收集加以印证。

进行区划研究的目的在于厘清漫长历史进程中，既动态而又渐趋稳定的乡土建筑分布中所表达的人类发展旅程。对于建筑学的意义一方面是各地区成熟的匠作系统的研究，它代表了古代人民智慧地创造人居环境的过程，同时也是社会发展的成果表现；另一方面是不同地域丰富多样的形式下所反映出的建构本质，即结构、材料、构造等，一般情况下，历经时间检验的乡土建筑及其工匠技艺保存至今，总有其符合科学原理或适应当地自然、人文、社会环境的独特之处。

注释

① 国家自然科学基金重点项目：我国地域营造谱系的传承方式及其在当代风土建筑进化中的再生途径，传播学视野下我国南方乡土营造的源流和变迁研究（项目编号：51738008，51878450）。

② 吕颖琦，同济大学建筑与城市规划学院，硕士研究生，200092，343993192@qq.com。

③ 张玉瑜．福建传统大木匠师技艺研究 [M]．南京：东南大学出版社，2010．

④ 朱永春，黄爱姜．闽东传统民居穿斗式大木构架的减柱构造研究 [J]．中国民居建筑年鉴（2008—2010）：1546～1549

⑤ 张玉瑜．大木怕安——传统大木作上架技艺 [J]．建筑师，2005（03）．

参考文献

[1] 张玉瑜．福建传统大木匠师技艺研究 [M]．南京：东南大学出版社，2010．

[2] 乔迅翔．杖杆法与篙尺法 [J]．古建园林技术，2012（03）：30—33．

[3] 李浈．营造意为贵 匠艺能者师 泛江南地域乡土建筑营造技艺整体性研究的意义、思路与方法 [J]．建筑学报，2016（02）：78—83．

[4] 李浈．官尺·营造尺·乡尺——古代营造实践中用尺制度再探 [J]．建筑师，2014（05）：88—94．

[5] 李久君．原型之“辨”与“变”——以赣东闽北地域穿斗式乡土建筑侧样为例 [J]．建筑学报，2016（02）：74—77．

[6] 王斌．匠心绳墨——南方部分地区乡土建筑营造用尺及其地盘、侧样研究 [D]．上海：同济大学，2010．

[7] 孙博文．山（扇）/排山（扇）/扇架/拼/扶拼——江南工匠竖屋架的术语、仪式及《鲁班营造正式》中一段话的解疑 [J]．建筑师，2012（6）：56—65．

[8] 张玉瑜．大木怕安——传统大木作上架技艺 [J]．建筑师，2005（03）．

[9] 张群．贡川古镇传统聚落的空间形态研究 [D]．厦门：华侨大学，2010．

[10] 张新星．闽西北乡土建筑营造技术探析——以和平古镇为例 [D]．上海：同济大学，2012．

[11] 阮章魁．福州民居营造技术 [M]．北京：中国建筑工业出版社，2016．

[12] 朱永春，黄爱姜．闽东传统民居穿斗式大木构架的减柱构造研究 [J]．中国民居建筑年鉴（2008—2010）：1546—1549．

[13] 丁艳丽，张鸿飞．闽北传统大木作营造意匠研究 [J]．华中建筑，2019（02）．

基于结构刚性追求的传统民居大木构架定性分析

——以宁波传统民居大木构架和虚拼构件为例[①]

蔡　丽[②]

摘　要： 本文尝试从力学角度把结构刚性作为传统民居大木构架整体性的主要判断依据，对浙江省宁波市遗存的清代传统民居的结构原型、构件以及节点等进行多层面的定性分析，尤其分析了虚拼构件与结构刚性之间的关系，得出宁波传统民居大木结构特点是基于对轻材料高刚性的追求。

关键词： 宁波　大木构架　刚性　虚拼

一、问题的来源

1. 宁波平原地区与周边山区及海岛两个区域大木构架的微差在于大面做法的区别，两者有不同的结构意义吗？

宁波平原地区传统民居大木原型是楼屋五柱落地再加前后单步披檐（图1）。前后今柱与栋柱间距为两步，今柱与相邻步柱间距为单步。民居正房一般为三开间，榀架之间的纵向联系有桁条和枋木。通常栋桁下栋面较高，步柱之间的枋木最高可达1.2米以上，被称为“大面”。大面增加了相邻榀架之间的联系，上部分高出楼板90～100厘米变成了二楼窗户下墙板。

大面从外表看是一个完整的瘦高枋木，实际是用内外两层薄板加上下两块实枋木拼合而成的空心构件。薄板内壁开榫口，插嵌在预先固定于实心枋木背定桩两侧，即楼屋常见的大面是厚约8厘米高约1.2米的虚拼枋木。上下实心枋木插入步柱，并用羊眼销配合长短榫固定。内外拼板端头亦切割成与榫头同厚，中间空心的板榫插入步柱预留的约2～3厘米深的浅槽中（图2）。

平原地区的大面是一个整体，山区和海边民居对应位置的大面则不能称之为大面，上下实木枋之间用竖向薄板拼合填充（图3）。相比较而言，平原地区的整体性更强。从常识判断，海边民居的大面应该采用平原的做法，才能对抗海风，然事实相反，所以两种大面的做法从结构上和形式上对大木构架的意义是什么？

2. 宁波平原地区民居中水平构件大多是拼合而成，且较多是虚拼，是否会对大木结构的整体性或稳定性产生影响？

张十庆老师将传统大木构架分成两个大类：“层叠型结构依靠构件个体的自重和体量求得平衡稳固，相互拉结咬合成整体的意识

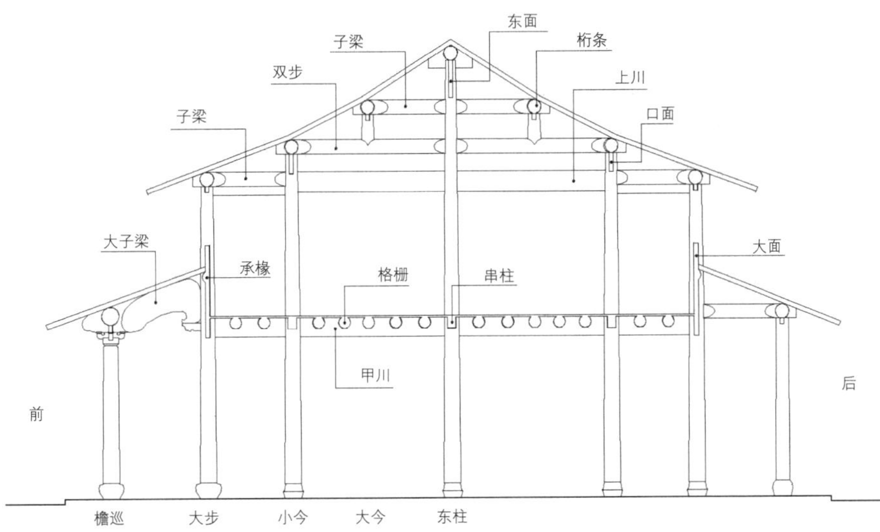

图1　宁波传统民居大木原型

图2　横拼大面与竖拼大面

图3 虚拼大面构造

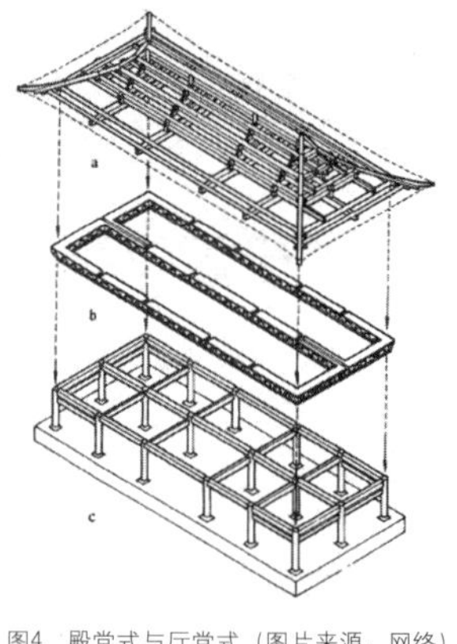
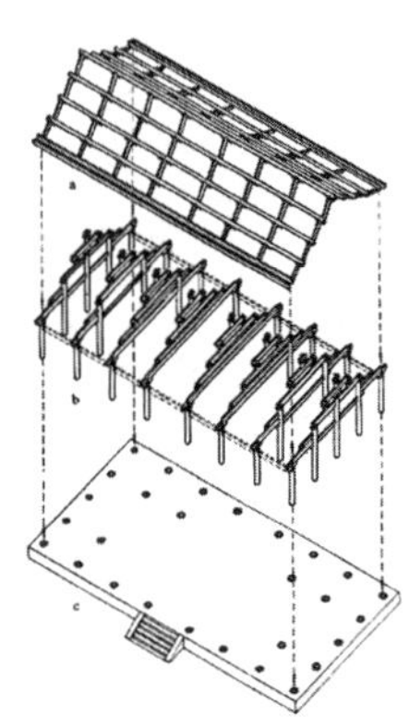

图4 殿堂式与厅堂式（图片来源：网络）

薄弱。连架型结构，依靠构件相互的拉结和连系求得平衡稳定，相互拉结咬合成整体的意识强烈。因而二者相比较而言，层叠型结构关注的是由自重体量而成的稳定性，连架型结构关注的是由拉接联系而成的整体性。”“连架型结构由于追求构件相互连接的整体构成促使了相互连接技术的强化和榫卯技术的发达，反映了连架型结构整体稳定的技术特征[1]（图4）。宁波民居大木构架应属于连架型，水平构件与立柱之间有多种拉结和连系方式，如长短隼加羊眼销、雨伞销、叶销等。水平构件多用虚拼做法，除了大面，大木中承托楼板的甲川，走廊下的猫拱背大子梁或月梁亦是虚拼，即下部实木，上部薄板，薄板亦做成空心板隼与柱身浅交。但虚拼构件较多，整体结构自重较轻，是否会影响大木构架的整体性或稳定性?

二、构架整体性的定义

“构架的整体性，就是说构架中各个杆件相互制约，相互协调，互相作用，组合成一个整体的构架，共同承担本身的结构自重和外来的自然力。”“静力状态下的构架是稳定的，如果有外来风荷载和地震力等荷载作用，构架能否稳定，要受到考验。所以说构架的整体性和稳定性，主要是指结构在外部荷载作用下的抗变形能力，于构架中采取的一系列对抗措施，保证构架牢固而不被击溃。”[2]

构件和结构抗变形能力在力学中称之为刚性。构件受力后会发生很多变形，基本变形有四种：弯曲、轴向拉压、剪切及扭转，其他各种复杂变形均是这四种变形的组合形式，因此刚度分为：抗弯刚度、抗拉（压）刚度、抗剪刚度及抗扭刚度。传统大木构架在承受荷载时除了要考虑每个构件的强度和刚度，也要考虑整体结构的刚性。

水平荷载是考验结构整体刚性的主要因素。地震波从地心传入地面时先是让建筑上下颠簸的纵波，再是左右摇晃建筑的横波，横波对建筑的破环更大。宁波地处沿海台风地区，不在地震带上，宁波传统民居承受的水平荷载主要来自风荷载。

三、以四柱单间框架原型的结构整体性分析

1. 原型设定

本文先将四柱单间框架作为最基本的原型进行讨论，因为它是中国传统建筑空间结构的最小单元，同时为了便于分析，将之理想化为一种模型：梁柱之间的交接用榫卯或者销子，可以轻微松动，实际情况介于铰节点和刚节点之间，在此设定为刚节点。梁与柱的尺寸亦理想化为不变，便于在不同受力情况下的比较。同时假定梁和柱在静力状态下是稳定的，强度足够，因为传统民居普遍为1至2层，且没有屋架结构层，其竖向荷载整体偏小。

四柱单间的结构整体性指框架在受到竖向荷载和水平荷载的外力下，各构件和节点依然保持稳定即刚性足够。其中竖向荷载主要包括结构自重及外加竖向荷载，竖向荷载是静力荷载，最终由竖向的立柱承担，静力状态下是稳定的。水平荷载主要是指风荷载以及地震荷载，主要由框架整体承担，受力后构架需要保持不变形。

按照结构力学基本原理，这个框架原型在受到外力时影响结构整体刚度的要素主要有四点：节点的刚度、节点的数量、构件的刚度以及结构尺寸。前三点与结构整体刚度成正比关系，即节点刚度越大，节点的数量越多，构件的刚度越大，结构的整体性越好。传统民居的开间进深尺寸变化不大，结构尺寸在框架原型中设定为不变。

2. 各个刚性要素的分析

1）节点刚度

节点刚性是针对刚节点而言，如前所述，将梁柱交接点近似看成刚节点，节点刚性就是在受到水平荷载或者垂直荷载的情况下，节点能保持不变形的能力。节点刚性受构件交接面积的正比影响，即交接面越大，节点的刚性越大。

2）构件刚度

构件刚度在这个框架模型里是指杆件在受到竖向荷载和水平荷载时保持不变形的能力。这里杆件即指立柱，也指水平横梁。

（1）抗弯刚度

水平构件即横梁承受竖向荷载。水平构件的抗弯刚度=弹性模量×截面惯性矩=EI，$I=1/12\times b\times h^3$，其中E是弹性模量，和材料的特性有关，相同材料的E相同，针对某种材料来说是常量；b表示构件的厚度，h表示构件的高度。说明构件的抗弯刚度受到构件截面尺寸的影响，且截面高度变化对构件刚性的影响要比厚度要大。即相同厚度的构件越高其抗弯刚度越大；相同截面大小的构件，越是瘦高的形状，抗弯刚度越大（图5）。

立柱承受水平荷载，若柱脚只是浮搁在地面上，受水平力时，直接伏到。若立柱与地面是刚节点，如立柱出榫头插入柱础，在受到水平荷载的作用下，柱头部分容易倾斜变形，且柱脚剪力较大。立柱的截面越大，长度越短，越不易变形。即抗变形能力与立柱的截面成正比，长度成反比。

（2）抗压刚度

如前所设定，立柱在受到轴向荷载即竖向荷载时其负荷能力的安全储备远大于实际荷载；水平构件相同。抗压刚度公式为：抗压（拉）刚度=弹性模量×截面面积=E×A，即在相同的构件长度下，截面越大，抗压（拉）能力越强。

（3）抗剪及抗扭刚度

抗剪刚度=G×A，G是剪切模量，A是受剪截面面积。剪切模量与弹性模量一样，是材料的一种属性表现，相同材料的剪切模量相同。即立柱和水平构件的抗剪能力与截面面积成正比，面积越大，抗剪能力越强。

抗扭刚度=G×Ip，G是剪切模量，Ip是截面极惯性矩。抗扭刚度是指圆形截面杆件在受到扭转力时抗变形能力，暂不列为本论文的研究范围。

3）小结

通过以上分项分析，四柱一间模型承受竖向荷载时，立柱受轴向压力，水平构件受弯矩和剪切力，所以影响模型整体刚性是水平构件的抗弯刚度和抗剪刚度。如前所示，增加水平构件的截面尺寸可提高水平构件的抗弯刚度和抗剪刚度，且相同大小的截面下，截面形状越是瘦高，其抗弯刚度越大。

在水平荷载的作用下，水平构件与立柱的节点刚度决定了模型的刚度，如前所示，节点的面积越大，节点刚度越强。在立柱直径不变的前提下，水平构件的截面尺寸越大，且截面形状越是瘦高，抗弯刚度和节点刚度就越大，四柱一间原型的整体刚性越强。

3. 四柱单间框架原型多种情况下整体刚性的分析与比较

1）第一种情况：柱脚与地面是刚节点连接（图6）

当柱脚固定在地面上，可视为早期建筑的柱脚出榫头插入石柱础卯口。框架总共有上4个刚节点，下4个刚节点。在水平荷载的作用下，柱脚承担较大剪力，柱脚需增大截面来提高抗剪刚度。

2）第二种情况：柱脚与地面没有联系

柱脚和地面没有联系，可理解为明清建筑中柱脚浮搁在柱础上。立柱只承担竖向荷载。整体的刚度由上部4个刚节点，以及4个水平横梁提供，节点的数量少，框架整体在承受水平荷载时整体刚度明显不及前一种，容易左右晃动。立柱所承受的水平荷载由柱脚底面与柱础上底面之间的静摩擦力抵消。静摩擦力的大小与立柱所受的竖向荷载大小有关，荷载越大，静摩擦力越大，结构整体越难平移。结构自重是固定的，可增加楼面活动荷载和屋面荷载来加大静摩擦力。在实际的大木施工中，刚刚架好的大木刚性最差，调准后须钉上戗杆增加刚性，然后搬运瓦片压在屋面上，增加立柱的荷载来增加大木的整体稳定性。

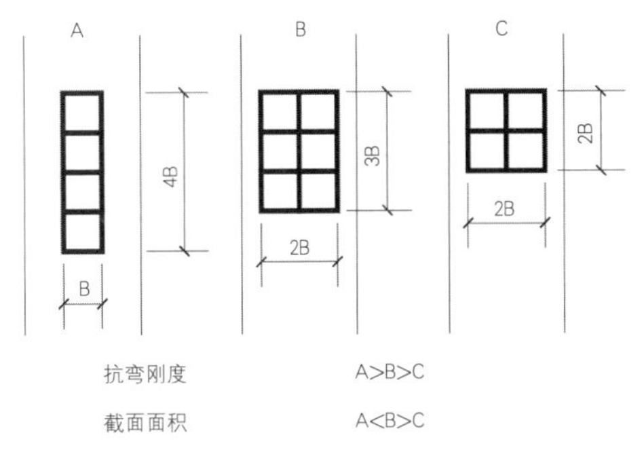

图5 抗弯刚度与截面形状和尺寸的关系

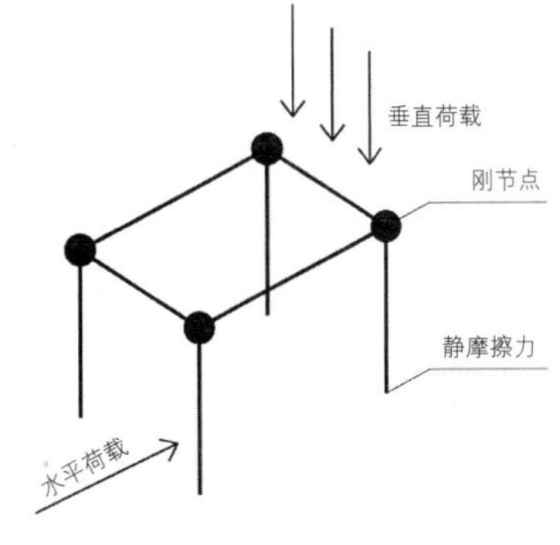

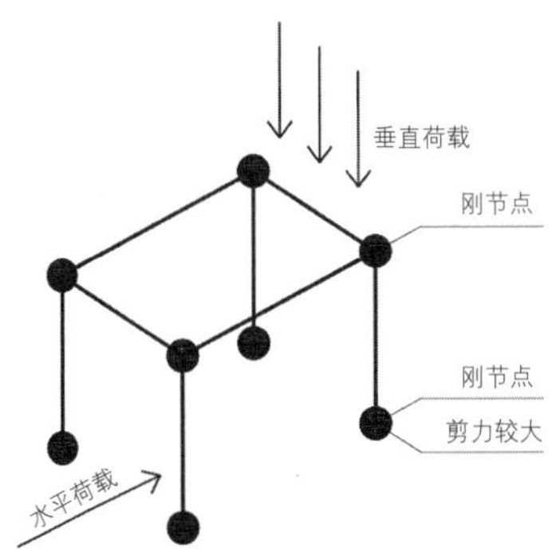

图6 不同柱脚不同受力

3）第三种情况：增加横枋来增加第二种情况的整体刚性（图7）

在构件尺寸不变，构件刚度不变和节点刚性不变的情况下，增加构件数量和节点数量，降低空间的重心，来增加整体刚性和稳定性。

最常见的方法是在横梁下隔空增加第二道横梁。如前所述，假定第二道横梁的尺寸与第一道相同，且与立柱的交接亦是刚节点的话。在水平荷载下，两道横梁的隔空距离越大，整体刚性和稳定性越好，一是增加了刚节点的数量，二是增加了刚节点的面积，同时降低了空间结构的重心。横梁之间再增加竖向构件，提高两道横梁的整体抗弯刚度。在宋元大殿中柱间用多层横枋联系，枋间用一斗三升或六升支撑。明清宁波传统民居中柱身中部增加中槛和竖档，既增加了整体的刚性，又能安窗填墙。

4）第四种情况：虚拼大面的抗弯刚度和节点刚度相对较大，相比较增加了构架整体的刚性（图8）

若两道横梁之间填实，变成一个大的瘦高枋木，其整体刚性最大。宁波平原民居的大面其实相当于是空心的瘦高枋木，水平向的拼板浅插入柱身，与上下实枋木形成了一个整体，拼板增加了大面的抗弯刚度以及节点刚度。山区传统民居的大面中部竖向薄板没有与柱身相接，可以增加一点抗弯刚度，但是没有增加节点刚度。

平原大面的抗弯刚度是EI，$I=1/12\times b\times h^3-1/12\times b1\times h1^3$，山区大面的抗弯刚度是EI1，$I1=1/12\times b\times h^3-1/12\times b2\times h1^3$，因为 b2> b1，I> I1，所以EI> EI1。

大面拼板越厚刚度越高，实际情况中大面厚8厘米，拼板厚约2.5~3厘米。大面拼板板榫同时约束了上下横枋作为单个杆件与柱交接时，交接点在理论上来会有3个方向上的可能的移动（即x，y，z，方向上的三个平动和转动），进一步增加了节点的刚性效果。

宁波平原大面的刚性以及与柱的交接面积均大于山区和沿海地区的竖板大面，其构架整体刚性更大，这说明宁波地区传统民居的大木构架整体刚性较强，哪怕是相对较弱的竖板大面在抵抗侧向风荷载时，整体刚度也是足够的。

5）小结

传统民居中连架式构架其最小单元的结构整体性与结构材料的性能即构件的刚度以及节点的刚度有关，所以节点发展成各种榫卯和销子形式来增加刚度。构件的刚度与截面的形状及面积有关，截面面积大，且形状高瘦的构件刚度大。构件和构架的刚性与结构的自重无关。虚拼大面正是基于此而做出的中庸选择，虚拼板适当增加了构件和构架的刚性，节省了材料，放大了构件外观尺寸。

四、多开间框架增加刚性的常见方法

1. 空间上增加榀架之间水平构件的数量，并均衡布置

宁波传统民居大木构架中串柱和大面是不可或缺的构件。在单层房屋中，串柱高出地面约2.5米，顶住左右栋柱。大面在步柱之间，前后对称布置，高约0.5~0.6米。栋桁下设虚拼随桁枋木。二层楼屋中串柱顶在楼板下，前后大面加高至1.2米。

宁波传统民居正房三间，明间的堂沿多二层通高，在栋桁和随桁枋木下再隔空增加一道瘦高虚拼枋，起到串柱的作用。枋间隔空处用斗栱托垫，增加抗弯刚度。

2. 空间上增加边榀或尽端开间的刚度

宁波传统民居的厅堂多三间单层，明间五架抬梁，其山面栋柱落地，形成排山屋架；同时加高步柱之间的大面，加强框架外沿一圈的刚性。东阳民居中常见左右开间双层横枋，明间单层横枋的立面关系（图9）。宁波传统祠庙若是五开间，边间二层，其榀架栋柱落地，在一层高的位置用串柱联系；中间三间二层通高，用五架抬梁和加高大面。从结构分布来说，高刚度空间单元除了布置在两侧尽端，亦可间隔布置，仍能保证整体的较好刚性（图10），同时节省材料。

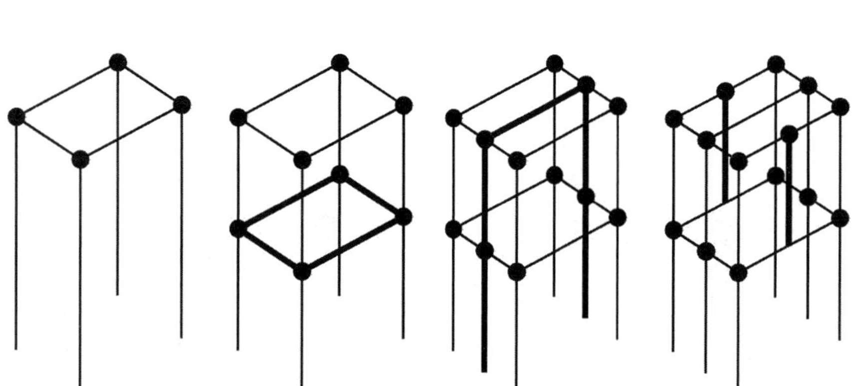

图7　增加四柱一间原型刚性的常用方式

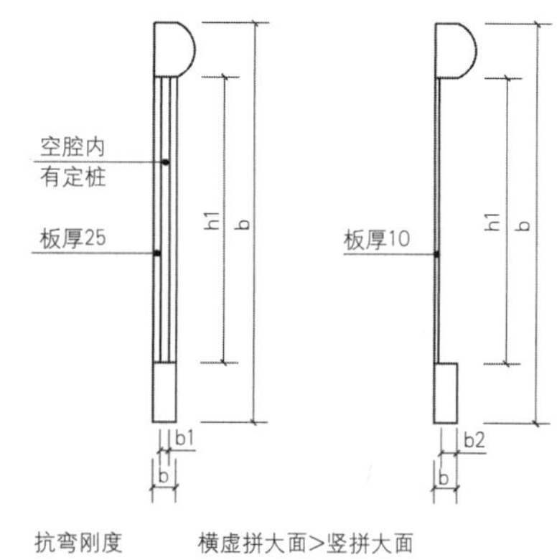

图8　大面构造示意及刚度比较

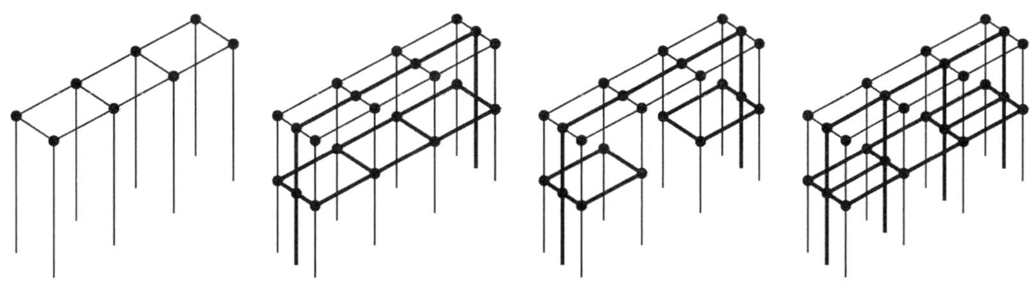

图9 三开间增加刚度的常用方式

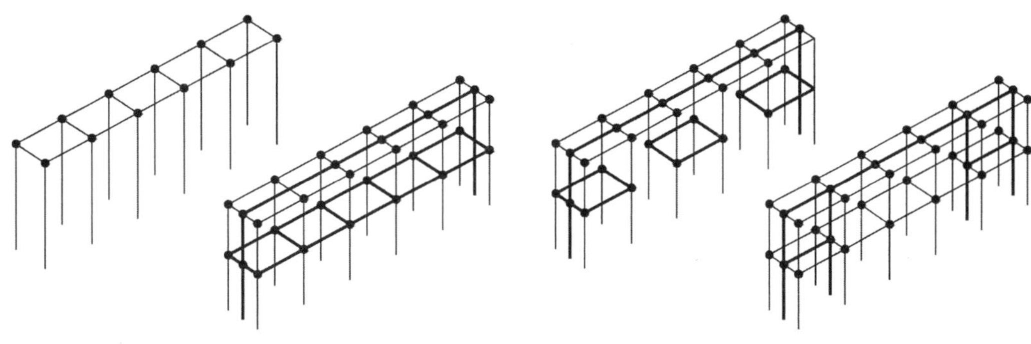

图10 五开间增加刚度的常用方式

3. 平面榀架中用梁下枋来提高刚度

双步梁下多隔空增加一道双步横枋。五架抬梁下多增加一道隔空抬川，同时空档处在对应桁条位置增加垫木来提高抬梁和抬川的抗弯刚性，宁波民居中垫木常为亚字形或者一斗三升。

五、总结

两个问题的答案——宁波传统民居大木构架的较多细节处理体现了对“轻质高刚”结构效果的追求，同时基于结构整体刚性的追求，水平构件选择了相对扁高的外形。

宁波传统民居中虚拼水平构件从结构上来说是合理的，从经济上来说是省料的，从加工来说比实心构件要麻烦一些。从装饰角度来说，只能浅刻不能深雕。从外观上来说，拼合水平构件选择了大尺寸的瘦高构件的外表假象，同时拼板板隼增加刚度，亦作出厚薄变化的拔亥，构件肩部和外部轮廓做抹圆处理，保持了唐宋构件的某些特色，展示了一种刚性结构与装饰需求相平衡的美。

注释

① 国家自然科学基金资助课题“传播学视野下我国南方乡土营造的源流和变迁研究”（51878450）。

② 蔡丽．同济大学建筑与城市规划学院博士研究生，宁波大学潘天寿建筑与艺术学院建筑系讲师，315211，524626852@qq.com。

参考文献

[1] 张十庆．从建构思维看古代建筑结构的类型与演化 [J]．建筑师，2007（04）：56．

[2] 王天．古代大木作静力初探 [M]．北京：文物出版社1992（第一版）：138．

鄂东地区晚清宗祠彩绘形式及意蕴研究

张　峰[①]　邓景煜

摘　要：湖北传统建筑具有深厚的历史文化底蕴，承载着民俗生活的各个层面的文化现象，是当时经济文化生活的真实写照。本文通过以湖北红安县吴氏宗祠的为代表来分析研究，以吴氏宗祠的彩绘发展为研究脉络，剖析以吴氏宗祠史上三次扩建和三次空间变迁中彩绘的发展，来解析特定历史变迁中的彩绘形式特点与文化内涵的变化，并在此基础上探索其空间环境与建筑彩绘意蕴的关联性，为湖北民居中祠堂彩绘研究提供理论支持，对湖北传统民居彩绘的研究形成更深次的解析。

关键词：传统建筑　宗祠　吴氏宗祠　彩绘

一、湖北红安县吴氏宗祠概况

鄂东地处长江中游，以山地、丘陵为主要特征。这一地区沿山风景优美，该地区的山丘和盆地交错，山脚下的田野之间的河流纵横，溪流密布。吴氏祠堂（图1）建在卓王山下南面，与陡山村的谢家垸毗邻，倒水河与陡山村隔山相望，其中有一条小溪正好在祠堂门口流过。按传统的风水理论，这块地正是“左有流水，谓之青龙；右有长道，谓之白虎；前有污池，谓之朱雀；后有丘陵，谓之玄武；为最贵地。”据《吴氏家谱》及祠堂旧址铭刻文献记载，吴氏祠堂始建于清乾隆二十八年（公元1763年）（图2），后被火烧毁，同治十年（公元1871年）（图3）重修，再次失火。光绪二十八年（公元1902年），在外经商多年的吴氏兄弟，花十年储蓄，重建吴氏祠堂（图4），总投入白银万两以上。祠堂特地建在河旁，既便于建筑材料运输，也利于防火。在祠堂选择开门的朝向时，整座祠堂的朝向略偏向西北方，大门较村户略有偏向。从吴氏祠堂建筑群来看，整个吴氏祠堂面阔五间，为砖木结构，吴氏祠堂的空间布局严格按照寻常祠堂的要求而设置，为三进两庑式及一进数重的形式，前、中、后三重建筑之间，有庭院相隔，廊庑相连，祠堂内每重的用途皆有明确分工，形成前有牌楼、中有大厅、后有深院的空间序列。其中前幢部分连接正门牌楼之后设有戏台，大门与拜殿之间形成的院落两侧廊庑部分为上下两层，二层廊庑尽头连接拜殿大厅的楼梯处曾设有木雕鼓皮小门，现已被拆毁，后院廊庑被发展为东西厢房，其后的寝殿则为整个吴氏祠堂建筑群空间序列画上了一个完整的句号。红安吴氏祠堂已被列为全国重点文物保护单位。

图1　吴氏宗祠正门（图片来源：作者自摄）

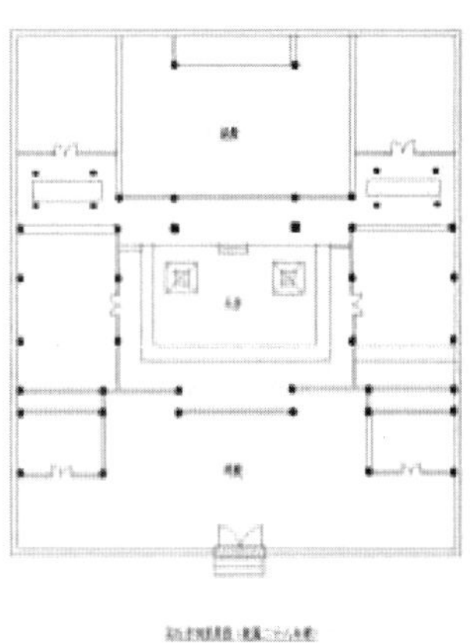

图2　吴氏复原图（乾隆二十八年）（图片来源：作者自绘）

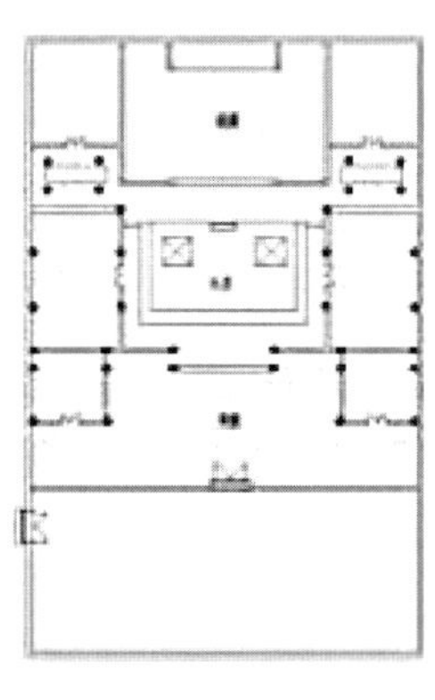

图3　宗祠复原图（同治十年）（图片来源：作者自绘）

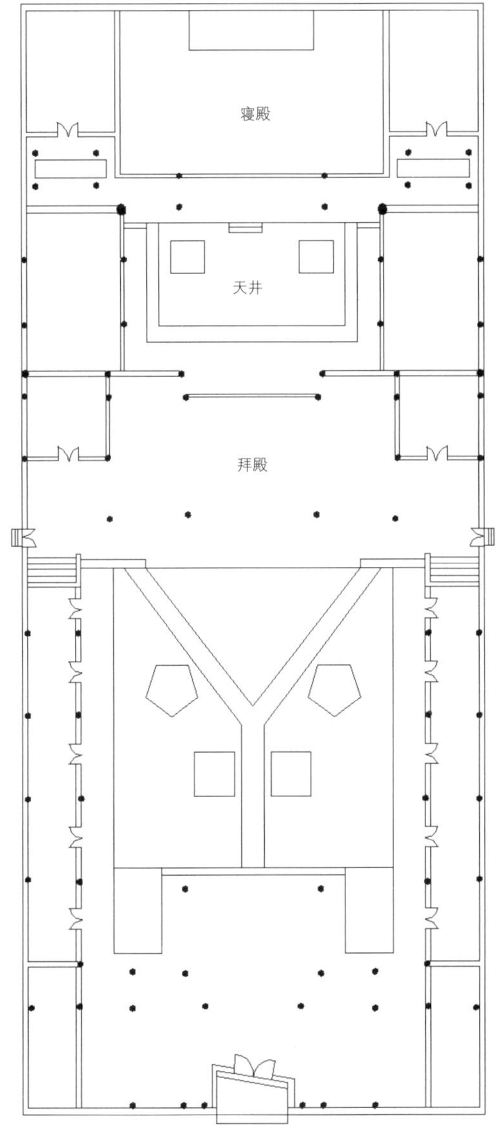

图4　吴氏宗祠至今（图片来源：作者自绘）

二、湖北红安县吴氏宗祠彩绘分析

1. 红安县吴氏宗祠彩绘分析之表现题材

吴氏祠堂壁画已经被上百年风雨侵蚀，有的与墙体分离，有的已经脱落，但大部分保存完整可清晰识别，主要分为两部分。一部分是在祠堂正门顶上太极与八卦的结合图、外围的《西厢记》和一些配饰图案，另一部分是祠堂内“观乐楼”中的《八卦太极图》和《郭子仪带子上朝图》。

1）在祠堂正门上有太极与八卦的结合图《八卦太极图》（图5），周易中用的八种基本图形亦称“八卦”，乾、坤、震、巽、坎、离、艮、兑，象征：天、地、雷、风、水、火、山、泽。悬挂此鱼时，鱼头方向朝向生门，寓意“生生不息”；鲶鱼本身寓意“年年有余”；尾部似如意状，寓意“万世如意”；在鱼的外围围绕着祥云与火焰。认为阴阳两种势力的相互作用产生万物的根源，乾、坤，两卦则在八卦中占有特别重要的地位。两边则是如意图案，以喻吉祥之意，用琴棋书画与如意组成的四艺如意，被赋予了吉祥驱邪的涵义，承载祈福禳安等美好愿望。

2）《西厢记》（图6）用以通俗易懂的故事为主题，利用连环画的形式，在祠堂四周的墙上画出整个一部古典戏曲故事。其中西墙和东墙各57幅，南墙10幅，共124幅。每幅图为横幅长94厘米，宽36厘米。全剧叙写了书生张生（张君瑞）与相国小姐崔莺莺在仕女红娘的帮助下，冲破孙飞虎、崔母、郑恒等人的重重阻挠，终成眷属的故事。该剧具有很浓的反封建礼教的色彩，作者写青年人对爱情的渴望，写情与欲的不可遏制与正当合理，写青年人自身的愿望与家长意志的冲突；表达了“愿天下有情人终成眷属”的爱情观。《西厢记》成为历代青年为反抗封建礼教、追求真挚爱情而奋斗的一面旗帜。

图5　《八卦太极图》（图片来源：作者自绘）

图6　吴氏宗祠外墙（图片来源：作者自摄）

在《西厢记》的图案上有不同的纹样：云纹、如意纹、水纹（图7）。云纹是常见的装饰形象，它的形象丰富生动，具有独特的意境美。在宗祠中都有其踪影，人们喜欢云纹，跟云有关的吉祥图案有“青云得路”、“天赐五福”等。如意纹，中国传统寓意吉祥图案的一种。按如意形做成的如意纹样，借喻“称心”组成中国民间广为应用的“平安如意”、“吉庆如意”、“富贵如意”等吉祥图案。水纹是流水、波纹、浪花，在吉祥图案中被广泛应用，特别在织物上应用非常广泛，寓意吉祥不断。

3）站在祠堂观乐楼仰面而望，能看到楼顶部所绘的《八卦太极图》与正门匾额上的一样（图8）呈八边形，其“卦者，挂也”，所以位置悬挂于楼顶。图中八卦图案只有红色和黑色两种，分别所代表的阴阳二气，相似鱼的形状互相逆时针围绕，要比常见的八卦图案多围绕一圈，阴阳鱼的外边是祥云与火焰。八卦产生于古代初民们“观天俯地”的实践活动，意味着吴氏族人承载自然万物的规律对后人的保佑与祝愿。

4）在《八卦太极图》的外围是八幅画，这八幅画题材取自于中国民间传说中八仙各自持有的宝物，俗称“暗八仙”（图9）。《鱼鼓》张果老所持宝物，“鱼鼓频敲有梵音”象征着能占卜人生；《宝剑》吕洞宾所持宝物，“剑现灵光魑魅惊”，可镇邪驱魔；《笛子》韩湘子所持宝物，“紫箫吹度千波静”，使万物滋生；《荷花》何仙姑所持宝物，“手执荷花不染尘”，能修身养性；《葫芦》李铁拐所持宝物，“葫芦岂只存五福”，可救济众生；《扇子》钟离权所持宝物，“轻摇小扇乐陶然”能起死回生；《玉板》曹国舅所持宝物，“玉板和声万籁清”，可静化环境；《花篮》蓝采和所持宝物，“花篮内蓄无凡品”，能广通神明。每幅画对应八卦的八个方位顺时针方向，分别是坎、艮、坤、乾、兑、离、震、巽，寓意着吉祥如意汇聚于八方而来。

5）《郭子仪带子上朝图》（图10）位于二楼观乐楼的正中所用题材为民间戏曲中人物，取材于唐代郭子仪父子的故事。郭子仪戎马一生，屡建奇功。他甚至能够带孙子上朝，享年84岁。所以民间郭子仪也是富贵长寿的象征，体现了吴氏家族对于家族后人长寿的祝愿。该题材还映射着吴氏家族的一段传奇故事：“公元1354年，朱元璋与陈友谅有过一场恶战，朱元璋在卓王山处遭陈友谅军袭击，大败溃逃，最后朱元璋只身逃到陡山，在读书人吴琳的竹园内东逃西窜，吴琳见此人相貌奇伟，气度不凡，便将他藏于园后阴沟洞中，避过了搜捕。朱元璋出洞时，其时吴琳正在自家竹园吟诗：‘雪压竹枝低，虽低不惹泥。’表明的是文人雅士那高洁的情怀。朱元璋接着吟道：‘有朝红日起，依旧与天齐。’吴琳听其续诗，细观其貌，不觉大惊，他从续诗中断定此人非等闲之辈，日后必成伟业，于是帮朱元璋收拾残局，招募兵马，资助其重整旗鼓，大胜陈友谅。朱元璋即位称帝创明王朝，召吴琳入朝，先后担任国子监博士、吏部尚书等职。明太祖还为陡山亲笔题写了‘开国天官里’，赐吴琳建牌坊，树双旗杆。”由此可见吴氏家族在明朝时期也曾经名震一时，在观乐楼正中这么重要的位置绘制《郭子仪带子上朝图》的题材主要的用意应是希望吴氏家族能够永世富贵，代代登朝为臣。

2. 红安县吴氏宗祠彩绘的文化意涵

1）神兽崇拜

在宗祠《八卦图》最外圈的图案中有神兽的出现（图11）。貔貅为中国传统文化中的吉祥招财神兽，又名辟邪、天禄。只进不出，忠心护主。同时貔貅也有消灾解煞的作用。麒麟古代官方的说法：麒麟乃瑞兽，是吉祥神宠，主太平、长寿；麒麟因其深厚的文化内涵，具有祈福和安佑的用意。大象在中国传统文化里，因为

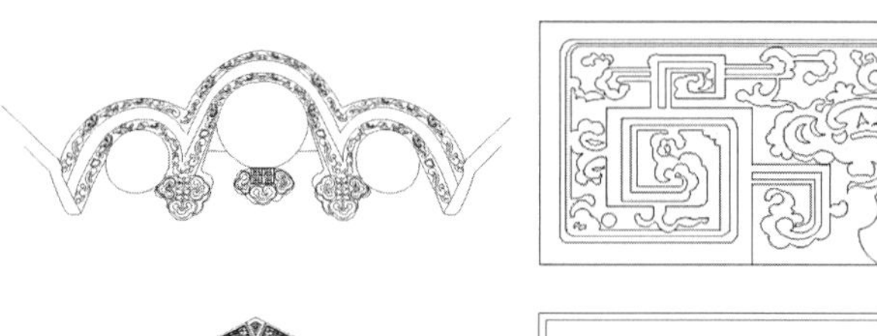

图7 云纹、水纹、如意纹（图片来源：作者自绘）

图8 宗祠戏台顶《八卦太极图》（图片来源：作者自绘）

图9 暗八仙（图片来源：作者自摄）

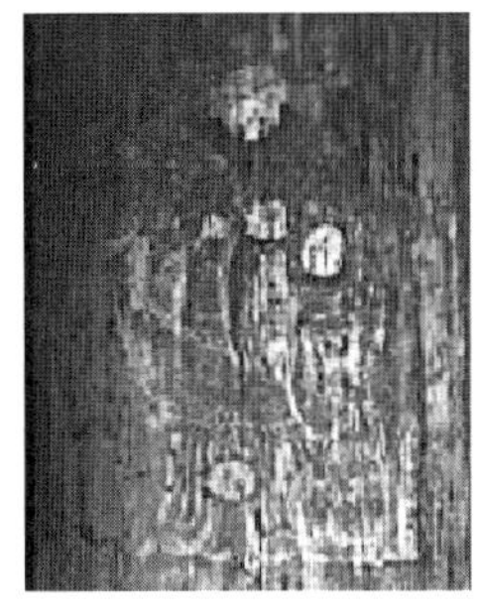

图10 《郭子仪带子上朝图》(图片来源：作者自摄)

图11 八卦图最外一圈（图片来源：作者自摄）

“象”与“祥”字谐音，所以，大象被赋予了更多吉祥的寓意，而中国人自古就对吉祥寓意的事物很有好感，所以认为“象”能给人间带来祥瑞，象征天下太平等。这些神兽的出现，是吴氏先祖希望吴氏后代吉祥如意，好运连连，子孙兴望。

2）福禄吉祥

在古代生产力低下，生活水平落后，人们无法实现对世界上某些事物的科学、客观的认识和认知，无法找到合理有效地解决问题的途径，不得不寻求其他精神上的慰藉和维持，表现了人们对平安喜乐生活的追求和向往。在戏台四个角都画有蝴蝶的图案（图12）。蝴蝶与耋同音，故蝴蝶又被作为长寿的借指。

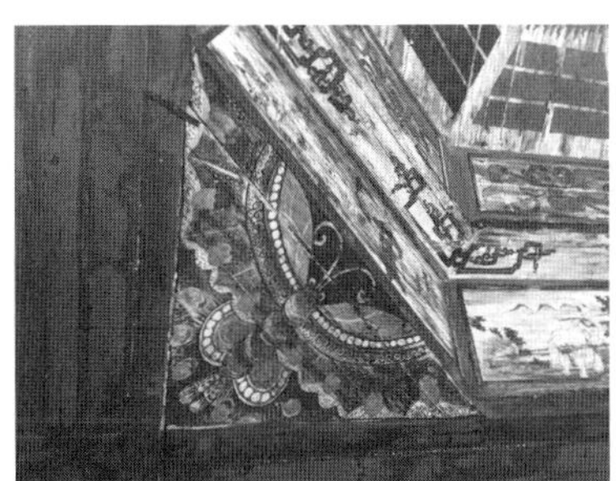

图12 蝴蝶（图片来源：作者自绘）

三、结语

虽然绘制者世界观、生活经历、性格气质、文化教养、艺术才能、审美情趣不同，但红安吴氏祠堂彩绘中的艺术风格却是内容与形式的和谐统一，展示的整体思想定位和艺术特征集中在主题的选择和艺术技巧的运用上。它的艺术风格不是无源之水、无本之木，直接根源于个体性与社会性相统一、稳定性与变异性相统一、一致性与多样性相统一。吴氏祠堂彩绘中的艺术风格具有时代性，在阶级社会中不可避免地打上阶级的烙印。当然一个时代也有一个时代的艺术风格，这是由于人们在一段时期内受到共同的影响有着比较接近的审美取向。红安吴氏祠堂无愧于“鄂东第一祠堂”的称号。

注释

①张峰．湖北大学艺术学院，教授，430000，1911554007@qq.com。

参考文献

[1] 谭刚毅，雷祖康，殷炜．木雕的武汉城记——湖北红安吴氏祠堂木雕“武汉三镇江景图”辨析 [J]．华中建筑，2010（05）．

[2] 陈又林．民间“暗八仙”艺术的形成及其文化解析 [J]．时代文学（下半月），2012（02）．

[3] 朱惠民．浅谈郭子仪 [N]．剧影月报，2007（03）．

无锡惠山古镇祠堂群建筑装饰审美特征研究

张 健[①]

摘 要： 无锡惠山古镇祠堂群是江南地区分布较为密集的祠堂群落，年代跨度长且风格多样，其建筑装饰在发展过程中逐渐形成丰富多彩且深具内涵的审美特征，在美化建筑的同时也增加了建筑本体的感染力。在当代城市化进程快速发展的影响下，祠堂建筑装饰在修复后其审美特征同质化现象愈发凸显，本文通过对惠山祠堂建筑装饰的审美特征及同质化现象形成的原因进行分析研究，以期为民居建筑装饰的保护与更新提供有效借鉴。

关键词： 祠堂群 审美特征 同质化

无锡惠山地区自唐宋起至近代，连续发育成百余处祠堂，逐渐形成祠堂群落，能够综合体现本地区的宗族文化、地域特征、建筑特色、生产生活等诸多方面。现经保存修复较为完好的祠堂有60余座，因其年代跨度长，各祠堂建造后又几经修缮，加上近现代具有民族工商业背景的晚期祠堂的出现，祠堂群的建筑风格及其装饰的审美特征随时代变化，形成多元的文化载体，风格各异。惠山古镇祠堂群建筑就留存状况而言，有的建筑留存原真性、完整性较好，总体格局保存较好；有的建筑主体留存较为完整，总体格局尚存；有的建筑主体仅部分尚存，总体格局难辨；有的仅可确定祠堂位置范围，其余结构难觅；还有一些仅见于文献。在修缮革新的同时，部分传统建筑的原真性也在随历史逐渐消解，由于建筑布局及结构装饰难辨，祠堂文化的传统语义经解构、重组，建筑装饰审美的单一化、同质化现象便日趋凸显。祠堂建筑装饰审美特征语义的传达往往基于一定的载体，本文通过对惠山古镇祠堂群建筑装饰的形制、题材、工艺等载体的解读，试述惠山古镇祠堂建筑装饰的审美特征。

一、形制

这里的形制多指建筑布局及建筑本身的形态与构造，惠山古镇祠堂群的现存建筑形制以江南民居建筑为主，这些祠堂年代跨度长，数百年来未有统一建造规划，加之交通道路斜角交接，有半数以上祠堂未按坐北朝南方式建造，朝向自由。长久以来，祠堂与民居、店铺、园林、寺庵等相互因借，空间交融、布局灵活。仅有少部分祠堂为临街独栋建筑，仅有享堂功能，如单姬祠、刘猛将神祠等。大部分祠堂多自成院落，院落间有山墙相隔，惠山古镇地区的封火山墙的使用没有徽州地区频繁，主要形式以马头墙式和观音兜式为主。院落的布局形制丰富：有单进式布局，将享堂与庭院或园林有机组合，如史光禄祠、陆子祠等，陆子祠平面为四方形结构，敞厅高大，海拔高，为品茶观景佳处；有以天井为中心的二进式院落布局，左右多有厢房或连廊连接，如杨藕芳祠、陆宣公祠等，杨藕芳祠布局虽为传统二进式院落布局，但其建筑墙体及装饰构件等西洋风格要素突显，如清水砖墙、拱券结构的门窗框（图1）、欧式柱头装饰等（图2）；三进院落布局的祠堂最为多见，中轴线上分别由祠门、享堂、后堂顺序排列组合而成，如顾可久祠、薛祠等，有的三进院落以中轴线为中心，左右两边各多有一路或单一

图1 杨藕芳祠拱券结构门窗框

图2 杨藕芳祠欧式柱头装饰

路的院落，这些附属院落少为一进多则四进，如邵宝祠、王恩绶祠。体量规格更大的为四进院落式，如华孝子祠（图3），其空间布局从前至后依次为祠门、仪门、享堂、后堂。除了以建筑为主体的独栋祠堂、院落式祠堂，还有一种赋予叠石理水的园林空间祠堂属性，这种园林式祠堂是伴随祠堂花园的产生发展而来，如留耕草堂、寄畅园、顾可久祠中轴的侧后园等。留耕草堂原为杨四褒祠右路花园，为三进式庭院，庭院内戏台、池沼、叠石、亭、桥、庐、轩等园林要素一应俱全；寄畅园原为秦氏双孝祠之附园，又名秦园，宗族成员可在园林内缅怀先祖的同时游目骋怀、慎终追远。

惠山古镇祠堂建筑群屋顶制式均为坡屋顶，以硬山平屋居多，如邵文庄公祠享堂、五中丞祠享堂等，也有硬山楼屋，如尤文简公祠的万卷楼；还有规格较高的如华孝子祠的享堂、钱武肃王祠大殿及张中丞祠、陆宣公祠的戏台屋顶均为单檐歇山顶；祠堂建筑中少见悬山顶记载。祠堂群享堂或大殿建筑面阔一般以三间为多，面阔最多为七间的浦长源先生祠，为单路三进式院落。

建筑主体结构仍以木结构为主，随着经济社会快速发展，古建筑在修缮保护过程中的遵循古法的原真性保护与建造成本及工程效率之间的矛盾凸显，越来越多的木材未经妥善处理，含水率过高就被仓促用于立柱梁枋，导致后期木结构、木雕表面开裂倾斜，影响建筑审美语义传达，易形成安全隐患。

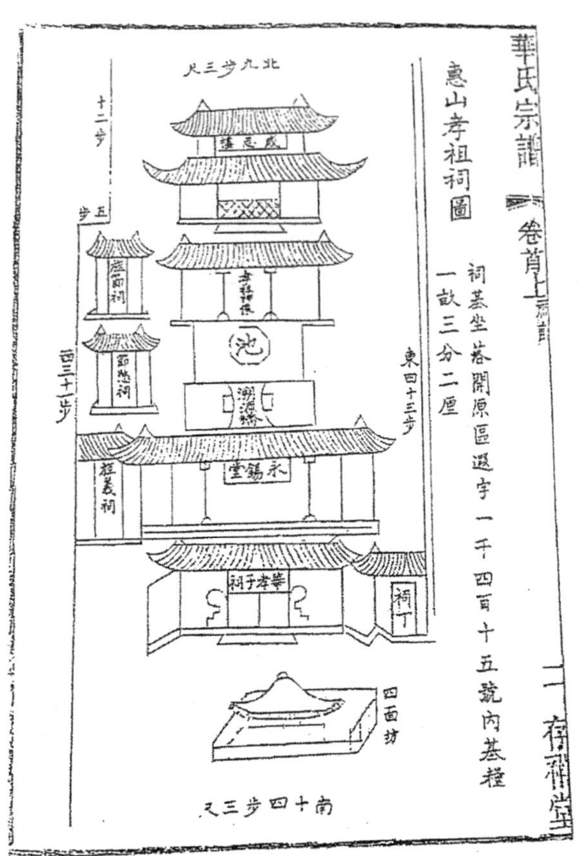

图3 华孝子祠平面布局

二、工艺

江南地区自明清以来商品经济繁荣，人文底蕴深厚，建筑装饰工艺手法丰富多样。有灰塑、砖雕、石刻、木雕等，整体面貌朴素清雅、简约灵秀。

1. 灰塑

灰塑是中国传统建筑装饰中常用的工艺手法，最初是用以保护脊端，多用石灰掺以纸筋、稻草等反复锤炼，经过泥水匠塑形为灰塑构件后，耐酸碱、抗风化，在潮湿的江南地区建筑外部空间具有优越的稳定性。灰塑作为建筑装饰工艺在中国各地传统建筑中均有体现，北京地区的皇家建筑灰塑体量宏伟，题材工艺囿于规范，色彩浓重，艳丽多彩；岭南地区的灰塑规模宏大，题材叙事性强，构件表面多赋彩，层次繁复（图4）；江南地区的灰塑表现则多以素面为主，色彩单一、体量适中，较为清雅（图5）。在祠堂群建筑中灰塑常见于屋脊、檐口、门坊等装饰节点，表现形式丰富，意味深远，多为浮雕和圆雕工艺，如工巧形美的龙吻脊、哺鸡脊（图6）、纹头脊等。龙吻多用于殿庭，哺鸡多用于厅堂，普通平房则用纹头、甘蔗、鸱尾等脊饰，这些筑脊形象位于正脊两端的正吻位置，充分体现水作匠人精湛的灰塑技艺水平。随着工业化生产的发展，传统手工的灰塑技艺逐渐被流水线上的预制构件、模制构建取代，手工匠人与传统设计智慧结合的灰塑手作的灵动、诗化的语

图4 广东陈家祠堂脊饰彩塑

图5 惠山古镇祠堂群内云头脊

义也在逐渐消失。

2. 砖雕

明代以来，随着江南地区宅第制度放宽，砖作为民居建筑的基础构成要素，不论从建筑基础结构建造还是砖雕装饰，逐渐被大量使用，客观上促进了江南地区的砖雕艺术的发展。砖雕作为一种建筑装饰手法源于制砖业的兴起和繁盛，砖相较于石材、木材具有独特优势，在运输、加工过程中比石材更容易；比木材耐磨，耐腐蚀、防水性更好，兼具木材可雕、可刻、可镂等特性，比木材更适于做建筑的外部装饰。砖雕按照烧制工艺分两种，一种先在生泥坯上雕刻好再进窑烧制，生胚易塑形，烧制后精致细腻；另一种是在烧制好的素面砖上直接进行雕刻，刀工劲秀，线条流畅。在惠山古镇祠堂群建筑中，砖雕被大量用于牌坊、照壁、门楼、屋脊、墙柱的阴阳角等，呈现出江南民居建筑装饰温润精致、清秀质朴的审美特征（图7）。砖雕艺术起初以线刻和浅浮雕为主，随着社会经济和手工业的发展，砖雕的表现结合透雕、圆雕等工艺手法，砖雕构件显得更为精致入微、丰富立体。装饰风格也随技艺发展经历了从拙到雅进而繁复纤巧的过程，表现题材全面，几乎囊括神祇、宗教、日常生活、动植物、抽象纹样等诸多方面。

图6 惠山古镇祠堂群内哺鸡脊

图7 张文贞公祠砖雕

3. 石刻

石刻作为建筑中重要的装饰形式在惠山古镇祠堂群建筑中多见于石坊、柱础、门枕石等结构部位。祠堂布局中，祠门是进入祠堂首先通过的空间，顾可久先生祠中的四面石坊、二戴夫子祠前的石牌坊在彰显祀主同时兼具祠门功能（图8）。江南地区梅雨季闷热潮湿，冬季湿冷，多在木柱下放置石柱础、门轴下多置门枕石以防潮气侵蚀。石柱础形式多样，惠山古镇祠堂群中多见鼓形（图9）和基座形柱础，覆盆、覆斗形鲜见。鼓形柱础一般没有过多雕饰，形如皮鼓，下端面较上端面小，鼓腹直径最大，木柱置于圆鼓形柱础之上稳定而不失轻巧，清雅秀丽；基座式柱础较圆鼓样式端庄，多为上下两段式结构，中有束腰，须弥座造型居多。门枕石宋代成为“门砧”，位于大门两侧门轴垂直下方，在祠堂群中常见石座形、鼓形两种样式。石座形是最简单的门枕石形式，有单层也有多层相叠；鼓形门枕石又称抱鼓石（图10），似圆鼓立于基座之上。柱础、门枕石的雕刻手法多样，有素平、减地平钑、压地隐起、剔地起突，分别对应现代石刻的素面、线刻、浅浮雕、高浮雕。石刻题材多为神兽瑞兽、莲荷如意等纹样。

图8 二戴夫子祠石坊

4. 木雕

惠山古镇祠堂群建筑除墙体、屋面等外部空间使用砖石之外，仍采用传统木构架为结构主体。由于木材稳定性极易受气候变化影响，故而木雕的主要施作部位集中在檐下和室内空间。祠堂群建筑中木雕的审美特征相较浙江、徽州地区更显简约雅致，主要为小木

图9 鼓形石柱础

雕刻，题材以山水花卉居多，布局疏朗，多用浅浮雕、透雕手法，雕刻面较平，高浮雕、镂雕少见（图11）；浙江、徽州地区的祠堂木雕题材多结合场景故事，以多层透雕、圆雕方式表现居多，表面纹饰丰富，视觉装饰效果突出。

图10 荣贞烈祠门枕石

图11 钱武肃王祠五王殿内木雕

三、题材

惠山古镇祠堂群建筑多以民居建筑为主，其装饰题材的选择有别于一般民居建筑，祠堂文化基于一定民间信仰，以礼制为先，依托宗法伦常和吴地传统文化，传达宗法内涵以及对美好吉祥事物的期盼等精神文化语义。神话传说、人物故事、自然风景等题材辅以抽象化的夔龙纹、龟背纹、云纹、如意纹、回纹等素材在祠堂群建筑装饰中都有所体现。

1. 神话传说

神话题材涉及如龙凤麒麟、四神兽等瑞兽、八仙过海等，也有经神化后的动物如狮、虎、龟形象。用龙形以压火祥（图12），用龟形以期永固，表镇宅祈福，彰显文武智勇仁德之意。钱王祠的二层享堂正吻位置为龙首，正脊正中塑有祥云麒麟形象，传达出祀主在后世心中如麒麟在云端的崇高地位，民间还有麒麟送子的说法，也寓意子孙延绵、人丁兴旺。

图12 救火会龙形吐水灰塑

2. 人物故事

人物题材表达一般依托场景穿插故事，在惠山古镇祠堂建筑的墀头部位一般饰有砖雕，繁简不一。一般来讲，同一座祠堂内的人物故事题材一般取材于同一系列故事，如表孝悌的二十四孝故事、传递民间正能量的戏曲故事等（图7）。

3. 自然风物

自魏晋之风后，文人士大夫阶层对于大自然的赞誉和追求一直未曾停止，借景抒情、托物言志手法贯穿使用于日常生活诸多方面。在建筑装饰中，松、梅、兰、竹、菊等植物元素成为古代艺匠惯用装饰素材，表恒久、气节、坚忍、高洁、长寿。也会使用植物与鸟兽元素相组合的装饰手法，如李公祠祠门的石刻装饰，一株梅花树占据半幅构图，有鹿行于树下，喜鹊立于树上，取加官进禄、喜上眉梢之意（图13）。

图13 李公祠门石雕装饰

四、结语

工业化生产进程加快，社会经济结构变化，都是建筑装饰同质化的重要影响因素。古建修建保护过程中，建筑装饰作为建筑的重要组成部分，本应静态述说着社会文化、地域文化、民间信仰文化的多元性，而阶段性旺盛的市场需求对建筑生产的时效性的迫切要

求，往往会导致建筑装饰样式的多元表达失语，建筑装饰审美特征的地域性、民俗性、多样性、艺术性也会随之逐渐消解，这种集合民间设计智慧与工匠技艺的文化如何有效传承已经成为当下不容忽视的问题。

注释

① 张健．无锡太湖学院艺术学院，讲师，214063，19242807@qq.com。

参考文献

[1] 楼庆西．装饰之道 [M]．北京：清华大学出版社，2016．
[2] 吴惠良．惠山古镇祠堂建筑图录 [M]．上海：上海科学技术出版社，2004．
[3] 崔华春．苏南地区明末至民国传统民居建筑装饰研究 [D]．无锡：江南大学，2017．
[4] 孟琳．香山帮研究 [D]．苏州：苏州大学，2013．
[5] 唐溪．无锡惠山祠堂群建筑装饰艺术研究 [D]．昆明：昆明理工大学，2012．

撒拉族篱笆楼民居大木立架安装技艺研究

邵　超[①]　靳亦冰[②]

摘　要：通过对篱笆楼民居营造现场的跟踪调研，结合工匠访谈等方法，本文记录了篱笆楼大木立架安装过程，并将其特点结合篱笆楼木构架结构特征进行了分析研究，揭示了其营造技艺与构架结构特征和构造之间的关系。

关键词：篱笆楼　大木立架　结构特征

撒拉族人口主要聚居在青海省循化撒拉族自治县。民族信仰伊斯兰教，民族语言为撒拉语。元初年间，撒拉族先祖自中亚撒马尔罕地区迁徙而来，数百年来与周边民族不断融合并创新发展，形成了独具特色的民族文化[1]。篱笆楼是撒拉族传统民居建筑，见于青海孟达地区的山林地带，以松木构成的木构架作为楼体的承重结构，墙体用杂木枝条编织，两面抹以黑土草泥，其上再涂以白土泥，中间为空。这种方法既节省建筑材料，又减轻了楼体的重量，中空的墙体冬暖夏凉，透气性较强。篱笆楼的营造顺应地方资源与气候条件，体现了撒拉族人强烈的生态理念和精妙的营建智慧[2]。

自元代诞生起，篱笆楼一直分布在孟达的林区村区。随着社会经济的发展，传统篱笆楼逐渐被现代民居所取代，目前已濒临绝迹。根据循化县非物质文化遗产保护办公室统计，孟达地区原有100多座“篱笆楼”，目前仅存14处[3]。作为篱笆楼保护传承的重要手段，其营造技艺也因新材料新工艺的冲击、师徒传承的局限性等面临失传的险境。因此，篱笆楼营建技艺的保护传承刻不容缓。2008年撒拉族篱笆楼营造技艺入选国家级非物质文化遗产名录。2010年青海省将孟达大庄村中四处撒拉族古篱笆楼建筑群列入省级文物保护单位，实行依法重点保护。而今，4处古篱笆楼因水利工程而实施搬迁复建，其过程也是对传统营造技艺的动态展示。（图1）

大木立架是篱笆楼营造技艺中的重要组成部分。古建工匠有句俗话叫“大木怕安”，这句话有两重意思：“ 一指大木安装是对大木制作工作的检验，制作当中任何的疏漏、错误与质量问题在此时都会暴露出来；另一层意思是大木安装本身也是一件很不容易的事，要将千百件木构件有条不紊地安装起来。需要一套严格的规律与程序，事前要有充分的考虑与准备和严密的组织才能进行……”[4]。此工序还包含了族群建造模式、风俗礼仪等建筑文化现象，在当今传统建造活动整体式微的情况下实属珍贵。大木作上架工序不仅是最生动、直观，也是最具震撼力的传统建筑文化演示[5]。本文记录了篱笆楼大木立架安装过程，并将其特点结合篱笆楼木构架结构特征进行了分析研究，期望对篱笆楼营建技艺有更深入的理解。

图1　搬迁复建的篱笆楼民居

一、大木构架形制及称谓

受地理气候等因素的影响，篱笆楼木构架形制较为简单，为二层平屋式木构架。梁架一般称为“架”，自屋身左侧起为第1架，依次类推，可至7～8架。若屋身方向出现变化（房屋正身两侧屋身），则需在前部补充方位词汇，如“东2架”，指的便是屋身东侧部分自左边算起的第2架。

具体到大木构件方面，以篱笆楼营造技艺传承人马进明的古宅为例（图2）：

柱子通贯两层楼房，分檐柱、金柱、后柱三排。

梁根据位置分为大梁，闸梁（又名插梁），承重梁，小承重梁。大梁位于金柱与后柱之间，搁置于柱头上，上部开檩椀承接檩

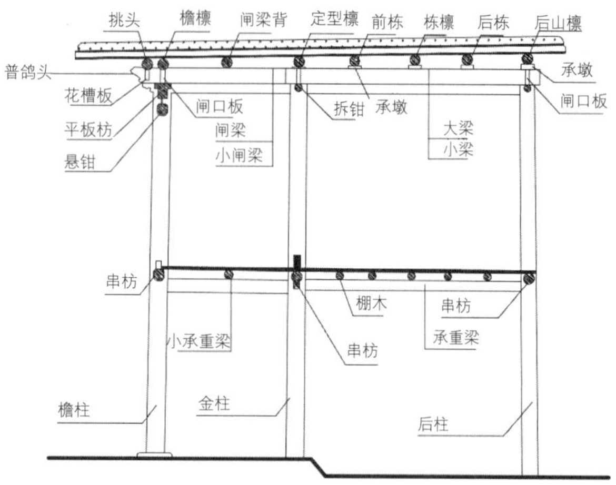

图2 篱笆楼大木构架称谓示意图——马进明宅

条；承重梁穿插于金柱与后柱的柱身中部，用于承接二层楼面荷载；小承重梁与承重梁作用一至，只是位于檐柱与金柱之间；而闸梁（又名插梁）指的就是“抱头梁”。其中，“闸”字取位于屋身前部作为闸口抵挡外部风雨之意，而“插”字则是源于该梁尾部插入柱身或大梁梁头的连接方式。

檩条与梁之间通过檩椀与承墩连接，檩条按位置也有多种命名方式，自前往后依次为挑头、檐檩、闸梁背、定型檩、前栋、栋檩（梁）、后栋以及后山檩。“定型檩”位于金柱上方，取意：此檩尺寸一定，其他檩条的尺寸也相应确定。而位于上下层间传递二层楼面荷载的檩条则称为“棚木”。

枋按照开间和进深方向不同分为两类，开间方向的枋称为“钳”，是指像钳子一样将柱固定（枋的功能），根据位置分檐钳、金钳、后山钳，还有两种则以枋命名，位于柱头之上、小闸梁之间的叫作平枋，而柱身中部的枋则称为串枋；进深方向则有小梁（指随梁枋，固定拉结后柱与金柱，与大梁之间往往通过暗销连接）、小闸梁（位于闸梁下方，固定拉结檐柱与金柱）。

椽子承载屋面荷载，并传递给檩。介于定型檩与后山檩之间的叫槽椽；伸出檐檩是檐椽。檐椽与槽椽通过椽花连接在一起，椽花则通过暗销与檩条相连。

二、大木立架安装技艺

篱笆楼大木立架包括前期准备和正式立架，立架过程中还会穿插上梁仪式等活动。

1. 前期准备

1）物资工具准备

在大木立架安装前，需要准备好相关物资与工具：除常用的斧子、脚手架等工具外，还需要木马木杠（用于支承屋架组装），麻绳（用于竖立屋架、拉结构架、吊运木构件与工具），木榔（用于敲打构件，调整构件位置），铁锹（用于撬动木构件）以及垂线（用于构架校准）等。安装过程中，各种物资与工具的用途往往不止一种，需根据情况灵活运用。

2）人员安排

在人员安排方面，当村落中有人家立架时，该户的亲戚党家、邻居朋友均会过来帮忙。笔者所在的营造现场，大约有20人左右参与立架工作，整个过程由掌尺负责指挥，团队分工明确，各司其职，忙而不乱。

2. 立架安装程序

1）组装屋架：用三角木马与木杠组成简单的支架，将金柱、后柱、承重梁、小梁（随梁枋）四构件依次放置在上面进行组装，一般过程中随时修凿榫卯以方便构件连接。组装构件时，采用木榔敲打与麻绳铰拉紧合相配合的方法。各构件连接后，用卷尺分别量取承重梁两端与另一侧柱头之间的距离，防止确定木架组装歪斜，之后将木板钉在柱间作斜撑固定木架，并在木架顶部小梁上拴上麻绳，以待竖立屋架过程。（图3）

2）推立屋架：现场所有人在统一的号令之下用木棍绳子等从房屋的一侧起，将在地面组装好的木构架推立起来。一般4人负责抵住柱底，4人（每侧2人）负责拉结绳索，其他人则在柱头一端将木架通过抬、推、撑等方式立起木架。此过程最为消耗体力，也最考验团队的配合能力。（图4）

3）抬架穿枋：拉结木架两侧绳索保持木架稳定，其他人将竖好的木架抬起并搁置在柱础上，用铁锹撬动木架，进行位置微移。之后将相邻两木架间的枋按先下后上的顺序施工安装，期间用绳子将相邻两架铰拉紧合。穿枋结束后，木架之间已经有了横向的联系。此时，重复之前的步骤，将此前组好的屋架依次推立起来。（图5）

4）立檐部构架：此时安装的檐部构架包括檐柱、小承重梁、小闸梁以及部分枋类构件，此部分并不事先组合，而是先立起檐柱，然后再将上部的小承重梁与小闸梁依次安装完成。待相邻一侧的檐柱立好后，则安装串枋、钳以及平枋等横向联系构件。之后重复此步骤，将其他檐部构架立起。（图6）

5）木架校准拨正：将木架安装好以后，用垂线分别从开间、进深两个方向沿柱身中线对每根柱子垂直性进行校准调整，以确保每根柱子都垂直地立在柱础上，从而确保整个木构架的垂直性。调整过程中，用木柱支戗抵住柱身中部以保持稳定，采用绳子铰拉和木榔敲打柱底相结合的方法进行调整，对部分柱底进行塞垫固定。校准结束后将木板钉在柱间作斜撑，保持构架稳定，直到大木构架全部安装完成后才将其拆除。（图7）

6）其他大木构件安装：木架校准完毕后，依次将其他木构件安装完成。梁头搁置在柱头上，梁上表面挖槽口，用于插放承墩，除定型檩、檐檩、挑头安装在大梁的檩椀处以外，其他檩条均安置在承墩上。椽子则通过椽花与檩条连接在一起。当所有大木构件安装完成，立架工作也随之结束。（图8）

图3 组装屋架

图5 安装枋件

图7 木架校准拨正

三、篱笆楼大木立架安装的特点

1. 风俗禁忌

在传统建筑的营造中有许多风俗和禁忌贯穿于营造的全过程，

图4 推立屋架

图6 安装檐部构架

图8 其他大木构件安装

包括：选址定方位；从动土开工到上栋梁，关键营造节点时的仪式与规矩；造屋形式方面的规矩；栋梁等重要构件的禁忌；口窗、楼梯等的尺度禁忌、木材选择与运用方面的禁忌等。随着传统建筑营造方式现代化、企业化的转变，传统的风俗和禁忌整体式微，很多老传统都被认为是迷信而被抛弃。但这些营造风俗和禁忌是传统营造文化中很重要的组成部分[6]。

在篱笆楼的篱笆楼大木立架的过程中，主要的风俗禁忌包括上梁仪式与方位尊卑的风俗。这些风俗在其他民族的营造文化中也有体现，此现象也是作为外来民族的撒拉族与其他民族的融合发展的见证。

1）上梁仪式

在篱笆楼的立架过程中，上梁仪式是非常重要的环节。所谓上梁，指的便是大木构架中最中间檩条的安装工作。篱笆楼中间的檩条称为栋檩，栋梁或宝梁。因此上梁在当地也称“上宝梁”，在上梁之前，往往在中间的檩上开一小洞，放入金银，五谷（小麦、青稞、玉米、谷子、豆子）以及梵文，此后再用木楔将洞口堵住，并在外侧包上红布。意为五谷丰登、财源茂盛，并使主人家人畜平安。之后东家拿来红枣、核桃等分给众人，木匠师傅致颂词：“长木头架在木马上，拉直线，弹墨绳，粗细木头搭配齐，长短材料要锯准……”结束后，东家向木匠师傅赠送礼品，以贺喜庆[7]。由此可见，大木匠师之地位，而今随着传统营造活动之式微，大木匠师的地位也与日下降。（图9）

2）方位尊卑风俗

匠师们俗语“有中向中，无中向东”，以“东”为大，以“左”为大，是篱笆楼大木立架安装过程中必须要遵守的规矩之一。因篱笆楼往往坐北朝南，固“左”与“东”往往指的是同一方向。在组装屋架时，进行上梁仪式的檩条一定是位于中间的栋檩；梁等进深方向的构件，大头全部朝前；而檩条等开间方向的构件则一律大头朝左。而在推立屋架时，往往从屋身的左侧开始立第一架，依次类推。（图10）

2. 立架过程体现结构特征

篱笆楼的立架过程与其构架的结构特征与构造息息相关。

潘谷西先生的《中国建筑史》第六版明确指出抬梁式木构架的关键是柱、梁、檩之间的关系是“柱头搁置梁头，梁头上搁置檩条”[8]。篱笆楼构架中梁、柱、檩也符合此结构关系。据此判断，篱笆楼虽为二层的平屋式木构架，但其构架整体应属于抬梁式体系。而篱笆楼的立架安装分为“下架”（柱头以下的构件）和“上架”（柱头以上构件）两部分，属于典型的抬梁式体系的立架过程。由此，从另一方面佐证了篱笆楼木构架属于抬梁式体系的观点。

图9 上梁仪式

图10 小闸梁与檐柱连接

此外，篱笆楼采用先将金柱与后柱间构架组装立起，再立檐柱部分构架的方式，而不是将一榀屋架完整立起。此处与其檐柱与小闸梁（穿插枋）的连接方式有关。枋头并没有完全插入柱身内，而是只有交接处部分放入到柱头的卯口内，因此导致此处拉结力略显不足，若将整榀屋架完整立起，则易发生折榫、断榫等问题。然而，从另一方面看，此种立架方式节省人力物力，是身居山林的撒拉族人较为适宜的立架方式。较为简单的构架结构形式，使得篱笆楼的建造具有较强的可实施性，是撒拉族人营造智慧的体现。

四、结语

大木立架安装技艺仅是篱笆楼营建技艺的一部分。透过篱笆楼立架的实例，我们看到了其营造技艺与构架结构特征和形式做法之间的关系。篱笆楼的营建技艺有其独特的品质，营造顺应自然环境资源，注重生态性，体现了撒拉族人的营建观念与智慧。对其营建技艺进行总结研究，总结其营建智慧，有利于我们传统建筑文化遗产有更加深入的认识。

注释

① 邵超．西安建筑科技大学建筑学院，710000,821281770@qq.com。

② 靳亦冰．西安建筑科技大学建筑学院，副教授，7100000，jinice1128@126.com。

参考文献

[1] 王嘉萌．青海撒拉族篱笆楼民居营建技艺保护与传承研究[D]．西安：西安建筑科技大学，2017．

[2] 周晶，李旭祥，孟祥杰．青海撒拉族“庄窠——篱笆楼”民居的社会环境适应性研究 [J]．建筑学报，2012（S1）：172-176．

[3] 瞿学忠．风雨篱笆楼，撒拉族东迁的背影 [N]．兰州晚报，2010-10-11．

[4] 马炳坚．中国古建筑木作营造技术 [M]．北京：科学出版社，1997（4）：195-199

[5] 张玉瑜．大木怕安——传统大木作上架技艺 [J]．建筑师，2005（03）：78-81，90．

[6] 石红超．浙江传统建筑大木工艺研究 [D]．南京：东南大学，2016．

[7] 马建新．撒拉族传统民居的类型、装饰及礼俗 [J]．中国土族，2015（02）：45-50．

[8] 潘谷西．中国建筑史（第六版）[M]．北京：中国建筑工业出版社，2009，4．

传统民居的价值传递与更新

——以红河州城子古村传统民居为例

位笑晨[①]

摘　要：目前，人们越来越认识到了民居价值传递与更新是对民居进行科学保护的关键所在。本文以云南省红河哈尼彝族自治州城子古村民居为例，根据城子古村的现状条件分析了传统民居价值的体现与扩展，并将其价值分为了显性价值与隐形价值。另外，因价值自身会随着时空环境的变化发生变化，本文提出了相应的价值传递关系与价值传递途径。最后，结合古村民居价值特性，从三个方面提出了相应的传递与更新策略，为传统民居保护提出了相应建议。

关键词：传统民居　价值传递　民居保护　城子古村

一、红河哈尼彝族自治州城子古村概况

红河哈尼彝族自治州位于中国云南省东南部，地处低纬度地区，东西被北回归线贯穿，属于亚热带高原型湿润季风气候区，地形分山脉、盆地、岩溶高原、河谷四个部分。红河州有10个世居民族，有241万少数民族人口，以哈尼族和彝族为主。红河州下辖4市9县，各村落聚居年代久远。城子村地处泸西县永宁乡，地形多山地，村内民居形式以彝族土掌房为主，历史景观丰富，被称为“一宫、二台、三营、四桥、六门、八碉”[1]。村里300年前的古民居土掌房群落多达300多座，村落坐落在飞凤山的山腰腰，四面环山，村落中的建筑、山脉、河流、森林、田地以及人们的衣食住行、婚姻、丧葬、节日活动等所构成的文化现象，不仅有丰富的传统物质文化遗产，还有许多非物质形态文化遗产。2012年经住房城乡建设部等部门审查，泸西县永宁乡城子村等多村落被选入了中国传统村落名录。

二、城子古村民居的价值的体现与扩展

村镇、民居中反映的历史信息是多元且不完整的，难以用一个体系或价值概念加以概括，民居中的价值是在人与社会的活动过程中进行更迭变化的，历史建筑和传统村镇会承担着多层次的历史记忆，具有多维度的价值。对于民居价值认知进程随着历史观念的发展而扩展，在历史悠久、具有本地特色的传统村落空间中，建筑是基本的物质载体，也是体现其价值的基本单位。除此之外，村落传统民居的现状本体背后承载文化意义，更是值得传承与延续。因此，基于价值的哲学探讨，红河州传统村落民居的价值可以分为显性价值和隐形价值。

1. 显性价值

土掌房原是彝族先民的传统住所，后彝汉混居，民居建造与汉族民居有相似之处，土掌房让民居的使用功能进一步完善的同时也改进了建造技术，将居住环境的安全性、舒适性大大提高，也改善了建筑采光、通风等，发展了当地居民住房条件。“云南十八怪，泥土当瓦盖”，说的就是云南土掌房。土掌房以土、木、石为其主要建筑材料，将柴草铺到密楞上或采用干松毛抹泥的平顶式屋顶。屋顶以圆木平铺，用木草等物铺平，再以稀泥涂抹，使顶面平整，再用土锤实在，民居墙壁为特殊的“土坯”工艺制成，墙柱共同承重，居住起来冬暖夏凉。城子古村民居（图1）的建筑特色与建筑工艺鲜明，可以称为是民居建造技术与民居文化发展史上的“活化石”[2]。

村内的土掌房建筑群依靠山势而建，水流环绕，整体看来规模巨大，层叠错落，建筑单体不仅四面相同，上下也是相连互通，格局形式极具特色，达到了天人合一的境界。城子村的村寨景观充分体现了人与自然和谐相处，表达了建筑环境中的审美内涵。并且城子古村的民居建筑与整体景观具有足够的标志性和观赏性，显性价值突出，足以作为一种典型的视觉特征而作为城子古村甚至红河州彝族的形象代表。

2. 隐形价值

村寨选址与建设多处应和了中国传统文化，城子村背靠高山，村中河流经过并在村头弯作环形；村中有出山坡地形平坦、宽阔，被称明堂宽大。中大河进村方向地形开阔，而水流出村方向则两山夹一谷，地形狭窄（图2）。土掌房建筑结构与内部装饰上都反映

出彝族“与大自然和谐相处”的特色民族人居文化。

除此之外，城子古村建设的历史文脉从至今500余年自明成化年间就得以保留，村民在不同时期建造民居的特点和过程都被一一记录，其物质和非物质信息丰富了当地的历史，为民居建筑历史的研究提供了珍贵素材。民居的完整保留与发扬传承也体现出了人文、科学的传承与创新，十分珍贵。

可以通过对城子古村民居建筑价值和人文历史的展示，增加城子古村整体的文化景观特征，从而进一步烘托红河哈尼彝族自治州的文化氛围，增强城市的文化吸引力。

图1　城子古村土掌房民居建筑（图片来源：自摄）

图2　城子古村背山而建（图片来源：自摄）

三、城子古村民居的价值传递

价值具有可变性，民居价值也是如此，民居的价值会随着价值主体与价值认知客体的变化、价值主体与价值认知客体之间关系的变化以及所时空环境的变化而变化[3]。因此，要以动态的眼光理清民居价值中隐性价值与显性价值传递的关系，利用健康有效的途径将价值传递，从而进一步进行价值的更新。

1. 价值传递关系

民居价值的传递不是简单地对于民居价值保留、传播的过程，更是在原有基础上对于民居的显性价值与隐形价值进行提炼和整合，让价值在历史发展过程中动态发展。

隐形价值往往不是民居主体与客体发生直接关系，而是人们通过客体物质所承载的信息进行综合研究，譬如根据民居聚落的空间构成与布局可以对当时彝族人民在人居环境上对于中国传统堪舆学的考量。另外，城子古村目前旅游开放程度尚低，仍是当地村民的住所，其民居的社会发展价值，是在新的时代背景下由各种价值因素整合更新而成的，极大程度上影响着民居的保护与更新。

城子古村民居价值是在显性价值不断变化与发展的基础之上，隐性价值逐渐衍生，这就需要对民居的隐性价值进行适当而深入地挖掘，使其残存的显性价值传递到新的价值体系中去。

2. 价值传递途径

城子古村原多为承载村民的居住功能，后其建筑形制、建造工艺等已成为现在社会研究的对象，同它本身所起到的本体价值一起，产生了新的文化传播价值[4]。因此，民居价值具有可变性，会随着主客体某一方的某种要素或主客体关系的变化而转换，城子古村的价值也同样在生命进程中不停地进行着传递与更新。

要使其原有显性价值逐渐缺失的部分因其特性在新的时代背景下被新的主体所认知，成为这个时代背景下民居新的隐性价值，就必须有更科学的价值传递途径。一方面是主体本身的显性价值传递，主要从其内部空间进行传递，保护民居本体是传递价值的根本策略。利用其本体价值吸引更多的课题与其发生关系。另一方面，主体的隐形价值要利用好民居外部空间，比如居民的保护意识以及相关政府部门的支持，比如做好相关的宣传工作，起到民居价值传递的功能。

四、城子古村民居价值的传递与更新策略

就目前而言，城子古村民居保护是实现价值传递与更新的主要

手段。但城子古村民居保护不应仅仅是对于狭义上的保护概念，更应该是对于民居进行保护，并在此基础上充分发挥其价值的工作过程，对遗址价值的传递与更新而言，针对本体与客体的工作是贯穿始终的动态过程，并且是一个由发现显性价值到发现隐性价值的过程。

1. 保护为主，加强研究

民居住所规模、建造材料、建造工艺建筑形制等都是其基本价值，是价值传承的载体。从我国传统村落名录建立历程可以看出，划入名录的时间越早，传统村落历史人文越悠久，总体保护状况也更好。所以，对于民居的保护成为传递与更新民居价值的首要问题。

目前城子古村现状保护较好，但因需要也进行了一定程度的旅游开发。目前以民居建筑价值为基础的相关研究尚且不足，在种种因开发而导致村落民居本体价值严重丧失的情况屡见不鲜，所以需要对其更加严格的保护，需要加强社会各界对于民居建筑保护的重视程度，并且根据现状条件制定保护方案并在相关部门监督之下要求下制定相关法律法规并且严格加以实施。实行以保护为主的策略，在此基础上对于城子古村的现状进行充分详尽的调查研究，才能有条件将城子古村民居价值更好体现。

2. 客体展示与主体参与策略

针对于城子古村民居的观赏价值、历史价值等，应积极展示古村民居本体，充分发挥其显性价值。譬如在科学保护与更新的基础上，对于历史文脉记载进行补充，建立文旅展览馆，制定相关的宣传展览条例、组织文艺演出等，形成完整的客体展示策略系统，以便于后人查阅研究。

通过对民居价值的展示，促进村民、研究学者、旅游人员等参与程度与对于传统民居的认知能力，即促进价值主体与客体的良性互动[5]。对于古村民居价值进一步研究，也可采取让其经济价值与使其历史人文价值融合的方式，使价值体现更加丰富饱满，也可提高经济效益，为古村民居的保护提供原动力。同时，加强相关部门的宣传力度，有社会各界人士的参与，古村民居可为其提供活动研究的空间场所，以此保持古村民居的生命力。

3. 整体保护策略

目前，对于城子古村这样的传统村落民居，简单的建筑本体保护早已不能满足其发展需求，应将民居至于时代社会背景下，迎合多方面价值的衍生需求。在多领域、多方参与的复杂环境下，将城子古村作为整体，并且划定重点，近远期结合去加以保护。城子古村传统民居与周围的自然环境，经济环境、人文发展、宗教文化信仰一直有着密切的联系，这些是城子古村民居价值传递与更新过程中最重要的隐性价值体现[6]。所以，除了鲜明的形象代表意外，要深入研究其在社会结构中作为一部分与整体产生的关联。可以通过相关的保护规划、城市规划、旅游规划、景观规划、经济结构调整、土地利用协调、文化产业规划等与文物保护工作进行协调以保证切实保护，让城子古村民居更好地融入当今的社会生活中去，更全面地完成对城子古村民居各类价值的传递与更新。

五、结语

对于民居价值的全面传递与更新是保护传统民居的关键所在。红河哈尼彝族自治州土掌房是本地居民古往今来的的生活空间，是中国传统村落民居的代表，更是彝族文化的重要载体，延续了彝族人民的历史文脉，城子古村民居的价值在时间的推移中有着动态的变化与生华，只有对其进行更好地发掘研究，将其健康有序地传承与发展，才能使传统民居得到更加多元化的认知，使其充分发挥本体价值的同时，演变出多角度、更深入的多元化价值。

注释

① 位笑晨，大连理工大学建筑与艺术学院，硕士研究生，116081，wxc9509@163.com。

参考文献

[1] 王东，孙俊．滇东南彝族城子古村土掌房的环境审美探析 [J]．南方建筑．2012（05）：91–5．

[2] 刘伟，徐晓童，南天．彝族民居建筑的活化石——土掌房建筑的建造特点及传承研究 [J]．中国民族美术．2018（02）：26–9．

[3] 黄绍文，黄涵琪．哈尼族传统村落的生态文化研究．遗产与保护研究 [J]．2017（03）：29–37．

[4] 陈蔚．我国建筑遗产保护理论和方法研究 [D]．重庆：重庆大学，2006．

[5] 郝晓瑜．传统建筑保护价值及保护对策问题研究 [J]．建材与装饰．2019（11）：221–2．

[6] 陆元鼎．从传统民居建筑形成的规律探索民居研究的方法 [J]．建筑师．2005（03）：5–7．

江西万寿宫建筑的调查与保护[①]

刘　兴[②]　许飞进[③]　张　韫[④]

摘　要：在我国传统建筑的保护和发展问题不断得到人们重视的契机下，笔者对江西万寿宫建筑的现状展开了实地调查，且针对江西万寿宫建筑的保护、修复和发展所面临的“修葺技术不高”、“村民保护意识薄弱”、“工匠传承面临困境”等问题进行探讨，从文化、功能、建筑营造技艺等多个方面综合探讨，并提出万寿宫建筑的保护与发展的建议。

关键词：江西万寿宫建筑　现状调查　建筑保护　建议

引言

对万寿宫的研究，国内外学者在万寿宫历史文化方面做了突出贡献。如章文焕的《万寿宫》[1]从历史缘起、演变，江右商，净明道等几个方面来详细阐述万寿宫的历史变化。廖文辉的《马来西亚的三江会馆与三江人》[2]则记录了有关马来西亚万寿宫的历史文化。在建筑形制方面，如李德文的《董峰万寿宫的历史沿革与建筑特点》[3]、兰昌剑的《南昌万寿宫历史文化街区街巷空间特征分析》[4]、刘磊的《贵州省万寿宫古建筑群保护规划的地域性特征》[5]等都做了专门的论述，为研究提供了参考。但是目前有关万寿宫建筑现状、营造技艺及保护开发的综合研究方面较欠缺，研究有很大的提升空间。江西万寿宫属于典型的赣风建筑，有独特的建筑风格，但在市场经济繁荣和城市化不断推进的今天，人们对万寿宫建筑的保护意识越来越薄弱，许多万寿宫建筑遭到不同程度地损坏，有的甚至因年久失修等原因倒塌。本研究选取江西省内万寿宫建筑为研究对象，展开实地调查研究并提出保护建议。

一、江西万寿宫建筑在江西的时空分布

1. 江西万寿宫在历史上的分布

万寿宫约1600年前起源于江西南昌，为纪念许真君治水修建了南昌西山万寿宫。万寿宫的大量兴建主要与自然灾害、历史各时期统治者的推崇以及江右商帮的繁荣有关。笔者通过调查江西各地各个时期的县志，得到历史上江西省内有万寿宫建筑共582所。记载中有年份的有晋朝14所、宋代7所、明朝15所、清朝152所（雍正3所、乾隆27所、嘉庆49所、道光5所、咸丰5所、同治28所……），虽有大部分建筑年份丢失，但一定程度可看出万寿宫建筑自东晋后，经过历代得到大发展，清朝建有152所，占总数的26%。

人们希望通过兴建万寿宫得到许真君的庇佑，以减轻水患压力、保护生态环境、稳定人心。历年水旱灾害的情况，统计如表1：

水灾年份表　　表1

	年份	水旱灾害年数	平均多少一遇	水灾年数	平均多少年一遇
在晋太元六年至五代末	578年	31年	19年	22年	26年
北宋	167年	31年	5年	16年	10年
南宋	152年	79年	2年	25年	5年
元代	88年	42年	2年	30年	3年
明代	227年	208年	1年	90年	2.5年
清代	268年	248年	1年	117年	2年

（资料来源：章文焕《万寿宫》刘兴统计）

根据统计，明清时期水旱灾害平均一年一遇，且遭受的水旱灾害年数最多。

随着隋朝佛道并重政策、唐朝奉为国教，道教的地位得到大大提高，宋朝时期万寿宫被纳入道观建筑。

2. 万寿宫在江西空间上的分布

笔者对江西水系周围的万寿宫进行了统计，其中赣西地区数量最多共169所，赣北地区数量第二多共有97所，赣南地区位第三多数量为96所，而中心地区南昌共有57所，是分布密度是最大的市。结合调查显示，江西万寿宫建筑的分布与水系的关系（图1）可以得出：

1）万寿宫建筑在赣北、赣西北、赣南地区分布密集。一方面，在与外省交界的地区常因地理原因易集聚前往外地做生意的江右商人。另一方面，赣北、赣南地区万寿宫的分布受客家人南移路

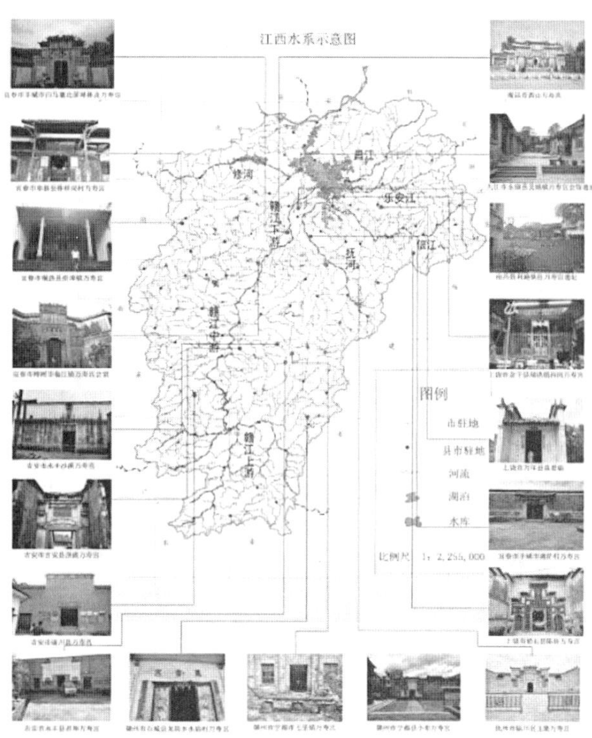

图1　江西万寿宫水系调查分布图（图片来源：刘兴 绘）

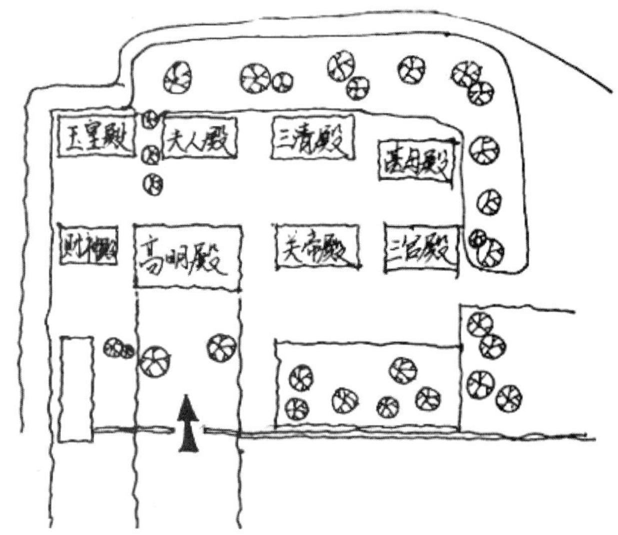

图2　南昌西山万寿宫总平面图（图片来源：刘兴 绘）

线的影响；赣西北地区万寿宫的分布受明代迁往四川、贵州、云南、湖北的移民路线影响[6]。

2）万寿宫建筑主要沿鄱阳湖、赣江等重要水系及支流分布。鄱阳湖作为江西最大的湖泊，外接长江，内接省内各大重要水系，相当于江西省内的水路交通枢纽；赣江自南向北纵贯整个江西，北通鄱阳湖和长江，南连广东、福建；抚河、修河及其他支流则连接江西省内各地。这些水系无论对从商还是移民而言都是极其重要的水路交通，故万寿宫建筑的选址常选择在水系周围，以满足交通需求。另外，水系附近自然资源丰富，且便利的交通促使地区经济的发展，这为万寿宫的修建提供了更多条件。

二、江西万寿宫建筑的形制特点

1. 万寿宫建筑平面特点

1）平面布局遵循等级制度。充当道观作用的万寿宫建筑常采用高等级的官式建筑做法，占地面积广大，建筑以建筑群的形式出现，布局讲究中轴对称，秩序井然、气氛庄重（图2）。受商帮文化影响的万寿宫建筑则常采用院落式做法，平面的等级制度体现在功能的布局上，讲究中轴对称，功能结合私密性进行分区，公共空间在前，上厅及祭祀空间在后。

2）平面布局讲究虚实结合建筑群式布局。通过大广场的"虚"和各建筑单体的"实"形成对比，烘托出建筑的大尺度、大体量，增强庄严、有序的气氛。院落式布局中则通过庭院的"虚"和建筑的"实"相结合，随着庭院和建筑这一组合的重复出现，建筑的层次感得到极大的提升，感染力大大加强的同时古代中国"阴阳"观念也得到体现。

3）布局从功能出发满足人的需求。万寿宫建筑平面图布局主要以规整的长方形为主，从人体工程学的角度出发使得空间有较高的利用率，整体中轴对称的布局使得建筑功能分区明确，交通流线清晰。建筑群式万寿宫中大广场的布局解决了各种节日、庙会等祭祀活动时信徒对大空间的需求。院落式万寿宫建筑闭合性较强，通过主入口大门和侧门来与外界进行交流及空间的渗透，这很大程度上保护了使用者的安全，以及保证了该有的私密性。而庭院、天井满足了建筑中人对采光、通风的需求，以营造出舒适的生活场所。

4）布局受到文化和传统思想的影响。受到文化影响这一点体现在平面内容上，例如为纪念许真君镇蛟龙治水，西山万寿宫建造了体量最大的高明殿、铁柱万寿宫在左侧修建了锁龙井（2019年3月调研时在修建，历史中有记载）。再有自佛教传入中国后，佛教一度和道教共同得到君王的推崇，这使得后来在西山万寿宫这样的道观里也建有观音殿。除了宗教文化外，万寿宫建筑平面的布局还受到商帮文化的影响。明清时期江西经济的繁荣，商人生活水平的提高促使了万寿宫建筑平面中戏台和园林式天井的出现，实例如抚州万寿宫，原以纪念许真君的道教文化为主，明清时期由抚州商人斥资修缮，并将戏台加入其中。

2. 万寿宫建筑的立面特点

1）建筑正立面常采用雕刻精彩的牌坊式门楼

会馆类万寿宫建筑主要由江右商帮斥资修建，建筑正立面作为门面，讲究精巧华丽的装饰来体现商会的强大。故江西一带万寿宫的正立面常采用牌坊式的石门楼，门楼上雕有各种戏曲故事、历史人物故事以及带有吉祥寓意的图案，如“西厢记”、“韩信点兵”、“喜上眉梢”等。

2）建筑山墙立面形式丰富多样

万寿宫建筑的立面形式有马头山墙、云形山墙、一字形山墙，都高出屋面且顺应屋面的坡度变化。建筑墙体材料多采用砖材，砖块中间填充泥土等，以增强保温隔热，防火的效果。

3. 万寿宫建筑的木构架特点

江西万寿宫建筑主要是穿斗式木构架（图3）。此结构用料小，整体性强，但因柱子排列密，空间较小。梁和柱是江西万寿宫建筑中最重要的承重和联系构件，梁承担着上部构件及屋面的部分重量，是上架木构件重要关键部分。部分建筑于栋梁正中下皮打蜘蛛钉。栋梁须经发梁、截梁、暖梁、游梁、祭梁、敬梁、缠梁等仪式方可上梁。按外观又可分为直梁和月梁，月梁特征是梁肩呈弧形，梁底略向下凹，梁侧常做成弧形并饰以雕刻。梁的断面大多为矩形。在制作大截面梁或为了装饰梁架，常用拼帮的形式将若干小料以铁箍、钉等拼合。

江西万寿宫建筑中，柱子与檩的搭接端部受到赣派建筑的影响有两种不同做法，一种是柱子的横断面为圆形，还有一种则是顺应屋面坡度做斜切处理，根据不同的需要使用。

斗栱等构件等级比较高一般只出现在道观式万寿宫建筑中，而院落式万寿宫建筑中则较少使用。

三、江西万寿宫建筑的现状问题

笔者通过田野调查，对江西省内万寿宫进行实地测绘，同时结合对工匠和当地村民的采访进行研究，现将江西万寿宫建筑的现状问题总结如下：

1. 主要受力构件为木构架，受气候影响不易保存

江西万寿宫建筑是由木构架搭接而成，而木材自身的材质特性一定程度上受到自然条件的限制，受气候影响容易发生腐朽、虫蛀，而造成木构件不同程度、类别的损伤。在江西亚热带季风气候的影响下许多万寿宫建筑都出现了不同程度的损坏，甚至因主要受力结构的腐朽而倒塌成废墟。

2. 监管保护制度不够完善，用于修复的资金投入不足

近年来，古建买卖之风盛行。一些人通过盗取古建筑中的精美构件谋取高额利益，导致万寿宫建筑的完整性遭到严重破坏。然而，现今存在法律上没有明确表示非国有不可移动文物不能买卖以及文物部门没有自己的执法队伍等问题，这种地下交易市场得不到有效监管。另一方有关部门对万寿宫建筑修复的资金投入不足，许多万寿宫建筑正处于亟待修缮的状况，但是因资金问题得不到解决。

3. 当地村民对万寿宫了解不够，保护意识不强

随着许多万寿宫建筑逐步淡出人们的生活，村民对万寿宫建筑的文物价值没有充分的了解，对万寿宫建筑的保护意识薄弱。一方面村民没有及时地对破损构件进行修缮，导致建筑整体出现不可逆的损毁，如九江市永修县吴镇万寿宫因年久失修而失去原本样本，仅留下无法研究的残骸；另一方面村民的防范意识不足，消防设施布置不到位，导致江西部分万寿宫建筑因发生火灾而遭受难以挽救的破坏。例如，2018年06月吉安市永丰县沙溪万寿宫因防范措施不到位被大火烧毁（图4）。

4. 现修葺技术不足且工匠传承面临困境

根据《中华人民共和国文物保护法》[7]和《文物保护工程管理办法》[8]明确规定："对不可移动文物进行修缮、保养、迁移，必须遵守不改变文物原状的原则"。在修复过程中，应尽量使用原

图3 万寿宫建筑内部木构架图

图4 吉安市永丰县沙溪万寿宫烧毁前后照片对比

有的传统材料和传统工艺，保持原有建筑结构和建筑形制，尽量保留其历史的原真性。但笔者在调查中发现如今修葺技术和工匠短缺已成为限制万寿宫建筑修复的重要因素，常因技术原因导致不能够修复破损部分至原貌。工匠间“口口相授”、“师傅示范，徒弟模仿”的传承方式和“教会徒弟，饿死师傅”的传统观念使得许多独特且优秀的营造技艺逐渐丢失，这导致在万寿宫建筑修复过程中遇到的一些结构、构造难题得不到解决，新修的建筑常失去原有的韵味。此外，经济全球化带来了各种机遇，愿意投身于工匠行业的年轻人越来越少，现存工匠明显呈现出大龄化的特点，使得万寿宫营造技艺的传承问题愈加紧张。

四、江西万寿宫建筑的保护

1. 加强万寿宫建筑保护宣传力度，增加修复及旅游建设的资金投入

2018年中共中央办公厅、国务院办公厅印发了《关于加强文物保护利用改革的若干意见》[9]。有关部门应当利用报纸、电视、网络等新旧媒介宣传江西万寿宫建筑和文物保护相关知识，组织有关专家、民间保护组织进行定期宣讲，传授古建筑保护的有效方法，加强当地村民对万寿宫建筑的认知，提高保护意识，同时吸引外地游客前来。其次，结合万寿宫许真君治水、净明道、戏曲、江右商帮等文化，打造具有浓厚历史文化气息和独特营造技艺的精品旅游品牌，带动当地旅游经济发展的同时，为万寿宫建筑的修复提供资金来源。

2. 引入现代先进技术与传统营造技艺相融合

一方面，与当地优秀工匠合作组建万寿宫营造技艺研究小组，建造可拆卸万寿宫木结构模型，以恢复在传承中丢失的技艺，为日后的修复做好铺垫。另一方面，运用AutoCAD对万寿宫建筑进行精确的图纸绘制、3DMax、BIM、3D打印技术对万寿宫建筑进行三维建模以记录现状，为以后修缮和研究提供详细、真实的完整资料。

为方便日后的修缮，团队对渼陂万寿宫建筑进行CAD图纸绘制，然后运用软件 Autodesk 3Ds Max2012英文版进行建模。模型及图纸中有建筑各部位极其详细的数据，复杂的结构做法可通过拆卸模型来研究其做法。（图5、图6）

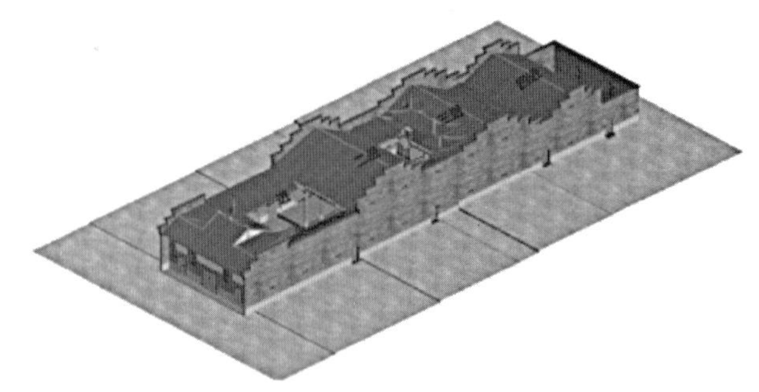

图5　吉安渼陂万寿宫复原模型图（图片来源：李昌鹏、刘兴 绘）

图6　吉安渼陂万寿宫三维建模步骤图（图片来源：李昌鹏、刘兴 绘）

3. 改善工匠传承现状

1）提倡优秀的工匠组建个体组织。师徒相传的传承文化下，应当提倡有能力的优秀师傅召集自己的徒弟组成属于自己的营造团队，并与现代管理相结合，以保证工匠们的经济收入和促进技艺的提升甚至是创新。

2）引入现代教育模式。将现代教育模式中，内容印刷成册、开班教学机构、实践运用的方法引入工匠的传承中，取代仅靠口口相授的传承方式。这样能使优秀的工匠师傅在传授技艺时获得荣誉感，激发学徒们对学习技艺的积极性。

3）鼓励创立专业化的古建公司。在江西丰城市、南昌市等地已经出现了多家古建筑营造公司，以团队的形式承接有关万寿宫建筑修建的项目，从民间招聘优秀的工匠集中对建筑材料进行加工，并将一些部件模数化，加工好后运往所需要的地方。古建公司有对工匠有严明、科学的管理制度、组织分工明确、工作效率高的优点，能够接触到更多的项目，保证工匠有一定的经济收入，一定程度上刺激整个古建筑营造市场。

五、结语

江西万寿宫建筑具有极其浓厚的文化背景，涵盖了经济、道教、商帮、戏曲以及水文化，现存建筑数量较多，有极高的研究和开发价值。而现在万寿宫建筑受到的破坏却越来越严重，所以相应保护修缮措施应当趁早执行，尽可能地将文物损坏降到最低。基于保护的基础上，合理地进行开发也是对万寿宫建筑的一种可持续保护，能够重新激发活化万寿宫原有的文化活力。

注释

① 基金项目：江西省教育厅科学技术研究项目资助（GJJ180931）；国家自然科学基金（51568047）；南昌工程学院2019年科研训练项

目（2019013）。

② 刘兴. 南昌工程学院土木与建筑工程学院, 330099, 981969261@qq.com。
③ 许飞进. 南昌工程学院土木与建筑工程学院, 副教授, 330099, 175609343@qq.com。
④ 张韫. 南昌工程学院土木与建筑工程学院, 330099, 920698080@qq.com。

参考文献

[1] 章文焕. 万寿宫 [M]. 北京: 华夏出版社, 2004: 1–440.
[2] 廖文辉. 马来西亚的三江会馆与三江人 [J]. 八桂侨刊, 2019 (03): 21–30.
[3] 李德文. 董峰万寿宫的历史沿革与建筑特点 [J]. 山西建筑, 2017 (01): 36–38.
[4] 兰昌剑. 南昌万寿宫历史文化街区街巷空间特征分析 [D]. 南昌: 南昌大学, 2017: 87–89.
[5] 刘磊. 贵州省万寿宫古建筑群保护规划的地域性特征 [J]. 城乡规划, 2011 (09): 29–31.
[6] 曹树基. 中国移民史 [M]. 福建: 福建人民出版社, 1997.
[7] 全国人民代表大会常务委员会. 中华人民共和国文物保护法 [S]. 2017–11–4.
[8] 中华人民共和国文化部令第26号. 文物保护工程管理办法 [S]. 2003–3–17审议通过.
[9] 中央全面深化改革委员会. 关于加强文物保护利用改革的若干意见 [S]. 2018–7–6.

湖南张岳龄故居的价值与保护利用研究

王靖翔[①] 常 江[②] 陈 华[③]

摘 要： 张岳龄故居是湖湘文化遗产的重要组成部分，具有重要的遗产价值，为研究晚清时期湘北地区的历史文化特色和传统建筑文化、建筑艺术提供了实物资料。通过对其价值分析、现状问题整理，探讨该传统民居的保护和利用策略。

关键词： 张岳龄故居 文物保护 古建筑修缮

一、文物历史沿革及管理情况

张岳龄（1818～1885），自号"铁瓶道人"，今属湖南平江县瓮江镇英集村人，晚清官员，官至甘肃、福建按察使（正三品）。对于诗词文学颇有造诣，著有《铁瓶诗钞》、《铁瓶东游草》、《铁瓶杂存》等文学作品，1883年主办、兴建了湘北文人聚会之所"铁瓶诗社"[1]。1869年秋，张岳龄因病乞归，回到平江县英集村休养生息。返乡后，张岳龄谋划在老家新建宅邸，作为归田卸甲后的居所。1870年，张岳龄在甘肃按察使任上，委托家人开始动工，主体建筑有正厅（慎思堂）、听雨楼、藏经阁、味蓼书屋，附属建筑有仓库厨房、澹圃、前院和东、西门楼。因张岳龄对建筑工艺质量要求很高，工期缓慢，整个建筑群建造历时8年，于1877年竣工。同年9月，张岳龄从福建按察使位上告老还乡，入住新居。（图1～图3）

1885年张岳龄逝世后至民国中期，其子孙均在外为官任职，故居由家眷管理。民国晚期至中华人民共和国初期由曾孙张运骏、张运安等管理。19世纪50年代土地改革，房主将澹圃回廊改建住房，花园改菜园。50年代后期至60年代初期，其后裔因成分关系，被迫先后腾出故居办学校。同期拆除附属建筑前院东、西门楼。19世纪60年代初至1978年为"和平小学"校址，其中听雨楼为英集大队部。正厅东的二楼拆除了部分隔墙改为教室。19世纪70年代至90年代，东、西路后进和后面附属建筑如厨房、仓库、厕所等先后被拆除或倒塌。19世纪70年代末期，落实政策，小学和村部搬出，张岳龄后代张星灿、张泽旭搬进居住。1982年，被平江县人民政府公布为县级文物保护单位。2004年，岳阳市人民政府"岳政发［2004］二号"文件公布故居为岳阳市第一批市级文物保护单位。2011年，故居被湖南省人民政府公布为省级文物保护单位。2017年，张星灿和张泽旭及其后代为改善居住条件，另选址建房，先后搬出。

二、价值分析

1. 历史价值

从文化角度来看，民居建筑凝聚着重要的历史文化信息，是

图1 张岳龄故居正立面图（图片来源：作者自绘）

图2 张岳龄故居航拍图（图片来源：https://v.qq.com/x/page/s0342d1uaqk.html）

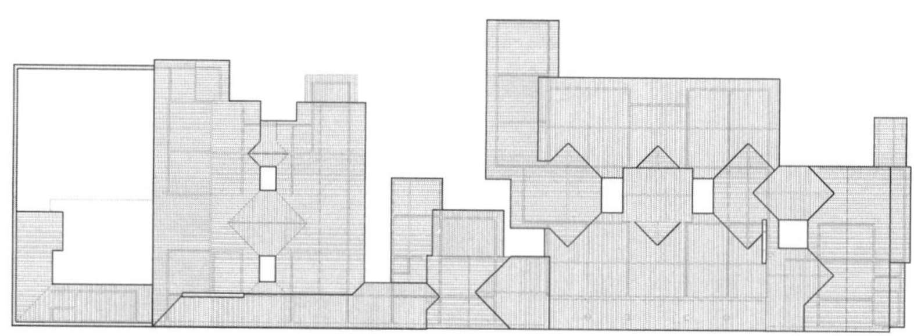

图3 张岳龄故居屋顶平面图（图片来源：作者自绘）

时代精神的缩影，是民族文化传承的桥梁。[2]张岳龄故居规模巨大，功能齐全，为平江地区典型的清末地主庄园式建筑，是研究清代在以血缘关系为纽带的宗法制度下，地主阶级作为封建国家统治基础的历史见证。同时，诸多湘军领导为其筹谋或题名，反映了建造历程和张岳龄与湘军渊源，为研究张岳龄与湘军关系史提供了不可多得的实物资料。

2. 文化价值

张岳龄故居内有诸多时为晚清湘军名人题字的匾额，中左右三门，李元度题榜“方伯第”。左右堂室自左右门进巷，东边收藏古籍名“传经”，西边会见嘉宾名“听雨”。正厅左宗棠题名“慎思堂”，左宅胡文忠手书“抗心希古”，右宅刘达善篆书“检书看剑”。西屋二进三楹可通听雨楼，曾国藩为之题写“味蓼书屋”石匾。后园左宗棠为之命名“澹圃”，楹联：“一方坐对流杯处；百战归来种菜时。”由张岳龄自撰，左宗棠篆书。左宗棠“澹圃”题匾由长沙名家收藏，曾出现中央电视台《鉴宝》栏目。匾长184厘米，高81厘米。“澹圃”篆书大字左侧竖排题跋：衡廉访归湘山养疴，别余泾州营次，属篆此，额其居。余方度陇，驻师瓦云驵，治兵之暇于隙地遍种南蔬，时雨既零，青葱弥望，盖老兵而兼老圃矣！ 子衡之圃与吾之圃其澹也将毋同，作此质诸 异日可否。款日：“同治八年（1869）中秋前五日左宗棠并记。”匾之左下角有阴阳印章各一，分别是：“太子太保”“恪靖侯章”。[3]

3. 建筑艺术价值

张岳龄故居为客家天井式建筑风格，砖木结构，硬山顶封火墙，小青瓦屋面，燕尾屋脊。单体建筑均以木梁承重，抬梁式和穿斗式梁架相结合，砖砌护墙，青砖墁地。彩绘、灰塑、石雕、木刻洁简。其木作及雕琢富有特色，如廊轩替木、插屏、门页窗扇等，雕刻的形式有浅雕、浮雕、透雕（图4～图6），内容有历史典故、飞禽走兽、祥云花草等吉瑞图案。彩绘和灰塑，也是故居厚重的宅院文脉。它不仅反映了中国传统宅院的吉祥文化，其内容更注重对生活在宅院里的人们精神层面的滋养和指引，是宅院里崇尚的价值取向的生动写照。故居屋面繁多，集雨全由天井聚而排出，无一水患，排涝除污设计完善。建筑整体空间秩序的完整性、布局位序的规范性、空间功能的分明性，不仅满足了家庭（族）生活的不同功能需要，同时又体现出建筑形式与居住的功能、物质与精神的统一。

笔者以故居正厅和东部的两座单体建筑为例探讨张岳龄故居的建筑艺术价值。正厅（慎思堂）为整个建筑群的核心，东路（藏经阁）和西路（听雨楼）相辅相成，加上西屋（味蓼书屋）和澹圃，构成一座庄园式建筑。整座建筑通宽85米，通深28米，总占地面积1736平方米，总建筑面积2357平方米。布局以“横向五段”式构图，在一条长的横轴上布置五条与横轴正交的纵轴，每个纵轴串联若干天井。各主次建筑之间有过厅和巷道相隔，使各个使用空间互不干扰，也可以在火灾发生时防止火势蔓延。

图4 木雕窗立面（图片来源：作者自绘）

图5 石雕窗立面（图片来源：作者自绘）

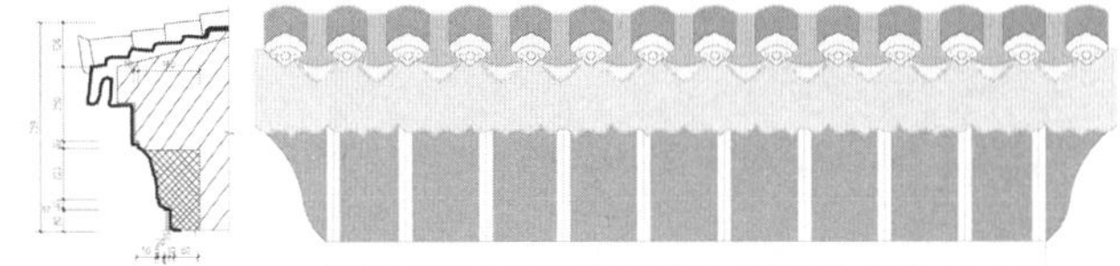

图6 窗楣立面、剖面图（图片来源：作者自绘）

东路（藏经阁）位于慎思堂东侧，从檐廊东侧门进出，内与正厅（慎思堂）东过厅通往，是收藏书籍和传经的楼阁。刘达善篆书“检书看剑”。 通面阔12.9米，进深19.68米。三间三进两天井，中间为正房，进门这间为过廊，东边一间为杂房。第三进已经坍塌，仅残留基础，现只保存前两进和前天井。现存建筑面积286平方米，藏经阁正立面底层装饰石雕花窗，异常精美，富有湘北地域特色。明间二层木格窗，上装饰雀宿檐，丰富了立面的轮廓。明间做硬山山墙。

三、存在问题

1. 问题整理

（1）屋面：建筑单体存在瓦件碎裂，屋面漏水，局部残缺，违规修缮的问题。部分青瓦碱化成白色；椽子局部椽子糟朽、变形，后人维修后的椽子不合格；屋脊瓦片酥碱，局部残缺；部分瓦当缺失或破裂；墙翘角生长植物。

（2）梁架：局部檩条糟朽开裂；望板缺失或糟朽；檐廊梁架、柱子开裂。（图9）

（3）墙体：局部墙体的墙脚酥碱；墙坍塌拆除后改建为夯土墙或水泥墙，风貌不统一；外墙开裂或残缺；内墙面刷其他颜色涂料，风貌不统一。（图7、图8）

（4）楼地面：室外地面现存均为后期墁铺的水泥地面；局部室内地面为青砖地面和水泥地面混合，局部开裂或破碎；二层室内均为木板地面，局部缺失或糟朽。

（5）装修：木作：局部木板门窗缺失或糟朽；局部构件上留

图7　墙体残缺现状（来源：作者自摄）

图8　墙饰面酥碱（来源：作者自摄）

图9　屋架木檩条糟朽（来源：作者自摄）

有“文革”标语。

（6）石作：檐柱顶石局部破损伴有霉变；局部天井沿石和底石缺失。

（7）油饰：随梁彩绘泛色或局部脱落。

2. 损伤病害成因分析

1）自然因素的破坏

（1）真菌腐蚀：主要是白腐菌、褐腐菌、软腐菌和木腐菌等对木材的糟朽作用。

（2）风雨侵蚀：平江地处亚热带湿润气候区，因季风影响，易产生水、旱、酷热、冻害等天气气候灾害。墙体随环境温湿度的频繁变化，容易产生粉刷层脱落、墙面风化和墙体侵蚀，进而导致墙体开裂、变形。此外，因风雪冰冻侵袭，瓦面被吹翻、酥碱，造成瓦件碎裂，屋顶漏雨。

（3）生物破坏：主要表现为木蜂和粉蠹等蛀虫的蛀蚀。

（4）植被生长破坏：一些墙体和墙顶上生长出乔灌木，其根系比较发达，生长会促使墙体开裂，导致墙体坍塌，墙体下碱生长青苔藓，促使青砖酥碱。

（5）酥碱现象：建筑处在山脚下，地下水、雨水充沛等环境潮湿的原因，致使建筑基础和墙体下部的碱和盐类溶出，聚集在墙体的表层，在化学和物理的双重作用下，墙体逐层酥软。

2）人为因素的破坏

（1）维修不当造成文物再次破坏：故居文物历经百年以上，近十多年来的维修，存在木梁、椽子规格偏小的现象，也有砖材混杂、水泥砂浆铺地，改变门窗的现象，对文物造成了一定的损毁。

（2）人为拆改威胁文物安全：集体占用办公和办学校，为了方便，对文物本体进行了局部拆改，如拆除墙体、增开门和窗洞，使用木板或砖进行隔断。

3. 安全评估结论

此次本建筑群为修缮工程，部分为抢险加固工程。经实地测量建筑各部构件，记载损伤、病害等状况，局部探查，根据《古建筑木构架结构维护与加固技术规范》（GB 50165—92）中有关规定，建筑（文物本体）内各文物建筑结构可靠性鉴定详见评价结论附表。

四、保护策略

2017年8月《湖南省人民政府关于进一步加强文物工作的实施意见》出台，明确提出要将文物保护规划相关内容纳入城乡规划，防止拆真建假、拆旧建新等建设性破坏行为。对文物建筑实施原址

建筑物结构安全评估表[5]　　表1

编号	建筑名称	结构现状	类别	措施
1	正厅（慎思堂）	关键部位的损伤点或其组合已影结构构安全和正常使用	Ⅲ	结构加固局部修理
2	东路（藏经阁）	关键部位的损伤点或其组合已影结构构安全和正常使用，部分倒塌	Ⅲ	结构加固局部修理
3	西路（听雨楼）	关键部位的损伤点或其组合已影结构构安全和正常使用，部分倒塌	Ⅲ	结构加固局部修理
4	西屋（味蓼书屋）正厅和东西厢房	关键部位的损伤点或其组合已影结构构安全和正常使用，部分倒塌	Ⅲ	结构加固局部复原和修理
5	西屋（味蓼书屋）北边偏房	北边偏房整体处于危险状态	Ⅳ	立即采取抢救措施
6	澹圃	回廊为改建，结构基本完好，围墙部分倒塌	Ⅲ	结构加固局部修理，拆除改建部分恢复原状

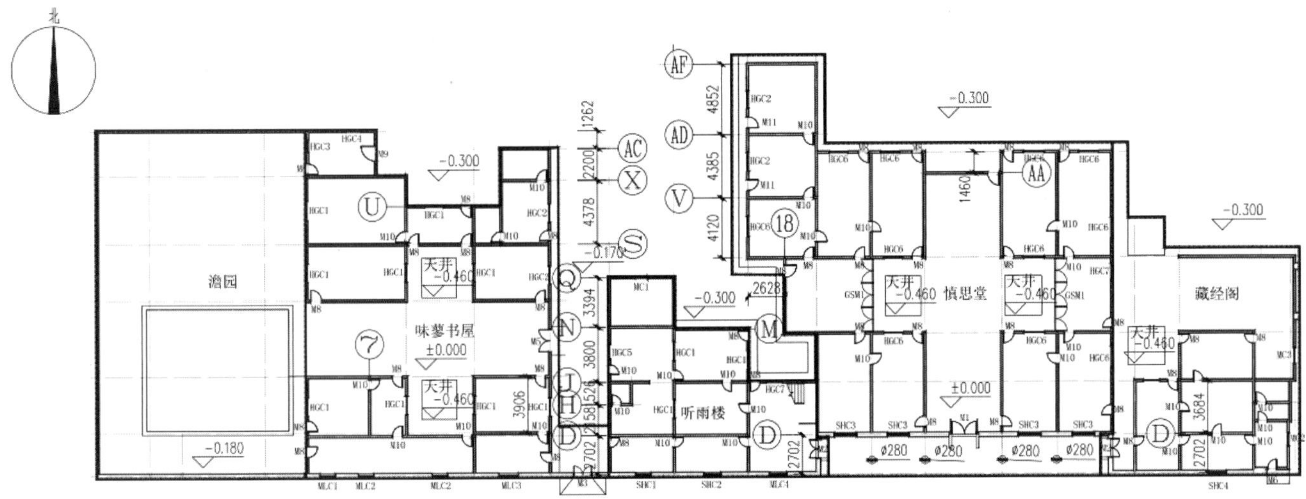

图10 张岳龄故居修缮平面图（图片来源：作者自绘）

保护，对于维护其所处的原始状态情境、乡土文物建筑背后的时代社会背景都大有裨益。[4]

1. 正厅（慎思堂）

对渗漏屋面的瓦件、椽子、檩条进行拆除落地清理，更换补充后上架重安装盖瓦；更换糟朽的椽飞、望板；整修更换室内糟朽的楼梯和楼地板；铲除水泥地面，重墁青砖和补修青砖地面；补配缺失天花和油饰保养；更换修复缺失、糟朽、改动的门窗等。

2. 东、西（藏经阁、听雨楼）

对渗漏屋面的瓦件、椽子、檩条进行拆除落地清理，更换补充后上架重安装盖瓦；更换糟朽木构件；整修更换室内糟朽的楼梯和楼地板；恢复拆除的青砖墙；修补墙体缺失和裂缝；修理更换墁地青砖等。

3. 西屋（味蓼书屋）

对渗漏屋面的瓦件、椽子、檩条进行拆除落地清理，更换补充后上架重安装盖瓦；更换糟朽木构件；整修更换室内糟朽的楼梯和楼地板；恢复拆除的青砖墙；修补墙体缺失和裂缝；修理更换墁地青砖等；修复天井二楼回廊；恢复一、二楼格扇门；抢险修复北偏房。

4. 澹圃

拆除回廊现在建筑，恢复原来建筑。对渗漏屋面的瓦件、椽子、檩条进行拆除落地清理，更换补充后上架重安装盖瓦。修理和更换木柱和梁；拨正歪斜西围墙前部分，补砌后部分；修整水池和水井；整理现菜地，进行绿化。

五、利用策略

传统民居保护修缮的根本目的是利用，充分发挥它的宣传教化功能，实现以史鉴今、资政育人的作用。为了加强文物资源与现代功能的有机整合，促进张岳龄故居的可持续利用，笔者建议政府有关部门采取以下措施：一是应当将张岳龄故居纳入乡村旅游范畴之中，与其他乡村地域性景观共同形成参观精品线路，展示富有湘北地区特色的晚清建筑艺术成果；二是要加大宣传力度，在张岳龄故居竖起文物保护标志牌，公布保护范围和建设控制地带；三是深挖史料，编写《张岳龄故居复原陈列》方案，适时举办主题陈列展览，以历史文化名人张岳龄为载体，展示湖湘文人的理学智慧，延伸传统文化的覆盖面。

注释

① 王靖翔．中国矿业大学，硕士研究生，221116，631292193@qq.com。
② 常江．中国矿业大学教授，建筑与城市规划研究所所长，221116，changjiang102@163.com。
③ 陈华．湖南华强勘测设计有限公司，设计师。

参考文献

[1] 毛炳汉．清湘籍作家张岳龄及其《铁瓶诗钞》．湘潭：湘潭大学学报（社会科学版），1987．
[2] 吴小华．浅谈乡土建筑的保护与传承 [J]．中国文物科学研究，2009（04）．
[3] 曹隽平．湖南新闻网．http：//www.hn.chinanews.com/news/scjbyw/2010/1215/70798.html．
[4] 余昉．基于湖南地域文脉传承视角的乡土建筑保护与更新．
[5] 湖南华强勘测设计有限公司．张岳龄故居修缮文本．

传统聚落的保护与更新

山东古盐道上的聚落与建筑研究

赵　逵[①]　郭思敏[②]

摘　要： 作为人类生活的必需品，"盐"在中国古代社会意义甚重，制盐活动受到官府的严格管控，贩盐路线更是记录在册，不得擅自更改。传统聚落与建筑作为文化的实物载体，反映着古盐道上的相互交流与影响。本文从"山东古盐道"这一文化线路的角度重新对山东境内沿线聚落与建筑进行归类与比较，挖掘山东引、票盐区与建筑文化分区的映照关系及各盐区区域活动影响下独具的建筑风格，试图为山东及其周边区域的聚落与建筑研究提供新的视角与思路。

关键词： 山东　古盐道　盐业聚落　盐业建筑

引言

盐乃食物百味之首，百姓生活的必需品。在中国古代社会，盐业税收是国家财政的重要来源，官府将盐场产盐、城镇运盐以及商人贩盐等各个环节记录在盐政与盐法之中，可谓十分重视。山东产盐史久远，"盐宗夙沙氏煮海成盐"便是在山东沿海，由此开创了中国海盐生产的先河。清代时山东是北方海盐的重要产区，联系着鲁豫苏皖四省行盐地区人民的日常生活。山东的沿海盐场将海盐自西向东输送至内陆，其沿线地区不仅成为经济活跃地带，也成为文化交流与技艺传播的桥梁。

一、盐业线路上的盐业聚落

1. 清代山东产盐古镇

清代山东盐场数量初沿明制，保持19场。此后多次裁并调整，至光绪年间盐场终至8场（即永利、永阜、王家冈、富国、官台、西由、石河、涛雒）[③]，这些盐场均位于沿黄渤海一带，且越靠近大小清河两支运盐河，分布越密。人们在盐场附近开辟滩地制盐，同时要安置灶民、接纳来往商人，这些盐场及其周边地区便因产盐而日益繁荣（图1）。

利津永埠场位于大清河（1855年被黄河夺道）河口，有着极为优越的地理位置，至嘉庆更是"产盐甲于十场"[④]，调配鲁豫苏皖四省的引盐。永埠盐场盛时，场内于大清河两岸设仁、义、礼、智、信五处盐坨，共有滩池446副。永埠场所产之盐，皆自铁门关装载，溯大清河而上，铁门关码头因此成为重要的水旱码头和盐运要地。又如寿光市北部的羊角沟镇，起初只是沿海滩地上的一个小渔村，由于位于清末重新疏浚的小清河入海口，商业日渐兴盛，一跃成为莱州湾的鱼盐重镇，1918年，原设在侯镇的盐场官署迁置羊角沟，各地盐商接踵而至，甚至外埠商船也竞相来此通商（图2）。

山东沿黄渤海的产盐古镇源源不断地将海盐运输至山东内陆乃至周边三省，这些因产盐而兴的古镇一般具有以下特点：

1）多分布于沿海，特别是大小清河等运盐河的河口附近以便运输，便利的水运条件使人流汇聚于此。

2）外地盐商的大量涌入，使这些地区都曾建造过大量供外地人祭拜的祠堂庙宇和供聚会用的楼堂馆所。

3）大清河河口附近的产盐村落因黄河泛滥冲毁严重，留存较少，黄河入海口造陆也得使海岸线东移，如今仅从带"滩"、"坨"等字眼的村名能看出其与盐场的联系，村民经济来源从靠海产盐转向土地耕种；但山东半岛的产盐村落，仍保留有一些盐业遗迹、与盐业生产和运输有关的节会及民俗等。

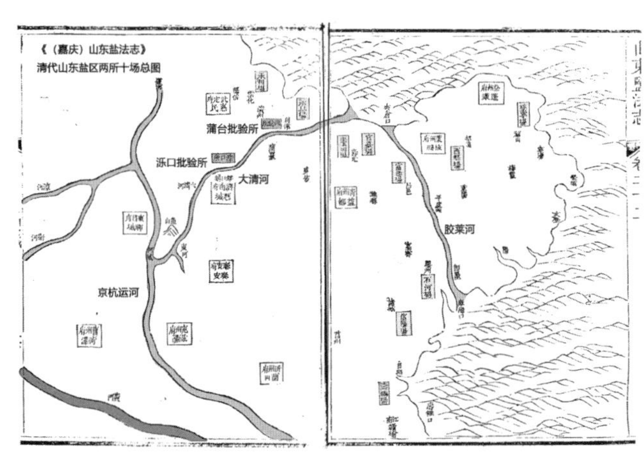

图1　《嘉庆山东盐法志》两所十一场图

2. 清代山东运盐古镇

山东盐的运销，有引盐和票盐两种形式。山东引、票盐各有行盐区域，互不干扰，大致以山脉地势相隔：泰沂山脉以西为引盐区，以东为票盐区（图3）。

引盐运途远、课税重，行于省会以西、以南及他省地界，运盐需水路兼济，只有富甲一方的大盐商才有实力承包运输。官府规定引商均为外籍，山东引商以山陕、徽商为多。

票盐运途短、课税轻，行于鲁中地区及胶东沿海盐场，运盐以车运、驮运为主，多由山东籍的小商贩和散民贩卖。根据贩卖人员的不同，票盐运销又分为商运与民运：商运票盐，由小商贩领票纳税，承运包销；民运票盐之制始于雍正八年，由本地百姓自行领票售盐。

1）清代山东引盐古镇

山东引盐运输以船运为主，陆运为辅，引地包括山东5府2直隶州48州县1卫、河南8州县、江苏5县、安徽1州。引盐均自利津永埠场配运上船，溯大清河而上，过蒲台、泺口二批验所，再于阳谷县阿城镇转入大运河，向南向北各级分销，形成以大清河、运河水运为主干的各级交通运输网络。其中，济南泺口批验所是引盐的第一级分销点，聊城、临清、济宁均是其中的重要转运节点。这条引盐运输线路，以东西向大清河和南北向大运河为轴，既为联系山东本省沿海与内陆城市，也在全国运输网络中起到承接南北的重要作用，沿途古村名镇云集（图4）。

济南泺口古镇是大清河段的水陆运输枢纽，位于济南西北方位，可谓省城处理盐业贸易的门户（图5）。泺口沿河码头密布、交通便利，清末更是建有轻便铁路，专为运盐之用[5]。泺口古镇空间形态近似为半圆形，城中街巷沿河平行展开，路网骨架较为方正。旧时园林、宗教建筑均十分兴盛，最有名的当属名匠陈雨人监造的“亦园”和“基园”[6]，王母庙、兴隆寺、泺口北清真寺等明清时的宗教建筑大多也被重建或保留下来。

聊城阿城古镇是鲁运河段重要的盐码头，为大清河段转至运河段的车船更替之所，镇中曾有13家盐园和东、西、南、北4座商人会馆。如今的阿城县中还有盐运司（又称运司会馆）的建筑遗存（图6）。除此之外，安居镇、南阳镇、夏镇、韩庄等也都是明清引盐运输码头和节点市镇，这些城镇都盛极一时，山陕、安徽等外籍商人来往频繁，经济文化交流远胜于其他府县。

引盐古镇的兴衰，与大清河和运河这两段水运线路密切相关，线路节点处都曾出现大型商镇，而今大部分发展为繁华城市，如济南、聊城。咸丰五年（1855年）黄河于铜瓦厢决口，改道大清河由山东利津入海，曾经位于大清河段的市镇受黄泛影响严重，如蒲台、齐东两座古镇均被淹没；大运河段由于被黄河冲断，水运不

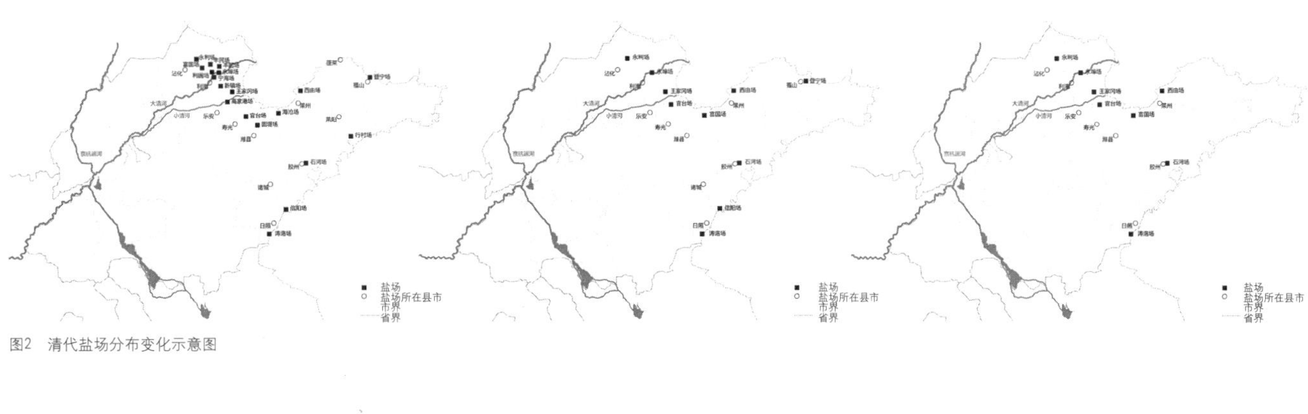

图2 清代盐场分布变化示意图

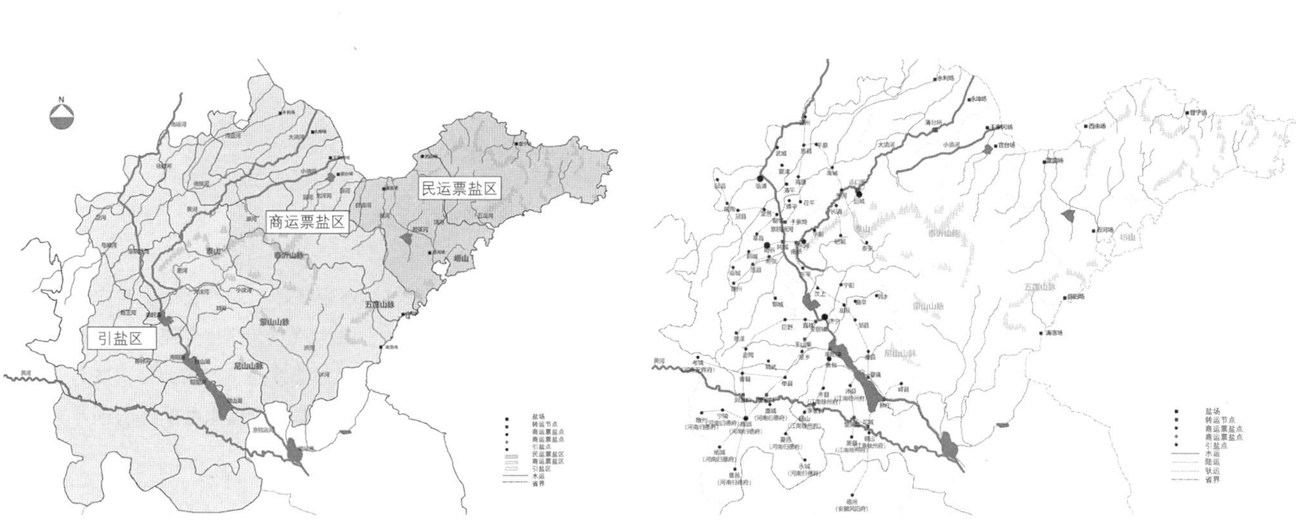

图3 山东引票盐区分区图

图4 引盐古道上的古镇分布图

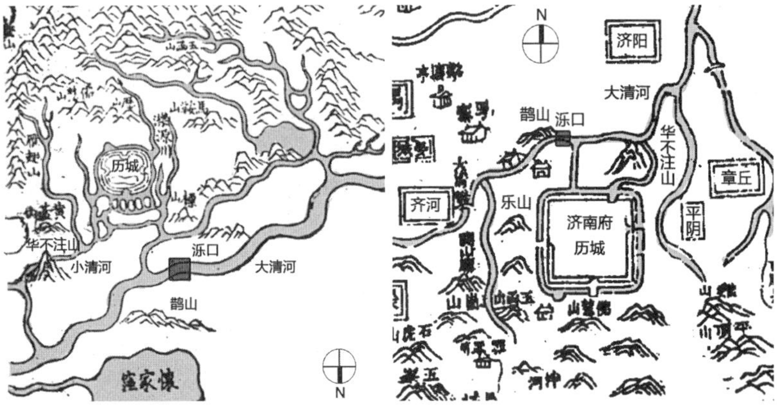

图5 据乾隆《历城县志》、道光《济南府志向》改绘

图6 阿城盐运司（图片来源：网络）

济，南北航运的地位又渐渐被铁路与海运所取代，沿线古镇也渐渐由盛转衰。

2）清代山东票盐古镇

票盐运输共39州县，除了在永埠场春配的各州县由水运过蒲关外（新泰票盐并过泺关），其余皆自场配运。商运票盐票地包括山东6府39州县，多位于鲁中山地区域，由商贩陆运至票地；民运票盐票地包括山东3府18州县，处于胶东半岛沿海丘陵地带，靠近场灶坐落的州县，由散民到场配运，驮运至县。

票盐古镇因地处山地丘陵地带居多，大多数远离主要水运航线，运输仰仗陆运，山地中的市镇还需人工驮运。因此以就近为原则，供盐盐场散点分布，运输线路也不宜过长。由此形成票盐运输体系下的小区域互动（图7、图8）。整个票盐运输体系由或大或小的单元组成，这些单元通常都是以某几个盐场为中心，辐射若干市镇，并具备自己的一套运输体系，同一单元的市镇因此联系紧密，区域互动频繁（表1）。

黄河改道前票盐古道上的盐场供盐分区表　表1

区域	盐场	地域	备注
利埠场区	永利、永埠	鲁北平原	商运票盐
王官场区	王家冈、官台	鲁中山区	商运票盐
涛雒场区	涛雒、信阳	鲁南丘陵	商运票盐
民运票盐区	富国、西由、登宁、石河	胶东半岛	民运票盐

票盐古镇广泛分布于鲁北平原、鲁中南山地及胶东半岛等，村落形态与建筑风格因地制宜。因以小区域互动为特点，各单元影响下的票盐古镇具备一定的相似性和协同发展趋势。如在利埠场区中，永埠场供应莱芜的票盐，需过齐东、章丘至县，走的是鲁中山区的章丘官道。外籍商人来来往往，繁华异常，章丘官道沿线村落布局严谨，材料丰富，装饰考究，建筑延续北方四合院的对称布局，无论建造规模还是质量，都远远高于周边区域，其中以章丘博平村、杨官村传统民居最为典型。

图7 票盐古道上的古镇分布图

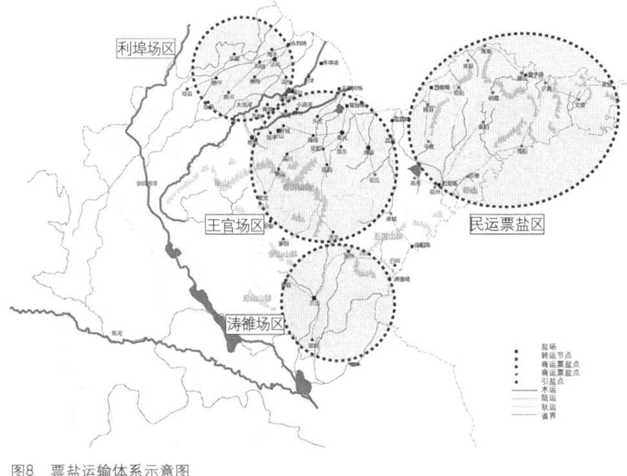

图8 票盐运输体系示意图

3）运盐古镇特点小结

山东地理环境复杂，运输形式也相应变化。引盐古镇线状分布，地处平原、依托河运、联络八方，文化交流频繁；票盐古镇片状分布，藏于山地丘陵之间，或是处于滨海地带，其与外界的交往被山地隔绝，因此盐道成了这些地区重要的经济动脉与文化传播路线。

这些因运盐而兴的古镇一般具有以下特点：

（1）大多数以商业老街为轴呈带状布局。

（2）古镇中至今仍有盐业官署、盐铺、盐商民居的遗址及与盐店相关的街道。

（3）古镇曾有大量商人活动，故而老宅多能反映本土与外地风格融合，且由于引盐古镇为外籍盐商的主要活动区域，相较于票盐古镇，该特点在引盐销售区域更为明显。

二、盐业线路上的多元建筑文化交流与发展

1. 盐业活动促进建筑文化的交流

清代山东引、票盐行销地区各有界限，“不得掺越”，否则即为私盐，运盐线路也是被官府严格限制，已成规范。盐商来往于运盐古道之上，并在沿线城镇长期居住和经营，大大促进了处于一条运输线路上的城镇之间的交往与沟通。严格的行盐区划、固定的运盐线路和频繁往来的人员让处于一条盐道上的市镇自然归于一个彼此联系紧密、相互依托的系统，经济文化交流频繁，建造技艺互相学习，建筑风格趋同。由此，从山东盐业线路的分区便能窥得与山东传统民居建筑风格分区的某些映照关系。

引盐行销四省，其线路上的建筑由于南北文化交流频繁，风格融合多样，受外地建筑文化影响较大，如山陕商人在鲁运河沿线留下了众多会馆庙宇和民居；而因泰沂山脉的阻隔，票盐仅供至山东中、东部地区，形成以各盐场为核心的小区域贩盐活动，建筑则更多地反映出山东本土建筑的特点。如票盐系统下的王官场区，王家冈、官台二场之盐供给于鲁中山区，村落多分布于山坡陡地，随形就势，布局自由，建筑由当地盛产的石材砌筑而成，因地制宜，质朴粗犷（图9、图10）。

2. 盐业活动促进建造技艺的传播

清代山陕、徽州、江右、福建等大量客籍商帮活跃于山东运河沿线，山东本土商人更是遍布运河沿线和东部沿海地区，这些商人在运盐线路沿途，建造过大量民居店铺、楼堂会馆和宗教庙宇，不仅给山东沿线市镇带来原籍地区的崇拜信仰和审美情趣，也带来了外地的建造技艺。

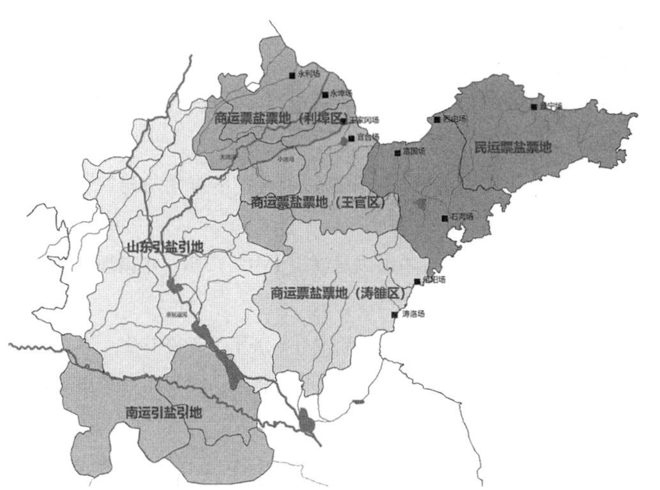

图9 山东盐运引、票地分区

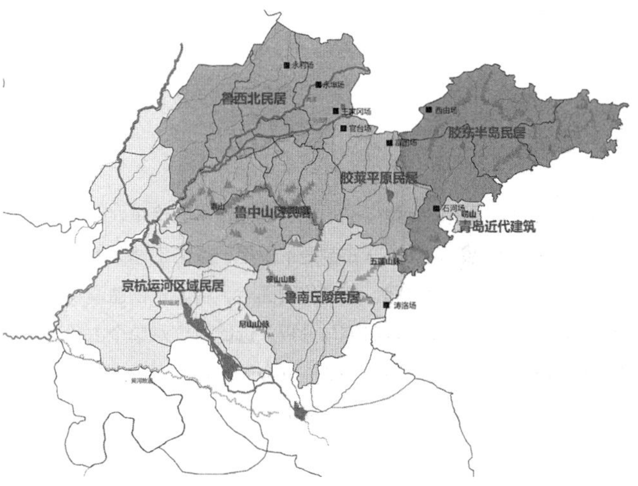

图10 山东建筑类型分区

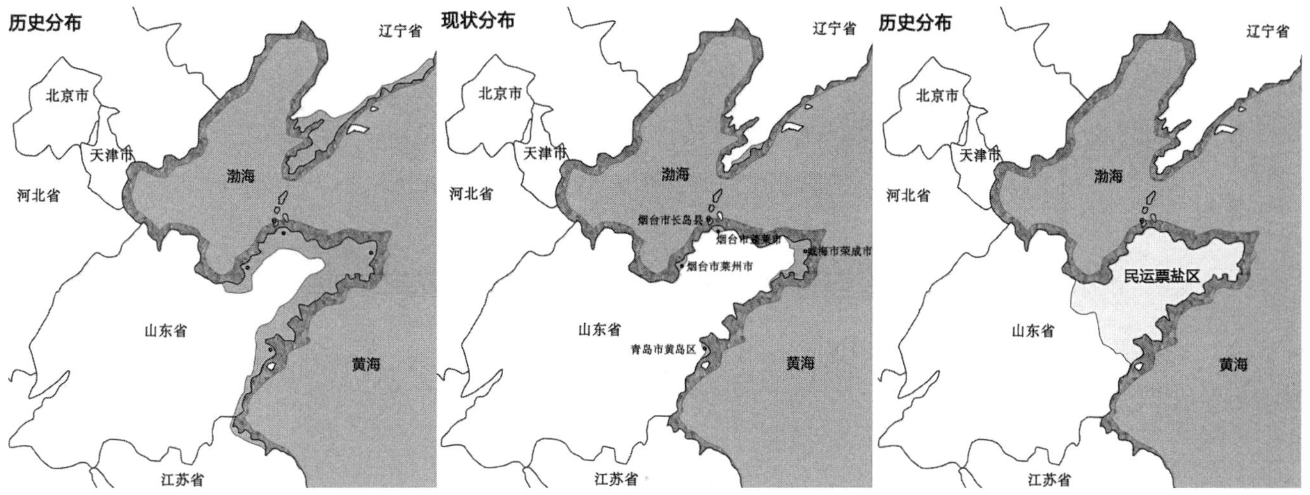

图11 海草房的历史分布、现代分布与民运票盐区示意图

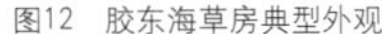

图12 胶东海草房典型外观

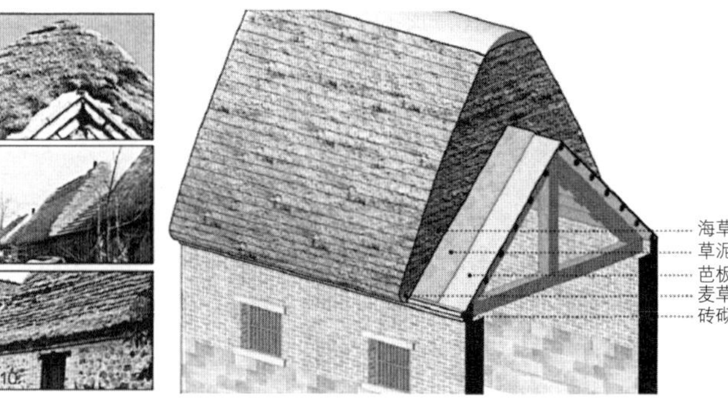

图13 海草房屋顶构造图解（图片来源：网络）

票盐系统下的民运票盐区，位于山东胶东沿海地区，以富国、西由、登宁、石河四场为区域中心，由本土散民贩盐，贩卖方式多为人工驮运，无论从内容和形式都与其他盐区区别开来，自成一体。胶东海草房作为胶东半岛沿海地区独有的传统乡土民居，它最大的特点是屋顶采用当地特有的植物海草苫造，独特的建筑材料和营建技艺使海草房冬暖夏凉、不蛀不腐、抗风防雨。实际上，早期海草房的分布与民运票盐的行盐范围有很大的重合性，我们可以想见，盐业活动加速了海草房的营造材料、建造技艺在整个胶东半岛的传播。同时，频繁的交流互动也使胶东地区对海草房这种民居形式的认同感不断巩固，在海草产量下滑之前，海草房一直是胶东沿海地区民居的主要选择。

三、结语

盐业古道对沿线传统聚落的形成、建造技术的传承、地域文化的传播都有着重要影响。山东古盐道不仅是一条历史悠久的运输线路，也是一条文化传播线路。在文化层面上，将山东古盐道及其沿线聚落与建筑作为整体进行研究与分析，远比孤立对单个古镇进行研究更有意义。在文化线路广受关注的今天，我们也应当重视和保护山东古盐道上的盐业聚落与盐业建筑。

注释

① 赵逵．华中科技大学，教授，430000，yuyu5199@126.com。

② 郭思敏．华中科技大学，430000，510027792@qq.com。

③ 纪丽真．明清山东盐业研究 [M]．济南：齐鲁书社，2009.

④（清）宋湘．（嘉庆）山东盐法志．清嘉庆十三年刻本．

⑤ 李小燕．抗战前胶济铁路沿线市镇研究 [D].济南：山东大学，2011.

⑥ 杜聪聪，赵虎．泺口古镇的历史演变与保护发展策略研究——基于济南“携河”发展规划的思考 [J]．遗产与保护研究，2018.

参考文献

[1] 赵逵．历史尘埃下的川盐古道 [M]．上海：上海东方出版社，2016.

[2] 赵逵．川盐古道——文化路线视野中的聚落与建筑 [M]．南京：东南大学出版社，2008.

[3] 陆元鼎，杨谷生．中国民居建筑 [M]．广州：华南理工大学出版社，2004.

[4] 纪丽真．明清山东盐业研究 [M]．济南：齐鲁书社，2009.

[5] 宋湘．（嘉庆）山东盐法志 [M]．北京：国家图书馆出版社，2008.

[6] 沈中健，赵学义．齐鲁文化背景下的山东建筑文化概述 [J]．建筑与文化，2016.

北京地区长城沿线传统村落空间形态研究[①]

王奕涵[②]　赵之枫[③]

摘　要： 传统村落是乡土文化的重要载体，是中华传统农耕文化的重要体现。北京形成了西山永定河文化带、长城文化带、大运河文化带等独特的功能文化片区。长城沿线传统村落由军事防御功能演化而来，在保护与发展过程中也有别于普通村落。本文以北京地区传统村落名录中的长城沿线聚落为例，通过调研测绘，从规模形态、村落选址、防御体系三个方面，分析村落空间形态特征。从而重新审视传统村落的价值表现，为传统村落的保护提出评判依据。

关键词： 长城沿线　传统村落　空间形态

引言

2019年4月，国家文物局公布《北京市长城文化带保护发展规划（2018年至2035年）》。北京市长城文化带总面积达到4929.29平方公里，形成"一线五片多点"的空间布局，通过保护长城遗产、修复长城生态、传承长城文化、增进民生福祉、健全管理机制等五个方面的措施，为未来的工作提供了明确思路。

推进长城文化带保护利用，应统筹长城文化带的各类资源，使其充分展现古都北京历史文化风貌。长城沿线传统村落是随着明长城军事体系的逐渐完备而产生的一种集防御、居住和屯田为一体的聚落类型。北京地区拥有明代建设较好、区域相对集中且具有典型特征的长城沿线近130余处的传统村落。长城塑造了传统村落，传统村落也成为长城文化的重要载体。

一、北京地区长城沿线传统村落概况

明长城沿线传统村落主要集中在北京西北部的郊区，沿长城文化带分布，大多隶属于明代九边重镇的蓟镇和昌镇，个别为宣府镇和真保镇（图1）。

近年来传统村落的历史意义及保护价值逐渐被重视。自2012年起，我国开始分批公布中国传统村落名录，至今已完成五批次中国传统村落的评审工作，北京市共有22个传统村落被纳入名录。2018年3月，北京市公布了第一批44个市级传统村落名录。

本文选取中国传统村落名录、北京市传统村落名录及中国传统村落第五批推荐上报名录中的20个长城沿线传统村落作为研究对象（表1、图2）。其中密云区9个，主要分布在新城子镇和古北口镇，属明代九边重镇之蓟镇曹家路及古北口路。怀柔区4个，主要分布在九渡河镇，属昌镇之黄花路。延庆区、昌平区传统村落各

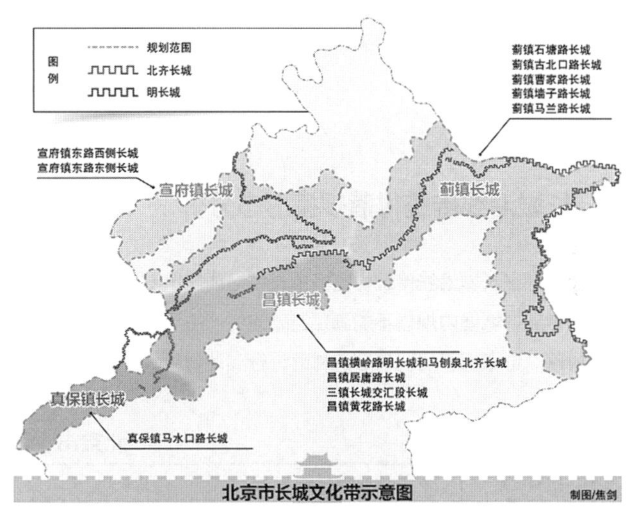

图1　北京市长城文化带示意图（图片来源：www.beijing.gov.cn）

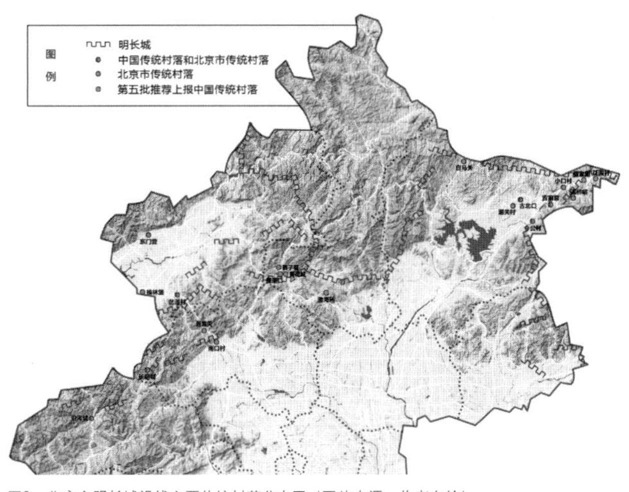

图2　北京市明长城沿线主要传统村落分布图（图片来源：作者自绘）

北京市明长城沿线主要传统村落统计表　　表1

	所属区县	传统村落	城堡	明代九边重镇所属	传统村落名录
1	密云区	新城子乡吉家营村	吉家营城堡	蓟镇－曹家路	第二批中国传统村落和北京市传统村落
2		新城子镇遥桥峪村	遥桥峪城堡	蓟镇－曹家路	北京市传统村落
3		新城子镇曹家路村	曹家路城堡	蓟镇－曹家路	第五批中国传统村落推荐上报
4		新城子镇小口村	小口城堡	蓟镇－曹家路	北京市传统村落
5		新城子镇花园村	黑谷关城堡	蓟镇－曹家路	第五批中国传统村落推荐上报
6		太师屯镇令公村	令公城堡	蓟镇－曹家路	第四批中国传统村落和北京市传统村落
7		古北口镇古北口村	上营城堡	蓟镇－古北口路	第三批中国传统村落和北京市传统村落
8		古北口镇潮关村	潮河关城堡	蓟镇－古北口路	北京市传统村落
9		冯家峪镇白马关村	白马关城堡	蓟镇－石塘路	北京市传统村落
10	怀柔区	渤海镇渤海所村	渤海所城堡	昌镇－黄花路	第五批中国传统村落推荐上报
11		九渡河镇黄花城村	黄花城城堡	昌镇－黄花路	第五批中国传统村落推荐上报
12		九渡河镇鹞子峪村	鹞子峪城堡	昌镇－黄花路	第五批中国传统村落推荐上报
13		九渡河镇撞道口村	撞道口城堡	昌镇－黄花路	第五批中国传统村落推荐上报
14	延庆区	八达岭镇岔道村	岔道城城堡	宣府镇－南山路	第一批中国传统村落和北京市传统村落
15		康庄镇榆林堡村	榆林堡城堡	昌镇－居庸路	北京市传统村落
16		张山营镇东门营村	东门营城堡	昌镇－居庸路	北京市传统村落
17	昌平区	南口镇居庸关村	居庸关城堡	昌镇－居庸路	第五批中国传统村落推荐上报
18		南口镇南口村	南口城城堡	昌镇－居庸路	第五批中国传统村落推荐上报
19		流村镇长峪城村	长峪城城堡	昌镇－镇边路	第二批中国传统村落和北京市传统村落
20	门头沟区	斋堂镇沿河城村	沿河城城堡	真保镇－紫荆关路	第三批中国传统村落和北京市传统村落

3个，属昌镇居庸关路。门头沟区传统村落1个，为斋堂镇沿河城村，属真保镇紫荆关路。

二、长城沿线传统村落规模形态分析

北京地区长城沿线传统村落多由长城沿线城堡发展而来，随人口数量增加，城堡内规模不能满足当时的生产生活，向外扩展为如今的村落。选取保存情况较好的村落进行实地调研，并参考历史文献及口述资料，根据村落城堡平面规模形态，将明长城沿线北京地区传统村落归纳为：矩形村落、多边形村落、不规则形村落三类。

1. 矩形村落

矩形村落是指由于地势开阔，限制因素较小，城堡平面形态为规则矩形，四面城墙比较规整，特殊情况呈方形，四边城墙长度大致相等，相邻两城墙夹角在90度左右；或呈梯形，对侧城墙大致平行，相邻城墙角度有所变化（表2）。

北京市主要矩形村落统计表　　表2

	所属区县	传统村落	城堡	形状	边长	周长	面积	形态特征
1	密云区	新城子镇遥桥峪村	遥桥峪城堡	呈矩形	东西163米 南北135米	600米	2.2公顷	
2		新城子乡吉家营村	吉家营城堡	呈梯形	东西165米 南北240米	1000米	3.7公顷	
3		古北口镇古北口村	上营城堡	呈方形	边长200米	780米	4公顷	
4	怀柔区	渤海镇渤海所村	渤海所城堡	呈方形	边长34米	1467米	12公顷	
5		九渡河镇黄花城村	黄花城城堡	呈矩形	东西210米 南北240米	900米	5公顷	
6		九渡河镇鹞子峪村	鹞子峪城堡	呈梯形	东西75米 南北100米	349米	0.7公顷	
7	延庆区	康庄镇榆林堡村	榆林堡城堡	北城呈方形，南城呈矩形	北城边长250米 南城东西420米 南北250米	北城1000 米南城 1500米	北城6.25 公顷 南城 13.5公顷	
8		张山营镇东门营村	东门营城堡	呈矩形	东西250米 南北150米	800米	3.8公顷	
9	昌平区	南口镇南口村	南口城城堡	呈梯形	东西300米 南北400米	1300米	9.5公顷	

2. 多边形村落

多边形村落是指村落中城堡平面形态大致规整，但不是四边形，相邻边长尺寸差别较大，城墙间存在平行的关系，形式以斜角矩形、凹多边形为主（表3）。

3. 不规则形村落

不规则形村落是指村落依山就势，结合地形而设。村中城堡形态灵活多变，以弧线或折线进行围合。由于地形起伏较大且可用面积小，城堡形态一般呈不规则形（表4）。

北京市主要多边形村落统计表 **表3**

	所属区县	传统村落	城堡	形状	边长	周长	面积	形态特征
1	密云区	古北口镇潮关村	潮河关城堡	呈多边形	东西120米 南北150米	540米	1.7公顷	
2		新城子镇花园村	黑谷关城堡	呈五边形	边长200米	750米	3.4公顷	
3		太师屯镇令公村	令公城堡	呈多边形	东西200米 南北150米	730米	2.7公顷	
4	怀柔区	九渡河镇撞道口村	撞道口城堡	呈六边形	东西100米 南北70米	370米	0.86公顷	
5	延庆区	八达岭镇岔道村	岔道城城堡	呈凹多边形	东西460米 南北160米	1290米	8.2公顷	

北京市主要不规则形村落统计表 **表4**

	所属区县	传统村落	城堡	形状	边长	周长	面积	形态特征
1	密云区	新城子镇曹家路村	曹家路城堡	呈不规则形		1900米	19公顷	
2		新城子镇小口村	小口城堡	呈不规则形	东西130米 南北220米	550米	2公顷	
3	昌平区	流村镇长峪城村	长峪城城堡	北城呈不规则多边形南城呈矩形	—	北城1000 米 南城 500米	北城5.6公顷 南城1.6公顷	
4		南口镇居庸关村	居庸关城堡	呈不规则形	东西105米 南北53米	3000米	4.9公顷	
5	门头沟区	斋堂镇沿河城村	沿河城城堡	呈椭圆形	东西300米 南北300米	1180 米	7.5公顷	

城堡形制与城堡所处的自然环境有直接关系，依照中国古代“方形城制”的基本模式建造，在地理环境的允许下，城堡均呈规整矩形。反观不规则形城堡，多是由于自然环境和地理条件的限制，依山而建；或由于城池的扩展，形状不规则。

三、长城沿线传统村落选址分析

1. 山水格局因素

村落城堡选址应背山面水，山前要有平坦且具有一定坡度的地块，向两侧延伸呈环抱的态势；基地前要有弯曲的水流，形成一个向心的空间。从风水格局来看，这种围合的空间可以起到“藏风纳气”的作用。纵观北京地区长城沿线的传统村落，很多村落都具有这样的特点。

如遥桥峪村，位于北京市密云区新城子镇。遥桥峪城堡由于所处地势平坦，形态规整。坐北朝南，背靠雾灵山，村前临安达木河，其支脉向左右两侧延伸呈环抱的态势，把村落包围在中央。背山面水之地可形成抵御北风的天然屏障，同时具有良好的通风日照（图3）。

2. 生态环境因素

按照古代生态观得知，较为封闭的空间有利于形成良好生态环境和局部小气候。

矩形村落城堡形态规整，由于所处地势平坦，常选择背山面水朝阳之地，背山可以挡冬季北来的寒流，面水可以迎接南来的凉风，朝阳可以争取良好的日照（图4）。

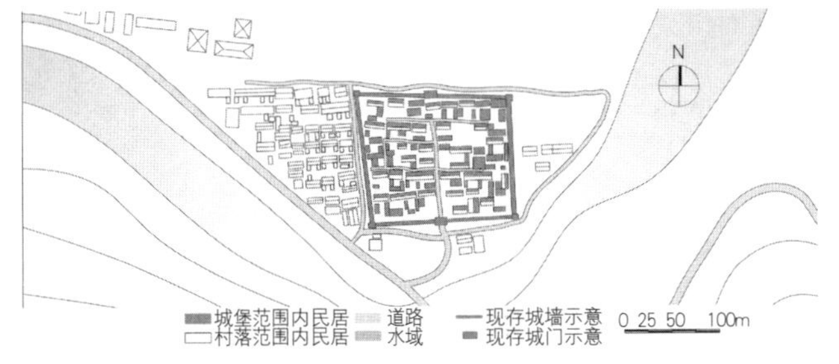

图3 遥桥峪村平面示意图（图片来源：作者自绘）

不规则形村落城堡形态自由，由于地势不平，城堡一侧随山势抬高而海拔渐高，缓坡可以避免淹涝之灾。城堡地势平坦一侧多有水域，方便水运交通及获得生活、灌溉用水。山上的植被既可以调节小气候，又可以提供燃料来源（图5）。

3. 防御性因素

现存的明长城大多利用山岭构筑城墙，利用峡谷或者河谷会合转折之处，利用平原入山必经之处来构筑关隘。北京地区长城沿线传统村落选址都是以“因险制塞”为前提条件的，与周边的长城防御设施构成完整统一的体系进行防御。

如遥桥峪村，遥桥峪城堡与周边众多关隘城堡形成北京东北片区长城防御体系（图6a）。

如小口村，位于北京市密云区新城子镇。小口城堡南临河北靠山，好似一把太师椅子形状。作为三股道的枢纽，城堡形态以道路形态为基础，城墙顺应道路走势围合，形成不规则形村落（图6b）。

如岔道村，位于北京市延庆区八达岭镇。岔道村属于山坡建城型村落，南侧城墙建于平缓地带，北侧城墙建于半山腰上。作为居庸关前哨，城堡选址于八达岭长城前的夹谷之中。城堡形态顺应山势，沿山谷向东西向延伸，内部一条主要道路，贯穿整个村落的三部分，东关、岔道古城、西关。城墙外的两侧山脉制高点有烽火台，形成点式设防与线性设防相结合的防御模式（图7）。

四、长城沿线传统村落防御体系分析

1. 防御层级

军事上的特殊要求使得村落成为一个网络化的层级防御系统。如遥桥峪村，防御体系分三层：外围堡墙是第一层防御；内部街

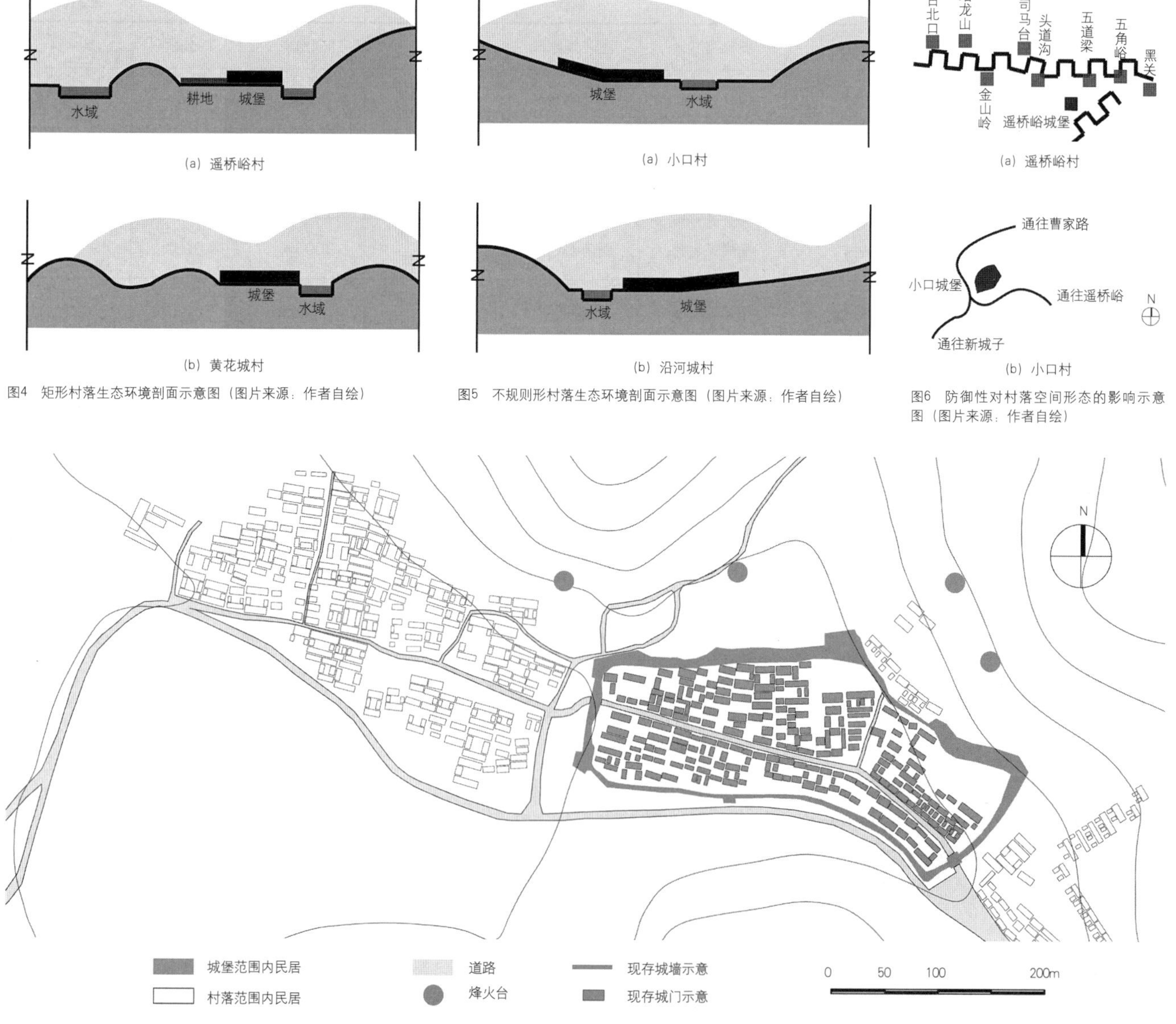

(a) 遥桥峪村

(b) 黄花城村

图4 矩形村落生态环境剖面示意图（图片来源：作者自绘）

(a) 小口村

(b) 沿河城村

图5 不规则形村落生态环境剖面示意图（图片来源：作者自绘）

(a) 遥桥峪村

(b) 小口村

图6 防御性对村落空间形态的影响示意图（图片来源：作者自绘）

图7 岔道村平面示意图（图片来源：作者自绘）

巷、丁字路口、尽端小巷以及堡墙内侧的环行路是第二层防御；城堡内的居住院落是第三层防御，设置了封闭的外墙、藏兵洞、高起的望楼以及暗道等各种防御措施（图8）。

2. 城防设施

城堡的城门根据地形而设，一到四门不等，城门大多设在接近堡墙的中间位置。地形平坦处还增设瓮城，用于守望、保卫城堡。瓮城的形状有方和圆两种，方形居多。

矩形村落城防设施形式较统一，北部对敌一侧一般不设门，建一突出墙体的城台，上筑阁楼、庙宇建筑供人参拜。其余三面各设一座城门或仅南侧设一城门，城内街道与各门相对而设。四角多建角楼，用于瞭望。

如遥桥峪村，城堡坐北朝南，南面正中有城门一座，其中城门上建有两坡三重砖木城楼一座，四面堡墙均为砖石结构，四角各有放哨角楼一间，北堡墙中间建有真武庙，现在都已经不复存在（图9a）。

如黄花城村，位于北京市怀柔区九渡河镇。黄花城城堡设有东南西三座城门，均为青砖砌筑，城门上刻有匾额，北堡墙中间建有庙宇，南城墙内侧有药王庙，城坚墙固，气势如虹（图9b）。

如榆林堡村，位于北京市延庆区康庄镇。榆林堡呈“凸”字形，分为北城和南城，其形制与北京城的布局极为相似。北城的主要功能是普通住宅、驿站、马场和庙宇。南城为长方形，其中主干道为连接东西两门的人和街及一条沟通南北的道路。北城原设南北二门，南门名“镇安门”，还有四个角楼。南城设东西二门，南城被古驿道横穿（图9c）。

不规则形村落城防形制灵活，在转角处设角楼，城门位置在南北侧中心处居多，东西向随城堡规模不同而设置城门数量不同。

如小口村，城堡设一砖石结构南门，转角处设角楼，城墙都是大块石，如今除南门及部分墙拆成缺口，整个城墙也算基本完好（图10a）。

如沿河城村，位于北京市门头沟区斋堂镇东北侧，是长城历史上保留最为完整的古城。沿河城城堡四向均设城门，其中东门朝向京师，命名为万安门。西门朝向外敌，命名为永胜门。南北门为水门，主街贯穿东西二门。沿河城四周城墙保存较好，城墙以条石和巨型鹅卵石砌筑而成，城墙上设有马道，城墙四角建有角楼（图10b）。

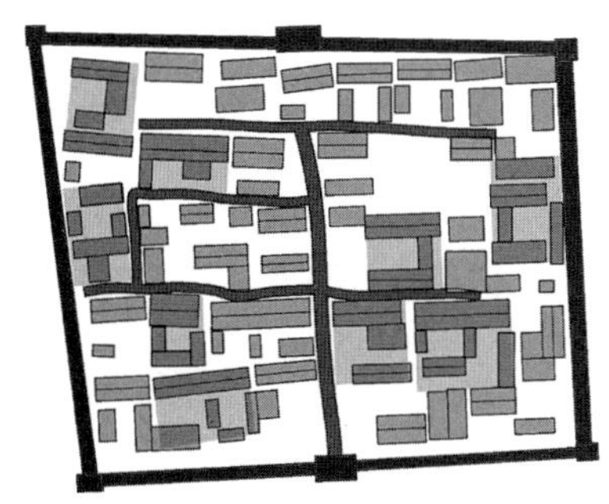

图8 遥桥峪村防御层级示意图（图片来源：作者自绘）

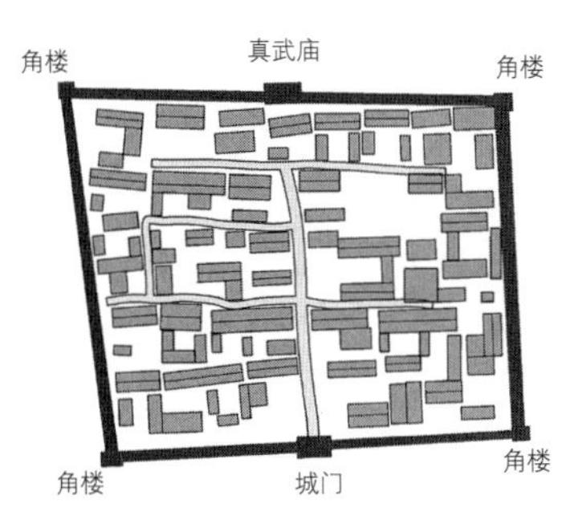

(a) 遥桥峪村

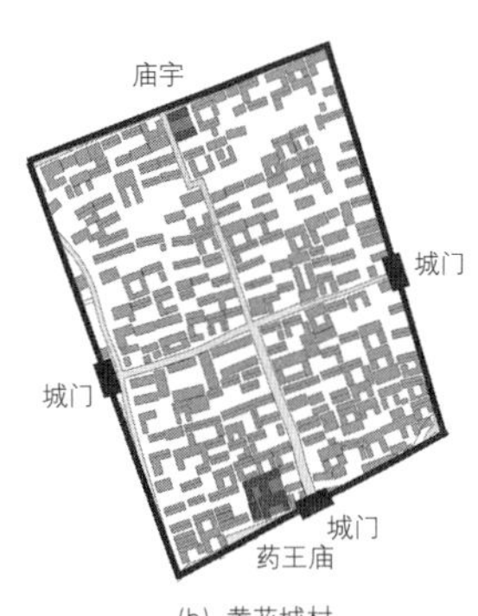

(b) 黄花城村

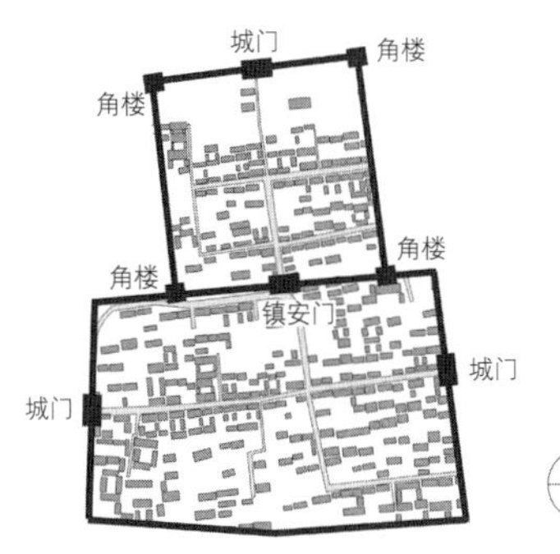

(c) 榆林堡村

图9 矩形村落城防设施示意图（资料来源：图片自绘）

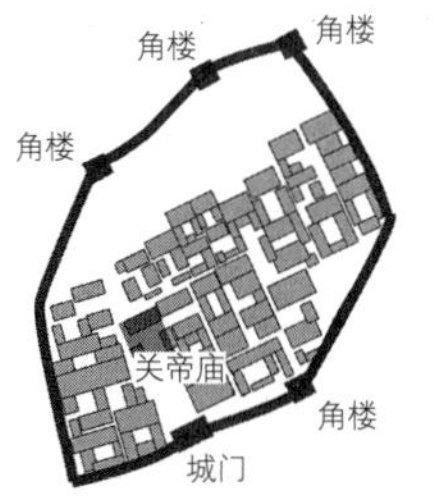

(a) 小口城堡

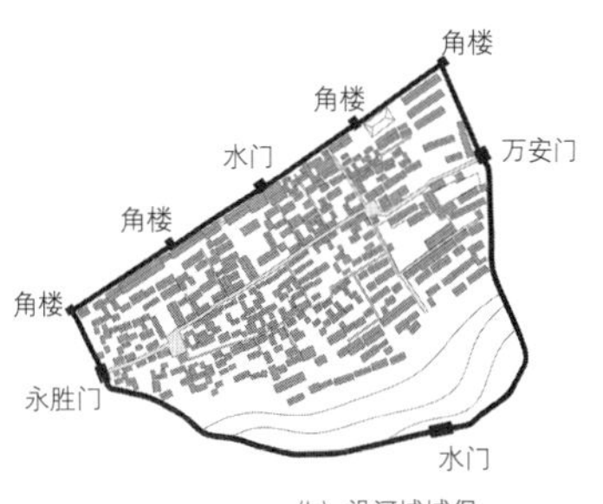

(b) 沿河城城堡

图10 不规则形村落城防设施示意图（图片来源：作者自绘）

五、结语

北京地区长城沿线传统村落在历史的演变中渐渐失去其军事价值，回归于普通村落。本文结合历史资料及调研成果对传统村落的规模形态进行分类总结，继而对不同类型传统村落选址影响因素以及传统村落防御体系构成进行分析，从整体到内部探究村落空间形态特征。深入挖掘传统村落的价值特性，加强传统村落保护及合理地利用现有资源，从而推动长城文化带的保护，更好地展示古都北京的城市魅力。

注释

① 本文受到北京市社会科学基金项目（18YTA002）、北京市自然科学基金项目（8192003）、国家自然科学基金项目（51578009）资助。

② 王奕涵．北京工业大学，建筑与城市规划学院，硕士研究生，100124，576788963@qq.com。

③ 赵立枫．北京工业大学，建筑与城市规划学院，教授。

参考文献

[1] 董明晋．北京地区明长城戍边聚落形态及其建筑研究 [D]．北京：北京工业大学，2008．

[2] 苗苗．明蓟镇长城沿线关城聚落研究 [D]．天津：天津大学，2004．

[3] 陈喆，董明晋．北京地区长城沿线戍边城堡形态特征与保护策略探析 [J]．建筑学报．2008（3）：84-87．

[4] 王珊珊．北京延庆地区明长城城堡的保护与利用 [D]．北京：北京工业大学，2017．

[5] 王哲．北京长城文化展示带构建研究 [D]．北京：北京建筑大学，2016．

明南直隶海防与宣府镇长城军事聚落比较研究[①]

张玉坤[②]　吴　蓓[③]　谭立峰[④]

摘　要： 明朝南直隶地区和宣府镇地区分别是海防和长城防御具有代表性的防区。通过对两防区军事聚落进行数据梳理、分析与对比，探讨其在防御层级、空间布局方面的异同，并结合历史因素分析各自的形成演化原因，由此得出两防区虽在统一的防御思想和军事制度指挥下，却又形成各自的特点：南直隶海防军事聚落布局开放、规模灵活多变；宣府镇军事聚落设防严密、等级分明。研究可为进一步揭示海防和长城两套防御体系的内在特征提供参照。

关键词： 明朝　南直隶　宣府镇　军事聚落　防御体系

明朝防御系统主要包含两大体系，一是针对北方蒙古各部势力的长城防线，二是抵御东南沿海倭寇侵扰的海防防线。目前学术界对于明长城与海防防御体系的独立研究已经取得较多成果，在此基础上，对两套体系进行比较研究，一方面有助于进一步揭示两套防御体系的内在特点，更为系统地反映出防御体系分布与分化的规律；另一方面也将更清晰地表明两大防御体系之间的联系，从而宏观把握明代整体的国防思路。

本文选取南直隶海防与宣府镇长城军事聚落作为研究对象进行比较研究。南直隶海防防御沿海倭寇，护卫南京城；宣府镇防御北部势力入侵，护卫北京城。二者均为明朝防御体系中的军事重地，防御等级相近，具有可比性。

一、概况

1. 南直隶

南直隶是明朝在江南、江淮等地由中央六部直辖的十四府和四直隶州的统称，位于东南沿海中部、长江下游地区，海防部署主要集中于沿海的松江府、扬州府、淮安府、苏州府、常州府和镇江府区域（图1）。南直隶在明初被确立为京师，永乐迁都北京后改为留都，政治经济地位一直极为重要。“若获利之多，则未有如淮扬者”[1]，作为长江流域的财赋要地，一直是倭寇侵扰的重点目标，因此是军事防卫的重点区域之一。

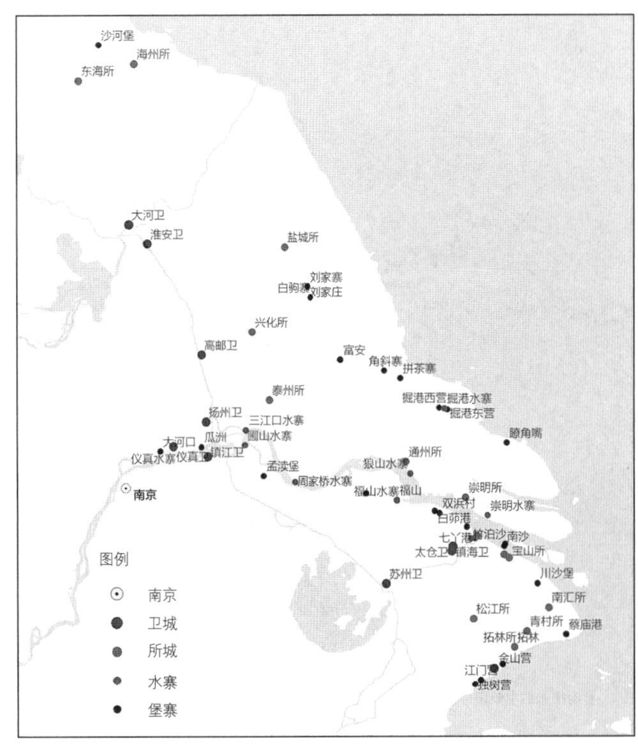

图1　南直隶海防军事聚落分布图

南直隶的海防体系建设经历了五个阶段。吴元年（1367年），南直隶沿海已开始设卫所，部署防御。永乐至正德年间只有卫所进行部分修缮。天顺之后，明政府放松沿海防御，到嘉靖中期海防已形同虚设。“嘉靖大倭寇”时期，倭寇不断深入内陆，海防需求骤然上升，因而南直隶先前的卫所多有修补，并在长江两岸增补了多处营、堡和水寨。同时，还改变原来单一的“卫所制”，增加了“镇戍制”的作战指挥体制，各设副总兵官分管江南、江北两区域。至此，南直隶海防实现了分区防守，防御体系也基本建设完善，共有10处卫城、14处所城，以及营堡水寨若干。万历之后，倭寇基本平息，南直隶海防体系逐渐没落。（图2）

2. 宣府镇

宣府镇为北直隶下辖的行政区划之一，位于长城“九边”防线

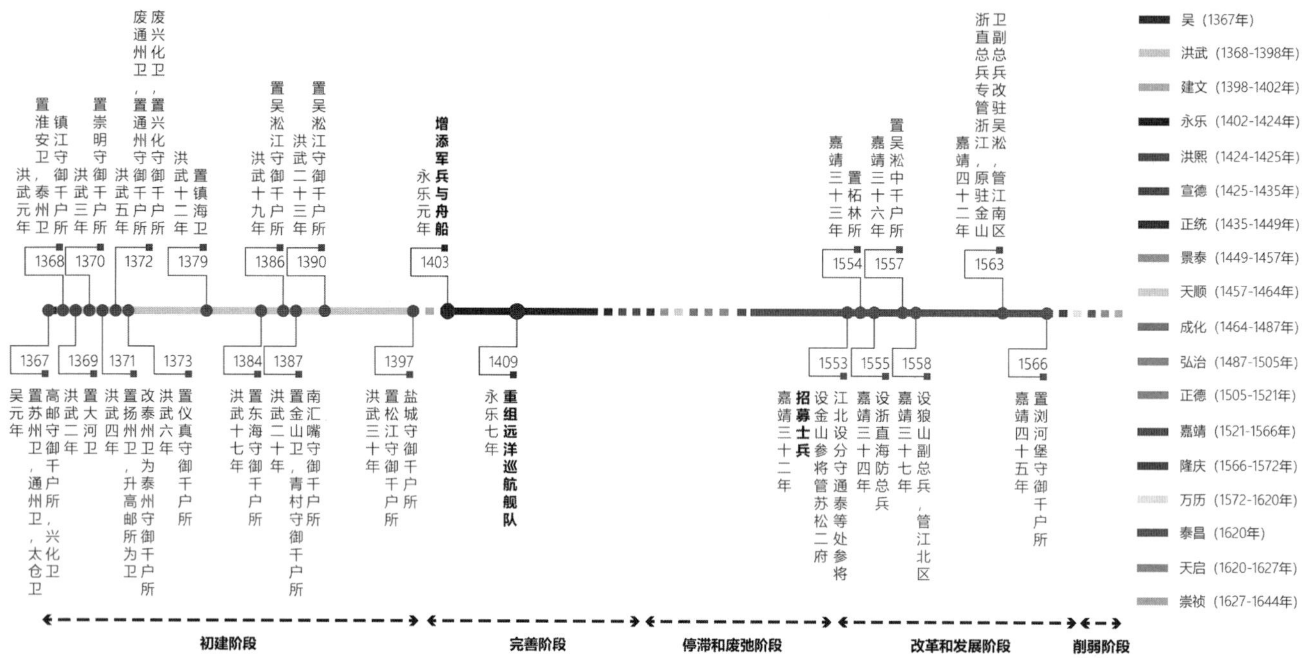

图2 南直隶海防防御体系建设过程示意图

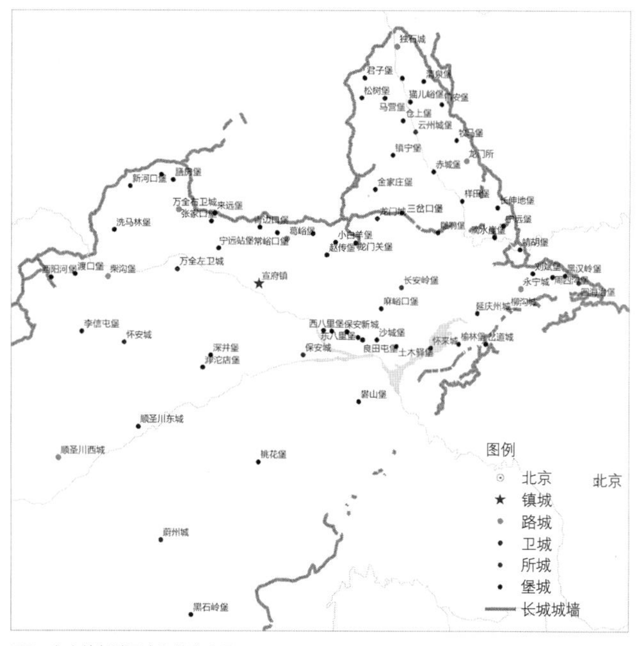

图3 宣府镇长城军事聚落分布图

的中段，西抵大同镇，东邻蓟镇，所辖长城东起居庸关四海冶，西至今山西阳高县的西洋河，长一千零二十三里（图3）。宣府镇“紫荆控其南，长城枕其北，居庸左峙，云中右屏，内拱陵京，外制胡虏”[2]，是京师在西北方向的屏障，足见其重中之重的军事地位。

宣府原为元朝宣德州，洪武初期被明军占据后更名“宣府”。靖难之役后，宣府逐渐成为攻防前沿，战略地位显著提升。永乐七年（1409年），宣府设镇守总兵官固定镇守，正式建镇；永乐九年（1411年）设北路分守参将，开始转为分路防守的方式；正统年间，“土木之变”导致宣府镇受到重创，经历景泰、成化时期的恢复发展，确定了北、中、西、南、东五路设防的格局；嘉靖时期，对宣府镇原有五路进行分割和调整，分西路为上西路、下西路，另外增设保卫皇家陵寝的南山路；万历时期又分北路为上北路、下北路。至此，宣府镇正式形成八路据守四方的防守格局，对应设立8个路城，其下又辖64个卫所堡城，另有不属路，辖1个驿城。万历后期，宣府镇军事力量逐步削弱（图4）。

二、防御层级分析

1. 南直隶海防防御层级

南直隶海防主要采用“陆聚步兵，水具战舰”的防卫措施。陆上的防御由卫城、所城构成基本骨架，卫城直隶于中军都督府，其下辖所城，营、堡、寨则级别更低，有的隶属于卫城、有的隶属于所城。由于沿海地区的岛屿常常被倭寇和海盗利用，作为休憩、补给的重要地点，所以南直隶又在沿海地区建立了水寨。按照等级，南直隶的军事聚落可划分为4个层次（图5）。

由于沿海的特殊防御需求，南直隶的防御体系在空间上形成了多层次的纵深：远海区域由水军担任；近海区域依靠水寨和游兵，游兵于海上巡哨，遇倭则将其歼灭，如力量不敌，会立即向临近水寨发出讯号，水寨的驻兵则会迅速行动；陆地上，设置了包含烽堠、卫所、堡寨等在内的系统的海防军事聚落。水陆结合形成“陆聚兵，水具战舰，错置期间，俾倭不得入，入亦不得敷岸”[3]的防御效果。

2. 宣府镇长城防御层级

在卫所制的军事管理制度下，宣府镇的城堡可以划分为卫城、所城、堡城。永乐迁都北京后，为了加强北边的防御，建立了总兵镇戍制，设立镇城、路城。所以根据城堡所驻官兵的级别，宣府镇的城堡为：镇城——路城——卫城——所城——堡城。但镇戍制并不替代卫所军制，而是在新的防御形势下对其的完善补充，卫所制负责军务管理，镇戍制负责统帅作战，所设镇城、路城仍以卫所为依托。所以，宣府镇防御层级的构建是交叠式的，实体聚落与战略层级渗透结合。（图6）

空间上，宣府镇也由多个防御层次构成。长城城墙以外，有夜不收负责在边境地带潜伏瞭望；长城城墙以内，首先是城墙连同烽火台、敌楼以及内部的城堡，一旦敌人入侵，由总兵统帅负责作战；其次是相邻诸镇之间的策应，“颁定宣、大、延绥三镇应援节度：敌不渡河，则延绥听调于宣、大；渡河，则宣、大听从于延绥”，[4]可解决防线过长、兵力分散等缺陷。

3. 特征分析

1）防御思想对比

南直隶海防与宣府镇长城防御都遵从御敌于外的战略思想，由外到内纵深布置层层防线，不断地消耗敌人力量，阻碍其前进。且在后期，都由原来单一的卫所制转化为镇戍制的作战管理方式，各设总兵、参将等，实行划区防守。卫所体制下的军队并不是常备的作战体系，遇战事紧急，临时征调将领，将士互不了解则很难迅速形成战斗力。新体制可以连数个城堡为一防区，便于统一指挥，协同对敌，实则比过去一卫一所的防区扩大了。

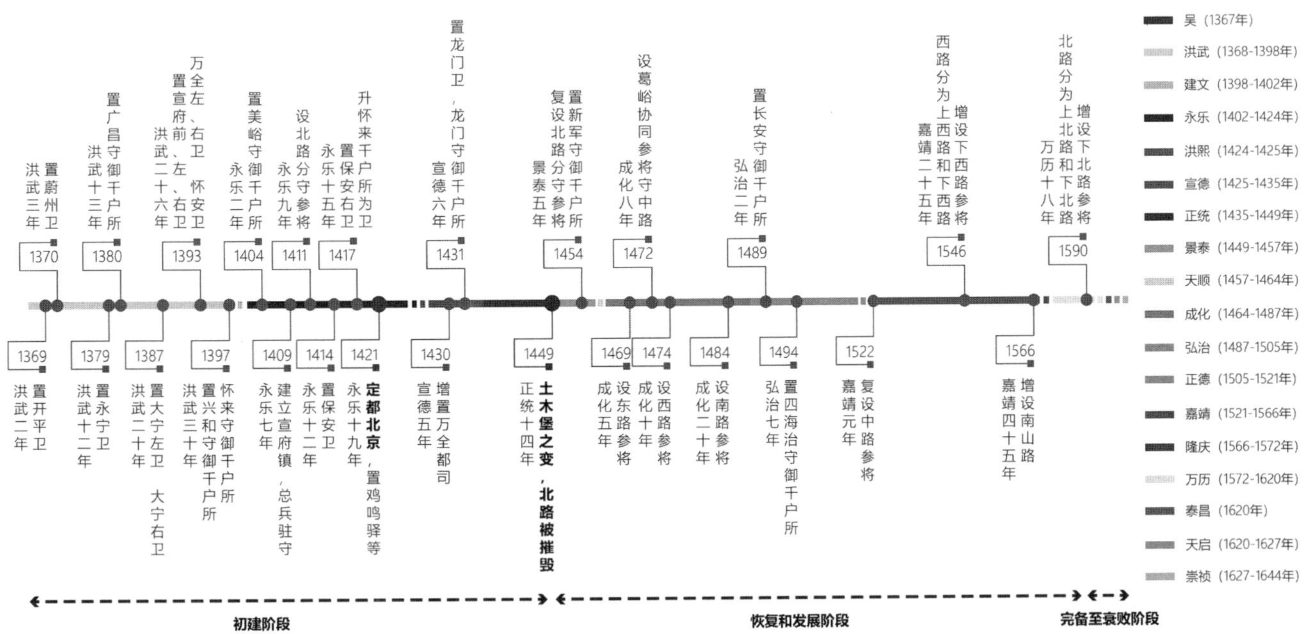

图4 宣府镇长城防御体系建设过程示意图

卫城	所城	营、堡、寨	水寨	
金山卫 太仓卫 镇海卫 镇江卫 苏州卫	青州所 南汇所 松江所 宝山所 拓林所 吴淞所 浏河堡 崇明所	金山营、独树堡、江门营、大磐、小磐、拓林堡、川沙堡、胡家港、蔡庙港、福山、九折村、双浜村、刘家港、七丫港、白茆港、南沙、竹箔沙、孟渎堡、杨舍堡、圌山营	吴淞江水寨 崇明水寨 浏河水寨 福山水寨 白茆港水寨 圌山水寨	江南
扬州卫 高邮卫 仪真卫 大河卫 淮安卫	通州所 泰州所 盐城所 兴化所 东海所 海州所	徐稍、大河、嘹角嘴、壮键、壮武、富安、掘港东营、镇远、经忠、济武、掘港西营、登庸、平定、忠节、兴义、瓜洲、白驹寨、刘家寨、掘港场、拼茶寨、角斜寨、李家堡、大河口、料角嘴、徐稍寨、沙河堡	仪真水寨 掘港水寨 周家桥水寨 三江口水寨 狼山水寨	江北

图5 南直隶海防军事聚落层级示意图

镇城	路城	卫城	所城	堡城	
宣府城（宣府前卫、宣府左卫、宣府右卫、兴和守御千户所）	独石城（开平卫）		云州城（新军守御千户所）	伴壁店堡、猫儿峪堡、仓上堡马营堡、清泉堡、君子堡、松树堡、镇安堡、赤城、镇宁堡	上北路
	龙门所城（龙门守御千户所）		长安岭堡（长安守御千户所）	牧马堡、样田堡、雕鹗堡、长伸地堡、宁远堡、滴水崖堡	下北路
	葛峪堡	龙门城（龙门卫）		大白羊堡、小白羊堡、羊房堡、青边口堡、赵川堡、常峪口堡、金家庄堡、龙门关堡、三岔口堡	中路
	万全右卫城（万全右卫）	万全左卫城（万全左卫）		张家口堡、新开口堡、新河口堡、膳房堡、来远堡、宁远站堡	上西路
	柴沟堡	怀安城（怀安卫、保安右卫）		洗马林堡、渡口堡、西阳河堡、李信屯	下西路
	永宁城（永宁卫、隆庆左卫）	保安城（保安卫、美峪守御千户所）怀来城（怀来卫、隆庆右卫）	四海冶堡（四海治守御千户所）	延庆州城、保安新城、周四沟堡、黑汉岭堡、靖胡堡、刘斌堡、土木驿堡、沙城堡、良田屯、东八里堡、西八里堡、麻峪口堡、磨山堡	东路
	顺圣川西城	蔚州城（蔚州卫）	广昌城（广昌守御千户所）	顺圣川东城、桃花堡、深井堡、滹沱店、黑石岭堡	南路
	柳沟城			岔道城、榆林镇堡	南山路
				鸡鸣驿城	不属路

（注：括号里红色字体为驻扎卫所）

图6 宣府镇长城军事聚落层级示意图

2）建置时间对比

宣府镇的防御体系则在整个明朝时期不断地完善，南直隶的防御体系建设则呈现阶段性的特征，与倭寇入侵密切相关。主要的防御建设工作在洪武时期为最密集，明一建国，南直隶等沿海地区就面临着严重的倭寇侵扰，劫略财物，杀伤居民，所以朱元璋在位时十分重视海防建设；其次是嘉靖中后期，倭寇呈现前所未有的猖獗，而在此之前，沿海多年的平静导致海防逐渐废弛，所以该时期再次加强了海防力量的建设。

3）城堡层级对比

南直隶海防与宣府镇长城军事聚落在层级上有所区别。宣府镇由都司卫所制和总兵镇戍制共同作用，呈现两种层级交叉的状态，镇城、路城与卫所同在。而南直隶虽在后期也实行了镇戍制，但没有在实体聚落上有所体现，所以未设镇城、路城。虽然南直隶陆上的海防聚落较宣府镇长城聚落有所简化，但在近海海域增设了水寨。因此可以说，即使在统一的军事管理制度下，南直隶海防和宣府镇长城的军事聚落是针对各自防守特点，因需而设。

三、空间布局分析

1. 南直隶海防聚落的空间布局

南直隶的海防防御体系在明初就已大体成型，洪武末年（1398年），南直隶已建有23处卫所，以及少数水寨，聚落集中分布于长江入海口及三江交汇处；永乐至正统年间（1398-1449年），又进一步加强了崇明岛附近的军事力量；然而在此后至嘉靖中期的几十年间，海防体系逐渐没落，军事聚落的建设几乎没有变化；到嘉靖中后期，倭寇的大规模入侵又带来了城堡建设的高潮，南直隶地区在长江沿线及其沿海岸线地区增置了许多营寨等，长江沿线基本覆盖完全，防御范围更大化（图7）。

南直隶的军事聚落分布主要呈现三个明显的特征：一是沿海岸线分布大量聚落，二是沿长江两侧分布，另外就是沿运河沿线分布。其中，以江南防区长江入海口的聚落分布最为密集，此地乃从海上进入内地的要道，若不加强此处的防御，则倭寇容易沿长江水道深入内陆，直逼南京；另一密集之处为三江交口处，护卫着留都乃至江南腹地，所以同样是设防的重点，扬州府与镇

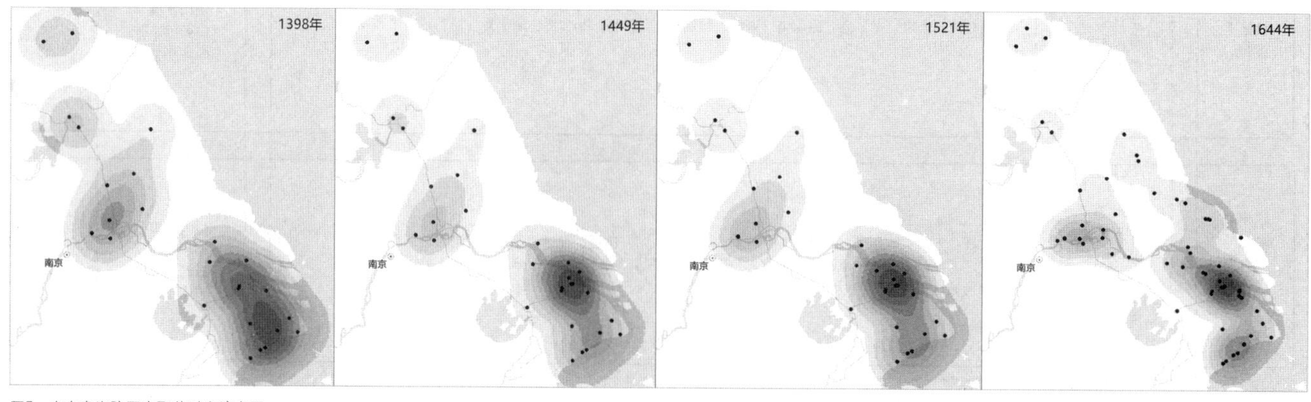

图7 南直隶海防军事聚落时空演变图

江府海防同知、扬州参将、仪真守备、镇江把总等都驻守于这一带。

2. 宣府镇长城聚落的空间布局

洪武时期（1368~1398年），长城军事防御聚落体系尚未形成，明政府主要选择在宣府镇中部核心地区部署军事力量，所建城堡均位于宣化盆地开阔平坦、交通便捷之地；永乐迁都北京（1421年）后，宣府镇的防御地位上升，成为护卫京师的重要防线，所以开始大规模修筑城堡，不断往北扩展，到正统末年（1449年），防御部署已基本成型；“土木之变”使宣府镇的防御体系遭到破坏，在此之后，除了修复原有设施外，在各路增筑城堡，以北部沿线和腹地水系附近的最为凸出；嘉靖时期，在东路防区及腹内扼守关沟前冲陆续修筑城堡，东路防线基本完善，至明末（1644年），形成以镇城宣府城为核心，各路城堡拒守四方的空间格局。（图8）

在城堡的选址上，宣府镇采用集中与分散布置相结合、重点设防的方式。从各路来看，城堡最密集处位于东路、上北路、下北路和中路，护卫着北部长城沿线与交通要道。路城设在防守要地，据守各路中心：上北路独石城位于长城最北处的险要之地，下北路龙门城、东路永宁卫城、中路葛峪堡、上西路万全右卫城、下西路柴沟堡均为沿边一线城堡，南路顺圣川西城是从西侧进入宣府镇的必经之地，南山路柳沟城则是居庸关城与皇家陵寝的一道防卫。

四、特征分析

1. 时空演变对比

南直隶海防与宣府镇长城军事聚落的空间布局随着防御地位的变化在不断调整。明初，南京为都城，南直隶战略地位十分重要，所以军事聚落的布局在洪武时期就基本确定，后期的修筑进行了加密和补充；而宣府镇的布控处于不断变化和完善中，初期占据中部核心地区来实现对整个区域的控制，之后不断往四周沿边扩展，空间的变化体现了其防御地位的逐步上升。

2. 选址布局对比

南直隶海防与宣府镇长城军事聚落在选址布局方面呈现出较大的相似性。

第一，两防区皆是通过“点”的布置形成“线”状的防御，且沿线为布防最严密之处，深入腹地则逐渐稀疏，这样的布局可以将兵力最大化地分布在敌人入侵的最前线，防止敌人长驱直入。

第二，两防区城堡选址都与交通要道有关：南直隶沿运河、宣府镇沿水系都设置城堡把守，护卫物资运送，同时这些城堡也兼具驿站的功能，负责物资转运等。

第三，两防区都相当重视把守门户：宣府镇有独石城，“北路绝塞之地，三面孤悬，九边之尤称冲要”[5]；南直隶有吴淞所，“乃水陆之要冲，苏松之咽喉”[6]。这些地方或是敌人入侵的必经之处，或为易取之地，守御好这些地方，才可以在战事中居于上风。

3. 分布密度对比

本文运用GIS空间分析工具的平均最近邻（Spatial Statistics）计算来判断聚落的分布密度情况。z值得分判断该区域中聚落的分布模式：当z<-1.65，分布模式为集聚型；当z介于-1.65~1.65，分布模式为随机型；当z>1.65，则分布模式为离散型。

根据结果可判断（图9、图10）：南直隶聚落分布模式为集聚型，宣府镇属随机分布类型，且聚落间距较小。说明南直隶在设防时是有选择性的突出重点防守，而宣府镇布局更为严密，全面设防，没有明显的聚集。从防御对象来分析：倭寇侵犯南直隶受季风、洋流等客观条件影响，可选择着陆地点较为局限；而宣府镇所防御的长城外游牧民族的军事攻击，可来自四面八方，其中还包括从西部边镇突破的进攻力量，所以两防区在分布密度方面有显著差别。

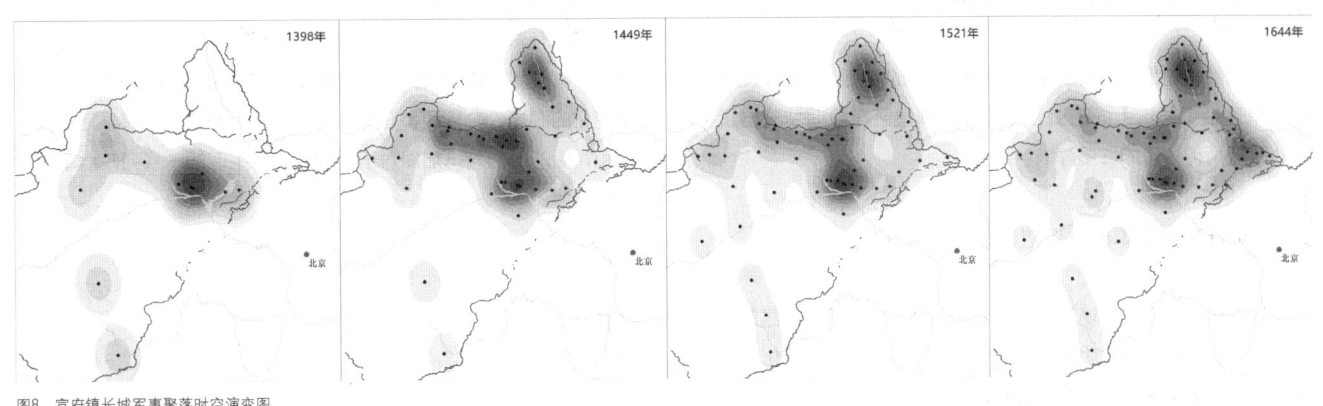

图8 宣府镇长城军事聚落时空演变图

最邻近比率: 0.650654
z 得分: -5.262382
p 值: 0.000000

z 得分为 -5.2623824659，则随机产生此 聚类 模式的可能性小于 1%。

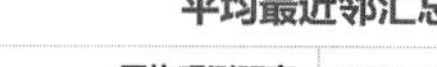

平均最近邻汇总

平均观测距离:	14453.7287 Meters
预期平均距离:	22214.1523 Meters
最邻近比率:	0.650654
z 得分:	-5.262382
p 值:	0.000000

图9　南直隶海防军事聚落平均最近邻

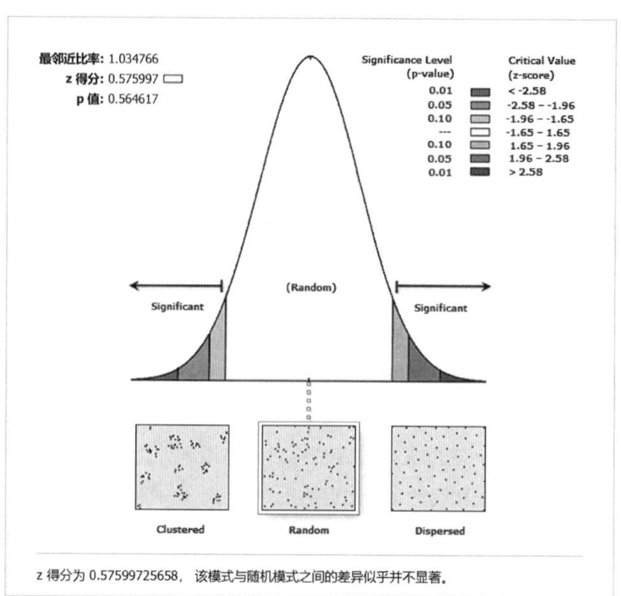

平均最近邻汇总

平均观测距离:	9893.3928 Meters
预期平均距离:	9560.9921 Meters
最邻近比率:	1.034766
z 得分:	0.575997
p 值:	0.564617

图10　宣府镇长城军事聚落平均最近邻

五、结语

运用比较研究的方法，得出明朝南直隶海防与宣府镇长城军事聚落在统一的军事制度管理下，却各有侧重：防御层级方面，两防区在布防上都呈现一定的纵深性，但城堡层级不同，南直隶海防简化陆地防御更注重海上防御；空间分布方面，宣府镇布局十分严密，而南直隶较为开放，但两防区在聚落选址布局的策略方面又有一些共性。

从南直隶海防与宣府镇长城军事聚落的比较也可以进一步窥探出，明朝两大防御体系军事聚落的相似与差异性的产生主要受以下几方面的影响：

1. 明朝军事制度对组织结构的影响

明朝最初的都司卫所制度到后期镇戍制的演变，直接体现在了军事聚落组织层次上面的变化，长城防御聚落在后期划分出了镇城、路城两种特殊的城堡等级。

2. 历史环境对军事聚落建置的影响

政治环境与经济环境对海防和长城防御中军事聚落的建置都产生着深刻的影响，例如明朝都城的变迁以及战事的频率变化，使海防和长城军事聚落在建置时间有着较大的差异。

3. 地理特征对空间形态的影响

地理特征包括区位、水文、地势等较大程度上影响了城堡的空间选址。长城防区处西北内陆，地势情况复杂，在考虑城堡选址上必然要顾及这些客观条件，譬如临近水源与官道的位置聚落分布相对较为密集。

4. 防御对象、方式、等级对分布密度的影响

海防军事聚落抵御倭寇从海上入侵，相对长城所防御的北部骑兵而言，倭寇入侵受季风、洋流与海岸线地理条件限制较大，从而导致海防军事聚落在密度上呈现较强的集聚性。

明朝海防与长城防御体系既然是同一历史时期的军事防御部署，必然有着千丝万缕的联系，当前的研究较多处于独立研究的层面，少有交集。比较研究有利于更全面了解明朝的防御性聚落，运用变化的眼光去分析两者在同一时空条件下的状态，探寻其形成过程和背后的原因，可加深对于明朝政府所采取的一系列政治军事举措的理解。

注释

① 支撑基金：国家自然科学基金面上项目"明代海防与长城防御体系及军事聚落比较研究"（51678391）；国家自然科学基金资助

"黄河流域传统堡寨聚落群系整体性研究"（51778400）。
② 张玉坤，天津大学建筑学院，建筑和文化遗产传承文化和旅游部重点实验室，教授，300072，tjdx.tj@163.com。
③ 吴蓓，天津大学建筑学院，建筑和文化遗产传承文化和旅游部重点实验室，博士研究生，300072，1187924904@qq.com。
④ 谭立峰，天津大学建筑学院，建筑和文化遗产传承文化和旅游部重点实验室，副教授，300072，tanlf_arch@163.com，本文通信作者。

参考文献

[1]（明）郑若曾．筹海图编 [M]．北京：中华书局，2007．
[2]（明）杨时宁．宣大山西三镇图说 [M]．南京：中央图书馆，1981．
[3]（清）陈鹤．明纪·卷四 [M]．台北：世界书局，1967．
[4]（清）张廷玉．明史 [M]．北京：中华书局，1974．
[5]（清）王者辅．宣化府志 [M]．台北：台湾学生书局，1969．
[6]（明）谢杰．虔台倭纂·卷（下）[M]．北京：书目文献出版社，1990．
[7] 杨金森，范中义．中国海防史 [M]．北京：海军出版社，2005．
[8] 郭红，靳润成．中国行政区划通史，明代卷 [M]．复旦大学出版社，2007．
[9] 杨申茂．明长城宣府镇军事聚落体系研究 [D]．天津：天津大学，2013．
[10] 谭立峰．明代河北军事堡寨体系探微 [J]．天津大学学报（社会科学版），2010，12（06）：544–552．
[11] 李严．明长城"九边"重镇军事防御性聚落研究 [D]．天津：天津大学，2007．
[12] 尹泽凯．明代海防聚落体系研究 [D]．天津：天津大学，2016．
[13] 韦占彬．明代边防预警机制探略 [J]．石家庄学院学报，2007，9（5）：56–60．

传统村落宜居空间环境的延续思考

陶思翰[①] 杨大禹[②]

摘 要： 乡村振兴战略政策的实施，极大地促进了乡村的建设与发展。乡村与城市共同构建了人类生存、生产和生活的人居环境。本文以昆明海晏村为例，借助人居环境理论及五大系统的相互关联，通过梳理村落的空间建构，挖掘其原生秩序，并围绕村落人居环境的保护提升，论证对村落宜居空间环境的延续思考和价值体现，探寻适宜的策略方法，营造"新村+乡音"和"新貌+古韵"共存的宜居空间环境，有效促进乡村人居环境的更新提升和建设振兴。

关键词： 传统村落 宜居环境 居住状态 原生秩序 延续

引言

经过十多年持续不断地乡村建设和实践，直到2018年《乡村振兴战略规划（2018-2022）》政策的正式提出，我国基本完善了乡村建设的"三大跨步"发展计划：第一大跨步为社会主义新农村建设跨到美丽乡村建设，逐渐从社会经济高速发展的城市建设逐步转向乡村的人居环境建设，特别强调对乡村生态环境保护和乡村特色风貌传承的环境综合治理；第二大跨步为从美丽乡村建设到乡村振兴规划，我国以全方位的视角看待乡村问题与国家发展面临的矛盾，按照形成的乡村振兴20字方针，涉及生态建设、产业发展、人居环境、基础设施等七大领域；第三大跨步计划从2020年开始，按照经济、政治、文化、社会和生态文明建设"五为一体"的总体布局来全面推进建成小康社会。

乡村人居环境作为人居环境的重要组成部分，与城市一起构成了人居环境的五大系统[③]（图1），为人类生存、生产和生活提供了主要场所。生态宜居的乡村人居环境能促进美丽乡村建设，是支撑农民安居乐业的环境基础，充分展现人居环境科学五大系统的完整性综合性建设。如何改善提升乡村人居环境，建设生态宜居的空间环境，延续人与自然、与社会和谐的居住状态，是当前乡村建设面临的现实与挑战，值得去关注思考，研究探寻其对应的策略方法。

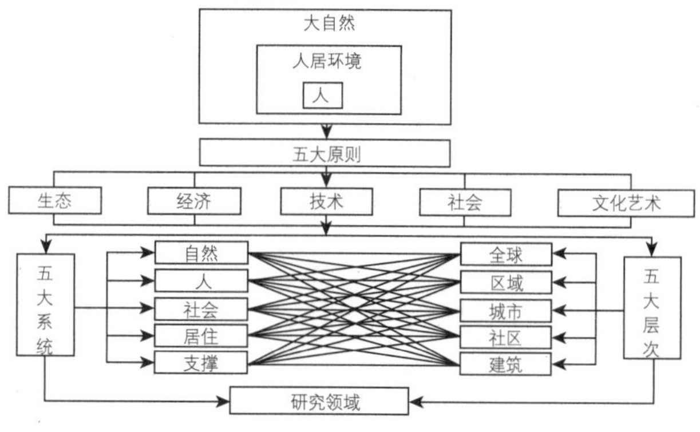

图1 人居环境科学研究框架图

一、海晏村环境空间建构

俗话说"一方水土养一方人"，这不仅指自然条件和地理环境，更多的涵盖了传统村落特征、建筑形式、地域文化、社会风俗等，经过数千年的历史积淀和传承，形成了自身独特的乡土民情并代代相传。我国自然环境与人文背景的差异性，构成了"不同水土养不同人"的多元共存局面。人居环境是"水土"的科学代名词，包含居住环境和生活状态两个部分。居住环境包括一切物质空间要素，是人们工作劳作、生活居住及社会交往的必要场所；而生活状态则是以这些场所为平台载体，以人为中心形成的一系列如地缘、血缘、宗教等社会关系的复杂系统，贯穿于整个空间环境，并满足人们的生产、生活、生理与心理需求。

海晏村是昆明滇池边仍保存完整的古渔村，具有浓厚的历史文化和怡人的自然景观。海晏村西临滇池，南靠梅家山，东看呈贡主峰梁王山，北望昆明主城区。其村名取自唐代郑锡的《日中有王子赋》中"河清海晏，时和岁丰"之寓意和设宴集会远眺滇池美景之实态。海晏村形似鱼状，"鱼头"在滇池东岸的老码头，"鱼尾"延伸到环湖东路，村落整体形态呈现了"山——村——田——池"的空间架构。源自南侧石子河的水渠形成4条水系穿村而过，使海晏村内的街巷呈二纵二横"井"字式空间格局，其中最核心的老街道呈鱼骨状贯穿整个村落（图2、图3）。沿"鱼骨"街巷分布着滇中传统特色的"一颗印"民居建筑，其代表性的"七十二道门"民居院落，构造复杂却暗藏秩序，将所谓"门道"展现得淋漓尽致，灰瓦黄墙的建筑风貌与青石板路两两相宜（图4）。海晏村丰富的物质文化与非物质文化资源，如清末时期所建的传统民居、宗教祭祀

图2 海晏村空间布局

图3 海晏村村落空间建构

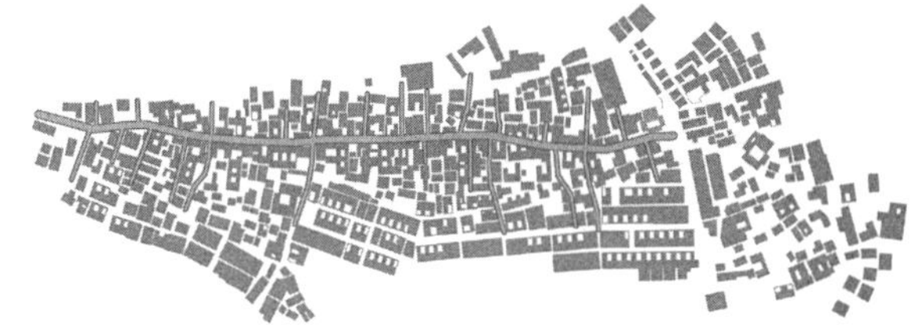
图4 海晏村鱼骨状主干道

建筑等物质空间，因灵活有机的布局、精湛的建筑技艺使其具有极高的历史文化价值和艺术价值，而村落古朴的农耕文化、渔业文明、“三教合一”的宗教信仰及传统滇剧等非物质文化，共同展现出海晏村深厚的历史文化底蕴。

随着社会发展不断产生的传统与现代、城市与乡村之间的矛盾越来越突出，海晏村也相继出现村落的“空心化”、生态环境退化、传统建筑风貌异化等现象，如何采取针对措施，在有效保护传承好村落乡土情愁的同时，不断提升乡村宜居的生态环境，来保住昆明最后的古渔村这“一方水土”和“一方人”，是时代赋予我们的机遇和责任，需要结合人居环境的五大系统去探讨和思考。

二、村落宜居的空间环境延续

借助对海晏村人居环境的分析和解读，我们可以从自然环境、村落环境和居住空间环境三方面，来探讨对其宜居空间环境延续与建设，具体分析如下（表1）。

1. 在自然环境保护方面，应秉持绿色生态、持续发展的理念，强调以保护为主利用为辅的原则：一是要加大管理力度，加强宣传力度提高居民的生态保护意识，科学治理，善待自然，保护自然生态环境资源的多样性，特别是滇池流域的生态环境；二是要严守生态红线，优化乡村发展布局，统筹利用生产空间，合理布局生活空间，严格保护生态空间；三是要合理利用自然环境，建设具有水岸渔村特色的景观风貌，促进海晏村滨水格局及传统风貌的整体保护和传承（图5）。

2. 在村落环境更新建设方面，重点解决好村落空间中各种实体要素的建设以及各要素之间的相互关联，解决好村落交通混杂、基础设施老化、乡村景观脏乱差等现实问题。依据《云南省进一步提升城乡人居环境五年行动计划（2016-2020）》等具体要求，通过实施改路、改房、改水、改电、改圈、改厕、改灶和清洁水源、清洁田园、清洁家园的“七改三清”策略[④]，开展村容村貌整治净化美化，落实推进基础设施和公共服务设施建设规模与标准，有效改善提升村落人居环境质量（图6）。

海晏村人居环境分析 **表1**

海晏村	S（优势）	W（劣势）	O（机遇）	T（威胁）
自然系统	滇池、西山等自然资源	水域、植被等生态破坏	滇池生态系统大规模整治	失去自然资源
人类系统	民风古朴、渔业及种植业	生活贫困、人口外流	村落产业再生、人口回流	“空心村”现象
居住系统	历史建筑遗存较多、生活方式变化	村落整体风貌因新建筑受不同程度影响破坏	具有良好景观的生态宜居居住环境	基础设施老化，人居环境质量差
支撑系统	交通优势、基础设施和公共服务设施基本完善	设施规模、标准不统一、使用方式不合理	旅游业开发改良设施配置较完善、服务质量明显提升	本末倒置、资源浪费、环境破坏
社会系统	政府支持、社会与民众广泛参与	村民对村落历史和地域环境认同感不强	旅游业带来部分村民致富的影响示范作用明显	村民是否为村落主人
综合分析	“昆明第一村”	新建建筑随波逐流、传统风貌逐渐丧失	旅游资源带动产业发展，国家级传统村落保护导向	“消失的古渔村”

3. 在传统风貌保护传承方面，民居作为居住系统最基本的载体和民生保障，反映出鲜明的地域传统和文化特色。海晏村传统民居多滨水而建，沿街而居，其半颗印、一颗印、二进院及多进院等的居住空间构成模式，遵循着从私密——半私密——半公共——公共空间的递进，从室内居住空间、庭院空间到村落公共空间和聚落整体环境的序列建构，充分展现其浓郁的生活气息和独特的风貌特征。由于新建民居缺乏引导，对村落空间肌理及整体风貌造成一定程度的影响（图7）。所以需针对海晏村的自然条件、风貌特征、建筑空间形态与地域文化特色进行深入探讨，合理协调空间组织、形态风貌、建构技艺方法等，进一步彰显其地域文化特色。同时也要融入新时代、新技术、新材料相关理念，建立“功能、技术、文化”三位一体且适应性强的新民居设计，避免生搬硬套，盲目采用城市建设方式。应将村落的公共空间、街巷空间、居住空间与整体景观环境综合考虑，使传统与现代同步协调发展，保持环境尺度宜人、风貌统一、功能完善且充分展示现代乡村生活的地域特色。

而对村落宜居空间环境的保护延续与更新建设，应遵循如下原则：

1）保护好村落的物质文化遗产与非物质文化遗产；

图5　海晏村滇池自然景观

2）建造符合地域特征、文化特色、建造方式、材料使用的村落环境和民居建筑；

3）根据村落演变规律、集聚特点及现状分布等特征，结合村落发展的定位、尺度与密度，确定适度、灵活的建设规模，科学合理地配置垃圾回收、污水处理等公共基础设施和服务设施，使村落资源发挥最大化的能效和作用；

4）使政府自上而下与村民自下而上的建设模式相互结合，共同组成村落建设的共同体，形成“五位一体”[⑤]的乡村建设模式，为乡村宜居空间环境的的延续打下坚实的基础。

三、和谐共生的居住状态延续

乡村有产生、发展、成熟、衰退、重生、再发展的生长周期，维系乡村发展的内在动力就是潜在于人居环境中的原生秩序，其中之一便是人与自然、人与人“和谐共生”的生活居住状态。首先，“和谐共生”的居住状态主要体现为天人合一的自然态、人神共存的宗教态、与人为善的生活态。

1. 天人合一的自然态。主要是尊重自然、自然万物平等以及人与自然和谐相处的观念。从古至今，“天人合一”的理念不断传承、延续和发展。在村落选址方面，海晏村精妙地展现了我国传统村落选址“枕山、环水、面屏”的风水景观环境特色。海晏村以西山为屏，山下建村，村绕水走，田邻村种，其灵巧的自然态彰显了人们对环境认知与选择利用的生活智慧。在村落建设方面，海晏村所展现的有机秩序，较之于常见“兵营式”的规整布局，有更强的适应性和地域性，整体形态犹如一条大鱼，时而涌入水中，时而藏匿于山间，村落融于自然，与自然和谐共生（图8）。在建构材料应用方面，村落中的传统民居多以木构架体系为主，以当地夯土墙或土坯砖墙做围护。而含有稻草、池泥的土坯砖墙正取于周边自然，且可重复利用，既减少了材料运输的成本也降低了建筑垃圾对环境的影响和破坏。传承和延续村落这种“天人合一”的自然态，

图6　海晏村基础设施情况

图7　海晏村新旧民居风貌对照

图8 海晏村天人合一的自然态

可有效地促进村落的可持续发展，增强村落生命的持久性。反之则村落会走向衰败。

2. 人神共存的宗教态。源于我国悠久的宗教崇拜历史，形成了许多村落居民自觉的生活禁忌、淳朴的信仰风俗与村规民约，特别是在少数民族的村落建设中更占据着至关重要的地位。不同民族、不同村落有不同的宗教态，引导和制约着村落的生产生活方式、禁忌活动甚至是价值取向。海晏村的村落空间格局具有体现佛教、道教和基督教等不同宗教信仰的建筑遗存，如关圣宫、石龙寺等，还有部分基督教信仰者在自家住宅外立面上钩饰十字架，定期定时在家做祷告。不同信仰彼此尊重，互不干扰。显然，人神共存的宗教态维系着村落社会秩序的平衡发展，其反映的精神内涵与村落生态宜居环境的建设紧密相连，是村落的灵魂所在（图9）。

3. 与人为善的生活态。时常渗透到乡村生活的人际交往、生活习俗、城乡关系等方方面面的状态，虽细微但却是人居环境中最能体现“以人为善”的价值观与生活观。如海晏村的合院式民居有“独院”、“并院”和“串院”等多种不同的空间形态，内向型院落满足私密性要求，外向型院落则促进人与人之间的交流沟通。作为民居建筑的特殊空间，不同庭院增加了居民家庭生活的便捷性、实用性，而街道空间尺度的灵活性和形式布局的丰富性，极大地展现了与人为善的生活状态（图10）。

不同的生活方式必然对村落生态宜居环境的建设产生不同影响。如适宜规模和标准的基础设施和公共服务设施，可在原有基础上改善村容村貌，丰富村民的日常生活，增强对村落的归属感和认同感，促进村落人口回流，使之再现勃勃生机、“炊烟袅袅”的生活景象和难忘的乡愁记忆。从城乡关系来说，对生活态的打造既可是抽象的也可是具象的，抽象的是作为城乡关系统筹的一种手段，一种可缓解城市和乡村矛盾中彼此“之间”的关系；具象的是具体的空间营造，如可在海晏村创建一些渔业制作工坊、渔业文化展示馆、农耕文化博物馆和体验馆等，兼具生产、生活和娱乐的复合性

图9 宗教于建筑的表现

公共空间，既满足村居日常所需，也可以提高海晏村的知名度和影响力，推动乡村经济的发展。

其次，对“和谐共生”居住状态的延续，是乡村持续的发展动力和内在需求，也是维系着乡村人居环境历史文脉与体现“一方水土养一方人”的核心。所以，尊重自然、尊重传统、尊重乡村生活，明确以人为本、以保护传承为旨归，坚持融入式的乡村渐进更新发展而非介入式的乡村快速设计，因地制宜，灵活有序的方法，以表达乡村独特的场所精神，留住乡村生活真切的情感和记忆。

图10 海晏村院落式空间形态

四、结语

文章借助人居环境中的五大系统及其相互关联与遵循原则，从物质层面和精神层面的双重建设，粗浅地论述了对传统村落宜居空间环境延续和建设的思考。通过对上述乡村宜居空间环境延续和建设策略分析，强调在传统村落中，不论是村落的公共空间、民居空间，还是村落聚居生活状态及其所蕴藏的民间智慧和价值体现，对现今的城乡规划建设均有积极的引导和示范作用。溯其本源，对传统村落宜居空间环境的延续，是一种对乡村人居环境原生秩序的传承。它是经过历史积淀形成的乡村核心价值体现，能维系传统村落持续发展的生命力；这种秩序也是传统村落保护与更新从观念到实践的跨步，能营造出“新村+乡音”和“新貌+古韵”的乡愁记忆，有效地促进乡村的振兴和繁荣。最终在“一方水土养一方人”的基础上，达到“一方水土养多方人”的可持续发展生活理想。

注释

① 陶思翰．昆明理工大学建筑与城市规划学院，650500，2801147688@qq.com。

② 杨大禹．昆明理工大学建筑与城市规划学院，教授，博士，博士生导师，650500，857012994@qq.com。

③ 人居环境科学由吴良镛先生提出，其五大系统为：自然系统、人类系统、社会系统、居住系统、支撑系统；五大层次为：全球、区域、城市、社区、建筑；五大原则为：生态、经济、技术、社会、文化艺术。

④《云南省进一步提升城乡人居环境五年行动计划（2016–2020）》，2016年8月18日。

⑤ 五位一体：政府主导、农民主体、科技支撑、企业助力、社会参与。

参考文献

[1] 金洁霞，王国灿．乡村振兴与建设美丽乡村 [J]．浙江经济，2018，(6)：28–29．

[2] 中共云南省委办公厅，云南省人民政府办公厅．《云南省进一步提升城乡人居环境五年行动计划（2016–2020）》．2016．

[3] 吴良镛．人居环境科学导论 [M]．北京：中国建筑工业出版社，2001．

[4] 罗德胤．传统村落——从观念到实践 [M]．北京：清华大学出版社，2017．

[5] 何远江．历史文化村落保护更新规划的探索——以海晏村为例 [J]．云南建筑，2015，(1)：88–93．

[6] 陈秋帆．基于乡村振兴视域的传统村落保护与利用 [J]．砖瓦世界，2019，(2)：55．

[7] 刘彦随．中国新时代城乡融合与乡村振兴 [J]．地理学报，2018，73 (04)：637–650．

[8] 陆元鼎．中国民居研究五十年 [J]．建筑学报，2007，(11)：66–69．

[9] 梁林．基于可持续发展观的雷州半岛乡村传统聚落人居环境研究 [D]．广州：华南理工大学，2015．

[10] 杨大禹，吴良镛．中国民居建筑丛书——云南民居 [M]．北京：中国建筑工业出版，2016

[11] 蒋高宸．云南民族住屋文化 [M]．昆明：云南大学出版社，2016．

[12] 蔡建军．传统民居对现代住宅设计的启示 [J]．建筑工程技术与设计，2018，(24)：3623．

[13] 王竹，钱振澜．乡村人居环境有机更新理念与策略 [J]．西部人居环境学刊，2015，30 (02)：15–19．

营建中原文化聚落

——河南郏县李渡口村的保护与再生探研

郑东军[①] 栗小晴[②] 王晓丰[③]

摘　要： 传统村落作为传统文化传承和生产的社会空间，承载了乡村不可再生的重要文化遗产。本文在对河南省郏县李渡口村保护规划、维修设计及再利用工作的基础上，从李渡口村的历史沿革、建筑特征等方面对村落特色进行分析，并结合李渡口村的历史文化底蕴和目前正在进行的村落文化建设，重新发扬李渡口村的传统文化，探讨李渡口村的保护与再生模式，以期对河南地区传统村落的保护与再利用模式有所启发。

关键词： 传统村落　李渡口村　文化聚落　保护与再生

郏县位于河南省平顶山市北部，是河南省传统村落最多的古县城。李渡口村历史悠久，村落风貌保存完整，具有很强的豫中民间文化的特色，是省级文物保护单位，2013年被评为第二批国家级传统村落，村内建于明清时期的传统民居于2016年被公布为河南省文物保护单位。[④]

一、李渡口村概况

1. 自然环境

李渡口村位于冢头镇北部，距县城中心8公里，交通便利。古村落三面沃野，村落西部是蓝河，地理位置优越。村落主要产业以种植小麦、玉米、烟叶为主，是河南省优质小麦和商品粮生产基地。

2. 历史沿革

李渡口村位于蓝河的上游，明代初期由山西洪洞县迁入，更名为李渡口村。清属花梨保，民国时设郏邑李渡口镇，1934年复名隶郏县三区，1947年属冢头镇，1958年更名李渡口大队，归冢头公社，1984年复名李渡口村，隶属冢头镇至今。

明末清初李渡口由于蓝河的缘故已发展成为远近闻名的商业聚集地，人声鼎沸，门庭若市。据《郏县志》记载，清同治三年全县共有25处集贸市场，李渡口即为其中之一。

3. 村落布局

李渡口村地势中间高四周低，东西相对隆起。四周原有寨墙环绕，但由于1957年水患侵袭，现大部分已损毁，仅留存了西部的一段。村落原有东西寨门，现已重修西寨门。从形貌上看，村落整体格局呈东西走势，状如龟背。村内道路肌理像是五条龙盘踞在村中，共同构成“五龙缠龟”，寄寓村落繁荣兴盛。

寨内有东西向主街一条、南北向主街一条，中间穿插李家小巷、弹花巷、药铺巷等九条小巷，这些街巷大多以重点建筑命名，共同构成了李渡口村的道路骨架，民居店铺等建筑依附其展开。（图1、图2）

二、李渡口村传统建筑特征

1. 院落特征

李渡口村院落的平面布局大致分为两种：三合院和四合院。虽然现存的还有“一字形”和“L形”院落，但历史上都是合院形式，出现这样的类型是村落发展过程中由于自然或人为的因素有所改变。

李渡口村的合院是河南地区传统民居的典型形式，其正房一间，居于正中；两侧东西厢房；正房对面是倒座，中轴线明显。有些院落尺寸较小，正房对面仅有一个小门楼，这类合院就是三合院。院落之间大多纵向扩展，村内如李冠儒宅院、李泽之宅院等都是二进院或三进院，这也是由基本的四合院单元组合而成的。

2. 建筑特征

李渡口村单体民居以“三间五架”为普遍形制，三开间单体建筑是民居中最普遍的平面模式。据唐《营缮令》载：“六品、七品

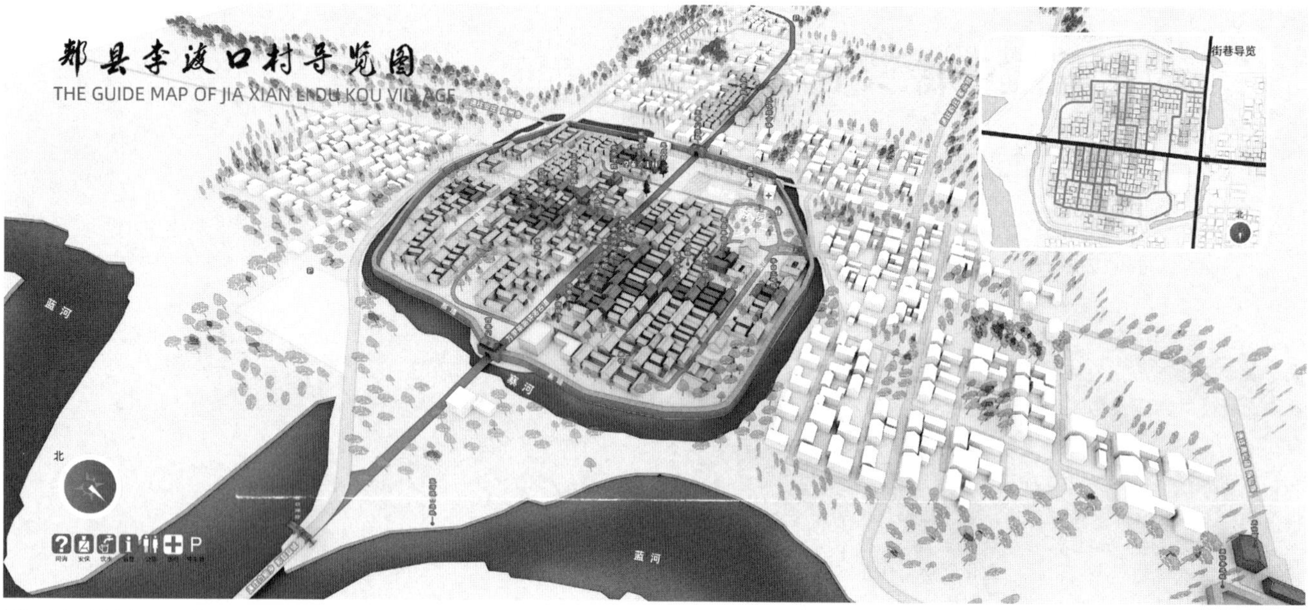

图1　李渡口村导游图（图片来源：王晓丰制）

图2　李渡口村寨内鸟瞰（图片来源：工作室提供）

以下堂舍，不得过三间五架……庶人所造堂舍，不得过三间四架，门屋一间两架……”，明《舆服志》规定“六品至七品，厅堂三间，七架”、“庶民庐舍不过三间五架”，除官式建筑可能开间达到五间、七间，民居基本都是三开间。

李渡口民居在立面处理上多为三段式：屋顶、屋身和台基。由于传统封建等级的制约，李渡口村民居屋顶都为普通的硬山式屋顶，屋顶正脊大多有脊兽装饰，但大部分都是简单的一条正脊，但正脊上的花纹是不同的。

屋身主要以青砖墙和土坯墙为主，土坯墙时代久远，大多都已剥落。屋身上还有郏县特产的红石作为装饰，跛石、门窗过梁石、门框窗框都是用红石砌筑的，红石的装饰使得建筑立面活泼起来，也具有浓厚的地域色彩。

李渡口村传统民居建筑细部分为以下几类：

1）山花

李渡口村的山花类型有很多种，其中最简单的“白色三角形”山花是数量最多的，一些人家会在山花部位绘制精美的图案，这类图案多以花卉、鱼、龙、凤为主，以保生活顺遂。表1右下角是李泽之宅院的山花，左鹿右凤，谐音“俸禄”，意为财源滚滚，幸福长寿。由于雕刻精美，被称为“中原第一山花”。

李渡口村山花　　表1

山花类型

（图片来源：作者自摄）

2）墀头

李渡口村传统民居墀头种类较多，最简单的只有砖，有些墀头上有刻字，如“宁”、“福”、“禄”等，1957年大水过后遗留下来的已不多。墀头体现了村民对美好生活的向往。家境较好的人家墀头有精美雕花，多为莲花，具有很高的艺术价值。（表2）

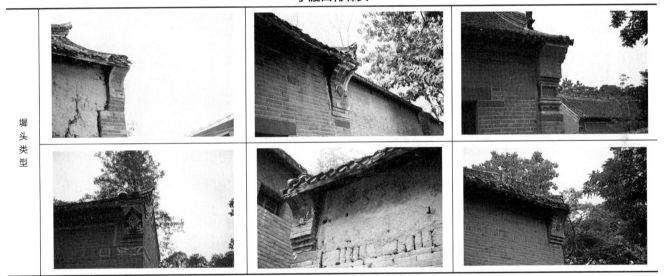

李渡口村墀头　　表2

墀头类型

（图片来源：作者自摄）

3）门窗

李渡口村民居的门窗以木制门窗为主，普通人家就是简单的木窗格栅窗，还有如李泽之老宅、李冠儒老宅会有卍字形、六角形花窗，木门多以板门、隔扇门为主。（表3）

4）砖石

李渡口村民居外立面砖石尺寸大都是现代青砖尺寸，以上以两种青砖为例。经调研测量，砖石尺寸基本上都在240毫米×60毫米左右，稍微长一点的长度可达到290～300毫米。但如图3是土坯墙遗留下来的土砖，尺寸与现代尺寸不同，大概为180～190毫米长，80毫米宽。（表4）

3. 地域特征

李渡口村传统建筑的建筑材料主要是砖、红石、土、木。为方便营建与施工，都是就近直接从周边取材。由于当地盛产红石，所以村落内红石随处可见。木料多在村落周边砍伐，以槐树、柏树、榆树等密度稍大的乔木为主。

随着传统木构架的不断发展，李渡口村传统民居大多采用砖墙

李渡口村门窗 **表3**

门窗类型			

（图片来源：作者自摄）

李渡口村砖石（单位：毫米） **表4**

砖石类型			
	300×70	260×60	190×80

（图片来源：作者自摄）

承重的方式。现在的房屋结构多为砖木结构承重和夯土墙承重，相比于单纯用木构架和墙体混合承重的方式，这样的结构不仅加强了房屋的稳定性，也增加了房屋的跨度，使室内空间更加灵活。

李渡口村的建筑作为中原地区建筑的代表，其建筑装饰、营建技术也代表地域文化特色，这成为传统村落文化和现代文化建设共同打造文艺聚落的基础。

三、文化聚落的构成

1. 渡口文化

李渡口村早在西汉初年便因渡口成村。后凭借蓝河漕运兴盛，在明清时期已发展成为远近闻名的商贸聚集地，现今周边村落逢年过节也会聚集于李渡口村赶集赶庙会。如今渡口已不复存在，但村内仍存有卷烟厂、举子屋、染坊、济世堂、酒坊、屠行、花行等商业建筑旧址。

商业的繁荣同时也带动文化的发展，古时李渡口村人才辈出，文秀才武秀才不胜枚举，李泽之宅院曾出过两名秀才，李泽之、李泽道两兄弟一人文秀才一人武秀才，更有乾隆年间李义仁因治理黄河被称为“天下第一监”。

2. 书法文化

李渡口村历史文化底蕴丰富，古有文武秀才举人，现今郏县又有“书法之乡”之称，李渡口借助这一平台开展了书法国画方面的建设。以李渡口村为中心，打造“中原书法部落”，深度挖掘郏县的民间艺术文化。

过年期间村里还举行书法名家写春联的活动。村里现已聘请河南省书法家入驻李渡口村设立工作室，与此同时，村内已规划书法培训基地和民宿，努力把书法文化打造成村落产业。(图3)

3. 民俗文化

李渡口村因历史、民俗的影响至今仍保留着独特的古代民族风俗。每年农历的三月十三，村内都会举行古刹庙会。唐代修建古寺“关帝庙”，千百年来香火鼎盛。早期庙会仅是一种隆重的祈雨活动。后期继续发展，庙会的内容又进一步丰富，逐渐融入了集会交易活动。庙会时沿街设摊物资交流的商贩极多，商品齐全，花色繁多。附近乡、村的人纷纷来赶会，规模宏大，参与商户众多。现在村内村部对面新建有下沉广场和戏台，逢年过节还有戏曲舞蹈演出，十分热闹(图4)。

四、文化聚落的再生

近年来中央提出“美好生活共同缔造”的乡村建设新思路，习总书记指出：“加强农村突出环境问题综合治理，扎实实施农村人居环境整治三年行动计划，推进农村‘厕所革命’，完善农村生活设施，打造农民安居乐业的美丽家园。要持续开展农村人居环境整治行动，打造美丽乡村，为老百姓留住鸟语花香田园风光。把选择权交给农民，由农民选择而不是代替农民选择。”

李渡口村积极响应国家的号召并进行了相应的文化建设，意在把李渡口村打造成为中原文化的一张名片。

1. 空房改造

李渡口村已在进行书法文化的建设。主街北部一荒废院落现已改成“毛笔展示馆”，为把此处打造成一毛笔书法体验馆，屋内已摆有各式毛笔和宣纸，现未对外开放。(图5)

村落主街南部有两块空地，计划规划为书法培训基地，设计有书法教室，宣扬书法和国学文化，可以组织成为夏令营、书法俱乐部，吸引青年学生来此学习。

李渡口村现规划还有民宿，通过党员带头，村民自愿将闲置的

图4 下沉广场和戏台（图片来源：作者自摄）

图3 村委会书法展示（图片来源：作者自摄）

图5 毛笔展示馆（图片来源：作者自摄）

房屋与村委签订租赁协议，让更多的书法家、画家“落户”李渡口，也给来学习旅游的人提供住处，真正带动村落文化的发展。村落目前规划的民宿大致分为几个区域：在西寨墙寨河视野好环境好的地方设计成高档民宿，村内各空地或闲置的房屋设计成普通民宿，都以书法国学为主题，深入发展村落的文化产业。

2. 村落主街整治

近两年李渡口村一直在进行建筑维修和风貌整治的改造，李渡口村目前已修缮古建筑10余座，村内主街立面改造已基本完成（图6）。在整治中临街建筑屋顶改为筒板瓦坡屋顶，增加挑檐。整治以前的门窗砖石为仿古门窗，贴仿古砖，防盗网改为仿古样式金属防盗网，涂仿古漆，墙基处保留红石墙基，院墙上檐加女儿墙。现主街立面上各户还加有门板，门板上有简笔画，讲的都是古时孝义的小故事。古时村落遗留下来的老酒坊、老染坊、卷烟厂旧址都已保留下来。逢年过节或有集会时，主街热闹非凡，还有从外村来赶集的村民络绎不绝。

3. 寨墙寨门的修缮

李渡口村古时寨墙高三丈左右，上宽八尺，可供巡逻和打更护寨，寨墙外面有三四丈宽的寨壕，寨壕内有水，周转流动，称为护城河。古时寨墙有东西寨门，寨门的上边建有东西阁楼。东阁面向太阳升起的地方，称为来旭门。西阁面朝蓝河，迎来送往，寨门的上方刻着“迎龙”两字，称为应龙门。（图7）

图6 主街街景（图片来源：作者自摄）

图7 西寨门寨墙（图片来源：作者自摄）

李渡口村是平原地区的传统村落，为抵御匪患，村民在古时修建了寨墙寨门，所以在恢复古村落的传统风貌中，修复寨墙寨河对整体风貌十分重要。

李渡口村现已修复西寨门、西阁楼和西边的寨墙，修复时复原墙体主要以夯土为主，风貌应与村内传统建筑一致，砌筑方式也选用传统方式，寨墙上的道路用红石铺设。

五、结语

传统村落的保护和再利用是当代乡村建设的主题之一，有着不同的方法和途径，但也带来许多的困扰和思考。作为国家级传统村落和河南省文物保护单位，李渡口村有着保护的迫切性和再利用的基础。但如何可持续地达到一种良性互动，仍是一个值得探索和实践的过程。目前，通过传统民居的修缮、寨墙和寨门的修复、环境风貌的整治、书法文化的打造、民宿和地方特色小吃的开发，为村落产业发展和观光旅游奠定了一定的基础，村民的觉悟也逐步提高，自觉地参与到村落发展中来，保护与再利用工作也逐步完成由“量”到“质”的转变。其模式的根本在于“保护”与“再利用”相互促进、共同提升，村落因文化特色而兴，因兴而特色显，从而把文化资源变成文化张力和文化产业、文化品牌，让它们之间形成良性互动和发展的原生动力。

注释

① 郑东军．郑州大学建筑学院，教授，450000，2271227176@qq.com。

② 栗小晴．郑州大学建筑学院，硕士研究生，450000，349563105@qq.com。

③ 王晓丰．郑州大学综合设计研究院有限公司，450000，35920524@qq.com。

④ 河南省人民政府，《河南省人民政府关于公布河南省第七批文物保护单位名单的通知》，2016年1月25日。

参考文献

[1] 陈豪．河南省郏县传统民居建筑文化研究 [D]．郑州大学，2014．

[2] 谷春．河南冢头古镇明清建筑群保护与维修技术探研 [D]．郑州大学，2016．

[3] 郏县地方史志编纂委员会．郏县志 [M]．郑州：中州古籍出版社，1996．

广府传统村落田野调查个案：会同[①]

冯　江[②]　李嘉泳[③]

摘　要： 会同村是位于珠海北部的一座广府传统村落，现存的古村主要建于清末，村围、水塘、祠堂和民宅共同形成了最初的规则格局，总体朝向西面。清末民初会同莫氏家族中有多人成为著名洋行的买办，村中建成了数栋中西合璧的洋楼、碉楼和园林。改革开放之初，会同部分填掉了村前的水塘，在新划分的宅基地上建起了12栋村民住宅，后因保护古村的需要而暂停批准新建住宅，未享受珠海市统一制订的村民宅基地政策红利。2016年起，会同在传统村落保护发展规划框架下开始建设新宅。论文分析了会同村从清末至当下的村落格局与建筑类型演变，以及蕴藏其中的动力与机制，并探讨不同时期村民如何在适应不同需求的前提下对待已有建成环境。

关键词： 会同村　广府　传统村落　村居　宅地　村落布局

前面一条塘，二闸围一乡。

一间祠堂三塔上，左边文阁似牌坊，右边瓦窑有排场。

花儿果子喷鼻香，人人行过都旺相，真话会同村仔好村场。

——会同民谣[④]

引言

民谣用朴素的词句勾勒出会同村的格局和花果飘香的情景。会同是一座布局规则、整体大致朝西的广府传统村落（图1），其记载最早见于清乾隆十五年（1750年）《香山县志》[1]，当时属广州府香山县恭常都[⑤]。会同东距珠江口海岸约11.5公里，西侧有河涌通西江近横门出海口处，今为珠海市高新区唐家湾镇所辖，2015年入选广东省传统村落。

图1　会同村旧照片，由下横街南望远山，摄于民国时期（图片来源：会同村村委会）

会同村之得名，其说不一。村史馆中有一段与莫氏先祖莫与京有关的记载："与京号会同，少读书知大义，其族与鲍、谭两姓同居园林小村百有余年矣。与京爱犁冈山水之胜，雍正壬子出资购得其地，胥三姓而迁之。负担版筑之费，有弗给者，与京罄其资助之，乡人感其高义，因以号名村曰'会同'"。[⑥]据莫氏家谱[⑦][2]记："始祖德善公由东莞大井迁居本邑翠微，八世与京公复迁会同。"依此说，会同开村于1732年。会同村规模不大，至宣统二年（1910）仅有165户在册[⑧][3]。

会同处在群山环抱之中相对平坦的一片开阔之地上，凤凰山脉围绕在村落的东、南、北三侧。今日的会同村仍然保留了十分规则的总体布局，总体上顺应东高西低的地形，在地势较低的西侧开挖水塘，东侧则以大致南北走向的大街（下横街）、横街（中横街）、上横街将地块划分成三级台地。建筑群整体朝西，略偏南约18°（图2），即使在村落和建筑朝向较为灵活的广府地区，这也属于较为特别的个案。

会同村内存在着不同时期的建设线索，南北闸门旁边有残留的小段村围土墙，村中有传统的祠堂、三间两廊民居，也有夹杂在传统建筑之中的清末民国所建中西合璧的碉楼、洋楼，以及路口的缉卿亭和田野中的西式园林建筑栖霞仙馆，还有改革开放后在填塘而成的宅地上陆续建成的新居，以及在历史文化保护的要求之下获得批准建设、正在施工的自建房。

不同时期的建筑在建筑形制、风格、材料和层数等方面清晰可辨，会同村最初是如何确立朝向和总体格局的？不同时期的建设如何看待之前已经形成的村落格局？舶来的建筑要素怎样进入会同村？在显见的改变中存在着怎样的不变与坚持？本文尝试分析会同

图2　会同村现状总平面图（图片来源：作者自绘）

从建村至当下的村落格局和建筑的演变过程，探讨蕴藏在形态变迁中的动力与机制。

一、会同的格局擘画

现存的大榕树、桥、水塘、闸门、村围片断、社、祠堂和青砖瓦顶的第宅，显示出建村之初在择址和布局上的筹划。“村落的选址总是把水和土地放在第一位，其次则是安全”[9][4]。会同村位于坡脚的相对高处，东面为山林，西侧有大水塘（即民谣中的“一条塘”），南侧为水田和沟渠[10]，北侧为果林，足可应对台风带来的集中降雨，让村落免遭水浸之患。

在乡土聚落的形态结构中，祭祀神祇和祖先的场所往往扮演着统治性的角色。一般而言，在人为构建的意义系统里，神祇管理自然秩序，祖先、先贤管理社会秩序。村落的形态结构作为社会观念的书写，提供了解读传统乡土社会的一种途径。

村围设在村落地势相对较低的西、南两侧，将村中建筑与水塘隔开，南北两端分别设有“北环紫极”和“南控沧溟”两个闸门（民谣中的“二闸”），北闸门与乡道相接，南边闸门则通往田地。据村中老人回忆，北面村口曾有一座三层六角的文昌塔（民谣中的“文阁”）[11]，水口上设有单孔桥一座，桥旁植小叶榕作为风水树，过桥曾建有三座三间两进的村庙一字排开，由北向南依次为华佗庙、侯公庙和张王爷庙。据村民口述，过去若是有人得病则会到华佗庙找庙祝，用香炉灰做药以得康复；家中若有做灶头、建房、嫁娶、买卖牲畜的村民，则到张王爷庙祭拜。在明清广州府的乡土聚落中，神明占据的空间总在聚落的边界处，村民通过祭祀神祇而与自然进行想象中的对话，以祈镇妖祛邪。庙坛不仅是传统民俗活动的重要载体，也是村民的精神寄托。

塔、塘、围、桥、闸、社、庙等标志物形成了会同村历史上的边界和出入口，而祠堂则在村落的前排占据了重要的位置，其占地比宅地大且相对独立。在祠堂中，村民通过祭祀祖先和先贤将他们神格化，以祖先和先贤之名管理社会秩序。会同村现存三座坐东朝西的祠堂，从北往南分别是调梅莫公祠、会同祠以及莫氏大宗祠。建成最早的是祭祀莫姓开基祖的会同祠（应是民谣中的“一祠”）[12]，始建于同治初年，从此判断，村落的格局最晚在同治年间已经奠定。会同祠通阔约18米，进深约25米，头门和正堂为三开间，北侧有一边路。调梅莫公祠乃为祭祀莫氏九世祖莫尚贤（号调梅）所建，通阔约19米，进深约25米，与会同祠形制相近。莫氏大宗祠具体建造时间不详，当比前两座祠堂稍晚，其用地阔约为18.5米，也用三开间厅堂加边路的形式，不同之处在于进深约45.5米，有完整的头门、祭堂、寝堂三堂之制。调梅祠、会同祠与民居的开间尺寸相似，头门、正堂阔约11.8米，边路宽约4.7米；莫氏大宗祠头门宽度为13米，边路宽3.8米。如今，三座庙均已不存，而三座祠堂则被保留了下来。

村内的巷道成大致整齐的棋盘状，巷道位置和线路顺地形而略有变化，以“街”为南北向主要通道，尤以西围之内的天街“下横街”最为宽阔；“巷”为次级道路。街巷将宅地共划分为八路，每路宽度和每间民居的进深不尽相同，位置也会出现前后参差的情况，可能是在修造或改易过程中做出的调整。据测量数据，下区宅地的划分南北两侧较宽，中部较为规整和相对较窄。北面两路宅地的宽度分别是22.3米、15.5米，南面两路用地则宽达18米、24米，两侧均有宽约1.8～2米的巷道，推测可能是原规划为祠堂的地块；中部四路每路用地宽度稳定在11.6米左右，两侧巷道也相对较窄，在1.2～1.5米之间，地块的划分暗示了建筑的预想布置方式。会同村常见的“三间两廊”民居通阔约为11.2米，单开间“竹筒屋”约为4.6米，中部较窄的宅地对应“三间两廊”，南北两侧较宽的宅地则是“三间两廊”与单开间的不同组合形式（图3）。

二、买办之兴与会同洋楼

随着两次鸦片战争的冲击和行商制度的衰退，在通商口岸产生了特殊的人群，他们是受雇于西方人并且参与其主要经营活动的中国人，帮助西方与中国进行双边贸易，被称为买办。清同治九年（1870年），会同村人莫仕扬（字彦臣，1820-1879）担任香港太古洋行首任买办，帮助太古洋行迅速打开局面并不断扩展在华业务。后来莫仕杨次子莫鎏章（字冠鎏，号藻泉，1857-1917）、孙莫应材（字履贤，号干生，1882-1958）等也成为香港太古洋行的总买办。直至20世纪30年代，莫氏子孙仍然活跃在太古洋行进行买办活动[13]。

莫氏家族在数十年的买办经营之中积累了巨大的财富，除在会同建自宅外，还热心于公共空间的建设。莫氏家谱记载“冠鎏

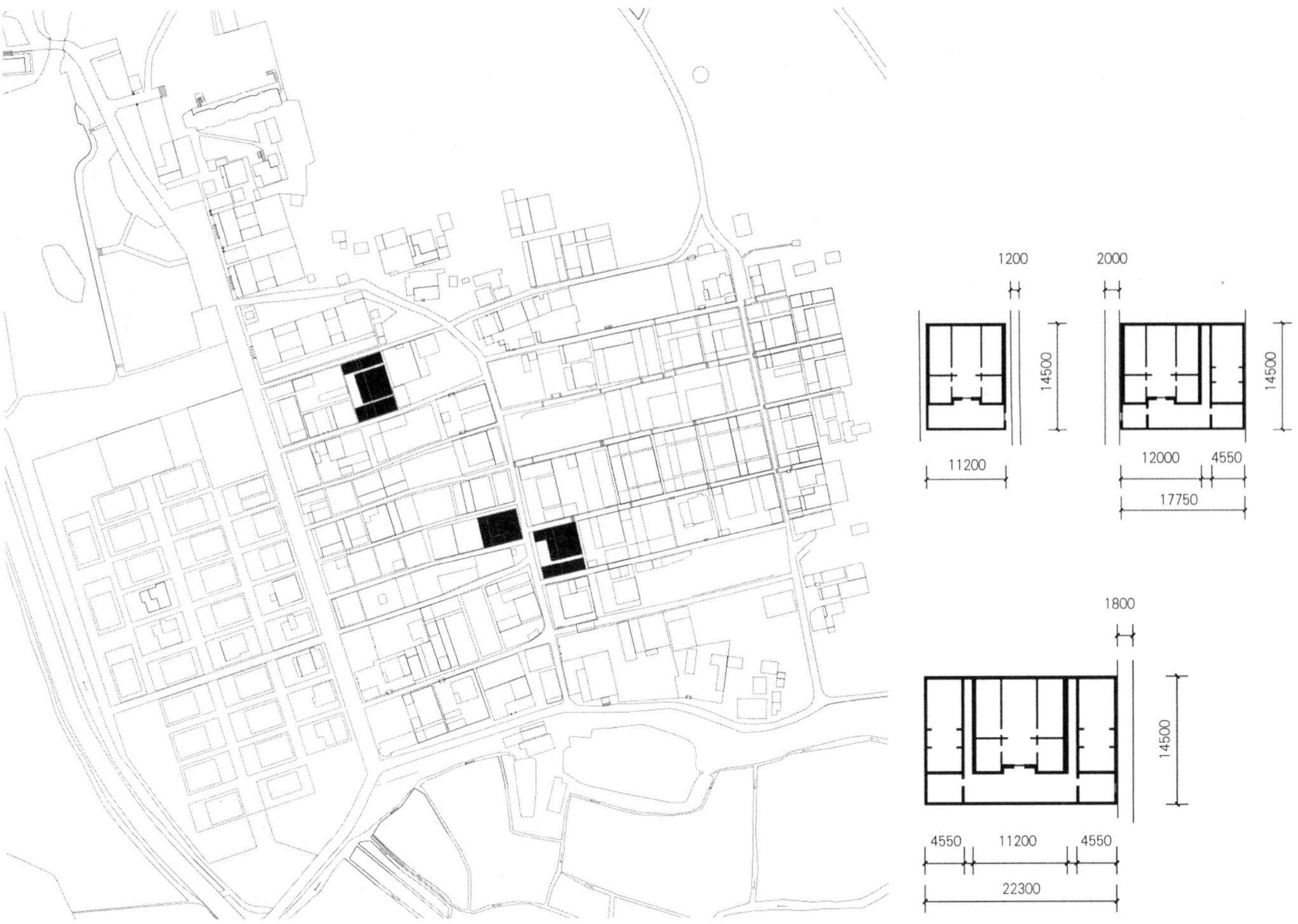

图3 “三间两廊”与单开间的不同组合方式（图片来源：作者自绘）

公……急人之急，乡中贫乏赖以周济者，不乏其人，凡乡中公益之举，如舍义仓，修庙宇，立学堂，开义学，培植风水树木[14]，防虞竻竹[15]”。

村中的住宅也在同治至光绪年间得到了更为集中的建设。从会同村的总平面图上看，以中横街为界，下区和中、上两区的建筑轴线偏折约5.8°。中横街以西的下区沿大巷街面阔方向排开，由西向东建设；中横街以东，民居由中间向两侧扩展。下区靠近中横街的地块肌理不甚整齐，很可能在之前的建设中，下区宅地并未被填满；而中、上两区中部五路民居的形制、建筑方式几乎一致，清末民初的住宅建设主要集中于此（图4）。

有研究者认为会同村标准化、模数化的民居组合和建造方式是受到西方现代规划思想影响的结果[16][5]。中区和上区有可能是买办时期统一建设的，从建筑组合方式来看，此时的三间两廊民居宽度稳定在11.6米左右，单开间宽度为4.5米，与下区已有建设保持一致。上、中、下区采用相似的地块划分逻辑，共同形成了整齐的梳式布局[6]。事实上，传统聚落中采用标准化、模数化的地块划分和形制组合已经有很长的历史了，在明清广州府有较多的实例[17]。

舶来的影响更多反映在建筑和园林上。村落的外围还出现了养云山馆（图6）和栖霞仙馆（图7）两座西式园林。养云山馆位于村北，是1910年莫履卓[18]在祖屋基础上扩建而成的庄园，经多次抄

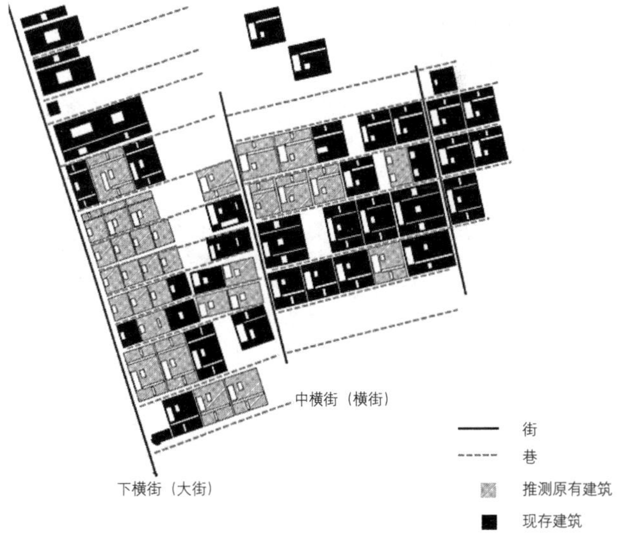

图4 会同村建筑肌理复原推测（图片来源：作者自绘）

家，现已不存。据莫履卓外甥女郑女士回忆，馆内主屋、后楼沿用了原先祖屋的用地尺寸，建筑坐东朝西。除此之外，馆内还有规则几何形的花园，配有假山喷水等景观小品。栖霞仙馆则是1920年由莫履仁[19]所建，相传为纪念其亡妻郑玉霞所建[20]，位于会同村西南面约400米外，占地面积约15000平方米。建筑主体是两层的砖石混凝土结构建筑，坐西向东，仿上海太古洋行模样建造，上层走廊为连续的拱形门券。花园里亭子的设计显示出多国建筑元素的交

图5 会同村中几座西式建筑
左起：南碉楼"风起"、北碉楼"云飞"、缉庐、绍庐（图片来源：作者自摄）

织，绿色琉璃瓦的六角亭，日本式四角茅亭，印度式的啖荔亭点缀其中，亭子皆用钢筋混凝土结构。

1918年，"风起"、"云飞"两座碉楼建成。之后村中还出现两栋中西建筑要素结合的住宅：缉庐和绍庐（图5）。民国二十三年，莫如恩在为纪念其父莫缉卿建缉庐，两层洋楼的平屋顶上建有绿色琉璃瓦屋顶的四角小凉亭，与村里传统民居朝西不同，缉庐正入口朝向南侧巷道。绍庐则是三层的小洋楼，外墙为黄色批荡，入口在南侧，入口上方的圆形的彩色玻璃窗以及折线型装饰表明建筑主动选择了坐南朝北。

从事买办的机遇让会同村民走出故土，又在成功之后衣锦还乡、建设故园。会同村在这一阶段被快速地填充，外来的影响与传统村落的梳式布局共处，对村落的形态格局进一步完善。西来之风主要融入到建筑的细节中，或是选择在村落外围建造，在延续传统形态的基础上适当做出了改变。

三、改革开放后的村民自建房

中华人民共和国成立后，会同村的建设放缓。改革开放之后，随着人口和分户需求的增加，产生了开辟新宅基地的压力。新建的村民住宅并未选择原来预留的地块，而是填埋了一部分村前的水塘作为宅基地，每块宅地大小、形状相同，以示公平。为了适应新的交通方式，水塘和村落之间的围墙被拆除，其余部分的围墙也由于年久失修而渐渐坍塌。为修建小学，村北三座庙被拆除，文昌塔也毁于一次大火。

此时新建的住宅总体上并未遵循传统的格局和建造规则。会同村规划在村西南侧的地块建设30栋住宅，（图8），但建成12栋之后，因为新建住宅风格与传统村落有冲突而暂停了审批。出于保护传统村落的考虑，会同村的建房活动趋于停滞，并未享受到珠海市的宅基地建房政策[㉑]带来的红利。

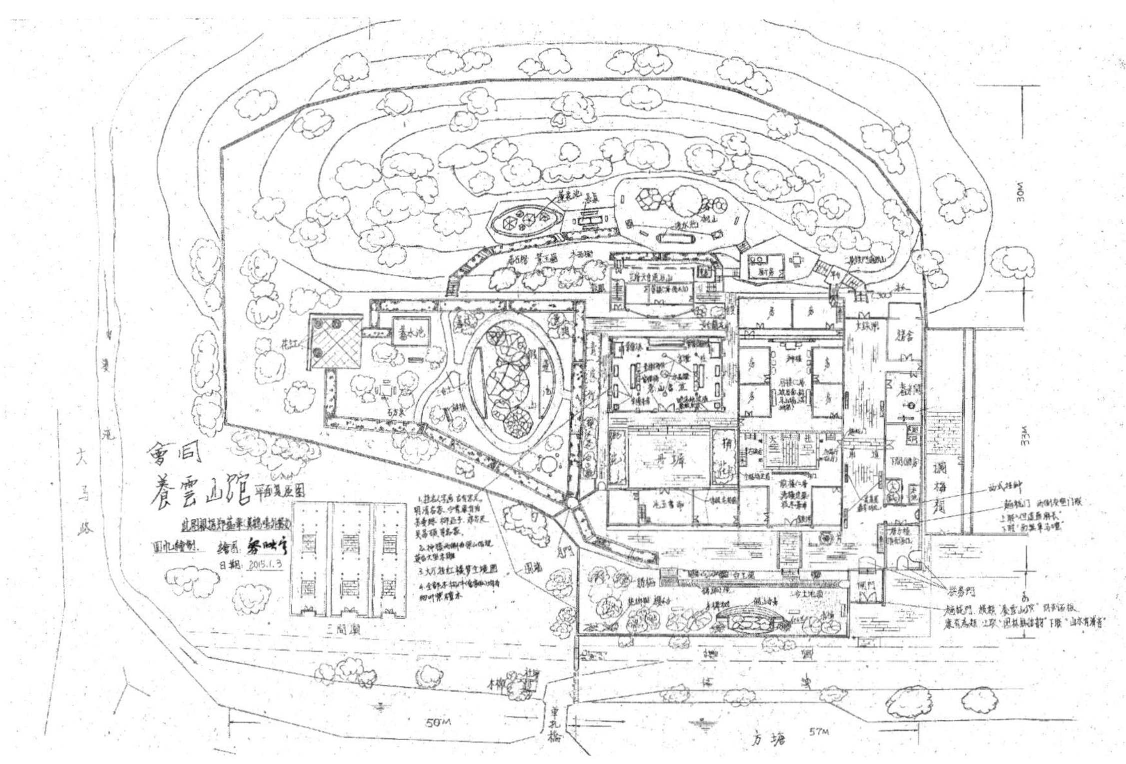

图6 养云山馆平面（图片来源：根据莫履卓外甥女郑女士回忆绘制，由郑女士提供）

2007年，唐家湾镇入选第三批国家历史文化名镇，2015年《珠海市唐家湾历史文化名镇保护规划》修编完成；2014年，会同村入选广东省首批省级传统村落，2016年编制完成《会同村传统村落保护发展规划》。自此，会同在新的框架下开始建设村居。宅基地仍选址于传统村落核心保护范围的西南侧，明确建设范围不再向外扩展以免侵占水塘和绿化，建筑限高12米，每户准建面积不超过200平方米，且新建建筑风貌必须与传统村落相协调。此时，村民的使用需求也有了新的变化，在征集村民意向时，约50%村民计划自住，因为靠近珠海大学城尤其是北京师范大学-香港浸会大学联合国际学院（UIC），另约有50%村民选择自住经营混合、出租商铺或住宅用作民宿、工作室等用途。

新宅基地建设延续了传统巷道的走向和建筑尺度和肌理，并且与旧村保持一致的东西向坡屋顶。为满足新生活方式对公共空间的需求，新区南北两侧设有入口广场以及室外活动场地。同时利用建筑错落的方式，修改原有的巷道宽度，新增了宽度为4米和4.2米的内部主街，同时增加绿化景观的设计（图8）。

在具体设计上，每块宅基地大小为11米×20米，四向退线后建筑基底为9米×13米，建筑入口均设于北面，建筑整体靠一侧放置，以形成东侧或西侧的小花园。设计的户型分为两种，“兄弟之家”（因为现有宅基地为1992年确定所属，户主的下一代出现两兄弟共用的情况较多）与“客栈”，80%村民选择前者，仅有20%村民选择“客栈”户型。“兄弟之家”采用对称平面的布置方式，解决分家带来的多个家庭共同居的需求。“客栈”户型更多地公共空间的设计，首层设有公共的餐厅、厨房以及活动空间，二、三层为标准间客房设计（图9）。

在保护规划的监管下，会同村进行着新一轮建设。保护作为一种机制影响着村落的形态变迁和建造的许可机制，建筑已难以采用传统的“三间两廊”布局，但在肌理、建筑形态和风格特征上仍力求与老村保持一致。

四、结语

目前所见的会同与开篇民谣描绘的画面相比，已有了较多的变化，但整体结构依稀可辨。自清建村至今，会同村主要经历了四个阶段较为集中的建设。

1. 清代莫、鲍、谭三族根据对自然地理环境的理解，擘画了会同梳式布局的基本形态，确立了地块划分和住宅的建造规则。

2. 清末民国以莫氏为首的买办衣锦还乡后，在传统规划框架下进行填充建设，同时将西方元素融入到传统村落中。除了住宅外，园林和公共空间也是此时重要的建设对象。

3. 从中华人民共和国建立到改革开放初期，村内主要开展自住房的建设，在有限的经济条件下，传统的形态格局的保持并不是重点，出现了较多的独栋多层方盒子住宅。

4. 经过二十余年的冻结，珠海大学城的建设给会同提供了新

图7　栖霞仙馆立面（图片来源：李嘉泳摄）

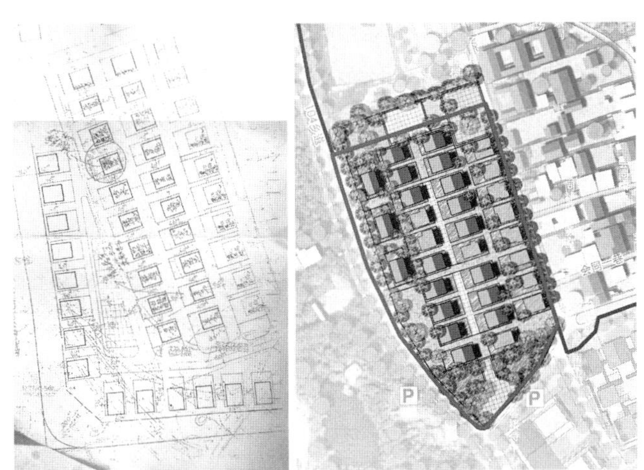

图8　左：20世纪90年代宅基地划分平面（图片来源：会同村村委会）
右：新宅基地规划平面（图源：广州象城建筑设计咨询有限公司）

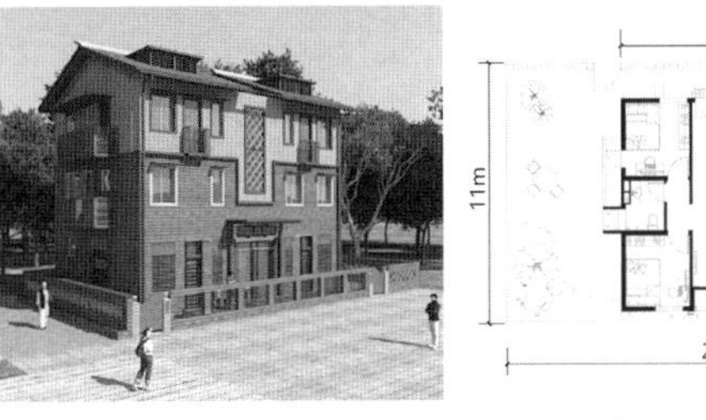

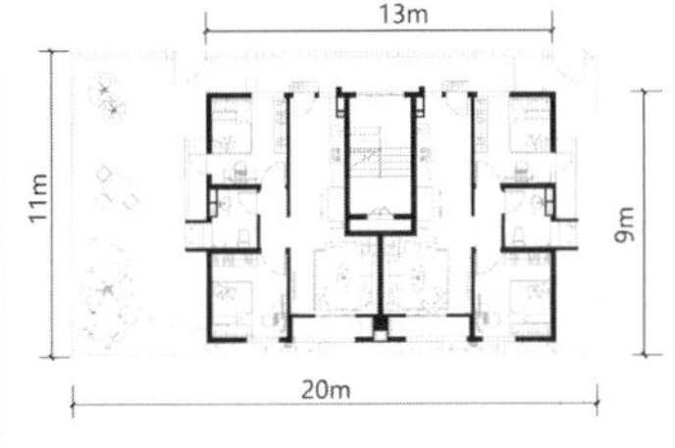

(a)“兄弟之家”透视图及首层平面

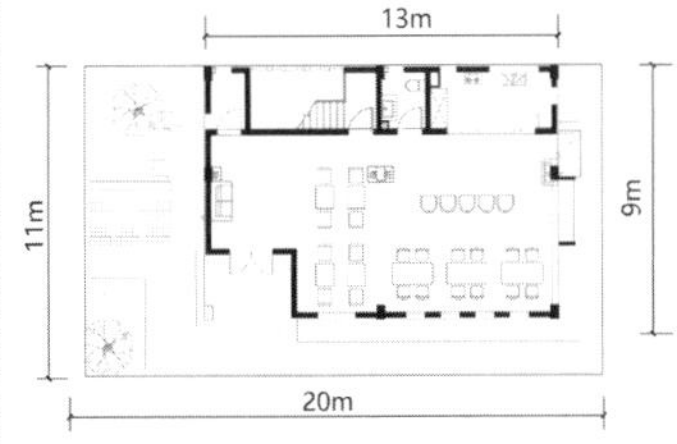

(b)“出租客栈”透视图及首层平面

图9　正在施工中的村民自建房图样（图片来源：广州象城建筑设计咨询有限公司）

的建房动力，同时会同村作为传统村落其建设活动受到严格的管理，必须遵循文化遗产保护的要求。目前正在建设的自建房其主要目的是获取更多的租金收益，“兄弟之家”成为了在单一宅基地上解决多个家庭居住需求的模式；甚至出现了完全不用于自住的建筑设计。

传统村落在现状形态的静态描述之下，其实叠合了多个时期的建造活动。通过还原村落建设的过程，可以得知不同时期面对不同的社会背景和生活需求，村民对已有的自然、人工环境进行的修改和重整。通过对历史过程、宅地和建筑的解析，可理解不同的建造准则、建房动力与机制，从而有助于在新的历史进程中尝试延续传统村落的特质，从而对新的建设活动做出合理、有效的应对与评估。

注释

① 教育部人文社会科学基金规划项目资助（14YJAZH019）。

② 冯江．华南理工大学建筑学院，建筑历史文化研究中心，教授，510640。

③ 李嘉泳．华南理工大学建筑学院，硕士研究生，510640，569479101@qq.com。

④ https://kknews.cc/zh-my/travel/gnqze.html。

⑤ 参见［清］乾隆十五年《香山县志》，暴煜修，李卓揆纂。

⑥ 村民中还有另外一种对村名的解释：莫、鲍、谭三族人共同迁至此，为纪念三族共在此地建村，命名“会同”，取联合、会合之意。

⑦ 参见《莫氏家谱》十二世至十八世，2003年冬重编本。

⑧ 参见民国十二年（1923年）《香山县志》，万式金修，汪文炳、张丕基纂。

⑨ 参见李秋香主编，陈志华撰文，《宗祠》。

⑩ 南侧为禾田，村民可取水稻土用于烧制青砖、瓦和泥公仔（玩偶），民谣中所说的“瓦窑”所指有可能是田边的砖瓦窑，可由此窥见其时村中有较为集中的建设活动。

⑪ 民谣中的“三塔”所指不明。

⑫ 莫姓族人则持三姓共同建祠纪念莫会同之说。

⑬ 参见《莫氏家谱》。

⑭ 会同村北面丘陵山势较平缓，无法完全环抱村落形成封闭空间，因此在村北面植有一片风水林。

⑮ 会同村北面、东面丘陵地上未建围墙，而是用种植密集竻竹的方式起防卫作用。

⑯ 参见周芃，朱晓明．《珠海市会同古村保护与再生利用策略》，《城市规划学刊》2006（03）：52–57。

⑰ 关于宅地的划分，可参见冯江、谢中慧、黄丽丹《明清广州府的“里”》，《建筑遗产》2019（2）：1–11，及冯江《祖先之翼：明清广州府的开垦、聚族而居与宗族祠堂的衍变》（第二版），中国建筑工业出版社，2017，如此整齐的宅地划分在明清广州府十分常见。

⑱ 莫履卓（1872–1953），字鹤鸣，莫冠卿之子；莫冠卿为莫仕杨亲房叔侄。

⑲ 莫履仁（1869–1956），字咏虞，莫冠球三子；莫冠球为莫仕扬之子。

⑳ 村中另有“此霞非彼霞”的说法，莫履仁欲纳婢女阿霞为妾，阿霞借口终身不嫁，要求建庵堂清修。

㉑ 参见《关于印发〈珠海市私人住宅用地标准和报建收费标准暂行规定〉的通知》（珠国土字〔1994〕169号）第三条，农村征地农民私人在生活留用地内建住宅，一人户用地标准为80平方米，建筑面积上限80平方米；二人户用地标准为120平方米，建筑面积上限为120平方米；三人或三人以上户用地标准为150平方米，建筑面积上限为160平方米；五人或以上大户用地标准为150平方米，建筑面积以四人一户160平方米为基数，每增加一人，建筑面积增加40平方米。

参考文献

[1] 香山县志．(清) 暴煜修，李卓揆纂，乾隆十五年刊本．据广东省立中山图书馆藏本影印，陈晓玉、梁笑玲整理．

[2] 莫氏家谱（十二世至十八世），2003．

[3] 香山县志．万式金修，汪文炳、张丕基纂，民国十二年刻本．据广东省立中山图书馆藏本影印，荣子菡、蒙碧玉整理．

[4] 李秋香，陈志华．宗祠 [M]．北京：生活、读书、新知三联书店，2006．

[5] 周芃，朱晓明．珠海市会同古村保护与再生利用策略 [J]．城市规划学刊，2006（03）：52–57．

[6] 冯江，谢中慧，黄丽丹．明清广州府的“里” [J]．建筑遗产，2019（2）：1–11．

[7] 冯江．祖先之翼——明清广州府的开垦、聚族而居与祠堂的衍变 [M]．北京：中国建筑工业出版社，2010．

商贸驿站型传统村落的空间格局与建筑特色研究①

——以阳泉市西郊村为例

韩刘伟② 林祖锐③

摘　要：以大量的调研实测和文献研读为基础，梳理了西郊村与古驿道的相互演进脉络，剖析了西郊村作为商贸驿站型村落的空间格局和建筑特色，揭示了商贸文化影响下的村落防御格局、商贸集聚格局、建筑类型、流线组织及营建技术特色的具体体现。为西郊传统村落保护提供科学依据，并对当下"新乡土民居"的发展提供有益借鉴。

关键词：西郊村　空间格局　建筑特色　商贸驿站型

明清时期，晋东商人穿越太行山至京津冀地区贩卖煤炭、铁器及其他土特产品，古道沿线商贸就此繁荣发展。因路途遥远加之山路崎岖难行，往往需要在途中歇脚打尖，由此在太行山区形成了诸多极具特色的商贸驿站型村落[1]。西郊村作为商队出关前的一个重要驿站，其发展繁荣离不开古道的发展。西郊村所具有的商贸驿站属性，影响了村落的整体营建，其严密整体的防御格局、功能多样的建筑类型、类型各异的流线组织和精致丰富的细部装饰都是古驿道商贸文化的具体表现。

一、概要

1. 西郊村概况

西郊村位于太行山中部西麓，阳泉市平定县中部，村境东西最长处达3.95公里，境域面积达11平方公里。全村共1051户，2535人。村名始称"西交"，据传是由于南川河与阳胜河在村境北相交而得名。西郊村古村平面形态整体呈三角形分布，南靠卧牛山，其余三面傍南川河及阳胜河。古村历史院落因地制宜，与周边的山水环境相协调。村内遗产资源极其丰富，包括古驿道、古建筑、历史街巷、石刻碑文等多种类型，并于2016入选第四批中国传统村落名录。

2. 古驿道概况

1）历史溯源

与岩崖古道、和顺古道的单一古商道功能相比，西郊村所处的井陉古道"寿阳-平定"段兼具古商道和古驿道双重属性[2]（图1）。井陉古道早期常用于军事物资运输、重要情报传递和行军路线。早在西周时，西郊村东就筑有烽火台。战国时期，韩信下赵从榆关经过西郊到柏井经过旧关、天长镇、一路到井陉与赵军相战；军队走的便是古驿道的路线。明朝初年，政府颁布"开中制"支援边疆军防建设，带动晋商发展，此时井陉古道开始由军事驿道向商贸要道转变，其功能也逐渐被商品转运、商业流通经营所取代[3]。明清年间，西郊村民借助于古驿道便利的交通优势，在北京、天津，尤其是天津河东区土地庙沿河大街一带经商、贩卖（图2）。这些商人在赚得利润后，又返回故土开店经商、买地建宅，将外界先进的文化、生产技术、建造技术、经商技巧等带回本村，连同外地到本地做生意的人，一起推动了本村社会文化、经济等多方面的繁荣。

2）古驿道与村落演进关系分析

西郊村历史可追溯到新石器时期，有具体记载先民定居从元代开始。在村落形成早期，先民多在卧牛山腰垂直节理发育良好的黄土坡建造靠山窑，呈自然散点式定居。明清晋商发展，村落规模得以扩充。穿村而过的古驿道被赋予了商业交通功能，驿道街从聚落

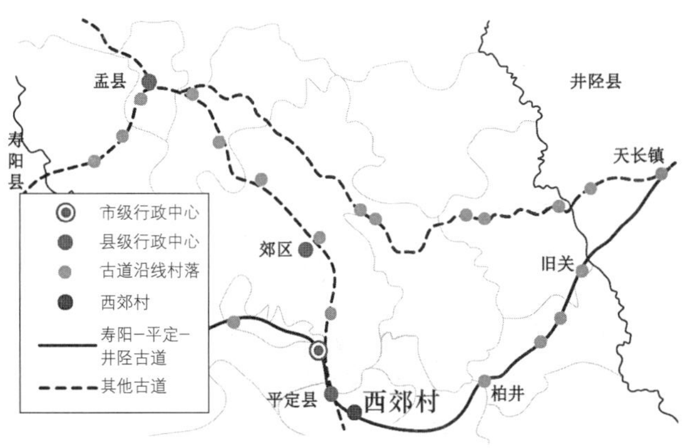

图1　井陉古道"寿阳-平定"段路线与西郊村关系图

图2 西郊村民在外经商范围图

巷道逐渐演变为主要道路，驿道街的繁盛，驱使商贾大户率先回乡修宅、迁居于街道两侧；同时期，大量公共建筑开始出现[4]。清末至民国时期，村落仍保持以驿道街为核心，见针插缝式、垂直于驿道大街向南北方向扩展，且规模逐步扩大（表1）。中华人民共和国成立之后，村落在空间上不断发展，主要沿续村庄原有的格局，在现有建设用地范围内，不断翻修、改建、加建，破坏了原有村落机理。

二、村落空间格局特色

1. 山环水抱的风水格局

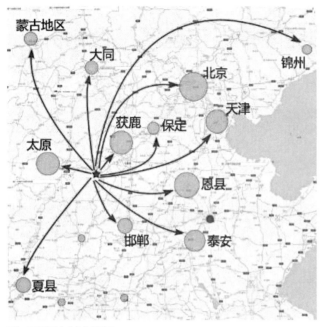

西郊古村四山环绕，峰峦叠翠，沟壑交错，中部平坦，状如盆地。村庄居住集中，靠山临河，头尖尾翘，腹部丰隆，好似鱼跃龙门之状；阳胜、南川两河分别从村庄东西绕过，并在村东北交汇，恰如二龙戏珠之形；“村庄开阔国道宽，两条大河绕村边，一嘴一展三个底，四垴五山五川滩，五岭八沟九面坡，十峪通到山里面，还有二十二道掌，层层梯田平展展”为本村地貌之真实写照，是风水学中理想的选址意象。正好处在山水环抱中的西郊村，建筑营建区地势平坦而又具有一定坡度，形成了背山面水的经典风水格局（图3）。

2. 严密整体的防御格局

古驿道早期作为军事要道，战争对沿线聚落造成了极大破坏；晋商发展繁荣，驿道变成“商道”，土匪强盗等洗劫来往商客，这就使得西郊村在村落整体营建中，带有浓厚的对外防御性质。

一是自然选址防御，村落独特的选址使其庇护于群山环抱、二水相交的防御圈中，以山为屏，以水为阻，易守难攻。二是村落外围防御，西郊村东北侧烽火岭上设有烽火台，其下部为实体，上部中空，可以燃烧柴禾，是村落对外防御的前沿哨台。三是村落入口防御，古驿道上东、西两阁，作为村落大门，将驿道街及村民聚居

古驿道与村落演进关系分析　　表1

历史时期	明以前	明清晋商时期	清末至民国时期
特征	自然散点式布局	沿古驿道线性发展	见针插缝、垂直于古驿道扩展
图示			

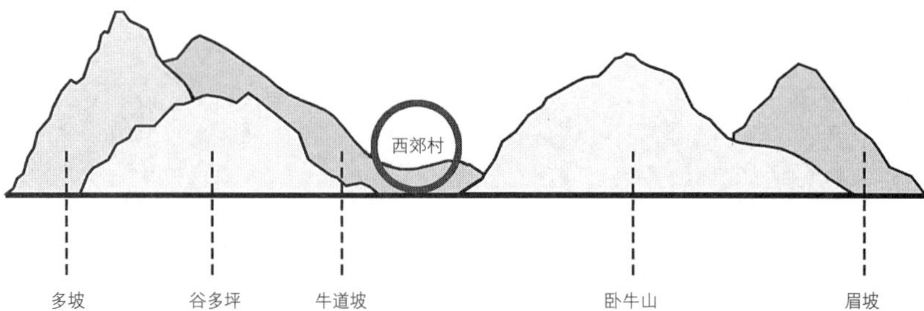

图3 村落风水格局

区紧紧包围在内。古时晚上能把大门关上，以抵御匪患、兵患等外来入侵；阁上有阁楼，同村外烽火台相联系。四是街巷组织防御，西郊村街巷众多，整体呈鱼骨状平面布局。巷道与驿道大街交汇形成“丁”字路口；支巷间多错位交接，连同巷道宽窄坡度变化、尽端小巷的安排、过街门楼等，形成自然迷路体系，有效增强村落内部防御性。五是院落布局防御，院落多为合院式，院落间进行横向及纵向穿插布局，院墙高、厚而坚固；院内设暗门或地道，用以串联各个院落，方便紧急情况的躲藏、疏散和逃生。（图4）

3. 沿驿道集聚的商贸格局

明清时期，古驿道演变为商业性街道，临街商铺种类和数量增加。业态的完善、往来晋商的增多，逐渐催生民间商业驿站的出现，用于服务往来客商的休息、转运、食宿，主要有旅店、骆驼场、马料场、服务于商队安全的镖局以及依托于镖局的习武堂等。除此之外驿道街还有铁匠铺、银匠炉等手工作坊式，以及出售粮、药、碳、衣等村民生活必需品的商铺。普通的居住区域则分布于垂直驿道街的南北两侧区域。根据现存资料及店铺旧址考证，西郊村沿古驿道商贸业态主要可分为粮油类、客栈、银匠打制类、铁货类、文玩类、杂货铺等。其店铺名称及具体分布位置如下所示（图5）：

三、建筑特色分析

西郊村的建筑因山就势，就地取材，砖石土木并用；传统建筑与背后卧牛山有机结合，形成参差错落，协调统一的建筑景观。下文从建筑的功能类型、流线组织、营建技术及装饰特色等方面详细剖析古驿道商贸文化影响下的建筑特色。

1. 功能类型

明清时期西郊村商贸繁荣，村落汇集了以商业、手工业为代表的多种业态，院落空间类型多样。但以“前店后居”的商铺民居为主要代表，兼有用于加工产品的作坊民居和纯住宅性的大院民居。

商铺民居强调开放性与流通性，均沿古驿道分布。商铺民居院落整体分为内院和外院两大部分。内院为院主人生活空间，安静且私密，一般具有独立的出入口；外院主要由临街倒座商铺及部分厢房组成，满足商旅食宿需求（图6）。不同业态的商铺空间组成不同，如专营旅店业务的商家在设置客房的同时也会在增设可供骆驼、马匹休憩的场地，并通过宽阔的坡道、券门与古驿道相联系；规模较大的商家也会在前院设置店员或掌柜居住场所等。

烽火台遗迹

院落高墙

暗门

图4 防御措施

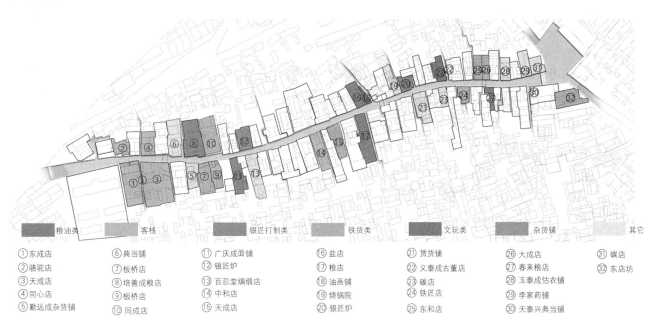

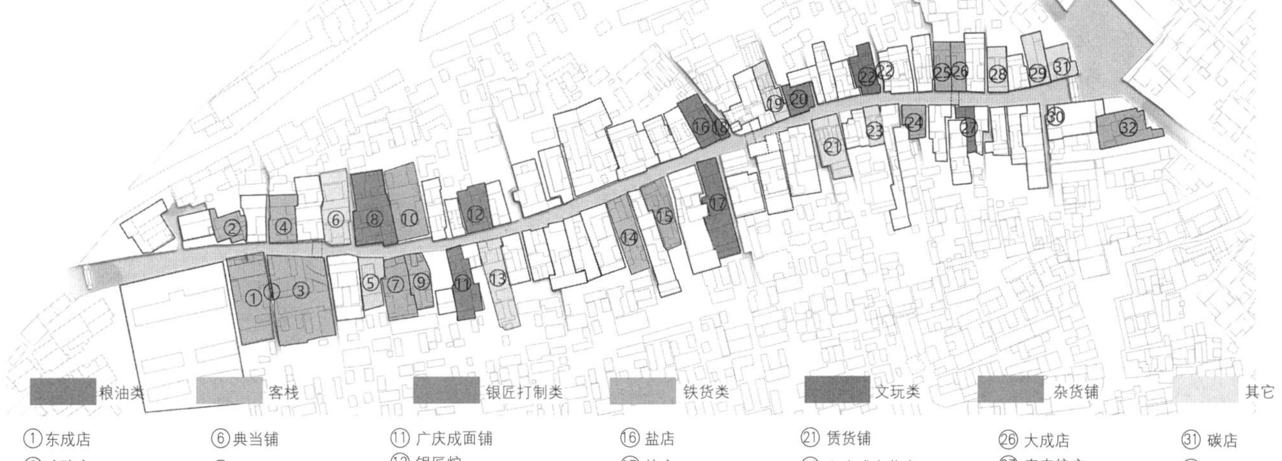

①东成店 ②骆驼店 ③天成店 ④同心店 ⑤勤远成杂货铺
⑥典当铺 ⑦板桥店 ⑧培善成粮店 ⑨板桥店 ⑩同成店
⑪广庆成面铺 ⑫银匠炉 ⑬百忍堂绸缎店 ⑭中和店 ⑮天成店
⑯盐店 ⑰粮店 ⑱油画铺 ⑲烧锅院 ⑳银匠炉
㉑赁货铺 ㉒义泰成古董店 ㉓碳店 ㉔铁匠店 ㉕东和店
㉖大成店 ㉗春来粮店 ㉘玉泰成估衣铺 ㉙李家药铺 ㉚天泰兴典当铺
㉛碳店 ㉜东店坊

图5 沿驿道集聚的商贸格局

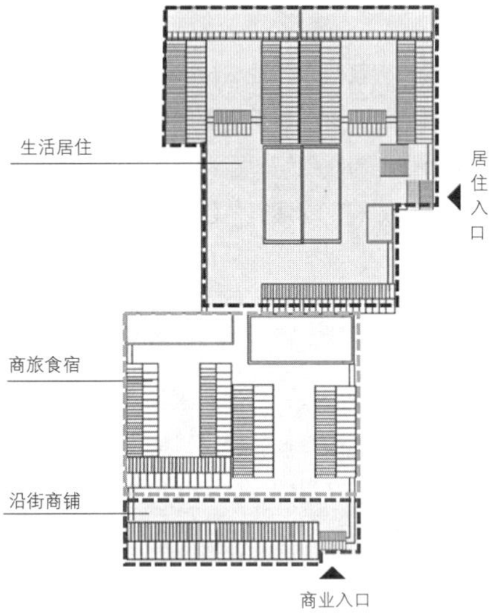

图6 "前店后居"式商铺民居示意图

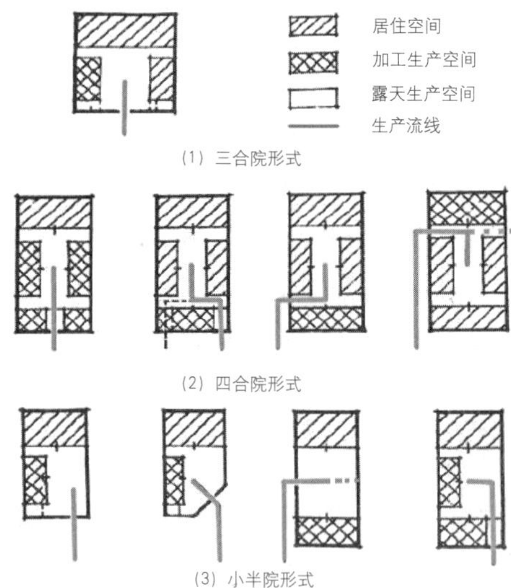

图7 作坊民居空间布局示意图

作坊民居的"加工-运输-交易"过程决定了它与商铺民居"展示-交易"的过程有本质区别，其院落空间功能布局也不同。作坊民居不一定紧临古驿道，入口不设置台阶，多用坡道取代，方便运输原料和货物的车马出入。根据作坊民居内部空间分布，可以分为三合院、四合院及小半院三种形式[5]（图7）。大院民居规模宏大、体现商贾财力水平，其选址较为分散随意，但多位于清幽隐蔽之地，高墙大院，内部装饰精美、雕刻丰富。

2. 流线组织

1）组织方式

在院落空间流线组织布局上，传统民居为妥善处理商家、顾客和院落原住民之家的关系，十分注重人员流线的独立性，商住分离、内（院）外（院）分离是其主要表现。商业出入口与生活出入口的分离。从现有的民居遗存来看，商铺大多直接开向古驿道，来往商客可直接进入店铺交易，店铺临内院一侧一般不开门或开暗门。内院拥有独自的的出入口，将商业流线和日常起居流线完全分离开。内院与外院之间通常通过设置垂花门、屏风、院门等设施来实现半隔断或完全隔断。

2）入口位置处理

在西郊沿驿道街院落中，出于有效增加商铺面宽，提高商铺空间利用率；以及完全分隔居住空间流线与商贸空间流线的目的，院落的出入口位置一般设置在沿街商铺建筑末端，两家合用，或将居住空间入口设置在垂直驿道街的巷道内。具体处理手法为见表2：

3. 营建技术特色

1）结构形式与材料

西郊村的居住建筑材料受到自然条件的影响。西郊本地石灰岩众多，村民大多就地取材，利用石灰岩进行房屋建设，此外，现存建筑证明，明清时期西郊周边植被较现在更为丰富，木材也是重要的居住建材。"窑房同院"是村落合院建筑的普遍特征，平顶窑洞一般为正房，门外设二柱檐廊；窑洞多为砖石结构，檐廊砖木结构。绝大多数建筑都是由砖、石、木材等材料混合建成：石材良好的耐火、防潮等特性，是整个院落的基础和墙体的主要材料；此外，考虑安全因素，传统建筑多用石头垒成院落高墙，用以防御敌

院落出入口位置处理 **表2**

手法	合用	淡化	另辟蹊径
特征	合用入口、增大商铺面积	入口朴素、强调商业店面	居住空间有完全的私密性
平面形态	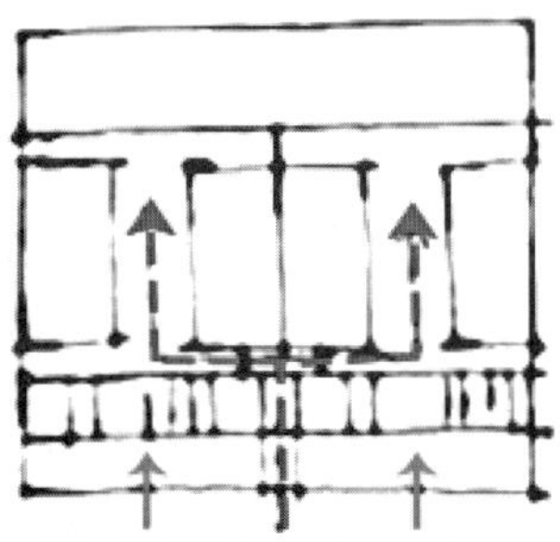		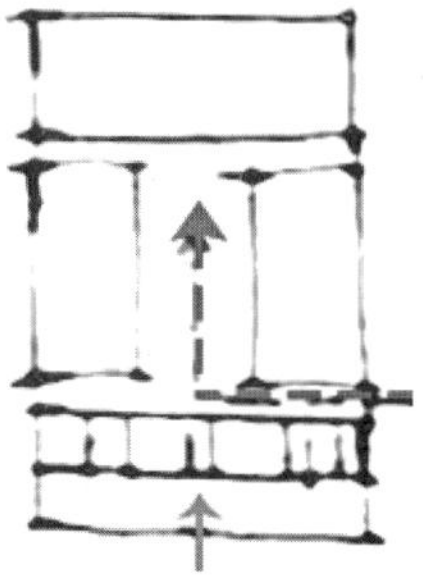

人入侵。松、柏等木材主要运用在梁架、门窗、雀替等装饰部分。在房屋建造过程中，手工制品废料也被用于建筑墙体填充，地面铺装等。

2）屋架构造特色

西郊村传统民居结构主要以双坡抬梁式结构为主，且多为五步架抬梁；而其中讲究的人家会将大梁或二梁制作成月梁，月梁结构更加符合受力，也比普通直梁显得更精致清秀（图8）。西郊村传统建筑的屋架从基本形式演变出多种形式：有的减少一个檩子的跨度，也就是减一步；有的加一步；有的则会将支撑柱向内偏移一定距离，然后悬挑出垂柱等屋檐装饰构建，使建筑显得轻盈（图9）。

3）墙体构造特色

西郊村民对石材的使用大多未经过多处理，建筑拥有独特的质感和肌理效果。当地石料丰富，先民多采石作为建筑墙体以及院墙的主要材料：主房建筑墙壁一般较厚，前墙一般为精料石砌筑，立面凿有条纹形或雨点形，墙缝严密，美观大方。如村民赵传锁、晋祥森等宅居，反映出精料石建筑的高超水平。配房以瓦房为主，墙体以毛石砌垒，泥抹石缝，墙面平整。院墙则采用毛石，大小错杂，凹凸咬合，墙体坚实牢固（图10）。

4. 装饰艺术特色

西郊村传统建筑装饰精美，木雕、砖雕和石雕（三雕）是其装饰艺术的代表，雕刻装饰精致得当，寓意富贵吉祥，是明清时期古驿道商贸文化的具体表现。除了“三雕”装饰之外，西郊村所特有的匾额装饰、传统建筑舍内装饰等都是特定历史时期的艺术凝结和文化体现。

木雕主要运用在檐下、斗拱、门窗等部位。最为典型的是该地区院落中普遍存在的“抱厦”（前檐），多建在主房正厅入口，完全以木构为主，是院落空间中最为精美的建筑小品。石

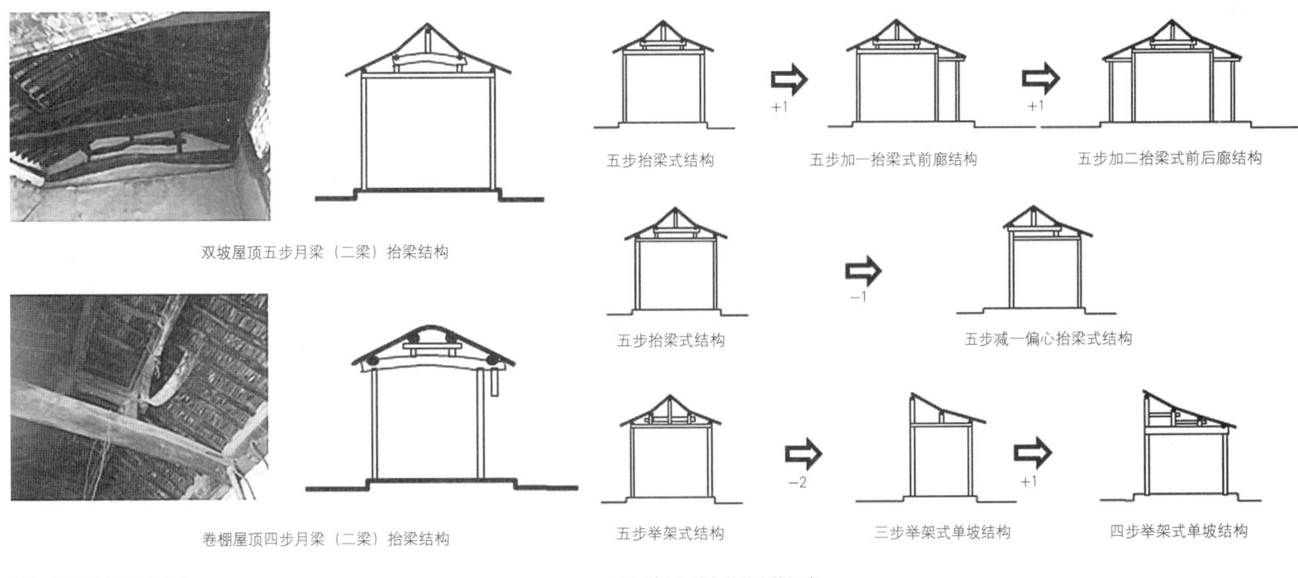

图8 坡屋顶梁架结构特色

图9 坡屋顶梁架结构中的加减

河卵石院墙

毛石砌筑

精石砌筑

图10 墙体构造特色

门头（木雕）

墙基石（石雕）

佛龛（砖雕）

图11 装饰艺术

雕因其雕刻难度较大且材料搬运不易等缺点，使得石雕在院落中使用范围较小。主要运用在柱础、台阶、铺地、拴马桩、入口石狮石阶等部位。砖雕可塑造性强于木雕和石雕，使用范围最广，装饰部位主要包括墀头、照壁、脊饰、门头、滴水之中等（图11）。

四、结语

西郊村所具有的商贸驿站属性，影响了村落的整体营建，其严密整体的防御格局、功能多样的建筑类型、类型各异的流线组织和精致丰富的细部装饰都是古驿道军防文化、商业文化的具体表现。但是，随着时代发展，现今古道作为军防、商贸线路功能的衰弱，无序的建设、保护意识的匮乏使村落正在遭到破坏。西郊村作为井陉古道上重要的物质与非物质文化遗产集合体，其价值应当受到重视，因此，在后续研究中，应继续以遗产保护理念为基础，分析古村落发展现状和问题，总结其遗产价值，构建古村落文化遗产体系；对古村落的发展规划，应当从古驿道军防、商贸文化出发，并与当前的社会经济、生产生活实际相联系，延续先辈的智慧，为当代民居的健康发展，建设和谐的人居环境提供借鉴。

注释

① 基金项目：国家自然科学基金"太行山区古村落传统水环境设施特色及其再生研究"（批准号：51778610）；江苏建筑节能与建造技术协同创新中心第二批开放基金"苏北地区绿色村庄技术标准研究"（批准号：SJXTY1613）；教育部人文社会科学研究一般项目"乡村振兴战略下苏北传统村落环境归属感重塑研究"（批准号：18YJC760116）。

② 韩刘伟，城乡规划学硕士研究生，1486160269@qq.com。

③ 林祖锐，教授，博士，硕士生导师。

参考文献

[1] 赵斌，张建华，李晓东. 太行山区商贾驿站型乡村聚落研究——以山西省平顺县花园村为例 [J]. 城市发展研究，2017，24（3）：61-66，173.

[2] 林祖锐，仝凤先，周维楠. 文化线路视野下岩崖古道传统村落历史演进研究 [J]. 现代城市研究，2017（11）：18-24.

[3] 朱宗周，周典，薛林平等. 文化线路视角下的井陉古道及沿线传统村落调查研究 [J]. 新建筑，2018（3）：158-162.

[4] 张杰平，周维楠，林祖锐. 西郊古驿道村落时空演进规律初探 [J]. 江苏城市规划，2018（6）：18-22.

[5] 杨丹. 山西传统民居院落形态的多元影响因素初探 [D]. 苏州：苏州大学，2017.

起台堡传统村落符号空间认知与解析

胡梦童[①]　靳亦冰[②]

摘　要：传统村落成村较早，拥有极高的历史和文化价值。村落空间涵盖居住、交通、公共活动等各个领域，是村落与人最密切的交流介质。基于建筑符号学，本文将村落空间视为符号，强调了它与“空间知觉”的重要联系，从人的层面进行深度解析。青海省传统村落数量众多，特以循化县起台堡村为例，结合实地调研，运用建筑符号学的思维和理论，对该村的符号空间形态进行现状认知与分析，以期为传统村落的保护和发展提供新的思考方向。

关键词：传统村落　符号空间　形态认知　空间知觉

一、建筑符号学

1. 符号学的定义和发展概况

符号学的概念最初在20世纪上半期由索绪尔提出，他将其定义为“研究符号作为社会生活一部分的作用的科学”，在索绪尔之后，陆续有古今中外其他学者对符号学进行重新定义，阐明符号的表达特性。20世纪60、70年代，符号学作为一种理论正式进入世人的视野。到了今天，皮尔斯的开放模式取代了索绪尔模式，促使符号学向非语言式甚至非人类符号扩展。

符号学有三个组成部分，即语构学、语义学和语用学。语构学研究符号与符号之间的关系，语义学研究的是符号与所指事物之间的关系，而语用学则研究符号与使用者之间的关系。符号学的开放性和普适性也决定了它有作为研究方法的学科属性，跟随符号学的逻辑，可以赋予建筑学研究新的视角和思路。

2. 建筑符号

根据皮尔斯的“三元关系理论”，建筑符号可概括为图像符号、标志符号和象征符号。用相似或相同的结构形式来表征的即为图像符号；在建筑学内，每一个符号都有所指示的功能或意义，这便是标志符号；象征符号则是加入了人与社会的一定因素，它遵循某种人类约定而成立。

3. 建筑符号学的基本理论

建筑符号学以语言学和逻辑学为基础，将建筑理解为符号的一种，运用符号学的理论和思维逻辑，对其形态、规律等相关状态进行探讨。

建筑语构学研究建筑符号的结构形态，侧重于建筑本身的状况；而建筑语义学则关注于建筑符号的深层内涵和意义，需要对建筑符号的建造历史、建设目的等进行挖掘探索；建筑语用学体现了最深层次的、与认知主体的关系，即与人的关系，强调了人的感受在建筑符号中的重要作用。建筑由人而产生，为人类服务，建筑符号学的研究不可能脱离人而存在。

二、起台堡村落概况

1. 村落环境地理概况

起台堡村隶属青海省循化县，地处甘青交接的关隘地带，地势东高西低。起台堡远被五山包围；近又有三大壕、六大坡和九条大沟。正因其险要的位置，加之明朝时期，青海的蒙古贵族铁骑成为边境河湟的敌人，一个由军事屯堡组建的防御性村落应运而生（图1）。

图1　（图片来源：作者自摄）

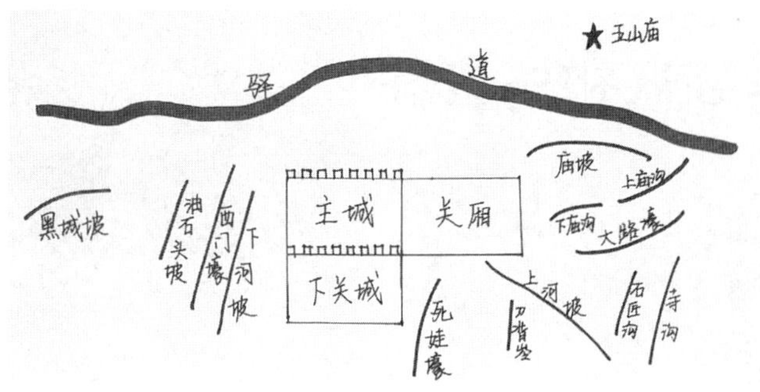

图2 （图片来源：作者自绘）

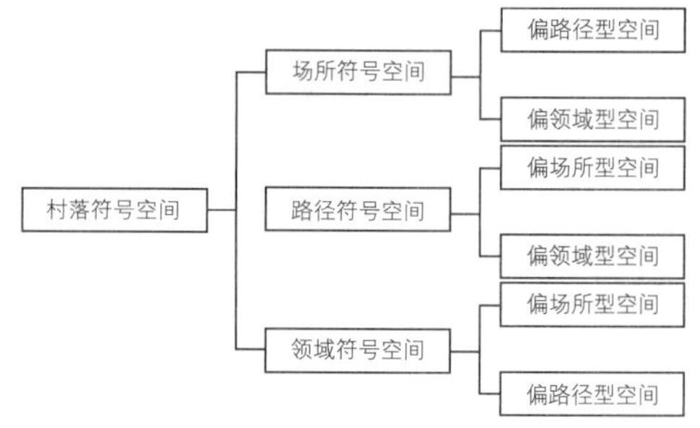

图3 （图片来源：作者自绘）

2. 村落格局建设概况

起台堡古有三城，呈“厂”字形排列。下关城建设最早，后因形似棺材头弃而不用，于是在明万历十三年建主城，最后创建东门关厢（图2）。现今改称起台堡城、起台堡关厢、起台堡下关城。主城和下关城周边均建有城墙，至今仍有遗迹存在。村落内以民居建筑为主，另有少量五山庙、关帝庙等公共建筑。民居建筑多为生土砌筑的庄廓院，如今断壁残垣众多，整体风貌较差。

3. 村落人文概况

村落是道帏藏族乡唯一一个汉族村落，中华人民共和国成立后大批农户返乡人口鼎盛，而如今城乡一体化进程加快，人口外流严重，户籍人口仅剩488人，村庄空废化状况日趋严重。

三、村落三类符号空间现状认知与分析

1. 符号空间

老子有言：“凿户牖以为室，当其无，有室之用。”空间非实体，但又实际存在于人的世界之中。《简明不列颠百科全书》中对空间知觉做出了解释：指动物（包括人）意识到自身与周围事物的相对位置的过程。在村落的研究过程中，村落空间是极其重要的一环，故将同样关注人类感受的符号学与建筑学有机结合起来，在符号学的语境下剖析起台堡的村落空间。

学者皮亚杰曾揭示了空间的三种属性：场所、路径和领域。每个空间都具有其独特的空间属性，即场所属性、路径属性或领域属性。但空间不是确定的、单一的实体，不同的人在不同的情景下有着迥异的空间知觉。

起台堡的村落符号空间可依照其空间属性分为三大类，即场所符号空间、路径符号空间和领域符号空间。在每一大类中，又根据空间知觉的差异分出两个小类，例如路径符号空间的偏场所型空间和路径符号空间的偏领域型空间（图3）。以上分类出的村落空间并不是完全相异的，可能会有交叉的部分，是一个不可分割的整体。分类只是为了更加方便的对起台堡空间进行系统的分析，了解村落空间下更丰富的原因和内涵。

2. 起台堡符号空间现状分类

1）场所符号空间

在起台堡村落中，场所符号空间是最弱的一项，它有着由内向外的发散性和内外沟通性。人为内，在图中表示为红色点，环境为外，在图中表示为黑色点（图4），一般为公共空间。

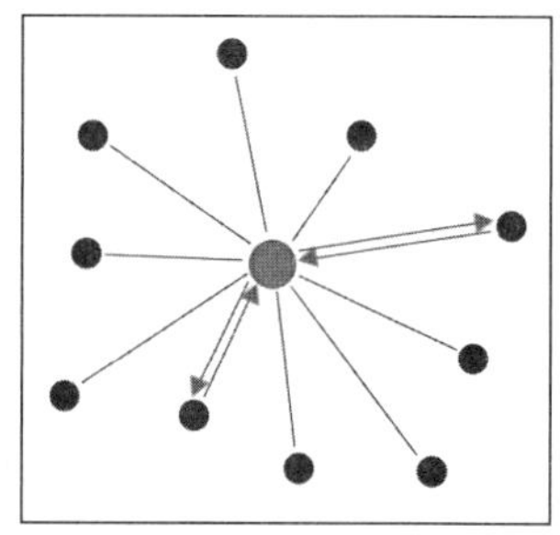

图4 （图片来源：作者自绘）

起台堡村落中存在着很多无效空间，即人类基本无活动的荒置空间，如大片废弃的林地田地，这些空间并不属于场所符号空间。村内有少量古树、古泉眼，还有关帝庙、五山庙、村委会等几个公共建筑，他们自身与他们周边的环境都属于起台堡的场所符号空间。人类在这些空间中的知觉是由自身向外发散的，是渴望与周边的任何事物发生沟通和联系的。

然而，在这些场所符号空间中，也会有路径属性和领域属性的显现。这两类隐含的属性一般表现在特定的时间、人物或特定的空间节点。

（1）场所符号空间的偏路径型空间

古城门是场所符号空间的偏路径型空间的一个典型代表。他处于村落东北方的古城墙与一条街道的交叉口，也是社火活动路线的一个重要节点。除了承担村民日常活动的功能以外，它也承担了一定的路径属性。村民经过古城门旁的道路时，路径属性显现，未发生交通情况时，路径属性暂隐。

（2）场所符号空间的偏领域型空间

在场所符号空间中，偏领域型空间无处不在。在关帝庙的祭祀厅堂中，一块蒲团就可以形成一个小型的偏领域性空间。当人们坐在蒲团上，潜心念佛祈祷时，与周边人和环境形成无形的屏障，内外分隔性和内向性显现，沉浸在自己的心灵空间中。

2）路径符号空间

路径符号空间像丝带一样贯穿整个起台堡村落，正如路径本身的含义一样很明显，作为交通空间，它有着最为突出的路径属性，带给人的空间知觉有着强烈的连续性和指向性（图5）。

在起台堡村落中，街道共9条，其中1条为穿村而过的202省道，5条为西北-东南方向村内便道，3条为西南-东北方向的村内便道（图6），另外，还有一些门前巷道；街道作为路径符号空间毋庸置疑，此外，村内有3条西北-东南方向的河流，河流以及两旁的河滩空间也是重要的路径符号空间；最后，在主城有着6段连续古城墙，墙根底下自然而然的形成了多段路径符号空间，它同其他路径符号空间一样，连续性和指向性是空间的主导感知属性。

路径符号空间也拥有场所属性、领域属性，只是掩盖在路径属性的强大光环之下。以起台堡的社火路线为例，在无社火活动时，这条路线展现出突出的路径属性，作为人们交通的重要承载体。下面将对起台堡社火路线这个路径符号空间的偏场所型和偏领域型空间作出解释和说明。

（1）路径符号空间的偏场所型空间——社火活动表演空间

社火是河湟地区汉族喜欢的一种春节娱乐节目，目前在起台堡仍然十分活跃。每当活动举行，村民身着艳丽的服装，手持舞蹈道具，跟随队伍边走边跳。起台堡的社火路线由村委会开始，途径关帝庙进行祭祀活动，接着在五山庙、烽火台唱民谣，最后回到起始点。是一条连贯的路线。

当社火活动发生时刻，村委会门前节点、关帝庙门前节点和五山庙门前节点等表现出其场所属性，人们在此短暂地停留和聚集，进行社火的一部分活动内容。这些路径符号空间的节点承载了社火活动精神，有一定的外向性。

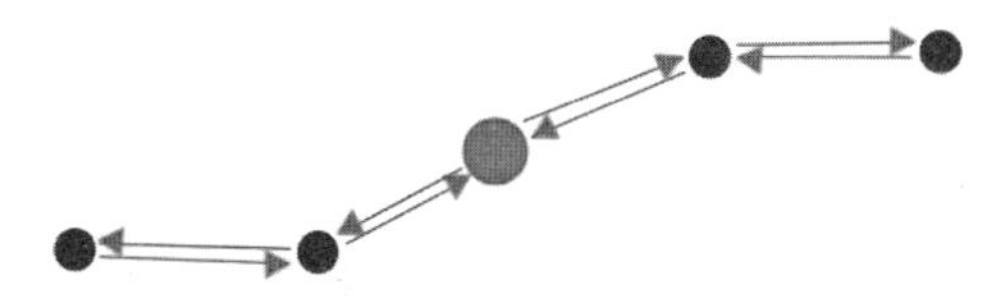

图5 （图片来源：作者自绘）

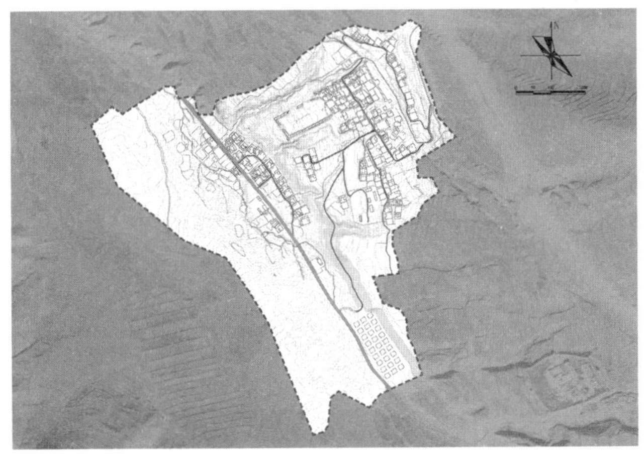

图6 （图片来源：作者自绘）

图7 （图片来源：作者自摄）

（2）路径符号空间的偏领域型空间——私人住宅门前空间

除了日常通行和社火活动的举办以外，作为村民自家门口的一小片道路还可能具有一定的领域属性，有内向性存在（图7）。

人们也不会在他人的私宅门前停留太久，这便是内向性导致的人的空间知觉本能反应。对于住宅主人来说，这一小片空间具有极强的归属感，若是他人靠近定会心生好奇，甚至会提高警惕。而对于他人来讲，较长时间的停留也会产生不安定感。

3）领域符号空间

相较于前两种符号空间类型，领域符号空间是起台堡村落中占比最大的，它们充斥在整个村域中，是村落符号空间最重要的组成部分。俯瞰村落，映入眼帘的大都是由夯土房屋围合而成的封闭院落，这些院落大多属于村民的私宅，村民在自家院落中，交流仅存在于家人之间，有强烈的归属感和安定感，故这些私宅院落极具内外分隔性和内向性（图8），是最典型的领域符号空间。除村民住宅的院落空间以外，住宅的室内空间、农户的自家田地等，也属于领域符号空间的范畴。

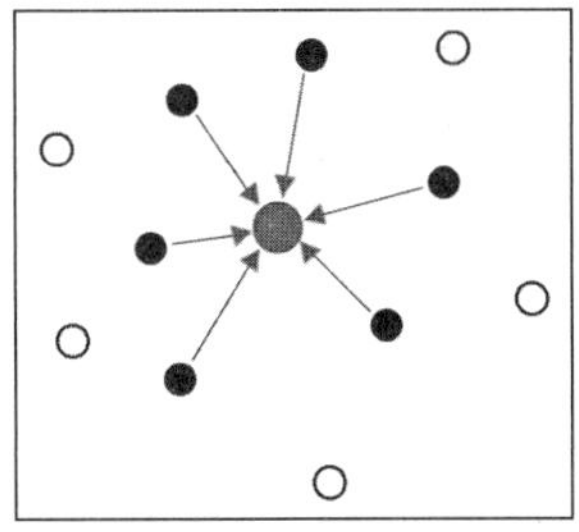

图8 （图片来源：作者自绘）

（1）领域符号空间的偏路径型空间

在领域符号空间内，不乏有偏路径型空间的存在。住宅的入口门廊就是最典型的偏路径型空间。当村民经由门廊进出自家住宅时，该空间路径属性显现，具有一定的连续性和指向性，此时主要的空间功能为交通。

（2）领域符号空间的偏场所型空间

领域符号空间中同样有偏场所型空间存在，只是较为少见。檐下空间，也就是建筑学中经常提到的灰空间，在许多家庭生活场景

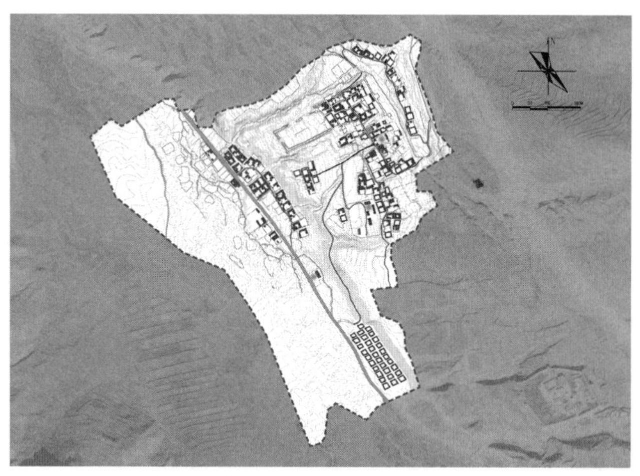

图9 （图片来源：作者自绘）

中扮演着重要的角色：午饭时候，一家人不愿待在闷热的屋子里，端着饭碗坐在檐下，边吃边聊天；傍晚时分，妇人在檐下洗着衣服，小孩在旁边背诵着古诗等。在这些时候，檐下空间的场所属性得以体现，人们的知觉是外向的，发散的。

四、起台堡村落符号空间影响因素

作为一个古老的传统村落，起台堡符号空间以领域符号空间为主，路径符号空间也占一定的比例，而场所符号空间最少（图9）。造成这一现象的主要原因有三点。

其一，是村落相较于城镇而普遍存在的特点，即公共空间较少，住宅空间较多，这种空间功能比例就会造成领域空间比例大大增加。

其二，起台堡最大的特点在于它是一座由古代军事寨堡演变而来的村落，历经几朝几代后，虽然军事功能已经丧失，但留存下来的村落空间仍适用于军事作战及防御，所以大量的领域符号空间对于军事隐蔽极其有利，一定量的路径符号空间有利于战队的移动和物资运输，而少数的场所符号空间就为敌人减少了屏蔽场地。所以，古代军事要塞是影响起台堡村落符号空间的重要因素。

其三，随着城市经济发展的迅速，起台堡大量村民涌入城市，村落空废化日益严重。在这种经济背景下，场所符号空间就越来越失去必要性，没有了使用的本体，就会慢慢地消散。而路径符号空间还有一定的价值，村民的生活轨迹难以避开路径符号空间。现在的起台堡，使用频率最大的空间可能就是自家宅院了，所以领域符号空间成了起台堡在现在经济背景下最重要的符号空间。

五、结语

作为青海传统村落的起台堡，拥有着独特的古代军事寨堡背景，并受现代空废化情况激增的大趋势影响，形成了以领域符号空间为主，路径符号空间为辅，少量结合场所符号空间的村落符号空间形态。起台堡村落在整体上给人以内向型极强，连续性和指向性次之，外向型最弱的空间知觉，很大程度上是由于以上三类符号空间的不均衡分布造成的。

三类符号空间在起台堡村内相互交叉，相互连接，任何一类都无法脱离其他符号空间单独存在。以村民住宅院落空间、室内空间为主的领域符号空间，以村内街巷为主的路径符号空间，以及由关帝庙广场等公共空间形成的场所符号空间，三者相互依存，共同构成起台堡的村落符号空间。

在今后的研究中，传统村落的发展目标应该和三类符号空间的占比相对应，即如果今后的发展目标是开放性的旅游村落，那么村落的场所符号空间相应需占有较大比例，反之，如果想保留村落的内向性和居民居住的私密性，那么领域符号空间则应为主要的村落符号空间类型。

总之，传统村落的保护和发展应以村落现有符号空间分布情况为基础，并依据发展目标来进行符号空间的打造和提升。

注释

① 胡梦童，西安建筑科技大学建筑学院，青海省高原绿色建筑与生态社区重点实验室，研究生，710055，418061909@qq.com。
② 靳亦冰，西安建筑科技大学建筑学院，青海省高原绿色建筑与生态社区重点实验室，副教授，710055，jinice1128@126.com。

参考文献

[1] 朱文一. 空间·符号·城市 [M]. 北京：中国建筑工业出版社，1993：17-44.
[2] 陈婷婷，倪鑫霞. 以建筑符号学为基础的南通建筑地域性探析 [J]. 江苏建筑，2017（02）.
[3] 阳海辉. 建筑符号学在传统地域性特征上的演绎 [J]. 南华大学学报（自然科学版），2016，30（03）.
[4] 冯博. 作为符号的空间——试论建筑符号学中的空间 [J]. 中外建筑，2016（09）：47-49.
[5] 后雪峰，屈清，李勇. 潮汕地区传统村落空间形态特征及影响因素 [J]. 安徽师范大学学报（自然科学版），2018，41（06）：588-593，608.
[6] 刘晓君. 河北省传统村落的空间形态保护研究——以秦皇岛市桃林口村为例 [J]. 居舍，2018（24）：130，110.

摩梭传统聚落空间的百年流变

——以盐源县泸沽湖镇木垮村格萨古村为例[①]

曾琳莉[②] 高政轩[③] 赵春兰[④]

摘 要：本文将泸沽湖岸格萨古村近百年的空间变迁划分为三个阶段：20世纪30年代以前的早期、20世纪50年代至20世纪90年代的中期、20世纪90年代末至今。探讨各个时期内影响空间变迁的历史因素与时代因素。如公田制度、宗教空间、人地关系对早期聚落空间的影响，外来人口（汉族）的迁入对中期聚落空间的影响、20世纪90年代末开展的旅游业对晚期聚落空间的影响等。文章将贯时性研究与现时性研究两种方法交织在一起，旨在揭示一个摩梭聚落的空间型制与其影响因子的动态互动过程。

关键词：摩梭 聚落 传统村落 文化空间 空间变迁

引言

人类的聚落的空间组织是居于其中的人的生活方式和世界观的反应（藤井明，2003），是在与本土的社会文化、自然环境的密切互动中逐渐演变的（吴良镛，2001），在漫长的“试错”过程中不断地适应使用者的需求、气候的变化、地理地形、社会规范等变量条件，人类的居住空间经过持续地调整和修改，逐渐形成了较为稳定的形态（Nunta&Sahachaisaeree，2010）。这意味着乡土聚落的形成与演变都有其内在的逻辑生成过程，暗含对适应规则的考量和对资源的合理利用。不同地理文化与历史时期背景下的乡土聚落在与它们特有的自然环境与社会语境的互动过程中也必然呈现出多样性和差异性特征（Rapoport，1992）。

但凡世界上所存在的景观，它总是变化的，是环境中自然与文化因素的动态互动表现，土地经过连续的重组，才使得空间与结构更好地适应变更的社会需求（Antrop，2005）。但在今天，大多数人将这种变化被视作一种威胁和一种消极的变革，新的元素与结构重叠到传统的景观之中，使其变得高度破碎并逐渐失去它的文化特征（Antrop，2004），造成传统文化景观的多样性、连续性和认同性地快速丧失（Antrop，2005）。高度动态变化与破碎化使得景观的演变过程鲜为人知（Brandt etal，2001），从而对包括传统聚落空间在内的传统文化景观的演化过程的研究更为急切。

20世纪90年代，建筑领域的学者开始涉及摩梭民居的研究，如《云南少数民族住屋——形式与文化研究》[⑤]、《云南民族住屋文化》[⑥]中都有分析永宁摩梭祖母屋的相关论述，而有关于摩梭聚落空间的研究更加则滞后，21世纪初，有学者逐渐开始关注摩梭聚落的研究。这部分研究有的侧重摩梭聚落物质空间的分析，如摩梭村落选址与的空间形态特征（扬子江，2002；马青宇，2005；黄耘，2014；张新源，2015），有的学者也尝试探讨摩梭村落的起源以及在历史发展过程中重要因素对村落特征的影响（扬子江，2002）或探讨摩梭聚落和民居中的神圣空间，揭示多元文化在空间中的互动与对话（何撒娜，2014）。总体来讲，摩梭聚落的研究仍然处于初步阶段，且缺乏详细的个案研究。

一、早期影响摩梭聚落空间形成的文化因子（-1930s）

吴良镛在《人居环境科学导论》中介绍道萨迪亚斯的人类聚居学时，指出聚居剖析可从自然、人、社会、建筑、支撑网络这五项元素入手，人类聚居学便是对其相互关系的研究。每一种要素只能通过它与周围环境要素的相对位置关系获取意义，因此我们所感知环境时，也应当从整体和相对的角度看待（Antrop，1997）。

1. 公田制度

20世纪50年代，中国的公田制度[⑦]，还保留在永宁盆地和泸沽湖沿岸一带公田，通常是村落附近土质较为良好，灌溉较为方便的土地，据李霖灿先生50年代在泸沽湖及永宁地区的观察，每一座村落附近用一个“口”字形状圈起一块土地作为公田，然后责成附近的百姓代为耕种。而土司或土司阶层的贵族为了方便管理，常常也把府邸修建在公田的平坝上。

20世纪30年代，格萨村仅有6户百姓和一户土司贵族阶层，是左所土司喇宝臣的弟弟。格萨村有两条因山洪冲刷自然形成的沟渠，因这两个条沟渠之间的土地灌溉引水方便，土质尚好，被划归为公田，土司府也修建在公田的平坝上，格萨其余百姓的房屋则集中在西部的山坡或沿山坡的坡脚处。

2. 龙潭

村落在选址之初，周边有无自然的水源会纳入考虑范围，再由宗教人物“算”出哪些自然出水口为龙潭。当地喇嘛告知作者，在一些祈福的经文中有明确提到东南西北四个龙潭。龙潭神是本村的主神，依照这样的说法，喇嘛在帮助百姓选址修建房屋时，应当是在龙潭大致的边界范围内修建的，否则这便脱离了龙潭神的保护范围。从这个角度来看，龙潭所在的位置已为一个摩梭村落可修建的区域划定了基本的界线范围。泸沽湖周边的村落土地本就稀少，若龙潭界线范围内的一些土地再被划为公田成为土司的个人财产，百姓可选择修建房屋的区域实际非常有限。(图1)

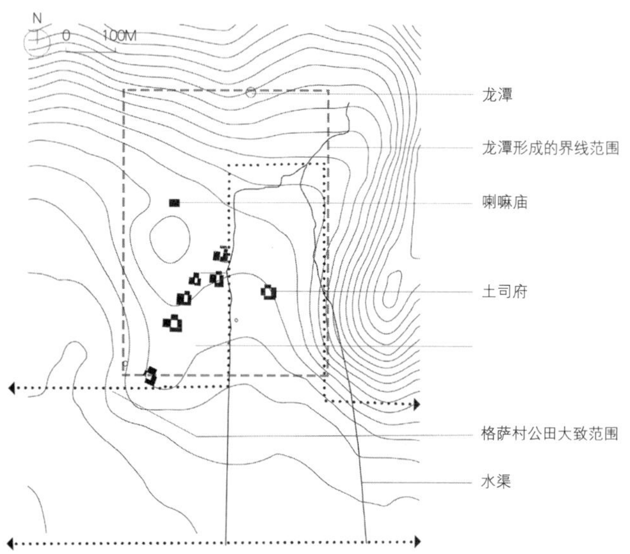

图1 格萨村龙潭、公田范围示意图（图片来源：作者自绘）

3. 人地关系

李建华指出，院落的选址与分布是协调聚落与土地矛盾的主要方式。摩梭百姓通常将房屋修建在山坡上或坡脚处，从人地关系方面来讲，山坡上或山坡与平坝交界处的土质较差，不利于耕种，用来修建房屋可以节约有限的耕地面积。修建在山坡上，最重要的一点是满足生存需求，早年泸沽湖地区土匪猖獗，时常掳掠百姓，较高的位置容易获得广阔的观察视野。直到现在，很多摩梭家庭的经堂里都挂有一面鼓，除了喇嘛做法事使用外，在那个年代，还有一个重要功能，便是在强偷袭时，敲响这面鼓，快速地将信息传递给其他人。从水源方面看，格萨村早期房屋修建的区域紧邻村中的唯一一口古井，便于水资源的获取。村民的日常活动集聚在村西侧的沟渠附近，这样我们也很容易地理解，格萨村西部的河沟旁为何形成了村中的主路。

4. 宗教寺庙

另外，如寺庙这样的宗教空间在影响村落格局形成的过程中也不可忽略，寺庙通常修建在山坡的最高处，若没有修建在最高处，那么比寺庙地势高的视线范围内可以看到这座寺庙的位置都不能修建房屋。相比于平民，土司阶级的贵族选择性更大，如格萨村的土司在公田的平坝上修建房屋，也可以选择将房屋修建村落附近地势较高的山上，密洼村的土司便将“土司府”修建在了村后的山上。(图2)

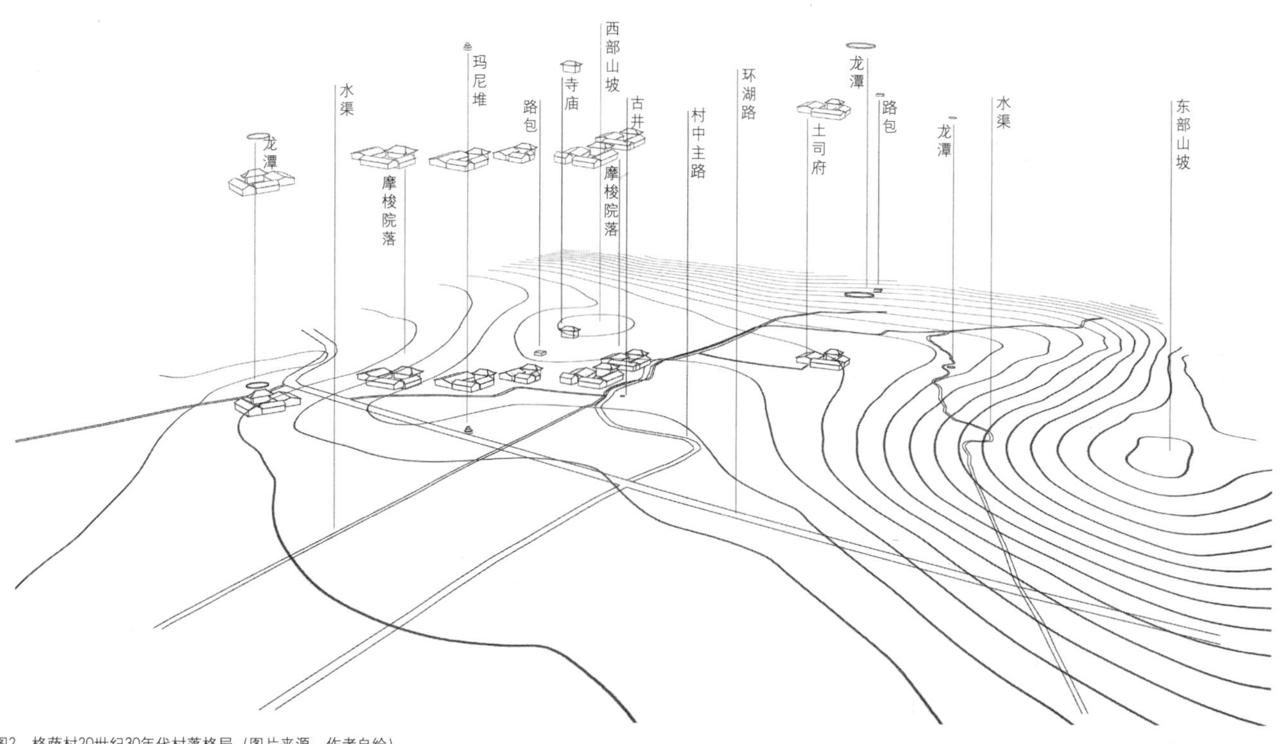

图2 格萨村20世纪30年代村落格局（图片来源：作者自绘）

二、中期影响摩梭聚落空间的文化因子（1950s–1990s）

1. 汉族的迁入

据考究，如今居住在泸沽湖地区的汉族迁徙来的时间并不长，至今70年左右（石应平，2002）。根据格萨村老人的口述，格村萨的汉人是肖淑明（左所末代土司喇宝成的王妃）嫁到泸沽湖"和亲"后才定居于本村的，汉人因其擅长多样的烹饪方法，而被土司允许定居本村。据本村老人口述：

"我们摩梭人以前吃饭男的围一堆，女的围一堆，每顿都是一人一碗饭，一碗汤，汉人会炒菜，以前格萨的土司（喇宝成的兄弟），他觉得也想要一个会炒菜的汉族，所以才有的嘛，要不然以前不准的嘛。"

按20~25岁一代来讲，格萨村的汉族应当在格萨本村繁衍了大概三代，20世纪50年代迁入格萨的汉人，到2017年已经20户，摩梭人从30年代的7户，发展至2017年的35户。改革开放后的摩梭大家庭开始迅速解体，但汉族分家的速度仍然远远快于摩梭人。汉人定居到泸沽湖地区后，仍然保有强烈的传统汉文化色彩，在与摩梭人的生活交往与互动中逐渐影响了摩梭人的生活方式，在永宁盆地一些汉族较少的偏远村落，村民仍然用炖或煮这样简单的烹饪方式制作食物，而在泸沽湖岸周边现代化程度较高的村落，很多摩梭家庭成员都会"炒菜"或用其他多种方式烹饪食物。

2. 与汉文化空间互动的摩梭聚落空间

即便是摩梭村落，村中汉族人口仍然占据了村中人口总数的相当一部分，如格萨村的汉族人口占到了约40%，四川地区最大的摩梭村落舍垮村汉族人口仍然占据到了30%以上，另外还有少数的普米族或藏族。

与大多汉人在少数民族地区占据地理位置较为优越的河谷平地不同，泸沽湖地区汉人客居的历史背景使得他们无论是在文化或是经济上都处于弱势的地位，混居于摩梭人之间的汉人物力财力单薄，始终处于弱势地位，但仍恪守强烈的汉文化传统。陈嘉琪认为，在过去的泸沽湖地区，商品经济并不繁荣，人力的兴盛与家产的延续才是生活宽裕的关键因素，而分家只会使家族的生活越来越贫穷，这是摩梭人眼中的一项大忌，而汉族人娶妻成家的根本文化，也使得汉族在少数民族的地区的处境更为艰难，当地汉人的贫穷正是根源于宿命性的文化坚持。而当旅游业与现代的商品经济席卷到泸沽湖地区，当地汉族并没有能从中分得一杯羹，旅游业的文化品牌依托摩梭人的传统，当地汉族主要的营生方式仍然以务农为主，也未能享受到政府对于摩梭人的补贴与扶持。

这在村落的空间平面上也有所呈现。从生活资源的获取与交通的便捷程度上讲，在整个聚居区空间内，汉族是"偏"于"生活主线"上的。20世纪50年代开始迁入格萨村的汉族，定居在村北的坡脚处（图3），发展至今，格萨的汉族相对集中地居住在村北部和东部（图4）。舍垮村交通主线两侧定居的也主要是摩梭人（图5）。汉

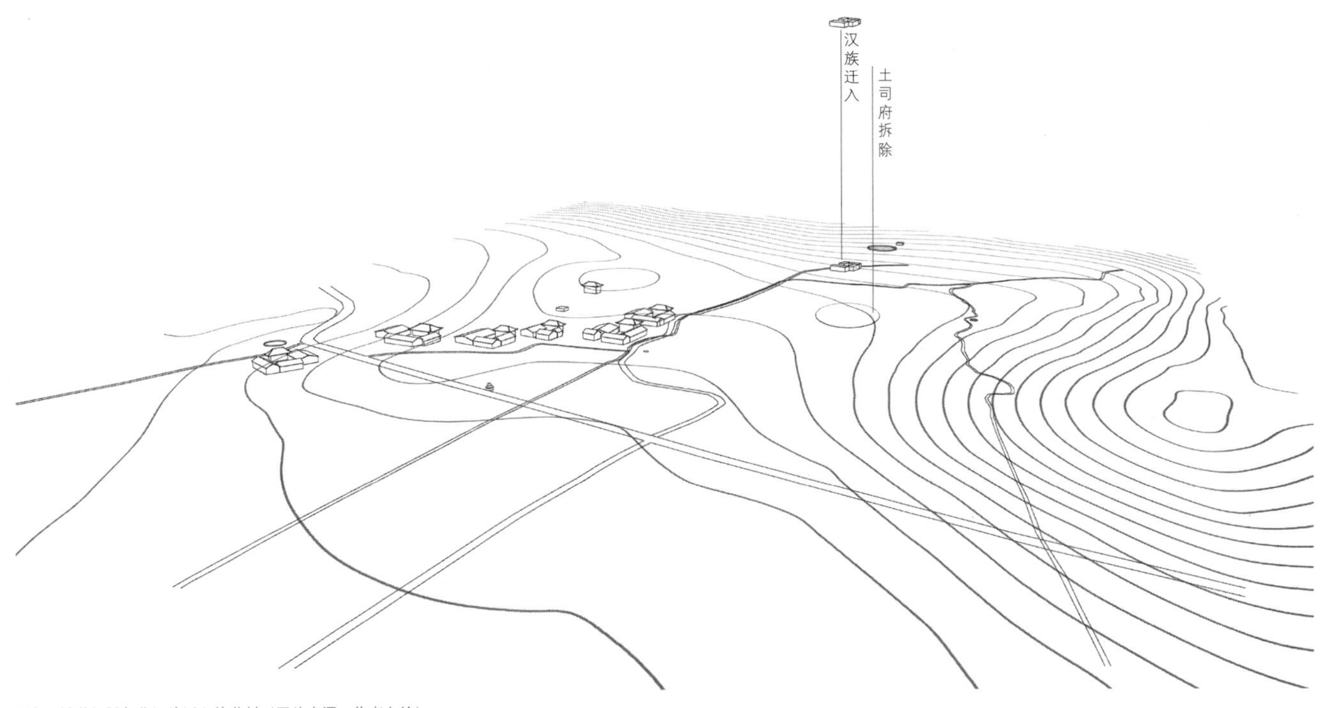

图3　20世纪50年代汉族迁入格萨村（图片来源：作者自绘）

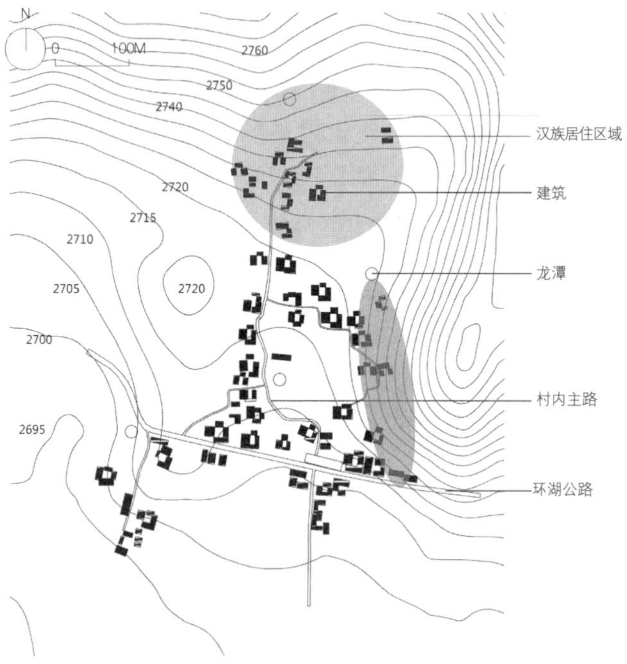

图4　格萨村汉族院落分布区域（图片来源：作者自绘）

人的房屋通常是自己任意建造，在空间上自然便呈现出“无序”的状态。摩梭人的房屋修建通常遵循严格的文化传统规则，通常为三合院或四合院，从平面布置上常有规律可循，因此一个摩梭村落的总平面常常同时呈现规律的布局模式与非规律的布局模式，“有序”和“无序”这两种形态相互交织，共同构成了泸沽湖地区的聚落空间。村落空间的交错状态，也正是汉文化与本土摩梭文化交互影响的空间再现。

虽然汉族在当地文化中处于弱势地位，但当地大量的汉族人口在与摩梭人文化交往的过程中也势必影响到摩梭社会的传统文化。在摩梭大家庭逐渐解体之初，当地汉人小家庭的居住模式及对于空间的使用方式无疑给摩梭人提供了许多的借鉴作用，从许多摩梭家庭单独修建的厨房、厕所、家庭成员之间拥有独立的房间等使用空间的方式，都能看到汉文化对于摩梭文化的影响。

三、晚期影响摩梭聚落空间变迁的文化因子（1990s–）

旅游业对居住空间的影响

1999年起，四川泸沽湖地区开始开展旅游业，2006年，格萨村西部的山坡上开始着手修建泸沽湖假日酒店，当政府对格萨村民进行游说时，村民也借此契机表达想要重建“文革”时期被毁坏的格萨村寺庙的想法，相互意见达成后，山坡上所有的建筑物和宗教构筑物都需要迁移，寺庙修建的位置由原来的山坡高处迁移到了山坡的南侧，原本的寺庙所在的位置建成了假日酒店的别墅湖景房，假日酒店在枯山水式的后花园里，为摩梭村民修建了白塔。

随着市场经济和现代主流文化对摩梭社会的冲击，已使得摩梭社会的藏文化与本土的宗教文化的影响力逐渐式微，年轻人不再愿意当喇嘛或达巴，表现在居住空间上则为，经楼的功能逐渐退化为居住或储存功能。但在格萨村，经楼的保存与继续利用率明显高于其他摩梭村落，在经济条件较差的摩梭村落如舍垮村、阿洼村等，能负担起维护经楼的人力及财力的摩梭家庭少之又少，相反有旅游业的摩梭村落如格萨村，经楼强化了“摩梭特色”的院落空间，能为游客带来良好的家访和住宿体验，反而得到了摩梭人的保护和推崇。

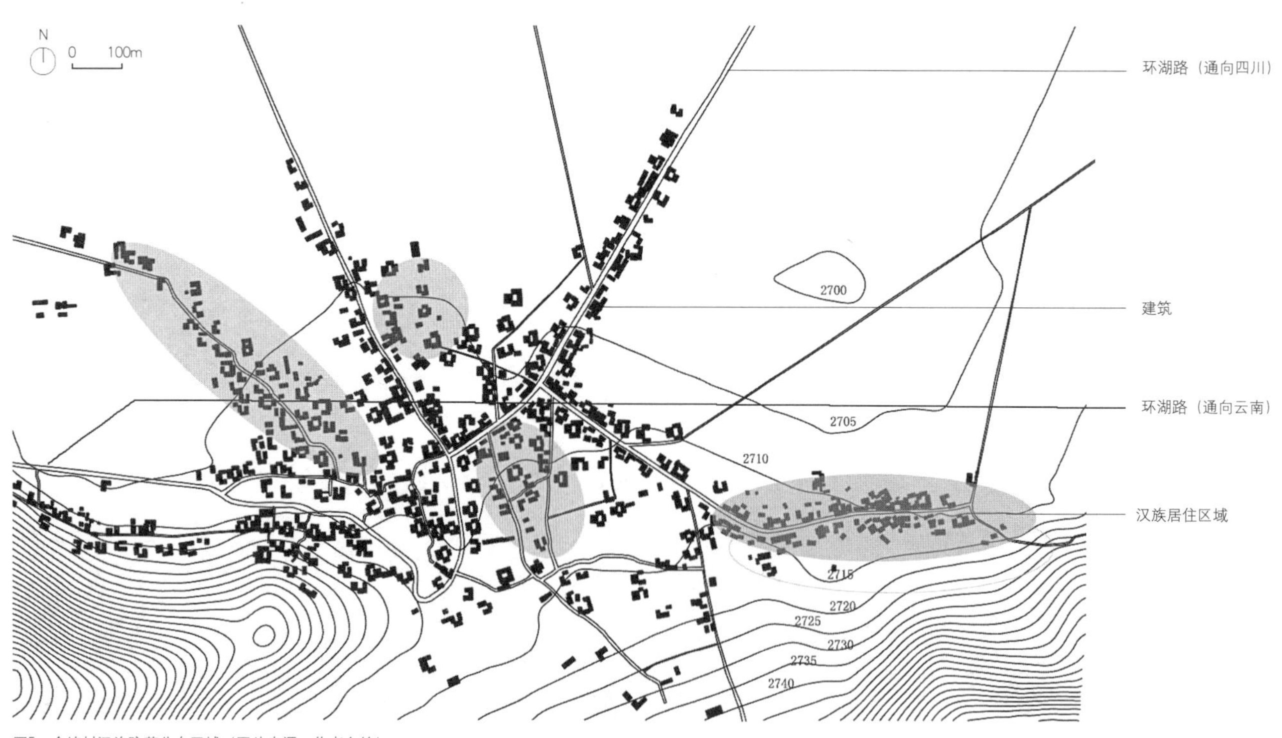

图5　舍垮村汉族院落分布区域（图片来源：作者自绘）

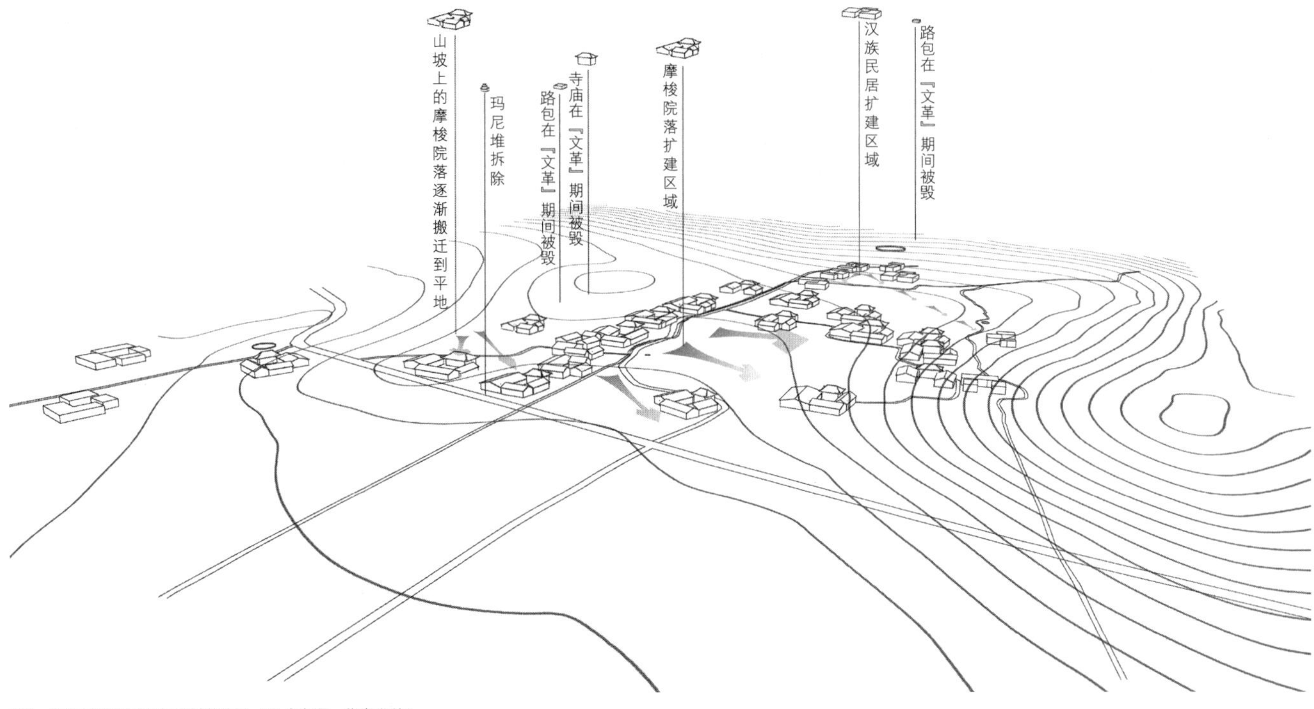

图6 格萨村20世纪90年代村落格局（图片来源：作者自绘）

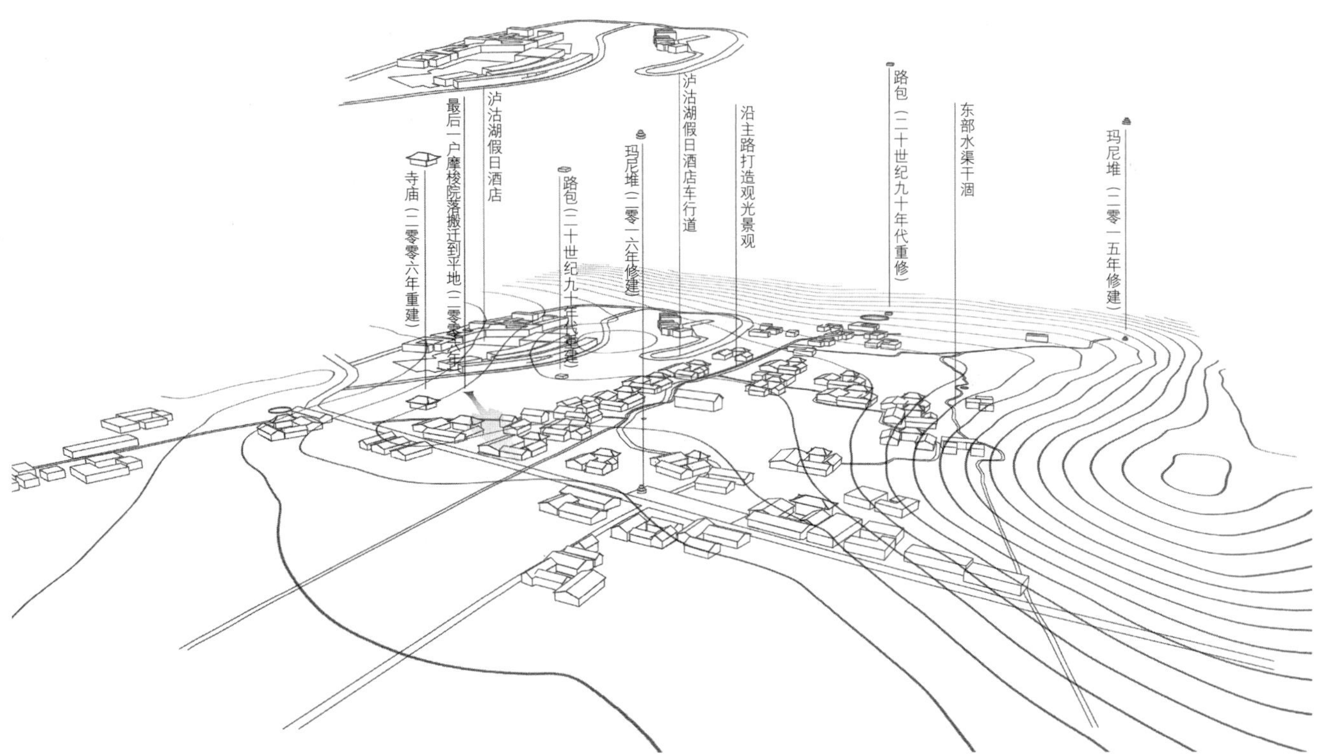

图7 格萨村2017年村落格局（图片来源：作者自绘）

四、小结

20世纪30年代至50年代，聚落的变化频率非常缓慢，在传统的摩梭社会，摩梭大家庭的分家是为人所不齿的，外族人想要迁居到摩梭人世代居住的地区，是需要得到摩梭权威（土司）认可的。在这个时期内，摩梭聚落空间与院落的选址主要受到自然环境以及摩梭内部政治制度，宗教因素等影响。20世纪50年代初期，汉族迁入格萨村繁衍生息，摩梭聚落由此开始呈现出“有序”和“无序”两种空间形态的交织。20世纪50年代后期至90年代，中央政府采取的一系列政策措施施加于摩梭社会，民主改革期间，统治摩梭地区长达六百多年的土司制度被废除，土地分属到百姓手里，院落选址与分布在整体聚落空间上则表现为从沿主路的西侧坡脚处向平坝处扩散。“文化大革命”时期，宗教空间被毁坏。改革开放以后，摩梭大家庭快速分解。这个时期聚落的变化速率逐渐增快。小家庭的迅速普及使得2017年格萨村的院落数量较20世纪90年代接近翻了一番，旅游业的进入也使得某些聚落空间发生重大变迁。从格萨古村这一个案的聚落格局的历史变迁中，我们得以窥见一个关于泸沽湖镇区域摩梭村落普遍的，与社会背景、自然环境、政治活动、宗教文化等密切相关的影响因子集合。（图8、图9）

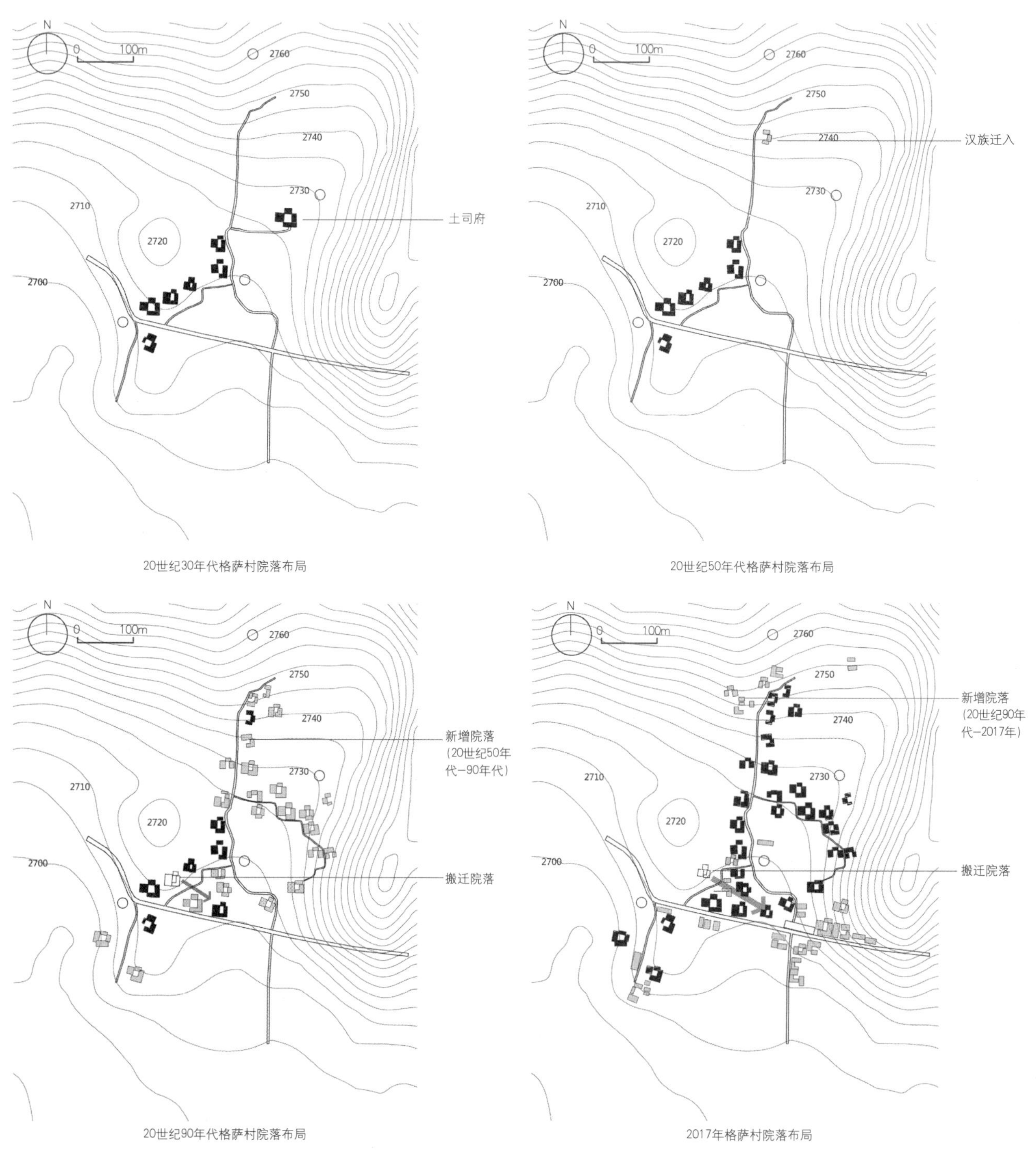

图8 格萨村20世纪30年代至2017年院落格局变迁（图片来源：作者自绘）

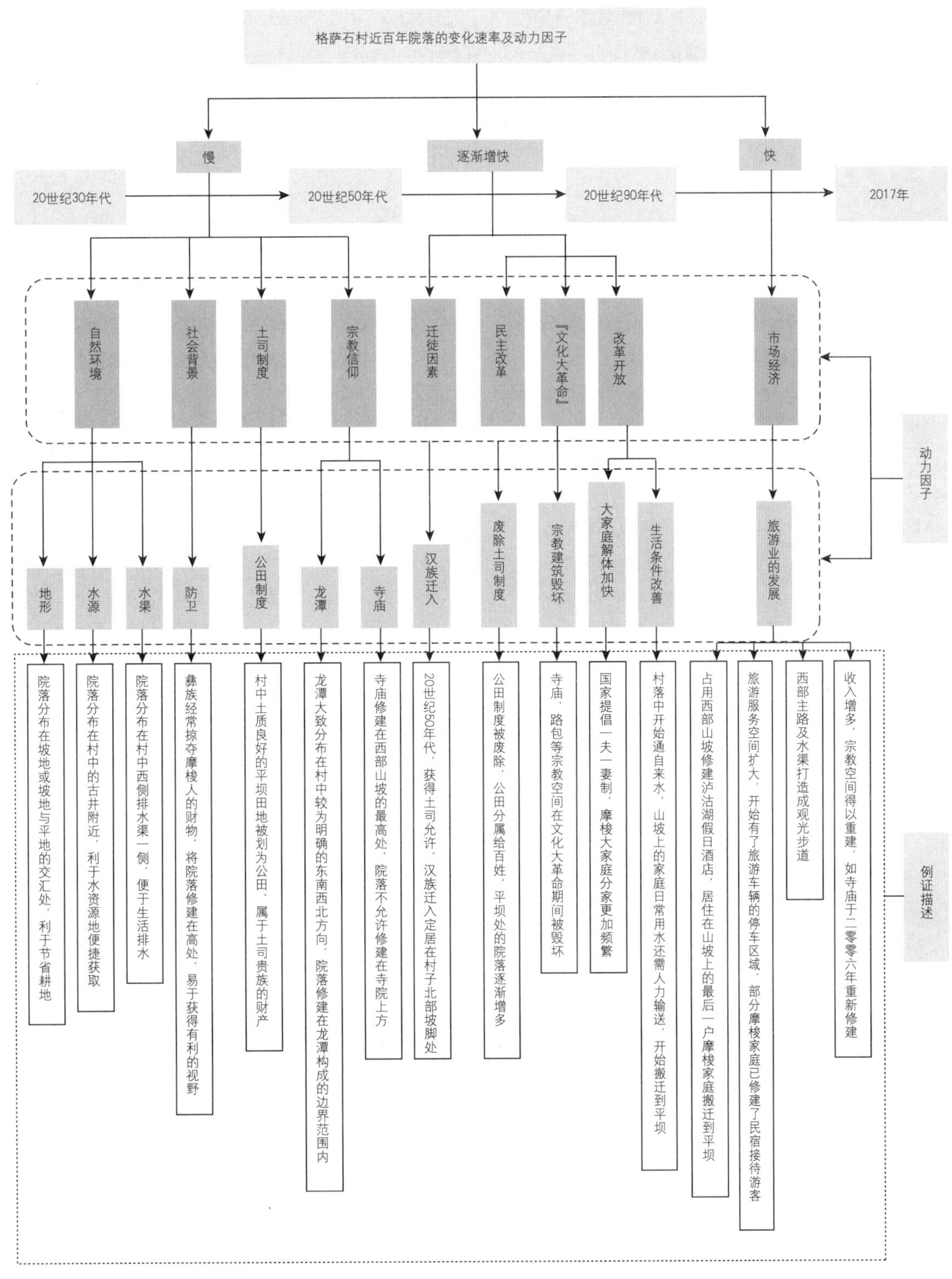

图9　格萨村近百年院落变化速率及动力因子

注释

① 国家社科基金重大项目（14ZDB025）《中国古代建筑营造文献整理及数据库建设》之子课题《四川地区古建筑文献整理研究》阶段性成果。

② 曾琳莉，四川大学建筑与环境学院，硕士研究生，610045，383847268@qq.com。

③ 高政轩，四川大学建筑与环境学院，副研究员，610045，malook526@qq.com。

④ 赵春兰，四川大学建筑与环境学院，副教授，610045，1520995627@qq.com。

⑤ 杨大禹. 云南少数民族住屋——形式与文化研究[M]. 天津：天津大学出版社，1997.

⑥ 蒋高宸．云南民族住屋文化[M]．昆明：云南大学出版社，1997．
⑦ 永宁及左所地区的公田制度，可参考李霖灿《纳西学文集》——永宁土司的公田制度，2015年版，263–271页。

参考文献

[1] Rapoport，A（spring1992）On Cultural landscapes. *Traditional Dwellings and Settlement Review* 3（2），pp.33–47．

[2] Antrop，M（1997）The concept of traditional landscapes as a base for landscape evaluation and planning. The example of Flanders Region. *Landscape Urban Planning* 38，pp.105–117．

[3] Brandt，J.，Holmes，E.，Skriver，P（September2001）Urbanization of the countryside—problems of interdisciplinarity in the study of rural development. *In：Proceedings of the Conference on the Open SPACE Functions under URBAN Pressure*. Ghent，pp.19–21．

[4] Antrop，M（2004）Landscape change and the urbanization process in Europe. *Landscape and Urban Planning* 67，pp. 9–26．

[5] Antrop，M（2005）Why landscapes of the past are important for the future. *Landsccape and Urban Planning*70，pp. 21–34．

[6] Nunta，J & Sahachaisaeree，N（2010）Determinant of cultural heritage on the spatial setting of cultural landscape：a case study on the northern region of Thailand. *Procedia Social and Behavioral Sciences* 5：1241–1245．

[7] 吴良镛．人居环境科学导论 [M]．北京：中国建筑工业出版社，2001：242．

[8] 扬子江．永宁坝区摩梭村落研究 [D]．昆明理工大学，2002．

[9] 藤井明．聚落探访 [M]．北京：中国建筑工业出版社，2003．

[10] 马青宇．滇西北高原摩梭人聚居区的乡土建筑研究 [D]．重庆大学，2005．

[11] 黄耘．泸沽湖地域人居环境文化演进 [M]．北京：中国建筑工业出版社，2014．

[12] 何撒娜．藏传佛教在摩梭：三个文化之间的会遇与空间政治 [C] //木仕华主编．纳西学研究新视野．北京：中央民族大学出版社，2014：139–156．

[13] 李建华．西南聚落形态的文化学诠释 [M]．北京：中国建筑国内工业出版社，2014：111．

[14] 李霖灿．纳西学文集 [M]．北京：民族出版社，2015：263–271．

基于多维数据的传统聚落空间衍化研究

——以河北省怀来县鸡鸣驿为例

黄 斯[①] 李 哲[②] 杨元传[③]

摘 要： 传统聚落空间是传统聚落历史遗存与文化传承的价值体现，从系统性视角进行传统聚落的空间衍化研究是传统聚落保护和发展的重要基础。本研究以河北省怀来县鸡鸣驿为例，通过向历史回溯，将多个时期的鸡鸣驿古旧地图、历史航片等资料进行对比，并运用无人机摄影测量和三维点云技术获取鸡鸣驿现状数据，对传统聚落空间的形成与衍化进行分析。

关键词： 传统聚落 历史资料 摄影测量 三维点云 空间衍化

传统聚落一般由具有深厚历史底蕴的建筑、街道和广场构成，能较全面地保留一些历史时期的传统风貌和民族特色，也最能体现一个地区的农耕文明和传统文化，其空间格局能够充分体现当地社会群体经年营造出的文化内涵，具有很强的代表性和典型性。因此，从整体性、系统性视角展开传统聚落的空间衍化研究是辅助传统聚落保护的有效途径。本研究深度挖掘传统聚落历史资料与古旧地图，运用无人机摄影测量和三维点云技术，通过获取聚落现状数据，试图直观展现传统聚落总体布局，还原历史形成过程，探寻聚落衍化的空间关系变化。

一、多维数据与研究方法

1. 多维数据来源及处理

本研究所涉及的多维数据包括二维古籍资料、二维历史航片，以及三维点云模型。古籍资料来源于对历史书籍的收集，此为传统聚落研究必不可少的史料。历史航片来源于台湾20世纪60年代拍摄的U-2侦查航片，此珍贵影像资料对于传统聚落空间衍化的研究提供了有力支撑。三维点云模型来源于对传统聚落的实地调研和无人机测绘，此模型包含了大量的传统聚落现状数据。利用GIS可以将同一区域的多维数据进行精确的地理配准，为后续传统聚落空间衍化的研究奠定了坚实基础。

2. 无人机摄影测量与三维点云技术

本研究运用无人机摄影测量获取传统聚落现状照片，利用PhotoScan等摄影测量软件将具有较高重叠率的照片进行自动运算，得到具有法向量的三维点云模型，此模型可导入CloudCompare等点云运算软件，进行诸如地物分类的操作。此对于传统聚落数据的快速获取、精密处理、深度利用的方法，打破了以往人工测绘的模式，突破了三维数据利用的瓶颈。除了以上提及的点云运算之外，还可将数据进行转化以适用于GIS、空间句法等分析方法，不再是停留在数据获取阶段，而是将数据进行有效利用和分析，为传统聚落搭建从源数据到有价值信息之间的桥梁，构成完整的工作链条。三维空间计算突破了传统聚落研究领域面临的普遍难题，可以快速获取聚落数据，有效提取聚落特征，并进行多种可视化分析。

二、鸡鸣驿概况

1. 历史沿革

1219年，成吉思汗亲自领兵征西，在所经之路上开拓驿路，开设“站赤”，此小驿站即为鸡鸣驿于元代之前身。明永乐十八年（1420年），鸡鸣驿已稳坐京师北路第一大军驿站的位置。鸡鸣驿于明成化八年（1472年）建造土质垣墙，明隆庆四年（1570年）修筑包砖城池。清康熙三十二年（1693年），城池功能由军驿转为民驿[④]。直至1913年，由于北洋政府大力发展邮政而淘汰驿站，鸡鸣驿这座辉煌的古驿站才渐渐走向衰落，城墙历经岁月侵蚀出现了坍塌，城内古建也被破坏。2000年以后，鸡鸣驿陆续被评为“全国重点文物保护单位”、“中国历史文化名村”、“中国传统村落”等，古驿城受到了良好的修缮和保护（图1）。

2. 战略和地理位置

鸡鸣驿地处宣化、怀来、居庸关的交汇区域，此地连绵百里、

图1　鸡鸣驿现状照片（图片来源：作者自摄）

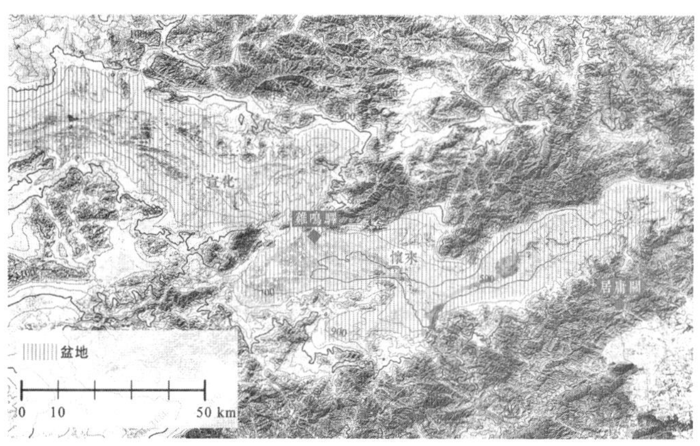

图2　鸡鸣驿的"极冲"区位（图片来源：作者自绘）

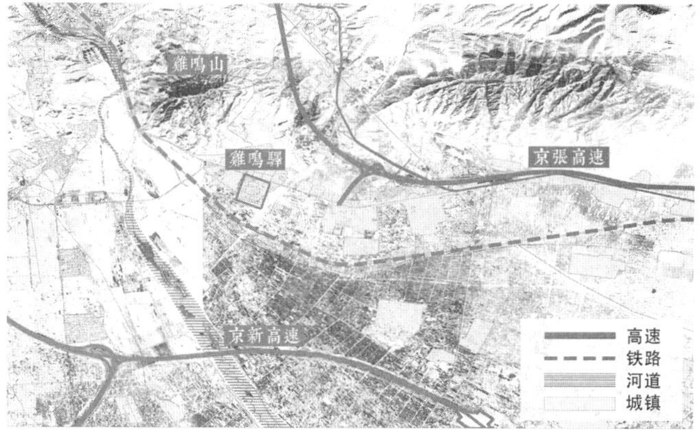

图3　鸡鸣驿的便利交通（图片来源：作者自绘）

曲折险要，东掩居庸关，西接宣化镇，南面宏伟长城，北临巍峨高山，是西北冲要之处，也是连接宣、怀两盆地的重要纽带，因其地理的重要性和地势的独特性被统治者视为"极冲"要驿[⑤]（图2）。鸡鸣驿在边防的系统布局之中占据了重要位置，安京城之内，攘边寇之外，实则西北门户的重中之重。鸡鸣驿村位于张家口市怀来县鸡鸣驿乡鸡鸣山东南脚下，南面洋河，介于京张高速南侧、京张铁路北侧之间，地区交通十分便利，往来通达（图3）。鸡鸣驿村的中心是由城墙环绕的鸡鸣驿古城，外围则是扩张的民居和开垦的农田。

3. 自然条件

鸡鸣驿坐落于闻名遐迩的鸡鸣山东南脚下，南墙外是荒芜的田野，更远处是流淌的大洋河，背山面野望水。从中国传统的"风水"文化来说，这种特殊地势属于上乘，是理想的城址，兼有风与水之利。再者，从山川地理来说，从西北吹来的恶劣风沙尽数被周围的高山抵挡，鸡鸣玉带两山遥相呼应，围合出怀来盆地之势，形成绵延十余公里的河谷。最后，从耕地条件来说，鸡鸣驿周边之地可耕鲜少，因此在元代之前未能发展壮大。到了明代，由于山林开发的加强、作物种类的丰富和农业技术的发展，耕地面积和粮食产量得到了有效提升。

三、鸡鸣驿的空间衍化

1. 聚落性质的历史转变：军驿—民驿—村堡

由于鸡鸣驿从元代起便被赋予的军事性质，其空间也呈现特殊的格局。要因此，研究鸡鸣驿的空间衍化，首先要了解鸡鸣驿的性质转变（图4）。回首鸡鸣驿的发展历程，几经转折。元代时期，鸡鸣驿还只是个小有规模的站赤，也始终未能得到大力的发展与开发，究其根本，实则就是自然条件的限制。鸡鸣驿所处之地恶劣的农耕条件注定了鸡鸣驿人口承载力较差，在古代自给自足的农耕背

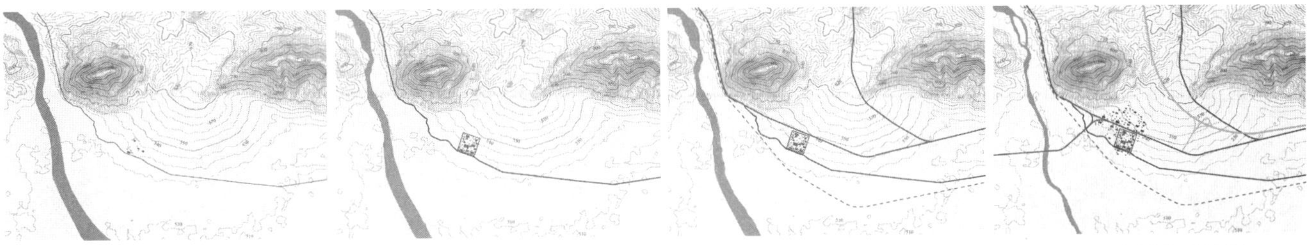

a 站赤（元） b 驿站（明清） c 小村庄（清末民国） d 国家级传统村落（新中国）

图4 鸡鸣驿聚落性质转变示意图（图片来源：作者自绘）

景下，鸡鸣驿无法提供基本的食粮保障和适合的聚居环境，因而此前从未形成集中的聚落。再加上鸡鸣驿险要地势所导致的与外部社会隔离，因此限制了其发展。明代时期，鸡鸣驿因其地理的重要性和地势的特殊性发展成为京西第一大驿站，当时"邮驿"的需求和发展已突破了地理限制。清代时期，鸡鸣驿一跃成为北国第一大驿城，康熙年间，鸡鸣驿设驿丞管理，这是其由军驿到官办民驿的重要转折点。由于张库商道的日益繁盛，使得鸡鸣驿的商业发展于乾隆时期达到了顶峰。然而到了清末，现代交通的兴起导致了邮驿的衰亡，光绪年间邮驿事务改为专设的邮政部门管理，宣统元年京张铁路通车，驿站停止了运作。直至民国期间，政府开办邮政，邮政事务的兴起最终结束了鸡鸣驿悠远且光辉的历史使命。再加上清末民国时期战事和防线的变化，鸡鸣驿不再是军事防御重点，丧失了原本特殊的军事防御地位，走向了衰落。历经近七百年，体验沧桑变化，鸡鸣驿又变回了西北道上一个默默无名的小村庄。由于20世纪80年代中国文物保护的兴起，鸡鸣驿凭借着悠久的历史和良好的遗存再次出现在人们的视野中。随着政府的重视和保护力度的加强，鸡鸣驿的文保头衔也越来越多，日渐繁华。

2. 空间格局的现代衍化

鸡鸣驿的空间格局不同于古代建筑群落常用的"十"字布局，此非同一般的空间布局方式，与其独特的历史文化背景有着紧密的关联，因此鸡鸣驿成为了以驿站功能为主，商业功能等为辅的综合性驿城。鸡鸣驿空间格局的现代衍化可以从街巷、城墙和建筑这个三个方面进行研究。本研究选取鸡鸣驿了三个时间节点的影像：20世纪60年代侦查航片（图5），从此时开始鸡鸣驿有较明显的衍化；2008年遥感卫星影像（图6），从此时开始政府开始加大对鸡鸣驿的保护力度；2019年摄影测量模型（图7），能够清晰显示出鸡鸣驿的现状特征。运用图像识别软件和点云运算软件可以将街巷、城墙和建筑三者分别提取出来。

1）街巷

鸡鸣驿依附其南墙外的古驿道而生，为保持城池与驿路的便捷联系，贯穿全城的主要街道连通东、西两座城门，位于整座城池的南侧，最终形成了"井"字格局。这种设置打破了古代堡寨聚落常用的"十"字格局，且不同于受风水思想影响的历史街区格局。城墙内四周设有环城道路，便于内部交通，且满足快速调集兵力、运送器具、登城防守等军事需求。城内巷道的方向、宽度、坡度等均进行了巧妙地设计，外来人进入其中，会被其曲折多变所迷惑，而对于当地人而言，却能带来丰富的路径空间体验。从1960年至2019年街巷的现代衍化可以看出，在修复了一些断头路的同时，形成了更多的小巷，并且目前街巷均已硬化处理（图8）。

2）城墙

鸡鸣驿遵循完备的城墙结构，墙的内部是夯实的素土，墙的外部用青砖包裹。四面城墙上均匀分布着角台和马面，作战时可进行有效防御，是鸡鸣山军事高地防御系统的重要一环。据史料所述，北面墙体中部的平台上建有双层木结构的玉皇阁，南面墙体中部平台上建有寿星楼[1]。不同于大部分城池的四面开门和军事堡寨的一面设门，整座驿城只在东西两面靠近驿路之处设置了带有双阙的城门，打破了固有的对称格局，这种非对称格局形成驿城独特的

图5 20世纪60年代侦查航片

图6 2008年遥感卫星影像（图片来源：谷歌地球）

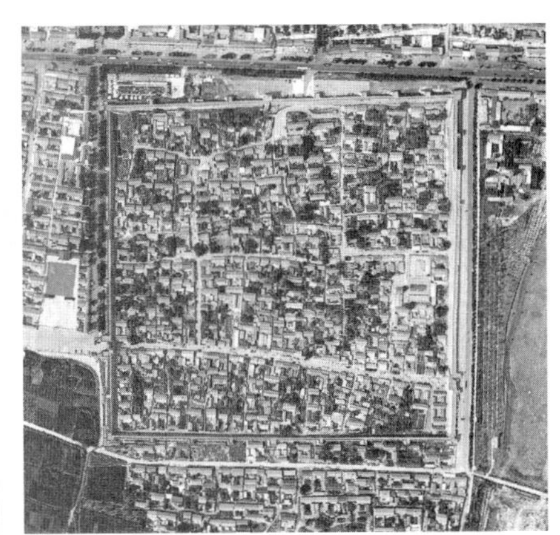

图7 2019年摄影测量模型（图片来源：作者自摄）

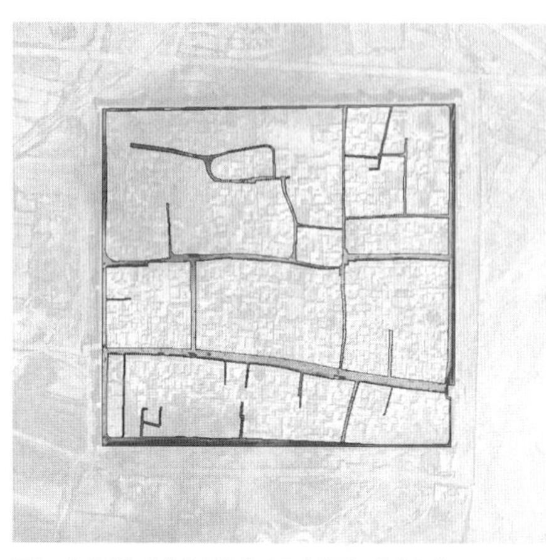

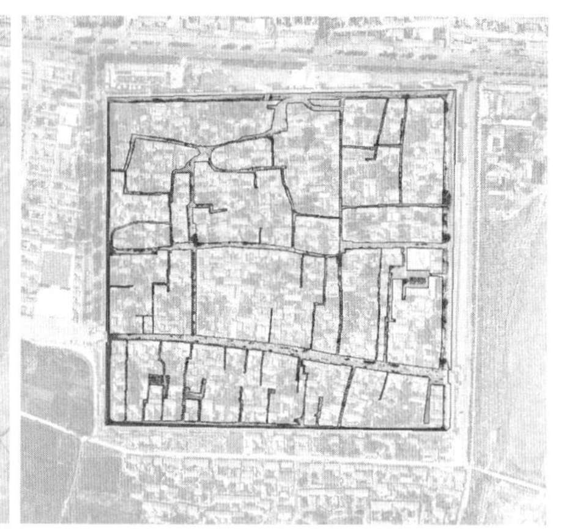

图8 鸡鸣驿街巷的现代衍化（图片来源：作者自绘）

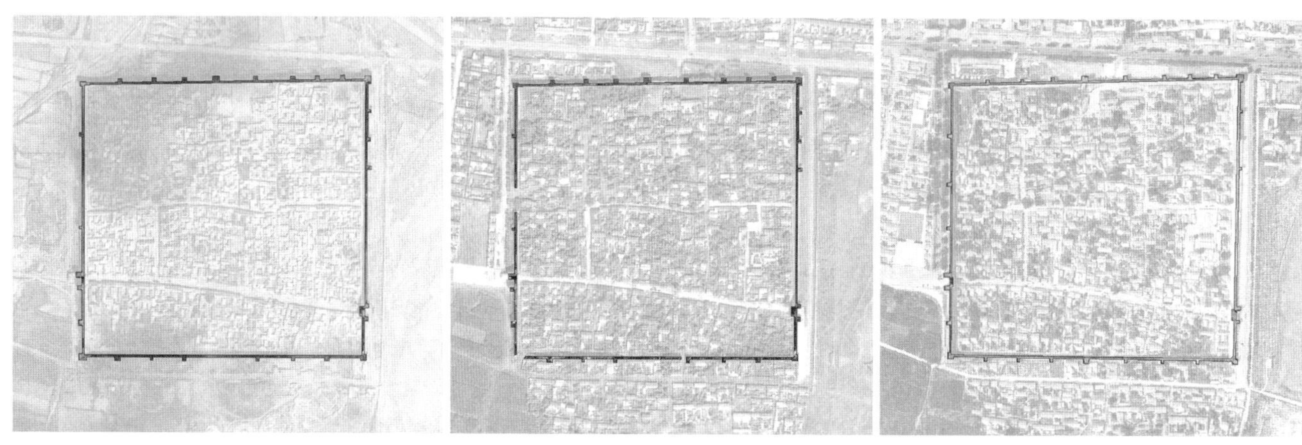

图9 鸡鸣驿城墙的现代衍化（图片来源：作者自绘）

空间特征。从1960年至2008年的城墙衍化可以明显看出，西面和南面的城墙出现了部分坍塌，形成了临时出入口和小巷。到2019年，城墙已全部修缮齐整（图9）。

3）建筑

鸡鸣驿城中的公共建筑例如衙署、马号、寺庙、戏台、驿馆等，位置十分合理，从现代城市规划角度来说，如同将住宅与行政、办公或商业等公共建筑之间保持合适的距离。前街是驿站的军事政务区，围绕驿丞署、总兵府而建。西街是设施区，围绕公馆院、马号和寺庙而建。驿站正北是驿学区，此位置体现了鸡鸣驿学在驿站中的重要地位。驿馆西临大街，出入便捷，既远离前街的喧嚣，又不影响居住区的生活，是驿馆的最佳选址。从1960年至2008年，建筑更新进行得比较分散平均，但从2008年至2019年，集中于主街和城墙周围，这些区域建筑更新得较快，而其他更新较慢的区域则拥有更好的绿化。从屋顶颜色变化，可以明显看出建筑新老，红色顶、浅蓝色水泥顶最新，橘黄色、蓝色彩钢瓦次之，浅棕色为古建。对于建筑屋顶的这种处理，影响了城墙上俯瞰古驿城的整体风貌（图10）。

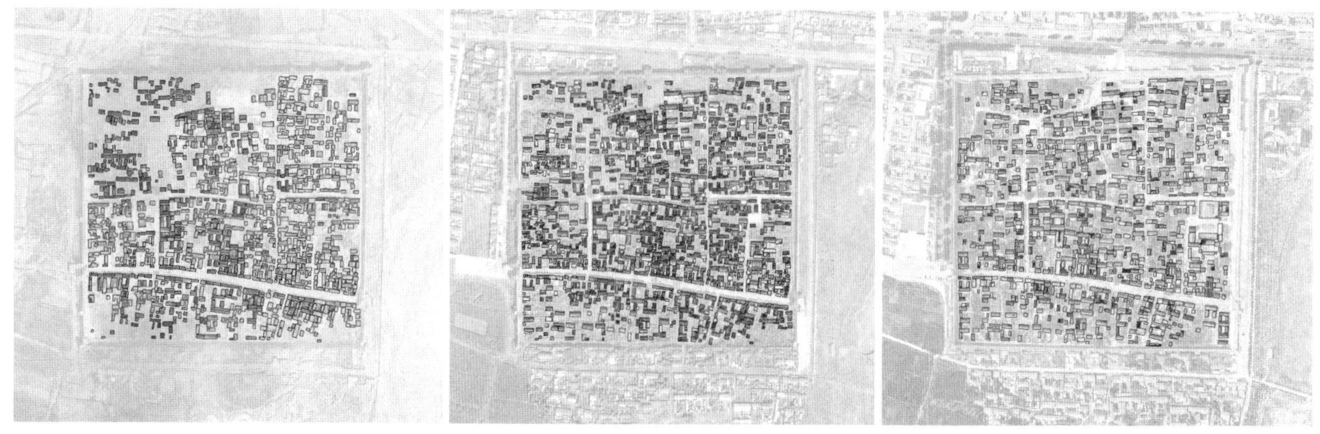

图10 鸡鸣驿建筑的现代衍化（图片来源：作者自绘）

四、结语

经对鸡鸣驿空间衍化的研究发现，在聚落发展阶段中，在古代浓厚的封建思想影响之下，政治军事、地理位置、自然环境等因素起着至关重要的作用。政治军事的需求，凸显了险要地势的重要价值，影响了周边整体区位的全局性；地理位置是区域、道路、河流交汇的地带，易于商业、人口、文化等发展；自然环境符合风水理念这一条件，是选址的首要标准。对于不同时期的聚落发展来说，各项因素的作用程度也有所不同。鸡鸣驿从元明的政治军事主导，到清代的交通区位主导，再到新中国的历史文化主导，皆对聚落的衍化与兴衰至关重要。

注释

① 黄斯，天津大学，建筑学院，博士研究生，300072，yellows_arch@tju.edu.cn。

② 李哲，天津大学，建筑学院，副教授，300072，lee_uav@tju.edu.cn。

③ 杨元传，天津大学，建筑学院，博士研究生，300072，yyc_archi@tju.edu.cn。

④ 参见朱乃恭等纂修《怀来县志・卷六・驿站军站》，清光绪年间刊本。

⑤ 参见陈坦等纂修《（康熙）宣化县志・卷七・城堡志》，清乾隆年间刻本。

参考文献

[1] 辛塞波.古代驿站社会文化组织结构及物质环境研究——以河北怀来鸡鸣驿为例[J].建筑师，2010（03）：58–64.

鲁中山地聚落整体性保护与发展研究

——以章丘石匣村为例

李淑怡[①] 姜 波[②]

摘 要： 鲁中山地聚落作为齐鲁文化遗产重要的一部分，承载着一代代齐鲁儿女的历史文化记忆，维系着齐鲁文明的根。章丘石匣村约建于明洪武年间，是济南市传统建筑保存较好的典型的鲁中山地聚落山区传统村落之一。本文在实地调研基础上，对章丘石匣村的传统建筑、街巷空间以及一些历史环境要素进行资源分类和评价，介绍村落整体建筑风貌及现状，追踪村庄发展面临的阻隔与制约，并提出一些保护和规划要点，以期为鲁中山地聚落的发展提供启发和良鉴。

关键词： 鲁中山地聚落 石匣村 保护与发展

一、鲁中山地聚落概况

1. 历史追溯

鲁中山区的人类活动痕迹最早可追溯到旧石器时代。根据考古记载，20世纪80年代初，“沂源猿人头盖骨”被发掘于沂源县[1]。该地区素有“山东屋脊”之称，山体中的石灰岩在雨水的作用下形成溶洞。这为不会盖房子的“最早的山东人”提供了必要的生存条件。那时的山东应属于暖温带甚至亚热带气候。良好的气候条件为在鲁中山区活动的古人类提供了世代繁衍所必须的食物。正是这样独特的地理环境和气候环境为鲁中山地的人类活动和聚落形成创造出了绝佳的条件，使之成为齐鲁文明的发祥地。

2. 自然环境

鲁中山地聚落分布于山东省中部，北以小清河与鲁北平原为界，东沿潍、沭河一线与鲁东丘陵接壤，南至尼山、蒙山一线，西以东平湖和南四湖与鲁西平原接壤。“低丘陵”、“多山”是这个地区典型的地貌特征。受地形构造的影响，该地区平均气温较低，日照时间短，降水量大，是山东省内众多水系的发源地。鲁中山区大致包括济南、淄博、潍坊，泰安、莱芜和邹平等5市1县[2]。本文介绍的石匣村位于山东省济南市，隶属于章丘区官庄街道。

二、村落风貌与资源分类

1. 区位与风貌

石匣村座落在鲁中山区北麓，四面环山，村内有唯一一条自西向东的水系石匣河。村落依河两侧而建，使之分为南北两岸。作为大汶河的源头，石匣河的水脉发源于九顶山原墩顶山麓，潺潺支流汇于山地峡谷一路东流，给村民世世代代的生产和生活带来丰富水资源的和便利的交通运输条件。改革开放后，随着城市化进程的推进，交通基础设施建设逐步完善，加之周边地市众多，西距济南市中心60公里，东距淄博市40公里，北距309国道8公里、胶济铁路10公里，023乡道贯穿而过。其周边有朱家裕、雪野湖和樵岭前三个风景区，形成聚集效应，为其旅游开发提供了可能（图1）。

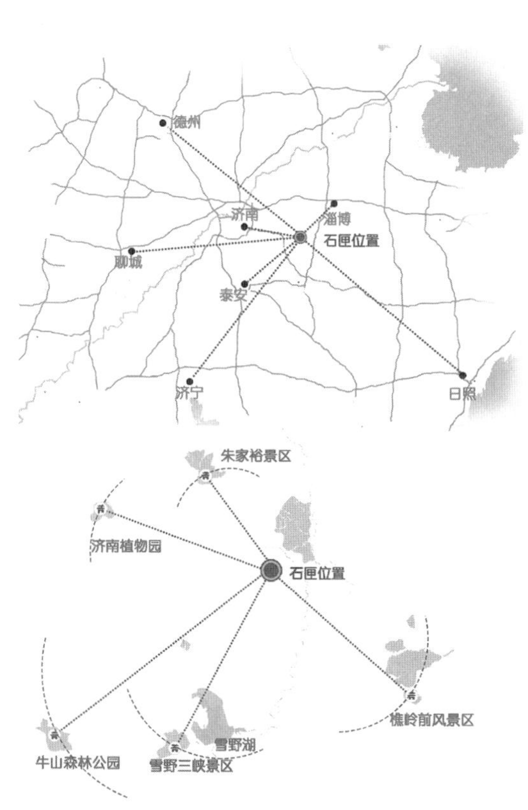

图1 石匣村区位（图片来源：作者自绘）

图2　石匣村航拍图（图片来源：栾美华 摄）

在自然景观方面，村落依山势而建，坐落于山水之间。独特的地质构造经过自然的风雨洗礼形成了石匣村独特的岩谷地峡景观[3]。此外，该村保持着良好的原生态风貌，古树葱茏，绿树婆娑，周边无工业园区，零工业污染，青山绿水，绿地覆盖率达90%以上（图2）。

2. 传统建筑与街巷空间

村域范围内有近百座明清至民国时期的传统民居院落，其中有明朝时期寺庙一处，为四合院建筑，是山东省级文物保护单位。其余大部分民居建筑具有典型的鲁中山区建筑特征。

石匣民居没有过多的装饰，保持了原始建材的本质风貌。院落格局符合传统样式，大体保存完整。其建筑传承了鲁中山地聚落传统建筑风格，融合了中原地区四合院式建筑格局，多为传统合院，形成了“方石、合院、坡屋顶”的统一风貌[1][4]。院落由正房和厢房组成，正房一般三开间，大门开设于沿街一侧，简易修筑坡顶门楼。院落铺地及围墙均为不规则石块。建筑群落呈现出一种高低叠置的景致。建筑的始建年代从三百年至近几十年不等[5]。虽然这些古老的建筑因年深日久，已经有些破败，但它却忠实地记录着石匣村走过的风风雨雨。爬满绿植的石墙，长着青苔和杂草的石板，被岁月冲刷成灰色的门柱记载着这一山村聚落的沧桑。

石匣村为块状聚落，被顺河街道分为南北两部分，南侧为新村，北侧为老村，阡陌纵横交错（图3）。村落内部的传统街巷格局保存完好，部分街区仍保持了青瓦石墙的传统民居风貌，沿汶溪夹谷地形布局，不同地势之间的房基均由块石砌垒。传统古民居多石墙干垒，街巷石铺、围墙石砌，巷道逼仄、曲折幽深。新村片区多为新建或翻新建筑，街巷布置规整，传统建筑较少。

3. 历史环境要素

石匣村建村时间大概是在明朝洪武年间，其先人由山西洪洞大槐树迁徙而来。石匣村历史遗存较多，村内历史环境要素主要分布于老街北部，四条传统胡同两侧。现存历史环境要素多以石制品为

图3　村庄格局与建筑肌理（图片来源：作者自绘）

主，包括石磨、石碾、石槽、拴马石、石碑等，村内现有多处古井，也由石材砌成。众多历史遗存无一不反映着石匣的悠久历史和传统特色。现根据各类历史环境要素保存现状归纳如下：

齐长城：齐长城已经横亘于石匣村南长城岭上两千多年，虽历经沧桑，至今犹在。现今有三段保留基本完整，一是西岭关至九顶山段，地势险要，蜿蜒山峰；二是西岭关马头崖段，长城陡起，雄伟气派；三是长城岭相峪关段。长城岭石匣三关相峪关、西岭关和九顶山关，西接锦阳关、东接俊林关、黄石关，是古代齐鲁、齐楚极其重要的关防所在[6]。

古街：石匣村内有多条传统街巷，两侧石房错落有致，道路铺面石开采于当地山中，部分石板路随着雨水冲刷以及车辕和脚步的磨砺踩踏，已为半光滑状态。作为村落格局的骨架网络和发展的历史见证，古街是传统村落最重要的构成要素。

古井：村内有河流穿过，每年春夏交替之际，潺潺河水由山谷之间汇入小溪自西向东涌入石匣。本地水资源丰富，村内遗留的古井较多，方便村民用水。古井均为石砌，形式古朴，实用性高。

古寺：石匣村古寺颇多，最著名的景观为“十里三寺”和“三里五庙”。十里三寺是指石匣村自东往西，十里之内有大青山中兴隆寺、石匣村头报国寺、九顶山下白云寺；三里五庙，是指三里之内有五座庙：真武庙、龙王庙、雷神庙，山神庙、关帝庙。最负盛名的是始建于唐朝开元年间，清康熙四十一年（1702年）复修的兴隆寺（图4）。

石磨石碾：村内石磨石碾较多，散布于村庄各处，保存较好。虽然目前电动粉碎粮食的机械已经普及，但在石匣的街间巷口，仍可以看到村民们用最传统的石磨石碾粉碎粮食，三五成群，劳作间呈现出了鲁中山区村民勤劳质朴的生活场景（图5）。

兴隆寺　古戏台　兴隆寺

报国寺　真武庙　龙王庙

图4　兴隆寺、古戏台、报国寺、真武庙、龙王庙（图片来源：作者拍摄）

石磨　影壁　石碾　石碑

图5　石匣村内的石磨、影壁、石碾和石碑（图片来源：作者拍摄）

图6 历史环境要素分布图（图片来源：作者自绘）

古作坊：长期的历史文化积淀使石匣形成了健康完整的山居生态格局，涉及到社会生活门类的方方面面。铁匠铺、木匠铺、杂货铺、中药铺、条编铺、纸扎铺、石灰窑、石匠瓦匠油漆匠、油坊、染坊、酒坊等散布于村中，许多作坊至今还保留着原始工艺流程，在新时代焕发出新的青春。

三、村落资源评价及发展的阻隔与制约

1. 资源评价

从建筑历史学的角度，村落布局依水就势，村内水塘沟渠、道路为渔网式布局，同时民居建筑与周边自然环境密切结合，形成滨水聚落。无论是村落的整体布局，还是单栋建筑无不体现着因地制宜、相地构屋的营造思想以及“天人合一”的哲学思想，成为研究明清传统山地聚落的活化石[4]。其中，建于明代的报国寺、兴隆寺都具有较高的历史价值。

从建造技术科学的角度，村落建筑空间与结构形式多样，建造风格浑厚、淳朴但又不失精细。不论营建技术还是建造工具都极具特色。由于传统工匠的缺失，木工工具以及石匠所用的特制工具逐渐失传，鲁中山地传统建筑营建技术面临着再无传承人的境况[7]。所以，对石匣村的保护以及其民居建筑的营建技艺和建造工具的研究具有重要的科学技术价值。

从旅游经济学的角度，石匣村独具特色的历史资源和自然资源是实现其“以旅从农”经济价值转换的地域性、稀缺性财富，是一种内涵丰富的、能够补偿当代都市人渴望回归自然找寻乡知乡愁需求的人文旅游资源，是推动地区经济发展的潜在动力。

具体而言，村落资源价值主要体现在山林田村落空间格局、保留完好的建筑风貌、具有代表性的历史环境要素和非物质文化遗产。（表1）

村落资源价值评价一览表　　表1

评价对象		评价内容	评价结果
村落整体风貌	村落选址	村落选址特征	好
	村落布局	聚落形态、公共空间	好
	周边环境	村落周边自然环境	好
传统建筑	传统民居	建筑艺术价值、民俗文化价值、历史文化价值、建筑风貌完整性	好
历史环境要素	齐长城	民俗文化价值、特色景观价值、历史文化价值	好
	古井		好
	古庙		好
	石碑		一般
	石磨石碾		好
	古树名木	特色景观价值	好
	兴隆寺	宗教文化、宗教建筑、文化传承性	好
非物质文化	章丘梆子戏	历史性、文化传承性	一般
	传统手工艺	历史性、科学技术技术性、文化传承性	好

2. 发展的阻隔与制约

由于城市化进程和经济的飞速发展，传统村落的地域文化越来越难以融入到当今的社会价值体系中。随着信息化时代对人们生活方式带来的改变。传统村落的空间格局和基础设施正在逐渐丧失其原有功能，物质结构难免于破损和改变。石匣村也正面临着人口流失、自然衰落、建筑功能滞后和部分民居改建、新建破坏整体村落

风貌的现象，这些皆是其未来发展的阻隔与制约，面临的主要问题归纳如表2：

村落现存问题一览表　　表2

问题类型	原因分析	问题评价
整体风貌	居民自发的建设活动，采用了新的建造方式与材料	阻隔了传统风貌的更好延续
	村庄公共空间明渠土坑杂草丛生	影响了传统村落的整体风貌
	村内公路硬化面积较大	破坏了传统风貌的格局
基础设施	原有的基础设施、居住环境已不能满足日益增长的现代生活需要	现代生活方式与传统物质空间之间的矛盾难以调和
	村庄内道路过窄，建筑拥挤	满足不了村落的消防需求
用地情况	现状用地类型不完善	难以适应村民生产、生活和旅游发展的要求
传统建筑	建筑质量差、功能滞后，大都存在不同程度的破坏于自然老化现象	建筑气密性较差、缺少保温防潮措施，环境卫生情况堪忧
	民缺少资金及技术支持	无法选择搬迁也不能对其进行改造修缮，建筑内部功能的单一，无法满足现代生活需求
非物质文化遗产	缺少非物质文化遗产传承场所和传承人	传统村落的非物质文化遗产面临失传和消失殆尽的局面

四、保护要点与发展规划

1. 保护要点

石匣村落风貌的形成，不仅包含其历史建筑、街巷空间或其他历史环境要素，自然环境空间也是重要组成部分，例如其独特的山体地貌、农田、山林、果园等。因此，根据村落现状分析、资源评价结果，对于村落进行整体性的保护，保护对象主要为村域内的自然与人文环境资源、村落形态、街巷格局、传统建筑、历史环境要素、非物质文化遗产等。（表3）

村域保护要素一览表　　表3

村域环境资源	村落周边农田、山体、林场、果园、遗址、庙堂
村落形态及整体格局	沿顺河街呈东西向发展的形态，村落整体格局及村庄肌理
街巷格局	以青石街为主由南至北呈东西向带状分布，民居格局演变的历史痕迹
传统建筑	报国寺、龙王庙、镇武庙、古戏台、兴隆寺
历史环境要素	古道、古树、古井、拴马石、石碾、石桥、影壁
非物质文化遗产	济南章丘梆子戏、传统手工艺

2. 发展规划

根据石匣村整体建筑风貌、道路现状、基础设施和环境现状，以及保护和发展面临的问题，整合村落潜在建设拓展区、绿化待补充区和车行障碍区（图7），将村庄的未来发展结构归纳为：“一心一轴一带五片”。

一心，以兴隆寺为文化核心，重塑鲁中传统山地聚落的文化亮点，突出古村落的文化价值，以点带面，提高兴隆寺及石匣村的文化影响力。

一轴，划定村庄发展主轴线，依托村落对外交通主道形成的一条东西向村庄发展轴线，依次串联村庄传统片区和新村片区，是将

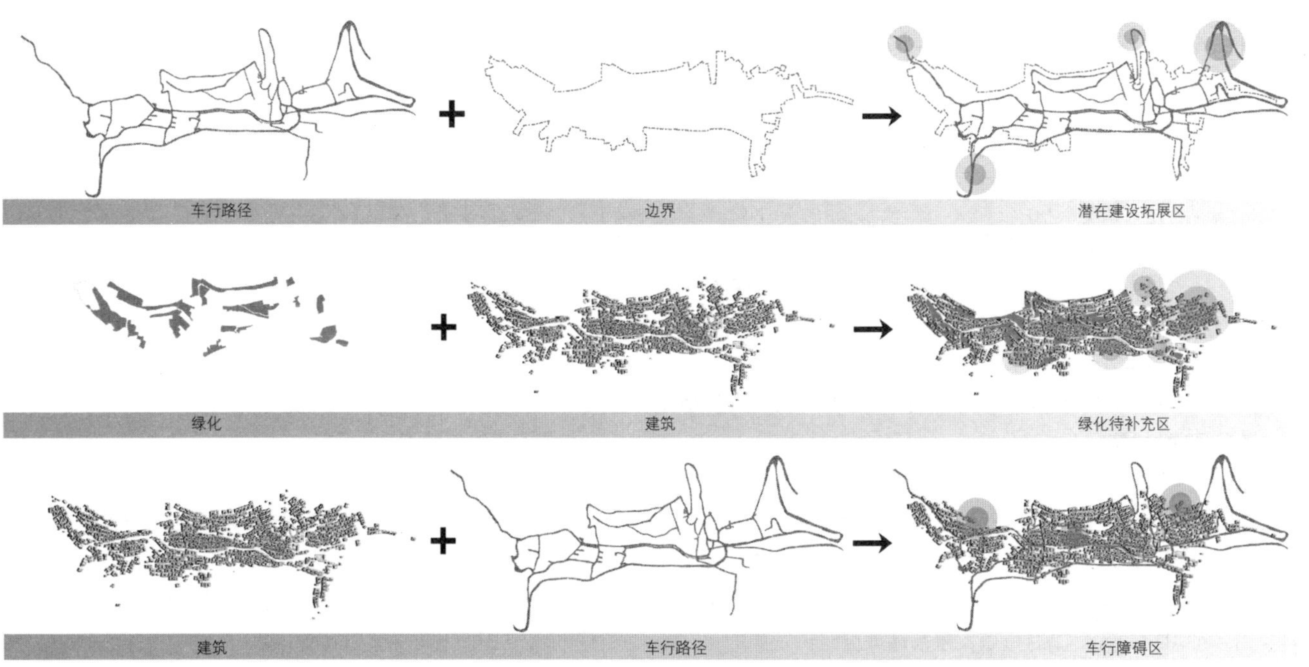

图7　石匣村发展规划分析图（图片来源：作者自绘）

来村庄核心空间向外拓展的主要方向。

一带，划定滨河景观带，以穿村而过的石匣河为主要构成部分，河流两岸文化景观和自然景观资源丰富，是村庄核心景观带。

五片包括传统风貌旅游区、非遗文化展示区、一般风貌居住区、特色种植体验区和游客接待区。

除此之外，对村落整体的交通、道路广场、给排水系统、电力电信、环境卫生、抗震和消防系统进行重新整治和规划。（图7）

五、结语

石匣村的研究和整体性规划对鲁中山地聚落的未来发展具有一定的启迪和代表意义。但传统村落的发展不是一蹴而就的，其中面临着诸多复杂的问题。本研究的局限性在于着重关注了传统村落整体环境的提升和文化传承，对农业产业和农村经济方面的讨论和调研较少。这也是目前传统村落保护与规划研究存在的普遍问题。乡村振兴不仅要将老祖宗留下来的建筑、技艺和文化传承下去，更要关注那些山区居民的生活水平和经济状况，思考如何将乡村宝贵的文化资源、历史资源和自然资源转化为促进山地聚落经济发展的推动力。

注释

① 李淑怡，山东建筑大学，艺术学院，讲师，250101，qianruo96688@126.com。

② 姜波，山东建筑大学，艺术学院，教授，250101，1305780213@qq.com。

参考文献

[1] 逯海勇，胡海燕. 鲁中山区传统民居形态及地域特征分析 [J]. 华中建筑，2017（04）：76–81.

[2] 张可欣，孙成武. 鲁中山区地形对山东区域气候影响的敏感性试验 [J]. 中国农业气象，2009（4）：496–500.

[3] 于东明. 鲁中山区乡村景观演变研究——以山东省淄博市峨庄乡为例 [D]. 济南：山东农业大学，2011：36–45.

[4] 周波，霍拥军，董文. 鲁中山区传统民居建筑空间解析——以卧云铺七大院为例 [J]. 山东农业大学学报（自然科学版），2017（05）：708–711.

[5] 中华人民共和国住房和城乡建设部. 中国传统民居类型全集（中册）[M]. 北京：中国建筑工业出版社，2015：9.

[6] 崔俊阁. 齐长城的文化魅力 [J]. 建筑工人，2019（02）：47.

[7] 姜波."乡村记忆"背景下传统建造工具的传承利用——以山东传统民居为例 [J]. 新建筑，2016（02）：51–55.

基于军堡文化展示与传承的起台堡村空间更新设计探索

张晓艺[1]　靳亦冰[2]

摘　要：作为青海循化撒拉族自治县唯一的汉族村落，起台堡村曾作为明长城防御体系中的军事堡寨，帮助中原明政府联合、抵御今青海地区以西的游牧民族，也因此孕育出了独特的军堡文化；然而直至今日，和全国范围内许多村落一样，起台堡村面临着空废化的难题；相比附近的少数民族村落，起台堡村的空废化尤其明显。如何从建筑学的视角出发，挖掘与弘扬当地的军堡文化，恢复乡村的活力，便是本文作者面临的挑战。

关键词：明长城　军堡文化　空废化　空间更新

一、绪论：设计背景[3]

目前随着经济发展，许多村落逐渐空废，其独特的村落文化也随之消失；与此同时，近几年来，乡村旅游逐渐兴起，人们出行时越来越倾向于体验乡村的自然风貌、文化与生产生活方式。村落文化复兴的需要与现代人渴望回到乡村、体验土地上的民俗的需求一拍即合。旅游产业进军乡村并得到了很好的反响：被埋没的村落文化得以重见天日，村里的年轻人开始愿意回到乡村；一批批客人远赴乡村深处，体验到新鲜在地的文化和生活方式——这一切都为乡村带去了新的生机和活力。

在接下来的叙述中，我将和我的队友通过实地调研和文献调研探索起台堡及其周边的民俗和历史，挖掘属于起台堡的独特文化，构思适用于当代的衍生功能业态，并利用设计将其有机组织、呈现出来；最终我将针对其中的民宿展开进一步的空间设计。

二、村落概况及分析

1. 起台堡村村落概况

1）区位及概况

起台堡村位于中国青海省循化撒拉族自治县东南道帏藏族乡，全乡共27个行政村，其中23个藏族村、3个撒拉族村、1个汉族村，起台堡村即全乡唯一一个汉族村落，并与2018年预备录入中国传统村落第五批名录。[4]（图1、图2）

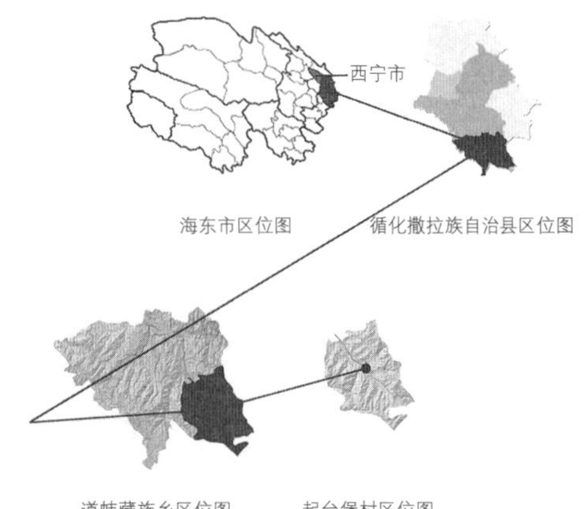

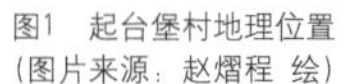

图1　起台堡村地理位置
（图片来源：赵熠程 绘）

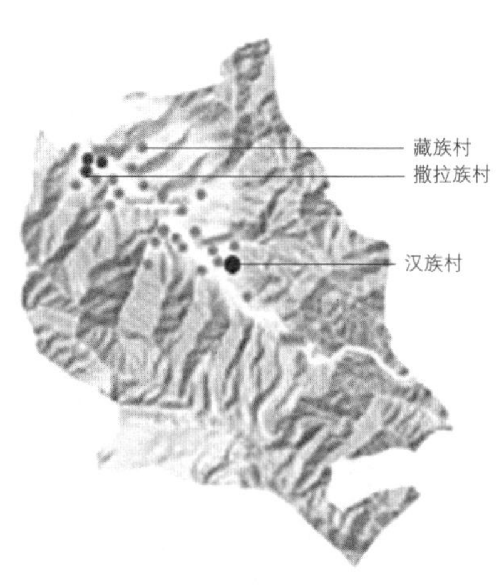

图2　道帏藏族乡民族分布

起台堡村的特殊源于它并非一个自然形成的村落，而是在几百年前，明政府为守卫边疆而设置。（起台堡村民据说是由南京迁徙而来。）它曾经是明长城西北四镇防御体系中的一座军事堡寨，帮助中原政府联合、抵御今青海地区以西的游牧民族，担当西宁卫与河州卫之间的桥梁。然而，由于起台堡在选址时考虑更多的是军事需求，因此村落所在地沟壑纵横，利于防卫；然气候严寒、土地贫瘠，可耕种土地面积极少，产量也很低。[⑤]自然条件的不足是起台堡村如今人口逐渐流失的重要原因之一，再加上当地的各种其他矛盾，起台堡村民逐渐搬离起台堡，村落逐渐空废，空废率高达92%。（图3、图4）

2）形成与演变

起台堡村落空间大致发生过三次重要转变。第一，集中式“三城两庙一寨”空间格局（1585~1911年）：戍边时期堡寨的聚落空间主要有三城、两庙以及一寨组成。第二，由集中向分散演变的空间格局（1911~1949年）：兵丁变兵为民、开垦创业，此时聚落空间相对之前的格局有所突破，军事设施多实现了空间功能的转换，突破了三城两庙一寨的空间布局形式。第三，空间扩展阶段（1949~2019年）：村落格局向下突破，形成了目前起台堡村三城-两庙-四片区的空间格局。[⑥]（图5）

2. 总结与分析

1）问题与资源

分析可知村落存在两大问题、一个特色资源。问题一，村落空废率高。全村可辨认宅基地为154户，目前常住居民12户，空废率高达92%；村中居住的人一半以上为老年人，人口空废化严重。问题二，村民归属感弱。通过走访统计可发现，基本没有村民自愿在当地居住，而离村原因中经济和教育问题最为突出。相对于村落较为匮乏的资源条件，可以看到军堡遗址以及军事文化资源非常突出，大致甘肃、青海、宁夏、陕西四省范围内，44%的军堡遗址损毁严重；调研范围缩小到起台堡村所在的固原镇，军堡遗址损毁率高达76%。除此之外，起台堡村的民俗、信仰、传说也保有鲜明的汉文化特点。（图6）

2）村落整体定位和人群分析

最终我们将村庄定位为军事文化体验基地；而由于村落空废化程度高且村民回迁条件较难达到，村落未来的主要服务人群设定为外来游客。我们将使用功能置换的手法，将村落打造成为军事文化体验基地。在游客规模方面，我们调查收集了三个在各个方面与起台堡村具有一定相似性的村落，通过权衡其村落位置、面积、市场

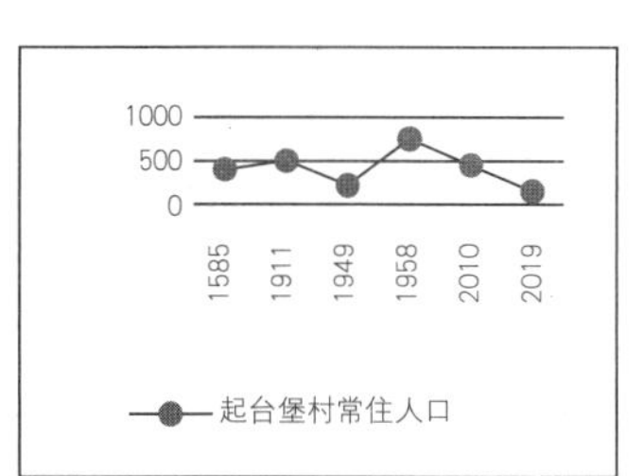

图3 起台堡村人口变化

图4 起台堡村废弃房屋照片以及残损、完好、空废房屋比例

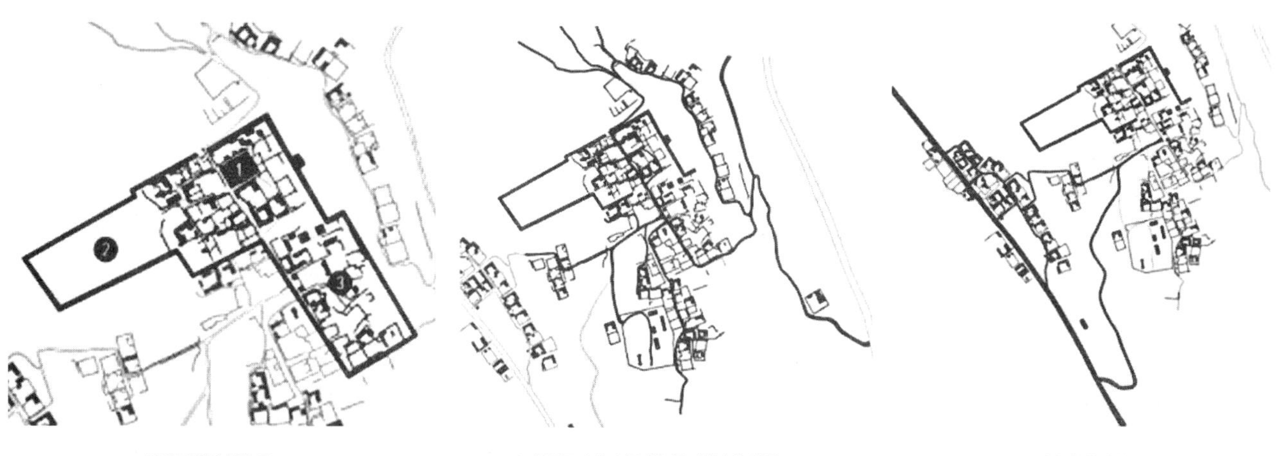

a 明清时期空间格局

b 民国至中华人民共和国时期空间格局

c 空间扩展阶段

图5 村落空间格局演变
（图片来源：赵熠程绘）

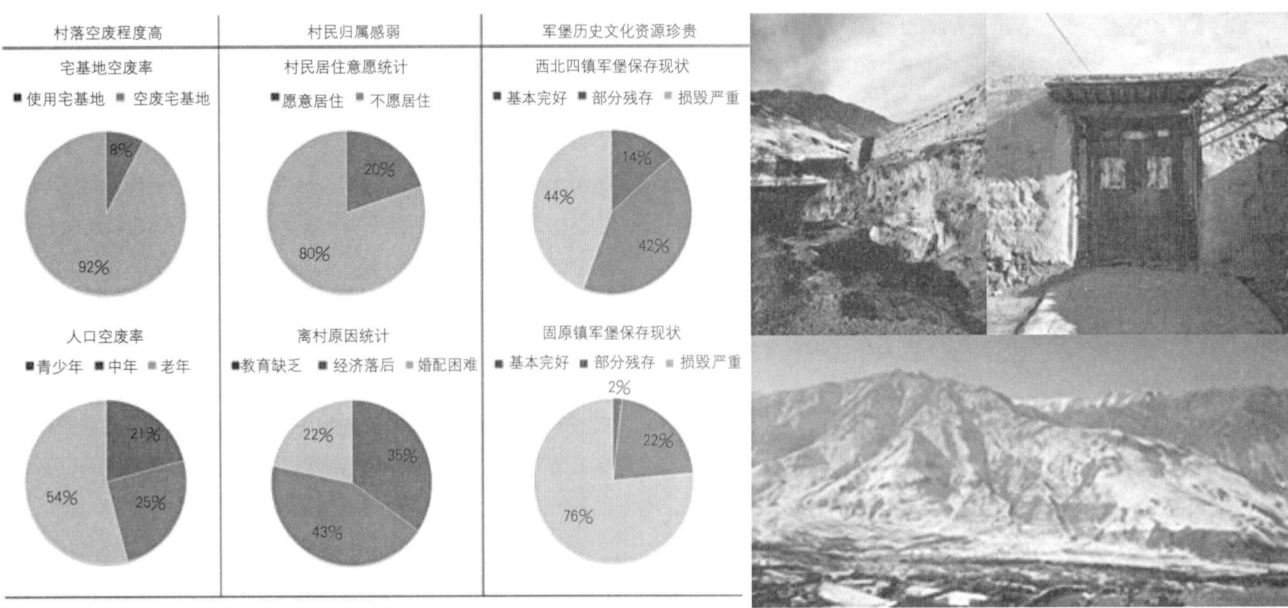

图6 两大问题，一个资源

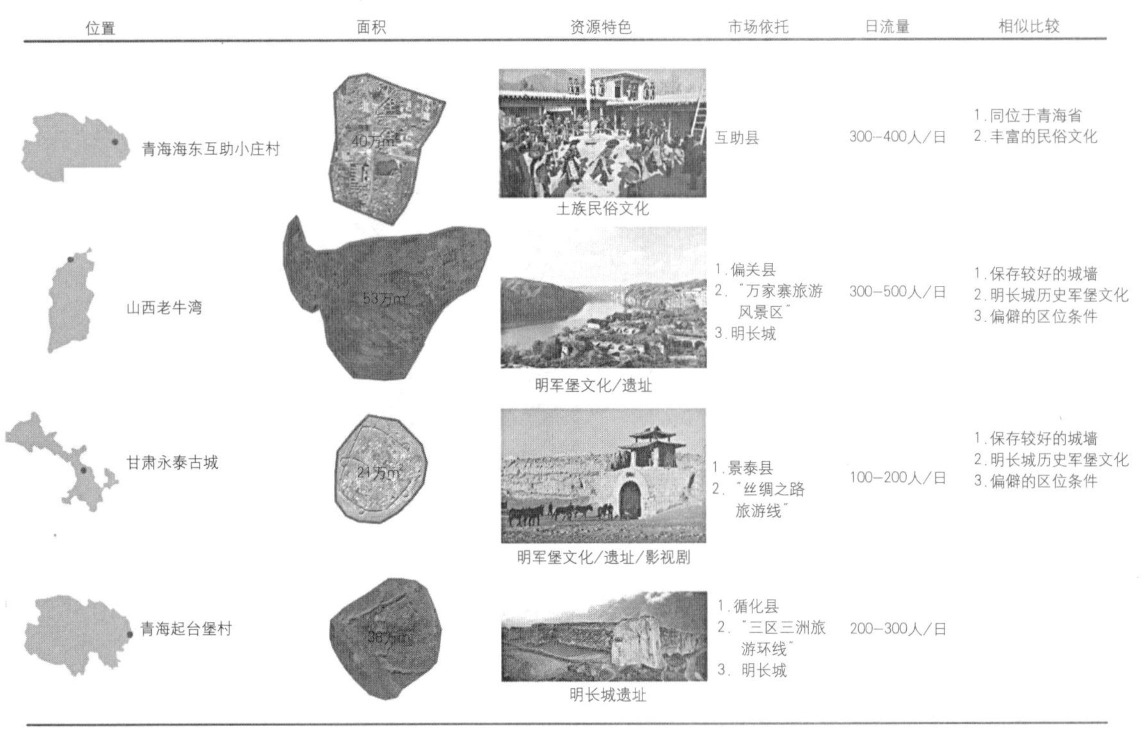

位置	面积	资源特色	市场依托	日流量	相似比较
青海海东互助小庄村	40万m²	土族民俗文化	互助县	300–400人/日	1.同位于青海省 2.丰富的民俗文化
山西老牛湾	53万m²	明军堡文化/遗址	1.偏关县 2."万家寨旅游风景区" 3.明长城	300–500人/日	1.保存较好的城墙 2.明长城历史军堡文化 3.偏僻的区位条件
甘肃永泰古城	21万m²	明军堡文化/遗址/影视剧	1.景泰县 2."丝绸之路旅游线"	100–200人/日	1.保存较好的城墙 2.明长城历史军堡文化 3.偏僻的区位条件
青海起台堡村	36万m²	明长城遗址	1.循化县 2."三区三洲旅游环线" 3.明长城	200–300人/日	

图7 同类调研横向比较研究

依托、特色资源以及游客日流量，可推测起台堡村未来的游客规模大致区间为100~100000人、日流量300人。（图7）

三、村落空间更新设计

1. 区域及村落整体规划

阅读资料后我们规划出针对西宁–临夏明长城文化旅游路线，将古城堡原址所在地串联起来。其中，起台堡的遗址保存最为完好，是流线中重要的节点。

村落被划分为六个区域，其中上村的三个片区是最重要的以军堡为核心的产业，分别是军堡文化展示区、军事文化体验区以及军事训练拓展区，其中军堡遗址所在的军堡文化展示区是核心保护区；下面靠近道路的区域是民俗文化体验区；中间是处于门户地位，连接核心体验区与服务区域的入口景观廊道区。村落主要流线从游客服务中心开始，一共穿过三个展览，到民俗文化体验区结束形成游览闭环。（图8～图10）

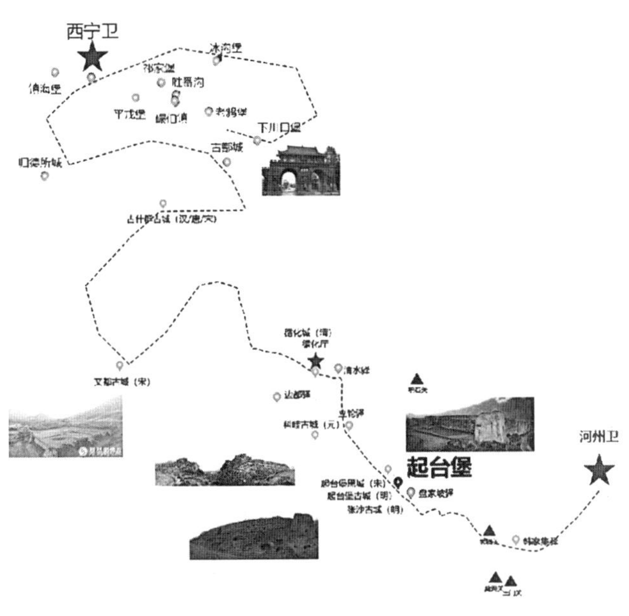

图8　西宁—临夏明长城文化旅游路线

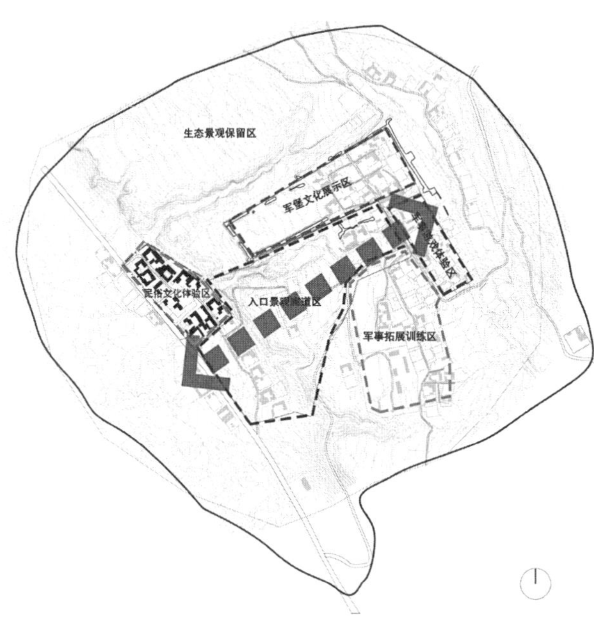

图9　起台堡村规划结构图

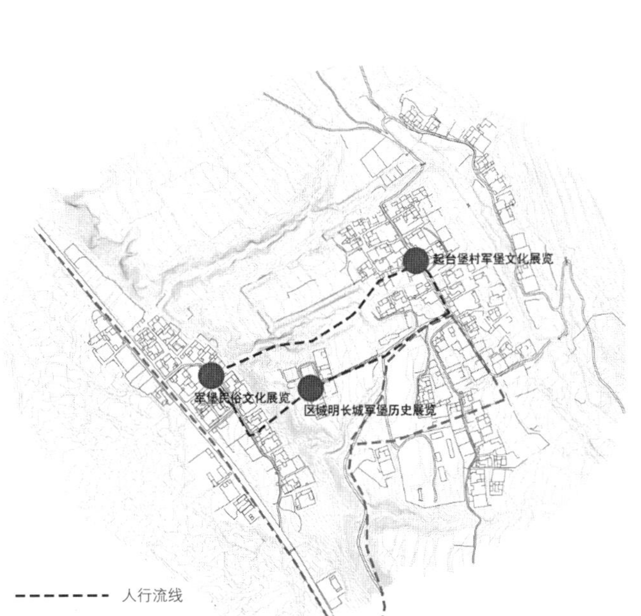

图10　起台堡村流线规划

2. 民俗文化体验区片区规划

我将针对民俗文化体验区做进一步设计。根据村落整体规划，该区处于游览流线的终点，根据游客的服务需求得出区域节点建筑：军堡民俗文化展览馆、特色餐馆以及特色民宿。可以推测未来主要人流来自场地北侧谷地出口，穿行于场地的东侧和南侧，基于此得出整体村落视角下场地大致区域划分、集散空间与周边潜在衍生路线。在场地策略方面，我选择延续原有的回字形院落空间语言，以保持传统建筑空间形态和村落肌理，并在片区结构规划的基础上得出片区总平面图。（图11、图12）

3. 民宿单体设计

1）建筑策略

通过实地调研和文献阅读，我了解到庄廓民居是东部农耕文明的汉族合院式建筑与西部游牧文明的羌族碉房式建筑的结合[⑦]。庄

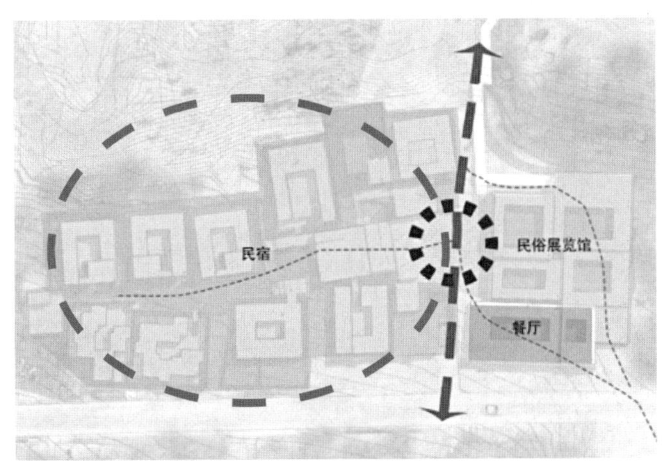

图11　民俗文化体验区规划结构

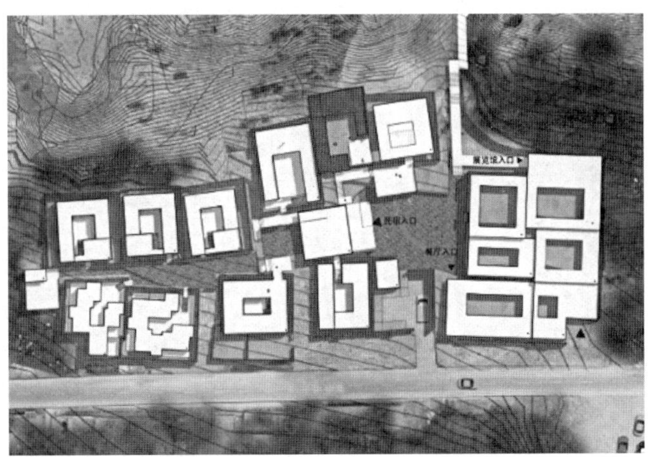
图12　民俗文化体验区总平面图

廓民居文化大致由院墙文化（庄廓夯土院墙）、院门文化（庄廓院门）以及院落文化（院落及松木大房）构成，院墙文化与青海东部当地严寒风沙大的自然环境以及动荡的社会环境联系更加紧密，而精美的院门与合院式空间格局与文化以及生产方式息息相关。高大厚重的院墙文化以及内向精致的院落文化的结合有效满足了青海东部地区农耕与游牧并存的生产生活方式，也是当地民居文化的绝佳体现。因此在这个设计中，我将保留场地中最具当地自然与人文代表性的夯土院墙以及木制院门，延续场地原有的院落空间语言，拆除传统的老旧木结构空间体量，植入现代化新型钢结构空间体量，在不破坏原有空间尺度和肌理、维护原有的文化风貌的前提下植入新功能与生活方式。（图13）

2）空间组织与营造

根据之前的分析及规划可得到民宿大致功能分区，接下来，我在原有宅基地和保留夯土外墙的基础上植入新的功能性体块，而后根据原有街巷空间肌理，植入枢纽接待体块，并利用墙体和踏步组织场地流线。原有外墙、院门、街巷关系以及尺度的保留使民居院门与军堡之间的视线关系得以延续，同时保持当地建筑风貌统一。由于新植入的接待处体块位于场地核心，我希望它具有良好的空间指向性，同时保持建筑的轻盈与通透，也因此接待空间的功能被尽可能地简化。（图14、图15）

其他功能性空间追随场地策略，同样延续了原有的回字形院落空间语言；在此基础上，我通过院落层次的增加为不同的客房赋予了不同的特点。客房分为三种类型：每间客房拥有私人院落，私密性更强、适用于情侣和夫妇的“军堡别院”；拥有共享庭院以及公共活动空间的适用于家庭的“堡中人家”；以及拥有带壁炉的巨大公共聚会空间、适用于朋友共同出游、公司团建的“围炉夜话”。（图16）

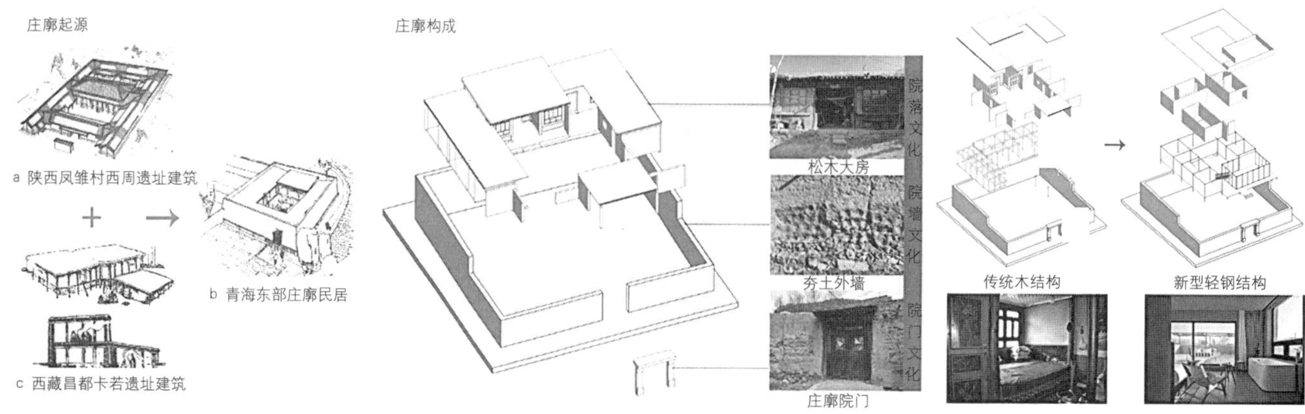

图13 概念来源

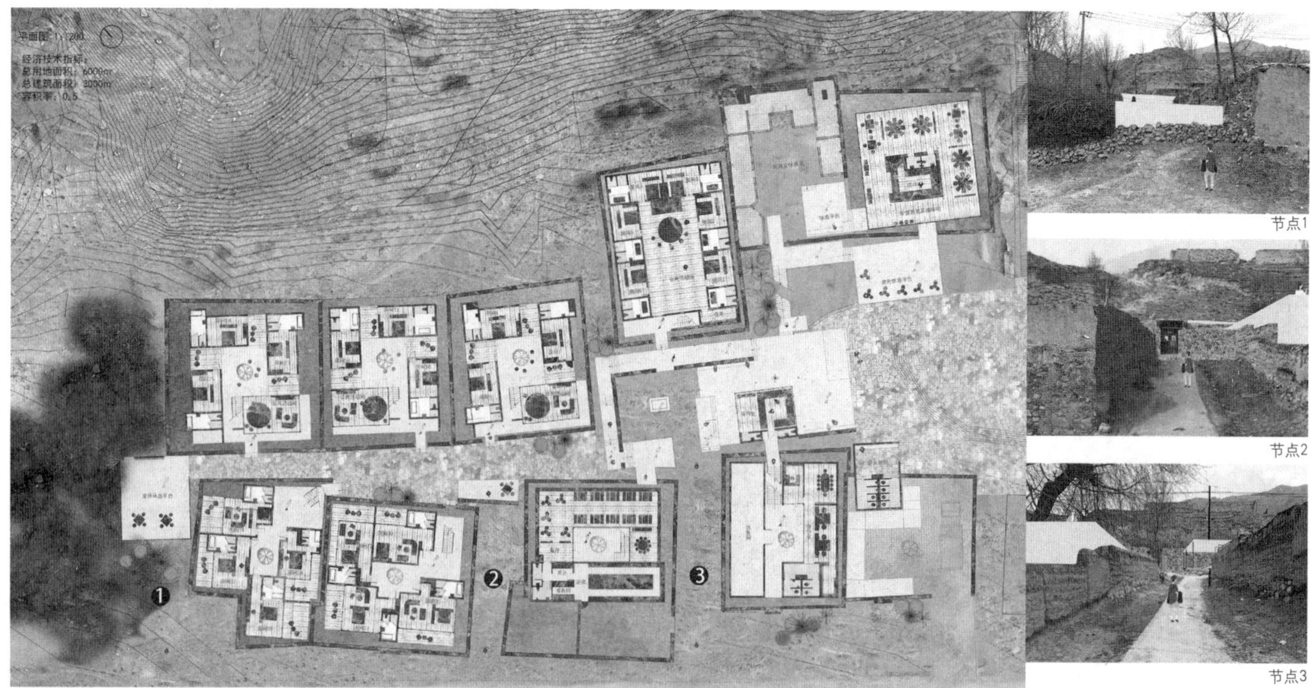

图14 平面图以及保留的场地视线关系

图15 接待空间透视图

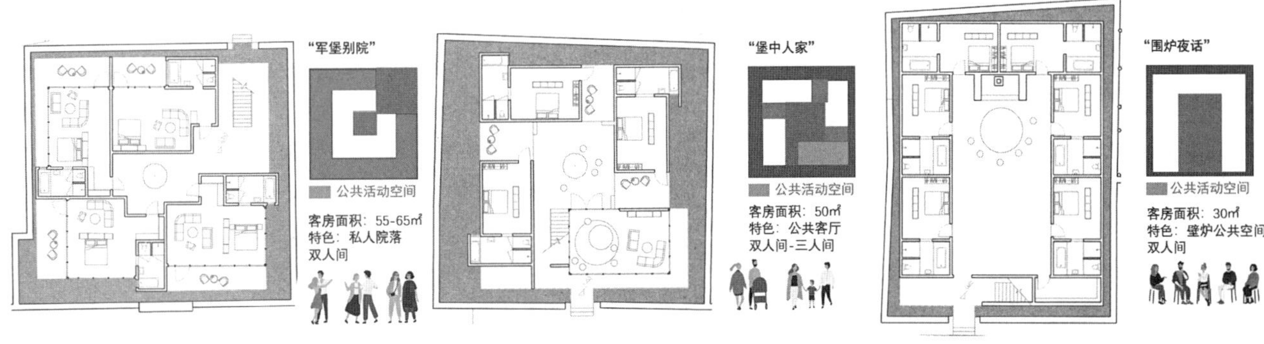

图16 客房平面图以及院落模式

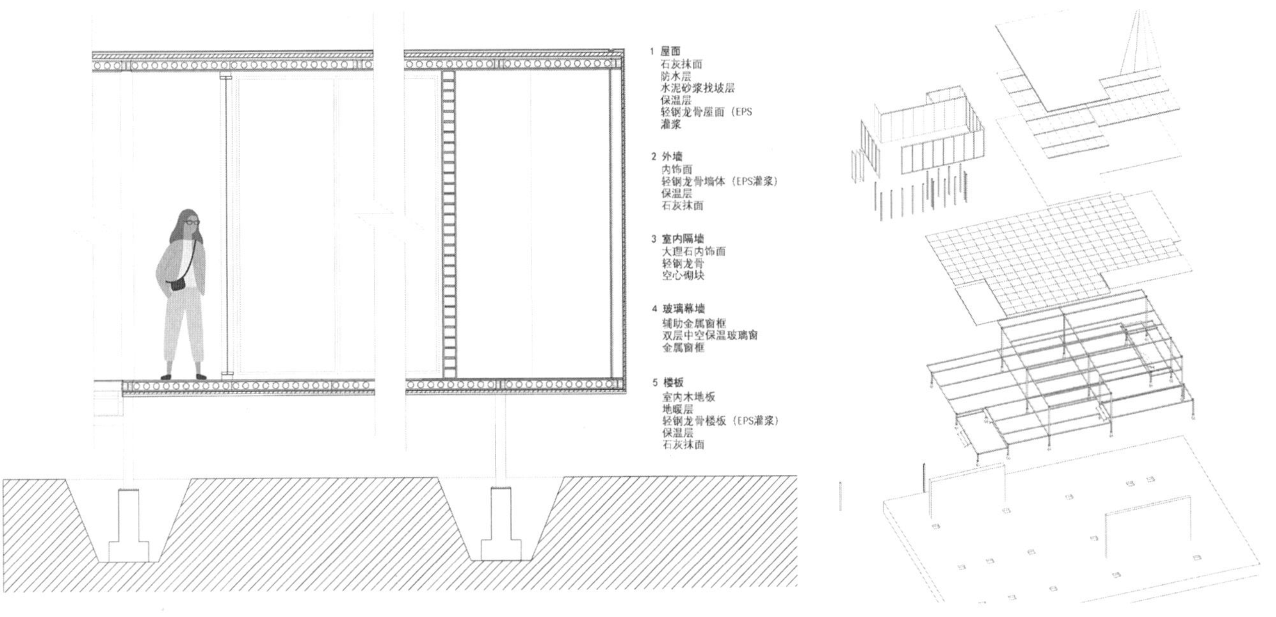

图17 新植入钢结构体快构造详图以及门厅结构图

在建筑营造层面，由于现有民居木结构年久失修，因此予以拆除，转而运用工厂预制装配的新型轻钢结构，以钢材作为龙骨，金属网板支模，内部填充EPS发泡混凝土，植入保留的夯土围合体量；为了最大程度保护原有墙体，将新结构与夯土外墙相互脱离，避免土墙承受新建筑的受力荷载。传统夯土墙在保留传统风貌的同时，内部的轻钢结构满足了新功能业态。（图17）

四、结语

本次设计从文化旅游方面切入，以村落最特色的资源——明长城军堡文化为核心，围绕开发包括军堡特色民宿在内的一系列衍生功能业态，打造军事文化体验基地，期望达到吸引游客、激活村落文化的目的。在区域设计中，我通过对于当地民居特色与构成的研究，对比传统与新型生活方式与需求，最终选择保留当地最具特色的夯土外墙和院门，并采用延续并发展当地民居院落语言的空间策略，用新结构体量更新内部院落，在植入全新业态和新型结构的同时保留了村落本土建筑风貌、村落肌理和视线关系，从而给村落的来访者带来视觉层面最直观的文化感受。

注释

① 张晓艺，西安建筑科技大学，建筑学院，710055，15667087196@163.com。前期调研及规划小组其他成员：何兆祥、李泽一、赵熠程。

② 靳亦冰，西安建筑科技大学，建筑学院，教授。

③ 论文根据本科毕业设计"基于传统营造语汇的青海河湟地区空废化村落更新设计"所做研究与设计写作而成。课题指导教师：靳亦冰、颜培。

④ 白绍业．民族关系影响因素的社会调查——以循化撒拉族自治县起台堡村为例 [J]．青海民族研究，2010，21（02）：89-93．

⑤ 马成俊，《起台堡村志》序3。

⑥ 李瑾，《起台堡村志》。

⑦ 崔文河，王军．游牧与农耕的交汇——青海庄廓民居 [J]．建筑与文化，2014（6）：77-81．

参考文献

[1] 李瑾，《起台堡村志》。

[2] 白绍业．民族关系影响因素的社会调查——以循化撒拉族自治县起台堡村为例 [J]．青海民族研究，2010，21（02）：89-93．

[3] 马成俊．循化汉族社会文化的建构：从河源神庙到积石宫 [J]．青海民族学院学报，2009，35（02）：43-49．

[4] 崔文河，王军．游牧与农耕的交汇——青海庄廓民居 [J]．建筑与文化，2014（6）：77-81．

[5] 崔文河，王军．青海东部地区传统庄廓民居的生成与演变 [J]．青藏高原论坛，2013，1（02）：4-8．

[6] 张嫩江．青海东部地区传统庄廓民居营造技术及其传承研究 [D]．西安：西安建筑科技大学，2016．

[7] 李旻泽．青海河湟谷地传统民居地域性研究 [D]．西安：长安大学，2016．

[8] 范熙晅．明长城军事防御体系规划布局机制研究 [D]．天津：天津大学，2015．

[9] 崔永红，张生寅．明清时期青海地区驿传设置与驿传役负担的演变 [J]．青海民族研究，2006（02）：82-88．

[10] 何威．明代西北边防卫所探究——以河州卫为例 [J]．青海民族大学学报（社会科学版），2012，38（03）：39-43．

[11] 李宇业．青海境内明长城研究 [D]．西安：西北大学，2013．

[12] 曹象明．山西省明长城沿线军事堡寨的演化及其保护与利用模式 [D]．西安：西安建筑科技大学，2014．

[13] 刘建军，闫璘，曹迎春．明西宁卫长城及军事聚落研究 [J]．建筑学报，2012（S1）：30-34．

[14] 赵小花．从华夏边缘到民族边疆：近代青海河湟地区社会文化变迁研究 [D]．西安：陕西师范大学，2016．

[15] 权冉．山西省明长城沿线军事堡寨的调研及类型化分析——以右玉县为例 [J]．城市建设理论研究（电子版），2018（17）：187-188．

[16] 康渊，王军，靳亦冰．甘青地区军事堡寨型乡村聚落的空间演进研究——以循化县起台堡村为例 [J]．华中建筑，2017，35（03）：112-116．

浙江地区传统业缘型聚落的空间形态研究①

魏　秦② 施　铭③

摘　要： 业缘型村落往往是以商业或手工业等产业为基础的村落，是由于其处于特殊的地理位置，交通区位发达或拥有得天独厚的资源而兴起的以商业贸易、第二产业为主要经济形式的村落。本文通过对浙江地区传统村落的文献资料进行梳理，从空间格局、建筑特色、景观风貌三个方面对业缘型聚落的空间形态进行研究分析，并尝试探讨业缘型传统聚落活化更新问题的解决之道。

关键词： 浙江地区　传统业缘型聚落　空间形态　活化更新

近半个世纪以来，越来越多的专家学者开始把目光投向中国传统民居聚落方面的研究，但研究的重点大多在因地缘或血缘影响而形成的传统聚落，对产业结构、功能与聚落关系的研究关注度不高。

“所谓业缘，指的是人们根据一定的职业活动形成的特点关系，而职业活动又是一种超出了传统村落家族的农耕活动、与社会整个政治、经济、文化活动相结合的活动。”[1] 它是在血缘与地缘集聚的基础上形成的，也是聚落继续发展的主导力量。

传统的业缘型聚落，以商业贸易或工农业为主要的经济形式，因其特殊的地理位置，交通区位发达或拥有得天独厚的资源，往往在历史上地区经济的发展上起到过重要的推动作用[2]。在浙江地区，历史上也曾出现过不少盛极一时的传统业缘型聚落，如位于温州苍南县以烧制瓷器出名的碗窑村，盛产石灰的金华浦江县嵩溪村，水路交通便利的湖州南浔区荻港村等。对该类型传统聚落的空间研究，有助于提高对传统业缘型聚落的保护意识，为地区的乡村建设发展及传统产业开发提供一定的借鉴。

一、业缘型聚落的空间格局

业缘型聚落选址时主要考虑2个因素：1.资源丰富，依靠地区丰富的自然资源（如优质农田、山林资源、矿物资源等）来支撑和发展产业经济；2.交通便利，产业经济兴盛的背后离不开成熟的货物销售渠道，依赖于货源地是否有商道经过，或毗邻周边集市中心，使货物便于运输。

业缘型聚落空间一般位于在山地水体附近，布置上讲究因地制宜、依山傍水，因此很难有一个明确的边界划分。但是作为界定范围标志，在聚落周边会有一些水体、小桥、石碑或是其他标识提醒进入村落的区域，许多自然元素，如山体、溪流、梯田，呈水平和竖直方向布局并环绕着聚落，内外部的融合使聚落边界模式趋向自然和模糊化（图1）。与此同时，外来经济的流通需求导致了聚落的开放性，完全闭合的空间形制并不适合业缘型聚落的贸易往来，因而其更不可能出现防御性强的围合边界了[3]。

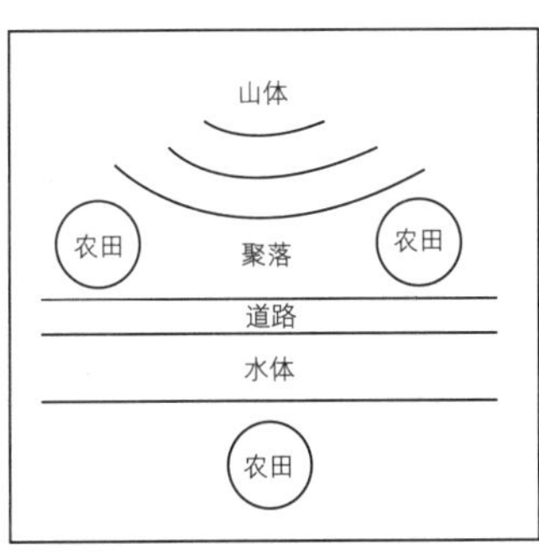

图1　业缘型聚落布局模式图（图片来源：作者自绘）

业缘型的聚落空间布局又与其具体的聚落产业类型紧密相连，根据其所属职能的不同，可以分成三大类，即农业耕作型聚落、手工业生产型和商业贸易型聚落。

1. 农业耕作型

农业耕作型聚落依赖其“绿水青山”的优势自然资源，再加上特殊的地形地貌、气候条件及自然资源，其产业类型以第一产业为主，基本上延续了传统的农耕文化，第二、第三产业发展相对滞后。

这类型的村落按照产业类型又可分为4大类：稻作类（浙江地区以水稻种植为主），如衢州市龙游县三门源村地处农业发达地区，历来以种植水稻为村民的主要经济来源；蔬果类，如杭州建德市劳村，大面积地种植杉树和各类蔬菜，是当地有名的板栗之乡；茶业、竹木类，如绍兴诸暨市斯宅村盛产茶叶和毛竹，其中西施银芽茶在当地最富盛名；食用菌类，如衢州开化县霞山村，当地盛产的香菇木耳远近闻名。

而农业耕作型的聚落，因其农业生产格局与地缘、血缘型聚落并无太大差异，故在本文中不加赘述。

2. 手工业生产型

传统的农业聚落，居民在农闲之余会开展一定的手工业活动，以满足生活所需或用其去集市换取其他物资。业缘聚落中，居民以从事手工业生产或商业销售为主要活动，生产空间成为当地从业人员的主要活动空间。

该类型的聚落主要以传统手工业生产为主，大致可分为：烧制类（如烧瓷、烧砖、烧石灰等），如温州苍南县碗窑村，其生产活动围绕瓷窑进行；五金加工类（打铜、打铁、打锡等），如金华永康芝英镇近代以来五金加工业的崛起；手工制作类（竹编、草编、木雕等），如东阳蔡宅村有着历史悠久的竹编、木雕工艺文化。不同的产业类型必然导致产业空间布局也不尽相同。（表1）

3. 商业贸易型

传统的农业经济是一种自给自足的农业经济，人们为了满足自己生活需要而进行生产，消费之余才用于交换，以换取其他生活物资。业缘聚落则不然，人们需要用产品去换取生活所需，这也就理所当然地促进了聚落间交换贸易的发展。

中国传统商贸往来的主要途径是陆路、水路和海路。在陆路贸易方面，浙江商贸古道众多，如“徽开古道”、“黄南古道”、“仙霞古道”等，依靠商道的区位优势，形成了很多商贸型的传统村落，这些村落的产生和发展都与商道的兴衰有着不可忽视的联系。例如，温州永嘉县岩头古村地处楠溪江中游河谷平原，始建于初唐，村落中的街巷因盐业商贸的兴盛而生长建设，即有延长堤而建的店铺长廊，也有联络各书院建筑的不同尺度的街巷；在水路运输方面，浙江湖州地区传统村落的水路交通发达，而在一些水路节点上形成港口、码头等水路运输枢纽，该地区许多传统聚落临水而建，依托水路河道运输大力发展水路贸易以及相关渔业、养殖业等，在江南水乡地区形成了商贸型的传统村落。在历史上，湖州市和孚镇荻港村以其优越的水运条件，承担着浙江省水产品交易中心的职能，从而催生出外巷埭、里巷埭这两条传统商业街巷[4]；在海路航运方面，浙江沿海一些传统渔村由于其特殊的地理位置，逐步形成航运码头，成为该地区重要的海上贸易中心。如位于宁波市宁海县最南端的东岙古村，古时是宁海南部主要的商品集散地。桑洲、沙柳（今属三门县）等地的货物要出海运到外地，一般是用小船或竹筏沿清溪运至东岙码头，然后再装到大船上；外地商品运进来，也要在此中转。（表2）

传统手工业生产型聚落空间格局表 **表1**

产业类型	村落名称	地形地貌	特色资源	产业空间布局	村落卫星图
烧制瓷器	温州市苍南县碗窑村	地处浙南山地区，北靠玉苍山，左右各坐大树头和礁滩山两山围抱，村前有玉龙溪经过	制瓷所需要的原材料（高岭土）资料丰富，周边山林茂密（烧制能源充足）	当地的瓷窑形式龙窑（阶梯窑）是沿地形拾级而上建造的，每条窑有八九级。整个村落的制瓷建筑空间散落于居住空间之中，居住空间对其形成围合	
烧制石灰	金华市浦江县嵩溪村	地处浙中盆地丘陵区，北靠阳龙山，左右各坐青龙山和白虎山，有嵩溪分两支流穿村而过	储藏有丰富的石灰石资源，是生产石灰的原料	嵩溪石灰窑群位于嵩溪自然村东侧，大大小小60来座，大部分石灰窑已废弃，尚在烧制石灰窑还有一座	
五金加工	金华市永康市芝英镇	地处浙中盆地丘陵区，地势平坦，村内池塘数量众多，下有暗渠经过	密集丰富的祠堂建筑群	传统五金加工的家庭作坊遍布全镇，村镇内现存有市集广场和古麓街（古时商业街）	
竹编工艺	金华市东阳市蔡宅村	地处浙中盆地丘陵区，东临白鹿尖，西依大岩尖，白溪江伴村而过	拥有丰富的竹材资源	在生产规模上多为散户生产、各自为政，以家庭作坊式的生产方式为主，近代以来竹编厂有所增加	

（来源：作者根据现有资料整理）

传统商业贸易型聚落空间格局表 **表2**

贸易途径	村落名称	地形地貌	特色资源	商业空间布局	村落卫星图
陆上商道	金华市兰溪市芝堰村	地处金衢盆地北缘，北靠陈陀山，东临芝山，西邻狮虎山，南面村口有一口半月塘	严婺古驿道	村落内驿道以南北两端古樟树为界线，两侧开设有茶楼酒肆、烟馆戏院、澡堂、药铺、客栈、当铺银庄等各式商铺	
水运航道	湖州市和孚镇荻港村	地处杭嘉湖平原，盆地丘陵区，四面环水，北有龙溪港、东临杭湖锡航道（古京杭运河支流）	杭锡湖航道、龙溪港	内外河道将古村划分为五大片区，与运河、小市河下的风雨廊共同构成了“两河两廊”的整体格局，有外巷埭、里巷埭两条传统商业街巷	
海运码头	宁波市宁海县东岙村	处在环三门湾的中心点，三面环山，南临旗门港，北枕状元峰，南挹笔架山，为丘陵半山区	旗门港、摘星岭古道（宋代）	桑洲、沙柳（今属三门县）等地的货物要出海运到外地，一般是用小船或竹筏沿清溪运至东岙码头，然后再装到大船上；外地商品运进来，也要在此中转	

（来源：作者根据现有资料整理）

二、业缘型聚落的建筑特色

1. 临街民居建筑

居住建筑的形式和规模受到聚落经济、气候、文化、社会风俗等的影响，呈现出地方特色。业缘聚落中的居住空间同样受到产业的影响，将生产和居住功能有效地结合在一起，形成了区别于传统地缘型、血缘型聚落的空间形态。

临街的民居建筑通常是店铺、住宅、作坊等多种功能的混合体。常见的功能布局有“店宅式”与“坊宅式”两种，而浙江地区业缘型聚落现存的主要形式为“店宅式”，其又可分为“前店后宅”与“下店上宅”两种。（表3）

店宅式民居建筑空间类型 **表3**

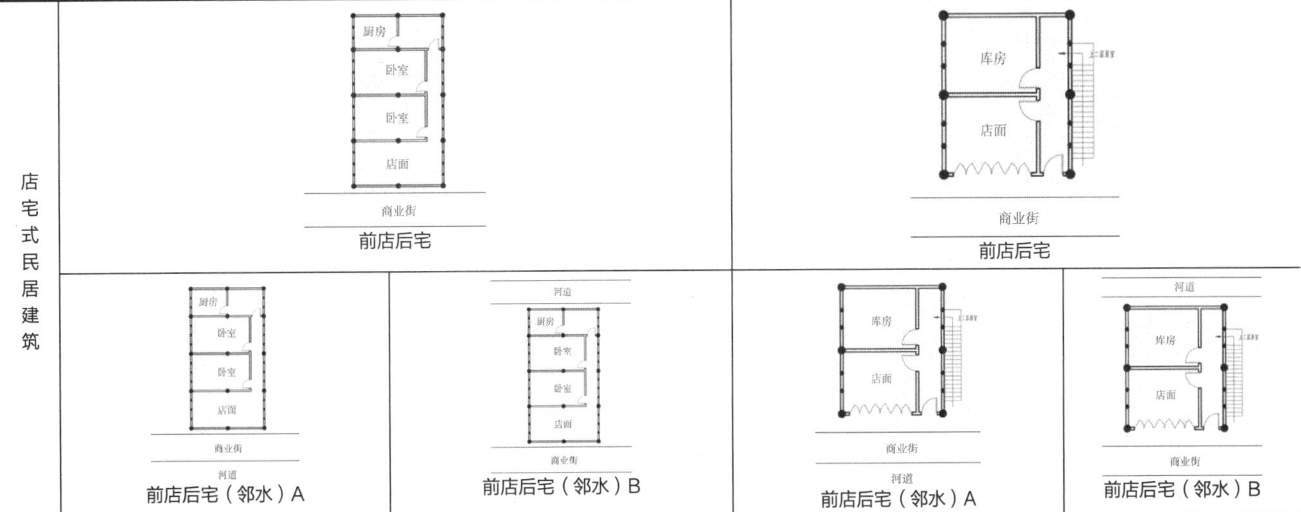

（来源：作者根据现有资料整理）

2. 公共建筑

1）临街商业建筑

商业店铺受不同的环境与经营方式影响，对外交易的形式也各不相同。根据临街面的门窗设计，临街的商业建筑可分为三种：完全开敞式商铺、半开敞式商铺和窗口式商铺。完全开敞式商铺多以日杂、百货、餐饮等功能为主，可柜台内设也可无柜台；半开敞式店铺商品类型较为单一，数量不多，一般在店内加工后在店外柜台上贩卖；窗口式商铺，部分商铺与开敞式店铺相比较为封闭，对外营业方式局限于窗口模式，通常经营小型百货，类似于小规模便民商铺。（表4）

2）宗祠

宗祠建筑的共同特征首先是对各类不同神灵祖先的信仰尊崇，通过建立各种不同的祠庙起到凝聚聚落精神核心的作用；其次，祠庙建筑一般呈中轴对称，布局相对规整，反映了宗法礼制的严谨性；此外，作为村民的精神核心，祠庙建筑多选址于古街尽端、入口区或离街道有一定距离之处，与村落中心的闹市区保持一段距离，以获得应有的宁静。而业缘型的聚落中祠堂由于业缘关系的影响，其祭祀、宗法制度等功能逐渐弱化，大多已成为供村民的公共活动场所或另作他途。

位于金华地区永康市境内的芝英古镇有着密集的祠堂建筑，有史料记载的祠堂共81座，布局密集而均质，大多位于各村中心、毗邻水池或节点广场处，与水体、街巷和空地结合紧密，既相融于周边的建筑组团，又因自身的特异性而形成空间节点和标识。作为中国五金之都永康市的五金发源地，芝英镇现有祠堂的传统功能几进丧失，除去年久失修无法使用的祠堂外，七成以上的祠堂现用于企业办厂、工人和企业主居住以及五金文化陈列展示之用。

3）会馆

会馆是中国明清时期因人口大规模迁徙以及工商业经济的发展而兴起的一种独特的建筑类型，它既不同于官式建筑，也不同于普通民居。它是一种由商人集资建造的，供聚会、商谈、旅宿、祭祀的综合性的公共建筑[5]。

浙江地区内也曾存在大量会馆建筑，这些建筑又往往存在于业缘型的聚落之中，如位于衢州的常山会馆、地处丽水的处州会馆、今属宁波的庆安会馆以及地处湖州的归安会馆等，其中部分因地区改造已被拆除，小部分现已作为民居或历史保护建筑。作为商业贸易活动的产物，会馆建筑一般分布于聚落内的正街、主街或村口等人流量汇集之地，但商人这一精明的群体又会把地理位置与地价结合起来考虑，故其建筑最终选址多位于地势较高、靠近商业中心地价却又相对低廉之处，

三、业缘型聚落的景观风貌

1. 市集广场

在传统的古村落中，不同程度的围合带来了丰富的广场和街道空间感受，空间的开合变化形成了丰富的聚落空间景观层次。广场空间通常是位于街巷交接处、公共建筑外，亦或是池塘水畔。

而在业缘型的传统聚落中，广场在作为村民的公共活动空间的同时，也承担着临时流动市集的职能，如金华永康市芝英村，在村

临街商业建筑空间类型　　表4

临街商铺形式	功能	特点	布局形式	实景照片
完全开敞式商铺	日杂、百货、餐饮	门面由可安装拆卸便利的木排门作门面，开店时需要一块一块进行拆装	店面 街道	
半开敞式商铺	商品类型较为单一，数量不多，现做现卖	临街的台地上有设固定柜台，台上设有可装卸木板窗，旁有外开木门	店面　店面 街道	
窗口式商铺	小型百货、小规模便民超市	对外营业方式局限于窗口模式，在临街的墙面开窗洞，窗台为柜台使用，并用木板隔断	街道	

（来源：作者根据现有资料整理）

落的核心地带有一个古戏台，其前面有一大片广场空地，每逢节日演出的时候，这个地方就作为表演庆祝的活动场地，而在平日的早晚时分，又作为村民临时摆摊售卖农产品的露天流动市集。

2. 传统商业街

对于业缘型传统聚落而言，其商业街巷空间是其中最有活力的部分，它不仅丰富了人们的物质生活，也给人们带来了精神生活上的享受。

业缘型聚落具有典型的商业空间特征，聚落核心多以商业街的形式尤为突出。村民的日常生活均与商业贸易息息相关，居住空间与商业街巷空间的结合是业缘型聚落的特点之一。这类聚落空间通常呈带状条形分布，沿附近水体走势形成蜿蜒的主街空间，主街在连接起贸易交通的古驿道的同时，也呼应了当地的山形地势。

村落的核心部分集中于商业老街，街侧因地制宜地设有各种店铺、赌行及作坊等，成为了古村落中人们进行社会交往的主要场所。

四、结语

在新一轮“乡村振兴”战略的大背景下，传统博物馆式的保护已然无法适应当下传统村落保护发展的要求[6]。村落经济结构活化转型是传统业缘型村落活化复兴的前提条件，在保留村落原真性和完整性的基础上，发展特色产业文化旅游，带动周边村落配套服务业的发展，同时也要大力推动产业技术升级，以提升乡村产业效率。其次，传统业缘型村落要实现与时俱进，达到保护与利用的双向目标，必须实行现代化改造。在不改变传统商业街区历史格局、尺度和建筑外墙的历史真实的前提下，改造内部的使用功能，甚至重新调整内部结构，使历史街区内的生活质量大大提高。最后，在传统业缘型村落中关于文化保护方面，如传统手工艺（竹编、冶铁、纺织等）的传承，不能只停留在政府与专家的层面上，而应提升村民的文化自觉和自信，树立文化遗产保护意识，从而自发地行动。

注释

① 教育部人文社会科学研究规划基金项目资助（编号：16YJAZH059）。

② 魏秦，副教授，博士，硕导，从事地区性人居环境的理论研究，200444，397892644@qq.com。

③ 施铭，上海大学，美术学院，硕士研究生，200444，461804332@qq.com。

参考文献

[1] 王沪宁著. 当代中国村落家族文化 对中国社会现代化的一项探索 [M]. 上海：上海人民出版社.1991.

[2] 陶然. “业缘”影响下传统聚落及民居形态的研究——以博山地区为例 [D]. 济南：山东建筑大学，2013.

[3] 刘大均，胡静，陈君子，许贤棠. 中国传统村落的空间分布格局研究 [J]. 中国人口·资源与环境，2014，24（04）：157-162.

[4] 郝宁宁，文剑钢. 杭嘉湖平原荻港村乡土建筑特色 [J]. 安徽农业科学，2016，44（25）：166-170.

[5] 骆平安，李芳菊，王洪瑞著. 商业会馆建筑装饰艺术研究 [M]. 郑州：河南大学出版社.2011.

[6] 赵之枫，王峥，云燕. 基于乡村特点的传统村落发展与营建模式研究 [J]. 西部人居环境学刊，2016，31（02）：11-14.

基于空间句法的传统聚落保护与更新研究

——以济南市天桥区某“城中村”改造为例

查　伟① 邓庆坦② 王月涛③

摘　要： 传统聚落是中国几千年来农耕时代传统思想文化和建造技术的结晶，因其独特的研究价值一直受到社会各界的广泛关注。“城中村”作为一种特殊的传统聚落，因其处于城市内部的特殊地理位置，虽然保留着乡村聚落的特色肌理和民居，但一直得不到合理的保护和利用。本文以空间句法理论为指导，运用Depthmap软件等技术手段对济南市天桥区柳行社区“城中村”现状进行量化分析，发现聚落的空间组织关系和生长规律，并提出合理的改造策略，指导“城中村”这种特殊传统聚落的更新和改造。同时为其他传统聚落的保护和更新提供研究方法和实践经验。

关键词： 传统聚落　“城中村”　民居改造　有机更新　空间句法

引言

传统聚落是中国小农经济控制下具有地域性特色的乡土建筑群体，其形态折射出人们的生产与生活，反映着特定的技艺与审美，成为地域文化基因的一部分。随着工业化和城市化进程的快速发展，村民的生产、居住和文化发生相应的变化，许多传统聚落正在逐渐消失，同时也诞生出“城中村”这种特殊聚落。当前国内城市特色危机普遍存在的情况下，“城中村”既是一个错综复杂的城市问题，也是城市中的独特风景。利用GIS、空间句法等定量分析手段配合建筑师和规划师对“城中村”进行合理的更新改造，使其成为城市当中的特色聚落空间，对城市肌理多样性和城市文脉延续性都是有益的补充。

一、研究对象及问题

1. 研究对象

本研究选取济南市天桥区柳行社区“城中村”为主要对象。“城中村”是中国目前城市发展进程中存在的特殊城市现象，由于农村耕地全部或大部分被城市建设征用，农民转为城市居民后留在原村落生活，演变成以传统民居为主的大型居民区。[1]在目前的社会调查中，城中村的居住环境和管理问题一直难以解决改善。同时，由于它们为大量城市人口和个体经营者提供了廉价的住宿和谋生场所，“城中村”成为城市更新和可持续发展需要妥善解决的问题。位于济南市中心城区的柳行社区“城中村”，原为沿胶济铁路分布的村落，村子南侧为铁路线，东西两侧为城市泄洪沟渠，北侧为北园高架快速路，多条边界将村子围成一个独立封闭的城市地段。“城中村”内部保留着历史自发形成的肌理，构成了充满活力的城市自组织空间，独特的空间尺度和街巷肌理构成了济南城市肌理多样性的有益补充（图1）。

2. “城中村”改造中的问题

城市更新是一个错综复杂、涉及多方面协调的工作，以往的整体拆迁并不能从根本上解决“城中村”问题，由于谋生、交流的社会网络被切断，导致重新安置后的住区演变成新的“城中村”。这种模式对改善“城中村”环境有显著的效果，但是面对基数庞大的城中村群体，推倒重建的更新模式很难在短时间内得到推广。[2]“城中村”改造需要以量化分析为前提的微更新策略，

图1　“城中村”区位及内部肌理现状图

明确适宜拆迁的区域和可改造的区域，从而提高城中村更新的精细化水平。

二、空间句法理论优势和分析过程

1. 空间句法理论

空间句法是由英国伦敦大学的教授比尔·希利尔（Bill Hillier）为主导的团队建立的理论，简单来说就是用数学思维方法来研究空间[3]。该理论认为空间本身不重要，重要的是空间与空间之间的关系，揭示了建筑的空间组构关系。[4]并且把空间与人文、经济、社会等方面关联起来，提供一系列分析各种空间组构的原则和方法。空间句法理论中将空间作为基本单元，忽略掉空间的形状和大小，使用拓扑学的数学理论来表达空间之间的关系；通过建立数学模型来对空间进行量化，加强人们对空间的认知能力。把空间句法的分析结果与现实社会的人文、经济相结合，形成具有研究比较意义的概念定值，从而对空间的深层价值有更全面的认识。

2. 空间句法的优势

空间句法在研究城市肌理多样性和传统聚落方面发挥着重要作用，通过建立轴线分析模型和视域分析模型对复杂空间区域进行量化，将量化结果与现状的业态分布、交通状况、人流分布和社会治安问题进行关联比对，探求社会问题与空间结构的相关性，为制定改造策略提供合理依据。空间句法应用在聚落空间更新改造的前期分析和后期评估等多个阶段，将更新策略落实到解决空间结构的实质问题上，增强了改造工作的科学性和准确性，避免单凭直觉或经验进行规划设计与建设。因此，在传统聚落的保护与更新研究方面空间句法具有较大优势，尤其是研究“城中村”这种位于城市内部又具有一定自发性的特殊空间。

3. “城中村”空间句法分析

本案例使用空间句法软件（Depthmap）的轴线分析模型和视域分析模型对柳行社区“城中村”的空间组构关系和人的行为进行量化分析。结合现状调研，编绘该“城中村”内部的轴线地图，导入空间句法软件进行量化分析。空间句法软件使用拓扑几何描述空间，使用图表显示各个空间节点之间关系、计算空间节点的量化数值及整体空间量化指标，分析结果通过数学公式转化成具有一定社会逻辑的量化指标，并以直观的色相变化图像呈现出来，如连接度、选择度和集成度等（图2、图3）。将量化指标分析与现实调研情况结合，让数据和图表与社会学层面意义相关联，发现研究空间的内部结构问题和优劣。

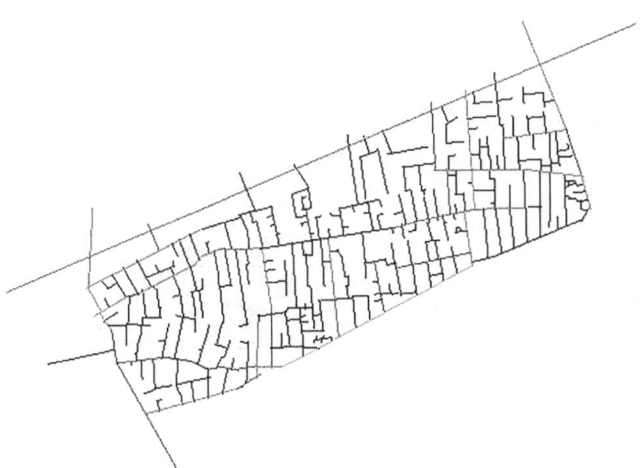

图2 选择度（Choice）

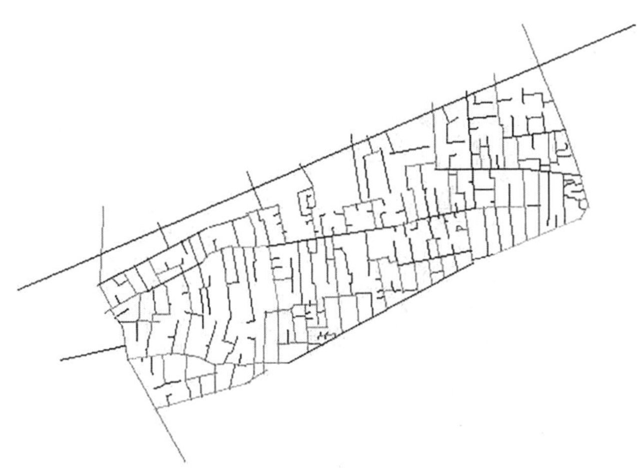

图3 连接度（Connectivity）

图4 局部集成度（Integration R3）

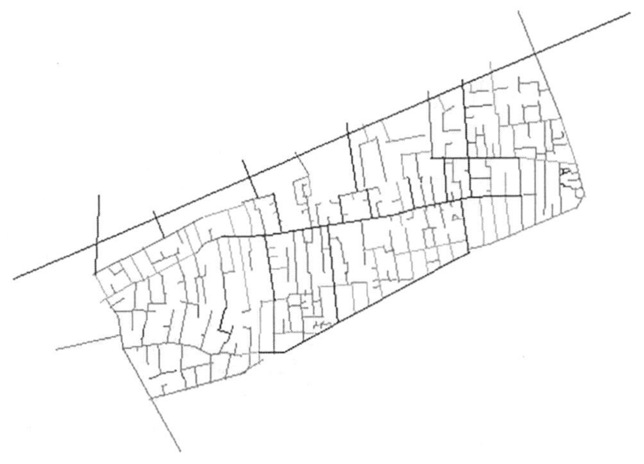

图5 全局集成度（Integration Rn）

1）集成度分析

集成度能体现一处空间或道路吸引交通穿行的潜力。集成度越大，则表示该空间节点在全局的聚集程度越高，交通可达性越高；集成度越小，区域空间的聚集能力越低，交通可达性也越低。[5] 全局集成度一般体现整个城市或区域的核心聚集能力，通常用于分析车行为主的大范围空间活动。局部集成度则用于分析以步行为主的小范围活动，反映全局次中心或局部中心的聚集程度。

柳行社区“城中村”的全局集成度代表了每处道路或空间与整个区域内其他空间联系程度，在图示中越偏向暖色调，说明其集成度越高，在全局范围内的可达性也越高。从图5中可以看出，全局集成度最高的轴线有四条，一条是北侧的城市快速路，是整个村子与外部交流联系的主要空间边界。内部有两条构成“L”形，是村子外部引向内部的主要干道，南侧沿铁路线有一段呈红色的轴线，集成度较高，相当村子的外环路。结合调研现状（图6），村子的核心区域是在“L”形轴线两侧，商业、餐饮、各种服务设施都集中在两侧的建筑中。“L”轴线在全局的集成度最高，是整个区域内道路连接值最高、交通可达性最好，是居民进出村子的主要选择路径，较大的人流量促使着村内商业核心的发展。南侧的全局集成度较高的轴线并没有形成“城中村”的核心街道，只是一条车流量较高的道路，并没有集中的业态分布。经过分析得出，这条本该是区域的一条核心轴线，因为紧贴着铁路线造成环境相对恶劣，影响了这条轴线发展成区域核心，缺乏竞争力。但是又因为其本身具有较高的集成度和选择度，成为村子里一条便捷的交通道路，通过支路与村子的核心区域连接形成一个环路，在整个区域的道路布局上起着很大的作用，使得村内的路网形成一个合理的有机整体。

2）协同度分析

协同度是局部集成度与全局集成度的相关性比值，体现了空间局部与整体间的可协同关系。[6] 若空间的协同度较高，说明局部空间布局与整体的空间布局相似性高、关联性强，居民可以通过局部空间的道路布局推断整体空间的交通网络，路网交通相对便捷合理；若空间的协同度较低，说明局部与整体间的关联性弱，区域空间差异比较大，居民或者游客难以从局部空间了解整体的空间格局，道路交通上也会存在很多不合理布局。

空间句法软件计算得出“城中村”的协同度图示（图7），横轴表示局部集成度（R_3），纵轴表示全局集成度（Rn），图中分布点代表区域内的每条轴线，总体呈线性相关分布；通过计算得出一条直线，近似模拟的表示了散点图的走势，直线的函数表达式：Y=0.27851X+0.571816。

在空间句法中，协同度采用回归系数 R^2来表示，R^2数值在0~0.5范围之间说明系统协同度差，在0.5~0.7之间说明系统具有较好的协同度，在0.7~1.0之间表示系统协同度很高。[7] 该案例计算出来的R^2=0.65，位于0.5~0.7之间，说明该城中村具有

(a) 北园高架快速路

(b) 商业轴线

(c) 城市快速路

(d) 内部街巷

“L”形商业轴线示意图

(e) 铁路线

图6 “L”型商业轴线及周边现状图

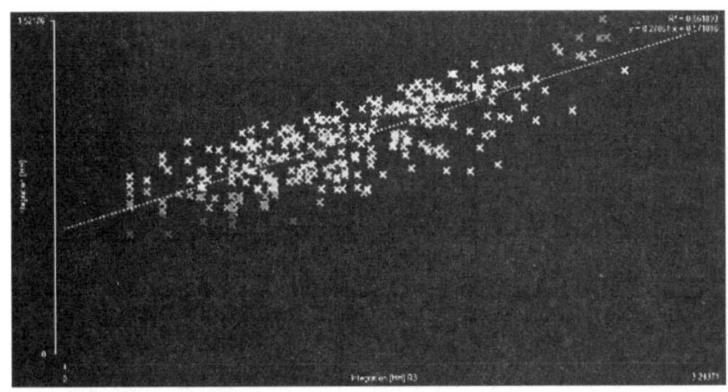

图7 协同度（图片来源：作者自制）

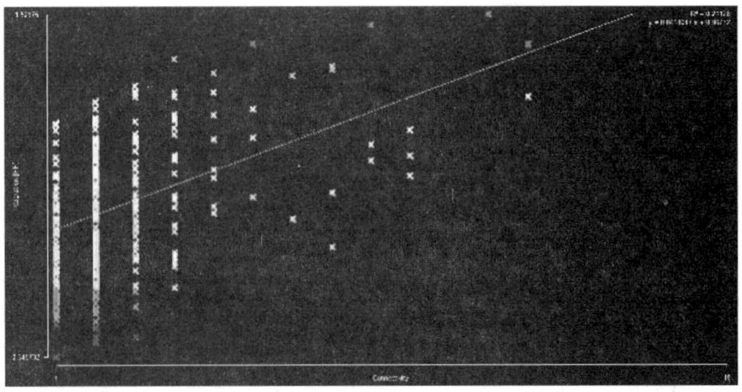

图8 可理解度（图片来源：作者自制）

较好的协同性。这种自发生成的村落布局，本身没有过多的上层规划，而是经过长时间的自我发展形成交通网络和建筑肌理。经过调研发现，原本的路网应该更加合理，但是村子被城市化发展包围，空间范围局限在这狭小的天地，迫使村民各种违章加建扩建，导致原本畅通的道路成了死胡同，协同度也跟着降低。

针对“城中村”活力不同的区域，选取了城中村边缘区域的轴线网络和活力较高的核心区域的轴线网络，分别记作区域A、区域B和区域C（图9）。两者进行对比可以很明显的发现：区域B的协同度整体较高，都在线性回归函数直线以上分布；部分轴线的分布点位于图示坐标轴的最高段，说明这几条轴线不仅具有较高的局部集成度，全局集成度也相对较高。[8]而区域A和区域C的协同度低于平均水平，全部位于线性回归函数直线以下，分布点整体位于坐标轴的中低段说明在整合度方面局部和全局都比较低。（图10、图11）

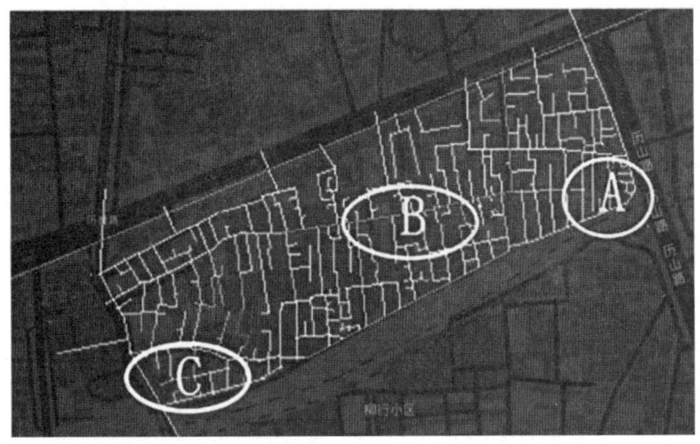

图9 选择区域示意图（来源：作者自绘）

通过量化分析，可以判断出这个“城中村”区域内，最先衰败或者荒废的就是区域A和C，可以说区域A这种边缘类型的土地价值不高，而区域B则具有较高的活力和土地价值。对“城中村”进行改造时可以针对不同区域采取不同改造策略：针对区域A可以采取较大规模的重建和翻新，或者改为其他形式用途，如教育、医疗等；区域B则可以较大程度的保留现状，局部采取优化和更新，保持其原有的活力。

三、更新改造策略

本研究在空间句法量化分析的基础上，充分考虑柳行社区“城中村”的现状和社会问题，确定出如下更新改造策略：街道肌理修复、业态整治与设施重建、空间结构优化。

1. 街道肌理修复

经空间句法对柳行社区“城中村”的量化分析（图4），可以判断原有街道肌理和自发性布局都有一定保留价值。相对于树状排布的城市社区道路，“城中村”的道路网在加强邻里联系和降低犯罪率等方面具有更高的合理性。本研究“城中村”空间改造，首先拆除违章的加建和扩建构筑物，疏通各种断头路和死胡同等，修复原本自发生成的街道肌理。在此基础上合理开辟多条道路，形成内部环路组合，提高整个区域的协同度。

“城中村”内部原有的街道尺度过于狭窄，不适合机动车辆通

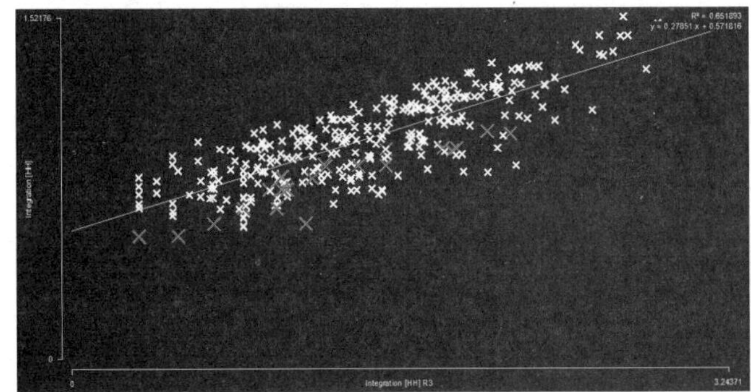

图10 区域A散点图（图片来源：作者自绘）

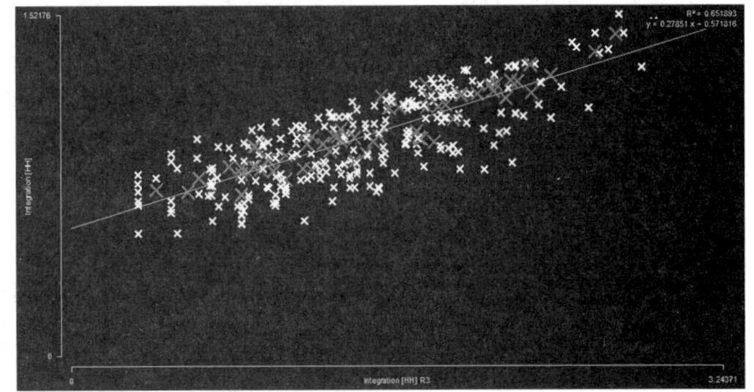

图11 区域B散点图（图片来源：作者自绘）

行，宜改为步行和非机动车道路并适当增加街边绿化，外围环路则可通行机动车辆。沿铁路线的道路向两端延伸，打通整个区域，缓解北侧的交通压力，并设置绿化隔离带，以减少铁路噪声污染。

2. 业态整治与设施规划

通过空间句法量化分析图（图5），可以直观得出土地的价值与区域活力，结合调研现状得出业态整治与设施重建策略。其中，柳行社区"城中村""L"形中心区域可以继续发展商业模式，充分发挥其全局整合度高、可达性良好的优势。对于"城中村"街道的整治，一方面要疏通因加扩建导致的"断头路"，另一方面整治沿街立面，店面广告牌统一化、整治占据街道摆摊现象和环境卫生状况。对于原本人口较少、活力低下的边缘区域，可以规划为服务整个区域及周边的幼儿园、小学或医疗诊所等公共服务设施。将垃圾站、变电站等设施转移到人流较少的边缘区域，改善城中村的医疗教育条件，同时提高边缘区域的土地利用价值，避免边缘衰败现象。

3. 空间结构优化

在改造的过程中，为了提高居民的生活品质和舒适度，柳行"城中村"内部需要适当增加绿地和广场空间。"城中村"内部空间经过多年自发性建设，原有公共空间多被私人占据，居民缺少可交往的社会空间。城中村的视域整合度也呈现扁平化，缺少空间层次的变化。

经过对柳行"城中村"的现存建筑现状调研，选取5处建筑进行拆除，改造为公共空间。拆除改造后，通过空间句法量化分析，可以明显看出区域内视域整合度的改善（图13）。"L"形轴线区域的建筑拆除，形成中心广场，可以将人流引导到"城中村"的西片区，从而提高其活力，同时改善居民的生活品质。其他4处公共空间形成次级中心，以增加各个片区的空间活力。

四、结语

传统聚落的空间肌理和民居建筑是经过长久历史沉淀的，其中蕴含着复杂的空间组构关系和建筑生长规律，单凭研究人员的定性分析是难以发觉其真正内涵的。空间句法以计算机强大的运算能力为基础，通过将传统聚落的空间布局和道路网络转变成拓扑数学模型，对聚落空间进行量化分析，可以反映出空间结构形态和人的活动规律，提出相应的更新改造策略，对传统聚落空间结构进行改造优化。本文以相对特殊的"城中村"为例进行研究分析，总结出相对精确科学的改造方式对聚落空间进行更新和改造，对其他类型的传统聚落保护和更新起到一定的借鉴作用。

图12 空间结构改造前视域整合度

图13 空间结构改造后视域整合度

注释

① 查伟，山东建筑大学，建筑城规学院，硕士研究生，250000，272084574@qq.com。

② 邓庆坦，山东建筑大学，建筑城规学院，教授。

③ 王月涛，山东建筑大学，建筑城规学院，讲师。

参考文献

[1] 张光文．城中村改造中的思考与启示［A］．中国城市规划学会．规划50年——2006中国城市规划年会论文集（中册）［C］．中国城市规划学会：中国城市规划学会，2006：6．

[2] 郭湘闽，刘长涛．基于空间句法的城中村更新模式——以深圳市平山村为例［J］．建筑学报，2013（03）：1-7．

[3] 杨滔．空间句法的研究思考［J］．城市设计，2016（01）：22-31．

[4]［英］比尔·希列尔，盛强．空间句法的发展现状与未来［J］．建筑学报，2014（08）：60-65．

[5] 徐清，梁雅洁，周静雯．基于空间句法的旅游型新农村空间形态分异研究——以杭州外桐坞村为例［J］．建筑与文化，2018（02）：75-77．

[6] Hillier B，Hanson J.The social logic of space［M］.Cambridge：Cambridge University Press，1984．

[7] 陈健坤，王天为，梁振宇．基于空间分析的传统村落商业布局与优化策略研究——以安徽省查济村为例［J］．建筑与文化，2018（08）：165-167．

[8] 黄嘉颖．回族聚居区与城市空间协同演进的句法解析［J］．西北大学学报（自然科学版），2015，45（06）：991-995．

河湟地区传统山地藏族村落的选址与布局研究

——以循化县牙木村为例

雷　喆[①]　李军环[②]

摘　要：本文以河湟地区的山地藏族聚落为研究对象，选取循化县道帏乡的牙木藏族村为研究样本，以建筑学视角，重点分析村落的选址与空间布局，探讨影响村落风貌的自然与人文因素，期望为山地藏族聚落的传统风貌保护工作提供合理的方向。

关键词：河湟地区　山地聚落　布局形态　宗教

青海省东部的河湟地区是黄河流域人类活动最早的区域，这里物产丰富，风光旖旎，城镇密布。作为青海省民族交流与交融最为活跃的地区，在长期的历史进程中，先后产生了羌、鲜卑、吐蕃等古代民族政权，如今这里成为汉、藏、回、土、撒拉等多民族的聚居地。区域内受地形影响，竖向景观呈现一定梯度的变化，也因此孕育出了不同形态的聚落，而位于脑山区域或浅山区域的山地藏族聚落构成了河湟地区山区内的典型人文景观。

一、河湟地区的自然地理特征与牙木村概况

河湟地区泛指黄河上游和其支流湟水河及大通河之间的广大区域，该区域拥有较为特殊的自然地理条件，一方面其处于青藏高原的边缘地带，另一方面区域内黄河及其支流湟水河、大通河流经，形成了山川相间的自然景观。这里既有牧草丰美的高山牧场，又有农田肥沃的平坦川道，呈现出草原文化与农耕文化共存的形态（图1）。根据海拔高低和地理环境的差异，可以将河湟地区划分为四种地形区——高山草甸、脑山区、浅山区、川水区。高山草甸为海拔3200米以上区域，以草甸和林地为主，主要进行畜牧活动。脑山区海拔为2700~3200米，地势垂直变化大，可耕种地少，以畜牧业为主，农业为辅。浅山区为海拔1700~2800米的半干旱丘陵山区，多为半农半牧或林区。川水区为海拔1650~2300米的低山河谷地，平原开阔，为主要的农耕区。从区域范围来看，在海拔较低、气候较好的川水区域普遍分布着善于农耕的汉族人、土族人以及善于经商的穆斯林，而在海拔较高的山区地区，广泛分布着半农半牧的藏族聚落。这种独具特色的多样化的聚落分布形态一方面是对自然条件的顺应，另一方面也是不同民族在文化差异下选择的结果（图2）。

牙木藏族村位于青海省海东市循化县道帏乡内，村落距县城约33公里，距道帏乡约16公里。村域面积约1.72平方公里，建筑周边自然环境约150亩。牙木村大约在元代形成，从村内目前存留的防御城墙遗址范围来看，城墙内部大约20户，是较为古老的聚落区域，随着人口的增加，聚落扩展至如今的83户。牙木藏族村在2018年被评为传统村落，村内保留有较为完整、自然的山地庄廓聚落景观，其选址与布局的研究对山地藏族聚落形态研究与聚落景观保护具有重要的意义。

二、村落的选址特征

牙木村依山坡而建，沿河道展开。村庄坐落在南北两座“神”山之间，且两侧各有两条冲沟，形成了“两山两沟夹一村”的山水

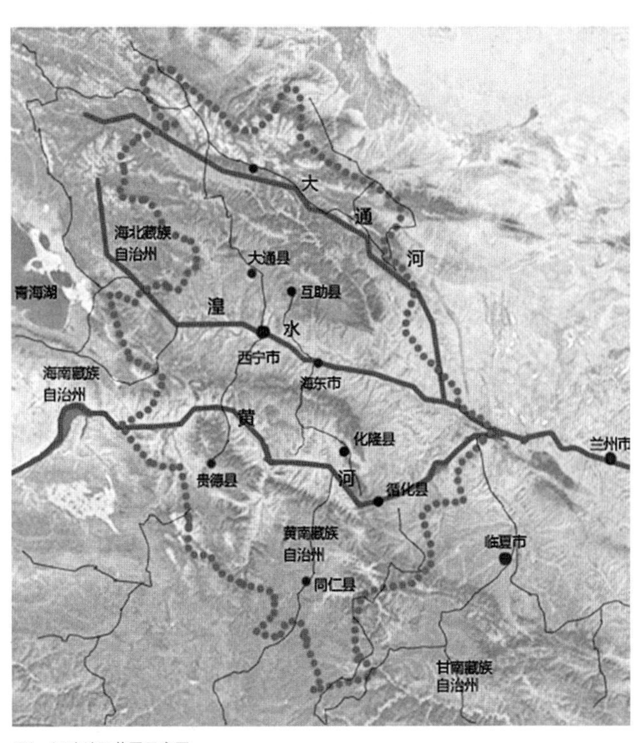

图1　河湟地区范围示意图

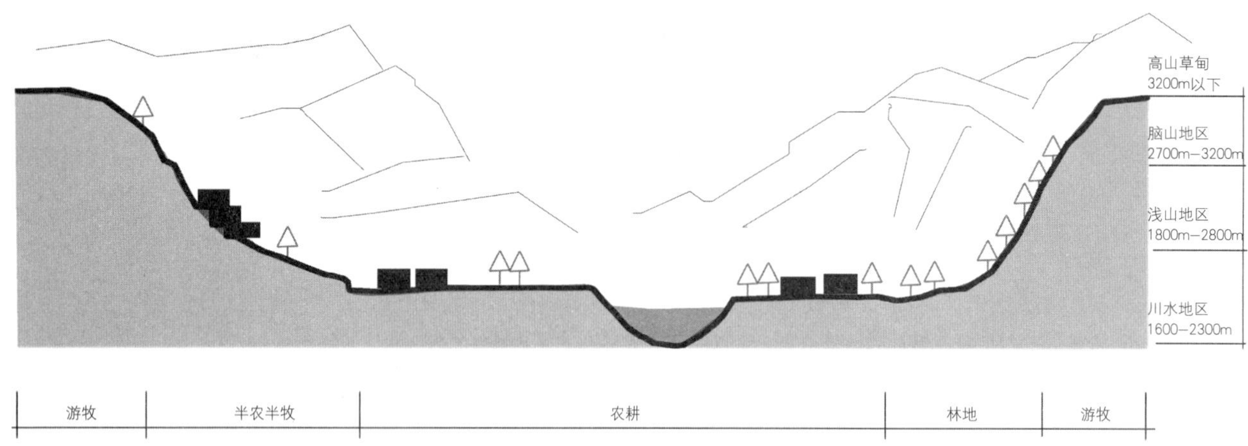

图2　河湟地区自然地理分区
（图片来源：根据王军等《多民族聚居地区传统民居更新模式研究以青海河湟地区庄廓民居为例》改绘）

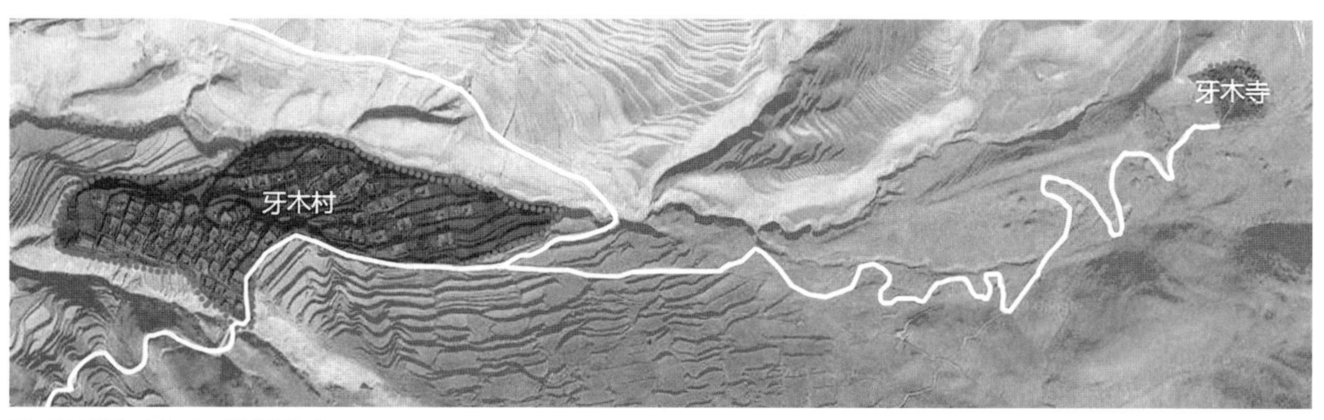

图3　牙木村村落、寺庙、山、道路的关系示意图

格局。村域范围内地势变化较大，东西高差337米，南北高差71米，总体地势为西高东低，南高北低。牙木村在选址上以趋利避害为原则，合理利用自然山水，因地制宜。（图3）

1. 趋利避害，注重防卫

牙木村位于脑山区域，平均海拔2800米，海拔最高处达3000米。区域内气候夏季凉爽、冬季干冷，因此冬季的保温抗寒问题是村落的首选问题。同时山地型聚落必须考虑到山地风的阻挡问题，因此，牙木村选择在两山之间地势较低的山谷处，可以利用山麓阻挡冬季的西北风。另外，牙木村选择位于山阴面而非向阳面，主要考虑到了地形变化特征，北面山坡属于陡坡不适宜筑基建设房屋，而南面山的阴面坡度平缓，坡面长度大，村落以层层抬起的布局形式使庄廓民居的院落内部获得充足的日照时间。（图4）

从牙木村的边界分析，村落处于较为隐蔽的山谷中，村落北面和南面都为自然冲沟，西面为山地地势变化较大的断坎，使村子处于天然防御屏障的包围中，村落获得安全防卫。这在多民族聚居、多文化交错的河湟地区具有重要的军事意义。（图5）

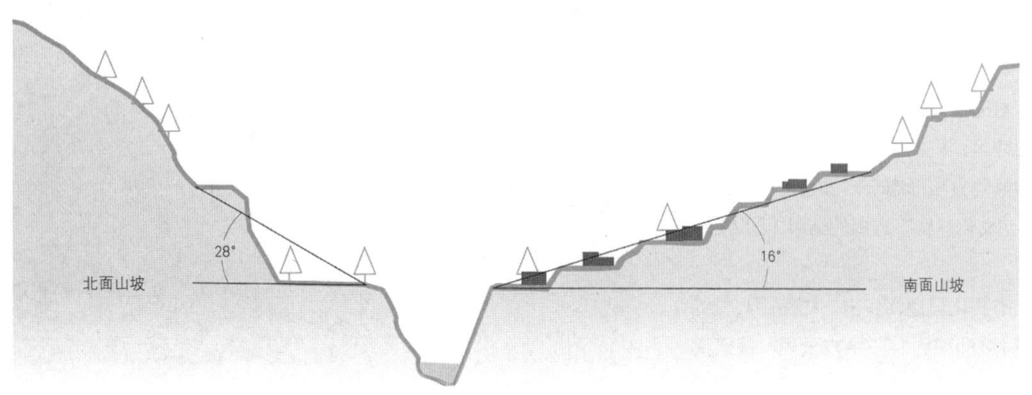

图4　村落南北面山坡坡度示意
（图片来源：根据《山地建筑设计》：10%～25%属于缓坡，25%～50%属于陡坡）

图5 村落的天然防御屏障

2. 利用自然，方便生产

聚落的选址常常优先考虑到生产的方便性，藏族就比较喜爱“逐水草而居”。牙木村的周边有大面积的草山牧场，村落靠近泉眼和河道，为村民的生产生活提供了保障来源。同时村落内部，靠近水源的区域山体坡度平缓，台地众多，适宜发展农耕。牙木村由此依据地形发展出了农牧组合的生产形式，也是河湟地区的山地藏族聚落代表性生产方式。从村域范围内看，其中耕地总面积 950 亩，均为旱地。农作物以小麦、青稞、油菜和洋芋为主。全村共有牛羊2000余头，其中，牛500余头，羊1500余只，以散户放养为主，圈养为辅。

除了自然因素影响外，牙木村选址于两座神山之间也反映了神山信仰对藏族聚落选址的影响。

三、村落的空间布局

村落整体布局呈东西向，东西（包括牙木寺）长约2268米，南北宽约345米。村落东西两区域内的民居布局与形态具有一定的差异性，东部紧密排列，西部扇形点状排列。根据民居的建造时间上以及村内的城墙遗址，可以初步将西区划定为村落的传统区域，东区为村落的延伸区（表1、图6）。两个区域的发展一脉相承，作为延伸区，东区继承了西区依山面水的基本格局，同时对村落交通骨架进行延伸，以一种线性的发展形态与宗教建筑在空间上产生了一定的关联。

牙木村东西片区民居建筑现状　　表1

村落内区域	民居数量	民居风貌	民居规模	民居建造时间
西区传统区	55户	夯土+木结构民居保留有7户	最小115平方米 最大470平方米 200~300平方米最为普遍	100年以上民居1户 30年以上民居3户
东区延伸区	28户	夯土+木结构民居保留有5户	最小230平方米 最大504平方米 300~400平方米最为普遍	50年以上民居2户

1. 地形适应下的村落布局

处于山区的牙木村，受外界影响小，人工建设痕迹少，自然地理条件影响着村落的布局形态。村落东西区的差异性大，西区等高线密集，民居建筑建造遵从山地等高线而紧凑的布置在一起，在等高线较为松散的台地上则集中布置耕地；东区等高线疏松，农民依据山地自身的台地地形将民居和耕地结合，在台地上疏松的分布着（图7）。这种差异性的形态在笔者看来一方面是村落发展自然延伸的结果，同时也是居民根据地形的选择。从村落肌理图示分析中，笔者发现尽管村内民居主要朝向西南方向，但在相对统一的情况下，民居的朝向产生了一定的差异且没有确切的方向。这种布局形态实际上是民居建筑为了适应山地等高线的变化，在一定程度上进行的调整。民居建筑以相对自由的朝向旋转到自己所在等高线的位置，使建筑尽可能的附和等高线的变化，这是农民对复杂地形条件的回应（图8）。这种顺应地形的民居建造方式形成了自发性的图底关系，笔者发现村内除主路外，巷道的走向主要依托民居的方向变化，巷道的尺寸也和民居的间距有关。在村内通行，你很难发现相同的空间，随着地形而变化，高高低低、有开有合，丰富且有趣。另外，牙木村的民居占地面积100~500平方米不等，村西区的民居较东区占地面积普遍较小，这主要源于民居建筑对西区较为密集的地形等高线的顺应。受到用地限制的西区民居，人们为了争取更大的居住空间，庄廓院落也因此被压缩。（表1）

地形条件不仅影响着村庄的肌理，而且影响着田地的形态。由于牙木村处于在山地环境下，村民按照地形坡度的变化，为防止水土流失以及便于耕作，将耕地多开挖形成“梯田”形式，每块农田的底面基本水平或者坡度较小。牙木村村域范围内有四个比较集中的耕地区，另外在村内结合民居也分布有零星的耕地，梯田大多布置在靠北边河道一侧，尤其是在村落的东区，梯田形态完整，面向河道层层叠叠。区域整体呈现出农田民居相间的格局，呈现出独特的田园风光，笔者认为这是村落发展后民居向田地的延伸的结果。（图7）

2. 宗教信仰引导下的村落布局

“神山”信仰对村落的布局会有一定的影响，如民居建造时尽

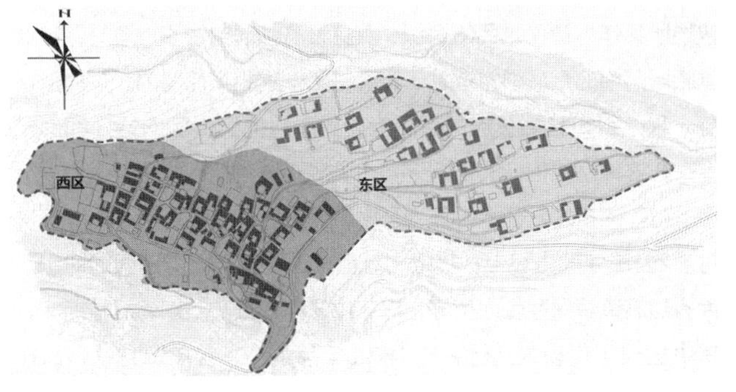

图6 村落民居分区图

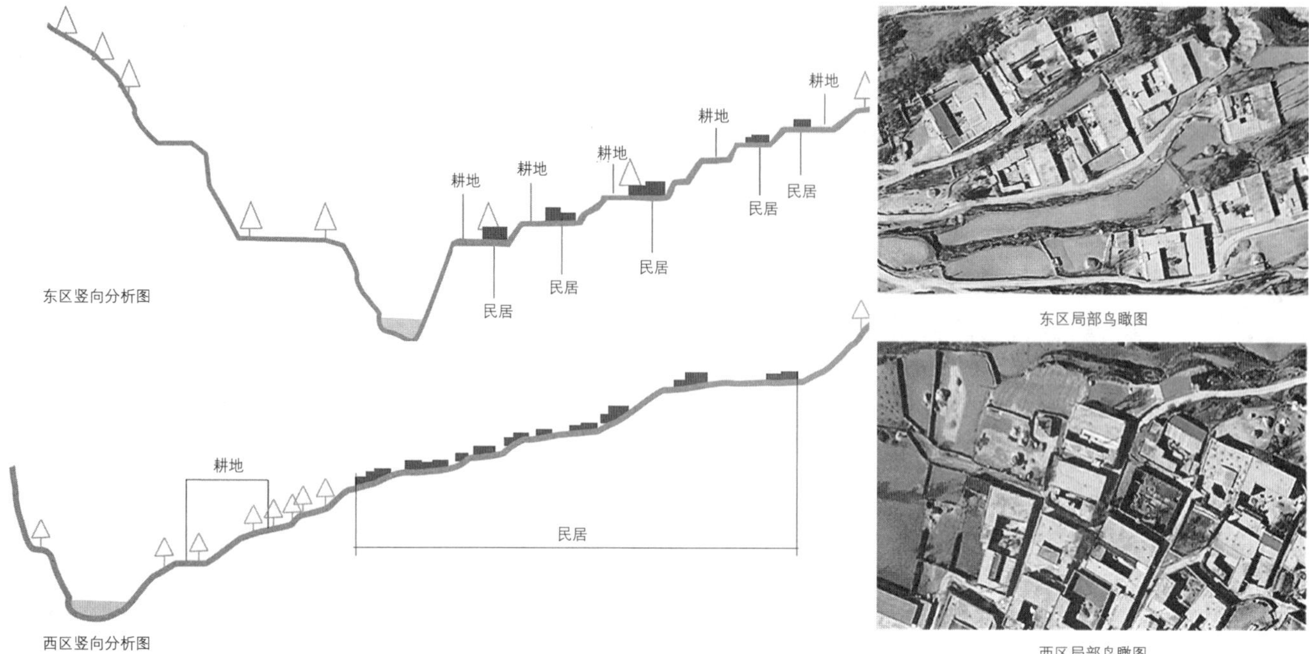

图7 村落东西区布局竖向形态对比分析

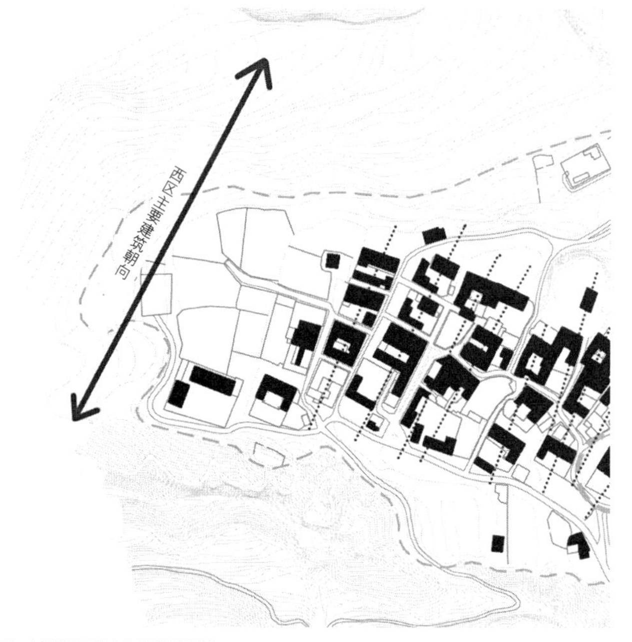

图8 村落民居朝向与地形的关系

可能的使正房及正门朝向神山，但聚落整体规划的理念依据主要是藏传佛教。藏区历史上的长期实行的“政教合一”，寺庙即作为宗教场所又作为管理村民的组织，具有崇高和现实的双重意义，因此藏族聚落中的寺庙通常选址于距离村落一定距离范围内，与村落保持一种“若即若离”的关系。考虑到河湟地区山区的特殊地形条件，在这种宗教信仰的影响下，山区藏族聚落形态普遍呈现为“上寺下村”的格局。牙木寺作为牙木村最重要的宗教场所，坐落于离村落2公里处的山坡上，其依山就势，主要建筑面向南面的神山。寺庙建筑风貌保存较为良好，寺庙由三座建筑及多座玛尼堆组成，其中主殿年代较为久远，约为200年前建造，寺庙每月初八、初十五、初二十九举办宗教仪式。村子到寺庙的路上，按照山势曲折向上，沿途中还布置有玛尼石和彩旗，强烈渲染了宗教气氛。作为村落的制高点，在寺庙处可以俯瞰全村，这种典型的上寺下村格局是地形条件与宗教信仰的完美结合，烘托出了寺庙的崇高地位。

在传统藏族聚落，嘛呢房是除寺庙以外居民最重要的宗教活动及公共活动空间。通过对牙木村的路网结构分析，笔者发现路网的设置与村内嘛呢房有着重要的联系。牙木村的路网整体呈现为树形结构，由村西侧南北向进村路向东侧线性延伸发展出多条东西向支路，而村内只有一条主要的南北向支路，嘛呢房的位置就在这条南北向支路的核心处。这样一来，为村民提供了适合的通路前往此处，这种公共性与可达性完美诠释嘛呢房在聚落生活中的重要性。另外，从民居散布的情况看，仅在嘛呢房为中心的100米范围内，民居数量几乎占据全村的40%，随着半径的加大，民居数量逐渐减少。这种布局体现了嘛呢房的核心吸引力，笔者认为最初的村落营造很有可能就是围绕嘛呢房展开的。（图9）

四、结语

牙木村的布局是在自然环境与宗教信仰共同作用下，经过漫长的演变与发展所形成的。村落的营建遵循顺应自然、合理利用自然的原则，以诠释宗教崇高地位为指导思想，形成了“依山就势、筑地随形、上寺下村”的布局特征。这种极具地域特色的藏族聚落在河湟地区普遍分布，这些聚落是体现该地区独特自然环境与人文环境的宝贵物质遗产。由于环境的闭塞，一些聚落保持较好的自然肌理与形态，但是随着生活方式的改变以及其他外界干扰因素的影响，自然形态在慢慢瓦解，使其逐渐丧失地域特色。通过以上研究，笔者认为山地藏族聚落的保护不能一蹴而就，应根据村落自身的发展脉络与影响因素，采取循序渐进、由整体到局部的保护更新

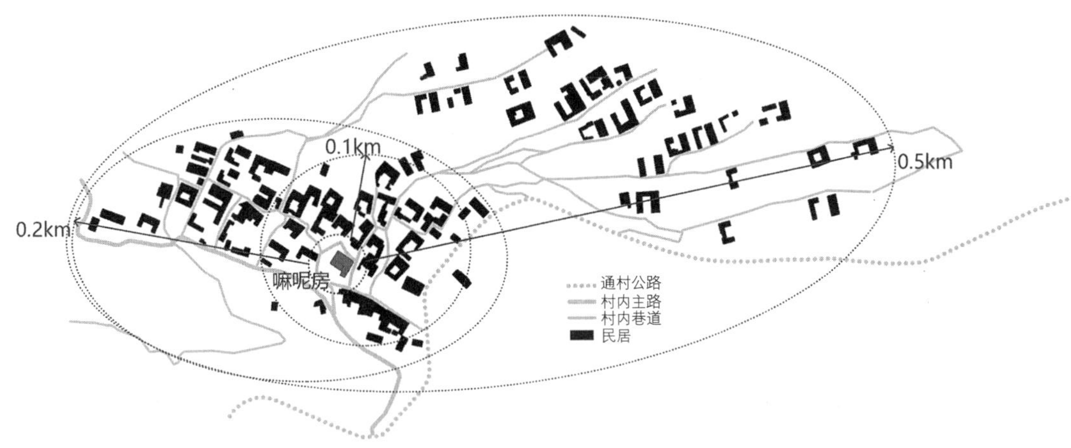

图9 嘛呢房与村落道路结构、民居分布的关系

方法来延续村落的地域风貌特征。宏观层面上通过合理的规划与保护对村落的山水格局加以控制，中观层面上以适当的更新措施对传统街巷肌理加以延续，微观层面上针对不同建筑进行修复或改造以协调整体风貌。

注释

① 雷喆，西安建筑科技大学建筑学院，710048，1578854306@qq.com。

② 李军环，西安建筑科技大学建筑学院，教授，710048，617790756@qq.com。

参考文献

[1] 崔文河，王军，岳邦瑞，李钰. 多民族聚居地区传统民居更新模式研究—以青海河湟地区庄廓民居为例 [J]. 建筑学报，2012 (11)：83–87.

[2] 宋祥. 青海河湟地区山地庄廓聚落景观形态研究 [D]. 西安：西安建筑科技大学，2016.

地域文化视角下传统聚落建筑的保护与更新研究

——以哈尔滨市工人新村为例

朱传华①

摘　要： 目前，传统聚落建筑的保护与更新在国内外均受到社会各层人士不同程度的重视。本文以哈尔滨市工人新村的更新设计为例对其传统聚落建筑的地域文化和建筑特征进行深入研究，重点分析工人新村建筑的设计手法、形态特征以及所存在的问题，并针对这些问题，从技术、材料、可持续发展三个方面提出相应的解决对策，以期探寻传统聚落建筑在当今时代的意义和可持续发展的可能性，从而达到保护拥有良好历史价值传统聚落建筑的目的。

关键词： 地域文化　传统聚落建筑　保护与更新　可持续发展

一、研究背景

地域文化是我国千百年来传承至今且仍发挥作用的文化传统，具有其独特的生态、民俗、传统、习惯等文明表现。地域文化内涵十分丰富，在不断的发展中，地域文化的构成部分包括地区的自然地理状况，当地居民特有的思维模式、价值观等。随着文化全球化的发展，地域文化受到很大的冲击，在传统聚落更新发展的过程中，缺乏对地域文化的了解与关注，传统聚落风貌逐渐千篇一律，失去相应的地域文化特色。②传统聚落建筑的外表、结构、空间等的保护与更新一直是当今学者研究的重点之一。近年来，越来越多的人将视线转移到传统聚落建筑的方向上，相关理论和实践得到了飞速的发展，我国的相关部门更是逐渐提高人力与物力资源的投入，许多相关的技术手段取得一定的成效并获得广泛应用，如历史建筑的材料病理诊断、更新、监测等方面。当前，在我国新的历史形势下，如何才能真正地将传统聚落建筑的价值进行延续；怎样更好地加强对传统聚落建筑的保护；怎样才能使历经磨难后幸存下来的文化遗产，得到真正的保护和合理的开发利用，实现历史化建设与经济建设的和谐共存与双赢等这些问题引起社会各界人士的深思。因此，本文根据现场调研以及深层剖析哈尔滨市工人新村的地域文化和建筑特征，并基于地域文化的理论提出对传统聚落建筑的保护与更新有益的建议和方法，对传统聚落建筑整体风貌的和谐统一和可持续发展具有重要意义。

二、哈尔滨市工人新村建筑形态及其特征

1. 工人新村的地域背景

1949 年中华人民共和国成立后，第一个五年计划期间哈尔滨成为我国重点建设的工业城市。随着很多工厂的建立，这些工厂的附近建设了一大批按照苏联专家规划和设计的既有欧式风格又有中华民族风格的建筑作为工人新村（图1）。其中哈尔滨工人新村建筑规模大，相比来说设计先进并且功能齐全（图2、图3）。

图1　地理位置

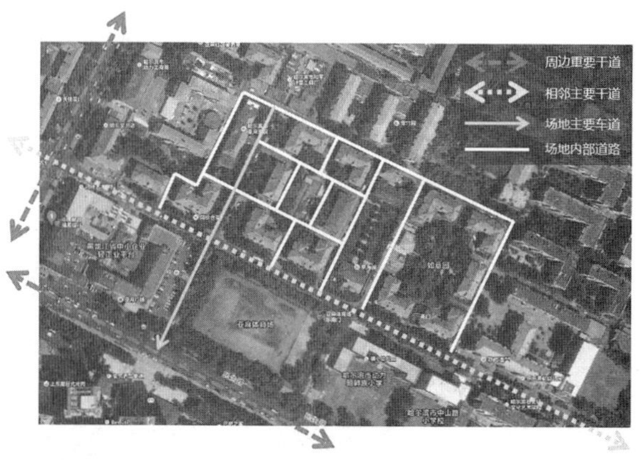

图2　交通分析图

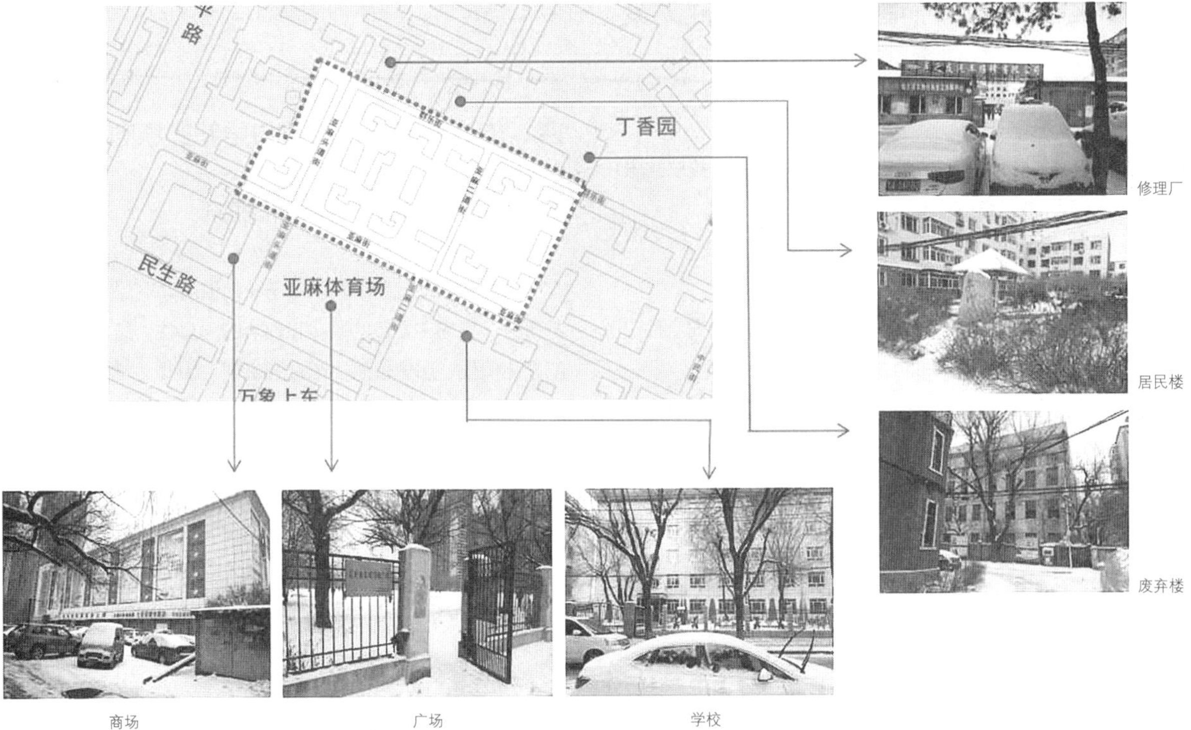

图3 周边设施分析图

2. 建筑现状分析

1）设计手法分析

工人新村建筑为20世纪50年代的苏联风格建筑，讲求三段式，正面造型简单明了，具有古典建筑风格。建筑所处的场地的环境特征、自然气候与俄罗斯地区的建筑十分相似，建筑采用厚重的墙壁、小门窗，多采用暖色调为主色调，设计中通过不同层次、多种方式结合了中西文化的建筑风格、西方的新旧文化系统以及中西文化之间的适度碰撞。建筑及空间布局强调轴线、对称和立面环境的历史文化价值。

2）建筑的色彩及特点

建筑由红砖砌筑，墙体为红色，坡屋顶为灰色，含有中华传统建筑符号。窗户宽敞明亮，建筑内房屋举架为3.2米，设计有飘窗、小阳台，女儿墙、变化的屋檐、坡屋顶等，造型十分精致，具有鲜明的时代印记。建筑自身的材质、形状、尺寸、功能等体现出它所特有的历史特点。在工人新村的建筑设计中色彩是除了文字以外能够比较直观的引起本能认知的重要设计元素，通过研究使用人群心理变化与颜色搭配的比例，确立建筑各个空间的功能主色调和内部界面的色彩搭配方式，形成了一一对应关系。

图4 建筑现状图

三、工人新村建筑所面临的问题及保护与更新的对策

1. 工人新村建筑所面临的问题

在通过文献查阅、实地调研等前期的场地分析后，大致总结出关于工人新村建筑目前所存在的问题：

（1）建筑私自改动较多，如加建、改造；
（2）建筑外立面未能及时更新，不能保障建筑的结构安全性；
（3）砖石、木等材料存在破损的情况；
（4）未能充分合理地利用建筑的空间环境，造成了资源的浪费；
（5）年久失修，缺乏统一，存在安全隐患。

2. 工人新村建筑保护与更新的对策

1）部分近现代前沿技术用于建筑结构方面

我国现今的技术手段，对于砖石、木材、钢、玻璃等历史建筑材料所存在的问题、如何改进等方面突飞猛进，获得了前所未有的发展。特别是无损检测技术，代表性的勘察成熟技术有：超声波法、热红外成像法、微波测湿法等。基于工人新村目前所存在的问题，可采用国内的前沿技术进行建筑结构的更新。如利用热红外成像技术，对于建筑结构的缺陷以及潮湿度等进行定性判断；采用手持式微波湿度检测技术进行建筑的砌筑体含水率进行无损诊断，测定建筑的不同深度的含水率，根据墙体湿度的大小，确定是否需要防潮处理或采取其他手段进行保护与更新等。③

2）部分近现代前沿技术用于保护传统聚落建筑

对于传统聚落建筑的保护和更新来说，除要考虑到真实性、可识性外，还需考虑地域性、耐久性等。对于砖石类建筑通常使用无损清洗技术、敷贴清洁材料、石灰更新材料等方式进行传统聚落建筑的保护与更新。就工人新村而言，对砖石的清洗可运用建筑材料的清洗技术，将事先预制或者现场配制的清洁糊状物敷贴在需要修缮的建筑表面，通过吸附的作用达到墙面清洁，这是属于牺牲性保护方法的一种。除此之外，还有利用新型脱漆膏进行砖、石、木等表面的有机涂层的去除等。

3. 传统聚落建筑的历史进程与材料的重要性

建筑经历的每一个阶段所体现出来的风格特点都有迹可循，但不论是在任何一个历史阶段，材料和技术总是至关重要的，而建筑是技术与艺术的结晶这一观点也是最被人所熟知的。由于发展背景的不同，东西方地区在建筑的结构和材料方面都形成了具有各自不同特点的完整体系。同时，人们通过搭配、组合、连接等方式将材料这一物质形式赋予了实际用途，并通过色彩、质感和肌理这些基本属性，将建筑的结构形式和构造形式用技术手段表现出来。以哈尔滨工人新村的更新设计为例，目前国内现有的对历史建筑材料的勘察技术、实施方式、保护原则等在建筑结构保护、材料更新、色彩、细部装饰等方面所运用的技术手段为历史建筑保护更新的相关作业进展提供了相当大的便利条件。

四、传统聚落建筑保护与更新的原则和目的

1. 传统聚落建筑保护与更新的原则

通过对近现代前沿技术用于传统聚落建筑保护与更新方面的分析研究，它的主要目的是保障建筑的原真性，最大程度地体现建筑的文化价值、历史价值、记忆的价值。因此，对于传统聚落建筑保护与更新的原则有以下几点：

1）整旧如旧，翻新创新原则

传统聚落建筑是一个地区标志和城市建筑特色的基石。对于工人新村的建筑保护与更新而言，最大限度地保留现有建筑的前苏联设计的房屋风格，处理建筑立面遵循了“整旧如旧”的原则。

2）传承历史文化原则

与保存建筑的主体一样，保留建筑特有的文化也很重要。在利用近现代前沿技术对工人新村的建筑进行现代化改造、改建、新建和更新时，尊重了建筑的原有空间的特殊性和文化价值的同时延续了建筑文化的历史特点。

3）因地制宜原则

在传统聚落建筑的保护和更新中，运用本地材料能使建筑更好地融入到环境中，能节约运输费用和能源，也可以促进本地的文化的发展。例如维护地方的尺度、运用当地材料等。这一原则促使我们在进行传统聚落建筑保护和更新时充分利用现有基础，着眼未来发展前景。

4）生态可持续原则

工人新村所处的环境是寒冷地域，在进行建筑的保护和更新时的材料选择方面慎重考虑了材料对环境的适应性。同时结合前沿科技建立可持续发展的主观意识，并运用技术手段引入建筑节能方面的理念。

2. 传统聚落建筑保护更新的目的

通过对建筑结构的更新和建筑材料的清洁达到建筑的再利用，使类似于工人新村的历史建筑更能朝着生态、可持续、低碳的方向发展，真正达到共生与融合的目的。

3. 传统聚落建筑的保护与更新的价值及意义

运用近现代前沿技术进行传统聚落建筑保护与更新，一方面对于提高建筑自身的品质起到积极、有效的促进作用，同时提高建筑自身的历史价值和文化价值；另一方面，通过对建筑的修缮，将建筑自身的使用可靠度和功能的使用认可度得到整体提升，使传统聚

落建筑全面提高自身的有效使用价值和再利用价值。

传统聚落建筑是前人的思想和文化在今天的具体体现，也是过去人们的活动方式在空间以及建筑本体上延续。对类似于工人新村或所有历史建筑的保护和更新来说，具有比较实用的意义，因为它不仅仅是对精神意义方面的考量，同时又是对传统性、地方性、历史性的记录。传统聚落建筑的保护与更新对特有物的保护与发扬有积极作用，有利于提升建筑的竞争力，对文脉文化的延续也有着重大的意义。

4. 对当下我国传统聚落建筑的生态及可持续发展的思考

在当今时代的背景下，资源的短缺让更多的人认识到建筑材料和技术对传统聚落建筑的可持续发展起决定性作用，怎样使传统聚落建筑既得到保护又延续其自身功能，使其得到合理利用；怎样使传统聚落建筑保护与可持续发展的理念并行……这些问题在各个方面都面临着重大的挑战。传统聚落建筑一般具有独特性、稀缺性和不可再生性。若不断大量地开发利用各种原有的材料的新用法、建筑材料的技术与性能等，虽然一方面促进了建筑及其材料的发展，但同时也造成了资源的浪费，对现有资源的破坏也更是难以估量。所以，就全面发展来看，我们必须将个人利益与整体的长远利益相结合，将一个地区的局部利益与整个世界的整体利益相结合，最大限度地杜绝资源浪费。

如今，随着与之相关的学术方面的研究及发展，对传统聚落建筑的可持续发展问题已经开始形成一个具体的研究方向，在传统聚落建筑保护更新与可持续发展的问题中，我们需要思考怎样才能从与自然的对抗和征服到协调与共生，采用保护与发展并行的计划使传统聚落建筑保护更新与可持续发展的实践得到更有效的实现。

五、结语

就传统聚落建筑来说，它在长时间的发展过程中形成了本身特有的文化价值，积累了十分丰富的历史价值、文化底蕴。传统聚落建筑是人类智慧和创造力的结晶，是前人表达思想和情感的艺术作品。但由于人为或自然的原因，前人所留下的遗产已经少之又少，这成为我们民族永远无法弥补的文化之痛。总结历史的教训，避免我们的历史文化再次遭受人为的伤害，学习和借鉴先进的思想理念与专业技术，在寻求更快速发展的社会生活的同时关注传统聚落建筑的可持续发展，使现代文明与历史文化和谐共存，让文化精神得到更好的传承与发展。

注释

① 朱传华，大连理工大学建筑与艺术学院，116000，18340815421@163.com。

② 芮万培．地域文化视角下公共空间景观设计研究 [J]．绿色科技，2018（07）：46-47．

③ 戴仕炳，陈彦，钟燕．中国近现代砖石建筑保护修复的前沿技术 [J]．中国文化遗产，2016（01）．

参考文献

[1] 芮万培．地域文化视角下公共空间景观设计研究 [J]．绿色科技，2018（07）：46-47．

[2] 戴仕炳，陈彦，钟燕．中国近现代砖石建筑保护修复的前沿技术 [J]．中国文化遗产，2016（01）．

[3] 高言颖．哈尔滨亚麻厂等遗址后工业景观设计研究 [D]．哈尔滨：东北农业大学，2014．

[4] 吕舟．中国文化遗产保护三十年 [J]．建筑学报，2008（12）：1-5．

[5] 陈思．昂昂溪中东铁路建筑遗产的冻害与机理研究 [J]．南方建筑，2016（2）：26-32．

[6] 刘诗芸．寒地砖构文物建筑的冻害研究 [D]．哈尔滨：哈尔滨工业大学，2014．

[7] 戴仕炳，张鹏．历史建筑材料更新技术导则 [M]．上海：同济大学出版社，2014．

武汉市江夏区传统聚落和民居特征分析及更新设计策略

赵　逵[①]　邢　寓[②]

摘　要： 通过对武汉市江夏区保存尚好的传统村落进行大量的田野调查与现场调研，从聚落和建筑两个层面对其进行特征梳理，总结出江夏区传统聚落的风貌特征和布局特点，分析出江夏区传统民居在空间布局、屋顶、墙体、门窗和色彩控制等细节方面的特点。并根据总结出来的特点，结合现状以及因地制宜的条件，对当代乡村民居的建设提出切实可行的改造更新策略和新建设计方案。

关键词： 江夏区　传统聚落　传统民居　特征分析　更新设计

江夏区位于武汉市的南部，与鄂州市和咸宁市相邻，其位于江汉平原向鄂东南丘陵过渡的地段，中部多为丘陵，两侧为平坦的冲积平原，西侧为鲁湖—斧头湖水系，东侧为梁子湖水系。江夏区历史悠久，传统聚落分布范围广、整体风貌保存完好、建筑特征鲜明，对于其聚落特征和民居特色的总结研究具有重大的意义，对于其价值的再认识也具有非常重要的作用。

在前些年新农村建设的基础上，现在正大力实施乡村振兴战略，为了更好地改造和重塑乡村乡土风貌，科学引导农民改建新建民居，促进城乡统筹发展，运用传统聚落和民居的深厚特色和价值，在乡村建设和乡村振兴过程中也具有非常积极的指导作用。

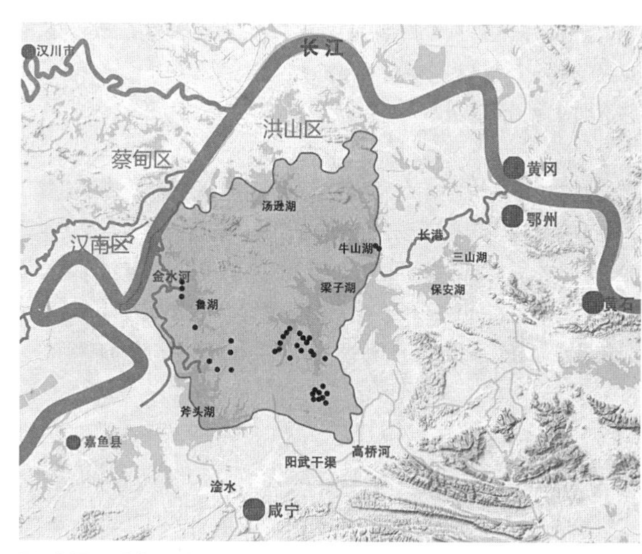

图1　江夏区历史窑址分布图
(图片来源：百度地图基础上绘制)

一、江夏区传统聚落特征分析

1. 分布特点

江夏区境内历史窑址众多，在历史窑址的分布图中（图1），小黑点的位置代表历史窑址的位置，绝大部分都是沿梁子湖和鲁湖—斧头湖水系分布，这些窑址在历史上统称为湖泗窑址群，湖泗古窑址群是全国重点文物保护单位。笔者将调研考察的传统村落，以及具有各级政府称号的特色村落在地图上进行了标注，这些村落多分布于水系湖泊旁，还有少量分布在内陆地区（图2）。

比较这两张分布图，历史窑址和传统村落的分布具有非常大的重合性，可以看出在古代，水路交通的可达性不仅对于烧窑这一文化产业活动具有极大的影响，对于聚落的产生和分布也具有决定性作用，同时烧窑的产业活动和聚落的发展繁荣也有着密切的联系。

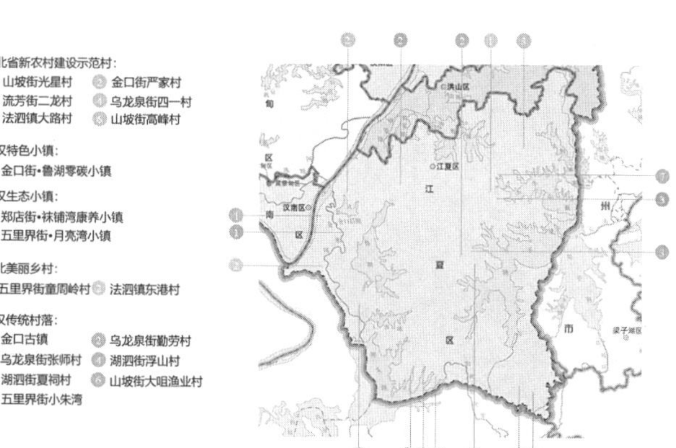

图2　江夏区特色村落分布图
(图片来源：标准地图基础上绘制)

2. 风貌特征

江夏区境内整体风貌保存完好的传统聚落数量众多，根据地理位置、历史遗存和传统产业等分类标准，笔者将其大致分为三种类型风貌的聚落。

1）水陆商贸型

这种类型最典型的聚落是金口古镇，其地处金水河与长江交汇处。金口古镇始名沙羡，后称涂口，以金水河入长江之口而得名，距今已有2300多年的历史。古镇内部保留有很多不同时期的历史遗存，从始建于明代、供奉着药王孙思邈的三义庙、明清时期的典型商业老街（图3）、保存完好的青石板街、民国建筑风格的老粮仓旧址和中山舰幸存将士住宿旧址等历史建筑遗迹中可以看出，古镇包含着丰富的商贸文化和码头文化。

图3　金口古镇明清商业老街

2）沿湖窑址型

这一类型的聚落以夏祠村和浮山村为代表。夏祠村是古代的一个码头村，在明清时期这里就是一个繁忙的货物中转地，其历史悠久，文化底蕴深厚。浮山村一直以来就是江夏区的历史文化名村，人们常说，浮山有“三古”，古屋古桥古窑址。浮山村现今保留完好的民国风格民居有2处。浮山桥建于清代晚期，至今有200多年历史（图4）。

图4　浮山村浮山桥

3）传统产业型

大咀渔业村是传统产业型聚落的最典型代表。大咀渔业村位于江夏区山坡乡的南端，紧邻斧头湖。明代初期这个村就有建制，距今已经有600多年的历史。全村以传统渔业为主。大咀渔业村包含12个自然村湾，大咀街在整个聚落的最南边，临湖的渔码头是过去整个村庄的主要交通枢纽，因此它成为大咀渔业村的行政中心，也是村庄最热闹的地方。在调研整个村庄的过程中，随处可见渔民织网、补船和晾晒生鱼等生动的场景。

图5　勤劳村一字型联排民居

二、江夏区传统民居特征分析

1. 空间布局

江夏区传统民居空间整体可以分成两种布局形式：一字形联排民居和天井式院落民居。

1）一字型联排民居

一字形联排民居的分布更广泛，在调查走访的传统村落中均有存在。其建筑一般多为双坡顶砖木结构，有单栋一字形的形式，大部分为三联排的形式，还有极少数的是五联排的形式，多分布在村落的主要街道旁。一字形联排的民居，空间形式较简单（图5）。

2）天井式院落民居

天井式院落的民居在沿水域分布的村落中有较多的体现。可能是由于在古代，沿湖沿河聚落的对外交通相较于内陆的聚落更为便捷，商业往来更加繁荣，这些聚落能集聚更多的金钱财富，吸收来自商贸沿线的先进理念和营建技艺，因而其民居的空间形式、制式和华丽程度等都会更上一个层级。这种天井式院落的民居，空间形式较前者复杂，建筑多为双坡顶砖木结构，屋顶砌有马头墙，檐口有彩绘，天井的尺寸一般较狭窄，大部分为一进式天井的空间布局，在大咀渔业村发现有一栋保存较好的三进式天井院落的民居，其主入口大门及正立面的装饰都更为华丽和纷繁（图6）。

图6 大咀渔业村三进式天井院落民居

2. 屋顶

江夏区传统民居的屋顶形式大致可以分成两类，一种是常见的双坡屋顶形式，还有一种是在双坡屋顶的正立面再加一道屋檐，形成双层檐的形式。前者分布广泛，几乎在调查走访的传统村落中都有存在。后者的分布范围较小，在调研过程中只在金口古镇发现有双层檐形式的民居。

1）双坡屋顶

双坡屋顶的民居，其屋脊的正脊一般没有装饰，有的用青砖砌一长条压顶，或是用水泥浇筑长条，侧脊由青砖砌筑。屋顶由黑布瓦铺设，有些夹杂着少许红瓦。檐口部分由砖砌筑，以叠涩形式出挑承托屋檐，叠涩部分用白色涂料抹面。墀头部分由砖叠涩出挑，呈现卷杀状。

在张师村发现有部分民居的屋脊正脊上用黑布瓦铺设一长条进行压顶，侧脊无压边。屋顶为红瓦铺设。叠涩部分用青砖垒砌，施以卷杀，檐部抹灰，并绘制非常精美的彩画作为装饰。（图7）

2）双层檐

双层檐的民居一般为商住两用型，多分布在金口古镇的老街两侧，属明清风貌的典型民居形式。其屋顶的形式和做法与前面双坡屋顶的民居类似，只是在正立面的稍高位置再加一道屋檐，方向和倾斜角度基本与正屋檐保持一致。每层檐口的两端由青砖叠涩出墀头，有的刷一层白色涂料，在其上再叠涩一层砖，用来承托屋檐。（图8）

3. 墙体

江夏区传统民居的墙体采用两段式或三段式划分，腰线有高、低两种样式。墙身下部材料有青砖、水泥石块、水泥砂浆、大块石材等，上部材料有红砖、土砖、青砖等，三段式墙体的檐口处涂以白色抹灰或绘以彩绘。而在侧立面部分，多延续正立面的材料，部分采用上述更便宜的材料砌筑。江夏区传统民居墙体的一个显著特点是，用大块石材在墙基部分砌筑墙角石，有的还在墙角石外面抹一层水泥砂浆，这种特点在江夏区的很多传统村落中都有体现。

4. 门窗

当地的门多为槽门样式，包括门框和门扇两部分，石质门框，木质门扇。门框一般由天铺、地铺、脱卸石、壁石四部分组成（图9）。天井式院落的民居在侧立面常开有侧门，直接通往天井。

民居正立面的窗多为木窗，侧立面常开小窗洞，无窗框。天井式建筑的室内窗为木窗，窗框的构造作为窗装饰的一部分。

5. 色彩控制

通过对调研考察的所有民居进行颜色提取和归类，总结梳理出了四套色彩系统：A、大量深灰色、部分灰黄色、白色；B、大量深灰色、少量砖红色；C、大量深灰色、红色点缀；D、大量深灰色、大量木色、部分灰黄色。以青砖墙面为主的深灰色是江夏区民居的主基调色彩。（图10）

图7 张师村民居屋顶檐口

图8 金口古镇双层檐民居

图9　槽门组成部分图

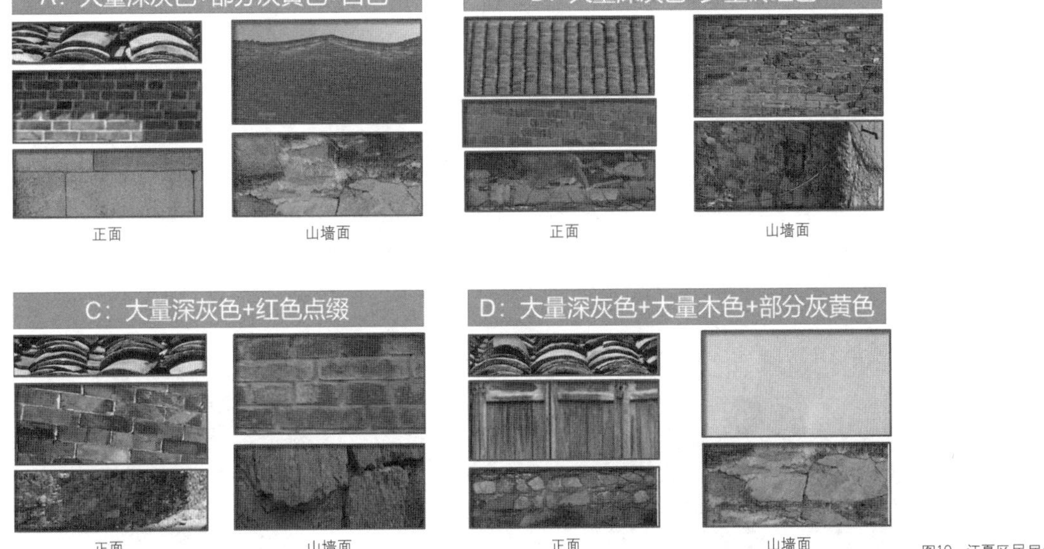

图10　江夏区民居色彩控制图

三、改造更新策略和新建设计方案

1. 改造更新策略

这里拿一个改造的方案来举例说明更新设计的策略和方法，改造前的房屋取样于真实村落中的现状农房，为村民自建的一栋两层双坡屋顶民居，基底面积61平方米，二层有一个内凹的阳台。原样的房屋基本没有层次的变化，外立面也是平淡乏味，且房前屋后的院落也没有进行合理的设计。（图11）

在改造过程中，第一步是提取金口古镇双层檐的建筑元素，在二楼的正立面增加出一个双层檐覆盖的阳台，同时在下面一楼的相对应位置向外延伸建筑体量，这样不仅丰富了整个外立面的层次，还增加了二楼阳台的面积，以及增加了一楼原先起居室的面积，让使用感受更加舒适。

第二步是在建筑一楼的右边外围增加了半圈的转角柱廊，并且柱廊还特地运用了坡屋面顶，一是增加建筑的空间层次，二是使得双层屋檐的元素语言从二楼一直延续到一楼。

第三步是结合现状场地的条件，以及当代乡村生产生活的实际需求，在宅基地的左侧与建筑共同营造出一个半围合的小院落，用以晾晒农作物、放置农业生产工具以及日常休憩等，并且还酌情在场地内设置了停车位。

最后是对其外立面进行一些翻新和重新装饰，其中所用的建筑

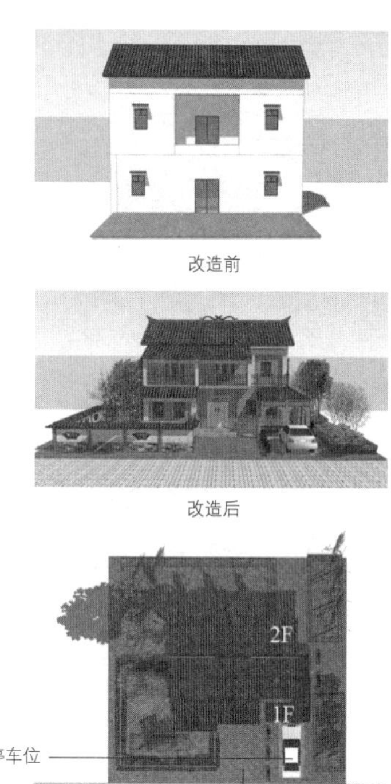

图11　改造方案图

元素都是提取自当地。（图12）

从这个改造更新案例中可以看出，这些设计策略都是在汲取当地非常有代表性的建筑元素和空间形式的基础上，再结合当代的空间需求而产生和提出的。

2. 新建设计方案

在当代乡村，除了对既有的农村民居进行更新改造之外，大量的还是新建民居。在新建设计方案中，主要是根据当地传统的空间形式，运用建筑形式的转译和再生，对其进行符合当下的营建。

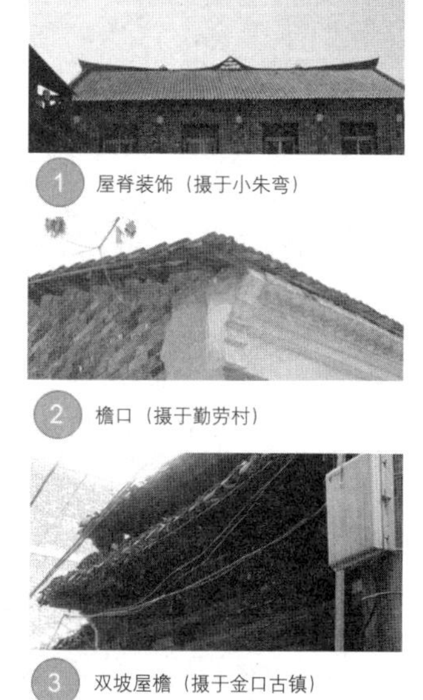

1 屋脊装饰（摄于小朱弯）
2 檐口（摄于勤劳村）
3 双坡屋檐（摄于金口古镇）

图12　改造方案元素提取示意图

第一种设计方案是针对现在很多老人陪伴留守儿童生活的家庭情况，将原有的一字型联排民居进行拼贴，中间形成一个小天井空间，既保持了每个单体内较为简单纯净的空间形式，也创造了新的整体组织形式。这个新民居只有一层，前面一栋给老人居住，且兼顾厨房和客厅的功能，后面一栋是留守儿童的卧室和其他私密性的空间，整体空间组织灵活有效，既能保持两代人的私密性，也可以使天井成为他们交流互动的空间。（图13）

第二种设计方案是考虑当代乡村有很多家庭是三世同堂、四世同堂的大家族，于是对传统民居中天井式院落的复原和重塑。整体北边为两层，南边入口及客厅、厨房等为一层，每一个卧室的私密性都得到了很好的保障，且中间的天井内院和二楼的半围合长廊阳台都是全家人交流共享的绝佳空间，建筑整体的空间层次也非常丰富，同时巧妙地将车库镶嵌在了整体空间体量中。（图14）

在乡村的新民居建设过程中，为了与传统民居保持风格的统一，维持乡村整体风貌的协调，其各类建筑元素也要从当地建筑特征及元素当中提取并加以运用。

四、结语

通过大量的田野调查与现场调研，总结和梳理出了江夏区传统聚落的典型特征和传统民居的鲜明特点，并且提出了因地制宜、切

效果图

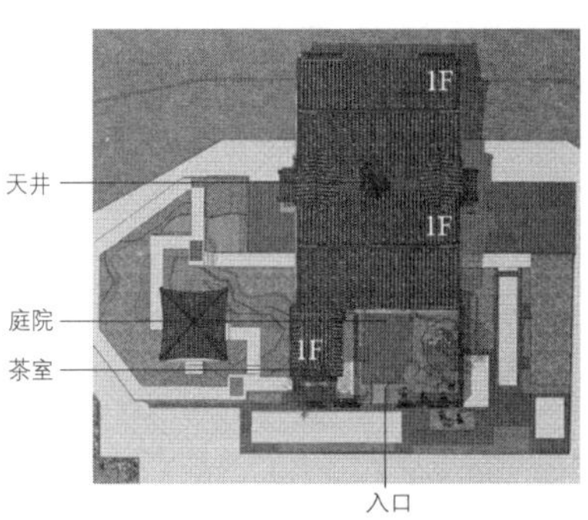

图13 新建设计方案一

效果图

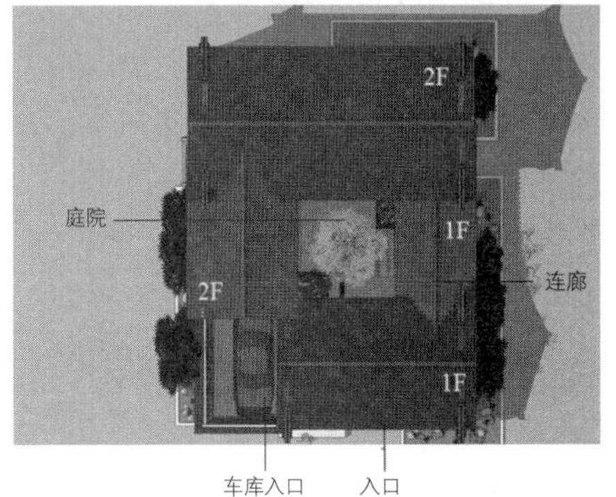

图14 新建设计方案二

实合理的改造更新策略和新建设计方案。我们从中可以获得启示，优秀传统聚落和民居建筑的魅力不仅存在于凝固不动的历史遗存中，更应该发挥它们的活化价值，让其精粹和灵魂在当代乡村建设和乡村振兴中引领方向。

注释

① 赵逵，华中科技大学建筑与城市规划学院，教授、博导，430074，yuyu5199@126.com。

② 邢寓，华中科技大学建筑与城市规划学院，硕士研究生，430074，351553326@qq.com。

参考文献

[1] 李晓峰．乡土建筑——跨学科研究理论与方法 [M]．北京：中国建筑工业出版社，2005．

[2] 李晓峰，谭刚毅．两湖民居 [M]．北京：中国建筑工业出版社，2009．

[3] 张学龙．湖泗窑遗址调查与瓷器风格初探 [J]．青年时代，2019（12）：28–29．

[4] 张发懋，李百浩，李晓峰．湖北传统民居 [M]．北京：中国建筑工业出版社，2006．

人类聚居学视角下传统聚落的保护更新策略

——以豫北王家辿村为例

郝 冰[①] 李晓峰[②]

摘 要： 王家辿村始建于明代，是豫北太行山脉保护较为完整的传统聚落。当下传统聚落随着时代的发展已经不可避免的更新，本文以豫北王家辿村的发展阶段和更新特征为例，运用人类聚居学理论，从人类聚居学中的自然界、人、社会、建筑物、网络这五种基本要素为切入点，探讨对传统聚落的空间形态、人地关系、文脉延续方面的保护更新策略，同时也为其他相类似地区的传统聚落更新发展提供参考。

关键词： 传统聚落 人类聚居学 保护更新

随着新农村建设的来临，一些有价值的传统村落逐渐失落，也因缺少对乡村建设的合理规划变得千篇一律，丢失了地域文化特色，传统村落赖以生存的土壤正经历着时代发展的巨变。传统村落是农业文明的重要表现，如何保存这些传统聚落的风貌，保护地域特色与文化，本文将以道萨迪亚斯对人类聚居学五要素的分析方法为依据，对豫北王家辿村的自然、人类、社会、建筑和支撑网络进行研究，提出针对传统聚落保护更新的建议。

一、人类聚居学的基本概念

希腊学者道萨迪亚斯在20世纪20~60年代最早提出了人类聚居学概念，是基于早期建筑师和二战后的城市规划工作实践总结出的，创立一门以完整的人类聚居为研究对象，系统综合地理解分析城市和乡村聚落更新演变客观规律的学科，从而指导现今人们进行科学、合理的人类聚居建设活动。随着吴良镛先生将人类聚居学理论引入并构建中国特色的人居环境科学理论，人类聚居的更新观也被国内众多规划建设者所熟知和应用。（图1）

二、王家辿村人类聚居学五要素分析

道萨迪亚斯提出人类聚居的整体范围是由五种元素构成的复杂系统，即自然、人类、社会、遮蔽物（建筑）和网络，可以从经济、社会、政治、科技和文化等多方面进行研究。

1. 自然（Nature）——整体自然环境

王家辿村位于河南省鹤壁市西北部的太行山深处，太行山东麓和华北平原的过渡地带，属于暖温带半湿润季风气候，四季分

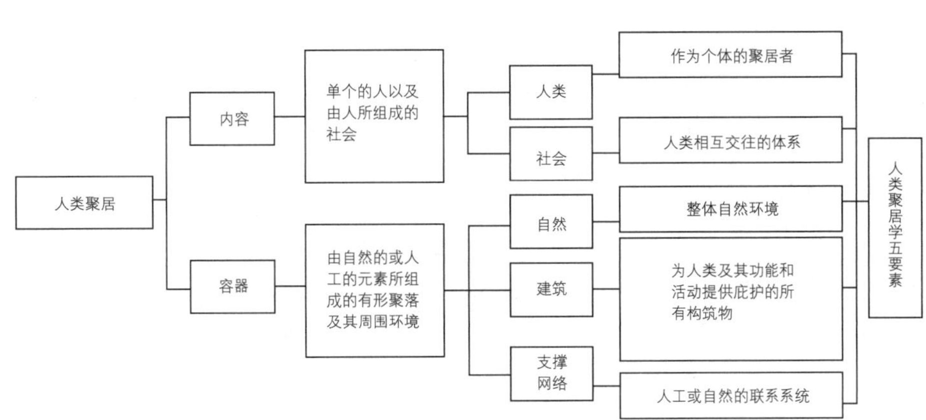

图1 人类聚居构成图
（图片来源：人类聚居学理论资料）

图2 王家辿鸟瞰图

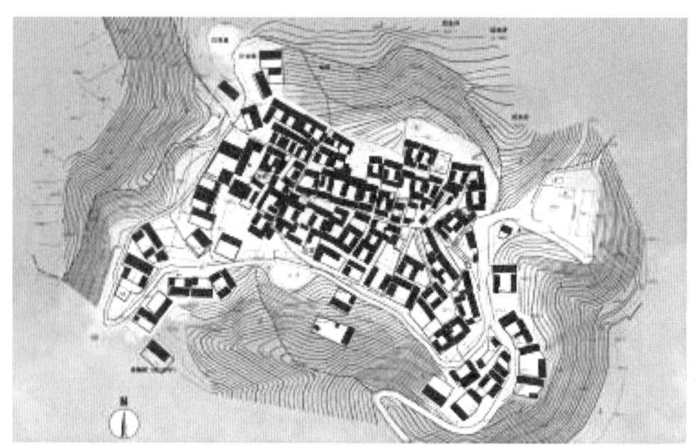
图3 村落总平面图

明，光照充足，早晚温差较大。村庄建在山阳的坡麓，紧靠北山后岭的山腰阶地，使得整个村落向阳，采暖、采光、避风都适宜（图2）。村庄南山脚下，曾有山泉流淌成溪之水，饮水灌溉方便，村周围坡地相对开阔平坦，又为农耕提供了有利的资源。村庄的南侧，九座小山依次排列，两座较高的山峰称为尖山和扁山，两山相互连接，并向东西延展，成为村庄的屏障。明末清初，社会动荡，兵匪的侵扰给山民造成很大恐慌。王家辿东、西、南有山岭遮挡，呈半包围状环绕整个村落，从村落向南视线开阔，可直视对面山脊，易于观察外界变化，这样易守难攻的地势是村落理想选址之地（图3）。

2. 建筑（Shells）——独特的石房子

王家辿地处太行山丘陵地区，山路崎岖，交通不便，外来砖瓦运输不容易，乡民就依据当地山区多基岩、广生林木的实际情况，充分利用石材和木材来建造房屋。建筑材料主要选用石材，除了建筑墙体外，建筑的台阶、气窗、屋檐、水舌，甚至连生活起居用的石磨、水池都选用石材。木材多用于木构架体系、建筑夹层和建筑门窗等构件。

中华人民共和国成立后，当地民居除了新建的住宅为二至三层独立住宅，其余大都为院落式布局。由于山区建造面积有限，民居顺应山势，没有完全的坐北朝南布置。按照院落形式可分为：二合院、三合院、四合院三类。以四合院为例，正房的一层明间为起居

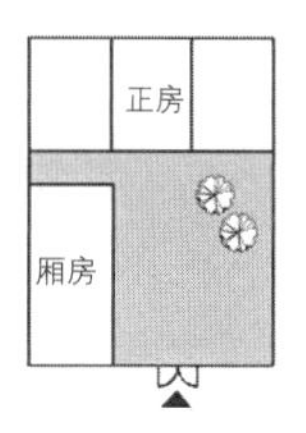

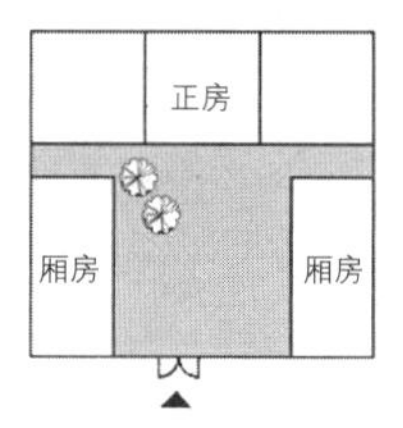

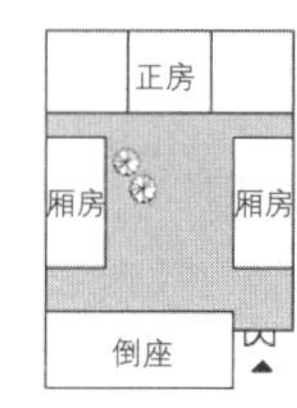

图4 二合院、三合院、四合院平面图

室，次间作为卧室，二层为储藏室，有木梯向连。厢房作为卧室或者厨房使用，倒座用于堆放杂物或者农具。由于经济困难，一般没有照壁，只是在大门处强化装饰。大门的方向也是根据地形和街道因地制宜，并没有固定的方向。（图4~图6）

王家辿最有特色的建筑应属“倒座楼”。倒座楼是山区特有的民间建筑，由于山区石多地少，村民借山势建房，利用山地地形的落差两家或三家共用一块地基建起两层或三层石楼，各家院门相反，一层是一家的院子，二层又是另外一家的院子，这体现了劳动人民的智慧和当地淳朴的民风。（图7）

民居中的承重结构体系为墙体承重，由于该地区干旱少雨，建筑有不起坡的平顶房屋构架和坡屋顶两种。民居细部和装饰有很强的地域特征，建筑材料以石材为基础，建筑的色彩也保持石材本身的色彩，建筑构件大而浑厚，诸如石阶、门窗洞口过梁、水舌、气窗等石构件。

图5 民居内庭院

图6 三合院鸟瞰图

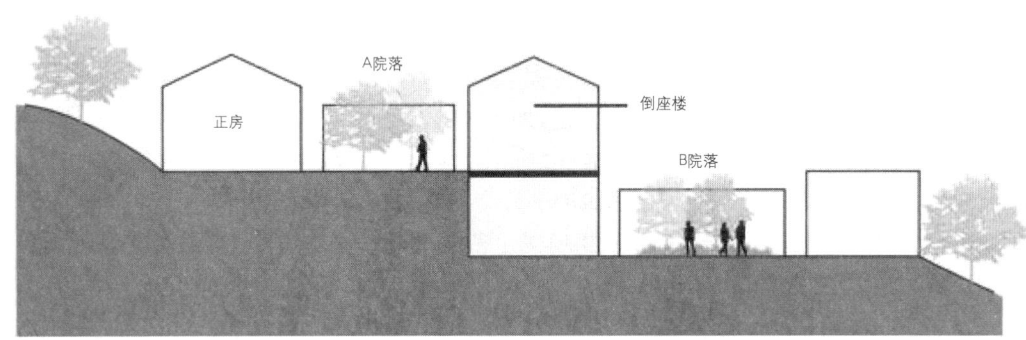

图7 倒座楼示意图

3. 网络（Networks）——街巷及公共空间

整个村落随地形走势而建，沿坡地平缓展开。村周围是一条外围的车行线路，村内的主要街巷为一“丁字形”形态，将整个村落分成若干个片区。中间主街的脉络不但影响着整个村落整体形态，同时还容纳这村内的日常公共生活，比如捣米臼、石磨等生产空间，三孔洞、玉皇庙等祭祀空间也分布在东西大街延长线上，形成了居住、生活、生产、交往等多功能的且相互联系的空间组合方式。（图8、图9）

街道特点：第一，街巷空间界面不完整，由于豫北山区地形变化大，高差大，所以街巷的界面不可能像平原地区那么严整，街巷会根据地形、宅院来调整;第二，D/H 一般都小于1，村落在营建的时候，会尽量挤压街巷的空间尺度，只是满足最基本的交通要求即可，除了近些年才修筑对外的村通道路之外，道路的宽度普遍在1米到2米之间；第三，宅院前的街巷宽窄直接关系到宅院主人地位的高低，所以往往能够通过宅院前的巷道宽窄、通畅程度来判断宅院主人在村落中的地位，如王来锁旧居等，由于这些宅院不但选址在地形地貌有利的位置，同时还在交通便利等方面做出充分的考虑。（图10~图12）

主街的道路或为缓坡或为台阶，道路两侧为石头建造的房屋或者院墙，各家各户根据地处不同的标高有坡道通往户门，坡道有石头堆砌的院墙。从上到下，清一色山石同自然山体构成和谐的美。

图8 主街巷分析图

图9 村内重要节点分布图

图10 主街

图11 次街

图12 内部小路

农耕文化空间：在村落东西方向的老街巷上遗留有稻米臼、石碾子、石扇子工作区，显示了在明清时期这条老街巷也是人们主要劳作、活动、交流的空间。

商业空间：为了发展旅游业，村东北部将一些民居改造为客栈、农家餐馆、根雕商店等具有商业性质的功能，一般为2~3层，这里地势高，视野效果好，并且靠近新修的停车场。

防御空间：明末清初，社会动荡，兵匪的侵扰给山民造成很大恐慌，王家辿村选址时注重战略优势的地形条件，还建造了一系列的防御设施，包括寨门、寨墙、壕沟等。

4. 人类（Man）

人类改造自然、创造社会、建造构筑物和支撑网络，它对其余4要素进行塑造，同时又受到它们的影响。

王家辿村是以血缘为纽带而形成的宗族关系的聚落，村民都以王为姓氏，别无二姓。根据受访村民的叙述，整个王家辿村的家族来自山西洪洞县，始祖王仲玉在明朝洪武年间奉例迁居邺那（今安阳北临影西）西南乡岭头村，后移居王家辿居住。王家辿的先民是经历我国历史规模最大、时间最长、范围最广的有组织、有计划的明初移民，从山西洪洞迁至安阳岭头又迁至鹤壁。在自给自足的农耕社会中，聚落的交通条件并非最主要的因素，王氏先民应是秉承着“居不宜近市”的传统观念，遂选择了这山地深处为居住地。

村里的社火远近闻名，各种舞社火的道具仍然保存完好。就社火来讲，即是王氏先祖山西老家的习俗。在山西的传统聚落中，几乎有村必有庙，庙中皆设戏台，迎神赛戏，乡间社火是最为普遍的宗教祭祀仪式。王家辿的社火自明朝建村之始，如今已经被地方申报为非物质文化遗产。社火与民间的“香火”相对应，正像民俗所述“社火娱神，香火娱人”，其含意深邃而味长。（图13）

5. 社会（Society）

王家辿村是以血缘为纽带而形成的宗族关系的聚落，在传统观念里，村庙的昌盛就寓意着村落的昌盛，是乡民非常重视的公共建筑和场所。王家辿的村庙，在明末清初时建有数座，后废弃倒塌仅留下村西的一处，由玉皇殿、供议殿、奶奶庙、古戏楼、女看台、拐角房等构成。以供议殿为界分为前后两个院落，由北向南依序分布。布局随意，形态自由，不像传统寺观建筑那样等级分明和中轴对称。村庙随地形布局，殿宇有意缩小处理，更适应山区地狭和地形的不规则特点，符合对地形条件的适应的特点。

图13 社火场景

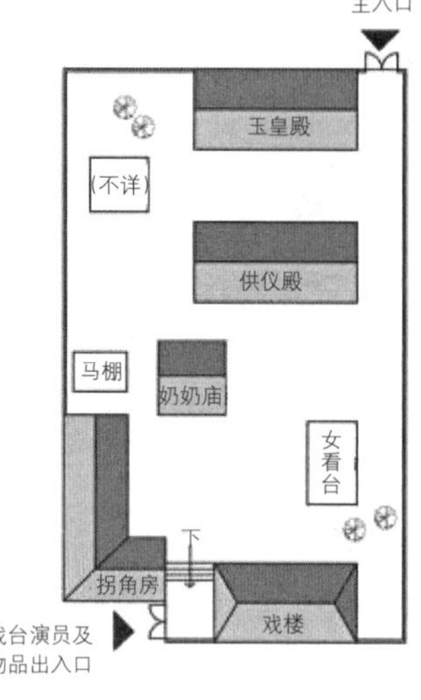

图14 村庙平面图

如今在坚持保护为主的前提下，王家辿村结合自身的特色，适度发展乡村文化休闲旅游业，组建了旅游发展公司，由政府、企业、村民三方参与，聘请职业经理人，对景区旅游资源进行统一管理、统筹开发，发展农家乐，旅游收入也成为王家辿村的重要收入来源之一。

三、基于人类聚居学理论的传统聚落更新策略

1. 自然：与环境协调

王家辿传统聚落在选址与建造上都注重与自然环境的协调，我们在进行传统村落的更新改造过程中应保持好整体风貌的协调性，尊重与自然的关系，避免破坏原有村落与周围环境的关系。响应习近平总书记“绿水青山就是金山银山”的科学论断，为传统聚落的整体风貌与经济发展注入持久活力。

2. 建筑：延续地域特色

民居是承载聚落历史与工匠技艺的结晶，是反映地域特色的重要体现，在新农村建设的热潮之下，提供更好更现代化的民居环境的同时，保持传统民居的建筑特色，让新民居与传统民居协调，保持传统聚落的和谐风貌，延续居民的集体记忆。

3. 网络：赋予新活力

街巷空间通常是村居日常邻里活动最为频繁的场所，其使用效率、适用对象也较为广泛，为村落居民的各种活动提供便利，因此在循环系统保护更新之中，这些特殊的街巷网络应最大限度予以疏通保留。在保障居民组团内部便捷的可达性和连通性的同时，使村落历史感和场所感得以保留延续。应注重保护外部空间界面的历史协调性，保留传统街巷空间的特色元素，改善物质空间环境质量，使其逐步满足当代生活需求，并赋予街巷循环系统新的活力和功能。

4. 人类：延续历史民俗文化

聚落中的民俗是传统聚落在长期的生产实践和社会生活中逐渐形成并世代相传、较为稳定的文化事项，诸如“社火”等等，传统聚落的更新发展中应该为这些民俗提供生长的空间。

5. 社会：寻找合适的更新模式

根据每个聚落的不同特点进行更新改造是很关键的一步，随着人民日益增长的物质文化需要，传统聚落中除了第一产业，还发展了旅游业、加工制造业等等，因此合理的选择聚落产业更新模式对于经济和人口配比是至关重要的。

四、结语

本文基于人类聚居学五因素对于王家辿村的分析，试图为当下新农村建设背景下的传统聚落的更新发展提供新的策略，进而希望能在延续传统聚落的地域特色的同时，达到保护与更新发展的可持续性。

注释

① 郝冰，华中科技大学建筑与城市规划学院，硕士研究生，430000，965752041@qq.com。
② 李晓峰，华中科技大学建筑与城市规划学院，教授。

参考文献

[1] 席丽莎. 基于人类聚居学理论的京西传统村落研究 [D]. 天津：天津大学，2014.
[2] 吴良镛. 人居环境科学导论 [M]. 北京：中国建筑工业出版社，2001：33.
[3] 杨东昱. 鹤壁王家辿传统村落研究 [J]. 文物建筑，2015：70–76.
[4] 孙应魁，塞尔江·哈力克. 基于人类聚居学理论的传统聚落更新策略探究：以南疆地区为例 [J]. 华中建筑，2018，36（08）：129–131.

千年褚村历史传承中的因素分析

李红光[①] 刘宇清[②]

摘 要：通过对广西桂林市临桂区褚村传统村落环境和现状的调研，本文在梳理、总结其特征和风貌的基础上，结合其物质和文化资源，着重分析宗族在其村落演化过程中的地位和作用。结合褚村的历史沿革，梳理中原文化在广西的流传脉络和存在方式。

关键词：褚村 宗族 文化

一、方位及格局

褚村位于广西桂林市临桂区茶洞乡，距离两江国际机场和李宗仁故居都很近。褚村西依狮子山、东望东岩山，背靠高岗，南临北江（茶洞河），俯瞰万亩良田，自然地理环境较好。“使民有良田广宅，背山临流，沟地环币，竹木周布，场圃筑前，果园树后。”[1]

褚村是全国最大的褚姓村落，没有外姓人居住。

褚村寨墙形分三道防线：外墙、中墙、山墙。外墙一千米，南墙三百米，东墙四百米，北墙三百米，中墙在山脚下，长四百米，山墙在山背后，长四百米。中墙和山墙通往狮子山，山中有许多岩洞。几百年来，村民们与外敌经过数以百计的战斗，从不失利。抗日战争时期，1944年冬日本鬼子侵扰褚村。村民和同桂林来此逃难的难民约一万人，都逃进狮子山的深邃溶洞里。鬼子怕有埋伏，只到洞口烟熏火燎些辣椒粉就撤了，洞中百姓无一伤亡。桂林来的难民们非常感激，其后人常来这里怀旧。

褚村中心有一条小溪，溪上筑了一座双拱桥，小巧别致。此桥于明嘉庆十年初建造，是村中交通要道，溪上游有一口古井，是褚村修建寨墙时挖砌的。这是村中最古老的饮水井，至今仍可饮用，旁边有水神碑。明代桂林的清江王曾来褚村借粮。后来，南明皇帝朱由榔因避乱也来到褚村小住，赞美这座桥的精致和井水的甜美。这座桥就改名为“双龙桥”。村里不少男人保驾去了云南。清初当地衙司规定不许褚村人参加科考。

寨墙上前后设有十几座门，其中盛昌门是过往人最多的门楼，位置保存至今。盛昌门建于清康熙年间，门上对联写道：耕读永葆狮山绿，勤奋长乐土檀香。附近就势修古井一个，是褚村第二古井，四周围墙，宽敞干净。特别是古井的井框，用整块圆柱形石块凿挖而成。由于村民代代使用，框边被棕绳吊桶勒出深深石槽。这是村庄古老历史的清晰印记。[2]

二、街巷与建筑

褚村布局紧凑，大致呈月牙形，围绕狮子山的东侧、南侧和西侧分布。内部主巷道约3米宽，呈“Y”形分布。当前保存明清古建筑院落超过200所，风貌比较完整，可容纳千人。

古民居多为穿斗式木构，外围土坯墙。由于褚村人口稠密、用地紧凑，再加上地形起伏、溪流纵横，常有不规则平面住宅出现。如图1所示，某宅入口从北侧进入，院落横长。沿街二楼做通长木质挑廊，蔚为壮观，气势恢宏。又如图2所示住宅，临近双龙桥，道路有转折。建筑主次分明，错落有致。院墙随形就势，转折灵活。规模不大，却左右逢源，悠然自得。再如图3、图4所示完整大宅，呈内天井式布局。正房木构高大华美，常设二楼，空间发达。一楼正堂为敞厅式，与内天井贯通，透光通风，接阳避雨，是建筑群中最为敞亮和尊贵之处。正堂墙面中堂处均设置“天地君亲师”牌位。正堂两侧柱上悬挂多组对联，庄重大方、彬彬有礼。

褚村一世祖的祖茔位于村中主路一侧，石砌墓圹，坚实雄伟，异常醒目。形成全村褚氏的精神核心。

褚村作为南方的千人大村，竟然没有分出大小房派。全村均在村东的褚氏宗祠举行宗族活动。相比之下，“江西乐安的流坑，同样的千人规模的村落，在道光庚寅年（1830年）竟设有83个分祠。”[3]

褚村“褚氏宗祠”的石门框，由四块巨石组成，上方长六尺、宽三尺、厚一尺八寸；下方是门槛连着踏板左右二石墩。结合处现在也仅出现一线缝，表面光可鉴人。“褚氏宗祠”四字浑雄苍劲，熠熠生辉。清嘉庆二十五年（公元1820年），两广总督阮元为状元陈继昌亲笔书写“三元及第”坊，选中在王城修缮的老石匠褚德宏为他刻字。褚德宏是褚村人，出生于乾隆甲戌年二月十六日，世代石匠，精工石刻。带着子侄、族人徒弟二三十人在桂林一带做石

图1 端头入口住宅

图2 就势随形的住宅

图3 内天井住宅

图4 内天井住宅正堂

匠。他们的工艺有“三绝”：一是可取下又大又薄的石片，用的是“小散炮”，可把几平方米的薄石板震裂下来；二是工艺精细，用“石刨”刨平表面，加工后的石料像木料一样，棱角平整，榫头方圆均有，石料的结合处天衣无缝，用手也摸不出衔接的地方，表面光滑，可见人影，雕龙琢凤，生动逼真；三是起重搬运技术高超，很大的石料可用“天秤”提起运放自如。

三、源流及人物

清代嘉庆年间，重修褚氏宗祠，古碑已无，至今流传着一首七言诗：

几代修祠很丽煌，石门石匾誉西乡。

始唐始宋今孰考，只记先宗褚遂良。

代代相传，褚村是褚遂良的后裔。据褚村族谱记载：“先祖慧眼识福地，选中青山秀水之乡建家立业，以耕为主，读为辅，不乐仕途，不喜功名，恶官场之奸诈……”。纵阅中国历代史，被皇上谪贬到广西的褚姓官员，唯有唐代褚遂良。

褚遂良，字善登，吴郡人，汉代史学家褚少孙后裔。东晋以后，褚遂良先辈出过皇后、宰相、大将军，显赫非常，为名门望族。遂良生于隋开皇十三年（公元593年），博文史，工楷隶，唐初四大书法家之一，拜尚书右仆射，知政事（宰相）。

褚村族谱记载：“原籍河南大河巷，寄藉青州梧县”。褚遂良的兄弟以及褚氏势力，多在青州，又因“河南郡公”被削，只能认前藉青州。

族谱记载：褚村一世祖称作大一公，葬盘古界上境，无碑，生于北宋绍圣四年（公元1097年）。

褚村人尊重环境，村中留下“封山育林”的古碑。华南农学院有位刘姓教授在长期考查狮子山后认为：狮子山上有许多原始植物，《植物学》资料中都不曾记载，会成为难得的“原始植物博物馆”。

南宋时期，褚村先祖褚仲、褚肇、褚胜等就开始在褚村办起学堂——私塾。传说学童交学费有两种，先生的报酬主要由村仓和富人捐款，学堂则按人数的多少交费。村仓的谷子支付先生工资。村子里设有学堂田，学堂田租给佃户，每年收租入仓。

在狮子山西南方高坡上存留学堂教室的石基础，人们都称“学堂基”。后来各私塾合并来为花岭小学，为广西近代最早的初等高等小学，可容纳四个年级四个班，学生都是褚村子弟。由村仓粮支出教育经费。

中华人民共和国成立后，改为“第四区初级小学”。教师郑季清为江苏扬州人，在天津女子师范学习期间，与同学邓颖超一起参加“四五运动”。认识了就读南开大学的周恩来。抗日时流落桂林后避乱于褚村。她学识渊博，在全县第一个用普通话教学直到退休。郑季清对褚村非常热爱，把这山清水秀的地方比作世外桃源，有词为证：

《蝶恋花·寄住褚村》

寄住褚村心以足，古寨夕阳，鸟嚷溪边树，赤脚女人高卷裤，垂髫赶犊归来暮。

几时人生才省悟，居士吟风，亦似农庄妇，长巷木屐石板路，趿啦梦里桃源处。

当代书画家、文学家、楹联家石乡先生亲笔为学堂撰写门楹：

敬上明德于至善

尊贤正心以修身[2]

中国南北方的语言差别是很大的，从中原到西南，语音上相似的地方非常有限。但是，中国的文字是统一的。作为文字表达中的艺术体现，书法艺术得到了历代人们的崇奉。所以，褚遂良作为书法大家在褚村的文化优势中，长期占据了主导地位。“中国文字系统，延续下来的只有一套，南方袭用北方文字并无困难，可能概因中国文字是以视觉辨识字形，不同于拼音字母之语言而有变化。”[4]

中国历代学者和文人传承了这套古老的工具，依靠它的独特性、成熟性和先进性，也借助于它的稳定性和艺术性，无论朝代和统治变化，逐渐实现了文化的传承和风俗、传统的固化。

褚村丰富的物质和文化遗存，既是中华核心区域文化传播的地理验证，也是中华文明世代相传的历史明证。“尽管对各地的文化发展有了新的估计，但必须认识到，中原在我国古代文化的形成和发展历程中，仍有不同于其他地区的特殊作用，这是因为当文明产生萌长的时期，中原地区是政治、经济以及文化的中心枢纽。”[5]

四、宗族活动

褚村先民自北宋大观年间迁居到桂林西乡定居。在明嘉靖十年（公元1531年）修建的寨墙东南门内，有石碑记载“褚村各族皆系青州人氏”，青州祖先来自河南大河巷。褚氏宗祠位于村东，保存完好，至今仍在正常使用。它是宗族的象征，是宗亲活动的基地，是敬祖思源的重地。宗祠是文明的象征，也是文化传承的场所。

褚村人重视伦理道德规范。褚氏宗祠是南北方混合式样的古建筑。清代，为靖江王城镌刻“三元及第”牌匾的桂林著名石匠褚德宏，为故乡精心刻制了“褚氏宗祠”石匾，并为周边的阳谷岭村等地修建祠堂大门楼、牌坊、石狮、石刻等。

褚村重视宗亲联络和追本溯源，经常外派人员联络海内外褚氏人群。2019年举行的祭祖活动中，还特别邀请来自河南老家褚氏宗亲参加。这也使我们得以参与和观摩当代乡村的宗族礼仪活动。（图5、图6）

图5　褚氏宗祠

图6　宗族活动

据村民介绍，褚村每隔三年左右，会在四月份举行祭祖大典，邀请全村和在外褚姓人员参加，形成了定期机制。笔者看到宗祠内部墙上留下的书写在红纸上的“褚村祠会拜祖文”，时间是2016年农历三月初二，正文为64行，计256字。情真意切，文字清秀，并没有受到风雨侵蚀。

祭祖活动除了鸣炮、行礼、上香、恭读祭文等礼仪外，最热闹的就是在祠堂内外，共同聚餐。我们观察到，当地百姓普遍并不富裕，丰盛的共同聚餐在物质上即具有号召力和吸引力。同族无论男女老少，有钱出钱、有物出物、有力出力，大家平起平坐，欢聚一堂，感恩先祖，联络宗亲，气氛热烈，情深意长。我们虽然是外人，但是通过此次参与和观摩，我们身临其境地感受到：宗族活动在特定的场合、环境和主题下，从精神到物质、从组织方式到氛围营造、从形式到内容、从场面到制度、从情感到伦理，对宗族成员和同姓氏亲具有强大的动员力和凝聚力。正是代代相传、生生不息的各姓氏宗族活动，汇流成河，聚沙成塔，也形成了中华民族的血脉传承。

在本次褚姓宗族活动中，在同行专家的指导下，褚村村民发现原来当作菜案使用的石板，翻过来居然是民国年代的“褚氏宗亲源流碑”。

五、初步结论

中国的传统村落很多，但是像褚村这样普通的、边远的村落依然保持着浓厚文化传统和经常性宗族活动的村落，也属难能可贵。根据历史记载和现状观察，笔者得出以下结论：

（1）宗族聚集生活能够产生约束性。相对集中的族群、共同的生存需求使得褚姓的历史文化成为全族必须共同珍视的精神财富。

（2）明确的村庄形态产生的标志性。寨墙、宅门、祖茔构成褚村的边界和中心。赋予褚姓子孙守土有责的使命和担当。

（3）血缘的紧密性。共同的褚姓血统既是抵御外部威胁的利器，也是维持全族团结的脐带。

（4）文化优势的影响力。名人、名相、名家、名流既给深处八桂大地的中原后代带来心理的优势，也带来教育和仕途的具体便利。

（5）风俗的连贯性。千百年来，代代相传，褚姓在褚村形成了尊祖重文、饮水思源、团结和睦、奋发图强的民风民俗，其不断地影响和塑造着褚姓族民。

注释

① 李红光，华北水利水电大学 建筑学院，450045，2539795785@qq.com。
② 刘宇清，华北水利水电大学 电力学院。

参考文献

[1]［南朝宋］范晔．后汉书·仲长统传［M］．
[2] 褚春德．褚村源考，2018．
[3] 李秋香．中国村居［M］．天津：百花文艺出版社，2002．
[4] 许卓云．万古江河——中国历史文化的转折与开展，［M］．上海：上海文艺出版社，2006．
[5] 杨海中，李学勤．河洛文化与闽台文化［M］．郑州：河南人民出版社，2009．

云南元江山区哈尼族聚落保护与更新设计探析

——以红河县苏红古寨为例

高德宏① 桑 瑜② 张宏宇③

摘 要： 本文从保护与更新的角度出发，以红河县苏红古寨作为具体研究和设计对象，探讨云南元江山区哈尼族聚落的保护情况和更新手段。在方案创作中把握哈尼族聚落和民居的外在表现及精神内涵，从多个层面挖掘哈尼族聚落和民居的可能性。

关键词： 元江 聚落 哈尼族 保护与更新

一、云南元江山区哈尼族聚落空间特征

云南元江沿岸地区是少数民族聚居地，分布着哈尼、彝、苗、瑶、壮、傣等族的聚落，各民族聚落以元江流域为边界呈单元状水平分布，同源聚居，相互影响[1]。元江南岸地区依高程可分为低山河谷区、半山区、山区三种，分别由不同民族所据，其中96%的面积为山地。地形影响着不同的农业生产方式和民居类型。苏红古寨作为典型的哈尼族聚落，具备该地区哈尼族聚落的普遍特征，总结如下：

（1）主要分布在元江南岸半山区，海拔约1500米，距离河谷较远（图1）。

（2）“森林—村寨—水系—梯田”四素共构。背靠森林，面向梯田，水系穿越聚落内部，交通脉络的方向与水系和等高线密切相关（图2）。

（3）民居平行于等高线布置，以院落形式居多，少数为单栋房屋（图3）。

二、云南元江山区哈尼族民居建构方式

云南元江山区哈尼族聚落主要民居形式为蘑菇房和平顶与坡顶相结合的院落民居。两种民居形式均由土掌房演变而来，土掌房又与藏族碉房（汉代称“邛笼”）密切相关[2]，故在《云南住屋文化》一书中也将上述两类民居形式同归为邛笼系民居[3]，只是在民族间文化交流与气候条件等多重因素作用下产生了形式的分化。

1. 形态与气候适应性

当地气候对民居形态有直接影响，现存的民居做法都是劳动者在自然条件约束下，因地制宜的成果（图4）。以苏红古寨为例，

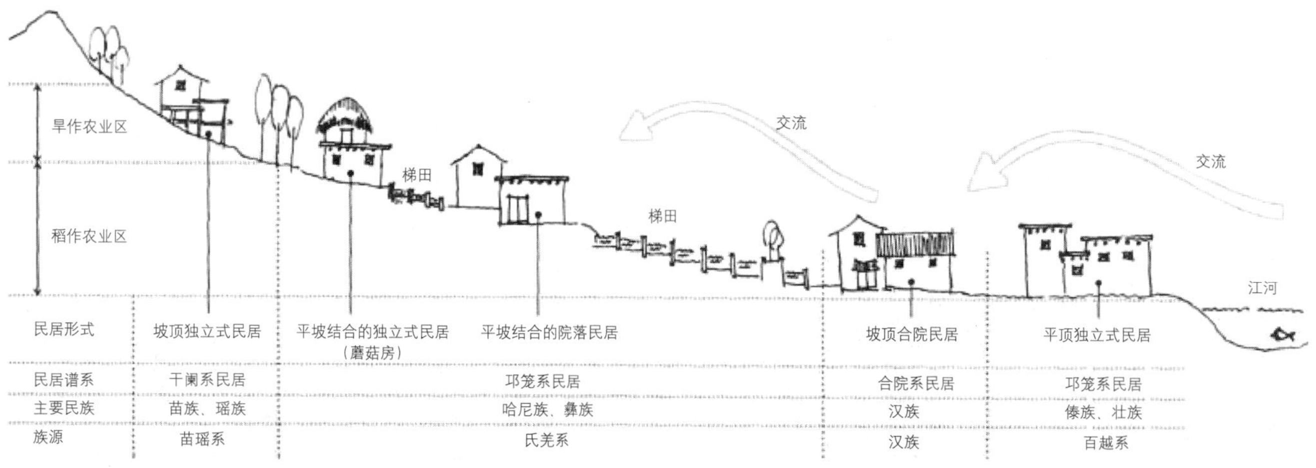

图1 云南元江南岸剖面示意[1]

图2 苏红古寨卫星图（图片来源：Google Earth）

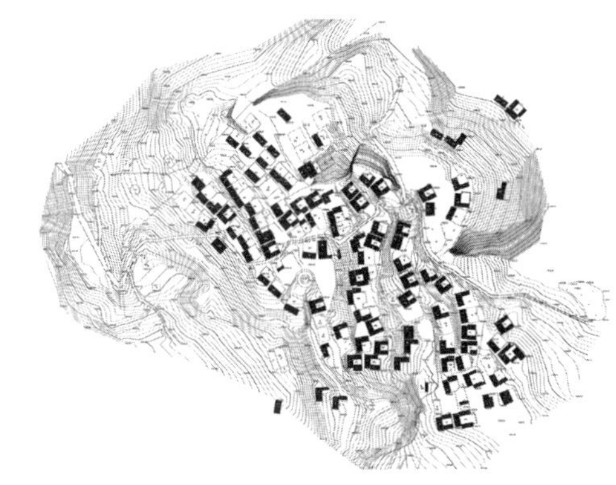

图3 苏红古寨肌理图（图片来源：作者自绘）

坡顶排水，平顶晾晒

底层架空，堂屋高基座

阁楼储物，小窗避光

图4 哈尼族民居形态（图片来源：2018AIM竞赛设计材料集）

受温度和降水量（南部山区为1500~2000毫米）的影响，哈尼族人在土掌房的基础上创造出了平坡顶结合的民居形式；降水量大，故将正房改为坡顶，上铺草或瓦，可有效防水、排水，坡顶下设阁楼层，可用于储粮；气候潮湿，故将沿用土掌房的平顶作为晒台，增加晾晒粮食的空间；底层潮湿，故正房下设有高基座，厢房底层用作畜圈，正房与厢房间有高差，高差依地形而定；低纬度地区太阳直射强烈，再加上土墙需承重，故墙上只开小窗。

2. 材料与构造

土墙、土顶、木梁、木柱是哈尼族民居的典型特征，在苏红古寨，民居经过下地基、筑土墙、立木架、铺屋顶等一系列工序建造而成，土坯砖、石材、木材是主要建筑材料。土坯砖因获取便利，多用于建造墙体，采用侧砖顺砌与侧砖丁砌上下错缝的方式[4]，由于产量低且加工工艺较复杂，多用于民居基座处，起到防潮作用。木材被制成木柱、木梁，成为主要的承重结构。

三、苏红古寨现状分析及设计策略

2018年笔者团队参与了AIM苏红古寨新场景设计竞赛并入围，竞赛要求在现有规划背景下，对苏红古寨进行多维度的思考与设计。苏红古寨目前已有总体规划和包括游客接待中心、稻作文化展示馆、建筑文化展示馆、云上咖啡院、竹藤研习馆等在内的单体建筑方案。下文将从聚落和单体两个层面展开分析。

1. 聚落

1）现状分析

现有规划以两条主游道贯穿古寨，游道两侧设置公共性强的功能；随着道路等级递减，功能私密性加强；划分组团，相邻单体并入同一功能组团。分析肌理（图3）可知苏红古寨在聚落层面存在以下问题：

（1）聚落维度与地形平行，聚落内个体相互紧邻排列，缺少公共活动空间，缺乏围合感。

（2）组团内元素单一，形态相似，缺乏变化和创新。

2）设计策略

（1）完善秩序

苏红古寨有了“面——线”层次的规划，设计者应补齐对“点”的考虑。这里的“点”不是对建筑单体的处理，而是倾向于在组团内找到一处锚固点，与总体规划形成一个逻辑完整的聚落系统，并以此为基础构建组团的核心空间，进而激活组团。

（2）求同存异

在尊重其原有聚落风貌的前提下，对民居单体进行梳理，避免阵列化的形态出现，增添趣味性。

2. 民居单体

1）现状分析

苏红古寨内的民居单体数量较大，在此情况下可采用类型学的方式对对象进行归纳整合，抓出主要矛盾。

按平面分类，现状民居主要有独栋有院型、独栋无院型、L形、U形—耳房不等高、U形—耳房等高、广场型六种，它们都是以独栋正房为原型，为适应环境衍生出的几种变体。

按破损程度分类，则有主体结构破损、建筑形态受损和基本保持良好三种类型。

2）设计策略

（1）以点带面
将现状分类整理，选取典型类型提出设计方案。

（2）因地制宜
针对不同破损程度及其他限制条件的民居对症下药，以尊重哈尼族传统特色为指导轻介入。

四、保护与更新设计探索

如何在保留其原真性的情况下，充分结合现有自然资源，应用上述策略做出适合现代生活需求的处所是设计的要点。基于聚落、组团、单体三个层面的考虑，笔者团队选择了“树院”西北侧的一组住宅（61#~65#和145#）作为主要设计范围建立新组团。理由有三：首先他们靠近主轴线和主活动空间，是苏红古寨内的一处热点；其次这组建筑紧邻布置，具备空间上的向心性和可塑性；最后六栋民居分属不同的平面型，集合了苏红古寨内几乎所有的平面形式，实施具有可推广性。以下将从组团和民居单体两个层面详细阐述设计方案。

1. 组团

该组团内各单体自由布置，缺乏规划，看似紧凑实则割裂（图5）。在用地紧张的条件下形成了许多消极空间，如断坎、墙角、夹缝等。设计时为了解决上述矛盾，笔者团队重新定义组团秩序：将组团入口开辟在周围较宽敞的61#附近，建立“入口—64#—145#”轴线（图6），形成视觉通廊，增加组团外至组团内核心的可达性，获得较为通畅的公共空间，并且可以缓解62#、63#门前小路的压力（图7）；另外再将各单体间的道路理顺，增强组团内部的可达性；同时处理现状中的消极空间，增加绿化小品，提高组团的整体性。

2. 民居单体

1）单体改造手法

经过归纳总结，笔者团队依据破损程度分类结果对组团内民居提出了针对性设计方案（如图8），按介入程度高低依次为新建、增补、修缮、简化四方面。

（1）新建——主体结构破损类
64#整体结构受损，木结构体系垮塌，留有半截屋顶。设计时着意强调这一特征性，将现代建筑的骨架植入典型哈尼民居的外壳内，使其产生土墙里长出钢架和玻璃屋顶的效果，强化新旧建筑体系间的矛盾冲突。

（2）增补——建筑形态受损类
62#、145#均采用增补法指导设计，以145#为例，它较64#破损程度略轻，故设计时倾向于对现有维护结构进行保留，增补其缺损的屋架。145#院墙虽然已经坍塌，但现状仍有部分残余土墙，正巧可以起到限定空间的作用，所以将部分墙面做成通透玻璃面，向残墙打开，遥相呼应。

（3）修缮——基本保持良好类
63#、65#都较好地保留着哈尼族民居的特色，从平面类型来

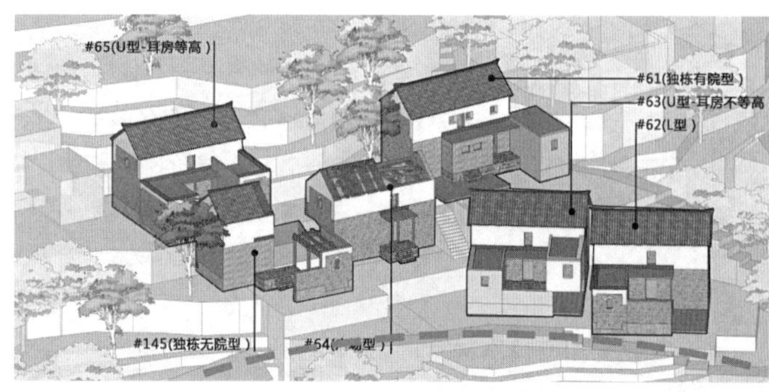

现状：无轴线，形聚而神散

方案：定义新轴线，改善消极空间

图5 组图现状示意与方案对比（图片来源：作者自绘）

图6 "入口—64#—145#"轴线（图片来源：作者自绘）

图7 63#门前小路（图片来源：作者自绘）

说也同属于U形原型，只是耳房略有差异，因此在改造手段上有许多相通之处。例如，U形民居普遍围合感强，但空间局促，为改善该境况，设计时将面向院落的墙上开落地窗，增大院落的纵深感；两个耳房屋顶，加固后作为上人屋顶，可增加空间的层次，提高趣味性。

（4）简化——建筑风貌受损类

指的是由最近的几十年间进行的村民自发的加建行为导致的，村民为求坚固和实用选择了彩钢板作为加建材料，忽视美观需求，致使古寨风貌遭到一定程度的破坏。设计时对此类民居的建议是做减法，去除多余的构件，尊重哈尼族传统民居的造型风格。将满足现代化生活的要求转在室内设计中实现。

2）新元素的运用

苏红古寨传统的建筑材料为土坯砖、木材、石材等，坚固质朴但已经难以满足现代生活对建筑物理条件的要求，既然为改造，就需要提升民居的品质以至为使用者带来更佳的体验，因此改造时在建筑材料的选用上运用了新元素——玻璃，在不同层次加以改善（图9）。

在单体中以“点”的形式介入。63#民居庭院改造前四面皆为黏土砖墙，显得空间局促，故将院门改为玻璃材质并适当外移，以提高院落透明性，增强院落纵深感，为使用者带来更明亮开敞的空间体验。

在单体中以“线”的形式介入。62#民居位于选定组团的东南角，临近古寨景观核心“树院”，但紧邻门前小路入口处。因此将原有破损的实墙面替换为玻璃院墙，使玻璃以“线”的形式成为院落围合的元素，用“虚”的体量完成院落轴线的转向。

针对屋顶缺损的情况修旧如新，将玻璃以“面”的形式融入建筑，暴露结构体系，将缺陷转换为特色。

3）节点与构造

金属套筒：原结构的层高难以满足要求，设计中对原有屋架进行了修缮和“接骨”，通过金属套筒让原屋架抬高600毫米，提高空间上的舒适度，同时弥补采光上的缺陷（图10）。

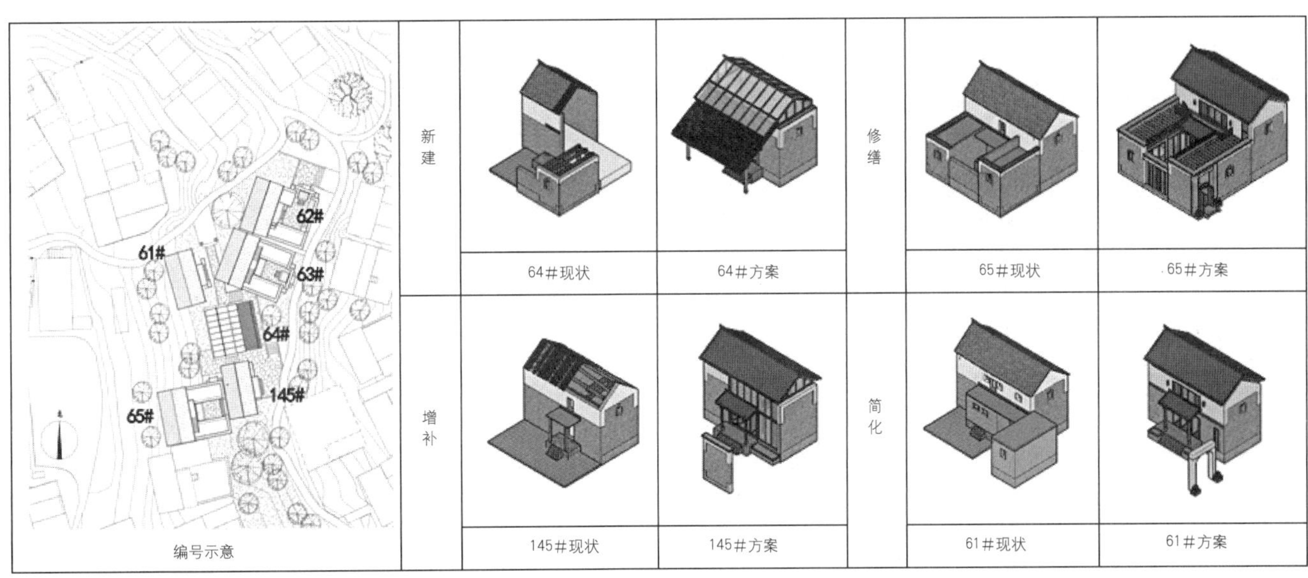

图8 民居单体针对性设计方案（图片来源：作者自绘）

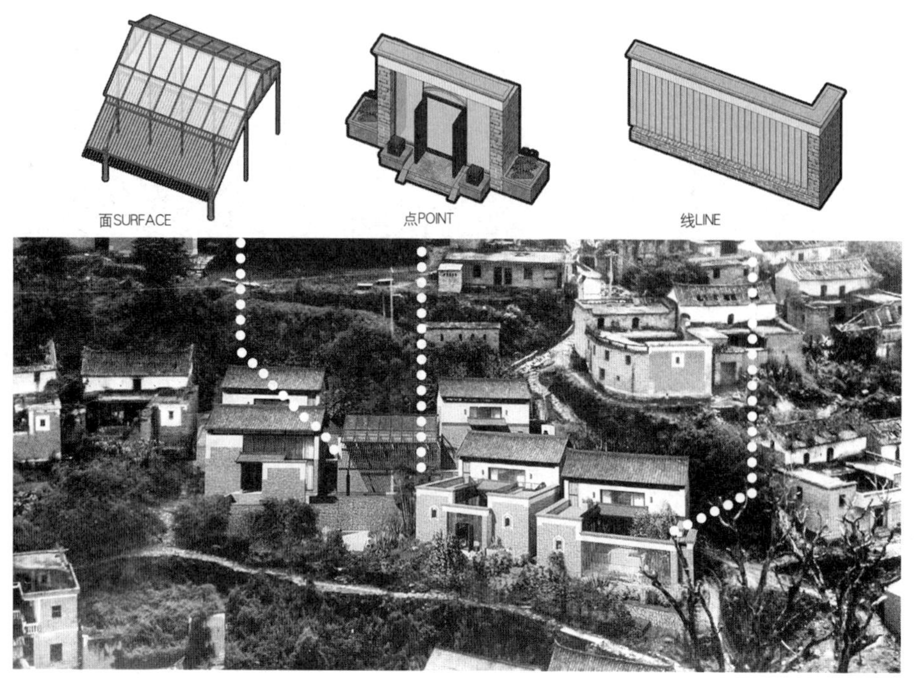

图9 玻璃的应用（图片来源：作者自绘）

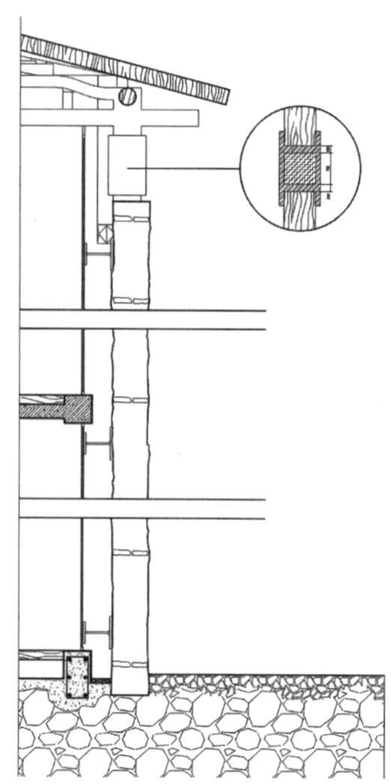
图10 “接骨”构造（图片来源：作者自绘）

五、结语

哈尼族人较晚进入元江地区，因此聚居于离河谷地区较远的半山区，但他们在此基础上因地制宜种植梯田，形成了撒玛坝梯田奇观，同时聚成了壮观的哈尼族聚落，建成了独具特色的哈尼族民居。聚落和民居并非简单的居住场所，其内在逻辑和外在表现都是劳动者的智慧成果。时至今日，不仅是哈尼族，其他各地区各民族的传统民居都在接受考验，如何保留自身原真性，又能适应当今的物质文化、精神文化需求，是值得长久去探索的主题。在本次设计中，团队遵循从聚落到单体的原则，学习哈尼族聚落组织和民居建构的内在逻辑，并结合现代建筑的设计手法，因地制宜，提出了尽可能适宜哈尼族的策略，以期为传统聚落与民居的保护更新提供参考。

注释

① 高德宏，大连理工大学建筑与艺术学院，副教授，116024。
② 桑榆，大连理工大学建筑与艺术学院，硕士研究生，116024，sdau_sy@163.cm。
③ 张宏宇，大连理工大学建筑与艺术学院，硕士研究生，116024。

参考文献

[1] 杨宇亮，罗德胤，孙娜，元江南岸多尺度多民族聚落的空间特征研究［J］，南方建筑，2017（1）：34–39.
[2] 孙大章.中国民居研究［M］，北京：中国建筑工业出版社，2004.
[3] 蒋高宸，云南民族住屋文化［M］，昆明：云南大学出版社，1977.
[4] 金鹏，云南土掌房的砌与筑研究——以滇中、滇南地区土掌房为例［D］，昆明：昆明理工大学，2013.

周庄古镇聚落街巷空间量化及保护策略研究

顾芝君[①]　梁　江[②]

摘　要： 传统聚落是经过历史传承和居民文化继承延续下来的人类聚居地。周庄古镇隶属苏州昆山，被称为"江南六大古镇"之一。那里诞生了独特的水乡文化，是一笔宝贵的文化遗产，保留了完整的街巷空间格局。本文运用Depthmap空间句法软件，将周庄古镇街巷空间转译成轴线图，计算其空间连接值、整合度和可理解度等指标，对其进行空间量化研究。并在量化研究的基础上总结出其聚落街巷空间形态特征，并针对存在的问题提出相应的保护策略。

关键词： 周庄　街巷空间　空间句法　保护策略

引言

周庄古镇聚落有着数百年历史，文化底蕴深厚，且较为完善的保留了明清以来的街巷空间格局，形成独具特色的江南水乡古镇聚落形态。作为典型，其街巷空间形态对其他类似的古镇聚落有着较大的借鉴意义。本文借助 Depthmap空间句法软件，量化分析周庄街巷空间渗透性、可达性等，总结出一些空间特征，且据此提出对当代周庄古镇聚落空间形态保护建设的建议，以期能对往后的古镇聚落保护研究有一定参考作用。

一、研究对象与研究方法概述

1. 现状概况简介

有着"中国第一水乡"美称的周庄，是一座江南水乡古镇。四面环水的地形使得整个聚落宛如在一个小岛上，仅有一条主路与三个开口与外界联系。所以受外界建设影响较小，空间整体保存的较为完整。周庄交通区位发达，与苏州市中心和昆山市中心都仅相距30公里左右。周庄于1086年（北宋时期）开始建设，历史悠久，保存着典型的江南水乡传统聚落风貌，是中国江南聚落乡土文化建设的代表作。周庄环境清幽，民风古朴，建筑简约。经过了九百多年的风雨岁月，在抵御了小城镇大拆大建的时代浪潮后，仍完整地保存着明清时代延续下来的江南水乡聚落的空间形态，十分珍贵。居民自发建设形成的街巷空间不仅承载了现在居民的生活，数百年的文化基因也镶嵌其中。超过半数以上的民居建筑仍为明清时期保存下来的，其中包括近百座民居宅院。

2. 空间句法简介

空间句法（Space Syntax）模型是由比尔·希利尔（Bill Hillier）在 1984 年提出的。空间句法是基于拓扑学原理，将空间形态提取出其结构再进行量化描述的一种理论和方法。自引入中国几十年的发展以来，它已成为空间形态分析的重要方法之一。目前在研究聚落空间形态结构上运用十分成熟。空间句法的主要研究对象是空间构形。比尔·希利尔认为空间构形是"一组相互独立的关系系统"，且其中每一关系都决定于其他所有的关系。[③]连接值、整合度、可理解度等指标，能够将抽象的空间特征如渗透性、可达性用具象指标表达出来，并能将这些对空间的分析描述通过可视化

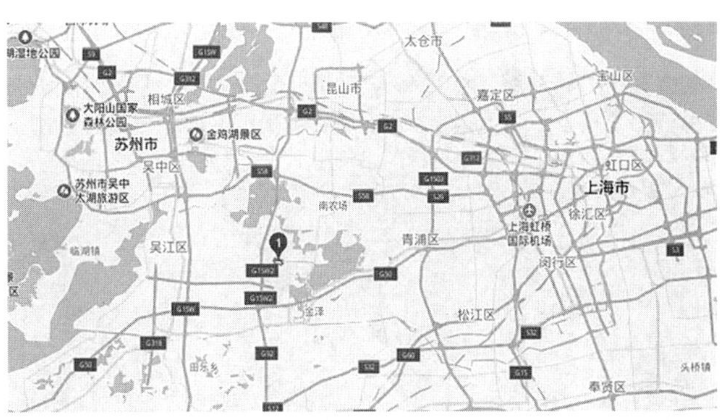

图1　周庄区位图

图2　周庄航拍图

表达出来。本文也是通过选取轴线图分析法对周庄古镇聚落整体街巷空间布局进行量化分析，从而总结出其整体的空间特征。

二、周庄古镇聚落街巷空间的量化分析

1. 整体街巷空间特征

与大多数江南城镇的诞生与发展一样，周庄也是先在河流和港口的交汇处形成小的商业中心点，人们在这里进行商业活动。因此，后港和南北市河的交接点双桥，以及后港与中市河的交接点富安桥周边是周庄中最先成长起来的商业网点。整个聚落是由这两点（图3）为中心向南北及西面展开建设而成的。[④]周庄古镇聚落作为一个传统的聚居点，其整体需要满足对内联系和对外联系的功能。于是整个聚落是当地的居民根据自身的需求通过自下而上的自主建设不断的发展起来的。居民从富安桥和双桥这两个激发点开始慢慢的修建房屋、街巷道路、河埠头等。而这些元素就慢慢的构成了整个聚落的街巷空间格局。街巷空间不仅仅是一个三维上的空间，而且是一个与生活其他方面如功能、社会结构、经济、政治体制、人的价值观以及传统历史文化等发生联系的一个多维度场所。

将周庄的平面图转译成轴线图的形式（图4），轴线之间代表的是其街巷公共空间的相互关系。由图可看出，周庄整体街巷空间并不是特别完整的，是较为连续畅通的主要街道与局部的小尺度曲曲折折的巷道组合而成的空间。原因主要是由于本身稠密的水网存在，在不填挖河道尽量顺应地形的情况下，周庄的街道多沿河道布置。于是在江南水乡形成了独特的水陆双棋盘空间格局。周庄镇内的主要街道也是平行于流经镇内的几条河流而建。以富安桥和双桥为中心，形成了“双丁字形”的河街格局。这是由整个聚落居民集体智慧与决策产生的。这就是空间轴线图中看到的较为连续且长的主要街道空间。而与主要街道相交的巷道则是由以家族或家庭为单位的小群体通过个人智慧和决定产生的。这些巷道的功能就是为了能通向居民的自己的房屋，于是建设就随意的多。整体上中西部街巷密度高于东部。

2. 街巷空间量化指标分析

重复调整和绘制空间的轴线图，以确保每个线段的交集正确，再使用空间句法软件计算其连接值、局部和全局整合度和可理解度等量化指标。

1）连接值分析

连接值就是某个空间节点相连接的其他空间节点的数量。空间的渗透性这一特征就可以用具象的连接值大小来表达。连接值高则渗透性强。共有389个空间元素参与了句法计算，连接值可视化后的分析图（图5）。从图中可以看出，该聚落的东西方向街巷轴线的颜色较深，即这些空间节点的连接值相对较高。连接值大多分布在2~4之间。南北向局部街巷空间连接值高，主要集中市河旁。整个北部和中部区域具有比其他区域更高的空间连接值，全镇最重要的街道也集中于此。将空间句法每条空间连接值数据导出，运用SPSS进行统计，结果如表1。连接值数据函数散程度高，各个空间节点之间差异性大。

图3 周庄平面图

连接值统计表 表1

空间连接值Connectivity	
平均连接值（Average）	2.923076923
最大连接值（Maximum）	14
标准方差（StDev）	1.74144424
元素总数（Count）	389
>3	188

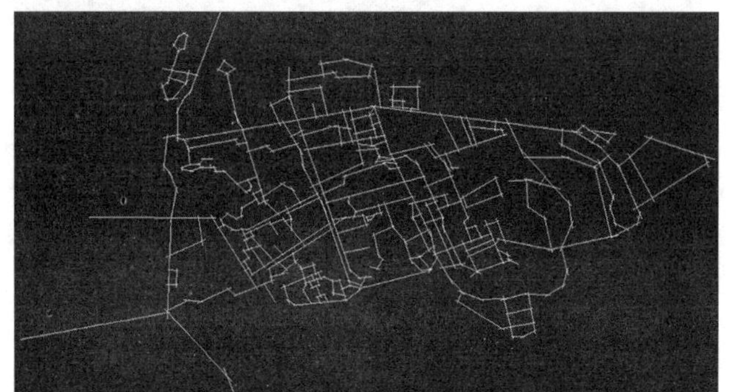

图4 周庄街巷空间轴线线图

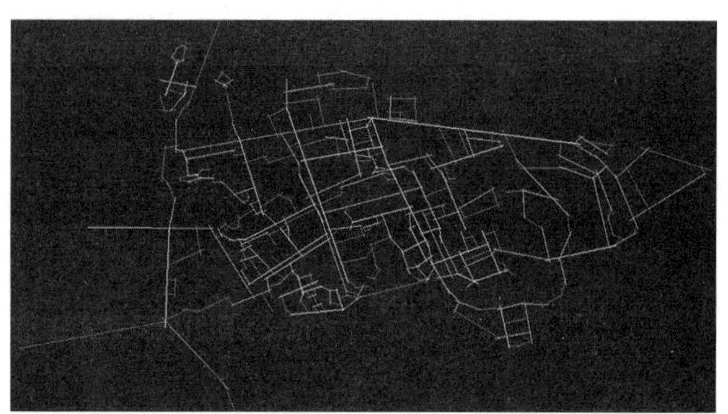

图5 周庄街巷空间句法分析——连接值分析

2）整合度分析与可理解度分析

整合度可表示空间的可达性。整合度高可达性强，表示这个空间是容易到达的。周庄街巷空间的全局整合度可视化表达如图6所示。显示了可达性由中间T形道路向四周逐渐衰退的空间特征。主要市街及附近整合度集聚性明显。将空间句法每条全局整合度数据导出，运用SPSS软件进行统计，结果如表2。统计之后发现周庄整体空间整合度处于较高水平，$R_n>0.7$的轴线总数为269条，占总轴线数的69.15%，说明周庄整体上空间可达性较高。

全局整合度统计表　　表2

全局整合度（R_n）Integration（HH）	
平均整合度（Average）	0.813693148
最大全局整合度（Maximum）	1.37338
标准方差（StDev）	0.18227663
元素总数（Count）	389
＞0.7	269

可理解度是用来描述局部空间与整体空间之间相互关系的指标。如果以3为半径（以步行距离为限制）计算的局部整合度高的空间，相应的全局整合度也是高的。则表示空间系统的结构清晰且易于理解。可理解度表示观察者是否容易通过某个空间的局部特征来感知整体的空间系统的空间特征，即站在某个局部里能推断整个空间的结构。可理解度高则表示观察者容易通过局部的空间特征去推理感知整体的空间。通过计算，以R_3为Y轴，以R_n为X轴，得到每个空间的全局整合度和局部整合度之间的关系。得出其散点图（图7），其回归方程为：

$$Y=1.68952X+1.68952, R_2=0.536171$$

R_2代表的关联度，如果大于0.5则表示 X轴线与 Y轴向上数据相关联。R_2说值越高则两组数据之间的关联性越强。进一步说明人们能够通过周庄局部空间去理解整体的周庄空间系统，但是理解程度低，即观察者站在局部空间中对周庄整体空间获得的信息量有限。

3）相关性分析

再来研究连接值和整合度这两个变量之间的相关性。在空间句法中如果在空间系统中一个地方的连接值高，他的整合度也很高，那么表示这个空间是能够被人理解和感知的。将连接值和全局整合度进行相关性分析，可视化后如图8所示，其回归方程为：$Y=0.0426592X+0.0426592$，$R_2=0.155186$

说明该街巷空间连接值与全局整合度完全不相关，整体空间理解性很差。

然而，我们知道人的步行距离有限，所以再将连接值和以半径为3的局部整合度做相关性分析（更加符合人的步行出行尺度和距离），得到的结果却全然不同，如图9。方程为：$Y=0.177313X+0.177313$，$R_2=0.5036$ $Y=0.177313X+0.177313$，$R_2=0.5036$

说明在步行尺度上，或者以人的简单步行出行来说，局部空间的理解度还是可以的。

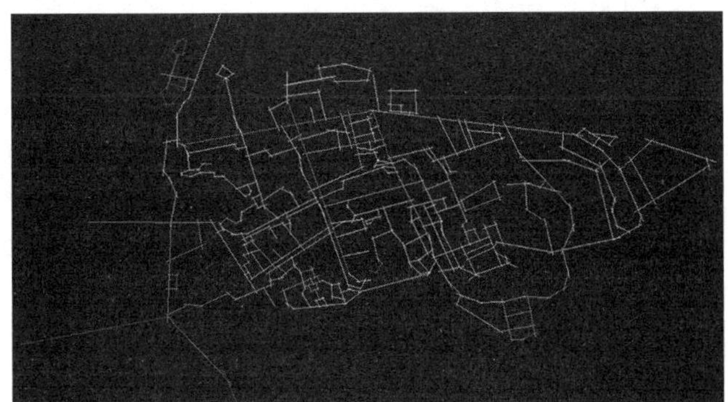

图6　周庄街巷空间句法分析——全局整合度分析

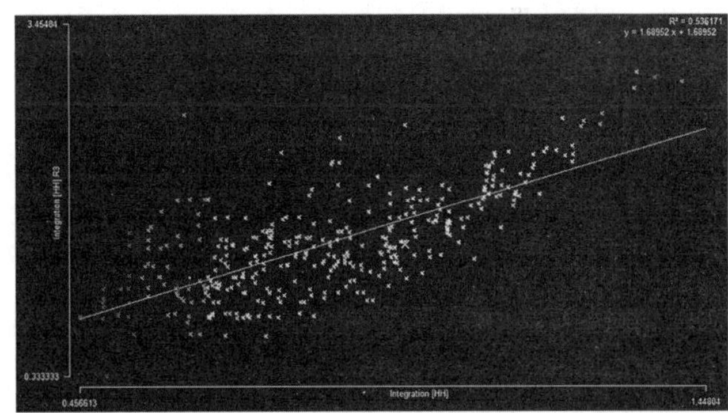

图8　周庄街巷空间句法分析——连接值与全局整合度相关性分析

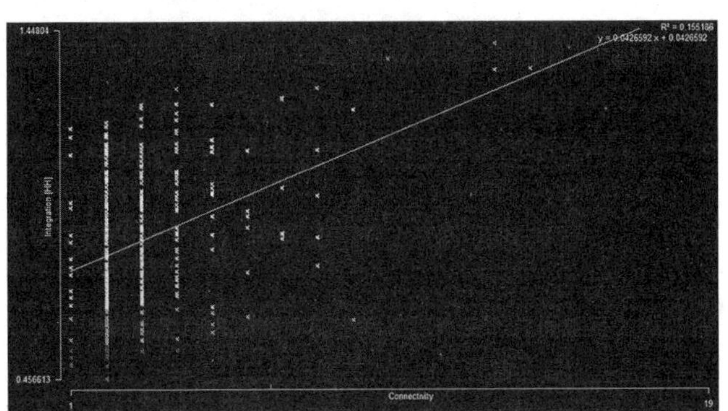

图7　周庄街巷空间句法分析——可理解度分析

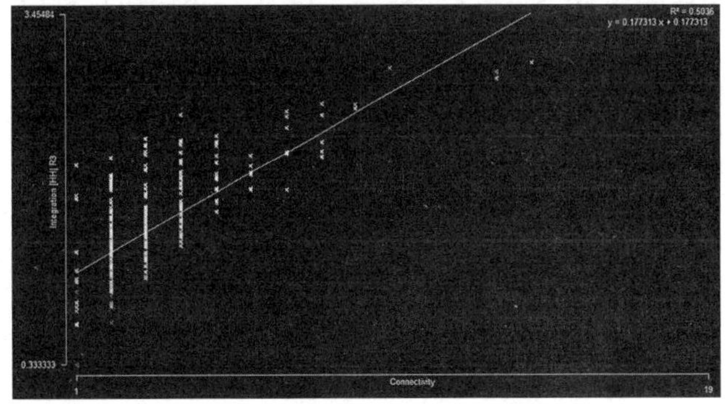

图9　周庄街巷空间句法分析——连接值与局部整合度相关性分析

三、周庄古镇聚落街巷空间特征总结

通过空间句法连接值、整合度和可理解度量化分析，总结出周庄古镇聚落街巷空间有以下几条特征：

（1）整个周庄古镇聚落的连接值整体偏低，空间渗透性不高，且从北部和中部开始，呈现不规则递减。并且连接值差异性大，表示其空间渗透性的差异度大，街道与巷道之间区别明显。

（2）周庄古镇聚落的街巷空间整体整合度都很高，即整个聚落的可达性是非常好的，交通便利程度高。但同时也呈现主要市街可达性最高，是全镇商业文化活动中心，自中心向外围，自街道向巷道逐渐衰减的趋势。也从侧面表现出周庄街巷空间上越靠近私人住宅的部分私密性较高。

（3）街巷的可理解度一般，观察者较难通过局部空间去推断和判定完整的街巷空间。但是局部组团的可理解性相对较好，因为单个组团的建构方式简单，是由居民以家庭或家族为单位建设而成的。局部的神秘感给聚落生活增添了私密性，这也是周庄古镇聚落街巷空间的特点之一。

（4）周庄古镇聚落经过几百年自下而上的规划建设模式，已经形成了非常成熟的点轴发展模型。连接值和整合度等指标最高的主要街巷便是其主要轴线，也是我们经常谈到的空间轴线。该轴线上有许多重要的空间节点，比如历史遗留下来的那些古桥和古建筑都是在轴线上的。这些节点起到良好的起承转合作用。

四、周庄古镇聚落保护策略

城市规划专家凯文·林奇（Kevin Lynch）在他编写的《总体设计》一书中曾表示胆怯的批评家或者评论家才会认为新的开发是可悲的，他们更喜欢土地保持不变。但原来是怎样的呢？当然不是一成不变的。即使环境中没有任何人工的痕迹，环境也在持续做着变化。新的事物会逐渐排挤陈旧的事物，土地和气候都在变化着。腐败、更替、热熵和变化都是大自然秩序的一部分。⑤聚落不是一成不变的，它也是在各种力量下不断生长更新的，所以对其聚落空间形态的保护并不是要恢复到某一个历史时刻，而是让其在保持原有特色基因的同时能够顺应时代发展下去。因此提出以下几点保护策略：

（1）明确周庄古镇聚落中核心的地区，确保其空间形态不被破坏。核心区是整个街巷空间特色的代表，也是周庄街巷空间逐渐形成的起始源。即在富安桥和双桥两点以及主要街巷空间形态坚决不能被破坏。近年来周庄的旅游开发让聚落形态开始出现商业化特征，给核心区造成了一定的影响。因此，我们必须注重保护核心领域，让其发挥自身的核心影响力。

（2）空间的可辨别性至少是一个共同的基础，群体可以凭此聚合并建立自己的生活。暂时的空间易辨性同样是重要的。一种环境，允许居民面对过去，适应当前的节奏，展望未来。从句法分析结果来看，周庄古镇聚落的整体可理解度不高。所以需要强化整体的结构并与功能建筑进行有机互动。通过提取街巷空间中的各项元素，尤其在尺度上，有目的的将其进行融合与更新，提高古镇的可理解程度。在周庄的保护中对整体结构把控的重要性大于对局部的建筑立面的维持。

周庄古镇聚落的这么多年的建设充分尊重原有的社会生活风貌，保留聚落原有的人气活力街巷和人群集聚点，这些活力街巷和活力点已经在多年自下而上的发展过程中具有了相应的地区认同感。根据场所理论，它们属于周庄本身的文化内涵，是活力的媒介，是周庄区别于其他古镇的精神内涵。本文从周庄古镇聚落的空间街巷形态特征入手，运用空间句法研究探索周庄古老又独具特色的空间体系，总结其基本的空间特征，希望周庄特有的营造方式能在当代得以收取和流传。

注释

① 顾芝君，大连理工大学，116000，523414080@qq.com。
② 梁江，大连理工大学，教授，116000，sunliang@dlut.edu.cn。
③ 比尔·希利尔．空间是机器[M]．北京：中国建筑出版社，2008．
④ 雍振华．周庄古镇建筑空间形态分析[J]．苏州科技学院学报（工程技术版），2008，21（3）：58．
⑤ 凯文·林奇．总体设计 [M]．北京：中国建筑工业出版社，1999．

参考文献

[1] Hillier，B．and Hanson，J．The Social Logic of Space [M]．Cambridge：Cambridge University Press [M]，1984．
[2] Hillier，B．Yang，T．and Turner．Advancing Depth Map to Advance our Understanding of Cities：comparing streets and cities，and streets to cities，8th Space Syntax Symposium，2012．
[3] 段进，比尔·希列尔．空间研究3：空间句法与城市规划 [M]．南京：东南大学出版社，2007．
[4] 雍振华．周庄古镇建筑空间形态分析 [J]．苏州科技学院学报（工程技术版），2008，21（3）：58．
[5] 凯文·林奇．总体设计 [M]．北京：中国建筑工业出版社，1999．

半城市化地区传统聚落的街巷肌理研究

——以浙江永康芝英镇古麓街—紫霄路为例[①]

魏　秦[②]　张健浩[③]

摘　要：我国城乡发展差距正逐渐减小，半城市化地区的传统乡村聚落在经济和产业不断转型的同时，村落的形态和肌理有着迅速转变的趋势。本文将聚焦半城市化地区村镇的街巷肌理研究，以浙江永康芝英镇古麓街—紫霄路为例，运用凯文·林奇的城市空间要素理论、"格式塔"心理学的图底关系理论从街巷的道路、节点和建筑群三个方面探讨芝英镇古麓街—紫霄路肌理的特征和演变规律，对传统聚落的传承和发展提供理论和实践的支持。

关键词：半城市化　街区肌理　古麓街　形态

一、研究背景

1. 研究目的

在我国城市化进程不断提速的同时，由于城乡经济发展的不平衡，半城市化地区不断涌现。半城市化地区中的聚落由于其处在城乡过渡阶段导致了一系列人与地区发展之间的矛盾，从而受到学者们的关注。肌理作为聚落的表征展现着聚落发展的样貌和格局。本文笔者以芝英镇古麓街——紫霄路为代表从街巷的道路、节点和建筑群三个方面探究其肌理构成和演变规律，便于日后扩大研究范围到出于半城市化地区的芝英镇肌理的研究，寻找适合芝英镇发展的策略和方式。

2. 半城市化地区的乡村聚落的定义

传统聚落是指在历史变迁和时间推移中保留有明显的历史文化特征，历史风貌保留相对完整的人类聚居和生活的场所。城市聚落即为城市，指的是人口数量，经济发展水平和规模大于乡村或者集镇的更高级的聚落形式。而半城市化地区的乡村聚落是基于传统的乡村聚落，因为城市化活动、乡村工业化、人口流动导致了经济模式和发展特征有别于传统型聚落的乡村聚落。

三种聚落类型的辨析　　表1

区别＼类型	传统聚落	半城市化地区传统聚落	城市聚落
自然环境	自然环境优越，生态和谐	自然环境被一定改造和破坏，但生态条件仍然良好	自然环境被完全改造、生态破坏严重
经济模式	传统农耕业和畜牧业为主，少量手工业和商业	农耕业、畜牧业仍保留，手工业和乡村工业比重变大，商业发展迅速	以规模化的工商业为主
社会特征	宗族与家族制度淡化	宗族家族制度衰落	宗族家族制度衰落
文化特征	传统文化、习俗保留较为完整并延续	传统文化和习俗保留较为完整，但重视程度和传承度有逐渐淡化的趋势	传统文化和习俗缺失程度大
空间特征	较好地保留原生的村落形态和肌理特征	部分保留原生的村落形态的特征伴随有城市化特征的介入	功能化、模块化，区域化的特征

（表格来源：作者自绘）

3. 半城市化地区的传统聚落现状及肌理特征

1）现状

处在半城市化进程中的传统聚落，由于半城市化地区要起到与相邻地区的联结和沟通交流的作用，产业类型变得混杂[1]。这些村镇又要因为发展经济而发展旅游业和特色产业，农业用地减少、城市建设用地和工业用地等规模的不断改变，使土地结构及模式变得十分多元化；又随着城镇化的快速进展的影响，聚落自身的范围不断从中心向外辐射扩张，向着与城市连接的趋势发展，导致村落边缘的土地利用，建筑类型和空间形态还有功能等方面急剧迅速的变化着；因为缺乏政策的指导和专业设计人员的介入，村落的半城市化进程有着野蛮生长的趋势。

2）肌理特征

传统聚落由于与城镇联系密切程度低，城镇化进程没有达到剧烈的程度，不需要大规模发展工商业和旅游业，村落肌理保持着比较原始的程度，演化过程也较为缓慢，自然肌理和原始的道路肌理、建筑群肌理保存得较为完善。而半城市化下的传统聚落如浙江永康芝英镇，虽然有着悠久的历史和兴盛的宗祠文化，地形、水系、农田和古街道等村落原始肌理对聚落的形态和整体肌理的演化仍有影响[2]，但影响肌理生成和演化的主导因素已经变成要迎合城镇化，发展特色产业和旅游业、修建道路、向城市方向扩张等社会活动和经济活动因素。

4. 研究视角

1）肌理研究

笔者在文献调研中发现肌理是适合描述城市或村落形态的一种概念，肌理本是属于形态构成学的范畴，是可以反映物质特有属性的一种概念，包括了视觉和触觉两方面造成的质感。而聚落肌理指的是很好的融合了自然因素和人为的创造因素，对聚落的形态和特性的一种可视化的简练概括[3]。

图底理论关系是最适合研究肌理的一种图示方法之一，源自“格式塔”心理学，它界定了图底关系并强调了直觉产生的知感觉筛选[4]。这一理论认为人们在观察城市或村落中的空间环境时，被选择的事物是实体空间，就是指“图”，而未被选中的模糊的事物就是这一对象的背景，是虚体空间，即为“底”，可以以此为基础来研究城市或者聚落虚体空间与实体之间存在与发展的规律。

2）城市空间要素理论

而凯文·林奇在《城市意象》一书中归纳出城市中可意象的五种主要元素：道路、边界、节点、区域、标志物。而半城市化地区的传统聚落因为城市化的介入特征与城市中的意象和主要元素有相同和可类比之处，所以可以用城市要素理论描述和研究半城市化地区的聚落肌理。

5. 芝英镇概况

1）芝英镇概况

芝英镇是国家历史文化名镇，素有“百工之乡”的美称，五金业和商贸文化非常发达。芝英镇兴盛且保存完备的祠堂文化也是其另一大特色。芝英镇中心的古镇区域保存完好，平面的肌理较为自由，从中央呈放射状影响着整个镇其他地块的发展状况。芝英镇形态保存完好，宗族制度较为完整，经济发展良好，是很有发展潜力的传统聚落。

2）古麓街—紫霄路现状及特点

古麓街，又称后街，是芝英最为古老的传统街巷之一，贯穿芝英镇南北，自古以来就商业活动非常繁荣。由于其独有的地理优越性，是古时商贩汇集、车水马龙的商业中心街，也是芝英城的主干道。而古麓街—紫霄路既是古驿道的重要组成部分，又连同紫霄路和正街形成芝英古镇纵横交错的十八条街巷中最为重要的三条主要道路。古街的原有肌理保存较好，因为城市化进程改善街道面貌的建筑改建或翻修导致新旧交错衔接。

二、古麓街—紫霄路街巷肌理构成及其特征

1. 道路的肌理构成

1）道路的平面形态

道路是凯文·林奇认为的城市五要素之一，是城市肌理的重要组成部分和表现特征之一[5]。道路的路网骨架影响着城市或村落的形态，也影响着街巷中各种肌理的生成。

从古麓街—紫霄路的形态与周边街道的关系来看（图1），主要街道正街和几条次要的街巷与古麓街几乎都是沿东西方向垂直的连接，道路形态通过古麓街的连接十分清晰，可辨识度高，呈鱼骨状排开。从大宗公祠（应氏宗祠）开端道路转折和沿街都连接着大量先祖的故居或是宗祠，有助于各族氏的交流和团结；其次芝英镇的先民为了生活起居，南至北连接了环绕古镇的灵溪，西侧连接了方口塘，又方便了水源的使用；因为古时候方便商业活动的开展，形成了沿古麓街开设店铺的一种商业模式，通过东西向鱼骨状支路连接其他区域的人们至此进行买卖、茶歇活动，形成一个贯通的商业区域，有助于整个聚落商业氛围的形成和促进作用。

2）道路的界面肌理

古麓街—紫霄路的道路界面变化有序，地面铺装材料变化分为三个部分，由北向南第一部分是古麓街前段，为从应氏宗祠到端恭公祠部分；第二部分开端是古麓街连接紫霄路部分，也是紫霄路前段，从端恭公祠到紫霄观附近；第三部分为紫霄观后及部分民居。从街道要素和尺度宽窄来说有“街”和“巷”之分。

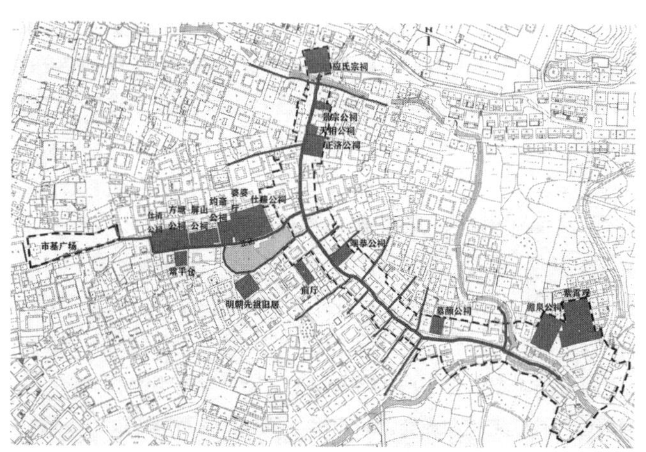

图1 古麓街——紫霄路街道骨架形态图（图片来源：作者自绘）

街巷尺度变化也大致分为三个部分（图2），根据芦原义信的《街道的美学》中的关于街巷尺度的理论[6]，古麓街—紫霄路的整体D/H（街巷宽度与建筑高度的比值）维持在0.65左右，是适宜人们通行使用但不至于觉得压迫拥挤的尺度。由于旧时村落用地要大部分留给农田，建房时街巷的尺度比较狭窄，街巷开端给人“高墙深宅”的感觉，尺度也是年代越近而变得越宽。从古麓街开端向南的紫霄路后段通向自建房比较多的八村，逐渐变为现代可通车的水泥路，由北向南也是芝英镇从核心延伸到边缘，从传统到新的发展状况。

2. 街巷的节点空间

节点空间是凯文·林奇城市空间理论中五要素中的一个要素，作为物质空间的存在使观察者印象深刻[7]。在街巷中节点可以作为道路的连接点和富有表现力的空间或要素，也是街巷肌理的组成部分。节点可以是景观空间。重要的建筑物所在的空间或是道路的转折点。而从古麓街到紫霄路，许多具有丰富意味的节点空间被周围建筑围合起来并把整个街巷串联起来。如应氏宗祠—古桥—小广场—正街与古麓街交接口（商铺空间）—古树—宗祠（图3），这些节点体现了街巷作为一个区域的完整性，起到了丰富街巷空间和连接过渡到整个芝英镇其他区域的作用。从古麓街前段狭窄的街巷尺度到紫霄路过渡的过程中，街巷尺度逐渐变宽，空间布置也从需要绿化的小尺度节点空间过渡到需要公共活动空间的广场的较大尺度空间。

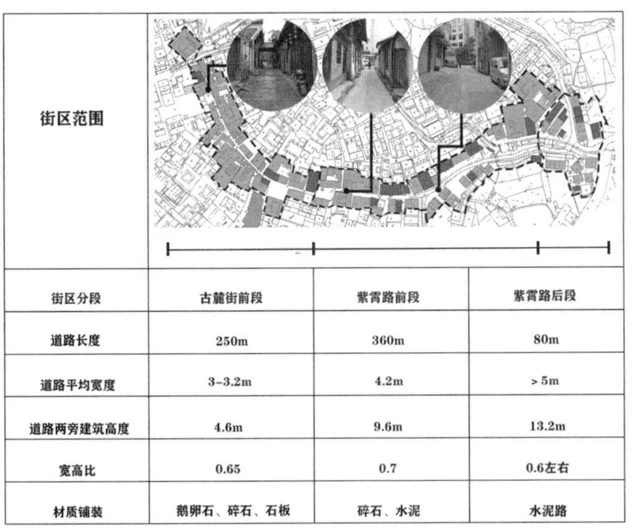

街区分段	古麓街前段	紫霄路前段	紫霄路后段
道路长度	250m	360m	80m
道路平均宽度	3-3.2m	4.2m	>5m
道路两旁建筑高度	4.6m	9.6m	13.2m
宽高比	0.65	0.7	0.6左右
材质铺装	鹅卵石、碎石、石板	碎石、水泥	水泥路

图2　古麓街街巷尺度变化（图片来源：作者自绘）

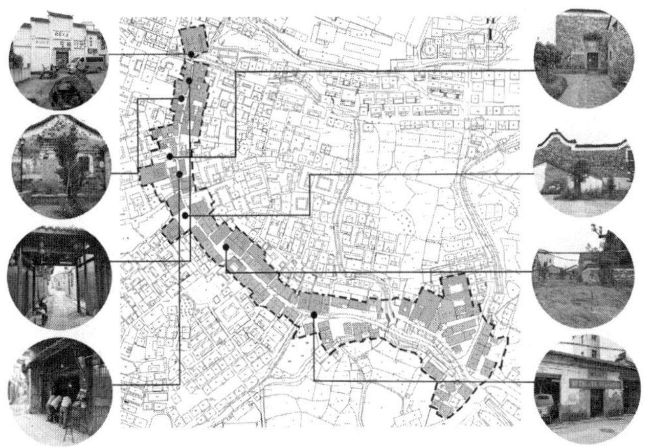

图3　街区节点空间（图片来源：作者自绘）

3. 街巷的建筑肌理构成

1）街巷的建筑类型

建筑物是凯文·林奇城市要素理论中区域的组成部分，同样可以作为村落的肌理重要的组成部分。对于古麓街—紫霄路来说，建筑其空间形态反映了街巷的面貌，也反映了当地民众的生活方式和发展方向，也在一定程度上反映了整个芝英镇在城市化进程中的肌理变化过程。

街巷中的建筑类型主要有：宗祠建筑，有一些功能置换后的宗祠，比如有居委会功能的应氏宗祠，作为工厂的端恭公司；第二种是单纯的民宅；第三种是一层为商铺二层为住宅的民宅；还有一些未经改造的闲置用房（图4、图5）。

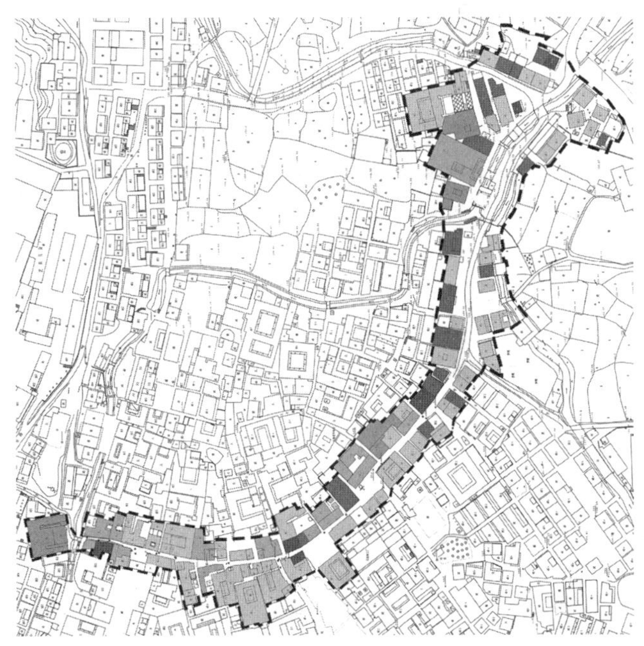

图4　古麓街范围图（图片来源：作者自绘）

图5　建筑功能分布图（图片来源：作者自绘）

芝英镇因为城镇化进程不断加速，村镇主体范围不断向外扩张，宗族制度不在占主导地位，现代化工业兴起代替了传统手工业，旅游业的发展也需要迎合游客的需求而修复改变建筑的面貌。古麓街—紫霄路因为交通作用变成主导，原有的商贸作用被大幅度弱化，变成只有现代的小商铺满足通行的人的购物需求。道路两边大量的祠堂和古民居空置或改为现代加工工厂。

2）街巷的建筑界面肌理

古麓街—紫霄路的建筑界面肌理可以分为立面肌理和屋顶肌理。

（1）立面肌理

立面以木材为主，且装饰有木板门、雕花窗棂、木雕饰品，传统特征较多。紫霄路前段从应氏宗祠到方口塘附近主要为木材和抹灰砖墙的房屋，而后半段连接紫霄路部分房屋立面以水泥和玻璃为主要材料，被现代材料和施工做法代替，也交替使用一些木材和抹灰砖墙。

（2）屋顶肌理

屋顶界面可以直观看出古麓街至紫霄路新旧建筑肌理变化的过程，古麓街—紫霄路的建筑屋顶界面十分丰富，除了传统的瓦片遮盖，水泥屋顶，还有绿化的覆盖水池和景观小品。

3）街巷的建筑单元肌理

整个街巷建筑的单元构成主要有宗祠建筑、传统型民居、新建民居三种建筑单元类型。

（1）宗祠建筑

街巷中布置建造的宗祠，多数属于单一庭院类型的合院式宗祠（图6a）。例如墓颜公祠，属于单一的庭院类型中的四合院式的宗祠，两进院落，每进三间为木架构，“回”字型空间布局。空间布置围绕着庭院为中心展开。单一庭院类型的宗祠也是古街上乃至整个芝英镇宗祠的典型形制，数量多达三十座。虽然主街巷上的几座宗祠被改为现代工厂，但架构和建筑形式保留较完整。宗祠空间大多被传统或现代民居围合住，体现了血缘型聚落以房派为单元、宗祠为中心布置民居的特点。

（2）传统型民居

传统民居有庭院式也有独栋式，为木架构或砖木结构的结构形式。多为两层，开间和进深都较窄（图6b）。有的民居一层为商铺空间，二层为居住空间。传统民居主要密集排列在古麓街的前段，至紫霄路前段开始大范围与自建民居交错布置，由北向南年代越来越近传统民居的数量也逐渐减少。

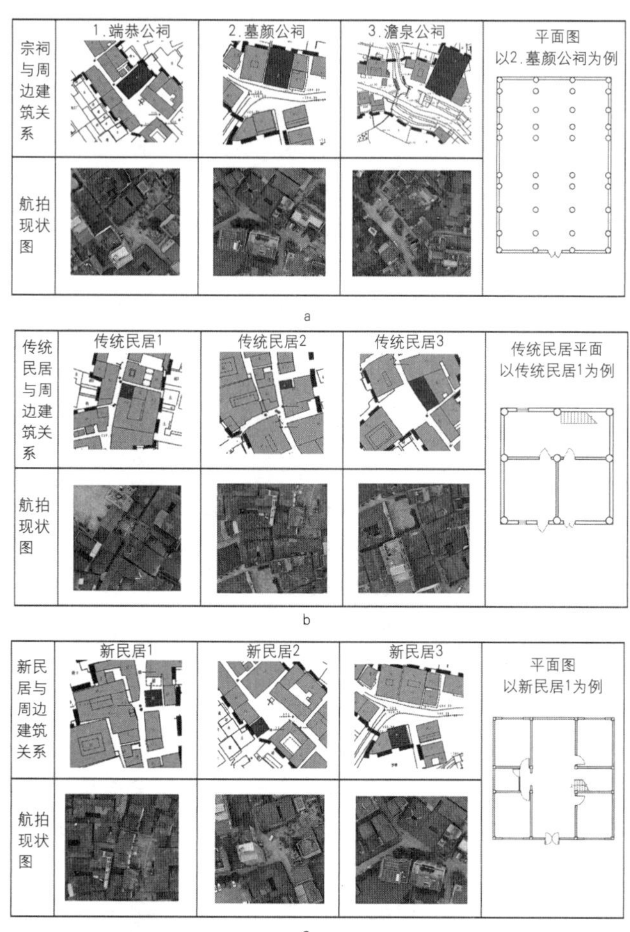

图6 建筑单元肌理（图片来源：作者自绘）

（3）新建民居

村民自建的新民居多为框架结构，多为3层及3层以上，平面形式也较为规整自由（图6c）。按村民自己需求设计搭建，有的还设有露台和屋顶庭院，满足村民的居住和娱乐条件。自建的民居从古麓街开端只有零星几栋的布置，多数也是因为老民居的年代久远导致结构不稳或材料的破损。村民自己改建或加建的民居，从紫霄路开端后数量开始增多，也从部分改建或加建变成全新修建。紫霄路后半段的民居几乎都为20世纪80年代后的自建民居。

三、结语

地处半城市化地区村镇的古麓街—紫霄路街道区肌理的特征和演变规律主要分为道路、节点和建筑群三个部分。

1. 街巷的道路肌理

古麓街—紫霄路道路的骨架形态保留较为原始，依旧由主街巷垂直向东西向延伸支路并连接民居和宗祠建筑，由于城镇化的活动，主街巷的道路在缓慢延伸。道路的界面从古麓街前段到紫霄路前段保留较为原始的材料铺面和传统的建筑尺度。由于镇域主体范围的不断扩张和民居的新建和工厂的开设，为了方便城镇化建设，整个街巷的尺度也逐渐变得宽阔，建筑用材和施工方法也逐渐变得现代化。

2. 街巷的节点空间

街巷的主要节点空间主要集中在古麓街前段和紫霄路前段，紧凑的街巷中增加的绿化空间和公共活动空间，满足了居民的日常休闲停留的需要。而紫霄路后段街巷由于新建居民房较为集中，居民的活动空间也因为新建民房将节点空间侵蚀更少，而且民房高度上突破而导致节点空间尺度上的压迫感。

3. 街巷的建筑肌理

从街区建筑群的功能类型分布来看，传统建筑数量逐渐减少，随着时代的变迁，作为家族制度价值的宗祠功能逐渐淡化，但是由于建筑内部结构稳固，空间布局开敞，为了满足合五金产业的发展与商业活动需要，部分宗祠功能置换为五金工业生产空间。民居变化趋势沿主街巷从北到南依次为大量传统民居—传统新建混合—新建民居集中的面貌。商铺空间也从下店上宅逐渐过渡到独立的商铺空间。建筑的界面肌理无论是立面还是屋顶、建筑用材和施工方法都呈现出从传统到现代建造过渡的趋势。以古麓街—紫霄路为代表的街巷建筑，体现了芝英镇由于城镇化活动造成的由北到南、由古镇中心向四周建筑单元肌理不断从传统建筑过渡到新建建筑的规律，虽然新旧建筑风格差异较大，但是新旧建筑与混合风格的建筑呈现出自然的衔接过渡，也体现出时代变迁与经济生产对街巷建筑变迁影响的烙印。由于宅基地限制与居民对居住建筑面积提高的迫切要求，建筑的密度由北到南也逐渐从紧凑到突变式的集中密集布局，街巷尺度也呈现出异常的压迫感。

注释

① 项目资助：教育部人文社会科学研究规划基金项目资助（编号：16YJAZH059）。

② 魏秦，上海大学上海美术学院建筑系副系主任，副教授，硕导，200444，397892644@qq.com。

③ 张健浩，上海大学上海美术学院，硕士在读，上海大学上海美术学院地方重塑工作室，200444，super24power@163.com。

参考文献

[1] 韩非，蔡建明．我国半城市化地区乡村聚落的形态演变与重建[J]．地理研究，2011（30）：1272-1284．

[2] 马恩朴，李同昇，卫倩茹．中国半城市化地区乡村聚落空间格局演化机制探索—以西安市南郊大学城康杜村为例 [J]．地理科学进展，2016（35）：816-828．

[3] 王静文．桂北传统聚落肌理及其保护探讨 [J]．建筑与文化，2016（2）：99-101．

[4] 葛祥国．图地意象景观—基于格式塔心理学视角的景观设计分析 [J]．建筑与文化，2018（173）：39-40．

[5] 宁雪．基于地域性城镇肌理保护的旧城更新研究 [D]．重庆：西南交通大学，2015．

[6] [日] 芦原义信．街道的美学 [M]．南京：江苏凤凰文艺出版社，2017．

[7] [美] 凯文·林奇．城市意象 [M]．北京：华夏出版社，2017．

基于层次分析法的海防军事聚落防御性量化研究

——以明代宁波海防为例

杨子遥[①] 谭立峰[②] 张玉坤[③]

摘　要：海防军事聚落的量化分析可以揭示其历史空间格局的深层次变化机制。以宁波海防军事聚落体系为研究对象，运用AHP层次分析法可以评价要素、确定权重，最终量化聚落防御性影响因子，绘制变化图表。利用地理信息系统（GIS）空间分析平台对量化结果进行空间表达，结果表明宁波海防卫所聚落的两个建设高峰集中在永乐中后期与嘉靖中后期，与所城相比，卫城的防御性变化幅度较大，可见明代海防军事聚落体系有主有次，具有明确重点的可持续建设策略。

关键词：明代海防军事聚落　量化研究　AHP层次分析法　GIS　文化遗产

我国东南沿海的海防防区之中，浙江防区一直为海防建设的重点。其中，宁波地区水路纵横、交通便利、经济发达、物产丰富，是倭寇觊觎劫掠的首要目标。因此自明初即确立为海防重地，以海防卫所为核心的军事聚落体系建设不断完善，体现着明代不同时期抗击倭寇的思想与策略。

现存著述中对海防军事聚落的防御性研究多从地理角度出发，宏观概括军事聚落防御体系的数量与密度，并多以定性描述进行探讨，缺乏系统性、科学性的定量研究。海防军事聚落是防御倭寇的物质主体，也是承载历史记忆的重要文化遗产。对海防军事聚落体系的定量研究将有助于明代整体海防格局的深入理解，并为文化遗产的保护研究奠定基础。

本文以海防军事聚落防御性作为衡量聚落防倭、抗倭能力的重要指标，在历史文献整理的基础上，选取AHP层次分析法对数据进行量化处理，选取评价因子，建立评价体系，赋予权重值。并最终利用地理信息系统（GIS）空间分析平台对量化结果进行空间表达，按照历史时序演变分析其特征与变化。

一、海防军事聚落防御性评价体系

层次分析法能有效应对海防军事聚落防御性分析中多因子、多层次的问题，用科学的方法计算权重值。层次分析法（AHP）最早由美国匹兹堡大学教授T.L.Saaty提出，专门用于解决多目标、多准则、复杂形态的决策问题，是一种定量确定每个影响因子间重要性的科学研究方法。[④]按照此方法，可建立起评价体系，以海防军事聚落防御性为目标层（A），最终分值由指标层（B）确定（图1）。

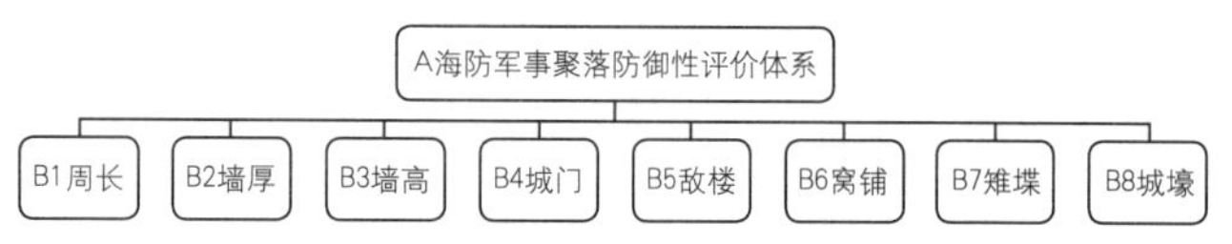

图1　海防军事聚落防御性结构模型

与一般评价体系中的静态指标不同，对作为文化遗产的历史聚落的量化研究应注意真实性与完整性，因此评价指标的取值应还原到真实的历史环境中，以动态的眼光，按照历史时期的演变对海防军事聚落的防御性进行分段考察。参考《明代倭寇史略》[⑤]，本文将明代海防划分为四个时期，在打分阶段分别统计。

1. 第一时期（1368~1521年）

即洪武至正德时期。随着明朝政权尚未稳固，倭寇趁乱侵扰东南沿海。明太祖因而加强海上与陆地备倭力量，建立起坚实的海防体系，宁波地区的海防卫所相继建立。永乐至正德年间，宁波卫所建设不断完善，倭患发生频率降低。

2. 第二时期（1522~1557年）

即嘉靖前中期。由于嘉靖时期为倭患高发期，嘉靖后期的防御策略又发生了明显转变，因此将嘉靖时期分为两段进行对比分析。洪武之后和平的海洋环境导致了一系列的海防建设内缩，嘉靖前期“浙江和福建的海岸防卫已长期废置，每十条战舰和缉私船中仅保存一两艘”[⑥]，同时严厉的海禁措施也使得海岸线争端不断。到了嘉靖中期倭寇战事大规模爆发，波及范围深入内陆，造成了极大的损害。

3. 第三时期（1558~1566年）

即嘉靖后期。针对肆虐的倭患，明朝开始采取措施加强海防力量，尤其是浙江、南直隶的防卫体系更加完备，如在浙江就形成了总兵领导下的四参六总的防卫体制，军队相比原来的卫所制作战更加灵活高效，水军和陆军的力量均较过去有所加强。倭患得到控制，战事逐渐南移。

4. 第四时期（1567~1644年）

即隆庆至崇祯时期。倭寇侵扰势力不大，危害较轻，宁波地区仅南部沿海发生过几次倭患，已不再构成威胁。到明朝末年，中国沿海倭寇基本绝迹。

二、宁波海防军事聚落评价指标

宁波地区的整体海防格局在洪武年间便已经确立，明初洪武十七年（1384年），太祖遣信国公汤河巡视沿海，择要冲地带修筑卫所完善陆上防倭体系。浙江防区作为海防军事聚落体系的主要区段，其门户宁波地区的十二座卫所城中有八座建于其后的洪武二十年（1387年），同年昌国卫从舟山回迁至今象山石浦东门岛，确立了严防倭寇的紧凑格局。其后洪武二十七年（1394年）定海卫、穿山所建成，三年后千户王恭选要地筑爵溪千户所，完成了宁波地区的卫所建设。在海防第一、第二、第三时期各卫所陆续有所修整，各项指标在建设完备的稳定时期的属性值如表1所示。

“城池之立，所以桿卫生灵，乃有国者之不废，而至于卫所城池所以夹辅郡邑，则于民而尤要焉。司保障之寄者，知慎重以守之斯……所以付托之重矣”，[⑦]海防卫所城作为军事防御的主体，城池的各个部件必须高度配合，才能最大化实现其防御功能。因此选取海防城池各部件为指标层要素B1~B8，各个部件在防御系统中所起的作用见表2。

宁波海防卫所城池构建（建设完备时期）　　表1

卫所名称	城墙			城门			防御设施			城壕总长
	周长	墙厚	高度	瓮城（月城）	陆门	水门	敌楼	窝铺	雉堞	
定海卫	1288丈（4204.0米）	1丈（3.3米）	2丈4尺（7.8米）	5	6	1	10	39	2185	966丈（3153.0米）
穿山所	742丈（2421.9米）	1丈（3.3米）	2丈1尺（6.9米）	4	4	1	12	12	1604	1335丈（4357.4米）
郭巨所	488丈（1592.8米）	1丈（3.3米）	1丈9尺（6.2米）	3	3	1	9	13	920	876丈（2859.3米）
大嵩所	740丈（2415.4米）	1丈2尺（3.9米）	1丈7尺（5.5米）	4	4	1	20	25	775	332丈（1083.6米）
临山卫	5里30步（2987.5米）	4丈5尺（14.7米）	2丈5尺（8.2米）	3	4	1	31	42	1142	848丈（2767.9米）
三山所	3里128步（1972米）	4丈5尺（14.7米）	1丈9尺（6.2米）	4	4	1	4	6	699	660丈（2154.2米）
观海卫	4里30步（2399.8米）	3丈（9.8米）	2丈4尺（7.8米）	4	4	—	28	36	1370	914丈（2983.3米）
龙山所	3里50步（1844.7米）	2丈（6.5米）	2丈4尺（7.8米）	3	3	—	15	10	568	1032丈（3368.4米）
爵溪所	3里（1763.1米）	3丈（9.8米）	2丈8尺（9.1米）	2	3	—	11	23	803	320丈（1044.5米）
钱仓所	3里（1763.1米）	1丈3尺（4.2米）	2丈6尺（8.5米）	1	4	—	12	20	1200	600丈（1958.4米）
昌国卫	7里（4113.9米）	1丈（3.3米）	2丈3尺（7.5米）	4	4	2	36	73	1914	216丈（705.0米）
石浦所	607丈（1981.2米）	6尺（2米）	2丈3尺（7.5米）	3	3	2	13	29	1906	110丈（359.0米）

（资料来源：根据参考文献［1］整理）（注：明制与米的换算方法依据吴慧著《明清的度量衡》，中国计量出版社，2006版：1步=163.25厘米；1量地尺=32.64厘米；1丈=3.264米；1里=180丈=360步=587.7米。）

宁波海防聚落评价指标 **表2**

评价指标	城池构件	防御作用
B1	周长	城墙周长与军事聚落的级别之间存在一定对应关系，一般认为，城墙周长越大则城池规模越大、级别越高，其驻兵数目和物资数目也相应较多，防御能力越高
B2	墙厚	明代城墙在修筑时要考虑到火器对城墙的致命破坏力，因此城墙厚度也是需要考虑的关键因素。明代城墙在砌筑时呈下宽上窄的比例，墙宽也相应分为底宽和面宽。B2指标选择城墙面宽取值
B3	墙高	在防御外部进攻时，除了依靠厚实的城墙防守，城墙的高度也保证了敌人无法轻易翻越
B4	城门	城门是联系海防聚落城内外的枢纽节点，也是城池防守的最薄弱之处，是攻守双方的主要争夺目标。因此城门数目和城的防御效率成反比，城门越多则会带来防守困难，越易被倭寇突破。为了加强城门的防护，瓮城（又称月城）应运而生。瓮城即在城门外加修一道城墙形成“重门”，两道城墙围合成的半月形或矩形的空间，在迎敌时可以形成“瓮中捉鳖”之势，因此有效弥补了城门防御的不足，因此B4指标为城门数与瓮城数相减的取值，且B4指标与城门数成反比
B5	敌台	茅元仪认为“有城无台，亦如无城，”[⑧]可知敌台在明代海防城池防守中的重要性。敌台的出现加强了城墙的防御性，使得单向防守变为有夹角的立体防守
B6	窝铺	窝铺是指古时在城墙马面顶上修筑的小屋，供防守士兵躲避风雨、贮藏兵器之用[⑨]
B7	雉堞	雉堞是城墙外侧最重要的防御设施，在守城时城墙上的雉堞既能起到遮蔽作用，又能窥视敌军。作为明代海防军事聚落城墙设计中最具技术含量的部分之一，雉堞设计的合理性以及建造水平的高低，直接决定了守城作战的效率甚至成败
B8	城壕	城壕即护城河。护城河作为城墙外的一道重要屏障，增加了敌人靠近的难度。宁波地区各海防卫所几乎都建有城壕，因卫所平面多为矩形，城壕也与之平行，分东南西北四个方向。在建设条件允许的情况下，城壕越高、越深其防御效果越好。由于部分数据缺失，城壕的深度和宽度在影响因子的评分中不予统计，B8为正壕与备壕相加的总长度

三、权重计算

根据确立的评价体系邀请专家对海防军事聚落防御性评价指标的重要性进行判定，计算B1~B8的权重，判定方式为采用1–5的标度比较各因子之间的重要程度并打分，判断矩阵见表3。

权重判断矩阵需进行一致性检验，根据检验公式可得最大特征根λ_{max}=8.43，一致性指标CI=$\frac{\lambda_{max-n}}{n-1}$=0.062（其中$n$为判断矩阵阶数），一致性比例CR=CI/RI=0.044<0.1（随机一致性指标RI 见表4，判断方法为若CR<0.1，则表示具有满意的一致性，反之则需调整判断矩阵的取值，使其一致性通过）。表3矩阵检验结果具有一致性，权重值生效。

海防军事聚落评价指标体系（B1—C层判断矩阵） **表3**

A	B1	B2	B3	B4	B5	B6	B7	B8	权重
B1	1	2	2	3	2	5	4	3	0.249078
B2	1/2	1	1/2	2	2	4	4	3	0.163693
B3	1/2	2	1	2	2	4	4	3	0.193704
B4	1/3	1/2	1/2	1	1/3	4	3	2	0.099371
B5	1/2	1/2	1/2	3	1	4	3	2	0.135722
B6	1/5	1/4	1/4	1/4	1/4	1	1/2	1/5	0.032562
B7	1/4	1/4	1/4	1/3	1/3	2	1	1/2	0.046158
B8	1/3	1/3	1/3	1/2	1/2	5	2	1	0.079712

平均随机一致性指标表 **表4**

n	1	2	3	4	5	6	7	8	9
RI	0	0	0.58	0.90	1.12	1.24	1.32	1.41	1.45

（资料来源：根据参考文献2整理）

四、评价结果与特征分析

由于各城池构建本身具有客观的属性取值（表1），因此可以对其属性进行分级，并按照权重计算分值（表5）。

综上，按照明代海防四个历史时期对宁波海防军事聚落防御性进行分数统计（图2），可见分数变化集中在前三个历史时期，宁波海防卫所城池建设在洪武年间已基本完成，随后陆续有所修补，两个建设高峰分别集中在永乐中后期与嘉靖中后期，到第三时期末（嘉靖末）已达稳定阶段。海防第四时期倭寇数目大减，卫所聚落的军事功能逐步减弱，其建设也就此停滞。

此外，后期对海防聚落进行修筑时，卫城的防御性加强的幅度明显较大，可见保证卫城的防御能力是抵御倭寇的关键，为历代海防官兵所重视。尤其是观海卫与临山卫，在永乐末期曾有大规模的修葺。《观海卫志》记，永乐十六年（1418年）都指挥谷祥“增辟四门，门之外罗以月城，置吊桥各一，城之上，敌楼二十八，巡警铺三十六，雉堞一千三百七十，水关二”。嘉靖三十五年（1556

海防军事聚落防御性评价指标评分表　　表5

评价指标（单位）		权重	等级	评分	等级	评分	等级	评分	等级	评分	等级	评分
周长（m）	B1	0.249	1500–2260	1	2260–3020	2	3020–3780	3	3780–4540	4	4540–5300	5
墙厚（m）	B2	0.164	0–3	1	3–6	2	6–9	3	9–12	4	12–15	5
高度（m）	B3	0.194	5–6	1	6–7	2	7–8	3	8–9	4	9–10	5
城门	B4	0.099	0–1	5	1–2	4	2–3	3	3–4	2	4–5	1
敌楼	B5	0.136	0–8	1	8–16	2	16–24	3	24–32	4	32–40	5
窝铺	B6	0.033	0–16	1	16–32	2	32–48	3	48–64	4	64–80	5
雉堞	B7	0.046	0–440	1	440–880	2	880–1320	3	1320–1760	4	1760–2200	5
城壕（m）	B8	0.080	0–900	1	900–1800	2	1800–2700	3	2700–3600	4	3600–4500	5

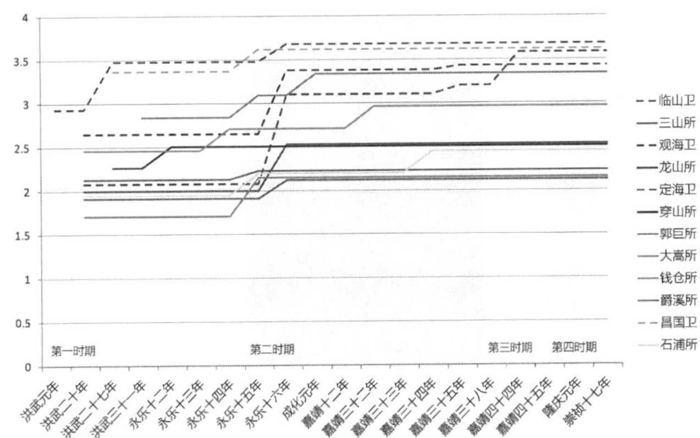

图2　宁波海防军事聚落防御性变化图

年）倭寇来犯，经总兵官卢镗提议又“增置木栅于城上，列比视雉堞而高倍之。防御甚便，军民赖焉”。而临山卫直到嘉靖三十八年（1559年）还有所加固，指挥戚毅任“内置东、西、南门重门各一，水门里置木闸（《临山卫志》）”。到第三时期末期，宁波四座海防卫城的防御性已全面超越所城。

分别选择四个时期的关键年份，用ArcGIS软件对海防军事聚落的防御性得分进行时空切片分析，可以更加直观地反映出明代海防军事聚落建设在空间上的强弱变化。四个时期分别为：永乐十二年（1414年）、嘉靖三十二年（1553年）、嘉靖三十八年（1559年）和隆庆元年（1567年），分析结果见图3。

以海防卫所聚落为已知防御性区域，为预测宁波行政区内整体海防防御性，研究选用了插值分析法进行表面分析。插值分析的基本思想是在已知某些点或区域地理数据的情况下，拟合空间模型，预测其他点或区域的隐含数据，理论假设是在空间位置上越靠近的点，其具有相似特征值的可能性越大；而距离越远的点，具有相似特征值的可能性越小。[⑩]具体插值方法选择了GIS工具箱中栅格插值中的反距离权重法，是能够对防御性进行较精确估计的一种方法。

四个时期，卫城的海防军事聚落防御性整体高于所城，与卫城明显的防御性变化趋势相比，所城的变化值并不明显。四座卫城中定海卫的防御性一直处于优势，临山卫与观海卫则经历了明显的加强，而昌国卫则较为稳定。

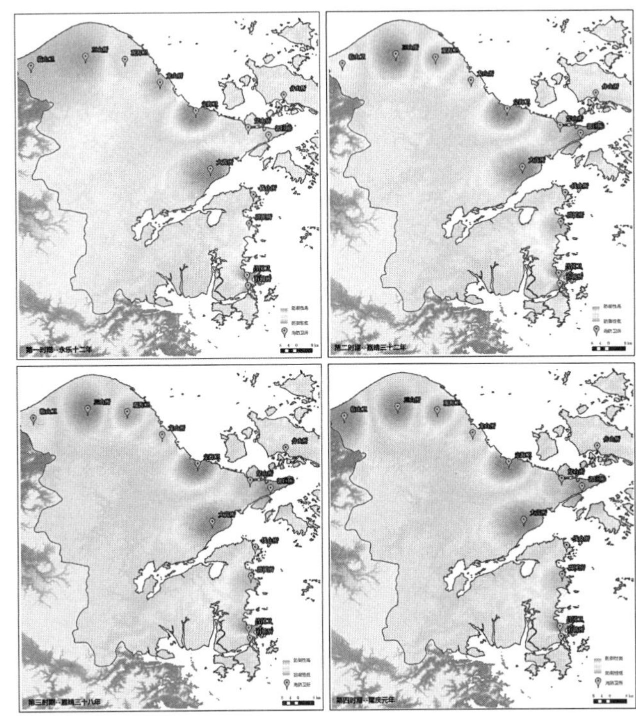

图3　宁波海防军事聚落防御性变化图

五、结语

宁波海防军事聚落防御性可以以城池构件为评价指标进行量化，通过专家打分决定各个构件的重要程度，并转化为相应权重，计算总分。宁波海防卫所聚落的建设从洪武元年一直持续到嘉靖末期，不断的增修加建体现出明政府面对倭患的一定补充策略，以及海防军事聚落体系建设的可持续性发展观念。

将海防军事聚落进行横向对比，可见卫城的防御性大体上高于所城，且在建设末期的提升更加明显。综上，聚落防御性的空间分布显示出明代海防军事聚落体系有主有次、重点明确的布局思路，研究也将为进一步探寻海防历史空间格局的深层次变化机制奠定基础。

注释

① 杨子遥，天津大学建筑学院，300072，ziyaoyang_work@163.com。

② 谭立峰，天津大学建筑学院，副教授。

③ 张玉坤，天津大学建筑学院，教授。

④ 杜栋，庞庆华，吴炎．现代综合评价方法与案例精选 [M]．北京：清华大学出版社，2008．

⑤ 范中义，仝晰纲．明代倭寇史略 [M]．北京：中华书局．2004．

⑥ 葡伯来拉、克路士．南明行纪 [M]．北京：中国工人出版社，2000．

⑦ 明嘉靖《临山卫志》卷一《城潦》。

⑧（明）茅元仪．武备志．卷一百一十．城制．

⑨ 张亚红，徐炯明．宁波明清海防研究 [M]．宁波：宁波出版社，2012．

⑩ 赵士阳．基于GIS的南京市住宅地价空间分布研究 [J]．中国物价，2018（11）：62-64．

参考文献

[1] 张亚红，徐炯明．宁波明清海防研究 [M]．宁波：宁波出版社，2012．

[2] 叶国风．历史文化名镇保护绩效体系评价研究 [D]．重庆：重庆大学，2016．

[3] 杨正泰．明代驿站考 [M]．上海：上海古籍出版社，2006．

[4] 尹泽凯．明代海防聚落体系研究 [D]．天津：天津大学，2016．

[5] 宋小冬，钮心毅．地理信息系统实习教程 [M]．北京：科学出版社，2007．

[6]（明）郑若曾．筹海图编 [M]．北京：解放军出版社．沈阳：辽沈书社，1990．

[7] 范中义，仝晰纲．明代倭寇史略 [M]．北京：中华书局，2004．

[8] 尹泽凯，张玉坤，谭立峰，刘建军．基于可达性理论的明代海防聚落空间布局研究——以辽宁大连和浙江苍南为例 [J]．建筑与文化，2015．

[9] 刘建军，张玉坤，曹迎春．基于可达域分析的明长城防御体系研究 [J]．建筑学报（学术论文专刊），2013．

夏河上游族群互动型聚落空间格局解析

——以达麦店、当应道村为例[①]

任跳跳[②]　崔文河[③]

摘　要： 基于甘南多民族交错居住的背景下，文章以夏河上游达麦店、当应道两个民族村为研究对象，结合民族学中“族群互动”的相关理论，采取田野调查法对聚落的自然山水格局和空间形态进行解析并挖掘其形成机制。通过归纳总结其空间形态特征与族群互动、自然因素及人文因素共同影响下的聚落空间格局，探讨不同民族适应特殊地域环境的空间营建智慧及多元共生的内在成因，为当前多民族地区和谐的人居环境建设提供参考与借鉴。

关键词： 夏河流域　族群互动　聚落　空间格局

引言

不同的民族即使处于相同的自然环境中，它们所营造的聚落形式也有所不同，而相同的民族无论所处的自然环境是否相同，他们的聚落空间也是相似的[1]。甘南藏区得天独厚的聚落景观和独具魅力的民俗风情吸引大批学者对其乡村聚落进行研究，且取得了丰硕的研究成果。如安玉源从“演变”和“传承”视角探索了甘南藏族传统聚落人居环境建设[2]；崔翔从社会、自然、精神信仰三个层面梳理了甘南传统聚落的空间特征和内涵，归纳了蕴含于其中的聚落营建智慧[3]；王宇倩则选取了舟曲白龙江藏族支系安多藏族民居作为研究对象，从建筑学和文化学视角下对地域性建筑文化进行了研究[4]；成亮基于城乡规划学研究角度从宏观到微观全景式剖析甘南藏区乡村聚落空间模式[5]。上述研究多基于甘南聚落藏区的社会文化视角对空间进行分析，缺乏与“族群互动”相结合的深入研究，因此，本文通过分析夏河上游族群互动型聚落空间特征及其共性与差异性，并挖掘影响聚落空间格局背后的自然气候、宗教文化等驱动因子。

一、族群互动型聚落概况

夏河县（图1）是多民族混居区，因大夏河而得名。大夏河属黄河水系，古之“漓水”，藏语俗称“桑曲”，南源桑曲却卡，北源大纳昂，汇流后始称大夏河，以土门关为界，最后注入刘家峡水库[6]。大夏河横贯夏河县1镇6乡，本次研究聚落就位于夏河上游（图2）。

达麦店与当应道被当浪河自然隔离开，当浪河流经达麦店后注入大夏河，达麦店位于大夏河畔，312省道途径该村，是一个66户282人的回、汉混居村，耕地约8.13公顷、草场98公顷、林地约13.73公顷，属于典型的半农半牧地区。据了解，达麦店名称源于清朝及民国期间，当时有数条商道经过拉卜楞藏区，拉卜楞寺为方便商客来往休息就在达麦设立了旅店，故称达麦店村。

当应道紧邻省道312线，村庄有53户240人，林地草场约66.67公顷、耕地12.8公顷，是典型的半农半牧型藏、汉杂居村寨。当应道村历史悠久，一些信仰苯教的藏族早在500年前就到此生活，使其成为达麦乡最早出现的村落，整个村寨藏民族风格鲜明浓郁（图3）。

图1　夏河县示意图（图片来源：作者改绘）

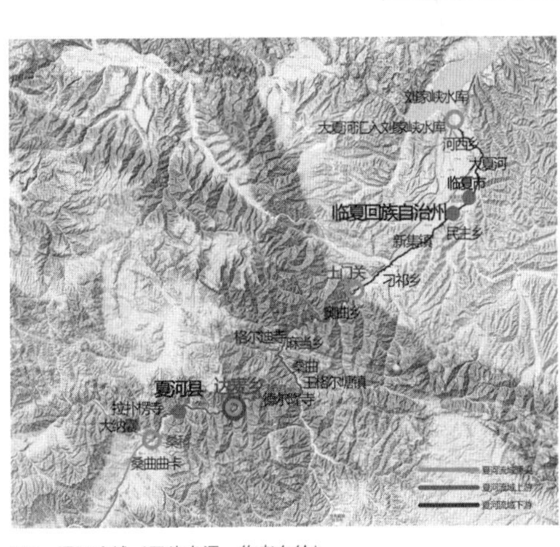

图2　夏河流域（图片来源：作者自绘）

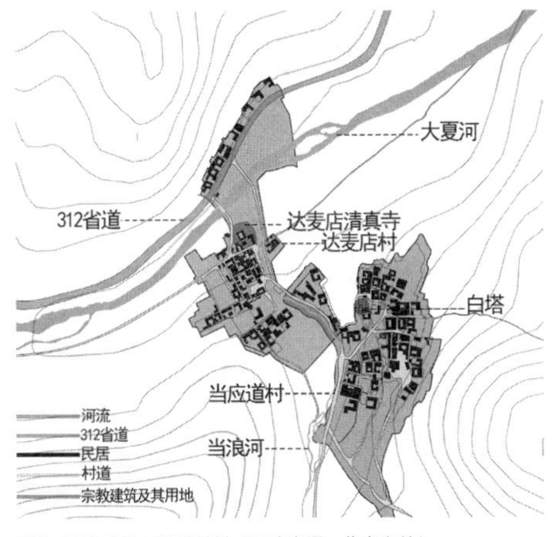

图3　达麦店村与当应道村（图片来源：作者自绘）

二、聚落空间格局解析

有学者提出：共性与差异性的背后体现出两种决定性的因素，一种是以自然资源气候环境为主导的“气候因素”，另一种是以宗教信仰、风俗喜好为导向的“文化因素”[7]。一弯河水将当达麦店与当卫道分割为两个相对独立的民族村，他们在共同的“气候因素”下繁衍生息，具有鲜明的高原地域特色，但聚落因“文化因素”影响，在信仰、风俗及图案装饰等方面也存在差异，这种差异性使族群互动型的聚落空间和场所各具特色。

1. 山水—农田空间格局

乡村人居环境的基本形态从选址、生长、规模、密度、肌理诸多方面反映了人们在处理山水地形、耕地和居住三者之间相互关系的智慧[8]。平均海拔2930米的达麦店和当应道共同以高山地形和自然河谷为基底，民居、农田及山水等空间要素为基本骨架，良好的山水格局和生态环境间接促进了聚落的可持续发展，这种共性使聚落呈现出鲜明完整的空间特征。

中国传统聚落的空间形态呈现出自然与人的行为活动、人与社会有机融合的特征[9]。通过GIS分析（图4）及现场调研分析（图5）得出达麦店和当应道整体上背山靠水，地势由西北向东南倾斜，当应道受佛教文化中山神崇拜的影响将民居临山而建；达麦店因回族文化中对于水的独特情怀而择址于大夏河畔。聚落的个性寓于共性之中，民居建筑随形就势、因地制宜，村庄被水和农田分隔，聚落从南向北依次上呈现出“山—村庄—农田—水—山”的自然山水空间格局。

2. 生活空间格局

生活空间是具体实在的日常生活的经验空间，是容纳各种日常生活活动发生或进行的场所总和[10]。这部分主要从居住及公共空间格局两方面对村民每天的日常活动叠加而成的空间聚合体即生活空间格局（图6）进行解析。

1）居住空间格局

受北高南低的地形环境及大小河流的综合影响，除几户居于夏河以北的达麦店村民外，达麦店和当应道的民居整体位于夏河以南，河上架有新旧两桥（旧桥还在使用，但破损严重）与乡道相连，形成通达性强的交通系统，民居院落与街巷共同构成了聚落的居住空间（图7）。

（1）达麦店：达麦店民居建在相对平坦的河谷地，建筑间的高差较小，虽被河流分为南北居住区，因土地条件限制，各院落彼此贴近，部分民居建筑甚至共用一个院墙，街巷也相对狭窄，聚落空间布局仍旧整齐紧凑，聚落呈带状分布。回、汉建筑风格差异小，可通过楹联和回族民族符号来区分两个民族。

（2）当应道：民居建筑依山就势建于地势起伏的山脚，道路也因错落的民居而呈枝状分布，干路随山体走势延伸，道路较宽且通达性强，同时连接着村庄和农田；支路与干路垂直相交，巷道与周围地形环境相契合串联每户民居，多为尽端式，聚落呈团状分布。可通过经幡和建筑色彩等民族装饰来鉴别房主是哪个民族。

2）公共空间格局

公共活动场所是城市聚落和乡村聚落不可或缺的空间组成部分，是居民进行日常活动必要的场所，如达麦店打麦场、当应道公房、文化广场和在建的综合观景廊道都属于公共空间（图8），这些空间为各民族的日常活动禾交流提供了便利的场所，使族群间的互动交流比以往更加密切。

（1）公房：即当应道村委会，位于村落集成度最高的中心位

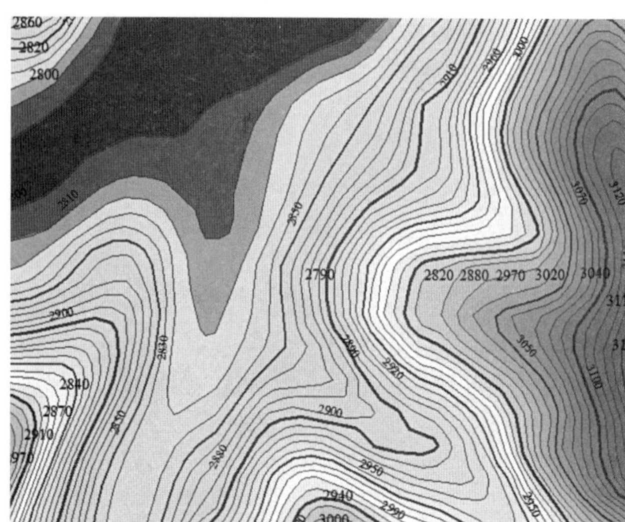

图4 GIS图（图片来源：作者自绘）

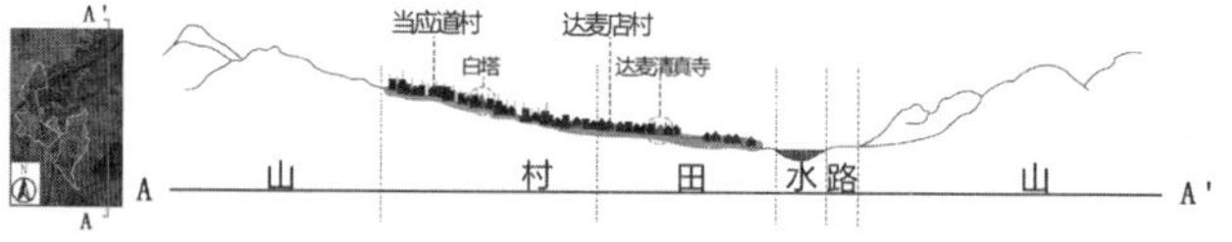

图5 山水—农田格局（图片来源：作者自绘）

图6 生活空间格局（图片来源：作者自绘）

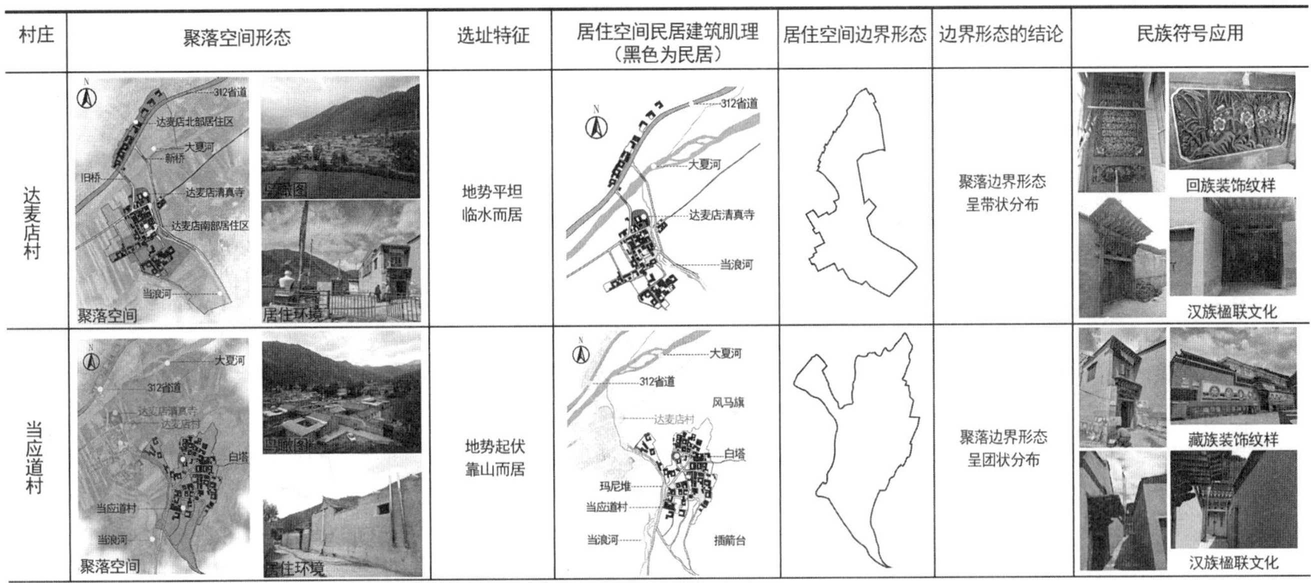

村庄
聚落空间形态
选址特征
居住空间民居建筑肌理（黑色为民居）
居住空间边界形态
边界形态的结论
民族符号应用
达麦店村
312省道
达麦店北部居住区
大夏河
新桥
旧桥
达麦店清真寺
达麦店南部居住区
当浪河
聚落空间
居住环境
地势平坦
临水而居
聚落边界形态呈带状分布
回族装饰纹样
汉族楹联文化
当应道村
大夏河
312省道
达麦店清真寺
达麦店村
白塔
当应道村
当浪河
聚落空间
居住环境
风马旗
玛尼堆
插箭台
地势起伏
靠山而居
聚落边界形态呈团状分布
藏族装饰纹样
汉族楹联文化

图7 居住空间格局及其边界、文化符号应用分析（图片来源：作者自绘）

当应道公房
（汉藏使用）
当应道文化广场
（汉、回、藏使用）
达麦店打麦场
（汉、回使用）
当应道观景廊道
（汉、回、藏使用）

图8 公共空间格局（图片来源：作者自绘）

置，是村民自发组织营建的村落公共服务场所，公房除了具备村委会的功能，此外还增设了图书阅览、卫生室、接待贵宾的功能。

（2）文化广场：随着生态文明小康村建设项目的深入，当应道建了文化广场，村中也添置了座椅、公厕、垃圾箱等公共服务设施，文化广场不仅是村民日常健身的场所，还是村民之间的情感交流公共场所。

（3）观景廊道：观景廊道与文化广场相衔接，廊道里还修建了8座休闲凉亭与1座展览大厅，配有停车场、厨房和员工宿舍，是聚落中集休闲娱乐和观光游赏于一体的综合休闲空间。

（4）打麦场：是乡村聚落重要的组成部分，农收时打麦场成为达麦店村民谷物收集和晾晒的主要场所，农闲时作为堆放农业物资的地方，既承担着大量的生产功能又是族群互动的场所。

3. 宗教空间格局

少数民族宗族景观元素或宗教场所常常处在民族聚落中的“重心”位置，是聚落举行各种宗教仪式或公共活动的场所[11]。达麦店和当应道的宗教场所都位于村中重要位置，在宗教文化潜移默化的影响下使族群互动型聚落呈现出民族多元、文化多样的特质（图9）。

（1）达麦清真寺：清真寺是回族聚落的精神场所，一般通过位置、朝向和体量来标示其核心地位[12]。达麦清真寺位于聚落中央位置且两面邻水，主体建筑面东背西，是村民集会和公共活动的重要场所，聚落具有明显的“围寺而居”空间格局特点。

（2）白塔：藏传佛教寺院不仅是村落的精神象征，也是为村落提供社会服务的场所，在当地人们的心目中“神山”和“神湖”连接着天与地、宇宙与星辰[13]，是连接天地之间的“天梯”[14]。

图9 宗教空间格局（图片来源：作者自绘）

当应道虽未建寺庙，但宗教场所占据着聚落中的重要位置，如承担村民日常转经的白塔、藏经、玛尼堆建在村中心位置，插箭台和风马旗设在高而开阔的神山之巅，村中分布的宗教设施及构筑物形成的聚落中的宗教空间，使宗教空间寓于“上寺下村”的聚落空间格局之中。

三、聚落空间格局成因分析

当前族群交流比以往任何一个时期都要频繁，聚落作为各民族共同生活的空间载体，其空间格局形成受到自然因素、产业方式、宗教文化等多要素的支配和影响，使族群空间和形式发生改变或解构重组，形成具有时代性、地域性、民族性的族群互动型聚落聚落。

1. 族群互动下的自然因素

达麦店和当应道地貌特征以宽谷和峡沟为主，因峡沟地山体陡峭且缺少平坦场地[15]，多民族选择在较为开阔的宽谷地带“大杂居、小聚居”，当应道靠山而居、达麦店邻水而憩，两村隔河相望，聚落空间受地形与河水等现实空间的限制，形成了地缘观念强烈的村庄。居住此地的少量汉族与藏回两民族相互融合、交好，回、藏之间因宗教及生活习惯差异而交往较少，以河为界使两民族村无形的文化空间转化为心理距离，削弱了民族间的同化和互动。族群互动下的自然因素让各民族融合共处的同时也保护了民族的文化，在聚落的发展演变中使聚落空间格局各具民族特色。

2. 族群互动下的产业方式

在历史的演变发展中各民族逐渐适应了不同海拔高度的自然环境，形成各自相对成熟的生产方式，各居其位、各得其所，构成高原地区多元民族聚居团结互助的社会环境[16]。回族由于经商和逃荒迁入达麦店后向汉族学习农耕、向藏族学习放牧，藏族经过向汉族学习耕种由之前的游牧民族定居在当应道过着半农半牧的生活，近年来随着旅游业的兴起当应道藏族村在政府扶持下创办藏家乐发展旅游业，族群互动下产业方式的变化提高了当地的经济利益同时也促进了各族群在空间上的交流交往，对聚落规模的扩大和空间格局的营建有推动作用。

3. 族群互动下的宗教文化

在宗教信仰的约束下，聚落营建中处处体现了精神理想的追求[17]。当应道藏族有在过年期间去庙里拜二郎神、财神爷的；汉族也会转佛塔、参加藏族每年在山顶举行的插箭节为来年祈福；香浪节是藏族传统节日，达麦店回族虽不参加当应道举办的香浪节，但经过长期的民族融合，藏、回、汉都会参加合作社组织的香浪节，且拉扑楞寺嘉木样活佛曾于2015年莅临达麦清真寺开展宗教座谈会，会后向清真寺阿訇赠送写有阿拉伯文字的哈达，既是祝愿又是对彼此宗教文化的认同和接纳。随着族群互动和物质空间需求的增大，宗教文化融合从心理空间转移到聚落的物质空间，族群互动下的宗教文化认同间接促进了聚落的营建和各民族的多元共生。

四、结语

乡村聚落受其自然环境、生产方式、文化差异等多重因素的影响，在聚落空间层面上形成了稳定的空间结构模式[18]。本文在田野调查的基础上，解析了达麦店和当应道因特殊的河谷地貌使聚落从南向北依次呈现出“山—村庄—农田—水—山”的空间特征及自然山水格局；因族群文化不同而形成了功能各异的宗教空间格局和丰富的公共空间格局。聚落空间肌理变化与生产生活方式相契合，承载着地域空间发展的记忆和文化传承的脉络，映射出族群互动下的聚落空间营建智慧。

历史上各民族（族群）世代聚族而居，与其赖以生活的环境共同作用[19]，积淀形成各具特色的聚落空间格局。达麦店和当应道村民在特殊的地域环境中经过对自然长期的适应和改造形成了现在天人合一、各民族融合共存的聚落空间格局，各族群在经济上互通有无，文化上兼容并蓄，生活中你来我往，使聚落与宗教空间、生活空间及公共空间互惠共生，共同组成多元共生的人居环境。

注释

① 国家民委民族研究项目“多民族杂居村落的空间共生机制研究——以甘青民族走廊为例（2019-GMD-018）”、宁夏重大重点研发项目“宁夏装配式宜居农宅设计建（改）造及人居环境治理关键技术研究与示范（2019BBF02014）”。

② 任跳跳，西安建筑科技大学艺术学院，硕士研究生，710055，18894312994@163.com。

③ 崔文河，西安建筑科技大学艺术学院，硕士生导师，副教授。

参考文献

[1] 王昀．传统聚落结构中的空间概念［M］．北京：中国建筑工业出版社，2009：21．

[2] 安玉源．传统聚落的演变·聚落传统的传承［D］．北京：清华大学，2004．

[3] 崔翔．甘南藏区传统聚落空间营建智慧及启示［D］．西安：西安建筑科技大学，2014．

[4] 王宇倩．安多藏区传统聚落与民居建筑研究［D］．西安：西安建筑科技大学，2015．

[5] 成亮．甘南藏区乡村聚落空间模式研究［D］．武汉：华中科技大学，2016．

[6] 甘肃省夏河县志编纂委员会．夏河县县志［M］．兰州：甘肃文化出版社，1999（10）：168-171．

[7] 崔文河，王炜，令狐梓燃．民族地区聚落景观与民居特质保护

传承研究——以丝绸之路甘青段为例 [J]. 中国名城, 2017 (12): 74–78.

[8] 许少亮. 在山水格局下重塑中国特色乡村景观 [J]. 福建建设科技, 2017 (04): 38–40.

[9] 业祖润. 传统聚落环境空间结构探析 [J]. 建筑学报, 2001 (12): 21–24.

[10] 李元琛. 合肥老城区居民生活空间分布格局研究 [J]. 建筑与文化, 2017 (06): 138–140.

[11] 王乐君, 李雄. 少数民族传统聚落空间的景观更新 [J]. 中国园林, 2011, 27 (11): 91–93.

[12] 陶金, 张杰, 刘业成, 等. 传统阿拉伯伊斯兰城市宗教习俗与建成环境的关系探析 [J]. 规划师, 2012 (10): 93–95.

[13] 郦大方, 杜凡丁, 李林梅. 丹巴县藏族传统聚落空间形态构成 [J]. 风景园林, 2013 (01): 110–117.

[14] 何泉. 藏族民居建筑文化研究 [D]. 西安: 西安建筑科技大学, 2009.

[15] 李巍, 权金宗, 王录仓. 河谷型藏族村落空间特征及生成机制研究——以大夏河沿岸村落为例 [J]. 现代城市研究, 2019 (02): 117–122.

[16] 崔文河, 于杨. "多元共生"——青海乡土民居建筑文化多样性研究 [J]. 南方建筑, 2014 (06): 60–65.

[17] 段德罡, 崔翔, 王瑾. 甘南卓尼藏族聚落空间调查研究 [J]. 建筑与文化, 2014 (05): 47–53.

[18] 成亮. 甘南藏区乡村聚落空间结构模式研究 [J]. 南方建筑, 2016 (02): 96–100.

[19] 张斌. 少数民族聚落景观演变的文化驱动机制解析 [J]. 风景园林, 2018, 25 (11): 112–116.

基于环境适应理念的环渤海地区山地聚落形态研究①

赵嘉依② 李世芬③ 柏雅雯④

摘　要： 文章针对环渤海地区山地聚落之空间布局及其环境适应性展开研究。笔者基于调研与分析，选取典型聚落，从其对高程、地形与坡度、水源等地理环境的应答，和对风、光、降水等气候环境的应答，解析聚落布局、街巷结构、民居形态等外化表现与地理、气候环境的适应性关联机制。通过分析其构成特征和组织方法，发掘传统聚落之生态智慧，以期指导聚落营建方向。环境适应是聚落系统获得生态平衡的基本保证，也是当代聚落更新与发展的必然。

关键词： 环渤海地区　山地聚落　聚落形态　环境适应

引言

如今，逐步迈入小康社会的我们更加关注精神层面的满足和文化遗产的传承。人们开始反思过快过猛的经济建设下，历代相继的传统文化的丧失所带来的“前村一面”和“空心衰败”等种种现象背后的原因。伴随着经济水平、科学技术、社会文化的发展，乡村聚落如何保持盎然的生机，成为规划、民居、管理、经济多重学科需要交叉合作应对的紧要课题。

我国乡村聚落的形成，从聚落产生伊始便是自然选择、自适应不断演变的结果。聚落在不断与环境的交互作用下进行调整，并最终表现出稳定的空间形态，因此环境适应是聚落上百年来生生不息繁衍的最重要原因。在人工干预影响聚落发展增多的今天，以其环境适应理念为优先，探讨聚落形态、发掘传统聚落之生态智慧，并推演其现代传承方式是乡村聚落可持续发展的重要出路。

一、研究范围——环渤海地区山地聚落

我国幅员辽阔，地貌类型众多，以山地、丘陵、平原为主要地貌特征，其中山地这一地貌类型主要分布于我国西部、东南沿海。以重庆、云南等地区的山地聚落（图1）为代表，鳞次栉比、高低错落的房屋形成秩序天然的层次感，形成建筑与自然融于一体、相辅相成之势，山地聚落作为一个动态、有机、开放、复杂的系统，其浑然天成的聚落形态成为规划、民居研究专家与学者的关注焦点。

我国的“环渤海地区”指京津冀、辽东半岛、山东半岛环渤海滨海经济带，同时延伸辐射到辽宁、山东、山西以及内蒙古中东部，分别约占全国国土面积的13.31%和总人口的22.2%。2018年11月，中共中央、国务院明确要求以北京、天津为中心引领京津冀城市群发展，带动环渤海地区协同发展。笔者所在课题组常年聚焦于环渤海地区乡村聚落研究，由于渤海半封闭型海域自身系统的特殊性，使得这一区域整体气候特征较我国其他地区有明显特点。加之“大槐树移民”、“闯关东移民”等移民历史文化的背景，使这一地区的乡村聚落及民居形态呈现一定的共性特征。

图1　云南地区山地聚落
（图片来源：https://image.baidu.com）

本文即以所内大课题为依托，选取环渤海地区内，属于温暖湿润—半湿润季风气候的低山与中山侵蚀地貌范围内的16个乡村聚落（西井峪村、苦梨峪村、下营村、赵家峪村、西大峪村、华山村、石佛村、龙岗子村、八盘沟村、白音爱里村、裂山梁村、蟠桃峪村、西沟村、龙潭村、蔡峪村、朴家沟村）为研究对象（图2），运用类型学的研究方法，唤起人们对环渤海地区山地聚落的关注与

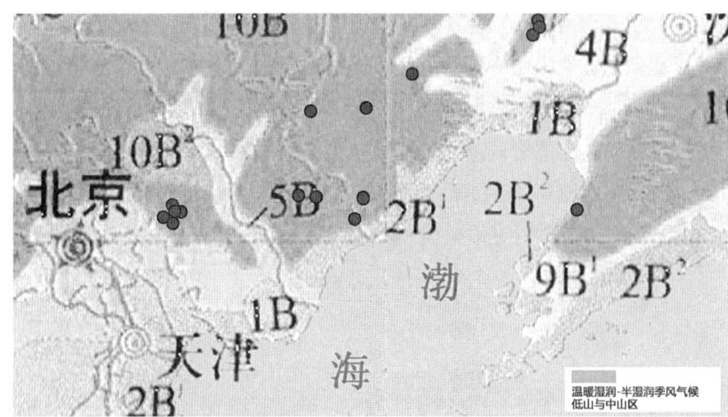

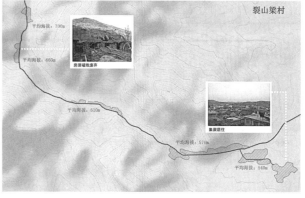

图2 环渤海地区山地聚落选点分布

图4 聚落高程应答举例二

认知，以环境适应理念为基准，探讨环渤海地区山地聚落对环境的应答方式，从而明确该地区山地聚落形态下的有序性内涵。

二、聚落形态与环境适应——地理环境应答

聚落的选址绝大部分取决于对地理环境的适应性应答，主要涉及高程、地形与坡度、水源三个层面，其主要外化表现在聚落规模、街巷形态、公共空间的布局和民居形态等方面。

1. 高程应答

环渤海地区山地以低山及中山山脉为主，相对海拔高度平均在500米左右。在山地环境中，海拔高度越高，温度越低，且昼夜温差加大，湿度上升，制约人类居住的舒适性，同时较高的高程降低了居民活动的便捷性。

聚落层面，环渤海山地聚落海拔越高，聚落规模相对减小，且聚落新建民居的发展呈现向高程较低区域发展的态势。以天津蓟县山地聚落为例（图3），西井峪村海拔高度约为180米，聚落形态呈团状集聚型，东西长约386米，南北宽约428米，总用地面积约13.4公顷，西井峪全村156户，约村民500余人。苦梨峪村海拔高度320米，村落形态呈散点分散型，东西延伸约400米，南北仅为60米，占地约2.4公顷，村舍沿沟谷分散，仅约66户居民。以裂山梁村为例，村辖8个自然村为8小组，地势呈西高东低，三面环山，相对高差达300米，海拔高处现居住人口极少，房屋破败废弃，大部分都迁至海拔较低且交通相对便捷的区域（图4）。

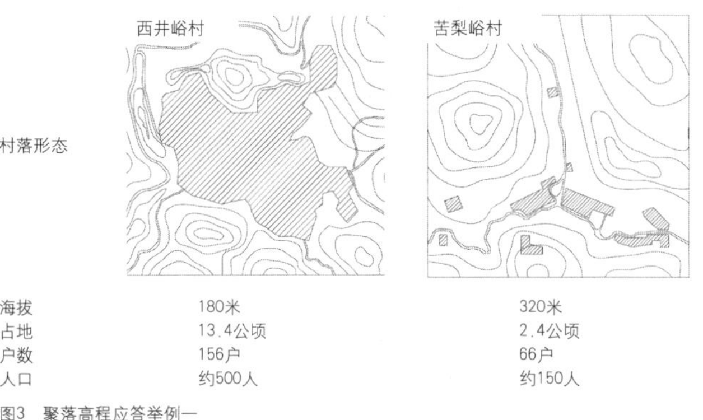

西井峪村
苦梨峪村
村落形态
海拔 180米 320米
占地 13.4公顷 2.4公顷
户数 156户 66户
人口 约500人 约150人

图3 聚落高程应答举例一

建筑层面，相较海拔较低的平原地区，海拔较高的山地地区聚落建筑以较厚石材为建筑墙体，不仅做到就地取材，节约人力物力成本，加厚的石材墙体更有利于保温性能的提升。同时，民居院落较大，房屋之间相距较远，以保证充足的光照和较好的朝向。建造年代越近的房屋，所在高程越低。

2. 地形与坡度应答

环渤海地区山地聚落顺应不同的地形，呈现不同的形态特征：

1）山坳平地型：山坳为山地两处高点之间较为广阔的平坡地，坡度基本在3%以下。此种地形有助于聚落的集聚生长，较小山势干预，为聚落规则发展提供可能：一般以某一中心为基点（如广场、宗教建筑、村委会）向四周辐射扩展，再由道路将各元素组织串联，类聚落虽然也受到山地地形的限制，但是其所处位置相对开阔，规模较大。因此，此类聚落形态呈现团状集聚形，道路形态呈“不规则网状”分布。例如，下营村是以村委会为中心，由南向和西向山体围合形成半包围地形；西井峪村以中心广场为核心，四面环山，道路自由分布呈网状（图5、图6）。

2）山腰缓坡型：环渤海地区山腰处通常为缓坡地带，坡度在3%~10%之间。此种地形山地聚落常常顺应山地走势，自组织性地沿着坡度较缓的位置发展，因而聚落形态呈线性延伸状，且道路以“鱼骨式”布局，秩序性明显，即主干道路顺应山势贯穿始终，

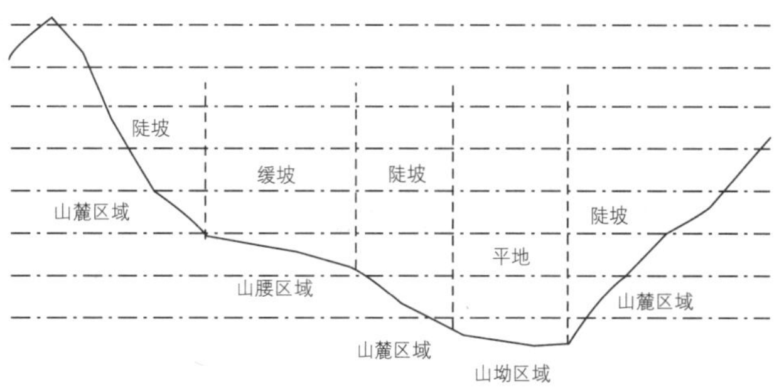

图5 地形与坡度

	下营村	西井峪村
聚落形态——团状集聚		
道路布局——不规则网状		

图6　山坳平地型聚落

次要支路两侧发散。例如华山村、赵家峪村、龙潭村都是在山腰缓坡处顺应地势线性发展的村落（图7）。

3）山麓陡坡型：山麓作为平地与山体交接区域，地势特征自由多样，无明显统一性特征，该过渡地区通常坡度较陡，大于10%。此种类型聚落可向平地、坡地双向发展，进而两足鼎立，相互牵扯。为顺应该种地形，环渤海地区该类型山地聚落多呈现无规则零散状态，时而集聚时而多向发散，道路结构自由复杂。如朴家沟、石佛村、龙岗子村。（图8）

3. 水源应答

环渤海山地聚落中，经济发展、村落发展最为优势的选址即为靠近水源的村落。这充分体现了古人“天人合一”、“道法自然”的传统文化的精髓。通过对山川走势的判断，对河流水形的推论以及对土壤的质地的评判来择居就址的，主要讲究的便是“负阴抱阳、背山面水”。（图9）

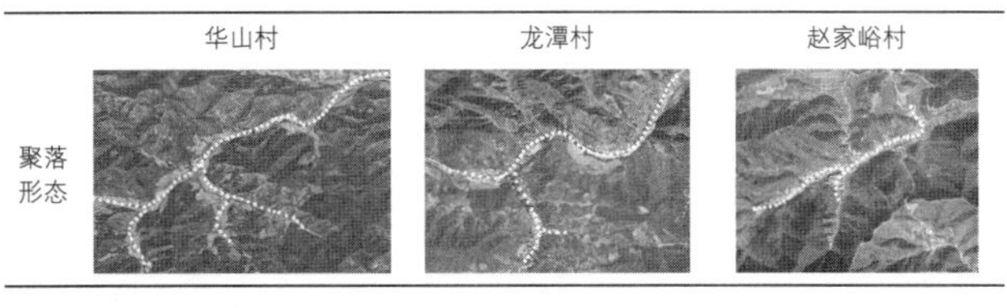

图7　山腰缓坡型聚落

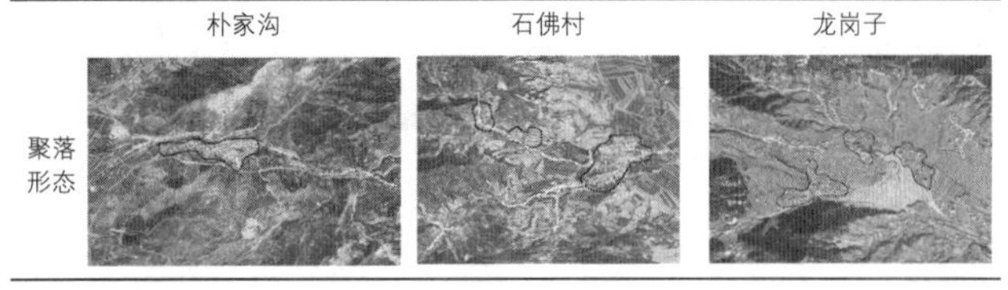

图8　山麓陡坡型聚落

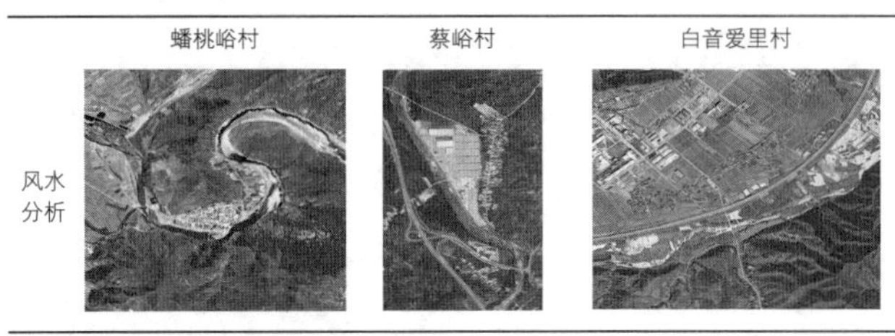

图9　依水而建山地聚落——藏风聚气，得水为上

环渤海地区山地聚落本就处于山峦怀抱中，因而择水源而居便是聚落兴久不衰的秘密源泉：此类聚落发展前景较好，更具活力，水系滋养了沿岸的土地和村民，可为村民生活提供便利。同时，水系对村落的空气循环具有促进作用：昼间水体温度较低，受到阳光照射水汽蒸发，村落内部风由村落吹向水体，夜间形成反向气流循环——村边的水系如同“风力循环系统”，利于村落空气循环。（图10）

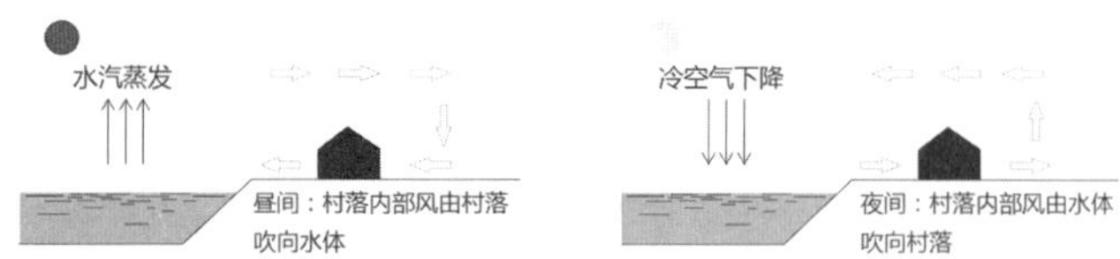

图10　水系对于村落空气循环的促进作用

例如，蟠桃峪村，位于浅山地带，处于河流冲积扇内，土地肥沃，且村落顺应水势及山势呈团状布局，道路规整。村落背山面水而建，历史悠久，村落富裕，农家乐、民俗旅游发展态势良好，整个聚落依山向阳，环境舒适。蔡峪村同样临近河流，且顺应地势线性延展。白音爱里村处于山间平地且临近大凌河，是著名的蒙古族文化民俗村。

三、聚落形态与环境适应——气候环境应答

环境适应理念下，环渤海地区山地聚落应同时考虑对气候环境的应答机制，主要涉及风、光、降水三种气候因子，也同样外化表现于聚落选址、聚落朝向、街巷布局和民居形态等方面。

1. 对风的应答

环渤海山地地区受所处气候及区位影响，主要风向以冬季西北风、夏季东南风为主。该地区山地聚落通常通过借助周边地形，削弱冬季寒冷风的侵袭，故多处于山坳中或三面环山处避免风的影响；或选址于山体东南侧，即冬季背风一侧，且山体布局对村落呈环抱之势。这有利于村落在冬季利用山体形成的巨大屏障，阻挡冷风侵袭；而在夏天，能够接收凉风，形成空气流通循环。如西沟村、西大峪村、八盘沟村等。

2. 对光的应答

与南方较多房屋层叠错落的聚落不同，环渤海山地聚落在环境适应中对光的应答主要体现在：（1）聚落层面：所在山体坡向南低北高。环渤海地区地处我国北方，冬季寒冷，对光照需求较高，因而聚落选址多在向阳坡上；只有极少聚落位于背阳坡面，且该种聚落形态较为分散，以便争取更多的光照。（2）建筑层面：单体院落较大，东西走向街巷较宽，有利于接收更好的光照。

3. 对雨的应答

降水量对于农业生产极为重要，故历史较为悠久，以农业生产

起步的环渤海山地聚落除考虑临近水源外，还会考虑大气降水的影响。在山地地形中，空气中湿度较大，暖湿气流很容易凝结上升，遇到地形的阻碍会产生强降雨，这就是一般所说的地形雨。山坳中四面环山，是降水聚集的优势地带，因而成为传统山地聚落选址的又一焦点。与之相对应，在建筑材料上以砖石为主而少有易被降水侵蚀的土坯房，也是山地聚落对降水的积极应答。

四、结语

对于环渤海地区山地聚落的环境适应性研究，本文仅从自然适应的角度展开，但不能忽视的是，聚落的发展受自然环境制约的同时，同样离不开人文环境的滋养，这就又涉及区位、文化、政策等多方面的内容。

本文将自然环境中的地理环境应答和气候环境应答的各个要素展开叙述，希望通过类型学的比较研究，归纳出各应答机制下环渤海地区山地聚落的生态智慧：相较于平原聚落，制约因素更为复杂的山地人居环境，其个性化更为凸显，同时也再一次肯定了我国古代风水观念的先进思想。本文研究更多的是聚落宏观层面的论述，而基于环境适应理念的更为细致的中微观层面的环渤海地区山地聚落研究时亟待展开。

注释

① 基金项目：国家自然基金资助课题（51708083）；辽宁省社会科学规划基金项目（L17BSH008）；2017中央高校基本科研业务费课题（DUT18RW203）。

② 赵嘉依. 大连理工大学建筑与艺术学院，在读博士。

③ 李世芬. 大连理工大学建筑与艺术学院，教授，博导，116023，598674153@qq.com。

④ 柏雅雯. 旭辉集团股份有限公司，助理建筑师。

参考文献

[1] 环渤海地区. https://baike.baidu.com/item/%E7%8E%AF%E6%B8%A4%E6%B5%B7%E5%9C%B0%E5%8C%BA/1779752?fr=aladdin.

[2] 张庆顺，马跃峰. 混沌与秩序并存——传统山地聚落外部空间秩序的分形解读 [J]. 新建筑，2013（02）：127-130.

[3] 柏雅雯. 蓟州山地型聚落形态及其更新研究 [D]. 大连：大连理工大学硕士论文，2018.

[4] 刘京洋. 相立传统村落空间布局及其建筑形态 [D]. 太原：太原理工大学，2018.

[5] 吕文杰. 广西西江流域代表性乡土聚落与气候环境因子关系研究 [D]. 北京：中国建筑设计研究院，2018.

[6] 浦欣成. 传统乡村聚落平面形态的量化方法研究 [M]. 南京：东南大学出版社，2013.

[7] 管彦波. 论中国民族聚落的分类 [J]. 思想战线，2001（02）：38-41.

注：未标明来源图片均为笔者及所在课题组自绘。

以宗教空间为主导的青海省循化县拉代村村落布局浅析

王志轩[①]　靳亦冰[②]

摘　要：青海省循化县拉代村是一个山地藏族村落，随着国家级文保单位文都大寺的建造而发展，形成了村寺相依的空间布局特征。本文采用社会学角度的"社会—空间"理论，试图以拉代村为例，从领域、中心、道路、节点等几个聚落的构成要素来探讨藏族村落独有的宗教空间的特征，在藏族村落中，宗教信仰是社会空间建构的根源。而近年来藏族社会随着时代发展，文都大寺和拉代村形成了一种良好的共生关系，传统信仰和现代文明开始融合。宗教改革后宗教开始发生世俗化的转变。但拉代村的宗教空间呈现一种稳定的状态，世俗化的趋势在村落和寺庙中都表现得并不明晰，这是拉代村受封闭的地缘和经济限制的结果。

关键词：村落布局　社会结构　藏族村落　宗教空间

一、研究区域环境概况

拉代村位于青海省海东市循化撒拉族自治县文都藏族乡，紧挨着毛玉村、拉兄村、修藏村。拉代村地处于浅山地带，背山面水。村落整体分为两个部分：一部分是宗教建设用地，另一部分是村庄建设用地。村庄原有空间肌理保存完整，体现了自然环境对村落结构的影响。

拉代村以传统夯土庄廓为主，部分庄廓保存将近一百年，传统风貌较好，但质量不佳，有待修缮。大部分新建庄廓在材料、形制、装饰等方面延续传统特色，整个村庄保持良好的传统风貌。拉代村的历史可以追溯到元代以前，现在村中还有国家级文物保护单位——文都大寺。它是青海境内最早的格鲁派寺院，文都寺也是十世班禅幼年学经的地方，是他回乡后进行宗教活动的主要场所。而随着文都大寺的建造发展，拉代村也随着发展起来。近日，拉代村经过审查，被列入第五批中国传统村落名录。

图1　拉代村鸟瞰（图片来源：课题组）

二、社会空间理论下的宗教空间

梁漱溟先生的社会结构理论中提出，中国传统社会的发展中，宗教是缺失的。可能早期是有宗教的。早期人类文化尚浅，社会关系不紧密的时候，宗教起着主要的凝聚作用，但后来的发展过程中，逐渐开始以道德来代替宗教维持社会秩序。而我国藏区因其地域性、民族文化传统的独特性使得其村落呈现出独特的社会表征和空间结构。

从社会学的视角下看，拉代村的社会空间主要体现在以家庭空间为代表的个人空间和以寺庙、耕地、村民集体活动为代表的公共空间。社会空间主要体现的是一种社会关系，这种关系体现在村民的日常交往和活动中，拉代村的社会交往和日常活动主要是在个人空间和公共空间中完成。

1. 私密空间

只要生活在一个集体社会中，每个人都会拥有一个属于自己的个人空间。个人空间属于较为私密的活动空间，拉代村的私密空间主要表现在以家庭为单位发展的居住空间和以血缘关系为单位的血缘空间。

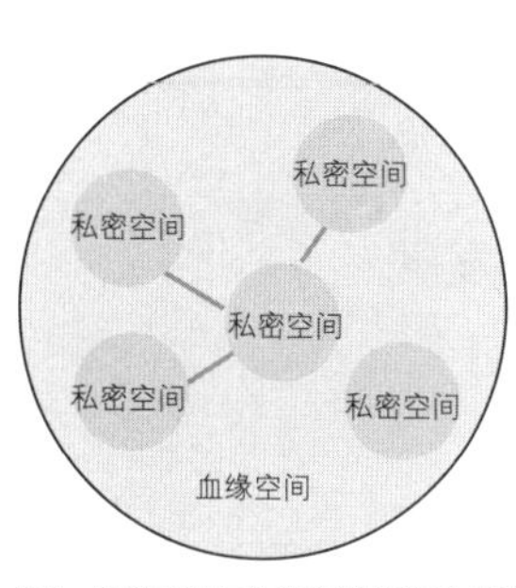

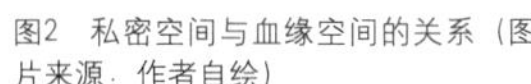
图2 私密空间与血缘空间的关系（图片来源：作者自绘）

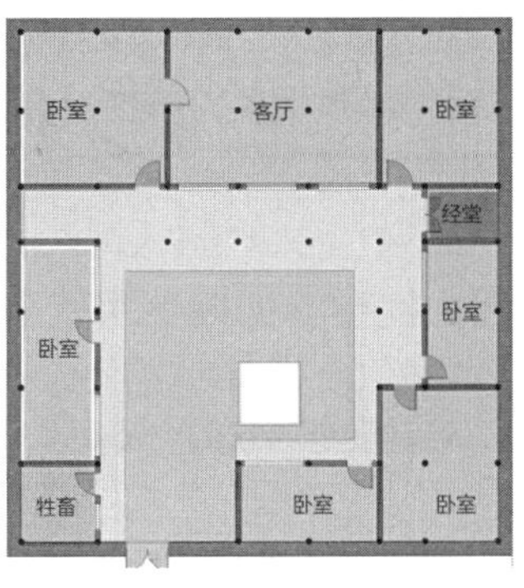

图3 佛堂—居室—牲畜棚三者等级关系（图片来源：作者自绘）

拉代村社会中的居住空间呈现一种相对封闭的状态，从当地典型的民居庄廓院的封闭形制就可见一斑。拉代村村民的房内都少不了设置专门供养神祇的佛龛或经堂，最简单的也要在墙上挂有菩萨像。佛堂在整个私密空间中又是各个家户最神圣、最洁净的，佛堂—居室—牲畜棚形成一种等级关系。

血缘空间是居住空间的扩大层级，是集体社会中的结构单元，拉代村的交往空间较为封闭，这可能也直接导致了村落由于生育和婚姻所构成的社会关系是较为封闭的，出现通婚圈常年受到地缘和社会关系的双重桎梏，局限于临近村落的情况。但随着村内年轻人外出求学和工作，村民的社会交往圈不再局限于血缘空间和地缘空间，通婚圈在年轻人中比老一代有了一定的扩大。

2. 公共空间

从社会学的意义层面上来理解公共空间，可以先把它视为社会内部已经存在着的，一些具有某种公共性且以特定空间相对固定下来的乡村社会的公共空间。这在拉代村中主要体现为人际交往的公共场所、公共活动的现场以及一些宗教仪式空间。本文研究的公共空间大体包括两个层面：一是物理层面意义的公共空间，即乡村社会内人们可以自由走动和进行日常交往、交流沟通的一些地方。这类场所通常人员都会比较密集，比如村内的里的谷场、村委会、小学、玛尼康、卫生所和山下的寺庙等，在这些公共空间内人们都可以随意聚集，交流信息，分享自己的感受。二是村中已经存在的比较普遍的公共活动形式。比如村子里的人每天都会按照特定的路线转经，在特定的节日举办蠕鼓舞的活动，以及村内的红白喜事，村民自发组织的集会等。这些公共活动的举办有利于维护村民之间的关系，促进村民之间的互帮互助。

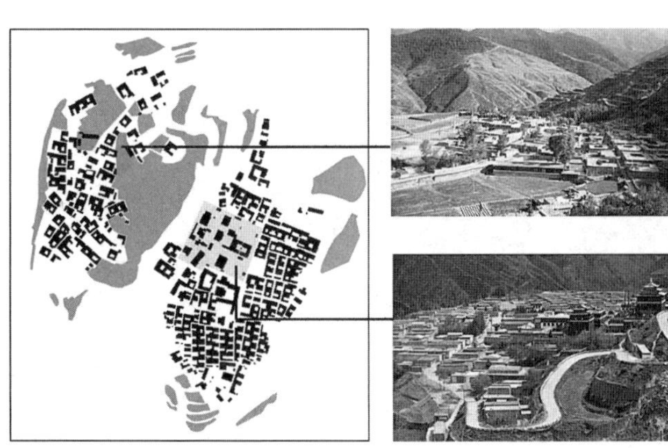
图4 拉代村中的公共空间（图片来源：作者自绘）

三、宗教空间对聚落空间形态的影响

社会空间理论表明，聚落形态是社会结构的一种表征。他们都是一种历时性的研究，聚落形态随时间发展沉淀。社会的发展带来社会结构的变化，从而引起聚落布局结构的变化，但是社会动荡带来社会结构的衰落有时不会影响到村落布局形态的保留。这样看来，社会结构和布局形态都可以进行一种历时性的研究，但并不是协同发展，只是存在一种组织上的对应关系。

1. 宗教空间的领域

根据伊利亚德看法，宗教划分了两个领域，世俗和神圣，也就形成了两个空间：世俗空间和神圣空间。从社会学的角度来分析，这种空间主要是指社会实践性的领域。

聚落的边界主要可分为物质边界、社会边界、经济边界、文化边界等。对于拉代村这种相对封闭的村落来说，这几种边界基本上是重合的，这些边界共同划定的范围，相当于村落中所有村民的生活半径的叠合。边界被限定的内核是社会交往的有限性，它的形成原因有多重，对于拉代村，主要归因于：村子以农业为主，其他行业为辅的经济状态和它及其不便利的交通条件。

2. 宗教空间的中心

在拉代村中宗教空间中心的地位俨然高于世俗空间中心的地位，这是由藏族宗教信仰决定的。从布局形态来看，在村中的宗教空间也可分为三个层级。

第一层级是寺院中心，拉代村山下的文都大寺是整个村落和周边村落的信仰中心，它和拉代村之间还体现一种供施关系。文都大寺相较于村落处于较低的海拔上，但它和藏族传统的“万物有灵”、“背山面水”、“神圣中心”的选址布局理念并不违背。因为，宗教建筑仍然是村落的精神中心，它体现权力的阶序是没有变的。

第二层级是村内中心，村内的宗教空间主要有宗教建筑玛尼房和一些宗教节点，例如白塔、转经廊等。这种村内的宗教中心其实就是前文中提到的公共空间，宗教活动使得公共空间在村中具有了世俗活动和宗教信仰双重意义。

第三层级是村民的居住空间中心，几乎拉代村的每个居住单元庄廓院内都有经堂和煨桑炉，满足居民日常最基本的宗教需求，经堂也是庄廓院内等级最高的空间。

寺院中心	村内中心	居住空间中心

图5　宗教空间的三个层级（图片来源：课题组）

3. 宗教空间的道路

社会学角度的村庄与外界交往的道路系统可以认为是村落封闭的原因。借用法国社会学家列斐伏尔关于“表征的空间”的概念，社会学意义上的道路是一种社会空间的结构和组织形式，表达了社会交往的形式和频度，所以道路也是一种重要的社会公共空间。在拉代村，道路这种公共空间被赋予了交通和宗教的双重含义，除了世俗意义上的交通，拉代村特有的宗教仪式由蠕鼓舞活动、转经的活动等仪式路线，他们都会在街巷空间内完成。

根据调研我们可以得出结论的是作为仪式空间的道路等级较高，基本上是村内的一级道路和二级道路。同时可以看出拉代村的宗教活动路线在不断强调宗教空间的范围。

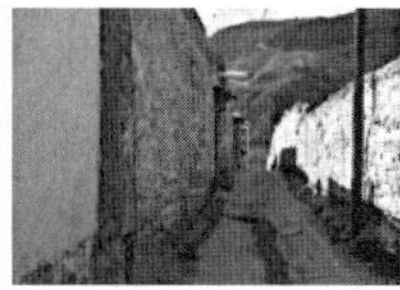

图6　宗教空间的道路（图片来源：课题组）

4. 宗教空间的节点

拉代村内的节点主要有广场、耕地等面状的公共空间和街巷交叉口等道路转换处，以及古树和村口等景观节点。而宗教空间的节点主要有本康、拉则、转经轮、经幡等极具有藏族宗教特征的景观。他们主要是宗教文化的物质表现形式，是一种乡土景观。这种乡土景观反映了人与自然、人与人及人与神之间的关系。这些宗教节点既是一种当地的民间文化符号，又彰显了其宗教意义上的神圣性，它反映的是这个村落特殊的历史和村民的生活方式。

5. 小结

拉代村的社会空间通过自然环境、宗教文化、经济技术等因素共同影响了私密空间和公共空间的布局和组织，在神圣空间和世俗空间的交错中完成了所有的社会活动。

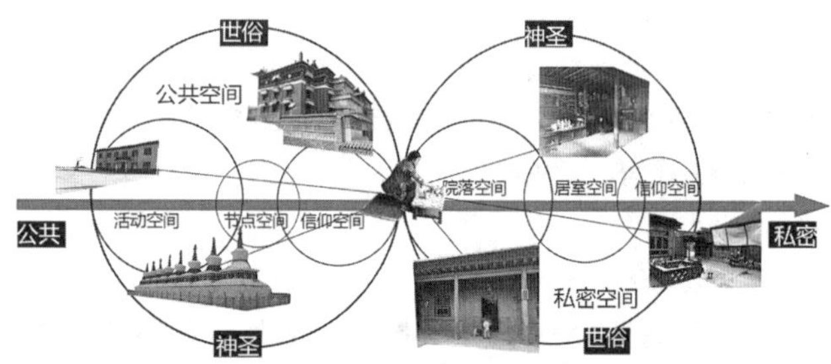

图7　拉代村社会空间图示（图片自绘）

四、社会学视域下宗教空间的发展

1. 宗教变迁带来的世俗化发展

随着经济的发展，民居建筑面积有不断扩大的趋势，当地的村民已开始注意客厅、餐厅等功能空间的独立分隔。总体上拉代村的每个民居都可以看出一种“神圣”和“世俗”的二元关系。这种“神圣中心观”在藏族社会文化中具有历史稳定性，社会秩序变迁并不能简单地决定其宗教文化的改变。

但是不可否认，在社会主义现代化的大环境下，随着宗教改革和生产生活方式发生的一系列变化，藏民的价值观念也在随着时代发生一系列变化。拉代村的这种变化相较于经济发达的藏族地区不甚明显，但这种趋势正在悄然蔓延。

2. 村民和僧侣视角下的宗教空间的发展

村落的政治、经济、宗教环境和村落内部的社会秩序共同形成了村落的空间形态，社会形态结构变迁导致了村落形态的变迁。而现在随着社会的发展，有可能新兴的媒介方式淡化一些公共空间的使用，比如村民之间现在都有手机，村民有自己的微信群和朋友圈，很多传统方式上的村民集会可能已经被网络交流所取代。社会发展带来的是新的经济关系的产生，比如鼓励村民发展旅游经济从而提高村民的收入，这导致村民的部分生活空间变成旅游空间，并且随着村民的宗教观念逐渐世俗化，一些宗教仪式渐趋于简化，宗教活动趋于民俗化。

僧侣的宗教空间随着新的经济关系的引入会发生变化。直接原因是藏传佛教自身表现出世俗化，例如讲经方式的变化和宗教教义等随着社会发展发生的变革。游客的介入可能带来旅游业的发展，游客的大量介入会打破僧俗的界限。从发展的角度上推想，宗教建设用地部分发展成为商业用地，局部的布局形态也会有所改变。

图8　接受电视信息的藏族儿童（图片来源：网络）

图9　使用手机作为新媒介的藏族老人（图片来源：网络）

五、结语

在拉代村社会空间形态中，宗教信仰是社会空间建构的根源。村内由于信仰产生的各种宗教活动，赋予村落内个人空间、公共空间宗教文化的承载意义。村民的行为空间秩序支配着日常生产、生活活动，宗教信仰影响下的崇拜象征秩序投射进村落建筑空间和布局形态。村落形态的边界领域、中心等级、公共空间等结构空间形式即宗教文化所反映的秩序性的外在表征体现。

从社会大环境来说，近年来藏族社会随着时代的发展和本土文化融合，这种融合和变化说明了当地的传统信仰和现代文明共同发展的趋势。藏族聚落拉代村长期受到浓郁的佛教文化氛围熏陶，使得寺院和周边村落形成一种良性的共生关系。但是这种意识形态也会随着社会的变革发展而变化。主要表现在：（1）藏族聚落现代化进程加快，村民的信仰观念有淡化的趋势。（2）寺院的僧人在宗教生活之余开始从事多元化的生产活动来发展寺院经济。但是拉代村和文都大寺受封闭地缘的桎梏，这两种趋势的表现都还处于萌芽状态。

注释

① 王志轩，西安建筑科技大学建筑学院，青海省高原绿色建筑与生态社区重点实验室，研究生，710055，244613184@qq.com。
② 靳亦冰，西安建筑科技大学建筑学院，青海省高原绿色建筑与生态社区重点实验室，副教授，710055，jinice1128@126.com。

参考文献

[1]（美）弗兰姆普敦. 建构文化研究 [M]. 北京：中国建筑工业出版社，2007.
[2]（美）拉普卜特. 宅形与文化 [M]. 北京：中国建筑工业出版社，2007.
[3] 李立. 乡村聚落：形态、类型与演变 [M]. 南京：东南大学出版社，2007.
[4]（日）井上彻. 中国的宗族与国家礼制 [M]. 上海：上海书店出版社，2008.
[5] 杨定海. 海南岛传统聚落与建筑空间形态研究 [D]. 广州：华南理工大学，2013.
[6] 王国维. 地域化背景下安塞地区若干村落空间形态的演变研究 [D]. 西安：西安建筑科技大学，2012.
[7] 孙晓曦. 基于宗族结构的传统村落肌理演化及整合研究 [D]. 武汉：华中科技大学，2015.
[8] 李冰倩. 基于风水理论的陕北窑洞村落选址与布局研究 [D]. 西安：西安建筑科技大学，2016.
[9] 陈永吉. 河湟地区土族传统村落景观解析与传承 [D]. 西安：西安建筑科技大学，2017.
[10] 周亚玮. 徽州古村落布局与地形的关系研究 [D]. 北京：北京林业大学，2015.
[11] 白佩芳. 晋中传统村落信仰文化空间研究 [D]. 西安：西安建筑科技大学，2014.

基于色彩美学的传统聚落与民居表征研究①

魏　秦② 林雪晴③

摘　要： 中国传统聚落具有浓厚的地域文化特征与独特的艺术审美价值。本文以色彩美学的视角和色彩地理学原理分析传统聚落与民居呈现出的艺术形式，运用色彩工具研究色彩美学在传统聚落和民居中的特征及其表现形式。论文旨在探讨传统聚落与民居的色彩美学及其文化内涵。通过传统聚落的色彩文化挖掘找到传承和发扬传统文化的路径，以及中国传统审美文化的深层观念。

关键词： 传统聚落　传统民居　色彩美学　聚落表征

一、色彩美学

色彩是一门庞大的科学体系，也是一个感官的物质世界。色彩美学并不是简单意义上的颜色，它是有更深层的含义，是以艺术灵感为源泉并由一个个色彩元素而组成的。色彩作为美学范畴内独特的审美元素，是自然环境的象征语言而且最能够使人们与之产生共鸣。

色彩在发展过程中，由于拥有着多样而复杂的体系，从而形成了一个独立的知识学术体系。色彩美学是对色彩的产生、属性、知觉，以及配色原则、调色方法等一系列问题进行专业研究的理论体系，也是在进行设计的过程中进行色彩应用的理论依据[1]，也能为众多领域的色彩研究提供指导。色彩的表现手法有很多，对比、调和是绘画过程中常用的表现手法，对比给人以强烈生动的感觉，调和则给人以和谐统一的感觉，但在绘画过程中二者应各有侧重，才能使画面既生动有趣又不失协调，达到变化统一的效果。

人们为了使得通过色彩的表现形式获得更大的发展，从而将其运用到了各种领域的研究中。诚然，一方水土养育一方人，不同的地理位置和独特的地域文化体现出不同的环境而展现出的色彩风貌，从而充分地体现出了色彩美学。

二、色彩地理学的概念

20世纪70年代，法国著名色彩学家让·菲利普·朗克洛一带领研究小组从法国住宅的色彩研究开始，并提出了“色彩地理学”的概念。色彩地理学主要考察不同区域中民居的色彩表现及其与自然环境结合的视觉效果，主张在不同的地质地貌和文化传统中，环境景观呈现不同的色彩风貌。[2]色彩地理学的核心在于强调建筑色彩与地域之间的内在联系，认为不同地域的建筑色彩之所以不同，是受到自然地理条件和不同文化背景的影响。

色彩地理学对传统聚落与民居研究的启示是，从地域角度出发，考察不同类型民居的色彩风貌及其与环境的关系，考察特定地域居民的色彩审美倾向与文化习俗。借鉴色彩地理学对色彩综合现象进行色彩分析、色系对比测色方法，开展传统聚落与民居的色彩研究。

三、传统聚落与民居色彩的构成因素

色彩作为传统民居和聚落的外在视觉语言，对其形象有着重要的影响。而影响传统聚落与民居色彩的因素主要包括两个方面：自然因素和社会因素。自然因素包括当地的生存环境、气候条件、建筑取材、交通条件等方面。在早期社会，由于受到气候条件、交通不便利等的限制，民居建筑以就地取材、因地制宜为主，充分运用本土材料进行建造。社会因素则是以人为影响为主，主要包括政治、经济、文化、宗教信仰、习俗等方面，社会因素更主要是影响民居建筑的局部如装饰构件的色彩。

1. 传统聚落的整体色彩关系

研究传统聚落中的色彩关系需将聚落中所有景观要素的色彩与聚落整体的色彩关系统一起来。我们从色彩美学的角度来看传统聚落与民居建筑，实际上就是把民居建筑放在聚落的整个大环境中，使建筑物尽量与自然环境巧妙结合，通过聚落中的景观要素的色彩分析来确定它的色彩价值，从而自成天然之趣。

传统聚落的自然环境色彩包罗万象，异彩纷呈。我们可以将聚落内的不同区域、不同要素与整体聚落所产生的色彩关系进行分析，如民居、公共建筑及其他景观元素与整体聚落所产生的色彩关系，我们可以更为详细地分析各个场景所展现的色彩面貌以及包含的审美文化特征。

2. 传统聚落中的建筑单体

总体来看，民居建筑在传统聚落中的色彩关系最为鲜明。着眼于传统聚落中建筑单体，特别是从构成民居建筑本身的要素进行色彩分析，如屋顶、墙面、门窗等区域，就是这些细节体现出了建筑本身的整体之美、和谐之美。另外，其表现出的功能、艺术和技术上的成就，同样是耐人寻味的。总而言之，民居建筑本身的色彩简约而不简单，只要用心去挖掘其中的玄妙，便会发现一个“色彩斑斓”的微型世界。

3. 传统聚落中民居的建筑材料与装饰

中国古代建筑的大部分装饰都不可避免地从结构中演变或转化。中国传统建筑结构主要是木结构，然而木框架易受风雨侵蚀、火灾和虫害的影响。由于建筑施工技术和建筑材料本身的局限性，为了克服这些缺点，达到耐久性，美观和防火的目的，有必要保护和美化木结构的表面。后来在颜色中混合了各种胶水和涂料，可以防腐、防蛀、防火，对建筑物有更有效的保护作用。

这些促成了木结构上的大量色彩，形成了中国原始的建筑色彩。传统建筑绘画起源于木结构构件的防腐剂需求，并首先在木材表面涂上厚厚的涂料，后来发展成彩绘图案。从而赋予庄严而平静的建筑生动活力与表现力，实质上加强了建筑的外在艺术形象。

4. 传统聚落与民居的民俗特色

传统聚落与民居和人们的生活保持着最直接、最紧密的联系。而因风俗习惯出现的宗教信仰等公共活动对聚落和民居产生了不同程度的影响，这些交往活动与民俗文化体现在民居本体上。在建筑的细节上，如传统民间艺术、窗花、春联与门神之类的吉祥物，还有室内的帘布和窗帘。这些饰物色彩单纯而鲜艳，很好地反映了农耕文化的艺术特色，也间接反映了农村的生活地理环境、农业生产特征以及社会的习俗方式，使这种乡土艺术具有了鲜明的中国民俗情趣和艺术特色。

四、传统聚落与民居色彩美学的表征

1. 传统聚落与民居的色彩对比

每种颜色只有与其他颜色组合，才能产生对比，建筑色彩的应用必须适应建筑本身和周围环境。在各地发展传统建筑的过程中，区域差异造成的不同条件形成了适应当地条件的特点。同时，颜色与色度也有对比差异，从传统民居建筑本体出发，可以把传统民居建筑的色彩对比归纳为，明度对比、冷暖色调对比、灰白色调对比、亮度对比四种对比手法。

1）明度对比

明度对比度是指由于光线和阴影差异程度而形成的颜色的对比度。明度对比度在色彩构成中起着重要作用。宫殿、寺庙建筑不仅颜色变化丰富，这反映在不同颜色的亮度值上的变化程度。黄色瓷砖、绿色瓷砖、红色墙壁、红色柱子，每种颜色的亮度基本上构成逐渐变暗的水平（图1）。逐渐加深了色彩和形状造型的重量感，从而增强了个别建筑物的稳定感。

图1 宫殿建筑（图片来源：图片处理）

2）冷暖色调对比

冷暖色调的对比不仅加强了建筑外立面在空间中的形体感，同时也使室内环境色彩充实丰富。宫殿内柱多用红色、金色为暖色调，顶棚、梁架彩画用蓝绿色为冷色调（图2）。由于暖色给人以扩张的心理感觉，柱子显得粗壮、稳固、富有承重感，顶棚和梁架的冷色则显得轻盈高远，由此而创造出色彩配合得宜的室内空间。

图2 宫殿建筑（图片来源：图片处理）

3）灰白色调对比

在宫殿、寺庙、花园、寺庙和陵墓中，灰色被广泛用于室内和室外地面以及庭院的砖上，白色大理石栏杆和平台底座设置在灰色地面上（图3），灰色对比白色是自然而恰当的。白色和灰色的背景是一个大而精致的手工艺品。中等亮度的灰色位于色体中色阶的中间，与其他色彩相结合，形成准确且相应的互补色效果（图4），从而使白色获得生命。灰白色的对比使各种强烈的对比色变得非常强烈。

灰色/地面　白色/栏杆

图3　宫殿建筑

图4　御花园（图片来源：图片处理）

图5　南方民居（图片来源：图片处理）

图6　北方民居（图片来源：图片处理）

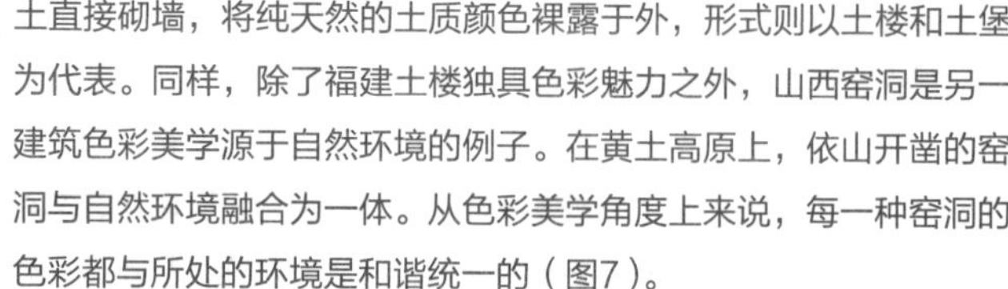

4）亮度对比

最强的亮度对比度在黑色和白色之间。黑与白的对比广泛用于中国南方的住宅建筑（图5）。由于南部的高温和高湿度，白墙和黑瓦通常用于住宅建筑。白色的墙壁和黑色的瓷砖相互对比，产生强烈的光感。如此简洁的色彩使它在郁郁葱葱的绿色植被环境中，显得格外明亮、优雅。北方民居（图6）在墙壁上涂上浅灰色，在中间灰色墙壁的下半部分形成浅灰色和中灰色的对比，使灰色四合院成为一个整体。北方住宅建筑中使用的两个灰度等级与冬季北方广阔的黄色土地形成了舒适的协调。

2. 传统聚落与民居的色彩协调

在封建社会时期，由于阶级等级制度的限定，传统民居建筑一般直接将原材料裸露于外，或者遵从当地习俗进行简单地修饰。简单来说，传统民居建筑的色彩比较单调，用黑、白、灰或土黄色进行调和装饰，表现出朴素的乡土气息。然而，随着社会的不断进步，传统民居与聚落的色彩得到了传承和改进，在不同类型、不同地域的民居中，色彩的美学具有各自的协调性。具体而言，传统聚落与民居色彩美学的协调性包括两个方面，一是聚落与民居同自然环境间的协调，二是聚落与民居建筑本体协调。

1）聚落与民居同自然环境的协调

建筑都是存在于具体的环境之中，于是民居建筑与聚落同环境的关系就更加密切。在生产力不发达的时代，再加上气候、交通等恶劣条件，充分利用当地材料如土壤、木材等成为完成建造的最主要手段。这样，只需对周边环境稍加利用或改造，既方便省时，又能使建筑本身融入自然环境。总之，根据传统民居与聚落建筑和自然环境之间关系，我们可以把传统民居的色彩美学进行归纳，如黄色协调。

“黄色协调”，顾名思义，其墙体都取自于当地的黄壤，用泥土直接砌墙，将纯天然的土质颜色裸露于外，形式则以土楼和土堡为代表。同样，除了福建土楼独具色彩魅力之外，山西窑洞是另一建筑色彩美学源于自然环境的例子。在黄土高原上，依山开凿的窑洞与自然环境融合为一体。从色彩美学角度上来说，每一种窑洞的色彩都与所处的环境是和谐统一的（图7）。

2）聚落与民居建筑本体的协调

除了在民居建筑与自然环境这个大的空间中，在民居建筑本身这个小的空间中也存在一定的色彩协调性。在一种民居的类型中，因主要建筑材料相同，形成的色彩面貌也是相同的，而民居内外色彩的搭配经过一代一代的演变和改进，也逐渐形成了一套固定的色彩调和，我们最熟悉的就是侗族的干阑式建筑（图8）。

侗族干阑式建筑作为一个民族宗教信仰还有精神文明的象征，它承载着一种群体意识，反映了侗族的族群关系。广西桂林以北一带的侗族民居建筑，多以深灰、褐、冷灰色彩作为基本色调，给人一种深沉、稳定的感觉，极易与自然环境相调和。

3. 传统聚落与民居色彩美学的色彩搭配

在色彩的搭配中，无论是自然因素还是和社会因素，传统民居与聚落的色彩美学都呈现一定的规律性。纵观所有传统民居与聚落的建筑，从南到北，从东到西，在中国如此辽阔的面积上，自然条件也是千差万别。除了自然因素的影响外，社会因素，如宗教信仰、习俗等也是影响传统民居与聚落形成不同色彩美学的重要原因。

我国是一个多民族的国家，少数民族聚居最为密集的地区远离政治文化中心，色彩运用受到的限制较少，再加上民族本身的热情豪爽，所以在建筑色彩上更加张扬个性，而这样的色彩美学也得以传承至今（表1）。

图7　“黄色”与环境协调（图片来源：图片处理）

图8　民居建筑本体协调（图片来源：图片处理）

少数民族地区民居建筑色彩搭配（来源：作者自绘） 表1

民居类型	色系	色彩含义	建筑样貌
新疆民居	蓝、白、赭	蓝色：凉爽 白色：纯洁 赭色：自然	
藏族民居	红、白	白色：神圣 红色：权利	
白族民居	白	白色：神圣	
回族民居	绿、白、土黄	绿色：生命 白色：高尚 土黄色：纯朴	

1）新疆民居

新疆民居通过色彩的选用和搭配更加提升了它的鲜明个性，它给人以视觉美和想象力。新疆民居给人以大体平和、重点明艳的感受，建筑上的大面积以蓝、白、赭三色为主。蓝色给人以凉爽感觉，来消减炎热天气带来的燥热；白色代表纯洁、坦荡、朴素和高尚，同时与他们信仰伊斯兰教也息息相关；赭色与大地的颜色浑然一体，与大自然结合的贴切而融合。

2）藏族民居

藏族人民信仰佛教，宗教因素在藏族文化中占据主要位置。几千年来，红白两种颜色与藏族宗教传统有着密切的联系，可以说红、白是藏族人们最基本的生活色彩。白色是受藏传佛教的影响，其视白色为“神圣、崇尚”；红色与藏族古老的苯教有关系，藏族认为红色是权利和尊严的象征，是英勇善战的刺激色，人们常以红色来纪念宗教领袖及英雄人物。

3）白族民居

与游牧民族不同，白族自古以来从事农业生产，为定居形式，因此，注重居住条件就成了白族最传统的生活方式。白族崇尚白色，其建筑外墙均以白色为主调，从院落布局、内外装修等风格来看，与徽派民居又有几分相似。由于自然环境、审美情趣上的差异，白族的民居色彩相比徽派民居的“黑白灰”又多了一些艳丽的色彩，显得更加富丽堂皇。除此之外，白族的民居离不开雕刻和绘画的装饰，“粉墙画壁”也是白族民居的一大特色。

4）回族民居

回族是在伊斯兰文化与中华文化相互交融过程中诞生于中华大地的一个民族。回族比较喜爱的颜色有绿色、白色、土黄色等。绿色象征大自然，给予人们安宁祥和的感觉，体现生机盎然、奋发进取的精神。白色象征纯洁高尚，感觉朴素、明朗，是回族常用的颜色，反映了回族的宗教感情和民族感情。土黄色是西北地区生土建筑的自然色，代表着回族赖以生存的土地，有一种纯朴、敦厚的感觉。

五、传统聚落与民居色彩美学中的动因

随着时代的进步和发展，在传统聚落传承与发展过程中，逐渐形成了自身独特的色彩美学。我们通过研究传统聚落与民居的色彩表征的同时，应考虑到传统建筑与自然相适应，和谐共生；与人的生活相适应，容纳人的生活轨迹；与现代化相适应，传承发展等诸多方面。我们在满足物质方面的需求同时，精神方面的要求越来越高以追求更高的艺术方面的享受。特别是从色彩美学角度研究色彩在自然环境中的关系，思考色彩、人与自然的关系，进而探索人与环境的关系。

传统聚落中民居建筑的乡土特色十分明显，是由其地方建筑材料所起到的不同作用。就地和就近取材是民居建筑必须遵循的原则，大部分建筑材料都属于未经加工过的原始天然材料，又受到当地自然条件的影响，这样人们经过长期积累的经验便形成一套与当地材料相适应的结构方法，当地的乃至建筑的虚实关系、色彩、质感，从而使民居建筑以及聚落整体都带有各个地域的浓厚的乡土特色。

中国传统文化艺术博大精深，环境色彩丰富多样、独具魅力。我们从色彩美学与色彩的地理学的角度来分析和研究传统聚落与民居的色彩表征，通过运用色彩这一工具实现对地区的、历史的文化延续和发扬，唤起人们通过以色彩方式来传承和发扬传统文化的关注，这有助于我们总结归纳出一个地区的色彩特征以及色彩价值，有助于我们挖掘传统聚落的色彩文化并找到传承和发扬传统文化的路径。从而积极传承中国传统文化艺术色彩，根植于本土化的地域环境，以期在未来创造出更多优秀的作品。

注释

①教育部人文社会科学研究规划基金项目资助（编号：16YJAZH059）。

②魏秦，副教授，博士，硕士生导师，上海大学上海美术学院建筑系副系主任，200444，397892644@qq.com。

③林雪晴，上海大学上海美术学院，硕士研究生，200444，345250816@qq.com。

参考文献

[1] 朱介英．色彩设计与配色 [M]．北京：中国青年出版社，2013，12．

[2] 乔倩．色彩地理学视角下的河南传统民居风貌研究 [D]．郑州：郑州大学，2016．

[3] 张博．江南水乡环境艺术色彩审美研究 [D]．北京：北京林业大学，2013．

[4] 靳凤华．福建古民居建筑色彩归纳探究，福州大学学报（哲学社会科学版）[J].2013（3）：88–92．

[5] 杨权．侗族 [M]北京：民族出版社，1992．

[6] 李先逵．干栏式苗居建筑 [M]．北京：中国建筑工业出版社，2004．

[7] 传统村镇聚落景观分析 [M]．北京：中国建筑工业出版社，2018．

[8] 李未．河南与吉林回族民居空间形态比较研究 [D]．长春：吉林建筑大学，2016．

[9] 王琛颖．浙江省乡村色彩景观规划设计研究 [D]．杭州：浙江农林大学，2011．

[10] 王娴．贵州布依族民居建筑文化元素初探 [J]．理论与当代，2014（01）：33–34．

[11] 中华人民共和国住房和城乡建设部．中国传统建筑解析与传承　浙江卷 [M]．北京：中国建筑工业出版社，2016．

抚州地区传统村落布局研究

——基于族谱地舆图的视角

段亚鹏[①] 刘俊丽[②] 叶紫怡[③] 倪绍敏[④]

摘　要：抚州地区传统村落是临川文化孕育出的赣派聚落的典型代表。文章根据传统村落的地域特色，基于族谱上地舆图的视角，从历史上村落形态的维度，首先分析了村落布局要素包括山水环境、村落边界、村落骨架、节点空间，勾勒出该地区传统村落的图景；其次，进一步从生成秩序上分析了村落的空间结构，包括轴线型和中心型；最后，阐述了村落物质空间所承载的人文精神。

关键词：抚州地区　传统村落布局　族谱地舆图

抚州市位于江西省东部，隶属江右古郡，历来有“才子之乡”和“赣抚粮仓”的美誉，形成了独特的人文景观。该地区自古土地肥沃、资源丰富，河网密布，水系发达，具有良好的交通条件，孕育了赣文化中非常发达的子文化——临川文化。临川文化是赣东江右文化的重要子系统之一，生成于秦汉、兴盛于两宋、延续于明清，在历史发展中形成独具特色的区域性文化。明清时期，抚州地区商贾云集，经济活跃，贸易发达，财富的不断积累促成了聚落的发展，深厚的文化底蕴和优越的自然地理条件孕育了独特的聚落文化。江西省传统村落资源极其丰富，有中国传统343座（第一批到第五批），位列全国第八。抚州地区有中国传统村落96座，占了全省的四分之一，另有江西省级传统村落28座。抚州传统村落数量众多，分布广泛，具有鲜明的地域特色，是研究赣派传统村落的典型案例。

族谱是中华民族的三大文献（国史、地志、家谱）之一，主要用于记载该村落家族起源、发展历史和重要人物事迹的典籍。族谱是村落发展的档案，是研究村落历史文化的重要资料来源。笔者在调查传统村落过程中，收集了大量族谱资料，非常值得关注的是部分村落有明清时期绘制的村形图。村形图是古人邀请画师对当时村落格局的描绘，为我们从历史维度研究村落布局提供了非常珍贵的史料。族谱上的村形图包括两类，一类是偏重描绘村落与周围山水关系的地舆图，另一类是重点刻画村落中建筑关系的居宅图，也有族谱中将村形图称之为阳基图，文中没有做更细致的区分，暂统称为地舆图。文章以该地区典型传统村落（表1）作为研究对象，基于族谱地舆图的视角，对抚州地区的传统村落布局进行研究。

一、传统村落布局要素

传统村落布局大都由门楼、村口、街巷网络、溪河沟渠、宗祠、庙宇、民居院落等要素构成[1]。本文基于抚州地区传统村落的地域性特征及地舆图上表现出的空间特征，将传统村落的布局要素从宏观到微观，由外而内分为四个方面：山水环境、村落边界、村落骨架以及节点空间。

抚州地区传统村落典型案例简况　　表1

序号	名称	地理位置	级别	批次	简介
1	竹桥村	金溪县双塘镇	中国传统村落	第一批	始建于元代中期，余氏血缘聚落；村落格局、民居建筑群保村完整；是明清时期雕版印刷基地，一座活态博物馆，具有非常高的文化价值
2	流坑村	乐安县牛田镇	中国传统村落	第一批	五代南唐升元年间建村，董氏血缘聚落；村落格局保存完整；历史上科举文化昌盛、乡土文化绚丽多彩，被誉为“千古第一村”
3	全坊村	金溪县合市镇	中国传统村落	第三批	始建于北宋初，全氏血缘聚落；村落格局保存完好，是“村堡式”聚落的代表；古建筑数量众多、类型齐全，是赣东地区明清民居博物馆
4	疏口村	金溪县琅琚镇	中国传统村落	第三批	北宋初迁居于疏溪，吴氏血缘聚落；明清建筑数量众多，类型齐全；文化底蕴深厚，以理学立村，是江西省理学名村
5	大耿村	金溪县合市镇	中国传统村落	第四批	始建于南宋，迄今已约900年，徐氏血缘聚落，是明代榜眼徐琼的故里；村落布局、建筑群体，都展现了鲜明的地方风格，具有很高的科学、艺术、文化价值

图1　疎溪十景（图片来源：《疎溪吴氏宗谱》）

图2　疎山八景图（图片来源：《疎溪吴氏宗谱》）

1. 山水环境：集称景观

国人对数字有着特殊爱好，喜欢将一定时期、一定范围、一定条件之下类别相同或相似的人物、事件、风俗、物品等，用数字的集合称谓将其精确、通俗地表达出来，形成一种集称文化[2]。景观集称文化是集称文化的子文化，我国传统城镇、村落、园林、祠寺、风景区等常有将重点景观归纳为“八景”、“十景”、“十八景”的集称文化现象[3]。这种传统的集称景观文化在历史上源远流长，在村落中也普遍运用。抚州地区的传统村落的族谱资料中体现了这一景观文化。

疏口村位于抚州市金溪县合市镇，溪水萦回、疏山拱护，吴氏家族人文蔚起，以理学立村，是当地颇有影响力的一大望族。疏口村建于疎溪之北，名曰“疎溪”，又因村处疎山北口，后改名为“疏口”（村名原采用繁体字“疎”，后来简化为“疏”）。据《疎溪吴氏宗谱》记载有疎溪十景和疎山八景。疎溪十景即栎陂朝耕、松溪晚钓、东井寒星、南湖皓月、牛石晨烟、马桥春涨、仙舟书台、矮僧梵刹、天际黄狮、云边白马（图1）。疎溪十景有六景属于疏口村，其中“矮僧梵刹”即为疎山寺，“仙舟书台”亦疎山遗迹，而白马、黄狮，一为金溪县东部之云林群峰，一为县南之黄狮渡山岭。疎溪文人将宏阔山水景观纳入十大景致，可见其心胸宽阔，视野广袤。因疎山与疏口村有着不可割裂的关系，疎山亦有“疎山八景”：袈裟地、倒栽柏、卓锡泉、无人渡、卧龙潭、眺日台、揖江亭、匡祖塔（矮师塔）。从族谱地舆图中可明确辨识出村中的疎山八景（图2），为村中典型的自然与人文相结合的景观。

2. 村落边界：筑墙防御

村落边界属于聚落轮廓，聚落轮廓包括自然环境围合而成的轮廓、人工环境要素轮廓或者人工环境和自然环境共同组成的复合轮廓。自然环境要素轮廓指山体、水系；人工环境要素的轮廓包括建筑、村墙或其他构筑物等[4]。村落边界一般属于人工环境要素轮廓。抚州地区传统村落的轮廓可分为三种：四周建村墙，有明确的村落轮廓；一面建有明确轮廓，其余三面不规整；四周轮廓不规整。临川、金溪、东乡一带的传统村落，部分建有村墙，形成边界明确、封闭型的聚落形态，村落集中布局，规划严整有序，将这一类村落称之为“村堡式”。据《东乡县志》记载：“中华人民共和国成立前，多数村庄，四周筑围墙，建门楼。村前有池塘、溪流，后有修竹茂林，俗称后龙山。”村墙一般环村而建，将人工环境与自然环境严格区分开来。

随着村庄的发展和建设，村落空间不断向外拓展，很多传统村落的围墙被拆毁或自然倒塌。在田野调查中发现，能够清晰辨认外围有村墙的村落有竹桥村和全坊村（图3）。查证族谱资料，从《全氏宗谱》中的地舆图能明显看到村落四周的村墙（图4）。环村而

图3　全坊村村墙（图片来源：作者自摄）

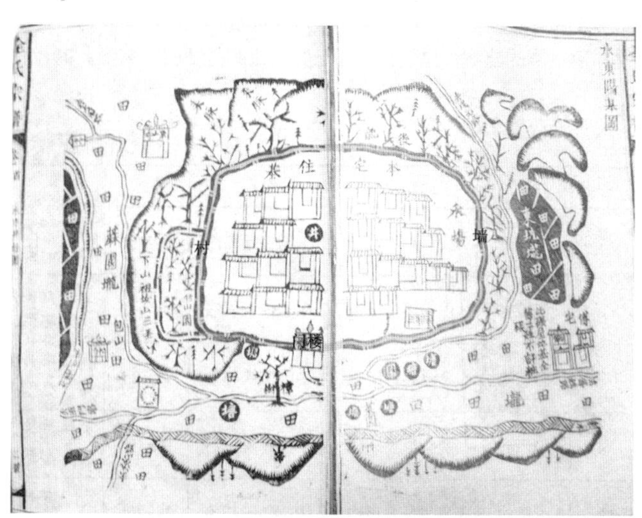
图4　全坊村村墙轮廓图（图片来源：《全氏宗谱》）

建的村墙形成一道严明的村落边界。村落呈现集中布局，规划有序，村落进出口处设有门楼。筑村墙不仅起到界定村落内外空间的作用，更重要的是起到防御功能，将进入的门楼关卡锁住，外来者便很难入内。

3. 村落骨架：梳式街巷

街巷是聚落形态的骨架和支撑，街为干，巷为支，多呈树枝状布局[5]。“梳式布局”指村落街巷就像梳齿一样纵向排列。关于梳式聚落，目前学界对广州广府地区村落的研究成果较多[6]，而对江西抚州地区的梳式聚落则关注较少。抚州地区“村堡式”村落中，街巷布局一般都是呈“一横N纵”的梳式布局，村前有一条主街，若干条支巷沿主街一侧平行分布。

抚州地区传统村落中，梳式布局的典型案例有疏口村和流坑村。在疏口村《疎溪吴氏宗谱》的地舆图中可以明显看出街巷呈梳式布局（图5），图中仅截取了部分巷道呈现布局关系。村前主街即上边街与下边街贯通东西，18条南北向的里巷与主街相连，形成“一横十八纵”的巷道格局。街巷肌理清晰，由于地势前低后高，有“九岭十八巷，巷巷通山上”之说，街巷错落总长度约为6300米。

流坑村街巷肌理为“一纵七横”（图6），一条南北向主街，七条东西向巷道与之相连，形成梳子形状。这七条横巷为东西走向，平行排列，路面以鹅卵石铺就为主，宽度1~3米。村落沿乌江展开，乌江岸边建有七个码头，每个码头都对着一个巷口，七条东西向的巷道又与西头龙湖边一条南北向的竖巷相连，互为贯通，在巷头、巷尾的主要进出处，均建有具有关启、防御功能的望楼。

图5 疏口村街巷肌理图（图片来源：《疎溪吴氏宗谱》）

4. 节点空间：祠庙林立

在村落中，节点是人在行走过程中形成的一个个停留空间，如交叉口、交通转换处等，也可以是聚落空间中起到统领作用的标志建构筑物，或是村中重要的公共建筑物空间[7]。抚州地区传统村落中，有着类型丰富、数量众多的公共性质的建筑物和构筑物，如祠堂、庙宇等。这些建筑物和构筑物是村民生产生活、交往交流和精神寄托的场所，承担着重要的社会职能，是村落布局中不可缺少的要素，也是至关重要的节点空间。

祠堂作为宗族兴旺发达的标志，是传统村落中最为重要、等级最高的建筑，是村落的公共活动中心。流坑村和印山村是抚州地区传统村落节点空间众多的典型代表。流坑村现存的祠庙建筑大致可分为两大类：遍布村内外的大小祠堂和村四周的庙宇。村落中各房派房祠围绕整个宗族所建的宗祠布局，犹如众星拱月。在《流坑董氏宗谱》地舆图中可以清晰地看到大宗祠。大宗祠建于村落西北部，为全村的总祠。流坑的一大特色是庙宇数量众多，类型丰富，在村周围沿乌江自东南至西北有三官殿、太子庙、武当阁、观音堂，村口有玉皇阁，村北有土地庙和两幢小庙，村西还有汉储行宫（八太子庙），形成四周村庙拱卫的格局（图7）。

二、传统村落空间结构

空间结构是指对地面各种活动与现象的位置相互关系及意义的描述[8]。不同传统村落依据其选址和自然地理环境的不同，在发展过程中会形成不同类型的空间结构。传统村落的空间结构类型主要有轴线型、中心型、序列型、韵律型和等级型。经过对抚州地区传统村落族谱地舆图的分析，发现该地区传统村落空间类型主要有

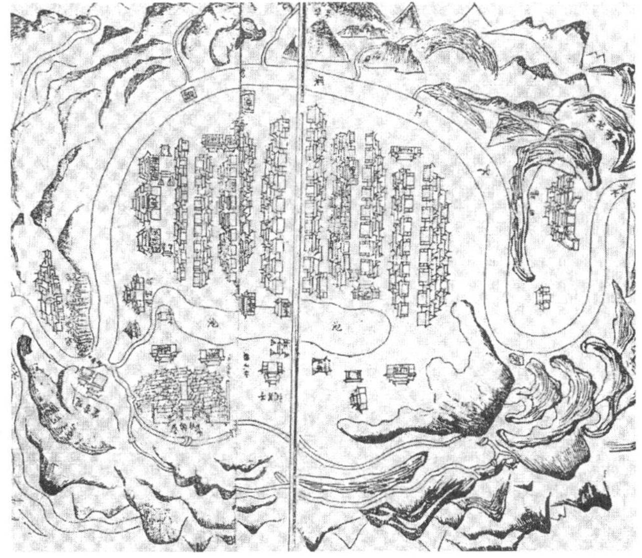

图6 流坑村街巷肌理图（图片来源：《流坑董氏宗谱》）

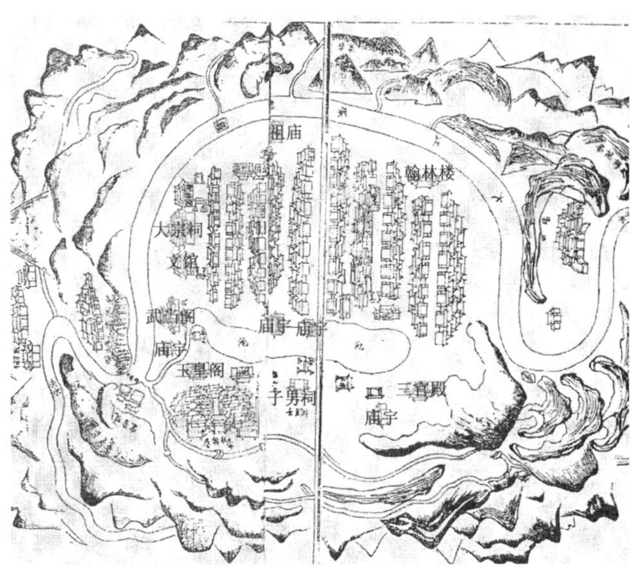

图7 流坑村祠堂、庙宇分布示意图（图片来源：《流坑董氏宗谱》）

轴线型和中心型。

1. 轴线型

轴线是传统村落空间组织各部分要素的线索，是构成聚落空间秩序的主要元素，对认知空间结构起着重要作用。在传统村落中，一类是自由式布局，并没有清晰的轴线；另一类具有隐形的空间轴线，将重要的节点空间通过轴线串联起来，左右组团大致对称布局，形成较为均衡的布局形态，这一类型的典型案例为金溪县合市镇大耿村。

大耿村通过轴线来组织各重要空间要素，形成具有明确秩序的村落形态（图8）。该村坐北朝南，建筑布局规整有序，原四周设有村墙及门楼，祠堂门前有一条主街贯穿东西，多条小巷连接南北。村落规模较小，总体布局为“外形印字基、南北一里许、大祠定中心、东西为两翼”，古说为“丹凤展翅”形[9]。祠堂位于整个村落的中心位置，左右为两大建筑组团。村落入口门楼义封门、兴贤坊和柏轩公祠，为村中典型公共文化空间，由巷道串联，形成进村的空间序列，也形成了村落的轴线，左右两侧建筑组团对称布局，总体上呈现“一心、一轴、两组团”的空间结构。

2. 中心型

在村落中，我们能够感知到一定的空间领域，这是因为聚落的人工环境在无形中限定了村落的内外空间，在有限的空间中，体会到“中心”的场所感。中心型村落具有明确的村落中心。村落中心一般为村内的总祠、水塘或其他标志性的空间。金溪县双塘镇竹桥村是中心型空间结构的代表（图9）。竹桥村聚族而居，呈集中式布局，余氏总祠（文隆公祠）作为村落的中心，村内房屋建筑围绕其展开布局，形成特定的空间序列。

三、村落空间体现的人文精神

抚州地区传统村落具有鲜明的地域特色和文化，以其独特的空间布局及所蕴含的文化形成了自身的价值。村落选址、布局、建设等都体现了我国传统的人文精神孕育的堪舆文化、宗族文化、科举文化、信仰文化等独特的聚落文化。在人文精神的理论指导下，形成崇尚自然、尊重自然、利用自然的思想，村落选址遵循背山面水、负阴抱阳的规律，村落轮廓与自然地形相协调。

1. 堪舆文化是立村之基

抚州地区地形复杂，多为山地、丘陵。因此，很多村落依山就势而建，但山体都相对较小，是为“靠山”，俗称“后龙山”，山势的起伏走向称为“龙脉”。村落的布局一般与“龙脉”走势相符合，村落大多位于山岭南侧，河流北侧，坐北朝南，形成背山面水，负阴抱阳的布局。为了获得好的地理环境，村落选址是非常重要的，所以山形水势是开基的首要条件。

流坑村坐落在于山山脉的金谷峰下，远有青山环绕，形成“天马南驰，雪峰北耸，玉屏东列，金峰西峙”的格局；近有江水环绕，乌江水自东南流入，西北流出[10]。村落处在山环水抱、藏风聚气的环境中，是典型“负阴抱阳、背山面水、藏风聚气”的真实写照（图10）。

2. 宗族文化是构村之法

基于宗族血缘关系而产生的家族性或地域性极强的社会关系属于宗族关系。宗族关系完全是受我国古代儒家经典“仁、义、忠、孝、悌 ”的影响[11]，最终形成村落中的宗族文化。宗族关系是村落中最为主要的社会关系，促成了村落“聚族而居”的模式，逐步形成早期集聚的空间形态和社会关系结构。祠堂作为村落当中至关重要的公共建筑，是村落的节点空间和重要标志，是村中举办大型活动的场所。随着村落人口的增加，其规模也越来越大，便会分房派，另立祠堂，各房派以房祠为中心进行建设。宗法制度是村落建设的隐形文化推手，使村落空间组织有章法可循。

在抚州地区的传统村落中，大小不一、数量众多的祠堂用以供奉先祖和举办村中重大活动之用。金溪县琅琚镇疏口村，据其族

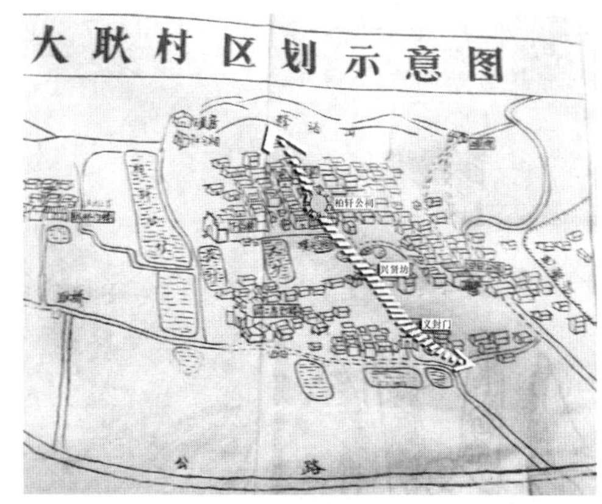

图8 大耿村空间结构分析图（图片来源：由《大耿村徐氏宗谱》村形图改绘）

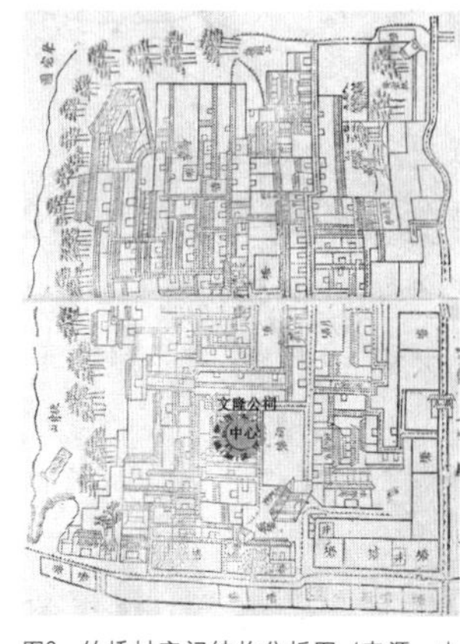

图9 竹桥村空间结构分析图（来源：由《竹桥村余氏宗谱》村形图改绘）

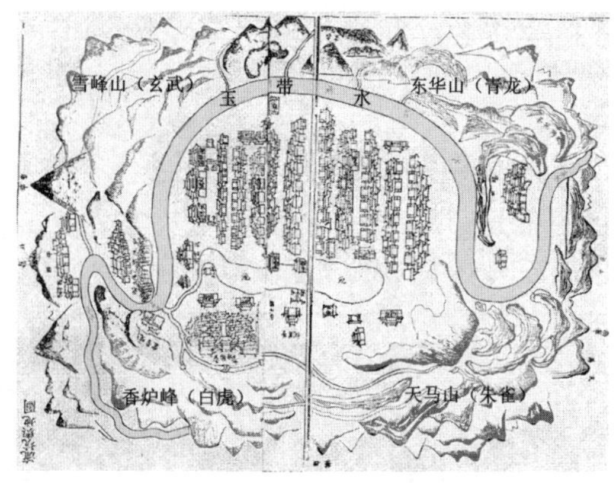

图10 流坑村风水位置图（图片来源：《流坑董氏宗谱》）

图11　疏口村祠堂分布图（图片来源：《疎溪吴氏宗谱》）

谱记载，村中原来一共建有13座祠堂。从图11中可以发现有大宗祠、增祠、贤祠、文庄公祠、新园公祠、书山特祠、以恭公祠等。其中，大宗祠为吴氏的总祠，位于村西部，增祠、贤祠等为各房的房祠，位于各房派的中心，严明有序。由此可以看出，在宗族制度下，其祠堂的布局其实是社会关系的映射，形成了社会—空间的对应关系。由于村落的建设发展或年久失修等多种因素，大部分祠堂已经倒塌，目前保留完整的有4座。

3. 科举文化是兴村之器

江西自古人才辈出，抚州地区更是文风昌盛，人才辈出，诞生了一大批对中国历史进程有重要影响的人物，如曾巩、王安石、陆九渊、汤显祖等。该地区学风之盛，造就了大批文人学士和官宦阶层。抚州地区的传统村落中，现今仍保留着大量书院，如流坑村的文馆、后畲村的问渠书院、饶家堡的雯峰书院等，是古代科举文化发达的见证。疏口村原有明经第、大夫第、天官第、尚书府、侍郎第、岁进士第、铨蘅第、云琪旧第、郎官第、儒林第、司马第等建筑，这些建筑一方面体现了由科考入仕的官宦级别，另一方面也体现科举考试的制度文化。官厅是作为一类特殊的建筑类型，部分是由致仕的官员所建，目前许多村落还保留着若干栋，可见当时中举人数之多，科举文化之兴盛。

4. 信仰文化是聚村之柱

民间信仰是凝聚人心、村落持续发展的精神支柱。自古我国的民间信仰就极为兴盛，主流信仰有佛教、道教等。抚州地区民间信仰非常丰富，不仅有佛教、道教等主流信仰，还包括一些其他独特的当地民间信仰，几乎每个村落都建有庙宇。庙宇空间是村民们营造的以供奉神灵的空间，也是村落社会的功利诉求、祈求保佑、精神寄托的场所，属于世俗信仰的产物。抚州地区传统村落信仰多样体现在村落中建有各种佛寺、道观、土地庙、傩神庙或其他类型的庙宇，是村落布局构成的重要节点，在村落建设中扮演着至关重要的角色。民间信仰对村落规划布局和建设会产生一定的影响。而且，这些信仰文化还逐渐演变成文化符号，成为建筑装饰的重要题材。

四、结语

传统村落经过成百上千年发展演变，融合了人类的建造智慧，形成了地域性和时代性特色。抚州地区传统村落承载了厚重的乡土文化，为赣派聚落的典型代表，是研究江西乃至中国传统村落的珍贵样本。本文基于族谱中地舆图的视角对抚州地区传统村落布局进行研究，分析了村落布局要素、总结出空间结构类型及村落中承载的人文精神对村落的形成和发展的影响。从村落形态共时性维度对抚州地区传统村落布局研究，对于完整认识该地区的村落布局特色和丰富中国传统村落研究的理论体系有不可忽视的重要意义。目前，研究团队仅做了一定基础性的工作，基于族谱地舆图的视角从共时性或历时性角度对村落形态的研究仍然有非常多内容值得进一步梳理和挖掘。

注释

① 段亚鹏，江西师范大学，讲师，330022，yapengduan@whu.edu.cn。

② 刘俊丽，江西师范大学，硕士研究生在读，330022，1923002167@qq.com。

③ 叶紫怡，江西师范大学，本科生在读，330022，492232743@qq.com。

④ 倪绍敏，江西师范大学，助教，330022，782212905@qq.com。

参考文献

[1] 孟海宁，王昕，孙天钾．古村落布局的形与意——以浙南黄檀硐古村落聚居形态的分析为例 [J]．浙江建筑，2008（05）：1–4．

[2] 李本达等．汉语集称文化通解大典 [M]．海口：南海出版公司，1992．

[3] 陈劲，邱燕．集称文化景观集成效应分析——以羊城八景为例 [J]．广州城市职业学院学报，2013，7（01）：13–18．

[4] 段亚鹏．抚河流域地区传统聚落空间形态研究 [M]．北京：中国建筑工业出版社，2017.12

[5] 梁雪．传统村镇实体环境设计 [M]．天津：天津科学技术出版社，2001．

[6] 张力智．广府村落中梳式格局的形成与演变——以花都区炭步镇古村落为例 [J]．建筑史，2016（02）：176–189．

[7] 邱丽，渠滔，张海．广东五邑地区传统村落的空间形态特征分析 [J]．河南大学学报（自然科学版），2011，41（05）：547–550．

[8] 刘大可．传统客家村落的空间结构初探以闽西武平县北部村落为例 [J]．福建论坛：文史哲版，2000（5）：63–68．

[9] 吴定安．乡草集：金溪历史文化研究 [M]．南昌：江西人民出版社，2012．

[10] 闵忠荣，段亚鹏，熊春华等．江西传统村落 [M]．北京：中国建筑工业出版社，2018．

[11] 雷建林．浅析传统人文精神对永州古村落选址布局观的影响 [J]．中国文物科学研究，2011（03）：72–74，83．

当代民居（乡土）建筑研究

私礼传加

——19世纪到20世纪初加拿大华埠民间建筑

梁以华[①] 郑 红[②]

摘 要： 我国19世纪末社会动荡兼民间经济崩溃，岭南人民纷纷移民到加拿大为劳工，在彼邦逐渐建立华埠。在早期当地苛政下，华人成立互助组织，除了争取权益，亦肩负起会馆、家祠和庙堂的功能。这些场所骤眼看似一般外国旧楼，里面却具备东南亚华人店楼的特征，内设家族先贤牌位和民系神祇神坛，布局和装饰沿用家乡礼制，建造方法展现华人工匠手艺及所属民系的民居特色。本文尝试追寻加拿大三个主要旧华埠：多伦多、温哥华和维多利亚城的旧唐人街，走访其间传统会馆及同乡会，并为其中几间做出分析。

关键词： 加拿大 华侨建筑 华埠会馆 海外同乡会 礼制布局和装饰

一、海外华埠建筑作为中国民居的研究的缘起及范围

中国地域性民间建筑丰富多变，除了传承远古工艺和民系讯息之外，有时因为地方人民与外界在近现代历史的交流，而灵活地孕育出很多不同的工艺与装饰，成为我国重要的文化遗产。尤其在封建社会末期，我国沿海地区商贾或劳工漂泊海外，建立华埠。这些华侨建筑虽在海外，却表现出中国传统建筑和海外建筑文明兼容共生的形态，应纳入我国民居的研究范畴。

华侨民间建筑大致分为以下几种情况：

第一类是自从元明清三朝开始，“华人早在西方势力到达之前即与东南亚人民开展贸易，华人小区早就建立……西方殖民政府亦将华人描绘为本土居民的贸易中介者”[1]。由于早期华侨文化水平比当地人优越，所以都能够将各自家乡的建筑设计移植到当地，偶有配合当地气候及材料，形成具有强烈中国乡土建筑色彩的建筑。例如，在泰国曼谷、越南会安、马来西亚槟城，或菲律宾吕宋等地华埠，今天见到许多在布局或装饰上带着强烈的闽南、广府、潮汕或客家传统特色的祠堂、庙宇或会馆。

第二类是发生在“近代以来对洋商开埠较早的地区，更是洋人来华居留之所……洋居的兴建，洋楼的建筑……形成中西结合的居住文化生活”[2]。包括欧洲人殖民地，或鸦片战争后的条约港口之租界区，或清末民初由海外归侨聚居而形成的近现代市镇，建筑都有浓郁的西方风格，结合中国传统工艺，属于中西合璧的民间建筑。其中比较特别的有开平碉楼，融合了变异的西方元素，成为独特的世界遗产，这些都已有广泛研究，本文不再讨论。

第三类是暂少学者研究的欧美华埠。19世纪中叶我国战乱频繁，民间经济崩溃，岭南大批村民卖身到欧洲和北美洲，在血汗之中建立了华埠。由于当时欧美国家的技术和经济都比华人劳工强，因此华人很难在彼岸建立规模较大的城镇，或是建造具有浓郁中国传统建筑风格的建筑群体，但仍有少数具有中国传统建筑特色的公所或会馆在20世纪初的艰困环境下由当地社群建立起来。近年来，有华籍领袖及外籍学者积极保护和研究加拿大及美国等早期华埠的街景及特色，累积了一定资料和修复活化的经验，亦进一步带动起欧美华埠社会架构及建筑文化的研究。

本文集中探索加拿大三个较早期的华埠——域多利城唐人街、温哥华市旧唐人街和多伦多市旧唐人街，特别深入地访寻了其间的三邑（南番顺）、四邑、闽潮和客家族群的传统会馆，发现在这些外表像普通北美洲民房的建筑中，其实隐藏着许多华人传统礼制与乡里信念等元素，令人眼界大开。本文尝试借着几个实例分析，为这个刚起步的特殊中国民居建筑类型研究工作付出绵力。

二、加拿大华埠的历史背景和早期社群状况

1. 加拿大华埠的历史背景

加拿大的华人历史已有学者做深入研究，概括来说，“清朝末年……内忧外患……（先有）1850年太平天国之乱……乱平之后，百废待兴，加上清廷政府腐败，盗匪横行，使人口稠密的珠江三角洲的百姓，为求一饱，纷纷移民海外；（加拿大西岸）费沙河（River Fraser）的金矿热潮及其后加拿大太平洋铁路的兴建，为这些寻求经济保障的华人提供了适时的机会”[3]。“然

而华侨们的牺牲贡献并没有帮助他们摆脱被歧视的命运。1885年铁路工程结束，加拿大政府向华人征收严苛的人头税……1923年加拿大颁布中国移民法案，完全禁止华工入境，当时华人处境困难”[4]。歧视华人的法例此后不断持续和加剧，除了以重税及禁妻儿入境团聚迫使华工离开之外，更纵容暴力对待华人，并禁止华童入读白人学校。这些压逼反而刺激了华侨社群抱团争取权益、彰显自身族群的文化。温哥华著名华裔作家余兆昌总结道：“通过加拿大精彩的唐人街来回顾这段黑暗的历史，可以耀亮华人社群如何通过小区服务、政治、体育及其他文化活动来维持兴旺的过程；当地华人正是凭借着活得更精彩来渡过种族歧视的难关”[5]。

有鉴中国在太平洋战争中的贡献，欧美各国在1945年之后逐渐废除了针对华侨的不平等法例，华人开始到较远的东岸城市发展。20世纪70年代东南亚多国发生排华事件，当地华人通过美加放宽的侨民政策，纷纷移居各市的唐人街。加拿大在20世纪80年代放宽移民政策，立法严禁种族歧视，适时我国经济改革，香港和台湾市民又兴起移居海外的潮流，主要迁居至加拿大西岸的温哥华及东岸的多伦多。近年加拿大鼓励多样文化，亦有当地华人积极参与地区政务，加上各市政府鼓励活化唐人街历史街景及举办华洋共融的活动，让我们今天可以看见整治后的唐人街和修复后的华人社群的历史建筑。

2. 加拿大华埠的早期社群状况

最初在19世纪从广东移民到加拿大的华人主要分两类：前往矿场或铁路进行艰苦工作的劳工主要来自广东四邑，即台山、开平、恩平及新会四个当时比较贫困的县；进行贸易和为华人提供饮食和服务的则来自广东三邑，即南海、番禺、顺德三个较有贸易经验的县。偶有客家人或潮汕人移民，但为数不多。各社群均以宗族血缘或迁出地地缘成立团结互助的组织。直至20世纪70年代，由东南亚多国辗转而至许多华人，从此开始出现以故乡民系身份成立的潮人或闽人同乡会。

总体而言，当时加拿大华埠的社群组织主要有以下四类：

第一类是根据宗族血缘关系在异国成立的互助组织，协助宗族成员解决异国生活问题，至今仍是当地华人的重要组织。这些组织像中国的祠堂一样，采用先贤或古地作堂号，例如黄江夏堂、周爱莲堂、陈颖川堂、林西河九牧堂、李陇西堂等，展现了华人的寻根意识和祖先崇拜意识。

第二类是同乡会，很多时采用故乡名号，唤起异国华人的怀乡之情，例如聚集番禺乡里的禺山公所、台山乡里的宁阳会馆、中山乡里的铁城崇义会、新会乡里的冈州会馆等。20世纪70年代后，由东南亚至加拿大的华人亦以故乡名号成立如加东福建同乡会及安河潮州会馆等。它们的功能比较像清末的旅商会馆，以同乡关系网络协助同乡华人的异国生活。

第三类是跨越血缘、地缘关系的华人慈善或康体组织，其中最具历史和影响力的就是在所有北美华埠均有的中华会馆（Chinese Benevolent Association）,除了负责协调华埠秩序及向政府争取华人权益外，更安排通过香港东华三院义庄“接运海外先侨的棺骨回乡安葬”[6]，亦在早年华洋分学苛政下成立华人子弟义学，其建筑均具一定规模与风格。其他较小团体如域多利之金声音乐社、黄相健身会，和华人神召会福音堂亦有会址，其建筑则不一定标榜华人特色。

第四类则是在19世纪末至20世纪初特殊历史背景下产生的政治组织。他们专心宣传华侨贡献及推广华夏文化，保护唐人街景观风貌及文化传统。

三、加拿大早期华埠的建筑概况及近年保护历史街区的成绩

自1858年西岸费沙河发现金矿的消息传开之后，华人便开始涌入河旁的百加委路镇（今温哥华市）南岸，建立起以木屋搭成的聚落，后因金矿结束，此镇逐荒废。现在由政府重修木屋，改建为加布列公园。由于此后已没有华人社群居住，所以不是本文研究范围之内。

加拿大现存最早的华埠是西岸离岛上的维多利亚城Victoria（华人称之为域多利市），华人在这里建立聚落，再前往大陆的矿场或铁路工地工作。最早的简陋木屋被外国人批评为污垢及疾病集中地，直至1880年由华商重建为砖屋店楼（图1）。根据当时之描述，“这些建筑用砖造，通常三层楼高，在首层与二层之间有阁楼，类似当时华南排屋，有骑楼与装饰铁栏杆，商铺面对大街以及横街，楼上用作住宿或小区会堂”[7]。以建筑类型来说，这些建筑近似19世纪华南或东南亚地区的店楼，是当年“华人商人在东南亚的港口城市设立商户，（建造）这些建筑都是融合了中式形态、

图1　域多利市1880潘多拉道砖楼

当地本土形态以及欧洲风格……这些店楼是英式排屋以及华南沿海商埠的屋宇的混合品（Hybrid）"[8]。

维多利亚大学教授及华裔文化专家黎全恩亦指出："唐人街的许多建筑物都在外立面展示了缩后式阳台以及华人建筑常见的装饰元素"[9]。温哥华市历史学家阿特金（John Atkin）分析，这类建筑"融合欧式风格与中国南方文化的典型建筑……有凹入露台（Recessed balcony）的大楼，设计深受广东文化影响，因为当地潮湿闷热，楼宇设可供乘凉的露台和雕刻精致的栏杆，人们足不出户即可欣赏街景"[10]。

华埠一般建筑密集而巷里纵横交错，"在建筑物的商铺外墙后面的空间，由幽闭的天井、画意的侧廊和狭窄的小巷形成……迷宫般的庭院和小巷，两侧有许多开口"[11]，像广州西关及珠海区清末民初的街巷。其中最著名的是域多利市现存的又窄又长的名叫"番摊里"的小巷，据说当时中药店、理发店，甚至赌档和鸦片馆等均是从横巷进出，现在仍保存了侧墙上的小监视洞。近年政府已将"番摊里"修复，现在已成为热门旅游景点和重要文化遗产，见证当时华埠巷里景貌及社会秩序生态。

华埠的建筑均由外国人建筑师设计，因为按当时加拿大的规定，华人不得从事建筑专业，因此华商会聘用当地注册建筑师设计建筑，例如域多利市的李陇西堂（建于1911年）就是由外国人建筑师艾活崛勤斯（Edward Watkins）设计的。

但华埠建筑的建造应有华人参与其中。笔者观察到域多利唐人街大部分历史建筑的红砖墙都是用传统岭南的五顺一丁砌法砌筑，而这是西方建筑所没有的砌筑方法，因此很可能是早期华埠的承建商聘用来自岭南城镇有建造中式建筑经验的工人所建，以致产生这种独特的建造手法。

到了20世纪初，温哥华繁盛的木材业及罐头业聘用了很多华工，造就了加拿大最大的华埠，中华会馆亦在当地建立了学校和医院。第二次世界大战之后来自欧洲的企业家来到加拿大东岸，使多伦多及满地可等城市急速发展，不少华人亦随之东移。到20世纪60年代，多伦多华人街已经成为繁华的街道，屋宇外在形式像英式红砖排屋，但其内部却设置祖先牌位或屏风。

到了20世纪末，温哥华和多伦多均由新一代的移民在较远的新区设立了新唐人街，原有的唐人街逐渐凋零。20世纪80年代域多利唐人街面临荒废清拆，外籍学者和华人领袖联手发起保护街景和活化旧区的活动，首先筹款重建街口中式牌楼"同济门"，之后就逐步改善街道，重振地区经济，其中一项较大型的项目是潘多拉道深坑（Pandora Avenue Ravine）的整治工程。在以前，这个污坑的一边是华人劳工简陋的木构排屋居所，另一边则是洋商的货仓，成为华洋居民的分界。近年政府将两旁房屋修复为市集店铺，污坑填平为公共表演场所，成为唐人街的游客景点"市集广场"（Market Square）（图2），体现了加拿大肯定各种族贡献的

图2　现时域多利市潘多拉道市集广场

理念。至于温哥华旧唐人街，在1986年就由当地华侨与学者联合苏州园林匠师建造了"中山公园"庆祝当年博览会的开幕，此后有文艺及旅游企业进驻该区活化旧建筑。多伦多在20世纪末建立了多个新华埠，旧唐人街一度被遗忘，近年该市积极活化旧邻社（Neighborhoods），旧唐人街旁的博物馆及大学区的扩建均带来游客，重新带来生气。

本文作者走访域多利、温哥华和多伦多的旧唐人街，尤其分析其中一些有特色的华人会馆或同乡会组织等建筑，发现这些外表像北美普通屋宇的建筑，其实在布局和装饰上都隐藏着一些细节，透露华人礼制及信念的特色。以下就是其中几间的简述。

四、华埠社群组织建筑案例：

1. 温哥华林西河总堂九牧公所（525-531 Carrall Street）

该总堂大楼建于1903年，是温哥华华埠现存最为古老亦是当年该街最高的建筑物，原本为"保皇会"物业，一楼仍保留据称是康有为所写墨宝，民国时代由林氏接手作为宗亲会址。根据老照片显示（图3a），二层外立面原本呈现有盖阳台、砖拱扇门和花巧铁栏，如前所述属加拿大唐人街景的特色，可惜后来被拆改（图3b）。该栋楼宇近年失修，由宗族筹款及得温哥华遗产基金资助维修，条件是把外貌恢复1903年的原状（图3c）。建筑师麦金（Barry McGinn）向记者指出："楼宇的正面复修特别讲究，阳台外顶重造（原本的）拱形，建筑用的木材与金属部件都雕塑了（原本的）细致边线"[12]。建筑师亦指出街铺木门框亦是传统华人工艺，现在亦聘用木匠严格修复。

2. 域多利市中华会馆（554-560 Fisgard Street）及华侨公立中学（636 Fisgard Street）

在19世纪末对华人苛政压力下，北美各地纷纷成立中华会馆（Chinese Consolidated Benevolent Association, CCBA）,而域多利市的总馆由建筑师John Teague设计，在1885年竣工。该建筑除了内设商议华埠事务的会堂，亦因华洋分学苛政而设"乐群

(a) 温哥华林西河总堂历史外貌
(图片来源：Yee, Paul. Saltwater City — An Illustrated History of the Chinese in Vancouver. University of Washington Press (Seattle), 1988: 35.)

(b) 温哥华林西河总堂近年被改动过外貌

(c) 温哥华林西河总堂修复后之外貌
(图片来源：Public Insta: https://publicinsta.com/media/BKLNQTSFldw.)

图3 温哥华林西河总堂

图4 域多利市华侨公立中学外貌

图5 域多利市华侨公立中学顶层之列圣宫
(图片来源：Amos, Robert. Inside Chinatown: Ancient Culture in a New World. TouchWood Editions (British Columbia), 2009: 50)

义塾”为华人子弟提供教学场所，此外后院是病困无家的华人的暂住之所，三楼更设置“列圣宫”供奉孔子、天后、财神赵公明、关公及华佗。其实“大多数唐人街建筑物同时提供多种用途；将商业、住宅、工业、教育和康乐用途……集于同一幢楼已经成为唐人街市貌特色”[13]，这种建筑使用概念很可能是沿自清末岭南市集前铺后居，甚至祠堂、义诊及公所合一的民居设计。后来课室不敷应用，由华侨捐款另建新校舍（图4），新校舍由建筑师DC Frame设计，融合中式屋顶和南洋阳台，红砖墙亦用五顺一丁砌法。列圣宫亦搬到中学顶楼（图5），神厅坐北朝南，从高处望向大街，似乎有风水设计，当打开向阳台的一列扇门后，“站在神龛前香案后……向前望去，在视野范围内……构成的窗口要能看见天空……称为过白”[14]，阳台巧妙地模仿传统庙宇前廊的格局，档中屏门使庙堂分隔成主次有别的礼制空间。神台以传统金箔木雕花罩装饰，神坛前之广阔大厅可用作会议、祭祀，甚至作为学生操场之用，可谓将实务与传统集于一身。

3. 域多利市人和会馆兼谭公庙（图6）

华人在加拿大建立华埠的早期，客家人占极少数，至20世纪才成立了加拿大第一个客家人的组织“人和会馆”[15]。但在会馆建立之前，惠州客籍人魏泗早在1876年于域多利市建立了加拿大首间民间庙宇谭公庙，据说是“谭公托梦于……魏泗，嘱他设庙供奉，在魏泗多方奔走筹款下，至1877年，谭公爷爷终于有了属于自身的庙宇”[16]。1911年客籍人和会馆将庙宇改建为三层楼宇，将庙堂放在顶层。神坛面向前街大窗，瞭望远海，符合传统护航神祇必须目送渔民出海的布局原则。至于为何使用圆穹顶天窗则不敢肯定，起码营造了一个仿客家祠堂“四水归堂”格局。

4. 多伦多加东福建同乡会兼妈祖庙（图7）

东南亚华人在20世纪70年代因当地排华而出走，辗转来到多

图6 域多利市人和会馆兼谭公庙

图7 多伦多加东福建同乡会兼妈祖庙

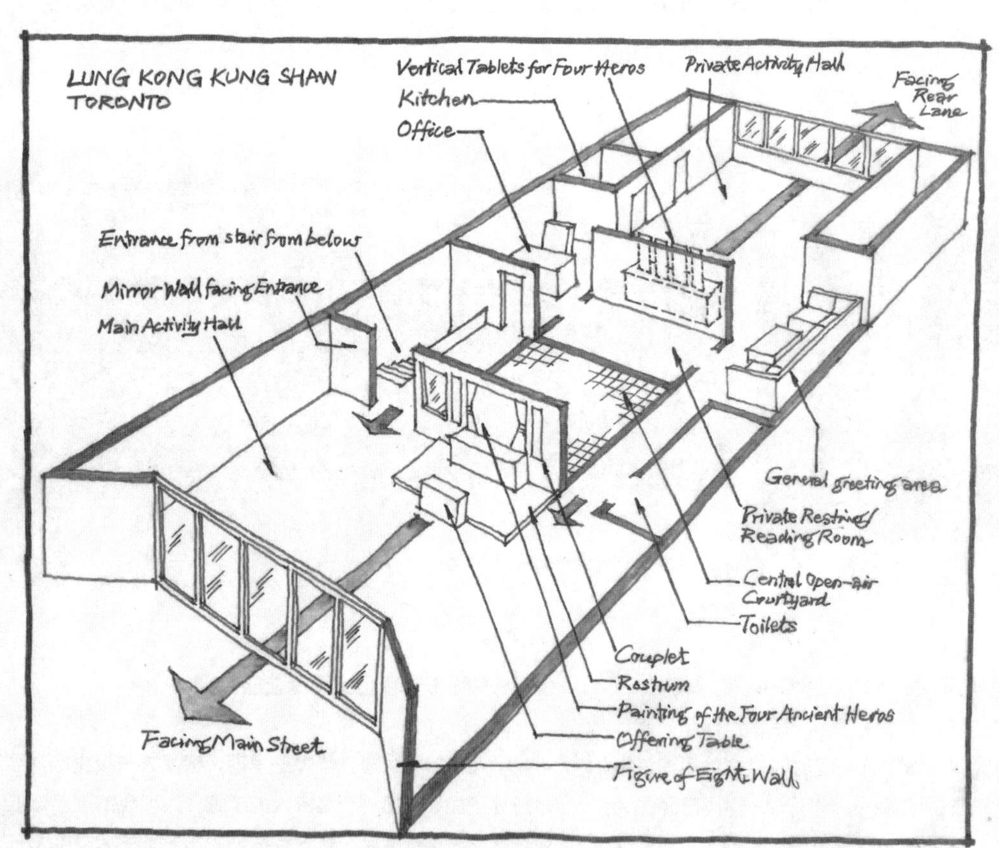

图8 多伦多龙岗亲义公所布局分析图

伦多旧唐人街，人数当然比起扎根已久的三邑、四邑人少，便以原籍身份建立互助组织，包括安河潮州会馆、多伦多印华（客籍）联谊会以及多伦多加东福建同乡会等。福建同乡会位于远离大道的横街的一幢看似普通双层洋人红砖平房内，然而入内之后穿过小区用途之首层，便到达二层拜祀妈祖（即天后）的庙堂。庙堂背靠实墙面向一列对街大窗，窗前设有香炉。笔者曾访问过香港一些隐身现代高楼上的庙宇，负责人解释在现代都市环境庙宇不一定要贴地而建，反而神坛必须面向窗口，使炉香飘出窗外直达天庭云云。相信这座妈祖庙堂亦然。

5. 多伦多龙岗亲义公所（287-289, Spadina Avenue）

早年来自四邑龙岗的刘、关、张、赵四个家庭借用三国时代四位英雄的事迹在加国组成联盟，设立公所。他们在多伦多的物业，在20世纪60年代重建为现代大厦，地铺是超市，但细心观察它的布局却发现不少中国建筑的特点（图8）。向街立面造成八字墙，访客从侧梯登楼，中间层是宿舍和写字楼，而顶楼才是公所地方，楼梯到顶即遇上照壁，转入大厅。顶楼划成两进一院、三间两廊布局。在前的是议事大厅，正中神台上是四位英雄先贤之画像，穿过天井及两旁用作休息室的左右厢房后，即到达先贤祠堂，面向后天井而环境较幽静，现在也用作公所人员康乐之用。难以相像这座玻璃幕墙之商业楼宇，其实布局像个传统祠堂。

五、总结华埠建筑特色与保护华埠街区的展望

总体而言，加拿大唐人街的华侨建筑，尤其是现存的华人同乡会或会馆等建筑，普遍具备以下特色：

（1）采用下铺上居的格局，更经常集合义学、会堂、宿舍、祠堂或庙宇等空间，可能是沿自岭南住祠合一的理念。

（2）建筑虽然由洋人建筑师设计，但一般采用华南或东南亚店楼格局，在前檐、阳台或栏杆呈现岭南或南洋风格；临街铺面、室内装饰或砖墙砌法都可能呈现岭南工艺。

（3）顶楼祭祀家族先贤、祖先牌位或乡里神祇。厅注重朝向，必须面向大街，尽量利用高层退缩之阳台，结合屋檐或扇门模仿传统祠堂庙宇之前廊，是集实务与传统精神的巧妙设计。

海外华侨的建筑是一项比较冷门的研究，尤其是北美洲华埠的建筑，外表看来像普通外国旧楼，其实在布局功能、建筑营造等方面隐藏着岭南民间建筑的理念。以往外籍学者专注研究和保护华埠的街貌，而我国熟悉民居建筑之专家则少有涉足北美华埠建筑的范畴，在21世纪我国文化与世界文明接轨的当下，著名海外华人研究专家陈志明教授主张“应多着重跨国界研究……将海外华人之研究与国内相关人类学科结合”[17]。本文做出初步探索，为未来的深入研究提供一定的参考。

注释

①梁以华，香港建筑师学会文物保育委员会主席(2007至)，edward.leung@aedas.com。

②郑红，华南理工大学建筑历史博士，zhlyh2006@163.com。

参考文献

[1] 陈志明．迁徙、家乡与认同——文化比较视野下的海外华人研究．北京：商务印书局，2012：170．

[2] 林永匡．民国居住文化通史．重庆：重庆出版社，2006：238．

[3] 简计邦．加拿大华侨概况．台北：正中书局，1988：238．

[4] 程建军．开平碉楼——中西合璧的侨乡文化景观．北京：中国建筑工业出版社，2007：14．

[5] Yee，Paul，Chinatown–An Illustrated History of the Chinese Communities of Victoria，Vancouver，Calgary，Winnipeg，Toronto，Ottawa，Montreal，and Halifax，James Lorimer & Co Ltd (Toronto)，2005：15．

[6] 高添强．丧葬服务与原籍安葬//刘润和．益善行道——东华三院135周年纪念专题文集．生活·读书·新知三联书店（香港）有限公司，2006：107．

[7] Yee，Paul，Saltwater City – An Illustrated History of the Chinese in Vancouver．University of Washington Press (Seattle)，1988：35．

[8] Davis，Howard，Living over the Store – Architecture and Local Urban Life． Routledge (London)，2012：17–19．

[9] Lai，David，Building and Rebuilding Harmony：The Gateway of Victoria′s Chinatown．University of Victoria (Victoria)，1997：52．

[10] 星岛日报．华埠百年老建筑 体现广东家乡情，2016–01–15．https：//chinatownconcerngroup．wordpress．com/2016/01/20/%E8%8F%AF%E5%9F%A0%E7%99%BE%E5%B9%B4%E8%80%81%E5%BB%BA%E7%AF%89–%E9%AB%94%E7%8F%BE%E5%BB%A3%E6%9D%B1%E5%AE%B6%E9%84%89%E6%83%85/

[11] 同9．

[12] 明报（加西）专讯．林西河总堂展新貌，2018–05–06．http：//www．mingpaocanada．com/van/htm/News/20180506/vas1h_r．htm

[13] 同7．

[14] 程建军．藏风得水——风水与建筑．北京：中国电影出版社，2005．

[15] 世界客报．客家人在加拿大，2018–9–14．，http：//john380920．blogspot．com/2018/09/blog–post_32．html

[16] Amos，Robert，Inside Chinatown：Ancient Culture in a New World． TouchWood Editions (British Columbia)，2009：50．

[17] Tan Chee–Beng，Chinese Overseas – Migration，Research and Documentation．The Chinese University Press (Hong Kong)，2007，pxix．

中西交融，氤氲共生

——欧美复古主义建筑思潮对浦东民居门楼风格影响刍议[①]

宾慧中[②] 钱玥如[③]

摘 要： 上海浦东新区地处沿海区域，近代属于远郊乡村，与市区一样，开埠之后深受西方建筑文化影响。本文着眼于19世纪欧美复古主义建筑特色与江南传统民居之融合，分析浦东民居杂糅装饰风格的发展脉络与成因，其演变历经了对复古主义建筑装饰元素的局部模仿及提炼，进而与本土装饰式样有机融合，由此形成上海沿海岸线民居之中西合璧装饰艺术风格特征。

关键词： 浦东民居 中西杂糅风格 传统民居门楼 复古主义建筑 清末民初

一个时期的建筑风格，是基于文化、政治、经济、技术、社会心理等各方面需求，逐渐形成的具有时代性与地域性特征之风貌。装饰元素作为建筑的重要组成部分，同样受在地性与时代性影响。

开埠之后，西方政治、经济、文化以全面压倒的态势进入中国，并逐渐渗透中国社会各阶层各领域，清末民初是中国近代建筑风格的重要转型期。上海浦东新区[④]地处沿海区域，近代属于远郊乡村，受沿海地缘与西学东渐的影响，其民居装饰风格杂糅了欧美复古主义建筑装饰元素与传统水乡村镇建筑文化特征，呈现中西合璧之风格。其手法多为形式上的组合，或在建筑重要装饰部位杂糅中西方建筑元素，也有的整体建筑空间形态都是外来装饰风格，仅仅在结构承重上采用传统中式木结构。

一、浦东之历史文脉及民居特色

随着泥沙淤积、海岸线外拓变迁，冈身线[⑤]以东沿海区域渐次成陆。南宋乾道海塘的修筑奠定了浦东主要城镇的地理位置。清代从上海县划出长人乡建立南汇县，标志浦东在行政上正式独立建立县制。

浦东作为较晚成陆的沿海地域，从无到有，逐渐形成城镇聚落，各时期建筑都沉淀了相应的文化、政治、经济特征。如川沙古城作为驻守海岸疆域的防卫性特色、海岸线向东南扩展形成的下沙盐场等，都与时代性与地域性密切相关。近代以来，因航海商贸经济发展，浦东受外来文化影响较大。1840年开埠以后，各建筑营造厂如雨后春笋般涌现。在19世纪欧美复古主义建筑思潮的影响下，与在经济、技术、材料、工艺等支撑下，营造厂将中西合璧风貌的建筑实践经验从城区带入浦东村镇。

浦东村镇传统建筑，整体以泛江南区域的水乡民居风格为主体，因成陆较晚，基于自身发展的经济、社会、文化成因，形成沿海岸线的村镇肌理及街巷、院落特征，对外来文化兼容并蓄，杂糅各地建筑元素，尤以开埠之后逐渐形成的中西合璧风貌为特色。

二、19世纪欧美复古主义建筑特征之概要

19世纪欧美盛行复古主义建筑思潮，是为适应新兴资产阶级的政治需要，创造代表阶级形象的文化样式，试图以复古风格的文化认同来巩固阶级地位。

当时期的建筑复古思潮主要包括三种类型：古典复兴、浪漫主义、折衷主义。古典复兴与浪漫主义，分别为以复兴古希腊、古罗马及哥特式建筑风格为特征的思潮。而折衷主义则没有固定的效仿对象，有意识地将各时期不同风格的建筑语言混杂在一起，巧妙地利用各种特征元素相组合，体现兼容并蓄的思想。

西方建筑文化对于中国的影响有滞后性，开埠之后，19世纪欧美复古主义建筑思潮才对中国产生较为深远的影响。以上海浦东村镇民居为例，清末民初，其建筑与装饰风貌主要呈现两种形态。一种是同一建筑群内，中西风格的建筑样式并存——如浦东航头古镇的朱家潭子，第一、二进为一层合院式江南传统水乡民居，第三进为折中主义风格的两层跑马楼，还带有几何构图园艺风貌的后院，营造出层次丰富、别有意趣的空间氛围。另一种是在同一幢建筑中，混用不同风格样式，形成单幢建筑的折衷主义面貌，不拘泥于严谨的古典式构图，采取灵活的元素组合方式与多样化的语言表达。如浦东大团古镇马氏宅，有西式风格的山面与贴立式仪门，而

图1　朱家潭子第二进院落中式风貌

图2　朱家潭子第三进院落西式风貌

图3　朱家潭子中西合璧装饰风格

图4　大团马氏宅西式外立面

图5　大团马氏宅内院中西杂糅风貌

图6　川沙吴氏家祠山墙面为传统观音兜装饰

内院则为高墙漏窗、格扇擎板、门窗木雕精细，整体呈现杂糅、多元之风貌特色。（图1~图6）

三、19世纪欧美复古主义建筑思潮对浦东民居之影响

1. 杂糅风貌装饰元素类别

从门楼装饰类型，到山墙风格特征，再至彩色玻璃门窗、铁艺门窗及栏杆装饰、压花水门汀、瓷砖铺地等新材料的引入，19世纪欧美复古主义建筑思潮对浦东村镇民居建筑装饰元素的影响较为广泛。本文以门楼为例，解析浦东传统民居门楼风貌特征，及其装饰风格之嬗变。（图7~图10）

2. 门楼从传统到杂糅风格之变迁

门楼作为内外空间的过渡，通常位于院落的显要位置，是建筑轴线序列的关键空间节点。其用料、做工与装饰风格，代表了屋主的身份地位，同时承载意蕴深厚的文化内涵。

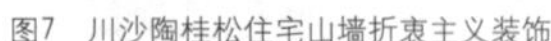

图7 川沙陶桂松住宅山墙折衷主义装饰

图8 大团潘氏宅彩色玻璃

图9 航头朱家潭子瓷砖铺地

图10 大团马氏宅廊道铁艺装饰

民居门楼类型丰富，大体可分为屋宇式和墙垣式[⑥]。浦东村镇保存完好的民居院落以清代中后期与民国时期为主，院内门楼多见墙垣式，风格多样。依照不同时代特征与装饰艺术风格，可将门楼分为三种类型：传统中式风格、中西合璧风格（包括中西合璧偏中式及中西合璧偏西式）、西式风格。

传统中式门楼，开八字门，雕饰精巧，富于古韵。额枋与屋檐常见以砖雕模仿木结构细部特征的做法，檐下带斗栱，并有人物故事或花鸟虫鱼的精致砖雕，正中有匾额题字，如“厚德载福”、“谋贻燕翼”、“兄弟怡和”、“紫气东来”、“竹苞松茂”……代表了屋主的精神希冀与理想追求。江南区域的中式门楼临街入口一侧通常形态简约质朴，而朝向内院的一侧则极尽装饰之能事，飞檐起翘、雕饰精美的门楼成为主要厅堂建筑的重要对景，形成所谓“财不外露”的内秀风格。（图11~图13）

中西合璧式门楼，既有瓦顶屋面结构，又可见丰富多彩的复古主义建筑元素——如折衷主义柱式、几何形态线框、半圆发券、叠涩线脚等装饰形态，与雅致雕镂的传统门楼元素相融合。中西合璧偏中式门楼，整体比例尺度与传统中式门楼相当，檐下装饰没有繁复的细节处理，造型有所简化，以水平线脚替代斗三

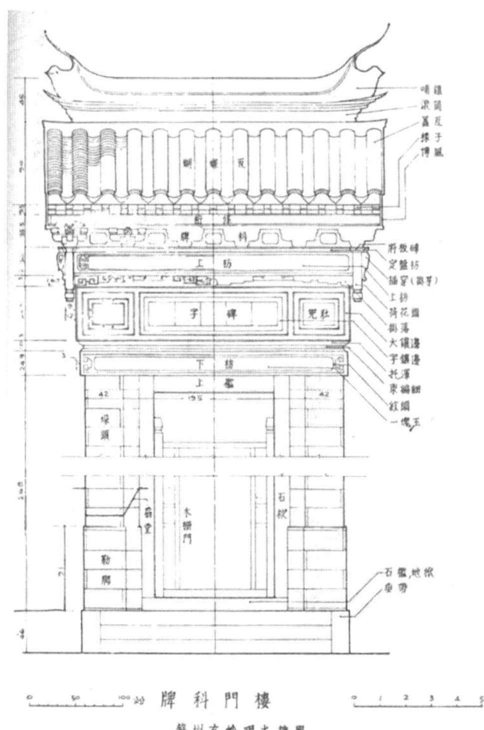

图11 江南传统中式牌科门楼
（图片来源：姚成祖.营造法原［M］. 北京：中国建筑工业出版社，1986：213，图版四十一）

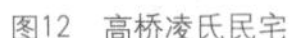
图12　高桥凌氏民宅

图13　高桥张家弄黄氏宅

图14　高桥敬业堂

图15　高桥钟氏民宅

图16　大团王氏宅

图17　大团徐氏住宅

图18　川沙大洪村唐家宅

图19　航头朱家潭子

升、十字科及砖雕图案等枋木构件装饰，融入复古主义建筑元素。中西合璧偏西式门楼，整体比例尺度与传统中式门楼有明显区别，屋面体量变小，檐下装饰简约，并大量植入几何元素符号，强调光影变化下的体量感与线条感。八字墙通常被折衷主义柱式替代。（图14、图15）

西式门楼则以简化为特征，完全摒弃了传统中式元素，运用简约明朗的几何符号，局部装饰元素采用巴洛克、洛可可曲线混搭，形成折衷主义风格。西式门楼常见光影凹凸有致的巴洛克山花墙，或集仿古典主义的立柱，或为独立式或为贴立式，成为整个院落的聚焦点。西式门楼是三种门楼类型中最晚出现的类型，其时代特征是：1）门楼没有瓦屋面；2）通常有柱式，其造型出现双柱并置等各种创新；3）重点装饰面由面向内院，逐渐转变为朝向街道的主入口面，这个变化的过程鲜活呈现于浦东不同区域的院落门楼中。（图16~图19）

传统中式门楼，是中国合院建筑在长时段发展历程中的有机组成部分，歇山或庑殿式瓦屋面翼角飞扬，檐下砖仿木式构件惟妙惟肖。中西合璧式门楼在开埠之后出现，可见复古主义建筑文化从被移植、模仿、合成直至浸润吸收的脉络，呈现出自觉或不自觉的本土化历程。西式门楼出现时间较晚，在为数不多的浦东民居中可见，汲取复古主义建筑元素加强装饰，是清末民国时期追求时尚文化的表征，已远离传统门楼造型，但是代表传统文化内涵与屋主人生取向的匾额依旧保存——院落建筑的精神世界尚未丢失。

文化自高地向低地侵入式流动现象，常见且难以避免，其中蕴含着低地民族传统意识先偏离后回归的状态。处在低地的民族初期通常主动接纳，渴望来自文化高地的熏染与浸润。但随着民族意识觉醒，本土传统文化又会产生新的方法与途径来抵触这些外来文化。

四、门楼案例分析与评述

浦东新场张氏宅第的门楼为中西合璧偏西式风格。其檐部为传统瓦屋面，额枋部分保留中式的轮廓形态，用西式叠涩线条等元素符号对檐下装饰予以简化。门楼内开砖结构八字门，在门上利用线脚隐出柱的形态，门、墙、柱在结构上本为一体。张氏宅第门楼，在八字门墙尽端，装饰古典复兴的古希腊柱式，强调了门、墙、柱在形式上的独立。对于柱式的处理并非简单移植，在考量整体比例及美学构图的前提下，采用柱头被适度简化的科林斯柱式。利用西

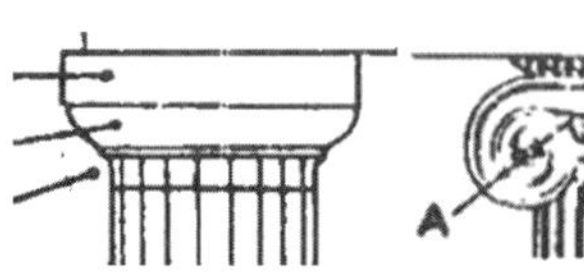

图20　古希腊三种柱式
（图片来源：罗小未，蔡琬英．外国建筑历史图说［M］．上海：同济大学出版社，1986．：45）

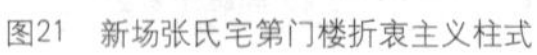

图21　新场张氏宅第门楼折衷主义柱式

图22　张氏宅第门楼全貌

图23　陶桂松住宅阳台

图24　陶桂松住宅排气孔

图25　陶桂松住宅彩色玻璃

图26　陶桂松住宅弧形扶手

图27　外置楼梯间

图28　陶桂松住宅门楼

图29　陶桂松住宅中庭

图30　陶桂松住宅爱奥尼柱式

式元素在传统中式门楼上做减法并不简单，少减一分则嫌繁复，多减一分则嫌乏味。新场张氏宅门楼，对西式元素进行理性处理，中西杂糅风格纳入和谐的整体语境。（图20~图22）

另一个案例，浦东川沙陶桂松住宅，反映19世纪欧美复古主义建筑思潮通过建筑师的介入，将流行于上海租界区域的营造工艺风格带至乡村的现象。

陶桂松住宅是川沙本土建筑师的自宅，其创办的陶桂记营造厂，在外滩等中心城区留下不少优秀作品。建筑师陶桂松浸润于近代上海租界区的建筑营造经验，将复古主义建筑特征消化为自身的创作语汇，把城区的新材料、新工艺、新装饰风格与协调融合的手法策略带至乡村，在其川沙自宅中得以良好体现。

陶桂松住宅为砖木混合结构，分主楼与副楼。其间用外置楼梯间相连，原色水泥楼梯与上红漆的木窗大胆融合，意外和谐。

主楼的中庭立面，中西合璧风格最为直观。廊柱使用古希腊爱奥尼柱式，彩色玻璃门窗、西式栏杆及腰檐装饰，与中式木结构承重体系、精美的小木作装修并存。建筑山墙受复古主义建筑装饰风格影响，采用人字山墙，顶部以水泥现浇压顶，欧式风格浓郁。屋顶铺砌中式传统小青瓦，庭院采用传统漏窗，运用新材料铁艺元素。正对中庭的中西合璧偏西式门楼，将杂糅的风貌予以统筹稳定。陶桂松住宅建筑结构与院落空间布局为传统中式风格，西式装饰元素理性进入、穿插融合，这些截然不同却又巧妙相融的建筑风格，产生强烈视觉冲击力，表达出折衷主义建筑的独特韵味。（图23~图30）

五、结语

清末民初浦东村镇民居，依托江南水乡深厚的文化底蕴形成沿海岸线民居的适应性特征，同时在19世纪欧美复古主义建筑思潮的影响下，浦东民居装饰式样呈现中西合璧的折衷主义风格。其成因可追溯至经济、社会、文化、心理等特定时代背景的影响。正是开埠之后中西文化的碰撞，才孕育出体现了多元一体、兼容并蓄的上海沿海岸线地域近代民居文化特质。

阿摩斯·拉普卜特曾提出社会文化决定建筑样式的观点，建筑装饰不仅是其建造年代历史信息和物质实体空间信息的载体，更是

一种活着的文化形式。建筑物化了同时期的文化价值观念与社会审美取向，价值观念与审美取向因此可以通过装饰风格、建筑形式、空间特征等方式来表达与延续特定时代背景的文化特征，从而使其以建筑语汇的方式再生产。两者形成良性互动，从而能以更开放的心态，加强文化认同与异质交流。

注释

① 国家自然科学基金资助（项目批准号：51578328）。

② 宾慧中，上海大学上海美术学院，副教授，200444，binhz@126.com。

③ 钱玥如，上海大学上海美术学院，硕士研究生，200444，1181103341@qq.com。

④ 浦东新区：古代的浦东（川沙）是戍卒屯垦的海疆，最早可追溯到南北朝。唐、元、清时先后属华亭县、上海县，曾设“川沙抚民厅”。辛亥革命时，改厅为县，直隶江苏省。中华人民共和国成立后，川沙从江苏省划出，改属上海市管辖。1993年，川沙县撤销，同时将黄浦、杨浦等区的浦东区域划入，正式成立了浦东新区。2009年，南汇区划入浦东新区，形成今天占据上海大部分沿海岸线区域之规模。

⑤ 至少六千年以前，在上海市中部傍西的土地上，有一条由西北到东南走向的冈身地带，它便是远古时代的海岸线。长江挟带的大量泥沙进入河口，在大风和海浪作用下不断堆积成一条带状海岸，因其地势高爽，俗称“冈身”。

⑥ 姚成祖.营造法原 [M]. 北京：中国建筑工业出版社，1986：72，“凡门头上施数重砖砌之枋，或加牌科等装饰，上覆屋面者，称门楼或墙门。……门楼及墙门名称之分别，在两旁墙垣衔接之不同，其屋顶高出墙垣，耸然兀立者称门楼。两旁墙垣高出屋顶者，则称墙门。其做法完全相同。”

参考文献

[1] 姚成祖. 营造法原 [M]. 北京：中国建筑工业出版社，1986.

[2] 南汇县文化志编委会. 南汇县文化志 [M]. 上海：南汇县文化局，1997.

[3] 张衔春，王旭. 建筑创作中的复古思潮述评——以古典复兴、浪漫主义、折衷主义为例 [J]. 华中建筑，2010（03）：199–201.

[4] 帕瑞克 · 纽金斯. 世界建筑艺术史 [M]. 安徽：科学技术出版社，1990.

[5] 郑光复. 建筑史的“奥德赛”——再认识古典、古典复兴与现代建筑 [J]. 世界建筑，1994（01）：63–66.

[6] 杨秉德. 中国近代中西建筑文化交融史 [M]. 武汉：湖北教育出版社，2003.

[7] 克洛德 · 佩罗. 古典建筑的柱式规制 [M]. 北京：中国建筑工业出版社，2010.

传播视角下的广州骑楼建筑与城市商业空间

陈麓西①

摘　要：骑楼是中西文化交融下的极具岭南特色的建筑类型。本文根据其尺寸，结构，架空层的所有属性将其分为三个阶段。通过梳理广州传统商业空间中的骑楼建筑，笔者阐释广州骑楼建造是如何〞自上而下〞受到城市规划方法的影响，又是如何〞自下而上〞地受到新材料和建筑技术的影响，进而加深对传统商业空间中骑楼的认识，厘清〞中西合璧〞的骑楼建筑中何为〞中〞，又何为〞西〞，从而加深对骑楼建筑价值的认识。

关键词：城市规划方法传播　建筑技术传播　清末广州骑楼　新政时期广州骑楼　军政府和市政厅时期广州骑楼

以往研究多将骑楼作为一种建筑“舶来品”，从建筑形态和文化的角度探索其历史文化渊源，而忽略其样式常见于当地传统建筑，是城市传统商业空间中的重要组成部分，并与城市发展息息相关。另一种被普遍接受的观点认为骑楼是“中西合璧”的建筑典型，但对哪些部分是“中”，哪些部分是“西”则语焉不详，或是简单地认为西式立面是“西”，类似竹筒屋的平面布局方式是“中”。关注骑楼形态渊源的研究有许多，如滕森照信认为，骑楼是殖民地外廊样式建筑；林冲则通过对江南、四川等地檐廊建筑对骑楼建筑的原型进行溯源。另一种角度则更注重骑楼的城市属性，如彭长歆认为骑楼是一种城市制度；黄素娟则指出骑楼制度随城市政府管理者的更换也不断地在改变。

笔者认为骑楼是传统商业空间中重要的组成部分，与城市发展息息相关；而骑楼的样式随着城市规划和建造技术的进步演变。通过对广州骑楼建造过程的研究，能够帮助我们理解所谓“中西结合”中哪部分是“中”，哪部分是“西”，进而加深对骑楼价值的认知。

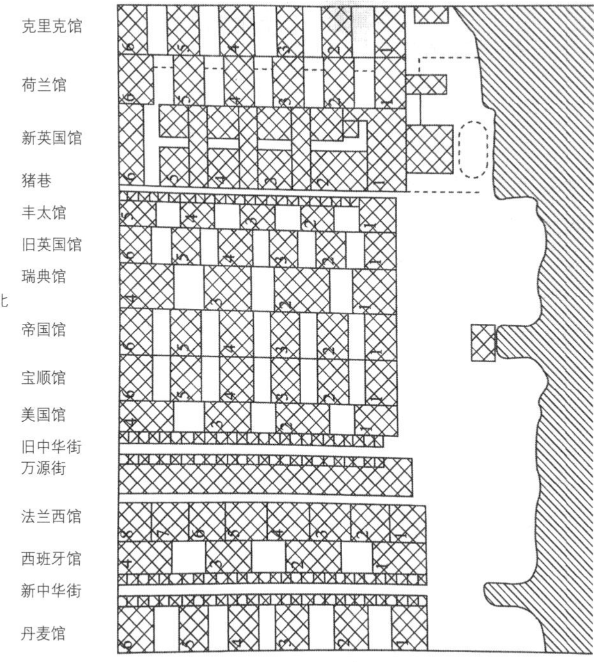

图1　广州十三行商馆位置图

一、传统商业空间中的骑楼建造：1825~1900年广州骑楼建筑

清末有组织，成规模的骑楼建造从清末描绘广州城景象的画中可见于十三行街区。以十三行街区内的中华街为例（图1、图2），从以新中华街-同文街为对象的石版画（图3）可以看到与在广州内

现存骑楼形态很接近的建筑：联排房屋底层有面向街道的架空支柱层，上层则为相对独立封闭的私人空间。

图2　清代油画：从珠江南岸看广州全城

其中与画面中同文街骑楼今日所存骑楼不同之处有两点：一是在结构技术和材料上，前者是木结构的房屋，而后者是钢筋混凝土

图3 设色石版画：十三行同文街一景（约1840年）

图4 广州同文街货店老板正在接待外商（约1825～1830年）

图5 广州十三行同文街一角：水彩画，英·威廉·普林塞普1838绘，香港艺术馆藏

图6 钢笔画：1939年十三行靖远街（旧中国街）的街景

图7 琳呱画室：琳呱活跃于1830～1860年间，画室开在十三行的靖远街，是一幢三层建筑

图8 广州商馆前的货运码头：1838～1839年，法·奥古斯特·波塞尔绘，西塞里刻，香港艺术馆藏

图9 清代西洋绘画：广州珠江上的民船

结构或砖木结构；二是底层架空层的连通性方面，前者每间房屋的架空层之间有木板相隔不能通行，而后者底层打通形成长柱廊式人行道。在图中可见架空层中有小板凳，人集中在架空层与街道之间的界面。对同文街中一间货店的特写（图4）表达了底层架空层引来送往的功能和其与店铺间的空间关系。另一张描绘同文街一角的水彩画（图5）可见相似的空间形态，以及承载骑楼出挑的木结构。同样位于十三行街区的旧中国街-靖远街也存在联排的骑楼建筑（图6）。在反映位于街上的琳呱画室（图7）铺面的图像中，也可看出底层架空层之间并不相通。

在十三行街区内其他其街道也有骑楼形态的房屋，如在商行货运码头旁的房屋（图8）：共三层高，二三层阳台出挑，底层架空。在十三行街区以外，珠江沿岸也见底层架空支柱层的房屋（图9、图10）；一些商业街道也出现局部骑楼（图11）。虽

图10 珠江民生图

图11 广州市街一景

然不如同文街和靖远街联排成行分布，但骑楼建筑的形态还是清晰可见。十三行街区内或因在建造夷馆商行过程中，由外国人规划形成统一规模；而在十三行街区外，缺乏政府规划因而分布零星。

在材料使用方面，清末普遍使用的建筑材料为砖、木、石材以及金属材料。裨治文（Elijah Coleman Bridge，1801-1861）估计，广州全城的房子大约有3/5是用砖建造的[②]。余下大多为木结构建筑。咸丰年之前多使用青砖[③]，而后因红砖价格较便宜方砖[④]。石材主要是来自粤北山区的花岗岩和沙岩，用于大门周围，或作内门的门柱。木材多用作梁柱椽桷，通常是某种杉木，编成木排顺江河漂流而下[⑤]。窗户很小，用纸、云母、贝母或其他类似的透明材料，而不是玻璃[⑥]。清末广州建筑材料使用的新趋势是越来越多地使用外国进口的金属材料，图中可见货店也使用金属栏杆[⑦]。售卖建材商铺在天平街有打造大理石雕的商号，石材来自肇庆[⑧]；永兴大街有仁信玻璃铺[⑨]。

本阶段骑楼在十三行街区内成规模分布，而在珠江两岸，商业街等处由屋主自发建造，底层支柱层属屋主私有。相邻骑楼底层支柱层之间不连通，以横木或木板等相隔。建筑材料使用当时民居普遍使用的砖，木等材料；所使用的建筑结构技术也是当地民居的建筑技术。

二、城市改良思潮下的商业街道与骑楼：1901~1911年新政时期广州骑楼建筑

新政时期，中国各大城市都趋向学习西方现代城市建设，大兴“改良城市”的观念，其中广州则主要以沙面和香港为学习和效仿的对象。而骑楼作为治理城市街道不良的策略被屡次提出[⑩]。张石朋认为，广州传统的商铺搭设天蓬，以致“街道如巷，行人如鲫”，“令人生厌”既因排水不畅而不卫生又易发生火灾；若如香港建设骑楼，则可一举多得，既解决人行问题，又解决街道清洁卫生和防火问题。早在1884~1889年间张之洞担任两广总督，整治街道的想法也曾被提出。在商户如建业堂等的建议下，张之洞决定拆掉南城墙并修筑长堤马路，并亲自对新马路的建设提出“铺廊”的概念。“铺廊”与骑楼类似，即在临街修筑两米宽的行栈长廊，既可遮风避雨又利商民交易；但是仅仅停留在计划层面，计划随着张之洞的离职也不了了之。

不过首次官方落实“改良城市”的思想，是于1911年颁布有关骑楼建造的文件：以“利交通”和“预防危险”为目的颁布的《广东省城警察厅现行取缔建筑章程及施行细则》中规定堤岸及各马路建造屋铺需留有有脚骑楼；不许设檐篷，檐前滴水须组织排水；骑楼尺寸规定为宽八尺，高一丈。但章程的落实并不富于成效，直到1919年长堤一带仍搭设大量檐篷[⑪]。

图12 西洋人绘制的广州商业街一角——檐篷等乱搭

图13 1850年时的广州街景——雨篷等乱搭

图14 西洋人绘制的广州老街巷——木板等乱搭

西关商人将骑楼视为与“上海院子”同样洋气新潮的标志，自发建设骑楼。如上陈塘，西关大巷口一带妓院火灾后，商人修复房屋“各家建造略仿洋式各建骑楼”⑫。同时，西式建筑在广州日益流行。广州改建西式门面的商店越来越多，粤海关税务司庆丕报告“旧式建筑的商店正在被按西方设计的两面门窗临街的商店所取代。⑬”长堤尤是如此。1909年，省港澳慈善总会由西关文园搬迁到长堤如意茶居并改设西式门面⑭。长堤于1910年竣工后；西式建筑沿堤陆续建成，长堤马路“建筑房屋甚多，多属西式，所余空地有限。⑮”

这些西关商人自发建造的骑楼，多使用与殖民地建筑类似的材料和架构。广州“殖民地外廊式”建筑大多砖（石）木混合结构，通常表现为砖（石）承重墙，券拱和梁板木楼面的组合方式。一顺一丁的英式砌法和木制主梁与密肋木梁共同承托木板楼面的梁板形式是其特征。早在1870年，沙面租界上的原英国传教士公寓就已应用该类结构技术；1889年建造的原法国传教社大楼同样也是典例。

本阶段提出骑楼的动机是为了解决城市街道脏乱差的问题，旨在向香港学习，以整洁划一的骑楼取代各自为遮阳挡雨而搭设的檐篷、木板等。政府章程为良好市容以取缔违搭乱建为初出发点，提出建设骑楼的策略，规定骑楼底层支柱空间尺寸宽八尺，高一丈，与第一阶段尺度相近。因各种原因，包括建筑材料价格，技术等原因，未得到广泛的落实。

图15 外商在广州街市购物——木板等乱搭

三、城市规划方案实施中的商业马路与骑楼：1912~1928年军政府和市政厅时期广州骑楼建筑

1. 骑楼作为拆城筑路的补偿方案得到大力推行

在现代城市规划理论的指导下，广州市进行新一轮城市规划和建设。1918年市政公所公布，先计划拆西水关迤北至盘龙里及迤南至西堤一带城墙，开辟路宽100英尺的马路（约30.5米）；又拆永汉门左右两边城基筑宽60英尺宽马路（约18.3米）。但是广州城墙的宽度明显不及马路宽度：广州老城城基宽17英尺（约5.2米），上宽13英尺（约4米），故需拆3500余间房屋⑯。对于这些被拆的自建上盖房屋，市政公所给予一定补偿⑰。但补偿方案遭到商民的大力反对。1919年2月17日，由数百名双门底上下街和大南门直街的商铺的代表，提着“乞恩免拆”字样的灯笼共赴联军政府请求修改永汉路线。

在这样的压力下，市政公所一方面提高补偿，另一方面将准建骑楼作为一种变相的补偿：即当马路宽度宽于80英尺时便可建筑骑楼⑱。新辟马路沿线准许建筑骑楼的地皮被称为“骑楼地”，即业主获得政府准许利用人行路上空的面积，以作为割让铺屋面积的补偿。政府从骑楼政策可获得两种收益，其一是骑楼地牌照费；其二是骑楼地价。

作为同时增加政府和被拆迁商民利益的政策，骑楼得到大力发展。市政公所制定的规章使骑楼成为各马路的主要建筑形式。至1925年，主干道永汉路，惠爱路，太平南，文德路，大德路，泰康路，一德路，文明路等已遍布骑楼。

2. 现代建筑技术的使用为大规模建筑骑楼提供可能性

为能在短期内建造大量的建筑骑楼，在1920年制定《临时取缔建筑章程》的基础上，市政厅又出台《广州市市政公所取拘建筑十五尺宽骑楼章程》，将各种不同材料因应骑楼形式，从而提供了一个易于操作，清楚详细的设计准则，以设定规范省去复杂建筑结构计算⑲，并使建造过程易于管理。

骑楼高度比前一阶段增加百分之五十幅度。以往骑楼建筑物以砖柱为主要架构，受限于传统砖木构造之结构特性，高度一般不超过四楼。但章程中对士敏土铁条柱，青石柱，砖柱，圆铁柱等规定中通过对水泥，钢筋等材料的使用，使高度增加成为可能。如1917年《修正永汉路建筑骑楼办法》中第四条已开始对骑楼中的柱子做出规定：临渠边石之柱其厚度（照人行路横度）不得超过十四英寸，其材料需用钢根三合土或铁柱⑳。在章程出台前，水泥已开始被普遍使用。如1917年工务局报告说士敏土（Cement）若质量不过关，如被掺入杂质或变坏，则会导致坍塌事故㉑，此类事故已发生多起。到1923年，广州市内士敏土商店共有十家，第六区有九家，第五区有一家㉒。

图16 骑楼底横木阵

图17 老照片：广州城商业街中西合璧的骑楼建筑

即使章程可以被看做是对新技术和材料的推广，但对钢筋混凝土的使用似乎欠成熟，如铁筋三合土楼板厚度（包括铁枝保护层厚度）约六寸（15厘米），比现今一般楼板12厘米厚3厘米，对15尺宽的骑楼跨度而言似乎太厚[23]。因增加自重而不经济。因建筑普遍不高，对钢筋混凝土的应用还不是太普遍。根据广州工务局对市民建筑的统计，20世纪20年代初建筑高度以两层高为主，一层和三层次之，以砖木结构为主，三合土结构次之，新建与改建的建筑量接近[24]。1920年梦蝶于《申报》第一次刊登有关混凝土做法的文章，并介绍混凝土配比和两种搅拌混凝土的方法[25]。虽1925年市政厅要求此后建设应尽量采用国产材料，拟于全国各天然产林区筹设锯木厂数处，并着手进行制炼钢铁的工业以切合国内需要[26]。但直到1928年中国进口水泥仍主要依靠进口，且多来自日本，是其余各国的三倍有余[27]。1933年公布的《建筑技术规则》[28]中根据所受应力对楼面和梁中的配筋都给出了详细的尺寸规定；砌结砖石中和砖石柱中都规定使用士敏砂浆，至此普通民用建筑中使用水泥和钢筋的技术已规范而成熟。

3. 华侨投资促使骑楼倾向使用西式立面

20世纪20～30年代期间，正逢世界经济危机前期，美金价格日益疯长。一般华侨纷纷汇钱回国投资，唯恐美金价格突然贬值，遭受损失。其中广东华侨回国投资中，超过半数的投资金额集中在房地产业（表1）[29]。此时期华侨亦先后成立了大业堂，嘉南堂，南华公司，民星等房地产公司，投入建筑房产开发行列，兴建了大批住宅，商店及公共建筑。据估计当时华侨投资广州市房地产的金额，占同期华侨在广州投资总额的3/4[30]。一方面，华侨倾向选择符合其生活地审美的建筑立面；另一方面，为了使所投资地产能有更高的租金收入，也倾向将其房产改建成受欢迎之“西式洋房”建筑。

Distribution of Investment in different fields by Guangdong overseas Chinese 表1

Field	Real Estates	Commercial	Transportation	Financial	Industry	Service	Agriculture and Mining	Total
Number of Firms	17790	1473	242	1005	332	305	121	21268
Percentage to total investment	52.60	12.31	11.26	10.43	6.49	5.01	1.90	100

四、理解“中西合璧”的广州骑楼建筑

广州骑楼发展的三个阶段 表2

时期	成规模出现	零星出现	尺寸	底层支柱层产权	材料	结构	政府规划主要政策	政策效果
1825~1900年	在一定的规划下十三行街区内中华街内联排骑楼	因适应当地气候由市民自发建造零星分布于城中	从绘画中看接近宽八英尺，高十英尺	私有	木、砖	传统木结构或砖木结构	—	—
1901~1911年	—	西关商业区内作为新潮的标志由商人自发建造	宽八英尺，高十英尺	半私有	砖，木	砖（石）木混合结构	《取缔建筑章程及施行细则》为改进市容，禁止设檐篷，提倡建骑楼	因建造费用较普通建筑昂贵，未能有效落实
1912~1928年	永汉路，惠爱路，太平南，文德路，一德路等主干道	—	宽十五英尺，高十五英尺	公有	钢筋混凝土，砖木	砖（石）木混合结构，钢筋混凝土	《取拘建筑十五尺宽骑楼章程》	作为因开辟马路而被拆除屋主的补偿方案而大受欢迎

通过广州骑楼建造过程的梳理，可以明确骑楼一直是传统商业空间的重要组成部分，其样式随着城市规划和建筑技术的传播而变化。所谓"中西合璧"则是指传统商业空间与西方新的建筑材料和技术的结合，并因城市规划的实施而大规模兴建。其主要特征和意义有如下三点：

1. "自上而下"城市发展对骑楼建造的作用

从具有确切记载第一次骑楼联排出现于十三行街区开始，广州骑楼就与外来技术交流密切相关。在1901~1911年新政时期，为向高效整齐现代看齐，整饬脏乱拥挤的老城街道，政府出台《取缔建筑章程》，以期通过法规管理达到整顿市容的目的。而促使骑楼大规模建设的拆城筑路事件，更是向现代城市学习城市规划方法的结果。通过将广州骑楼建造与向现代城市规划学习过程相联系，更能理解骑楼由地方零星分布传统建筑类型，发展成影响城市景观的建筑群的过程。

2. "自下而上"技术进步和材料更新对骑楼建造的作用

1900年，伴随着"改良城市"思想观念的普及和海外留学人才的归国，城市规划的方法和技术已在广州得到应用。虽然政府已出台政策提倡建筑骑楼，但因缺乏价格合适的材料和普遍应用的结构体系，骑楼还是缺乏成为普通民众的基础。而随着钢筋混凝土等技术的成熟和普遍应用，大规模建造跨度较大的骑楼才成为可能。如《取拘建筑十五尺宽骑楼章程》中对于建造技术和材料的指导，为普通市民建筑骑楼提供了必要的条件。

3. 对广州骑楼价值的再认识

广州骑楼形态建筑作为适应地方气候的建筑类型，很早就被地方民众广泛地建造；在建筑技术和材料与古代已大相径庭的今天，骑楼建筑形态仍然在被使用，如广州金碧新城、富力东山新天地等高层商品房底层。但是，现保护区内的骑楼建筑的重要价值却无法被取代，是记录着广州城市建设首次走向现代化的历史载体：一方面是在城市规划指导下"拆城筑路"事件的产物；另一方面记录着广州市民首次开始普遍使用水泥，钢筋混凝土等建造技术和方法。随着永汉路，惠爱路，太平南等地段骑楼建筑的消逝，这些宝贵的历史信息也不复存在。因此，对于广州骑楼建筑的保护和合理再利用是至关重要的。

注释

① 陈麓西，东南大学建筑学院，210000，421792831@qq.com。

② Elijah Coleman Bridgman, "Description of the City of Canton," Chinese Repository, Vol. Ⅱ, September (1833, No 5), pp.195–196.

③ 黄素娟．从省城到城市——近代广州土地产权与城市空间变迁[M]．北京：社会科学文献出版社，2018：25.

④《粤东琐录》，《申报》1893年1月30日，第3版。

⑤《木植被焚》，《申报》1895年1月3日，第2版。

⑥ Elijah Coleman Bridgman, "Description of the City of Canton," Chinese Repository, Vol. Ⅱ, September (1833, No 5), p. 196.

⑦ China imperial Maritime Customs: Decennial Reports, 1882–1891, p. 550.

⑧ John Henry Gray, Walks in The City of Canton, pp. 290–296, 505; Kerr, The Canton Guide, pp. 11–12.

⑨ John Henry Gray, Walks in The City of Canton, pp. 290–296, 505; Kerr, The Canton Guide, pp. 103–285.

⑩ 侠庵：《羊城街道改良论》，《农工商报》第4期，1907年7月20日，第4页；张石朋：《羊城改良街道不可缓》，《广东劝业报》第61期，1909年3月12日，第1–8页；侠庵：《改良广州街市政策》，《广东劝业报》第67期，1909年5月10日，第1–4页。

⑪《督拆长堤一带之檐篷》，广州市政公报第586卷355期第148页。

⑫《娼家改筑》，香港《华字日报》1904年3月19日。

⑬《1907年广州口岸贸易报告（译文）》，《近代广州口岸经济社会概况——粤海关报告汇集》，第473页。

⑭《慈善会西式门面有碍风水之可笑》，香港《华字日报》1909年9月30日。

⑮《宣统二年广州口华洋贸易情形论略》，《近代广州口岸经济社会概况——粤海关报告汇集》，第508页。

⑯ "Canton City Wall Replaced by Road," The Far Eastern Review: Engineering Commerce, Finance Vol. 16, No.21(1920):109.

⑰《圈用城基宅地迁拆补偿费章程》，1918。

⑱《广州市市政公所规定马路两旁铺屋请领骑楼地缴价暂行简章》.

⑲ 林冲．骑楼型街屋的发展与形态研究[D]．广州：华南理工大学．2000：113.

⑳《修正永汉路建筑骑楼办法》，广州市政公报第581卷297期第40页。

㉑《工务局对于建筑之详细解释》，广州市政公报第581卷295期第14页。

㉒《广州市警察区域店铺分类表》，广州市政公报第574卷144期第9页。

㉓ 林冲．骑楼型街屋的发展与形态研究[D]．广州：华南理工大学．2000.

㉔ 广州市政公报第593卷418期第101页．《二十二年一月份市民建筑之统计》：共560家，新建者240家，改建者276家。其中住宅303家，店铺200家，其他13家，凡学校工厂等属之。建筑材料，以砖木建造者290家，三合土建筑者136家，竹木建筑者19家。建筑一层者86家，二层者315家，三层者96家，四层者16家，五层以上者3家。广州市政公报第593卷417期第72页．《广州市二十二年份铺户倒塌统计表》；广州市政公报第593卷424期第38页；《市民建筑之统计》：广州市政公报第587卷372期第36页；《三月份本市新建改建房屋统计》。

㉕《混凝土之搅和法》，《申报》，1920年12月13日。

㉖《训令市属各机关奉省府令此后于建筑时尽量采用国产材料仰遵照由》，广州市政公报第606卷543期第30页。

㉗《在华之水泥贸易》，《申报》，1928年11月22日。

㉘ 广州市国家档案馆民国档案全宗号33目录号4卷号6页码75。

㉙ 陈荆淮．海邦剩馥：侨批档案研究．广州：暨南大学出版社，2016．

㉚《广东商业年鉴》<商业调查类>1930：7。

参考文献

[1] 彭长歆．杨晓川．骑楼制度与城市骑楼建筑 [J]．华南理工大学学报（社会科学版）．2004．

[2] 黄素娟．从省城到城市——近代广州土地产权与城市空间变迁 [M]．北京：社会科学文献出版社．2018．

[3] 林冲．骑楼型街屋的发展与形态研究 [D]．广州：华南理工大学．2000．

[4] 彭长歆．广州近代建筑结构技术的发展概况 [J]．建筑科学．2008．

图片来源

图1：杨宏烈．陈伟昌．广州十三行历史街区文化研究 [M]．北京：社会科学文献出版社．2017．

图2：李国荣．清朝洋商秘档 [M]．北京：九州出版社．2010：46．

图3：李国荣．清朝洋商秘档 [M]．北京：九州出版社．2010：51．

图4：李国荣．清朝洋商秘档 [M]．北京：九州出版社．2010：97．

图5：李国荣．清朝洋商秘档 [M]．北京：九州出版社．2010：194．

图6：李国荣．清朝洋商秘档 [M]．北京：九州出版社．2010．

图7：李国荣．清朝洋商秘档 [M]．北京：九州出版社．2010：190．

图8：李国荣．清朝洋商秘档 [M]．北京：九州出版社．2010：50．

图9：李国荣．清朝洋商秘档 [M]．北京：九州出版社．2010：94．

图10：李国荣．清朝洋商秘档 [M]．北京：九州出版社．2010：165．

图11：林冲．骑楼型街屋的发展与形态研究 [D]．广州：华南理工大学．2000．

图12：李国荣．清朝洋商秘档 [M]．北京：九州出版社．2010：129．

图13：李国荣．清朝洋商秘档 [M]．北京：九州出版社．2010：144．

图14：李国荣．清朝洋商秘档 [M]．北京：九州出版社．2010：144．

图15：李国荣．清朝洋商秘档 [M]．北京：九州出版社．2010：86．

图16：林冲．骑楼型街屋的发展与形态研究 [D]．广州：华南理工大学．2000．

图17：李国荣．清朝洋商秘档 [M]．北京：九州出版社．2010：203．

乡土文化重塑下的乡村景观营造研究[①]

——以徐州市刘集镇三座楼村为例

马婷婷[②]　丁　昶[③]

摘　要：随着我国城市化进程的日益加快，乡土文化在不可避免地被逐渐忽视，同时对乡村景观也造成了严重破坏。重塑乡土文化并将其融入乡村景观设计中，对乡土文化的促进和乡村景观的营造都大有裨益。本文以徐州市刘集镇三座楼村为研究对象，提炼出乡土之物、乡土之事、乡土之意等乡土文化主线，探讨乡土文化在乡村景观中的运用与体现，旨在对乡村景观的营造提供借鉴意义。

关键词：乡土文化　文化重塑　景观营造

近年来，乡村建设进行得如火如荼，人们渴望拥有更舒适的生活环境，并且逐渐意识到乡土文化对乡村建设的重要性，乡村景观营造恰巧是最能表达乡土文化的途径之一。面对现代乡村景观建设中文化内涵和乡土特色的缺失等现象，文章试图从其地方性、民族性和精神性等方面探讨，将乡土文化融入乡村景观中，为乡村整体风貌的提高起积极的推动作用。

一、乡土文化研究概况

1. 乡土文化属性

乡土文化指在特定区域内由特定人群共同生活生产并形成的乡村地域特色和文化形态，意释“家乡与故土”文化。它不仅根植于建筑、材料、植物、工艺品、饮食等有形的物质文化中，也植根于无形的包括地方习俗、礼仪惯例、民间典故等事件性和内心信仰、地域情结、乡土意境等精神性的非物质文化中，具有一定的地域性、历史性及民族性特征。

2. 乡土文化面临的困境

目前，新农村建设热度连年增高，越来越多的人加入到乡村景观营造队伍中，但其更加注重的是街道、空间布局是否合理等环节，乡村物质空间形态却遭到破坏；乡村地方习俗同样是乡土文化诱人之处，乡村中的每一片瓦、每一个典故都承载着当地人无限的记忆，乡村民俗若缺少传承与保护，则乡村景观中乡村文化形态也会趋于淡漠；城市化进程是一把双刃剑，为乡村带来便利的同时乡村地方精神也遭到了巨大冲击，人们的乡土文化认同感与地域情结在逐渐消失。

二、乡土文化与乡村景观营造的联系

1. 乡土文化在乡村景观营造中的特点

乡村景观营造是融合建筑、习俗、精神等诸多因素，打造人与乡村互动的建筑外部公共空间。优秀的乡村景观设计既能满足人们的日常活动，又能提升乡村的艺术品质。乡村景观营造建立在其在地文化上，应充分结合建筑特征、民族习俗、地域精神等内容对乡村景观的影响，利用乡土元素作为设计源泉，做到二者有机结合，在乡村景观设计中做到良好体现。

2. 乡土文化在乡村景观营造中的类型

乡村景观包括地形、水体、植物和构筑物等元素，吸收了乡土文化的乡村景观元素则更加丰富。乡土文化从物质形态方面分为物质文化和非物质文化，根据其表现方式不同，非物质文化又可分为两类。

1）物于乡土

乡土材料是乡土文化运用于乡村景观中最为直接的方式，诸如将自然材料、器具、植物、工艺品等置于景观营造中，直观体现出乡土文化在景观设计中的表现形式。如蒲江明月村的景观营造中乡土材料体现的较为优秀，除常见的石材、木材等在铺装和小品中的运用外，对乡土废旧物的应用也较为广泛。明月村有着悠久的邛窑历史，将其废弃的陶瓷器直接摆放在路边、墙角、草坪，或经过简单的设计作为花盆，既可美化环境，又能体现出强烈的乡土文化营造效果。

2）事于乡土

“事”指语言文字、地域习俗、民族风俗等与社会环境相配合适应而产生的非物质形态元素。存在于生活中的方方面面，与群众密切相关，其社会承载形式具有非常强的表现力，是吸引人们的重点所在。如湖北省东流村的提琴戏已被列入国家级非物质文化遗产名录。在景观营造中，搭建提琴戏台，并请专人表演提琴戏，作为特色景观项目以吸引游客，使整个村落的景观营造更具感染力。

3）意于乡土

“意”即内心信仰、地域情结、乡土意境等精神性非物质文化形态元素，通常由一个已知的特定概念形成，并且可被人们所感知。“意”的特点是景中有情，情中有景，情景交融，其表现方式主要是通过特定场景或物质所蕴含的意义表达出来。在中国传统美学范畴，意境就是文人用表现形象来表达胸中之意，并且大多都存在于乡土之间。在乡村景观中融入“意”的含义，既可以激发人们对乡村的向往，也能够契合乡村精神性景观营造方式。

三、乡土文化重塑下的三座楼村景观营造

1. 三座楼村概况及其发展困境

三座楼村位于江苏省徐州市铜山区刘集镇西北部，地理位置优越，交通便利。村庄布局紧凑、亲水性强，村内河流、水塘、农田相互交错，与自然环境相呼应。同时红色文化与饮食文化繁盛。

与众多城市边缘村落一样，三座楼村也面临着乡土文化逐渐被城市化吞没和乡村内部景观环境恶化双重问题，其乡土文化价值的延续和村落景观环境的复苏正面临着巨大的压力和挑战。从村落环境发展需求、村庄民族文化延续、村民精神文化认同等三个角度进行探讨，三座楼村面临以下发展困境：

1）村落环境有待提升，公共基础设施匮乏。三座楼村的农田、植物、水系等自然环境都遭遇一定程度的破坏，为促进乡村健康可持续发展，需努力做好乡村环境建设工作（图1）。

2）村落缺乏文化支撑，传统文化优势难以发挥。三座楼村红色文化与生态文化资源丰富，但是对营造乡村特色缺乏开发途径，无法满足村落延续传统文化的需求。

3）村落乡土意境营造缺乏引导，地域凝聚力不强。随着城市化进程加快，作为乡村主体的村民不断流失，村落精神文化面临断层的威胁，这将造成三座楼村人气流失，村落发展的稳定性受到挑战。

2. 乡土文化是重塑三座楼村景观特色的途径

1）乡土文化的互动

乡土文化重塑乡村景观使其空间环境承载了更多行为，包括人与自然和谐相处的景观营造的主要目标。在对自然资源干预最小的前提下，因地制宜地营造出满足人们乡间生活的活动地域。三座楼村具有良好的环境条件，村内水系纵横，乡土植被茂盛，但村内部分区域被繁杂的植被覆盖而难以接近，水系也被用来排放污水，污染严重。因此设计时需重新整治街道两旁植被及被污染的水环境，沿水系布置景观节点，同时加入乡土文化元素作为点缀。

2）乡土文化的传播

借用传统习俗等非物质文化营造乡村景观，不仅为乡土文化延续提供传播途径，并且可以增强村民公共参与意识，增加“众人拾柴”的向心力，以遏制当下乡村老龄化、空心化问题。三座楼村景观营造除使用乡土材料等自然资源，也通过传统风俗习惯传达邻里亲情，这些风俗礼仪作为村民的共同记忆，也是乡村文化认同的情感纽带和重要载体。

图1　村落现状照片

3）乡土文化的交流

乡村的精神文明建设是增强乡村凝聚力和吸引力的关键环节，包括人们在思想和心理上的认同感和归属感，乡土文化是塑造乡村精神文明的重要基础。三座楼村在乡村精神文明建设的过程中，不仅可以满足日益增长的乡村意境生活的需要，而且也通过共同的精神文明交流增加人们的地域情怀，使乡村未来发展依然保持活力。

3. 乡土文化重塑下的三座楼村景观营造案例解读

乡土文化重塑乡村景观的本质是探索乡土文化与景观营造之间的关系。首先应满足乡村景观环境的需求，因此，项目团队根据三座楼村的景观结构特征和现状的分析，提出"绿底红魂三座楼"的形象定位，打造三座楼村特色乡土文化（图2）。

1）乡土之物

乡土文化重塑三座楼村乡村景观环境不仅体现在通过修复生态资源达到景观复育的设计思维，还包含改善乡村公共基础设施，形成景观一体化营造模式。村庄内闲置的旧建筑、潺潺的河道景观和葱郁的景观植物，都是极具设计价值的村落景色。因此，在营造村落景观环境的同时，利用乡土元素引导居民在村落产生活动行为，实现乡土文化重塑乡村景观对自然的最小影响目标（图3）。

项目团队在规划三座楼村景观时设置村落休闲景观、滨河观光景观和稻田景观三处节点。村落休闲景观以满足居民日常休闲活动为主，在村内形成三大区域广场，依次设置农耕广场、农家菜园、休闲广场、一米菜园、晒谷场、清流巷广场、悯农广场、鱼塘垂钓和丰收广场等景观节点；滨河观光景观以满足游客观赏游玩为主，沿南侧桃园支河至南北向张湾大沟依次设计杜基祥广场、亲水平台、翻水站和游船码头等节点；稻田景观依次设置收割体验区、彩色稻田景观区、稻田迷宫和稻田创意收割区等，满足游客对乡村景观的互动体验。

根据三座楼村形态象形设计其村标与构筑物，采用浮雕砖墙设计，并印字样元素于其之上，游客可直观感受村落文化，为游览提供便捷。因村落具有的独特性与典型性，提取特色乡村在地材料石材、瓦片等元素，应用到景观营造中去，把三座楼村特色与元素紧密关联起来；并且结合当地生态植物，因地制宜的为村落景观的营造增添色彩（表1）。

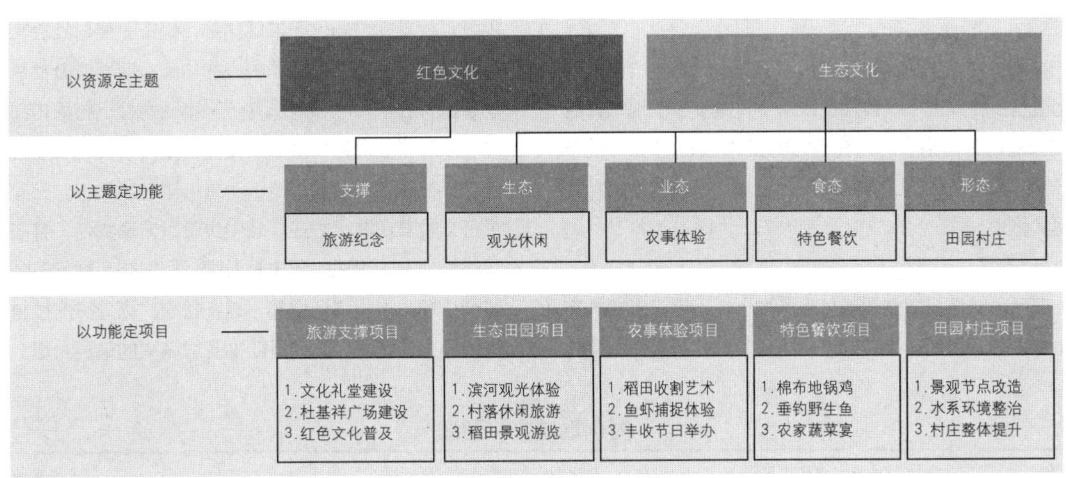

图2 景观营造定位分析

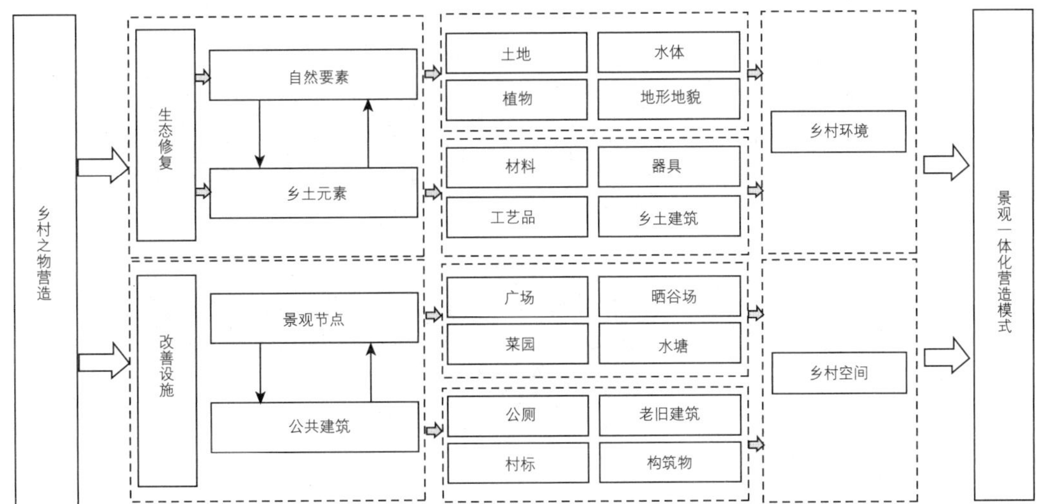

图3 乡土之物景观研究路线

乡土元素应用 **表1**

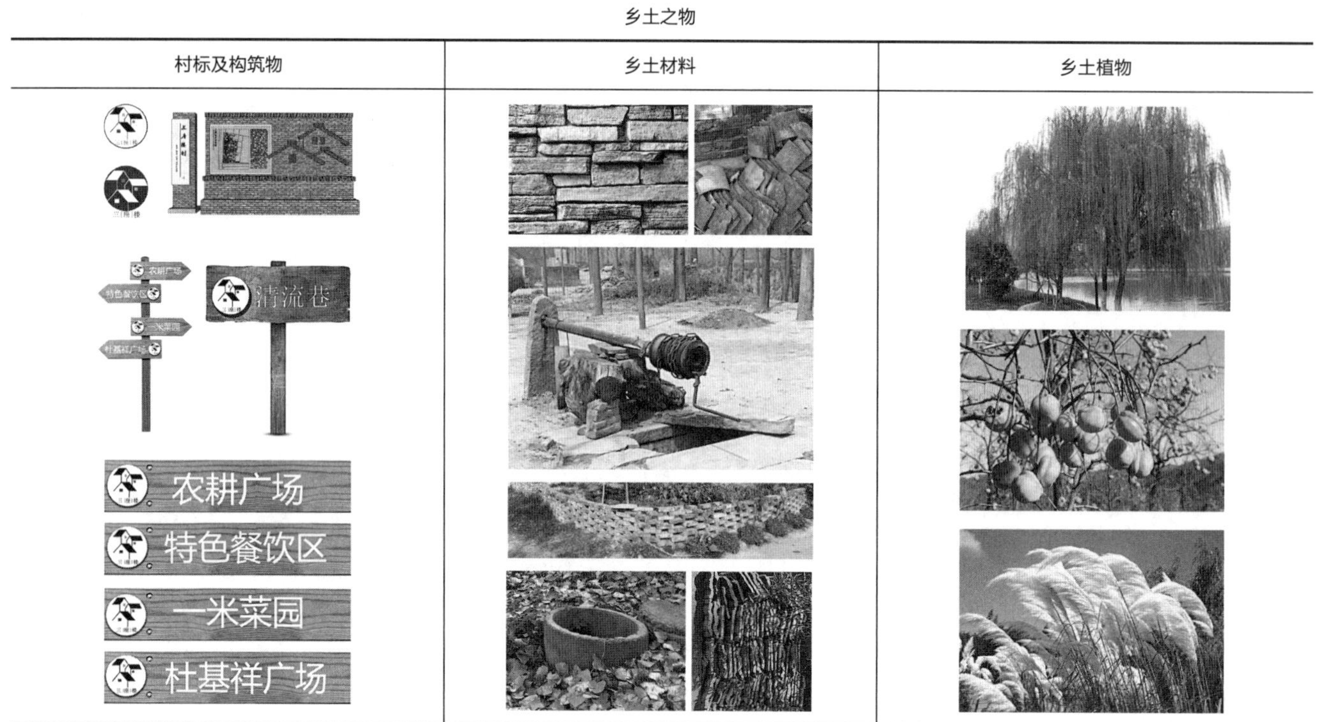

乡土之物		
村标及构筑物	乡土材料	乡土植物

2）乡土之事

乡土文化重塑乡村景观不仅体现在改善乡村景观当前现状，也包括通过景观营造达到活络乡村内在活力的设计思维。“意”基于乡村景观之“物”营造基础之上，据其内在要求，以传播地域特色习俗等非物质文化。

基于此，项目团队在新规划景观节点基础上，运用三座楼村特有的历史文化片段和民俗活动等在节点广场赋予其特色事件性文化内涵。杜基祥广场位于村域南部，是三座楼村红色文化展示的优质窗口，结合左侧村民活动中心的功能，定期举办杜基祥历史文化活动展览；农耕广场和清流巷一米菜园均位于村落内部中心区域，通过展示农耕器具和举办农耕文化科普节，传递三座楼村特色农耕文化与民俗礼仪；丰收广场位于村域居住区北部，三座楼村每年定期举行丰收节庆典，故在广场中央设置方形舞台，并在台后设置石砌浮雕墙，营造出浓厚的丰收氛围，同时与乡村构筑物相呼应；棉布餐饮广场与丰收广场相邻，棉布餐饮广场为三座楼村特色餐饮文化的传播搭建了平台，也是助推乡村振兴的重要力量。（表2）。

村落地域文化营造 **表2**

空间分布	杜基祥文化广场	农耕广场和清流巷	丰收广场	棉布餐饮广场
空间特征	定期举办杜基祥历史文化展览	展示农耕器具及举办农耕文化科普节	定期举办丰收庆典	传播饮食文化及提供餐饮服务
空间意向				

图4 民居沿街立面改造设计

3）乡土之意

三座楼村不仅要修复生态环境和传播地域文化，修复乡村精神层面的缺失也尤为重要。三座楼村拥有特色红色文化和生态文化，正确认识其地方精神、民俗文化价值，使其成为村落的文化品牌，是乡土文化重塑乡村精神的有效途径。

村民对家园的地域情感早已融进了乡村的街头巷尾，对乡村的共同记忆形成纽带连接彼此。因此，乡土文化重塑三座楼村特色景观，应着重保护乡村集体记忆，重建人与乡村精神之间的关系，重塑人们的精神家园。以村落各街道为例，在保持原有民居与街道的高宽比例同时，介入乡土文化元素，修复民居沿街立面，使其成为有温度、有意境、能够承载村民情感依托的景观表达方式（图4）。

四、结语

当今，文化自信越来越备受关注，美丽乡村建设也持续升温。在乡村景观设计需要创新的前提下，地方乡村的形成生长环境差别巨大，我们切勿盲目模仿别地造景形式。同时，需要我们清醒地认识到，乡土文化是新时代创新的沃土，充分把握利用好乡土文化元素，将其作为灵感源泉，并结合现代技术，必将会成为未来乡村景观营造的重要突破口。

注释

① 国家重点研发计划课题：绿色宜居村镇规划评价方法与指标体系研究2018YFD1100203。

② 马婷婷，中国矿业大学建筑与设计学院，硕士研究生，221116，m821640898@163.com。

③ 丁昶，中国矿业大学建筑与设计学院，教授，221116，472194855@qq.com。

参考文献

[1] 谭刚毅，贾艳飞.历史维度的乡土建成遗产之概念辨析与保护策略［J］.建筑遗产，2018（01）：22–31.

[2] 唐晓岚，刘思源.乡村振兴战略下文化景观的研究进路与治理框架［J］.河南师范大学学报（哲学社会科学版），2019，46（03）：38–44.

[3] 文杰.乡村文化景观二元属性的保护发展之路［J］.农业经济，2018（11）：41–43.

[4] 陈晓刚，王苏宇，张元富.客家特色小镇的乡土文化及其景观建设路径探析［J］.城市发展研究，2018，25（11）：130–134.

[5] 傅英斌，张浩然，闫璐.贵州中关村乡村建设实践［J］.景观设计学，2017，5（02）：102–121.

[6] 孙凤明.乡土文化的特色之美［J］.人民论坛，2017（36）：58–59.

基于风土建筑谱系视角下江南系三角区的祠堂对比初探

李佳烜① 邵 明② 张 慧③

摘 要：祠堂建筑作为中国传统礼制建筑，遍及全国，具有明显的地域风土特征。在梳理各地祠堂的过程中，本文以方言和语族为线索，在风土建筑谱系的视角下，具体从"祠堂选址"、"平面形制"、"立面造型"、"细部装饰"等方面，对江南区赣、徽、吴三大谱系进行祠堂建筑的对比研究，讨论语缘影响下宗祠的地域特征，试图以全新的思维发现祠堂的建筑艺术价值，以强化宗祠建筑在传统乡土建筑中的重要地位。

关键词：谱系 语缘 江南系 祠堂

一、引言

在中国的传统文化中，宗祠文化是一项不可忽视的姓氏宗族文化，此文化反映在建筑中也是具有深远的研究价值，其作为具有公共性质的建筑类型，承载着家族的历史记忆，也是姓氏宗族中具有认同感的精神纽带，作为历史悠久的中华文化的一种象征与标志，具有无与伦比的影响力和历史价值。现阶段对于祠堂的研究多是以行政区域进行地理划分，一定程度上存在着研究局限。本文综合考虑自然地理、人文地理等要素，基于血缘和宗族社会结构，提炼出"语缘"这一关键词，在前人已有的风土建筑谱系研究基础上，捕捉一条谱系分支，针对其研究范围内的祠堂进行建筑学意义上的对比研究。

二、语缘与风土谱系

1. 风土谱系区划

语缘作为维系民族关系的一种纽带，是对于地缘文化认同的一项重要根基。语系的相近体现出文化交流的频繁以及地缘文化的接近，因此聚落间的方言相似，建筑在一定程度上也具有形似的特征。在进行风土谱系的区划时，不仅是地理上的划分，还应该以语缘作为切入点。我国有34个省级行政区域，56个民族，由于地理环境以及民族迁徙等因素，其风土谱系在一定程度上是重合的，以语缘为切入点研究风土谱系，虽然在一些方面存在着不可避免的偏差，如文化和地理条件的不同会使同一语系下的风土建筑呈现出不同的特征，但是根据目前的文化区划，从语系的角度进行风土区划的界定，可以将风土建筑的一部分典型建筑特征在地理区位上识别并且加以分类区划。

根据语言学家的分类方法，汉藏语系的汉语族可分为东北、华北、西北、江淮和西南等5大官话方言区，以及南方的徽、吴、湘、赣、客家、闽、粤等7大非官话方言区。以此为参照，分别可做出相应的北方和南方汉族风土区系划分：北方的东北、冀胶、京畿、中原、晋、河西等6大区系；跨越南北的江淮和西南等两大区系；南方的徽、吴、湘赣、闽粤等4大区系。[1]本文基于"语缘"的风土区系这一大背景，以江南的赣语、徽语和吴语方言区作为研究范围。

2. 江南风土区系"三角"

江南地区一般是以长江至南岭间所含的湖北、湖南、江西、浙江（北部）、安徽、江苏、上海、和福建北部（从南岭向东延伸）等地作为地域划分的，而在江南地区又存在着江淮官话区、东南方言风土区的赣语、徽语和吴语等语系。本文基于"语缘"的风土区系这一大背景，以江南风土系的赣语、徽语和吴语方言区为研究范围。在赣、吴和徽3个方言区之间，分别以徽饶古道——大鄣山和新安江——兰江水系相连，历史上似应存在着一个江南风土谱系的"三角"关联域。[1]（图1）

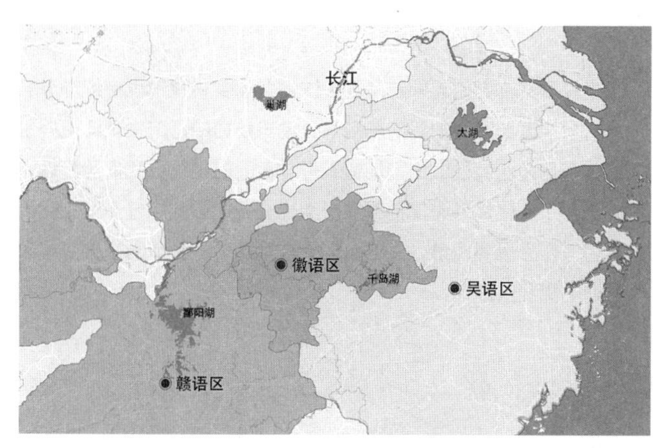

图1 江南风土区三大谱系分布简图

三、江南系风土建筑特征

对于江南风土建筑来说，赣、吴、徽三大方言谱系中心是通过当地水系串联起来的，三大方言也存在互相影响的现象，甚至在赣东北地理区域内交汇，因此三大方言区内的风土建筑也存在着一定的相似性，但也有各自的独特之处。赣语方言区内匠作基质独特，风土古风犹存。宅院空间类型有一进或两进合院以及特有的耕读文化空间；建筑是随多进院落的依次升高的天井式“四水归堂”；装饰细节有各类精细的木雕梁枋、天花藻井、马头墙等，这些特征与吴系和徽系既有相似之处，又有明显的差异。吴语方言区建筑以厅堂——阔院为主，进深柱距大大超过赣系厅堂，特别之处是喜用做工考究的砖木双面雕，以及包括落地罩、飞罩、挂落等内敛、精致的室内木装修。徽语方言区介于赣语和吴语方言区之间，建筑的明显特征是山地楼居，擅长在竖向上去扩展空间，雕工装饰极美，与吴语方言区的木雕水平不相上下，二者间历史上其实有着密切的交互影响。

赣与吴的风土建筑渊源深厚，都不同程度地保留着江南文化特有的气质和底蕴。概括来说，赣系风土建筑统称为“土库”建筑，即“四水归堂”的天井建筑；徽州地区是以堂楼为中心、以粉墙黛瓦高耸的马头墙、精细的雕刻成特色的天井建筑；江浙地区则是以宽阔的多进厅堂和宅园为代表的合院建筑。

四、江南系三角区内祠堂建筑对比

1. 祠堂与村落选址

祠堂建筑是住宅组团的核心，它作为具有公共属性的建筑，往往占据着村落中风水最好的地块，有的在村落的中心，有的在村落的入口处等，并且依山傍水，有汇聚福气、财气之意。赣派、徽派和吴派在祠堂的选址上都受风水文化的影响，都有在建筑前开水口等布局特点，都是讲求“天人合一”的风水观。有所不同的是赣派建筑村落一般将祠堂、戏台置于村落的地理中心位置，而徽派则将祠堂作为水口建筑置于村口，江浙地区祠堂的选址一般是把水和土地放在第一位，其次是安全，他们讲求地段的领域感，领域感能保证村民安全稳定的心理感受。不过，由于江浙地带的丘陵地形，很多宗祠因地制宜，也有不少在小山坡上建造祠堂的案例，不仅可以少占耕地面积，还能大大降低建造成本，更重要的是这样的选址能够更加自然地体现宗族“步步高升”的愿景。

选择耕地广阔、水源丰沛的地段，是广大农村普遍遵循的聚落选址原则，因此，对于祠堂在村落中的选址，不是在村口就是在村落的中心地段，即选用最佳的风水地段是赣吴徽三系基本一致的设计原则。

2. 平面形制

赣系祠堂的平面布局满足常规祠堂的布局方式，即有门户、

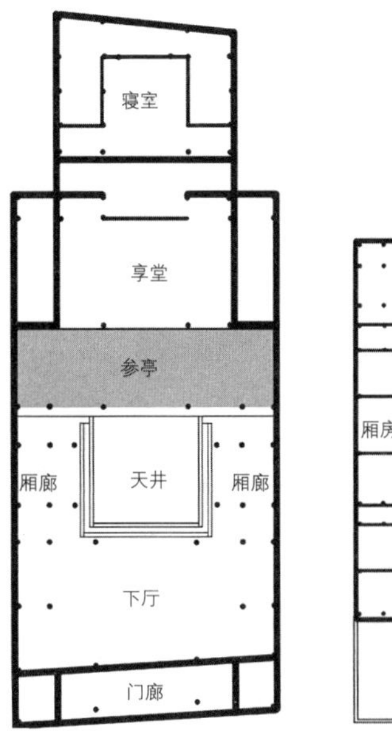

图2　江西吉安陂下古村星聚堂平面示意图

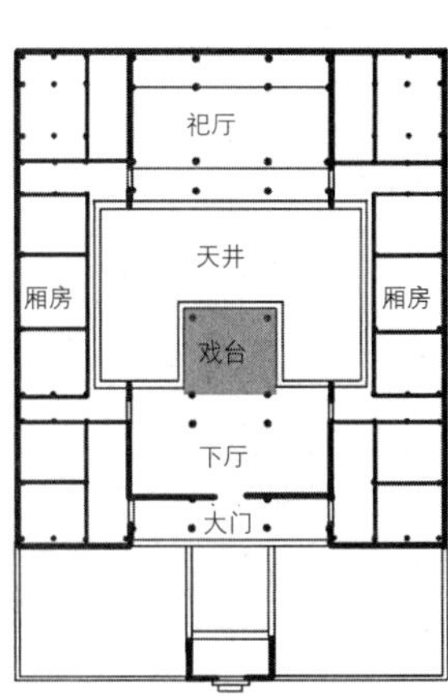

图3　浙江省河阳村虚竹祠堂平面示意图

享堂、寝殿三进院，其中极具特色的是在享堂前会增加一个抱夏建筑，当地称为“参亭”（图2）。参亭作为第一进院落的中心空间，平面通常为方形，上有藻井天花，装饰华丽，屋顶飞檐翘角，参亭的目的在于，首先可以和下厅形成类似工字殿的平面形式，增加建筑面积，这样方便在雨天举行活动时，容纳更多的族人。徽州祠堂平面方整，建筑形制一般都是纵向三进院，呈矩形延伸，并且讲求中轴对称的布局方式，门户、庭院、正堂、享堂、寝殿位于中轴线上，地坪逐渐升高，两边对称布置厢房、廊庑等功能房间。建筑形式分为天井式和廊院式两种。天井式祠堂是由徽州当地风土建筑形式——“四水归堂”演变而来，廊院式祠堂则是最能体现徽州文化特色的建筑，多为四合院式，规模宏大。吴系地区宗祠分布广泛，建筑形制复杂多样，最常见的宗祠建筑布局还是三进院式和方正型，值得一提的是，部分祠堂会结合具体的地理环境和当时宗族的建祠愿景，适当调整宗祠格局，因而出现了“凸字形”“回字形”“品字形”等特殊的平面形制。吴语区系的宗祠戏台比较普遍，相对而言是更加注重娱乐功能，不同于赣徽地区在祠堂外临时搭建的情况，吴语地区大部分的戏台健在大门的后面、面朝拜厅（图3），人们可以在戏台前的天井、拜厅或回廊里观看演出。

从平面形制方面来看，赣派和徽派基本相同，有所不同的是赣派建筑大多是一层，徽派基本上是两层建筑，这点与徽州用地紧张的地形地貌有所关系。另外，“四水归堂”的屋面形式是常规设置，赣派建筑的“井”比徽派略微大一些，比徽派祠堂多了一处参亭空间。吴系祠堂是在平面布局上变化最多的，这与当地宗族对于建造祠堂的愿景有关，辅助功能房间以及戏台的重要地位催生出不同的建筑平面格局。

3. 立面造型

建筑的立面造型是地域风土性最直观的表现，赣系祠堂的稳重

图4 吉安富田古镇崇孝堂外立面

图5 赣派马头墙——青砖黑瓦马头墙
图片来源：网络

图6 徽派马头墙——白壁马面墙

低调、徽系祠堂的典雅轻盈、吴系祠堂的水乡气质使三大谱系一脉相承而又各自精彩。

赣派宗族祠堂的外墙材料就地取材，一般是砖石和卵石，并且不再加多余的修饰，最大限度反映材料真实的属性，这点与徽语区在外墙上抹上白灰的做法大不一样。赣语区的祠堂整体都是黑白灰色调，沉稳典雅，青砖、黑瓦古朴厚重，再加上江西民居特有的红石材料，形成色彩上的对比，有极高的地域特征性（图4）。墙面处理为增加美感，将马头墙做出更多丰富的变化，有阶梯形、弓形、云形等（图5）。屋面为硬山屋顶，坡度平缓，四水归堂。享堂屋顶是重点装饰部位，有华丽的脊式装饰和起翘泥塑。徽州的建筑特色以民居为典型，祠堂也在色彩风格上与其基本统一，外部色彩以黑白灰为主，内部装饰多以暖色调为主，颜色稳重而不艳丽，注重裸露原材料的本色，这点与赣系有异曲同工之处。另外，同是马头墙，徽州的马头墙以直线为主，白壁马面墙，色彩淡雅、层层跌落，装饰细腻、组合灵动，构成灵动的天际线，充分展示出了徽派建筑的韵律美（图6），比赣系多了几分灵动和典雅。而江浙地区的马头墙通常结构较为复杂，会随着檐口、垛头等结构的变化而出现外轮廓线曲线的变化，与徽州马头墙笔直的外轮廓线形成对比。

相比之下，赣派祠堂的造型特征是青砖黑瓦马头墙，不用白灰粉刷，建筑显露出青砖本身的材质，古朴敦厚，展现出了赣文化的精神内涵。徽州祠堂的造型典雅，粉墙黛瓦这一特色反而与吴语区的风土建筑更为接近。三者都是南方民居的典型代表，但在美学取向上截然不同，赣派建筑是含蓄之美，徽派建筑是轻盈之美。吴系宗祠以简洁不张扬著称，特别之处在于更加注重因地制宜的设计原则，建筑各种朝向的都有，也是灵活性的另外一种体现。为了防潮防蛀，延长祠堂的使用寿命，吴语区采用当地的青条石作为石柱，有的梁架也使用这种材料，石柱的形象成为该地区的明显特征。

4. 细部装饰

赣系祠堂的装饰装修整体上比较朴素低调，仅在重点部位做装饰，例如在门厅、享堂和寝室前廊出做轩蓬顶，在天花处做藻井。主题大多是动物和人物，也有花草纹样，几何图样较为少见。装饰色彩延续古朴雅致的风格，保持材料原有的颜色，表面仅做清漆处理，很少采用彩色油漆。徽州祠堂建筑内部构件精致，柱粗梁硕，雕刻精美，装修精湛，显示出华丽非凡的气派，充分表达了徽州的文化内涵。因为建构精美程度，徽州祠堂被称作“徽派建筑三绝之一”，集木雕、石雕、砖雕大成，例如安徽绩溪的胡氏宗祠，门楣上的大小额枋全部是精镂细雕，内容主题有人物、麒麟、走兽等，额枋边上雕刻荷花瓣，精美又精彩。在额枋和檐口之间设有16个斗拱，底座全部为云纹雕刻图案，整个门楼也呈现出一幅壮观的木雕画面，具有很高的艺术观赏价值。江南祠堂的建筑装饰相比之下多了几分水乡情韵，建筑构件上的装饰和壁画内容都是戏曲情节，屋脊大多用鱼、草等水生动植物做装饰，梁枋是波浪形的雕刻，意喻时来运转、远离祸患。有的雕刻意匠甚至比徽州的更为华美精致。综合来看，江南三大谱系区内的祠堂都讲求精美细致，雕梁画栋，但三者之中，徽系祠堂最为华丽，雕刻精彩绝伦，赣系和吴系就相对稳重内敛。

五、结语

就赣系、吴系、徽系这江南系三角区来说，各地的祠堂建筑有很多相似之处，也有各自明显的特征。赣系祠堂是青砖黑瓦的稳重派代表，在平面形制上更讲求纵向延伸的空间层次；徽系祠堂延续了徽州传统建筑粉墙黛瓦的特征，形制更具规模，雕刻更为精美恢弘；吴系祠堂处处散发着小桥流水人家的水乡气韵。放眼全国，对比北方祠堂或是广府祠堂，江南这一地带的祠堂具有明显的地域特征，即平面方整，造型精美，雕刻精细，马头墙是特色，粉墙黛瓦是主要印象。

从整体上看，江南三大谱系在地缘上相近，在语缘上相似，在建筑风格上相互影响，它们之间的地域风土特征正是主导谱系分区的重要因素。祠堂作为中国传统礼制建筑，是民居建筑中规模最大、等级最高、做工最精细的建筑类型，探索不同谱系中祠堂的建筑特色，并对其进行对比研究，是对宗族传承的另一种认识，从建筑学视角上看，也是对传统建筑的一种价值再认识。

注释

① 李佳烜，大连理工大学，硕士研究生，116024，ljxuan1215@163.com。

② 邵明，大连理工大学，副教授，116024。

③ 张慧，大连理工大学，硕士研究生，116024，17824828219@163.com。

参考文献

[1] 常青．我国风土建筑的谱系构成及传承前景概观——基于体系化的标本保存与整体再生目标 [J]．建筑学报，2016（10）：1-9．

[2] 常青．历史空间的未来——新型城镇化中的风土建筑谱系认知 [J]．中国勘察计，2014（11）：35-38．

[3] 衷翠．明清吉安地区宗族祠堂建筑形制研究 [D]．华中科技大学，2013．

[4] 荣侠．16-19世纪苏州与徽州民居建筑文化比较研究 [D]．苏州：苏州大学，2017．

[5] 李秋香，陈志华．宗祠 [M]．北京：生活·读书·新知三联书店，2006．

[6] 邵建东．浙中地区传统宗祠研究 [M]．杭州：浙江大学出版社，2011．

滇南傣族乡土特色集合住宅新形式的探索

高德宏[①]　张威峰[②]

摘　要： 傣寨是中国传统木构民居的构成部分之一，西双版纳民居更具有代表性。近年来城镇化建设，傣族传统民居乡土特征逐步丧失，新建集合住宅没有特征性。表现在外来形态复制移植，或是本土元素拼贴堆砌，不能体现传统民居乡土特征。本文针对此问题，尝试探索具有傣族乡土特色集合住宅新形式，协调传统民居文化与城镇化发展、现代生活需求之间的矛盾，延续傣族人民对家园的精神归属和情感寄托。

关键词： 傣族民居　乡土特征　集合住宅

一、西双版纳城镇化进程

1．城镇发展与形态

云南西双版纳自治州共管辖3个县级行政区，分别是景洪市、勐海县、勐腊县。西双版纳是澜沧江流经中国的最后一块地域，被称赞为黎明之城的自治州首府所在地景洪市便位于澜沧江畔。美丽的自然环境，以及旅游行业的扩展，使得三个古老县城迅速由小变大，由破败变为繁荣。

城镇建设发展，使得城镇人口急剧增加，覆盖面积逐步扩大，对傣族传统民居风貌产生巨大影响。由图1对比可发现，城镇发展进程中，大片小区式集合住宅拔地而起。城市肌理由以往单栋建筑密集集聚向大街区化演变。表1第一行所显示的分别是景洪市2006年、勐海县2010年、勐腊县2007年的城镇形态，可发现此时城镇还处于发展初级阶段，只有少量集合住宅小区零散分布。而从2019年同一范围下的发展现状，可看到大量集合住宅以规则，标准的形态成片出现在城镇中。

景洪市、勐海县、勐腊县城镇化前后对比　　表1

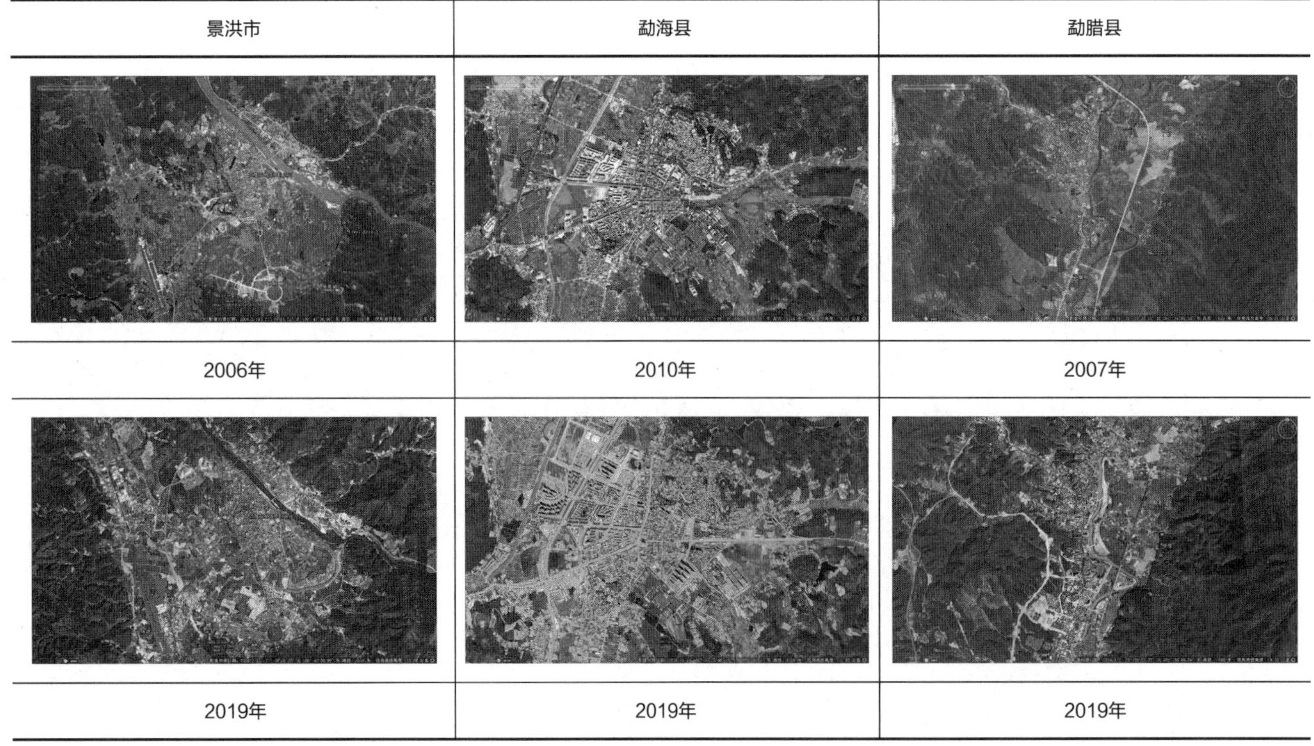

景洪市	勐海县	勐腊县
2006年	2010年	2007年
2019年	2019年	2019年

在2006年，景洪市以澜沧江为核心，围绕江流发展，南向，西北向、西南向是农田，2019年时城镇中这三个方向集合住宅大片兴起。2010年勐海县只有少量的集合住宅，整个县城处于传统村落与现代建筑杂糅状态，2019年时城镇西向和南向扩张，出现了成片集合住宅小区。2007年时勐腊县城镇发展状况与勐海县相似，2019年时，城镇已顺着主干道向南成条状迅速发展扩大，主干道两侧集合住宅小区连绵成片。

除此之外，傣族居民因对生活物质需求的不断提高，出现了很多傣族居民自发性建造的住宅。城镇扩张的同时，传统民居乡土特征逐渐消失。

2. 集合住宅当前状态

集合住宅数量随着城镇化进程呈现爆发式增长，但是这些集合住宅却毫无傣族民居乡土特征。经过总结可发现西双版纳集合住宅可分为三类：简单现代式、移植式、拼贴式。

其一是简单现代的普通集合住宅，单纯从功能方面考虑，在满足功能的前提下追求利益最大化，忽视了当地传统民居典型特征，在城镇中毫无特色。其二是移植西方建筑特征和本土民居特征毫不相关的欧式集合住宅，其综合考虑了功能与造型，但在建筑风貌上却是南辕北辙，严重破坏了当地民居传统风貌，在整个城镇中显得不伦不类。其三是由本土民居特征元素拼贴而来，只有其形而无其神的拼贴式集合住宅，这类集合住宅虽呈现出一定乡土民居特征，但只是简单把傣族传统民居的某一点或者几点特征强行拼贴上去，没有考虑到出现这些特征的内在性因素。在西双版纳可看到大量这类集合住宅，建筑是现代化而仅仅在屋面加一个传统坡屋顶，仿佛与传统民居特征相吻合，其实却不然。此外，傣族人民还建造大量简易的新民居。这些新建的、变异的傣族新民居，大多是采用艳丽色彩，例如橘黄色、橘红色、钴蓝色的彩钢瓦屋面。墙面多贴浅色瓷砖，整个建筑注重色调显现，忽视了传统民居特征。

西双版纳住宅当前状态　　表2

现代住宅	移植	拼贴	自发性住宅

以上这些集合住宅和傣族新民居大量出现悄无声息地改变着西双版纳传统风貌，传统民居的乡土特征显现越来越少，如果继续这样无节制地发展下去，西双版纳傣族传统民居风貌和传统文化将渐渐消亡，对西双版纳长远发展极其不利。如何在保护传统民居文化的前提下满足使用者对功能的需求，使得传统民居文化的保护与城镇建设发展协调统一，是当前迫切需要解决的问题。下文将分析提炼傣族传统民居特征，尝试探索具有乡土特色集合住宅新形式，在满足对居住条件需求的基础上，继承与发扬传统民居文化。

二、傣族传统民居的特征

1. 传统民居特征分析

傣族传统民居因受炎热、潮湿、多雨、竹木繁茂等自然环境影响，形式表现为干阑式建筑，是传统木构民居的一种。由于早期建筑材料以竹为主，故有竹楼之称。傣族传统村落内竹楼成组团排布，布局开朗自由。竹楼共分为两层，底层架空离地高，通风好，可避湿、防霉、防兽。楼上房间分隔为堂屋与卧室，外侧有通风的前廊和晒台。屋顶为歇山式，短脊、坡陡、屋顶下有披屋面。竹楼是傣族人民在生产和生活过程中的智慧结晶，其建筑形态是适应自然环境的结果。建筑每部分都有实用功能，形式与功能高度统一。

底层架空是由数十根木柱，支承楼上重量，四周无墙，无朝向要求，360° 环形布局。高度一般为1.8~2.5米。在传统生产生活中，既可临时存放一些杂物，又可关养牲畜。同时在遇到洪涝灾害时，可起到很好的抗洪作用。户外楼梯是傣族竹楼上下的唯一通道，由底层架空直通前廊，承担傣族人民日常生活交通功能。前廊位于楼上，它是客室、晒台之间的过渡空间，该空间多覆以低垂屋面遮蔽，不仅在立面上增加了层次感，同时兼有通风、遮阳、避雨

傣族民居特征要素提炼　　表3

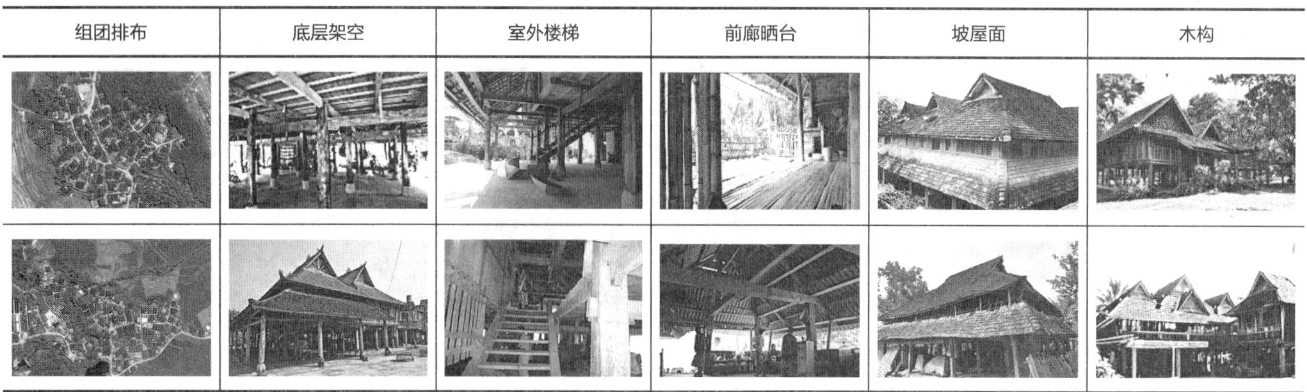

功能。外檐处常设靠椅，是日间乘凉、进餐、纺织、待客等活动之地，每家每户都不可缺少。晒台位于楼上前廊端头，无屋面遮掩，通常有矮栏或者无栏。平时傣族人民在此洗衣、晒衣、晾晒农作物等。晒台的存在使竹楼在形式上形成了虚实相间的效果，衬托了竹楼的典雅优美。歇山顶屋面坡度较陡，重檐居多，屋面之间交错组合，轮廓丰富。屋顶线条简洁明快，富有极强的动感和节奏。披屋面是在主房的四周扩大一圈，盖披屋面构成重檐。披屋面将整个墙身笼罩在阴影之中，以遮挡阳光直射，使室内空间获得阴凉效果。此外，屋顶除了歇山顶，还有三折屋顶，与披屋面尺度适宜，形式优美。披屋面不仅满足功能需求，同时避免了屋顶单调乏味，视觉动感极强，两者相互衬托，相互协调，使得竹楼在统一和协调中不缺少失灵活和变化。

竹楼造型秀美、灵动，这样的造型也是呼应建筑功能的具体体现，是自然与生活环境的生动反映。也正因如此，竹楼历经千百年历史依然散发着独特的魅力。这些独特的优点和特征应得到继承和发展，与现代居住建筑相融合，让傣族人民在延续传统文化的同时，也可以享受到现代建筑的舒适便捷。

2. 传统民居特征可应用在集合住宅上的要素提炼

傣族传统民居特征鲜明，经上文分析竹楼形成原因，以及傣族居民生活生产方式与竹楼各部分间的联系，提炼六点可应用于集合住宅的特征性要素：（1）组团排布，传统竹楼多为多个单体形成组团，再由组团结合组成整个村落；（2）底层架空，这一特征受自然条件影响较大，同时由于底层完全架空360° 通透，所以对朝向要求很低；（3）室外直跑楼梯，这是由竹楼形态决定的，架空层直通二楼功能空间；（4）前廊和晒台，这两部分是竹楼重要的室外活动空间，前廊过渡空间和晒台活动空间是傣族居民生活生产的最佳场所；（5）坡屋顶。竹楼高低错落的歇山顶、披屋面使整个建筑变得活泼灵动，竹楼屋顶山花部分是开敞的，又因竹楼建筑底层架空，可形成垂直通风换气，使得竹楼在炎热潮湿多雨的气候条件下比较凉爽宜居；（6）木结构，竹楼是传统木框架结构民居的一种，又因为其独特的架空层，木框架结构特征更加突出。这六点特征可根据傣族人民实际生活需要，与集合住宅相互结合，探索集合住宅新形式。

三、集合住宅新形式的尝试

西双版纳集合住宅大多以低层高密度和中高层高密度两种形式出现，本节从这两大类对集合住宅形式的进行尝试性探索。

1. 低层

低层集合住宅尝试性探索　　表4

整体形态			
流线			
	一层	二层	三层

续表

要素应用	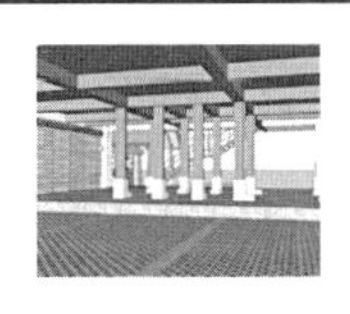		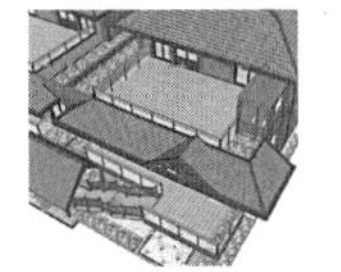		
	底层架空	室外楼梯	前廊晒台	坡屋面	木构

低层集合住宅可采用首层完全架空的形式，4个方向完全透空。考虑现代生活需求，架空层可设置停车位、储藏间，同时还可作为住户居民公共活动场所。室外直跑楼梯连通架空层和二层，是整栋建筑的核心交通空间。傣族传统民居二层分为堂屋和卧室两间，完全不能满足现代生活需求，所以室内除了传统功能空间，还增设了卫生间、厨房等生活必须空间。入户前廊和连通室内的露台可作为居民生活娱乐休闲场所。形体上屋面采用歇山顶，下有披屋面，两者相互结合，各屋面之间高低错落，歇屋顶山花通透增加室内采光。整个建筑采用木构框架，保留傣族民居传统特征。

2. 中高层

中高层集合住宅尝试性探索 **表5**

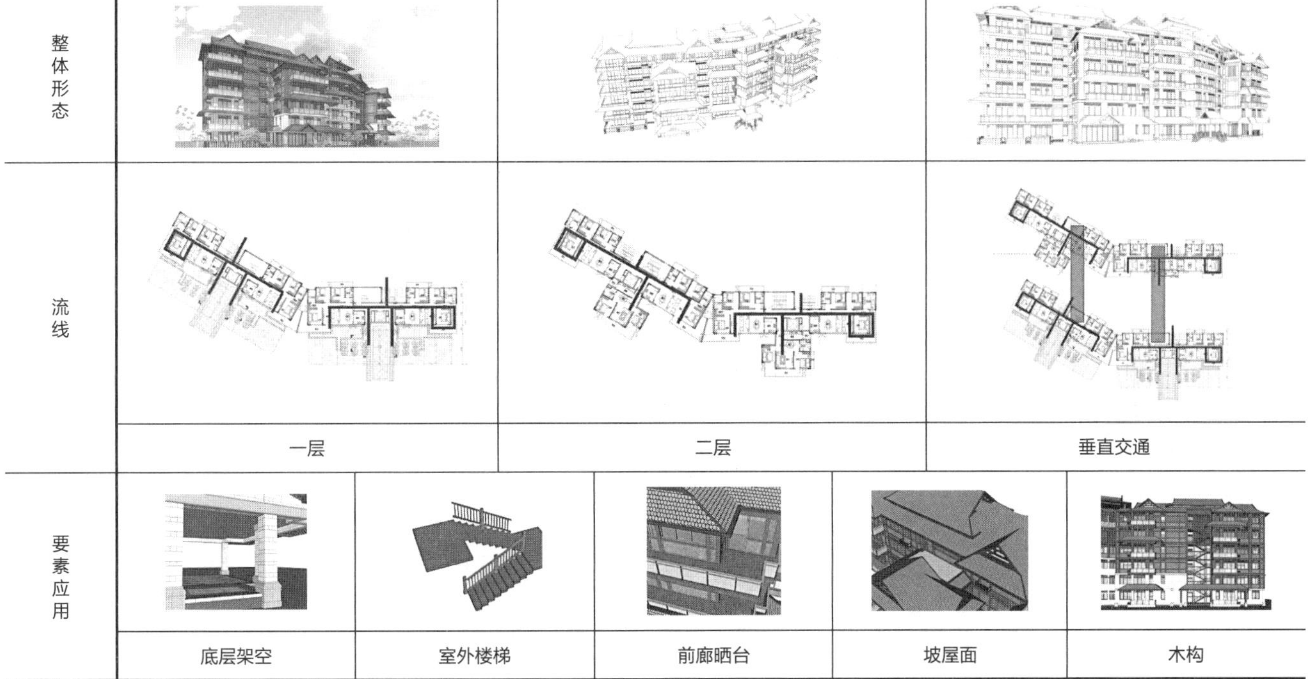

整体形态					
流线	一层		二层		垂直交通
要素应用	底层架空	室外楼梯	前廊晒台	坡屋面	木构

中高层因为居住条件限制，首层可采用局部架空的形式，架空处作为集合住宅公共入口，同时可兼作为居民公共活动场所。露台是每户必不可少的空间，露台上覆以坡屋面，一方面遮阳挡雨，另一方面增加立面的层次感。屋面采用重檐歇山顶，与下方披屋面共同营造出丰富的形态特征。木材是建筑的主材料之一，延续傣族传统民居木框架结构。

四、结语

本文尝试的设计实践，是本团队针对西双版纳地区集合住宅所做的研究性工作，不针对具体组团，所以未涉及组团、小区排布等方面。近年来城镇化发展过程中，集合住宅数量出现爆发式增长，由于没有合理地管控使得城镇中傣族民居传统风貌受到严重破坏。文中所尝试的集合住宅新形式，不是傣族民居传统特征的拼贴，而是通过分析傣族人民生活生产习惯，结合反映在竹楼中的形态特征，提炼出适合应用在集合住宅的特征要素。把这些特征要素与现代生活物质条件要求相结合，推导得到了新形式集合住宅。新形式集合住宅不是符号化，是由内向外而生成的。此外，新形式集合住宅兼顾满足了对气候、傣族人民行为及心理的适应，满足了傣族人民对物质生活需求提高的要求，同时傣族传统民居乡土特征得到的保护，延续了傣族人民对家园的精神归属和情感寄托。

注释

① 高德宏，大连理工大学建筑与艺术学院，副教授，116024。
② 张威峰，大连理工大学建筑与艺术学院，116024，382102493@qq.com。

参考文献

[1] 徐钊，孙博，郭晶．傣族民居的构筑形式、居住习俗及保护传承 [J]．中国民族博览，2019．
[2] 李磊．云南傣族民居的地域特色及可持续发展研究 [D]．昆明：昆明理工大学，2006．
[3] 方洁，杨大禹．云南傣族传统民居的地域审美文化特征 [J]．南方建筑，2011．
[4] 乔亚楠．傣族居住文化的生态美学研究 [D]．昆明：昆明理工大学，2016．
[5] 王文淞．西双版纳勐海县勐景来村傣族民居建构研究 [D]．昆明：昆明理工大学，2017．

武汉近代里分住宅类型及其谱系演进研究

张念伟[①]

摘　要：本研究尝试在空间形态演进的背景下，对武汉近代里分住宅基本类型进行重新思考。通过对历史进程、原型、名称的分析，梳理各个类型分类间的关联性；以里分住宅与城市之间的时间空间、物理空间、日常生活空间三个空间形态特征进行分析，梳理其三种空间形态下的演进过程。研究试图初步建立较为完整的武汉近代里分住宅类型的谱系、探讨其空间形态是传统居住文化和西方殖民居住文化交汇碰撞的过程，反映出的是中国近代居住文化结构的混杂性、转译性和兼容性。

关键词：里分　住宅类型　空间形态　谱系

一、研究背景

里分住宅作为中国武汉近代一种新型的城市居住类型，在中国近代建筑史上有着承上启下的作用。19世纪末，武汉经历了被迫开埠、洋务运动和清末新政，经历了从传统向近代的转变。这一时期的武汉体现出了旧传统文化与近代文化的并存发展，以及用近代文化补充旧传统文化，这段时期的特点在于：一方面，作为一个中国封建城市所固有的东西继续存在和发展；另一方面，从国外传来的近代文化或西方样式的东西在武汉这个城市中崛起。里分住宅即在这一时期出现，并在此后的近半个世纪中不断在武汉这座城市中发展、融合、演变。

进入21世纪，老城区的改造在各个城市尤其是在近代时期发展起来的城市中正在大规模地进行。在武汉，以近代时期产生的里分住宅因不能及时适应、满足现代化的发展和社会居住的需求，也在这场旧城改造运动中遭受到了灭顶之灾，很多优秀的里分住宅被拆除。近年来，尽管政府部门加强了对里分住宅的保护与定级，但是更多的里分住宅随着社会的发展被拆除而不复存在。同时，由于时代的变迁，大众对于里分住宅的认识度、了解度不断下降。综合来看，武汉里分住宅的系统研究与更新保护发展仍是一项非常重要的课题。

二、武汉里分住宅类型

1. 里分住宅概念追溯

西周时期，《说文》：里，“从田从土”。“里”是一种具有耕地的聚落。春秋时期，《左传》中曰：“里，居也，二十五家为里。”“里”从城外到了城内，成了城市里的基本居住区。从汉简的记述来看，里内的居民，皆比户相连，列巷而居，井然有序。三国时的曹魏都城——邺城开创了一种布局严整、功能分区明确的里坊制城市格局，居民与市场纳入这些棋盘格中组成“里”，“里”在北魏以后称为“坊”。

唐朝时期，依照村里的组织，以四户为邻，五邻为保，百户为里，五里为乡，每里置里正一人。明初时期，明太祖实行里甲制度，制定一百十户为一里的规定，成为基层组织形式。清朝康熙年间，实行保甲法，每十家（后改为五家）组成一保，五保为一大保，十大保为一都保。里的职能由保所取代。“里”的概念随着朝代的更新迭替，逐步从聚落—基本居住区—从行政组织与区划—户籍编制—地名概念的转变，这其中概念的变化主要源于各朝各代统治者对于政策的制定。

在19世纪末到20世纪上半叶，随着西方居住文化强势入侵，以“里”为整体单位，以“弄”、“巷”为居住单元，建造了一种在传统建筑的基础上吸收西方建筑联排式布局的方式，是中国武汉近代一种新型的主要城市居住类型。这一时期的“里”与传统“里”的内涵与形式都发生了变化，各个城市对这种新的居住类型的叫法不一样，但建筑的居住的形式基本相同。在武汉则通常被称为“里分”、“里巷”、“里份”。为了统一暂且使用出现频率较多的“里分”一词，其概念统一为住宅单元形成的整体社区。

2. 里弄住宅类型分类

关于里分住宅的既有研究是丰富的，这些既有研究各自均比较完整，但总的来说，类型的定义更多注重住宅样式的特征识别，对武汉近代里分住宅类型在整体谱系的完整性和内部关联性。类型演进与近代城市化的互相支撑等方面尚有较大的探索空间。

1）历史发展进程分类

各地对里式住宅类型的研究也是多种多样，但也缺乏统一的标准。由（表1）看出，分类方法在名称上相似但又不完全统一，具体的含义难以区分开，字面上也极易混淆。

各地对于里弄住宅的分类情况　　表1

时间	研究名称（书、期刊、论文等）	研究地点	分类
1979年	上海里弄住宅	上海	旧式传统里弄住宅、新式里弄住宅、花园式里弄住宅、公寓式里弄住宅
1998年	武汉近代里弄住宅居住环境特色与保护	武汉	旧式里弄、新式里弄、“汉味”里弄
2004年	汉口里份建筑的文化魅力	汉口	普通里份住宅、中档里份住宅、高档里份住宅

2）里分住宅原型分类

在李百浩教授团队对里分住宅的研究下，以平面开间为依据进行分类的方法被大家普遍熟知并沿用。由（表2）可以从统一性来说各个时期的分类，但也没有形成统一。

李百浩教授对里分住宅的分类情况　　表2

时间	研究名称（书、期刊、论文等）	研究地点	分类
2000年	武汉近代里分住宅发展、类型及其特征研究（续）	武汉	单体平面形式（三间式、二间半式、二间式、一间半式）
2010年	汉口旧式里分研究——以平安里、新华里为例[1]	武汉	旧式里分（三间式、二间半式、二间式、一间半式、三间式）；新式里分

3）里分住宅名称分类

从里分住宅的名称上看，可分为里、村、坊和乡四类，其中里的数量最多占所有里分住宅的90%，村和坊在现有的资料梳理中分别占15个和6个，乡仅仅只有一个，这可能在近代全国也属孤例。从里分住宅的具体名称上看，可以以地名、人名、企业名以及寓意吉祥等来命名（表3）。

武汉近代里分的名称类型一览表[2]　　表3

名称	典型代表	备注
里	三德里、长清里、海寿里等	90%以上
村	洞庭村、江汉村、上海村等	共计15个
坊	咸安坊、大陆坊、辅德坊等	共计6个
乡	同德乡	仅此1个
地名	鄱阳里、洞庭村、胜利村等	分处鄱阳街、洞庭街、胜利街
人名	辅堂里、文华里等	辅堂里为刘辅堂之子建造

续表

名称	典型代表	备注
建造企业名	金城里、大陆坊等	金城里由金城银行建造、大陆坊由大陆银行建造
寓意吉祥命	同兴里、如寿里、积庆里等	

三、空间形态下里分住宅的演进过程

1. 时间空间下的演进过程

武汉近代里分住宅的建设于19世纪末起步，在20世纪初发展最为迅速，停止于20世纪40年代末期，先后发展了近一个世纪。根据武汉近代里分住宅的形成背景和发展过程，可将其发展历程划分为初期、中期、后期三个时间段。初期是里分住宅的产生阶段，时间范围在1861~1910年；中期是里分住宅的兴盛阶段，时间范围在1911~1937年；后期是里分住宅的尾声阶段，时间范围在1938~1949年。其中，在里分住宅的兴盛阶段又分为三个阶段，第一阶段是1911~1917年间，第二阶段是1917~1925年间，第三阶段是1930~1937年间；主要分布于原英、俄、法、德租界以及当时的“模范区”内，也就是即今天的江汉区和江岸区范围内。由图1、图2来看，整体里分住宅的分布呈现以中山大道为轴的带状分布，形成“沿江而置，华洋并处”的分布规律。

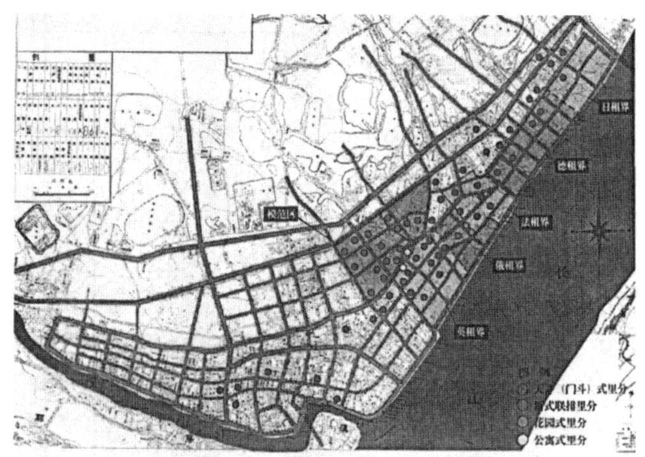

图1　里分住宅分布图

图2　1938年汉口街市详图

2. 物理空间下的演进过程

1）里分住宅总体布局与巷道布局

里分住宅的总体布局类型主要分为五种基本类型：行列式、周边式、组团式、沿街式和自由式[3]。在多数情况下往往是多种类型的综合，常见的有周边式十行列式和沿街式十行列式布局。（表4）

里分住宅总体布局类型　　表4

行列式	周边式	沿街式	周边式+行列式	沿街式+行列式	自由式	组团式

辅仁里	金城里	同兴里	福忠里	保元里	咸安坊	大陆坊

里分住宅的巷道布局类型主要分为四种基本类型：主巷型、主次巷型、环形和综合型[4]。在所有里分住宅的巷道布局中，主巷型和主次巷型的布局方式最多。（表5）

里分住宅巷道布局类型　　表5

主巷型	主次巷型		环型	综合型
	主巷两侧设次巷	主巷一侧设次巷		
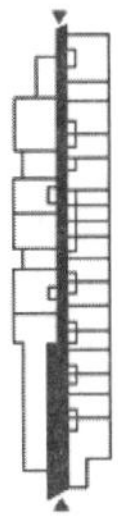	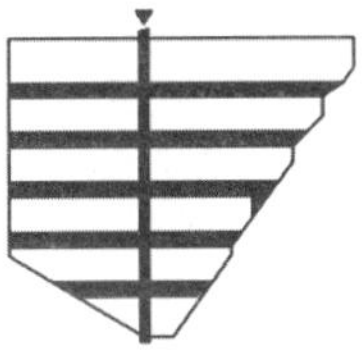		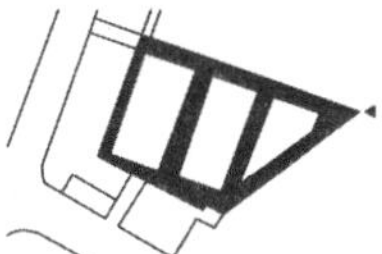	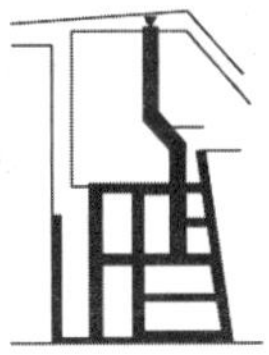
洞庭村	汉润里	崇正里	钦一里	平安里

由表6分析看，里分住宅的总体布局和巷道布局在时间推展进程下，其各个时期的布局的特点也不相同，但又存在相同点。

里分住宅总体布局与巷道的演进过程　　表6

类型	时间	主要特点	相同点
旧式里分	约建于19世纪末20世纪初	布局规整，整体规模小，因地制宜，缺乏统一规划，沿袭传统居住形式。外部空间组织不完善，更注重内部空间	三个时期的里分住宅的总体布局和巷道，基本上都采用了联排式的布局方式和路网结构形式
新式里分	建于20世纪20年代前后	布局更加整齐，整体规模扩大，统一规划，西方居住形式传入。各种巷道明显增宽，人们交往空间开始变得频繁	
别墅型里分	建于20世纪30年代以后	布局开放，整体规模大，受用地的制约也相对小，统一规划，具有居住社区性质。明确了主次巷的宽度与分工，交往空间丰富，各个空间组织参与	

2）里分住宅单元形态与天井布局

里分住宅的主要功能是住宅，部分为沿街底层商店型住宅，决定平面布局的主要因素为：住宅入口，起居空间，卧室空间，辅助用房（厨房、厕所、贮藏等），天井或院子，当然还有基地大小、中国传统的居住方式、西方的生活方式等因素[5]。从里分住宅的平面布局的开间来看，主要有三间式、二间式、二间半式、一间半式等平面形式，从入口来开，主要分为天井式里分、门斗式里分、西式里分[6]。（图3）

里分住宅的天井布局从位置来看，有前后两个天井式、前或后一个天井式、中间天井式、多个天井式、院子式等若干方式。里分住宅天井布局的演进是循序渐进的，而不是以后出现的里分住宅代替之前的里分住宅的方式进行演进，在有些里分住宅里后期产生的

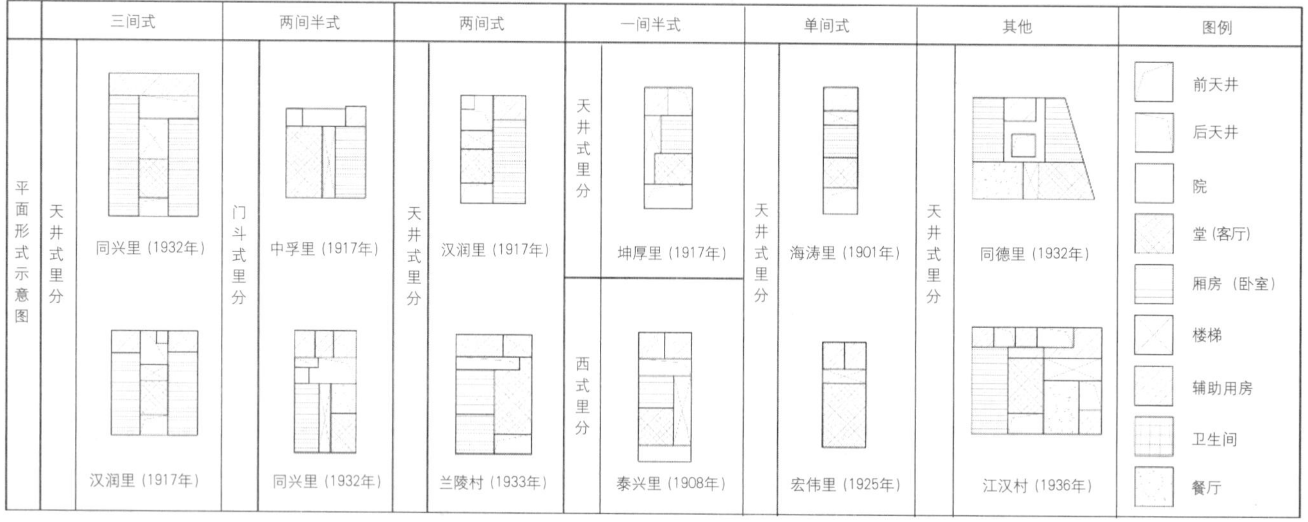

三间式
两间半式
两间式
一间半式
单间式
其他
图例
平面形式示意图
天井式里分
同兴里（1932年）
汉润里（1917年）
门斗式里分
中孚里（1917年）
同兴里（1932年）
天井式里分
汉润里（1917年）
兰陵村（1933年）
天井式里分
坤厚里（1917年）
西式里分
泰兴里（1908年）
天井式里分
海涛里（1901年）
宏伟里（1925年）
天井式里分
同德里（1932年）
江汉村（1936年）
前天井
后天井
院
堂（客厅）
厢房（卧室）
楼梯
辅助用房
卫生间
餐厅

图3　里分住宅的单体平面形式

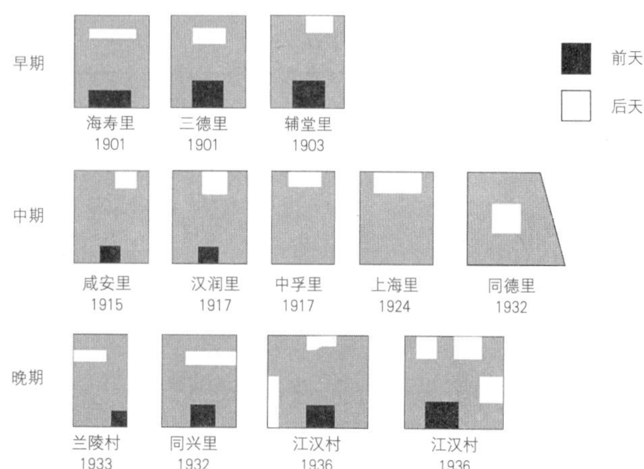

图4　里分住宅天井空间代表模式图示

天井空间仍然出现了里分住宅早期空间样式。从总的趋势来看，各时期天井布局模式是不断变化。暂把天井空间演变分为早期、中期和后期（图4）。

由表7分析来看，里分住宅的单元形态与天井空间在各个时期的发展下，其两者的演变过程整体上是趋于统一并且是相互依存、相互联系、相互作用。绝大多数单体形态的演进决定于天井空间模式的运用，天井空间模式的选择也是在单体形态的整体要求下进行演进的，两者互相统一。但不是所有的单体形态和天井布局都是呈现这种趋势，有个别的里分住宅可能因建造者的不同、业主的需求不同、建造方式不同等因素存在个别的差异性。

里分住宅单元形态与天井的演变过程　　**表7**

类型	时间	单元形态	天井布局
旧式里分	约建于19世纪末20世纪初	多为一栋一户，有封闭天井，沿用传统居住的布局形式，中轴线对称形式，保留中国传统大家庭生活模式	脱胎于中国传统天井式民居，天井空间和传统民居的布局相似，有着横长的空间形态
新式里分	建于20世纪20年代前后	出现单元式住宅，没有前天井，户门直接开向巷道。对中国社会的大家庭逐渐解体、核心家庭日渐增多的主动适应[7]	不再局限于传统民居布局，注重现代居住要求。空间变化大，不如传统民居那样居于核心位置
别墅型里分	建于20世纪30年代以后	有些沿袭左右对称的布局形式；有些为了节地的需要，将居住空间灵活组织，部分传统房间消失，房间功能专门化	开始按照新的居住模式来划分内部空间布局，空间不再仅仅是自然采光、形成过渡空间的作用

3. 日常生活空间下的演进过程

1）日常生活状态

里分住宅不仅是人们的日常居住空间，也是人们工作、娱乐、社交以及日常购物等各种行为之地。以主出入口为界，里分住宅里面的房子，是居民私密的内部日常生活，里分住宅外面的马路上，则是里分住宅中日常生活的延伸。在里分住宅内部生活的居民，他们所进行的交往活动都是依托在里分住宅的各个空间所发生，具有很强的集合性、日常性。里分住宅内内邻里之间亲密无间，平易真切的生活，人与人之间的交往变得频繁，也会多了些家长里短的“闲话”，久之形成一种标示性的地域文化形态。

2）居住人文文化

在早期，在住宅商品化的背景下，根据自己的经济水平、生活习惯、日常需求等因素选择符合自身的里分住宅。从当时武汉的社会结构整体来说，生活在里分住宅中的居民结构大致上可以归纳为社会中层，多为小业主、小资本家、教员、公司职员、医生以及其他自由职业者。到了后期，由于社会的进步，更多的人经过自己的努力使自己的经济水平得到提高。这时更多的不同阶级、职业等各色人等，其同一个里分住宅的社会结构发生了很大的差异变化。

3）居住装饰布置

在居住装饰方面，门的构件以及保留完好的壁炉，还有室内的打蜡地板，都体现着西方舶来品的印记[8]。随着武汉不断地开埠通商，西方文化的社会生活方式也开始传入中国，中国人由最开始的抵制到慢慢接受，形成了“西俗东渐”的现象。在居住布置方面，一方面因居住者的需求与审美情操而布置，另一方面，因时代风尚的变迁，从而注入新的居住文化与时代特征。旧式里分住宅沿袭传统民居的布置方式，传统的布置元素居多。新式里分住宅在布置上更加追求西方的生活方式，其外观光洁而趋于近代时尚。别墅型里分住宅在布置上主要是仿西式、人性化设计的特点，整体上讲究实用。

4. 里分住宅的谱系演进过程

本文在对武汉近代里分住宅的既有的研究分类的情况下，为更好地展现各个时期的里分住宅的演进情况、统一各个时期基本特征，结合其他城市已对里式住宅的分类情况，暂把武汉近代里分住宅分为旧式里分住宅、新式里分住宅和别墅型里分住宅三类（表8）。

里分住宅的谱系演进过程 **表8**

类型	住宅原型	主体	时间	特点	原因	代表
旧式里分	传统的合院式布局与欧洲联排式房屋的结合体	谋取暴利的开发商	约建于19世末20世纪初	低层、高密度、布局规整、中间堂屋、左右厢房、内开敞、外封闭，在结构上用贴砖承重	住宅商品化、小地块上连续造建联排式住宅	三德里 长清里 海寿里
新式里分	西方联排式住宅	军阀官僚、杨行买办、富商大贾	建于20世纪20年代前后	更多地考虑到朝向、通风、采光等方面的要求，巷道宽扩大，不再讲究严整对称和主次分明，在结构上则开始采用钢筋混凝土构件、红砖和机平瓦[9]	资本主义商品经济发展、工商业者中资产阶级增多	海寿里 坤厚里 咸安坊 怡和村
别墅型里分	新式里分住宅向别墅式住宅之间的过渡形式	民族资产阶级	建于20世纪30年代以后	总体上按行列布局，已经从封闭式布局中解放出来，院墙大门变的低矮、轻巧，内部功能更明确	政府政策干预、资产阶级对生活的要求	同兴里 延昌里 江汉村

四、结论

武汉近代里分住宅由传统住宅适应近代城市生活需求，接受西方外来建筑文化影响而糅杂、转型的新居住住宅类型。其空间形态演进是复杂的，它是在社会变革之中所产生发展的，从早期首先对装饰符号的模仿，到后来空间布局、功能组织的西方样式的模仿，反映了西方居住文化对中国传统居住文化的渗透。它不是完全外来式的住宅类型，也不是原封不动的传统民居，而是西方居住文化与中国传统居住文化进行中西合璧的本土演进。其空间形态的设计思想转变主要在于等级观念淡化，居住形式开放；建筑体量扩张，空间形式转变；弱化精神享受，注重实用功能等趋势。说明近代武汉里分住宅演进的过程是传统居住文化和西方居住文化交汇碰撞的过程，反映出的是中国近代居住文化结构的混合性、转型性和包容性。

注释

① 张念伟，青岛理工大学琴岛学院，助教，266106，1451416114@qq.com。

参考文献

[1] 李百浩，徐渊．汉口旧式里分研究——以平安里、新华里为例[A]．2010年中国近代建筑史国际研讨会论文集［C］．北京：中国建筑学会，清华大学，2010：303–310，675．

[2] 李百浩，徐宇甦，陈李波，卢天．武汉近代里分建筑［M］．武汉：武汉理工大学出版社，1997．

[3] 孙震．中国近代里式住宅比较研究——以上海、天津、汉口为中心［D］．武汉：武汉理工大学，2007．

[4] 蔡佳秀．汉口原租界里分住区巷道空间研究——以原英租界为例［D］．武汉：华中科技大学，2012．

[5] 陈玲．武汉近代里分住宅保护与更新的研究［D］．武汉：武汉理工大学，2002．

[6] 李百浩，徐宇甦，吴凌．武汉近代里分住宅发展·类型及其特征研究(续)［J］．华中建筑，2000(04)．

[7] 廖慧．从自发改造中看传统居住形态的继承［J］．华中建筑，2010(11)．

[8] 潘长学，桂宗瑜．清末民国时期武汉民居形式研究［J］．中外建筑，2013(03)．

[9] 张娅薇．武汉里弄保护更新的类型学研究［D］．武汉：武汉大学，2005．

多维之境：战后英格兰风土建筑类型谱系学术考辨[①]

吕忠正[②] 唐 建[③] 胡文荟[④] 侯 帅[⑤]

摘 要：英格兰风土建筑作为乡村景观的物质载体、居住迁徙的历史见证，亦是不列颠文化传统认同和民族国家的建筑语言。英国学界一直是世界风土建筑的学术中心，研究对象的多元内涵和数世纪的历史跨度，方法论及问题域在战后主要拓展到社会学、地理学、人类学及生态学方向。通过对战后50年大量文献整理与田野调查，归纳出英格兰风土建筑研究历经学术萌芽—样本考据—学科确立—学术成型—多维视野5个时段，并相应影响了同期居住建筑形态。研究表明，英国风土建筑学术遵循从狭义实体建筑形态到广义观念居住形态的过程，战后的学术成果奠定了后续新千年多维视野的研究基础。文中以学术问题域为切入点，并融合时间节点的史论分析方法，重新定义英国风土建筑的内涵，分析战后英格兰风土建筑学术黄金时代主题、历史意义、逻辑主线与学术影响，建立风土建筑学术发展线与历史关联框架，并就中华风土建筑学术方向和研究方法进行讨论。

关键词：英格兰 风土建筑 居住形态 木骨造 学术发展

……在建筑演变的历史中察觉风土技艺的智慧[1]。

——查尔斯王子（His Royal Highness Prince Charles，The Prince of Wales，1991）

引言：风土建筑的国际视野与多维语境

英格兰风土建筑作为典型历史文化触媒，表达了人居环境的形成与演变，隐含对社会价值的理解，具备可观的建筑存量（图1）、稳定的木骨造技术革新过程（图2）和独特的类型演进谱系，既是官式庙堂建筑产生的背景，也是地域特色的建筑表达。中华风土建筑研

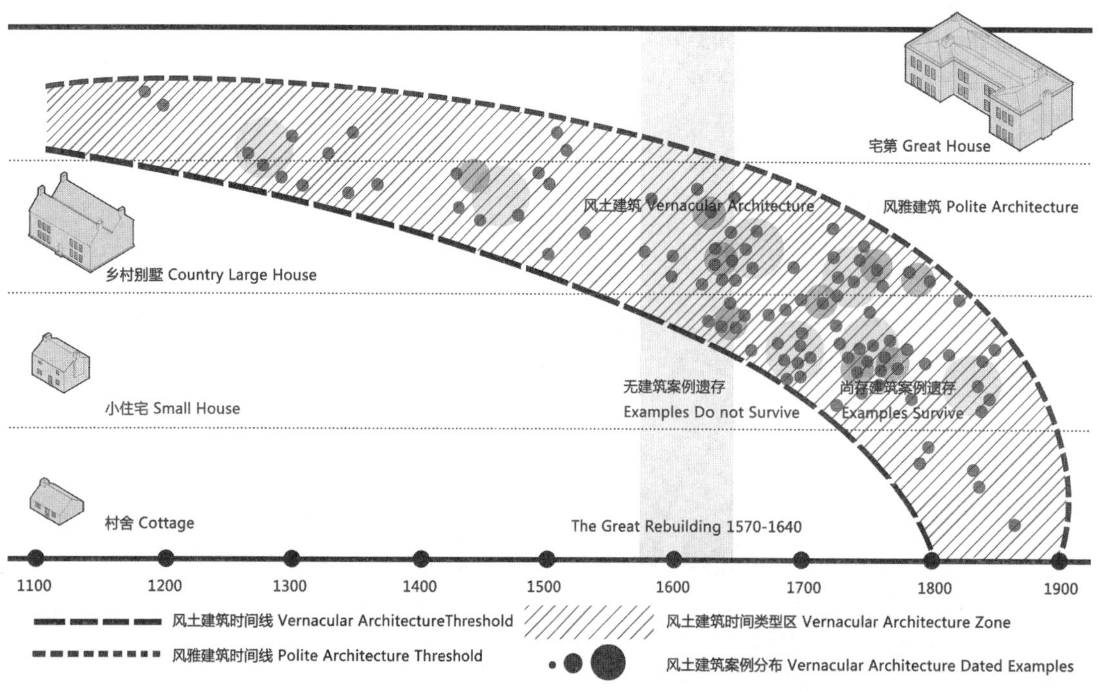

图1 英格兰风土建筑类型与案例年代分布

随着房屋面积规模的减小，其现存建筑样本主要分布自乡村大重建时代（The Great Rebuilding，1570～1640）后，19世纪中后叶之前。

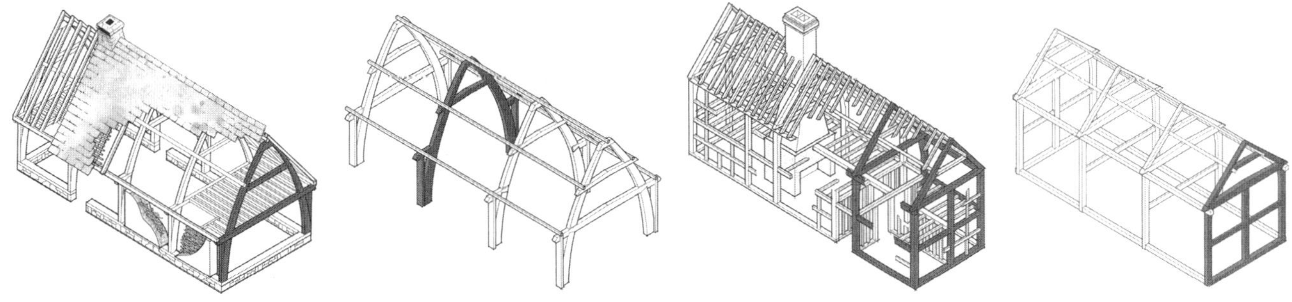

图2 英格兰曲梁木骨造与箱型木骨造

究要融入国际视角和多维学科语境，应通过不同方法论和问题域的对话，实现本土学术发展的升华。历史时序性和学科综合性伴随英国风土建筑整体研究进程：自16世纪伊丽莎白一世（Elizabeth I，1533-1603），风土建筑仅为文学、绘画的背景陪衬，并不被贵族学界关注，后经18世纪乔治王时代（Georgian Era，1714~1837）工业革命的洗礼，中产阶级开始有意识地整理和考据不同类型的乡土村舍。至19世纪维多利亚时代（Victorian Era，1837~1901），研究逐步确立并与时代背景和相关建筑理论结合。20世纪以后，风土建筑研究进入新高峰，由单一的建筑形态考据拓展到广义的居住形态分析。新千年后，形成多维学科视野的研究体系。战后50年是英格兰乃至世界范围内风土建筑学术发展的黄金时代，将以历史发展脉络为切入点，重点论述1945~2000年之间的学术主线，并整体分析归纳其理论意义与影响。

一、英格兰风土建筑学术确立过程回溯

英格兰风土建筑学术萌芽于游记文学和地质风景画（Watercolour Painting in Field Geology），16~18世纪如画诗意与浪漫主义情怀奠定了英格兰风土建筑学术萌芽阶段的思想渊源。18~19世纪贵族的“壮游”（Grand Tour）开启本土建筑考据潮，并见证了英格兰风土建筑学术的早期发生。不列颠治世（Pax Britannica）的自信伴随着英格兰风土建筑研究的日渐成熟，并对战后学术成型的扩散流变及新千年后的多维转向奠定格局。19世纪末风景如画运动（Picturesque）步入晚期，20世纪初的新艺术运动（Art Nouveau）与英国的乡土传统复兴（Vernacular Revival）涌现了一系列非正统的建筑母题（Informal Motifs），风土建筑被视作时尚元素。20世纪英格兰中北部城镇步入“后工业时代”（Post-industrial Society），上流社会将视野投放到度假村和周末别墅（Holiday Cottages）的趣味。乡村传统濒临消逝，哥特复兴（Victorian Gothic）不得不走向功能主义，如画梦境的英格兰乡村住宅走向终结。伴随建筑考据风潮的余波，自1882年《古迹保护法案》（Ancient Monuments Protection Act）出台，民间及官方古迹咨询机构纷纷成立。风土建筑作为特有景观要素和历史的物质性体现，乃至民族国家身份的象征和英格兰民族文化内涵，其研究得以正式确立（表1）。

风土建筑研究各阶段学术主题 **表1**

历史分期	历史背景	研究内容	研究目标
16世纪末~18世纪中后叶 学术萌芽	乡村大重建Great Rebuilding,1570~1640 伦敦大火Great Fire of London，1666 浪漫主义Romanticism 风景如画运动Picturesque 乡村工业与城市化转型	考古学 历史学 游记笔记 诗歌文学 绘画	认知萌芽 文化影响
18世纪末~19世纪中后叶 案例考据	“壮游”Grand Tour 艺术与工艺运动Arts and Crafts movement 乡村中世纪敞田制（Open Field System）全面瓦解	田野调查 建筑测绘 文献考据	形态描绘 档案整理 历史记录
19世纪末~20世纪中叶前 学科确立	新艺术运动Art Nouveau 乡土传统复兴Vernacular Revival 《古迹保护法案》Ancient Monuments Protection Act,1882	地域风土建筑研究 建筑类型研究 建筑技术	确立学科 探寻本源 奠定方法论

1898年，西德尼·阿迪（Sidney Oldall Addy，1848~1933）出版《英格兰住宅发展演变》，全书纵览英格兰民居发展的历史，并将建筑发展与经济、社会因子相联系——宗教、商业、艺术、法规、技术科学及农业发展等诸多因素共同作用于建筑类型的演变，该研究体系对后世学者产生根本性影响，也使得英格兰风土建筑研究以建筑演变为主要特色和方法论，该著作的出版亦标志着英格兰风土建筑作为独立学术研究对象的正式确立[2]。随后，面对风土传统工艺与匠人凋零，经过12年田野调查，查尔斯·因诺森特（Charles Frederick Innocent，1873~1923）于1916年出版《英格兰建筑结构发展》，该书于“第一次世界大战”后在建筑、历史及考古界引发轰动，作者在风土木骨造领域，与建筑类型演变思想的代表阿迪，被后世共同尊为英格兰风土建筑学术奠基人[3]。

二、战后英格兰风土建筑学术成型进程

1. 研究的时代背景

20世纪60年代，鲁多夫斯基（Bernard Rudofsky，1905~1988）通过《没有建筑师的建筑》开启对西方官修建筑史质疑，指出传统乡土建筑中蕴含的思想与特质是建筑多样性的保证[4]。拉普卜特（Amos Rapoport，1929~）考察世界各地风土建筑后提出民间居住形态成因的概念框架——宅形是一系列最广义社会文化因素（Socio-cultural Factors）共同作用的结果[5]。奥利佛（Paul Hereford Oliver，1927~2017）指出居住历史性、社会性问题应是新时期风土建筑研究的着眼点[6-8]。

2. 风土建筑区划及地域性图谱

比阿特丽斯·多比（Beatrice Marion Willmott Dobbie，1903~1995）梳理巴斯伊斯顿（Batheaston）乡村建筑历史，作为建筑、经济及构造技术发展演变的基础资料，为理解萨默塞特郡（Somerset）风土建筑打下基础[9]。18世纪以来湖区（Lake District）作为英格兰特有的文化历史遗产而被学界关注，隆纳·布朗斯基尔（Ronald William Brunskill，1929~2015）分析湖区风土建筑发展模式，其针对该区域的田野调查策略为后世学者推崇[10, 11]，苏珊·丹尼尔（Susan Denyer）从民俗历史与建筑平面布局的关系入手，指出农业模式、构造技术是湖区风土建筑文化在工业化进程中保持独特性的重要因素[12]。罗杰·布朗（Roger John Brown，1937~）论述肯特郡（Kent）地域性建筑材料与村舍建筑工艺历史，为理解中世纪风土建筑匠作体系提供技术资料[13]。简·佩诺伊（Jane Penoyre）与萨默塞特风土建筑学会（The Somerset Vernacular Building Research Group，SVBRG）自20世纪60年代便对该郡传统民居展开系统性调查，通过学刊《乡村研究论丛》（Village Study Series）成果涵盖13~18世纪村落规划布局、建筑构造装饰及地域传统文化多层面焦点议题[14, 15]。斯科特·黑斯蒂（Scott Hastie，1954~）完成赫特福德郡（Hertfordshire）风土建筑历史的全面考据[16]，凯瑟琳·戈登（Catherine Gordon）则以艺术与工艺运动发展历史为视角，总结1890~1930年间科茨沃尔德地区（Cotswolds）风土建筑发展历史，并为后续乡村景观与遗产保护提供参考[17, 18]。

1975年，约翰·普里兹曼（John Prizeman，1930~1992）综合地质材料和水文气候信息，初步拟定英格兰房屋色彩（Colours History for Houses）谱系，作者试图通过比对不同年代和细部材料所反映出的建筑立面色彩，为后续建筑修复及改造提供参照[19]。1978年，约翰·佩诺伊（John Penoyre，1916~2007）等以区域地理与建筑材料（Regional Geology and Building Materials）为参考系，建立其与地域性建筑风格（Regional Building Styles）之间的对应关系，作者同时指出地域性建筑材料（Available Materials）、气候及地方匠作体系（Local Skills and Needs）是影响传统民居建筑形态的主要因素。其初步建立了以材料和匠作体系为核心的英格兰风土建筑地域性图谱（Character Map），为后续聚落、建筑及遗产保护提供图底资料和方法论参考[20]。

1986年，威廉·威尔金森·艾迪生爵士（William Wilkinson Addison，1905~1992）结合英国农业革命⑥的历史背景，分析英格兰不同景观区域内农场住宅（Farmhouse）与农业生产活动的相互关系，初步形成关于不同文化、景观地域的农场住宅分布图谱，并随着《Country Life》杂志媒介通过插画形式普及大众[21]。1987年安东尼·普罗斯珀·奎尼（Anthony Prosper Quiney）关注乡村服务型城镇（Country Town）的历史，以其地理区域的文化影响力为参照，将英格兰乡村小镇分为6个不同文化区，并总结其功能类型为工业、旅游、城市周边居住区等[22]。马丁·海德格尔（Martin Heidegger，1889~1976）定义语言为存在的住所[23]，语言学（Linguistics）作为20世纪现代建筑理论的哲学基础⑦，弗迪南·德·索绪尔（Ferdinand De Saussure，1857~1913）与艾弗拉姆·诺姆·乔姆斯基（Avram Noam Chomsky，1928-）的语言学理论在建筑符号与文脉领域亦得到良好的诠释。至20世纪末，克里斯蒂·安德森（Christy Anderson，1969-）与德博拉·珍妮特·霍华德（Deborah Janet Howard，1946-）先后分别试图对语言学与不列颠文艺复兴建筑风格（Language and Architectural Style）之间关系建立理论模型[24]，迈克尔·安·威廉斯（Michael Ann Williams，1953~）从民俗学（Folklore Studies）中语言的社会文脉出发，试图应用社会语言学模型（Linguistic and Sociolinguistic Models）重新定向风土建筑研究，对于英语方言与英格兰风土建筑图谱的建立亦初见端倪[25]。

3. 风土建筑历史断代与类型演变

自18世纪乔治王时代（Georgian Era）传统风土建筑逐渐消亡，历史断代与类型演变一直为英格兰风土建筑研究的主体特色与核心问题[26]，斯蒂芬·加得纳（Stephen Gardiner，1924~2007）与诺伯特·肖瑙尔（Norbert Schoenauer，1923~2001）关于住宅演变的通史性论著指出传统设计理论与现代生活的契合[27, 28]，科学技术手段和类型学方法的发展亦使该领域研究取得显著进展，并对欧陆和北美相关研究形成影响[29, 30]。该时期学术界对英格兰风土建筑历史断代基本达成共识，并指出16~17世纪中叶为风土建筑发展的高潮期，经济状况的改善直接作用于建筑类型的演变[31]。

1961年，莫里斯·威尔莫·巴利（Maurice Willmore Barley，1909~1991）指出自16世纪始，中世纪晚期英格兰“乡村重建运动”（Great Rebuilding）彻底改变了农村地区生活居住状况，伴随二次住宅革命英格兰风土传统向现代转型。作者同时关注风土建筑及相关的农业实践与土地利用，并首次提出东南部与北部贫穷地区性差异所对应建筑形态的关系[32]，雷金纳德·科迪格利（Reginald Annandale Cordingley，

1896~1962）领衔中世纪风土建筑屋顶类型学图谱项目[33]，并于曼彻斯特大学（The University of Manchester）率先开拓风土建筑教学、科研与实践，随后团队在牛津郡班伯里地区（Banbury，Oxfordshire）的农夫住宅（Yeoman House）项目研究中取得成果[34]，布朗斯基尔亦由此确立标准4步现场记录法（General，Extensive Recording，Intensive Survey and Documentary Investigation），日后成为英格兰风土建筑研究记录的标准[35]。1965年，弗莱德·克芬（Fred Bowerman Kniffen，1900~1993）指出风土建筑作为历史变迁最直观的物质载体，应用类型学思想修正前人关于风土建筑类型划分的方法，其研究成果表明风土建筑在地理空间、文化传播路径等方面与方言地图、社会组织图谱高度契合，该类型学方法随后在世界范围内受到关注，对英格兰本土处理相关学术主题提供参考[36, 37]。1968年，约翰·史密斯（John Thomas Smith，1922~2016）从建筑学体系入手，初步规范化不同历史时期、不同类型与结构的建筑断代方法[38]。

20世纪70年代，科学技术与实验数据在传统建筑学研究中崭露头角。虽然类型学图谱在木骨造、屋顶、烟囱、线脚等建筑细部的研究中继续发展，但仅靠档案文献所提供的类型要素来确定历史断代的方法略显不足。RCHME通过橡树木骨造年轮年代测定（Tree-Ring Dating）数据成功取得风土建筑断代的科学历史坐标，并与类型学图谱相互印证多种演进模式理论[39]，并于之后对肯特郡（Kent）的研究实践中得到佐证[40]。哈罗德·爱德福德·普莱斯利（Harold Edford Priestley，1901~1990）深受阿迪关于经济与社会环境对于建筑演进影响的论点[2] 199-204，并在总结17世纪以后风土建筑与现代居住建筑演进关系上有所进展[41]。

1975年，埃里克·默瑟（William Eric John Barbour-Mercer，1917~2003）根据英格兰历史古迹皇家委员会（The Royal Commission on the Historical Monuments of England，RCHME）各项研究报告[42]，领衔全英格兰首次风土建筑田野调查计划，通过对地方各郡建筑名录登记、测绘与考据，出版划时代的著作《英格兰风土建筑：传统农舍建筑研究》（English Vernacular Houses：A study of Traditional Farmhouses and Cottages），全书追溯自中世纪至19世纪以来各阶段风土建筑发展轨迹，正式建立了英格兰风土建筑类型学演进模式体系[43]，作者的学术思想明显带有左翼社会主义印记（Left-wing Politics），并深信风土建筑的历史演进源自于社会变革，该著作的出版亦标志着英格兰风土建筑研究正式成型[44]。

20世纪80年代，布朗（Roger John Brown，1937~）以农业经济技术发展为视角，将英格兰传统村舍建筑分为8种基本类型，并对照构造技艺与乡民社会给予建筑类型社会学解释[45, 46]。奎尼（Anthony Prosper Quiney）以家庭生活与建筑类型为视角，论述从中世纪农宅至现代村舍建筑居住模式的演变，其中针对壁炉（Fireplace）及工业化对房屋布局的影响给予足够的说明[47]，并归结为居住者自身才是决定房屋类型的主要因素（Power to the People）[48]。布赖恩·贝利（Brian Bailey）关注英格兰庄园于风土方面的特性，通过论述中世纪至工业革命阶段庄园宅邸建筑与乡村社会的发展历史，阐述该建筑类型在乡村增长中起到的作用[49]。克里斯汀·韦斯特伍德（Christine Westwood）结合中世纪晚期至工业革命时代的乡村经济、社会发展背景，调研14~19世纪初约克郡高地风土“仓宅”（Laithe House）演进历史，并建立建筑、社会经济及劳动力等诸多因素之间的互动关系，初步拟建较完整的“仓宅”类型演变谱系[50]。20世纪90年代，简·克莱尔·格伦维尔（Jane Clare Grenville，1958~）总结前人的各项研究成果，指出12~13世纪出现的结构预制技术、楼梯及门厅空间改良与欧陆文化的联系，虽然关于中世纪建筑木结构年代测定（Dating Tool）的研究手段极具争议，但其以中世纪家庭生活为视角，结合住宅建筑技术发展历程与的研究方法对学界产生一定影响[51]。布朗斯基尔以其之前研究档案为基础，并结合最新历史断代的考据成果，针对风土建筑平面布局的演变（Development of Simple House-plans）给予模式总结与动因归纳，其著作《不列颠村舍房屋：传统居住建筑起源及演变》正式建立英格兰村舍建筑类型谱系，同时亦奠定了其在风土建筑领域的权威地位[52]。

三、风土建筑诱发的建筑史学术转向与中华风土建筑研究的国际语境

英格兰风土建筑学术贡献不单单在本土研究的深化，更在于形成世界范围内的风土建筑研究视野。战后50年里，英格兰风土建筑学科完成了从“自然史”向“问题史”的转变，从研究对象的采集、考据整理到以问题域为核心的解释性研究[53]。同时，对于“风土建筑”的官方定义（图3），亦完成了从“风雅建筑”之外的建筑类型到打破类型壁垒的升华[54]。学界认为英国传统风土建筑自1900年世纪之交正式走向终结⑧，虽说其学术成型于20世纪60年代，然自16世纪伊始的研究历程大量涉及活态样本，为后世多维学科研究提供基础。

社会各界认识到乡村代表英格兰的文化内涵与贵族传统，蕴藏富饶的风土建筑遗产，在随后一个多世纪时代板荡的转型大潮中，催生乡土复兴（The Vernacular Revival）与乡村保护运动（Campaign to Protect Rural England）的兴起，并催生国会《古迹保护法案》（Ancient Monuments Protection Act）的出台，其中较鲜明的便是动态建筑历史观与遗产活态传承理念。中华风土建筑学术脱胎于战火中对民族文化的自觉与反思[55]，虽以田野调查、空间形态记录等建筑学研究手段为主，对于历史、行为和习俗等非实体居住形态亦少量涉及，终因历史原因至20世纪80年代，风土建筑研究才逐步融入社会学、历史学和人类学等科学方法。正如梁启超先生关于“……至于今日，是为世界之中国”的感叹，国际风土建筑理论背景下重读华夏风土建筑研究，重新界定英美的学术视角而又反过来形成对本土研究视野的考订，将中华建筑艺匠开放于全球建筑文明的时空参照中……

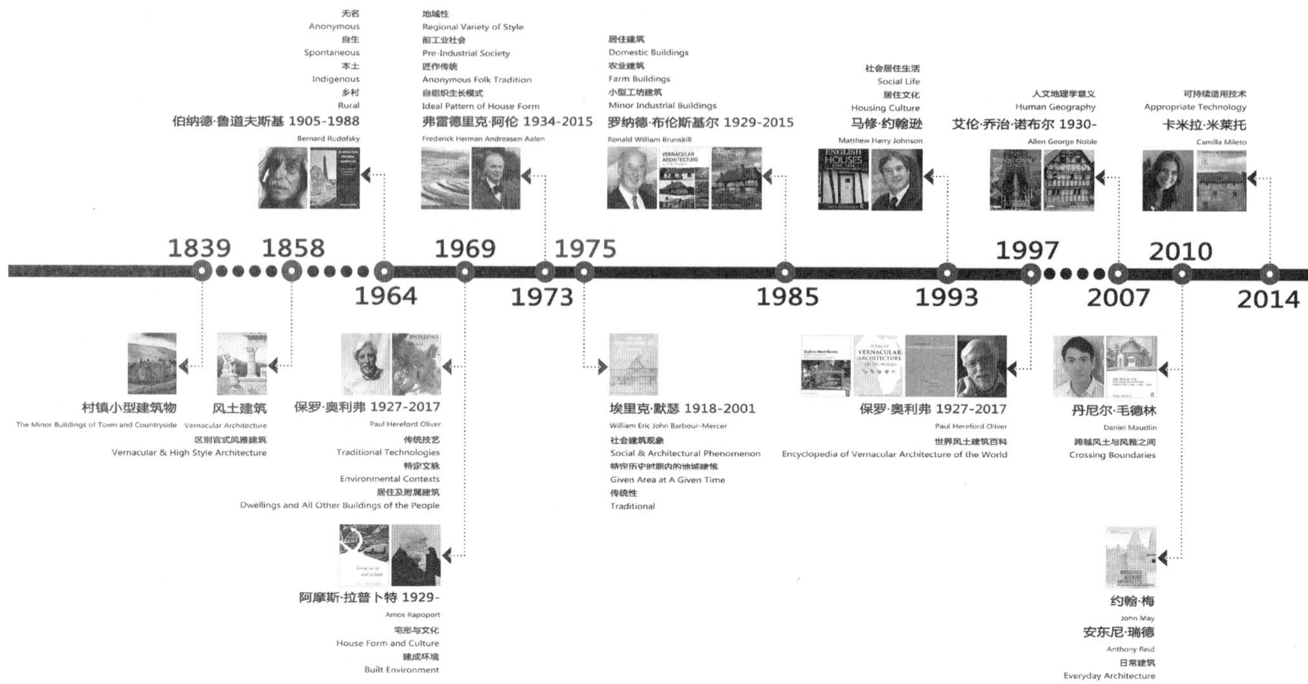

图3 英格兰风土建筑定义演变历程

注释

① 国家建设高水平大学公派研究生项目（201406060098）。

② 吕忠正，大连理工大学建筑与艺术学院博士生，大连理工大学历史建筑与街区再利用研究中心（Historical Building and District Reuse Research Center）助理建筑师，116024，zhonghuaminguo@mail.dlut.edu.cn。

③ 唐建，大连理工大学建筑与艺术学院教授，院长，116024，tan511@126.com。

④ 胡文荟，大连理工大学建筑与艺术学院教授，建筑系主任，大连理工大学历史建筑与街区再利用研究中心主任，116024，huwenhui7752@163.com。

⑤ 侯帅，大连理工大学建筑与艺术学院硕士生，116024，916736224@qq.com。

⑥ 亦译作第二次农业革命（The British Agricultural Revolution，or Second Agricultural Revolution），指17世纪至19世纪英国农业生产方式发生巨大变革的过程。包括圈地运动、机械化、四轮作、良种培育等，其结果是农业生产效率大大提高，一方面提供了大量的农产品以支持人口的增长，另一方面又分流出大量农业剩余劳动力，为工业革命创造了条件。

⑦ 科学实证主义、知觉现象学（Positivism，Phenomenology）及语言学为20世纪现代建筑理论三大哲学根基。

⑧ 19世纪末不列颠铁路网成型，使得地域建筑材料不再具备经济优势，同时大量的建造指南亦终结了地方传统风格，详见Ronald William Brunskill. Illustrated Handbook of Vernacular Architecture[M]. London：Faber and Faber，1971：190-193.

参考文献

[1] Matthew Rice. Village Buildings of Britain [M]. London & New York：Little，Brown and Company，1991：7.

[2] Sidney Oldall Addy. The Evolution of the English House [M]. London：Swan，Sonnenschein & Co.，1898.

[3] Charles Frederick Innocent. The Development of English Building Construction [M]. Cambridge：Cambridge University Press，1916.

[4] Bernard Rudofsky. Architecture without Architects：A Short Introduction to Non-pedigreed Architecture [M]. New York：The Museum of Modern Art，1964：5-8.

[5] Amos Rapoport. House Form and Culture [M]. London：Prentice-Hall，Inc.，1969：1-17，45，126-130.

[6] Paul Hereford Oliver. Shelter and Society：New Studies in Vernacular Architecture [M]. London：Barrie & Jenkins，1969：10-11.

[7] Paul Hereford Oliver. Encyclopedia of Vernacular Architecture of the World Vol. I：Theories，Principles and Philosophy [M]. Cambridge：Cambridge University Press，1997：I-II.

[8] Paul Hereford Oliver. Built to Meet Needs：Cultural Issues in Vernacular Architecture [M]. London & New York：Routledge，2006：19-23，69-86.

[9] Beatrice Marion Willmott Dobbie. English Rural Community：Batheaston with S.Catherine [M]. Bath：Bath University Press，1969：VII-VIII.

[10] Ronald William Brunskill. Traditional Buildings of Cumbria：The Country of the Lakes [M]. London：Cassell & Peter Crawley，

2002：14–16.

[11] Ronald William Brunskill. Vernacular Architecture of the Lake Counties: A Field Handbook [M]. London: Faber and Faber, 1974: 11–14, 140–142.

[12] Susan Denyer. Traditional Buildings and Life in the Lake District [M]. London: Victor Gollancz Ltd/Peter Crawley & The National Trust, 1991: 192–198.

[13] Roger John Brown. Old Houses and Cottages of Kent [M]. London: Robert Hale, 1994: 8–14.

[14] Jane Penoyre, John Penoyre, John Penoyre. Traditional Houses of Somerset [M]. Tiverton: Somerset Books, 2005: 16.

[15] Paul Newman. Somerset Villages [M]. London: Robert Hale Ltd, 1986: 8–28.

[16] Scott Hastie, David Spain. A Hertfordshire Valley [M]. Kings Langley: Alpine Press Ltd, 1996: 12–15, 22–29, 46–55, 78–81.

[17] Catherine Gordon. The Arts and Crafts Architecture of the Cotswolds Region [D]. Manchester: University of Manchester, 1996.

[18] Catherine Gordon. Cotswold Arts and Crafts Architecture [M]. Chichester: Phillimore & Co Ltd, 2009: 99–110.

[19] John Prizeman. Your House: The Outside View [M]. London: Hutchinson and Co. Ltd, 1975: 41, 122–125.

[20] John Penoyre, Jane Penoyre. Houses in the Landscape: A Regional Study of Vernacular Building Styles in England and Wales [M]. London & Boston: Faber & Faber, 1978: 13–18.

[21] William Wilkinson Addison. Farmhouses in the English Landscape [M]. London: Robert Hale, 1986: 15–26.

[22] Anthony Prosper Quiney, Robin Morrison. The English Country Town [M]. New York: Thames and Hudson, 1987: 7–29.

[23] Christian Norberg-Schulz. The Concept of Dwelling: on the Way to Figurative Architecture [M]. New York: Rizzoli Publications, 1984: 111.

[24] Georgia Clarke, Paul Crossley. Architecture and Language: Constructing Identity in European Architecture C1000–C1650 [M]. Cambridge: Cambridge University Press, 2000: 118–133, 148–160, 162–172.

[25] Michael Ann Williams, M. Jane Young. Grammar, Codes, and Performance: Linguistic and Sociolinguistic Models in the Study of Vernacular Architecture. Perspectives in Vernacular Architecture [J]. 1995, 5: 40–51.

[26] Elisabeth Beazley. Designed to Live in [M]. London: Allen & Unwin, 1962: 30–41.

[27] Stephen Gardiner. Evolution of the House [M]. London: Constable and Company Limited, 1974: 1–25.

[28] Norbert Schoenauer. 6, 000 Years of Housing [M]. New York: W. W. Norton & Company, 1981: 9–10.

[29] Steven Holl. Pamphlet Architecture No. 9 Rural & Urban House Types in North America [M]. New York: Princeton Architectural Press, 1982: 5–6, 53–54.

[30] Edna Scofield. The Evolution and Development of Tennessee Houses. Journal of the Tennessee Academy of Science [J]. 1936, 11 (4): 229–240.

[31] Edmund Gray, F. Budiman. The British House: A Concise Architectural History [M]. London: Barrie & Jenkins, 1994: 69–91.

[32] Maurice Willmore Barley. The English Farmhouse and Cottage [M]. London: Alan Sutton, 1961: 57–62, 129–133, 183–185.

[33] Reginald Annandale Cordingley. British Historical Roof-Types and Their Members: A Classification [M]. London: Ancient Monuments Society, 1961.

[34] Raymond B. Wood-Jones. Traditional Domestic Architecture in the Banbury Region [M]. Manchester: Manchester University Press, 1963: 1–14, 278–290.

[35] Ronald William Brunskill. Illustrated Handbook of Vernacular Architecture [M]. London: Faber and Faber, 1971: 194–207.

[36] Fred Bowerman Kniffen. Folk Housing: Key to Diffusion. Annals of the Association of American Geographers [J]. 1965, 55 (4): 549–577.

[37] Fred Bowerman Kniffen. Why Folk Housing?Annals of the Association of American Geographers [J]. 1979, 69 (1): 59–63.

[38] John Thomas Smith. On the Dating of English Houses from External Evidence [M]. London: Field Studies Council, 1968: 537–577.

[39] Sarah Pearson. Tree-Ring Dating: A Review. Vernacular Architecture [J]. 1997, 28 (1): 25–39.

[40] Sarah Pearson. The Medieval Houses of Kent: An Historical Analysis [M]. London: Royal Commission on the Historical Monuments of England, 1994: 1–9, 146–148.

[41] Harold Edford Priestley. The English Home [M]. London: Frederick Muller, 1970: 11–14.

[42] Herbert Colstoun Gardner, Henry Howarth, David Alexander Edward Lindsay, et al. Monuments Threatened or Destroyed: A Select List: 1956–1962 [M]. London: Her Majesty's Stationery Office, 1963.

[43] William Eric John Barbour-Mercer. English Vernacular Houses: A study of Traditional Farmhouses and Cottages [M]. London: Her Majesty's Stationery Office, 1975: 1–8.

[44] Eric Mercer, Barbara Hutton, R. J. Lawrence. The Interpretation of Vernacular Architecture. Vernacular Architecture [J]. 1984, 15 (1): 12–14.

[45] Roger John Brown. The English Country Cottage [M]. London: Robert Hale, 1979: 272.

[46] Roger John Brown. English Farmhouses [M]. London: Hamlyn Paperbacks, 1982: 21–34, 35–37.

[47] Anthony Prosper Quiney. House and Home: History of the Small English House [M]. London: BBC Books, 1986: 224.

[48] Anthony Prosper Quiney. The Traditional Buildings of England [M]. London: Thames and Hudson, 1990: 6–25.

[49] Brian Bailey. English Manor Houses [M]. London: Robert Hale

Ltd, 1983: 13–16.

[50] Christine Westwood. The Laithe House of Upland West Yorkshire: Its Social and Economic Significance [D]. Loughborough: Loughborough University, 1986.

[51] Jane Clare Grenville. Medieval Housing: The Archaeology of Medieval Britain [M]. Leicester: Leicester University Press, 1997: 23, 144.

[52] Ronald William Brunskill. Houses and Cottages Of Britain: Origins and Development of Traditional Domestic Buildings [M]. London: Victor Gollancz Ltd, 1997: 12–17.

[53] 潘玥.保罗·奥利弗《世界风土建筑百科全书》评述.时代建筑 [J]. 2019, (02): 172–173.

[54] Daniel Maudlin. Crossing Boundaries: Revisiting the Thresholds of Vernacular Architecture. Vernacular Architecture [J]. 2010, 41 (1): 10–14.

[55] 龙庆忠. 穴居杂考. 中国营造学社汇刊 [J]. 1934, 5 (1): 55–76.

现代性的接纳与抵抗：一个地方性社区的样本①

李明松② 潘 曦③

摘 要： 自发性建造住宅承载着地方性社会的文化与传统[1]，在与现代化进程的碰撞中，不同的地方性社会呈现出不同的转型进程，产生了丰富样本。本文以丽江市古城区西安街北段这一政府规划与居民自建相结合的社区为例，对其中的12处住宅进行了考察，展现了这一地方性社区的转型过程：社区中的居民在一些方面接纳了部分现代内容、将其纳入日常生活之中；而在另一些方面则抵抗现代内容、试图维系地方性的传统。

关键词： 地方性 自建住宅 现代性 接纳 抵抗

引言

在我国城乡广泛的现代化进程中，许多地方性社会正在经历从传统到现代的转型过程，其中的自发性建造住宅也经历着同样的转型过程[2]，体现了人们对于现代性不同的态度。本文所关注的，就是丽江市古城区西安街北段社区以及其中的自建住宅。社区中政府规划和居民自建相结合，具有很强地方性的同时也保留了传统生活和文化。自1986年始建至今，社区中的公共建设和住宅建设都经历了较为完整的从传统向现代转型的过程，充分体现了居民们对于现代性的不同态度，也为本文提供了一个丰富的地方性社区样本。

一、西安街社区概况

20世纪80年代，丽江古城的居住情况已经十分拥挤[3]，当时的丽江纳西族自治县政府为了解决百姓们的住房问题，分批次划定了几片自建住宅区，这些自建住宅区由政府划定地基，通过抽签的方式，分配给符合条件的居民自主建造房屋。1986年建设的西安街北段就是其中的第三批。

西安街北段社区坐落于云南省丽江市古城区西安路（图1），社区中共有320余户，居民们大多是纳西族人。社区外部西北两侧为主干道，东南两侧为次干道，交通较为便利。社区内部共有九条竖向（南北）主要街巷（门牌号记做x巷x号），还有四条横向（东西）街巷可以通行。

每家每户的地基规模都被划定为12米×15米，也就是180平方米。划定地基后根据自己备料的情况和经济能力酌情来修建住宅，请来木匠师傅或是施工队根据建造经验设计发挥。从图2可以看到，院落的地基经过统一划分后错落有致，院落的建筑却因为是自建住宅呈现出非常丰富、多样的风格。

社区中的公共设施建设由政府主导、居民配合，从住宅建设初期一直持续到现在，目前已经建设得较为完整（表1）。

图1 研究对象范围图（图片来源：作者自绘）

图2 社区现状航拍图（图片来源：作者自摄）

西安街北段社区建设主要事件表　　表1

序号	时间	用地情况	公共设施的建设
1	1986年之前	耕地	—
2	1986~1989年	划分地基，填平土地，住宅建设	通电（拉线）
3	1990~1992年	大部分住宅建成	硬化道路，修建公共厕所，电路改造
4	2008年	住宅使用	修建自来水管
5	2010年	住宅更新（居民们修建厕所）	修建排污管道，修整道路
6	2018年	住宅更新（居民们改造厨房）	修建煤气管道

二、西安街社区自建住宅调查

1. 住宅概述

社区共有320户居民，每户居民在180平方米的地基上自主建设，形成了住宅形式与布局混合多样的社区。本文在320户居民中随机选取12户作为调研样本，通过访谈、测绘考察了这12处住宅的建设情况与建设后的变迁过程，此处，选取其中最为典型的4户作为本文的样本，进行详细地分析。

2. 住宅样本

1）住宅样本01

院落信息表01

户主姓名	性别	年龄	工作	门牌号	常住人口
木国伟	男	58	天雨集团	西安街北段1巷21号	3

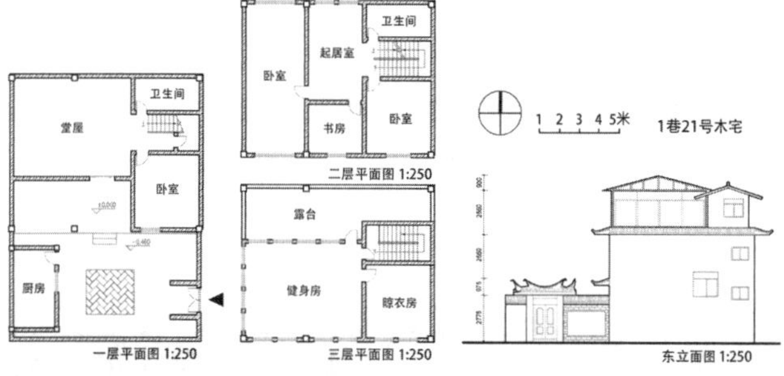

图3　1巷21号木宅测绘图（图片来源：作者自绘）

木大叔一家的老房子是砖混结构的，建于1994年，在2017年拆掉修建了现在的房子。三层是钢框架玻璃房，木大叔架空了钢架上的屋顶，使空气流通在下面，这也是现代隔热屋面的做法之一。

从房子的空间布局来说，首先这栋房子的走廊比传统结构房子的走廊宽1.5米，走廊加宽后成为主要的生活空间；第二，客厅有两间大小，稍作分隔后堂屋放在中间，堂屋作为纳西族传统建筑最为重要的空间，是木大叔眼中丽江人长久以来的生活习惯，因为老人去世后一定要有灵堂的空间。

木大叔认为纳西传统的文化还需要慢慢发展，正面的文化比如红白喜事、邻里关系需要保留下来，但负面的文化比如不健康的饮食习惯（烟熏腊肉）是没有必要保留的。

2）住宅样本02

院落信息表02

户主姓名	性别	年龄	工作	门牌号	常住人口
木秀莲	女	73	福慧小学（退休）	西安街北段4巷23号	5

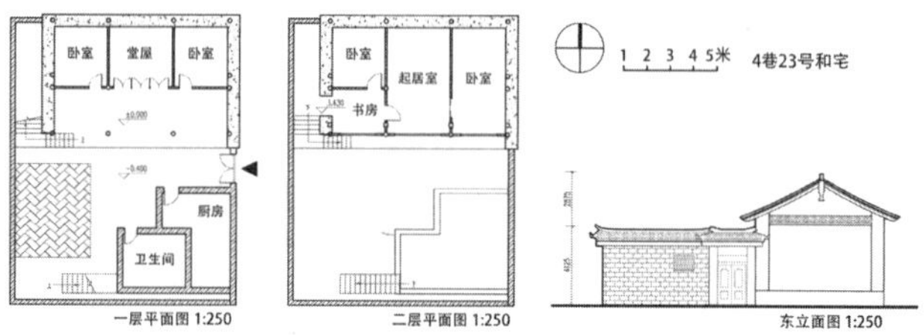

图4　4巷23号和宅测绘图（图片来源：作者自绘）

木奶奶一家在1986年之前了解到西安街北段社区分配地基的情况，因此早早准备妥当修建房子所需的木料，并由爷爷定好建筑的尺寸和式样。住宅在2007年修缮改造了一次，修建了现有的钢混厨房和卫生间。一是因为当时洗澡要到外面去洗，十分不方便；二是因为钢混结构平屋顶易于改建。

从空间布局上来说，木奶奶还有个女儿在昆明，孙子过两年也会长大，想通过以后的加建来增加住房面积，因此二层的钢筋已经预留好了，加建后上面就会多出两个卧室供子女居住。

对于木奶奶而言，传统的土木结构房子和现代的钢混结构房子各有千秋，传统房子不易于打扫但冬暖夏凉，现代房子气温调节不当但生活便利，把两栋房子放在一起虽然不协调，但对于居住者来说既能得到传统房子舒适的居住体验，又能拥有现代房子便利的生活条件，其实是比较合理的。

3）住宅样本03

院落信息表03

户主姓名	性别	年龄	工作	门牌号	常住人口
李凤菊	女	83	粮食局（退休）	西安街北段7巷4号	4

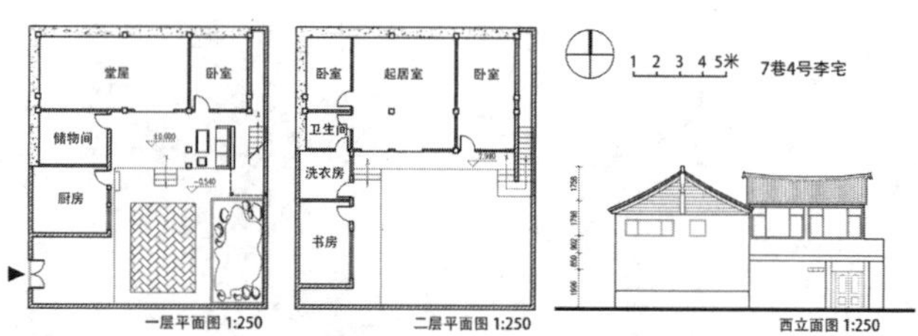

图5　7巷4号李宅测绘图（图片来源：作者自绘）

李奶奶一家的住宅共经历了4次修缮改造：第一次在地震后进行了修缮和加固；最近一次在2018年，经过自己设计后在丽江城里找了包括木料、瓷砖等方面的工人，将木头柱子都包了起来，但没有改动木架，也重建了现代厨房，新修了照壁墙；其余两次夹杂在两次改动之间，是小规模的装修。

李奶奶认为自己的房子虽然具备现代的生活条件但保留了传统建筑元素。修缮翻新的原因是房屋面积不能满足生活需要。家人对于建筑是否传统并不十分讲究，还是以舒适方便作为居住的首要前提，其次也要看家庭经济基础。不过就照壁墙来说并不具备实用性，掺杂了纳西族的传统和情趣。

4）住宅样本04

院落信息表04

户主姓名	性别	年龄	工作	门牌号	常住人口
和成英	男	73	电力公司（退休）	西安街北段8巷4号	2

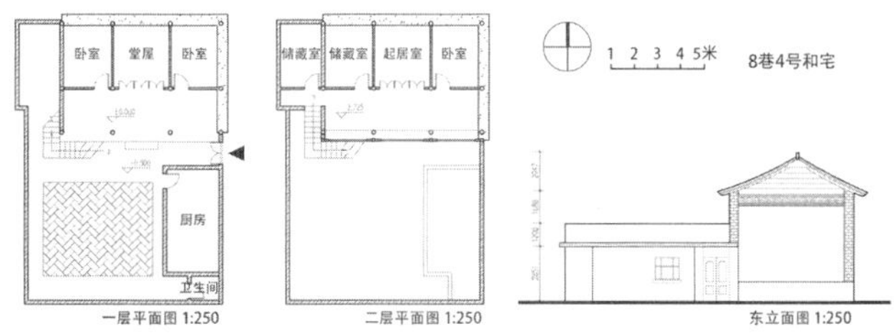

图6 8巷4号和宅测绘图（图片来源：作者自绘）

和爷爷一家住宅的正房自从老家搬过来建造好后就没有改动过，土木结构厨房几年前改为了钢混结构厨房，因为三个女儿出嫁前住在单位，出嫁后就搬了出去，所以也没有住房面积上的刚需。

和爷爷认为老人们都喜欢住在老房子里，一方面老房子结构抗震，冬暖夏凉；另一方面老房子雕梁画栋，是传统的传承。他认为，作为纳西族建筑，首先要是土木结构，传统的建筑材料代表了传统建筑。不过和现代建筑相比，传统建筑也存在卫生上的缺点，因为木材、雕刻等不易保护清洁。

三、西安街社区自建住宅分析

对于西安街社区的自建住宅，分别从建筑材料结构、建筑空间布局、建筑生活三方面来分析其始建以来的变迁[4]。

建筑材料结构方面，虽然现代建筑的材料结构在社区中十分常见（图10），但并不能完全代替土木结构住宅，原因有二：一是土木结构房子冬暖夏凉，不需要温度调节，比较适合老人居住；二是土木结构建筑作为纳西传统文化的一部分在居民心中十分重要，他们对于传统结构的建造如数家珍[5]。因此，可以说居民们并不完全接纳了现代的材料与结构。

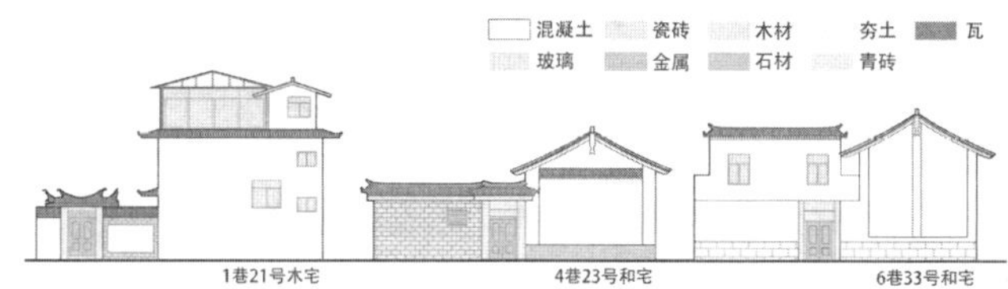

图7 西安街北段社区部分立面材质（图片来源：作者自绘）

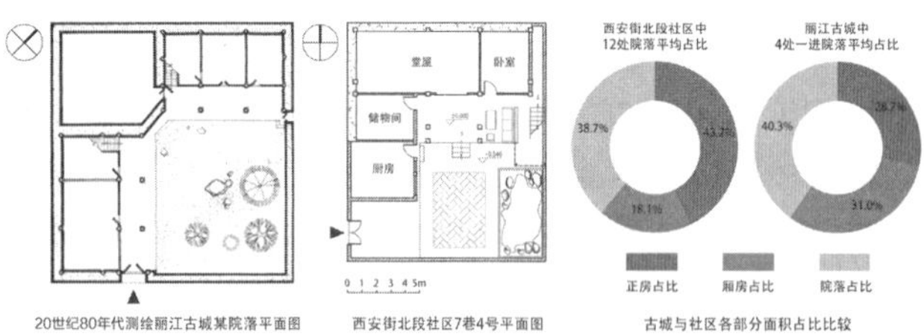

图8 古城与社区院落对比
（古城院落来源：朱良文. 丽江纳西族民居［M］. 昆明：云南科学技术出版社，1988，1）

空间布局方面，将西安街北段社区与20世纪丽江古城中院落各部分占比相比[3]，本文发现社区中正房面积随着重要性提升占比增长较大，而院落面积占比并没有明显变化，厢房则相应有所减少。因此，虽然地基面积相比有所减少，但居民们在有限的地基中仍然保留了相同占比的院落面积，以至于压缩了其他室内面积。可见传统的空间布局仍在发挥作用，居民们并没有接纳现代的空间布局。

建筑生活方面，从上文的样本中可以看出，虽然住宅的土木结构正房大多保留了下来，但每家每户都经历了至少一次改造，因此我们就改造过程进行整理得到表2。

样本院落建设主要事件表④（作者自制） 表2

建设部分	样本01	样本02	样本03	样本04	样本05
正房	拆除重建	—	—	翻新装修	—
厢房	—	拆除重建	新建	翻新装修	拆除重建
卫生间	—	新建	拆除重建	翻新装修	新建
院子	新修铺地	—	新修花坛等	新修照壁墙等	—

从表2中可以看出，5处样本都经历了几次改造，而且翻新改造的次数是比较频繁的。这个过程在时间点上看与公共设施的建设密不可分，因此，居民们并不排斥现代生活所带来的便利条件，而且积极响应公共设施的建设来完善自己的住宅，可以说，居民们接纳了现代的建筑生活。

四、结语：传统与现代，接纳与抵抗

因此，西安街北段社区的居民们在这个现代社区中首先用传统

的方式建立了生活，在新建住宅中使用并部分接纳了现代的材料结构，随着公共建设的完善又逐渐接纳了现代生活所带来的种种便利，不过，他们抵抗了现代的建筑空间，维系着传统的院落布局。所以，在这样的现代化趋势冲击下，居民们仍然保留了他们认为必须要保留的部分，抵抗着现代化进程，比如木材的使用、堂屋的存在、邻里的关系等，这便是他们对于生活的深刻理解以及长久以来纳西族传统文化中传承的智慧。

注释

① 国家自然科学基金（青年科学基金），基于适应性理念的传统聚落形态模式与空间体系研究（项目批准号：51608030）。

② 李明松，北京交通大学建筑与艺术学院，硕士研究生，10044，164601614@qq.com。

③ 潘曦，北京交通大学建筑与艺术学院副教授，硕士生导师，10044，631665485@qq.com。

④ 表中拆除重建及新建的均为砖混等结构的现代建筑。

参考文献

[1] 陈志华. 楠溪江中游古村落 [M]. 上海：生活·读书·新知三联书店，1999.

[2] 卢健松. 自发性建造视野下建筑的地域性 [D]. 北京：清华大学，2009.

[3] 朱良文. 丽江纳西族民居 [M]. 昆明：云南科学技术出版社，1988，1.

[4] 汪民安. 现代性 [M]. 南京：南京大学出版社，2012，6.

[5] 顾彼得. 李茂春译. 被遗忘的王国 [M]. 昆明：云南人民出版社，2007.

[6] 潘曦. 纳西族乡土建筑建造范式研究 [D]. 北京：清华大学，2014.

[7] 段威. 萧山自造 [M]. 北京：清华大学出版社，2015，8.

乡村混合居住群体的公共空间地方感差异性研究①

——以浙江永康芝英镇田野调查为例

魏　秦② 纪文渊③

摘　要：在乡村振兴战略下的乡村建造热潮中，乡村公共空间的改善已经成为乡村建造的重要内容。乡村公共空间设计有别于城市公共空间的改造，乡村社会不同居住群体的日常行为和对乡村公共空间的认知也各有差异。本文借鉴人文地理学中地方理论的相关概念，以浙江永康芝英镇的乡村公共空间田野调查为依据，深入分析不同居住群体对其公共空间的地方感差异，从而提出乡村混合社群的乡村公共空间改造策略，为乡村人居环境营建提供实证参考。

关键词：地方理论　地方感　混合社群　乡村公共空间

引言

随着乡村振兴战略的推进，乡村问题与乡村建设成为建筑学、城乡规划等相关领域的关注焦点，围绕乡村规划与空间改造的相关研究也在不断推进。关于乡村公共空间的研究关注于物质上的“空间性”，很多乡村公共空间存在使用率低下、功能不匹配等问题，究其原因主要在于忽略了村镇不同居住群体之间的差异性，及其对公共空间的使用对象、功能配置与使用的差异，导致了人地关系的失衡。因此，乡村公共空间除了物质上的空间性以外，还存在着社会的“公共性”，尤其对于当下村镇不同居住人群混居的情况下就显得更为重要，对于乡村公共空间的探讨需要跨学科的视角来进行深入分析。本文借用人文地理学中地方理论的相关概念，试图阐释村镇混合居住群体与公共空间之间存在的一种特殊的情感关联，以人为本，以日常生活为本的视角出发来思考乡村公共空间的价值与意义。

一、地方理论与地方感的相关概念

1. 地方理论与地方感相关综述

地方理论作为人文地理学的一个重要分支，最早在1974年由华裔人文地理学者段义孚首次提出，地方不单单是一个空间的概念，它还包含着人与地方的一种情感联系，例如常常被提到的“乡愁”情节，他把这种现象归纳为恋地情结（Topophilia）[1]。1976年英国学者莱尔夫（Relph）首次在著作中提出了地方感（Sense of place）的概念[2]。1977年，段义孚在实际研究中发现对于能够使人产生强烈感情体验的地方，人们往往有强烈的依恋感，而这

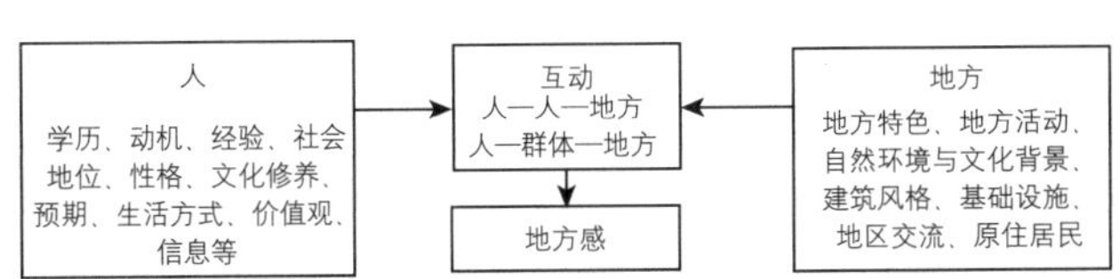

图1　地方感产生过程示意（图片来源：《国外地方感研究进展与启示》盛婷婷，杨钊[5]）

种情感上的依恋形成了地方感的主要组成要素[3]，对地方感的概念进行了补充。美国学者斯蒂尔（Steel）在1981年出版的专著中将地方感描述为“个体在于特定地方进行体验活动时所产生的情感”[4]，从产生原理的角度来对地方感进行解读。综上所述，地方感是人与地方不断互动的产物，是人以地方为媒介产生的一种特殊的情感体验。经由这种体验，地方成为自我的一个有机组成部分，其意义不能脱离人而存在。（图1）

2. 地方感的多重维度以及与乡村公共空间认知的关联

目前国内对于地方感的研究主要从地方依恋的角度入手，研究内容主要涵盖旅游人类学和环境心理学的研究，探讨旅游者对于特定目的地的情感偏好，将地方依恋的指标引入旅游资源评价之中，体现出学者对于人地关系之中人的心理体验的关注。在研究过程中地方感与地方依恋的概念往往存在混淆，需要根据研究对象进行定义。从乡村公共空间的角度，地方感可以表述为当地居住群体对其公共空间的一种情感，是人对空间的一种情感认知，其偏向可以是正面积极的，也可以是负面消极的；而地方依恋是一种想要依附于某地的积极正向情感[6]。因此，地方依恋可以作为地方感的一个附属概念。本文将从地方依恋这样更为具象的视角来探讨人与空间之间的正向互动关系。

对于地方依恋研究，学者们大多采用美国学者威廉斯和罗根

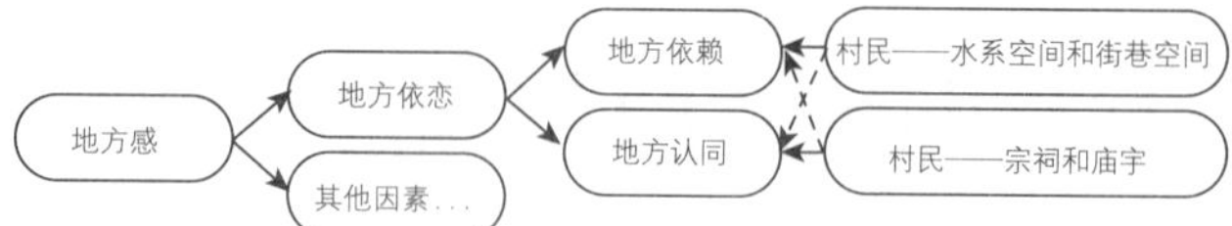

图2 地方感理论框架（图片来源：作者自绘）

布克（Williams&Roggenbuck）的理论框架，认为地方依恋是由“地方认同”和“地方依赖”的两个维度组成[7]。地方依赖表现出的是一种功能性依赖，主要表现出人们对于地方所提供的资源及设施的一种依靠。在乡村公共空间中，当地居民对于水系空间和街巷空间往往表现出一种功能的依赖性。地方认同则是一种精神上的依赖，主要依靠与该环境有关的个人有意或无意的想法、感觉、信仰、偏好、价值观、目的、行为趋向和技巧综合形成的复合体[8]。在乡村公共空间中，本地居民常常对于宗庙空间等仪式性较强的空间表现出一种精神上的认同。（图2）

二、研究对象及分析

1. 研究对象——浙江永康芝英镇

芝英镇是浙江金华市工业重镇、省级中心镇、国家级历史文化名镇，位于永康市中部，永康城区东面，距城区12公里。古镇历史文化底蕴深厚，自东晋时期建镇至今已有1700多年历史，是古应国文明在中国南方的发源地，祠堂群落独一无二，在不到0.2平方公里老集镇范围内有应氏祠堂近百座，现存较为完整的有53座，尤其芝英一村进入中国传统村落第五批名录，芝英八村省历史文化保护村落建设重点村。

芝英古镇的公共空间较为丰富，主要分为街巷空间、宗庙空间、广场空间、集市空间、水系空间、基础设施空间六个大类。街巷空间主要由三条大街组成，东侧为传统民居格局与村落肌理保存较为完整的古麓街，西侧是在城镇化影响下完全现代化的后城大街，东西走向的正街通过集市与数个节点空间将两条大街联系在一起。芝英镇的宗祠空间数量与类型都极为丰富，近一百个祠堂在过去充当着祭祀、慈善、书院与粮仓等多种功能。随着时间变迁，宗祠空间的权属发生变化，其空间功能偏向社区服务功能，原有的祭祀功能渐渐衰退，目前现存的宗祠也主要分布在芝英一村和八村。广场和集市空间是芝英古镇居民活动较为集中活动的地方，活动主要是日常生活购物和休闲健身、社会交往等。水系空间则包含古镇内的水塘水井以及西北方向的灵溪。基础设施空间包含了学校、医院等基础服务空间。（图3）

2. 基于地方感的乡村公共空间问卷设计

本文主要借鉴威廉斯和罗根布克的地方依恋理论框架，从地方认同和地方依赖两个维度来针对芝英镇六个不同类型的公共空间来设计问题。这里主要借鉴了国外学者对于地方认同和地方依赖的量表总结，基于量表中的关键词句对问卷调查的问题进行预设和分类。例如在地方依赖指标中，被采访者往往提到这些关键词句：“某地是做我最喜欢的事情的最好地方”、“对于我喜欢做的事，某地提供的设施更好”、“生活的很多方面都围绕着某地”、“我生活在某地的一个主要原因是离某地很近”等。从这些语句中可以发现被采访者对于某地的满意程度以及使用频率能够展现出被采访者对于当地的地方依赖程度。（表1）

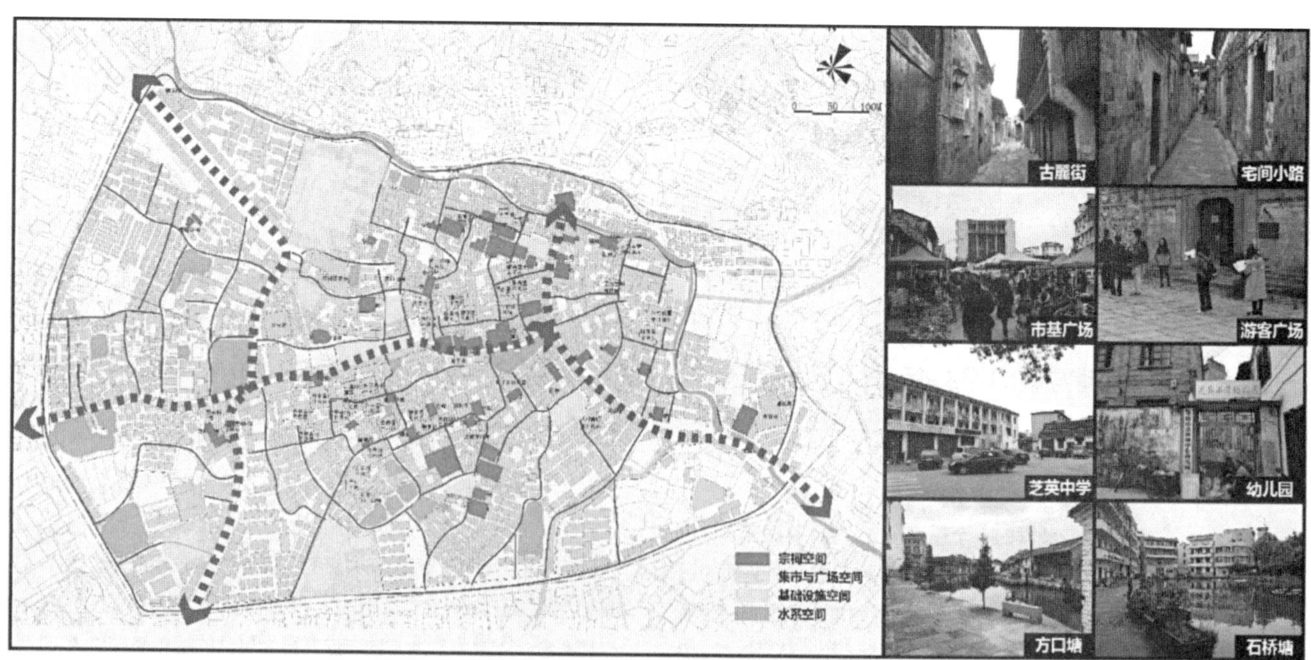

图3 芝英古镇公共空间类型及分布（图片来源：作者自绘）

基于地方依赖与地方认同关键词句的问题预设与分类 表1

	相关关键词句		街巷空间	广场空间	水系空间	宗庙空间	集市空间	基础服务
地方依赖	“某地是做我最喜欢的事情的最好地方”、“对于我喜欢做的事，某地提供的设施更好”、“生活的很多方面都围绕着某地”、“我生活在某地的一个主要原因是离某地很近”……	根据关键词句预设问题	您一周去老街的频率? 您对古镇内街巷道路总体环境满意吗? 芝英镇东面有条老街叫古丽街，您听说过吗? ……	您家附近是否有提供村民休闲娱乐的室外广场? 您一周去广场的频率? 您对目前广场环境满意吗? ……	您目前还会使用附近水井水塘来洗衣洗菜吗? 除了日常生活使用之外，您还会特地去水塘边吗? ……	您去过镇内的宗庙吗? 您了解目前宗庙举办哪些活动? 您对镇内的宗祠寺庙的环境满意吗? ……	您每周去市集的频率? 你选择经常去哪里购物? 您从家前往镇内集市需要多少时间? ……	如果您家中有孩子，会选择在哪上学呢? 您每周去书店或者阅览室的频率? 您一般会去哪里就医? ……
地方认同	“某地具有重要历史意义”、“对某地十分认同”、“某地对我来说意义重大”、“我不想离开某地”、“如果某地不存在了我感到很失望”、“精神上与某地有联系”……		您认为镇内街巷道路在哪些方面需要改进? 您认为老街在哪些方面需要改进? ……	您平时去广场参与哪些活动? 如果将要在附近建设休闲广场，您可能会参与哪些活动? ……	您选择水井水塘洗衣洗菜的原因? 您选择去水塘的原因? 您认为镇内水塘哪些方面需要改进?	您支持对镇内的宗祠或者寺庙进行改造吗? 您觉得宗庙还有哪些方面需要提升? 您希望以后增添哪些功能?	您对镇内集市的总体环境满意吗? 您认为镇内集市在哪些方面需要改进? ……	如果镇内书院进行改造，你希望有哪些功能可以使用? 您希望增加的村子公共服务设施? ……

（表格来源：作者自绘）

3. 调查结果与分析

本次调研的对象是居住在芝英古镇的当地居住群体，调查样本数量为164份，男性占比52.4%，女性占比47.6%，其中劳动人口占比73.2%，外来租户群体占比42.1%，原住居民占比56.1%，外来租户居住芝英5年以上的有40%。就调研对象的数据来看，外来租户和原著居民占了主要的居住群体，故对此两类人群分别进行数据采集，并根据数据对两类人群的地方依赖和地方认同程度进行打分，分值在0~5分之间，地方依恋则取前两者的平均值，以雷达图的形式直观体现不同居住群体对芝英古镇公共空间的地方感差异。（表2）

部分问卷调查数据统计以及地方感指标程度示意 表2

空间类型	调查问题	问题选项	外来租户（%）	本地居民（%）	地方感指标程度示意（PA：地方依恋PI：地方认同PD：地方依赖 绿线：本地居民　黄线：外来租户）
街巷空间	您听说过芝英镇东面有条老街吗?	是	21	65	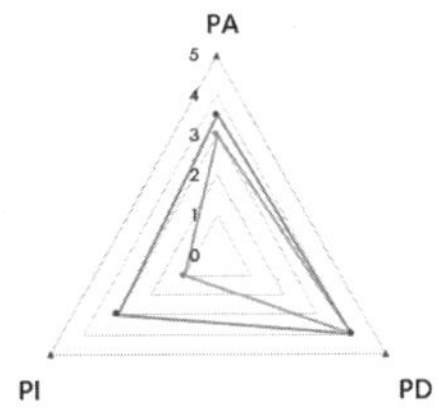 表2-1
	您一周去老街的频率?	三次以下	65	42	
	您对古镇内街巷道路总体环境满意吗?	满意	20	25	
	您去老街的原因是?	休闲散步	50	35	
	您认为老街需要在哪些方面需要改进?	路面平整和增加路灯	54	45	
广场空间	您是否了解附近提供村民休闲娱乐的室外广场?	是	65	71	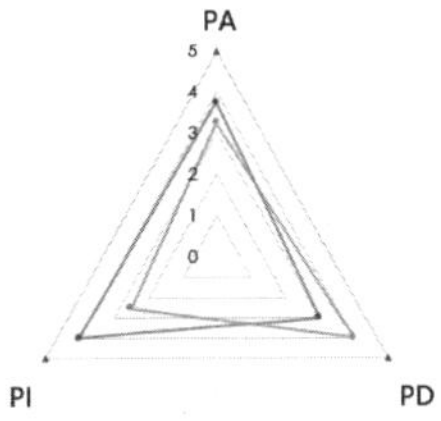 表2-2
	您一周去广场的频率?	五次以上	40	55	
	您对目前广场环境满意吗?	满意	20	35	
	您认为目前广场在哪些方面需要改进?	增加休憩设施	40	44	
		增加绿植景观	32	36	
水系空间	您目前还会使用附近水井水塘来洗衣洗菜吗?	会	4	32	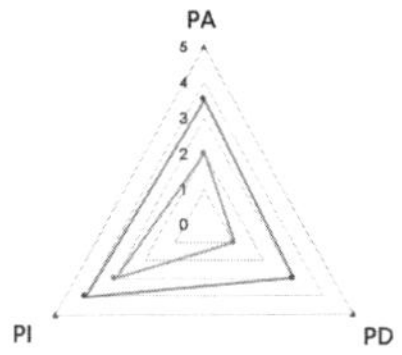 表2-3
	您会选择去水塘边休憩娱乐吗?	会	23	51	
	您对水塘整体环境满意吗?	满意	19	24	
	您认为镇内水塘在哪些方面需要改进?	改善水质	44	38	
		增加休憩空间	36	32	

续表

空间类型	调查问题	问题选项	外来租户（%）	本地居民（%）	地方感指标程度示意（PA：地方依恋PI：地方认同PD：地方依赖 绿线：本地居民 黄线：外来租户）
宗庙空间	您是否去过镇内的宗庙吗?	是	14	64	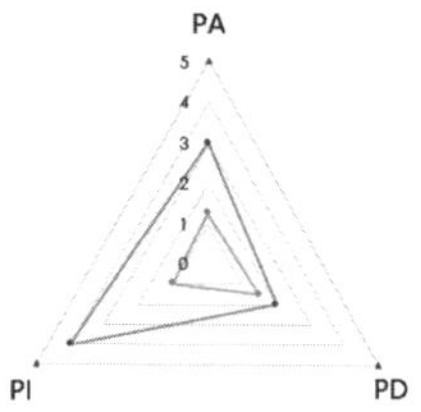 表2-4
	您对镇内的宗庙的环境满意吗?	满意	12	23	
	您支持对镇内的宗庙进行改造吗?	支持	70	72	
	若村内宗祠或者寺庙需要改造，您希望以后增添哪些功能?	修缮房屋	60	72	
		增加设施	55	65	
集市空间	您每周去市集的频率?	5次以上	70	77	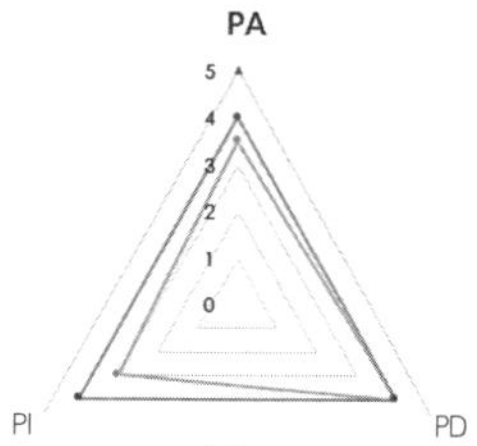 表2-5
	您从家前往镇内集市需要多少时间?	小于10分钟	65	71	
	您对镇内集市的总体环境满意吗?	满意	17	22	
	你选择经常去哪里购物?	市基广场	60	70	
	您认为镇内集市在哪些方面需要改进?	环境卫生	45	55	
基础设施	镇内的教育文化设施（学校、图书室）状况如何?	基本满足需求	40	55	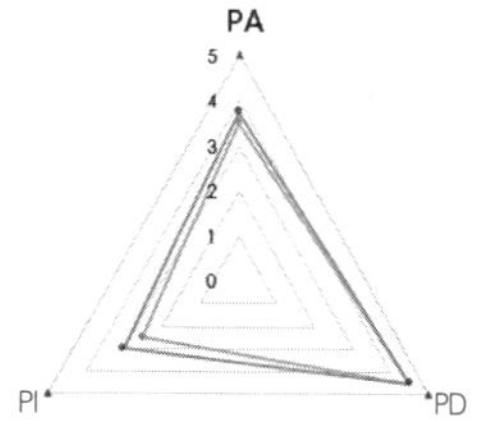 表2-6
	您平时是否会使用村阅览室或者书店阅读书籍?	是	17	22	
	如果镇内书院进行改造，你支持吗?	支持	65	75	
	您觉得镇内的垃圾处理状况如何?	满意	20	23	

（表格来源：作者自绘）

基于以上调查我们可以发现外来居民对功能性较弱的公共空间的地方感程度较低。一，宗祠空间对于外来居民没有情感上的联系，他们对宗祠的地方感程度很低；二，随着自来水工程的引入，水塘的用水功能弱化，同时水塘的基础设施又不足以提供休憩活动，对于外来居民来说水塘空间的地方感程度较低，在实地调研的过程中也发现许多水塘都被填埋改建成了绿地来增加空间利用率。相较于外来居民，原住居民往往对历史性较强的公共空间具有较高的地方认同，对于功能性强的公共空间和外来居民一样也偏向地方依赖，整体地方感的程度较高。宗庙空间相对于外来居民，原住居民对此类空间更具有精神上的共鸣，认为此类空间代表了他们当地的文化符号，地方认同度比较高。但是由于青年外出打工，宗庙空间原有祭祀功能的减弱，原住居民和外来居民都对宗庙的地方依赖都比较低。对于集市、广场空间以及基础设施上来说，两类人群的差异较小，对于这三类空间的地方感程度较高。

4. 结论与启示

通过以上的调查与分析，可以得出以下结论：

1）对于公共空间的改造需要关注不同居住群体对乡村公共空间的地方感差异

结合以上的分析结论，外来居民往往最先对功能性较强的公共空间产生地方依赖，对于功能性较弱的公共空间地方依赖和地方认同比较薄弱。因此，适合从完善公共空间功能出发，增强外来居民对于当地公共空间的地方感。

原住居民往往对历史性较强的公共空间具有较高地方认同，对于功能性强的公共空间也偏向地方依赖，但是由于部分公共空间功能的衰败，原住居民对此类公共空间的地方依赖正在削弱，需要对已衰败的公共空间进行重新激活，找回原住居民的地方感。

2）居住时间增长对外来居民公共空间地方感的影响

在调查过程中同时发现，对于不同居住时间的外来居民对于公共空间的地方感会产生变化，居住五年以上的外来居民相较于刚刚居住一年的居民来说，对于宗庙空间和街巷空间的地方认同度会高一点。外来居民会随着居住时间的增加，对当地的文化空间开始接纳和认可。当然，外来居民对于地方依赖程度较高的公共空间地方认同度提升也会更快一些。

3）新时代下居住群体的构成多元化

目前，对于芝英古镇的资源开发还处于初期阶段，在调查

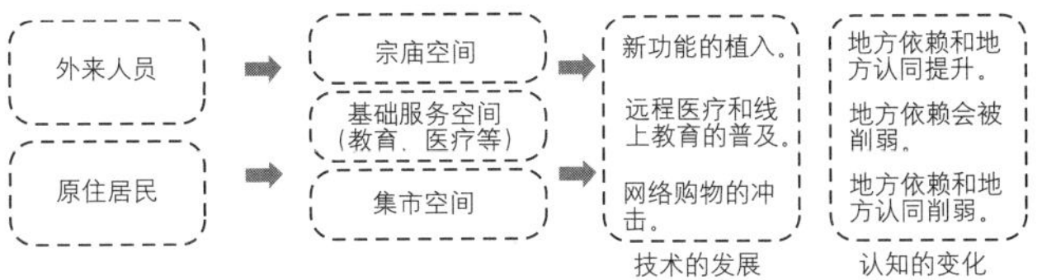

图4 新技术带来的生活方式转变对公共空间认知的影响（图片来源：作者自绘）

问卷中，外来临时居住人口，例如旅游者、艺术家等占比只有2%，故本文关注的重点在于外来居民和本地居民两类人群。但之后随着芝英古镇的发展，第三类人群的比重也会加大，这类人群对芝英古镇的公共空间需求与居住群体并不相同。他们对公共空间的需求呈现多样化的趋势，例如艺术家会需要有公共展示空间，旅游者则希望能有提供咨询和帮助的游客服务中心，研究机构则需要当地的教育基地等。这类新型公共空间同时也会对当地的混合居住群体产生影响。

4）放眼未来，社会生活方式的转变对部分公共空间地方感的变化

在新技术的影响下，当地居民对公共空间地方认知也会发生变化，新兴的生活方式会对古镇现有的公共空间体系产生影响。例如，对于乡村"淘宝"网购电商的冲击，商业类公共空间就会发生一定的变化。在对购物渠道的询问结果中，20~30岁的青年居民逐渐在用网购取代线下购物，他们认为现有的集市已经无法完全满足日常生活需求，特别是外来青年居民。因此，从长远开来，居民对集市等商业类公共空间的地方依赖性会减弱。在芝英古镇旅游宣传力度的加大和网络自媒体的影响下，旅游者以及外来居民对芝英宗庙空间的地方认同也会提升。近几年青少年线上课外辅导方面的发展迅速，从技术上可以满足居民孩子课外辅导和线上阅读的需求，居民对教育类公共空间的地方依赖程度也会相应降低。（图4）

5）城乡互动，角色互换——构建不同主体对乡村公共空间的地方感

对于乡村公共空间的建设需要构建不同居住群体对空间的地方感，主要采取"城乡互动，角色互换"的发展模式。其中发展内容主要分为三个方面分别是空间建设、日常记忆以及重大事件。建设主体分别是以设计师、政府工作人员、学者、艺术家为主的专业人员和以外来人员和当地村民组成的乡村居民。在建设过程中两类人员的角色一直在"参与者"和"旁观者"之间相互转换。在乡村公共空间建设过程中，专业人员听取乡村居民的建议同时对空间设计进行引导。在日常记忆的留存上，专业人员在做实地考察过程中也需要乡村居民的参与，目的在于提供更多生活的细节来辅助专业人员判断。在重大事件的筹划上，乡村居民展示当地民俗活动的同时，专业人员也把城市活动引入进来，从而引导更多的资源来援助乡村。从而共同构建对乡村公共空间的地方感，减少地方感差异所带来的消极影响。（图5）

三、结语

本文主要以地方感的视角，探讨了乡村混合居住群体对其公共

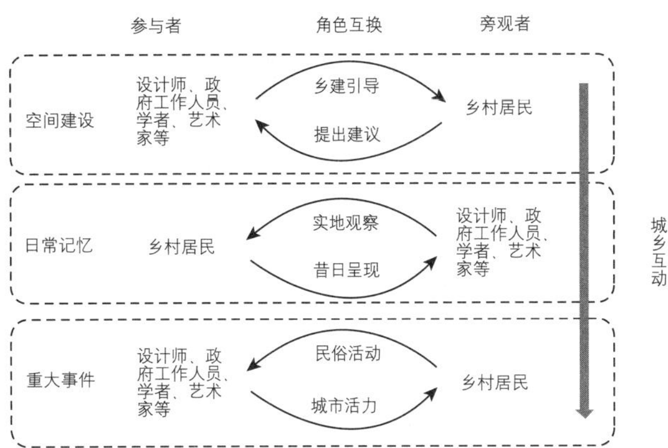

图5 乡村公共空间建设模式（图片来源：作者自绘）

空间的认知与群体类别、空间类型之间的关系，并以此为基础发现：在不同因素的影响下，不同群体对于公共空间的地方感存在一个动态变化的过程。因此，在乡村公共空间的建设过程中，需要对不同群体的地方认知进行积极地引导，提升不同群体对乡村公共空间的地方认同和地方依赖程度，从而形成一个良性的、可持续的乡村公共空间发展模式。

注释

① 教育部人文社会科学研究规划基金项目资助（编号：16YJAZH059）。

② 魏秦，副教授，浙江大学博士，硕士生导师，上海大学上海美术学院建筑系副系主任，200444，397892644@qq.com。

③ 纪文渊，上海大学上海美术学院，硕士研究生，200444，601205592@qq.com。

参考文献

[1] Tuan Y F. Topophilia: A study of environmental perception, attitudes and values [M]. Englewood Cliffs, NJ: Prentice-Hall, 1974: 150-162.

[2] Relph E. Place and Placelessness [M]. London: Pion Limited, 1976: 25-30.

[3] Tuan Y F. Space and place: The perspective of experience [M]. Minneapolis, MN: Minnesota University Press, 1977.

[4] Steel F. The senses of place [M]. Boston: CBI Publising, 1981: 13.

[5] 盛婷婷，杨钊. 国外地方感研究进展与启示 [J]. 人文地理，2015, 30 (04): 11-17, 115.

[6] 闵祥晓. 地方理论视角下的特色小镇建设 [J]. 重庆社会科学，2018 (10): 42-51.

[7] Williams D R, Roggenbuck J W. Measuring place attachment: some preliminary results [M]. Proceeding of NRPA Symposium on Leisure Research, San Antonio, TX, 1989.

[8] Proshansky H M. The city and self-identity [J]. Environmentand Behavior, 1978, 1100 (2): 147.

行至水穷处，卧看云起时

——永泰县竹头寨上寨的修复

覃江义[①]

摘　要：竹头寨上寨为传统村落内损毁严重的大型传统民居，遵循保护与发展并重的原则，运用合理的设计策略对其进行修缮和改造利用，恢复其历史风貌并植入现代功能，使之成为服务于村庄文化及旅游产业发展的综合性建筑，不仅增强了村民的文化自信和集体凝聚力，也为传统村落的复兴创造了新的契机。

关键词：传统村落　传统民居　庄寨　保护与利用

福建庄寨是防御与居住并重的大型传统民居，具有鲜明的地域特色，在闽中地区分布尤为集中，其中在永泰县就遗存有上百座，但大多年久失修，状况堪忧。为推动庄寨的修缮和利用，永泰县成立了“古村落古庄寨保护与开发领导小组办公室”，做了大量扎实工作，成绩斐然。

2017年11月，乡村复兴论坛组委会和福建省永泰县村保办经过协商，将白云乡竹头寨选定为2018年末“乡村复兴论坛 · 永泰庄寨峰会”的开幕会址。古庄寨中论乡建，无疑对永泰庄寨未来的保护和发展具有非同寻常的深远意义，但要在小巧玲珑的竹头寨找到能容纳数百人的会场，却并非易事。

竹头寨位于稻田环抱的隆起丘阜之上，宛如群峰拱卫的明珠。全寨按地势高低分为上中下三个片区，其中下寨（明官寨）为建于清光绪年间的大型庄寨，建筑本体保存较好，也已经制定了整体原样修复的修缮方案，不宜另行改造。中寨（湾中厝）为沿路分布的民居群，体量较小，不可能改造成会场。而位于全寨最高处的上寨为始建于明代末年的方形庄寨，历史最为悠久，保存状况也最差，大部分地上建筑已经坍塌损毁，仅余正厅及入口部分残存，然而却是村中唯一可能改建成大型会议空间的场地。（图1、图2）

场地选定后，一系列有待解决的问题摆在了设计团队面前：如何在有限的场地内提供可容纳数百人的会议空间？如何在满足使用功能的同时尽量保留和恢复原有建筑的历史信息，并使和谐统一的村庄风貌不被破坏？如何使大体量的会场空间在峰会结束后得到有效利用？

图1　竹头寨原貌（图片来源：陈曦 摄）

图2 竹头寨上寨原貌（图片来源：陈曦 摄）

清华同衡村落所永泰项目设计团队经过深入调研和精心策划，为修复后的上寨赋予“庄寨文化研究中心”的功能定位，植入会议、展览、研究、接待等功能，并提出了“主体修缮、周边复建、局部改造”的设计策略，即：对保存相对完好的主座进行修缮，尽量保留其原貌；根据现场遗留的台基，按原有布局复建外围建筑；主座前方则整合为开敞空间以满足近期举办大型会议的需求，未来可拆分为数个小型展厅或会议空间使用。

主座是上寨原有建筑所剩无几的遗存，也是整个庄寨中地位最重要的厅堂，峰会期间将成为会场的演讲席。通过落架大修，曾经颓败欲倾的主座得到加固，也恢复了应有的庄严气势。修缮过程中不仅大量使用传统的工艺和材料，还依照传统择吉日举行了简朴而不失肃穆的上梁仪式，使得古老的庄寨从建筑形式、建造技艺到文化内涵，都获得了有序传承。

作为整个改造设计方案的核心，会场部分根据对现存台基的踏勘推定原有柱网尺寸，并作为修复设计的柱网布置依据，仅在中间部分做减柱处理，以保证开会时的视线通透。屋顶也按历史原貌分解为数个双坡屋顶，通过对体量和高度的控制，避免对主厅形成喧宾夺主的压制。主厅前的天井被保留下来，仅临时用木板垫平以提供必需的座位区，会后则可连同上方的临时天棚一起拆除，恢复其旧貌。原有的排水明沟用玻璃覆盖，既可展示场地原貌，又能满足使用要求。会场入口两侧增设的鱼鳞挂瓦风火墙、会场门厅选用的“四梁抬井”屋架结构形式，都集中体现了传统庄寨具有代表性的建筑特色，为庄寨研究提供了样本。

通过这些设计手法，会场部分突破了原建筑的尺寸限制，获得会议所需的开阔空间，又完整恢复了原有的“回”字形建筑格局，以恰当的尺度和体量体现对场地历史及庄寨建筑文化的尊重与还原，保护了村庄传统气氛浓厚、地域特征明显的独特风貌。

上寨的主入口上方原为一处供奉“五显大帝”的家祀香火位，据村里老人回忆，年代也相当久远，至今香火不绝。根据村民意愿，这处家祀香火位被保留了下来，并对其结构进行加固，将外立面后加的面砖、铝合金窗去除，恢复历史旧貌。家祀香火位的原位修复不仅满足了村民精神层面的需求，也使得新的庄寨文化研究中心保持和村庄之间的良好互动。（图3~图5）

经过为期一年的策划、设计和施工，克服了投资主体变动带来的功能需求改变、施工条件限制导致的结构选型变更、接二连三的台风天气令施工停滞等诸多困难，尽管仍有由于种种原因留下的些许遗憾，上寨修复工程终于在“乡村复兴论坛 · 永泰庄寨峰会”举办之际如期竣工，以承载了四百年历史的雄伟身姿迎接来自全国各地的嘉宾。这时，从国家住房和城乡建设部也传来喜讯：以竹头寨为核心的寨里村成功列入第五批“中国传统村落”公示名录。（图6、图7）

遵循庄寨建筑的命名传统，经集思广益，修复后的上寨被命名为“卧云庄”。作为参与、见证上寨涅槃重生过程的亲历者，此刻心中不免有“行至水穷处，卧看云起时”的感慨，唯愿它能历久弥新，继续庇护着竹头寨的子子孙孙……

图3 上寨会场入口（图片来源：李君洁 摄）

图4 上寨会场室内（图片来源：李君洁 摄）

图5 修复后的家祀香火位（图片来源：永泰县村保办）

图6 修复后的竹头寨上寨（图片来源：陈曦 摄）

图7 修复后的竹头寨上寨夜景（图片来源：永泰县村保办）

注释

① 覃江义，清华同衡规划设计研究院，主任工程师，100085，qinjiangyi@thupdi.com。

边缘的"他者"

——兼议乡村教堂对当代乡土建筑遗产保护的启示[①]

朱友利[②]

摘　要： 鸦片战争后，西方传教士取得中国境内传教权，福建成为我国基督教传入最早的省份之一。基督教不仅传入大中城市，也传入偏僻封闭的乡村。以元坑真神堂为例，通过地方性建造与日常生活两方面的分析，揭示"和而不同"乡村教堂在传统村落动态的新乡土性。乡村教堂是民间跨文化交流的一种途径，处于非主流"边缘"的地位。以"边他者"的视角，看当今的乡土建筑遗产保护，或许我们会有更多的启示。

关键词： 乡村教堂　日常性　动态　乡土性　在地性

一、"异质"的乡村教堂

1840年鸦片战争之后，清政府被迫签订一系列不平等条约，传教士自此取得了在中国境内的传教权。鸦片战争之前中国属于"天朝上国"，西洋属于"蛮夷"，鸦片战争彻底击垮了中国人的民族自信心，西方的坚船利炮和先进的技术使得中国人认清了自己的差距，而作为基督文化传播使者的传教士普遍表现出文化优越感和救世主心态。近代基督教的传入在中国历史上是第四次[③]。但有别于前三次，这时期在武力的庇护下迅速传播到全国城市和乡村，并建造了大量有别于中国本土建筑且形态迥异的教堂。值得注意的是，这时期教堂建造的数量、影响力深度和广度均远超前三次，并至今仍影响着当下的教会建设。

1. 基督教在福建的传播

福建是基督教传入我国的最早省份之一，仅次于广东，其教徒人数和宣教区数目众多，居全国之最。[1]其传播路径主要依赖水运交通优势，以闽江为干线，沿各支流向内地传播。教徒和教会组织空间分布呈现东部沿海集中，西部内陆分散、城市聚集，乡村零星的特征，主要集中在东部沿海的福州、莆田、宁德、漳州、泉州、厦门六个地市[2]。

2. 乡村的异质性元素

顺昌县位于闽北，闽江的上游福屯溪和金溪在此交汇，为闽江的起源之地，而金溪贯通顺昌县元坑镇，占据着水路交通的便利，为其境内交通咽喉之地。顺昌县元坑镇政府所在地坐落在风景秀丽的玉屏山下，福峰、秀水、东郊、九村村为镇政府所在地，镇区地势相对平坦，四周环山似坑，古称园坑，后以"元"音代替，称为元坑。镇区内4个自然村落，多以田野间隔，偶有毗邻，边界也十分明显，总体上仍保持着传统村落的格局和机理。基督教从1907年开始传入元坑，1909年成立基督教会，称为"福音堂"，最初在民房厅堂里进行礼拜，后买地建设教堂。现遗留两基督教堂为监宗美国美以美会[3]，一座是元坑真神堂，另一座是谟武村辅世堂[④]，均属于自然村落中的基督教堂，现仍为教会礼拜之用。元坑真神堂对于大量性的民居而言，它是处于一个边缘的地位，或可有可无，易被忽略；对于福峰村而言，又是具有异质元素的舶来品；但却与乡村自然地融合成为一个整体。元坑真神堂是"异质"教堂文化植入中国传统村落中，是具有典型性的样本（图1）。

图1　乡村中的教堂（图片来源：作者自摄）

3. 元坑真神堂

元坑真神堂始建于1914年，由美国牧师赖安利购置现基址而修建的，其目的不仅为了传教的需要，还为了纪念其先妣马利亚牧师。元坑真神堂是一座中西结合的砖木结构建筑，坐南朝北，教堂总建筑面积170多平方米，教堂保存完整，是一座集中西建筑风格的近代典型建筑。原教堂后有牧师楼，牧师楼和教堂之间是中心花园。经过多方资金筹措，于2004年将原老教堂进行了翻修，主要替换了原来腐朽的旧楼板和漏雨的屋顶，并在拆掉了破旧的原牧师楼地基上建成了现在的明经楼。⑤

1）朝向

西方典型的教堂为坐东朝西。因为这样做礼拜的时候，教徒就会朝向耶路撒冷的方向；而位于东方的中国教徒做礼拜的时候也应该朝向耶路撒冷的方向。真神堂实际朝向既不朝向西方，也不朝向东方，而是坐南朝北，这与典型的基督教堂有很大的不同（图2a）。

2）平面

西方典型的教堂平面为拉丁十字的巴西利卡式，带有中殿、侧殿、耳堂及端头半圆形的圣坛。从平面来看，真神堂明显地省掉了侧殿和耳堂，并把教堂平面中最重要的圆形圣坛改为方形，并在左端加了一块附属服务设施的房间，使得整个平面处于非对称的状态。这些重要的改变，说明了真神堂传教士根据当时的实际需求，把作为教堂范式的平面进行了分解，将教堂的空间进行了重新组织，并保持了教堂宗教“门廊—门—中厅—圣坛”纵向长轴线关系。倘若仔细分析轴线的关系，中轴线向右边偏移了0.5米，也就是圣坛并不处于中厅的轴线上，不排除圣坛偏移一侧的目的留足空间在左侧开出一道门，以便教堂与后院的交通联系（图2b）。

3）结构

西方教堂结构体系中，中殿和圣坛结构是处理的重中之重，这种大空间结构极具有挑战性。真神堂中厅引入了西式锤式屋架，而且把圆形神坛简化成方形，上面盖以人字形屋顶。锤式屋架形成于英国14世纪晚期，其基本做法是由墙体悬挑出一根短系梁，上面支撑起一根短柱，短系梁的底端依靠弧形梁支撑，这样与墙一起形成稳定的三角形结构单元。短柱上支撑檩条，为了增加稳定性，再用一根弧形梁与短系梁两头与拱顶系梁的中点连接。从真神堂锤式屋架看，有两点有别于英国典型锤式屋架：其一用直联系梁取代了上下两个弧形梁，且直梁没有断开，增加了整体性；其二短系梁梁头装饰极似闽北的传统花瓣形装饰式样的吊柱（图2c、图3）。

4）建筑材料

真神堂的建筑材料绝大部分来自于本地，如木头、青砖瓦、石灰等。其墙体使用了当地的清水青砖，石灰砂浆填平缝，但做法却采用跳丁砌法（又名约克砌法），做法上明显是非本土的，受西方教堂砌砖做法的影响，有别于当地空心式灌斗墙，该墙体采用实体砌筑，提高了砖墙的稳定性和整体强度。⑥屋面用了中式小青瓦，檩条上铺当地的望砖，屋面与墙的交接处泛水也使用了石灰坐砌斜瓦的当地做法。

5）细部做法

门窗的做法[4]两种：一种是门窗做法相同，使用尖券形式，用青砖三顺一丁砌筑，丁砖作拉结作用，加强墙体的整体性。门窗楣使用磨成的异性砖砌筑，从而门窗券正面形成了一顺一丁间隔富有层次的效果，非常精美。另一种门窗做法各不同，位于教堂侧面与后面的窗使用了条石过梁，做法比较简单，教堂主立面二层窗使用圆形券拱。由此可见，主持建造者对教堂正立面相当重视（图4、图5）。屋檐先斜挑一皮砖，后在其上欧式线脚。从线脚损坏处，可以清晰地看出其做法层次：先用木线条做成欧式线脚的形状，在此上抹石灰砂浆，该做法类似于中国传统木骨泥墙的做法。该做法造价低廉、施工速度快，不排除是当地工匠很自觉地根据自己的经验发明出来一种通用做法（图4）。[5]

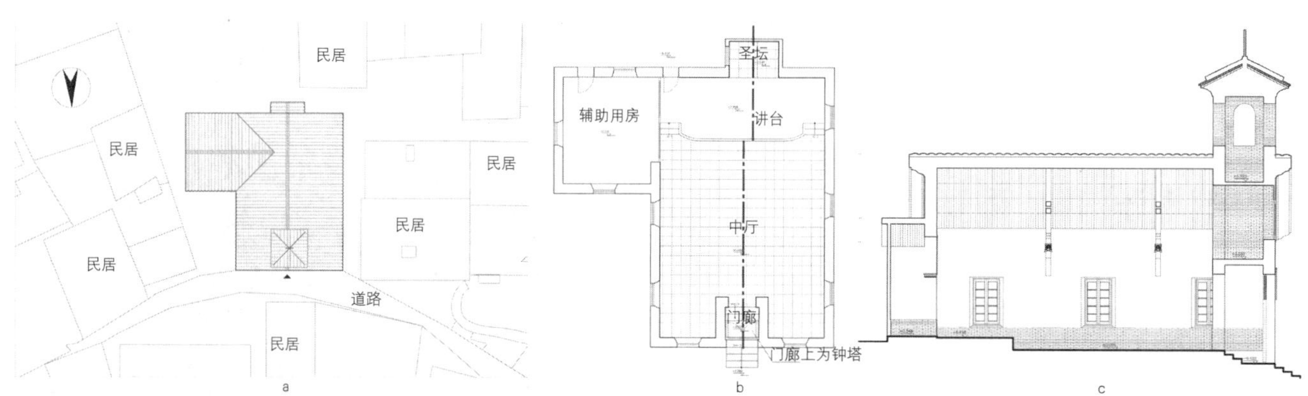

图2 元坑真神堂测绘图
（图片来源：在同济大学2015级建筑学古建测绘成果的基础上绘制）

图3 教堂室内锤式屋架
（图片来源：作者自摄）

图4 教堂正立面
（图片来源：作者自摄）

图5 砖砌拱券做法示意图
（图片来源：作者自摄）

二、乡土性重构与再生

乡村教堂是人与人、技术与技术之间发生跨文化交流与碰撞的场所，是民间乡土文化直接接受西方的建筑文化与技术的影响，也是西学东渐的一条重要途径。而西方教堂文化要嵌入中国乡土文化中，必须要经历不断地调适，这也是乡土性重构与再生的过程。

1. 地方性营造

在从基督教义上讲，西方基督教堂象征着基督的身体，代表着基督在世间的物化，因此基督教堂的建造必须遵守固定基督教的范式。设想一位传教士在一个完全不同西方建造条件的中国传统乡村里，如何去建造一座“自己”的教堂？这是一项非常具有挑战性的工作。自己所熟知的西方基督教堂原型是否适应新的建造条件，这是主持建造的传教士必须考虑到的问题。从教堂选址、教堂设计、施工组织、建筑材料及现场监理等方面，乡村教堂不仅有别于西方传统教堂的建造，也有别于同时期城市的教堂建造。首先，教堂的建造必须依赖于当地的工匠来实现。中国的工匠往往结合自己的建造经验和技术，对教堂的设计想法进行具体的修正和改善。其次西方传教士的使命是传播上帝福音，鲜有建筑专业知识者。“为筹建新堂，已劳烦数月，因本地工匠不谙西式建筑，须亲自规划。我等来华，非为营造事业也，因情势不得不然，遂凭记忆之力，草绘图样，鸠工仿造。”[9]传教士建筑知识的缺乏，使得当地工匠成为“能主之人”，从而获得一定的主动性。再次，乡村教堂地处偏僻、交通多有不便。同时，出于教堂经济性的考虑，教堂的建造材料多产自本地。最后，中国乡村社会的封闭性和稳定性，“十里不同风，百里不同俗”，不同地域的地方性做法可能不尽相同。这些客观条件使得乡村教堂具有乡土性的可能。西方教堂原型在乡村条件下变得不那么适用了，必须进行一定的转化和再生，才能满足新的需求，于是产生新的类型。乡村教堂是中西方的人与技术之间发生跨文化交流与碰撞的媒介，西方传教士带来先进的理念和技术，必须依赖当地工匠的选择、吸收和转译才能实现。乡村教堂的乡土性，在一定意义上说，是由客观条件所决定的，也是当地传统乡土文化的一种反作用。“异质”乡村教堂植入传统乡土村落中，再造传统村落新的乡土性，也体现了中国民间文化的包容性和适应性。乡村教堂与民居、宗祠、寺庙等一起成为传统村落的一部分，延续着传统村落的机理，呈现“和而不同”的共存状态。

2. 日常生活

从宗教信仰来说，民间信仰与传统宗教相互交织，有士绅文化、佛教文化、道教文化、大圣文化和妈祖文化等，直至近代基督教才传入顺昌元坑。元坑宗教信仰广泛，各种信仰相互交叠，自由而又多元。乡村信仰很少受到意识形态的禁锢，多出于日常生活的世俗性。同一个村子里有的人可以选择信仰基督教，也可以选择不信仰基督教，抑或在某一时期选择不同的宗教信仰，求神拜佛的现实需求对为心理寄求和现实需求，“愿你们平安”⑦能满足教徒现实心理愿望与祈求。同时，有别于城市基督教，“基督教徒并未脱离地方社会而居住……乡村地区天主教徒恰恰是仍然融入其生活的地方社会的……”[8]。基督教徒并未隔离起来，没有影响到教徒的人际关系，而是与村民共同形成了乡村信仰圈。基督教信仰已融入了村民的精神生活之中。从乡村服务来说，基督教为了消除民众的抵触心理和扩大影响力，多设学校、医院等机构。元坑真神堂在传教的同时，在牧师楼开办主日学校（元坑中学的前身农中办学点）为村民的子女提供免费教育，教授识字和算术，而这正是上不起学的乡村子弟所需要的基础知识。基督教与村民的现实需求紧密地结合在一起。总之，元坑基督教文化已然与乡村生活同步，并融入了村民日常生活之中，成为“乡村共同体”的一部分。

三、“边缘”对乡土遗产保护的启示

国内外学者对中国近代教堂的研究多集中于城市教堂，尤其是以开埠城市为代表的大城市，往往忽略对乡村教堂的研究，乡村教堂的研究通常处于非主流“边缘”地位。乡村教堂通过选择与转译西方先进的建筑文化与技术，不断地变通与调试，从而获得了乡土性，成为那个时代的地方性建筑。米歇尔 · 福柯关注“中心”之外的“边缘”事物，既关注英雄人物和典型事件，又关注普通人物和琐碎事情，并且希望打破两者之间的边界，揭示一个被人忽视的世界。[9]以“边缘”的“非典型性”的乡村教堂作为参照系，反观乡土建筑遗产的保护与再利用，可使我们更深刻地理解其内核与本质。从乡村教堂来反思当今的乡土建筑遗产的保护，至少有以下几点启示：

1. 动态乡土性

乡土性是动态的，而非静止的。事实上，历史上的乡土性也并不是一成不变，停滞不前的。同时乡土性也是开放的、非保守的，每个时代都有自己不同的乡土性其具有明显的时代特征。如乡村教堂是中西建筑文化交流与碰撞的产物，之所以具有乡土性，是因为基于乡土环境中像植物一样自由地生长，进入乡村历史，载入了村民的记忆。中国民间工匠在西方建筑文化和技术的冲击下，通过消化和吸收，结合地方性的因地制宜，使得乡土建筑注入了新的活力。诚然一部分极具文物价值的乡土建筑遗产被列为文保单位，作为博物馆式静态保护是有必要性的，但是对于其他大量普通的乡土遗产，这种做法显然是不切实际的。如果不能在观念上理解乡土的动态性，而盲目地进行乡土遗产保护的话，容易给我们乡土遗产保护带来遗憾，有时甚至是不可逆性的灾难。如某些乡土村落在保护与更新时，保留历史上有重要历史价值的典型性建筑，拆除其周边一般性的乡土民居，而为了在乡村风貌上取得一致，建造大量与典型性建筑风格类似的建筑。这种做法不仅破坏了历时数百年形成最宝贵的整体风貌环境，也损失了村落建筑的多样性和真实性。

在城乡一体化的影响下，乡村的封闭性与自给自足经济早已被瓦解殆尽。乡土建筑遗产不该仅仅是承载过去历史的“活化石”，更应该成为当代可书写的“羊皮纸”。乡土建筑遗产该如何向当代转化？首先应该是去神圣化。让乡土遗产能进入当代的历史，创造向当代历史转化的土壤，而不仅仅是把它当作一个永远不变的固定符号，只起到文化象征价值属性的作用，而应该发挥出其传承“集体记忆”的功能。与一般文物相比，乡村建筑遗产不仅面临保护的任务，还面临发展的需要，当代乡土遗产应该是活态的文化遗产。其次是再造新乡土。面对全球化和城乡一体化的影响，乡土建筑遗产不应与时代发展相隔离，应积极地促进乡土转型，产生地域性新乡土。

2. 回归生活性

某些乡土遗产在受到高度重视后被定为文保单位，将原住民迁走，并花费巨额财政拨款修复和维护，热闹一阵子后变得“门可罗雀”，甚至最后只得紧闭大门。这种保护方式在国内屡见不鲜，其根本问题是将保护与发展对立起来，“物”与“人”对立起来，最终仅保护了文化遗产实体“躯壳”，却失去了文化遗产的“灵魂”，使得其生活性大大降低了。这种将“物”隔离起来的保护方式，不仅不能使得乡土建筑保护具有可持续性，也忽略了非物质性文化遗产的保护，使得保护缺乏整体性。乡土遗产保护不仅包括物质性遗产保护，如村落、建筑，也包括非物质性的，如生活方式、工艺传统、传统民俗和宗教传统等。2012年颁布的《传统村落评定认定指标体系（试行）》把“非遗”与村落、建筑三者并列，作为评价认定的关键指标之一，充分肯定了非物质性的价值。“可以说是非物质遗产专家们的一次胜利，之前从事民居建筑研究的学者们，是普遍没有把非物质遗产放到这么重要的位置”[10][11]，但“过分强调了建筑，而忽略了居住在这些建筑中的文化传承的主体村民、村民的活动及组织、村民赖以生存的土地和产业（农业）”[12]。

“非遗”的传承者是与之相关的个人或群体，而传统聚落中的个人或群体的生存又依赖于物质性文化遗产（聚落和建筑）。“人”是“非遗”与物质性文化遗产之间的媒介，在乡土文化遗产保护中起到至关重要的作用。随着我国城市化和工业化进程加快，大批青壮年离开乡村进城务工，传统村落空心化和老龄化问题正在加剧，致使农村传统生活方式正在面临瓦解的边缘。“各个群体和团体随着其所处环境、与自然界的相互关系和历史条件的变化不断使这种代代相传的非物质文化遗产得到创新，同时使他们自己具有一种认同感和历史感，从而促进了文化多样性和人类的创造力”⑧。建立一种广大乡村村民能切实参与的机制，让调适的日常生活性回归到当今传统村落中，才能使乡土遗产的保护焕发出新的生机。

3. 注重地方性

随着国家工业化的发展，大量乡村村民聚集到城市产业密集区域，这些工业区大部分都位于城乡接合部。首先，村民赚了钱回村盖房，受城市边缘的民居影响，一大批千篇一律、质量不高的新式民居在传统村落中涌现，传统村落的特色正在逐渐丧失。其次受现代建筑业的冲击，传统建筑的市场需求日益萎缩，导致传统工匠收入不高，年轻人又不愿意继承传统手工艺，传统工匠逐渐老龄化且后继无人的情况十分严重，传统建筑技艺的地域性非常明显，掌握传统技艺的工匠一旦消失，乡土建筑遗产特色很可能永远消失。传统村落的地方性是很值得我们重视的问题，并且显得迫在眉睫。

在新的历史条件下，该如何传承和延续传统村落的地方性呢？首先，根据乡村自身的资源和区位条件，做不同的发展定位和策略。不能把乡村的发展简单地等同于旅游开发，多途径地探索符合乡村发展内生动力的保护模式。其次，面对新的材料、结构形式和建造工艺的挑战与冲击，注重乡土再生的内在逻辑性，不要拘泥于旧形式、旧材料。抛弃舞台布景式的纯形式模仿，深入挖掘和传承传统营造匠意，总结和提升乡土建筑匠技，加强传统与当今建筑技术结合和调试，以真诚的态度创造一种真实的传统空间体验，从而达到乡土性的重塑与再生。

四、结语

以元坑真神堂为代表的近代乡村教堂是中西建筑文化交流的见证，是西方基督教堂通过对乡村聚落的乡土性重构与再生，嵌

入中国传统村落中，从而获得了在地性和新的乡土性。乡土性不是静态的，而是动态的。在全球化和中国城乡一体化的狂飙猛进下，中国乡土建筑遗产面临着与百年前相似的境遇。以“边缘”乡村教堂为参照系，反观当今的乡土建筑遗产保护，或许会有更多的启示。

注释

① 国家自然科学基金资助项目，传播学视野下我国南方乡土营造的源流和变迁研究（批准号：51878450）。

② 朱友利，同济大学建筑与城市规划学院博士生，200092；长江大学城市建设学院，讲师，zhuyouli81@qq.com。

③ 四次基督教在华传播时期或阶段分别是：①唐代景教，②元代也里可温，③明代天主教，④1840年鸦片战争后。

④ 据1994年版顺昌县志记载，该建筑始建于民国十年，即1921年，谟武村由于乡村建设道路扩张，原有的乡村村落机理和格局有大的变化，且建筑保存状况不佳。

⑤ 据教堂内神职人员口述。

⑥ 据教堂内神职人员口述，建造教堂的砖均产自元坑。

⑦ 元坑真神堂室内入口处的祝福语。

⑧ 2003年10月在联合国教科文组织第32届大会上通过《保护非物质文化遗产公约》第二条。

参考文献

[1] 中国社会科学院世界宗教研究所．中华归主：中国基督教事业统计：1901—1920 [M]．北京：中国社会科学出版社，1987．

[2] 郑耀星．福建省基督教地理的研究 [J]．人文地理，1997（4）：48—50．

[3] 李金镇．顺昌县志 [M]．北京：中国统计出版社，1994．

[4] 高曼士等．舶来与本土——1926年法国传教士所撰中国北方教堂营造手册的翻译与研究 [M]．北京知识产权出版社，2016，6．

[5] 赖德霖．从宏观的叙述到个案的追问 [J]．建筑学报，2002（6）：59—61．

[6] 孙英春．跨文化传播学导论 [M]．北京：北京大学出版社，2008．

[7] 何重建．东南之都会，东方“巴黎” [D]．上海：上海文艺出版社，1991．

[8] 史维东．中国乡村的基督教：1860—1900年江西省的冲突和适应 [M]．南京：江苏人民出版社，2013．

[9] 米歇尔·福柯．疯癫与文明 [M]．生活·读书·新知三联书店，2007．

[10] 罗德胤．中国传统村落谱系建立刍议 [J]．世界建筑，2014（6）．

[11] 杜晓帆，等．贵州乡村遗产的保护与发展 [J]．贵州民族大学学报（哲学社会科学版），2018（3）．

[12] 孙华．传统村落保护的学科与方法——中国乡村文化景观保护与利用刍议之二 [J]．中国文化遗产，2015（5）．

基于景观分析的乡村建筑特色研究

——以徐州地区新农村建设为例

张　潇[①]　李金蔓[②]

摘　要： 2018年中央一号文件指出，要强化新建农房规划管控，持续推进宜居宜业美丽乡村建设。伴随政策的实施，新型农村社区正逐渐代替传统的乡村居住形式，在一定程度上加强了对住房建设的管控，有效利用农村宅基地资源，但批量化的居住区也促使乡村特色逐渐丧失。本研究通过对徐州地区6个县市的乡村进行调研，运用景观分析法对不同村庄的典型景观照片进行分析，探讨苏北地区新型农村社区的建筑特色。

关键词： 景观分析　乡村建设　建筑特色

引言

实施乡村振兴战略，是党的"十九大"做出的重大决策部署，2018年中央一号文件也指出，要强化新建农房规划管控。其主要目的是将农村的宅基地资源进行合理统一的规划，由农村集体组织或者当地土地管理部门统一进行农村房屋的修建。通过此种方式不仅能够加强对住房建设的管控，更能有效利用农村宅基地资源。在政策的引导下，徐州部分村庄在空间上通过村庄合并、旧村完善等方式形成了以村民集中居住为主要特征，社区服务和管理功能较为完备的新型农村社区。但与此同时，乡村的空间格局、景观环境、建筑风貌都发生了巨大的变化[1]，对于建成后新农村的特色评价也褒贬不一。一方面，建筑设计缺少足够的对文化传承的敬畏和对乡村本身的深刻认识，村庄有文化内涵和个性却表现不出来；另一方面，批量化的建设导致其本来特色越来越不明显，最终难免变成没有根基的"浮萍"。基于此，本文通过对徐州市三县两市两区的16个农村进行调研，对采集到的乡村建筑照片进行评价分析，把握现代对乡村特色的理解，并从中抽取构成空间特色要素的因素，以期为后续的新农村建设提供参考。

一、数据来源与研究方法

1. 研究对象

研究对象为徐州市三县两市两区的乡村，为了使样本村庄能够全面反映徐州市乡村空间环境的现状及特点，所选择的村庄既具有典型性，又考虑到空间分布上的均衡性，通过征询专家的意见以及政府的推荐，以地形特色、风貌特色、空间分布、规划属性、整治改造五个要素作为村庄选择的依据，最终选择了14个村庄（图1），基本上涵盖了徐州地区各种村庄的类型[2]。

图1　样本村分布图

2. 数据选择

参与调研的人员共18名，在实施调研过程中随机拍摄自己认为具有乡村特点的照片，共获取照片1000余张。其次，将照片进行筛选，最终选取视角端正、包含带有完整建筑立面、周边附属环境、建筑与街道及具有一定代表性的照片共计28张，并对其进行评价。照片中不包含村庄的相关信息。评价要素包括：道路、铺装、绿植、建筑、街巷、村民、车、远景等。

3. 实验方法

将选择好的照片做成电子问卷进行统计，问卷统计时间为2019年3月25日~2019年6月25日，平均每份问卷限时20分钟，问卷以单张照片的形式出现。首先，对每张照片的印象（喜欢—讨厌）进行五段评价。其次，分别圈出照片中喜欢跟讨厌的要素，并对选择的理由以及印象进行描述。每张照片至少选择三处。为了避免因视觉疲劳所产生的不公平评价，每次点开问卷后，照片的顺序会随机调整。

4. 实验结果与分析

本次实验共回收89份问卷，经过网上后台的筛选，剔除无效的问卷，有效问卷为76份，其中建筑规划相关专业人员共57人，占总数75%，非相关人员共19人，占25%。

对每张照片进行整理，量化五段评价为-2~2分（单位为1分）的数字数据，总结归纳受访者的评价和印象，进一步取平均数汇总为以村庄为单位的数据。

优美的建筑形态是形式和内容的统一，是内部形态和外部形态的和谐，而建筑特色正是其内部与外部在形式和组织上呈现出非同一般的差异性。[3]通过对问卷评价处理分析，本文对乡村建筑特色表达进行两种形式的研究：一是实体形态，如建筑物的体量、造型、所包含的细部构建和建筑群体呈现的整体关联关系等；二是虚体形态，如建筑单体或建筑群产生的外部空间感受：封闭与开放等、精致与粗犷、高大与小巧、和谐与突兀、丰富与简单等。因为乡村外在表现形式是多变的、具象的，并且外部形态由屋面、屋檐、门窗、墙体、台阶等建筑要素以及周边环境要素的造型和组织形式所呈现的结构关系构成。[3]通过对照片的感受与评价，试着提炼出其内在固定的深层次结构和文化特色原型。

从村庄的总分评价中发现（图2），评价最高的村庄是遂宁县高党村。受访者评价其："美观大方"、"简单古朴"、"精致可爱"、"干净"等。在显示的高党村的照片中，交通用的线性空间均存在极强的透视感，错落重叠的大屋顶从布局到色彩的表现都优化了这种感

图2 实验所用照片样本

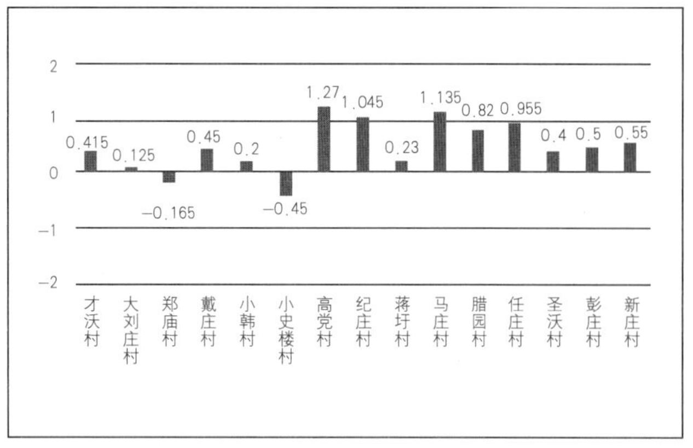

图3　村庄得分评价

觉，在总体氛围大方美观并且和谐的条件下，部分建筑构件、景观小品和绿植才能充分显现出自身的韵味和背后的村庄文化气息，从而受访者评价出："田园感"、"温馨"、"清新"、"心情开阔"等评论。另一方面，从消极印象中提取出的"道路看起来冰冷无情"、"绿植没有乡村的感觉"、"有些商业化的味道"等评价表明虽然新农村的建筑设计处理比较成熟，但在田园感、乡村性的取舍上面显得有些鲁莽。睢宁县高党村5-1作为评分最高的图（综合评价分数为：1.36分）也表明该村在建筑设计方面的优势和村庄建设取得的好成绩。同样以综合评价分数1.36分居于榜首的是贾汪区马庄村，村庄整体评价分数1.135分排列第二，屋顶作为促进空间秩序形成的积极元素对人主观印象影响最大，评价多为赞美屋顶造型："错落有致"、"有层次和空间感"、"精美可爱"、"美观大方"，此外还有表达建筑物美观的"建筑整体有很强烈的风格和特色"、"山墙造型丰富"等。除了建筑体量、造型适合乡村居住环境以外，建筑自身和其与环境的良好结构关系、组织形式让人产生好印象，激发出人们内心深处对乡村生活"古朴"、"干净"、"自然"的向往之感。另一方面，道路和绿化因为同样的原因作为美中不足之处给人以消极印象。而情况相反的是，得分为1.27的高分图：沛县任庄村7-1，人们对其评价的焦点纷纷从建筑转为赞美绿植，麦田这一元素作为促进空间秩序形成的积极元素对人印象影响最大，给人的印象为："田园乡村感""有生机"、"自然"、"幸福感"等；进一步的分析评分最低的图新沂市蒋圩村14-2发现：建筑在整个场景空间中虽然起着标识性的特点，但因其过于粗犷简单的造型给人"破败"、"废弃感"、"压抑"、"恐怖"等消极印象；虽然在众多图片中，该图中绿植元素有着难得的生机勃勃之态和优势，但也不能提升整张图的评分。从空间要素到综合评价表明，增加一定的要素并不一定对整体乡村景观产生更好的评价。在对小史楼村的评价分析中发现，虽然该村庄有着新建不久的优势，但其兵营式的布局、漫天杂乱的电线、显得十分薄弱的绿植给人"杂乱"、"压抑"、"枯燥"的印象，此外建筑元素中防盗栏、铁门等略显杂乱的元素与整体偏欧式简洁的风格的设计产生违和感。虽然部分受访者喜爱欧式小圆柱围成的有"通透感"的院墙和墙面"有光影效果"的横向装饰，但在实际使用过程中庭院暴露出庭院内杂物放置的混乱而抑制了空间秩序的形成。此外，高党村、小史楼、郑庙村中各元素与印象之间的关系较为稳定，各元素得分不超过±0.5，波动不明显。

关键词提取　　　　表1

要素提取	屋顶、窗花、墙面、柱子、窗户、院子围墙、屋檐吻兽、院内大树、门、建筑整体、道路、藤蔓、花坛、石墩、建筑立面、墙绘、栏杆、绿化、外墙贴面、院墙窗洞、电线、烟囱、颜色、檐口、空调机架、阳台、太阳能、出挑、商业招牌、防盗栏、山墙
评价印象积极词语	和谐、田园感、干净、开阔、错落有致、古朴、空间感、归属感、淳朴、大方、活泼、淡雅、温暖、厚重感、通透、别具一格、丰富、随性自由
评价印象消极词语	呆板、山寨、冰冷无情、荒凉、突兀、粗糙、单调、难看、老旧、破败、凌乱、敷衍、薄弱、封闭

通过对所有照片的印象分析，共提取照片中的关键要素31个

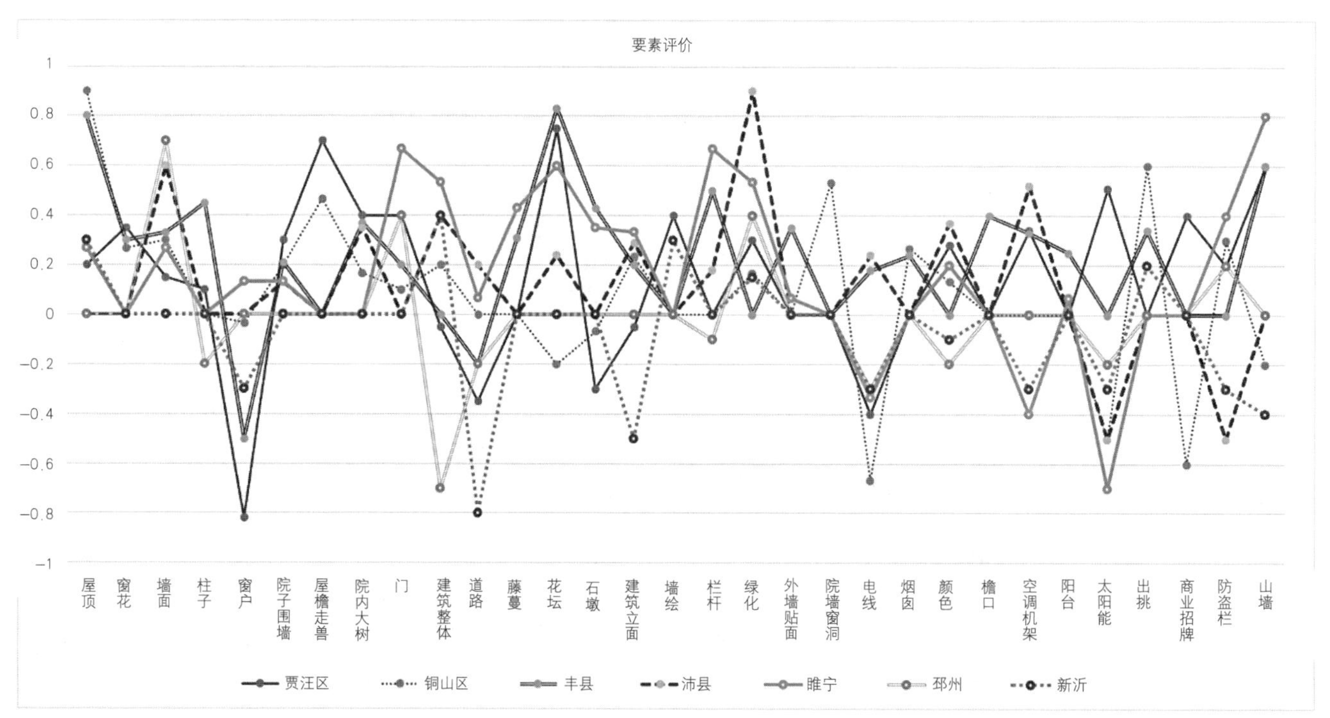

图4　评价元素分布图

（表1），提取印象评价关键词32个，其中积极词语18个，消极词语14个。从评价结果来看，与建筑物局部相关的元素较多，屋顶形式、壁画、窗花、屋檐吻兽、出挑、山墙等能反应传统建筑特色、乡村文化的部位评价较高，大部分人认为能够，“体现地域特色”、“有乡村艺术气息”、“清新”、“好看”给人以亲切感。其次，对于窗户、道路、绿化、电线、太阳能一类与城市里建筑要素相类似的元素评价较低，其原因为“城市特色过于明显”、“杂乱”、“突兀”、“难看”等。这些外部空间要素的造型和组织形式所呈现的结构关系作为人们用肉眼直接感受到的空间形态构成整体后，其呈现的形式和意义形成了主观无形的积极空间形态和消极空间形态从而促进或者抑制建筑背后的特色和文化发展。

二、徐州地区乡村建筑特色总结

将村庄的要素与印象评价相结合，可以概括徐州地区乡村建筑的特色如下：

1. 元素特色

1）首先，坡屋顶这一元素被识别为徐州各地区乡村建筑的亮点，部分地区坡屋顶层次感强烈，给人印象深刻，具有一定的发展前景。其次，壁画、窗花和屋檐走兽等传统建筑元素作为现实中乡村艺术文化最好的表达方式，被识别度较高，然而在新型社区建设中却没有发挥出其优势。在14个样本村中传统建筑要素所占的比重小。相反，村民往往会自由地选择欧式的建筑风格，以及徽派的白墙黑瓦的风格，并热衷于建筑外表皮的浮夸程度，这往往也导致了部分村庄整体给人的感受极度不协调。

2）窗户这一元素成了新农村建设中建筑设计的短板，新型农村社区的窗户多为断桥铝的样式。即便是整体评价高的村子，在对窗户这一元素的评价上都略逊一筹。图片中均显示出窗户直接通过影响立面来影响人的印象。和谐和突兀的两极化评价也表明设计的整体性对于乡村建筑设计至关重要。如何通过窗户的设计来改造立面，提升建筑立面美感将是下一步建设中值得思考的问题。

3）绿植在评价中拿到了较高的分数，且期待度较高，而新生的乡村难以拥有其成熟的绿化系统，这往往需要多年的精心栽培或是得天独厚的地理环境。在对多个元素得分较高的村庄进行分析后发现绿植相关的共性是和谐。乡村不是如城市一般经过精细计算好之后的拼凑，而是各种元素的自然组合，同时它也有着不同于城市的包容和开放，乡村建设不是硬塞式填坑，它更在意与自然的融合。当绿化这一元素出现在各个村子照片场景中时，那些自然生长、有沧桑感的植物往往分数更高，因为人们透过照片看到的是其背后的历史传承和千丝万缕的独家记忆。

4）空调机架、太阳能元素给人产生消极的主要印象为：“难看”、“突兀”和“欲坠的不安感”。电线给乡村景观带来的消极影响是巨大的，人们从此感受到压抑和凌乱。而在评分高的乡村中，这一元素带来的消极影响十分小，相反，与建筑设计搭配的路灯或者宣传栏是加分项。

5）对花坛进行分析，发现人们喜爱的花坛多是低矮且略显粗犷的。通过对门和道路进行分析，研究表明，人们难以接受“封闭”、“严实”的大门，喜欢“通透”、“有质感”的门。在对道路的评价中，最为平缓、干净的马路反而分数不高，其评价最多的是“类似于城市的马路，显得冰冷无情”。在如今的乡村建设中这是一个很难处理的问题，一方面人们生活需要便捷和节约，另一方面，“阡陌交通”、“移步异景”之感的乡村很难适应现代化村庄的需求。

2. 空间形态特色

1）点状空间一般依附于某些具有标识性的建筑，分布在其入口或者周边[4]，在本研究中呈现出较弱的特点，因其具有标识性是人们休闲活动和聚集的场所空间，在样本照片中表现不明显。传统村落特有的古树、古井、古桥、祠堂等被新兴的景观小品、休闲廊桥、小广场、健身场代替。在徐州地区乡村的节点空间总体上呈现出方正简单、垂直轴线的关联关系，且较难有环境条件给传统村落特有元素提供存在条件。

2）线状空间是建筑群体外部的街巷空间[5]，在本研究中主要表现为街巷、围墙等交通体系。而广大徐州地区由于地势平坦、河网稀疏、乡村聚落分布稀疏且规模较大，呈集聚式布局，主要为方形或团块型。[6]因此，该形状空间呈现出的特点是东西南北垂直畅通而非依照复杂地形延伸的蜿蜒曲直状。从功能上来讲，有其主导风向、便捷利民的特点，但在实际使用中也有较容易和大多复杂元素产生违和的特点。此外，在与乡村建筑的组合后，该类型空间在徐州地区总体呈现出体量过大的特点，有一定抑制乡村特色的消极作用。

三、结语

徐州地区乡村建筑设计中，坡屋顶、窗户、空调机架、花坛等元素的设计极大影响着建筑特色外部形态在形式和组织关系上的特色差异性表达。研究表明当前该地区坡屋顶的设计处理比较有实际的特色意义，容易被人接受；而重点为窗户的立面设计则强烈需要引起重视。在乡村建设中对绿植这一元素的选择、其与建筑的关系设计、和总的建设成分占比将是一个值得重点思考的问题。总体表现干净和谐的村庄风貌需要巧妙的空调机架、花坛、建筑细部构件设计与环境融合并产生好的效果。在道路设计中，建议用更多材质的物理差异性区分道路特征并减轻其缺失乡村人情味的“城市感”。此外在保持道路横平竖直的大关系条件下建议乡村社区的部分区域保留曲直蜿蜒结合的道路形态。针对特色属性表现潜力强的壁画、窗花、屋檐等的设计中，需要设计师拥有较强的个人水平，在新的设计中探索并保留乡村原有的元素，传承其背后的文化。好的乡村景观设计不仅要做到保护自然生态环境，而且要本着保留当地文化特色的原则[7]。总的来说，在新农村建设中，建筑外在表现形式背后除了对自然地理气候等环境特征的凝聚，还必须有场所文化、时代精神、种族经验的沉淀。

农村民居建筑的规划和设计有着不同于城市住宅的开放性和设计潜力[8]，乡村民居建筑因为环境和人与人之间的复杂关系做出的变化会持续进行，这种变化式动态连续且具有强大生命力，针对这种潜力，留出空间让其在一定框架体系内积极健康生长才是实践的意义，只有这种框架体系在当地被正确理解并传播改良后才能形成当地建筑文化精神的组成。本文主要从第三方视角——观光者的视角对徐州地区乡村建筑特色进行初步评价与解释分析，而未考虑主要使用者村民的认识，因此这也将成为本文进一步深化的方向。

注释

①张潇，中国矿业大学建筑与设计学院，讲师，221116，zhangxiao1217@msn.com。

②李金蔓，中国矿业大学建筑与设计学院，221116，673246148@qq.com。

参考文献

[1] 李鹏，谢敏．基于文献计量学的国内乡村景观评价 [J]．浙江农业科学，2017，58（09）：1606–1609．

[2] 周玉玉，马晓冬，赵彤．徐州市镇域乡村发展类型及其乡村性评价 [J]．农业现代化研究，2013，34（06）：728–732．

[3] 朱雪梅．粤北传统村落形态及建筑特色研究 [D]．广州：华南理工大学，2013．

[4] 张东．中原地区传统村落空间形态研究 [D]．广州：华南理工大学，2015．

[5] 窦飒飒．基于浙江中部传统民居建筑形式语言的地域性建筑创作研究 [D]．杭州：浙江理工大学，2013．

[6] 李全林，马晓冬，沈一．苏北地区乡村聚落的空间格局 [J]．地理研究，2012，31（01）：144–154．

[7] 廖莎．新农村建设背景下的乡村景观规划设计探究 [J]．艺术科技，2019，32（07）：219．

[8] 何崴，陈龙．关于乡建中建筑和建筑设计的几点思考 [J]．小城镇建设，2017（03）：45–51．

黑龙江省传统民居建筑风貌的现代营建特征表达

周立军① 周亭余②

摘　要： 黑龙江的历史也是一部少数民族史，其中满族、汉族、朝鲜族是人口数量最多的三个民族，其民居建筑风貌特征在各民族中也不尽相同。自然形态下的民居建筑风貌特征表达为适寒性、适材性，文化形态下的民居建筑风貌特征根植于不同民族营建文化的内涵及外来融合文化的渗透。对其风貌营建特征进行总结，以便于在传统民居在现代营建更新过程中把握好建筑的归属感与认同感。

关键词： 黑龙江省传统民居　建筑风貌　现代营建　特征

一、黑龙江省民族构成背景概述

1. 历史基础

黑龙江省位于我国的最东北部，在其地理条件和气候条件的作用下，与当地的历史文化相结合造就了今天黑龙江省的地区独特而丰富的传统聚落形态。而历史人文环境又是影响聚落风貌特色的重要因素之一。特定阶段的历史环境决定着整个社会的信仰、态度、观念、认知环境等，这又在潜移默化中对当时人们的居住习惯产生了影响。在这种相互作用，协同递进的发展中，其建筑风貌特征在各民族中也不尽相同。几千年来，除汉族外，先秦时期的肃慎、汉魏时期的挹娄、南北朝时期的勿吉、隋唐时期的靺鞨、辽金时期的女真、明清时期的满族，脉络清晰、绵延不断，也是最具有代表性的土著民族族系。因此，黑龙江的历史也是一部少数民族史。

2. 人口构成

肃慎、濊貊和东胡三大族系的先民都在这里发源。他们的后裔东胡族系的鲜卑、契丹、蒙古和肃慎族系的靺鞨、女真、满族先后建立了中国历史上的北魏、辽、金、元、清等封建王朝和渤海国[1]。如今黑龙江内共有36个民族，主要有满族、汉族、朝鲜族、回族、蒙古族、达斡尔族、锡伯族、鄂伦春族、赫哲族等。其中满族、汉族、朝鲜族是人口数量最多的三个民族。此外，这里还生活着少量外国人的后裔。这些少数民族为社会的发展繁重、民族的融合、文化的交流都起到了极大的促进作用。

黑龙江地区民族众多，趋同的同时也保留了一定的民族特点。尤其是在传统民居上，其建筑风貌特征有着一定代表性的地域符号。在当代乡村振兴战略的背景下，黑龙江省传统民居在现代营建中，如何把握其固有建筑特征的合理表达是尤为重要的。同时，思考其未来的发展延伸性，与现代居住理念的协调性，从而进一步推敲传统民居的现代营建理念。

二、自然形态下的民居建筑风貌特征表达

1. 适寒性

黑龙江省地属中温带，寒温带大陆性季风气候。四季分明，夏季雨热同季，冬季漫长。如何应对漫长冬季的寒冷气温是建筑营建中首要考虑的问题。因此，传统民居的建筑特征表达上体现了一定的适寒性。其建筑布局遵循寒地气候，通常以阳光院落化解风寒、竖向屏障阻挡风袭、空间梯度诱导风势。

1）营建布局

黑龙江地区冬季气候寒冷，盛行寒冷的西北季风，建筑选址一般南低北高，朝阳坡地为最佳。黑龙江地区传统建筑的营建布局不管是平原地区，还是山地地区，都以争取更多的阳光为目的。利用空间组织避免寒风侵袭，最常采用行列式的布局，这样可以保证整个村落拥有良好的采光朝向，同时可以起到良好的防风御寒效果，保证村落适应北方极端严寒的冰雪气候环境。黑龙江大院的典型特征是有前后院，前院面积大而空旷，后院紧凑，通过简单的木栅栏墙或砖石墙围合。前院空旷，进深大，能保证主屋的采光，满足摆放农具、饲养家畜等生产生活需求。后院背阴，主要设置厕所，或夏季纳凉需要，形成独特的院落风貌特征。

2）建筑单体

建筑体量在表达上为集聚收缩的单体结构，因为传统建筑单体形体简洁、体形系数小。这样可避免无谓的热量损失。建筑风貌造

型简洁、规整，尽量避免复杂的轮廓线，从而适应寒冷气候。建筑墙体厚重踏实，由于冬季多为西北风，因此北墙最厚，利于抵御寒风。黑龙江传统民居在墙体的保温上形成了独特的做法。传统民居的墙体大都是几种材料组合而成，纯木、纯草、纯石头的民居较少，即便是采用单一的材料为主体，也会进行添加或涂抹泥土等保暖措施，形成了特有建筑立面效果。因此，在传统民居的现代营建中要把握这些基本风貌特征。

传统民居在开窗形式上也体现了一定的保暖御寒特性。黑龙江传统建筑一般只在南向的正面开窗，多采用支摘窗，侧面、背立面通常不开窗，或为了通风和采光要求只开很小的气窗。墙面的实体部分明显多于开洞部分，建筑形象非常厚重；建筑屋顶一般会相对较陡便于积雪积水及时排走，屋架上一般做有天棚，使得屋架与天棚之间成为独立的空间以阻隔寒气。屋顶通常有瓦顶和草顶两种形式。由于现代材料的更新替代，纯草顶在现代营建中使用较少，基本是仿制其茅草屋顶形象。

黑龙江地区传统民居大量采用火炕取暖，提高室内温度。富户人家也兼用火盆、火炉取暖。火炕以砖或土坯砌筑，高约60厘米左右。火炕有不同的做法，按照炕洞来区分，可分为长洞式、横洞式、花洞式三种。火炕的形式在一定程度上也改变着平面布局，进而改变建筑形体。例如，黑龙江满族传统民居，无论青砖瓦房还是土坯草房，都有一个显著的特征，即烟囱不是建在房顶，而是安在山墙外，像一座小塔一样立在山墙一侧，形成了独特的建筑风貌。

2. 适材性

黑龙江自然物产资源丰富，农林产业发达，在建造材料的选择中因地制宜、就地取材。而地方材料的质感主要通过视觉和触觉传达，可以分为天然质感与人工质感。即材料自然属性所呈现的质感，以及经过现代技术加工后使材料固有性质发生变化从而产生的特殊质感。在传统民居中，人们感受到的建筑肌理主要是由建筑外表皮不同的材料构造方式和质感属性所共同决定的。对黑龙江省传统的地方材料来说，其肌理的表达主要是对砖石的砌筑、木材的编织以及泥土的夯筑等。

1）泥土类

土壤资源分布广泛，取用方便，价格低廉，远胜其他材料。按地质划分为黄土、砂土、碱土等。土的知觉感受是粗糙、质朴的，具有自然属性，不同区域的土呈现不同的色彩，让人引发情感联想。例如夯土墙，其做法是将土填入夯土木模板中经反复拍打夯实而成，常常按照每两米长分段施工，这样一板板夯筑直到需要的高度。墙面表面要用细泥抹面，土坯大墙是用土坯块垒成的，土坯块是用黏土或碱土、碎草搅和在一起，放入模具后再晒干，再用黄泥浆砌筑成墙。这是东北传统建筑营建中使用最为广泛的一种筑墙材料，大大延长了墙的使用年限，具有一定的经济性、实用性。因此，在传统民居现代营建中要发挥其材料特性，表达其营建文化内涵。一些屋顶的瓦片部分也来自泥土，有光鲜的琉璃瓦，也有朴素的小青瓦，组成错落有致的层次。

2）砖石类

石材特点耐压耐磨、防渗防潮，是民间居住建筑中不可缺少的材料。石头因品种差异而色彩种类繁多，质感丰富，不同的工艺赋予石材或光洁或粗糙的表面效果。例如，高贵的汉白玉，象征皇家建筑的至高无上，而未经雕琢的石材可带来原始的粗犷感。砖是常用材料，在黑龙江传统民居营建中，一般使用青砖。其特点可塑性强，可起拱、发券，可打磨成圆柱也可做成砖雕，能充分发挥手工艺的特色。将砖挑出或退入墙表面、用单块或成组的叠砌手法，可以形成浅浮雕式的图案。各种图案都可以用砖材方便地完成[2]。同时，利用砖作为装饰材料可以使寒地建筑形象上彰显厚重感，很好地表达了寒地建筑的风貌特色。

砖石材料在黑龙江省内还有一些少数民族的特色做法，例如满族民居在砌筑房屋山墙的时候，不全用砖砌，而是与石头混砌，并且砌筑用的石头是不规则形状的山石，不采用形状规则的条石，这样既有泥土的朴实，又表达出凹凸不平的特殊肌理，富有传统建筑特有的色彩与质感。传统民居在现代营建过程中可参考其做法，合理运用表达材料符号特征。

3）木材类

黑龙江地区森林资源丰富，木材品质好，因而木材是黑龙江传统民居建筑的主要材料，黑龙江省又具有松花江的地域优势，水路交通发达，木材运输比较方便，因此木材也是黑龙江省松花江沿岸城市近代建筑的主要材料。在建筑营建中，无论是大木作中的柱、梁、檩、椽、枋，还是小木作中的门窗以及室内家具，都要用到木材。木头知觉感受朴素，多为暖色，自然的纹理及木材的弹性触感，让人想回归自然。木材的清香也引发对传统建筑的联想，具有广泛的地域性。例如，位于双峰林场的中国雪乡，这里风景独特，景色神奇。皑皑白雪在风力作用下随物具形，千姿百态，与木构建筑相互呼应，一些建筑使用玻璃、木材和石材组合营造出多层次材料变化的建筑外表皮，配合变化的外部照明系统让建筑展现出更丰富的层次，也彰显了建筑材料的多样化（图1）。其自然环境、建筑风貌吸引了无数游人、国内外摄影记者和电视剧组来此创作。

三、文化形态下的民居建筑风貌特征表达

1. 民族文化

由于远离中原主流文化的影响，黑龙江地区的建筑形态具有“边缘文化”的特征。在建筑风貌上体现了特有的传统文化符号，可包括隐形符号和显性符号两部分。隐形符号更多地表现在思想和文化上，而显性符号则是文字、图画形式等。现代营建中对传统民

图1 木构民居效果图

图2 汉族特色碱土民居效果图

图3 满族特色民居效果图

图4 朝鲜族特色民居效果图

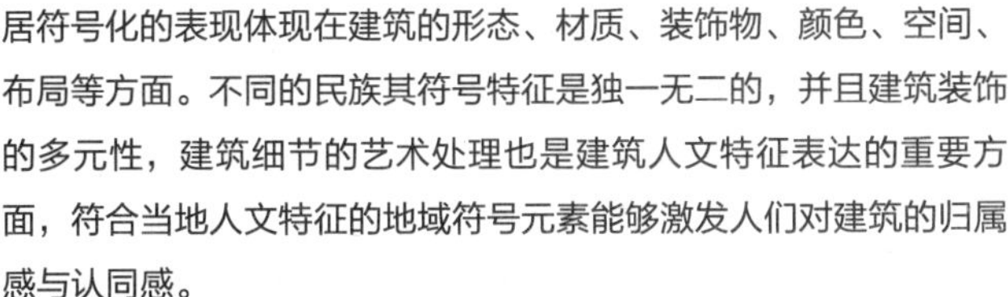

居符号化的表现体现在建筑的形态、材质、装饰物、颜色、空间、布局等方面。不同的民族其符号特征是独一无二的，并且建筑装饰的多元性，建筑细节的艺术处理也是建筑人文特征表达的重要方面，符合当地人文特征的地域符号元素能够激发人们对建筑的归属感与认同感。

1）汉族民居

汉族民居院落组成平面形态主要包括四种类型：一合院式、二合院式、三合院式以及四合院式。单体建筑平面类型主要包括两开间、三开间和多开间式建筑。两开间建筑的代表是碱土平房与井干式民居；屋顶一般采用硬山式、悬山式，有的地方也有平顶、囤屋顶等形式；火炕一般设在房间的南侧，少数设在北侧，或南北均设炕，形为“一”字形炕；材料方面就地取材，以土、木材为主，石材和草料为辅。在建筑色彩该选择中主要以黄土的黄色为主要的色调，辅助红瓦、青瓦等材料（图2）。在黑龙江汉族民居的内部空间中，堂屋位于建筑中间位置。堂屋是家庭生活的中心空间，可作吃饭、做家务等空间使用，也可以是供奉祖先牌位、举行祭祀仪式的场所。因此，汉族民居的大门一般位于中轴线上，面对着堂屋。此外，普通汉族民居的门窗样式，门下半部为板，上半部为窗棂，窗棂有着关东式的特点。

2）满族民居

满族民居院落通常为一进院或二进院，只有少数权贵的院落建成三进以上的套院。每组院落呈现为单向纵深发展的空间序列关系，均由一条纵向轴线所控制。建筑平面多为矩形，不一定要单数开间，不强调对称。主房一般是三间到五间，坐北朝南；遵守“以西为尊，以右为大”；大多数都采用硬山形式，极个别建筑也有采用歇山、攒尖、卷棚的；烟囱像一座小塔一样立在房山之侧或南窗之前，称之为“跨海烟囱”、“落地烟囱”；房间中西屋面积最大，在南、北、西三面筑有“万字炕”；门为双层门，窗为支摘窗。满族民居的窗花装饰与汉族的很相似，但满族窗花样式大多简练，线条粗犷，基本组合比较简单，随意性很强，只求好看，寓意吉祥，不似汉族崇尚烦琐复杂的装饰，讲究规律性（图3）。在满族民居建筑风貌的现代营建中，外门可采用独扇的木板门，上部可做类似窗棂似的小木格，下部安装木板，俗称“风门”[3]。

3）朝鲜族民居

朝鲜族民居院落大体为正方形，可分为院落入口、宅前用地、宅后用地三个部分。院落大门一般布置在南向或者东向。宅前地大部分种烟草或蔬菜等农作物，住宅后一般种有果树。建筑平面主要分为咸境道型、平安道型和混合型三种；屋顶分为悬山式、歇山式、四坡式三种。建筑材料均由木、石、草、土等天然材料构成，建筑风貌呈现素、白、雅、和的特点。朝鲜族的民居没有大窗户，只有小的观望窗，其用途是确认访客身份和观望户外环境。朝鲜族民居不分门、窗，门当作窗子用，窗子也可作为门通行[4]，并且门外有前廊（图4）。但在现代营建中，也可采用现代门窗形式以求更好的采光通风条件。屋内火炕普遍采用满屋炕的形态，称为

图5 鄂温克族特色民居效果图

“温突”。朝鲜族民居的烟囱，用木板做成长条形的方筒烟皮，尺寸约25厘米×25厘米左右，高达房脊，位置在房屋的左侧或者右侧，直立于地面，烟道卧于地下。过去的烟囱大部分是用原木或木板做的烟囱，这种烟囱制作简单，易于施工节省材料，且自身体积小从而轻便。

4）三小民族民居

黑龙江省三小民族为鄂伦春族、鄂温克族及赫哲族。鄂伦春族和鄂温克族与同一纬度亚洲的或欧洲的民族，在居住生活方式上有相似特点，这是由于相同或相近的自然环境所形成的。他们用于生产生活的建筑形式主要有三种：一是地面建筑“撮罗子”，二是悬空建筑“靠劳宝”，三是半地下建筑“地窨子”。这是早期生活在这一地区少数民族人们为了适应自然环境气候和方便狩猎作业而发明创造的建筑样式。这些建筑的特点是可就地取材、具有实用性、临时性并易于居住迁移。例如，在聚落发展的过程中创立的“斜仁柱”，由于鄂温克人需要经常性地迁移居住位置，因此斜仁柱的建造方便了鄂温克族人的生活。其构筑材料一般由木杆搭建，外部围护采用动物毛皮或树皮。建筑外观形态呈圆锥形，十分稳固（图5）。在民居营建中借鉴传统建筑特征，运用民族传统建筑文化的符号元素设计出生动形象的现代居住建筑样式。

2. 融合文化

汉文化的迁入：文化迁入的内源因素在于人口迁移，例如闯关东，是中国近代史上著名的五次人口迁徙事件之一，数量之多，规模之大。人们所说的关东，具体指吉林、辽宁、黑龙江三省。因东三省位于山海关以东，故得名。除此之外，还有流人文化。宁古塔位于现黑龙江省牡丹江市海林市长汀镇古城村，是中国清代统治东北边疆地区的重镇，是清代宁古塔将军治所和驻地，是清政府设在盛京（如今的沈阳）以北统辖黑龙江，吉林广大地区的军事、政治和经济中心[5]。为清代吉林三边之首（宁古塔、三姓、珲春）。从顺治年间开始，宁古塔成了清廷流放人员的接收地点。汉族文化的伴随流放、闯关东等形式逐步与黑龙江本土的民族文化相融合，最终转译形成相适应的建筑形式。

外来文化的融合：由于特殊的地理位置以及中东铁路的修建，沙俄的建筑师将欧洲的和本民族的文化同时融入建筑中来，并兴建了一批独具黑龙江本土特点的建筑。以本土建筑为原型，赋予其异国的装饰风格。黑龙江省的外来文化建筑产生于近代社会，在区域历史上属于后期发生的建筑文化类型。它是伴随着俄罗斯及西方列强国家和日本的殖民入侵所传入的，是典型的外源文化移植，并非是当地传统聚落的传承或变异。黑龙江省传统聚落文化对于外来文化包容性强，在一段时期发展过后，逐步与当地的自然环境和人文环境相互融合，进而形成具有旺盛生命力的、新的地域风格。例如，在民居上表现为摒弃了传统的装饰形式，而采用一种仿自然植物的装饰手法，用几何曲线力求表现出蓬勃向上、生机盎然的动态效果。部分墙面、栏杆、门窗等也都如此。入口门斗整体做成曲线形，有圆、椭圆、扁圆、半圆等形式（图6）。

图6　简欧风格民居效果图

四、结语

如今，美丽乡村建设让不同地区得到了大力发展的同时，传统村落的生态环境与经济发展也发生了极大改善。为在发展过程中保留好乡土文明与地域文化基因，未来建筑师们在传统民居的现代营建更新上要展示出建筑风貌特征。在新型城镇化不断地建设过程中，更要重视传统村镇文化遗产和风貌的原真性。传统民居的建筑风貌营建根植于本土文化，对其类型特征进行总结，让人能快速抓住主要特点，为以后建筑营建做指引，并且要融合与创新传统营建文化，创造出更多能够表现民族、历史和文化的乡土建筑，让华夏的历史记忆、人文精神更好地传承下去。

注释

① 周立军，哈尔滨工业大学建筑学院，寒地城乡人居环境科学与技术工业和信息化部重点实验室，教授，150000.zzz82281438@163.com。

② 周亭余，哈尔滨工业大学建筑学院，寒地城乡人居环境科学与技术工业和信息化部重点实验室，2018级硕士研究生，150000.13244523015@163.com。

参考文献

[1] 王美玲．黑龙江省少数民族旅游发展研究 [D]．哈尔滨：黑龙江大学，2014．

[2] 马本和，刘慧．文化CIS战略——达斡尔、鄂伦春、鄂温克族居住文化探析 [J]．黑龙江民族丛刊，2014（02）：105-111．

[3] 韩聪．气候影响下的东北满族民居研究 [D]．哈尔滨：哈尔滨工业大学，2007．

[4] 金正镐．东北地区传统民居与居住文化研究 [D]．北京：中央民族大学，2005．

[5] 关微．宁古塔贝勒考证 [J]．黑龙江史志，2013（07）：35-36．

新农村建设下乡土民居的保护与发展策略研究

——以四川汉阳陡咀村民居为例

李云娇[①] 田 凯[②]

摘 要：当代乡建存在独特性被大量消解、地域性丧失等问题，而目前乡建以向第二、三产业发展为主，对象为近郊和具第二、三产业潜力的乡村。笔者将从此类型之外的新农村入手，以四川汉阳陡咀村民居为研究对象，叙述三个时期：民国及以前——传统民居，中华人民共和国成立后——夯土民居，新时代——自建与扶贫民居的发展流变，采用文献梳理、实地调研、居民问卷的方法，研究传统民居价值与当代乡建地域发展，为新农村传统民居独特性保护与当代乡建地域发展提供新的思路。

关键词：新农村 传统民居 独特性 当代乡土建设

一、概述

真正的建筑史在乡村，而乡村里的老建筑很多时候没有办法被一一保护起来，新农村建设当下如火如荼，很多地方的清朝或更早留下的民居由于保护意识不够已经被尽数拆毁，乡村是村民的[1]，这一点我们一直清楚，但是不得不说乡村建筑始终没有找到自己的方向。目前，我们该做的不是大拆大建，而是从对每个乡村进行地方性了解后去寻找一种更温和持续的力量，唤醒乡村自身的潜质，焕发持久生机[2]。毕竟我们不是要建设一个没有历史的新世界，也不是拼贴一个没有感情的假面城。

地方志是了解地方建筑的好办法，可这个世界有很多地方，很多民居，它们风雨不改，见证古今，曾有人们在这里笑，在这里唱，在这里哭诉断井颓垣，可是却没有只言片语，去记录他们生活过的轨迹。而本文试图从这些基本没有记载的村落入手，以四川汉阳陡咀村民居为研究对象，研究不同时代的民居建筑，分析地方特色，提出保护和发展的策略和建议。

二、民国及以前——传统民居

1. 李宅

1）建筑背景及特征

此地村民大约是清朝期间由陕西凤翔县迁徙至此，李姓家族搬来此地，发展成四房兄弟，在这个由家族一手建立起来的村落里，有着有序的家族管理制度，一房开荒垦地，一房管理治水系，一房修路修桥、治理交通。本文调研李宅便是二房的后代，二房也曾练武，骑马射箭，样样精通，被后代尊为“武状元”。

建筑特征引用一段调研文章《失落的老建筑》中一段话进行了解，内容通过采访村民编辑整理而成。“仿佛我的双手已经推开了这座院落的大门，共有门六扇，正对着的堂屋也开着一样的木板门，在这间正中四方的屋里，那些红白喜事的热闹与沮丧依次在这里上演，嵌金的对子在这种时候总要出来证明一下昔日的繁华景象，而数量上是不是六扇门的府衙寓意已经无从考证，它们都是剥落的记忆。即使以前森严的等级制度，我想女人和小孩也曾欢快地从两侧小门穿行玩乐；几家兄弟也在此处天井谈天说地，畅想抱负；媳妇们在房里为家计劳神，到了晚上，点亮玻璃罩里的油灯，一盏、两盏、三盏、四盏，那张因丈夫的俏皮话而发笑的面庞也在灯下跟着亮了起来，柱子上有工匠们曾以熟练技艺雕刻上的花草虫鱼鸟兽，就着四盏暗黄的油灯和偶有月色的天光也显现出一派富贵气象来。窗框上也简单饰以花草，又总是在适宜的时候框出一幅景致来，四时而异，可门上的小窗顶上还要写上几个大字，比如富贵花开，毕竟那时候人们有的是时间练上两笔好字，他们不用担心肥沃土地里的粮食，不用忧愁那肥美的井水会断了源头，即使那位祖上考取武状元的先人也曾斗草输岩（岩：地名，通常在前面冠以姓氏。传说祖上李姓老爷与他人斗百草，输掉一块地）。”

2）建筑功能

从图1可以看出，建筑分为两部分，上半部分为老建筑，为清朝时期所建，下半部分为新建筑，有80年历史，新建部分通过中间细长的廊道相连，形制上没有大的变化，保留坐东朝西的走势，

但是明显扩大了天井部分，缩小了堂屋这种重要的功能房间。（图1~图4）

从图4中可以看出，老宅部分保留龙门子部分，是古时主人的入口，左上角的原建部分已被拆除，可以看出建筑保持了北方院落的特色，形制以方形为主，却没有绝对的中轴对称，其中的原因和人们迁到此处需要重新开始建立家族管理制度，转换生产方式有关，比如堂屋，堂屋是一个家庭中的重要功能，家族长老会在这里商量大事，举行红白喜事重要仪式也在此处，所以它是家庭中功能最重要、面积也最大的功能房间。从图中可以看出，老建筑部分占据三个柱跨，和天井部分的面积基本相当，在置办酒席时，这两个空间都要安排足够的面积。而这一特征在民国时期的新建部分发生了变化，天井占据主要地位面积是所有功能中最大的，有130平方米，而堂屋的面积明显缩小，原因是村民有了更多分支的后代，处理食宿，大家需要一个公共空间进行交流。除此之外，人们更倾向在室外空间办红白喜事，村民种植粮食，需要更大的空间进行晾晒，因为分家后人户也更多了。而堂屋的功能不再服务于宗族长老议事，村民会把棺材、木料、固定

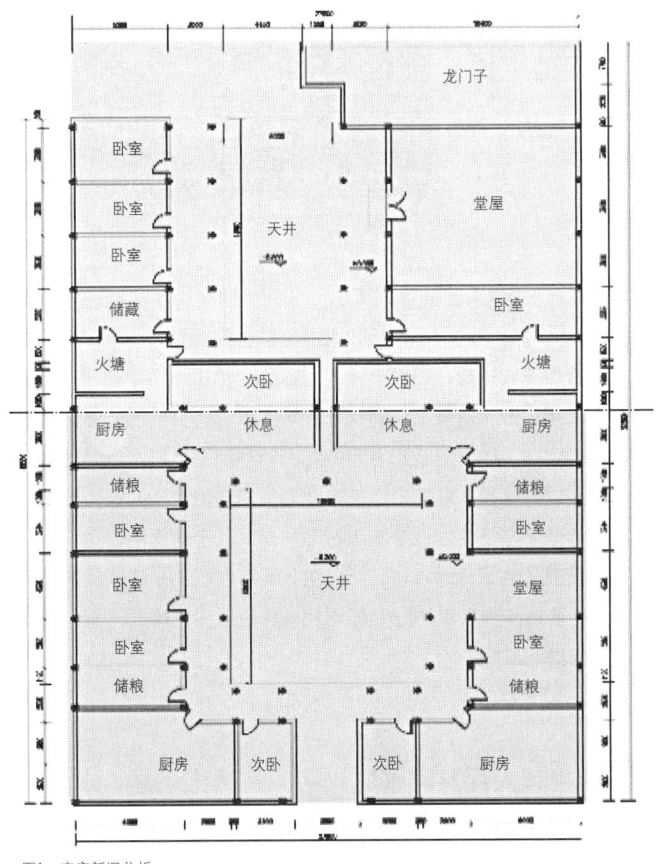

图1 李宅新旧分析

图2 李宅院落1

图3 李宅院落2

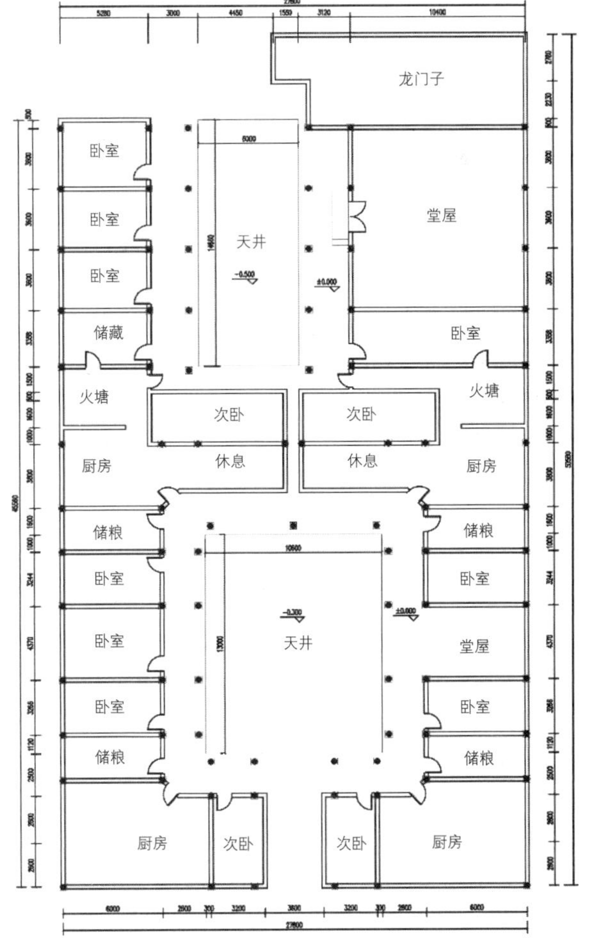

图4 李宅平面图

图5 祠堂效果图

图6 祠堂石狮

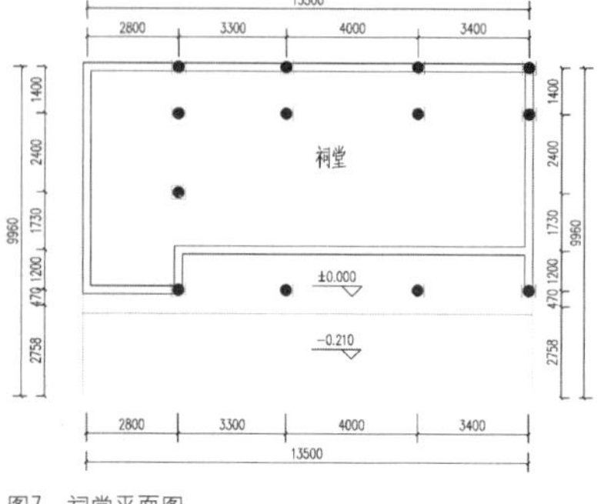

图7 祠堂平面图

图8 新建材料

器械放在此处。入口也从龙门子这种较为隐蔽的方式变成了较为开敞的直接中轴性入口。而建筑高度在4.9米左右，所以空间显得狭长、高耸。在新旧连接廊道和堂屋都有门槛，堂屋门槛更高，代表一定的等级地位。

从柱网上看，旧建筑部分的柱网更加规律整齐，这和当时人们生活富足、建造材料、经费充足有关，人们也更注重享受，民国时期由于战争鸦片等，人们的生活状况大不如前，李姓老爷的儿子吸食鸦片，加上赌博把钱财散尽，后代们在各方面节约钱财，在建筑可以看出采用减柱法、增柱法，梁架等木料都比较简单，以原木为主，不加修饰，不板门窗户上的雕刻也变少。

2. 祠堂

祠堂也是建于清朝时期，建好之后，当时人们生活富裕，在这里骑马射箭，学习上课，宗族大事也在这里举行。虽然建造材料简单，但村民们也极尽能事进行建造，旁边就是搬迁过来第一代祖先的大墓，雕花饰草，工艺精湛，花样繁多。(图5~图8)

门口的石狮表示了祠堂的重要性，但是在“文革”时期被严重破坏，石狮散落在其他地方，石狮面部和身体也被损毁，柱子上曾经的雕饰也被毁掉，人们的生活发生了较大的转变，集体生活不再需要祠堂长老议事。“文革”期间，祠堂功能也发生了相应转变；“文革”过后，生活归于平静，祠堂转变成了另外一种功能，人们偶尔在这里集体看电影，有时会开会。现今，祠堂已经被完全空置，由于面积不大，难以容纳参与会议的村民，且交通不方便，但是新农村建设下，很多住宅老院落被完全拆除，保留了祠堂建筑，但是现在村民们还没有找到适合祠堂的功能转化，村民补建了损毁的部分，材料是当地的毛石块和一些短小的废弃木料，祠堂里立了石碑，初步讲解了村子的概况。

在图7祠堂平面图可以看出，柱网上同样采用了减柱法，获得了更大祠堂空间，但是从效果上可以看到祠堂外面杂草丛生，已经很久无人问津，如果不注入实际的现实功能，祠堂便不会再次被利用，做村落展览性功能是一定不够的，我们不能对其他村落进行照搬，因为面临的基本情况有明显差距，那些近郊村落和历史遗迹村落是有着第二、三产业的旅游资源的，人流为他们的功能带来了可行性，但是陡嘴村明显是区别于这样的村落，而且它也代表了大部分的农村，所以对于有幸保留下来的这样的老建筑在功能适应性转变时一定要寻找一种更温和持续的力量来唤醒乡村自身的潜质。

三、中华人民共和国成立后——夯土民居

中华人民共和国成立后，人们的生活水平较低，建筑材料由民国时期的木材转换成泥架。采用当地的石材，以木料为辅，做柱子和楼板，以及屋架木板门。夯土建造材料确实不够坚固，人们的生活水平有所提升后，采用过水泥砂浆等材料进行修补和修建室外公共空间。由此可以看出，相对于民国时期的院落，现在的民居极为简单，面积上都相应缩小，因为不再家族性居住，村民成家之后都单独分居，但是天井和堂屋依然保留下来，可以看出他们的重要性，功能上没有太大变化，但农作物晾晒占据了更加主要的功能。人畜分离是两个时期都做到了，但是民国时期以养牛为主，而现在以养猪为主，所以生畜圈不用一定直接对外开门，楼上不是完整的二层建筑，主要为了长期晾晒苞谷。(图9)

房屋周围有菜园，方便取用，因为村民的注意力大部分集中在农作物上，所以对于环境公共空间营造一直都不重视。此外，陕西院落建筑也对民居建筑有一定的影响。

图9 夯土民居

图10 新农村民居

四、新时代——自建与扶贫民居

新农村建设下的新民居，如图9所示，由于政府直接参与扶贫，所以材料形制的改变是巨大的，材料上全部采用了钢筋混凝土，形制上没有设计，是经过复制过很多次的民居图纸或过时的小别墅图纸，所以新农村扶贫民居比起农村自建房。后者更有研究价值，其实在从民国时期到中华人民共和国成立时期，建筑材料变化虽然较大，但是可以看出天井和堂屋对于村民的重要性，也可以看出村民对它们的依赖，新农村民居没有考虑堂屋，晒坝较小，农村自建房堂屋也没有合适的面积置放，所以村民们一起商议统一修建堂屋，便于红白喜事的安排。在新建的民居中，大家对层高要求都相对较高，且有相互较量的意思。大家一般修建三层，会设置两个客厅，虽然楼上的基本用不着。(图10)

这三个时期其实除了天井和堂屋以外，其实火塘也很重要，不管哪个时期都不可或缺。因为山上木材充足，冬天寒冷，考虑到卫生的问题，新建民居中单独建小房子做火塘用，并且单独建厨房，因为天然气等需要支付额外的费用。由于村民外出务工，田地荒芜得更加厉害，必须找到合适的功能进行利用，不然时间长了，土地变板，根系错结，便更难重新利用了。

五、结语

在某种程度上，大部分乡村发展不应该再以旅游产业为目的，而是满足自身需求，由于经济的缘故，外出打工的模式短期内不可能改变。大集体的时代已经过去，获得学历的后代不可能都留守乡村，除非乡村已经转化为城市模式。乡村在中国是心灵的港湾，务工人员每年按时返回乡村数次，按照需要携带钱财打造自己的养老环境，当有一天财务条件发展到满足乡村底层人员，那时候才是乡村文明绽放的最佳时机。目前按照这种阶段性空置的模式，我们更应该做的是按照模式探寻空间的处理，土地山林的利用，保留村民依赖的天井、堂屋、火塘，采用三师下乡等策略延续当地建筑特色，而不是复制没有参考意义的图纸，借助互联网和科技做该做的事，让留守的老人保证安全，建立经济有效地防老建筑措施，而不是徒劳地发展千城一面的乡村。

注释

① 李云娇，西南交通大学，611731，814812434@qq.com。

② 田凯，西南交通大学，副教授，611731，120379745@qq.com。

参考文献

[1] 王振文. 农业转型背景下的近郊型山地乡村空间更新研究 [D]. 重庆：重庆大学，2016.

[2] 曹劲. 关怀与唤醒——微观视角的乡村文化遗产传承与复兴 [J]. 建筑学报，2017（01）：118-120.

乡村振兴背景下的乡村规划与建设

乡村振兴背景下新农村公共空间弹性设计策略初探

——以粤北地区为例

黄森泰[①] 郭 嘉[②]

摘 要：乡村振兴战略对当代新农村建设提出新的发展方向，对乡村公共空间的适应性及品质感也提出更高的要求。另外，当前新农村的规划设计仍相对固定单一，普遍缺乏层次感及多样性，难以灵活满足多元乡土公共活动的空间需求。笔者在粤北地区典型新农村的实态调研基础上，引入弹性设计的研究视角，结合类型归纳与图解分析等形式，探讨当代乡村公共空间在回归乡土与面向未来的双重背景下的弹性设计策略。

关键词：新农村 公共空间 弹性设计策略 粤北地区

一、研究背景

乡村振兴战略对我国当前农村的建设提出的新指导理念，“发展”成为新农村建设的第一要务[③]，“一村一品”、“一镇一业”等方案的实施对新农村的空间规划提出多元化的需求。另外，在快速的城镇化建设进程中，地域性文化的意识正在被逐渐唤醒和重视，而农村的公共空间正是承载乡愁和传承地域特色的重要空间载体。而且与城市相比，农村的乡土公共活动更为丰富，在以血缘关系为基础的农村中多表现为以宗祠空间为核心开展的多类型、多规模及较高频率的社会文化活动[④]，在以地缘关系为基础的村庄则受相近的生产生活方式、宗教信仰、风俗习惯等因素影响，催生出多样化的公共活动类型，包括必要性活动、自发性活动和社会性活动[⑤]（表1）。因此，探讨能够容纳多元乡土活动的乡村公共空间弹性设计策略是具有现实性和迫切性的研究课题。

新农村公共行为活动类型　　表1

活动类型	具体行为内容
必要性活动	日常生活：步行或车辆出行、接送儿童、户外料理、买卖交易、浣洗； 日常生产：农作休憩、农务打理、农产品初步加工、家庭户外生产
自发性活动	散步休憩、健身运动、驻足观看、聊天下棋、戏曲舞蹈、游戏
社会性活动	邻里交谈、儿童游乐、宗族祭祀、节日庆典、文艺汇演、集会

二、粤北地区先导研究

1. 乡土文化要素分析

粤北是广东省北部的简称。以地理区位为划分依据，粤北地区主要包括韶关、清远两个地级市所管辖的范围[⑥]。由于位处广西、湖南、江西、广东四省交界的地带，五岭的屏障和天然的水路交通条件促使粤北成为南北交流的咽喉（图1）。不同时期的先民迁徙、军事活动和商贸交流使中原文化和岭南文化得到充分的交融，继而催生出多样的传统聚落公共活动及空间类型，集中体现在其移民文化及少数民族文化上。

1）移民文化

文化是人类活动的产物，粤北地区历史上的多次移民将中原文化中的儒家思想和宗法礼制带到岭南，对粤北文化的发展演变起到决定性的作用，其中最为典型的物质体现的是各种依附于精神信仰而存在的空间，例如，倡导仁义礼智信的宗祠空间、表达对土地的崇拜和敬仰的庙宇空间、寄托衣禄有余期望的祭灶空间等。

2）少数民族文化

多民族聚居是粤北地区的另一文化特色，现今广东境内绝大多数少数民族都分布在粤北各地区，其中以瑶族和壮族为主。少数民族在建筑特色、生活习惯、文化习俗等方面的差异性均对新农村的规划建造产生相应的影响。以瑶族居民聚居的新农村为例，宴请饮食方面，多数村民仍保留在家设宴庆祝嫁娶喜事的习惯，这就对住宅户型的室内极限容纳量提出了一定的要求，部分瑶族传统食物如糍粑、烟熏腊肉等的制作需要灶台及一定的户前操作空间；家庭生产方面，瑶绣瑶服的制作、瑶药的初步加工等活动要求客厅、门廊等空间具备一定的功能适应性，并宜在村级公共中心的功能配置上预留相应的培训、教学空间；节日庆典方面，瑶族每年举办的如“耍歌堂”、“十月朝”、山歌节、长桌宴等传统活动都对公共空间的可变性和兼容性提出相应的需求。

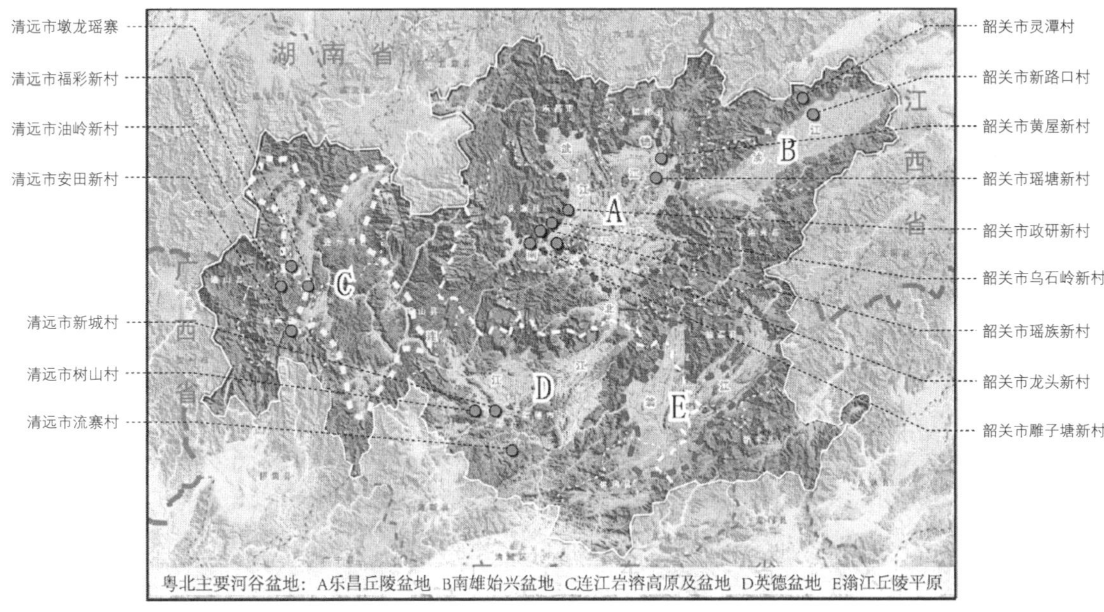

图1　粤北区位及调研村庄分布图（图片来源：《粤北传统村落形态和建筑文化特色》，P42）[7]

韶关市游溪镇政研新村	韶关市南雄新路口村	韶关市雕子塘新村	清远市树山村
康体休闲广场与道路标高持平，且铺地材质不作区分，边缘缺少座椅及绿化，空间缺乏安全感和围合感	主街宽度接近10米，两侧无绿化遮阴和休憩设施，绿化池高度较低无法兼作座位，被邻近住户占据种植蔬菜瓜果，街道公共氛围缺失	活动广场地面铺装缝隙过大，农忙期间无法兼作晒坪，且标高与路面标高不一无法兼作临时停车场地	篮球场在秋收季节可兼作当地特产麻竹笋的晾晒场地，但占用时间相对较长影响康体活动的正常开展

图2　公共空间现状问题

2. 公共空间现状问题调研

1）层级缺失难容纳多元活动

当代乡村的公共空间建设，呈现出远不及传统聚落丰富的空间层级。一方面，受城镇化进程的冲击和农村人口流失的影响，村民集体活动的组织和参与意识有所淡化，传统宗族空间的影响力有所降低；另一方面，私塾、水井、戏台等传统空间节点也因不适应现代需求而逐渐退出历史舞台；加之在规划设计层面的重视程度不足，造成粤北地区新农村外部空间设计缺乏过渡层次的现状，难以匹配多元化的集体公共活动类型。

2）固定场地难适应变动需求

传统的乡村生活受到农事节律的深刻影响，表现出有规律的周期性变化，这种特征在新时代的农村公共生活中依然有所体现。例如，嫁娶喜寿等活动多安排于11月~次年2月的农闲季节，流动乡村集市发生在约定俗成的日期，节庆、戏剧、游神、祭拜等集体活动延续着传统既定的时间。同时，不同年龄和生产生活方式的农村居民对公共空间提出不同的诉求，当前普遍缺乏弹性设计的公共空间往往难以通过简易的变动形成快速的响应（图2）。

三、公共空间适应性设计策略初探

乡村公共空间既是多样化公共活动的集中发生地，也是最直接影响空间体验及主观感受的物质要素。因此，公共空间的适应性主要体现在对多元乡土公共活动需求的满足，以及通过空间品质的提升实现乡土风情的延续。另外，文化旅游背景下的乡村需不定期开展土特产品展销会、美食体验节、民宿文化汇演等较大规模的活动，均对新农村公共空间的应变弹性提出更高的需求。乡村公共空间可依据形态特征进一步细分为片状、线状及点状空间（表2）。

新农村公共空间类型　　表2

类型	具体内容
片状空间	• 广场、晒坪、风水池、风水林、停车场、集中公园
线状空间	• 街巷空间：主街、次街、尽端路、带状景观绿地或种植区
	• 水体空间：水渠、河流
点状空间	• 核心节点空间：祠堂/祖屋、庙宇
	• 一般节点空间：门楼牌坊、码头水井、古树、炮楼、凉亭、活动中心、其他节点建筑

1. 以开敞广场为代表的片状公共空间

开敞广场是最为典型的片状公共空间形式，且在实际建设中多结合村民活动室、村委办公楼等重要节点共同构成公共服务中心，对村庄的空间结构及整体形象有直接的影响，是最为典型的片状公共空间。

1）外部多向联动

指在广场与周边环境及其他形式的公共空间之间建立多种形式及强度的联系，主要包括以下三种形式。一是流线连通：主要指广场与村庄主入口及住宅区的联系。由于中国传统民俗活动有着很大的游走性，因此，广场边界宜预留多个接口与街道连通，以满足宗教、祭祀、节日庆典活动的空间流动性需求[⑧]。靠近主入口的广场作为村内外公共性过渡及缓冲的空间，具备开展面向外界的旅游文化节、农产品交易会等活动的基础条件。二是功能联系：尽管当前相关公共服务设施实施标准对新农村的文体活动开展次数设立了指标，但由于决策周期长、经费消耗大无法频繁地举办，且时间多集中于法定假日，难以保证与村民的农闲时间重叠。因此，农村开敞广场的弹性利用很大程度上仍依赖于群众及周边功能对其空间的自发“借用”，使广场成为村民常态化使用的场所。尽可能将相关度高或者公共氛围强的功能空间毗邻广场设置，在丰富广场利用方式的同时有利于产生公共效应的叠加。例如，村民活动中心可结合广场开展文艺排演、影像放映等活动，游客服务站可借助广场举行集会公告、旅游宣传等活动，小卖部借用广场进行桌椅外摆，进一步增加公共场景发生的可能性。三是空间序列呼应：即结合村庄的发展历史、场地条件及功能诉求统筹考虑，建立广场与其他节点空间的轴线或序列关系，使广场的实用性和精神性得到提升。例如，节庆广场靠近宗祠及风水塘，延续传统的村落礼仪轴线，满足村民祭拜、定点燃放炮竹等传统需求；集会活动广场与门楼、中心道路、村委办公楼相互呼应，构成村庄的公共服务现代轴线。

2）边界厚度预留

边界空间指开敞广场与周围环境的接触区域，使用人群需经由边界和缓流畅地过渡到广场内部空间，边界所起到的界定、引导和连接作用是维持广场核心空间利用率的基础。边界空间的厚度所承载的弹性意义主要体现在与广场核心空间的功能互补及自身空间的多元化利用两方面。尺度适宜的边界空间可配合广场的不同利用模式扮演相应的功能角色，例如，在汇演或集会期间作为边缘休息区，在旅游文化节期间作为线性展示交流区等。另一方面，预留适宜的厚度延长了使用人群进入广场的流线，提供空间选择的机会并创造可供逗留的场所，激发参与集体活动或发生低强度接触的潜在可能性，使边界本身成为触发及容纳多种公共行为的弹性空间。边界厚度的具体实现可通过铺地区分、围合限定、高差过渡、动线转折等手法（图3）。

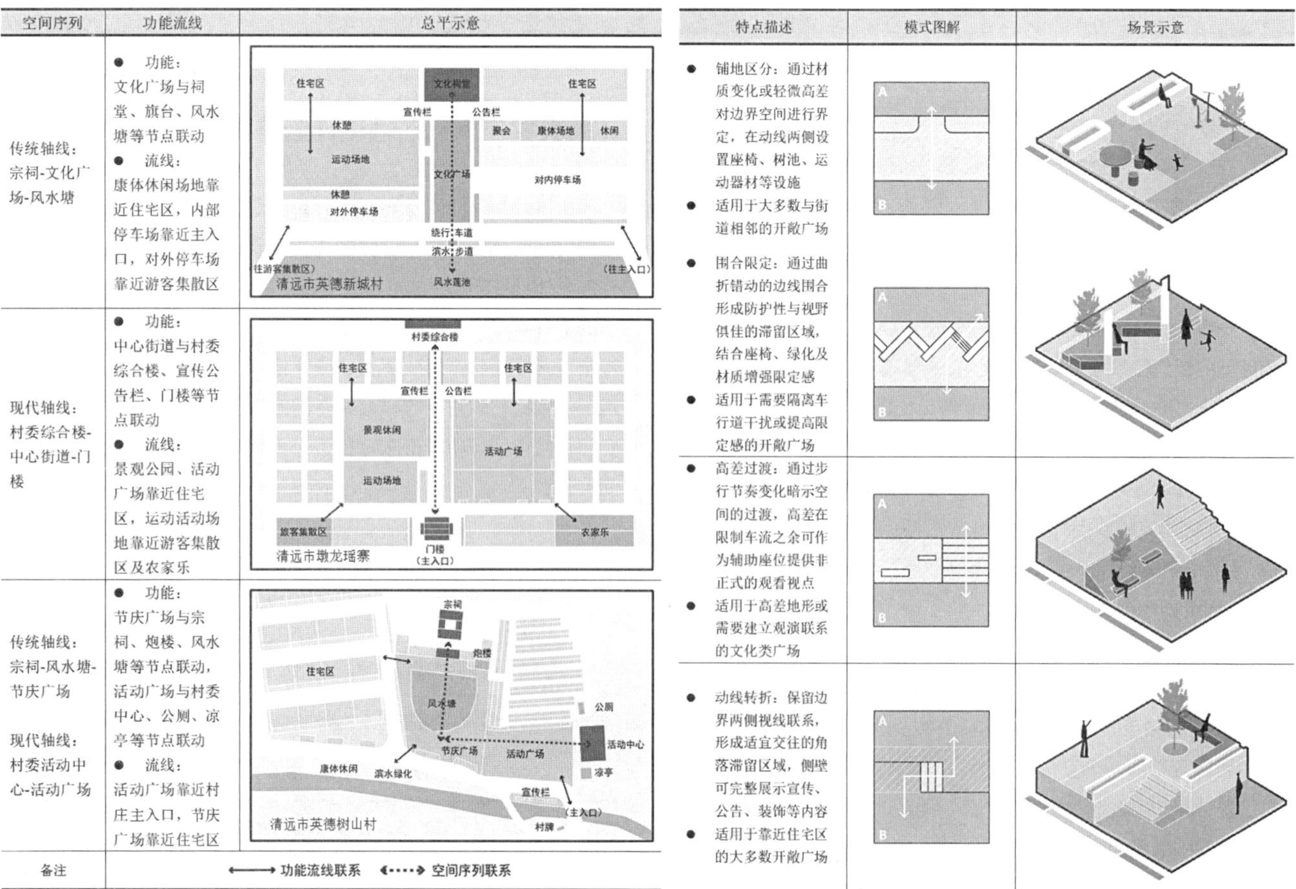

图3 开敞广场外部多向流动及边界厚度预留

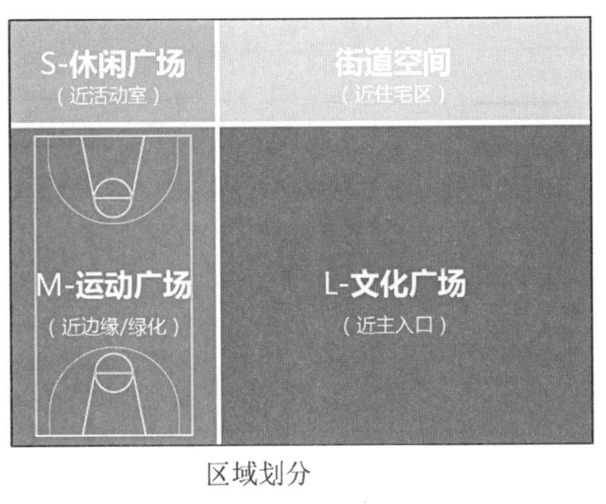

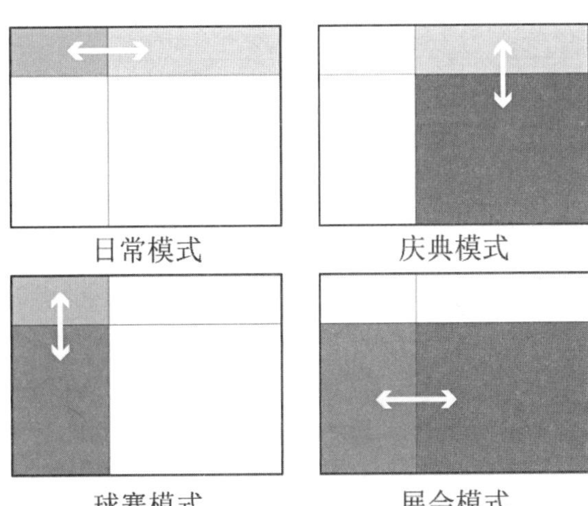

模式	图解示意	活动场景
邻里交往 电影放映	● 小尺度的休闲广场及靠近住宅的街道空间最常被使用，可结合村民活动室开展放映会、歌舞排练等活动；文化广场可兼作临时停车	
村级球赛 稻谷晾晒	● 举办村际球赛期间可兼用休闲广场方便人群疏散，可利用边缘扩大区域设置主席台，球场四周可提供不同标高的观看区域；夏收及秋收期间文化广场可兼作晒坪	

模式	图解示意	活动场景
节日庆典 长桌宴席	● 农历十月至正月期间文化广场可举办少数民族节庆、文艺汇演等活动，可利用高起台面设置舞台；侧面街道可举办长桌宴席活动，文化演出时可兼作二层观赏台	
旅游节 美食节 农产展销	● 劳动节、国庆节或春节期间文化广场可举办美食节、展销会等活动，可利用高起台面设置舞台，利用侧面边界摆设摊位，兼用篮球场摆放临时活动棚	

图4　开敞广场内部兼用共享

3）内部兼用共享

不作分隔的开敞广场由于缺少空间定义和围合，难以聚集人气及适应多样化活动的需求，合理的内部划分对于提升整体空间的利用弹性和使用率至关重要，主要包括三个层面的含义：一是多元性，通过高差、绿化、铺地等空间构成要素的变化，将广场合理划分为具有不同面积、比例和方向性的相邻区域，赋予各部分广场适应不同规模公共活动的潜力，如小尺度的康体休闲广场，中尺度的球类运动广场，大尺度的中心文化广场等；二是兼容性，广场允许多种功能活动同时并存，各部分广场可“一地多用”，兼容多种使用场景，在举办大型活动时可局部相互借用，或者作为整体使用；三是全时性，灵活适应不同时段的使用需求，从而保证空间利用的最大化和广场活力的持续性[⑨]（图4）。

2. 以街巷空间为代表的线状公共空间

线状空间主要指具有方向性和延展性的线性公共空间，包括街巷、水渠、围墙、城壕等空间，是承担交通出行、交流交往、边界划分等功能的核心场所。其中，街巷空间既是与居民物理距离最接近、接触最频繁的公共场所，也是最直接影响外来游客步行体验的空间要素，是最为典型的线状公共空间，其本身的平面形态、断面类型和界面构成都对公共氛围延伸的深度和时效产生深刻影响。

1）丰富形态触发多元场景

当前被广泛采取的横平竖直的新村街巷肌理贯彻着交通优先、进度优先的原则，但其形态及层次多样性的缺失极大地限制了街巷空间的活力，不利于建立村庄发展文化旅游产业的竞争力。因此，如何在保留快速城镇化建设可能的基础上寻求街巷空间的有机弹性，是值得探讨的重要命题。结合具体的调研实例及案例，笔者尝试以类型图解的形式归纳较为常见的街巷平面形态处理方法，并分析相应的空间特征及适用情形，旨在通过街巷的线型、密度、轮廓等平面形态的应用，有意识地营造与自然生长的村落近似的疏密有致的肌理，实现街巷空间利用弹性的提高（图5）。

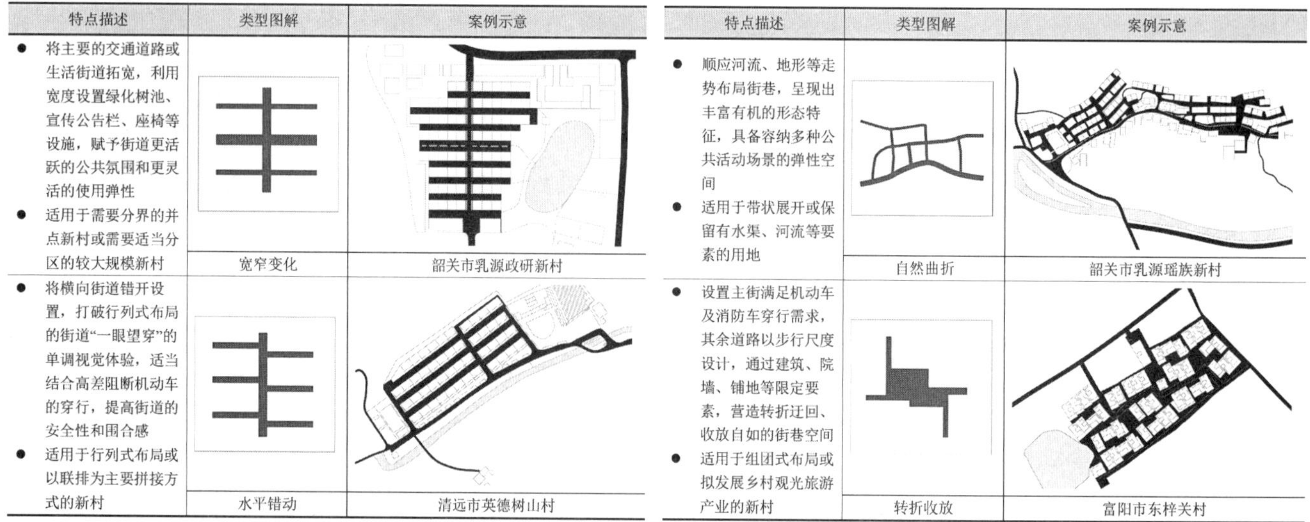

特点描述	类型图解	案例示意
● 将主要的交通道路或生活街道拓宽，利用宽度设置绿化树池、宣传公告栏、座椅等设施，赋予街道更活跃的公共氛围和更灵活的使用弹性 ● 适用于需要分界的并点新村或需要适当分区的较大规模新村	宽窄变化	韶关市乳源政研新村
● 将横向街道错开设置，打破行列式布局的街道"一眼望穿"的单调视觉体验，适当结合高差阻断机动车的穿行，提高街道的安全性和围合感 ● 适用于行列式布局或以联排为主要拼接方式的新村	水平错动	清远市英德树山村

特点描述	类型图解	案例示意
● 顺应河流、地形等走势布局街巷，呈现出丰富有机的形态特征，具备容纳多种公共活动场景的弹性空间 ● 适用于带状展开或保留有水渠、河流等要素的用地	自然曲折	韶关市乳源瑶族新村
● 设置主街满足机动车及消防车穿行需求，其余道路以步行尺度设计，通过建筑、院墙、铺地等限定要素，营造转折迂回、收放自如的街巷空间 ● 适用于组团式布局或拟发展乡村观光旅游产业的新村	转折收放	富阳市东梓关村

图5 街巷空间平面形态

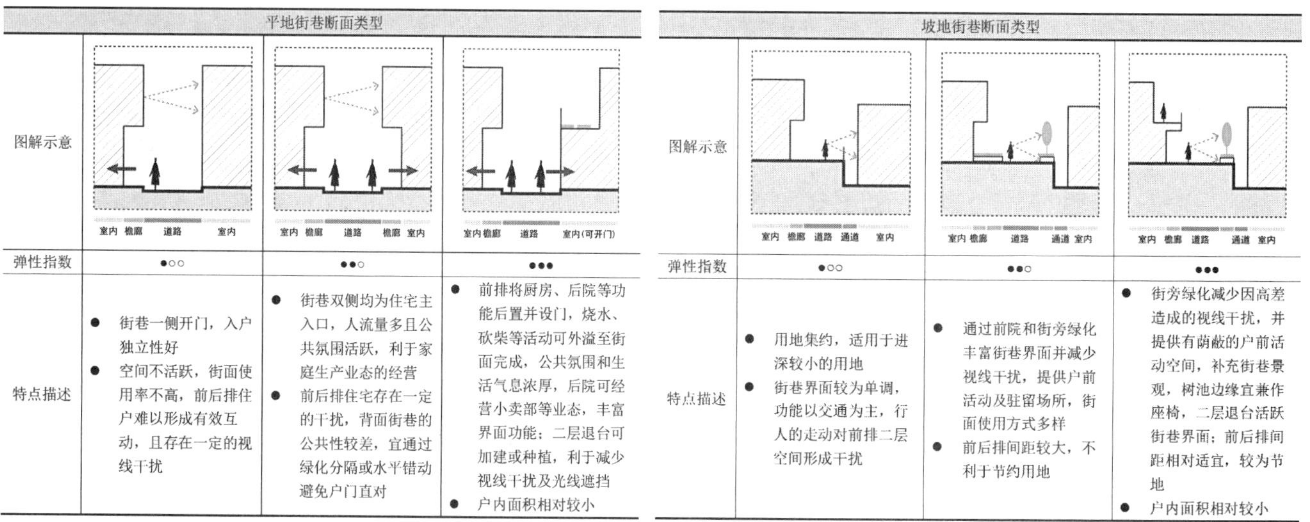

平地街巷断面类型			
图解示意	室内 檐廊 道路 室内	室内 檐廊 道路 檐廊 室内	室内 檐廊 道路 室内(可开门)
弹性指数	●○○	●●○	●●●
特点描述	● 街巷一侧开门，入户独立性好 ● 空间不活跃，街面使用率不高，前后排住户难以形成有效互动，且存在一定的视线干扰	● 街巷双侧均为住宅主入口，人流量多且公共氛围活跃，利于家庭生产业态的经营 ● 前后排住宅存在一定的干扰，背面街巷的公共性较差，宜通过绿化分隔或水平错动避免户门直对	● 前排将厨房、后院等功能后置并设门，烧水、砍柴等活动可外溢至街面完成，公共氛围和生活气息浓厚，后院可经营小卖部等业态，丰富界面功能；二层退台可加建或种植，利于减少视线干扰及光线遮挡 ● 户内面积相对较小

坡地街巷断面类型			
图解示意	室内 檐廊 道路 通道 室内	室内 檐廊 道路 通道 室内	室内 檐廊 道路 通道 室内
弹性指数	●○○	●●○	●●●
特点描述	● 用地集约，适用于进深较小的用地 ● 街巷界面较为单调，功能以交通为主，行人的走动对前排二层空间形成干扰	● 通过前院和街旁绿化丰富街巷界面并减少视线干扰，提供户前活动及驻留场所，街面使用方式多样 ● 前后排间距较大，不利于节约用地	● 街旁绿化减少因高差造成的视线干扰，并提供有荫蔽的户前活动空间，补充街巷景观，树池边缘宜兼作座椅，二层退台活跃街巷界面；前后排间距相对适宜，较为节地 ● 户内面积相对较小

图6 街巷空间断面类型

2）合理断面维持公共活力

当代农村街巷空间的公共活力还受到开门数量、入户形式、功能构成等因素的影响，集中体现在街巷的断面处理形式上。对于平地的街巷而言，增加朝向街面的门洞数量是聚集人流、维持公共活力的可行方式，有利于小卖部、餐馆等业态的经营，通过外摆座位、吆喝宣传甚至是气味传播进一步增强街巷空间的公共氛围。两侧住宅主次入口相对的街道，由于厨房、杂物院等生活辅助功能多靠近次入口设置，有利于街巷使用方式的叠加，提供街巷空间的利用率及生活氛围。对于坡地的街巷而言，应依据不同地形条件和街巷宽度，合理安排前后排住宅与街道的空间位置关系，通过适当的景观绿化减少街面活动对前排住户的干扰，同时结合退台或门廊等形式减少建筑对街巷的压迫感，增加步行视线联系并拓宽视域范围，营造适宜户外活动及邻里交流的街巷空间（图6）。

3）个性院落参与界面构成

在粤北地区新农村的实地调研中笔者发现，无论是从事农业生产还是居家养老的住户，都表示出拥有种植场地的强烈诉求。种植场地除了满足村民自给自足、节约生活成本的需求外，本身也构成新农村街巷乡土景观的一部分。种植场地主要以院落的形式呈现，包括集中式和分散式两种：集中式指在村庄外围统一规划连片种植场地；分散式指在住宅前后、宅间空地、街巷中间或边缘等位置按户设置种植场地（图7）。

四、结语

将弹性设计的思维引入新农村公共空间的设计过程，是提升村庄规划前瞻性和应变灵活性的可行方法。通过采取功能联动、兼用共享、多元形态、合理断面等具体策略，弹性容纳不同规模、类型和氛围的乡土公共活动，延续传统聚落的空间魅力，培育新村的地域文化特性，以期更好地适应未来村庄发展所产生的多元需求。

	优点	缺点	模式图解	实景图片
宅前设置	管理方便，私密性较强，光照充足，作为入户及街道景观，为户外逗留及邻里交谈创造有利条件	受过道影响面积较小，较难保持入户环境整洁	前院	
	构成公共性较强的街巷乡土特色景观，可同时服务于两侧住户	面积较小，需处理好边界划分避免引起纠纷	道路中间	
	管理较为方便，减少对前排住户视线干扰，利于保持整洁的整体街道线性景观	受建筑行距限制进深较浅，光照受一定遮挡，耕作需穿行街道且对前排住户有一定干扰，需设分隔围篱	道路边缘	
宅间设置	管理方便，可利用山墙面或排水沟作分隔，可利用挑檐放置生产资料；耕作对周边住户影响小，为街巷侧界面创造节奏的变化	占用面宽不利于集约土地，光照受住宅相邻间距及层高影响，排水及浇灌设施需系统设置		
宅后设置	管理方便，可与厨房或次入口连接，私密性好，种植面积较为完整	光照条件受一定遮挡，与街巷空间的联系相对较弱		
集中设置	排水及浇灌设施可集中设置，面积可依据用地条件灵活设置，日照条件较好，利于构成整体田园景观，有条件合作经营，规模化生产	住户的管理存在一定不便		

图7 街巷空间院落界面

注释

① 黄森泰，华南理工大学，研究生。

② 郭嘉，华南理工大学建筑设计研究院，高级工程师，172428522@qq. com。

③ 邓颖贤. 探索新常态下广东特色社会主义新农村建设新模式——以清远市阳山县省级新农村示范片建设工程概念规划为例 [A]. 中国城市规划学会、贵阳市人民政府//新常态：传承与变革——2015中国城市规划年会论文集（14乡村规划）[C]. 中国城市规划学会、贵阳市人民政府：中国城市规划学会，2015：14.

④ 费孝通. 乡土中国 [M]. 上海：生活·读书·新知三联书店，1985.

⑤（丹麦）扬盖尔. 交往与空间 [M]. 北京：中国建筑工业出版社，2002：77–79.

⑥ 广东年鉴，1997.

⑦ 朱雪梅. 粤北传统村落形态及建筑特色研究 [D]. 华南理工大学，2013.

⑧ 陶曼晴. 传统村镇外部空间的界面研究 [D]. 重庆大学，2003.

⑨ 吕小辉，李启，何泉. 多维视角下城市公共空间弹性设计方法研究 [J]. 城市发展研究，2018，25(05)：59–64.

参考文献

[1] 邓颖贤. 探索新常态下广东特色社会主义新农村建设新模式——以清远市阳山县省级新农村示范片建设工程概念规划为例 [A]. //中国城市规划学会、贵阳市人民政府. 新常态：传承与变革——2015中国城市规划年会论文集（14乡村规划）[C]. 中国城市规划学会、贵阳市人民政府：中国城市规划学会，2015：14.

[2] 费孝通. 乡土中国 [M]. 北京：生活·读书·新知三联书店，1985.

[3]（丹麦）扬·盖尔. 交往与空间 [M]. 北京：中国建筑工业出版社，2002：77–79.

[4] 广东年鉴，1997.

[5] 朱雪梅. 粤北传统村落形态及建筑特色研究 [D]. 广州：华南理工大学，2013.

[6] 陶曼晴. 传统村镇外部空间的界面研究 [D]. 重庆：重庆大学，2003.

[7] 吕小辉，李启，何泉. 多维视角下城市公共空间弹性设计方法研究 [J]. 城市发展研究，2018，25（05）：59–64.

当代乡土景观更新

——以云南大理苍山采石场遗址景观更新为例

孙　虎[①]　孙晓峰[②]

摘　要： 在乡村振兴背景下，当代乡土景观保护与发展以更多元的参与形式、更积极的策略呈现多样化的趋势。本文以云南大理苍山采石场遗址景观更新为例，阐述其在当代乡土景观更新与发展过程之中企业参与、乡土文脉挖掘、文化弘扬、棕地更新中所做的尝试。在尊重乡土文化的前提下，以乡土文化和产业创新联动，将原本荒芜的采石场更新为具有大理乡土地域特色的人居环境，为乡村振兴背景下的云南大理当代乡土景观更新提供思路与参考。

关键词： 当代乡土景观　乡村振兴　棕地更新　景观更新　地域文化

一、研究背景

在乡村振兴战略指导下，中国农村的发展迎来了发展的新契机。2016年，习近平主席在“推进生态文明建设”的重要讲话中做出了“实现绿水青山和金山银山有机统一、着力打造生态文明建设”的重要指示。中共中央、国务院出台了《中共中央国务院关于实施乡村振兴战略的意见》指出，良好生态环境是农村最大优势和宝贵财富。努力改善农村人居环境，建设美丽乡村，是实施乡村振兴战略的重要任务。但与城市的建设相比，乡村建设由于生产力发展的不平衡、科技水平的不发达，明显在人才、资金、技术上难以由乡村独自完成。显然，在乡村的发展中，无法仅有村民、村组织等单一主体就能支撑起乡村的振兴，而应该结合多方主体，共同为乡村的发展赋能。一些企业的加入，可以为乡村建设提供资金、技术等方面的支持[1]，也可以通过企业的带动作用，引入其他的经济活力因素，助力于乡村振兴。

二、研究目标和意义

云南大理苍山采石场项目整体属于大理苍山洱海景区，位于苍山山脚，周围有崇圣三塔、桃溪谷、大理古城等著名景点。苍山采石场的遗址与周围自然与人文景观环境存在的明显差异。这些差异让采石场给周边带来景观特征的冲突，没有完成不同景区之间空间的过度与交融，也无法较好地服务周边居民，带动周边地块的协调发展。以场地文脉、文化符号作为更新依据，对苍山采石场的遗址景观更新，能够把原有的遗址元素与场地周边的自然元素融合，并贯穿在新的场地形式中。在恢复原有场地生境和更新过程中体现对大理自然、历史、文化和时间的尊重，使更新后的场地承载起当地的景观特征与记忆。苍山采石场遗址的景观更新将尝试唤起人们对场地的思考，同时连接不同景区之间的过渡空间，强化景观特征和大理乡土景观地域特色。

三、苍山采石场遗址概况

苍山采石场位于云南大理，位于大理苍山山脚，位于大理古城西北直线距离约1.5千米，崇圣寺三塔文化旅游区西南约300米（图1），靠近苍山世界地质公园游客休息区，总面积约41.7万平方米。采石场遗址开采后对地形造成较大改变，高差明显，场地西南侧到东北侧，呈不规则台地状分布，最高点到最低点高差约为105米。场地总体呈梯形，由于长期开采，场地内部肥沃土壤几乎全部

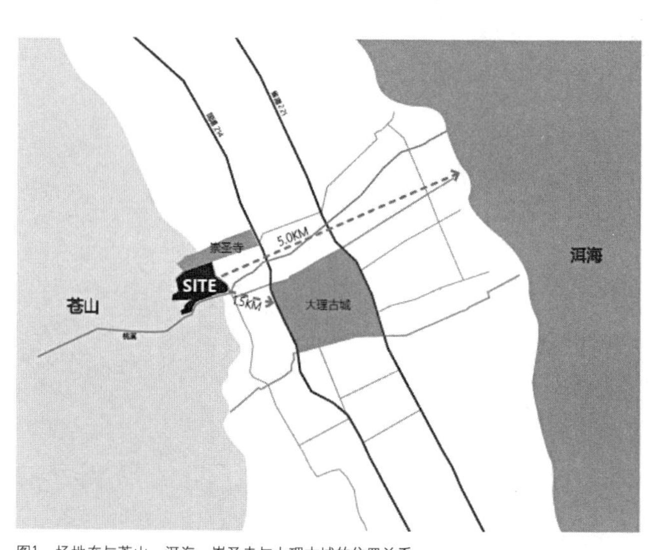

图1　场地在与苍山、洱海、崇圣寺与大理古城的位置关系

移除，目前仅存少量低矮乡土植物，且植被结构不合理。周围堆积大量开采之后的石材，阻碍了现有生态植被群落的恢复。加之采石后留下坑洞，进一步加大了场地坡度，无法涵养水源，造成土地水分、养分的供给能力较弱，进一步延缓了场地内植被的恢复。采石场遗址现今重要的地理位置与其恶劣的生态环境形成的鲜明对比，也显示了采石场遗址需要进行景观更新的迫切性。

在政策引导、企业参与、产业链整合多方合作下，采石场遗址更新取得了不错的效果。通过企业对场地的经营与示范性作用，采石场以自然、文化和产业创新联动，在更新之后重新焕发了活力，将推动大理古城及周边地区旅游产业的发展，并提升了景观环境品质，将长期服务于周边居民。

四、苍山采石场景观更新模式

苍山采石场景观更新可以分为开发模式、景观更新和设计。在项目开发阶段，设计团队不仅将当地的历史、文化和居民生活考虑其中，还会对项目建成后对周边经济的带动，产业发生的变化和对周边居民产生的影响纳入其中。景观更新阶段，则利用场地现有地形，将当地乡土景观元素通过景观规划、空间营造进行传承与发扬，并希望让采石场焕发新的活力。

1. 开发模式

采石场更新之前就对场地进行了大量的调研，除区位、地形、交通、旅游资源外（图2），还针对周边景区的业态、场地周边居民的需求进行了详细论证。尝试在政策、企业、产业和公众参与多方配合下，完成本次场地景观价值与潜在价值的挖掘，也希望场地在更新之后可以作为连接不同景区之间的活力空间。场地更新除改善周边居民生活环境外，也为周边村镇居民提供了参与机会与平台。随着项目场地更新的完成，其位于崇圣寺、苍山游客服务区和大理古城周边范围内的特殊区位（图3），将给周边地区的旅游业、服务业的发展，为当地居民提供工作岗位。这种开发模式既符合政策需求，也在企业参与情况下，积极调动了企业对乡村振兴的带动作用。

2. 大理苍山采石场景观更新理念与方法

采石场希望用当代乡土景观的手法对采石场遗址进行更新，在尊重自然的前提下，分三步并取得了不错的效果。第一，更新过程中结合现有地形，保留场地采石后的台地，尽可能地减少土方挖填。苍山采石场更新利用地形高差，用不同的手法设置跌水、小型瀑布，并模拟苍山和崇圣寺三塔景区周围溪流河涌的形式进行水景观更新，营造不同的景观体验感。第二，场地存有大量开采后废弃石料，在更新过程中，将石料作为重点更新材料。这些材料不仅用于景墙和铺地材质，甚至小品、设施等和部分建筑都以采石场石材作为首选材料。第三，将采石场乡土更新跟周边自然环境结合，采石场的更新主要材料除采石场石材外，大理当地木材、砖块、土块等其他形式也会得到合理应用。这些材料在设计中结合大理当地民居的元素，做到形式与文脉的统一，使建筑、景观与当地自然融为一体。同时，也将整个采石场更新之后，作为连接崇圣寺景区、苍山景区和大理古城景区的连接空间，希望可以对周边起到激活和带动作用。

1）结合周边自然要素

项目对周围环境和地域文脉进行解读，尝试提取其中能够激发设计灵感的元素，重新赋予场地新的景观形式，并与周边的山水景观协调统一，重新赋予场地经济、文化和活力，实现乡村工业遗址的振兴。设计团队就项目将项目所在各个不同方向的景观进行梳理（图4），赋予不同的形式，并精心调整了项目中建筑的体量关系，希望可以做到“倚山面海，回归自然”。尤其在北向崇圣寺方向，项目尽可能地缩小建筑体量和高度，用植物遮挡寺庙朝向的项目立面，这一调整不仅可以减弱项目在大理古城和洱海角度的视觉体量[2]，更保证了“洱海—崇圣寺—苍山”这一经典的“苍山洱海景区”界面。

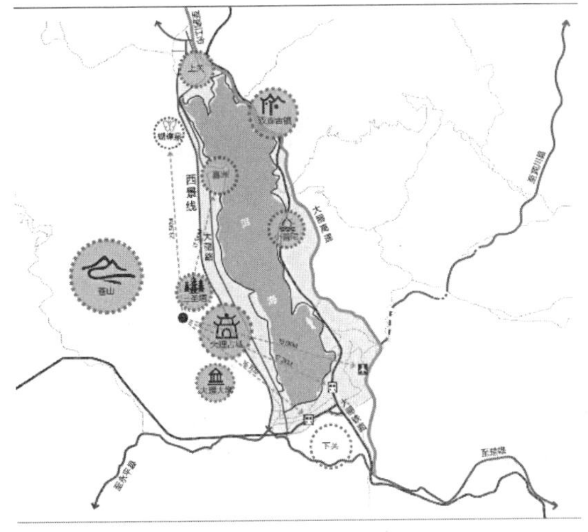

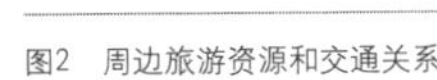

图2 周边旅游资源和交通关系

图3 采石场与苍山洱海之间示意图

图4　场地四个方向的景观示意图

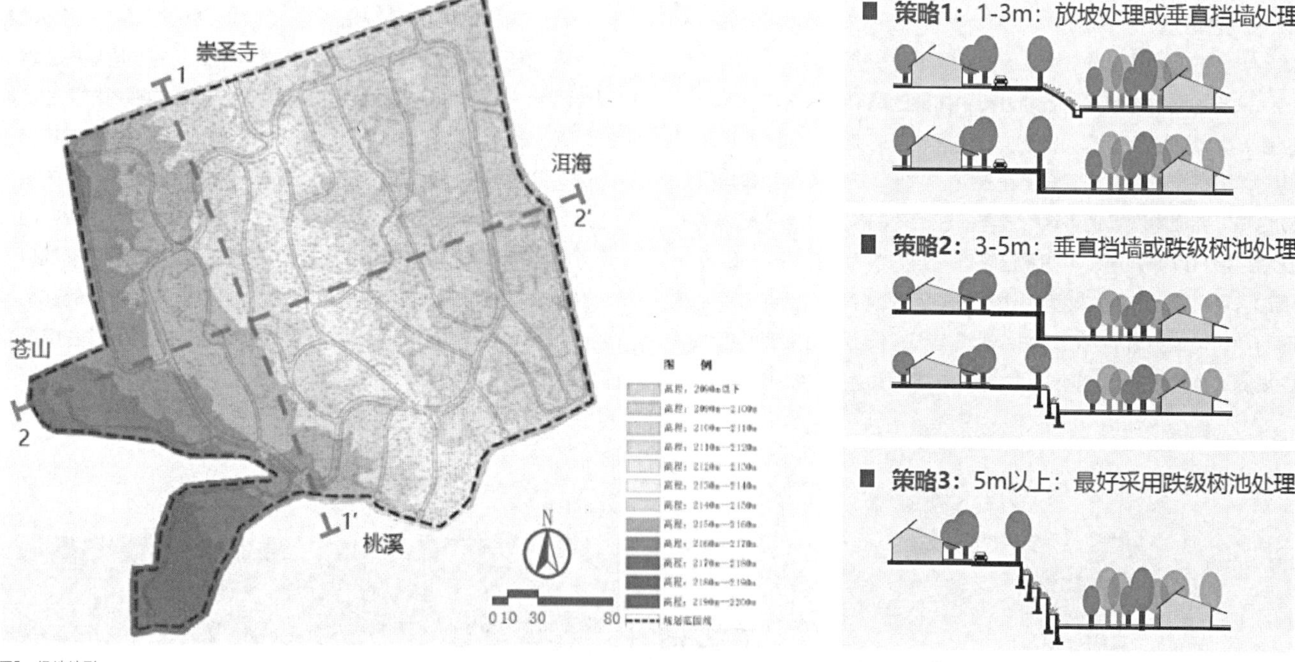

图5　场地地形

图6　不同高差的处理示意

2）结合地形的设计

场地由于采石历史有最大105米高差（图5），设计师将场地分级平整为几大台地，根据场地周边自然、文化等原始元素，增加场地景观的独特性，丰富游人体验。项目更新的竖向设计成为了其中的亮点。在1~3米高差的区域，设计团队顺应地形的缓坡，并通过采石场的原石料堆砌矮墙；3~5米高差的区域，则更多利用垂直挡墙，并通过垂直绿化和部分攀爬植物，形成绿墙景观；在5米高差以上的区域，则多采用跌级树池，做到依照地形层层后退，又与灌木与乔木搭配，打造更丰富的景观效果（图6）。

在处理场地台地高差水景时，利用高差设置的一系列溪瀑景

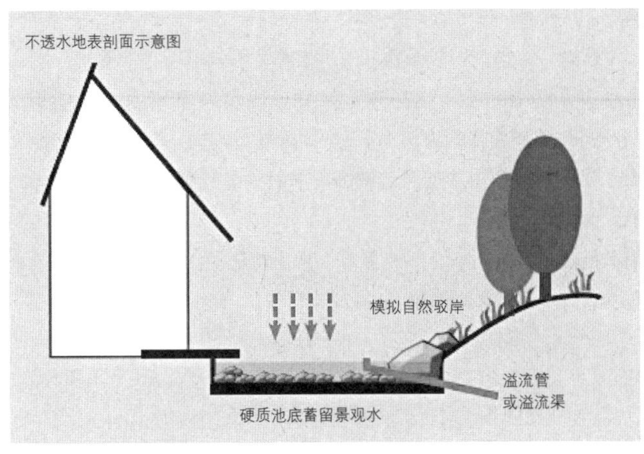

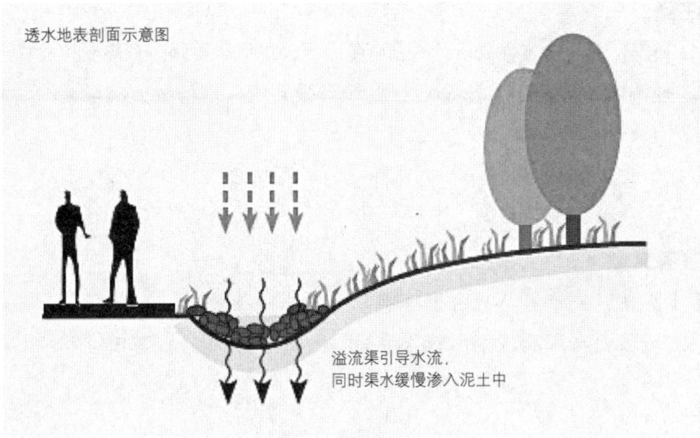

图7 不同水景营造剖面图

图8 对采石场石材的再利用

观，带来多样化的水景体验。水源的设计也充分考虑了现有的桃溪水源，利用山体截洪沟和蓄水池收集雨水，最后水流汇入桃溪或是在场地本身形成水景，解决场地因气候原因导致的水源不足问题。场地的雨水管理方式也采用多种方式，在靠近建筑的不透水地表，采用“蓄、留”的方式，水景底部铺设碎石形成自然形态营造景观效果[3]，并辅以溢流管或溢流渠保证水位高度；在透水地表，则采用“溢、导”的方式，引导水流通过透水地表回补土壤，在小单元内消化雨水（图7），保证场地内原始水文条件的稳定和区域微气候。同时，由于大理地区气候较为干燥，整个采石场更新后的水景在丰水和枯水季节都会呈现水景或是类似枯山水的景观，做到“四季有景，水旱皆宜”。

3）乡土材料的应用

基于场地的文化挖掘而进行的景观设计，是增进场地使用者对场地的亲切感，提高场地的接受程度的有效方法，激发场地周围适用人群的生活、生产活力。设计师利用场地中遗留的石材，主要以青石和卵石为主。根据其大小、形状的不同，通过分类与加工、再运用在设计改造的建筑与园林中，让场地氛围更符合当地文脉并与周边环境融合。设计团队也在设计中加入了云南白族采用瓦、木、砖、石灰岩等材料乡土材料[4]，通过这些材料本身低饱和的色彩与粗犷的表面纹理使更新后的景观与当地自然景观相适应。原有采石场的石材不仅可以略为加工之后用于景墙、装饰，大块石头用于堆砌水岸、假山与驳岸收边（图8），也可以进行切割加工，用于景观小品、坐凳、指示牌、座椅、灯具甚至垃圾桶。

4）乡土生境营造

在采石场景观更新之中，乡土植物因为其高适应性与高抵抗性被设计团队广泛应用，而不同的乡土植物也有不同的生长特性[5]，这也更好地展现了大理的历史与文化风貌。基于苍山丰富的植被基础，设计团队精心考察并挑选了多种云南本地的植物，确保这些乡土植物可以能更好地适应采石场更新的土壤、气候等条件，将在短时间内存活并形成四季可变的怡人景观。设计选用一系列本土的观叶、芳香植物对场地景观进行营造，运用杏花、山玉兰、云南紫荆等开花植物，干香柏、香樟、大理罗汉松等观叶植物进行设计，并会辅以云南紫荆、云南冬樱花等观花乔木，云南山茶、大理茶、滇丁香等观花灌木，力求营造四季不同景的“五彩云南”。

五、结论与展望

云南大理苍山采石场遗址景观更新，可以说是云南古城景区辐射范围内第一个企业参与下，乡土文化和产业创新联动的乡村棕地更新项目。更新方案分期、分步有条不紊地进行，很好地协调了政府、企业和乡村居民的关系，在尊重乡土文化的前提下进行了当代乡土景观更新的积极探索。通过苍山采石场景观更新和产业联动的方式，原本荒芜的采石场开始向具有大理乡土地域特色的人居环境进行转变，更新后的采石场也将成为“苍山洱海”景区的重要空间，将积极地带动周边社会经济的发展，也为周边居民生活环境的提升做出了重要推动。这一尝试为乡村振兴背景下的当代乡土景观更新提供思路与参考。

注释

① 孙虎，广州山水比德设计股份有限公司，高级工程师，董事长。

② 孙晓峰，广州山水比德设计股份有限公司，创新研究院副院长，lunwen@spi-gz.com。

参考文献

[1] 陈艳，刘志凌．社会资本参与乡村振兴战略的培育路径探索——江苏杉荷园农业科技发展有限公司案例 [J]．江苏农业科学，2018，46（21）：349-352．

[2] 崔颖．大理古城风景营造的历史经验研究 [D]．2014．

[3] 梁华，查尔斯·诺里斯，梁乔．现代人居环境中的水景设计——以重庆左海湾为例 [J]．中国园林，2011，27（4）：52-56．

[4] 钱实．大理白族地区传统景观中的构成元素分析 [J]．美与时代·城市，2017（1）．

[5] 吕建国，刘周权，杨晓霞等．乡土植物对洱海水体的净化效果研究 [J]．大理大学学报，2012，11（3）：45-48．

探索以会议事件为导向的乡村振兴之路

——以乡村复兴论坛为例

罗德胤[①] 付敬诺[②]

摘　要： 实施乡村振兴战略是新时代做好“三农”工作的总抓手。为有效响应中央提出的乡村振兴号召，笔者尝试以“村里开大会”，即乡村复兴论坛作为事件抓手，整合资源，推动乡村规划设计项目的落地实施，同时推动乡村的文化品牌建设和宣传推广，以此实现村落文化保护和乡村振兴。

关键词： 乡村振兴　乡村复兴论坛　村落文化保护

引言

习近平总书记在党的“十九大”报告中指出：“实施乡村振兴战略，是党的‘十九大’做出的重大决策部署，是新时代做好‘三农’工作的总抓手。”2018年2月，国务院公布中央一号文件，颁布《中共中央国务院关于实施乡村振兴战略的意见》，提出将产业兴旺、生态宜居、乡风文明、治理有效、生活富裕作为乡村振兴的总要求，统筹推进农村经济建设、政治建设、文化建设、社会建设、生态文明建设和党的建设。乡村功能的复兴和发扬被认为是乡村振兴的核心任务，这主要包括农产品供给、生态和谐和文化传承（陈锡文，2018）。产业兴旺是五项总要求中的第一要素，通过一、二、三产业融合发展，展现乡村文化功能、发展创意农业和制度创新，可有效实现产业兴旺，也间歇性地响应了乡风文明和治理有效的总要求（温铁军，2018）。

作为规划设计专业人员，如何才能有效响应中央提出的乡村振兴号召？在2018年中央一号文件的二十字方针中，只有“生态宜居”这一条是跟规划设计专业直接相关的，其他四条都不能让规划设计者直接发挥专长。面对这一“困境”，笔者认为，首先要抓住乡村普遍面临的一个核心问题，即空心化导致的“需求失效”，才有可能打破僵局。

具体说来是五件事（图1）：

一、通过乡村文化价值的深度挖掘和研究，探索其在现代中国社会中所可能占据的文化高度，以及可能与之形成对接的现代生活方式和产业品类，并以此确定该地乡村振兴的主题。本文认为，只有在文化上或产业上够强大的主题，才可能对抗乡村的空心化趋势。

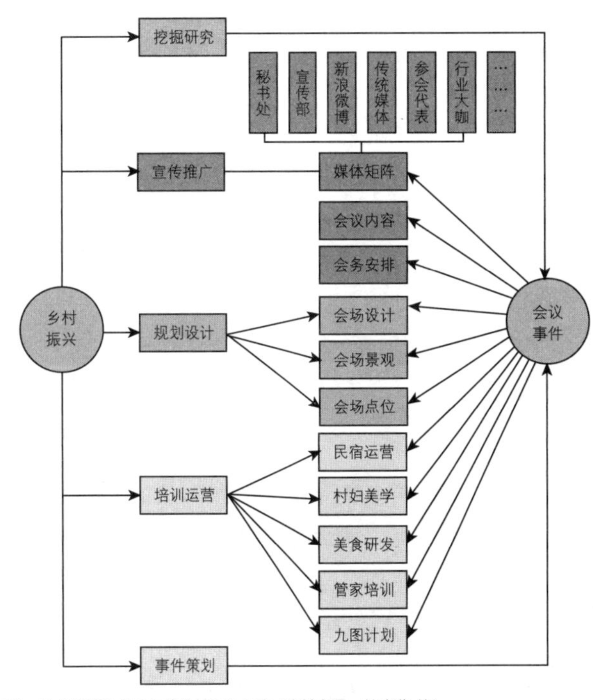

图1　以会议事件为导向的乡村振兴之路（资料来源：付敬诺 绘）

二、围绕上述文化或产业主题，进行有针对性的乡村规划和设计。

三、持续的宣传推广。

四、开展持续的村民培训，并且鼓励新老村民在村内进行尝试性的商业化或半商业化运营。

五、策划事件。事件，是容易被以往规划专业者忽视的一个环节。它是有效获取社会关注的一个途径，而社会关注又是应对乡村“需求失效”的一支力量。

本文的作者及其工作团队，在过去的几年尝试以“村里开大会”作为事件，来整合资源，推动乡村规划设计项目的落地实施，同时推动乡村的文化品牌建设和宣传推广，以此实现村落文化保护和乡村振兴（罗德胤，2018）。“村里开大会”的大会，正式名称是“乡村复兴论坛”，起始于2016年4月，迄今已在全国不同地方举办了七次。本文是对这七次会议事件的总结与思考。

一、会议事件回顾

乡村复兴论坛的设想，缘起于2015年11月在乌镇举办的第一届古村大会。这次大会取得了很好的成效，成为一个现象级会议。我们由此而产生了“在村里开大会”的想法。

乡村复兴论坛自第一次于2016年4月在河南省新县西河村召开以来，截至目前共举行了七次，分别在河南新县（西河村），贵州桐梓（中关村），贵州台江（交宫村和红阳村），山东日照（山海天景区），广东梅县（侨乡村、松口镇），陕西汉中（留坝县）和福建永泰（竹头寨和月洲村）。每次会议的正式会期进行两天，参会人数均在350~500人左右。整体来说，七次会议的成效可基本概括为以下几点：

1）促进行业交流

乡村复兴论坛邀请来演讲的嘉宾都是乡村振兴领域的各个行业有所建树的专业人士。借论坛这样一个机会，不同行业间可以彼此沟通了解，拓宽想法。

2）有效培训当地乡镇干部

乡村复兴论坛的一半名额是分配给当地的，为的是将乡村振兴领域内最前沿的专业知识，传递给当地村镇干部。

3）提升乡村人居环境

通过针对会议会场、路线的规划设计及落地实施。村落景观环境和相关服务设施均可得到有效提升，由此切实提升村民生活质量。

4）引发社会关注

通过会议期间的宣传和会议举办，会议的举办地会受到来自社会各界，包括乡村建设相关专业人士、政府、资本投入等相关方的广泛关注，有效提升知名度。

5）鼓励村民参与

在规划设计阶段，村民参与落地实施可帮助提升他们的归属感。会议演讲嘉宾的实践经验分享，可开拓当地政府领导和村民的视野。会议还可能带来后续的培训运营，这有助于在村内形成有效的管理运营模式，使村民切实参与到乡村的后续发展和治理。

6）吸引社会资本

通过举办会议，村落的知名度和硬件基础都得到有效提升，这有可能吸引来社会资本，为当地提供新的就业、创业机会，同时吸引进城务工人员返乡。本文作者提倡的观点，是在村落保护和乡村振兴事业中应主要吸引中小型资本。相较于大型资本不允许失败的高度压力和不得不追求利益回报的商业诉求，中小型资本更加具有多样性和创造性，更容易赋予地块活力（Florida，2002）。在一个村落中同时可以引入多个中小型项目进行尝试，相较于一体化商业建设的大型资本，因为其数量较多，出现成功的机率相对更高。

二、会议内容与会务

高品质、具有时效性的会议内容和专业的会务是评估会议成效的重要标准。乡村复兴论坛除了作为一个会议事件给村落带来活力外，其会议内容与会务可以起到培训乡镇领导，助推乡村发展的效果。

会议内容是会议的核心，是不可忽视的重要组成部分。乡村复兴论坛的受众主要是在乡村振兴领域开展工作的相关人士、地方干部和潜在投资人。论坛包含不同板块，便于参会者选取与自己领域相契合的内容，有针对性地参与学习。

同时，一个成熟的会议，背后一定会有一支专业的会务团队。针对会议各个环节，会务团队进行持续的优化和创新，以此不断提升会议的体验感。这些环节主要包含两个方面。一是维持论坛风格的统一性和独特性。乡村复兴论坛每次都在不同地方举行，需要会务团队保证论坛在对外形象上的统一性，并且始终保持自己的特色，以此不断强化会议品牌。二是要深入了解会议举办地的文化资源与场地条件，对可能出现的各种问题做出预判，并且做好应对的方案，以保持会议全程的顺畅。

三、挖掘研究

挖掘研究主要是指在进行会议举办地的前期考察时，要对当地资源和特质进行深入学习和挖掘，提炼出当地特色，以便在会议举办时加以利用，借此强化地方文化品牌。这主要包括三个方面：当地已有文化资源的推广、地方文化产品的研发和借会议之势创造地方品牌。

有些会议举办地可能已经具备一些优质的文化资源，需要借会议进行推广。举例来说，张良在论坛举办前就已经是陕西汉中留坝

图2 张良庙“英雄会”（图片来源：乡村复兴论坛组委会）

图3 留坝峰会第一天在花海中举办（图片来源：罗德胤 摄）

县的文化IP。留坝有一座张良庙（图2），立有一座“英雄神仙”碑，是1919年由地方军阀管金聚书写的。这四个字不显高雅，但确实是对张良一生最简要的概括，我们借此设计了会议用的胸牌——把“英雄神仙”四个字拆解开，用“英雄”来代替“演讲嘉宾”，用“神仙”来代替“参会代表”，借此推广IP。

此外，针对地方文化产品的研发可做多种尝试。论坛通过和台湾美食家王翎芳老师的合作，在梅县和留坝的两次会议上都进行了当地食材的挖掘和研发。同时对当地厨师和村妇进行了培训，由后者制作出美食。这些地方产品可以作为特产进行售卖，也成为自带流量的纪念品。

论坛在宣传推广上的放大效应，成为创造地方文化品牌的契机。福建省永泰县借会议的举办，强化了“永泰庄寨”作为一种新建筑类型在专家和公众认识中的地位。

四、规划设计

与会议事件相结合的规划设计，与通常的规划设计工作模式有所不同。这样的规划设计具有以下特点：（1）有明确的时间完成节点；（2）有明确围绕会议事件的设计项目；（3）设计项目要有针对性和话题性。

1. 会场设计

会场设计主要包括三种情况，即临时搭场、改造会场空间和运用现有建筑。

临时搭场，适合于拥有良好自然景观的场地。在此类场地，参会者可以感受当地景观，提升景观感染力。举例来说，乡村复兴论坛留坝峰会的第一天是在花海（图3）中进行的，日照峰会则是在海边的沙滩上，台江峰会的两天都是在保留完好的苗族村寨。搭棚的组件在会后收好保存，在以后的会议中可重复利用，以免资源浪费。

改造会场空间，主要是对村内既有较大型建筑进行修复和改造。这样的会议空间，往往可以提供良好的空间体验。会议结束后，这些建筑可以用作村民中心、游客服务中心或乡村博物馆等功能。截至目前，乡村复兴论坛使用过的改造会场包括河南新县西河村用粮库改造的村民中心、贵州桐梓县中关村用烤烟大棚改造的村民会议厅、陕西留坝县火烧店镇用老供销社改造的游客服务中心和福建永泰县竹头寨（图4）用一个大型庄寨建筑改造的文化研究中心。

2. 会场景观

会场景观指的是会场附近的景观，其规划和设计主要是围绕参会者的进入线路而进行，要投入较多的资源。这么做的好处，是可以集中资源在短时期内大幅改善村落部分区域的景观，在保证会议效果的同时，也提升了部分区域的村民生活指数和游客的参观体验（图5）。

首先是道路系统。村内的主路要改善，以满足接送参会人员的十几辆大巴顺利通行。能满足这一要求的道路，将来也是可以承载相当数量的游客汽车进出的。局部的慢行系统也要改善，包括街巷小路，还可能有田埂路。它们可供村民日常使用，同时要和主路相接，形成步行或骑行环线，还能连接起重要的建筑与景观节点（王芝茹；罗德胤，2018）。

3. 乡村景观

此处乡村景观是指会议所在村落的整体景观（图6）。比起会场景观，乡村景观的范围要大得多，共规划设计要遵循低干预的“弱景观”设计原则，以最大限度地降低成本，主要包括三方面：其一是设计师角色的弱化．要从景观设计者退让为发掘者，发掘出

图4 竹头寨上寨原貌（图片来源：陈曦 摄）

图5 上寨会场室内（图片来源：覃江义 摄）

图6 新县西河村沿河景观（图片来源：覃江义 摄）

图7 旱溪花园（李君洁 摄）

被掩盖的传统村落潜力景观；其二是设计强度的弱化，注重对传统村落景观优越资源的恢复性、引导性，弱化设计师人为的创造性，慎重引入非原生的景观元素；其三是设计实施成果的消隐性．即设计后的景观隐藏于村落环境之中（李君洁；罗德胤，2018）。

4. 景观节点

景观节点指小型的花园或凉亭，通常设立在会场景观之中或附近，在会议期间可供参会者使用（参会者在景观节点内的拍照活动，也是一种有效的宣传）。对于现状条件较差但区位合适的节点，设计师可采用干预性强一些的设计策略（李君洁；罗德胤，2018）。重要的景观节点，应兼具观赏性和功能性，如竹头寨的旱溪花园（图7）平时是没有水的，但是在雨天可以满足排水功能。

5. 景观照明

乡村景观照明应遵循三个原则。其一是尽量减少灯具对乡村风貌的影响，最好做到夜晚只见灯光不见灯的效果。其二是当灯具无法隐藏时，其造型应与村落风貌相符。其三是在满足基本照明的情况下，尽可能维持一种静谧感强的夜景暗环境。在遵循这三个原则的情况下，景观照明的设计应围绕村庄特色进行。对于建筑特色较突出的村落，景观照明应服务于展现和凸显这种特色。在会议举行期间，为了保证参会者的安全，可添加临时射灯增加亮度。

6. 亮点工程

亮点工程是指围绕会议所需，在会场附近选取几个点位进行重点设计，包括改造为会场的建筑本身、茶室、咖啡馆、书吧等。这些点位的作用除了满足会议、休息、交流的实际功能之外，还重在提升参会者的现场体验。在会后，它们可用于商业经营，提升当地经济效益，或用作文化公益，提高村民生活指数。

五、结语

本文探讨了以“村里开大会”的方式，针对乡村需求失效的问题，采取有的放矢的策略，达到村落保护和乡村振兴的目的。通过举办会议，将挖掘研究、宣传推广、规划设计、培训运营和事件策划这五个方面统筹在一起，赋能于乡村。

目前，乡村复兴论坛已经举办七届。通过七次“村里开大会”的经验积累，我们对于会议的前三个环节（即挖掘研究、宣传推广、规划设计），已经基本上能做到系统化，对于会后的持续运营和事件策划，则处于探索阶段。

论坛的第一次会议举办地——河南新县的西河村，在乡村旅游的成效上是收获颇丰的。对西河村近几年来的发展，当地村民普遍有“翻天覆地”的评价（这主要指的是村庄环境、经济水

平和文化自信，不是指村落内的文化遗产），省级与中央媒体对于西河村的报道也保持了相当高的频次。论坛的第二次会议举办地——贵州桐梓县的中关村，在最近两年由于有社会工作者进驻，也已经表现出持续向好的态势。“村里开大会”作为一个整合资源，推动乡村振兴的尝试，已经具备相当的现实意义，也开始显现出一定的理论价值。

注释

① 罗德胤，清华大学建筑学院，副教授。

② 付敔诺，清华同衡规划设计研究院，规划师。

参考文献

[1] 陈锡文．实施乡村振兴战略，推进农业农村现代化 [J]．中华儿女，2018（13）．

[2] 陈锡文．资源配置与中国农村发展 [J]．中国农村经济，2004（1）：4−9．

[3] Florida R. The Rise of the Creative Class：And How It's Transforming Work，Leisure，Community，and Everyday Life [J]. Canadian Public Policy，2002，29（3）：90−91．

[4] 李昌平．乡村振兴最核心的任务是增加农民收入 [J]．人民论坛，2018（21）．

[5] 罗德胤．村落保护：关键在于激活人心 [J]．新建筑，2015（1）．

[6] 李君洁；罗德胤．传统村落需要“弱景观”——关于传统村落景观建设实践的探索 [J]．风景园林，2018（05）．

[7] 罗德胤．在路上——中国乡村复兴论坛年度纪实（二）[M]．北京：中国建材工业出版，2018．

[8] 王芝茹；罗德胤．会议事件推动下的传统村落保护与更新研究——以广东省梅县区侨乡村为例 [J]．城市住宅，2018，286（25）．

[9] 温铁军．生态文明与比较视野下的乡村振兴战略 [J]．上海大学学报：社会科学版，2018．

[10] 温铁军，杨洲，张俊娜．乡村振兴战略中产业兴旺的实现方式 [J]．行政管理改革，2018．

血缘、地缘、业缘维度下的乡村社区营建及更新研究

——以湖北宜城朱氏社区为例

王　曼[①]　李晓峰[②]

摘　要：中国乡村聚落分为血缘型、地缘型、业缘型，现代乡村的发展往往由这三个方面综合决定。血缘，即"亲"，代表宗族关系；地缘，即"邻"，代表邻里生活；业缘，即"业"，代表村镇产业。文本以乡村社区营建更新为研究重点，从血缘、地缘、业缘维度对宜城朱氏乡村社区的发展变迁进行解读，探讨乡村更新所存在的问题，结合自然、文化、产业等因素提出有效的更新策略，为湖北其他地区的乡村营建设计提供参考依据。

关键词：乡村营建　更新　血缘　地缘　业缘

一、前言

聚落，即人类聚集而居住的场所，可分为乡村聚落和城市聚落。乡村和城市均作为人们活动的空间载体，纵观中国的历史进程，应是各具千秋、不分优劣。但随着经济和城镇化发展，城乡已偏离了二元结构，城市远超乡村从而占据绝大部分资源，乡村无法满足现代社会发展的需求，被迫萎缩。乡村聚落不只是居住、生产、休憩等功能的简单总和，而是一个完整的、有生命的生活圈。它有兴盛衰败的脉络，我们需要去研究它因何而起、因何而兴、又因何而衰，这样才有支点去探讨它能因何而复兴。

二、血缘、地缘、业缘概念阐述

社会学范畴，社会关系分为血缘关系、地缘关系、业缘关系。受传统农耕文明的影响，中国乡村主要以血缘、地缘为纽带发展起来，讲究宗族血统、邻里和睦、封闭自持。而业缘关系多存在于类城镇化聚落，追求合作利益，自由开放。

1. 血缘关系

血缘关系是由婚姻或生育产生出来的一种社会关系，建立在血亲或生理联系上。宗法制度奠定了血缘关系在社会中的主导地位，血缘群体有自己的制度规范、道德准则、传承发展模式。血缘聚落具有集聚性与自给性，秩序性与礼俗性，稳定性与封闭性。传统农耕型经济使得聚落自给自足，不必借助外界的资源。因其完整的结构和严格的规制，聚落稳定性较强，并且对于非血亲人员排他性较强，外人很难介入。

2. 地缘关系

地缘关系以空间地理位置为纽带，指在一定范围内长期一起生活、生产、交往从而产生的一种人际关系。"邻里关系"、"同乡关系"都是这种关系的表现。远亲不如近邻，出门在外，因来自同一地方，生活环境相同而产生的一种亲切感。地缘聚落一般为多姓同村，村民共享地方资源，接受"邻里式"、"街坊式"的居住形式。聚落街巷道路清晰，没有明确的中心，具有一定的接纳性和开放性。

3. 业缘关系

业缘关系是因行业、工作职业的活动需求而结成的人际关系。如"同事关系"、"合作关系"、"竞争关系"等。明清开始，这种地缘关系为基础的团体盛行，如"行帮"、"会馆"、"商会"，但是他们又受到血缘、地缘的影响。业缘群体聚集形成聚落，业缘聚落通过贸易流通与其他地区加强联系，与其他类型聚落相比，"外向性"、"互动性"特征显著。

三、朱市社区发展变迁历程

朱市社区位于湖北省襄阳市宜城市小河镇西南部，地处多个村落交界处。旧时，宜城土著或外地迁入者定居一处，因人丁兴旺而发展为大家族，有的村既以姓氏命名。朱市起初称为"朱家咀"，以处蛮河拐角咀子上，居民朱姓较多而得名。朱市的发展始于"血缘"，故而我们称为"朱氏"。中华人民共和国成立前，蛮河是沟通汉江流域和南漳县武安镇一带的水路通道，商贾

云集，船只来往频繁，常在这里聚集停泊，集镇因此繁荣，后称朱市。1953年武安镇谢家台道流坝截断蛮河上游之水，及1962年三道河水库建成后，蛮河流量锐减，船道日渐衰落，但洪保公路，焦枝铁路和朱市火车站相继建成，市面仍旧繁荣。2004年并入小河镇成为社区。

随着焦柳铁路的建成、乡镇府的搬迁，地缘因素起了很大作用，朱氏的中心开始迁移，高速公路的影响还有各类产业的持续融入，朱市的中心可能再次迁移，业缘关系将成为“朱市社区”持续发展的动力。因为血缘、地缘和业缘在不同时期的引导以及彼此的相互作用，朱市完成了“朱氏”到“朱市”、再到“朱市社区”的演变。

业缘关系为基础的聚落是介于乡村与城市之间的形态。当生产力发展到一定阶段时，多余的生产力离开农田找到其他就业机会，初始起决定作用的血缘和地缘关系的影响力减弱，业缘关系的影响将在这个聚落发展中占领主导地位。就如同朱市社区已转向以业缘关系为主导，血缘、地缘、地缘关系并存，共同影响的乡村聚落。

四、朱市社区发展现状

1. 朱市总体概述

朱市社区以北为百里长渠，以南为蛮河，其内部分布有众多水塘、养殖、灌溉。社区职能综合性较强，居住、工业仓储、公共服务、市政服务、交通设施等用地齐全。交通设施有一处朱市火车站和一处城乡公交客运站。农业生产以种植水稻、小麦为主，兼种玉米、果蔬及莲藕，养殖业包含两个养猪场及一个养牛场。企业主要以粮油、木材加工为主，石化、建材为辅。整体来讲道路两侧及公共建筑的建筑品质较好、层数较高，工厂厂房及普通村民住房的建筑层数较低。朱市社区在2004年之前是一个比小河镇发展得更好的小城镇，并镇之后，随着政治职能的迁移，经济活力、文化活力大不如前。

2. 朱市社区现状问题

1）血缘、地缘性情感缺失

受到行政功能外迁、户籍人口外流、“空巢”现象严重、居住环境缺乏有效管理等因素的影响，社区呈现发展动力不足、缺乏活力等问题。农村妇女很难在城市中找到合适的工作，其文化素质无法与相应的科技成果匹配，同时缺少经营管理能力。对留守老人、儿童缺少关怀、家庭归属感薄弱。老屋大量闲置、农田荒废，邻里关系不如以往亲近和睦。

朱市社区远期要实现远村并点，附近村落人口迁入，在政府统一规划下，在指定地点建造村民住宅。有并村史的行政村不是熟人社会共同体，很难形成地缘感情。传统居住模式缺乏公共活动，难以提供村民交往机会，认同感的缺失导致村民情感难融合，以至“貌合神离”。

2）住宅舒适度较差

朱市冬季寒冷潮湿、夏季高温多雨。乡村住宅外围护结构极少能采用保温层等构造，夏季屋内闷热，冬季阴冷潮湿，墙壁因受潮起皮，导使用户居住舒适度不佳。新建住宅一般为两到三层的独栋建筑，功能布置过于简单，纵向两道墙划分三个房间，中间客厅两边卧室。卧室设置过多，空间利用率不高，又缺少活动空间。功能使用性质不清晰，起居生活和务农工作，甚至养殖功能不作明确区分，客厅堆放务农工具农药，厕所旁边就是猪圈鸡舍。

3）生态环境问题

社区环境较差，公路附近扬尘很大，道路路面质量不高，生活垃圾无人统一处理，公共设施损坏严重，道路两旁行道树被砍伐，存在不少“面子工程”。村民对住宅建设投入较多，却忽视了户外空间环境的营造，住宅外的庭院也几乎不打理，杂草丛生，不设置任何遮挡物和休憩设施，甚至用来堆放杂物垃圾，导致庭院只是通过空间，不具有逗留性和观赏性。工业发展、工厂建立、现代化建设、村民文化程度不高环保意识淡薄等因素，造成朱市生态环境一定程度的破坏，成为乡村经济健康发展的瓶颈。

4）缺乏地域性

“千村一面”、“城村一面”是乡村营建需要克服的难题之一，乡村住宅的地域性从建村到发展逐渐弱化。受城市现代住宅的影响，外出务工的农民工返乡将城市住宅样式带到乡村，邻居纷纷效仿。由于观念的落后，部分村民认为欧式建筑风格更加彰显富贵，雷同的农村住房由此而来。

朱市内几乎没有完整留存的传统建筑，建筑风貌混杂，大部分是改革开放后建设的“楼房”，山墙清水抹面不做装饰，铝合金窗户、金属防盗门、铁艺栏杆，完全失去地域性。生产方式转变、农耕文化淡化、现代化带来的高科技技术产品逐渐取代了传统建造技术、材料、手工艺。村民的生活习惯、娱乐方式、民俗活动等一些非物质文化遗产，现下也难寻踪迹。

五、可持续发展更新策略

1. 优化面域空间，做好乡村的发展定位规划

乡村社区更新首先是把握乡村未来的发展定位，根据区位条件、环境资源、经济水平等综合考虑。围绕定位进行整体规划设

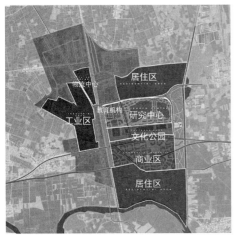

图1 总体规划

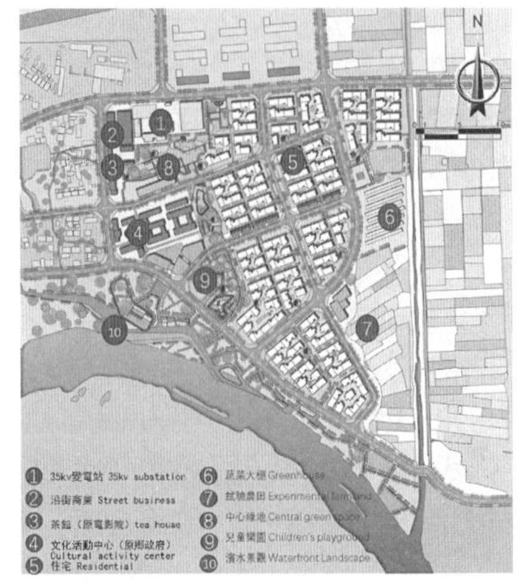

图2 详细设计

图3 景观结构

图4 建筑布局演变过程

计，首先重点控制村落人口、用地性质及规模、道路管线设置、公共服务设施半径、建筑密度高度等。其次，考虑村落的文化，尽可能保留村庄发展过程中具有历史纪念价值的场所和建筑，结合村民日常生活习惯，保留并改善聚集的场所。

朱市社区交通运输发达、农田广袤、又有工业发展条件，可定位以生态农业为主，农产品加工、教育、商业职能结合的“后农业时代”新农村。规划设计（图1、图2）选址于朱市社区东南部，内含林、田、渠、河、商、住等传统乡村要素。南北绿轴联系西侧商业片区与东侧居住片区以南侧滨水空间为承托，营造景观通廊。保留地块内原有公建并进行部分功能置换，建构围合式的居住形态以维系四方之“缘”。

南北向的景观轴线串是居民主要休闲活动区域，东西向的生活轴线穿越居住组团，提供基本的生活服务。两条绿轴穿过基地，串联了入口公园、中心公园、儿童游园等，承载游憩休闲和社会文化等功能。蛮河和支渠形成一条U形的绿带，环绕在村庄外围。（图3）

2. 优化院落空间，促进可持续化发展

具体设计结合村民的生活习俗、通风采光、传统民居形式，以确定农宅位置、朝向、形体等布局。现代乡村社区居民多为从事农业家庭生产的农民，其住宅及附属庭院设置独立性较高，但缺少了过去乡亲邻里的亲切感。一种既具有自身独立性隐私性，又能方便邻里交流的建筑形式，需要我们去探索。

传统建筑形式是“三明治”组团，建筑与建筑之前为绿地；将绿地统一合并，通过建筑围合，形成新的组团形式，设计公共庭院的同时，每户自带庭院保证其私密性和舒适性。此外，交通核心扁平化，限定共同出入口，增加人与人之间见面交流的机会。（图4）

3. 优化产业结构，提升综合经济实力

目前乡村转型升级最普遍的方式是农业转向以工业为主的第二产业或第三产业旅游业。交通运输业的发展，使得农产品加工成品可以远销各地，为村民提供新的经济来源。农业观光旅游热掀起，周边城市居民在周末节假日来到乡村体验生活，刺激消费。反之，合理利用工业资源，为村民提供在地就业岗位，才能吸引青壮年返乡。加强村民文化水平教育，提高公民素质，持续吸引到更多不同地方的游客前来观光。

把握村落新建部分与原有部分的功能特征，促进新旧部分融合。新老一体，保护现有传统聚落形态和历史变迁规律的基础，建立新社区，使得乡土文化延续，村民情感回归。城乡协调，将供电供暖、给排水、天然气、电子通信、公共交通等基础设施进行统一规划，使得农村也能享受现代化的便利。

六、乡村住宅营造

1. 住宅空间形态需在传统民居基础上传承与发展

在朱市社区的建筑设计上，我们设计建造以血缘、地缘关系为主导的住宅。借鉴原来的朱市社区住宅空间形式，即房、田、房组合的空间。在原型上进行推演，重新设计（图5）。

村民通过家门，进入到庭院再进入客厅，有些户型设置后院，人们可以延续原来的生活传统，在自家后院种地。为充分保证村民要求的私密性，朝向庭院的房间增加片墙阻隔。入户庭院提供私密且环境良好的内部空间，公共庭院提供交流活动场所，限定的两个出入口有效地提高了居民的见面几率。建筑形式采用粉墙黛瓦、马头墙、漏窗等传统元素，在屋顶、色彩、材料等方面进行发展抽象，将传统元素融于现代形式。(图6)

图5　住宅组团剖透视

图6　组团立面图

2. 住宅的功能布局应满足村民的生活生产需求

乡村工作性质与城市差异较大，生产方式决定住宅功能和设计上的差别。乡村的厅堂不同于城市的客厅，除了满足日常起居，还承担着婚丧嫁娶的祭祀功能。乡村住宅一般不设置玄关，入户门多是双扇外开，以便搬运大型生产工具。起居室的设置，农村家庭亲戚人口较多，逢年过节亲友团聚，但客厅无法满足需求，起居室的设置便可缓解矛盾。厨房，因有的住户还用土灶，干柴、秸秆作燃料，厨房面积往往较大。

在设计中，我们以家庭结构组成和人数为分类依据，第一类A、B户型针对两代人同住，包括老人与小孩儿，即留守儿童家庭，或者年轻父母与孩子；第二类C户型针对独居老人，子女去城市务工的类型，主要针对老人设计，因行动不便，主卧设在一楼；第三类D户型针对三代同堂的家庭，包括老人、父母、小孩。(图7)

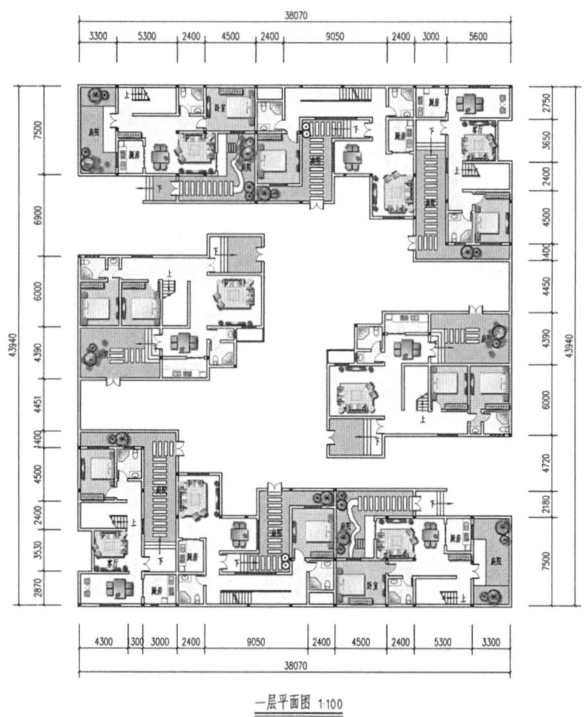

图7 组团一层平面图

3. 住宅的设计应尽量采用可持续性的材料和节能措施

建筑材料的选择在乡村营建直接与建成效果、经济成本有关。材料建议因地制宜、就地取材，节约运输成本又带动当地经济发展。乡村新建住宅应逐步向生态住宅靠拢，在营建过程中采用低技术节能措施，减少后期维护成本。如湖北地区潮湿多雨，在设计中应注重每个房间的通风效果，两面开窗南北通透是有效措施之一，夏季形成穿堂风，调节室内温度；在屋顶上设置太阳能电池板提供热源；考虑设计沼气池，减少环境污染；设计雨水收集装置和污水处理设备，实现水资源的循环再利用。

七、结语

传统和现代、保护和更新是人类发展永恒的话题，在业缘性关系导向下的乡村如何能够不丢失传统聚落中的“血缘”、“地缘”属性，即城镇化提出经济发展更快更强的情况下，乡村如何保存自身文化和人情味实现更新激活。这是我们作为相关从业研究人员应该思考的问题，文章的思考希望能为乡村营建提供一种可能和思路，回归本源，去其糟粕，取其精华。

注释

① 王曼，华中科技大学建筑与城市规划学院，430074，2603091020@qq.com。

② 李晓峰，华中科技大学建筑与城市规划学院，430074。

参考文献

[1] 李晓峰. 乡土建筑——跨学科研究理论与方法 [M]. 北京：中国建筑工业出版社，2005. 223-230.

[2] 陶然. “业缘”影响下的传统聚落与民居形态研究——以博山地区为例 [D]. 济南：山东建筑大学建筑城规学院，2013.

[3] 张晓萌. 基于地域性的武汉近郊农村住宅改造研究——以梅池村为例 [D]. 武汉：湖北工业大学建筑与土木工程学院，2017.

[4] 肖敏. 新农村住宅设计与规划对策初探——以武汉市挖沟村为例 [D]. 西安：西安建筑科技大学，2008.

20世纪70年代“农业学大寨”背景下武汉黄陂耿家大湾村庄建设遗存初探

邹　聪[①]　郝少波[②]

摘　要： 耿家大湾是我国20世纪70年代“农业学大寨”时期遗留下来的村落遗迹，是那个时期的建设缩影，本研究聚焦于耿家大湾的建造背景以及建造技术，希望透过这个案例的研究，完整记录下这个时期的建设历程和适时的建造技术，并希望在当前的经济社会大环境下提出合理的保护与利用方法，使之发挥最佳作用。

关键词： 耿家大湾　“农业学大寨”　建设历程　建造技术　保护

引言

“农业学大寨”是一场旨在探索农业发展道路，解决人口大国人民生存与经济发展问题的群众性运动，从1964年到1977年的13年中，全国农村广泛学习大寨大队各方面的经验，包括新村建设的经验。新村建设是解决当时居住与生活问题的一项重要举措，体现了当时的时代特征。如今，这些建筑遗存已经成为重要的历史文化遗产，对其进行记录与保护显得刻不容缓。武汉周边农村大寨遗存的现状比较堪忧，现在居住的都是老人，如果10~20年后，这些老人过世，年轻人是否愿意回来？一旦不回来？将会变成怎样的村子？本文以耿家大湾的建筑遗存为例，希望为保护和利用这些历史遗存奠定一定的基础。

一、时代背景下的耿家大湾

据黄陂县志记载，黄陂县在20世纪50~60年代，农村的住宅建设变化不大，到“大跃进”和“文化大革命”期间，少数地方曾拆小村并大村、建新村，改建部分住宅，但建筑总面积增加甚少，耿家大湾就是在这样的背景下建成的新村。从20世纪70年代后期开始，农村经济形势好转，农民收入增加，新建、改建、扩建住宅的农户日益增多，居住条件大大改善。

耿家大湾位于湖北省武汉市黄陂区邱皮村中部，其一栋的地理位置坐标约为东经114° 19′ 30″，北纬30° 57′ 32″（图1）。耿家大湾民居建筑群建于1975年的“农业学大寨”运动时期，基于互助合作的原则，其整体布局呈现出强烈的集中性，居住与工作空间存在明显分区。据当地村民介绍，当时为改造农田，节约土地，政府将原耿姓小村庄整体迁至现山冈的耿家大湾，当时的规划中另有居住组团2处，并整体配置有大队部、合作社、学校，荷塘两边都种

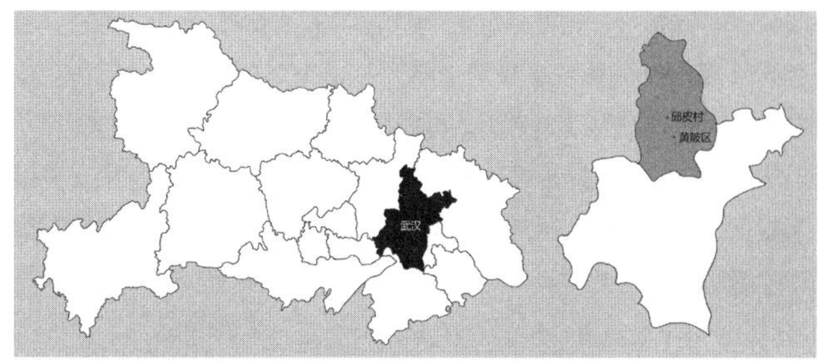

图1　耿家大湾的地理位置示意图（图片来源：底图来源于Google，作者改绘）

满了荷花。可惜的是，建造当年，因其他地方发生龙卷风，为支援灾区，民居群建了一半后停了下来，导致后面有几排未完工。如今，当年的住户大多已经迁走，仅有住户10家，大部分住房都闲置或者荒废。

2011年12月，耿家大湾被认定为黄陂区文物保护单位，2018年2月，经专家认定，将邱皮村推荐为建筑风貌型的市级历史文化名村。作为统一规划、统一建造的产物，耿家大湾民居建筑群规划整齐，保存较完整，其建设利于节约土地，规范管理村民，是当时黄陂新农村建设的典范，对于研究20世纪70年代特殊时期的社会政治经济文化等具有重要的历史价值。

二、耿家大湾的民居特色

1. 整体布局

在新建的住宅中，村民被许以更大的居住面积，从而打破了传统的单户分散居住模式。耿家大湾民居建筑群为联排单元式住宅，且每一组建筑都前后相通，建筑组织相对紧凑，东西三排，偏东二排共五列，最西一排三列，共建房13栋（图2）。除来不及完工的

图2 耿家大湾的整体布局（图片来源：底图来源于Google，作者改绘）

一栋为1层外，其他每栋都为2层，有公用楼梯上楼，每栋居住村民12户，每层6户。住宅采用附近窑厂烧制的烧结砖，以及拆除老房子剩下的木料来建造。

新建村庄带来了全新的布局方式，并基本完好保存。耿家大湾建筑群的建筑单元为样式一致的排屋，其布局有别于湖北地区传统的民居格局，没有采用合院式的做法，而是通过巷道空间来组织，形成了“排排坐”式的线性格局，建筑的主体部分长约50米，宽10米。每户都朝南，近东西走向，形成一个较为完整的网格。这可能取决于当时的经济状况，村里采用最经济的方式来安置居民。当然，与传统的无序形式比较，新的布局方式体现了理性的次序以及效率，也彰显了人民群众人定胜天的决心——“农业学大寨”运动中倡导的核心精神。

2. 平面形制

当时由政府出面组织，采取“有房还房，无房给房”的方法来分配住房，而关于房间大小的分配，不论原有房间的大小，只按照家庭成员的人口数分房，这是集体化运动的结果。每排房屋被均分为12个居住单元，通过1~2个楼梯连接上下两层（图3），这种强调邻里共用楼梯的设计显然是集体时期的特定产物，但不同的楼梯数目应当与房屋建造的时间先后有一定关系。每个居住单元的面积约为87平方米，作为困难时期的集体住宅，居住是最基本的需求，家庭生活空间只有堂屋、卧室，并没有配置单独的厕所与厨房，现如今所见的厨卫空间都是后来加建的。

3. 建筑结构

耿家大湾民居建筑单栋占地面积约500平方米，均为两层砖木结构建筑，采用双坡顶的形式，出于对审美以及坚固的需求，耿家大湾的建筑在两端采用了石砌的方式，山墙及端头的开间为石墙基砖墙，石砌部分达到建筑高度的三分之二，不仅美观，而且十分壮观（图4）。屋内一般采用与外墙材料一致的砖墙，抹灰和不抹灰的都有，砖墙直接落地，没有处理成专门的墙基，地面用三合土夯筑，有的则处理成水泥地面。

耿家大湾建筑群最大的建造特点是大量使用了拱的形式，门廊上的砖砌拱是黄陂地区极其少见的形式，而房间内部则采用了四面拱顶的形式，在最大程度节约材料的基础上满足了美观、坚固的需求。这些手法的运用从侧面反映了20世纪70时代“农业学大寨”运动中的乡村建设有别于一般意义上的人民公社化运动中的乡村建设，是按照山西省大寨县的做法新建村庄的方式，是一场跨越地域限制的乡村建设。除废弃以及改造的建筑外，多数建筑仍保存良好，能够满足基本的生活需求。

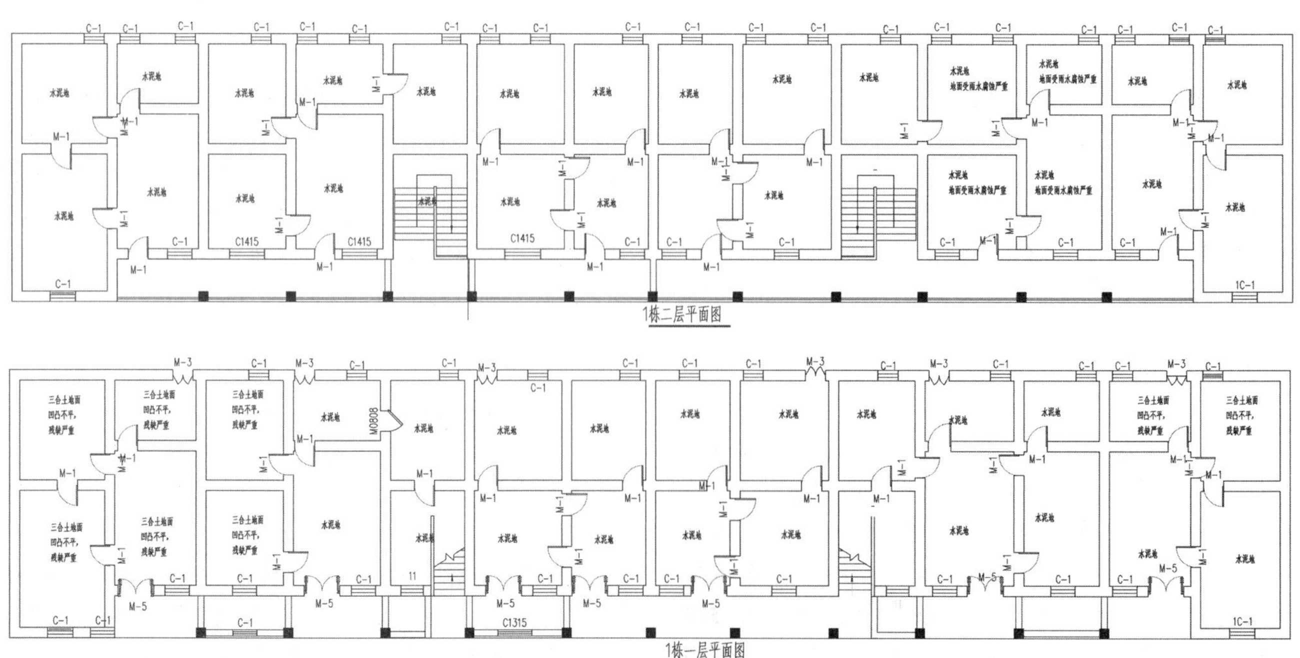

图3 耿家大湾1栋1-2层平面图（图片来源：作者自绘）

图4 耿家大湾1栋门廊及拱券照片（图片来源：作者自摄）

图5 耿家大湾的窗户、门以及楼梯照片（图片来源：作者自摄）

图6 耿家大湾多种阳台构件照片（图片来源：作者自摄）

4. 立面特点

建筑的立面是与外部空间直接接触的界面，其重要性不言而喻。走进耿家大湾，但见层层红砖砌筑的拱券门廊，造型别致，风格独特，像极了昔阳县的大寨窑洞，10多栋住宅亦无院墙分隔，整齐简约，颇为壮观。单元楼外墙由灰白条石、清水红砖间砌而成，门廊为连续的红砖砌拱券，分割比例稳重大方又不失活泼，结构仍旧牢固，屋面由青黑色的瓦片铺就，整个建筑群色彩明快，与乡间景色十分和谐（图5）。

建筑细部上，尽管没有中国传统建筑中华丽的雕刻，但尽量处理得精美，例如在门的形式上，都沿用传统民居的石材门框；屋檐处采用砖砌的多层线脚，层层跌落，也使得建筑更富有细节；出于安全考虑，二层走道设置了栏杆，但栏杆的样式多有变化，用材与造型各有特点，成为集体背景下突出特色的构件（图6）。

图7 耿家大湾9栋、10栋现状照片（图片来源：作者自摄）

三、亟待保护的村庄现状

近年来，响应国家号召，美丽乡村建设如火如荼，设计师们也向乡村投入了更多的目光。2018年2月，中共中央办公厅、国务院办公厅印发了《农村人居环境整治三年行动方案》；2019年5月，自然资源部办公厅提出要统筹历史文化传承与保护，深入挖掘乡村历史文化资源，保护好历史遗存的真实性。正因为如此，更多有价值的民居建筑涌现在人们的视线当中，民居建筑是一个地区特定环境下与文化相结合的产物，有时更是一个时代的缩影，对其深入探索研究，不仅能够有助于保护和激活其使用功能，更能够揭开一段尘封的历史，从而收获启示。

1975年建造的耿家大湾是当时新农村建设的典范，有过辉煌的历史。1983年后随着土地承包责任制的实施，人民公社制度逐渐解体。现如今，这些建筑已经使用40多年，房屋好多成了危房，存在保护不当，使用率低下的问题。现代乡村在改变，耿家大湾在当时主要满足于简单的温饱，无法适应现在的改变，住房大多被闲置或沦为仓库，经济能力稍好的家庭将其改建或者另外选择新址建造新房，严重破坏了整体的建筑风貌。耿家大湾的建筑具有一定的历史价值、艺术价值、科学价值，其保护也逐渐得到重视，而如今的乡村振兴大局面为其提供了好的机遇。

乡村旅游是振兴乡村的一个重要手段，但是近年来的乡村建设实践表明，绝不可将乡村旅游作为主要的产业，而应当在吸引居民回家创办产业的基础上顺带发展旅游业，只有牢牢抓住人与经济两个方面，才有可能实现耿家大湾的振兴。而作为特殊时期特定的建筑，耿家大湾可以吸引更多有情怀的人，例如艺术家将其改造成为艺术家工作坊便是一条行得通的道路，但这也需要政府的支持以及设计力量的投入。

四、结语与展望

乡村建设离不开特定的历史背景、具体的营造地点以及适时的建造技术。特定的历史背景往往由上至下，与政治、经济、文化息息相关，由一定的政策指导，包括使用者的生活方式与心理诉求等。具体的营造地点可能是山地，也可能是平原，涉及具体的山水林田界面。适时的建造技术立则足于特定的历史背景和具体的营造地点。

作为我国现当代重要的历史建筑，耿家大湾的建筑空间组织中充分体现了鲜明的政治意志和时代色彩，具有较高的研究价值。但因这些遗迹产生于“文化大革命”时期，其历史背景较为特殊，目前对这些历史遗产的保护尚不完善。历史需要记录，遗存需要保护，希望本次研究能够为耿家大湾的保护与利用提供一定的理论支撑与现实意义，推动相关研究工作的进展推动相关研究工作的进展。

注释

① 邹聪，华中科技大学建筑与城市规划学院，研究生，430074，1259619640@qq.com。

② 郝少波，华中科技大学建筑与城市规划学院，副教授。

③ 建造当年并未区别名称，为研究方便，本文将现有建筑编号1—13栋。

参考文献

[1] 当代中国的乡村建设编委会. 当代中国的乡村建设 [M]. 北京：中国社会科学出版社，1987（6）.

[2] 李静萍. 潮起潮落——农业学大寨运动回眸 [M]. 太原：山西人民出版社，2012（8）.

[3] 钟剑. 大寨公社厚庄新村 [J]. 建筑学报，1975（5）.

[4] 叶露，黄一如. 资本动力视角下当代乡村营建中的设计介入研究 [J]. 时代建筑，2016（8）.

[5] 谢晶，邓武. 宁波勤勇村：一个大寨样板村的建筑遗产 [J]. 建筑师，2016（12）.

[6] 赵纪军. "农业学大寨" 图像中的乡建理想与现实 [J]. 新建筑，2017（4）.

[7] 严婷，谭刚毅. 基于类型转变研究的人民公社旧址改造设计——以湖北"石骨山人民公社" 为例 [J]. 南方建筑，2018（1）.

侨乡村的“微改造”设计实践与乡村振兴

王芝茹[①]

摘　要：实现乡村振兴战略，是党的“十九大”报告做出的重要决策部署，是新时代“三农”工作的总抓手。因此，在乡村规划与建设中，如何助力实现乡村振兴，意义重大。广东省梅县区侨乡村是非常典型的客家传统村落，但在城镇化的进程中，同样也面临着乡村空心化、人才缺失、产业动力不足的问题。本文在侨乡村引入“微改造”设计的理念，通过“硬”设计提升和“软”环境改善，并以大事件推动，进一步巩固乡村建设成果并着力制造乡村需求，逐步实现乡村的振兴和发展。

关键词：乡村振兴　“微改造”　制造需求　客家

一、缘起

中国幅员辽阔，历史悠久，民族众多，地理多样，文化多元，形成了各具特色的村落，其中传统村落是中华民族宝贵的历史文化遗产，它们是物质文化与非物质文化的有机结合，是村落的历史、文化、科学、艺术、社会和经济价值的体现。数千年的农业社会和农耕文明的浸润，传统村落同样承载着丰厚的农耕历史文化，蕴藏着丰富的自然生态景观资源。[1]

2012年起，国家对传统村落进行了全面调查和专家审定，同时开展了《中国传统村落名录》的甄选工作。截止到2019年，一共进行了五批传统村落的申报，前四批已公布4147个，第五批则公布2666个。[2]面对如此庞大的乡村聚落，从中央到地方，已经在基础设施、人居环境、村容村貌等方面投入了大量的人力、物力和财力，乡村建设有了长足的进步。尤其在2017年党的“十九大”报告提出乡村振兴战略后，各地政府更是加强了对乡村的关注。在这样的大背景下，如何在已经卓有成效的乡村建设成果基础上再进一步提升，实现乡村更全面、更深入地发展是本文的主要研究内容。

侨乡村是广东省梅州客家地区非常典型的传统村落，历史文化资源丰富，自然生态环境良好，近年的乡村建设成果丰富，整体人居环境较好，然而仍旧面临空心化、人才缺失、村内产业动力不足的问题。基于此，本文就侨乡村的现存状况和历史文化进行了分析和研究，引入了“微改造”的设计理念，结合硬件提升和软件改善，并以大事件推动和巩固乡村建设的成果，从而促使侨乡村实现阶段性的乡村振兴。

二、侨乡村概况

1. 价值评估

客家民系大约于形成于唐末，之后陆续进行了五次南迁，由此梅县成为整个客家祖地内最发达的县份和粤东北客家的中心。他们聚族而居，以宗族形成血缘村落，并建成超大型集体住宅——“围龙屋”。侨乡村保存至今的传统围龙屋就有108座，数量众多，举世闻名。[3]

清初海禁渐开，客家人多地狭，加之南洋地区发展对华工的需求，下南洋成为很多客家人的选择，侨乡人出洋虽晚，但却颇有建树。华侨返乡建设，办公学、建房屋，为当地的建设和发展做出了巨大的贡献。[3]

总结来看，梅县地区最典型的地方文化是“客侨文化”。而侨乡村在“客侨文化”的大环境中，又有着自己独有的特征：

（1）侨乡村山、屋、田、河的村落格局，是中国传统村落布局山水文化和风水模式的典型代表；

（2）遗存至今数量众多的围龙屋是客家传统建筑的重要研究样本，也是“客侨文化”最重要的物质载体；

（3）围龙屋建筑型制的演变则是当时社会历史变迁的重要见证。

2. 现状评估

侨乡村在2013年被评为广东省省级传统村落，之后在政府的大力支持下，人居环境大幅提升，基础设施全面覆盖，传统建筑陆续挂牌完毕，游客服务中心建立，配套公共服务设施包括公共厕所和停车场等也陆续建成。乡村旅游热的发展更进一步提升了侨乡村的知名度。

但是，随之而来，侨乡村的现状问题也逐渐开始显现——配套公共服务设施承载力不足，停车场较小，公厕数量不够，公共交流场所较少。村庄“硬”环境较好，但是“软”环境较差——农田风貌随意杂乱，三星河道因为多次大雨冲刷导致淤塞不畅。更为严重的是乡村空心化和农业产业动力不足——多数青壮年村民更多选择在外务工，留守村民无论从体力还是能力都呈现疲态，村内大量的农田价值未被充分挖掘和利用。

三、实践路径

基于价值和现状的评估分析，设计引入“微改造”的理念，通过慢行系统串联并梳理村庄环境，结合传统建筑的改造与利用，实现“硬”环境的进一步提升。同时，将地方文化的挖掘运用到“软”环境的改善中，帮助村民提升基本技能和增强文化自信。最后，在大事件的推动下，更进一步巩固乡村建设成果，进而实现阶段性乡村振兴。

1. 通过物质空间的“微改造”设计，提升“基本面”的乡村环境和“高光点”的建筑品质

1）上位规划分析

在《南口镇总体规划》中，侨乡村定位是古村文化旅游片区。在《侨乡村历史文化名村保护规划》中，重点保护区是侨乡村的两个自然村——高田村和寺前排村，传统建筑集中在这两个片区，整体风貌也保持良好。重点保护区内提出了对应的建筑保护措施和重要景观视廊的管理规定。

2）总体布局

结合上位规划的定位和管理规定，以及侨乡村的地方文化特点和现状风貌格局，设计内容主要包括基本面和高光点——从村庄环境到配套设施再到节点建筑，以“微改造”的策略对其进行提升和改善。

3）基本面

（1）慢行系统

慢行系统分为三级，一级为主路环线，可骑行。二级为沿河道路和田间支路。三级为街巷和田间小路。慢行步道将侨乡村的山体、河流、田园和围龙屋等资源有机串联，给侨乡村的村庄景观环境带来新的体验，制造新的乡村需求。

（2）乡村照明

侨乡村的照明设计主要有两部分内容，一部分是对现有公共照明进行修补，另一部分则是增加景观照明，主要分布在慢行系统沿线的河道、农田和围龙屋。

（3）田园景观

侨乡村在改造前，电线拉结随意，农田环境杂乱，尤其三星河严重堵塞，杂草丛生。“微改造”后的侨乡村，电力电讯线路入地，农田种植有序规整，慢行步道沿线进行了绿植加密，局部建设了小竹屋，更换了竹篱笆，贯通了三星河及沿河道路，村庄景观风貌大幅改善。尤其是三星河的竹亭和亲水平台区域，则成为人们时常集聚活动的场所。（图1）

图1 改造后的侨乡村农田景观和三星河（图片来源：作者自摄）

图2 新建停车场和公共厕所（图片来源：作者自摄）

（4）配套设施

除此以外，针对侨乡村配套服务设施现状承载力不足的情况，在修整原有停车场的基础上建设了新的停车场。在改造了原有公共厕所内部设施的同时，新建了一处公共厕所，这些都为侨乡村的乡村旅游发展提供了良好的基础条件。（图2）

（5）标识系统

在保留侨乡村现有标识系统的基础上，以传统围屋的山墙为元素，以灰白色为主色调，设计了新的标识系统，重点更新了传统建筑的地标和墙标。

4）高光点

高光点主要是传统建筑改造设计，此次改造主要选择了两点，一个是自在楼，一个是承德堂。首先，选取建筑均位于侨乡村主路——梅瑶路沿线，区位良好；其次，产权明晰，前期切入成本较低，利于设计工作开展与落地实施。

（1）自在楼

自在楼在历史上源于潘谢两大家族的争斗，具有较强的话题性和冲突性。原有建筑整体空间较为封闭，改造中将共享空间和社区共建的理念纳入其中。遵照《侨乡村历史文化名村保护规划》中改善类建筑的管理规定，保持传统风貌；方案保留了主体结构和东侧一间的交通功能，西侧四间则打通，一层成为半开敞空间，二层成为有室外走廊的大空间。

一层的半开敞空间以桌凳作为主要布置家具，以灵活多变的方式适应多种功能需求，建成后成为村民日常聚集的另一个场所。二层的室内改造后为经营性场所，并且通过落地玻璃和室外走廊的配合，使二层空间获得了良好的景观视野，与南华又庐和焕云楼两座围龙屋形成视线呼应。（图3）

图3 改造后的自在楼（图片来源：作者自摄）

（2）承德堂

承德堂，俗称五杠楼，横屋和堂屋交错，原本的传统空间格局与现时青年旅社的功能需求极其吻合，于是在改造方案中，设计干预度大幅降低；从未来村庄发展的角度看，又恰好制造了新的需求——住宿。

一层住宿的标准间改造仅对内部墙面翻新，窗户适度增大，满足现下的采光通风需求，布置软装设施，即可住宿。原本宽敞的公共空间为"微改造"提供了极大的便利，改造方案利用窗户、走廊和转角，加入植物、家具和部分小品，强化了空间的趣味性，也提供了良好的体验感。

5）驻场指导

持续驻场指导是乡村建设中必不可少的一部分，陪伴式的推进除了可以较好地管控实施效果，还能增进与各方的沟通信任，便于

图4 提升后的侨乡村（图片来源：作者自摄）

项目推进实施。

2. 通过搭建平台，帮助乡村导入资源，调动村民的积极性，主动参与乡村建设

1）地方美食挖掘与村民培训

以乡村美食的发掘和乡村美食家的教育为切入点，对村民进行“乡村美”的认知传输，行之有效。设计师帮助侨乡村引入台湾美食翎芳魔镜团队，从村民日常生活的饮食入手，在食材、质量、数量、灶具、火候、搭配、形状、颜色等方面，都对村民进行面对面地交流和传授，历经半年时间，带领60多位侨乡村民，最终推出了“六菜六茶”的改良版梅县地方美食。“六菜六茶”一经推出，立刻成了侨乡村吸引外来游人的重要亮点，同时结合南华又庐“十厅九井”的建筑格局，将美食摆放与建筑空间巧妙结合，展现了传统文化与现代文明的魅力。此举使得村民对侨乡村的地方文化有了全新的认知，建立了他们的自信心，在增强文化自信层面发挥了积极作用。

2）手机摄影与互联网传播

借助互联网传播的力量，由视觉传达达人在侨乡村的优势资源处选点，在特定的位置和角度用手机拍摄照片，以日常最基本的通信工具作为传播方式，实景照片宣传，逐步扩大侨乡村的知名度。

3）乡村经理人培训与民宿产业发展

乡村经理人的培训由政府选送志愿者村民，派送到北方民宿学院进行学习，学习课程主要包括民宿选址、建设、装修、运营等，以及民宿管家制、民宿与乡村产业转型等内容。所选志愿者村民在系统学习之后，仍旧回乡，在自己的本职工作外发挥所学之长，除了自身所学得到进一步的发挥，还带领周围村民共同进步，以“星星之火可以燎原”之势，助力乡村建设发展。

3. 充分发挥大事件——乡村复兴论坛召开的“触媒”作用，在更大区域内完成乡村“制造需求”的目标

大事件指乡村复兴论坛，它是基于“在村里开大会”的理念，利用会议事件来调动和整合各方资源的一种推动乡村建设发展的方式。

侨乡村在完成了“硬”设计提升和“软”环境改善后，举办了乡村复兴论坛——梅县峰会，有效地整合了村内资源，进一步巩固了侨乡村已有的建设成果。而论坛本身邀请的众多在乡村建设一线从业的资深人士，他们分享了自己在乡建一线的从业经历和经验，本身就是对当地干部的一次风暴式洗礼，对未来侨乡村乃至梅县区的乡村建设都起到了积极的指导作用。（图4）

四、实践成效

1. 公众参与乡村事务

“中央一号”文件指出：“乡村振兴，治理有效是基础。必须把夯实基层基础作为固本之策，建立健全党委领导、政府负责、社会协同、公众参与、法治保障的现代乡村社会治理体制，坚持自治、法治、德治相结合，确保乡村社会充满活力、和谐有序。”乡村振兴的一个基础性工作就是乡村组织建设，其中，公众参与是非常重要的部分。会议结束后，村民参与村中事务的主动性显著提高，在召开的村民大会上踊跃发言，对侨乡村的未来发展献言献策。

2. 合作社与运营公司成立

村民积极性的提高直接促使了侨乡村旅游合作社的成立，随后又成立了侨乡文化旅游开发有限公司，侨乡村的发展有了正式带头的运营团队和监管主体，乡村的有序发展逐渐步入正轨。

在合作社的带领下，侨乡村将村内的农田资源重新整合，进行统一的传统农业种植和景观农业种植，使得村内产业焕发了新的动力。文旅公司则针对侨乡村的优势资源，因地制宜地策划和组织不同的活动，例如捕鱼、村跑、乡村美食节、摄影比赛，乡村音乐节等，持续制造需求，逐步扩大侨乡村的影响力。

3. 人才回流

返乡新农人——潘海。侨乡村村民，早年赴珠江三角洲务工，在乡村复兴论坛举办完毕后，他辞职回乡创业，设计了自己的农业种植和经营模式，建立了自身的稻米和花生品牌。

外来创业者——温志宏。以设计师和运营方的身份入驻侨乡村，除了作为文旅公司的执行代表，还经营了自在楼，并开发了以“自在侨乡”为主题的文创产品，包括堂号围屋字体、围屋体红包、民宿标识等。

4. 周边资源倾斜

侨乡村周边乡镇的干部慕名前来考察、学习和座谈，就乡村建设的经验进行交流沟通，在互相学习中各方都有了新的收获。

随后，梅县区人民政府在侨乡村挂牌成立了“乡村振兴研究实践中心”，采用校地合作的方式，将高校、基层和政府的资源整合，转化研习成果，致力打造梅县区的乡村振兴示范基地。

2019年在中国高铁经济带旅游博览会上，侨乡村受邀参加了土特产和文创产品的展销，乡村振兴又迈上了一个新台阶。

五、结语

乡村振兴是一个长期而艰巨的任务，而且是全方位、全领域、全系统的振兴。设计师在下乡介入乡村建设的过程中，专业的规划设计是最根本的保证和基础。除此之外，还应当关注乡村“软”环境的提升，包括乡村产业转型、价值挖掘、文化自信培养、品牌建设与推广等，帮助乡村有效地整合已有资源和建设成果，制造新的乡村需求，进而促使乡村内在动力的激发，使乡村自身具有吸引力，逐步实现全面的乡村振兴。

注释

① 王芝茹，北京清华同衡规划设计研究院有限公司，项目经理/注册城乡规划师，100085，754883306@qq.com。

参考文献

[1] 费孝通. 乡土中国 [M]. 北京：北京大学出版社，2012.
[2] 中华人民共和国住房和城乡建设部，中华人民共和国文化部，中华人民共和国财政部，关于加强传统村落保护发展工作的指导意见 [EB/OL]. (2017-01-04) [2012-12-12].
[3] 陈志华，李秋香. 梅县三村 [M]. 北京：清华大学出版社，2007.

乡村振兴中的文化传承

——以阳新县木林村乡村文化站设计为例

黄志颖[①]

摘　要： 城乡一体化的迅猛发展，让保持乡村民居文化的独特性成了设计师和学者研究的主体方向，打造一个乡土化、人性化的乡村环境是提高村民认同感和归属感的关键。本文将从乡村文化站这一基础设施建设入手，以弘扬乡村传统文化为前提，对乡村建设进行改造和再利用，从而提高乡村经济文化竞争软实力，打造出有人情味的美丽乡村。

关键词： 乡村振兴　乡村文化站　乡村文化　设计

一、绪论

乡村文化站的建设关联着乡村文化的发展前景，是乡村振兴的重要举措。自党的“十八大”会议以来，在各级党委、政府以及相关部门的重视和扶持下，我国的乡村基础设施得到了很大程度上的改观，但由于当地政府的经济供给不足以及在村庄定位上的判断失误，使乡村文化的发展虽有所提升却后劲不足。文化站作为新农村文化建设的基础，对改善乡村环境、发展文明乡风、提高村民生活水平有着深远意义，现如今乡村建设为追求速率，全然不顾乡村发展的客观规律，对生态资源的浪费破坏和对乡村文化内涵挖掘的浅尝辄止，让乡村的振兴发展步入困境。

因此，本次乡村振兴设计的重点在于尊重自然、合理利用乡土资源、弘扬文化魅力，以“中国传统村落”阳新县木林村的新乡土环境为改造背景，将荆楚传统民居文化站作为设计的切入点，为当地村民打造出一个文化中心记忆点，带动传统村落文化的发展传承，让地方传统民艺融入居民的生活点滴，也让民族文化记忆传承延续下去。

二、实地调研：木林村乡土文化概况

1. 木林村乡土文化品析

木林村是湖北省黄石市阳新县三溪镇的一个传统古村，村内民艺主要有：舞龙、舞狮、划龙船、腰鼓舞、阳新布贴等。阳新布贴（图1）是本次设计中的主要民间艺术元素，距今已有一千五百多年历史的阳新布贴是一门历史悠久、流传广泛、象征吉祥的乡土民艺。它可以被理解为是一种精致美观的花纹补丁，主要运用于服饰和生活用品中。阳新布贴的制作工艺朴素却不简单，传统布贴制作无须打稿，而是直接运用不同材质、颜色、形状的布块进行精心搭配，用浆糊将

图1　阳新布贴（图片来源：笔者实地拍摄）

它们粘贴在底布上，晒干后才能开始缝制，往往一副A2大小的手工布贴艺术品，需要一个能工巧匠三天的时间才能制作完成。从儿童的衣、帽、鞋、兜到少女的婚嫁服饰，再到宗庙的蒲团等有近四十多个品种，这门艺术是劳动妇女智慧的象征，更是朴实勤劳的阳新人民的写照，有着深厚的艺术价值和人文价值的阳新布贴承载着太多老一辈人的记忆，也亟需注重家乡文化的年轻人去深化发掘与传承。

2. 木林村乡村文化站发展现状

根据湖北省“十三五”规划的系列内容，阳新县结合村庄实际，预计2020年在木林村建立乡村文化站，以达到精准扶贫和全面建设小康社会的总体目标。县内建成的乡村文化站普遍存在文化缺失问题，建筑缺少地域特色、文化站开展的活动村民参与度低、低俗文化在乡村蔓延、乡村文化建设缺失资金和系统管理、乡村特色产业发展滞后等一系列的问题都有待解决。

三、设计实践：木林村乡村文化站设计

1. 木林村基地现状分析

我国第三批入选“中国传统村落名录”的阳新县木林村是位于

图2 乐氏祠堂（图片来源：笔者实地拍摄）

图3 木林村基地实景（图片来源：笔者实地拍摄）

鄂东南地区的一个小型聚落型村庄，该村地处丘陵缓坡区域，依山傍水、人杰地灵，几百年的历史演变、家族式的组团居住形式孕育了其独有的文化特色。交通、经济发展的落后，让这座古老的村庄依旧保持着它原汁原味的荆楚传统特色民居风貌。随着互联网时代的发展，城市经济文化的冲击，村庄的基础设施已无法满足人们的精神文化需求。因此，打造一个能为后人留住记忆的本土化乡村文化站是当地政府以及村民的美好夙愿。

项目选址位于小村西北部的一块晒谷空地，该地段西、北侧为良田，东侧有中国传统村落文化遗址——乐氏祠堂（图2），南侧为荆楚民居，小村入口处有一个盥洗、积水的池塘，乐氏祠堂位于小村的中轴线上，民宅顺应等高线分布在祠堂两侧，村内人口较少，以留守的妇女、老人、儿童居多。背山面水、修竹茂林使这个传统自然村有了得天独厚的环境资源。阳新布贴这一非物质文化遗产的发掘成为当地重要的人文资源，受村落经济、人口数量、村民意识的影响，这座充满自然人文气息的村庄迟迟没有展现在大家眼前。顺应农村经济体制转型、优化新农村建设的国家政策，本次设计力将发展当地的绿色文化旅游业，为村民打造一个生态和谐、生活富裕的美丽新农村。

1）现存问题：①对历史建筑的保护力度不够；②村内自然环境杂乱，公共基础服务设施不完善，村民缺少文娱场所；③村庄缺乏人文气息，部分建筑风格与当地传统民居风格不搭；④村内存在违建、车辆违规停放现象，堵塞巷道；⑤村内非遗文化——阳新布贴，没有得到挖掘重视，传统文化濒临消失，生态文化经济产业链没有得到发展。

2）解决措施：①政府加强对文化遗产的保护，开展文化教育活动，提高村民的文化保护意识；②加强公共基础设施建设，为村民提供一个有利身心健康的休闲娱乐场所；③修旧如旧，整理村容村貌，保持村庄内传统民居特色；④拆除违建建筑，增设生态停车场等外环境基础服务设施；⑤在公共建筑的设计中融入荆楚民居风格和乡土文化元素，打造一个由村民自发参与的深受大众喜爱的村民活动中心。

2. 木林村乡村文化站设计构思

本次设计的主题是乡土化，即民俗文化乡村化和建造材料本土化。

1）民俗文化乡村化

乡村化的民俗文化是乡村所特有的文化，它有别于城市文化，成为连接乡村与城市旅游交流的关键点。城市的嘈杂环境，让乡村成为城市人所向往的世外桃源。为了能实现这一目标，乡村就必须像乡村，乡村文化就必须是村庄在历史长河中沉淀下来的民俗文化。本次设计提取色彩鲜艳、颜色对比突出的阳新布贴符号元素，将其运用到室内装饰的展品、隔断、生活用品、服饰玩具中去，为木林村旅游体系植入特色文化。

2）建造材料本土化

为了符合村庄的文化特色，达到资源节约型环保目标，乡村文化站建筑设计采用当地传统的荆楚民居设计风格，采用当地的废弃建筑的青砖、杉木搭配采光良好的大金属窗户，就地取材、因地制宜、节约成本以及减少资源浪费。除此之外，室内外装饰陈设均为村民自建，运用当地的建造材料和手法实现建筑的本土化。

3. 木林村乡村文化站建筑设计

木林村整体建筑为传统荆楚式民居风格，以乐氏祠堂为中轴线的七座古民居保留完好，民宅以天井院居多，偶尔穿插一些新建的小平房。故本次乡村文化站设计（图4~图6）的建筑结构采用鄂东南地区传统的三开间梁架样式，前堂为区分大小室的六架三柱式，穿过天井的后堂为五架二柱式，餐厅为五架三柱式，活动中心为带前廊的六架四柱式。

选用本土材料和传统构筑手法实现荆楚式民居风格的再现，保留当地特色石基、砖木结构、石基木柱、杉木梁架、青砖、马头墙、硬山瓦顶的形式，改变传统泥土打夯地面，将地面铺设成当地生产的青石板，出于生态环保、以人为本方面的考虑，针对传统建筑中存在的自然通风采光不足的问题，本次设计采用大面积的玻璃窗结合瓦片装饰的形式，让人们更亲近自然享受阳光。

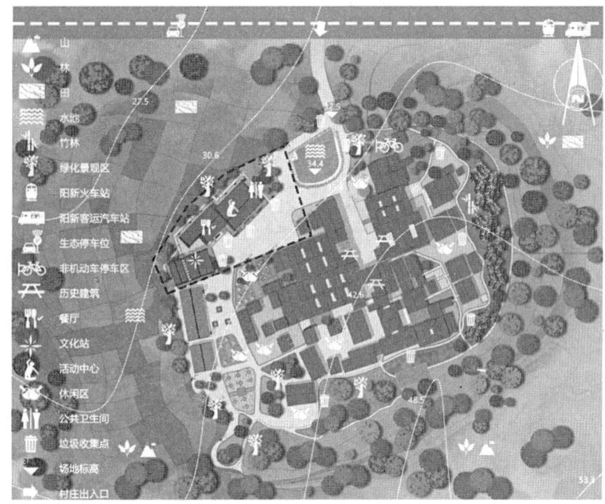

图4 基地总平面图（图片来源：笔者自绘）

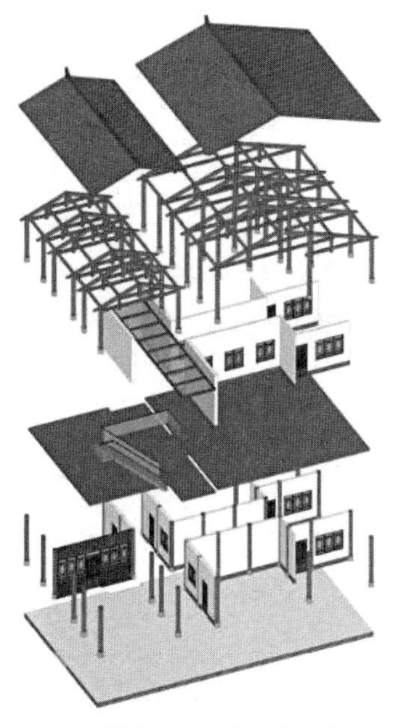

图5 文化站拆分图（图片来源：笔者自绘）

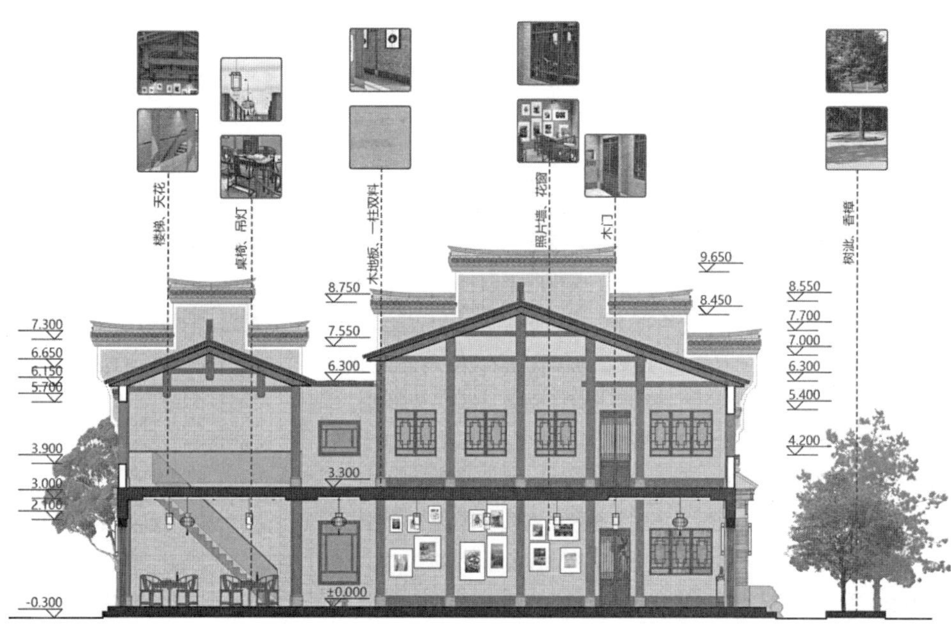

图6 文化站剖立面图（图片来源：笔者自绘）

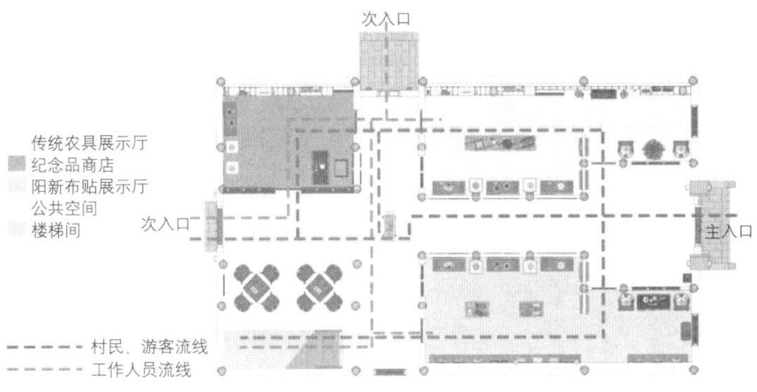

图7 文化站一层平面图（图片来源：笔者自绘）

图8 文化站展示空间效果图（图片来源：笔者自绘）

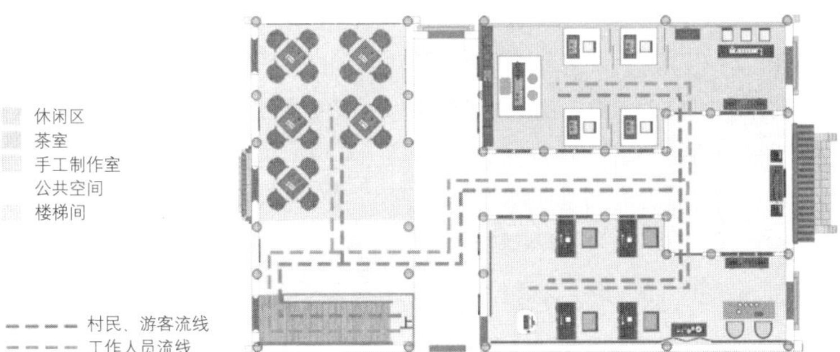

图9 文化站二层平面图（图片来源：笔者自绘）

图10 文化站手工制作室效果图（图片来源：笔者自绘）

4. 木林村乡村文化站室内设计

乡土民艺的展示空间设计是一门综合性很强的艺术，需要设计师在充分了解乡村文化的基础上，合理运用本土材料，将当地的民俗风情、乡土文化以一种生动的形式展现给大家，并运用创新手段使空间变得有趣，与游客产生精神交流。这种互动艺术的手法让展示空间不再只是简单的陈列展品，而是将其化为人与展品、人与文化的情感交流平台。

木林村乡村文化站是一栋典型的砖木结构荆楚民居风格建筑，展示空间位于建筑的一层（图7），入口的槽门为人流疏散的过渡空间，进入门厅左右两侧分别为阳新布贴、传统农具展示厅（图8），展厅入口处运用丝网印刷的方法将文化元素印刷在金属板和玻璃上，突出展馆乡土化中心主题，厅内以布贴历史文脉延续布置无纺布展板、玻璃展柜、杉木展台和木质博古架，展示品有民俗手作、阳新布贴和传统农具等独具阳新特色的乡土艺术品。室内整体装修风格是白墙黛瓦的荆楚民居风采的缩影，水墨画图案的墙面上开设有玻璃展柜，柜内展品颜色与背景色形成鲜明对比，突出展示内容，素雅的室内风格搭配颜色饱满的布贴展品，以布贴历史脉络为轴，以民俗元素为背景，让整个空间气氛活跃生动了起来。

穿过一层的天井到达后堂，后堂正前方为通往室外的出口，右侧为纪念品商店，左侧为通往二楼的楼梯，流线清晰、便于游客行游。二层（图9）空间主要被划分为茶室、手工制作室（图10）和休闲区三个空间，在这里人们可以进行文娱活动、交流民俗技艺、学习科学知识，是休闲学习的最佳场所。

图11 文化站外环境效果图（图片来源：笔者自绘）

5. 木林村文化站的建筑外环境设计

建筑入口前是一块搭建戏台，举办文化活动的宽敞空间。丰收时，人们可以在场地上晒谷；婚庆节假日，人们可以在此庆祝宴请。保留村庄入口处的消防水池，地面采用混凝土铺设，并在建筑入口附近增设阳新特色室外长椅、垃圾桶、标识牌、交通游线导视牌、路灯、花池、传统农具展示品等基础设施，在视觉上使建筑外环境与村庄风貌相呼应（图11）。

四、结语

家乡是在外拼搏的游子魂牵梦萦的港湾，美丽乡村建设给人们带来了家的归属感和荣耀感，城市的发展改变不了历史脉络的发展，磨灭不了人们对家乡文化的记忆，弘扬乡土文化是振兴乡村，促进农业经济结构转型发展的第一步。笔者在翻阅书籍文献、实地调研、案例分析以后，用乡村文化站设计作为引导对振兴乡村文化做出了一些总结。笔者认为，乡村文化站现已成为村民民艺交流、获知科学的重要场所，其核心作用是以人为本，培养乡土文化人才，强调教育意义。随着城乡一体化的发展，国家对乡村基础设施建设的资金投入越来越多，但农村建设普遍出现了追求城市建筑效果的面子工程，这些建筑在功能上可以满足当地居民的物质生活需求，但无法使人从中产生对家乡文化的共鸣，不利于乡村经济文化的长远发展。

结合乡村文化发展中遇到的问题和乡村实际，不难发现乡村文化建设必须扎根于乡土，注重传统民艺文化与现代文明的融合创新，提升乡村文化建设的质量和水平，充分利用乡村自然资源禀赋，就地取材，保留乡村原始风貌。这些是我们解决乡村文化遗失、村民交流空间匮乏等问题的基础，是我们做出乡土化设计的依据，是实现我国乡村振兴，促进文化大繁荣、大和谐的根本。

注释

① 黄志颖，华中科技大学建筑与城市规划学院，研1804班，430074，1609205141@qq.com。

参考文献

[1] 高博，李志民．乡镇文化站功能与空间的营建模式研究——以陕西省为例 [J]．河南大学学报（自然科学版），2012，42（02）：212-216．

[2] 张红．浅析乡村文化站现状及改进加强措施建议 [J]．赤子（上中旬），2014（22）：122．

[3] 孔德东，王忠杰．浅谈乡镇文化站现状、存在问题及其对策 [J]．大众文艺（理论），2008（08）：165-166．

[4] 肖阅锋．乡村建筑实践中的“在地”设计策略研究 [D]．重庆：重庆大学，2016．

[5] 孙一帆．明清“江西填湖广”移民影响下的两湖民居比较研究 [D]．武汉：华中科技大学，2008．

[6] 罗三奎．乡镇文化站在新农村文化建设中发挥的作用初探 [J]．大众文艺，2016（03）：22．

乡村振兴背景下北方农村适老性再建设的资源置换策略研究

姜 雪[①] 周 博[②] 张颖颖[③]

摘 要：2018年国务院提出了“乡村振兴”的战略，并且对其做出了全面部署。但是在目前的乡村中，家庭结构空巢化现象相当普遍，乡村人口结构中老年人占比最大。乡村的振兴要先解决好老年人在乡村生活的空间环境、养老等需求。本文以空巢、隔代留守等生活背景下的北方农村老年人为研究对象，在充分了解北方大连地区农村建设现状、老年人行为特征等状况下，在农村现有建筑资源与老年人行为需求之间找到平衡点，尝试提出针对北方农村地区的适老性的乡村振兴模式。

关键词：乡村振兴 资源置换 行为特征 适老性

一、背景

随着社会经济的发展以及我国城镇化建设的加快，大量的农村青壮年人口向城市转移，农村的空巢老人在逐渐增多，农村中的养老问题是目前亟需社会关注的。由于我国长期以来实行的是“城乡二元结构”，导致了一个城乡断裂的社会，切断了城市和乡镇之间的交流，造成城乡收入差距不断地增大，农村基础建设和公共服务设施匮乏，农村相应的配套服务水平低下，农村的人居环境较差的局面，其中老人的养老问题更是目前农村民生问题的重中之重。国家在政策层面上提出的“乡村振兴”战略，旨在从实际出发，切实解决好农村老年人的生活、养老等问题，早日实现农村地区老年人养老需求以及农村公共设施资源之间的平衡配置，这就为改变老年人现状的问题找到了突破口。

本文通过深入大连的农村地区进行实地调研，采用访谈、问卷调查、地图标记等方法了解大连农村地区的公共设施配置现状以及老年人的生活行为特征以及养老需求，在资源整合的视角下，对现有的农村资源进行置换以及再配置，使农村环境更加符合老年人的行为特征以及养老需求。

二、农村建设现状

1. 人口结构现状

在城镇化不断发展的进程中，农民的收入随之增加，产业机构、就业方式、人居环境、社会保障等也得到了改善，然而与城镇比起来，农村老年人的问题尤为突出。如今我国60岁以上老年人口约2.5亿，其中农村老年人口有1.27亿，并占农村总人口数的22%。快速发展的城镇化促使大量的农村中青年劳动力向城市转移，遗留“两老一小”来坚守农村家庭，这种情况大大加速了农村地区的老龄化，造成了农村家庭结构空巢化以及留守现象严重。

据国家统计局2018年数据显示，我国农村地区的老年抚养比正在逐年增长，且增长速度也是呈现逐年增加的趋势，农村50岁以上的家庭空巢率占43.6%，老人的劳作负担变重，同时有绝大多数的老人还要照顾留守下来的儿童，这就造成了老人的生活负担。可见，人口结构的现状是老年人占了很大比重，其中农村老年人的问题相比更为严峻。

2. 公共设施配置现状

为响应“乡村振兴”战略的提出，当前阶段农村地区的公共基础设施正在逐渐完善，但是公共设置的配置与建设上还差强人意。通过调研，针对大连农村地区的公共设施配置情况进行具体统计分析，分别从村民活动广场、卫生设施、养老设施等方面，对现状（表1）情况进行分析，总结出以下几点：

首先，村落内的基础设施与村民住户内的设施不相匹配。随着现代化发展，村民根据自己的经济能力来进行房屋的现代化改造，使住宅内的基础设施不断完善，而村落内的基础设施是由政府部分进行投入的，政策落实到设施更新具有延迟性，造成了村落内基础设施与住户内设施不同步的局面。其次，公共设施的配置不均衡。由于各地区的经济能力、人口规模以及设施需求能力的不同，不同的地区呈现出不同的设施配置情况，这就导致了地区性的基础设施不完善以及资源分配不均匀的现象。在所调研的农村地区有将近

大连农村地区公共设施配置现状 **表1**

类型	名称	位置	位置关系	现状照片	利用现状
村民活动广场	东泡崖村活动广场	大连市瓦房店市炮台镇	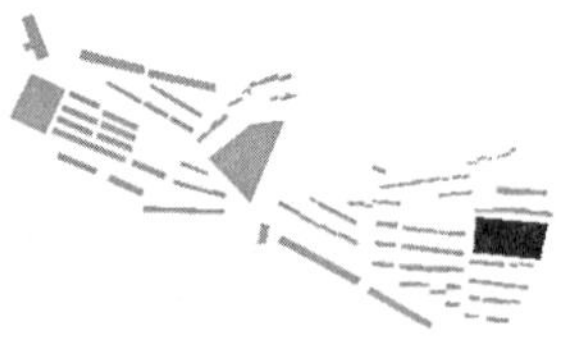		村内各有一个宽广的健身休闲场地。场地空旷，只有场地周边具有一些绿植，场地空置率较高
	阿尔滨村活动广场	大连市金州区登沙河镇	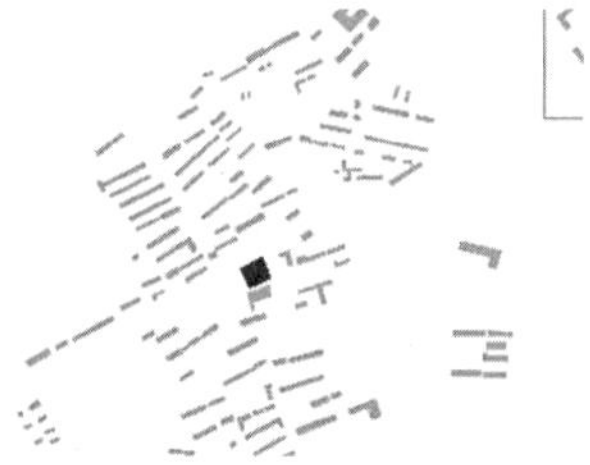		村民活动广场位于村子中心位置，此处是该村的道路交叉处，周边无绿植，每周二、六用作集市场地，场地利用率较高
	温泉村活动广场	大连市庄河市步云山乡			村民活动场地因维护不当已经闲置，有村民在此干农活
卫生设施	杨树房村卫生所	大连市庄河市徐岭镇			镇上无养老院，只有少数的几家卫生所，卫生所的条件普遍较差，只能够满足村民基本的医药需求
	沈家村卫生所	大连市庄河市黑岛镇	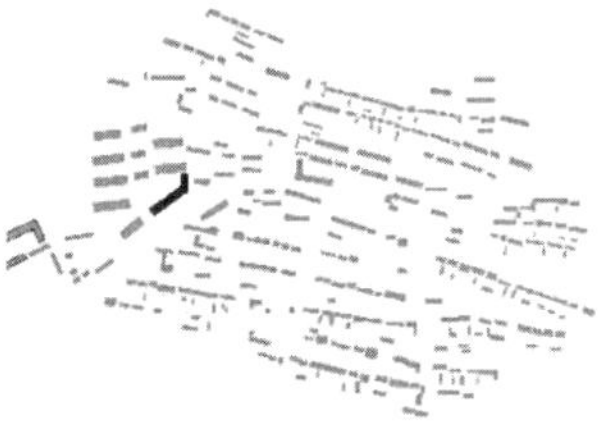		村上具有两家卫生所，相邻布置，两家配置条件相差较大，一家已经处于基本闲置状态，能够满足村民基本的医疗需求
养老设施	步云山乡敬老院	大连市庄河市步云山乡			公立敬老院内设施相对完善，食品等自给自足，室内进行了适老化设计，还为部分有需求老人设置了炕
	黑岛镇康乐养老院	大连市庄河市黑岛镇			私立康乐养老院，生活设施较好，舒适度较高，房间面积较大，多为两人间，在此居住的老年人满意度较高

40%的农村既没有提供室外活动场所也没有相应的老年人照顾设施，老年人只能在家里或者宅前活动。再次，在一些配备了相应的基础设施的村镇，虽然相关的公共设施已经有所配置，但是其使用情况不容乐观，没有根据当地的实际情况进行地方特色化，没有从老人角度进行专门设计，此外还存在着基础设施设置过远的现象，交通便利程度较低，部分养老院、卫生室等距离村民聚居区较远，对于老年人的使用来说存在着一定的困难。最后，公共设施的后期维护不到位，公共服务设施和基础设施维护率低，在各传统村落中建设基础设施存在“只建不管”现象，建设之初政府下拨一部分建设资金，并根据村民诉求建设农村基础设施，如：垃圾收集、景观绿化、路灯广场等基础设施，但由于缺少后续维护资金，村民使用意识薄弱和缺乏长效管理机制的原因，部分基础设施仍处于“面子工程”层面，并未发挥其实际效果。在以上现状分析的基础上，总结概括出现存问题，方便为以后农村适老性再建设提出可靠的对策。

三、老年人行为特征

随着老年人年龄的不断增长，生理机能逐渐退化，遂引起老年人心理状态的演变。每个老年人的日常行为、休闲行为、务农行为以及特殊行为等行为特征，都不同程度反映出老年人的生活需求以及行为能力。对于适老性再建设的研究，需要针对性的调研老年人的行为特征，在满足老年人基本生活需求的基础上，做出创新型建设。

1. 起居行为

起居行为是一种领域性行为，也是老年人生活中的基本行为，其中的基本活动都在老年人最基本的生活半径之内，具有一定的私密性以及私人所属性。日常的起居行为包括：睡觉、吃饭、简单打扫卫生、炊事、洗衣等满足基本生活的日常行为活动。该类行为以老人的住室为主要空间进行展开，基本发生在民居内部空间里。根据调研资料分析，调研村内的老年人多以自理老人和介助老人为主，起居行为目前是老年人基本上能够依靠自身完成的日常行为，但是有23%调查者由于自身的身体状况原因，希望在他人协助下完成基本的起居类行为。在考虑适老性再建设发展对策时，需首要考虑起居行为。

2. 休闲行为

休闲行为是一种自发性的活动，是在老人的自愿基础上发生的，其发生的条件要根据自然环境以及场所的适宜度等客观条件是否符合的情况下，具有一定的自由性以及不确定性。基本休闲行为包括：散步、下棋、聊天、观望、晒太阳等老人凭借个人意愿所产生的行为，是建立在老人的兴趣以及主观能动性上。在调查者中聊天交流是占休闲行为中最大比重的，达68%，其余为晒太阳、观望，老人们愿意与周边的人沟通，与外界多进行交流，不愿意把自己置身于封闭的环境中。但是根据调查者的反馈情况，目前大连农村地区的基础设施虽然在逐步完善，但是部分地区缺失真正能够为老年人提供休闲行为的活动场所，老人多在自家宅基地或者宅前小路进行休闲活动。现代生活条件越来越优越，老年人更加重视生活娱乐，发展对策需充分考虑到老年人的这类需求。

3. 务农行为

务农行为最能体现城乡老年人的行为差异，对于农村老年人来说，务农行为是一种生计来源。我国长期实行的“城乡二元结构”，导致城乡差异巨大，虽然现今农村老年人普遍有了养老保险，但是根据自身的情况来说，保险难以满足基本的生活需求，还是需要其他方面的经济来源进行补贴，一方面来自子女，另一方面来自于务农或者打工。在调查者中，生活在农村的老年人中只要在身体状况允许的条件下，仍有74%的老人在进行务农行为来补贴家用。因此，针对农村老年人的适老性再建设需要着重考虑务农老人这一人群的行为需求，设置一些方便老年人劳动的设施或通过一些设计措施想办法节省老年人不必要的体力消耗。

4. 特殊行为

特殊行为是指农村老年人在基础的生活行为之外，进行的一些医疗保健、生活照护等行为。在调查者中，有84%老年人最为关注医疗保健，由于生理机能衰退，自身患慢性病较多，又不想给子女增添麻烦，他们需要一些健康检测以及医疗照护的服务，更多的老人倾向于在自家里收到生活照护，但是也能够接受在照料设施内进行集体照护。对于老年人来说，满足看病难、治病难的需求是关键，在发展对策中需要将医疗保健设施安排到位，尽可能保证老年人的医疗需求。

四、农村资源置换策略

1. 目标群体

在功能置换可行性探讨中，依托传统村落的物质空间内进行功能置换构想，其中要先确定好功能置换后的目标主体，目前根据我国老年人的老化程度（自理程度）划分，可以将老年人划分为：自理老人、介助老人和介护老人。在农村地区的调研数据当中显示，愿意依靠居家养老、社区养老等多为自理老人和介助老人，他们更愿意对传统村落的闲置资源进行养老功能的置换，对农村生活的认同感较高。

2. 资源置换原则

1）保留文化原则

在进行传统的村落公共基础设施置换时，要对传统民居的建筑形式以及村落的文化历史进行充分的调研分析，在满足置换功能要求的同时，要充分保留原有的村落历史文化，只有以传统建筑的文化历史为前提，才能保证村落文化的传承与历史的延续性，保留公共建筑的建筑特征、空间形式，进行局部的改建，实现功能置换，使置换后的建筑保留原有的村落文化特征。

2）以实际需求为导向

在进行闲置资源的置换时，要从根本的动机出发，了解老年人真正的养老需求以及行为需求所对应的空间需求。实际需求的产生要求养老者既有入住的欲望，又要有入住的动机要求，要以传统村落内公共设施的功能置换为养老功能的传统村落养老设施为基础，满足老年人对养老相关公共设施的需求。

3）因地制宜的原则

在进行村落内公共设施资源的置换时，无论是广场空间、建筑资源等，都要因地制宜地充分发挥村落的优势特征、地域资源等，在满足当地老年人行为需求的同时，也要促进村落的经济水平的提高，发展相关的养老设施，解决中青年的就业问题。通过合理的资源配置以及资源置换等，提高公共空间的品质，通过有针对性的解决村落内的设施闲置情况，改善村落内的资源利用率。

3. 资源置换策略

1）人力资源置换

现阶段的城镇化发展已经进入一个相对饱和的阶段，此时发展农村地区的养老事业，在农村地区创造中青年的就业机会，减少农村地区空巢现象的发生，减少农村老人的孤独感，不仅是服务于农村的建设以及发展也是缓解城市的人口压力。通过人力资源的置换，在一定程度上对老年人的起居行为和特殊行为进行干预，为老人提供适合的养老环境，为其提供生活起居、日常照料等服务。

2）土地资源置换

随着国家推行“农村集体经营性建设用地流转”试点的展开，可以利用社会资源来发展农村的养老事业，将村落内闲置的公共空间：广场、街巷空间以及经营性建设用地等，进行相关的养老设施建设。根据城市内良好的社会资源，借鉴城市内多种养老模式，来造福于农村的老年人，以老年人的休闲行为需求为导向进行设计，将置换的土地资源进行乡村环境适老化建设。

3）建筑资源置换

在各传统村落中建设基础设施存在“只建不管”现象，公共服务设施和基础设施维护率低，其次很多的公共设施无法服务于老年人，导致利用率低下，所以存在着“年久失修”的现象。由于农村地区人口结构的变化，也存在着许多的闲置民居，可以根据不同的老年人需求以及建筑资源特征，建设满足老年人养老需求的养老设施，如将闲置的村活动室进行相应的适老化改造，改造成老年人活动室；将闲置的民居，以租赁的形式，改造成老年人照护中心，为老人提供日常餐饮、日常护理等，满足农村老人的休闲行为以及特殊行为需求，根据老年人的行为特征进行相应的资源置换，提高资源利用率的同时，更好地服务农村的人群主体——老年人，为其提供适合并且适宜的农村生活环境。

五、结语

通过合理的乡村资源置换以及再配置来匹配农村老年人的生活行为需求，为其建设适宜的养老环境（图1）。在满足养老建筑特

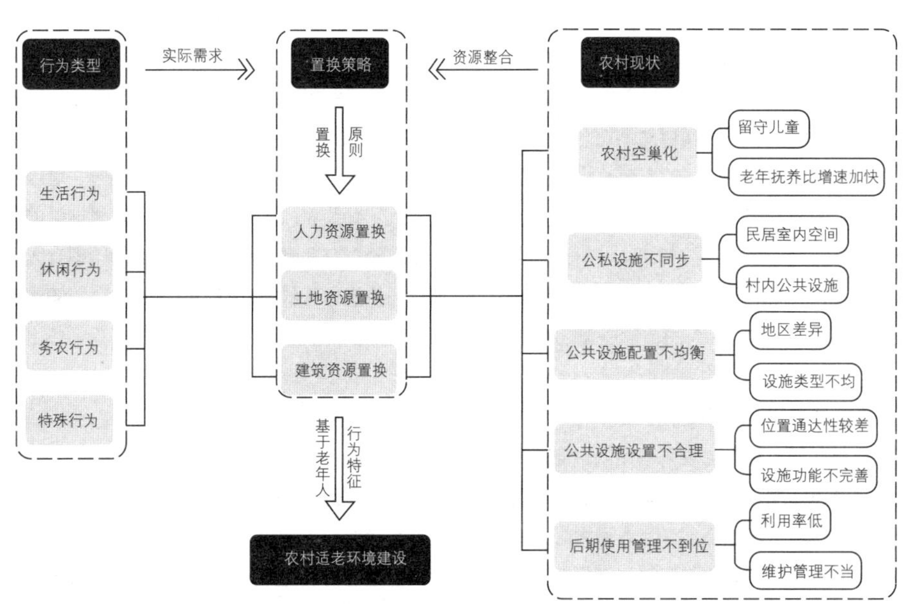

图1　农村资源置换策略关联图
（资料来源：作者自绘）

点以及建筑设计要求前提下，从老年人的行为特征出发，对农村现有资源进行整合利用。以老年人的行为模式特征为导向，结合当地村落的现状特征，对建筑进行改造，保留其原有的历史文化特征的建筑形式，在内部进行适老化设计。将传统村落内部的公共空间、街巷空间以及院落空间进行更新，为老年人提供宜居的环境，改善老年人的户外体验空间。结合村落内以及周边村落的老年人的行为特征，对老年人的养老需求进行针对性满足，对一定范围内的闲置公共资源进行改造，满足老年人日常生活的各项需求。

注释

① 姜雪，大连理工大学 建筑与艺术学院，硕士研究生，116024，jiangx9428@163.com。

② 周博，大连理工大学 建筑与艺术学院，教授，116024。

③ 张颖颖，大连理工大学 建筑与艺术学院，硕士研究生，116024，xiaoyusi_94119@sina.com。

参考文献

[1] 刘心怡．村镇养老建筑层级化设计研究 [D]．济南：山东建筑大学，2018．

[2] 张子琪，王竹，裘知．乡村老年人村域公共空间聚集行为与空间偏好特征探究 [J]．建筑学报，2018（02）：85-89．

[3] 叶蕾婷．浙北农村"潜在养老资源"调研和适老化改造策略研究 [D]．杭州：浙江大学，2017．

[4] 李姝媛．严寒地区村镇养老模式及养老设施规划策略研究 [D]．哈尔滨：哈尔滨工业大学，2017．

[5] 王新艳．辽南农村住宅适老性优化设计研究 [D]．大连：大连理工大学，2016．

[6] 孙瑞．老龄化背景下传统村落的功能置换可行性研究 [D]．北京：北京建筑大学，2016．

[7] 宁玉梅．农村家庭养老方式面临的现实问题探讨 [J]．理论观察，2013（09）：38-39．

滨水村落民宿区公共空间游客满意度的综合评价

——以深圳较场尾民宿区为例①

马 航② 迟 多③ 阿龙多琪④ 袁 琳⑤

摘 要： 本研究选取深圳较场尾民宿区作为研究对象，从游客满意度角度出发，结合游客属性及特征，构建较场尾民宿区公共空间游客满意度评价体系。分析各评价因子游客满意度调查结果及权重，绘制满意度及重要性四分图将各评价因子归类总结及分析。此评价体系的构建为我国已经建成或正在建设的民宿区提供借鉴及参考。

关键词： 游客满意度 较场尾民宿区 公共空间 评价

一、引言

1. 滨水民宿区发展及研究现状

随着我国滨海旅游业的大力发展，滨海区域民宿产业作为旅游区内村落可持续发展的有效途径，仍存在发展良莠不齐、开发盲目以及空间无序等问题。目前国内外研究主要集中在民宿旅游及民宿管理等宏观层面上[1-3]，从游客的体验及行业的管理分析民宿旅游及民宿资源的可持续性发展[4-6]，对于民宿的评价多以民宿单体及民宿资源为主，缺乏从游客满意度调查入手的民宿区公共空间研究。本研究希望补充完善理论的同时，分析深圳较场尾民宿区公共空间在滨海旅游的背景下的发展特征，建立滨水村落公共空间满意度评价体系。

2. 深圳较场尾民宿区概况

较场尾海岸资源优良，被称为深圳的“鼓浪屿”。近些年，较场尾民间自主发展了多个滨海旅游项目、旅游民宿，在区域内形成了自发组织、不断升级的旅游休闲聚集区，闻名珠三角。较场尾滨海民宿区面积约为38平方公里，本文研究范围如图所示（图1）。

3. 游客满意度评价概念

满意度评价属于使用后评价中主观评价类[7]，最早源于市场学，根据用户对产品满意度，得出产品属性及评价，后用于使用者的主观感受评价，包括物质和精神两方面[8]。本文将满意度评价应用于建成环境主观评价的领域中，通过游客的主观满意度评价对相关客体进行分析及优化，游客满意度评价反映的是构成建成环境的综合性评价[9]。

图1 较场尾民宿区空间范围

二、游客满意度评价体系构建的必要性

为了较场尾民宿区建成环境的可持续发展及有针对性地提高游客的满意度，从游客满意度调查入手进行量化分析极为必要。本研究通过研究深圳较场尾民宿区公共空间评价体系，为深圳民宿区的民宿产业发展提供指导，同时为其他相似滨海旅游民宿区发展提供借鉴。

三、深圳较场尾民宿区公共空间游客满意度评价体系构建

1. 评价方法

1）层次分析法：将民宿区公共空间这一系统性的问题分解成多目标、多层次、多准则，每个级别的目标统领下一级别的目标，使得评价过程思路清晰，方便研究者使用并具有一定的系统性及可信性。

2）德尔菲法：选取50名相关专业学者及专家，通过问卷获取专家对评价因子选择的意见。遵循系统程序，评价过程数次循环至学者及专家意见相统一。此方法具有普适性和可信任性。

2. 评价因子确定

借鉴相关评价因子总结共性特征，并结合较场尾民宿区的特点，包括规划发展目标、空间肌理、特色景观资源及民宿文化资源等确定较场尾民宿区游客满意度评价因子集。

1）相关评价因子借鉴

对于公共空间的评价，不同评价对象及评价角度，选取的评价要素也不尽相同。朱小雷以大学校园公共开放空间为例，从物质层面和社会精神层面选取评价因素，包括物质构成要素、交通可达性和空间识别性等6个方面[12]。崔永峰针对游憩性城市公共空间，提出绿化率、交通可达性和铺装等24个评价因子[13]。刘继骁以珠江新城的公共空间为例，评价体系包括交通、景观绿化和服务设施等7个方面[14]。赵金龙从风貌特色、旅游设施、民俗文化3方面评价广州小洲村公共空间现状，具体包括街巷、河涌、广场和绿地等[15]。

本文梳理文献，总结一般公共空间评价因子集（表1）：

公共空间评价因子集分类　　　　表1

	共性要素分类	评价因素	相近概念
共性要素	物质空间要素	绿地空间	绿化景观生态环境
		广场空间	休闲场地
		道路空间	道路交通街道空间
		公共服务设施	配套设施
	精神文化要素	民俗文化	风俗文化历史文脉
		场所精神	形象认知
	其他要素	安全	安全保障
		维护管理	运行维护运行保障

2）较场尾民宿区的自身特点

民宿区公共空间指标因素的选择需要结合较场尾民宿区特有的地理位置、空间定位及发展目标，着眼于其公共空间的服务职能及游客需求和行为，考虑到民宿区作为旅游地应有的场所文化，挖掘其自身的物质空间要素及文化要素，并且从游客的视角选择二级评价因子。

（1）规划发展目标：根据《深圳市东部生态组团分区规划（2005-2020）》和《大鹏新区保护与发展综合规划（2013-2020）》，较场尾所属的深圳东部区域定位于区域性滨海旅游度假区及自然生态保护区，因此较场尾民宿区在产业发展同时应注重对环境的保护，更新整治与产业发展相融合。同时为了满足游客需求，应提高空间品质，注重交通设施和公共服务配套设施的完善，这也是评价体系中应有的重要内容。

（2）空间肌理特征：较场尾民宿区公共空间的空间肌理仍保留着原有的村落肌理，自然形成且错落有致，街巷尺度较小。在此空间布局及肌理的基础上应该着重对街巷空间、广场空间等游客集中活动、使用率较高的节点空间进行评价。

（3）特色景观资源：较场尾民宿区最大的特色在于得天独厚的滨海资源。因此，滨海资源的有效利用是本文的评价重点。滨海开敞空间、滨海建筑界面、滨海视觉廊道等都应成为评价的内容。

（4）民宿文化资源：民宿区具备独特的民宿风情，为吸引游客应提供体验性的文化活动或具有当地客家文化、海防文化等类型的文化展示活动，这些旅游文化的体现也应是评价的重要内容。

综合以上评价因子选取原则确定较场尾民宿区游客满意度评价因子（表2）：

最终评价因子　　　　表2

准则层	子准则层	因子评价层	游客满意度因子
空间风貌	A街巷空间	A1街巷节点空间	街巷中宽敞的公共活动空间
		A2沿街建筑风貌	街巷建筑风格具有特色且一致
	B广场空间	B1广场休闲活动设施	广场上休闲活动设施满足需求（健身器材等）
		B2广场地面铺装	地面铺装的设计
		B3广场尺度	广场大小舒适程度
	C滨海空间	C1滨海开敞空间	海边步道宜人方便程度
		C2滨海建筑界面	滨海建筑界面美观性
		C3滨海视廊	街巷中海景可见性
	D绿化空间	D1绿化多样性	植物配置合理及多样性
		D2绿化分布	绿化分布合理性
基础设施	E交通设施	E1外部交通便捷性	来此方便程度
		E2停车空间	停车位数量
		E3慢行系统连续性	步行或自行车使用方便度
	F公共服务设施	F1餐饮设施	餐饮位置及数量
			便利店位置及数量
		F2休憩设施	休闲座椅设施位置及数量
			公共厕所位置及数量
			遮阴、遮雨设施
		F3游览设施	指示牌明显且有帮助性
			游客服务点数量和位置
场所文化	G民宿文化体现	G1提供休闲体验活动	民宿区内参与性体验性休闲活动（冲浪等）
		G2民宿产业特色体现	民宿区内举办民俗文化展示活动
管理服务	H管理维护	H1卫生质量维护	沙滩及街道卫生情况
		H2配套设施运行管理	街道照明及消防设施

（5）评价因子权重确定：评价因子的权重计算采用对比矩阵法及比例标度法[16]，通过一致性检验，形成较场尾民宿区公共空间评价因子权重集（表3）。

较场尾民宿区公共空间评价因子权重集　　表3

一级因子	一级因子评价权重	二级因子评价层	二级因子评价权重	二级因子对总目标权重（%）
A街巷空间	0.1061	A1街巷节点空间	0.7500	7.96
		A2沿街建筑风貌	0.2500	2.65
B广场空间	0.0767	B1广场休闲活动设施	0.3090	2.37
		B2广场地面铺装	0.1095	0.84
		B3广场尺度	0.5816	4.46
C滨海空间	0.1719	C1滨海开敞空间	0.2363	4.06
		C2滨海建筑界面	0.0819	1.41
		C3滨海视廊	0.6817	11.71
D绿化空间	0.0334	D1绿化多样性	0.6667	2.23
		D2绿化分布	0.3333	1.11
E交通设施	0.3004	E1外部交通便捷性	0.6419	19.28
		E2停车空间	0.2790	8.38
		E3慢行系统连续性	0.0719	2.16
F公共服务设施	0.2325	F1餐饮设施	0.7049	16.38
		F2休憩设施	0.2109	4.90
		F3游览设施	0.0841	1.96
G民宿文化体现	0.0262	G1提供休闲体验活动	0.6667	1.75
		G2民宿产业特色体现	0.3333	0.87
H管理维护	0.0528	H1卫生质量维护	0.2500	1.32
		H2配套设施运行管理	0.7500	3.96

（6）问卷设计：本研究的问卷为游客满意度评价，包括游客背景调查、主观评价问卷和发放性问题三部分。游客背景调查包括性别、年龄、交通方式和游玩天数等问题，了解游客的人群特征及基本信息，为评价及优化设计提供背景支撑及依据。主观评价问卷包括8个一级指标及20个二级指标在内的20个问题，问卷避免专业词汇，方便游客理解。开放性问题为了获取游客对较场尾民宿区亟待解决的问题及重要性排序，作为重要性—满意度的研究依据。

本次调查问卷的发放共为4次，发放地点为较场尾民宿区公共空间的研究范围内，问卷累计共发放800份，有效回收718份，问卷有效率89.8%。

四、游客满意度综合评价结果分析

1. 各评价因子平均值分析

在数理统计中平均值$\bar{x}$属于集中趋势测量法的一种，主要用来反映样本的集中趋势，其计算公式为$\bar{x}=\frac{\sum x}{n}$，其中n和$\sum x$分别表示变项中的全部个案数和各个个案数值之和[17]。

通过分析一级因子满意度均值（图2），从图中可知街巷空间得分最高，说明游客对于街巷空间满意度较高。而滨海空间、交通设施、民宿文化及管理服务这4项指标满意度均值低于3.0，说明游客对其需求及期望较高，亟待优化设计。

通过分析各二级因子满意度平均值及标准差（图3），可得出以结论：（1）A2及C2满意度得分最高，说明游客对较场尾民宿区建筑风貌较为满意，由实地调研也发现较场尾民宿的建筑风格及街巷立面均有特色。（2）满意度均值高于3.0的指标因子还包括B2、B3、D1、F1、F2、F3共6项。受访游客对这6项的满意度均值达到"一般"以上，说明其并不存在根本性的问题，宜结合不同游客需求注重细节处理及优化设计。（3）B1、C1、C3、E、G1、H1及H2等7项指标游客普遍不满意，在发放问卷的过程中也收集到游客较多的反馈信息，应结合较场尾民宿区的现状及游客行为进行满意度提升策略研究。

2. 不同属性游客满意度统计分析

不同属性的游客对于评价指标的满意度也存在着差异，所研究的问题以各个因子变量的比较均值、标准差分析最为适宜。本研究从性别、年龄、交通方式、游玩天数四方面对游客进行分类，通过

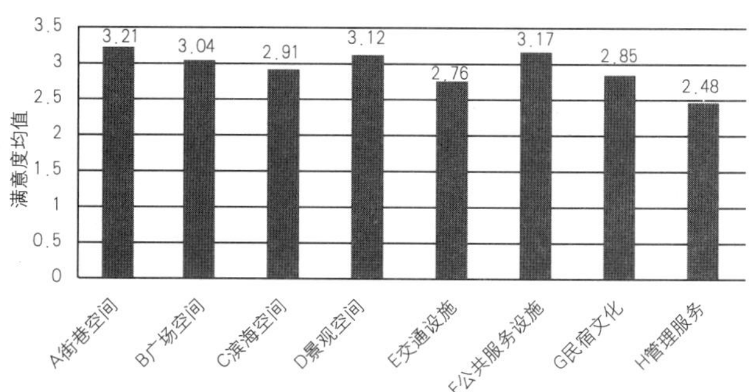

图2　一级因子满意度均值分析

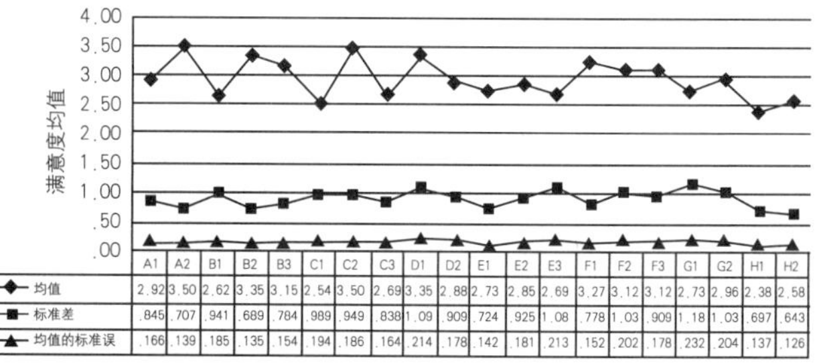

图3　二级因子满意度均值及标准差分析

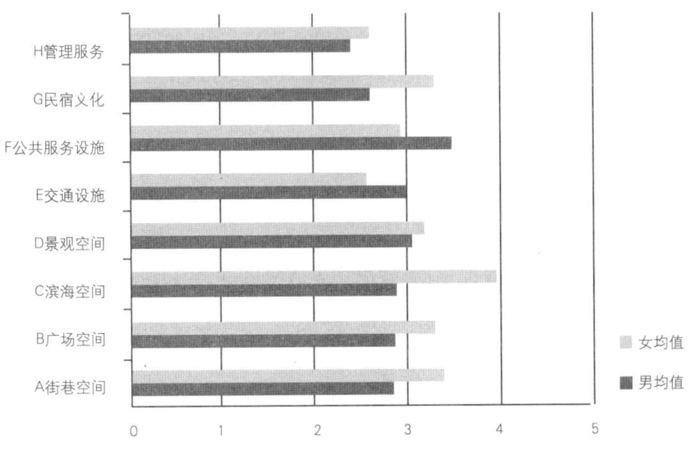

图4　不同性别人群一级因子满意度均值分析

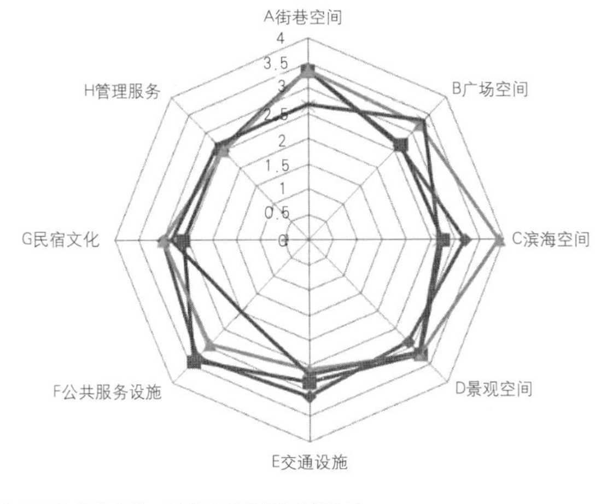

图5　不同年龄段人群一级评价因子满意度均值分析

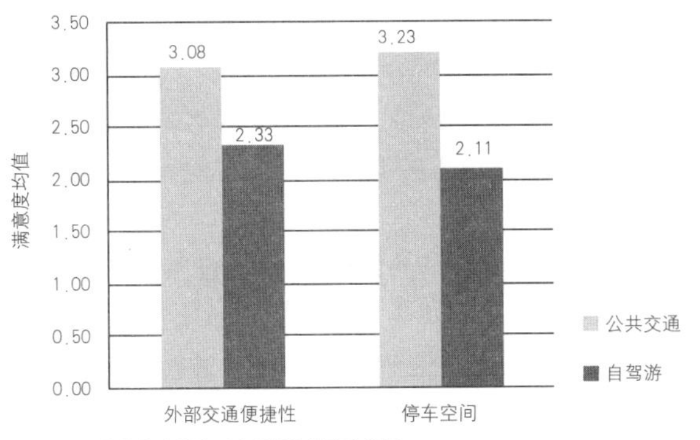

图6　不同交通方式游客对交通设施满意度差异

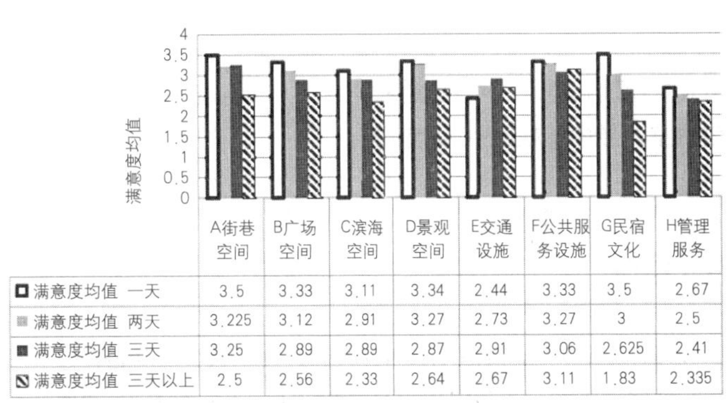

	A街巷空间	B广场空间	C滨海空间	D景观空间	E交通设施	F公共服务设施	G民宿文化	H管理服务
满意度均值 一天	3.5	3.33	3.11	3.34	2.44	3.33	3.5	2.67
满意度均值 两天	3.225	3.12	2.91	3.27	2.73	3.27	3	2.5
满意度均值 三天	3.25	2.89	2.89	2.87	2.91	3.06	2.625	2.41
满意度均值 三天以上	2.5	2.56	2.33	2.64	2.67	3.11	1.83	2.335

图7　游客游玩天数对各一级因子满意度差异分析

了解不同属性的游客评价差异，了解不同类型游客的需求及对空间品质的评价标准。

1）性别：通过分析不同性别人群对一级因子满意度均值差异性（图4），发现大部分评价因子女性满意度略高于男性，其中交通设施及公共服务设施男性满意度高于女性，滨海空间及民宿文化方面女性满意度远远高于男性。

2）年龄：分析发现60岁以上人群对各项指标满意度普遍较低，尤其在公共服务设施方面随着游客年龄的增长满意度逐渐降低，考虑到旺季时游客多为家庭游，儿童及老人所占比例有所增加，此类人群对公共空间的要求较高，包括无障碍设施、休闲座椅设置、餐饮及服务点设置等。

3）交通方式：由上文分析可知选择公共交通来此地的游客对于交通设施的满意度普遍高于选择自驾游的游客（图6），其原因为自驾游的游客对于交通的便捷性及停车空间的需求较高且感受较为直接，旅游旺季停车需求更加显著，因此未来应加强停车场数量和分布的设计策略。

4）游玩天数：分析随着游玩天数的增加，游客对于各项指标的满意度数值均呈现下降趋势，其中G项的下降趋势最为明显，说明随着游客逗留天数的增加，对场所精神这类文化软实力的要求逐渐增加，今后应提高民宿区经营实力，加强文化软实力的建设，增加民宿体验活动及当地文化展示及宣传。此外，街巷空间、广场空间等方面游客满意度数值也均出现了较大程度的减少，应结合常驻游客的需求进行补充设计及精细化设计，提升空间品质。

3. 各评价因子的满意度与重要性分析

为了直观地分析游客对于各评价因子满意度与重要性之间的关系，本研究，以评价因子的重要度作为纵坐标，游客的满意度作为横坐标[18]绘制了四象限图并将所有因子进行分类。

以“一般满意”中3.0为满意度分界值，重要性分界值除去重要性数值对结果影响较大的数值，取平均值3.08为重要性分界数值，得出象限Ⅰ、Ⅱ、Ⅲ、Ⅳ，分别代表着高满意度—高重要性、低满意度—高重要性、低满意度—低重要性、高满意度—低重要性四部分的空间评价因子（图8）。

从图8中显示，Ⅰ象限中的空间评价因子重要性高且满意度好，应进行总结归纳，提取可借鉴部分供其他相同类型民宿区建设参考；Ⅱ象限的空间评价因子较为重要但满意度低，是较场尾民宿区重点改进区域；Ⅲ象限的空间评价因子一般重要满意较低，需进行适度优化策略；Ⅳ象限的空间评价因子一般重要但满意度较高，

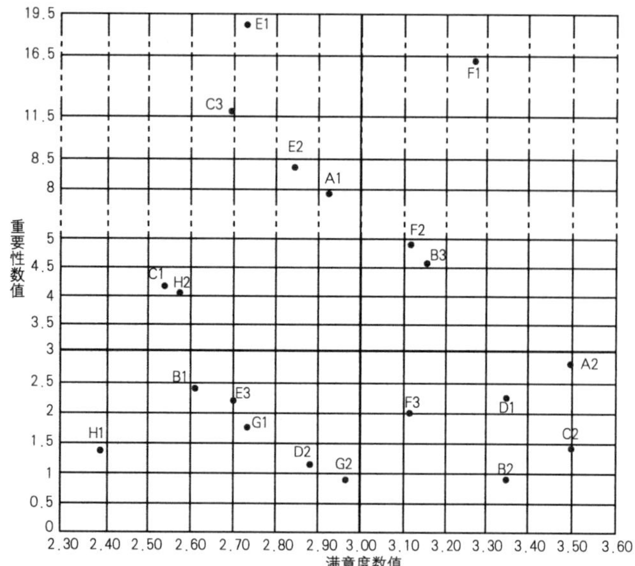

图8　重要性—满意度的空间评价因子分类

可以进行适度调控，发掘新的发展方向及其自身特点，在保持空间原有空间风貌的基础上进行适度创新。

五、结语

本研究通过对较场尾民宿区游客满意度评价的数据结果进行分类统计及分析总结，运用SPSS分析软件及Excel工具分别从均值分析、不同属性游客满意度分类研究，总结出各个评价因子对于各类游客人群的不同需求特征，最后通过绘制四分图得出满意度—重要性因子分布规律，得出游客对于较场尾民宿区公共空间各因子评价结果，以游客满意度角度为切入点，构建较场尾民宿区公共空间满意度评价体系，为其民宿区的空间优化提供依据，并为我国其他滨海民宿区的建设提供指导。

注释

① 教育部人文社会科学研究规划基金项目（17YJAZH059），广东省自然科学基金项目（2018A0303130032）资助。

② 马航，哈尔滨工业大学（深圳）建筑学院，教授，博士生导师，518050.mahang@hit.edu.cn。

③ 迟多，哈尔滨工业大学（深圳）建筑学院，518050，787016894@qq.com。

④ 阿龙多琪，哈尔滨工业大学（深圳）建筑学院，博士研究生，518050，1361902065@qq.com。

⑤ 袁琳，哈尔滨工业大学（深圳）建筑学院，518050，951679604@qq.com。

参考文献

[1] Lee L S. Measurement of visitors' satisfaction with public zoos in Korea using importance-performance analysis [J]. Tourism Management, 2015 (15): 47.

[2] Mensah I, Ernest A. Tourist Satisfaction with Hotel Services in Cape Coast and Elmina, Ghana [J]. American Journal of Tourism Management, 2013 (1A): 29.

[3] 顾真真，段亚丽.新型民宿发展模式探讨 [J].新农村，2016 (9): 42-53.

[4] 潘颖颖.浙江民宿发展面临的困难及解析——基于西塘的民宿旅游 [J].生产力研究，2013 (3): 132-135.

[5] 李德梅，邱枫，董朝阳.民宿资源评价体系实证研究 [J].世界科技研究与发展，2015，37 (04): 404-409.

[6] Chenc C, Lee H. The Case of Kinmeny's Bed and Breakfast Industry [J]. Asia Pacific Journal of Tourism Research, 2013, 18 (3): 262-287.

[7] 王婧，赵鸣晓.基于IPA法和因子分析法的游客满意度定量评价——以广西伊岭岩风景区为例 [J].辽宁工业大学学报社会科学版，2015 (4): 25-27.

[8] 谢丽佳，郭英之.基于IPA评价的会展旅游特征感知实证研究：以上海为例 [J].旅游学刊，2010，25 (3): 48-54.

[9] 姜尧.基于模糊综合评价的桂林城市夜间旅游满意度研究 [D].桂林：广西师范大学，2013：86-92.

[10] James F. Holiday recovery experience, tourism satisfaction and life satisfaction [J]. Tourism Management, 2016 (5): 53.

[11] 朱小雷，吴硕贤. 建成环境主观评价方法理论研究导论 [J].华南理工大学学报，2007，35 (5): 195-198.

[12] 朱小雷. 建成环境主观评价方法研究 [M]. 东南大学出版社，2005：78-86.

[13] 崔永峰. 游憩性城市公共空间使用状况评价 (POE) 研究 [D].西安：长安大学，2008：78-89.

[14] 刘继骁. 珠江新城核心区公共空间使用满意度评价研究 [D].广州：华南理工大学，2012：64-72.

[15] 赵金龙. 广州市小洲村公共空间的现状评价和更新策略研究 [D]. 哈尔滨：哈尔滨工业大学，2013：8-13.

[16] Alan R., Robert C. Burns. Testing a mediation model of customer service and satisfaction in outdoor recreation [J]. Journal of Outdoor Recreation and Tourism, 2013 (9): 3-4.

[17] Jones D, Guan J. Bed and Breakfast Lodging Development in Mainland China: Who is the Potential Customer [J]. Asia Pacific Journal of Tourism Research, 2011 (5): 517-536.

[18] 符文婷. 昆明理工大学呈贡校区公共开放空间使用后评价及调适设计研究 [D]. 昆明：昆明理工大学，2013：45-49.

朝鲜族民居的空间形态简述及民宿化改造设计策略研究

——以咸镜道原籍朝鲜族民居为例

何志伟[①]

摘　要： 朝鲜族民居彰显着独特的朝鲜族民族文化精神，本文以朝鲜族民居其中一类——咸镜道原籍朝鲜族民居为例，简述其空间形态特点，探究其民居文化特色价值所在。在这个基础上，提出咸镜道民居民宿化改造设计的方向与策略。

关键词： 咸镜道原籍　朝鲜族民居　空间形态　文化特色　民宿化改造

一、研究背景

我国民族种类繁多，各族人民的生活习性与居住环境不尽相同，各有特色。而作为这多姿多彩的民居文化长流中的灿烂一笔，朝鲜族民居，以其独具地域性特征的形式与文化，具有很高的研究与改造更新价值。

近年来，随着振兴乡村政策的不断实施以及以乡村旅游为基础的民宿旅游热潮的兴起，以传统村落以及单个建筑单体的民宿化改造设计实践在全国遍地开花。依个人观点，传统民居的民宿化改造利大于弊，一是可以带动乡村旅游和经济发展，二是多数传统民居随着时间老化、残破，恰当的改造更新是对它们本身辉煌的继承与延续。

二、朝鲜族民居的地域文化特征

从19世纪60年代到20世纪40年代，大批朝鲜半岛的朝鲜族人民迁徙到东北地区并且定居在此[1]，虽然经历数代数次，但是也算是历史上较大的人类迁徙。迁徙而来的朝鲜族人民大多定居于今吉林省、黑龙江省的东部地区，以鸭绿江和图们江为据点扩散。

朝鲜族民居富有浓厚的民族风格，通过查阅资料得知，早期的朝鲜族建筑依山而建，延边地区有大片森林，与外界联系较少，故而朝鲜族民居基本上保持着民族文化传统特色，但随着时代的发展逐渐被同化，靠近东北内部的朝鲜族民居发生了更大的文化交融与民居形式的转变。东北地区地处寒地气候区，冬季寒冷风大。独特的地理环境造就了独特的人文风俗。而朝鲜族也正是如此，在采取一定技术手段来抵御严寒的同时，也屈就于自身的文化传统。朝鲜族民居正是这种文化、地域气候以及建造技术等因素相互制约、相互交融的产物。

关于一千多年前的朝鲜族生活，在《三国志》中就有记载：“居处作草居土室，形如冢，其户在上，举家共在中，无长幼男女别[2]。”可见朝鲜族无太多尊卑之分，注重家庭和谐交流。朝鲜族人粗犷豪放，包容并蓄，这一点也在民居上有所体现：矮墙高房，建筑舒展豪放，院墙围而不隔，院子布局松散，平面形态也直率简单。虽然在不断地演变之中受汉族儒家文化的影响，在平面形式上发生了尊卑之别，例如咸镜道原籍朝鲜族民居，男士一般在上房、上上房就寝，而女人和孩子一般在上库房、库房及净地房等地方就寝，男女有别的思想显露无疑。

朝鲜族人自称“白衣民族”，白色在朝鲜族象征光明神圣，自然和谐，顺应自然。这与中国古代传统文化思想“天人合一”相一致。在建筑上也以白色饰墙，灰色饰顶，体现与大自然的和谐共生。

三、咸镜道原籍朝鲜族民居的空间及形态价值解读

朝鲜族民居主要的传统类型分为咸镜道型、平安道型、庆尚道型三种传统民居。由于原籍的不同以及后来定居的地域性差异，三类民居在自身形态以及平面上有些差别，但是秉承着相同的文化理念，它们对于文化传统上的建筑语言解读相差不多。本文以咸镜道原籍朝鲜族民居为例，初探朝鲜族民居的民宿化改造可行性方案。

1. 咸镜道原籍朝鲜族民居的建筑形态

咸镜道原籍朝鲜族民居（以下简称咸镜道民居）外观形态简约大气，白墙灰瓦，与朝鲜族人民的淳朴性格相得益彰。它们的形态是适应地域气候文化所诞生的独特的产物，很有辨识度。下面简述咸镜道民居几处独特的形态元素符号。

1）屋顶形式

屋顶形态有两种，一种是俗称“八作屋顶”的合阁式屋顶形式，仿造歇山顶形式（图1）；另一种为传统四坡屋顶，形制同庑殿顶类似（图2），而四坡屋顶又分草屋顶与瓦屋顶。屋顶也随着地位高低而区分。

咸镜道民居中的合阁式屋顶形态体现着鲜明的民族特色，它的屋脊线不同于汉式屋脊那样简练，而是用瓦片层层叠垒，屋顶起翘部分也是用瓦片砌到很高，屋顶线条舒展优美，在天空画出一条优美的弧线。

2）窗户形式

在立面上，南向的每一间房间都会开窗，而北向无窗，侧面会

图1 合阁式屋顶（图片来源：图行天下网）

图2 四坡屋顶（图片来源：农村土地网）

根据需要开窗。门窗一般有板门、平推窗、隔扇窗、望窗以及半门等形式。望窗是朝鲜族民居的特色形式，它是洞口式的小窗子，由于朝鲜族都是以坐式起居生活，故而望窗的位置与人席坐于室内眼睛的位置相一致。其他形式的门窗也各有特色，构成了丰富的立面形态。

3）烟囱

咸镜道民居最有特色的是立于房子一侧的独立大烟囱。烟囱近似圆筒形状，一般下宽上窄，笔直大气，像一个屹立不倒的文化精神之塔。烟囱看似独立，实则在底部与房子内居室的火炕相连。烟囱外包厚实的保温材料，防止散热，以维持屋内火炕的热量维持。所以说，朝鲜族民居烟囱不同于我国一般传统民居那样将烟囱置于屋顶之上，是适应地域气候以及生活形式的结果。

2. 咸镜道原籍朝鲜族民居的平面特征

1）总体布局特点

迁徙到东北地区的朝鲜族民居，其聚落通常分布在山脚下一些平坦的地势处，可以抵御寒风也便于建造。他们的住宅不会同汉式住宅一样严格遵循坐北朝南的方向，而是根据需要自由朝向。也不会同汉式那样依托中轴线布局、两侧布置厢房，并且有严谨的院落形式。朝鲜族住宅没有明确的院子，大部分以单体建筑为主。

2）平面划分

咸镜道民居根据房间布局的不同分为“田”字形与“日”字形。一般的房间分为上房、库房、净地、厨房、鼎厨间、巴当、仓库等。“日”字形（图3）与“田”字形不同的是多了牛舍而少了两个就寝的上上房与上库房的房间，而最大的不同是“日”字形民居没有在南侧形成局部退间，少了一些半室内的灰空间形式。

在“田”字形平面布局形式中（图4），上房、上上房、库房、上库房是就寝房间，在房间名称中就能看出等级制度之分的意味。

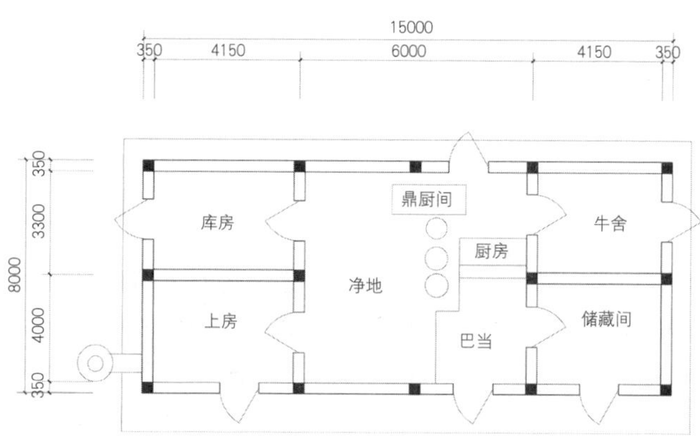

图3 “日”字形平面（图片来源：作者自绘）

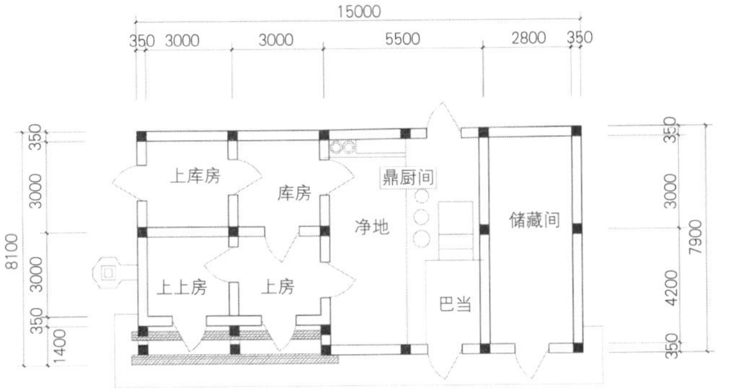

图4 “田”字形平面（图片来源：作者自绘）

这种平面形式由净地即厨房统率全局，两侧为就寝空间及仓储空间。

3）特色空间

（1）火炕

在咸镜道民居中，火炕被称为温突房（图5）。咸镜道民居火炕的高度为35～40厘米，而一般汉式、满式炕高度比它高20厘米。火炕的尺度是由生活习惯而定的，朝鲜族人民以坐式为而居，他们在火炕上完成大多数生活活动，睡觉、吃饭、唠嗑，男士接待客人、看书、下棋；女士即孩子缝补、晾晒、玩耍等。火炕的构造由灶火口、掏灰口、灶台、翻火台、炕板、烟道及烟囱组成，其中烟囱是火炕的终端。火炕的空间承载了他们太多的生活历程与记忆，是与朝鲜族文化根脉相连的独特的空间形式，那么在民居改造与更新的过程中，在民宿化的思维下，炕文化不可或缺。

（2）地炕

在咸镜道民居中，地炕与火炕是有区别的。地炕一般比火炕低10～15厘米[3]，而且设置单独的焚火口用于供暖。所以，这些特点使得地炕更为便捷，人们上下方便，从而作为夏天的就寝及起居空间（图6）。

图6 地炕（图片来源：摘自文献《庆尚道原籍朝鲜族民居的近代变迁与传统元素的持续性——以黑龙江省绥化市勤劳村为例》）

（3）净地

净地通常布置在房屋中央，它既是厨房，行烧火炊事，也作为特有的活动交通空间，是将一家人拴在一起的空间。

（4）巴当

巴当是咸镜道民居的入口空间，是利用与净地产生的一定高差而限定出来的空间形式，类似于玄关。巴当较好地起到了连接室内外环境的作用，也有空间缓冲的效果。

（5）退间

退间是建筑的南部局部凹进去所形成的空间（图7），因为屋顶是完整的，故形成能挡风避雨和休憩的灰空间。一般为两开间，且有柱子支撑，是一处特有的区别于汉式、满式民居的空间形式。

咸镜道民居拥有极具文化价值的特色空间形式，在时代的演变带动民居形式的演变过程中，在旅游业的民宿化影响下，咸镜道民居最值得继承与保留的东西就是它们。

图5 火炕（图片来源：摘自文献《庆尚道原籍朝鲜族民居的近代变迁与传统元素的持续性——以黑龙江省绥化市勤劳村为例》）

图7 退间（图片来源：乐途旅游网）

3. 咸镜道原籍朝鲜族民居现状及问题

随着时间的推移，朝鲜族传统民居受汉式满式等其他传统民居形式的影响，也受时代生产力变化的影响，逐渐发生了建筑内部外部形式的演变。当然，这种变化一方面意味着生活质量的进步及不断适应时代大环境的进步，但另一方面却意味着传统技艺、传统文化、传统文脉基因的遗失。这是当今所有传统民居进化演变过程中都面临的一个问题，那么就需要去更好地挖掘二者的一个平衡点。

现有的问题

（1）缺乏修缮

时间总会在民居上留下印记，一方面是现在人们所钟爱的所谓的古老的痕迹，而另一方面则是饱经风霜的沧桑不堪的“老人”。咸镜道民居多数修建年数已久，构件材料老化，也缺乏后期修缮，民居的前景堪忧。

（2）总体布局缺少规划

咸镜道民居没有明确划分的院子，一些以简易的木桩及柳条编织为围墙。院子里有菜园、仓库、玉米楼，因为生产活动繁多，也没有明确的规划布置，致使院子杂乱，没有起到很好的道路到屋子之间的过渡作用。

（3）文化元素的缺失

在一些新建的咸镜道民居中，已经被现代化元素占据了大多数，能体现朝鲜族文化特征的传统元素似乎可有可无。例如，传统的室内家具被现代化家具取代，一些传统装饰也渐少，立面上的传统半窗、半门形式渐少，退间空间形式也变得不那么重要。

（4）平面布置不甚合理

在“田”字形的平面形式中，有“套房”的形式出现。此种形式的布置严重缺乏私密性，不符合现代人注重隐私的大环境，而且房间布置也体现男女有别之意，这种思想在当今男女平等的思想下是坚决杜绝的。

四、咸镜道原籍朝鲜族民居的民宿化改造设计初步探索

1. 民宿化改造的概念

查阅资料可知，民宿是指利用自用住宅空闲房间，结合当地人文、自然景观、生态、环境资源及农林渔牧生产活动[4]，为外出郊游或远行的旅客提供个性化住宿场所[5]。

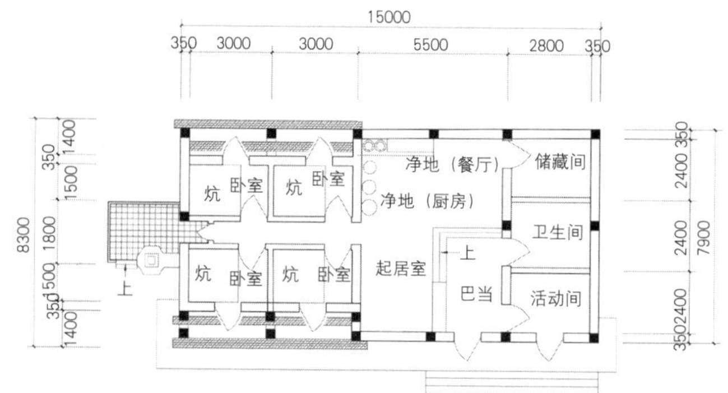

图8 改造后平面（图片来源：作者自绘）

而传统民居的民宿化设计不能与一般的民宿设计相提并论，要在充分了解民居的精神内涵以及当地的民俗文化的基础上加以改造设计。传统民居已然是很宝贵的财产，所以民宿化应该更好地顺应民族传统，将民居地内在精神力量挖掘出来去发扬光大。

2. 改造设计初探

本设计以咸镜道民居典型的“田“字形平面为原型，尝试了一种笔者认为既遵循其文化本身有符合民宿特征的一个平面图方案。（图8）

3. 设计理念

1）平面设计

该方案平面是在充分尊重咸镜道民居的形式特色基础上进行的民宿化改造。将原有“套房”形式的就寝房间改为四间平等的就寝卧室，增加了一条走道来联系四个卧室，同时将火炕元素保留，高度为30厘米，做到既便捷又继承朝鲜族传统的就寝方式。

在民居左侧围绕烟囱设置一个与地面有高差的木板平台，通过平台可进入室内。烟囱是朝鲜族传统民居的象征符号，是一个适合玩耍、休憩、观赏的场所空间。客人会通过触摸烟囱来了解和感受朝鲜特色文化。

在北侧将局部凹进，形成与改造前南侧相同的退间，为客人提供更多的休憩交流空间。

通过扩大巴当面积，凸显了入口巴当空间的公共感，并放置局部隔断及台阶来限定空间，产生良好的过渡空间氛围。起居室下铺地炕，同样继承朝鲜族传统，高度为10厘米。厨房及餐厅也都遵循之前的传统风格，但是增加了现代化的厨具设施等。

在巴当右侧增加公共活动间以及卫生间，来迎合当今人们的交流、共享、卫生等需求。之前的咸镜道民居采用室外简易厕所，不卫生且气味较大，为了符合民宿的设计要求，增加室内厕所。在墙外设置粪坑，采用特殊方法遮盖气味，定期抽排，然后将粪用作菜

园的肥料，实现最大化利用[6]。

2）场地规划设计

因为咸镜道民居临街街道，在民宿化改造设计中，要充分考虑客人的便捷与安全。整个民居场地形式方正，要保留原场地菜园，并且规整其形状及位置，四周加围栏。可供客人参与实践，体验生活。这样就需再设置单独的农用机车出入口。

3）建筑形态设计

改造后的民宿基本形态没有太多变化，在原民居的基础上进行了修缮更新。屋顶采用合阁式坡屋顶，瓦片换新，依旧采用屋脊瓦片叠垒之手法。立面整体以白灰饰面，山墙饰以朝鲜族传统装饰图样，门窗加以修缮，保留半窗半门的特色做法，让客人有文化触碰上的体验。在室内，以咸镜道民居中传统室内布置为主，家具生活用具等应带有朝鲜民族特色。

五、结语

位于中国东北地区地朝鲜族民居是中国传统民居中的一颗璀璨明珠，它带有鲜明的民族特征，在现代化进程如此之快的今天，它能很好地保留文化特色是很难能可贵的。咸镜道原籍朝鲜族民居更是由于分布偏远受汉族影响较少，受所谓的现代化潮流影响也较少。它是朝鲜族文化独特的空间形态载体，它的身上有很多文化特色符号需要去研究解读去发扬。

传统民居的民宿化改造，是以民居为文化载体，以时代潮流为推动力的传统民居更新演变的一种方式。在这个过程中，不能大拆大建，从细微之处到大面都应考虑顾及，要充分发挥建筑师素养，坚持一个建筑师本分。要始终坚持此传统民居的文化内涵，遵循文脉肌理特征，在古老的血肉中注入新鲜的血液，但是不能“反客为主”，不能让以盈利为目的的思想过盛而“毒害”了传统文化之根。

注释

① 何志伟，大连理工大学建筑与艺术学院，辽宁，大连，116000。

参考文献

[1] 张晨，邓晗. 浅析延边地区朝鲜族聚落民居形制演变[J]. 理论与方法，2018（008）：46-50.
[2] 于奇，王春亮. 浅析东北朝鲜民居建筑景观文化[J]. 城市建筑，2015，（23）：170-171.
[3] 金日学，李春姬，张玉坤. 庆尚道原籍朝鲜族民居的近代变迁与传统要素的持续性——以黑龙江省绥化市勤劳村为例[J]. 理论与方法，2018（005）：20-25.
[4] 邹玮玲. 农家乐住宿行为意向对农地功能认知的影响——以北京市城市居民为例[D]. 北京：中国人民大学，2011.
[5] 王娅楠，曹洪珍. 旅顺民宿发展现状及发展对策探析[J]. 对外经贸，2018，（9）：69-71.
[6] 丁张超，王琳，金日学. 新时期吉林省朝鲜族民居改造与创新研究——以咸境道型朝鲜族民居为例[J]. 中国民族博览，2017，（5）：188-189.

贵州江口县云舍村土家族“桶子屋”建筑特征分析及源流探究①

刘长青②

摘　要：笔者考察了位于贵州省铜仁市江口县太平乡云舍土家族传统村落，通过田野调查、测绘、访谈等方式收集了这个土家族村落的部分建筑信息。在考察过程中，笔者发现被当地人称为“桶子屋”的传统民居具有不同于传统土家族民居的特征，本文通过对土家族建筑源流的考证、对云舍村历史的考证、对“桶子屋”建筑特征的对比分析，总结出了“桶子屋”建筑的特点，并对其源流进行了探究。

关键词：桶子屋　黔东南地区　土家族民居　特征分析　源流探究

引言

贵州省铜仁市江口县太平乡云舍土家民俗文化村坐落在梵净山太平河风景名胜区内的太平河畔，云舍山寨距江口县城7公里，距梵净山南山门23公里，全村总面积4平方公里，是江口乡村第一大寨。于2014年被评为中国历史文化名村。如今，云舍土家族仍然保留着自身民族的风情习俗，因而被称为“中国土家第一村”。村中保存了大量土家族传统建筑，是研究土家族建筑的宝贵材料。其中，最具特色便是被当地人称为“桶子屋”的土家族四合院民居。笔者对比较有代表性的桶子屋进行了简单的测绘工作，并对其进行分析，希望能够对这种建筑的特征及源流有所揭示。

一、历史溯源

1. 土家族历史探究

土家族主要分布在湘、鄂、渝、黔交界地带的武陵山区，是我国现如今人口较多的少数民族之一，拥有约835万人（2010年）。土家族拥有着悠久的历史，它是以古代巴人为主体，融合了古代濮、越、氐、羌等多种部族支系的基础上而形成的一个稳定的民族共同体。学界认为土家族作为一个民族共同体，萌芽于秦汉魏晋，成形于唐宋年间，稳定于元明清初，“改土归流”以后则进入了她的同化发展期。

据专家考证，早在先秦时代，古代巴人的语言，白虎崇拜与忌杀，清酒制造，以及若干姓氏，都与当代土家族文化有着直接的联系。濮人的干栏建筑，僚人的岩墓葬土家族也采用过，这些都是土家族起源的佐证，时至今日，这些文化基因仍然深深烙印在土家族的建筑与日常生活之中（图1、图2）。秦汉时期，秦朝形成大一统的国家，实行郡县制，湘鄂川黔接壤的土家族地区，秦朝设置黔中郡，郡县制不仅对汉民族，更对于各个少数民族的形成，有着重要的意义，大规模的移民，边疆的开发，促进了民族的交流与融合，“汉承秦制”，汉朝进一步发展了秦制，汉朝改黔中郡为武陵郡，土家族就是在这样的背景下开始萌芽。

图1　云舍村寨门上的白虎图腾（图片来源：作者自绘）

图2　发源于干栏式建筑的土家族吊脚楼（图片来源：作者自绘）

唐宋时期，实行羁縻制度，是中央政权对少数民族实行的一种自治制度，少数民族首领对其地实行自治，世袭罔替，使统治地区较之前更为稳定，民族内部的经济文化联系更为紧密，从而形成了民族共同体，“民族意识”也开始觉醒。土家族就是在这个时期完全成型。

元至清初，中央政权实行土司制度，民族共同体趋于稳定，清代“改土归流”，即改土司制度为流官制度。流官由中央朝廷委派，消除了土司制度的落后与封闭性，同时加强了对少数民族地区的统治，这样，自上而下的强势政治与文化控制与汉人的流入，使土家族地区受汉民族文化的影响深重，土汉文化融合发展，土家族的建筑也受到了汉族的巨大影响，云舍村现存的建筑形式便成型于这个时期。

2. 云舍村历史探究

云舍村 439户1717人中，98%的村民都是杨氏后裔，关于杨氏的来源，根据当地方志与《杨氏簇谱》记载皆谓系唐末诚州刺史杨再思之后。至宋淳熙八年，杨再西率子政强开辟省溪、亩逻（今太平）、铜仁大小两江等地。宋绍熙年间，四川夔州陆兵马武功大夫土酋张恢之裔开发提溪。元置省溪蛮夷长官司、提溪蛮夷长官司，即土司制度，爵位世袭罔替。直至清光绪六年九月二十日铜仁县迁至江口，废除省溪、提溪两个土司。从元朝设土司到清光绪六年废除止。在江口县境内的杨姓土司官之后裔分居黔东北各省，在川、黔、湘、鄂四省边境邻近地区的土家族中有一定的影响。而云舍村杨氏，其源系土司杨胜平之二子（长子杨秀颛世袭土司）杨秀基开疆辟业于茫洞（今云舍），逾今已41代700多年历史。清光绪六年，省溪改流，据县志，除第一任知县，杨蔚南为杨氏，其余流官皆为他姓汉族人。至此，汉人逐渐进入黔东北地区，对云舍村的土家族文化产生了深远的影响。

二、村落布局

云舍村的布局深受山水自然环境的影响，背山面水，背靠水银坡（原五云山），面朝太平河（原省溪），以神龙潭为源头的龙潭河穿流而过汇入太平河，与自然环境形成了和谐的关系，这种布局显然是权衡地形、水源，并以满足生活生产需求为出发点而产生的：云舍村紧靠以神龙潭为源头的龙潭河，据道光《铜仁府志》称：“云舍泉（省溪司）北十里，岁旱，血涂之，即雨。”可以看出，当时的人们将神龙潭用作赖以生存的水源；背靠水银坡，院落顺应山势而层层展开，形成自然生长的态势；南面平坦的土地则作为农田，具有最高的生产效率。整个村落没有明显的轴线、方向和中心，形态上形成松散的团状布局。由于布局的松散，云舍村的街巷组织也变得自由而灵活，有别于自上而下人工规划而来的街巷结构，云舍村的古街古巷呈现出一种自下而上的自然生长的形态（图3、图4）。

图3 云舍乡愁馆前广场（图片来源：作者自绘）

图4 云舍村村中道路（图片来源：作者自绘）

三、“桶子屋”建筑分析

1. 概述

云舍村的建筑以民居为主，其主要类型为木构干栏式建筑，即土家族传统民居形式。其正房多为一层，厢房多为两层，出檐和出际比较深远，是对当地多雨气候的呼应。云舍村民居和多数土家族民居一致，均有一字形、L形、凹字形和口字形四合院四种典型的平面类型（图5），不同的是，其四合院式民居往往会加上包围建筑一圈的砖砌围墙，俗称“桶子屋”，这是云舍村最具特色的建筑类型。其结构一般由正屋、偏屋、木楼和朝门组成，主体平面一般为形态方正，轴线严明的四合院形，有时会在建筑前后增加附属建筑。偏屋为两坡顶，四面围有围墙，墙高一般在偏屋二层楼板之上、檐口之下，正屋山面多有封火山墙，故称“封火桶子”，单家独院，自成体系，这种建筑形制受汉族影响很大，是汉土融合的结果。同时这种建筑形态和“窨子屋”有也一些相似之处，以下就是对桶子屋建筑源流的分析。

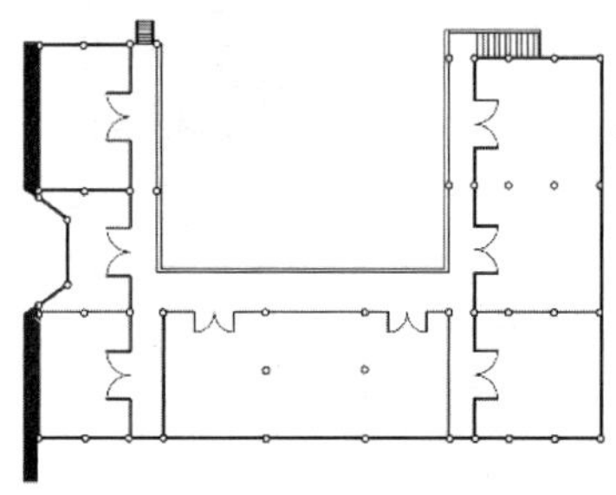

图5　乡愁馆平面图（图片来源：作者自绘）

2.“改土归流”前后的变化

据记载“改土归流”之前，土家族“所居依山结屋，排比无次第，每间枝十余柱，无窗杈檐户，低小出入俯首，室内设火床，翁姑子妇同寝处，鸡犬栖其下，与相习不知为秽。”“查土民尽属篰屋穷檐，四周以竹，中若悬罄，不奉祖先。串室高塔木床，翁姑子媳，联为一塌，不分内外，甚至外来贸易客民寓居于此，男女不分，挨肩擦背，以致伦理俱废，风化难堪。”。说明之前的土家族建筑，是典型的木构干栏式建筑，类似于吊脚楼，以竹编为墙，底层饲养家畜，上层住人，屋中为火塘，以火塘为中心，家人亲属甚至宾客共寝一室，没有礼制观念。（图6）

“改土归流”之后，土家族民居平面布局有了改变。

3. 堂屋的演变

桶子屋便是“改土归流”之后，土家族民居的一种演化形式，平面形制类似江西天井式院落（图7），但院子更大，中轴对称，

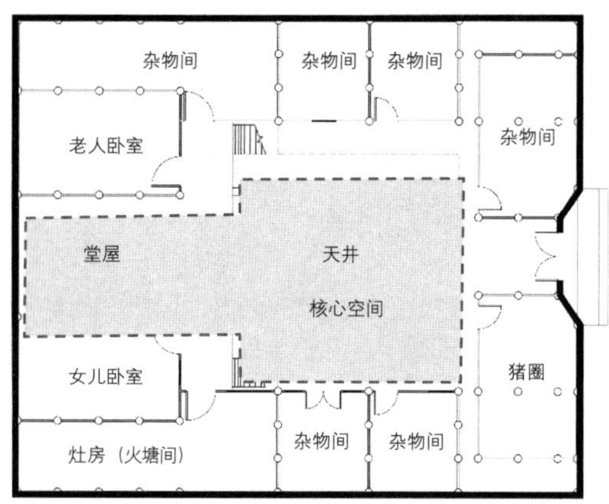

图7　某桶子屋平面图（图片来源：作者自绘）

强调轴线。其北面为正屋，一般为三开间，一明两暗，当心间为正堂，受汉族择中思想的影响，正堂一般位于院落的轴线上，正堂明间一般不设门，成为庭院空间的轴线方向的延伸。处在堂屋墙壁上的神台是家祭的场所，神台用材讲究、精雕细琢、工艺精湛，取代火塘成为堂屋的主要元素，屋内供奉“天地君亲师”和祖先牌位，同汉族民居的布局方式很像，堂屋还是举行婚丧嫁娶等仪式的空间，堂屋与庭院一同构成建筑的核心空间。土家人开始分房住居，左右次间为“人间”，即住人的房间（图8），同时受以左为尊的汉族儒家思想的影响，一般长辈住左边，晚辈住右边。灶房，也就是土家族传统的火塘间也多设在“人间”。这些变化反映了长幼尊卑的礼制秩序在土家族中的确立，并反映到建筑上来。

4. 与典型土家族四合院的空间对比（图9）

桶子屋与典型的土家族“口”字形四合院相比，桶子屋有如下特点：（1）外围围有一圈空斗砖墙，堂屋山墙有马头墙，其空斗墙砌筑方法为一眠一斗。（2）庭院空间更大。（3）堂屋明间一般不设门，和庭院空间一起形成建筑的核心空间。（4）厢房为吊脚楼，典型土家族建筑的吊脚楼常应用于坡地，起到调节高差的作用，但云舍村桶子屋的吊脚楼用于平地较多；其一层用于堆砌杂物或畜养家畜或用作辅助空间，二层住人，外围一圈走廊，称“跑马廊”。南面为木楼，朝门多设与于此，其上为竹楼，一、二层皆不设墙板，用于堆砌杂物。其他的多数空间形态与功能没有多少不同，建筑构架、装饰、细节等均为土家族传统做法。

5. 与典型徽州民居的空间对比

桶子屋与典型的徽州民居相比（图10）：（1）桶子屋庭院面积

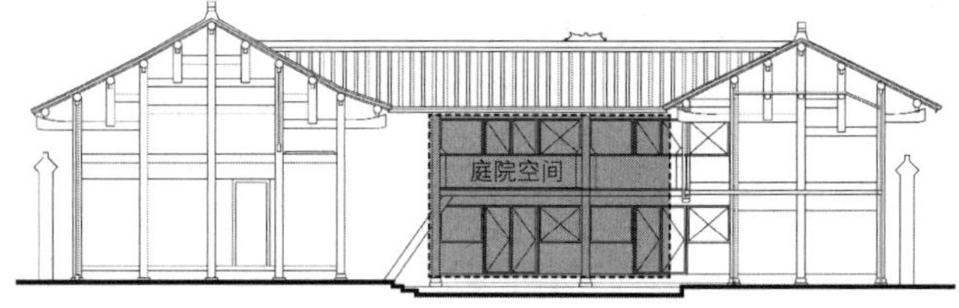

图6　乡愁馆剖面图（图片来源：作者自绘）

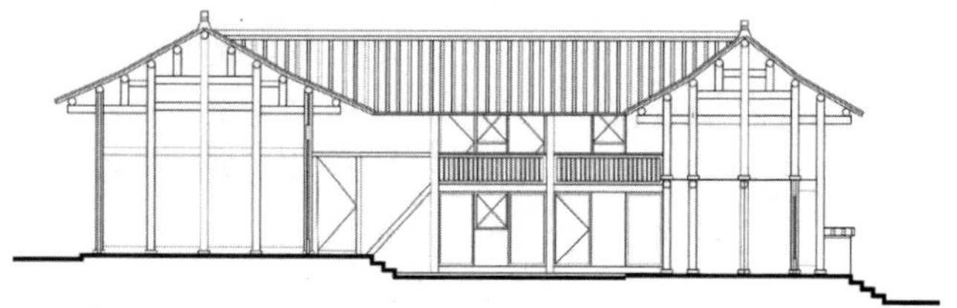

图8　某桶子屋剖面图（图片来源：作者自绘）

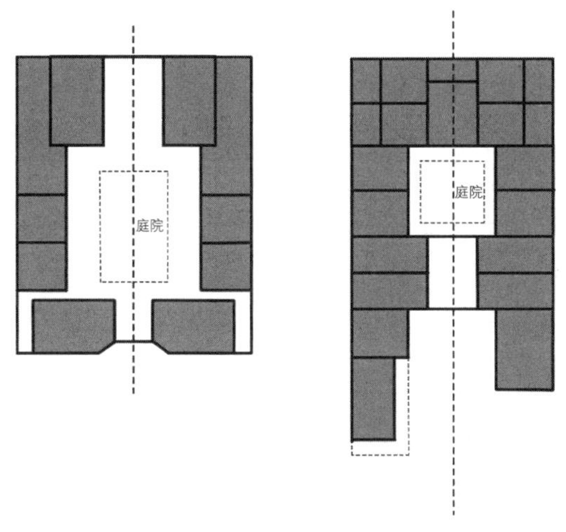

图9 桶子屋平面简图与典型土家族四合院平面简图对比（图片来源：作者自绘）

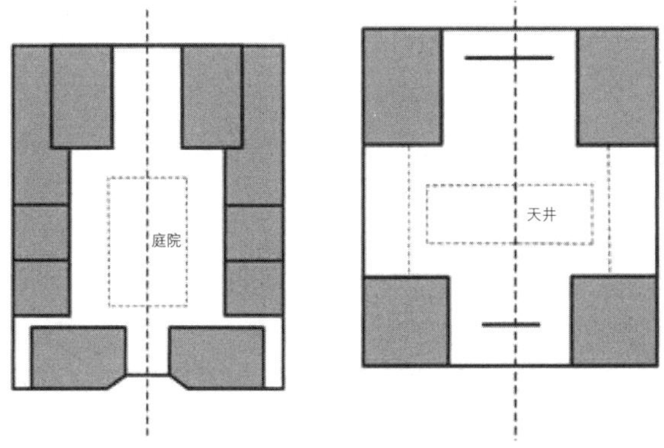

图10 桶子屋平面简图与典型徽州民居平面简图对比（图片来源：作者自绘）

更大，并且高宽比更小，这就使其庭院的能获得更多的阳光，与狭窄幽暗的徽居天井形成鲜明对比。（2）桶子屋堂屋不设二层，厢房与门楼设二层并连为一体，而徽居多设楼上厅，通过连廊与厢房二层相连。（3）桶子屋多为一进院落，而徽居多为多进院落。（4）桶子屋与徽居堂屋明间均不设门，堂屋与庭院是建筑的核心空间。（5）桶子屋厢房为双坡，内外双向排水，徽居厢房一般为单坡，向内部天井排水。（6）桶子屋的构架、装饰、细节等均为土家族传统做法，带有土家族特征，但是工艺相比于徽居的汉族传统工艺就比较粗糙了。

6. 与典型窨子屋的空间对比（图11）

桶子屋是一种融合了汉族和土家族建筑特点的产物，它在传统

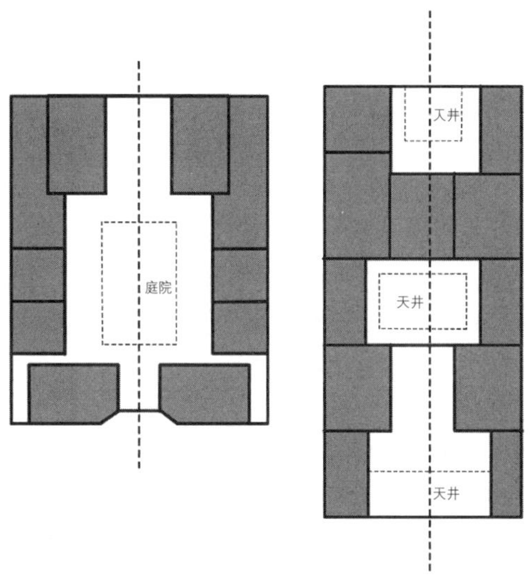

图11 桶子屋平面简图与典型窨子屋平面简图对比（图片来源：作者自绘）

的土家族四合院的基础上，借鉴了徽派建筑的外形和材料，这和湘西一带的“窨子屋”有着异曲同工之妙。然而，它们之间还是有着很大的差异，主要体现在：（1）窨子屋的庭院更小，和徽居的天井相似。（2）窨子屋也存在轴线，但是整体建筑形态更加自由，桶子屋的格局更显方正。（3）窨子屋的主体多为两层，层高较高，呈竖直方向发展，桶子屋只有厢房为两层，且层高较低，呈水平方向发展。（4）窨子屋的平面更加紧凑，桶子屋的平面相对比较松散。（5）窨子屋和桶子屋均有外围墙，但是窨子屋的围墙更高大，防火性能更好。

7. 细部特征

（1）马头墙，有的桶子屋会在正堂的山面设置封火山墙，也就是马头墙，是受汉族文化影响的结果，马头墙不仅有防火的功能，也具有装饰功能，高高的耸立墙体塑造了建筑的天际轮廓线，同时也是重点装饰部位。云舍人不仅用白色的粉刷装饰马头墙，还会在墙上开造型别致的通风口，并刷成彩色，这同徽居和窨子屋的马头墙都是不一样的。相比之下，徽居马头墙的墙脊平直，只在角部有翘起；洪江地区的窨子屋的马头墙墙脊整体呈一条曲线；桶子屋的马头墙形态更接近于徽居，只是角部起翘更大。

（2）墙面通风口，云舍村很多砖石建造外墙的民居会在外墙上开口，开口位置用砖石叠砌成类似花窗的形式，形式通透美观，极具装饰效果。在墙上开洞主要是为了导风，利于屋内屋外的空气

图12 窗花大样（图片来源：作者自绘）

流动，起到良好的通风效果，而徽居和窨子屋极少在山面开窗，有窗也多用于警卫，窗洞并不主要用于通风，其主要通风方式还是天井的拔风效应。

（3）桶子屋整体装饰较少，门窗是重点装饰部位。花窗的样式多种多样，多数花窗装饰为直菱方格菱花窗，当地人为了追求精美的效果会在窗中央制作出精美的图案。竖直方向的为直棱条，花窗边缘的木条称为边条，水平方向的木头为横棱条，居于整个花窗中心的为窗心，窗花的棂条宽度一般为2～3厘米。

（4）朝门，有的桶子屋会在庭院入口处设置一个朝门，它不仅仅是对房子居住安全的考虑，而且当地居民常常利用院坝门改变房屋的朝向。不同于徽居和窨子屋华丽的门头，桶子屋的朝门往往不做多余装饰。

图13　桶子屋马头墙（图片来源：作者自绘）

图14　马头墙上的通风口（图片来源：作者自绘）

四、结语

总体来说，云舍村仍是一个典型的土家族村寨，清光绪六年"改土归流"之后，大量汉人涌入，使得汉文化对云舍村产生了深远的影响，这一点也深刻地反映在了云舍村的建筑之中。可以说，云舍村的民居建筑是汉土文化碰撞的产物，其特有的建筑形式——"桶子屋"是云舍村当地的特殊做法，是在传统土家族四合院的基础上，结合汉族民居平面布局方式，借鉴徽州民居的材料与特点，产生一种特殊的民居形式，比较少见。

桶子屋和窨子屋一样，是汉族和土家族民居融合的结果。但是，窨子屋多位于城镇之中，由于土地资源有限，建筑密度较大，对防火防盗的需求增加且十分强烈，因此造就了窨子屋紧凑的平面、狭窄的天井、高大的围墙以及较高的层高。窨子屋是一种比较成熟的形态，很好地融合了汉族建筑和少数民族的建筑特色，受汉族的影响更大。然而，桶子屋更像是在乡土环境下，对窨子屋的模仿，平面形制和构造做法更偏向于传统的土家族四合院，院落面积较大，其高宽比较小，使得院落能够获得更多的阳光，而低矮的围墙说明在乡村低密度的环境下，桶子屋对于防火防盗的需求并无窨子屋强烈，围墙的作用更多的是对于土地领域的确认。所以，笔者认为把桶子屋归为窨子屋是不恰当的，因为其空间体验并无窨子屋如同地窖一般的阴暗之感。总的来说，桶子屋和窨子屋都是汉族和土家族民居融合的结果，都具有明显的在地域性，桶子屋更适合低密度的乡村环境，而窨子屋则是高密度的城镇环境的产物。

注释

① 国家自然科学基金重点项目：我国地域营造谱系的传承方式及其在当代风土建筑进化中的再生途径，传播学视野下我国南方乡土营造的源流和变迁研究（项目编号：51738008，51878450）。

② 刘长青，同济大学建筑与城市规划学院，硕士研究生，200092，1832127@tongji.edu.cn。

参考文献

[1] 土家族简史编写组. 土家族简史 [M]. 长沙：湖南人民出版社，1986.

[2] 张旭. 思州土司文化遗产的保护与开发——以江口县省溪、提溪司为例 [J]. 铜仁学院学报，2014

[3] 江口县志编撰委员会，编. 江口县志 [M]. 贵阳：贵州人民出版社，1994.

[4]（清）张天如. 永顺府志 [M]. 清乾隆二十八年（1763年）刻本.

[5]（清）缴继祖. 龙山县志 [M]. 清嘉庆二十三年（1818年）刻本.

后记

第二十四届中国民居建筑学术年会暨民居建筑国际学术研讨会以“传统民居与当代乡土”为主题，从2019年3月发布信息向海内外公开征集论文以来，得到民居学界前辈、专家学者和高校师生等的积极响应，大会共收到论文295篇。其中“传统民居特色与价值再认识”的文章158篇，“传统聚落的保护与更新”的文章46篇，“当代民居（乡土）建筑研究”的文章37篇，“乡村振兴背景下的乡村规划与建设”的文章38篇，其他与本次征文主题相关性较弱的文章16篇。为提高学术水平和论文质量，会务组邀请民居研究领域专家对所有论文进行评审，择优选取了96篇入选《传统民居与当代乡土——第二十四届中国民居建筑学术年会论文集》。在此基础上，另组织专家评选出15篇优秀论文作为获奖论文。

值得说明的是：由于论文集的版面有限，收录的论文数量约占投稿总数的1/3，很多优秀论文未能收入论文集，实在不是因为文章质量。作为审稿专家，深深地感受到有的论文质量较好，但因为入选比例限制，只好忍痛割爱。在此，我们代表本次年会的承办方向未能收录论文集的作者表达深深的歉意！此外，论文的征集过程是一个和作者互动交流的过程，虽然与很多作者未曾谋面，但你们的认真和对学术的执着精神深深地感染着我们。谢谢你们慷慨赐稿，谢谢你们对本届学术年会的大力支持！

论文的收集、整理、返修、格式完善和作者回复等是一项艰巨而又琐屑的工作，感谢我们团队师生，尤其是研究生同学们为此付出的大量辛劳！没有你们艰苦而细致的工作，这本论文集是难以完成的！也感谢建筑工业出版社的唐旭主任、张华编辑，为论文最后的校审、排版等做了大量的工作。

林祖锐　丁昶

2019年8月16日